유전학 입문

분자적 접근

introduction to genetics A MOLECULAR APPROACH

대표역자 김영민

공역자 구봉성 · 김옥진 · 김홍태 · 이상수 · 이태훈 · 주우홍 · 하성호

Terry Brown

월드사이언스
worldscience.co.kr

유전학 입문 분자적 접근

인 쇄 | 2013년 8월 20일
발 행 | 2013년 8월 30일

저 자 | Terry Brown
대표역자 | 김영민
공 역 자 | 구봉성 · 김옥진 · 김홍태 · 이상수
이태훈 · 주우홍 · 하성호
발 행 인 | 박선진
발 행 처 | (주)도서출판 월드사이언스

주 소 | 서울특별시 서초구 방배4동 864-31 월드빌딩 1층
등록일자 | 1988년 2월 12일
등록번호 | 제 16-1601호

대표전화 | (02) 581-5811~3
팩 스 | (02) 521-6418
E-mail | worldscience@hanmail.net
U R L | http://www.worldscience.co.kr

정 가 | **33,000원**
I S B N | 978-89-5881-223-4

이 도서의 국립중앙도서관 출판시도서목록(CIP)은 서지정보유통지원시스템 홈페이지(http://seoji.nl.go.kr)와 국가자료공동목록시스템(http://www.nl.go.kr/kolisnet)에서 이용하실 수 있습니다. (CIP제어번호 : CIP2013016210)

저자 서문

우리는 서점에서 수많은 유전학 관련 교재를 찾을 수 있다. 그러나 이 책들은 처음 보는 저자로 하여금 새로운 유전학 책이 어째서 필요한 지를 느끼게 했다. 내 경우에 유전학 교재를 쓰겠다고 마음 먹은 것은, 최근의 유전학이 대부분 DNA에만 중점을 두고 있고, 유전학 강의가 이 사실을 반영해야만 한다는 것에 대한 격한 감정이 일어났기 때문이다. 따라서 이 책의 테마는 *분자*(DNA와 유전자)로부터 *과정*(유전자 발현과 DNA 복제) 및 *시스템*(세포, 유기체, 집단)으로 진행하였다. 이 진행 과정은 삶의 기본적인 원리와 현대 생물학적 연구가 어떻게 구성되어 있는지를 모두 반영하였다. 유전학 입문 강의를 해 본(또한 받아 본) 나의 경험에 의하면 "분자적 접근(a molecular approach)"이 유전학의 복잡함에 기가 눌렸을 지도 모르는 학생들에게 서서히 자신감을 쌓게 해 줄 것이라고 생각한다. 분자적 접근은 특히 유전학을 포함하는 더 큰 범위의 강의, 예를 들어, 생물학, 생화학, 생물의학, 또는 생명공학 등을 전공하는 많은 학생들에게 유용할 것이다.

어느 과목에서나 입문서를 쓰려고 할 때의 어려움은 요소들을 지나치게 단순화하는 함정에 빠지지 않고 이해할 만한 방식으로 제시하는 것이다. 어떤 책이 가치가 있으려면 독자들이 기본적인 사실과 개념들을 이해하되, 독자들의 관심을 자극하고 그 과목의 더 심층적인 면에 대한 열망을 갖도록 하기 위한 충분한 깊은 지식을 제공해야 한다. 유전학 입문서에서 이런 목표들은 아마 상대적으로 성취하기 쉬울 것이다. 왜냐하면 가장 기본적인 사실들조차 매력적으로 설명했고, 최소한 내 경험에는 대부분의 학부생들이 유전학에 대해 이미 호기심을 갖고 있기 때문이다. 나는 이 책이 그 호기심을 일생 동안 유지하는 데 도움이 되길 바란다.

감사의 글

나의 "*유전학 입문-분자적 접근*"의 초판에 도움이 되는 조언을 해준 많은 독자들과, 이 책이 최종적으로 출간되기까지 다양한 여정에서 각 장들에 대해 상세한 피드백을 준 사람들에게 감사하고 싶다.

Shivanthi Anandan (Drexel University, USA); Thierry Backeljau (University of Antwerp, Belgium); Edward L. Bolt (University of Nottingham, UK); Laura C. Bridgewater (Brigham Young University, USA); John Bright (Sheffield Hallam University, UK); Kuttalaprakash Chudalayandi (Birla Institute of Technology and Science, Pilani, India); H. Neval Erturk (Converse College, USA); Bill Field (Aston University, UK); Paula L. Fischhaber (California State University, Northridge, USA); Adrian J. Hall (Sheffield Hallam University, UK); Ralph Hillman (Temple University, USA); Eric A. Hoffman (University of Central Florida, USA); David T. Kirkpatrick (University of Wisconsin-Madison, USA); Mike J. McPherson (Uinversity of Leeds, UK); Melissa Michael (University of Illinois at Urbana-Champaign, USA); Roger L. Miesfeld (University of Arizona, USA); Marcus Munafò (University of Bristol, UK); Philip Oliver (University of Cambridge, UK); Christine Rushlow (New

York University, USA); Inder Saxena (The University of Texas at Austin, USA); Stephanie C. Schroeder (Webster University, USA); Robert J. Slater (University of Hertfordshire, UK); Tahar Taybi (Newcastle University, UK); John J. Taylor (Newcastle University, UK); Jeffrey Townsend (Yale University, USA); David Veal (University of the West of England, UK); Jemima Whyte (Stanford University California, UK);

나의 작업(가끔은 순서가 올바르지 않은 단어들과 뒤섞인 도표들)을 실제의 교재로 바꿔주고, *유전학 입문-분자적 접근*의 출판에 기여한 많은 갤런드(Garland) 직원들에게도 감사의 인사를 전하고 싶다.

마지막이기는 하나, 역시 중요한 것은 나의 아내 케리(Keri)가 "내가 또 책을 낸다는" 것에 대해 참아준 것을 고맙게 생각한다.

Terry Brown
Manchester, UK

독자들을 위한 참고사항

*유전학 입문-분자적 접근*을 최대한 독자들에게 친근하게 느껴지도록 만들기 위해 노력했다. 따라서 이 책은 독자들을 돕고, 더 효율적인 강의를 지원하는 도구가 되기 위해 배치한 수많은 장치들을 포함한다.

유전학 입문의 구조: 분자적 접근

이 책은 세 부분으로 나뉘어 있다. 1부에서 우리는 생물학적 정보의 한 단위로서 유전자의 기능에 대해 살펴볼 것이다. 우선, DNA의 구조(제2장)에 익숙해져야 하고, DNA 분자 안에서 유전자가 어떻게 정렬되어 있는지(제3장)에 대해서도 익숙해져야 한다. 그 후에 유전자 발현이라고 불리는 절차를 이해할 수 있을 것이다. 세포의 유전자 안에 들어 있는 정보는 유전자 발현에 의해 나타난다. 우리는 어떤 방식으로 DNA가 RNA로 복제되는지(제4장)를 공부할 것이고, 만들어진 RNA 분자들이 각기 다른 유형의 세포들에서 어떤 역할을 하는지를 자세하게 살펴볼 것이다(제5장, 6장). 그 후에, 유전자 코드가 유전자에 들어 있는 정보에 의해 구체화된 구조와 기능을 가진 단백질 분자의 합성을 지시하는 데 어떻게 사용되는지를 알아볼 것이다(제7장, 8장). 마지막으로, 이 모든 일들이 어떻게 통제되는지 알아봄으로써, 오직 그 순간에 필요한 정보를 가진 유전자만이 활성화됨을 알 수 있게 될 것이다(제9장).

2부에서 우리는 유전되는 단위로서의 유전자의 역할에 대해 공부할 것이다. 이를 위해서, 세 가지 질문을 던질 필요가 있다. 우선 어떻게 유전자의 완벽한 한 세트가 부모의 세포가 분리될 때 딸 세포로 전달되느냐이다. 그래서 어떤 DNA 분자가 복제되어 새롭고 동일한 복제품이 만들어지는지에 대한 메커니즘을 공부할 것이다(제10장). 또한 어떻게 DNA 분자와 거기에 포함된 유전자가 동물이나 식물 세포가 분열할 때(제11장), 박테리아가 분열할 때(제12장), 그리고 바이러스의 감염 주기 동안에(제13장) 자손에게 전달되는지를 연구할 것이다. 두 번째 질문은 유성생식 기간 중에 일어나는 유전과 관련된다. 그리하여 DNA 분자가 어떻게 부모로부터 자손으로 전달되는지를 공부할 것이다(제14장). 그리고 이 DNA 분자로 구성된 유전자가 부모와 동일하지는 않지만 닮은 자손들의 생물학적인 특징을 어떻게 구체화하는지를 조사할 것이다(제15장). 세 번째 질문은 유전자의 전달과 종의 진화 사이의 관계에 관한 것이다. 이 질문에 답하기 위해서 유전자 안에 들어 있는 정보가 DNA 복제 중에 가끔 일어나는 오류나 돌연변이의 결과로 인해 어떻게 변하는지를 연구해야 한다(제16장). 그리고 이런 방식으로 생성된 새로운 유전자의 변화가 어떻게 집단(population)를 통해 퍼질 수 있는지 탐구하기로 한다(제17장).

3부에서, 우리는 현대 사회에서 유전학이 갖는 명확한 입장에 대한 일부 연구 영역을 탐색할 것이다. 공부하게 될 첫 번째 주제는 발생에서의 유전자 역할이다. 유전자는 수정란 세포에서 시작되어 성체로 끝나는 행로를 어떻게 조절할까? 이 질문에 대한 답을 찾는 과정은 유전학 전체에서 가장 큰 과제이다(제18장). 그 후에, 우리는 인간의 종을 연구하는 데 3개의 장을 할애하기로 한다. 제18장에 이어 제19장에서는 우리는 인간 게놈을 자세히 들여다 볼 것이고, 특히 인간을 특별하게 만드는 것이 게놈의 어떤 부분인지 질문할 것이다. 그런 다음, 유전자의 어떤 결함이 낭포성 섬유증이나 암 등의 유전병을 야기하는지를 살펴볼 것이다(제20장). 제21장에서는 유전학적인 입장이 어떻게 취해지고, 왜 이런 입장들이 법의학에서 그렇게 중요한 위상을 차지하게 되었는지를 알아볼 것이다. 또한 어떻게 유전학이 인간 진화를 연구하는 데 이용될 수 있으며, 아프리카로부터 이주해 나와서 지구를 지배한 초기 인류의 흔적을 찾는 데에도 이용될 수 있는지 배우게 될 것이다. 그 다음에는 공업과 농업, 중요한 의약품, 그리고 유전자 변형 작물 설계에 있어서 유전학의 중요한 적용 사례를 살펴볼 것이다(제22장). 이는 우리를 현대 유전학의 논쟁적인 면으로 유도할 것인데, 이 논쟁들을 무시하지 말아야 하며, 따라서 마지막 장에서 살펴볼 것은 유전학에 의해 제기된 일부 윤리적 문제들이다. 이런 문제들이 어떻게 논의되어야 하며 또한 해결되어야 하는지에 관한 질문을 제기할 것이다.

장의 구성

이 책에서 각 장들은 연구 요약 보고, 질문과 문제, 그리고 심화적으로 읽기 목록으로 구성되어 있으며, 이 모든 것들은 독자의 유전학 공부를 돕기 위해 고안되었다.

연구 브리핑

모든 각각의 연구 브리핑은 유전학 연구의 중요성에 대한 자족적인 설명들이다. 일부 연구 브리핑들은 1953년에 왓슨과 크릭(Watson and Crick)에 의해 진행되었던 DNA 구조의 발견 등과 같이 현재나 과거의 고전적인 프로젝트를 다루고 있다(연구 브리핑 2.1) 그리고 현재 네덜란드에서 시행되고 있는 유전학 연구도 다룬다(연구 브리핑 21.1). 몇몇은 PCR과 같은 중요 연구 방법 혹은 일련의 기술들을 보고하고 있다(연구 브리핑 10.2). 다른 브리핑들은 어떤 세포에서 특정 유전자가 발현되는지를 시험하는 프로젝트의 설계와 같은 연구 전략을 보여준다(연구 브리핑 3.1). 또한 유전병을 유발하는 유전자를 밝히는 데 사용되는 전략도 보고하고 있다(연구 브리핑 20.1). 연구 브리핑의 전체적인 목적은 유전학에서 연구가 어떻게 수행되는지를 보여주고, 어떻게 이전의 연구들이 현재 유전학에 대해 "사실"로서 정립되어 왔는지를 보여준다. 각각의 연구 브리핑은 배치된 장에 포함된 정보와 관련이 있다. 또한 연구 브리핑은 연구 방법에 대한 전반적인 개요를 얻기 위해 따로 공부해도 된다.

질문과 문제

모든 질문과 문제들의 세트는 3개의 섹션으로 나뉘는데, 개인이나 그룹 스터디 프로그램에 있어서 독자들에게 다양한 방식으로 돕기 위해 고안되었다. 첫 번째 섹션은 각 장에서 마주하게 되는 주요 용어들을 정의하라고 요구한다. 모든 용어들은 어휘면에서 정의되고 있으며, 독자들은 스스로 그 정의를 기억할 수 있는지 확인해 봐야 한다; 그것들은 또한 온라인 Student Resources(학생 지원)에서 플래시 카드로도 제공되고 있다. 만일 여러분들이 정의들을 기억할 수 있다면, 특정 장에서의 주요 사실들에 대해 훌륭하게 이해하고 있는 것이다. 그렇다면 자습 문제 부분으로 넘어가야 한다. 여기에서는 사실을 암기할 뿐만 아니라, 그 사실 이면에 있는 개념에 대한 여러분들의 이해 정도를 테스트하는 데 목표를 두었다. 각각의 자습 문제들은 50~100 단어들 사이에서 답해질 수 있으며, 주석을 단 도표나 테이블로 답해도 된다. 이 질문들은 각 장의 전체 내용을 직접적으로 다루고 있다. 교재의 관련 있는 부분들과 여러분들의 답을 비교해 봄으로써 정답을 확인할 수 있다. 혹은 완전한 답이나 질문에 답하는 것에 대한 힌트를 찾을 수 있는 온라인 학생 자원 사이트를 방문할 수도 있다. 각 장을 체계적으로 공부하기 위해 여러분들은 자습 문제를 사용할 수 있으며, 또는 특정한 주제에 대해 올바른 이해를 하고 있음을 확인하기 위해 몇몇 질문을 선택할 수도 있다.

마지막으로, 토론 주제 코너가 있다. 이 주제들은 특성이나 난이도 부분에서 다양하다. 가장 단순한 주제는 유전학 서적을 잘 지시된 방향으로 공부함으로써 답해질 수 있다. 그 의도는 책이 멈추는 그 지점으로부터 몇 단계만 더 나아가면 학습이 발전한다는 데에 놓여 있다. 몇몇 경우의 질문들은 추후에 교재에서 논해질 질문들로 여러분들을 인도하는데, 이는 초반의 장들에서 우리가 다루는 기초 정보들이 나중에 공부할 더 복잡한 주제들과 관련이 있음을 볼 수 있도록 도와 주려는 것이다. 다른 문제들은 아마도 어떤 주제에 대하여 책읽기를 통해 보충되었을 어떤 요소에 대한 이해도를 기반으로 해서 어떤 문장이나 가설을 평가하도록 요구할 것이다. 이 문제들은 그 주제에 대해 여러분들이 더 깊이 생각하려는 의도를 갖고 있으며, 즉각적으로 명시하지 않더라도 숨어 있는 복잡함이 종종 있음을 깨닫게 하기 위한 장치이다. 일부 문제들은 굉장히 어려운데, 몇몇 예시들에서 어느 정도까지는 제시된 문제에 대한 명확한 정답이 없다. 이 문제들은 지식을 확장하고 그 문제를 논하는 동료들의 생각들도 확장시켜서 토론과 생각을 자극하기 위해 고안되었다. 이런 논의들이 고무적이라고 생각한다면, 여러분들은 스스로 진정한 유전학자가 되었음을 알게 될 것이다. 토의 주제에 관해 당신을 도울 팁들은 온라인 학생 지원 사이트에서 찾을 수 있다.

추천 문헌

각 장의 마지막에 있는 이 읽기 목록은 당신이 특정 주제에 관한 논문이나 긴 에세이를 쓸 때와 같은 경우에, 더 심화적인 정보를 습득하도록 돕기 위해 의도되었다. 일부 사례들에서, 각 장의 초입에서 특정한 가치들을 요약하는 몇몇 단어들을 첨가했는데, 이는 여러분들이 찾아내고자 하는 가치들을 결정하도록 돕는 역할을 한다. 목록들은 모두를 포함하지는 않으며, 나는 독자들에게 다른 책이나 항목들을 참조하기 위해서 인터넷이나 도서관을 찾아볼 것을 권고한다. 훑어보기는 여러분들 조차 몰랐던 흥미를 발견하는 훌륭한 방법이다!

용어 풀이

학습을 돕는 도구로서 용어 풀이를 매우 긍정적으로 생각하며 *유전학 입문-분자적 접근*에서 매우 광대한 용어 목록을 제공하고 있다. 교재에서 볼드체로 강조된 모든 용어는 용어 풀이에서 정의되고 있으며, 추천 문헌 섹션에서 책이나 항목들을 참고할 때 마주치게 될 많은 추가적인 용어들 또한 정의하고 있다. 어휘 사전의 온라인 버전은 학생 지원 사이트에서 찾을 수 있다.

학생과 교수 자원 웹사이트

www.garlandscience.com에서 접속할 수 있는 이 웹사이트들은 *유전학 입문-분자적 접근*을 위해 만들어진 학습과 교육 도구들을 제공한다.

학생 자원 사이트는 모두에게 열려 있으며, 사용자들은 북마킹이나 노트 필기 도구를 사용하기 위해 사용자 등록을 하거나 하지 않을 선택권이 있다. 교수 자원 사이트는 등록을 필수로 해야 하며 자격이 있는 교수들만 접근이 가능하다. 교수 자원 사이트에 접속하기 위해서는 지역별 판매 담당자에게 연락하거나 science@garland.com으로 이메일을 보내면 된다.

다음은 이 교재에서 이용 가능한 자원에 대한 도움말이다. 웹사이트에서, 자원들은 각 장에서 훑어볼 수 있으며, 검색 엔진 또한 갖추고 있다. 독자들은 역시 다른 Garland Science 책들에서도 자원을 이용할 수 있다.

학생 자원

아래 자원들은 학생 자원 사이트에서 이용 가능하다:

애니메이션과 비디오

애니메이션과 비디오는 교재의 중요한 개념들을 역동적으로 묘사하기 위해, 그리고 더욱 어려운 주제들을 이해할 수 있도록 신중을 기해 선택되고 제작되었다.

퀴즈

각 장은 이해도를 테스트하기 위해, Cabrini College(USA)의 Sheryl L. Fuller-Espie에 의해 쓰여진 객관식 형태의 퀴즈를 포함한다.

플래시 카드

각 장은 학생들이 교재의 주요 용어들을 복습할 수 있게 하는 플래시 카드 세트를 포함한다. 플래시 카드들은 정의를 묻는 질문들에 대한 대답을 구성한다.

자습 문들과 토론 주제들

대답들, 혹은 대답하는 방법에 대한 힌트로서, 각 장의 마지막 부분에는 자습 문제들과 토론 주제들이 제시되어 있다.

용어 풀이

교재의 완전한 용어 풀이는 웹사이트에서 이용 가능하며 장 별로 분류하거나 통째로, 검색하거나 훑어볼 수 있다.

교수 지원

다음의 자원들은 교수 자원 사이트에서 이용 가능하다:

유전학 입문의 기술

교재의 이미지들은 두 가지 편리한 형식으로 이용할 수 있다: MS PowerPoint나 JPEG이 그것이다. 이 이미지들은 컴퓨터에서 보여주기에 최적화되었다. 그림들은 교재의 그림 번호, 그림 이름, 혹은 그림 범례 등으로 검색할 수 있다.

애니메이션과 비디오

학생들이 이용할 수 있는 애니메이션과 비디오는 교수 자원 웹사이트에서도 두 가지 형식으로 이용할 수 있다. WMV 형식의 파일들은 윈도우 기반의 컴퓨터에서 PowerPoint 프레젠테이션에 이 무비클립을 쓰고 싶어 하는 교사들을 위해 제작되었다; QuickTime 형식의 파일들은 Apple 컴퓨터에서의 PowerPoint 또는 Keynote 프레젠테이션 프로그램을 위해 사용된다. 비디오 파일은 미리보기 페이지에서 “다운로드” 버튼만 누름으로써 쉽게 컴퓨터로 다운받을 수 있다.

교수들의 강의 개요

각 섹션의 제목, 개념 제목, 그리고 교재의 그림들은 PowerPoint 프레젠테이션 프로그램으로 통합되었다.

문제 은행

Cabrini College(USA)의 Sheryl L. Fuller-Espie에 의해 작성된 문제 은행은 400개가 넘는 객관식, 빈칸 채우기, 같은 것끼리 긋기, OX 테스트, 그리고 주관식 문제들을 포함하는데 이들은 테스트, 퀴즈, 혹은 개인적인 응답 시스템(즉, "딸깍 소리와 함께 답이 나오는")을 만들기 위해 사용된다. 문제 은행은 MS Word 형식에서 사용가능하고 Diploma generator 소프트웨어에서 미리 설치할 수 있는데, 이는 주요 강의 관리 시스템들과 완전히 호환 가능하다. 질문들은 장과 유형에 따라 조직화되고, 추가적으로 난이도나 주제에 따라 교수가 분류할 수 있다. Diploma 소프트웨어는 문제들의 순서가 섞일 수 있도록(다양한 테스트를 만들기 위해), 편집될 수 있도록, 그리고 새로운 문제들이 추가될 수 있도록 허락한다.

역자 서문

오늘날 우리들은 신문, 잡지, TV, 인터넷 등에서 '유전학(genetics)'이라는 학문과 많이 접하고 있다. 세포 치료를 위한 줄기세포 연구로부터 친자 확인 및 범죄 수사에 활용되는 DNA 감식까지 유전학은 우리들의 모든 일상생활과 매우 밀접한 관계를 갖는다. "우리가 '유전학'이라는 용어를 들었을 때, 무슨 말이 가장 먼저 떠오를까?" 아마도 큰 완두콩과 작은 완두콩, 그리고 멘델의 법칙이 우선 생각날 것이다. 그러나 현대의 유전학은 이보다 훨씬 진화하여 발생학, 형태학, 진화학, 생리학, 미생물학, 의학, 약학, 농업, 임업, 수산업 등 거의 대부분의 분야에서 광범위하게 이용되고 있다. "그렇다면... 이와 같은 다양한 분야 속의 유전학을 쉽고 재미있게 접근하기 위해서는 어떤 교재를 선택해야 할까?" 이러한 질문에 역자는 감히 다음과 같은 이유로, 본 교재인 〈유전학 입문-분자적 접근〉을 적극 추천하고자 한다.

원저자의 서문에서 피력한 것처럼, 우리는 서점에서 수많은 유전학 관련 교재를 찾을 수 있다. 하지만 최근의 유전학 교재가 대부분 DNA에 중점을 두고 있어, 이들 교재를 통해 생명과학의 기본 과목이라 할 수 있는 발생학, 생리학, 미생물학, 의학, 약학, 생명공학 등을 효율적으로 이해하기란 쉽지 않다. "그러면 이 책의 강점은 무엇일까?" 첫째, 각 장을 설명함에 있어서 우리 생활에서 쉽게 체험할 수 있는 일들을 예로 들었기 때문에 이해하기가 아주 쉽다는 점이다. 둘째, 원저자는 교재를 쉽게 풀어서 설명을 하므로 마치 독자 옆에서 강의를 하고 있다는 느낌이 든다. 셋째, 다른 유전학 교재와는 달리 유전학을 분자적 수준에서 접근함으로써, 유전학에 분자생물학을 접목시켜 유전학을 더욱 한층 더 업그레이드시킨 '분자유전학' 교재에 가깝다고 할 수 있다.

이 책은 Terry Brown 저자의 원서 "introduction to genetics – A molecular approach" 제1판(2012)을 번역한 것이다. 처음에는 다른 유전학 번역서들과 유사할 것이라고 예상하여 번역 시작을 주저했지만, 일단 한 번 읽기 시작하면 멈출 수 없을 만큼 재미있게 쓰인 이 책의 매력에 빠져 거의 1년 동안 계속 수정과 보완을 거듭하여 오늘에 이르게 되었다.

이 책은 크게 세 부분으로 나뉘어 있다. 1부에서는 현대 유전학의 범위(제1장), DNA의 구조(제2장), 유전자의 개념(제3장), DNA에서 RNA로의 복제(제4장), RNA 분자의 형태(제5장), 비번역 RNA 분자(제6장), 유전자 코드(제7장), 단백질 분자의 합성(제8장), 그리고 여기에 관련된 유전자가 어떻게 통제되고 조절되는지에 관한 유전자 발현에 대하여 설명하였다(제9장). 2부에는 유전자의 역할에 대한 것이며, DNA 복제에 대한 메커니즘(제10장), 진핵세포의 유전(제11장), 박테리아의 유전(제12장), 바이러스의 유전(제13장), 유성생식 동안에 일어나는 DNA 분자 및 유전자의 유전(제14, 15장), 돌연변이와 DNA 수선(제16장), 그리고 이런 방식으로 생성된 새로운 유전자의 변화가 이루어낸 집단 유전학(population genetics)을 다루고 있다(제17장). 3부에서는 발생에서의 유전자 역할(제18장), 그리고 인간의 종을 연구하는 데 3개의 장을 할애하였는데, 우선 인간 게놈(제19장), 그런 다음에 게놈안에 있는 유전자의 어떤 결함이 유전 질환을 야기하는지를 살펴보았고(제20장), 유전학의 응용 범위인 법의학, 인류

진화학(제21장)과, 공업, 농업, 의약품 등에 있어서 유전학의 중요한 적용 사례를 알아보았다(제22장). 마지막 장(제23장)에서는 유전학에 의해 제기된 일부 윤리적 문제들에 대해 논의하였다.

끝으로, 이 책을 출간하기까지 적극적으로 지원해 주신 월드사이언스 출판사의 박선진 사장님께 경의와 사의를 표한다. 또한 이 책에 대한 많은 애정과 자상함으로 몇 번씩이나 세심하게 교정해 주신 정창기 실장님의 열정적인 노고에 진심으로 깊은 감사를 드린다. 이 책의 오·탈자 또는 독자들의 다양한 의견들은 E-mail (kym@hnu.kr)을 통해 보내 주시면, 다음 출판에 적극 반영하여 수정 및 보완할 것을 다짐한다. 번역진은 독자들이 이 책을 통해 유전학을 분자적 수준에서 더욱 쉽게 이해함으로써, 생명과학의 기본 지식을 함양하는 데 많은 도움이 될 것을 기대한다.

2013년 8월
대표역자 김영민

역자 소개

김영민

한남대학교 생명나노과학대학 생명시스템과학과

구봉성

(주)포바이오코리아 연구소장
한국외국어 대학교 생명공학과 겸임 교수

김옥진

원광대학고 생명자원과학대학 원예애완동식물학부

김홍태

성균관대학교 자연과학대학 생명과학과

이상수

배재대학교 생명공학과

이태훈

전남대학교 치의학전문대학원 생화학교실

주우홍

창원대학교 생물학과

하성호

한남대학교 생명나노과학대학 나노생명화학공학과

목차

Chapter 1 현대 유전학의 범위 1

Part I 생물학적 정보의 구성 단위로서의 유전자 10

Chapter 2 DNA 11

Chapter 3 유전자 31

Chapter 4 DNA에서 RNA로의 전사 51

Chapter 5 RNA 분자의 종류: mRNA 77

Chapter 6 RNA 분자의 종류: 비번역 RNA 99

Chapter 7 유전 정보 117

Chapter 8 단백질 합성 137

Chapter 9 유전자 발현의 조절 161

Part II 유전의 단위로서의 유전자 190

Chapter 10 DNA 복제 191

Chapter 11 진핵세포 분열에서 유전자의 유전 215

Chapter 12 세균에서 유전자의 유전 239

Chapter 13 바이러스 감염주기에서 유전자의 유전 259

Chapter 14 진핵생물 유성생식에서 DNA 분자의 유전 279

Chapter 15 진핵생물 유성생식에서 유전자의 유전 293

Chapter 16 돌연변이와 DNA 수선 317

Chapter 17 집단에서 유전자의 유전 343

Part III 현대 세계의 유전학 368

Chapter 18 분화 및 발생에서의 유전자 369

Chapter 19 인간의 게놈 395

Chapter 20 유전자와 의학 417

Chapter 21 법의학에서의 DNA와 인류기원 연구 441

Chapter 22 산업과 농업 분야에서의 유전자 467

Chapter 23 현대 유전학에 의해 제기되는 윤리적인 이슈 489

세부 목차

Chapter 1 현대 유전학의 범위 1

1.1 유전학이란 무엇인가? 1

유전자는 생물 정보의 단위이다 2
유전자에 포함된 생물 정보는 유전자 발현이라는 과정을 통해 나타난다 2
유전자 스위치의 켜짐/꺼짐에 의해 유전자가 발현된다 3
유전자는 전달의 단위이다 4
아이는 부모로부터 유전자를 물려 받는다 5
유전자 전달은 진화를 일으킨다 5

1.2 현대 세계에서의 유전학 6

주요 개념 9

Part I 생물학적 정보의 구성 단위로서의 유전자 10

Chapter 2 DNA 11

2.1 DNA의 구조 11

뉴클레오티드는 DNA 분자의 기본 구성 단위이다 11
뉴클레오티드는 폴리뉴클레오티드를 형성하기 위하여 서로 연결된다 13
살아 있는 세포에서 DNA는 이중 나선이다 14
이중 나선은 여러 다른 형태로 존재한다 15

2.2 DNA의 생물학적 역할에 대한 분자적 설명 19

생물학적 정보는 DNA 분자의 뉴클레오티드 서열에 저장되어 있다 19
상보적인 염기쌍 형성은 DNA 분자가 복제할 수 있도록 한다 20

2.3 DNA 서열을 어떻게 분석할까 21

클론 라이브러리들은 염기서열이 분석될 준비가 된 DNA 단편들을 포함한다 21
클론 라이브러리의 각 단편들은 염기서열이 각각 따로 분석된다 22
염기서열을 읽기 위해 모세관 젤 전기영동이 사용된다 23

주요 개념 27

질문 & 문제 27

추천 문헌 29

Chapter 3 유전자 31

3.1 유전자에 포함된 정보의 본질 31

유전자는 DNA 분자의 단편이다 31
유전자는 RNA와 단백질 분자를 만들기 위한 지시 명령을 갖고 있다 32
단백질 합성은 생물학적 정보를 발현하는 열쇠이다 33
단백질로 번역되지 않는 RNA 분자 또한 중요하다 36

3.2 개별 유전자 정보 내용에서의 변이 38

유전적 변이는 대립유전자라 불린다 38
동일한 유전자에는 많은 변이들이 존재한다 39

3.3 유전자군 41

다수의 유전자 복사본들은 많은 양의 RNA가 신속하게 합성될 수 있게 한다 41
일부 다유전자군에서는 유전자가 발생 과정의 서로 다른 시기에서 활성을 가진다 44
글로빈 유전자군은 유전자가 어떻게 진화해온 지를 밝혀 준다 44

주요 개념 47

질문 & 문제 47

추천 문헌 49

Chapter 4 DNA에서 RNA로의 전사 51

4.1 여러 다른 생물종에서의 유전자 발현 51

생명체는 3개의 주요 그룹으로 나뉘어진다 51
유전자 발현은 단순히 "DNA는 RNA를 만들고, RNA가 단백질을 만드는 것" 이상이다 54

4.2 RNA를 합성하기 위한 효소들 56

대장균의 RNA 폴리메라아제는 5개의 서브유닛으로 구성된다 57
진핵생물은 더 복잡한 RNA 폴리메라아제를 갖고 있다 57

4.3 전사 개시를 위한 인식 서열들 58

박테리아 RNA 폴리메라아제는 프로모터 서열에 결합한다 58
진핵생물의 프로모터는 더 복잡하다 59
어떤 진핵생물 유전자는 하나 이상의 프로모터를 갖는다 61

4.4 박테리아와 진핵생물에서의 전사의 개시 61

σ 서브유닛은 박테리아 프로모터를 인식한다 62
RNA 폴리메라아제 II 개시 복합체의 형성 62
RNA 폴리메라아제 I과 III에 의한 전사의 개시 64

4.5 전사의 신장 단계 66

박테리아의 전사체는 RNA 폴리메라아제 중심효소에 의해 합성된다 66

모든 진핵생물 mRNA는 수정된 5′ 말단을 갖는다 67
일부 진핵생물 mRNAs의 합성은 몇 시간을 필요로 한다 69

4.6 전사의 종결 69

박테리아에서 RNA의 헤어핀 루프는 전사의 종결과 관련이 있다 69
진핵생물은 전사 종결을 위해 다양한 메커니즘을 사용한다 71

주요 개념 72

질문 & 문제 73

추천 문헌 75

Chapter 5 RNA 분자의 종류: mRNA 77

5.1 전사체 78

전사체들은 마이크로어레이 분석을 통해 연구된다 78
전사체 분석은 암 연구에서 중요한 역할을 한다 79
전사체의 구성은 시간에 따라 달라질 수 있다 82
비특이적 mRNA의 턴오버를 위한 다양한 경로가 존재한다 84
진핵세포에서 개개의 mRNA는 다이서 단백질에 의해 분해된다 85

5.2 진핵세포 mRNAs에서 인트론의 제거 86

인트론과 엑손의 경계는 특정 염기서열에 의해 표시된다 87
스플라이싱 경로 88
스플라이싱 동안에 어떻게 실수를 피할 수 있는지는 아직 명확하게 밝혀지지 않았다 90
수많은 진핵세포에 있어서 선택적 스플라이싱은 공통적으로 일어난다 91
트랜스-스플라이싱에 의해 서로 다른 전사체로부터 유래한 엑손이 연결된다 93

5.3 mRNAs의 편집 94

RNA 편집에는 다양한 타입들이 있다 94

주요 개념 95

질문 & 문제 95

추천 문헌 97

Chapter 6 RNA 분자의 종류: 비번역 RNA 99

6.1 리보솜 RNA 99

밀도구배 원심분리를 통한 리보솜과 그 부속물들에 대한 연구가 시작되었다 99
리보솜의 세부 구조에 대한 이해 101
전자현미경과 X-ray 크리스탈을 이용한 리보솜의 3차 구조의 결정 102

6.2 운반 RNA 104

모든 tRNA는 유사한 구조를 가지고 있다 104

6.3 전구체로부터 리보솜 RNA와 운반 RNA를 형성하는 과정 105

긴 전구체로 전사되는 rRNA 106
tRNA 역시 긴 전사체로부터 절단 과정을 거쳐 생성된다 108
화학적 변형을 통해 tRNA의 다양한 변형이 생성된다 109
rRNA도 변형이 일어나나 덜 광범위하게 일어난다 110

6.4 프리 rRNA와 프리 tRNA로부터 인트론의 제거 111

어떤 rRNA의 인트론은 효소로 작용한다 111
어떤 진핵세포의 프리 tRNA는 인트론을 포함하고 있다 112

주요 개념 114

질문 & 문제 114

추천 문헌 116

Chapter 7 유전 정보 117

7.1 단백질의 구조 117

아미노산은 펩타이드 결합을 통해 연결된다 117
단백질 구조는 4가지 계층적 구조를 가진다 119
아미노산 서열은 단백질 구조를 결정짓는 중요한 역할을 한다 121
아미노산 서열은 단백질의 기능도 결정한다 122

7.2 유전 암호 123

유전자와 이에 대응하는 단백질 123
각각의 유전 암호는 3개의 뉴클레오티드로 구성되어 있다 124
유전 암호의 중복성과 시작 및 종결 코돈 126
유전 암호는 모두 동일하지 않다 127

7.3 단백질 합성에서 tRNA의 역할 130

아미노아실-tRNA 합성 효소가 아미노산을 tRNA에 결합시킨다 131
일반적이지 않은 아미노아실화 반응 131
mRNA 염기서열에는 코돈과 안티코돈 사이의 베이스 간 결합을 위한 부위가 존재한다 133

주요 개념 134

질문 & 문제 135

추천 문헌 136

Chapter 8 단백질 합성 137

8.1 단백질 합성에서의 리보솜 역할 137

세균에서의 번역 개시는 내부 리보솜 결합 부위를 필요로 한다 137
진핵생물에서 개시는 캡 구조와 poly(A) 꼬리에 의해 매개된다 142
소수 진핵생물의 mRNAs의 번역은 스캔 없이 개시된다 144

폴리펩티드의 신장은 첫 번째 펩티드 결합의 형성부터 시작된다 144
신장은 종결 코돈에 도착할 때까지 계속된다 146
종결은 특별한 방출 인자를 요구한다 146

8.2 번역 후의 단백질 가공 148
어떤 단백질은 시험관에서 자발적으로 접힌다 148
세포 안에서 단백질 접힘은 샤페론 분자의 도움을 받는다 150
어떤 단백질은 화학적으로 변형된다 152
일부 단백질은 단백질의 절단에 의해 가공된다 154

8.3 단백질 분해 156
단백질 분해 과정은 다양하지만 어떻게 특정 단백질이 목표가 되는지는 완벽하게 연구되지 못했다 156

주요 개념 157
질문 & 문제 158
추천 문헌 159

Chapter 9 유전자 발현의 조절 161

9.1 유전자 조절의 중요성 161
유전자 조절은 세균이 환경의 변화에 대응하게 한다 162
진핵생물에서의 유전자 조절은 더욱 정교함을 요구한다 163
유전자 조절의 근본적인 원리는 모든 생물체에서 똑같다 164

9.2 세균에서 전사 개시의 조절 166
대장균에 의한 락토스 이용에는 4개의 유전자가 관여한다 166
조절 유전자는 억제 인자 단백질을 암호화한다 168
글루코스 역시 락토스 오페론을 조절한다 169
오페론은 원핵 생물 게놈에서 일반적인 특징이다 171

9.3 진핵생물에서의 전사 개시의 조절 172
RNA 폴리메라아제 II 프로모터는 다양한 조절 서열들에 의해 조절을 받는다 172
세포 밖으로부터의 신호는 유전자 발현에 영향을 주기 위해 핵으로 전달되어야만 한다 176
RNA 폴리메라아제 II 개시 복합체는 매개 단백질을 거쳐 활성화된다 178

9.4 유전자 발현을 조절하는 다른 방법들 179
세균 RNA 폴리메라아제의 변형은 다양한 유전자 세트가 발현될 수 있도록 만든다 179
전사 종결 신호는 가끔 무시된다 180
감쇠는 전사 종결을 목표로 하는 두 번째 조절 전략이다 183
세균과 진핵생물은 모두 번역 개시를 조절할 수 있다 184

주요 개념 186
질문 & 문제 187
추천 문헌 189

Part II 유전의 단위로서의 유전자 190

Chapter 10 DNA 복제 191

10.1 DNA 복제의 전체적인 양상 191
DNA는 반보존적으로 복제하지만 이것은 기하학적 문제를 일으킨다 191
DNA 토포이소메라아제가 기하학적 문제를 해결한다 193
반보존적 주제에 대한 다양성 195

10.2 DNA 폴리메라아제 198
DNA 폴리메라아제는 DNA를 합성하지만, 그것을 분해할 수도 있다 198
세균과 진핵생물들은 몇 종류의 DNA 폴리메라아제를 갖는다 200
DNA 폴리메라아제 활성이 제한되면 복제 과정 동안 문제가 나타난다 201

10.3 세균에서 DNA 복제 205
대장균은 단 하나의 복제 기점을 갖는다 205
세균 DNA 복제의 신장 단계 206
대장균 게놈의 복제는 제한된 지역 안에서 종결된다 208

10.4 진핵생물에서의 DNA 복제 209
진핵생물의 게놈은 다수의 복제 기점들을 갖는다 209
진핵생물의 복제 포크: 세균 주제의 다양성 210
진핵생물에서 복제 종결에 대해서 알려진 것은 거의 없다 211

주요 개념 212
질문 & 문제 213
추천 문헌 214

Chapter 11 진핵세포 분열에서 유전자의 유전 215

11.1 게놈과 염색체 215
진핵세포의 게놈은 염색체에 포함되어 있다 215
염색체는 DNA와 단백질을 포함한다 217
히스톤은 뉴클레오솜의 구성 성분이다 218
뉴클레오솜은 결합하여 30 nm 염색질 섬유를 형성한다 220
어떻게 DNA가 보다 밀집된 염색체 구조로 포장되는지 이해되지 않는다 221

11.2 중기 염색체의 특이한 특성 222
각각의 중기 염색체들은 명확한 형태를 갖는다 222
동원체는 반복 서열 DNA와 변형된 뉴클레오솜을 포함한다 223
텔로미어는 염색체 말단을 보호한다 223
염색체는 여러 번 복제하는 동안에 점차적으로 짧아진다 225

11.3 세포주기 227
세포주기에는 4개의 단계가 있다 230
DNA 복제는 세포주기의 다른 단계들과 조정되어야만 한다 230
S기 동안에도 역시 조절이 있을 수 있다 231
체세포 분열은 염색체의 정확한 분배를 보장한다 233
주요 개념 235
질문 & 문제 235
추천 문헌 237

Chapter 12 세균에서 유전자의 유전 239
12.1 대장균에서 유전자의 유전 240
대장균 핵양체는 단백질 코어에 부착되어 있는 초나선형 DNA를 포함하고 있다 240
플라스미드는 세균 세포 안에 있는 독립적인 DNA 분자이다 241
플라스미드는 그들이 가지고 있는 유전자에 따라 분류될 수 있다 242
단일 세균은 동일하거나 다른 플라스미드의 다수의 복사본을 가질 수 있다 243
딸세포가 어떻게 세균 염색체와 플라스미드의 복사본을 획득하는지 잘 알려져 있지 않다 244
12.2 대장균 주제에서의 변화 245
세균 게놈은 크기에서 매우 다양하고, 일부는 선형 DNA 분자이다 245
일부 세균은 여러 부분으로 나누어진 게놈을 가지고 있다 246
12.3 세균 간에 유전자의 전달 248
플라스미드는 접합에 의해 세균 간에 전달될 수 있다 248
염색체 유전자도 또한 접합 중에 전달될 수 있다 250
세균 유전자는 공여 세포와 수용 세포 사이에서 접촉 없이도 역시 전달될 수 있다 251
전달된 세균 DNA는 수용 세포 게놈의 영구적인 특징이 될 수 있다 254
주요 개념 256
질문 & 문제 256
추천 문헌 258

Chapter 13 바이러스 감염주기에서 유전자의 유전 259
13.1 박테리오파지 259
박테리오파지는 다양한 구조와 동일하게 다양한 게놈을 가진다 260
박테리오파지 T4의 용균성 감염주기 261
용균성 감염주기는 초기와 후기 유전자의 발현에 의해 조절된다 263
박테리오파지 λ의 용원성 감염주기 264
많은 유전자는 용원성의 확립 및 유지에 관련되어 있다 265
일부 독특한 박테리오파지 생활주기가 있다 267
13.2 진핵생물의 바이러스 267
진핵생물 바이러스는 다양한 구조와 감염 전략을 가진다 268
바이러스 retroelements는 숙주 세포 DNA로 통합한다 269
어떤 레트로바이러스는 종양을 야기한다 270
13.3 생명의 경계를 향해 그리고 뛰어넘어 274
바이러스 retroelements의 세포 버전이 있다 274
새틀라이드 RNA, 바이루소이드, 바이로이드, 그리고 프리온은 아마도 모두 생명의 경계를 넘어서 있다 275
주요 개념 276
질문 & 문제 277
추천 문헌 278

Chapter 14 진핵생물 유성생식에서 DNA 분자의 유전 279
14.1 감수 분열 중 DNA 분자의 유전 280
감수 분열은 두 번의 연속적인 세포 분열이 필요하다 280
제 1감수 분열 중에, 2가 염색체는 상동염색체 사이에서 형성된다 281
2가 염색체의 형성은 형제자매가 서로 동일하지 않게 한다 282
재조합은 2가 염색체 내에서 상동염색체 간에 일어난다 284
14.2 재조합의 분자적 기초 285
상동재조합은 DNA의 이형 이중 가닥의 형성으로 시작된다 286
홀리데이 구조의 분열은 재조합으로 귀결된다 287
상동재조합에 대한 생화학 경로들은 대장균에서 연구되었다 288
진핵생물에서 재조합의 생화학적 기초는 훨씬 덜 이해되고 있다 289
주요 개념 290
질문 & 문제 290
추천 문헌 291

Chapter 15 진핵생물 유성생식에서 유전자의 유전 293
15.1 대립유전자 쌍 사이의 관계 293
둥근 완두콩에 대한 대립유전자는 주름진 완두콩에 대한 대립유전자에 비해 우성이다 294
몇몇 대립유전자 쌍은 불완전 우성을 나타낸다 295

치사 대립유전자의 동형접합체는 사멸한다 298
어떤 대립유전자는 공우성이다 299

15.2 서로 다른 유전자의 대립유전자 사이의 상호작용 300
상호작용하는 유전자의 기능이 있는 대립유전자는 부가적인 효과를 갖는다 301
생화학적 회로의 여러 다른 단계에서 조절되는 유전자 사이에 일어나는 중요한 상호작용 303
상위는 한 유전자의 대립유전자가 두 번째 유전자의 효과를 감추게 하는 상호작용이다 303
다수의 유전자 사이의 상호작용은 정량적인 특성을 나타낸다 304

15.3 동일 염색체 내에 위치한 유전자의 유전 305
교차는 재조합 유전자형의 생식세포를 낳는다 306
재조합 빈도로부터 계산되어 유전자의 위치를 지도로 작성할 수 있게 한다 306
실제로, 유전자 지도 제작에는 계획된 육종 시험 혹은 혈통 분석이 필요하다 308
인간 유전자의 지도 제작은 혈통 분석을 통해 수행된다 309

주요 개념 313
질문 & 문제 313
추천 문헌 315

Chapter 16 돌연변이와 DNA 수선 317

16.1 돌연변이 원인 317
복제에서의 오류는 점 돌연변이의 원천이다 319
복제 오류는 삽입과 결손 돌연변이를 일으킬 수 있다 321
돌연변이원은 세포에 손상을 일으키는 환경 요인 중의 한 유형이다 322
화학적 돌연변이원에는 많은 유형이 있다 323
물리적 돌연변이원에도 역시 몇몇 유형이 있다 326

16.2 DNA 수선 327
직접 수선하는 시스템은 닉(nick)을 채워 몇몇 뉴클레오티드가 변형된 형태를 수정한다 328
많은 형태의 손상된 뉴클레오티드는 염기 절제를 통해 수선될 수 있다 329
뉴클레오티드 절제 수선은 보다 광범위한 타입의 손상을 고치는 데 이용된다 330
미스매치 수선은 복제 오류를 고친다 331
부서진 DNA도 역시 수선될 수 있다 332
비상 상태에서의 DNA 손상은 게놈 복제 동안에는 우회될 수 있다 334
DNA 수선의 결함은 암을 포함한 인간 질환의 원인이다 334

16.3 유전자, 세포, 생물체에 미치는 돌연변이의 효과 335
돌연변이는 유전자에 포함되어 있는 생물 정보에 다양한 영향을 준다 335
돌연변이는 다세포 생물에 다양한 영향을 미친다 336
두 번째 돌연변이는 먼저 일어난 돌연변이의 표현된 형질을 되돌릴 수 있다 339

주요 개념 340
질문 & 문제 341
추천 문헌 342

Chapter 17 집단에서 유전자의 유전 343

17.1 집단에서 대립유전자의 빈도에 영향을 주는 요인 344
대립유전자 빈도는 단순히 짝짓기의 결과로써 변하진 않는다 344
유전적 부동은 집단의 크기가 무한하지 않기 때문에 발생한다 345
대립유전자는 효과적인 집단 크기에 의해서 결정된 비율로 고정된다 349
새로운 대립유전자는 돌연변이에 의해서 끊임없이 창출된다 350
자연 선택은 그들의 환경에 높은 적합성을 가진 개체를 선호한다 351
자연 선택은 근본적으로 유전자형의 빈도를 변화시켜 표현형으로 나타난다 352
대립유전자는 자연 선택이 히치하이크(hitchhike) 할 수 있는 대상이 아니다 354
이형접합체는 때때로 선택적인 장점을 갖는다 355
대립유전자 빈도에 대하여 유전적 부동과 선택의 상대적인 영향은 무엇일까? 356

17.2 대립유전자 빈도에 대한 집단생물학의 영향 357
환경의 다양성이 대립유전자 빈도의 단계적 차이를 만들 수 있다 358
집단 안에서 이종 교배에 대한 내부의 장벽이 있을지 모른다 359
유효 집단 크기의 일시적인 감소는 대립유전자 빈도에 급격한 변화를 줄 수 있다 361
한 집단의 분열은 종 분화의 전구체가 될 수 있다 364

주요 개념 366
질문 & 문제 366
추천 문헌 367

Part III 현대 세계의 유전학 368

Chapter 18 분화 및 발생에서의 유전자 369

18.1 세포 분화에서 유전자 발현의 변화 370
척추동물에서 면역글로불린 및 T-세포의 다양성은 게놈이 재배열된 결과이다 371

유전적 피드백 고리는 세포 계보의 영구적 분화를 보장할 수 있다 373
뉴클레오솜의 화학적 변성은 염색질 구조에 유전적 변화를 가져온다 374
폴리콤이라고 부르는 초파리 단백질과 트리토락스가 크로마틴 패키징에 영향을 준다 376
DNA 메틸화는 게놈의 어떤 영역을 침묵시킬 수 있다 377
유전자 각인 및 X 불활성화는 DNA 메틸화 결과이다 378

18.2 발생 과정에서 유전자 활성의 조절 380
발생유전학 연구는 모델 생물의 이용에 의해 입증된다 380
꼬마선충은 어떻게 세포-세포 간의 신호를 통해 위치 정보를 제공할 수 있는지를 보여 준다 382
초파리 배아의 위치 정보는 모계 유전자에 의해 가장 먼저 만들어진다 384
유전자 활성의 연쇄 반응을 통해 위치 정보가 체절 패턴으로 바뀐다 386
체절은 호메오틱 선택 유전자에 의해 결정된다 387
호메오틱 선택 유전자는 척추동물의 발생에도 관여한다 388
호메오틱 유전자는 식물 발생에도 관여한다 390

주요 개념 392
질문 & 문제 392
추천 문헌 394

Chapter 19 인간의 게놈 395

19.1 인간 세포핵 내 게놈의 유전자 구성 396
인간 게놈은 기대했던 것보다 더 적은 수의 유전자를 가지고 있다 396
인간 게놈의 유전자 배열은 논리적이지 않다 398
유전자는 인간 게놈의 단지 작은 부분만으로 구성되어 있다 399
유전자는 하등 진핵생물의 게놈에서 좀 더 조밀하게 뭉쳐 있다 400

19.2 인간 핵세포 게놈의 반복적인 DNA 구성 요소 404
산재성 반복서열은 다양한 종류의 RNA 트랜스포존을 포함한다 404
직렬 반복 DNA는 밀도 기울기에서 새틀라이트 밴드를 형성한다 405
미니새틀라이트와 마이크로새틀라이트는 직렬 반복 DNA의 특별한 형태이다 406

19.3 인간과 다른 동물들의 게놈은 어떠한 차이가 있을까? 407
침팬지는 동물계에서 우리와 가장 가까운 종족이다 407
인간과 침팬지 게놈의 비교에서 무엇이 우리를 인간으로 만들었는지를 밝혀내는 데 실패했다 409

19.4 미토콘드리아 게놈 410
인간 미토콘드리아 게놈은 유전자로 가득 차 있다 410
전체 미토콘드리아 게놈은 많은 다양성을 보여 준다 412
미토콘드리아와 엽록체는 한 때, 원핵생물이었다 413

주요 개념 414
질문 & 문제 415
추천 문헌 416

Chapter 20 유전자와 의학 417

20.1 유전병의 유전학적 근거 417
많은 유전병은 기능 상실 돌연변이에 기인한다 418
기능 획득에 의한 유전병은 일반적이지 않다 419
트리뉴클레오티드 반복 확장은 유전병을 일으킬 수 있다 421
우성과 열성 유전병이 있다 422
우성-열성 관계는 우리에게 질병의 원인에 대한 무언가를 말해 준다 424
유전병은 역시 큰 결실과 염색체 이상에 의해 야기된다 425

20.2 암의 유전학적 기초 427
암은 원종양형성유전자의 활동에서부터 시작한다 427
종양 억제유전자는 세포 형질전환을 억제한다 429
암의 발달은 복합적인 과정이다 433

20.3 유전자 치료 434
유전자 치료에는 두 가지 접근 방법이 있다 434
유전자 치료법은 암 치료에도 사용될 수 있다 437

주요 개념 438
질문 & 문제 439
추천 문헌 440

Chapter 21 법의학에서의 DNA와 인류기원 연구 441

21.1 DNA와 과학수사 441
모든 인간 게놈은 고유하다 441
유전자 프로파일은 다중 PCR에 의해 획득된다 442
DNA 테스트는 역시 단일 가족의 구성원을 확인할 수 있다 444
유전자 프로파일은 로마노프 왕조의 유골을 확인하는 데 사용되었다 445
DNA 검사는 또한 고고학적 유물 사이에서 가족군을 확인하는 데 이용된다 448

21.2 우리 종의 기원을 추적하기 위해 유전학을 사용한다 449
현대 인간의 기원에 대한 두 가지 가설이 있다 449

DNA 서열 간의 비교는 진화적 연관 관계를 추론하는 데 사용될 수 있다 451
분자시계는 조상 유전자 서열의 시간 거리를 추측할 수 있게 한다 452
DNA 분석은 아프리카 중심설을 뒷받침한다 453
네안데르탈인은 현생 인류의 선조가 아니다 454

21.3 현생 인류의 아프리카 외부로의 확산 455
계통수와 분자시계는 인간 과거를 연구하는 데에 있어서, 항상 가장 좋은 방법은 아니다 456
하나의 모델은 현생 인류가 아시아의 남쪽 해안을 따라 급속도로 확산되었다는 것을 제시한다 460
새로운 세상으로 461
현대 유럽인들의 기원 462

주요 개념 464
질문 & 문제 465
추천 문헌 466

Chapter 22 산업과 농업 분야에서의 유전자 467

22.1 미생물에 의한 재조합 단백질의 생산 467
특별한 클로닝 백터가 재조한 단백질을 합성하는 데 필요하다 468
인슐린은 대장균 안에서 합성된 첫 번째 인간 단백질 중 하나이다 470
대장균은 재조합 단백질을 생산하기 위한 이상적인 숙주가 아니다 472
재조합 단백질은 진핵세포에서도 역시 합성될 수 있다 474
Factor VIII는 재조합 방법에 의하여 생산에 어려운 단백질의 본보기이다 476
백신 또한 재조합 기술을 통해 생산할 수 있다 477

22.2 식물과 동물의 유전공학 478
농작물은 제초제에 저항성을 갖도록 조작될 수 있다 478
다양한 GM 작물들이 유전자 첨가에 의해 생산되었다 480
식물 유전자는 유전자 변형에 의해 침묵될 수도 있다 482
유전자 조작된 식물은 백신을 포함한 재조합 단백질의 합성에 이용될 수 있다 483
재조합 단백질은 파밍을 통해 동물에서 생산될 수 있다 484

주요 개념 485
질문 & 문제 485
추천 문헌 487

Chapter 23 현대 유전학에 의해 제기되는 윤리적인 이슈 489

23.1 현대 유전학에서 우려가 되는 분야 489
GM 작물이 인간의 건강을 해칠지도 모른다는 우려가 제기되고 있다 490
GM 작물이 환경에 해를 끼칠 수 있을 것이라는 우려도 있다 492
GM 기술은 매년 새로운 종자를 구입하는 농부에게 확신을 주는 데 이용될 수 있다 494
개인의 DNA 데이터 활용에 있어 몇몇 이슈가 있다 495
유전자 치료와 파밍은 이러한 기술의 사용에 대하여 의구심을 일으킨다 496

23.2 현대 유전학과 관련된 윤리적 이슈의 합의 498
윤리적 논쟁은 과학적 허구가 아닌 과학적 사실에 근거를 두어야 한다 498
모두는 아니어도 소수의 유전학자들은 미쳤거나 악마일지도 모른다 499

주요 개념 500
추천 문헌 500

GLOSSARY 501
INDEX 523

현대 유전학의 범위 CHAPTER 1

유전학(Genetics)은 현대 사회에서 중심적인 역할을 하는 학문이다. 21세기의 어느 평범한 날에 "유전학"이라는 용어를 구글(Google)에서 검색해 보면, 한 주간 동안 다음과 같은 내용이 실려 있는 것을 볼 수 있을 것이다.

- 과학자들이 알츠하이머와 관련된 새로운 유전학을 발견하였다.
- 유전자 지도를 통해 우수한 콩을 개발하기 위한 방향을 알 수 있다.
- 미제의 강간 사건이 유전적 증거를 통해 밝혀졌다.

이와 같은 뉴스는 현대 사회에서 유전학의 범위가 어디까지인지를 말해 주고 있다. 즉, 유전학을 통해 질병이 치료될 수 있고, 혹은 병을 앓는 환자의 삶의 질이 개선될 수도 있다. 또한 유전학은 지구의 농작물 수확량을 늘리고 영양가를 높일 수 있는 열쇠이기도 하다. 따라서 생명과학 분야에서도 유전학을 가장 "생명이 있는 것(living)"으로 표현하는 것이 그리 놀라운 일은 아니다.

1.1 유전학이란 무엇인가?

유전학(Genetics)은 사람을 포함한 모든 생물체들이 그들의 특징을 부모로부터 자식 세대들에게 물려 주는 과정, 그리하여 조상을 닮게 되는 **유전(heredity)**을 다루는 학문이다. 유전학의 중심 개념은 유전이 **유전자(genes)**라고 불리우는 매우 방대한 요소(factors)에 의해 조절되는 것이며, 유전자는 살아 있는 세포 내에 존재하는 물리적 입자들이다.

유전자는 **생물 정보(biological information)**를 갖고 있는 단위(units)이다. 한 생물체의 유전자에 포함된 전체 성분은 하나의 생물체를 구성하는 데 필요한 모든 정보를 갖고 있다. 어떤 유전자는 사람의 눈 색깔처럼, 한 생물체의 시각적 특징과 관련이 있다. 또 다른 어떤 유전자는 오직 생물체의 생리 대사가 잘 진행되는지를 인식하는 생화학적 반응에만 관여한다. 그래서 우리는 그러한 유전자가 제대로 작동되지 않았을 때의 상황에 대해 두려워하기도 한다. 이에 대한 훌륭한 예는 인간 유전자 중에서 염소(Cl, chloride) 이온을 세포 내외로 수송하는 생물 정보의 일부를 포함하는 *CFTR*이다. 만일 *CFTR* 유전자에 결함이 생기면, 염소 수송이 제대로 이루어지지 않기 때문에 폐에 점액(mucus)이 쌓이게 되어 염증으로 이어진다. 이것이 낭포성섬유증(cystic fibrosis)이라고 하는 질환의 주요 원인이다. *CFTR* 유전자는 낭포성섬유증의 원인을 밝히고자 했던 연구를 통해 처음으로 발견되었다. 실제로, CFTR은 이 유전자에 포함된 생물 정보를 설명할 수 있는 용어인 "cystic fibrosis transmembrane regulator (CFTR, 낭포성섬유증 세포막단백질)"을 의미한다.

유전자는 생물 정보를 포함하는 단위이므로 역시 **전달(inheritance)**의 단위이기도 하다. **유성생식(sexual reproduction)** 동안에 부모의 유전자는 수정란 세포에 존재한다. 이 유전자는 하나의 새로운 생명체를 만들기 위해 필요한 완전한 생물 정보를 수정란에 제공하고, 새로운 생명체는 양쪽 부모로부터 신체적 및 생화학적인 특징들을 물려받는다.

따라서 유전학을 이해하기 위해서는 유전자를 이해하는 것이 필요하고, 이 책의 목적은 그러한 유전자를 이해하는 데 도움을 줄 것이다.

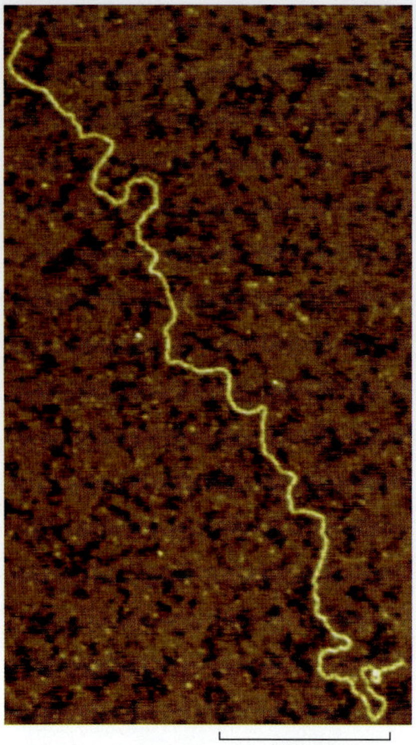

그림 1.1 AFM (atomic-force microscopy)으로 관찰한 효모(*saccharomyces cerevisiae*)의 DNA 분자 (Courtesy of Jim de Yoreo, Lawrence Berkeley National Laboratory. R. W. Friddle, J. E. Klare, S. S. Martin et al., *Biophys. J.* 86: 1632–1639, 2004.)

유전자는 생물 정보의 단위이다

첫 번째로 주어진 학습목표는 무엇보다도 가장 기본적인 것들이다. "즉, 유전자 내에서 생물 정보는 어떻게 저장될까?"라는 문제이다. 20세기 초의 초기 유전학자들에게 이것은 이해할 수 없는 대단히 복잡한 문제였다. 이 수수께끼는 1950년대에 유전자는 **DNA**(그림 1.1)로 구성되었다는 사실이 발견되고 나서야 비로소 처음으로 해결되었다. 그러므로 유전학에 대한 우리들의 탐험은 DNA와 함께 출발해야만 한다. 2장에서 우리는 DNA 구조를 배우고, 이 구조가 어떻게 DNA 분자를 구성할 수 있는지를 알아 볼 것이다. A, C, G, T라는 네 글자로 구성된 언어가 어떻게 하나의 살아 있는 생명체를 만들 수 있을까(그림 1.2)?

DNA 구조를 이해하기 위한 유일한 첫 번째 방법은 생물 정보가 어떻게 유전자에 포함되는지를 이해하는 것이다. 하나하나의 개별적인 유전자의 구조를 더욱 상세하게 관찰해보면, DNA는 서로 다른 형태로 생물 정보를 포함하고 있다는 것을 알게 된다. 예를 들면, 눈 색깔을 특징짓는 유전자가 있고, 염소(Cl) 이온을 수송할 수 있는 능력을 가진 유전자가 있다. 또한 다른 유전자의 활성을 조절하는 조절유전자도 존재하는데, 1990년대까지는 이러한 특별한 형태의 조절유전자가 발견되지 않았다. 아울러, 생물 정보를 포함하지 않는 유전자도 역시 존재한다. 이 같은 유전자는 진화의 산물로 여겨지는데, 한때는 활성을 가진 유전자였지만 생물체에 의해 더 이상 필요성이 없어진 경우이다. 유전자를 연구하다 보면 더욱 복잡한 유전자도 있다. 어떤 유전자에서는 생물 정보가 단편(segment)으로 나뉘어져 존재하기도 하고, 그 단편들이 세포에 보내지는 정보를 변화시키기 위해 다양한 방법으로 조합될 수도 있다. 3장에서 이와 같은 유전자 구조의 다양한 형태들을 모두 다루게 될 것이다.

유전자에 포함된 생물 정보는 유전자 발현이라는 과정을 통해 나타난다

DNA 및 유전자를 탐구해 보면, 현재까지 알려진 생물 정보가 저장되는 방법에 대해 이해하게 될 것이다. 우리에게 주어진 다음 질문은 "이러한 정보들이 어떻게 세포에게 유용하게 사용될까?"하는 것이다. 예를 들어, "*CFTR* 유전자에 포함된 생물 정보는, 세포막을 관통하여 염소 이온을 수송할 수 있는 방법에 대해 세포에게 어떤 명령을 내리는 것일까?"

세포에서 유전자에 있는 생물 정보를 바꾸는 것을 **유전자 발현**(**gene expression**, 그림 1.3)이라고 한다. 모든 유전자의 경우, 유전자 발현의 과정은 DNA 분자(molecule)에 포함된 유전 정보를 RNA 분자로 전달함으로써 시작된다. 우리는 4장을 통해 DNA와

```
GTTGTTATTAATTGTGATTGGAGCTATAGCAGTTGTCGCAGTTTTACAACCCTACATCTT
TGTTGCAACAGTGCCAGTGATAGTGGCTTTTATTATGTTGAGAGCATATTTCCTCCAAAC
CTCACAGCAACTCAAACAACTGGAATCTGAAGGTATGACAGTGAATGTGCGATACTCATC
TTGTAAAAAAGCTATAAGAGCTATTTGAGATTCTTTATTGTTAATCTACTTAAAAAAAAT
TCTGCTTTTAAACTTTTACATCATATAACAATAATTTTTTTCTACATGCATGTGTATATA
AAAGGAAACTATATTACAAAGTACACATGGATTTTTTTTCTTAATTAATGACCATGTGAC
TTCATTTTGGTTTTAAAATAGGTATATAGAATCTTACCACAGTTGGTGTACAGGACATTC
ATTTATAATAAACTTATATCAGTCAAATTAAACAAGGATAGTGCTGCTATTACTAAAGGT
TTCTCTGGGTTCCCAAATGATACTTGACCAAATTTGTCCCTTTGGCTTGTTGTCTTCAGA
CACCCTTTCTTCATGTGTTGGAGCTGCCATTTCGTGTGCCCCCAAACTCTACTTGAGCTG
TTAGGGAATCACATTTTGCAGTGACAGCCTTAGTGTGGGTGCATTTTCAGGCAATACTTT
TTCAGTATATTTCTGCTTTGTAGATTATTAGCTAAATCAAGTCACATAAACTTCCTTAAT
TTAGATACTTGAAAAAATTGTCTTAAAAGAAAATTTTTTTAGTAAGAATTAATTTAGAAT
TAGCCAGAAAACTCCCAGTGGTAGCCAAGAAAGAGGAATAAATATTGGTGGTAATTTTTT
AAGTTCCCATCTCTGGTAGCCAAGTAAAAAAAGAGGGTAACTCATTAATAAAATAACAAA
TCATATCTATTCAAAGAATGGCACCAGTGTGAAAAAAAGCTTTTTAACCAATGACATTTG
TGATATGATTATTCTAATTTAGTCTTTTTCAGGTACAAGATATTATGAAATTACATTTTG
```

그림 1.2 인간 *CFTR* 유전자 DNA 염기서열의 일부. DNA에 포함된 생물 정보는 A, C, G, T 네 글자로 구성된 언어로 표현된다. *CFTR* 유전자는 모두 4,443개의 글자로 이루어졌으며, 여기에서는 1,020개의 글자만이 나타나 있다.

RNA가 매우 유사한 분자 타입(type)이라는 것을 알게 될 것이며, DNA 분자에 담긴 정보를 RNA 분자로 전달하는 유전자 발현 단계를 매우 화학적인 용어를 사용해 **전사**(**transcription**)라고 부른다는 것도 알게 될 것이다. 전사에 의해 생성된 RNA 분자는 서로 다른 다양한 그룹으로서 기능을 한다. 어떤 RNA 분자는 짧은 수명을 갖고 있고 단백질 합성에 직접 사용되는 유전자의 생물 정보를 포함하고 있는데, 이러한 타입의 RNA를 **mRNA (messenger RNA, 전령 RNA)**라고 한다. 단백질을 합성하는 데 있어서 mRNA가 어떤 역할을 하는지, 또한 어떤 구조로 되어 있는지는 5장에서 다루게 될 것이다. 또한 전사에 의해 생성된 모든 RNA의 90% 이상을 차지하는 또 다른 두 종류의 중요한 RNA, 즉 **rRNA (ribosomal RNA**, 리보솜 RNA), **tRNA (transfer RNA**, 운반 RNA)가 있다. 이들은 유전자 발현의 최종 산물이고 세포 내에서 각자의 고유한 기능을 수행하며, mRNA로 전달된 유전 정보를 단백질로 전환시키는 역할을 한다. 우리는 6장에서 rRNA 및 tRNA의 형태를 배우게 될 것이고, 7장과 8장에서는 이러한 두 RNA가 어떻게 서로 협력하여 mRNA에 포함된 유전 정보들을 **번역**(**translation**)하여 단백질을 생산하는지를 자세히 배우게 될 것이다.

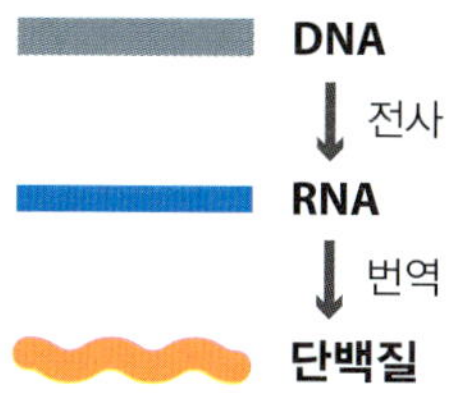

그림 1.3 가장 간단한 형태의 유전자 발현. 유전자 발현은 두 단계를 거치는데, 첫 번째 단계는 DNA를 RNA로 전사하는 과정이고, 두 번째 단계는 RNA를 단백질로 번역하는 과정이다.

유전자 스위치의 켜짐/꺼짐(on/off)에 의해 유전자가 발현된다

1개의 세포 안에 들어 있는 전체 유전자는 어마어마한 생물 정보를 갖고 있다. 몇몇 유전자에 있는 정보는 모든 세포들에서 동시에 필요하다. 그러나 일부 유전자는 더욱 세분화된 역할을 담당하며, 이에 따라 이 유전자의 발현은 생물 정보가 필요한 몇몇 특별한 시기에만 활성화된다.

단세포 생물체라 할지라도, 환경 변화에 적응하기 위해서 그들의 유전자 발현이 조절될 수 있다. 예를 들어 수많은 박테리아의 경우, 갑작스럽게 주위 온도가 상승하면 자신을 보호할 수 있는 단백질을 생산하기 위해 유전자 세트(set)의 스위치가 켜지게(on) 된다(**그림 1.4**). 반면, 다세포 생물에서는 각각의 세포가 호르몬이나 성장 요인 또는 조절 분자에 반응하기 위해서 그들의 유전자 발현 패턴을 변화시킨다. 그러므로 세포들 사이에서의 화학적 신호를 통해 전체적으로는 생물체에 유리하도록 세포의 활성화가 일어난다.

우리는 9장에서 유전자 발현이 조절되는 방식, 즉 유전자 조절 스위치가 단순하게 on/off 되는 것보다 더 많은 것을 배우게 될 것이고, 또한 켜진 유전자의 발현율을 조절하는 것이 필요하다는 것을 알게 될 것이다. 유전자 발현을 조절하는 데에는 수많

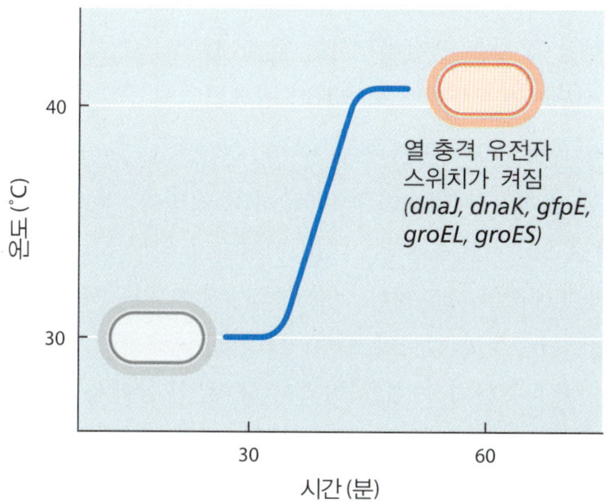

그림 1.4 대장균(*E. coli*)과 같은 박테리아의 열 충격 반응(heat shock response). 온도가 30°C에서 42°C로 상승하면 *dnaJ*, *dnaK* 유전자 스위치가 켜지게 되고, 이러한 유전자에 의해 암호화된 단백질의 도움을 받아 세포는 열 충격으로부터 보호된다.

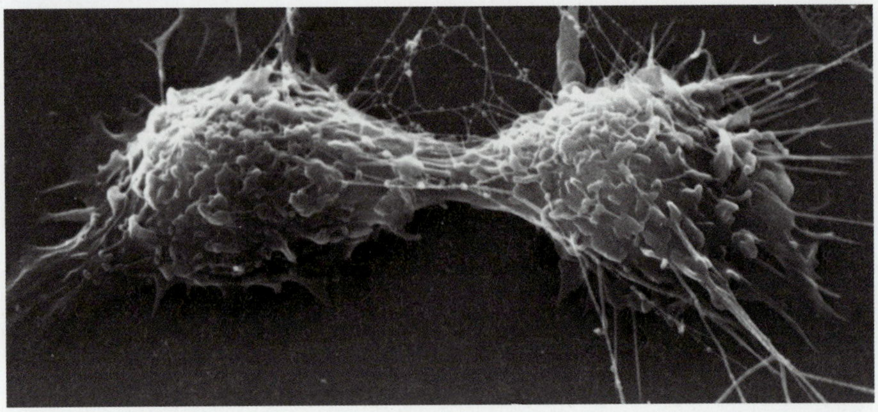

그림 1.5 세포 분열. 동물 세포의 마지막 세포 분열 단계를 주사전자현미경(SEM)을 통해 보여 주고 있다. (Courtesy of Guenter Albrecht-Buehler, Northwestern University.)

은 방식이 존재하지만, 이들 중에서 유전자를 RNA로 전사시킬 것인지, 혹은 전사시키지 않을 것인지를 조절하는 유전자의 작용이 유전자 발현의 시작에서 가장 중요하다.

유전자는 전달(inheritance)의 단위이다

우리는 2부에서 전달(inheritance)의 단위로서 유전자가 어떻게 작용하는지를 배우게 될 것이다. 이 문제는 유성생식을 생각해 보면 간단하게 이해된다. 거의 대부분의 생식에서 1개의 모세포는 2개의 딸세포로 분리된다(**그림 1.5**). 이러한 생식 방식은 사람의 신체에서 매우 광범위하게 나타나는데, 사람에게 필요한 모든 세포는 일생 동안 10^{17}번 분열하며, 이는 박테리아가 분열하는 방법과 동일하다. 모든 세포가 분열하는 동안, 유전자의 완전한 세트(set)는 모세포로부터 2개의 딸세포로 전달된다. 이 과정에서 오류가 발생하게 되면 한 생물체의 생물 정보에 변화가 일어나게 되고 결국 커다란 재앙이 나타난다. 따라서 세포 분열이 일어나는 동안, 어떻게 유전자가 딸세포에게 전달되는지를 연구함으로써 전달의 단위인 유전자에 대한 연구를 시작할 것이다.

우리의 첫 번째 과제는 유전자가 어떻게 복제(replication)하는지를 이해하는 것이다. 1개의 세포가 2개의 세포로 분열한 후, 1개의 사본(copy)에는 명백히 모든 유전자가 포함되어 있다. 유전자는 DNA로 이루어져 있으므로, DNA 분자를 복제하여 유전자 사본을 생산하는 과정이 가장 중요하다. 2장에서 DNA에 관해 학습하다보면, DNA 분자 구조가 복제에 용이하도록 구성되어 있다는 것으로 알게 될 것이고, 유전자가 DNA로 구성되어 있다는 것을 확인했던 유전학자들이 "유레카(eureka)"라고 외쳤던 이유를 이해하게 될 것이다. 우리는 10장에서 복제 과정에 대해 더욱 상세하게 알아볼 것이다. 첫 번째로 복제 패턴을 전체적으로 보게 되고, 1개의 DNA 분자가 어떻게 동일한 2개의 딸세포 분자를 생산하는지를 알게 될 것이다. 그런 다음, 새로운 DNA 분자를 합성하는 데에 있어서 어떤 단백질이 필요한지에 관하여 살펴볼 것이다.

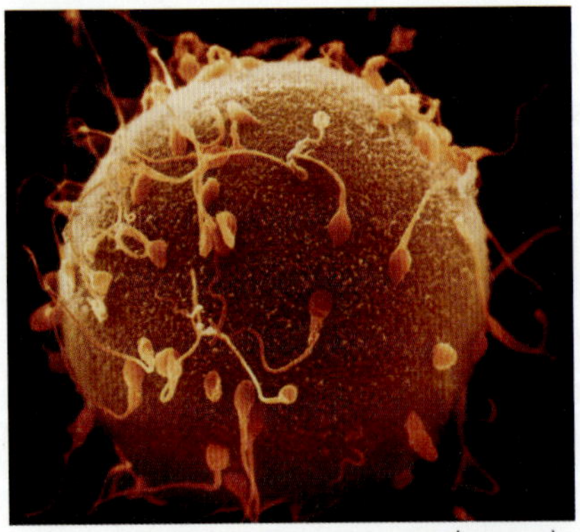

그림 1.6 사람 난자 세포에서의 수정. 이 전자현미경(SEM) 사진에서와 같이 난자 표면에 수많은 정자가 부착되어 있지만, 실제로는 오직 1개의 정자 만이 수정에 성공한다. (Courtesy of D. Phillips/Science Photo Library.)

그러나 DNA 복제를 학습하는 과정에서, 세포가 분열하는 동안 유전자가 어떻게 딸세포로 전달되는지에 관해서는 완전한 설명을 하지 않았다. 복제된 DNA 분자의 전체 세트가 어떻게 딸세포로 전달되는지에 대해 이해하기 위해서는, 우선 DNA 분자가 다양한 형태의 생물체 세포의 내부에서 어떻게 정렬되어 있는지, 세포 분열 동안 DNA 복제가 어떻게 일어나는지를 알아야 한다. 11장에서는 세포 분열 동안 일어나는 고등생물을 포함한 인간의 유전자 전달 방법에 대해, 12장에서는 이들과는 매우 다른 박테리아의 유전자 전달에 대해서 다룬다. 또한 13장을 통해 바이러스의 용균 주기(infection cycle) 동안, 그들의 유전자를 후손에게 물려 주는 매우 극단적인 메커니즘을 다룰 예정이다.

아이는 부모로부터 유전자를 물려 받는다

일단 세포 분열 동안 일어나는 사건(events)으로 인해 나타나는 결과를 명확하게 이해한다면, 유성생식 동안의 유전자 전달 과정에서 밝혀진 복잡한 변화들을 이해하는 데 도움이 될 것이다.

유성생식은 정자 및 난자 세포를 생산하는 세포 분열의 특별한 방식에 의해 진행된다. 정자와 난자가 1개의 수정란으로 융합된 후에, 생물체는 새로운 버전(version)을 통해 발생을 시작한다(그림 1.6). 이 과정을 이해하기 위해, 우리는 두 가지 질문에 답을 해야만 한다. 첫째 질문은 "유성생식이 일어나는 동안 DNA 분자는 어떻게 전달될까?"에 대한 대답이다. 우리는 14장에서 유성생식을 단계별로 추적하고, 각각의 단계에서 DNA 분자에 어떤 변화가 일어나는지를 이해하게 될 것이다. 유성생식은 무성생식 동안에 일어나는 세포 분열의 방식과는 다르다. 즉, 무성생식에서는 부모 세포가 분열하여 생산한 DNA 분자의 복제물을 새로운 딸세포에게 그대로 전달한다. 그러나 유성생식에서는 **재조합(recombination)**에 의해 DNA 분자의 단편(segments)이 서로 교환할 수 있는 기회를 갖기 때문에 훨씬 더 복잡한 양상을 띤다(그림 1.7). 우리는 이 같은 재조합이 어떻게 일어나고, 이러한 재조합이 유성생식의 결과로 자손에게 전달된 DNA 분자 구조에 어떠한 영향을 미치는지에 관해 학습할 것이다.

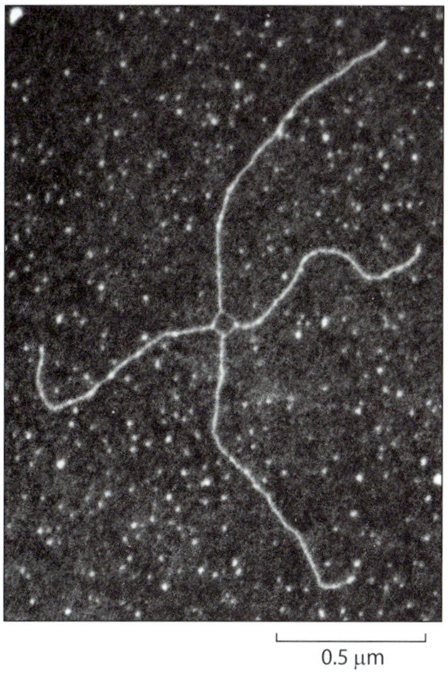

그림 1.7 재조합에 의해 단편을 교환하기 위해 서로 부착되어 있는 2개의 DNA 분자 (Courtesy of Huntington Potter, University of South Florida, and David Dressler.)

둘째 질문은, "DNA 분자보다 오히려 유전자가 어떻게 전달될까?"에 대한 대답을 찾아야 한다. 아이는 부 또는 모와 정확하게 닮지는 않고, 대신에 부모의 특징이 혼합된 것이다. 예를 들면, "그 여자애는 엄마의 눈을 가졌다!"라는 의미는 가족 유사성(resemblance)이라는 것이 형제와 자매가 똑같을 수는 없고 부모 중에서 어느 한 쪽을 더 많이 닮는다는 것이다(그림 1.8). 이와 같이 닮은 현상은 유성생식으로 태어나는 모든 생물체에게서 나타난다. 모든 종(species)들에게서 자손은 부모의 모습을 물려 받는다. 우리는 15장에서 부모에게서 물려 받은 유전자가 자손 대에서 서로 작용하는 방식에 대해 알아볼 것이고, 유성생식의 결과로 나타난 개개인의 특별한 형질이 어떻게 서로 함께 작용하는지를 배우게 될 것이다.

유전자 전달은 진화를 일으킨다

우리가 수행해야 할 마지막 과제는 전달 단위로서의 유전자를 완벽하게 학습하는 것

그림 1.8 생물학적 형질을 공유한 한 가족의 구성원. 그들은 서로가 닮은 것으로 보이며 가족 유사성이 명백하다. (Photo by Dave Hogan/Getty Images.)

그림 1.9 돌연변이는 유전자에 포함된 생물 정보를 변화시킬 수 있다. 왼쪽의 밀이삭은 야생형이고 오른쪽의 밀이삭은 개량형이다. 두 밀이삭 간의 차이점은 야생형의 경우에는 밀이 완전히 자라게 되면 씨가 흩어져 땅에 떨어지지만, 개량형은 씨가 흩어지지 않고 붙어 있어 모으기에 편하다. 씨가 흩어지지 않는 개량형은 유전자 내에서 오직 하나의 돌연변이가 일어난 것이며, 생물 정보가 변화함에 따라 씨가 붙어 있도록 구조가 변한 것이다. (Courtesy of George Willcox, University de Lyon II. From K. Tanno and G. Willcox *Science* 311: 1886, 2006. With permission from AAAS.)

이다. "시간의 흐름에 따라 유전자는 어떻게 변할까?" 우리는 DNA 분자가 구조적으로 변형되는, 즉 **돌연변이(mutations)**될 수 있다는 것을 알아야만 한다. 돌연변이는 환경에 노출된 여러 가지 화학 물질에 의해, 혹은 태양으로부터 발생하는 자외선과 같은 물리적 요인에 의해 발생할 수 있다. 돌연변이가 많이 일어나긴 하지만 그것들은 곧바로 세포 내에서 수선(repair)된다. 그러나 몇몇 돌연변이는 수선되지 못하고 부모의 DNA 분자를 후손에게 그대로 물려 준다. 때로는 유전자 안에서 생물 정보에 아주 미미한 변화를 일으키는 돌연변이가 나타나기도 한다(**그림 1.9**).

우리는 16장에서 돌연변이가 발생하는 다양한 방식과 그것들을 수선하는 메커니즘(mechanism)에 대해 알아볼 것이다. 또한 유전자 내에서의 돌연변이를 통해 나타날 수 있는 영향에 대해 관찰하고, 17장에서는 돌연변이를 일으키는 새로운 버전(version)을 갖는 유전자의 운명에 대해 알아볼 예정이다. 또한 유전자가 개인이 아닌 집단(populations)에 의해 어떻게 후손에게 전달되는지를 배우고, 집단의 유전자 구성은 시간이 흐름에 따라 변화할 수 있음을 알게 될 것이다. 이러한 변화가 축적되어 나타나는 것을 **소진화(microevolution)**라고 부르며, 이는 새로운 종이 나타나는 과정을 포함하고 있다.

1.2 현대 세계에서의 유전학

이 장에서 3개의 헤드라인(headlines)과 함께 현대 사회에 있어서의 유전학의 중요성에 대한 설명을 시작하고자 한다. 3부에서는 오늘날의 세상에서 유전학이 갖는 유용성에 대한 몇몇 연구 영역을 탐구할 것이다.

우리가 배워야할 첫 번째 과제는 발생(development)에서의 유전자 역할이다. "수정란이 분열을 시작할 때, 그리고 성체가 거의 완성될 무렵에 유전자는 어떻게 이 과정을 조절할까?" 이러한 질문에 대한 대답을 찾는 것은 모든 유전학에 있어서 가장 커다란 도전 중의 하나였다. 18장에서, 예를 들어 초파리(*Drosophila melanogaster*)라는 **모델 생물(model organisms)**을 이용하면 사람의 발생 과정을 이해함에 있어 커다란 도움이 된다는 것을 알게 될 것이다(**그림 1.10**). 초파리의 발생 과정이 사람에 비해 훨씬 단순하다 할지라도, 양쪽 생물체에 있어서 발생을 조절하는 중요한 유전자는 매우 유사하다. 유전학자, 세포생물학자, 생리학자, 생화학자들의 협력을 통한 노력과 모델 생물을 이용함으로써 발생에 대한 우리의 지식은 금세기에 최대의 결실을 맺게 되었다.

우리들 대부분은 우리 스스로 인간이 지구 상에서 가장 중요한 종(species)이라는데 의견을 달리 할 사람은 없다. 그러므로 19~21장까지는 호모사피엔스(*Homo sapiens*)에 대한 유전학을 다룬다. 19장에서는 인간의 **게놈(genome)**을 연구할 것이다(**그림

그림 1.10 초파리(*Drosophila melano- gaster*). 초파리는 유전학을 포함한 많은 생물학 영역에서의 연구를 위한 중요한 모델 생물이다. (Courtesy of Nicolas Gompel, Institut de Biologie du Development de Marseille-Luminy.)

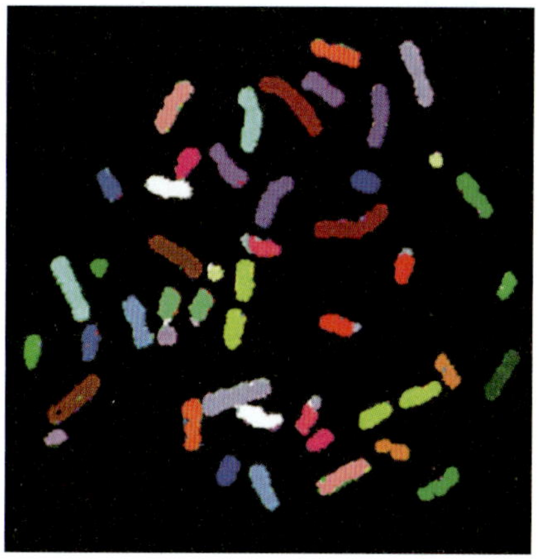

그림 1.11 인간 게놈. 인간 게놈을 구성하는 DNA 분자는 이 그림에서 보이는 염색체 세트에 들어 있다. 염색체는 서로 다른 색깔로 표시되어 있어 광학현미경을 통해 관찰했을 때, 각각의 염색체를 확인할 수 있다. 이러한 염색체 색깔은 개개의 염색체마다 서로 다른 염료가 결합되도록 디자인된 형광 염료를 사용하여 나타내었다. (From E. Schröck, S. du Manoir, T. Veldman et al., *Science* 273: 494–497, 1966. With permission from AAAS.)

1.11). 세포 내에 있는 모든 유전자를 포함한 것을 게놈이라고 하며, 인간이 만들어지는 데 필요한 모든 생물 정보를 포함한 세포 내에 있는 전체 DNA 분자를 총칭한 것이다. 우리는 어떤 유전자를 갖고 있을까? 그 유전자는 어떻게 정렬되어 있을까? 예를 들어 사람과 침팬지를 비교했을 때, 어떤 유전자가 우리를 침팬지와는 다른 인간으로 만드는 것일까?

유전학이 인류(humankind)에게 유용하게 사용되어 온 가장 큰 영역은 아마도 의학 연구일 것이다. 현재까지 6,000 종류 이상의 **유전 질환(inherited disease)**이 밝혀졌다. 유전 질환은 게놈의 결함(defects)에 의해서 발생하는데, 다른 유전병과 마찬가지로 부모로부터 자식에게 전달될 수 있다. 태어난 아이들 중에서 대략 200명 중의 1명이 이러한 유전 질환으로 인한 고통 속에서 살아간다. 또한 암(cancer)을 포함한 수많은 다른 질환들은 1개 혹은 그 이상의 유전자가 제대로 작동하지 않아 발생한다. 20장에서는 유전학자들이 이러한 질환을 이해하고 치유하기 위해 노력해 온 과정들을 다룰 것이다.

유전학은 어떻게 범죄자(criminal) 검거에 이용되고 있을까? 우리는 21장에서 유전자 프로파일(genetic profiles)이 어떻게 작성되고, 왜 법의학에서 유전학이 그렇게 중요한지를 배우게 될 것이다. 또한 인간의 진화 연구를 가능하게 한 유전학, 그리고 인류의 탄생은 아프리카에서 시작하여 전 세계로 퍼졌다는 것을 추적 가능케 한 유전학이 어떻게 법의학에서 이용하고 있는 기술과 유사한 지를 배울 것이다.

유전학은 산업 및 농업에도 역시 이용되고 있다. 질환 치료에 필요한 단백질들이나, 또는 다른 산업에서 응용되고 있는 중요한 단백질들이 유전자를 박테리아나 다른 형태의 미생물에 형질전환시킴으로써 대량으로 합성하는 것이 가능하다. 좋은 예로는 당뇨병 치료에 쓰이는 단백질인 인슐린이 대표적이다. 오늘날 당뇨병 환자들은 사람 인슐린 유전자가 대장균에 형질전환되어 유전적으로 조작된 대장균을 통해 인슐린

그림 1.12 유전자 조작된 대장균으로부터 사람 인슐린을 생산하는 산업공정 (Photo by Felix Denis. With permission from Sanofi-Aventis.)

을 대량으로 생산할 수 있게 되므로써, 저렴한 가격으로 구입할 수 있게 되었다(그림 1.12). 또한 유전 공학(genetic engineering)을 통해 고영양과 고수확이 가능한 개량된 작물을 개발할 수 있게 되었다(그림 1.13). 이와 같이 22장에서는 유전학이 산업 및 농업에 적용되는 예를 보게 될 것이다.

우리는 유전학의 이용에 따라 파생되는 윤리적인 문제를 결코 무시해서는 안 된다. 오늘날 **유전자 치료(gene therapy)**에 의해 유전 질환을 치료하는 것이 가능하게 되었다. 유전자 치료란 환자의 게놈에서 결함이 있는 유전자를 제거하고 기능을 갖는 유전자로 대체시키는 것이다. 그러나 “더 나은(better)” 결함이 없는 유전자로 대체하는 데 사용되는 똑같은 기술이, “맞춤(designer)” 아이들을 생산하는 데 악용될 수 있다. 유전적 프로파일은 범죄자를 알아내는 강력한 방법이지만, 모든 사람들의 유전적 프로파일이 국제적 데이터베이스(database)에 저장된다면 어떤 일이 벌어질까? 유전적으로 변형된 작물이 고영양과 고수확을 보장하지만, 환경에 해로운 영향을 미치지는 않을까? 우리는 23장에서 이와 같은 윤리적 이슈들에 대해 다시 한 번 짚고 넘어갈 것이다.

그림 1.13 흰쌀과 비교한 오른쪽의 황금쌀. 황금쌀은 베타카로틴 함량을 증가시키기 위해 유전적으로 변형된 것이며, 비타민 A 결핍으로 고통 받고 있는 사람들을 위해 디자인되었다. (Courtesy of Golden Rice Humanitarian Broad [www.goldenrice.org].)

주요 개념

- 유전학은 전달(heredity)을 연구하는 학문이다. 전달이란 부모의 특징을 자식에게 물려 주는 과정으로, 이로 인해 모든 생물체는 조상과 유사한 특징을 갖는다.
- 전달은 유전자에 의해 조절된다. 유전자란 살아 있는 세포 내에 존재하는 물리적 입자들이다.
- 유전자는 생물 정보의 단위이다. 생물체에 있는 전체 유전자는 생물체가 살아가기 위해 또한 기능을 갖기 위해 필요한 전체 정보를 갖고 있다.
- 유전자는 전달의 단위이다. 부모의 유전자가 자손에게 전달됨으로써 자손은 그들의 부모로부터 생물학적 특징들을 물려 받는다.
- 유전학은 현대 사회에서 커다란 영향력을 갖는다. 그것은 의학, 산업, 법의학, 그리고 농업 분야에서 중요하게 이용되고 있다.
- 유전학을 배우는 학생으로서, 유전학이 오늘날의 세상에 악용되어 야기된 몇몇 윤리적인 문제들에 대하여 걱정해야만 한다.

생물학적 정보의 구성 단위로서의 유전자

2 DNA

3 유전자

4 DNA에서 RNA로의 전사

5 RNA 분자의 종류: mRNA

6 RNA 분자의 종류: 비번역 RNA

7 유전 정보

8 단백질 합성

9 유전자 발현의 조절

PART I

DNA로부터 유전학에 대한 공부를 시작하고자 한다. 유전자는 DNA로 구성되어 있다. 좀 더 엄밀히 말하면, DNA는 **유전 물질(genetic material)**이므로 DNA부터 살펴보자. DNA 구조를 공부하면, 살아 있는 생명체에서 유전자의 두 가지 관련된 기능인 생물학적 정보와 유전의 구성 단위의 기능을 유전자가 어떻게 수행할 수 있는지 즉시 이해할 수 있다. 이것이 본 교재에서 강조하고자 하는 유전학에 대한 **분자적 접근(molecular approach)**이다. 분자적 접근은 DNA의 구조로부터 생물학적 정보가 필요할 때 DNA에 저장되어 있는 정보를 세포로 보내는 과정까지 논리적이면서 단계적으로 진행하는 것을 가능하게 할 것이다. 또한 DNA 구조의 이해는 생식 과정 중 DNA 분자가 어떻게 복제되어 자손들에게 전달되는 지를 연구하기 위한 가장 좋은 출발점이다. 동시에 진화가 진행될 수 있도록 시간이 흐르면서 DNA 분자가 어떻게 변하는지를 이해하기 위한 가장 좋은 출발점이기도 하다. 그러므로 훨씬 더 복잡한 유전학의 내용들에 접근할 수 있는 가장 좋은 경로는 DNA의 구조와 함께 시작하는 것이다.

이 장에서는 DNA 구조를 공부한 후, 어떻게 이 구조가 DNA로 하여금 유전자의 두 가지 기능들을 수행하게 하는지를 질문할 것이다. 또한 생물학적 정보가 어떻게 DNA에 암호화되어 있으며, 복사체들이 어떻게 DNA 분자들로 구성되어 있는지를 배울 것이다. 그리고 과학자들이 어떻게 개별 DNA 분자에 저장되어 있는 생물학적 정보를 현대 생물학적 연구에서 가장 중요한 기술 중의 하나인 DNA 서열 분석을 통해 읽을 수 있는지 살펴볼 것이다.

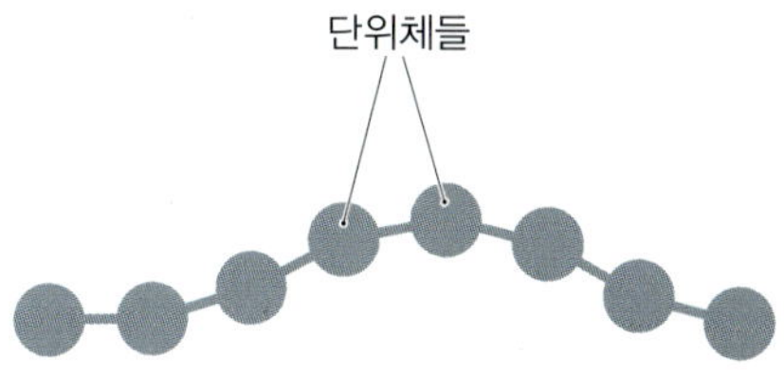

그림 2.1 DNA는 선형 중합체이다. 이 그림에서 사슬 내의 각각의 구슬은 개별 단위체이다.

2.1 DNA의 구조

DNA (deoxyribonucleic acid)는 **단위체(monomer)**라 불리는 소단위들로 구성된 긴 사슬 모양의 분자인 **중합체(polymer)**이다(그림 2.1). DNA 뿐만 아니라 단백질, 다당류, 지질을 포함한 많은 중요한 생물학적 분자들은, 한 종류 혹은 다른 종류의 중합체들이다. DNA에서 단위체는 **뉴클레오티드(nucleotide)**라 불리며, 이들은 서로를 연결하므로써 길이가 수백, 수천, 혹은 수백만 뉴클레오티드를 가진 **폴리뉴클레오티드(polynucleotide)**를 형성할 수 있다. 먼저 뉴클레오티드의 구조를 공부한 후, 뉴클레오티드들이 어떻게 서로 연결되어 폴리뉴클레오티드를 형성할 수 있는 지를 알아본다.

뉴클레오티드는 DNA 분자의 기본 구성 단위이다

DNA 분자의 기본 구성 단위는 뉴클레오티드이다. 뉴클레오티드는 세포 내에서 핵산의 구성 성분으로 혹은 개별 분자로 발견된다. 뉴클레오티드는 여러 다양한 기능을 갖고 있으며, DNA를 만들기 위해서만 사용되지는 않는다. 예를 들면, 어떤 뉴클레오티드는 세포 내에서 효소 반응을 작동하기 위한 에너지의 전달 물질로서 중요한 역할을 한다.

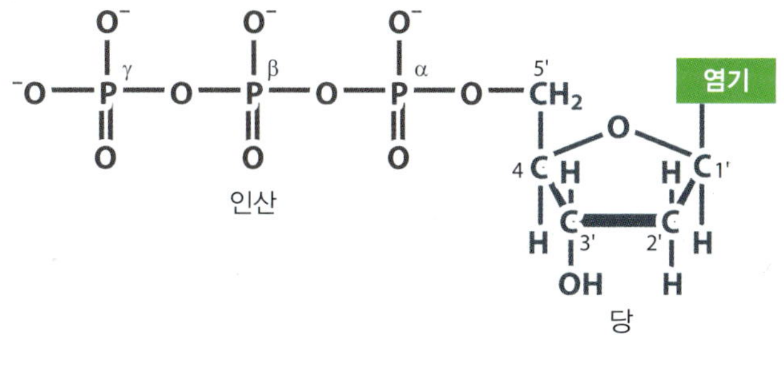

그림 2.2 디옥시리보뉴클레오티드의 구성 성분들

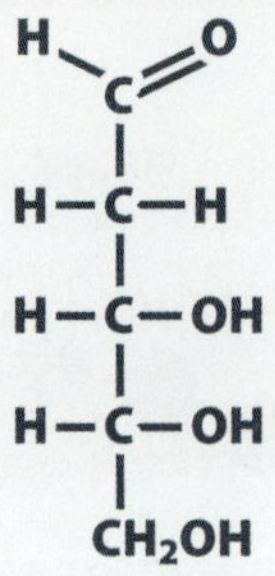

Fischer 구조

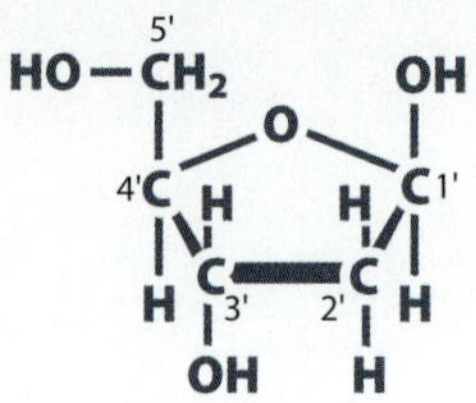

Haworth 구조

그림 2.3 2′-디옥시리보오스의 두 가지 구조적 형태

뉴클레오티드 자체는 3개의 별개의 성분들로 구성되어 있는 상당히 복잡한 분자이다. 각 성분들은 당, 질소 염기, 인산기이다(그림 2.2). 그러면 각각의 성분들을 차례로 살펴보기로 하자.

뉴클레오티드의 당 성분은 **5탄당(pentose)**이다. 5탄당은 5개의 탄소 원자를 가진 당이다. DNA의 뉴클레오티드에 존재하는 5탄당의 특별한 종류는 2′-디옥시리보오스(2′-deoxyribose)라 불린다. 5탄당은 두 가지 형태 — 직선 사슬(straight chain) 구조, 또는 Fischer 구조, 그리고 링 구조 또는 Haworth 구조 — 로 존재할 수 있다(그림 2.3). 뉴클레오티드에 존재하는 2′-디옥시리보오스는 링 형태이다.

2′-디옥시리보오스 이름은 표준 리보오스의 2번 탄소 원자에 결합되어 있는 수산기(–OH)가 수소원자(–H)로 대체되어 표준 리보오스의 구조가 변했음을 나타낸다. 사슬 구조의 한쪽 끝에 위치하는 카르보닐기 (–C=O)의 탄소를 1′로 번호를 붙인 후, 탄소 원자들을 항상 동일한 방식으로 번호를 붙인다. 각 번호는 뉴클레오티드의 다른 성분들이 당에 결합하는 위치들을 나타내기 때문에 탄소 원자에 번호붙이는 방법을 기억하는 것이 중요하다. 번호는 단순히 1, 2, 3, 4, 5가 아니라 1′, 2′, 3′, 4′, 5′이다. 오른쪽 상단의 "′" 표시는 "프라임(prime)"이라 불리며, 숫자들은 "제 1-프라임", "제 2-프라임" 등으로 불린다. 프라임은 당에 있는 탄소 원자들을 1, 2, 3 등으로 번호가 붙여진 질소 염기에서의 탄소 원자와 질소 원자들과 구분하기 위해 사용된다.

질소 염기들은 단일-링 또는 이중-링 구조로 당의 1′ 탄소에 결합된다. DNA에서는 4개의 서로 다른 질소 염기 중 하나가 이 위치에 결합될 수 있다. 4개의 질소 염기들 중 이중-링 구조인 **퓨린**(**purine**)은 **아데닌**(**adenine**)과 **구아닌**(**guanine**)으로, 단일-링 구조인 **피리미딘**(**pyrimidine**)은 **시토신**(**cytosine**)과 **티민**(**thymine**)으로 불린다. 이들의 구조는 그림 2.4에 나타내었다. 피리미딘의 1번 질소 또는 퓨린의 9번 질소에 결합되는 **β-*N*-글리코시드 결합**(**β-*N*-glycosidic bond**)를 통해 염기는 당에 결합된다.

염기가 결합된 당을 포함하는 분자는 **뉴클레오시드(nucleoside)**라 불린다. 뉴클레오시드는 당의 5′ 탄소에 인산기가 결합되면 뉴클레오티드로 바뀐다. 최대 3개의 인산들이 연속으로 결합될 수 있다. 당에 직접적으로 결합한 인산을 α 인산으로 표지하면, 각각의 인산기들은 α, β, γ로 각각 지정된다.

DNA를 형성하기 위해 중합하는 4개의 다른 뉴클레오티드들의 생략하지 않은 완전한 이름은 다음과 같다 :

2′-디옥시아데노신 5′-삼인산 (2′-deoxyadenosine 5′-triphosphate)

2′-디옥시구아노신 5′-삼인산 (2′-deoxyguanosine 5′-triphosphate)

2′-디옥시시티딘 5′-삼인산 (2′-deoxycytidine 5′-triphosphate)

2′-디옥시티미딘 5′-삼인산 (2′-deoxythymidine 5′-triphosphate)

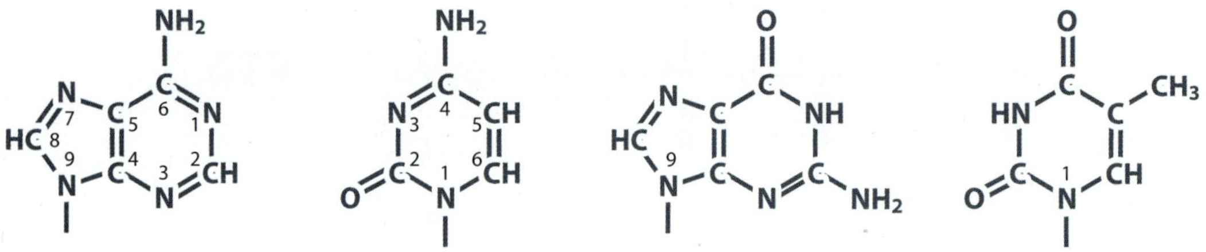

아데닌 (**A**) 시토신 (**C**) 구아닌 (**G**) 티민 (**T**)

그림 2.4 디옥시리보뉴클레오티드에 존재하는 네 가지 염기의 구조

그러나, 보통 이들을 dATP, dGTP, dCTP, dTTP로 줄여서 쓰며, 특히 특정 DNA 분자에서 발견되는 뉴클레오티드의 서열을 적을 때는 단지 A, G, C, T로 줄여서도 사용한다.

뉴클레오티드는 폴리뉴클레오티드를 형성하기 위하여 서로 연결된다

DNA 분자의 구조를 형성하는 다음 단계는 중합체를 형성하기 위해 개별 뉴클레오티드들을 서로 연결하는 것이다. 이 중합체가 폴리뉴클레오티드라 불리며, 하나의 뉴클레오티드가 인산기를 통해 다른 뉴클레오티드와 결합함으로써 형성된다.

3개의 개별 뉴클레오티드들을 포함하고 있는 간단한 DNA 분자인 3뉴클레오티드(trinucleotide)의 구조는 **그림 2.5**에 나타내었다. 한 뉴클레오티드의 5′ 탄소에 결합되어 있는 α 인산기가 사슬 내의 다음 뉴클레오티드의 3′ 탄소에 결합됨으로써 뉴클레오티드 단위체들이 서로 연결된다. 보통 폴리뉴클레오티드는 뉴클레오시드 삼인산(nucleoside triphosphate) 소단위들이 서로 연결되어 형성되므로, 그 중합 과정 도중에 β 인산과 γ 인산은 떨어져 나간다. 두 번째 뉴클레오티드의 3′ 탄소에 결합된 수산기 또한 소실된다. 폴리뉴클레오티드에서 뉴클레오티드 사이의 연결은 **인산디에스테르 결합(phosphodiester bond)**이라 불리는데, 이 용어는 인 원자의 존재를 의미하는 "인산-(phospho-)"과 각 연결에 있는 2개의 에스테르 (C–O–P) 결합을 나타내는 "디에스테르(diester)"로부터 유래한다. 당에 있는 어떤 탄소 원자가 결합에 참여하는 지에 대한 혼동이 생기지 않기 위해 더 정확히 말하면, 이 결합을 3′-5′ 인산디에스테르 결합이라고 불러야 한다.

폴리뉴클레오티드의 중요한 특징은 분자의 두 말단이 동일하지 않다는 것이다. 이는 그림 2.5를 보면 명확하다. 이 폴리뉴클레오티드의 맨 위쪽은 5′ 탄소에 결합되어 있는 삼인산기가 인산디에스테르 결합에 참여하지 않고, β 인산과 γ 인산들은 제자리에 그대로 있는 뉴클레오티드와 말단을 이루고 있다. 이 말단은 **5′-P 말단(5′-P terminus)** 또는 단순히 **5′ 말단(5′ terminus)**으로 불린다. 분자의 반대쪽 말단에서는 비반응기가 인산이 아니라 3′ 수산기이다. 이 말단은 **3′-OH** 또는 **3′ 말단(3′ terminus)**이라 불린다. 두 말단 사이의 화학적 차이는 5′ → 3′ (그림 2.5에서 아래로) 또는 3′ → 5′ (그림 2.5에서 위로)으로 보일 수 있는 방향성을 폴리뉴클레오티드가 갖고 있음을 의미한다. 인산디에스테르 결합의 극성으로 야기되는 중요한 결과는 DNA 중합체가 5′ → 3′

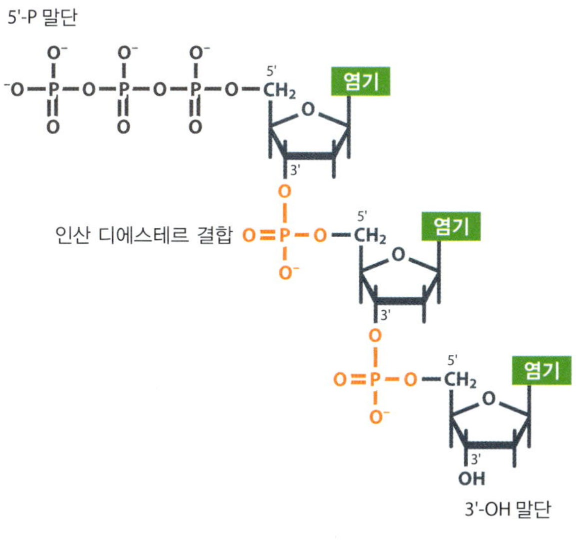

그림 2.5 3개의 개별 뉴클레오티드를 포함하고 있는 DNA 분자인 3뉴클레오티드의 구조

방향으로 확장되기 위해 필요한 화학반응이, 3′ → 5′ 방향으로 확장되기 위해 필요한 화학반응과는 다르다는 것이다. 살아 있는 세포에서 새로운 DNA 폴리뉴클레오티드를 만드는 모든 효소는 5′ → 3′ 방향으로 합성을 수행한다. 반대 방향인 3′ → 5′으로 DNA를 만들기 위해 필요한 화학반응을 촉매할 수 있는 효소는 아직까지 발견되지 않고 있다.

각각의 DNA 폴리뉴클레오티드를 형성하기 위해 연결될 수 있는 뉴클레오티드의 개수에는 한계가 없는 것이 확실하다. 수천 개의 뉴클레오티드를 포함하고 있는 분자들이 실험실에서 흔히 다루어지고 있으며, 염색체에 있는 DNA 분자들은 훨씬 더 길며 종종 그 길이가 수백만 뉴클레오티드에 이르기도 한다. 또한, 뉴클레오티드가 서로 연결될 수 있는 순서에 대한 화학적 제한은 없다. 사슬 내의 어떤 위치에서도 뉴클레오티드는 A, G, C 또는 T일 것이다.

살아 있는 세포에서 DNA는 이중 나선이다

살아 있는 세포에서, 대부분의 DNA 분자들은 James Watson과 Francis Crick이 1953년에 발견한 그 유명한 이중 나선 구조를 형성하기 위해, 서로가 서로의 주위를 감싸고 있는 2개의 폴리뉴클레오티드를 항상 포함하고 있다(연구 브리핑 2.1). 이중 나선은 복잡한 구조이나(**그림 2.6**), 이중 나선에 대한 핵심적인 사실을 이해하는 것은 그리 어렵지 않다.

먼저 이중 나선의 기본적인 특징에 대해 살펴보자. 나선에서 두 폴리뉴클레오티드들은 그들의 당-인산 "뼈대"는 나선의 바깥쪽에, 염기는 나선의 안쪽에 있는 방식으로 배치되어 있다. 염기들은 판들을 겹쳐 쌓은 것처럼 서로의 위쪽에 쌓여 있다. 두 폴리뉴클레오티드는 **역평행(antiparallel)**으로, 이는 두 폴리뉴클레오티드 중 하나는

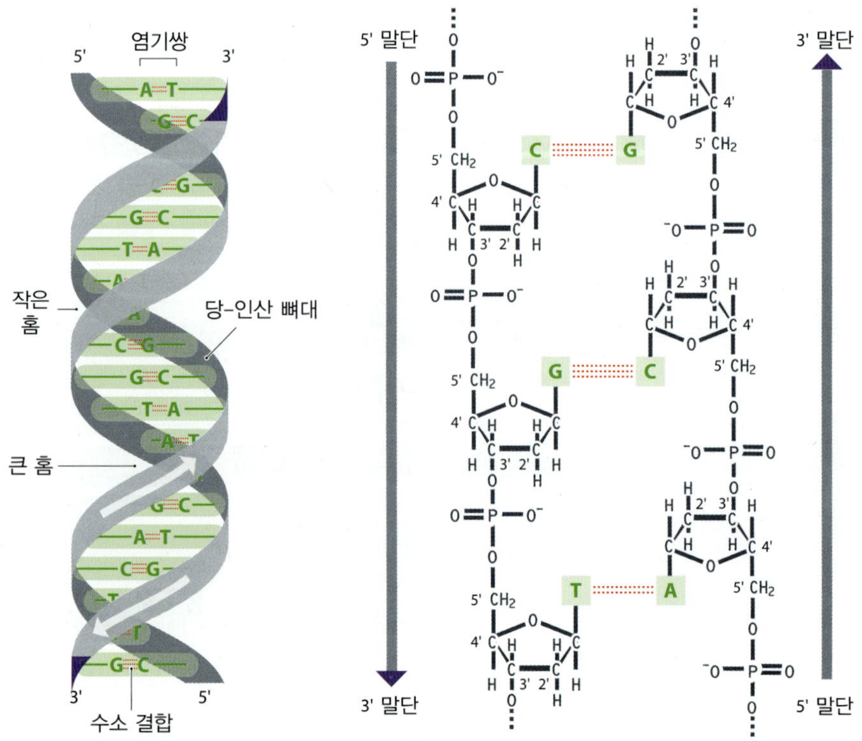

그림 2.6 DNA의 이중 나선 구조. 왼쪽 그림에는 이중 나선에 있는 각 폴리뉴클레오티드의 당-인산 뼈대는 회색 리본으로, 염기쌍은 녹색으로 나타내어 이중 나선이 그려져 있다. 오른쪽 그림에는 3개의 염기쌍에 대한 화학적 구조가 그려져 있다.

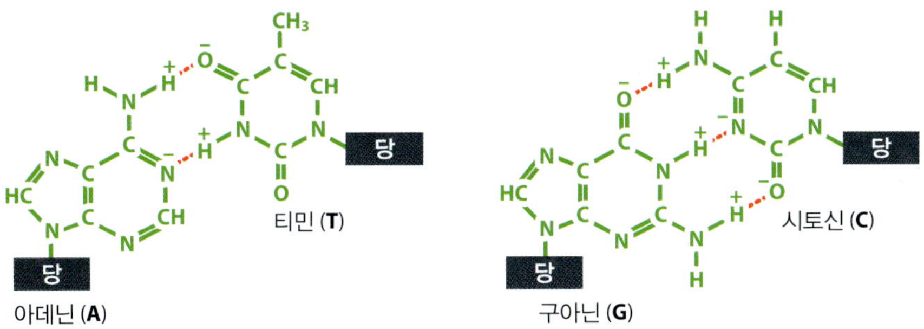

그림 2.7 염기쌍 형성. A는 T와 G는 C와 염기쌍을 이루고 있다. 염기들은 윤곽만 그려져 있고, 수소 결합은 점선들로 나타내었다. A–T 염기쌍은 단지 2개의 수소 결합을 가지고 있는 반면 G–C 염기쌍은 3개의 수소 결합을 가지고 있음을 주목한다.

5′ → 3′ 방향을 지향하고, 다른 하나는 3′ → 5′ 방향을 지향하여 두 폴리뉴클레오티드가 서로 다른 방향을 향해 달리는 것을 의미한다. 안정된 나선을 형성하기 위해서 폴리뉴클레오티드들은 반드시 역평행이어야 한다. 두 폴리뉴클레오티드들이 같은 방향을 지향하는 분자들은 자연계에서 알려지지 않고 있다. 이중 나선은 오른손잡이성(right-handed)으로, 만일 이중 나선이 나선형 계단이라면 여러분이 위쪽으로 올라갈 때 난간이 여러분의 오른쪽에 있을 것이다. 마지막으로 중요한 점은 나선이 완벽하게 규칙적이지는 않다는 것이다. 대신, 분자의 바깥쪽에서 **큰 홈(major groove)**과 **작은 홈(minor groove)**으로 구분할 수 있다. 이 두 홈들을 그림 2.6에서 명확히 보인다.

위에 설명한 것들이 이중 나선에 대한 핵심적인 사실들이다. 추가적 특징 한 가지가 또한 고려되어야 하는데, 이것은 그 어떤 것보다도 더 중요하다. 이중 나선 내에서 한 폴리뉴클레오티드에 있는 아데닌(A)은 다른 사슬에 있는 티민(T)에 항상 인접해 있어야 하며, 유사하게 구아닌(G)은 다른 사슬에 있는 시토신(C)에 항상 인접해 있어야 한다. 이는 **염기쌍(base pairing)**이라 불리고, 아데닌과 티민 사이 또는 시토신과 구아닌 사이의 **수소 결합(hydrogen bonds)** 형성과 관련이 있다. 수소 결합은 전기음성적인 원자(산소 또는 질소와 같은)와 또 다른 전기 음성적인 원자에 결합되어 있는 수소 원자 사이의 약한 정전기적 인력이다. 아데닌과 티민 사이의 염기쌍 형성에는 2개의 수소 결합이, 구아닌과 시토신 사이의 염기쌍 형성에는 3개의 수소 결합이 참여한다(그림 2.7).

2개의 염기쌍 조합들, 즉 A와 T가 이루는 염기쌍과 G와 C가 이루는 염기쌍들만이 오직 가능한 염기쌍 조합들이다. 이는 부분적으로는 뉴클레오티드 염기들의 기하학적 구조들과 수소 결합에 참여할 수 있는 원자들의 상대적 위치 때문에, 또한 부분적으로는 염기쌍이 퓨린과 피리미딘 사이에 형성되어야 하기 때문이다. 퓨린-퓨린 쌍은 나선 내에 들어맞기에는 너무 크고, 피리미딘-피리미딘 쌍은 너무 작다. 염기쌍 형성으로 인해, 나선 안에 있는 두 폴리뉴클레오티드들의 서열들은 서로 **상보적(complementary)**으로, 한 폴리뉴클레오티드의 서열은 다른 폴리뉴클레오티드의 서열을 결정한다.

이중 나선은 여러 다른 형태로 존재한다

그림 2.6에 보인 이중 나선은 DNA의 **B-형태(B-form)**로 불린다. 이 구조는 Watson과 Crick이 연구했던 구조로, 살아 있는 세포에서 가장 흔한 종류로 대표되고 있지만, 이 구조만이 유일하게 알려진 구조는 아니다. 뉴클레오티드의 3차원 구조가 완전히 고정되어 있지 않으므로 다른 형태들도 가능하다. 예를 들면, 당에 대한 염기의 상대적인 방향은 β-*N*-글리코시드 결합 주위로의 회전에 의해 바뀔 수 있다(그림 2.8). 이는 두

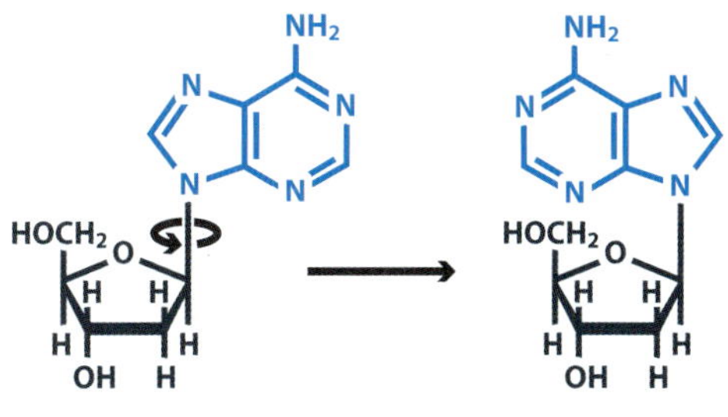

***anti*-아데노신** ***syn*-아데노신**

그림 2.8 뉴클레오티드의 당 성분에 대한 염기의 상대적인 방향이 다른 *anti*-와 *syn*-아데노신 구조들. β-*N*-글리코시드 결합 주위로 회전함으로써 한 형태를 다른 형태로 전환할 수 있다. 세 가지 다른 뉴클레오티드들도 또한 *anti*와 *syn* 형태를 가진다. A-와 B-DNA에서는 모든 염기들이 *anti* 형태이지만, Z-DNA에서는 염기들이 두 형태의 혼합물이다.

연구 브리핑 2.1

이중 나선의 발견

1953년 영국 Cambridge University의 James Watson과 Francis Crick에 의한 이중 나선의 발견은 20세기 생물학에서 가장 중요한 돌파구였다. 이중 나선의 본질을 통해, 이중 나선을 발견하기 몇 년 전만 하더라도 거의 풀 수 없는 수수께끼로 여겨졌던 유전자가 어떻게 복제하는지가 밝혀졌다. Watson이 그의 저서 "The Double Helix (이중 나선)"에서 밝힌 바에 따르면, 그들의 연구는 미국의 유명한 생화학자 Linus Pauling과의 연구 경쟁에서 이길 가망이 없었다. 그러나 Linus Pauling은 연구 초기에 DNA가 삼중 나선이라고 생각을 했었는데, 이 실수로 인해 Watson과 Crick은 이중 나선 구조에 대한 그들의 연구를 완성할 수 있는 시간을 벌 수 있었다.

Watson과 Crick이 연구를 시작할 당시, 뉴클레오티드의 구조와 폴리뉴클레오티드를 형성하기 위해 뉴클레오티드들이 서로 연결되는 방식에 대해서는 이미 알려져 있었다. 그때까지 몰랐던 것은 살아 있는 세포에서의 DNA의 실제 구조였다; 그 구조가 단일 폴리뉴클레오티드이고, 아마도 어떤 방식으로 접히는 것이 아닐까? 아니면, DNA 분자에 2개 이상의 폴리뉴클레오티드가 존재하는 것일까?

DNA 구조를 밝혀내기 위하여, Watson과 Crick은 모델 구성(model building)을 사용하였다. Watson과 Crick은 모델 구성에서, 그들이 생각할 때 실제 DNA 분자 모델일 것 같은 축척 모델을 만들었다. 모델은 화학 법칙들을 따라야 했는데, 이는 폴리뉴클레오티드가 어떠한 방식으로 감긴다면, 그 속에 있는 원자들이 서로 너무 가까이 위치해서는 안 된다는 것을 의미한다. 또한, 모델은 필수적으로 DNA 구조에 대한 다른 연구 결과들을 고려해야 했다. 고려된 이러한 연구들 중 하나는 New York에 있는 Columbia University의 Erwin Chargaff에 의해, 또 다른 연구로는 London에 있는 King's College의 Rosalind Franklin에 의해 수행되었다.

Chargaff의 염기비가 정확한 구조의 기틀을 마련했다

DNA가 유전 물질일지도 모른다고 과학자들이 처음 깨닫기 시작한 1940년대에 Erwin Chargaff는 DNA에 관심을 갖기 시작했다. 그는 다른 조직과 생명체로부터 채취한 DNA에 있는 네 가지 뉴클레오티드들의 양을 각각 측정하기 위하여, **종이 크로마토그래피(paper chromatography)**라는 새로운 기술을 사용하기로 결정하였다. 종이 크로마토그래피는 먼저 여러 화합물들이 섞여 있는 혼합물을 거름종이 한쪽 끝에 놓은 후, *n*-butanol과 같은 유기 용매에 거름종이 한쪽 끝만 담궜다. 용매가 이동하면서 화합물들도 함께 이동하는데, 그 이동 속도는 각각의 화합물들이 거름종이에 얼마나 강하게 흡착되어 있는지에 따라 차이가 난다(그림 1).

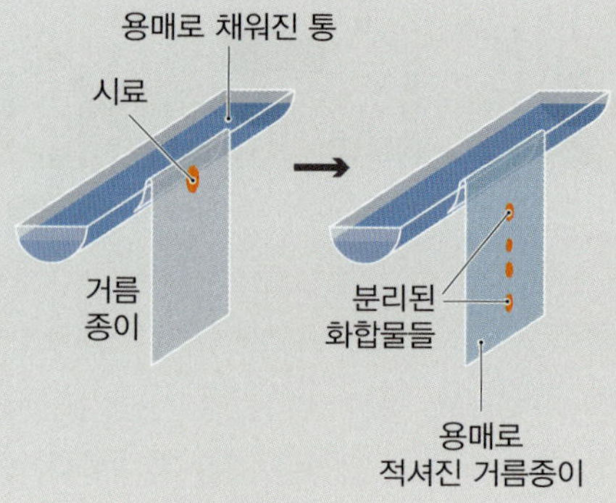

그림 1 종이 크로마토그래피

Chargaff는 서로 다른 세포들로부터 DNA를 정제한 후, 각 시료들을 산으로 처리하여 각 분자들을 개별 구성 뉴클레오티드로 분해하였다(그림 2). 그런 후, 종이 크로마토그래피를 이용하여 각 혼합물에 있는 뉴클레오티드들을 분리하였고, 이를 통해 각 뉴클레오티드들의 농도를 측정할 수 있었다. 그 결과는 아주 놀라웠다. 모든 DNA 시료에서 뉴클레오티드들의 비율 사이에는 단순한 관계가 있음이 밝혀졌다. 그 관계는 바로 아데닌의 수는 티민의 수와 같고, 구아닌의 수는 시토신의 수와 동일하다는 것이다. 다른 말로, A = T이고 G = C이다.

Chargaff는 이러한 염기비와 DNA 구조의 관련성에 대해, 그의 논문에서 조차 중요하게 다루지 않았다. 사실, Watson

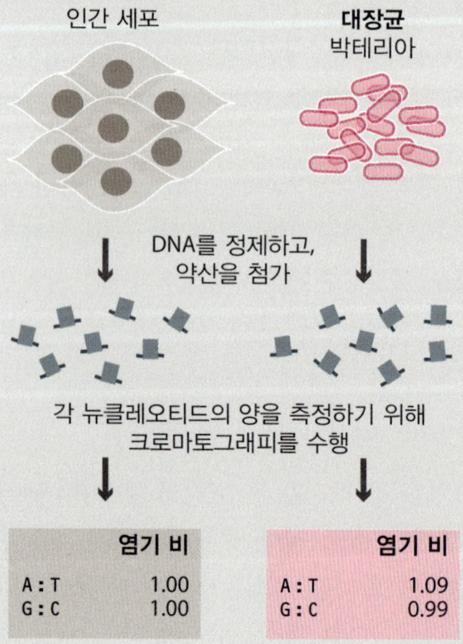

그림 2 Chargaff의 실험

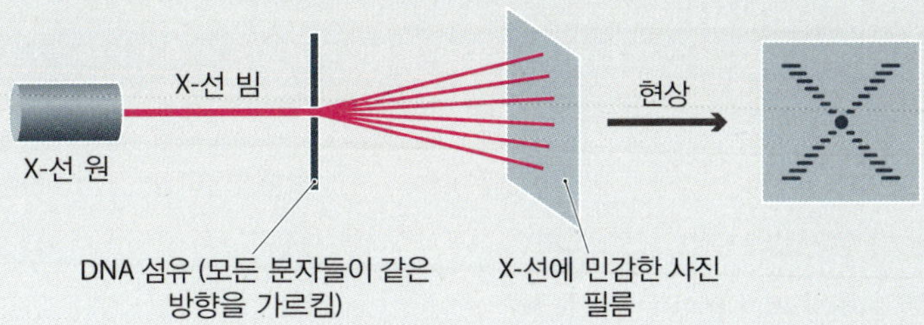

그림 3 X-선 회절 분석

과 Crick은 Cambridge University를 방문한 Chargaff를 만나기 전까지 그의 이러한 실험 결과를 알지 못하였다. 그러나 Watson과 Crick은 A = T와 G = C 관계를 아는 순간, 그들의 DNA 모델에서 Chargaff의 연구 결과가 설명되어야 한다는 것을 알게 되었다.

X-선 회절 분석은 DNA가 나선 분자임을 나타낸다.

Watson과 Crick에게 가능했던 두 번째 증거는 DNA 섬유(DNA fiber)를 X-선에 쬐었을 때 얻어지는 **X-선 회절 패턴(X-ray diffraction pattern)**이었다. X-선은 0.01~10 nm의 매우 짧은 파장을 가지는데, 이는 화학구조 내의 원자 사이의 간격과 비슷하다. X-선을 DNA 섬유로 향해 조사할 때, X-선의 일부는 그대로 관통하지만, 일부는 산란되어 다른 각도로 나온다(그림 3). 섬유는 많은 DNA로 구성되어 있기 때문에, 각각의 X-선은 규칙적으로 배열된 DNA와 유사한 방식으로 산란되고, 이로 인해 산란된 파장들이 서로 간섭하여 겹쳐진 원형을 형성한다. X-선의 진행 방향에 가로질러 위치한 X-선에 민감한 사진 필름에는 X-선 회절 패턴이라 불리는 일련의 반점들과 얼룩들이 나타난다.

DNA 섬유의 X-선 회절 사진들은 Maurice Wilkins가 개발한 방법을 사용한 Rosalind Franklin에 의해 1952년에 촬영되었다(그림 4). 사진들은 DNA가 나선임을 바로 보여 주고 있으며, 이 사진들을 기초로 한 수학적 계산을 통해 나선에는 0.34 nm와 3.4 nm의 2개의 일정한 주기성이 있다는 것이 밝혀졌다. 그런데 이러한 추론들이 Chargaff의 염기비와 나아가 DNA의 실제 구조와는 어떤 연관이 있었을까?

증거들의 취합

Watson과 Crick은 DNA에 관한 모든 실험 데이터들을 취합한 후, 모든 사실들에 맞는 유일한 구조는 그림 2.6에 나타난 이중 나선뿐이라고 판단하였다. 가장 어려웠던 점은 얼마나 많은 폴리뉴클레오티드들이 하나의 분자 내에 존재하는지를 결정하는 것이었다. 이는 섬유에 존재하는 DNA의 밀도로부터 측정될 수 있었다. DNA 섬유 밀도를 측정한 여러 결과들이 보고되었으나, 그 결과들이 서로 달랐다. 어떤 결과들은 한 분자 내에 3개의 폴리뉴클레오티드가 존재한다고, 또 다른 결과들은 한 분자 내에 2개의 폴리뉴클레오티드가 있다고 보고되었다. Pauling은 한 분자 내에 3개의 폴리뉴클레오티드가 존재한다는 측정 결과가 옳다고 생각하였고, 현재로는 완전히 틀린 구조인 삼중 나선 구조를 주장하였다. 그러나 Watson과 Crick은 이중 나선일 가능성이 더 많다고 생각하였다.

일단 2개의 뉴클레오티드로 확인됨으로써, 당-인산 뼈대가 분자의 바깥쪽에 위치해야 하는 것이 명확해졌다. 이는 Watson과 Crick이 만든 모델 내에서 여러 원자들이 적절한 간격을 두고 위치할 수 있는 유일한 방식이었다. 모델은 또한 두 사슬이 역평행이어야 하고, 나선은 우회전성이어야 함을 보여준다. X-선 회절 데이터로부터 나선의 크기가 정해졌다. 0.34 nm의 주기성은 각 염기쌍 사이의 간격을 나타내고, 3.4 nm의 주기성은 나선이 완전히 한 바퀴 회전하는데 필요한 거리를 나타낸다.

Chargaff의 염기비는 어떻게 할까? 이것은 DNA 구조를 푸는 핵심이었다. 1953년 3월 7일 토요일 아침, Watson은 아데닌-티민에 의해 형성된 염기쌍과 구아닌-시토신에 의해 형성된 염기쌍은 거의 동일한 모양을 가진다는 것을 깨달았다(그림 2.7 참조). 이 쌍들은 이중 나선 사이에 잘 들어맞아서, 불거져 나옴이 없는 규칙적인 나선을 형성하게 된다. 그리고 만약 이 쌍들이 유일하게 허용되는 쌍들이라면, A의 양은 T의 양과 동일할 것이고, G의 양은 C의 양과 동일할 것이다. 모든 것이 잘 들어맞아서, 생물학의 최대 미스테리였던 '유전자는 어떻게 복제될까?'라는 문제가 해결되었다.

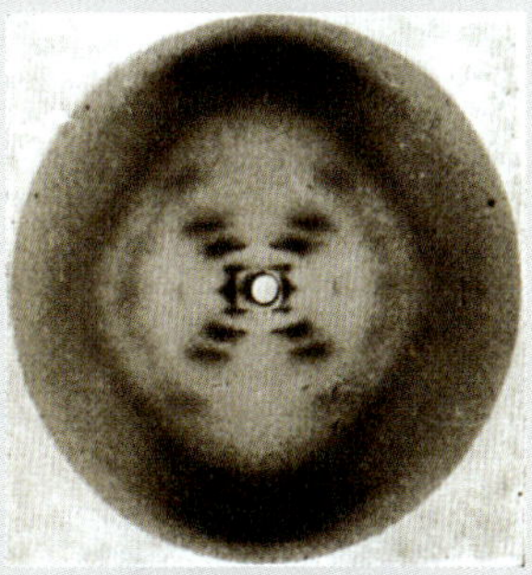

그림 4 DNA 섬유로부터 얻어진 회절 패턴을 보여 주는 Franklin의 "사진 51". X형 모양은 DNA가 나선 구조를 가지고 있음을 나타내며, 여러 반점들과 띠들의 상대적인 위치로부터 분자 내의 주기성을 계산할 수 있었다. (From R. Franklin and R.G. Gosling, *Nature* 171: 740–741, 1953. With permission from Macmillan Publishers Ltd.)

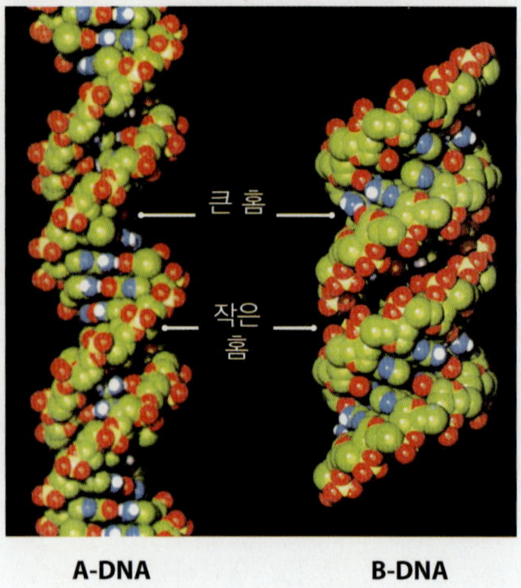

그림 2.9 이중 나선의 A-DNA와 B-DNA 형태 사이의 비교. 각각의 원자들이 구로 표현되는 공간-채움 (space-filling) 모델이다. 당-인산 뼈대의 원자들은 녹색과 붉은색으로, 염기에 있는 원자들은 푸른색과 흰색으로 보인다. (From J. Kendrew (ed.) Encyclopedia of Molecular Biology. Oxford: Blackwell, 1994. With permission from Wiley-Blackwell.)

표 2.1 DNA 이중 나선의 다른 형태들의 특징

특징	B-DNA	A-DNA	Z-DNA
나선의 형태	오른손잡이성	오른손잡이성	왼손잡이성
1회전 당 염기쌍의 수	10	11	12
염기쌍 사이의 거리 (nm)	0.34	0.29	0.37
완전한 1회전 당 거리 (nm)	3.4	3.2	4.5
직경 (nm)	2.37	2.55	1.84
큰 홈	넓고, 깊음	좁고, 깊음	평평함
작은 홈	좁고, 얕음	넓고, 얕음	좁고, 깊음

폴리뉴클레오티드들의 상대적인 위치를 변화시키므로, 이중 나선에 심각한 영향을 미친다. 당에 있는 탄소의 상대적인 위치 또한 약간 바뀔 수 있으므로, 이는 당-인산 뼈대의 형태에도 영향을 미친다.

흔한 DNA 형태인 B-형태는 나선의 1회전 당 10개의 염기쌍(base pairs, bp)이 있고, 이웃하는 염기쌍 사이는 0.34 nm이므로, 피치(pitch, 완전한 한 번의 회전에 필요한 거리)는 3.4 nm이다. 나선의 직경은 2.37 nm이다. 두 번째로 발견된 DNA 이중 나선의 형태인 **A-형태(A-form)**은 1회전 당 11 bp, 이웃하는 염기쌍 사이는 0.29 nm, 2.55 nm의 직경을 가져 더 밀집되어 있다(**표 2.1**). 그러나 이러한 크기의 비교만으로는 이중 나선의 두 형태 사이에서 가장 중요한 차이가 무엇인지 알지 못한다. 중요한 차이는 구조의 표면으로부터 DNA 분자의 안쪽 부분으로 접근할 수 있는 정도이다. A-DNA는 B-형태처럼 2개의 홈을 가지고 있으나, 큰 홈은 더 깊고, 작은 홈은 더 얕고 더 넓다(**그림 2.9**).

9장에서 여러분들은 DNA 분자에 저장되어 있는 생물학적 정보의 발현이, 이중 나선에 결합하여 이중 나선에 있는 유전자의 활성을 조절하는 DNA-결합 단백질들에 의해 매개된다는 것을 배울 것이다. DNA-결합 단백질들이 기능을 수행하기 위해서는, 각 DNA-결합 단백질이 유전자 활성에 영향을 미쳐야 하는 유전자에 가까운 특정 위치에 결합해야만 한다. 단백질은 염기쌍 분리를 통한 나선의 열림 없이도, DNA 서열을 읽을 수 있는 홈에 접근하여 어느 정도의 정확도를 가지고 기능을 수행할 수 있다(**그림 2.10**). 이것은 B-DNA에서도 가능하지만, 염기들이 작은 홈에 더 노출되어 있는 A-DNA에서 훨씬 쉽다. 어떤 DNA-결합 단백질들은 DNA 분자에 결합할 때, A-DNA가 짧게 신장하게끔 유도하는 것으로 알려져 있다.

세 번째 형태인 **Z-DNA**는 더 확연히 다르다. 이 구조에서 나선은 A-DNA와 B-DNA

그림 2.10 DNA-결합 단백질은 이중 나선을 열지 않고도 개별 염기쌍을 인식할 수 있다. 이 그림은 A–T 염기쌍을 윤곽만 나타내었으며, 큰 홈(위쪽)과 작은 홈(아래쪽)을 통해 염기쌍에 접근하여 인식할 수 있는 화학적 특징들을 나타내는 화살표도 함께 보여 준다. 이러한 특징들을 이용함으로써, 결합 단백질은 염기쌍이 G–C가 아닌 A–T임을 인식할 수 있다. 큰 홈에서 이러한 화학적 특징들의 분포는 또한 염기쌍의 방향성이 확인될 수 있게 하므로, A를 포함한 가닥은 T를 포함한 가닥으로부터 구별될 수 있다. 한동안 검은색 화살표에 의해 나타나는 단지 두 특징들만이 존재한다고 알려져 있었기에, 작은 홈에서는 이 특징들이 가능하지 않은 것으로 생각되었다. 최근 들어 초록색 화살표가 나타내는 두 특징들이 추가로 발견되었으며, 이들이 작은 홈을 통해 염기쌍의 방향성이 인식될 수 있게 하는 것으로 여겨진다.

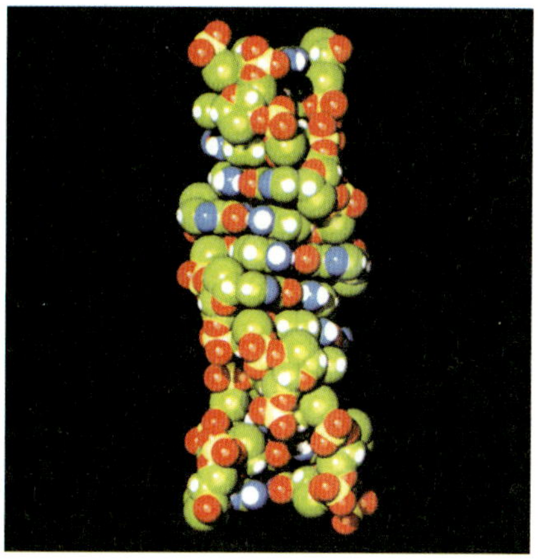

그림 2.11 이중 나선 Z-DNA 형태의 구조. 당-인산 뼈대의 원자들은 녹색과 붉은색으로, 염기에 있는 원자들은 푸른색과 흰색으로 보인다. (From J. Kendrew (ed.) Encyclopedia of Molecular Biology. Oxford: Blackwell, 1994. With permission from Wiley-Blackwell.)

와 같은 오른손잡이성이 아니라 왼손잡이성이고, 당-인산 뼈대는 불규칙적인 지그재그 형태를 취하고 있다(그림 2.10). Z-DNA는 1회전 당 12 bp이고 직경이 단지 1.84 nm로 더 촘촘히 감겨 있다(그림 2.11). 유전자가 RNA로 전사될 때 일어나는 풀림처럼, B-DNA가 약간 풀린 지역 주위에서 Z 형태가 형성하는 것으로 여겨진다. 풀림은 비틀림 응력(torsional stress)을 야기하므로, 더 밀집된 Z 형태의 나선을 형성함으로써 비틀림 응력을 어느 정도 완화될 수 있다(그림 2.12).

2.2 DNA의 생물학적 역할에 대한 분자적 설명

DNA 분자가 유전 물질로서의 역할을 수행하기 위해서, DNA 분자는 유전자가 생물학적 정보의 구성 단위로서, 또한 유전의 구성 단위로서의 역할을 수행할 수 있게 하는 특성들을 가져야만 한다. 이러한 요건들이 어떻게 이중 나선의 구조로부터 충족되는지 이제 우리 자신들에게 질문해 보자.

생물학적 정보는 DNA 분자의 뉴클레오티드 서열에 저장되어 있다

DNA의 중합체 구조로 인해 DNA에는 4개의 다른 뉴클레오티드가 존재하기 때문에, DNA는 생물학적 정보의 보관소로서의 역할을 할 수 있다. DNA 분자에서 뉴클레오티드의 순서인 **DNA 서열(DNA sequence)**은 본질적으로 A, C, G, T 4개의 글자로 구성되어 있는 *언어*이다. 유전자에 저장되어 있는 생물학적 정보는 이 언어로 쓰여 있는데, 이를 **유전 암호(genetic code)**라 부른다. 이러한 언어는 **유전자 발현(gene expression)**이라 불리는 과정을 통해 읽혀진다.

DNA 분자에서 뉴클레오티드들이 서로 연결되는 순서에는 화학적 제한이 없다. 뉴클레오티드는 어디서나 A, G, C 또는 T이다. 이는 길이가 단지 10개의 뉴클레오티드인 폴리뉴클레오티드가 4^{10} = 1,048,576개의 다른 서열들 중 하나를 가질 수 있음을 의미한다(그림 2.13). 유전자의 평균 길이는 약 1,000개의 뉴클레오티드이다. 이 정도 길이의 DNA에는 4^{1000}개의 다른 서열들이 존재할 수 있는데, 이 수는 관측 가능한 우주에 존재하는 원자의 수가 고작 10^{80}개인 것에 비해 큰, 그냥 매우 큰 수로 간주하자. 우리는 길이가 999개와 1,001개의 뉴클레오티드들 뿐만 아니라 많은 다양한 길이를 가지는 유전자를 역시 가질 수 있는데, 이 각각의 길이들이 엄청나게 많은 가능한 변화

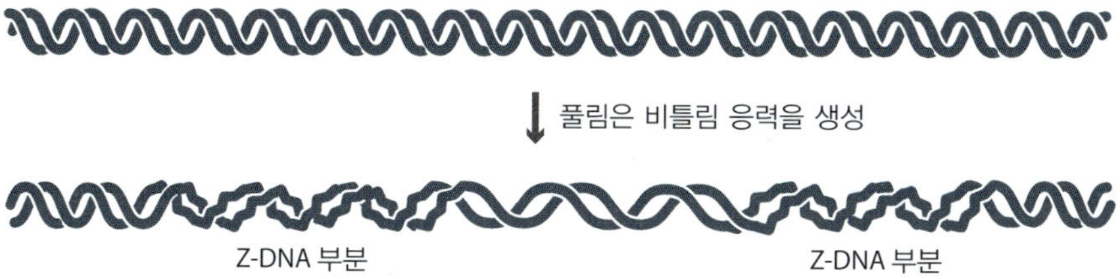

그림 2.12 B-DNA가 덜 감겨 생긴 비틀림 응력을 완화시키기 위하여, Z-DNA 부분들은 B-DNA의 덜 감긴 부분의 양쪽 끝 중 하나에서 형성될 것이다.

AGCTAAGGGT
ACCTAAGGGT
AACTAAGGGT
ATCTAAGGGT
AGGTAAGGGT
AGTTAAGGGT
ACGTAAGGGT
ACGAAAGGGT
AGCTTCGGGT
AGCTGGGGGT
AGCTAAGGGA
TCAATTTTAA

그림 2.13 10개의 뉴클레오티드 길이를 가진 DNA 분자에 가능한 1,048,576개의 서로 다른 서열 중 12개의 서열. 오렌지색의 뉴클레오티드들은 맨 위의 서열에 있는 뉴클레오티드와 다른 뉴클레오티드들을 나타낸다.

의 수를 DNA 서열에 제공할 수 있음을 명심하자. 과거에도 살았고 오늘날에도 살아 있는 무수히 많은 종들에 존재하는 모든 형태의 유전자를 설명하기 위하여, 20세기 초의 초기 유전학자들은 많은 다양한 형태로 존재할 수 있는 유전자의 능력으로 인해 혼란스러워 했다. 이에 대한 대답이 상상하기 힘들 정도로 어려워서 어떤 생물학자들은 유전자가 세포 내에 실제로 존재하는 물리적 구조들일지도 모른다고 생각했다. 아마도 이것은 유전학자들이 발명한 추상적인 형태였으며, 이를 통해 어떻게 생물학적 형질이 부모로부터 자손에게까지 전달되는지를 설명할 수 있게 되었다. 이제 우리는 DNA의 구조를 이해하였으므로, 유전 물질에 의해 요구되는 엄청난 변화력은 더 이상 수수께끼가 아닐 것이다.

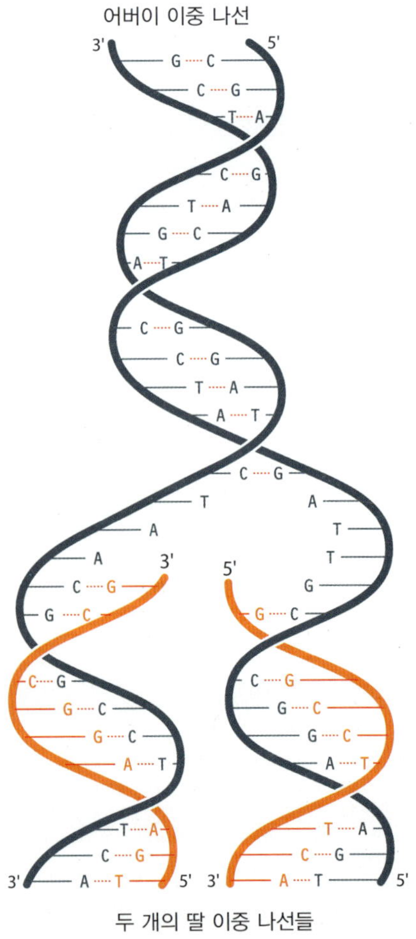

그림 2.14 상보적인 염기쌍 형성은 이중 나선의 두 복사본을 만들기 위한 도구를 제공한다. 어버이 이중 나선의 폴리뉴클레오티드들은 푸른색으로, 새롭게 합성된 가닥들은 오렌지색으로 나타내었다.

상보적인 염기쌍 형성은 DNA 분자가 복제할 수 있도록 한다

유전의 구성 단위로서의 역할을 수행하기 위하여, 유전자는 복제할 수 있어야 한다. 수정란 세포가 어버이의 생물학적 형질의 혼합물을 나타내는 새로운 살아 있는 생명체로 발생되기 위한 필요한 정보를 받기 위해서는, 어버이 유전자의 복사본들이 수정란 세포 속에 위치해야만 한다. 또한 유전자는 세포들이 분열할 때마다 복제되어야 하고, 이를 통해 두 딸 세포들 각각은 어버이 세포가 가지고 있는 생물학적 정보의 완전한 복사본을 받을 수 있다.

이중 나선의 구조가 알려지기 전에는, 자신을 복사할 수 있는 유전자의 능력이 무수히 많은 다른 형태로 존재할 수 있는 능력보다 훨씬 더 궁금했었다. 자연계에서는 복제할 수 있는 어떤 화학적 능력도 그때까지 발견되지 않았었다. 그런데 이중 나선의 발견은 이 문제에 대한 명확한 해답을 제공하였다. 핵심은 이중 나선의 두 가닥 사이에서 서로 인접한 뉴클레오티드를 연결하는 상보적 염기쌍 형성에 있다. 규칙은 A는 T, G는 C와 염기쌍을 형성할 수 있다는 것이다. 이는 DNA 분자의 두 폴리뉴클레오티드가 분리된다면 어버이 이중 나선과 동일한 2개의 완전한 복사본들이 손쉽게 만들어질 수 있다는 것을 의미하며, 이 2개의 완전한 복사본들은 새로운 가닥들의 서열을 지시할 수 있는 이미 존재하는 두 어버이 가닥들의 서열들을 각각 이용하여 만들어진다(**그림 2.14**).

살아 있는 세포에서, DNA 분자들은 **DNA 폴리메라아제(DNA polymerase)**라 불리는 효소들에 의해 복제된다. DNA 폴리메라아제는 성장하는 가닥의 3′ 말단에 뉴클레오티드를 하나씩 첨가함으로써 새로운 폴리뉴클레오티드를 형성하며, 각 위치에 4개의 뉴클레오티드 중 어느 것이 첨가되어야 하는지는 염기쌍 형성 규칙을 이용한다(**그림 2.15**). 이는 **주형-의존성 DNA 합성(template-dependent DNA synthesis)**이라 불리며, 새로 만들어진 이중 나선은 원본 폴리뉴클레오티드로부터 정확하게 얻어진 이중 나선의 복사본이다. 그러므로 DNA 구조에 의해 유전자가 어떻게 복제될 수 있으며, 이로 인해 유전의 구성 단위로서 어떠한 역할을 수행할 수 있는지를 설명할 수 있다.

2.3 DNA 서열을 어떻게 분석할까

이제 DNA의 구조를 이해하였으므로, **DNA 서열 분석(DNA sequencing)**이 현대 생물학에서 왜 그토록 중요한지 이해할 수 있을 것이다. 뉴클레오티드 서열을 분석함으로써 DNA 분자에 저장되어 있는 생물학적 정보에 접근할 수 있다. 염기서열로부터 DNA 분자에 존재하는 유전자를 확인할 수 있으며, 또한 그러한 유전자의 기능들을 유추할 수 있다. 그러므로 뉴클레오티드 서열을 얻기 위해 사용되는 방법들을 조사함으로써 DNA에 대한 공부를 마무리하고자 한다.

살아 있는 세포에 존재하는 DNA 분자들의 길이는 수백만 염기쌍이 될 정도로 상당히 길다. 아직까지는 단 한 번의 실험으로 이 정도 길이를 가진 분자의 서열을 분석하는 것이 가능하지 않다. DNA 서열 분석 기술이 비약적으로 발전하므로 언젠가는 가능할 것이나, 현재까지는 우리 인간의 능력 이상이다. 사실 한 번의 실험으로 읽을 수 있는 서열의 최대 길이는 단지 750 bp이다. 그러므로 서열 분석 프로젝트(sequencing project)의 전략은 이렇게 긴 DNA 분자들을 많은 짧은 단편들로 절단하는 것이며, 이 각 단편들의 염기서열을 개별적으로 분석한다. 그런 후, 짧은 단편들의 서열들 사이에 중첩되는 부분들을 검색함으로써 원래 분자의 서열로 조립된다(그림 2.16). 로봇들이 수행하는 염기서열 분석 실험들을 포함하는 자동화 기술들 뿐만 아니라, 중첩 부위를 찾아 **콘티그(contigs)**라 불리는 연속적인 서열들의 집합체(contiguous blocks of sequence)를 만들기 위해 사용되는 컴퓨터 프로그램들을 거대 서열 분석 프로젝트들에 왜 이용하는지는 즉시 이해할 수 있을 것이다.

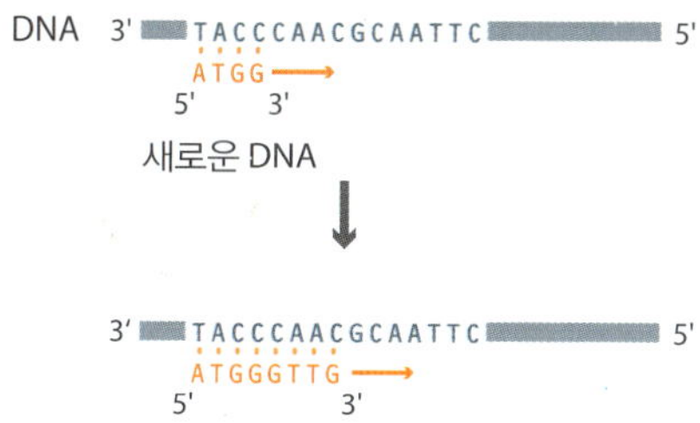

그림 2.15 주형-의존성 DNA 합성. 오렌지색으로 나타낸 새로운 DNA는 3′ 말단에 뉴클레오티드를 하나씩 첨가함으로써 신장된다.

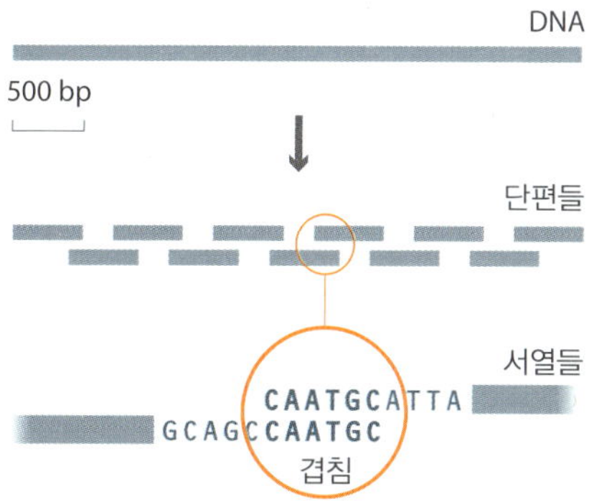

그림 2.16 짧은 단편들의 서열로부터 긴 DNA 서열로의 조립. 원본 DNA 분자는 더 작은 단편들로 절단된다. 이 단편들은 개별적으로 서열 분석되고, 원래 분자의 완전한 서열로 조립하기 위해 이 서열들 사이에 중첩되는 부위가 확인된다.

클론 라이브러리들은 염기서열이 분석될 준비가 된 DNA 단편들을 포함한다

DNA 염기서열 분석 프로젝트의 첫 단계는 분석될 준비가 된 짧은 DNA 단편들을 준비하는 것이다. 이는 **DNA 클로닝(DNA cloning)**에 의해 수행되며, 그 결과로 생긴 단편들의 모음을 **클론 라이브러리(clone library)**라고 부른다.

DNA 클로닝은 정교한 기술이지만, 클론 라이브러리를 준비하는 데 있어 DNA 클로닝이 어떻게 사용되는 지를 이해하기 위해 너무 깊이 탐구할 필요는 없다. 22장에서 유전학의 산업적 응용을 공부할 때, 이에 대해 많이 배울 것이다. 먼저 염기서열을 분석할 DNA 분자들을 라이브러리로 준비될 작은 단편들로 절단해야 한다. 종종 DNA는 **음파 처리(sonication)**를 통해 단편들로 절단되는데, 이 음파 처리 기술은 분자 내에 무작위적인 절단들이 일어나게끔 고주파 음파들을 이용하는 기술이다(그림 2.17).

다음 단계는 음파 처리로부터 생성된 각각의 단편들이 서열 분석될 수 있도록 단편들을 분리하는 것이다. 이 과정이 실제 클로닝 부분으로, 박테리아인 대장균(*Escherichia coli*) 세포 내에서 복제할 수 있는 DNA 분자인 **벡터(vector)**를 필요로 한다. 벡터는 **플라스미드(plasmid)**라 불리는 자연 발생적으로 생기는 자가-복제 DNA 분자를 인위적으로 조작하여 만든 것이다. 플라스미드가 복제 상태일 때는 환형 분자(circular molecule)이지만, 클로닝 실험을 시작할 때에는 선형 형태(linear form)이다. 선형 벡터 분자를 DNA 단편과 혼합한 후, DNA 분자들의 말단과 말단을 서로 연결하는 **DNA 리가아제(DNA ligase)**를 넣는다. 이때, 다양한 조합들이 생성되는데, 그 중 몇몇은 벡터 분자가 DNA 단편들 중 하나에 연결된 후 두 말단들이 서로 결합된 환형 **재조합 벡터(recombinant vector)**를 생산한다(그림 2.18A).

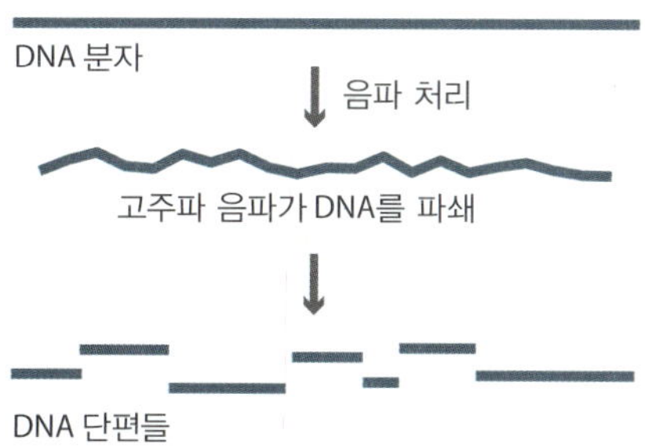

그림 2.17 DNA 분자를 단편들로 절단하기 위한 음파 처리의 이용

클로닝 과정의 다음 단계에서는, 연결(ligation)을 통해 생성된 분자들을 화학적으

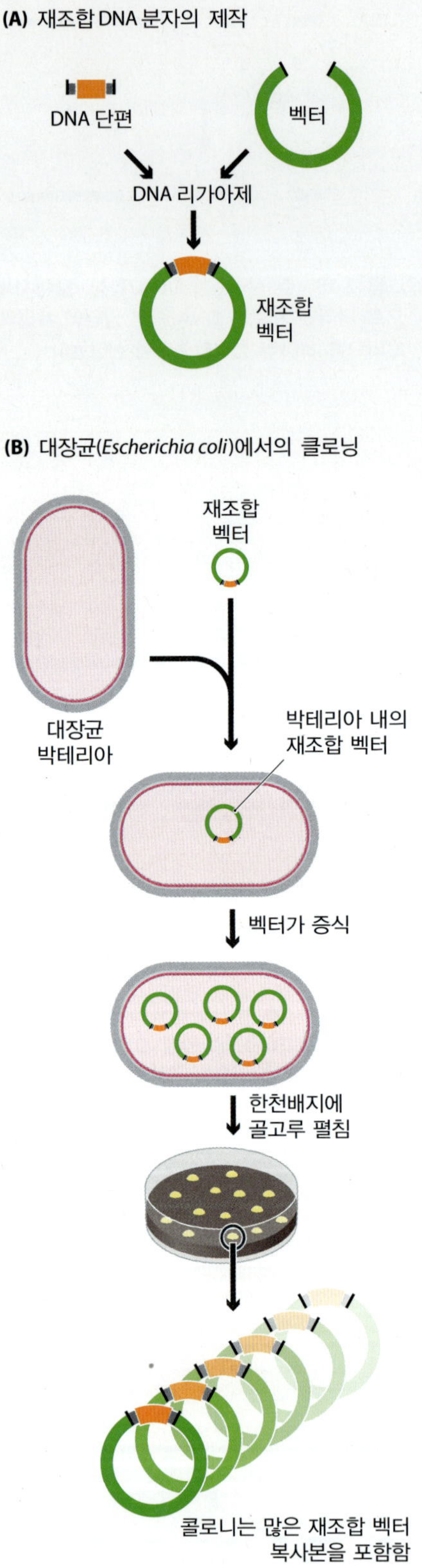

그림 2.18 DNA 클로닝의 단계들. (A) DNA 단편을 클로닝 벡터에 연결하여 재조합 DNA 분자를 만든다. (B) 실제 클로닝 단계에서, 재조합 벡터는 박테리아에 의해 도입된다. 그 후 재조합 벡터는 복제되어 세포 당 수백 개의 복사본을 생성한다. 고체 한천 배지에서 박테리아는 여러 번 분열하여 콜로니를 형성한다. 콜로니는 많은 재조합 벡터 복사본들을 포함하고 있고, 이러한 분자들은 박테리아에 의해 도입된 원래의 분자들의 직계 후손들이다.

로 처리하여 **competent** 상태로 된 *E. coil* 세포들과 혼합한다(그림 2.18B). 여기서 competent 세포는 외부 환경으로부터 DNA 분자를 도입할 수 있는 세포이다. 분자들 중 일부는 박테리아로 도입되는데, 보통 한 세포 당 하나의 단편들이 도입된다. 선형 분자와 벡터 서열이 없는 환형 분자는 박테리아 내에서 증식될 수 없다. 그러나 재조합 벡터를 포함한 원형의 벡터들은 복제할 수 있어서 다수의 복사본이 생성되며, 그 수는 클로닝 벡터의 종류에 따라 다르지만 대체로 한 세포 당 수백 개이다.

다음으로는 각각의 박테리아 세포들이 분열하여 콜로니(colonies)를 만들 수 있게끔 박테리아들을 고체 한천 배지(agar medium)에 골고루 펼친다. 각 콜로니는 많은 벡터 복사본들을 포함하며, 이들 분자들은 콜로니를 생성한 박테리아에 의해 도입된 원래의 분자들의 직계 후손들이다. 만약 원래의 분자가 재조합 벡터이면, 콜로니는 단일 DNA 단편을 가진 다수의 복사본을 포함할 것이고, 이는 시작 혼합물에 존재했던 다른 단편들로부터 분리될 것이다. 다른 콜로니들에는 다른 단편들이 클론되어 있을 것이다. 이러한 클론들의 모음이 클론 라이브러리(clone library)이다.

클론 라이브러리의 각 단편들은 염기서열이 각각 따로 분석된다

DNA 서열을 분석하는 방법은 여러 가지가 있으나, 대부분의 실험들은 1970년대에 처음 개발된 후 여러번의 수정 및 보완을 거쳐 사용되어 온 **체인 터미네이터법(chain termination method)**을 이용하여 수행된다. 체인 터미네이터법에서, 서열은 클론된 DNA 단편의 복사본들을 통해 결정되며, 이 방법의 원리는 4개의 뉴클레오티드들 각각의 위치를 밝히는 것이다. 그러므로 체인 터미네이터법은 DNA 분자의 복사본들을 만드는 효소인 정제된 DNA 폴리메라아제를 사용한다.

먼저 클론 라이브러리에 있는 클론들 중 하나로부터 재조합 벡터 분자들이 분리된다. 그런 후 보통 약 20 bp 길이인 **올리고뉴클레오티드(oligonucleotide)**라 불리는 짧은 DNA 단편이 재조합 DNA 분자의 벡터 부분에 결합한다. 이 위치는 클론된 단편이 삽입된 부위와 바로 인접해 있다(그림 2.19A). 이 올리고뉴클레오티드가 새로운 DNA 가닥 합성을 위한 **프라이머(primer)**로 작용한다. DNA 폴리메라아제에 의해 클론된 단편 전체로 새로운 가닥이 신장되어 사본이 만들어진다.

DNA 폴리메라아제들은 수천 뉴클레오티드 길이의 폴리뉴클레오티드를 만들 수 있으나, 서열 분석 실험에서는 새로운 가닥의 합성이 조기 종결된다. 이는 4개의 표준 디옥시뉴클레오티드들 외에도 4개의 **이디옥시뉴클레오티드들(dideoxynucletides,** ddNTPs - ddATP, ddCTP, ddGTP, ddTTP) 각각을 소량씩 반응에 첨가하기 때문에 일어난다. 이디옥시뉴클레오티드는 디옥시뉴클레오티드의 3′ 위치에 있는 -OH기가 H로 치환되어 있는 점에서 디옥시뉴클레오티드와 다르다. DNA 폴리메라아제가 디옥

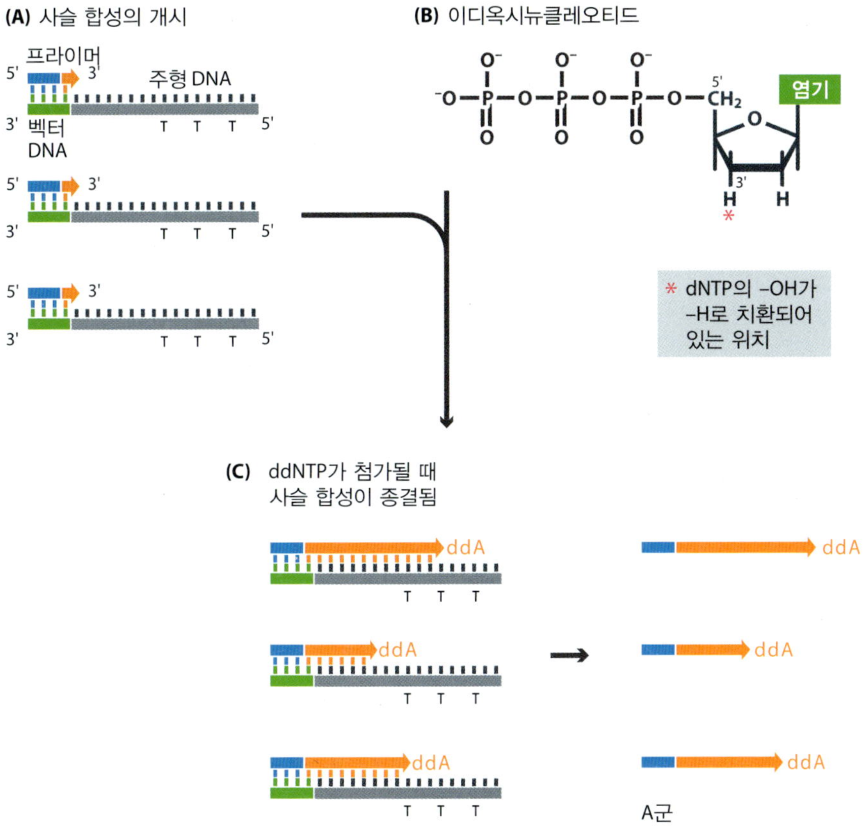

그림 2.19 체인 터미네이터 DNA 서열 분석법에서의 단계들. (A) 체인 터미네이터 서열 분석법은 단일-사슬 주형에 상보적인 새로운 DNA 사슬의 합성을 포함한다. 사슬 합성은 프라이머로부터 시작하여 오렌지색 화살표로 표시된 방향으로 진행된다. (B) 반응 혼합물에는 4개의 이디옥시뉴클레오티드들이 각각 소량 포함되어 있어서, 사슬 합성은 무한정 진행되지 않는다. 이디옥시뉴클레오티드들의 3′ 탄소에 수산기 대신 수소 원자가 있어서, 더 이상의 신장이 저지된다. (C) ddATP의 삽입은 주형에서 T가 위치한 곳의 반대편에서 종결되는 체인을 생성한다. 이는 A로 종결되는 군들을 생성한다. 다른 이디옥시뉴클레오티드들이 삽입되면 C군, G군, T군들이 생성된다.

시뉴클레오티드와 이디옥시뉴클레오티드를 구분할 수는 없으나, 이디옥시뉴클레오티드에는 다음 뉴클레오티드와의 연결을 형성하기 위해 필요한 3′-OH기가 없기 때문에 이디옥시뉴클레오티드가 일단 포함되면 더 이상의 신장이 중단된다(그림 2.19B).

정상 디옥시뉴클레오티드들이 이디옥시뉴클레오티드들보다 또한 훨씬 많이 존재하기 때문에, 사슬 합성이 프라이머 근처에서 항상 종결되지는 않는다. 사실 이디옥시뉴클레오티드가 포함되기 전에 수백 개의 뉴클레오티드들이 중합될 수 있을 것이다. 결과는 이디옥시뉴클레오티드 말단을 가진 길이가 모두 다른 "체인-종결된" 분자들의 세트이며, 이디옥시뉴클레오티드 말단은 복사된 DNA의 동일한 위치에 존재하는 뉴클레오티드가 A, C, G, T 중 어느 것인지를 알려 준다(그림 2.19C).

염기서열을 읽기 위해 모세관 젤 전기영동이 사용된다

DNA 서열을 읽기 위해 우리가 할 일은 각 체인-종결된 분자의 말단에 있는 이디옥시뉴클레오티드를 확인하는 것이다. 어려운 것처럼 보이지만, 사실은 쉽다. 이와 관련된 기술이 **모세관 젤 전기영동(capillary gel electrophoresis)**이다.

모세관 젤은 통상적으로 길이가 80 cm이고 직경은 0.1 mm인 가늘고 긴 **폴리아크릴아미드(polyacrylamide)** 관으로, 플라스틱 보호관 속에 들어 있다(그림 2.20A). 체인-종결된 분자들의 혼합물을 모세관의 한쪽 끝에 넣고, 전류가 흐르게 한다. 모세관 젤을 통해 이동하는 각 분자의 이동 속도는 각 분자의 전하에 비례한다. DNA 분자 내의 각 인산디에스테르 결합은 단일 음전하를 가지고 있으므로(그림 2.5 참조), 폴리뉴

연구 브리핑 2.2

유전자는 DNA로 이루어져 있다

오늘날의 우리는 DNA가 유전 물질이라는 사실을 너무나 잘 알고 있다. 하지만 DNA가 유전 물질이라는 생각은 1940년대까지 대부분의 생물학자들로부터 터무니 없는 것으로 여겨졌으며, 인간의 유전자가 DNA로 이루어져 있다는 실험적 증거를 1970년대에 이르러서야 얻을 수 있었다는 것을 안다면 더욱 놀랄 것이다. 이러한 유전학의 기본적인 사실을 규명하는 데 왜 이토록 오랜 시간이 걸렸을까?

처음에는 유전자가 단백질로 이루어져 있다고 생각했다

유전자의 화학적 본질에 대한 첫 추측은 유전자가 염색체에 있다는 20세기 초의 발견으로부터 촉발되었다. 세포를 세포 내의 특정 생화학 물질에 특이적으로 결합하는 염색약으로 염색한 후 현미경을 통해 관찰하는 **세포 화학(cytochemistry)**으로부터 염색체가 거의 같은 양의 DNA와 단백질로 구성되어 있다는 것을 알 수 있었다. 그러므로 둘 중 하나는 유전 물질이어야 한다.

유전 물질이 단백질인지 DNA인지를 결정함에 있어, 생물학자들은 유전자의 특성들과 이 두 종류의 화합물들(단백질, DNA)이 이러한 유전자 특성 등을 어떻게 나타낼 수 있는 지를 고려하였다. 유전 물질의 가장 기본적인 요건은 거의 무한대에 가까운 다양한 형태로 존재할 수 있어야 한다는 점이다. 각 세포는 많은 수의 유전자를 포함하고 있는데, 가장 간단한 박테리아에는 수천 개의 유전자가 있으며 고등 생물에는 수만 개의 유전자가 있다. 각 유전자는 서로 다른 생물학적 형질을 지시하며, 아마도 서로 다른 구조를 가질 것이다. 그러므로 유전 물질은 화학적 가변성이 많아야만 한다.

20세기 초반에는 모든 DNA 분자가 같다고 생각되었기 때문에, 이러한 요건들이 DNA에 의해서는 충족되지 않을 것처럼 보였다. 한편 단백질은 다양한 중합 분자들이며, 각 분자들은 화학적으로 다른 20개의 아미노산들의 다양한 조합으로 구성되어 있다는 사실이 정확하게 알려져 있었다. 서로 다른 아미노산 서열로 인해 서로 다른 많은 단백질들이 존재한다. 그러므로 단백질들은 유전 물질로서 요구되는 가변성을 지니고 있다. 당연하게도 20세기 상반기 동안 생물학자들은 유전자가 단백질로 이루어져 있다고 단정했으며, 염색체에 있는 DNA 성분은 훨씬 덜 중요한 물질로 아마도 단백질 "유전자"를 결합하는 데 필요한 구조 물질로 간주하였다.

두 가지 실험들이 유전자가 DNA로 이루어져 있을 수도 있다고 제안했다

DNA 구조에 대한 오류는 계속 남아 있었지만, 1930년대 후반에 이르러 DNA가 단백질처럼 엄청난 가변성을 가지고 있다는 것이 밝혀졌다. 단백질이 유전 물질이라는 개념이 처음에는 강하게 남아 있었으나, 결국에는 두 가지 실험에 의해 이러한 개념이 뒤집혔다.

이 중에서, 첫 번째 실험은 뉴욕에 있는 Columbia University의 Oswald Avery, Colin Macleod, Maclyn McCarty에 의해 수행되었다. 그들은 그 당시의 연구자들이 **형질전환 인자(transforming principle)**라고 부르는 연구를 수행하고 있었다. 그들은 폐렴을 유발하는 박테리아인 *Streptococcus pneumoniae*의 죽은 세포들로부터 추출물을 준비하였다. 추출물 중 특정 인자가 무해한 *S. pneumoniae* 균주를 형질전환시켜 폐렴을 유발하는 것으로 알려져 있다. 그러므로 이러한 형질전환 인자에는 박테리아가 폐렴을 유발하도록 생물학적 형질을 제공하는 유전자가 반드시 포함되어야 한다. 1944년, Avery와 그 동료들은 추출물의 활성 성분인 형질전환 인자가 DNA임을 보였다(그림 1).

두 번째 실험은 뉴욕의 Cold Spring Harbor에 근무하던 Alfred Hershey와 Martha Chase에 의해 1952년 수행되었다. 바이러스로 박테리아를 감염시킬 때, 바이러스의 DNA는 세포 안으로 들어가지만, 대부분의 바이러스 단백질은 세포 밖에 그대로 남아 있었다(그림 2). 감염주기 중 감염 바이러스들의 유전자는 새로운 바이러스의 합성을 지시하는데 사용되고, 이러한 합성은 박테리아 세포 내에서 일어나기 때문에, 결과는 생체 관찰이었다. 세포 안으로 들어간 인자가 감염 바이러스의 DNA라면, 바이러스 유전자는 DNA로 이루어져야만 한다는 결론이 나온다. Hershey와 Chase는 또한 생산된 새로운 바이러스들에는 최초 감염 바이러스들의 DNA가 포함되어 있으나, 최초 감염 바이러스들의 단백질은 극히 소량 포함되어 있다는 것도 알게 되었다. 다시 말해서, 새로운 바이러스는 어버이로부터 단백질이 아닌 DNA를 물려 받은 것이다.

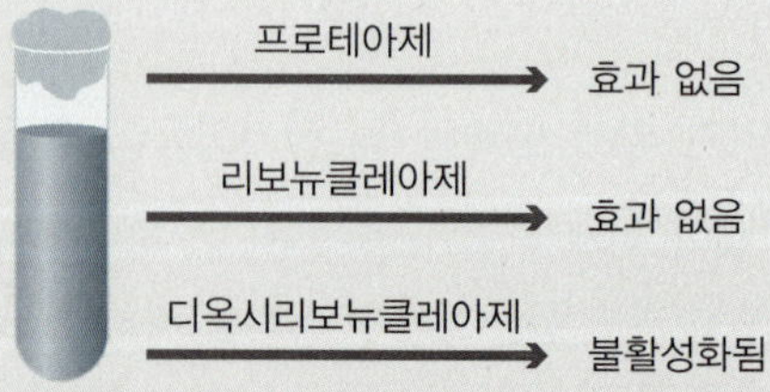

그림 1 Avery와 그의 동료들은 형질전환 인자를 포함하고 있는 추출물들을 단백질만을 특별히 분해하는 프로테아제 효소로, RNA만을 분해하는 리보뉴클레아제로, DNA만을 분해하는 디옥시리보뉴클레아제로 각각 처리하였다. 프로테아제와 리보뉴클레아제는 무해한 *S. pneumoniae* 박테리아를 형질전환시키는 추출물의 능력에 아무런 영향을 미치지 못했다. 반면 디옥시리보뉴클레아제는 형질전환 인자를 불활성화시켰다. 그러므로, 형질전환 인자의 활성 성분은 DNA이어야만 한다.

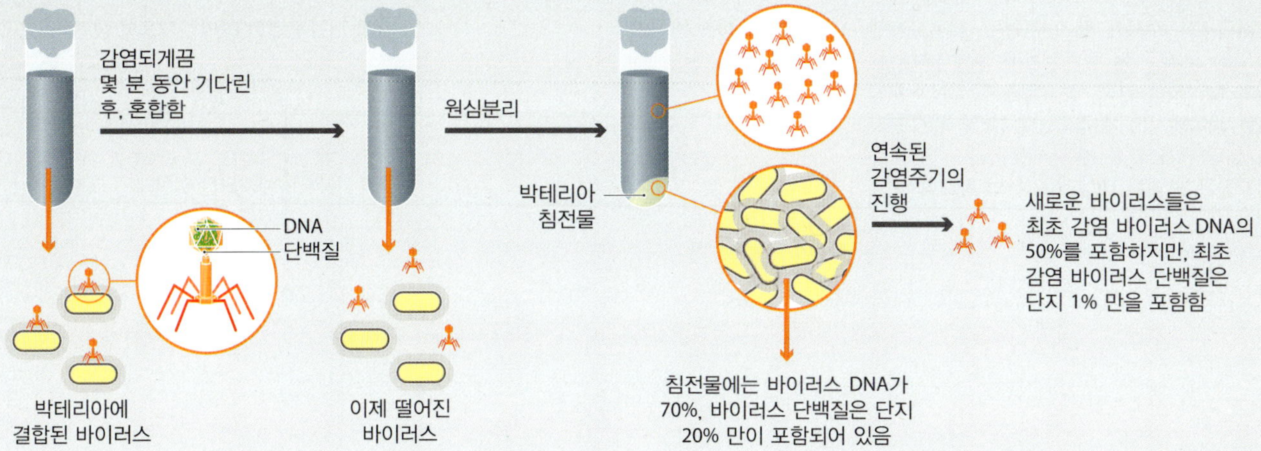

그림 2 Hershey-Chase의 실험은 대장균을 감염시키는 바이러스인 T2 박테리오파지가 DNA로 이루어져 있다는 것을 보였다. Hershey와 Chase는 T2 박테리오파지가 DNA와 단백질로 이루어져 있음을 이미 알았었다. 우리는 또한 DNA가 포함되어 있는 단백질 "머리"는 단백질로 이루어져 있는 "몸통"과 "다리"에 결합되어 있다는 것을 알고 있다. Hershey와 Chase는 T2 박테리오파지를 대장균 박테리아 배양액에 첨가한 후, 바이러스가 바이러스 유전자를 세포 안으로 주입할 수 있도록 몇 분간 기다렸다. 그런 후, 배양액을 혼합기에 넣고 뒤흔들어 박테리아 표면으로부터 비어 있는 바이러스 입자들을 분리시켰다. 그런 후 배양액을 원심분리하여, 박테리아와 바이러스 유전자를 튜브 바닥에 침전물 형태로 모으고, 비어 있는 바이러스 입자는 현탁액에 그대로 두었다. Hershey와 Chase는 박테리아 침전물에 대부분의 바이러스 DNA와 단지 바이러스 단백질 20% 만이 포함되어 있다는 것을 발견하였다. 또한, Hershey와 Chase는 박테리아 일부가 감염주기를 완전히 끝마치도록 하였다. 생산된 새로운 바이러스들은 최초 감염 바이러스들로부터 50%의 DNA를 물려 받았으나, 단백질은 단지 1% 만 물려 받았다.

이중 나선은 유전자가 DNA로 이루어져 있다는 것을 생물학자들에게 납득시켰다

우리들 관점에서 볼 때, Avery의 실험과 Hershey-Chase의 실험이 유전자는 DNA로 이루어져 있음을 알려 주는 핵심적인 결과들을 제시하였음에도 불구하고, 그 당시의 생물학자들은 이를 쉽게 받아드리지 않았다. 두 실험은 회의론자들에게 단백질이 여전히 유전 물질일 수 있다고 주장할 수 있는 한계들을 가지고 있었다. 예를 들어, Avery가 형질전환 인자를 불활성화시키기 위해 사용한 **디옥시리보뉴클레아제(deoxyribonuclease)** 효소의 특이성에 대한 염려들이 있었다. 효소가 극미량의 **프로테아제(protease)**로 오염되어 있어 단백질을 또한 분해시킬 수 있다면, 형질전환 인자가 DNA임을 보여 주는 증거의 중심에 있는 이 결과는 무효가 될 것이다.

Hershey-Chase 실험은 비판을 덜 받았지만, Hershey와 Chase는 그들의 실험 결과가 유전자는 DNA로 이루어져 있다는 것을 증명하였다는 것을 알지 못했다. 그들의 실험 결과를 기술한 논문에서, 그들은 "그러나 [바이러스의] 유전적 부분에 대한 화학적 확인은 ... 몇 가지 의문들이 ... 해결될 때까지 ... 기다려야만 한다."라고 서술하였다.

이 두 실험들이 유전자가 DNA로 이루어져 있다는 것을 실제로 증명했는지의 여부는 사실 중요하지 않다. 이 두 실험들로 인해 생물학자들은 DNA가 유전 물질일지도 모른다라는 개념을 수용하게 되였다. 이는 유전자가 어떻게 복제될 수 있는지를 밝힌 DNA의 이중 나선 구조가 1953년 Watson과 Crick에 의해 발견되었을 때, 과학계가 유전자는 실제로 DNA로 이루어져 있다는 것을 즉시 수용하게 되었음을 의미한다.

클로닝이 개발된 뒤에야 인간 유전자가 DNA로 이루어져 있다는 것이 증명되었다

만약 우리가 가장 엄격한 과학적 원리를 적용하고자 한다면, Avery의 실험은 박테리아의 유전자가 DNA로 이루어져 있다는 것이었고, Hershey-Chase의 실험은 바이러스의 유전자 또한 DNA로 이루어져 있다는 것이었다. 따라서 그 어떤 실험도 인간을 포함한 고등생물들의 유전자에 대해서 아무것도 말할 수 없다는 것에 대해 논쟁하여야 한다.

1979년에 이르러서야 인간 유전자가 DNA로 이루어져 있다는 것을 보인 실험이 수행되었다. Genentech라는 생물공학회사에서 근무 중이었던 David Goeddel은 인간 성장호르몬 중 하나인 소마토트로핀의 유전자를 대장균(*Escherichia coli*)으로 도입하기 위해 DNA 클로닝을 사용하였다. 박테리아는 소마토트로핀을 만들 수 있는 능력을 획득하였는데, 이는 도입된 DNA가 실제로 인간 유전자를 가지고 있음을 보여 주었다. 이 실험의 목적은 성장 결핍의 임상 치료에 필요한 소마토트로빈을, 박테리아를 이용하여 대량 생산하는 방법을 개발하는 것이었다. 이는 당연히 생물공학 산업이 발전하기 위한 주요한 돌파구 중 하나로 간주되고 있다. 또한 약 75년 전에 처음으로 물어 보았던 유전 물질의 화학적 본질에 대한 질문이 마침내 사라졌다는 사실은 그다지 눈에 띄지 않고 지나갔다.

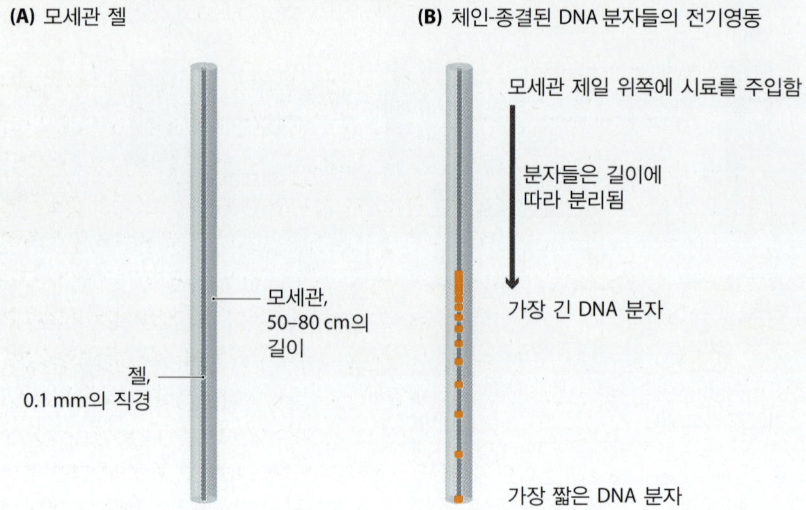

그림 2.20 모세관 젤 전기영동. (A) 모세관 젤. (B) 모세관 젤 전기영동에 의해 DNA 분자가 분리되는 원리. 전기영동 중 DNA 분자들은 길이에 따라 분리되는데, 가장 짧은 분자는 젤을 통해 가장 빨리 이동한다. 그러므로, 분자들은 모세관 내에서 일련의 밴드를 형성한다.

클레오티드의 전체 음전하는 폴리뉴클레오티드의 길이에 직접적으로 비례한다. 그러므로 체인-종결된 분자들은 모세관 젤을 각기 다른 속도로 이동한다. 즉, 가장 짧은 분자는 가장 빨리, 가장 긴 분자는 가장 느리게 이동한다. 체인-종결된 분자들이 모세관의 끝에 이르면 체인-종결된 분자들은 밴드들을 형성하며, 각 밴드는 이전 밴드에 있는 분자들보다 뉴클레오티드가 1개 더 긴 분자들을 포함하고 있다(**그림 2.20B**).

4개의 이디옥시뉴클레오티드들 각각은 다른 파장의 형광 시그널을 발산한다. 그러므로 4개의 이디옥시뉴클레오티드들 중 어떤 것이 각 밴드에 존재하는 지를 확인하기

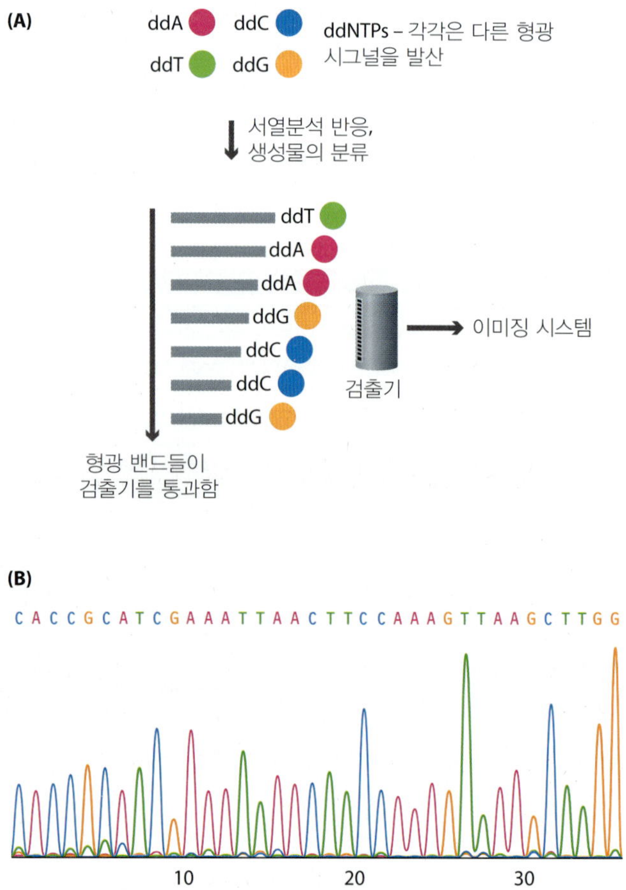

그림 2.21 체인 종결 실험을 통해 생성된 서열 읽기. (A) 각 이디옥시뉴클레오티드들은 다른 형광 시그널을 발산한다. 전기영동 중, 체인-종결된 분자가 형광 검출기를 지나가면 각 밴드에 어떤 이디옥시뉴클레오티드가 있는지 확인하게 된다. 그 정보는 이미징 시스템에 전달된다. (B) DNA 서열 분석 출력물. 서열은 일련의 피크들로 표현되며, 각 피크는 각 뉴클레오티드의 위치를 나타낸다. 이 예시에서 붉은색 피크는 A, 푸른색 피크는 C, 오렌지색 피크는 G, 녹색 피크는 T이다.

위해 형광 검출기가 사용된다. 이디옥시뉴클레오티드가 A, C, G, T 중 어떤 것인지를 확인함으로써, 검출기는 클론된 단편의 DNA 서열을 한 뉴클레오티드씩 단계적으로 만들 수 있다(**그림 2.21**). 서열은 오퍼레이터가 검토하기 위해 프린트할 수도 있고, 저장 장치에 직접 저장되어 나중에 분석할 수도 있다.

위에서 언급한 바와 같이, 최대 약 750 bp의 염기서열을 한 번의 실험을 통해 얻을 수 있다. 다수의 모세관들이 동시에 작동하는 자동화 서열 분석기(automated sequencer)를 이용하면 2시간 내에 96개의 다른 서열들까지 읽을 수 있는데, 이는 864,000 bp의 정보가 하루에 한 장치에 의해 생성될 수 있음을 의미한다. 물론 이것은 서열 분석 반응을 준비하고 또한 서열 분석기에 체인-종결 분자들을 넣을 로봇 장치들이 있으면서, 24시간 계속되는 기술적 지원을 필요로 한다. 만약 그러한 처리 방법이 확립되어 유지될 수 있다면, 수백만 염기쌍의 길이를 가진 DNA 분자들을 서열 분석하기 위해 필요한 데이터를 단 몇 주 확보할 수 있다.

주요 개념

- DNA 구조는 유전자가 어떻게 생물학적 정보의 구성 단위로서 또한 유전의 구성 단위로서의 두 가지 기능들을 수행할 수 있는지를 밝혀 준다.
- DNA는 뉴클레오티드라 불리는 개별 단위로 구성된 중합체이다. 4개의 다른 뉴클레오티드가 있으며, 완전한 화학적 이름들의 약어인 A, C, G, T로 보통 나타낸다. 뉴클레오티드들은 어떠한 순서로도 서로 연결될 수 있다.
- DNA 분자에 있는 뉴클레오티드들의 서열은 A, C, G, T 4개의 글자로 구성되어 있는 언어이다. 유전자에 저장되어 있는 생물학적 정보는 이 언어로 쓰여 있다.
- 이중 나선 구조는 DNA 분자들이 어떻게 복제할 수 있는 지를 밝혀 준다. 이중 나선의 두 가닥 중 A는 T와만 염기쌍을, G는 C와만 염기쌍을 형성하는 방식으로 수소 결합에 의해 연결된다. 이는 DNA 분자에 있는 두 폴리뉴클레오티드가 분리된다면, 어버이 이중 나선과 동일한 2개의 완전한 복사본들이 만들어질 수 있다는 것을 의미한다. 이는 이미 존재하는 가닥들의 서열들이 새로운 상보적인 가닥들의 서열을 지시할 수 있기 때문이다.
- A-DNA, B-DNA, Z-DNA라 불리는 이중 나선 구조의 변형들이 있다. B-DNA가 가장 흔한 형태이다.
- DNA 서열을 분석하는 최근 기술들은 DNA 분자의 뉴클레오티드 서열을 읽을 수 있다. 한 번의 실험으로 750 bp 정도까지의 짧은 서열 만을 얻을 수 있으나, 자동화 시스템을 이용하면 한 번에 많은 실험을 한꺼번에 수행할 수 있다.

질문 & 문제 (해답은 www.garlandscience.com/introgenetics에서 찾을 수 있다)

주요 용어들

다음 용어에 대한 간단한 정의를 서술하시오.

3′-OH terminus	β-*N*-glycosidic bond	A-form
5′-P terminus	adenine	antiparallel

base pairing
B-form
capillary gel electrophoresis
chain termination
clone library
competent
complementary
contigs
cytochemistry
cytosine
deoxyribonuclease
deoxyribonucleic acid
dideoxynucleotide
DNA cloning
DNA ligase
DNA polymerase
DNA sequence
DNA sequencing
gene expression
genetic code
genetic material
guanine
hydrogen bond
major groove
minor groove
model building
molecular approach
monomer
nucleoside
nucleotide
oligonucleotide
paper chromatography
pentose
phosphodiester bond
plasmid
polyacrylamide
polymer
polynucleotide
primer
protease
purine
pyrimidine
recombinant plasmid
sonication
template-dependent DNA synthesis
thymine
transforming principle
vector
X-ray diffraction pattern
Z-DNA

자습 문제들

2.1 뉴클레오티드의 구조를 그리시오.

2.2 DNA 분자에서 발견되는 네 가지 뉴클레오티드들의 완전한 화학적 이름은 무엇인가?

2.3 네 가지 뉴클레오티드 각각을 포함하는 짧은 DNA 뉴클레오티드의 구조를 그리시오.

2.4 폴리뉴클레오티드의 두 말단이 화학적으로 왜 다른지 설명하시오.

2.5 Watson과 Crick이 DNA 구조를 추론하는 데 기초가 되었던 두 가지 주요한 실험 분석법에 대한 개요를 서술하시오.

2.6 이중 나선 구조의 중요한 특징들은 무엇인가?

2.7 상보적 염기쌍 형성은 무엇을 의미하는가? 그리고 왜 중요한가?

2.8 만약 DNA 이중 나선의 한 폴리뉴클레오티드의 서열이 5′-ATAGCAATGCAA-3′이라면, 상보적 폴리뉴클레오티드의 서열은 어떻게 되는가?

2.9 메뚜기의 DNA에 있는 뉴클레오티드 중 30%가 A이다. 그렇다면 다음의 뉴클레오티드는 몇 %인가? (a) T, (b) G + C, (c) G, (d) C

2.10 곰팡이 *Neurospora crassa*의 DNA에 있는 AT의 양이 46%이다. GC의 양은 얼마인가?

2.11 DNA의 A-형태와 B-형태 사이의 주요한 차이점들은 무엇인가?

2.12 Z-DNA는 A-형태와 B-형태로부터 어떻게 다른지 설명하고, 살아 있는 세포에서 Z-DNA가 가질 수 있는 한 가지 기능에 대한 개요를 서술하시오.

2.13 유전 물질이 필요로 하는 가변성을 DNA가 어떻게 제공할 수 있는지 설명하시오.

2.14 주형-의존성 DNA 합성이라 불리는 과정을 보여 주는 모식도를 그리시오.

2.15 실험실에서는 왜 긴 DNA 분자가 처음에 짧은 contigs 세트로 서열 분석되는지 설명하시오.

2.16 클론 라이브러리를 어떻게 준비하는지 그 개요를 서술하시오.

2.17 체인 터미네이터 DNA 서열 분석 실험이 어떻게 수행되는지 서술하시오.

2.18 DNA 서열을 어떻게 모세관 젤 전기영동으로 읽는지 설명하시오.

2.19 왜 생물학자들은 처음에 단백질이 유전 물질이라고 생각하였는가?

2.20 유전자가 DNA로 이루어져 있다고 보여준 1940년대와 1950년대에 수행된 두 실험에 대한 개요를 서술하시오.

2.21 "유전자가 DNA로 이루어져 있다"는 서술이 Avery의 실험 결과 및 Hershey-Chase 실험 결과와 어느 정도 일치하는가?

토의 주제들

2.22 "유전자는 DNA로 이루어져 있다"는 서술이 일반적으로 옳은가?

2.23 A-T 염기쌍은 2개의 수소 결합들로, G-C 염기쌍은 3개의 수소 결합들로 연결된다. 여러분이 생각하기에 A-T가 풍부한 서열들은 게놈의 어느 부분에서 발견될 것 같은가?

2.24 왜 일반적으로 이중 나선이 DNA의 정확한 구조로 받아들여졌는지 토의하시오.

2.25 인간 게놈에 있는 GC의 양은 40.3%이다. 다시 말해, 게놈에 있는 뉴클레오티드들 중 40.3%는 G 또는 C이다. 생명체들에 따라 GC의 양은 광범위하게 다르다. 말라리아 기생충 *Plasmodium falciparum*은 GC의 양이 단지 19.0%인 반면, 박테리아 *Streptomyces griselous*는 72%이다. 종에 따라 GC의 양이 왜 다른지 그 이유를 추측하시오.

2.26 20세기 초의 일부 생물학자들이 왜 유전자는 유전학자들이 어떻게 생물학적 형질이 부모로부터 자손에게까지 전달되는지를 설명하기 위해 발명한 추상적인 형태라고 생각하게 되었는지 그 이유들을 논의해 보시오.

2.27 연구 브리핑 2.2에서 인간의 DNA 분자가 처음으로 대장균에 형질 도입되어 인간 단백질 합성을 지시한다는 것을 보인 1979년에야 비로소 인간의 유전자가 DNA로 구성되어 있다는 확실한 증거가 얻을 수 있었다고 언급하였다. 인간에서 DNA가 유전 물질임을 입증하기 위해 수행되었던 또 다른 실험들은 어떤 것들이 있는가?

2.28 그림 2.14에 보인 DNA 복제 과정은 Watson과 Crick이 이중 나선 구조를 발견한 직후 제안한 것과 동일하다. 그러나 많은 생물학자들은 이 과정이 살아 있는 세포, 특히 원형의 DNA 분자들이 있는 많은 박테리아에서는 불가능하다고 생각했다. 왜 그럴까?

2.29 DNA 폴리메라아제는 성장하는 사슬의 3′ 말단에 뉴클레오티드를 하나씩 첨가하여 새로운 폴리뉴클레오티드를 만든다. 그러나 반대 방향으로, 즉 5′ 말단에 뉴클레오티드를 첨가하여 DNA를 만드는 효소는 아직까지 알려지지 않고 있다. 이 사실은 이중 나선 DNA 분자가 복제되는 과정을 복잡하게 만든다. 이에 대해 설명하시오.

추천 문헌

Brown TA (2010) Gene Cloning and DNA Analysis: An Introduction. Oxford: Wiley-Blackwell. *Includes details of DNA cloning and sequencing.*

Hershey AD & Chase M (1952) Independent functions of viral protein and nucleic acid in growth of bacteriophage. *J. Gen. Physiol.* 36, 39–56. One of the original papers that showed that genes are made of DNA.

Maddox B (2002) Rosalind Franklin: The Dark Lady of DNA. London: HarperCollins. *A biography of one of the key people involved in discovery of the double-helix structure, who sadly died just a few years later.*

McCarty M (1985) The Transforming Principle: Discovering That Genes Are Made of DNA. London: Norton. *Personal account by one of the scientists who worked with Avery.*

Olby R (1974) The Path to the Double Helix. London: Macmillan. *A scholarly account of the research that led to the discovery of the double helix.*

Prober JM, Trainor GL, Dam RJ et al. (1987) A system for rapid DNA sequencing with fluorescent chain-terminating dideoxynucleotides. Science 238, 336–341. *The chain termination method for DNA sequencing, as it is used today.*

Rich A & Zhang S (2003) Z-DNA: The long road to biological function. *Nat. Rev. Genet.* 4, 566–572.

Sanger F, Nicklen S & Coulson AR (1977) DNA sequencing with chain terminating inhibitors. *Proc. Natl. Acad. Sci.* USA 74, 5463–5467. *The first description of chain termination sequencing.*

Watson JD (1968) The Double Helix. London: Atheneum. *The most important discovery of twentieth-century biology, written as a soap opera.*

Watson JD & Crick FHC (1953) Molecular structure of nucleic acids: A structure for deoxyribose nucleic acid. *Nature* 171, 737–738. *The scientific report of the discovery of the double-helix structure.*

유전자 CHAPTER 3

우리는 2장에서 DNA의 구조에 대해 알아보았고, 이러한 구조가 어떻게 살아 있는 세포에서 유전자가 생물학 정보의 단위 및 유전의 단위로서의 두 가지 역할을 수행하게 하는지를 질문하였다. 생물학적 정보는 DNA 분자의 뉴클레오티드 서열에 암호화되어 있고, 또한 상보적인 염기쌍 형성으로 인해 DNA 분자는 복제되어 부모로부터 자손으로 복사본이 전달될 수 있음을 살펴보았다. 지금부터는 유전자 자체에 좀 더 집중하도록 한다. 생물학적 정보가 뉴클레오티드 서열에 암호화될 수 있음을 아는 것이, 그 생물학적 정보가 세포에 의해 어떻게 사용되는 지를 이해하는 유일한 첫 단계이다. 우리는 다음 단계로 나아가기 위해서 개개의 유전자에 들어 있는 생물학적 정보의 단위들을 살펴보아야 한다.

이 장에서 다룰 첫 번째 질문은 가장 본질적인 질문으로, "개개의 유전자에 포함되어 있는 정보의 본질은 무엇일까?"이다. 정보가 뉴클레오티드 서열의 형태로 암호화되어 있음을 알고 있는데, 이러한 정보는 무엇 때문에 존재할까? 이 질문에 대한 답변을 통해 유전자에 저장된 정보가 세포에 의해 이용되는 과정인 **유전자 발현(gene expression)**을 소개할 것이다.

우리가 다룰 두 번째 질문은 초기 유전학자들이 1세기 이상 이해하지 못했던 질문이다. 같은 종의 생명체들은 왜 모두 같은 세트의 유전자를 가지고 있으면서도 서로 약간씩 다를까? 예를 들어, 어떤 사람들은 푸른색 눈을 갖는데, 왜 어떤 사람들은 갈색 눈을 갖고 있을까? 우리는 이 질문에 답을 하면서 뉴클레오티드 서열에서의 작은 변화가 유전자를 비활성화 시키거나 뉴클레오티드 서열이 갖고 있는 정보의 정확한 본질을 변경시킬 수 있다는 것을 알게 될 것이다.

마지막으로, 왜 어떤 유전자는 다중 카피로 존재하는지를 질문하고자 한다. 우리는 이 질문에 대한 답변을 통해 유전자가 어떻게 진화하는지를 이해하기 시작할 것이다.

3.1 유전자에 포함된 정보의 본질

우리는 유전자에 포함되어 있는 정보가 뉴클레오티드 서열에 암호화되어 있다는 것을 알고 있다. 이러한 정보는 무엇 때문에 존재할까? 이 질문에 대답하기에 앞서, 우리는 개별 유전자의 분자적 구조를 자세히 살펴보아야 한다.

유전자는 DNA 분자의 단편이다

세포에는 DNA 분자들보다 훨씬 더 많은 유전자가 있다. 예를 들어, 인간에는 20,000개 이상의 유전자가 있으나, 단지 25개의 서로 다른 DNA 분자들을 갖고 있을 뿐이다. 그러므로 하나의 단일 DNA 분자는 수많은 유전자를 전달한다. 인간의 25개 DNA 분자들에는 적게는 37개에서 많게는 3,000개 이상의 유전자가 존재한다. 그러므로 유전자는 DNA 분자의 단편(segment)이다.

가장 짧은 유전자는 그 길이가 100 bp(base pairs, 염기쌍) 미만이고, 가장 긴 유전자는 2,400,000 bp 이상이다. 이렇게 큰 수들을 간소화하기 위해, 1,000 bp는 **kilobase pair** (kb)를, 그리고 100만 bp는 **megabase pair** (Mb)라는 용어를 사용할 것이다. 이러한 표기에 따라 표현하면 가장 긴 유전자는 그 길이가 2,400 kb 또는 2.4 Mb 이상이다. 그러나 이렇게 큰 유전자는 매우 드물다 — 인간 게놈에서 유전자 평균 길이는

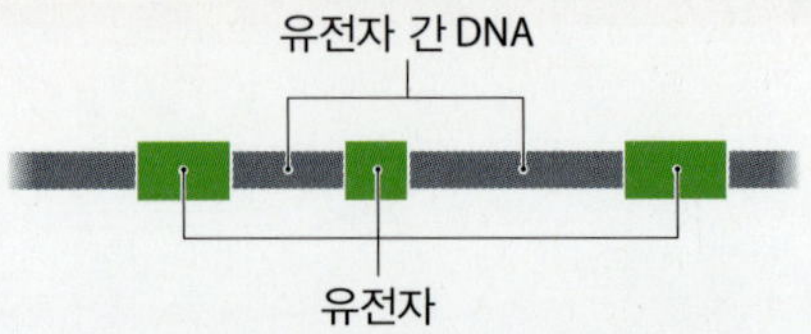

그림 3.1 유전자는 유전자 간 DNA(intergenic DNA)에 의해 서로 분리되어 있다.

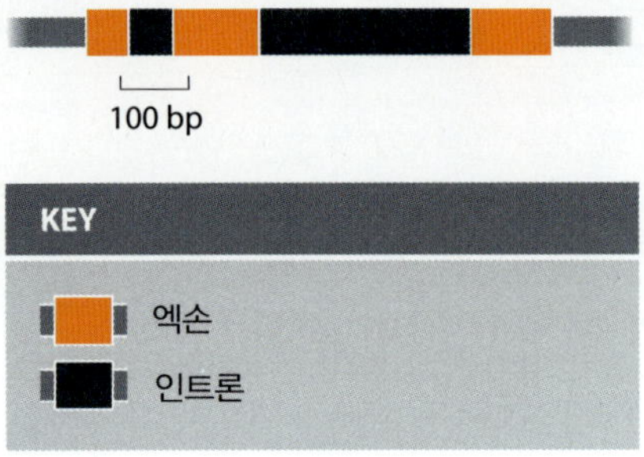

그림 3.2 불연속 유전자(discontinuous gene) 내의 엑손과 인트론

10~15 kb이다. 유전자는 DNA 분자 내에서 **유전자간 DNA(intergenic DNA)**에 의해 서로 분리되어 있다(그림 3.1). 유전자 사이의 실제 거리들은 상당히 차이가 있지만, 인간 게놈에서의 평균 거리는 25~30 kb이다.

우리의 관심사가 개개의 유전자에 있는 정보의 내용물에 있다는 측면에서 볼 때, 유전자 길이의 범위가 100 bp~2.4 Mb 사이라고 말하는 것은 다소 오해의 소지가 있다. 단지 길이의 차이를 말하는 것은 가장 긴 유전자가 가장 짧은 유전자에 비해 24,000배나 많은 정보를 가진다는 의미를 내포할 지도 모른다. 그러나 이는 사실과 다르다. 왜냐하면 많은 유전자들은 유전자 내에 존재하는 아무런 생물학적 정보를 가지고 있지 않은 긴 DNA를 포함하고 있기 때문이다(그림 3.2). **불연속 유전자(discontinuous gene,** 분열 또는 모자이크 유전자로도 불림)에서, 생물학적 정보를 포함하는 부분은 **엑손(exon)**이라 불리고, 개재 서열(intervening sequence)은 **인트론(intron)**으로 불린다. 불연속 유전자는 고등생물에서 흔하다. 모든 인간 유전자의 95% 이상이 최소 하나 이상의 인트론을 포함하고 있으며, 평균적으로 9개의 인트론이 있다.

대부분의 불연속 유전자에서 인트론은 엑손보다 훨씬 길다. 가장 긴 유전자에서 인트론 전체는 전체 유전자 길이의 90% 이상을 차지한다. 그러므로 이러한 유전자는 유전자 전체 길이에 의해 추정되는 것보다 훨씬 더 적은 생물학적 정보를 가지고 있다. 단지 엑손만을 고려하다면, 현재까지 발견된 가장 긴 유전자는 103 kb이고, 모든 생명체들에서 유전자의 평균 길이는 약 1.2 kb이다. 그러므로 생물학적 정보의 평균 구성 단위는 단지 1,200개의 글자 길이를 가지는 뉴클레오티드 서열에 암호화될 수 있다.

유전자는 RNA와 단백질 분자를 만들기 위한 지시 명령을 갖고 있다

유전자가 생물학적 정보를 갖고는 있지만, 유전자 자체 만으로는 이러한 정보를 세포에게 전달할 수 없다. 정보를 이용하기 위해서는 유전자 발현 과정을 구성하는 일련의 사건들에 관여하는 **효소(enzyme)** 및 여러 종류의 단백질들의 연계된 활성이 필요하다.

일반적으로 유전자 발현은 두 단계 과정으로 일어난다고 알려져 있다(그림 3.3). 모든 유전자는 **전사(transcription)**라 불리는 유전자 발현의 첫 번째 단계를 거쳐야 하며, 이를 통해 RNA 분자가 합성된다. 전사는 단순히 복사하는 반응이다. RNA는 DNA처

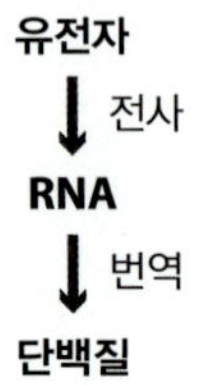

그림 3.3 두 단계 과정으로 표현되는 유전자 발현의 일반적인 표현법

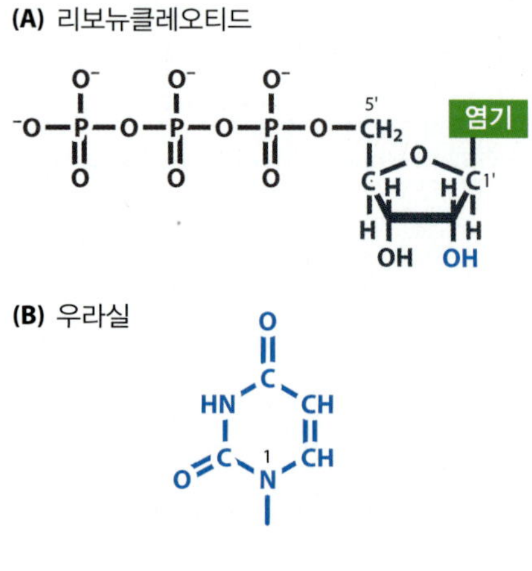

그림 3.4 DNA와 RNA의 화학적 차이. (A) RNA는 당이 2′-디옥시리보오스 대신 리보오스인 리보뉴클레오티드를 포함하고 있다. 차이점은 2′ 탄소에 수소 원자 대신 수산기가 결합되어 있다. (B) RNA는 티민 대신 우라실이라 불리는 피리미딘을 포함하고 있다.

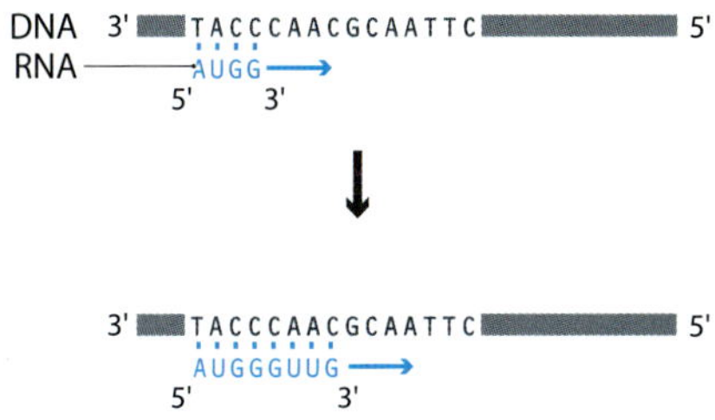

그림 3.5 주형-의존성 RNA 합성. 푸른색으로 표시된 RNA 분자는 3' 말단에 뉴클레오티드가 하나씩 첨가되어 신장된다. 이 과정은 그림 2.15에서 보인 주형-의존성 DNA 합성 과정과 매우 유사하다.

럼 폴리뉴클레오티드이다. DNA와 비교하여 화학적으로 다른 점은 RNA에서는 당이 2′-데옥시리보오스(deoxyribose) 대신 리보오스(ribose)로, 염기 티민은 티민처럼 아데닌과 염기쌍을 형성하는 염기 우라실(U)로 대체되어 있다는 것이다(그림 3.4). 유전자가 전사되는 동안, DNA 이중 나선의 한쪽 사슬은 RNA 분자를 합성하기 위한 주형으로 작용하며, RNA 분자의 뉴클레오티드 서열은 염기쌍 규칙에 따라 DNA 서열에 의해 결정된다(그림 3.5).

어떤 유전자에서는 RNA 전사물 자체가 유전자 발현의 최종 산물이다. 그러나 다른 유전자에서는 전사체가 **번역(translation)**이라는 유전자 발현의 두 번째 단계를 지시하는 반감기가 짧은 메시지이다. 번역 과정에서 **mRNA(전령 RNA, messenger RNA)** 분자는 단백질의 합성을 지시한다. 단백질은 또 다른 형태의 중합 분자로, DNA나 RNA와는 전혀 다르다. 단백질에서 단위체는 아미노산으로 서로 다른 20종이 있고, 각 아미노산은 자신 만의 독특한 화학적 성질을 가지고 있다. 번역에 의해 단백질이 만들어질 때, 그 아미노산 서열은 mRNA의 뉴클레오티드 서열에 의해 결정된다. 인접한 리보뉴클레오티드의 각 삼중항(triplet)의 단백질에 있는 하나의 아미노산을 지정하며, 각각의 삼중항에 해당하는 아미노산은 **유전 암호(genetic code)**에 의해 결정된다(그림 3.6).

단백질 합성은 생물학적 정보를 발현하는 열쇠이다

모든 유전자에게서 유전자 발현의 최종 목표는 RNA 분자나 단백질 분자의 합성이다. 어떻게 이러한 단순한 과정이 유전자에 포함된 정보를 살아 있는 생명체의 생물학적 형질로 구체화할 수 있을까?

그 답은 단백질에 있다. 서로 다른 아미노산 서열들을 가진 단백질들은 상당히 다른 화학적 특성을 가지고 있어, 단백질들이 다양한 역할들을 수행할 수 있게 한다(표 3.1). 예를 들어, 어떤 아미노산 서열들은 생명체의 뼈대를 단단하게 하는 섬유상 단백질을 만든다. 콜라겐은 이러한 **구조 단백질(structural protein)**의 한 예이다(그림 3.7). 콜라겐은 척추동물의 뼈, 힘줄, 연골에서 발견되며, 골격 건조 중량의 20%를 차

표 3.1 단백질의 기능적 다양성

단백질의 종류	예
구조 단백질	콜라겐, 케라틴
운동 단백질	미오신, 디네인
촉매 단백질 (효소)	헥소키나아제, DNA 폴리메라아제
수송 단백질	헤모글로빈, 혈청 알부민
저장 단백질	난백 알부민, 페리틴
방어 단백질	면역 글로불린, 트롬빈
조절 단백질	인슐린, 소마토스타틴, 소마토트롬핀

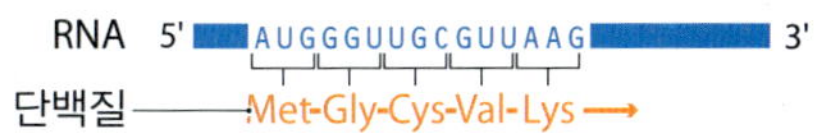

그림 3.6 번역 과정에서 RNA의 각 뉴클레오티드 삼중항은 유전 암호에 의해 정해져 있는 특정 아미노산을 지정한다. 이 그림에 세글자 약어로 나타낸 아미노산들은 메티오닌, 글리신, 시스테인, 발린, 라이신이다.

그림 3.7 구조 단백질인 콜라겐 분자의 일부분. 콜라겐 분자는 3개의 단백질 중합체들이 삼중 나선으로 서로를 감싸고 있다. 이러한 나선형 배치는 단백질이 높은 인장 강도를 가지게 한다. (After D. S. Goodshell, Our Molecular Nature. New York: Springer-Verlag, 1996. With Permssion from Springer Science and Business Media.)

지한다. 콜라겐 성분이 없다면, 뼈는 쉽게 부러질 것이고 체중을 지탱할 수 없을 것이다. 두 번째 예는 머리카락과 깃털에 존재하는 케라틴으로 게와 같은 절지동물의 외골격을 구성하는 주요 성분이기도 하다. 그에 반해, **운동 단백질(motor protein)**은 유연성을 제공하는 아미노산 서열들을 가지고 있다. 운동 단백질들은 생명체가 이리저리 움직일 수 있도록 단백질의 형태를 변화시킨다. 근육 단백질인 미오신이 운동 단백질에 속하며, 섬모와 편모의 디네인도 여기에 해당한다(그림 3.8).

다른 종류의 단백질들은 상당히 다른 기능들을 가진다. 효소들은 다양한 세포내 반응들을 촉매하는 단백질로, 에너지의 방출 및 저장 그리고 새로운 화합물의 합성 등을 야기한다(그림 3.9). 운반 기능을 가진 또 다른 단백질들은 화합물들을 세포내 여기저기로 운반한다. 포유류에서 가장 중요한 운반 단백질들로는 혈류를 통해 산소를 운반하는 헤모글로빈(그림 3.10)과 지방산을 운반하는 혈청 알부민이 있다. 어떤 단백질들은 생명체가 나중에 사용하기 위해 분자를 저장하는 데 도움을 준다. 난백에 아미노산을 저장하는 난백 알부민(ovalbumin)과 간에 철을 저장하는 페리틴이 이에 해당한다. 많은 단백질들은 방어 기능을 가지고 있어서 감염원과 부상으로부터 자신을 보호한다. 포유류에서 찾아볼 수 있는 예로는 (침입 바이러스의 표면에 있는 단백질들과 같은) 외부 분자들과 복합체를 형성하는 면역 글로불린(immunoglobulin) 및 그 외의 항체들, 그리고 혈액 응고 메커니즘에 관여하는 트롬빈과 그 외의 단백질들이 있다(그림 3.11).

세포 활성들을 조절하는 **조절 단백질들(regulatory proteins)** 또한 존재한다. 잘 알려진 호르몬들로는 척추동물에서 포도당 대사를 조절하는 인슐린과 성장 호르몬인 소마토스타틴과 소마토트로핀 등이 있다. 호르몬들은 세포외 단백질이다. 세포 내에서 만들어지더라도, 호르몬들은 방출되어 몸 전체를 돌아다닐 수 있고, 또한 조절 메시지들을 다른 세포들에게 전달할 수 있다(그림 3.12). 종종 이러한 메시지들은 특정 유전자만 작동시키고 다른 유전자의 작동은 멈추게 한다. 그러므로 단백질들이 단지 유전자 발현의 산물이기만 한 것은 아니다. 어떤 단백질들은 생물학적 정보가 세포로 방출되는 방식을 조절하기도 한다.

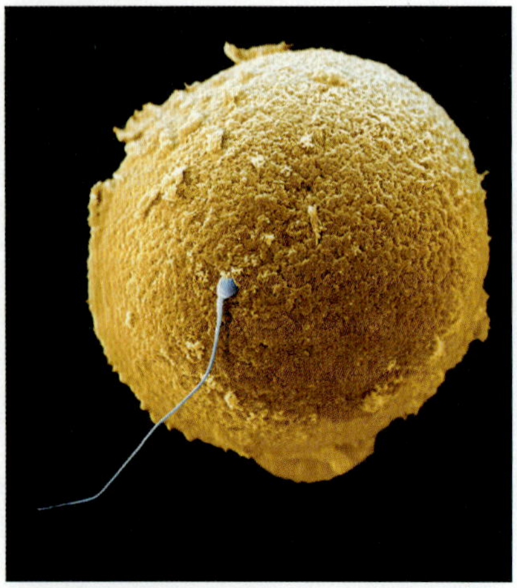

그림 3.8 여성 난세포를 수정시키고자 시도하는 인간의 정자. 푸른색으로 보이는 정세포는 디네인(dynein)이라 불리는 많은 운동 단백질들이 모인 길고 가는 편모를 가지고 있다. 모양을 바꿈으로서 이러한 디네인 단백질들은 섬모를 기저로부터 끝까지 움직이는 일련의 물결 움직임을 생성할 수 있다. 이러한 물결 모양의 움직임은 정자를 앞으로 나아가게 하고, 이를 통해 정자가 난세포를 헤엄쳐서 찾아가게 한다. (Courtesy of Eye of Science/ Science Photo Library.)

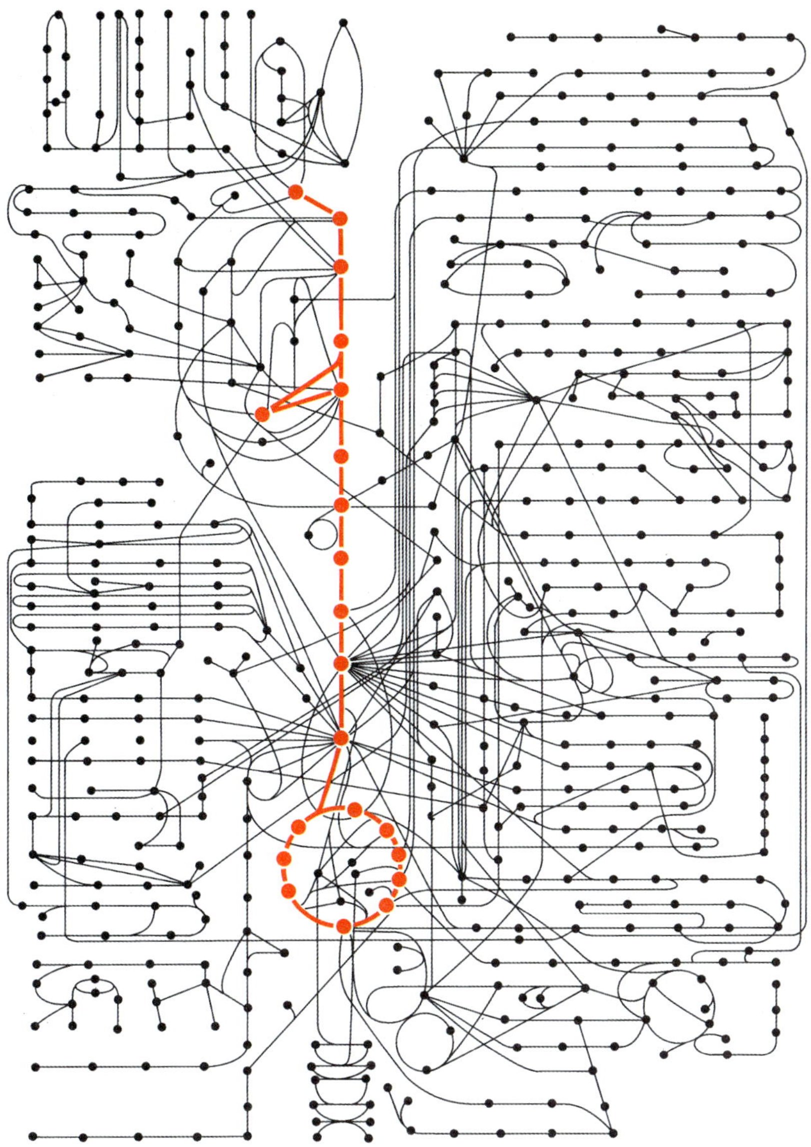

그림 3.9 전형적인 동물 세포의 대사 경로들에 대한 개요. 각 점들은 다른 생화학적 화합물을 나타낸다. 선은 네트워크에서의 단계들을 나타내며, 이러한 각 단계들을 통해 하나의 화합물이 다른 화합물로 전환된다. 약 500개의 단계들이 있으며, 각 단계는 다른 효소에 의해 촉매된다. 대사를 위해 에너지를 제공하는 해당 경로와 시트르산 회로는 붉은색으로 나타내었다. 검정색으로 나타낸 경로들은 에너지 생산을 위한 기질들을 제공하거나 더 작은 전구체들로부터 아미노산과 뉴클레오티드와 같은 분자들을 만든다. (Adapted from B. Alberts et al., Essential Cell Biology, 3rd ed. New York: Garland Science, 2010.)

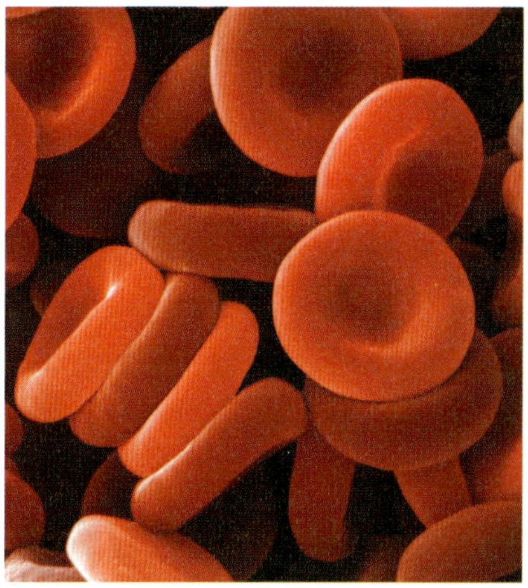

그림 3.10 많은 양의 헤모글로빈을 가지고 있어 혈류를 통해 신체의 한 부분에서 다른 부분으로 산소를 전달하는 적혈구 세포들 (Courtesy of Power and Syred/Science Photo Library.)

단백질들은 생명체들의 구조, 이동할 수 있는 능력, 생화학 반응을 수행할 수 있는 능력을 제공한다. 단백질들은 몸 전체로 화합물들을 운반하기도 하고, 당장 필요하지 않은 화합물들을 저장하기도 하며, 질병으로부터 생명체를 보호하기도 한다. 또한 세포 활성을 조절하기도 하는데, 어떤 단백질들이 합성되어야 할지 결정하는 유전자 발현 과정도 이러한 세포 활성에 포함된다. 유전자에 저장되어 있는 생물학적 정보의 구성 단위들이 세포가 만드는 모든 단백질들의 아미노산 서열에 암호화됨으로써 단백질의 다양한 기능들을 낳는다. 이러한 방식으로 유전자는 살아 있는 생명체의 생물학적 형질을 특징지을 수 있다.

그림 3.11 바이러스나 박테리아 또는 다른 감염원들의 침입에 대항하여, 인체 방어의 한 부분을 담당하는 항체의 일종인 면역 글로불린 단백질의 형태 (© http://visualscience.ru/en/, 2010.)

단백질로 번역되지 않는 RNA 분자 또한 중요하다

mRNA는 일반적으로 세포의 RNA 중 극히 일부, 즉 전체 RNA의 4% 미만을 차지한다. 나머지 대부분은 단백질로 번역되지 않고 세포 내에서 RNA로서의 직접적인 역할들을 수행하는 **비번역 RNA(noncoding RNA)**이다. 그러므로 유전자에 저장되어 있는 생물학적 정보의 본질을 완전히 이해하기 위해서는 비번역 RNA가 무엇을 하는지 명확히 알아야만 한다.

비번역 RNA가 mRNA에 비해 훨씬 풍부하게 존재하지만, 비교적 적은 수의 유전자가 비번역 RNA을 지정한다. 이는 비번역 RNA에는 단지 몇 종류의 분자들만이 포

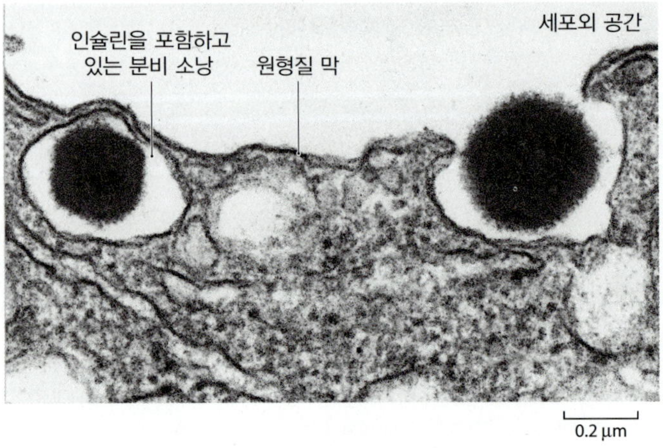

그림 3.12 인간 췌장에 있는 β-세포에서 분비되고 있는 인슐린을 보여 주는 전자현미경 사진 (Courtesy of Lelio Orci, University of Geneva.)

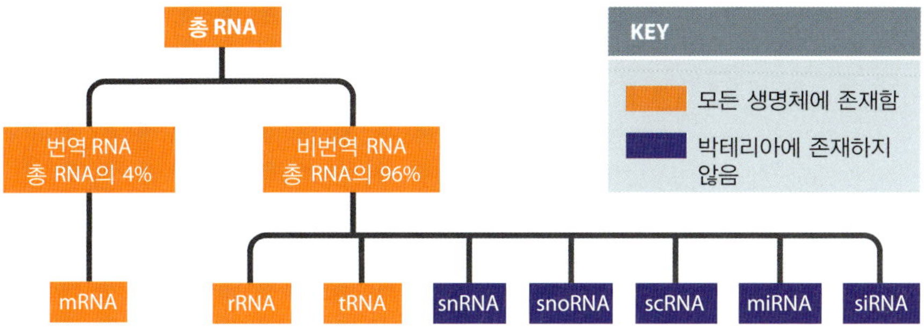

그림 3.13 살아 있는 세포에서 발견되는 다양한 종류의 RNA들

함되어 있기 때문이다(그림 3.13). 그 중에서 가장 많은 것은 **리보솜 RNA(ribosomal RNA)** 또는 **rRNA**이다. 인간에는 단지 4개의 서로 다른 rRNA 분자들이 존재하지만, 활발하게 분열하는 세포에서는 전체 RNA의 80% 이상을 차지하기도 한다. 이러한 분자들은 단백질 합성이 일어나는 구조인 리보솜의 구성 성분이다. **운반 RNA(transfer RNA)**, 또는 **tRNAs**는 단백질 합성에 관여한다. 단백질 합성 과정에서 tRNA는 아미노산을 리보솜에 전달하며, 또한 전달된 아미노산들이 번역되고 있는 mRNA의 뉴클레오티드 서열에 지정된 순서대로 서로 연결시킨다. 대부분의 생명체들은 30~50개의 서로 다른 tRNA에 대한 유전자를 가지고 있다.

리보솜 RNA와 운반 RNA들은 모든 생명체에 존재한다. 다른 비번역 RNA 종류들은 그 분포가 더 제한적이며, 특히 박테리아에는 존재하지 않는다(그림 3.13 참조). 이러한 종류의 RNA들 중 일부는 세포 내에 존재하는 위치에 따라 명명된다. 예를 들면, 핵에서 발견되는 **소형 핵 RNA(small nuclar RNA, snRNA)**라 불리는 범주가 있다. 15~20개의 서로 다른 snRNA들이 있으며, 대부분의 snRNA들은 **RNA 스플라이싱(RNA splicing)**과 관련되어 있다. RNA 스플라이싱은 mRNA 분자들로부터 인트론들이 제거된 뒤 생물학적 정보를 가지고 있는 부분들인 엑손들이 서로 연결되는 과정이다. 스플라이싱은 mRNA가 단백질로 번역되기 전에 엑손들이 연결되어야 하므로 불연속 유전자의 발현 과정에서 필수 요소이다(그림 3.14).

rRNA가 전사되는 핵의 일부분인 인에서 발견되는 **소형 인 RNA(small nucleolar RNAs, snoRNAs)**가 있다. rRNA가 리보솜에 조립되기 전에 메틸기와 같은 화학기들이 rRNA 분자들에 추가적으로 붙어야 하는데, snoRNA가 이 과정을 돕는다. 마지막으로, **소형 세포질 RNA(small cytoplasmic RNAs, scRNAs)**는 분비 단백질들의 세포 밖으로의 수송에 관여하는 분자들을 포함하는 다양한 그룹이다.

최근까지도 RNA에 대한 리스트가 완료되었다고 생각되었다. 하지만 1990년대까지 그 존재조차 의심되지 않았던 2개의 비번역 RNA 범주들이 최근에 알려졌다. 이들은 **microRNA(마이크로 RNA, miRNAs)**와 **siRNA(소형 간섭 RNA, small interfering RNAs)**이다. 둘 다 유전자 발현의 조절과 관련되어 있는데, 그들에 대해 더 많이 알면 알수록 그들의 기능이 점점 더 중요해지고 있다. 그들은 아마 염기쌍 형성을 통해 어떤 mRNA들에 결합하여 이 mRNA들이 분해되도록 함으로써, 해당하는 mRNA들이 전사될 수 없도록 침묵을 야기한다. 5장에서 **RNA 간섭(RNA interference)**라 불리는 이 과정에 대해 더 많이 알아 볼 것이다.

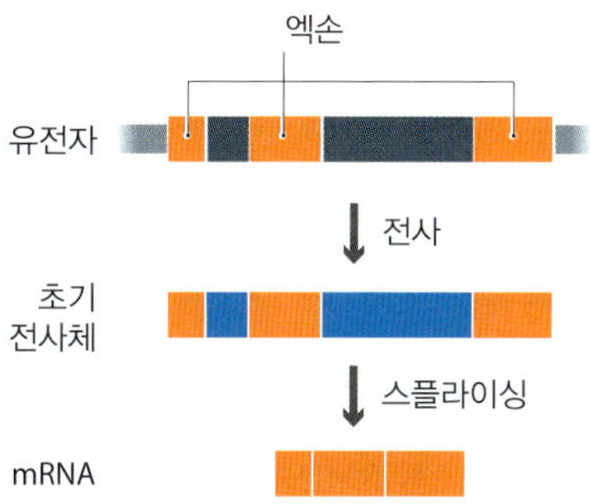

그림 3.14 불연속 유전자의 mRNA는 단백질로 번역되기 전에 스플라이싱에 의해 서로 연결되어야만 한다.

3.2 개별 유전자 정보 내용에서의 변이

한 종의 모든 개체들에서 유전자 정보가 동일하지 않다는 것은 생명체에 있어서 기본적인 사실이다. 우리는 인간의 경우에서도 이러한 사실이 명백함을 잘 알고 있으며, 다른 모든 종에서도 동일한 사실임을 알고 있다.

모든 사람들이 동일한 유전자 세트를 가지고 있음에도 불구하고, 개개인들은 그들 만의 독특한 생물학적 형질들을 가지는 게 가능할까? 독특성의 일부는 환경적 요인, 식습관의 차이와 선호도에서 기인하기는 하지만, 이는 극히 일부분일 뿐이다. 생물학적 형질은 가변적인데, 이는 이러한 형질들을 암호화하는 유전자 자체가 가변적이기 때문이다. 다음 단락의 내용을 통해 이러한 가변성의 분자적 근거를 이해하도록 한다.

유전적 변이는 대립유전자라 불린다

유전학은 19세기 중반부터 Gregor Mendel을 비롯한 여러 유전학자들이 수행한 가변적인 생물학적 형질의 유전에 대한 체계적인 연구로부터 시작되었다. 이 초기의 유전학자들은 생물학적 형질의 변이들을 서술하기 위해 **대립유전자(allele)**라는 단어를 만들었다. Mendel이 연구한 둥근 완두콩 대 주름진 완두콩이 좋은 예이다. 여기에서 생물학적 형질은 "완두콩 모양"이며, 거기에는 "둥근"과 "주름진" 형태의 2가지 대립유전자가 존재한다(**그림 3.15A**).

둥근 유전자와 주름진 유전자는 녹말 합성과 관련된 유전자의 두 변이에 의해 정해지는 것으로 알려져 있다. 둥근 완두콩과 주름진 완두콩 사이의 주요한 생화학적 차이는 주름진 완두콩이 더 높은 수크로오스 함량을 가지고 있다는 점이다. 그 결과 주름

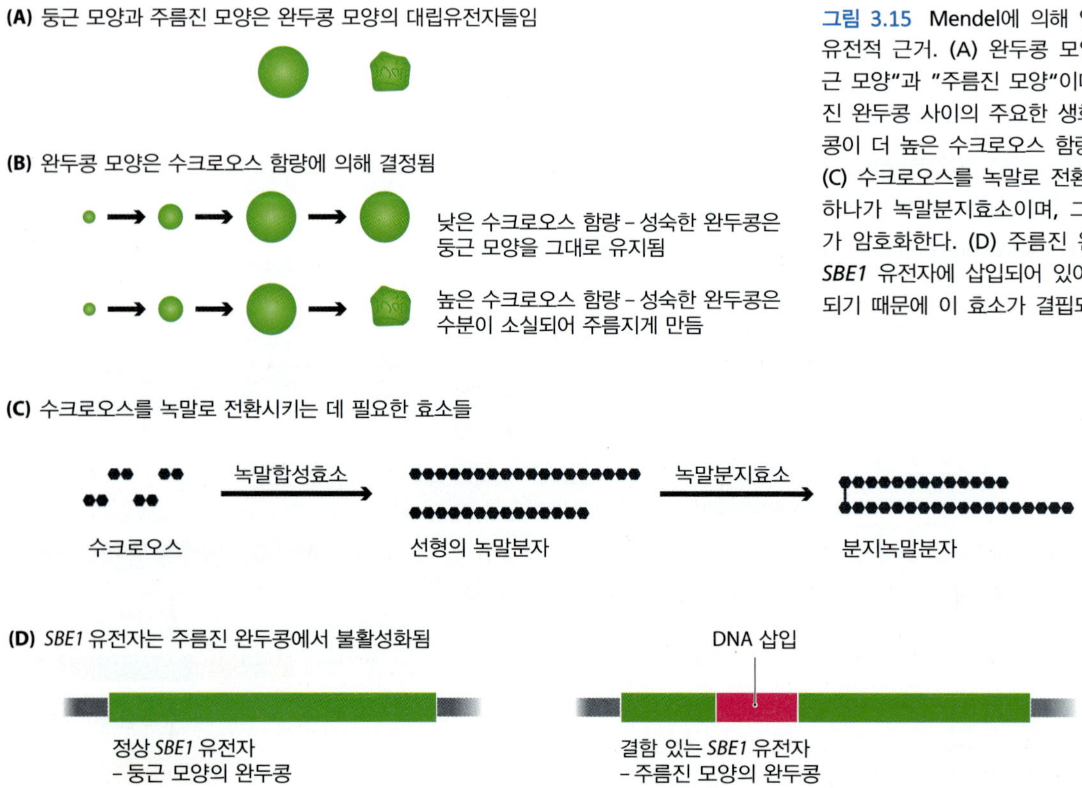

그림 3.15 Mendel에 의해 연구된 완두콩 모양에 대한 유전적 근거. (A) 완두콩 모양의 두 대립유전자는 "둥근 모양"과 "주름진 모양"이다. (B) 둥근 완두콩과 주름진 완두콩 사이의 주요한 생화학적 차이는 주름진 완두콩이 더 높은 수크로오스 함량을 가지고 있다는 점이다. (C) 수크로오스를 녹말로 전환하는 데 필요한 효소들 중 하나가 녹말분지효소이며, 그 중 하나는 *SBE1* 유전자가 암호화한다. (D) 주름진 완두콩에는 여분의 DNA가 *SBE1* 유전자에 삽입되어 있어 *SBE1* 유전자가 불활성화되기 때문에 이 효소가 결핍되어 있다.

진 완두콩이 완두콩 꼬투리(pod)로부터 생성되는 동안 더 많은 수분을 흡수하게 된다. 완두콩이 성숙될 때, 수분의 일부가 소실되므로 해서 완두콩은 접혀서 주름지게 된다. 둥근 완두콩은 수크로오스의 함량을 주름진 완두콩에 비해 적게 가지지만 더 많은 양의 녹말을 가지므로, 발생 중에 많은 양의 수분을 흡수하지 않아 성숙될 때 수분을 덜 소실한다. 그 결과 완두콩은 둥근 형태를 유지한다(**그림 3.15B**).

주름진 완두콩과 둥근 완두콩 사이의 중요한 차이점은 함유하고 있는 수크로오스와 녹말의 상대적인 양에 있다. 결국, 이는 "정상적인" (둥근) 완두콩에서 수크로오스의 대부분을 녹말로 전환하는 일련의 효소들의 활성들에 의해 결정된다(**그림 3.15C**). 물론 이러한 효소들 각각은 유전자로 암호화된다. 이러한 유전자 중 하나는 *SBE1*이며, 녹말분지효소 타입 1(starch branching enzyme type 1)을 암호화한다. 주름진 완두콩에는 이 효소가 없다. 이는 더 적은 양의 수크로오스가 녹말로 전환되며 완두콩은 완두콩 꼬투리에서 접힌다는 것을 의미한다. 왜 이 효소가 없을까? 왜냐하면 주름진 완두콩에는 여분의 DNA가 *SBE1* 유전자에 삽입되어 있기 때문이다(**그림 3.15D**). 이 여분의 DNA는 유전자의 뉴클레오티드 서열을 방해하고 정확하게 발현되는 것을 막는다. 그 결과, 녹말분지효소 타입 1은 만들어지지 않는다.

완두콩 모양의 형질에서 둥근 유전자와 주름진 유전자에 대한 분자적 근거를 알아보았다. 둥근 완두콩에 대한 하나의 대립유전자는 유전자의 정확하고 기능적인 복사본(copy)에 의해 정해지고, 주름진 완두콩에 대한 두 번째 대립유전자는 그 유전자가 비기능성일 때 생긴다. 엄밀히 말해서, "대립유전자"라는 용어는 생물학적 형질의 또 다른 형태를 나타내는 것이지, 유전자 변이체를 의미하는 것은 아니다. 전문용어를 사용하는 다른 사람들처럼, 과학자들은 상용어의 사용을 피하는 경향이 있으며, 요즘에는 유전자의 두 형태를 대립유전자라고 언급하기도 한다.

동일한 유전자에는 많은 변이들이 존재한다

어떤 유전자들에서는 다양한 형태의 다른 변이들이 존재한다. 이 부가된 복잡성을 알아보기 위하여, 낭포성섬유증 막관통조절단백질(cystic fibrosis transmembrane regulator protein)을 암호화하는 인간 *CFTR (cystic fibrosis transmembrane regulator)* 유전자를 살펴보도록 한다. 이 단백질은 인간 세포로 들어오고 나가는 염화이온들의 수송에 관여하는 막-결합성 단백질이다. 이름이 나타내듯, 이 단백질이 제대로 작동하지 못하면 폐에 염증과 점액 축적이 특징인 낭포성섬유증 질병이 발생하게 된다.

CFTR 유전자의 길이는 250 kb이지만, 그 크기의 대부분은 26개의 인트론이 차지한다(**그림 3.16A**). 이러한 인트론들이 없다면 암호화된 엑손만으로 4,440 bp를 이루는데, 이는 1,480개의 아미노산 길이를 가지는 단백질을 지정한다. 단백질의 각 아미노산은 인접한 3개의 뉴클레오티드에 의해 암호화된다는 것을 기억하도록 한다. 3가지 흔한 *CFTR* 변이들은 낭포성섬유증을 일으키는 불완전한 단백질들을 만든다(**그림 3.16B**). 가장 흔한 변종에서는 암호 서열의 1,514 / 1,515 / 1,516 위치들로부터 3개의 뉴클레오티드들이 결실되어 있다. 그 결과, 합성된 단백질은 그 위치에 대응되는 아미노산이 없다. 이 작은 변화는 단백질이 세포막에 결합하지 못하게 하고, 그 결과 단백질은 그 기능을 수행할 수 없으므로 낭포성섬유증이 발생하게 된다.

이제 좀 더 복잡한 것을 살펴보자. 뉴클레오티드 1,624 위치에 있는 G가 T로 바뀐 *CFTR*의 또 다른 변이가 있다. 이를 **SNP(단일 뉴클레오티드 다형성, single nucleotide**

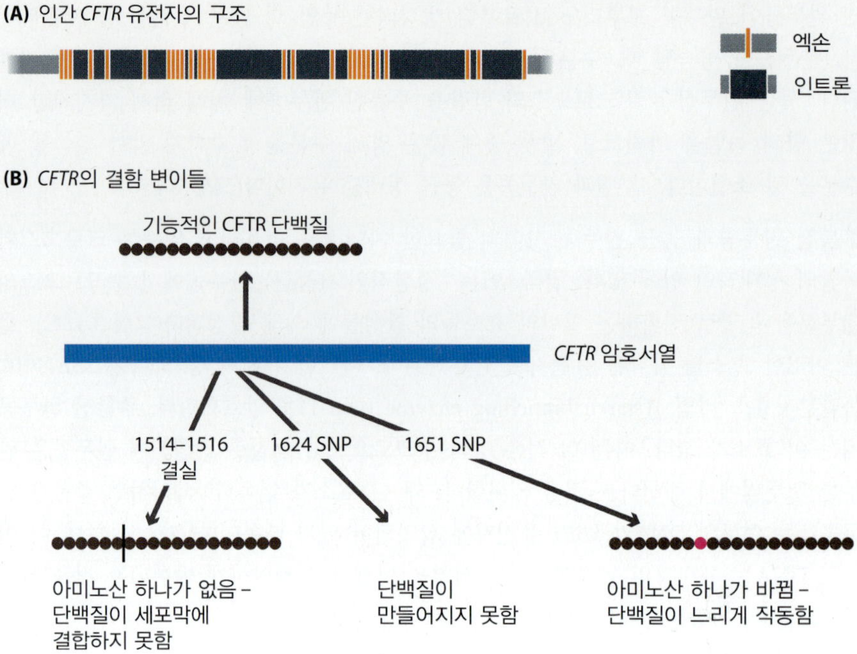

그림 3.16 인간 *CFTR* 유전자의 변이들. (A) 엑손과 인트론의 위치들을 보여 주는 *CFTR* 유전자의 구조. 27개의 엑손과 26개의 인트론이 있으며, 하나의 인트론이 2개의 엑손 사이에 있다. 어떤 인트론들은 매우 짧아서 그 유전자를 이 축척으로 그리면 명확히 보이지 않는다. (B) *CFTR* 유전자의 암호 서열(즉, 인트론을 뺀 유전자)은 푸른색 선으로 보인다. 암호 서열 위에 보인 바와 같이, 정상 유전자는 기능적인 CFTR 단백질을 만든다. 가장 흔한 3가지 결함 유전자 변이들로부터 생성되는 단백질들은 암호 서열 아래에 나타내었다.

polymorphism)이라 한다. SNP는 mRNA의 분해를 유도하여, 낭포성섬유증 막관통조절단백질이 만들어지지 않는다. 이로 인해 단백질의 기능이 결핍되어 낭포성섬유증이 생긴다.

1,651 위치에 SNP를 가지고 있는 또 다른 *CFTR* 변이는 생성되는 단백질의 길이에는 영향을 미치지는 않지만 아미노산 하나를 바뀌게 한다. 이는 단백질의 동력학적 특성들을 변하게 해서 정상 단백질이 나타내는 염화이온 속도와 비교하여 단지 4% 만의 속도로 염화이온을 수송한다. 이로 인해 낭포성섬유증이 발병한다. 이 단백질이 염화이온을 수송할 수는 있지만, 극히 낮은 수송 속도로 인해 단백질의 생리적 기능이 상실된다. 전체적으로 볼 때, 1,400개 이상의 *CFTR* 변이들이 제대로 기능을 수행하지 못하는 낭포성섬유증 막관통조절단백질들을 생성하는 것으로 알려져 있다.

기능성 단백질을 생성하는 유전자의 능력에 영향을 미치지 않는 또 다른 변이들도 있다. 이러한 변이들 중 일부에서는 뉴클레오티드 서열이 변하지만 이 변화가 단백질의 아미노산 서열에는 아무런 변화를 일으키지 않으며, 또 다른 변이들에서는 아미노산 서열이 변하지만 이 변화가 단백질의 기능에는 영향을 미치지 않는다.

유전자-단백질 시스템은 이와 같이 복잡하여, "대립유전자"라는 용어를 생물학적 형질과 이러한 형질의 바탕인 유전자 변이들의 또 다른 형태를 나타내기 위해 사용하는 것은 원래보다 더 복잡하게 만든다. *CFTR* 유전자는 2개의 대립유전자("정상"과 "낭포성섬유증")를 가질까? 아니면 "낭포성섬유증"의 생물학적 형질이 나타나게 하는 1,400개의 유전자 변이들을 가질까? 단백질의 기능에 영향을 미치지 않는 유전자 변이도 포함해야 하나? 그럴 경우에 1,400개의 "대립유전자"보다 훨씬 많은 대립유전자가 있을 것이다. 이러한 모순을 피하기 위해, 유전학자들은 유전자 서열의 변이를 나타내는 **단상형(haplotype)**이라는 용어를 점점 더 많이 사용하고 있다. 이 용어를 사용하면, *CFTR* 유전자에는 1,400개 이상의 단상형이 있으며, 그 중 일부는 정상 대립유전자를, 또 다른 일부는 낭포성섬유증 대립유전자를 발생시킨다.

그림 3.17 직렬 배열

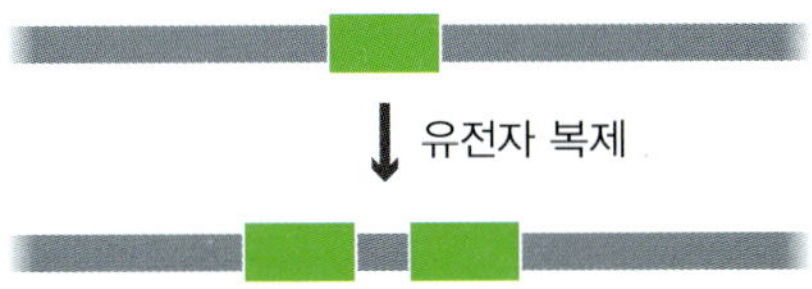

그림 3.18 유전자 복제

3.3 유전자군

DNA 서열 분석 초창기부터, 동일한 서열 또는 유사한 서열을 가지는 유전자의 집단인 **다유전자군(multigene families)**이 많은 생명체들에서 흔하게 존재하는 것으로 알려져 왔다. 이러한 유전자군을 이루는 유전자는 동일한 혹은 유사한 생물학적 정보의 단위를 암호화한다. 왜 이러한 군들이 존재할까?

다수의 유전자 복사본들은 많은 양의 RNA가 신속하게 합성될 수 있게 한다

일반적으로 동일한 유전자군은 세포가 분열할 때와 같이, 세포가 연속적으로 혹은 특정한 시기에 많은 양이 필요한 RNA 분자들, 혹은 단백질들을 생산하기 위한 것으로 추정된다. 유전자 발현은 순간적인 과정이 아니며, 개별 유전자의 생성물이 합성될 수 있는 최대 속도 또한 존재한다.

모든 유전자가 동일한 **단순 다유전자군(simple multigene families)**의 존재가 이러한 생각을 뒷받침한다. 대부분의 생명체들에는 rRNA 유전자에 대한 다수의 복사본들이 존재한다. 예를 들어, 박테리아인 *Escherichia coli*에는 3개의 rRNA 유전자가 있는데, 각 rRNA 유전자 당 7개의 복사본들을 가지고 있다. 변화가 없는 환경에서 최대 속도로 분열할 때, 각 rRNA 유전자 당 5개의 복사본을 필요로 한다는 것이 실험을 통해 제시되었다. 이러한 조건 하에, 세포 안에는 무려 20,000개나 되는 리보솜들이 있다. 박테리아가 새로운 환경에 적응 중일 때에는 7개의 모든 유전자 복사본을 필요로 하는데, 이는 적응하기 이전에 존재하던 환경에서는 필요가 없었던 새로운 많은 단백질들의 합성을 요구하기 때문일 것이다.

고등 생물체들 또한 많은 rRNA 유전자 복사본들을 가지고 있다. 인간에는 3개의 rRNA 유전자가 약 280개의 복사본들을 가지고 있으며, 4번째 rRNA 유전자는 2,000개가 넘는 복사본을 가지고 있다. 이러한 복사본들은 많은 유전자가 **직렬 배열(tandem array)**로 처음부터 끝까지 나열되어 있는 커다란 클러스터(cluster)들로 분류된다(그림 3.17). 이 배열은 유전자가 전사되는 속도에는 도움이 될 것 같지는 않으나, 다수의 복사본들에 이르는 과정들에 대한 설명으로 더 적합할 것이다. 각 클러스터는 여러 번의 유전자 복제를 통해 발달한 것으로 생각되며, 복제된 각 유전자의 두 복사본들은 나란히 위치할 것으로 추정된다(그림 3.18).

몇몇 생명체에서는, 이렇게 많은 수의 유전자 복사본들조차도 리보솜이 특정 시기에 필요로 하는 양을 충족시킬 수 없다. 일부 양서류에서는, 게놈에 있는 rRNA 유전자의 450개 정도의 복사본들이 **유전자 증폭(gene amplification)**을 통해 16,000개의 복사본으로까지 증가한다. 염색체에 결합되지 않은 채 독립적인 분자들로 존재하는 다수의 DNA 복사본들을 생산하는 rRNA 유전자의 복제가 이 유전자 증폭과 관련이 있다(그림 3.19). 유전자 증폭은 일반적으로 성숙한 난세포로 활발하게 발달하는 난모세포에서 많이 일어난다.

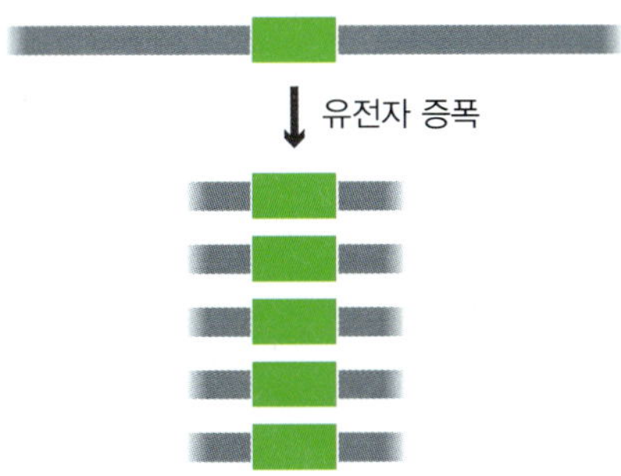

그림 3.19 유전자 증폭. 증폭으로 만들어지는 새로운 유전자 복사본들은 염색체 중 하나에 결합하지 않고 독립적인 분자들로 존재한다.

연구 브리핑 3.1

유전자의 발현 프로파일에 대한 연구

인간 β-글로빈 유전자는 **차등 유전자 발현(differential gene expression)**의 좋은 예이다.

차등적으로 발현되는 유전자는 유전자에 포함되어 있는 생물학적 정보가 필요할 때만 작동된다. 그 외 다른 시기에서는 유전자가 불활성 상태이다. β-글로빈 유전자의 경우에는 차등 발현 프로파일이 발생과 연관되어 있지만, 또 다른 유전자는 어떤 특정 세포 형태에서만 활성을 나타내고 다른 세포에서는 활성이 없는 조직 특이성을 보인다. 유전자의 발현 프로파일을 확인하는 것은 유전학의 많은 분야에서 중요하다. 특히 새로 발견된 유전자가 어떤 조직에서 활성이 있는지를 밝히는 것은 그 유전자의 기능을 최종적으로 이해할 수 있게 이끄는 첫 번째 단서를 종종 제공한다.

유전자의 발현 프로파일은 어떻게 작동될까? 다른 조직 또는 다른 발생 단계에서 그 유전자의 mRNA를 찾는 것이 그 해답이다. 유전자가 불활성 상태이면, 유전자는 mRNA로 전사되지 않는다. 그러므로 조직 시료 내에 유전자의 mRNA이 있다는 것은 유전자가 그 조직에서 발현되고 있는 중이라는 것을 나타낸다. 이러한 형태의 연구가 어떻게 수행되는지 살펴보도록 하자.

유전자의 mRNA는 혼성화 탐침으로 검출할 수 있다.

조직 추출물에 특정 mRNA가 있는지는 **혼성화 탐침(hybridization probing)** 방법을 이용하여 조직 추출물을 검사할 수 있다. 이 기술의 근거는 염기쌍을 형성할 수 있는 서로 상보적인 두 폴리뉴클레오티드들의 능력에 있다. 이는 DNA 이중 나선을 형성할 수 있는 단일 가닥 DNA 분자들 사이 뿐만 아니라 단일 가닥 RNA 분자들 사이 그리고 DNA 한 가닥과 RNA 한 가닥 사이에도 일어날 수 있다(그림 1). 이러한 두 폴리뉴클레오티드 사이의 염기쌍 형성을 **핵산 혼성화(nucleic acid hybridization)**라고 한다.

혼성화 탐침의 첫 단계는 연구하고자 하는 조직들로부터 RNA 시료들을 준비하여 이 시료들을 나일론 막(nylon membrane)에 스팟(spot)하는 것이다(그림 2). 시료들 내의 RNA는 막에 결합된다. 어떤 시료가 특정 RNA를 포함하고 있는 지를 알아내기 위해서, 우리가 관심 있는 유전자의 서열과 일치하는 서열을 가진 DNA로 막을 탐침(probing)한다. 이 DNA는 유전자 그 자체일 수도 또는 DNA 클로닝으로 정제된 DNA 단편일 수도 있다. 그 외에도 이 DNA는 실험실에서 합성된 올리고뉴클레오티드일 수도 있으며, 그 서열은 유전자의 일부분과 동일하다. 탐침자(probe)는 상보적인 RNA 서열을 포함하고 있는 어떠한 조직 시료들과도 혼성화(hybridization)할 것이며, 이를 통해 유전자의 mRNA 복사본들을 가지고 있는 조직들을 밝힐 수 있다.

탐침자는 혼성화 후 검출될 수 있게 표지되어야만 한다.

우리는 막에서 탐침자가 혼성화하는 시료들을 인식할 수 있는 방법이 필요하다. 그러므로 탐침자 DNA는 사용하기 전에, 결합된 탐침자의 위치를 알려줄 수 있게끔 시그널를 내는 표지물을 탐침자 DNA에 붙이는 변형이 있어야 한다. 이를 **표지(labeling)**라고 한다.

DNA 탐침자를 표지하는 전통적인 방법은 방사능 인(phosphorus)을 사용하는 것이다. 방사능 인 원자는 DNA 분자의 당-인산 뼈대에 포함될 수 있어서, 결국 이 DNA 분자들은 방사능을 나타내게 된다. 탐침자 분자들을 막에 처리하면, 혼성화되지 못한 탐침자 분자들은 씻겨 나가고, 시료에 포함된 RNA에 결합한 탐침 분자들만이 남을 것이다. 그런 후 탐침자의 위치는 막 위에 X-선에 민감한 필름 한 장을 올려 놓는 방법인 **자기방사법(autoradiography)**에 의해 추적된다. 필름을 현상하면, 혼성화 RNA를 포함한 시료들은 필름에서 검은 점들로 나타난다(그림 3).

방사능 표지의 문제점은 실험자와 환경에 해롭다는 점이다.

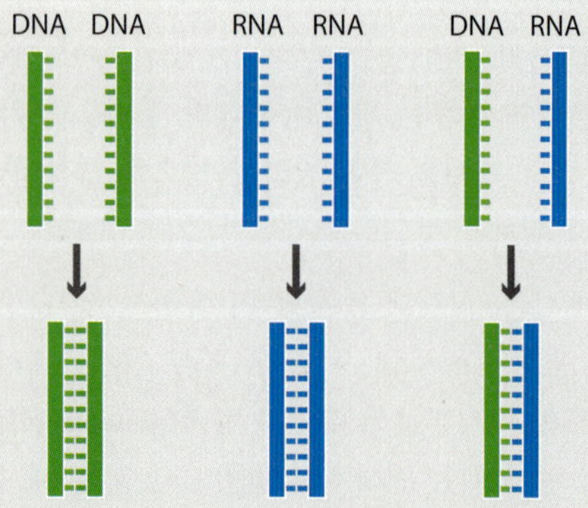

그림 1 핵산 혼성화. 혼성화는 상보적인 두 DNA 분자들(왼쪽), 상보적인 두 RNA 분자들 (중앙), 유전자와 그 mRNA 분자(왼쪽)와 같은 상보적인 폴리뉴클레오티드의 쌍에서 일어날 수 있다.

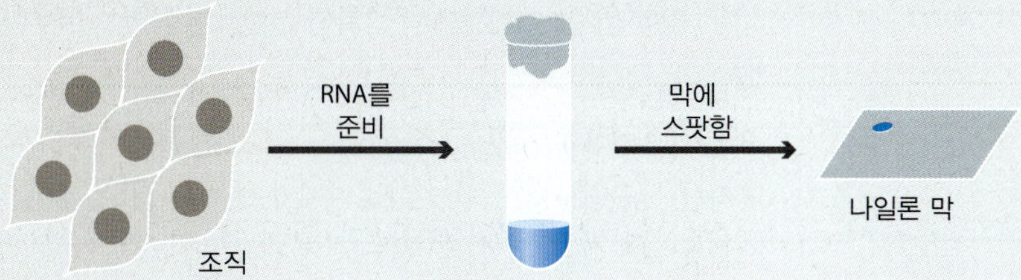

그림 2 RNA 도트 블롯의 준비. 이 방법은 RNA의 스팟(spot) 또는 "도트(dot)"를 막에 "블롯(blotted)"하기 때문에 "도트 블롯팅(dot blotting)"이라 불린다. 블롯팅 후 자외선 방사능에 노출하면 뉴클레오티드 염기들 중 일부는 막 표면과 공유 결합을 형성하므로, RNA는 막에 단단히 결합된다. 이러한 공유 결합의 존재는 RNA 분자가 탐침자에 혼성화할 수 있는 능력에는 영향을 미치지 않는다.

이에 따라 비방사능 표지물을 이용하여 DNA를 표지하는 여러 방법들이 개발되고 있다. 이 중 하나가 알칼라인 포스파타제(alkaline phosphatase)라는 효소 분자를 탐침자 DNA에 결합시키는 방법이다. 혼성화 후, 막에서 효소의 위치는 루미놀(luminol)이라는 특별한 기질을 분해하는 효소의 능력을 통해 탐지된다. 루미놀이 분해되면 빛을 발산하는데, 이 빛은 자기방사법과 유사한 방식으로 일반 사진 필름에 저장될 수 있다. 형광 표지 또한 일반적이며, DNA 서열 분석에서 사용되는 방법과 같은 방법으로 이용되나(그림 2.21 참조), 막-결합 DNA에 이용하기에는 쉽지 않다.

발현 프로파일링은 *CFTR* 유전자를 확인하기 위해 사용되었다

연구에서의 발현 프로파일링의 중요성을 보여 주기 위해서, 이 기술이 인간 *CFTR* 유전자를 확인하는 데 어떻게 사용되었는지 살펴보도록 하자. 이 유전자가 결핍되면 낭포성섬유증(cystic fibrosis)이 생긴다. 연구는 1989년 Maryland에 있는 Howard Hughes Medical Institute, University of Michigan, 그리고 Toronto에 있는 The Hospital for Sick Children의 유전학자들에 의해 수행되었다. 그들은 사전에 미리 그들이 찾고자 하는 유전자일 거라고 생각한 **후보 유전자(candidate gene)**를 찾았었다. 발현 프로파일링은 이 유전자가 실제로 *CFTR* 유전자라는 것을 확인하기 위해 수행되었던 검사법 중 하나이다.

RNA 추출물들을 부검 사체의 여러 조직들로부터 준비하였다. 이 조직들은 췌장(pancreas), 폐(lung), 결장(colon), 뇌(brain), 태반(placenta), 간(liver), 부신(adrenal gland), 고환(testis), 귀밑샘(parotid gland), 신장(kidney)의 조직들과 코(nose)와 부비강(sinuses)의 점막에 있는 비용종(nasal polyps) 조직들이었다. 최종 RNA는 배양된 상피세포로부터 준비하였는데, 이 상피세포는 피부의 땀샘과 유사한 유전자 발현 프로필을 가진다. RNA 추출물들을 방사능으로 표지된 후보 유전자의 클론으로 탐침하였다. 방사능 사진을 현상하였더니, 방사능 시그널은 탐침자가 주로 췌장과 비용종의 RNA 추출물들과 혼성화한다는 것을 보여 주었고, 폐, 결장, 배양된 상피세포, 태반, 간, 귀밑샘의 RNA 추출물들에서는 훨씬 약한 방사능 시그널이 검출되었다. 이 발현 프로파일은 낭포성섬유증의 원인이라고 예상되는 유전자의 프로파일과 일치한다. 낭포성섬유증은 환자의 폐에 점액이 축적되는 것이 주요 증상이어서 일반적으로 폐 질환으로 간주된다. 대부분의 이 점액은 기저 용종(basal polyps)에 의해 합성되므로, *CFTR* mRNA는 비용종 추출물에 존재할 것으로 추측할 수 있다. 낭포성섬유증은 또한 췌장으로부터의 점액 분비 증가와도 관련이 있으므로, 이 췌장 조직에도 *CFTR* 유전자에 대한 mRNA가 존재할 것으로 추측할 수 있다. 그러므로 발현 프로파일은 후보 유전자가 실제로 낭포성섬유증을 유발하는 유전자라는 강력한 증거를 제공하였고, 이를 통해 유전자에서 발생하여 질병을 유발할 가능성이 높은 결함들에 대한 집중적인 연구가 시작되는 계기가 되었다.

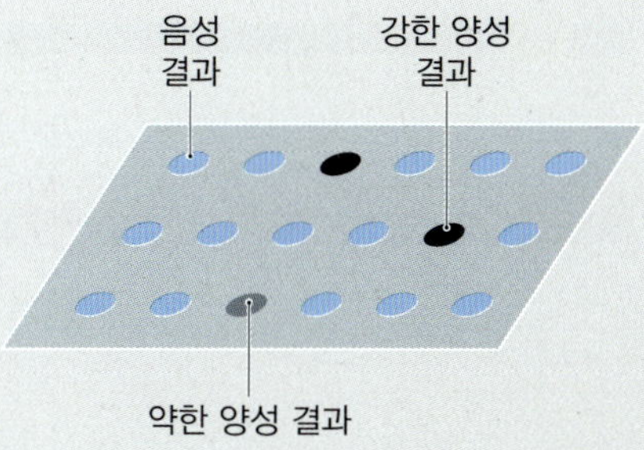

그림 3 RNA 도트 블롯을 방사능 표지된 DNA로 탐침하였을 때 얻어지는 방사능 사진의 전형적인 예. 방사능 사진의 검은 점들은 탐침자와 혼성화한 RNA 시료들의 위치를 나타낸다. 이러한 시료들은 탐침자에 포함된 유전자를 발현하는 조직들로부터 유래하므로, 이 시료들은 그 유전자로부터 전사된 mRNA를 포함하고 있다. 점들이 매우 진하면, 시료가 상당히 많은 양의 mRNA를 포함하고 있는 것이므로, 유전자가 그 조직에서 매우 활성이 높다고 결론을 내릴 수 있다. 점들은 희미하다면 약한 양성 시그널을 내는 것이므로, 이 조직에는 소량의 mRNA가 존재하며, 유전자가 활성은 있지만 전사가 매우 빠르게 일어나지는 않는다고 할 수 있다. 점에 mRNA가 없을 때 음성 결과를 얻을 수 있는데, 이는 유전자가 이 특정 조직에서 작동되지 않는다는 것을 나타낸다.

일부 다유전자군에서는 유전자가 발생 과정의 서로 다른 시기에서 활성을 가진다

복합 다유전자군(complex multigene families)에서 이 군을 구성하는 개별 유전자가 유사한 뉴클레오티드 서열들을 가지고 있기는 하나, 별개의 다른 특성을 가지는 단백질들을 암호화할 수 있을 정도로 충분히 다르다. 그러므로 이런 단백질들은 약간 다른 역할들을 수행할 수 있다. 이러한 유전자군이 제공하는 융통성은 생명체의 발생 과정에서 종종 이용된다.

포유류의 글로빈 유전자가 이러한 형태의 다유전자군에 대한 좋은 예이다. 글로빈은 헤모글로빈을 형성하기 위해 결합하는 혈액 단백질로, 헤모글로빈 한 분자는 2개의 α-형태 글로빈 폴리펩티드들과 2개의 β-형태 글로빈 폴리펩티드들로 구성된다. 이러한 글로빈 분자의 α와 β 두 형태는 단지 몇 개의 아미노산 위치만 다른 서로 연관되어 있는 분자들의 군으로 존재한다.

인간에는 2개의 α-유사 글로빈들인 α와 ζ가 있고, 5개의 β-유사 글로빈들인 β, δ, A_γ, G_γ, ε가 있다. 이러한 단백질들은 2개의 다유전자군들에 의해 암호화된다(**그림 3.20**). 1970년대 후반에 서열이 처음으로 밝혀진 유전자 중 하나가 이 유전자가다. 서열 데이터를 보면 각 군에 있는 유전자가 서로 비슷하기는 하나 결코 동일하지 않다는 것을 알 수 있다. 사실, β-형태 클러스터에서 뉴클레오티드 서열들이 가장 다른 두 유전자인 β-글로빈과 ε-글로빈을 암호화하는 유전자의 뉴클레오티드 서열들은 단지 79.1%의 유사성만을 보인다. 이는 두 유전자가 β-형태 글로빈을 지정하기에 충분할 정도로 유사하지만, 단백질들이 별개의 서로 다른 생화학적 특성들을 가지기에도 충분할 만큼 다르다. 유사한 변이는 α-클러스터에서도 발견된다.

글로빈 유전자군의 유전자는 왜 서로 이토록 다를까? 개별 유전자의 발현 패턴 연구를 통해 이에 대한 해답이 밝혀졌다. 유전자가 인간 발생 과정 중 서로 다른 시기에 활성을 가진다는 것이 발견되었다. 예를 들면, β-형태 클러스터에서는 유전자 ε가 배아 초기에 발현되고, G_γ과 A_γ(단백질 산물들은 아미노산 하나 만이 다름)는 태아에서, δ와 β는 성인 시기에 발현된다(그림 3.20 참조). 그 결과 만들어진 글로빈 단백질들의 서로 다른 생화학적 특성들은 헤모글로빈이 인간 발생 과정 중에 담당하는 생리적 역할에서의 작은 변화를 반영한다고 추정된다.

글로빈 유전자군은 유전자가 어떻게 진화해온 지를 밝혀 준다

다유전자군은 유전자 복제에 의해 생긴 것으로 추정된다(그림 3.18 참조). 단순 유전

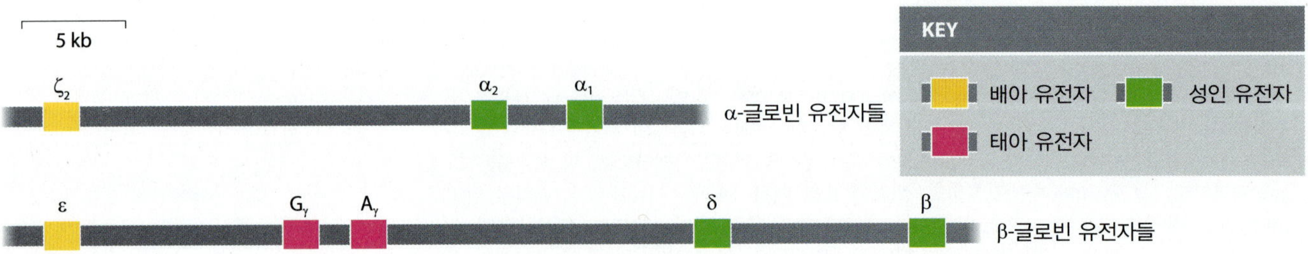

그림 3.20 인간 글로빈 유전자군. 각 군의 유전자가 인간 발생 과정 중 서로 다른 시기에서 활성을 가진다. α_1과 α_2 유전자는 동일한 단백질을 생산하는 유일한 유전자가다.

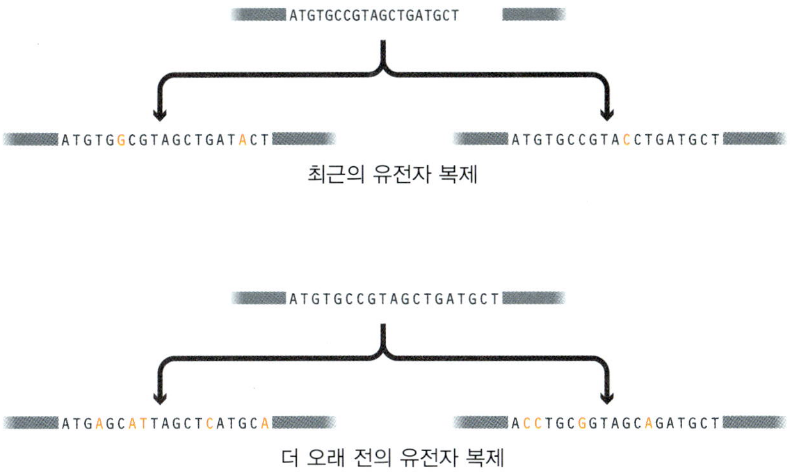

그림 3.21 최근의 복제로부터 생성된 두 유전자는 그보다 더 오래전에 발생한 복제로부터 생성된 두 유전자보다 서로 더 유사할 것이다. 최근의 유전자 복제로부터 생긴 두 유전자는 각각 2개와 1개의 뉴클레오티드 위치에서 그들의 어버이 유전자와 다르다. 이러한 뉴클레오티드들을 오렌지색으로 나타내었다. 반면, 더 오래전에 복제된 두 유전자는 각각 5개와 4개의 뉴클레오티드 위치에서 그들의 어버이 유전자와 다르다.

자군에서 유전자 복사본의 서열은 복제 후에도 같기 때문에 모든 유전자는 동일하다. 이것이 정확히 어떻게 일어났는 지에 대해서는 완전히 이해할 수 없는데, 한 군에 있는 개별 유전자의 서열들이 시간이 지남에 따라 점차 바뀐 것으로 보인다. 이는 DNA 복제가 오류가 전혀 없는 과정이 아니며, 또한 자외선 조사와 같은 어떤 화학적 그리고 물리적 요인들이 **돌연변이(mutation)**라 불리는 과정을 통해 DNA 서열의 변화를 유발할 수 있기 때문이다. 그러므로 그 구성 유전자가 서로 다르지만 관련된 서열들을 가지고 있는 복합 다유전자군은 일련의 연속적인 유전자 복제의 정상적인 결과이다.

돌연변이와 복제 오류는 시간이 지남에 따라 축적되므로, 매우 유사한 서열들을 가지고 있는 한 유전자군의 두 구성 유전자는, 이들보다는 덜 유사한 서열들을 가지는 두 유전자를 만든 복제보다는 훨씬 최근에 발생한 복제로부터 생성되었을 것이다(그림 3.21). 그러므로 우리는 유전자를 생성하는 유전자 복제의 패턴을 추론할 수 있다. 이 논리를 β-글로빈 군에 적용하면, G_γ과 A_γ는 클러스터에서 가장 유사한 유전자가므로 가장 최근에 일어난 복제로부터 생성되었고, β와 δ는 그 이전에 발생한 복제로부터 생성된 것으로 추론할 수 있다.

우리는 좀 더 분석을 할 수 있다. 21장에서는 유전자 내에 축적되는 뉴클레오티드 서열의 변화 속도를 계산하는 게 어떻게 가능한지를 배울 것이다. 이 속도는 각 시간을 유전자 복제가 일어난 시기로 지정하는 **분자시계(molecular clock)**로 전환될 수 있다. 분자시계를 β-글로빈 유전자에 적용하면, 이 군의 처음 두 구성 유전자를 만든 최초의 유전자 복제가 약 1억 5천만 년 전에 일어났다는 것을 알 수 있다. 그 다음 복제가 일어난 시기 또한 그 연대를 추측할 수 있다(그림 3.22A).

단지 β-글로빈 뿐만 아니라 α군의 구성 유전자를 함께 비교한다면, 더 많은 추론이 가능하다. α-글로빈의 구성 유전자가 생성된 최초의 복제는 약 2억 년 전에 일어났다(그림 3.22B). 최초의 α-글로빈 유전자와 β-글로빈 유전자는 4억 5천만 년 전에 일어난 복제로부터 생성되었다. 혈액 외의 조직들에서 합성되는 단백질 산물들에 대한 유전자를 만든 복제는 그보다 훨씬 전에 일어났다. 뇌에 있는 신경글로빈(neuroglobin), 근육에 있는 미오글로빈(myoglobin), 여러 조직에 존재하는 사이토글로빈(cytoglobin)이 이에 해당한다. 이러한 단백질들 각각은 혈액 세포 내의 α-글로빈과 β-글로빈의

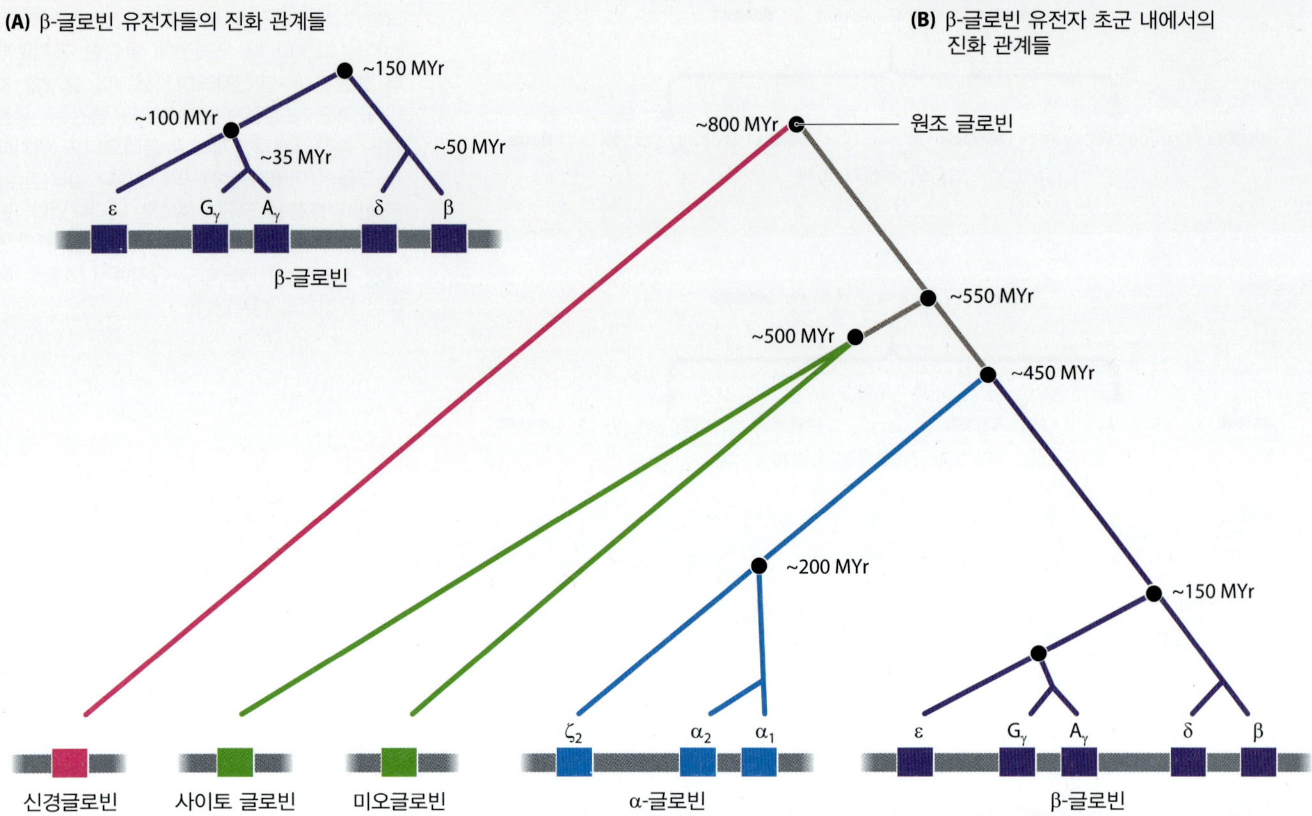

그림 3.22 다양한 인간 글로빈 유전자 사이의 진화 관계. (A) β-글로빈군 내에서의 진화 관계 (B) 글로빈 유전자 초군(superfamily) 내에서의 진화 관계(MYr, 백만 년 전)

기능과 유사하게, 어떻게든 산소 결합과 관련이 있다.

글로빈 유전자 클러스터들은 또한 유전자의 진화에 관한 또 다른 것을 말해 준다. α군과 β군을 조사하면, 몇몇 유전자는 그 기능을 완전히 잃을 정도로 뉴클레오티드 서열들이 바뀐 것을 알 수 있다. 인간의 α군에서는 $\psi_{\chi1}$, $\psi_{\alpha1}$, $\psi_{\alpha2}$, θ라 불리는 4개의 유전자가, β 클러스터에서는 ψ_{β}라 불리는 하나의 유전자가 그러한 유전자이다(그림 3.23). 이들은 진화상 유물들의 일종인 **위유전자(pseudogenes)**이다. 위유전자는 클러스터 내에 있는 다른 유전자와 연관되어 있고 또한 이들 유전자는 복제에 의해서 생기지만, 그 이후에 서열 변화가 일어나 기능을 상실하였다. 흥미롭게도, 인간에서 활성 유전자인 β 클러스터의 δ 유전자는 쥐와 토끼를 포함한 다른 일부 포유류에서는 위유전자이다. 그러므로 유전자 클러스터들은 이러한 다른 종으로 이어지는 계통도와는 다른 진화 경로를 따름을 알 수 있다.

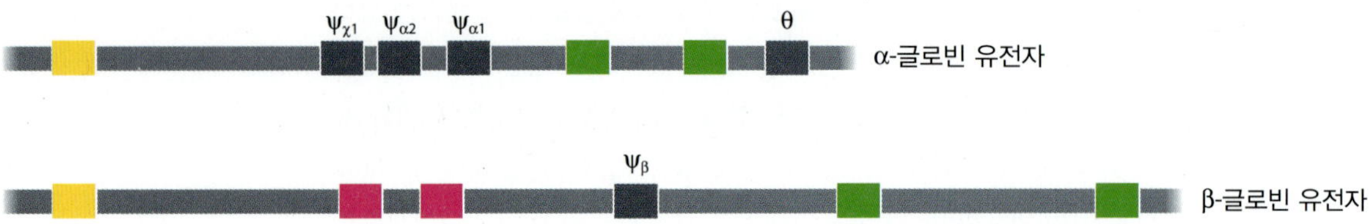

그림 3.23 인간 글로빈 유전자 클러스터에 있는 위유전자

대해 토의하시오.

3.24 진핵세포들은 불연속유전자의 전사체로부터 인트론을 제거하는 데 많은 에너지를 소모한다. 그렇지만, 인트론은 고유의 역할이 없는 것 같다. 이에 대해 토의하시오.

3.25 만약 정보가 단백질로부터 RNA로, 그런 후 DNA로 이동된다는 것이 발견된다면, 진화의 이론에 미치는 영향은 무엇인가?

3.26 mRNA의 중재자 역할 없이는 DNA 폴리뉴클레오티드가 단백질로 왜 직접 번역될 수 없는지에 대한 생물학적인 이유는 존재하지 않는 것 같다. 세포가 mRNA의 존재로 인해 얻을 수 있는 유리한 점들은 무엇인가?

3.27 생명의 기원에 대해 연구하는 과학자들은 RNA가 원생액(primordial soup)에서 진화한 핵산의 첫 번째 형태이고, DNA는 그 후에 나타났다고 제안하였다. mRNA의 존재는 이 이론에 어떻게 어울리는가?

3.28 인간 세포는 다른 형태의 miRNA를 최소 1,000개 이상을 만들 수 있으며, 이러한 분자들은 인간 유전자의 발현을 조절하는 데 있어 중요한 역할을 담당한다. 이렇게 많은 miRNA가 있고 또한 이토록 중요한데도, 1990년대까지 miRNA의 존재가 왜 예상되지 않았는가?

3.29 α-글로빈 유전자와 β-글로빈 유전자의 다른 형태들이 서로 다른 발생 시기에 발현되는 것은 인간의 발생 중 헤모글로빈이 담당하는 생리적인 역할에서의 변화를 반영한다고 생각된다. 이 다른 생리적인 역할들은 무엇인가? 여러분은 이 이론이 옹호될 수 있다고 생각하는가?

3.30 발현 프로파일링 외에, *CFTR* 유전자에 대한 후보 유전자가 맞다는 것을 확인하기 위해 어떤 방법들을 사용할 수 있는가?

추천 문헌

Balakirev ES & Ayala FJ (2003) Pseudogenes: are they "junk" or functional DNA? *Annu. Rev. Biochem.* 37, 123–151.

Brown DD & Dawid IB (1968) Specific gene amplification in oocytes: oocyte nuclei contain extrachromosomal replicas of genes for ribosomal RNA. *Science* 160, 272–280.

Catania F & Lynch M (2008) Where do introns come from? *PLoS Biol.* 6, e283.

Crick FHC (1970) Central Dogma of molecular biology. *Nature* 227, 561–563. *Summarizes the process of gene expression from DNA to protein.*

Efstratiadis A, Posakony JW, Maniatis T et al. (1980) The structure and evolution of the human beta-globin gene family. *Cell* 21, 653–668.

Fincham JRS (1990) Mendel—now down to the molecular level. *Nature* 343, 208–209. *Describes the molecular basis for round and wrinkled peas.*

Fritsch EF, Lawn RM & Maniatis T (1980) Molecular cloning and characterization of the human α-like globin gene cluster. *Cell* 19, 959–972.

Kumar S (2005) Molecular clocks: four decades of evolution. *Nat. Rev. Genet.* 6, 654–662. *Describes in detail the basis of the use of the molecular clock to date events in the past.*

Mattick JS & Makunin IV (2006) Non-coding RNA. *Hum. Mol. Genet.* 15, R17–R29.

Riordan JR, Rommens JM, Kerem B et al. (1989) Identification of the cystic fibrosis gene: cloning and characterization of complementary DNA. *Science* 8, 1066–1073. *Expression profiling of the CFTR gene.*

Tsui L-C (1992) The spectrum of cystic fibrosis mutations. *Trends Genet.* 8, 392–398.

DNA에서 RNA로의 전사 CHAPTER 4

우리는 3장에서 유전자에 포함되어 있는 생물학적 정보는 뉴클레오티드 서열로 암호화되어 있고, 세포는 유전자 발현이라는 과정을 통해서 이 정보를 이용한다는 것을 배웠다. 유전자 발현의 최종 산물은 비번역 RNA이거나 세포 내에서 어떤 특정 기능을 담당하고 있는 단백질이다. 유전자는 이러한 최종 산물의 합성을 통해서 생명체의 생물학적 형질을 지정할 수 있다.

유전자가 갖고 있는 생물학적 정보와 살아 있는 생명체의 형질 사이의 근본적인 관계는 유전자 발현 경로에 의해 형성된다. 따라서 우리는 이러한 유전자 발현 경로에 주목하여 어떻게 DNA가 RNA로 전사되고, 또한 어떻게 mRNA가 단백질로 번역되는지를 정확히 이해해야 한다. 무엇보다도 이 과정에 대한 단순한 조감도를 얻는 것에 그치지 말고, 현대의 분자적 수준으로 유전학에 접근하여 유전자 발현의 각 과정에서 일어나는 사건들을 자세히 살펴보아야 한다. 21세기 유전학 연구의 중요 부분이 이러한 일련의 유전자 발현 과정을 보다 더 상세하게 설명하는 것이고, 특히 개개의 유전자 발현이 건강한 세포에서 어떻게 조절되고 또 조절 과정에서 발생된 오류가 어떻게 암과 같은 질병으로 발전하는지를 이해하는 것이다.

유전자 발현 경로와 조절에 관한 자세한 내용들은 앞으로 6개의 장에 걸쳐서 다룰 것이다. 이번 장은 그 경로의 첫 번째 과정인 DNA로부터 RNA로의 전사에 관한 것이다. 먼저, 유전자 발현 경로를 개략적으로 알아보고, 여러 다른 생물종에서 발견되는 유전자 발현 경로의 중요한 특징들을 살펴보도록 한다.

4.1 여러 다른 생물종에서의 유전자 발현

유전학을 공부하는 학생들에게 가장 중요한 것 중 하나는 여러 다른 생물종에서 발견되는 유전자 발현 경로의 차이를 공부하는 것이다. 어떤 생물종의 경우, 그 발현 경로가 다른 생물종에 비해 훨씬 간단하다. 처음 유전학을 접하는 학생들은 가장 기억하기 쉽다는 이유로 가장 간단한 유전자 발현 경로에만 집중하려는 경향이 있다. 하지만 그렇게 되면, 예를 들어 인간과 고등생물에서 작동되는 유전자 발현 경로의 대부분을 놓치게 된다. 유전학은 인간에게만 관련된 학문이 아니지만, 적어도 우리에게는 인간이라는 생물종이 매우 중요한 생명체이므로 유전학의 심화 과정에서는 인간에 대해 집중해서 배워야 한다. 그러므로 이 책에서는 인간이라는 생물종의 복잡성을 피하지 않을 것이다. 그러면, 여러 다른 생명체들의 유전자 발현 경로를 비교하는 것으로 시작한다.

생명체는 3개의 주요 그룹으로 나뉘어진다

전통적으로 생물학자들은 생명체를 **원핵생물**(**prokaryotes**)과 **진핵생물**(**eukaryotes**)이라 불리는 2개의 그룹으로 나누었다. 원핵생물과 진핵생물은 근본적으로 다른 세포 구성으로 구분된다(**그림 4.1**). 박테리아를 포함한 원핵생물은 광범위한 세포 구조가 없고, DNA도 별개의 구조로 둘러싸여 있지 않다. 반대로, 전형적인 진핵세포는 일반적으로 원핵세포에 비해 크고 복잡하며, 세포막으로 둘러싸여 있는 핵이 염색체를 포함하고 있을 뿐만 아니라 미토콘드리아, 액포, 그리고 골지체와 같은 막으로 둘러싸인 독특한 세포기관들을 가지고 있다.

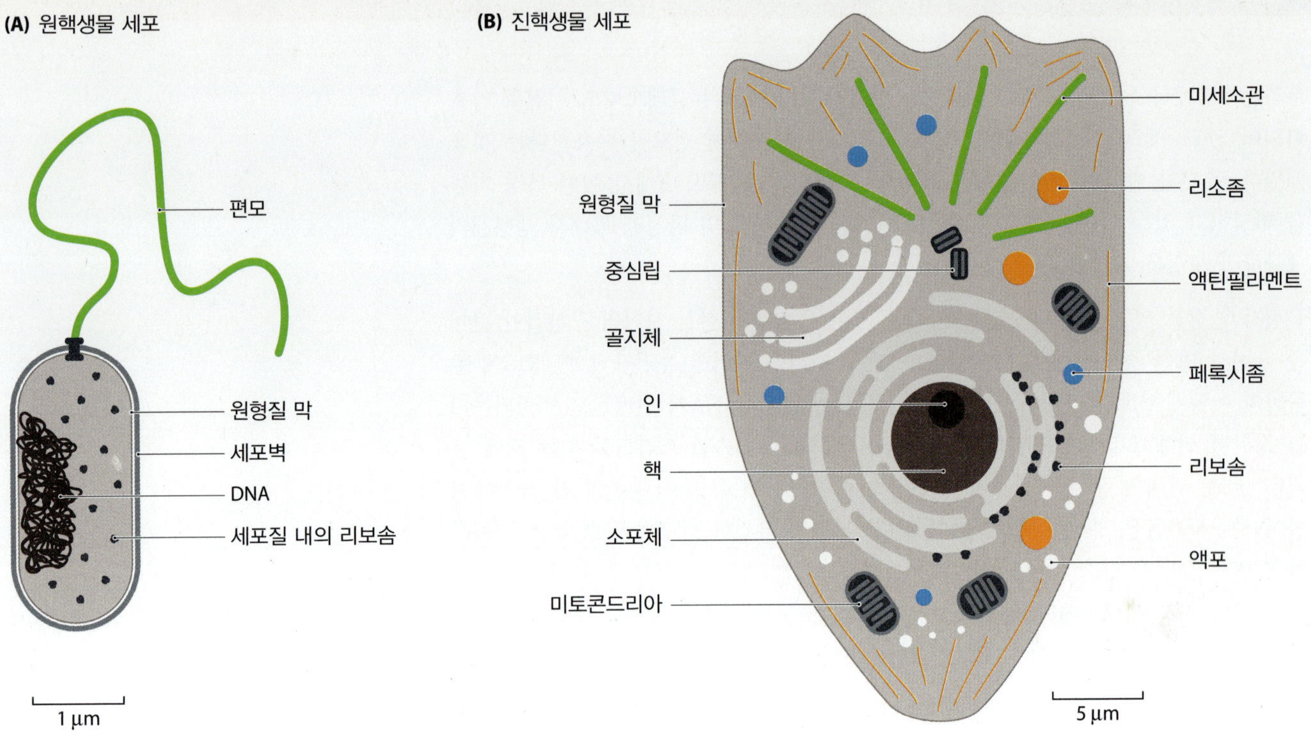

그림 4.1 원핵생물과 진핵생물의 다른 세포 구성. (A) 전형적인 박테리아 세포. (B) 동물 세포의 예. (Adapted from B. Alberts et al., Essential Cell Biology, 3rd ed. New York: Garland Science, 2010.)

대부분의 원핵생물은 단세포 생물이지만, 일부 종에서는 각각의 세포들이 모여서 더 큰 구조를 형성하기도 하는데, 한 예로 아나베나(*Anabaena*) 세포들은 모여서 사슬의 형태를 이룬다(그림 4.2). 진핵생물은 단세포일 수도 혹은 다세포일 수도 있으며, 식물, 동물 그리고 곰팡이류와 같은 거대 형태의 생물체의 경우는 모두 진핵생물이다(그림 4.3). 그러므로 인간은 진핵생물이다.

1977년까지는 모든 원핵생물이 거의 똑같다고 생각되었다. 원핵생물이 매우 다양한 생명체들을 포함하지만 그 차이는 거의 없다고 생각한 것이다. 그러나 이런 가정은 뒤집어져서 현재는 원핵생물이 **세균계**(**bacteria**)와 **원시생물계**(**archaea**)의 2개의 별개 그룹을 포함한다고 인정되고 있다. 세균계는 우리들이 일반인으로서 또한 과학자로서 잘 아는 대부분의 원핵생물을 포함하는데, 인간에서 결핵을 일으키는 결핵균인 마이코박테리움 튜버큐로시스(*Mycobacterium tuberculosis*)과 콜레라를 일으키는 콜레라균인 비브리오 콜레라(*Vibrio cholerae*), 그리고 식중독을 일으키기도 하지만 분자생물학자들이 실험실에서 많이 연구하는 세균인 대장균(*Escherichia coli, E.coli*) 등이 포함된다(그림 4.4).

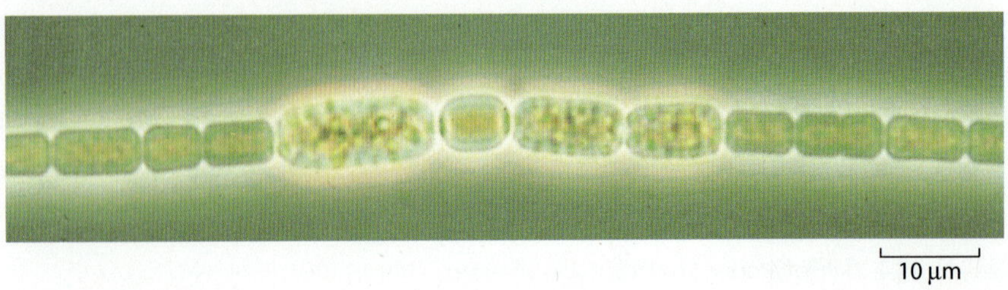

그림 4.2 광합성 박테리아인 *Anabaena cylindrica*가 모여서 형성된 사슬 형태의 일부분 (Courtesy of David Adams, University of Leeds.)

그림 4.3 다세포 진핵생물종들의 예. (A) 회색늑대, *Canis lupus.* (B) 콜로라도 감자 딱정벌레 *Leptinotarsa decemlineata.* (C) 튤립. (D) 곰팡이의 일종인 *Strophariaceae* (A., Courtesy of U.S. Fish & Wildlife Service, John & Karen Hollingsworth; B, courtesy of U.S. Department of Agriculture, Scott Bauer.)

원시생물계는 자연계에 널리 퍼져 있지 않다는 이유 등으로 인해 잘 알려져 있지 않다. 메탄 생성균은 원시생물에 속하는데, 호수와 같은 수중 바닥에 살면서 대사 부산물로 생성되는 메탄을 방출한다. 대부분의 원시생물들은 극한의 환경에서 서식하는데, 60°C 이상의 온천수, 염수 연못과 사해와 같은 소금 함량이 높은 호수, 그리고 오래

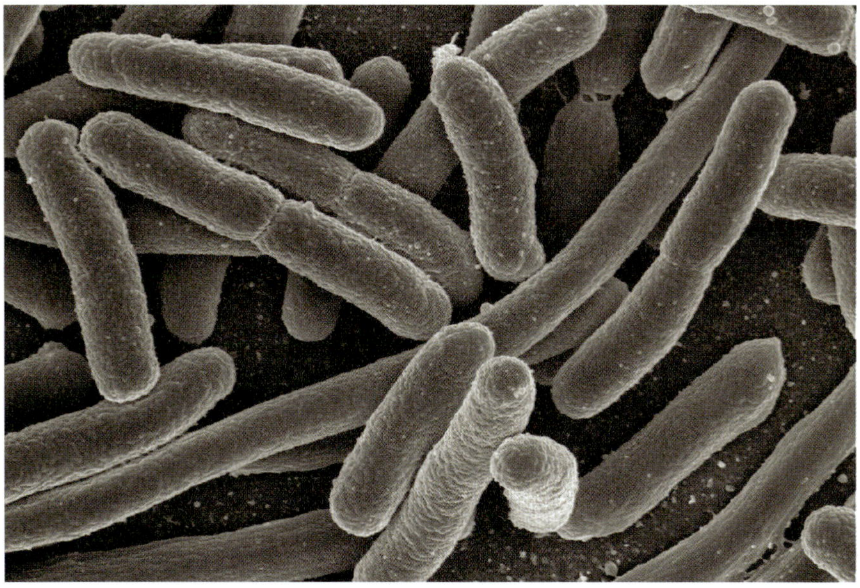

그림 4.4 실험실에서 많이 연구되는 세균인 대장균의 현미경 사진 (Courtesy of Rocky Mountain Laboratories, NIAID, NIH.)

그림 4.5 원시생물이 번식한 것으로 보이는 극한 환경의 예. 사진은 스페인의 한 광산에서 흘러나오는 산성의 배수를 보여 주고 있다. (Courtesy of Carol Stoker, NASA Ames Research Center.)

된 광산에서 흘러나오는 산성의 개울 등의 환경들이 이에 해당한다(그림 4.5). 이러한 환경에서는 대부분의 다른 생명체들이 생존하기 어렵다.

현재 진핵생물계, 세균계, 원시생물계가 살아 있는 생명체들의 3가지 주요 그룹으로 간주되며, 이 각 그룹들은 독특한 유전적 특성을 보인다. 이들 중 원시생물계는 가장 적게 연구되어 있고, 현재까지 이 생명체의 유전자 발현 경로도 상세하게 알려져 있지 않다. 그러므로 여기서는 주로 세균계의 박테리아와 진핵생물에서의 유전자 발현의 차이점에 중점을 둘 것이다.

유전자 발현은 단순히 "DNA는 RNA를 만들고, RNA가 단백질을 만드는 것" 이상이다

가장 단순한 형태로서의 유전자 발현은 "DNA는 RNA를 만들고, RNA는 단백질을 만든다"라고 편의상 표현되는 두 단계 과정으로 간주될 수 있다. 첫 번째 단계인 전사를 통해 mRNA와 비번역 RNA가 합성되고, 두 번째 단계인 번역에서는 mRNA를 사용하여 단백질 합성을 지시한다(그림 4.6).

박테리아의 경우, "DNA는 RNA를 만들고, RNA는 단백질을 만든다."라는 말이 전

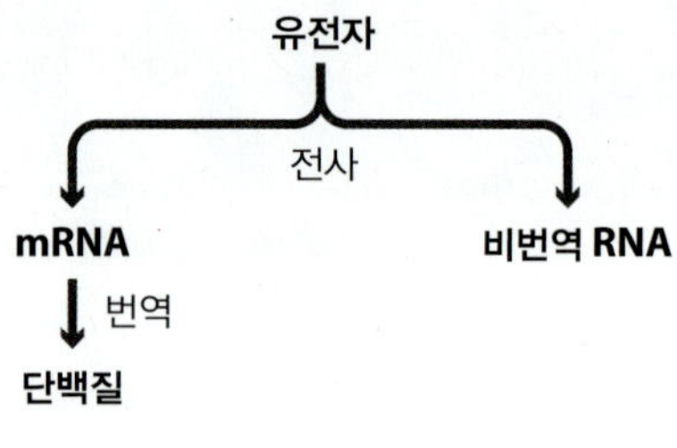

그림 4.6 2단계 과정으로 묘사된 유전자 발현. 첫 번째 단계는 전사에 의한 mRNA와 비번역 RNA의 합성이고, 두 번째 단계는 mRNA에서 단백질로의 번역 과정이다.

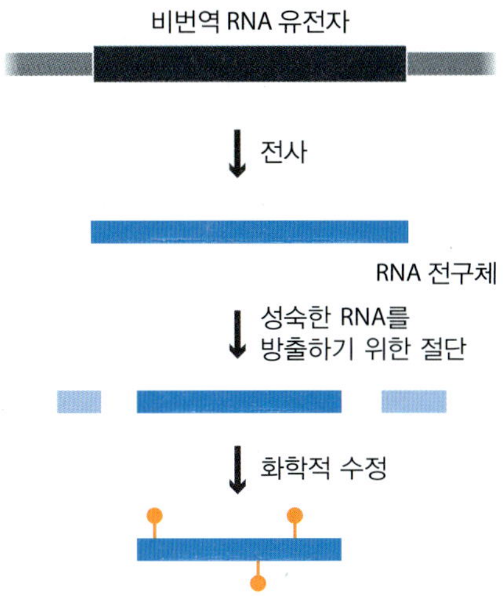

그림 4.7 비번역 RNA의 초기 전사체의 가공 과정. 전사 후, 초기 전사체 혹은 RNA 전구체는 생체 내에서 기능을 갖는 성숙한 RNA가 되기 위해 조각들로 잘려진다. 어떤 RNA는 화학그룹들이 추가로 첨가되는 수정 과정을 거치기도 한다.

체적으로 유전자 발현 과정을 비교적 잘 설명한 것이라고 볼 수 있다. 단지 이 설명에서 한 가지 부족한 점은 첫 번째 단계에서 만들어진 비번역 RNA가 세포에서 어떤 기능을 즉시 수행할 수 있다는 것을 의미한다는 것이다. 실제로는 전사된 비번역 RNA들이 특정 기능을 갖기 위해서는 작은 RNA 조각들로 잘려져야만 하며, 또한 절단된 RNA 조각에 화학그룹들이 추가적으로 첨가되어야 한다(그림 4.7). 박테리아에서 이 **가공 과정(processing)**은 비번역 RNA로의 유전자 발현 과정에서 중요한 부분이다.

진핵생물에서의 유전자 발현은 "DNA는 RNA를 만들고, RNA는 단백질을 만든다."라는 것보다 훨씬 더 복잡하다(그림 4.8). 진핵생물에서, 우리는 유전자 발현 과정의 시작 단계에 더 많은 중점을 두고자 한다. 어떤 유전자가 발현 과정을 시작할 때, 전사를 담당하는 효소들을 포함한 일련의 단백질군이 발현되려는 유전자 근처의 DNA에서 조립된다. 이 예비 단계는 박테리아에서보다 진핵생물에서 훨씬 더 복잡하다. 이에 대한 주 이유는, 진핵생물이 각 유전자의 발현을 조절하기 위해 더 정교한 메커니즘을 사용하기 때문이고, 많은 경우 **전사 개시 복합체(transcription initiation complex)**의 조립을 조절함으로써 이러한 조절 과정이 작동되기 때문이다. 진핵생물의 유전자 발현에서 두 번째로 중요한 조절점인 번역의 개시에서도 마찬가지여서, 진핵생물의

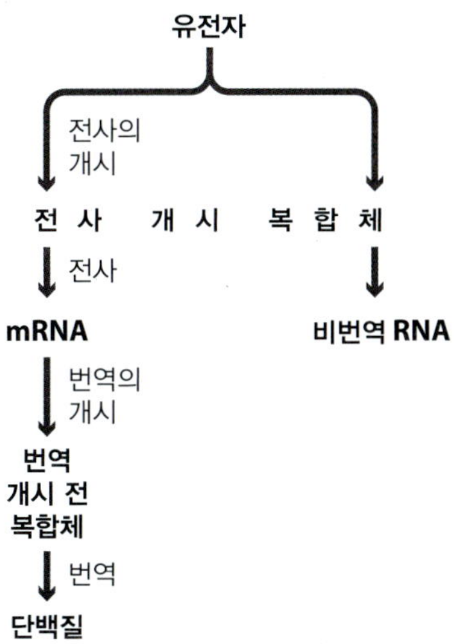

그림 4.8 진핵생물에서의 유전자 발현에 수반되는 더 복잡한 과정들

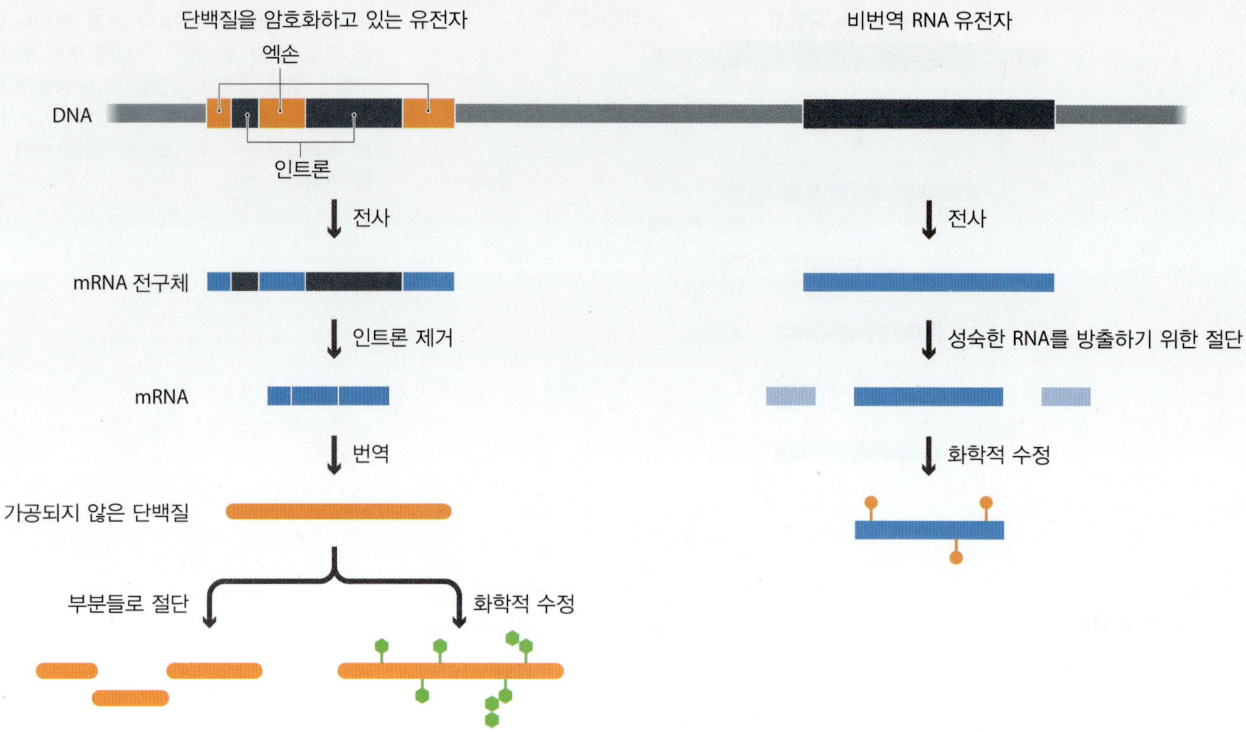

그림 4.9 진핵생물에서 RNA와 단백질의 가공 과정. 오른쪽의 그림에서는 박테리아에서 일어나는 것과 같은 비번역 RNA의 가공 과정을 볼 수 있다. 왼쪽의 그림은 진핵생물에서의 mRNA와 단백질의 가공 과정을 나타내고 있다. 만약 유전자가 불연속적으로 되어 있다면 초기 전사체는 mRNA 전구체이므로 인트론이 제거되어야만 단백질로 번역될 수 있는 성숙한 mRNA가 될 수 있다. 이 mRNA가 번역된 후 초기 단백질 생성물들은 조각으로 잘려지고 화학적 가공 과정을 거친다. mRNA의 가공 과정은 진핵생물에서는 일반적이나 박테리아에서는 알려진 바가 없는데, 이는 인트론을 가진 박테리아 유전자가 거의 없기 때문이다. 단백질의 가공 과정도 진핵생물의 경우에는 일반적이나 박테리아에서는 훨씬 드물다.

번역 개시는 박테리아에서보다 더 복잡하다. 물론 이것이 박테리아에서 유전자 발현이 조절되지 않는다는 것을 의미하지는 않는다. 확실히 박테리아의 경우에도 전사와 번역 모두가 조절된다. 다만, 박테리아에서의 조절 과정은 진핵생물의 조절 과정 만큼 복잡하거나 정교하게 발달하지 않았다. 이것은 9장에서 진핵생물과 박테리아에서의 조절 과정을 공부하면 확실해 질 것이다.

두 번째 차이점은 진핵생물에서의 가공 과정이 더 광범위하게 일어난다는 것이다(그림 4.9). 앞에서 말한 비번역 RNA의 가공 이외에도 진핵생물 mRNA는 불연속 유전자의 전사체로부터 인트론이 제거되는 가공 과정을 거쳐야 한다. mRNA가 번역되기 전에 유전자의 암호화 부분인 엑손들이 서로 연결되어야 하기 때문에 이 과정은 필수적이다. 진행생물에서는 많은 단백질들 또한 가공 과정을 거치는데, 어떤 단백질들은 조각으로 잘리기도 하고, 어떤 단백질들은 **번역 후 화학적 변형(post-translational chemical modification)** 과정을 거치기도 한다. 이러한 화학적 변형은 작게는 메틸기($-CH_3$)로부터 크게는 5~10개의 당 사슬과 같은 화학적 그룹들이 첨가된다. 비번역 RNA의 가공 과정처럼 단백질 가공 과정은 유전자 발현의 필수적인 요소인데, 이는 최종 산물인 단백질이 가공 과정을 거치지 않고서는 기능을 갖지 못하기 때문이다.

RNA와 단백질의 합성 외에도 우리는 이러한 분자들의 분해, 혹은 **전환(turnover)**도 고려해야만 한다. 전환이 단순히 원치 않는 물질을 제거하는 방법인 것은 아니다. 전환은 유전자 발현을 조절하는 데 있어 결정적인 역할을 하는데, 이는 전환이 어느 특정 시기에 세포에 존재하는 RNA나 단백질의 양에 영향을 미치기 때문이다.

4.2 RNA를 합성하기 위한 효소들

DNA를 RNA로 전사하는 효소를 **DNA-의존성 RNA 폴리메라아제(DNA-dependent RNA polymerase)**라고 한다. 보통 이를 줄여서 **RNA 폴리메라아제(RNA polymerase)**

라고 한다. 어떤 바이러스 RNA의 복제에 관련되어 있는 폴리메라아제인 **RNA-의존성 RNA 폴리메라아제(RNA-dependent RNA polymerase)**도 또한 있으나, 문맥상 어떤 RNA 폴리메라아제를 의미하는지 명확하므로, 서로 혼동되지는 않을 것이다. RNA 폴리메라아제는 전사 과정의 중심 요소이므로, 먼저 진핵생물과 원핵생물에서의 이 효소의 특성들을 살펴보도록 한다.

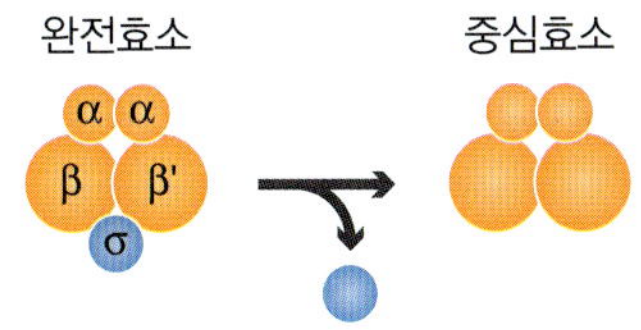

그림 4.10 대장균 RNA 폴리메라아제의 완전효소와 중심효소

대장균의 RNA 폴리메라아제는 5개의 서브유닛으로 구성된다

여러분들이 앞으로 이 장에서 전사 과정을 공부할 때 알겠지만, 유전자 발현에 관계하는 많은 단백질들과 마찬가지로 RNA 폴리메라아제는 전사 과정에서 여러 가지 임무를 수행해야 한다. 따라서 대장균(*E. coli*)의 RNA 폴리메라아제가 여러 개의 서로 다른 폴리펩티드 서브유닛들로 구성된 큰 단백질이라는 점은 그리 놀랍지 않다.

각각의 대장균 세포는 약 7,000개의 RNA 폴리메라아제들을 갖고 있는데, 그 중 약 2,000~5,000개의 RNA 폴리메라아제들은 어느 한 시점에서 전사 과정에 활발히 참여하고 있다. 이 효소의 구조는 $\alpha_2\beta\beta'\sigma$로 표현되는데, 이는 각각의 효소는 2개의 α 서브유닛 그리고 하나씩의 β, β′, σ 서브유닛으로 구성되어 있다는 것을 의미한다(그림 4.10). 이러한 효소를 **완전효소(holoenzyme)**라고 부르는데, 그 분자 질량은 480 kD이다. 완전효소에서 σ 서브유닛이 없으면 $\alpha_2\beta\beta'$ 구조의 **중심효소(core enzyme)**라고 불리는 두 번째 형태의 효소가 된다(분자 질량 395 kD). 이 두 가지 형태의 효소들은 전사 과정에서 서로 다른 역할들이 있는데, 이는 아래에 설명될 것이다.

진핵생물은 더 복잡한 RNA 폴리메라아제를 갖고 있다

모든 대장균의 유전자는 한 종류의 RNA 폴리메라아제에 의해 전사된다. 이와는 반대로 진핵생물의 핵 안에 있는 유전자의 전사는 3개의 다른 RNA 폴리메라아제들을 필요로 한다. 이 폴리메라아제들은 **RNA 폴리메라아제 I (RNA polymerase I)**, **RNA 폴리메라아제 II (RNA polymerase II)**, 그리고 **RNA 폴리메라아제 III (RNA polymerase III)**라 불린다. 진핵생물 효소들은 대장균에 있는 효소들보다 더 큰데, 각 효소는 8~12개의 서브유닛으로 이루어졌을 뿐 아니라 총 분자 질량도 500 kD을 넘는다. 구조적으로 이들 폴리메라아제들은 서로 연관되어 있는데, 가장 큰 3개의 서브유닛들은 각 효소에서 서로 유사하고, 작은 서브유닛들은 하나 이상의 효소들 사이에서 공유된다. 가장 큰 3개의 서브유닛들은 대장균의 α, β, β′ 서브유닛들과 동등한 것으로 밝혀졌다. 이는 대장균와 단세포 진핵생물인 효모의 서브유닛들의 아미노산 서열의 비교를 통해, 또한 전사 중 이 서브유닛들의 정확한 역할의 조사를 통해 알아내었다.

비록 이들 3개의 진핵생물 RNA 폴리메라아제가 연관된 구조를 갖고 있으나, 그 기능은 확실히 다르다. 각 효소들은 서로 다른 유전자에서 작동을 하며, 한 효소가 다른 효소를 대신할 수 없다(표 4.1). 대부분의 연구는 RNA 폴리메라아제 II에 집중되어

표 4.1 3개의 진핵생물 RNA 폴리메라아제의 기능들

폴리메라아제	전사되는 유전자
RNA 폴리메라아제 I	28S, 5.8S 그리고 18S rRNA 유전자
RNA 폴리메라아제 II	단백질을 암호화하고 있는 유전자, 대부분의 snRNA 유전자, miRNA 유전자
RNA 폴리메라아제 III	5S rRNA, tRNA, snoRNA, U6-snRNA에 대한 유전자

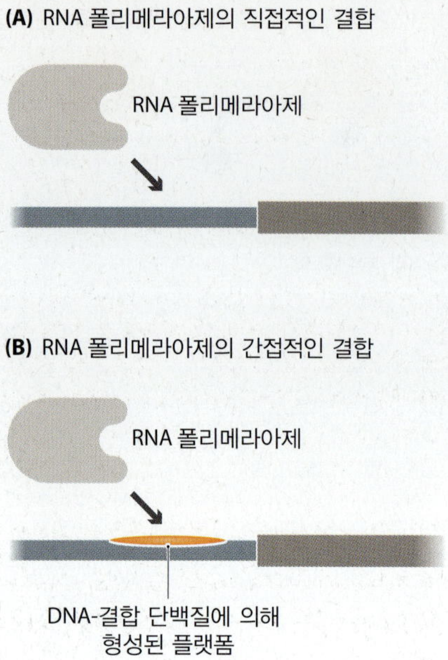

그림 4.11 RNA 폴리메라아제가 프로모터에 결합하는 두 가지 방식. (A) 박테리아에서 일어나는 경우와 같이, RNA 폴리메라아제의 DNA 분자로의 직접적인 결합. (B) 진핵생물에서 일어나는 경우와 같이, DNA-결합 단백질에 의해 형성된 플랫폼을 통한 RNA 폴리메라아제의 간접적인 결합.

왔는데, 그 이유는 이 효소가 단백질을 암호화하고 있는 유전자를 전사하여 mRNA를 합성하기 때문이다. 그러나 이것이 RNA 폴리메라아제 II의 유일한 역할만은 아니며, RNA 폴리메라아제 II는 snRNA나 miRNA 그리고 두 종류의 비번역 RNA를 암호화하는 유전자도 또한 전사한다.

진핵생물의 다른 두 종류의 RNA 폴리메라아제들은 비번역 RNA만을 합성한다. RNA 폴리메라아제 I은 진핵생물의 리보솜을 구성하는 4개의 rRNA 중 3개를 암호화하고 있는 유전자를 전사한다. 4번째의 rRNA는 RNA 폴리메라아제 III에 의해 합성되는데, 이 효소는 tRNA, snoRNA, 그리고 한 종류의 snRNA를 암호화하고 있는 유전자도 전사한다.

4.3 전사 개시를 위한 인식 서열들

전사가 DNA 분자의 정확한 위치에서 일어나야 하는 것은 필수적이다. RNA 폴리메라아제는 무작위적인 DNA 조각들보다는 유전자를 전사해야 하고, 유전자의 중간점 대신 시작점 근처에서 전사를 시작해야만 한다. 이는 RNA 폴리메라아제의 DNA 분자로의 초기 결합이 전사될 유전자의 바로 앞(**상류, upstream**)의 특정 위치에서 반드시 일어나야 함을 의미한다. 그러므로 전사가 시작되어야 하는 위치는 표적 서열들에 의해 표지되며, 이 표적 서열은 RNA 폴리메라아제 자체 또는 DNA에 결합하여 RNA 폴리메라아제가 결합하는 플랫폼을 형성하는 DNA-결합 단백질에 의해 인식된다(**그림 4.11**).

박테리아 RNA 폴리메라아제는 프로모터 서열에 결합한다

박테리아에서 RNA 폴리메라아제가 부착되는 표적 서열은 **프로모터(promoter)**라 불린다. 프로모터는 박테리아 RNA 폴리메라아제에 의해 인식되는 짧은 뉴클레오티드 서열로, 전사가 시작되기 위해서 박테리아 RNA 폴리메라아제가 DNA에 결합해야 하는 지점이다. 프로모터는 유전자의 바로 상류에 존재하며, 그 외에는 다른 어디에도 없다.

대장균 프로모터를 구성하는 서열들은 약 100개 이상의 유전자에서 상류 지역들의 비교를 통해 처음 확인되었다. 프로모터 서열은 모든 유전자에서 매우 유사하기에, 상류 지역들을 비교하면 쉽게 알아볼 수 있을 것으로 추정하였다. 이러한 분석들을 통해, 대장균 프로모터는 −35 박스(box)와 −10 박스의 별개의 두 요소들로 구성되어 있음이 증명되었다(**그림 4.12**). 후자는 이 박스를 처음 발견한 과학자들의 이름을 딴 **프리브나우 박스(Pribnow box)**로도 불린다. DNA 분자 상에서 전사가 시작되는 위치 대비 박스의 위치들은 다음과 같은 이름들이 붙여진다. 전사가 시작되는 지점의 뉴클레오티드는 +1로 표시되며, 유전자 번역 부위의 시작점으로부터 20~600 뉴클레오티드 상류에 존재한다. 두 박스 사이의 간격이 중요한데, 이 간격은 이중 나선의 같은 면에 있는 두 모티브에 위치하여, RNA 폴리메라아제의 DNA-결합 성분과의 상호작용을 촉진하기 때문이다.

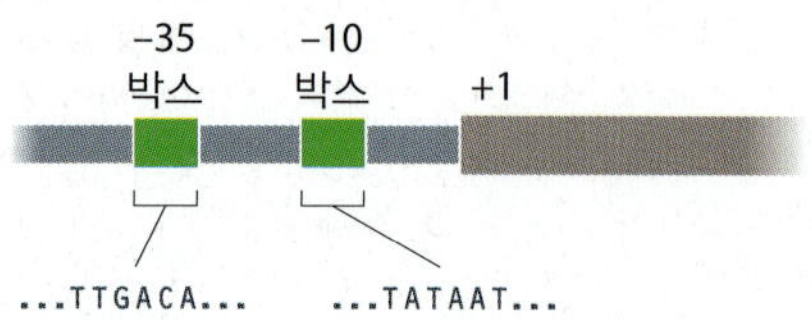

그림 4.12 대장균 프로모터의 두 요소들. 전사가 시작되는 위치를 "+1"로 표시하였다. 두 서열들은 −35 박스와 −10 박스의 공통 서열들이다.

−35 박스의 서열은 5′-TTGACA-3′으로, −10 박스는 5′-TATAAT-3′으로 표현된다. 이 서열들은 **공통 서열(consensus sequences)**이며, *E.coli*에서 발견되는 모든 프로모터 서열의 "평균"을 나타낸다. −35 박스의 공통 서열이 5′-TTGACA-3′이라는 것은 알려진

표 4.2 대장균 프로모터의 서열들

	서열	
프로모터	−35 박스	−10 박스
공통 서열	5′-TTGACA-3′	5′-TATAAT-3′
락토오스 프로모터*	5′-TTTACA-3′	5′-TATGTT-3′
트립토판 프로모터*	5′-TTGACA-3′	5′-TTAACT-3′

*이 프로모터들은 락토오스 오페론과 트립토판 오페론의 프로모터들이며, 이에 관해서는 9장에서 공부할 것이다.

모든 프로모터들의 서열을 조사하면, 첫 번째 뉴클레오티드는 "T"가, 두 번째 뉴클레오티드도 또한 "T"가, 세 번째 뉴클레오티드는 "G"가 가장 흔함을 의미한다. 이는 또한 어느 특정 유전자의 상류에 있는 실제 서열은 공통 서열과 약간 다를 수 있음을 의미한다(표 4.2). 이러한 변이는 전사 개시 부위와 그 아래의 50여 개의 뉴클레오티드 주변의 덜 명확한 서열의 특징들과 더불어 프로모터의 효율에 영향을 미친다. 효율은 초당 프로모터가 전사한 생산적인 개시(productive initiation)의 수로 정의되며, 여기서 생산적인 개시란 RNA 폴리메라아제가 프로모터를 떠나 완전한 길이의 전사체 합성이 시작되는 개시를 말한다. 프로모터의 서열이 개시에 미치는 정확한 방식은 모르나, 다른 프로모터들 사이의 효율은 1,000배 정도 차이가 난다. 이는 **강력한 프로모터(strong promoter)**라 불리는 가장 효율적인 프로모터가 가장 약한 프로모터보다 1,000배 정도 더 많은 생산적인 개시를 지시함을 의미한다. 이러한 차이를 전사 개시의 **기저율(basal rate)**에서의 차이라고 말한다.

진핵생물의 프로모터는 더 복잡하다

진핵생물에서, "프로모터"라는 용어는 유전자의 전사 개시에서 중요한 모든 서열들을 말한다. 어떤 유전자에서는 이러한 서열들이 많을 수 있고, 기능면에서도 다양할 수 있다. 진핵생물의 프로모터는 RNA 폴리메라아제를 포함하는 개시 복합체가 조립되는 위치인 **중심 프로모터(core promoter)** 뿐만 아니라, 중심 프로모터 상류 지점에서도 발견되는 하나 이상의 짧은 서열들을 포함한다(그림 4.13). 중심 프로모터에서의 개시 복합체의 조립은 상류 요소가 없을 때에도 종종 일어나지만, 단지 비효율적인 방식으로만 일어난다.

3개의 진핵생물 RNA 폴리메라아제 각각은 다른 종류의 프로모터 서열을 인식한다. 실제로, 프로모터에서의 차이가 어떤 폴리메라아제에 의해 어떤 유전자가 전사되는

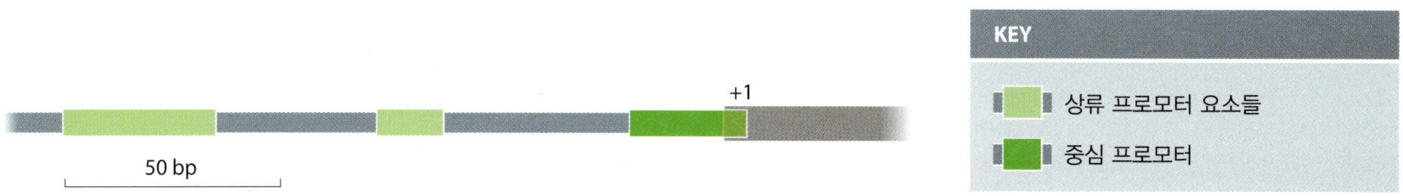

그림 4.13 진핵생물 RNA 폴리메라아제에 대한 전형적인 프로모터의 구성 요소들. 중심 프로모터는 RNA 폴리메라아제를 포함한 단백질 복합체의 결합 지점이다. 대부분의 중심 프로모터들 앞에는 전사의 개시에 보조적인 역할을 하는 일련의 상류 프로모터 요소들이 위치한다.

그림 4.14 RNA 폴리메라아제 II에 의해 전사되는 유전자의 전형적인 프로모터. 중심 프로모터는 TATA 박스와 Inr 서열 두 부분으로 구성된다. 이 두 부분의 공통 서열들을 그림에 나타내었다.

것을 정의한다.

단백질을 암호화하고 있는 유전자를 전사하는 효소인 RNA 폴리메라아제 II의 프로모터가 가장 복잡하고, 전사 개시 부위의 수 kb에 걸쳐 뻗어 있다(그림 4.14). RNA 폴리메라아제 II 중심 프로모터는 2개의 주요 부분들로 구성되어 있다. 이 중 하나는 5′-TATAWAAR-3′의 공통 서열을 가지고 있는 −25 박스 혹은 **TATA 박스(TATA box)**이다. 이 서열에서 W는 A나 T를 나타내며, 두 염기가 이 위치에서 동등하게 발견되고, R은 퓨린인 A 또는 G를 나타낸다. 중심 프로모터의 두 번째 부분은 뉴클레오티드 +1 주위에 위치하는 **개시(initiator, Inr) 서열**이다. 포유동물에서, 개시 서열의 공통 서열은 5′-YCANTYY-3′이고, 여기서 Y는 피리미딘인 C 또는 T이고, N은 4가지 염기 중 하나를 나타낸다. RNA 폴리메라아제 II에 의해 전사되는 유전자 중에는 중심 프로모터의 두 성분 중 한 성분만을 가지는 유전자가 있고, 어떤 유전자는 두 성분이 모두 없기도 하다. 후자의 유전자를 'null' 유전자라고 부른다. 이러한 유전자의 전사 개시 위치가 TATA와 (혹은) 개시 서열을 가진 유전자에 비해 더 가변적임에도 불구하고 이러한 유전자는 전사된다. 중심 프로모터의 성분들 외에도 RNA 폴리메라아제 II에 의해 전사되는 유전자는 조절 단백질들이 결합하는 다양한 상류 서열 요소들 역시 갖고 있다. 이와 관련된 내용은 9장에서 유전자 발현의 조절을 다룰 때 설명할 것이다.

RNA 폴리메라아제 I과 III에 대한 프로모터들은 그다지 복잡하지는 않다(그림 4.15). RNA 폴리메라아제 I의 프로모터는 뉴클레오티드 전사 개시점 주위에, 대체로 −45와 +20 사이에 걸쳐 있는 중심 프로모터 부위와 약 100 bp 더 상류에 위치하는 **상류 조절 요소(upstream control element)**라 불리는 서열로 구성되어 있다. 최소 3개의 카테고리로 나뉘는 RNA 폴리메라아제 III의 프로모터는 가변적이다. 이 카테고리들 중 2개는 특이하게도 프로모터의 중요 서열들이 그들이 전사를 촉진하는 유전자 내에 위

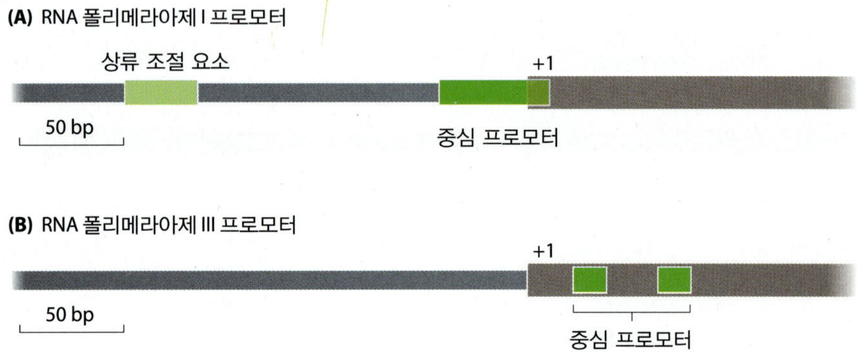

그림 4.15 RNA 폴리메라아제 I과 III에 의해 전사되는 유전자의 프로모터들. (A) RNA 폴리메라아제 I의 전형적인 프로모터는 전사가 시작될 지점에 걸쳐 있는 중심 프로모터와 하나의 상류 조절 요소로 이루어져 있다. (B) RNA 폴리메라아제 III의 프로모터는 가변적이다. 이 예에서는 두 부분으로 구성되어 있는 중심 프로모터가 유전자 내에 위치하고 있다.

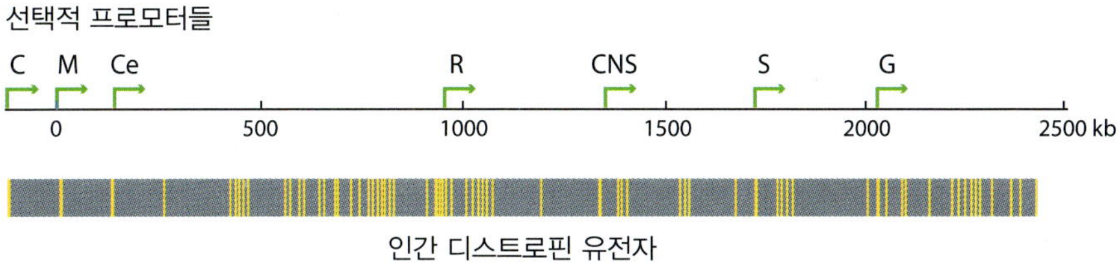

그림 4.16 선택적 프로모터. 인간 디스트로핀 유전자에 대한 7개의 선택적 프로모터들의 위치들을 보여 주고 있다. 약자는 각각의 프로모터들이 활성화되는 조직들을 나타낸다; C, 피질조직; M, 근육; Ce, 소뇌; R, 망막조직 (그리고 뇌와 심장조직); CNS, 중추신경계 (그리고 신장); S, 슈반세포 (Schwann cells); G, 일반조직 (대부분의 다른 조직들). 유전자의 엑손은 노란색으로 보이고, 인트론은 회색으로 보인다.

치한다. 보통 이러한 서열들은 50~100 bp 정도 뻗어 있고, 가변 부위에 의해 분리된 두 부분으로 구성되어 있으며, 이들 서열은 특정 형태의 모든 프로모터들에서 유사하다.

어떤 진핵생물 유전자는 하나 이상의 프로모터를 갖는다

진핵생물에서의 또 다른 복잡성은 **선택적 프로모터(alternative promoter)**를 갖는 몇몇 단백질-암호화 유전자에서 볼 수 있다. 이는 유전자의 전사가 2개 이상의 다른 부위에서 시작할 수 있어서, 길이가 다른 mRNA들을 만들 수 있다는 것을 의미한다.

이러한 예는 듀켄씨 근이영양증(Duchenne muscular dystrophy)이라는 유전적 질병을 야기하는 인간의 디스트로핀(dystrophin) 유전자에서 볼 수 있다. 디스트로핀 유전자는 2.4 Mb에 걸쳐 있으면서 78개의 인트론을 가지고 있어서, 인간 게놈에서 알려진 가장 큰 유전자 중의 하나이다. 여기에는 최소 7개의 선택적 프로모터들이 있다(그림 4.16). 다른 프로모터들은 뇌, 근육, 망막과 같은 인체의 서로 다른 부위에서 활성을 가지므로, 이러한 다양한 조직들에서 다양한 형태의 디스트로핀 단백질들이 만들어질 수 있다. 아마도 이러한 변종들의 생화학적 특성들은 이들이 합성되는 세포의 필요에 부합하는 특성들을 가질 것이다.

디스트로핀 유전자의 선택적 프로모터에 의해 지시되는 것과 같은 조직-특이적 발현 패턴 외에도 선택적 프로모터는 관련된 형태의 단백질들을 발생의 서로 다른 시기에 생산할 수도 있으며, 또한 하나의 조직에서 1개의 유전자가 2개 이상의 단백질 합성을 동시에 지시할 수도 있다. 이 마지막 특징은 *선택적* 프로모터라고 불리고는 있지만, 하나 이상이 특정한 시간에 활성을 가지므로 더 정확히는 *다중* 프로모터임을 나타낸다. 실제로, 이것은 많은 유전자에서 정상적인 상황이다. 예를 들면, 인간의 섬유아세포(fibroblast cell)에서는 10,500개 이상의 프로모터들이 활성을 나타내는 반면, 이러한 프로모터들이 8,000개 미만의 유전자의 발현을 이끈다. 그러므로 인간 섬유아 세포에 있는 상당한 수의 유전자는 2개 이상의 프로모터로부터 발현되고 있다.

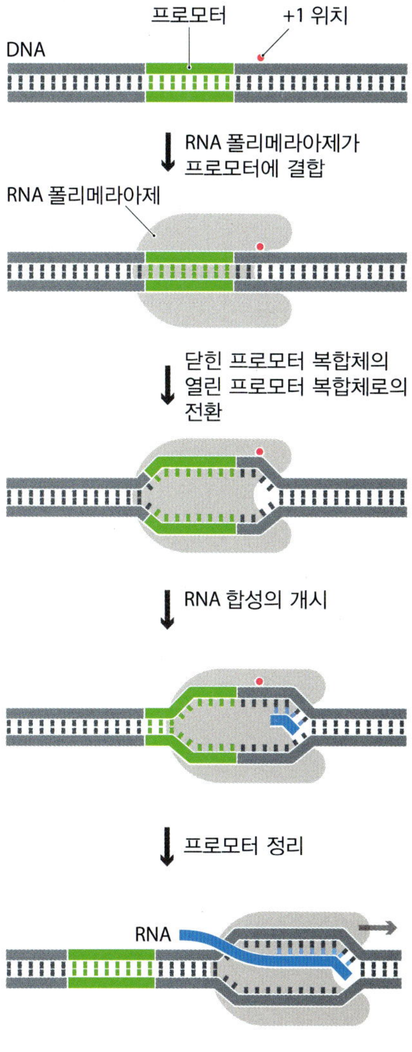

그림 4.17 전사의 개시 동안 일어나는 중요한 사건들에 대한 일반적인 도식. 그림은 박테리아 RNA 폴리메라아제에 의한 전사의 개시를 보이고 있으나, 동일한 사건들이 3개의 진핵생물 효소들 각각에서도 일어난다. RNA 폴리메라아제가 프로모터(녹색으로 나타냄)에 결합한 후, 전사 개시 부위(붉은색 점으로 표시)에 인접한 염기쌍이 분리되면 열린 프로모터 복합체가 형성된다. 그런 후 RNA 합성이 시작된다. RNA 폴리메라아제가 DNA와 안정된 결합을 형성하여 원래 길이의 전사체가 합성되기 시작할 때 일어나는 "프로모터 정리"에 의해 전사의 개시는 완성된다.

4.4 박테리아와 진핵생물에서의 전사의 개시

전사 과정은 개시, 신장, 종결의 세 단계로 나누는 게 편리하다. 이 중에서 개시는 유전자 발현 경로에서 필수적인 조절 단계이므로 가장 중요한 단계로 간주된다. 전사 개시의 조절은 종종 유전자가 어떤 특정 세포에서 어느 특정한 시기에 활성을 가져야 할지 그 여부를 결정한다.

일반적으로, 전사의 개시는 네 가지 형태의 RNA 폴리메라아제들 중의 한 폴리메라아제가 같은 사슬을 따라 작동한다(그림 4.17). 박테리아 폴리메라아제와 3개의 진핵생

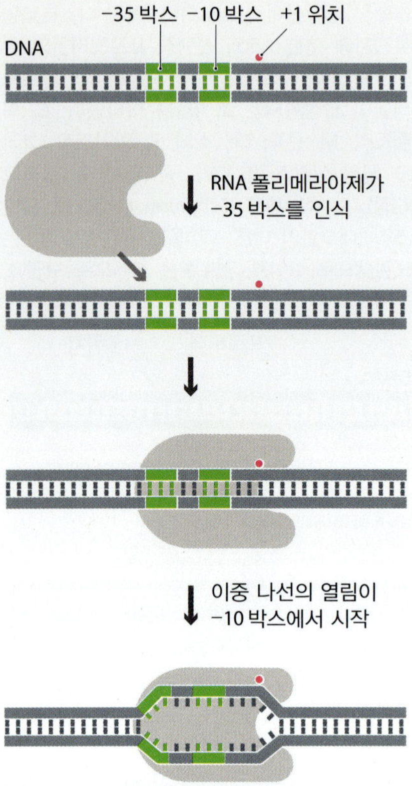

그림 4.18 대장균에서의 전사 개시에 대한 자세한 내용. RNA 폴리메라아제는 -35 박스를 인식한다. 닫힌 프로모터 복합체를 열린 복합체로 전환시키는 염기쌍의 분리는 초기에는 -10 박스 내에서 일어나는 것으로 여겨진다.

물 폴리메라아제들은 모두 직접적으로 혹은 보조 단백질들 통해 프로모터나 중심 프로모터 서열에 결합함으로써 시작된다. 이렇게 형성된 **닫힌 프로모터 복합체(closed promoter complex)**는 전사 개시 부위에 인접한 한정된 수의 염기쌍들이 절단되어 **열린 프로모터 복합체(open promoter complex)**로 전환된다. 최종적으로, RNA 폴리메라아제는 프로모터를 떠난다. 폴리메라아제가 프로모터 부위를 떠나려고 한 여러 시도들이 실패하고, 이로 인해 합성된 뒤 곧바론 분해되는 불완전한 전사체를 생산하기 때문에 이 마지막 단계는 겉으로 보이는 것보다 훨씬 복잡하다. 그러므로 전사 개시 단계의 진정한 완성은 RNA 폴리메라아제가 DNA와 안정된 결합을 형성하여 원래 길이의 전사체를 합성할 때 일어난다.

그림 4.17에 보인 도식이 개략적으로는 4개의 모든 폴리메라아제에 대해 옳으나, 세부적으로는 각각의 폴리메라아제에 따라 다르다. 대장균와 다른 박테리아에서 일어나는 다소 간단한 사건들부터 설명을 시작한 후, 다음으로 진핵생물에서의 개시의 영향을 살펴보고자 한다.

σ 서브유닛은 박테리아 프로모터를 인식한다

대장균에서는 프로모터와 RNA 폴리메라아제 사이에 직접적인 접촉이 형성된다. 폴리메라아제의 서열 특이성은 σ 서브유닛에 있다. 이 성분이 없는 "중심효소(core enzyme)"는 DNA에 단지 느슨하고 비특이적인 결합만을 형성할 수 있다.

-10 박스에서의 변화는 닫힌 프로모터 복합체의 열린 형태로의 전환에 영향을 주는 반면, -35 박스에서의 변화는 RNA 폴리메라아제가 결합할 수 있는 능력에 영향을 줄 수 있다고 대장균 프로모터들에 대한 연구들이 증명하고 있다. 이러한 결과들은 그림 4.18에 보인 대장균의 개시에 관한 모델, 즉 프로모터의 인식이 σ 서브유닛과 -35 박스 사이의 상호작용을 통해 일어난다는 모델을 만들었다. 이 상호작용으로 닫힌 프로모터 복합체가 형성되며, 이 복합체 내에서 RNA 폴리메라아제는 -35 박스의 상류로부터 -10 박스의 하류까지 약 80 bp의 DNA에 걸쳐 있다. 닫힌 프로모터 복합체는 β′ 서브유닛과 σ 서브유닛이 서로 협력하여 -10 박스 내의 염기쌍을 끊어서 열린 형태로 전환된다. 모델은 서로 다른 프로모터들의 -10 박스들이, 대부분 또는 전부 단지 2개의 수소 결합들로 연결되어서 3개의 수소 결합을 가지는 G-C 염기쌍보다는 약한 A-T 염기쌍으로 구성되어 있다는 사실과 일치한다(그림 2.7 참조).

이중 나선을 여는 것은 폴리메라아제와 유전자의 비전사 가닥 사이의 접촉을 필요로 하며, 이 접촉 과정에서 σ 서브유닛은 또 다른 중요한 역할을 담당한다. 그러나 σ 서브유닛은 대부분 (항상은 아니지만) 개시가 끝나면 곧바로 분리되므로, 완전효소(holoenzyme)가 전사의 신장 단계를 수행하는 중심효소(core enzyme)로 전환된다. 따라서 σ 서브유닛이 항상 중요한 것은 아니다. 초기에는 중심효소가 DNA의 60 bp에 걸쳐 있지만, 신장이 시작되면 폴리메라아제는 2차 형태 변화가 일어나 단지 30~40 bp의 공간만을 차지한다.

RNA 폴리메라아제 II 개시 복합체의 형성

대장균에서의 전사 개시를 진핵생물에서 이에 해당하는 과정과 비교하면 어떨까? RNA 폴리메라아제 II에 의한 전사를 조사함으로써 진핵생물에서의 개시가 더 많은 단백질과 복잡성과 연관되어 있음을 알 수 있다.

그림 4.11에 설명한 바와 같이, 대장균와 진핵생물에서의 전사 개시에서 중요한 차이

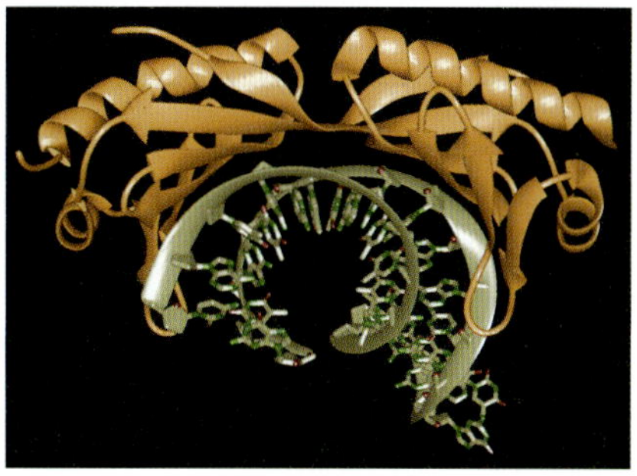

그림 4.19 진핵생물의 전사 개시에서 TATA-결합 단백질(TBP)의 역할. TBP는 2개의 동일한 서브유닛으로 된 이량체이며, 그림에서 갈색으로 보인다. 단백질은 중심 프로모터에 결합하여, 개시 복합체가 조립될 수 있는 플랫폼을 형성한다. DNA는 은색으로 나타내었다. 이 그림에서 우리는 이중 나선을 따라 DNA를 직접적으로 볼 수 있다. (Courtesy of Song Tan, Pennsylvania State University.)

는 진핵생물의 폴리메라아제들은 중심 프로모터 서열을 직접적으로 인식하지 않는다는 점이다. RNA 폴리메라아제 II에 의해 전사되는 유전자는 최초의 접촉이 **전사 인자 IID(transcription factor IID** 또는 **TFIID)**라 불리는 단백질에 의해 이루어진다. 이것은 **TATA-결합 단백질(TATA-binding protein** 또는 **TBP)**과 최소 12개의 **TBP-연관 인자(TBP-associated factors** 또는 **TAFs)**로 구성된 또 하나의 다중 서브유닛 복합체이다. TBP에 대한 구조적 연구들에 따르면 TBP는 이중 나선 주위를 부분적으로 감싸는 안장같은 모양이며, 나머지 개시 복합체들이 조립될 수 있는 플랫폼을 형성한다(그림 4.19). TBP-연관 인자는 TBP가 TATA 박스에 결합하는 것을 보조하며, 또한 **TICs (TAF-and initiator-dependent cofactors)**라 불리는 다른 단백질들과 함께 특히 TATA 박스가 없는 프로모터에서 Inr 서열을 인식하는 데 관여한다.

다음 단계로 복합체에 RNA 폴리메라아제 II가 결합한다(그림 4.20). 이 과정에는 또 다른 두 전사 인자들이 관여한다. DNA-결합 TBP에 결합하고 RNA 폴리메라아제 II가 인식하는 구조를 형성하는 TFIIB와 RNA 폴리메라아제에 결합하여 RNA 폴리메라아제가 잘못된 위치의 DNA에 결합되는 것을 막는 TFIIF가 그들이다. 마지막으로, 2개의 또 다른 전사 인자들인 TFIIE와 TFIIH가 결합하여 개시 복합체를 완성한다. TFIIH는 이중 나선의 두 가닥을 서로 붙들고 있는 염기쌍들을 분리할 수 있는 효소인 **헬리카아제(helicase)**이므로 특히 중요하다. 이 활성은 폐쇄된 프로모터 복합체를 열린 형태로 전환시키는 데 필요하다.

개시 복합체가 결합된 DNA의 전사가 일어나기 전에 개시 복합체는 반드시 활성화되어야 한다. RNA 폴리메라아제 II의 가장 큰 서브유닛으로, 좀 더 구체적으로 이 단백질의 **C-말단 도메인(C-terminal domain, CTD)**이라는 부위 내에 있는 일련의 아미노산들로 인산기들이 결합되어야 활성화가 된다. 이러한 인산기들이 결합되면, 폴리메라아제는 개시 복합체를 떠나 RNA를 합성하기 시작한다.

폴리메라아제가 떠난 후, 중심 프로모터로부터 최소 몇 개의 전사 인자들이 떨어져 나가지만, TFIID와 TFIIH는 계속 남아 있어서, 복합체의 전체 조립을 처음부터 다시 시작하지 않아도 재개시가 일어나게끔 한다. 그러므로 재개시는 최초의 개시보다는 훨씬 빠른 과정인데, 이는 일단 유전자가 작동되면, 유전자의 작동을 멈추는 새로운

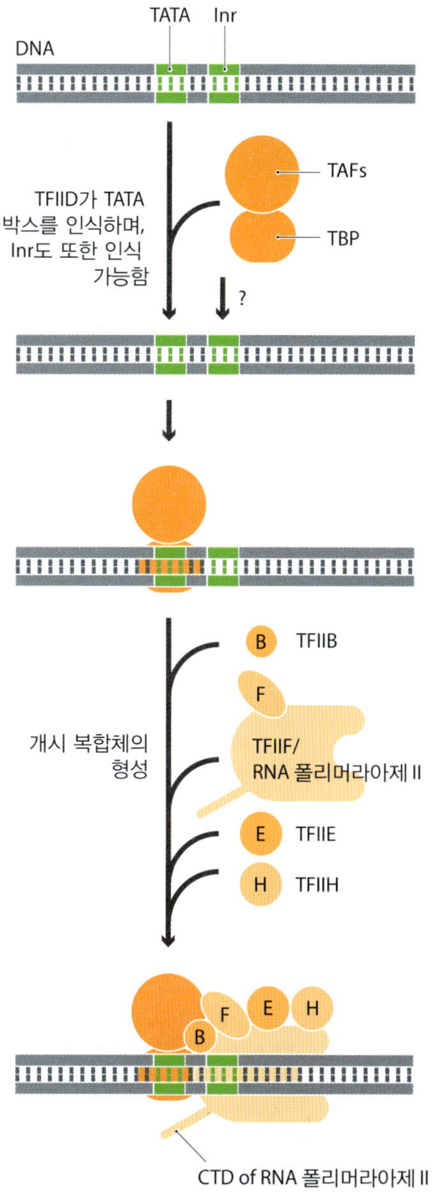

그림 4.20 RNA 폴리메라아제 II에 의한 전사의 개시. 첫 단계는 전사 인자 IID(TFIID)의 중심 프로모터로의 결합이다. TFIID는 TATA-결합 단백질(TBP)과 TBP-연관 인자들(TAFs)로 구성되어 있다. TFIID는 TATA 박스를 인식하여 이 지점에 결합한다. 또 다른 단백질들이 또한 Inr 서열이 결합 부위로 인식되게 할 것이다. 두 번째 단계에서 RNA 폴리메라아제가 결합되어 개시 복합체가 완성된다. 이 단계는 최소한 4개의 또 다른 전사 인자들인 TFIIB, E, F, H와 관련되어 있다. RNA 폴리메라아제의 C-말단 도메인(CTD)에 인산기들이 결합하여 개시 복합체가 활성화되면 전사가 시작된다.

형태의 신호가 오기까지는 전사가 프로모터로부터 상대적으로 쉽게 개시될 수 있음을 의미한다.

RNA 폴리메라아제 I과 III에 의한 전사의 개시

우리는 RNA 폴리메라아제 I과 III의 프로모터에서 시작되는 전사의 방식에 대해 잘 알고 있지는 않지만, 어떤 점에서는 RNA 폴리메라아제 II에서 볼 수 있는 것과 유사할 것이라는 것은 명확하다. 가장 두드러지게 유사한 것 중 하나는 RNA 폴리메라아제 II 개시 복합체의 주요 프로모터-위치탐지성분으로 처음으로 확인된 TBP로, 이 TBP는 다른 2개의 진핵생물 RNA 폴리메라아제들에 의한 전사 개시에도 또한 관련이 있다.

RNA 폴리메라아제 I 개시 복합체는 폴리메라아제와 4개의 다중 서브유닛 단백질들로 구성되어 있으며, 이 단백질들 중 하나는 TBP를 포함하고 있다. 이 단백질들은 중심 프로모터와 상류 조절 요소에 위치하고 있어서 RNA 폴리메라아제 I은 자신의 정확한 결합 위치로 인도된다(**그림 4.21A**). 처음에는 개시 복합체가 순차적인 방식으로

(A) RNA 폴리메라아제 I 에 의한 전사의 개시

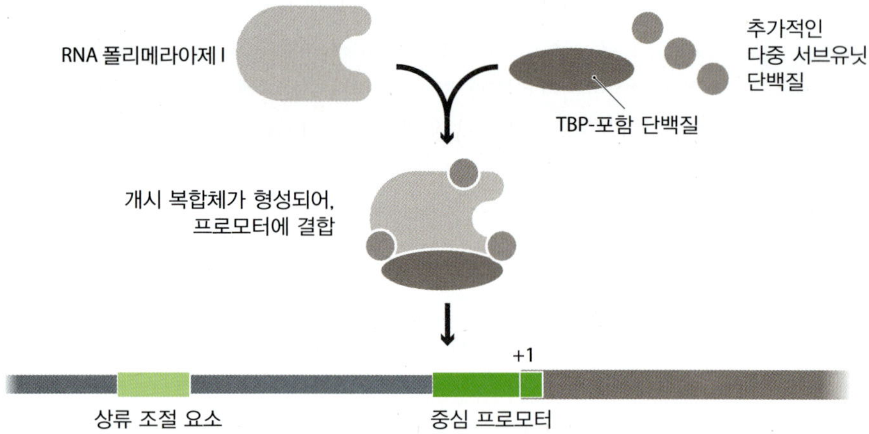

(B) RNA 폴리메라아제 III에 의한 전사의 개시

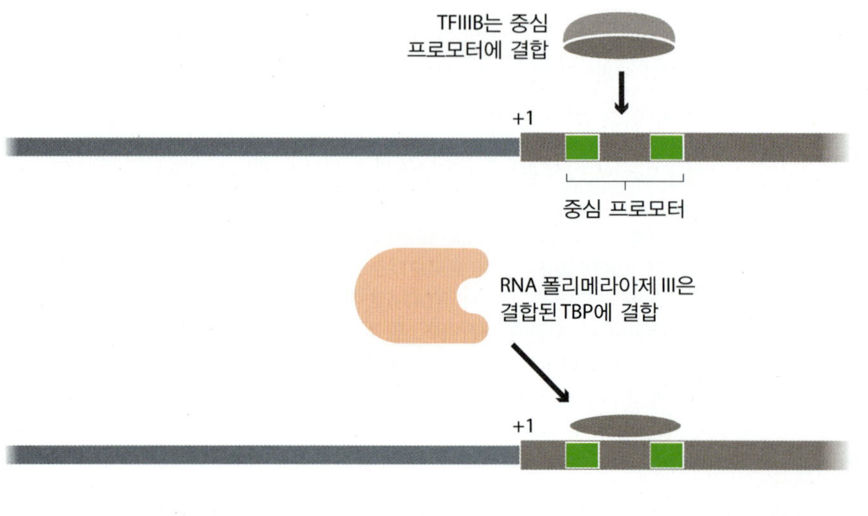

그림 4.21 RNA 폴리메라아제 I과 RNA 폴리메라아제 III에 의한 전사의 개시. (A) RNA 폴리메라아제 I은 4개의 다중 서브유닛 단백질들과 개시 복합체를 형성하며, 이 단백질들 중 하나는 TBP를 포함하고 있다. 그런 후 이 개시 복합체는 RNA 폴리메라아제 I 중심 프로모터에 결합한다. (B) RNA 폴리메라아제 III에 의한 개시는 TFIIIB의 TBP 성분이 중심 프로모터에 결합함으로써 시작된다. 그런 후 RNA 폴리메라아제는 결합되어 있는 TBP에 붙는다.

구성되는 것으로 생각되었는데, 최근의 연구 결과에 따르면 RNA 폴리메라아제 I이 자신의 프로모터에 위치하기 전에 4개의 단백질들과 결합하며, DNA에 결합하는 전체 조립 과정은 단 한 번의 단계로 일어나는 것으로 보인다.

TBP는 또한 RNA 폴리메라아제 III 개시 복합체의 조립과 관련되어 있는 TFIIIB라는 전사 인자의 서브유닛이다. 이 폴리메라아제의 프로모터가 나타내는 가변성은 개시

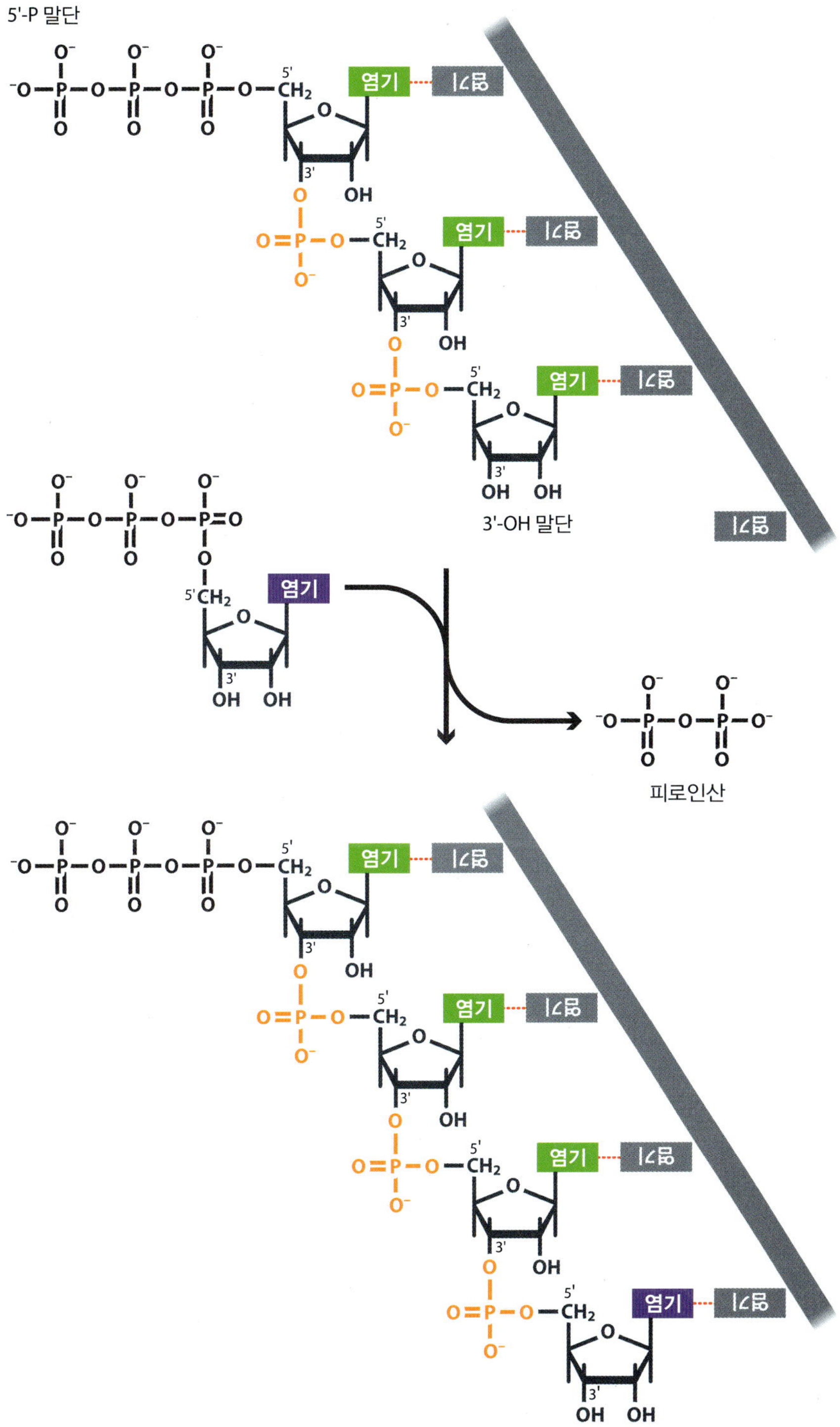

그림 4.22 RNA 폴리뉴클레오티드를 합성하는 중합 반응

복합체의 조립 과정에서 잘 나타나는데, 이 과정에서 각 프로모터 카테고리는 일련의 다른 전사 인자들을 필요로 한다. TFIIIB는 각 프로모터의 중심 성분과의 초기 접촉에 의해 형성된 공통 연결(common link)을 제공하며, 또한 자신의 TBP 서브유닛을 통해서는 RNA 폴리메라아제 III가 결합될 플랫폼을 제공한다(**그림 4.21B**).

4.5 전사의 신장 단계

일단 성공적인 개시가 이루어지면, RNA 폴리메라아제는 전사체를 합성하기 시작한다. RNA 분자의 합성은 리보뉴클레오티드 서브유닛(NTPs)의 중합이 수반되는데, 다음과 같이 정리할 수 있다:

$$n(\text{NTP}) \rightarrow n \text{ 뉴클레오티드 길이의 RNA} + (n - 1)(\text{PP}_i)$$

반응은 **그림 4.22**에 자세히 나타내었다. 각각의 뉴클레오티드가 첨가될 때, β 인산과 γ 인산은 새로 들어오는 뉴클레오티드로부터 제거되고, 수산기는 사슬 끝에 위치한 3′ 탄소로부터 제거된다. 이는 각 결합이 형성될 때마다 피로인산 분자(PP_i)의 소실을 야기한다. 전사에서 화학반응은 DNA 주형에 의해 조절되며, DNA 주형은 RNA로 중합되는 개별 리보뉴클레오티드의 순서를 지시한다. 즉 A는 T 또는 U와 염기쌍을 형성하고, G는 C와 염기쌍을 형성한다(**그림 4.23**). 그러므로 RNA 전사체는 새로운 리보뉴클레오티드가 이미 형성된 폴리머(polymer)의 자유 3′ 말단에 추가되는 방식으로 5′ → 3′ 방향으로 순차적으로 형성된다. 염기쌍을 형성하기 위해서는 상보적인 폴리뉴클레오티드는 반드시 역평행이어야 함을 기억하기 바란다. 이는 유전자의 전사되는 가닥은 3′ → 5′으로만 읽혀야 함을 의미한다.

박테리아의 전사체는 RNA 폴리메라아제 중심효소에 의해 합성된다

전사의 신장 단계에서, 박테리아의 RNA 폴리메라아제는 $\alpha_2\beta\beta'$으로 표현되는 중심효소 형태이다. 개시에서 핵심 역할을 담당하는 σ 서브유닛이 이 단계에서는 복합체로부터 떨어져 있다. RNA 폴리메라아제는 12~14 bp의 전사 버블(transcription bubble)이 포함된 약 30~40 bp의 주형 DNA를 덮고 있다. 전사 버블 내에서, 확장되고 있는 전사체는 DNA의 전사 사슬에 약 8개의 RNA-DNA 염기쌍 형성을 통해 결합되어 있다(**그림 4.24**).

유전자 말단에 도달하기 전에 전사 복합체가 떨어져 나오는 것을 방지하기 위해,

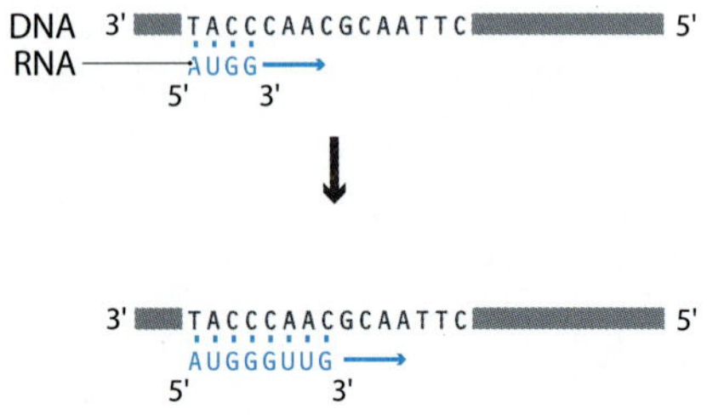

그림 4.23 주형-의존형 RNA 합성. 파란색으로 나타낸 RNA 분자는 뉴클레오티드를 3' 말단에 하나씩 첨가하여 확장된다.

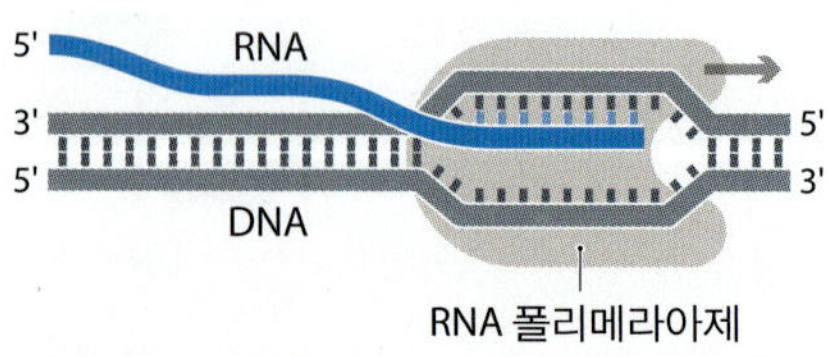

그림 4.24 대장균의 전사 신장 복합체. 화살표는 폴리메라아제가 DNA를 따라 이동하는 방향을 표시한다. 사실, 폴리메라아제는 여기에 그려진 것보다 크며, 주형 DNA의 30~40 bp를 덮고 있다.

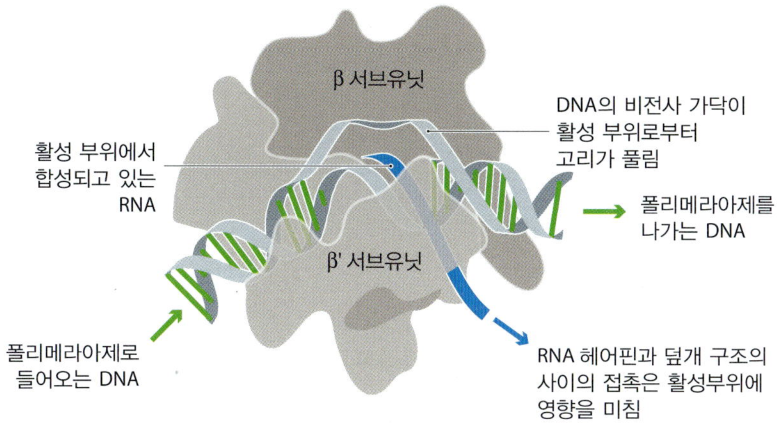

그림 4.25 박테리아 RNA 폴리메라아제 내에서의 RNA 합성. RNA 폴리메라아제의 β와 β' 서브유닛은 회색으로, 이중 나선은 초록색으로, RNA 전사체는 파란색으로 각각 나타내었다. DNA가 복합체로 들어와서 나가는 각각의 위치 뿐만 아니라 RNA 전사체의 출구 지점도 표시되어 있다. 어떻게 DNA 분자의 비전사 가닥이 RNA가 합성되고 있는 활성 부위로부터 고리가 풀려 분리되는지를 주목한다. 폴리메라아제에 대해 묘사된 이 그림을 그림 4.24에 나타낸 도식적인 그림과 비교해 본다.

RNA 폴리메라아제는 DNA 주형과 RNA 폴리메라아제가 DNA 주형에 따라 만드는 RNA을 단단히 붙잡고 있다. 그러나 이러한 결합이 폴리메라아제가 DNA를 따라 움직이는 것을 방해할 정도로 단단하지는 않다. 활발히 전사 중인 RNA 폴리메라아제에 대한 구조적 연구들은 DNA 분자가 β′의 둘러싸인 표면에 있는 여물통 내의 β와 β′ 서브유닛 사이에 놓여 있다는 것을 증명하고 있다(그림 4.25). RNA 합성을 위한 활성 부위도 또한 이 두 서브유닛 사이에 위치하며, DNA의 비전사 가닥은 이 지점에서 고리가 풀려 분리된다. RNA 전사체는 β 서브유닛 일부분과 β′ 서브유닛 일부분에 의해 형성된 채널(channel)을 통해 폴리메라아제로부터 밀려 나온다.

폴리메라아제는 일정한 속도로 전사체를 합성하지는 않는다. 대신, 합성은 불연속적이며, 재빠른 신장시기 후 잠시 일시정지기를 갖는다. 일시정지기 동안 폴리메라아제의 활성 부위는 약간의 구조적 재배열이 일어난다. 일시정지기는 6밀리 초(milliseconds) 이상은 거의 지속되지 않으며, 폴리메라아제가 주형을 따라 정반대로 이동하는 현상인 **백트래킹(backtracking)**을 동반한다. 일시정지기는 주형 DNA의 어떤 특정한 특징에 의해 야기되기보다는 무작위적으로 일어난다. 일시정지기는 다음에 설명하는 바와 같이 전사체 종결에서 중요한 역할을 담당하지만, 이 역할이 일시정지기의 유일한 기능인지는 아직까지 밝혀지지 않았다.

모든 진핵생물 mRNA는 수정된 5′ 말단을 갖는다

전사체 신장의 기본적인 양상은 박테리아와 진핵생물에서 모두 동일하다. 한 가지 주요한 차이점은 진핵생물 mRNA의 5′ 말단의 정확한 구조에 관한 것이다. 보통 폴리뉴클레오티드의 5′ 말단에는 삼인산기가 있다(그림 2.5 참조). 이것은 DNA 폴리뉴클레오티드와 전사에 의해 합성되는 RNA 분자에 모두 적용된다. 간단한 표기법으로, 5′ 말단을 pppNpN ...과 같이 나타낼 수 있으며, 여기서 N은 뉴클레오티드의 당-염기 성분을, p는 인산기를 나타낸다.

RNA 폴리메라아제 II에 의해 만들어지는 RNA는 이 규칙에서 예외적이다. 이러한 분자들은 5′ 말단이 7-MeGpppNpN ...으로 표현되는 것과 같이 다소 복잡한 화학구조를 가지며, 여기서 7-MeG는 변형된 염기(modified base)인 7-메틸구아노신을 가지는 뉴클레오티드이다. 이것은 **캡 구조(cap structure)**라고 불리며, RNA 폴리메라아제가 프로모터를 떠난 후 바로, 즉 mRNA가 30개의 뉴클레오티드 길이가 되기 전에 형성된다.

"캡 형성(capping)"의 첫 단계는 RNA의 5′ 최말단에 구아노신을 추가로 첨가하는 것이다. 캡 형성은 정상적인 RNA 중합 반응에 의해 일어난다기보다는 5′ 말단 뉴클레오티드의 삼인산과 GTP 뉴클레오티드의 삼인산 사이의 반응을 수반한다. 말단 뉴클레오티드의 γ 인산(가장 바깥쪽 인산)이 제거되고 또한 GTP의 β 인산과 γ 인산도 제거된 후, 5′-5′ 결합을 형성한다(그림 4.26A). 이 반응은 **구아닌 전달효소(guanylyl transferase)**에 의해 수행된다.

캡 형성 반응의 두 번째 단계는 퓨린 고리의 7번 질소에 메틸기가 첨가되어 새로운 말단 구아노신을 7-메틸구아노신으로 전환시키는데, 이 변형은 **구아닌 메틸기 전이효소(guanine methyltransferase)**에 의해 촉매된다. 2개의 캡 형성 효소들은 RNA 폴리메라아제와 결합하므로, 이 두 효소는 RNA 합성의 초기단계에서 전사 복합체 고유의 구성 요소이다.

7-메틸구아노신 구조는 **0형 캡(type 0 cap)**이라 불리며, 효모와 같은 단세포 진핵생물에서 가장 흔한 형태이다. 인간을 포함한 고등 진핵생물에서는 추가적인 변형이 일어난다(그림 4.26B). 이 중에서 가장 흔한 것은 전사체의 두 번째 뉴클레오티드에 영향

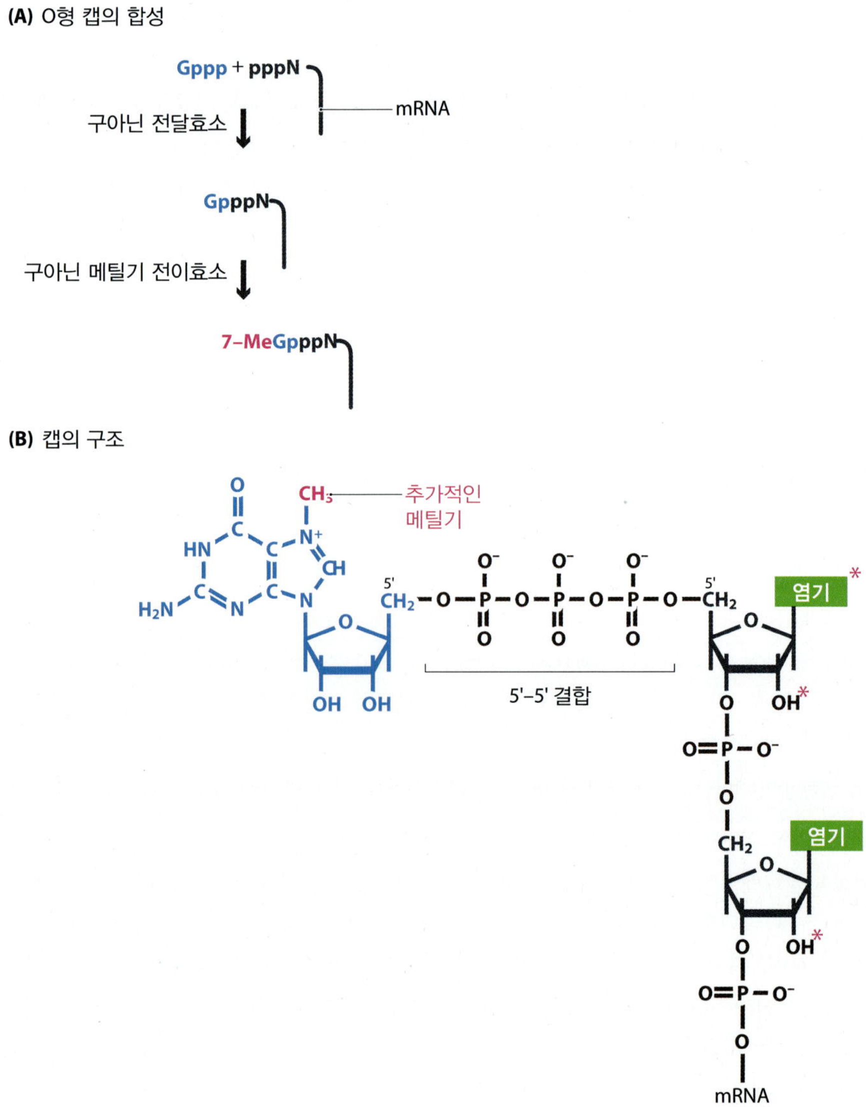

그림 4.26 진핵생물 mRNA의 5' 말단에서의 캡 구조. (A) 0형 캡의 합성. mRNA의 5' 말단에 있는 뉴클레오티드는 말단 삼인산을 가지고 있음을 나타내는 "pppN"으로 표시되어 있다. 파란색으로 나타낸 GTP 분자 또한 3개의 인산기를 가지고 있음을 나타내는 "Gppp"로 표시되어 있다. 0형 캡은 두 단계로 합성된다. 먼저, GTP가 말단 뉴클레오티드에 붙어서, GTP에서 온 인산 하나와 mRNA의 말단 뉴클레오티드로부터 온 인산 2개를 포함하는 5'-5' 삼인산 결합을 형성한다. 두 번째 단계에서는 구아닌 염기의 7번 위치에 메틸기가 첨가된다. (B) 0형 캡의 자세한 구조. 빨간색 별은 메틸기가 추가적으로 첨가되어 1형 캡 구조와 2형 캡 구조를 생성하는 위치를 나타낸다.

을 미치는 것으로, 2′-OH기의 수소가 메틸기로 치환되어 **1형 캡(type 1 cap)**을 생성한다. 만약 두 번째 뉴클레오티드가 아데노신이면, 메틸기는 퓨린의 6번 탄소에 결합되어 있는 NH_2에도 또한 결합될 수 있다. 마지막으로, 또 다른 2′-OH 메틸화가 세 번째 뉴클레오티드 위치에서 일어나 **2형 캡(type 2 cap)**을 생성할 수 있다.

RNA 폴리메라아제 II에 의해 합성되는 모든 RNA들에는 어떻게 해서든 캡이 형성된다. 이것은 mRNA 뿐만 아니라, 이 효소에 의해 전사되는 snRNA들도 또한 캡이 형성됨을 의미한다(Table 4.1 참조). 캡은 핵으로부터 mRNA와 snRNA를 방출하기 위해서도 중요하지만, 가장 잘 알려진 역할은 mRNA의 번역 과정에 있다(8장).

일부 진핵생물 mRNAs의 합성은 몇 시간을 필요로 한다

가장 긴 박테리아 유전자는 길이가 단지 몇 kb여서, 분당 수백 개의 뉴클레오티드를 합성할 수 있는 박테리아 RNA 폴리메라아제에 의해 몇 분 내에 전사될 수 있다. 그에 반해, RNA 폴리메라아제 II는 분당 2,000개의 뉴클레오티드를 합성함에도 불구하고, 단일 유전자를 전사하는 데 몇 시간이 걸릴 수 있다. 이는 많은 진핵생물 유전자에 존재하는 다수의 인트론들로 인해 상당한 길이의 DNA가 복사되어야만 하기 때문이다. 예를 들어, 길이가 2,400 kb인 인간 디스트로핀 유전자의 전사체는 합성하는 데 20시간이 걸린다.

지나치게 긴 진핵생물 유전자는 전사 복합체의 안정성을 필요로 한다. RNA 폴리메라아제 II 만으로는 이러한 요구를 충족시킬 수 없다. 정제된 효소로 연구를 해보니 RNA 폴리메라아제 II의 중합 속도는 분당 300개 미만의 뉴클레오티드이며, 이 효소가 만드는 전사체는 비교적 짧다고 밝혀졌다. 핵에서 전사 복합체는 프로모터를 떠난 폴리메라아제와 결합하는 단백질인 **신장 인자(elongation factor)**들에 의해 안정화된다. 현재 13개의 신장 인자들이 포유동물 세포에서 알려져 있다. 어떤 인자의 활성을 방해하는 돌연변이의 영향으로부터 이들의 중요성을 알 수 있다. 예를 들어, CSB라 불리는 신장 인자의 불활성은 정신 지체와 같은 발달 결함으로 특징되는 질병인 코케인 증후군(Cockayne syndrome)을 야기한다. 두 번째 인자가 붕괴된 ELL은 급성 골수성 백혈병(acute myeloid leukemia)을 유발한다.

4.6 전사의 종결

현재의 사고(thinking)로는 전사를 불연속 과정이라 여겨진다. 즉, 폴리메라아제는 규칙적으로 일시정지하고, 전사체에 더 많은 리보뉴클레오티드를 첨가하여 신장을 계속할 것인지, 아니면 주형으로부터 분리되어 종결할 것인지의 사이에서 "선택"을 한다. 어떤 선택을 할지는 둘 중 어떤 것이 열역학적으로 더 안정한가에 의해 좌우된다. 다시 말하면, 종결이 일어나기 위해서는 폴리메라아제가 계속적으로 RNA를 합성하는 것보다는 분리되는 것이 더 유리한 DNA 주형의 어떤 위치에 도달해야 함을 의미한다.

박테리아에서 RNA의 헤어핀 루프는 전사의 종결과 관련이 있다

박테리아는 전사 종결을 위해 2개의 다른 전략을 사용하지만, 이 두 전략 사이의 공통적인 특징은 종결 부위가 DNA 서열에서 **역반복(inverted repeat)**으로 표시된다는 점이다. 역반복은 어떤 서열 다음에 그 서열에 역으로 상보적인 서열이 뒤따르는 DNA 또는 RNA 부분이다(그림 4.27). 종결 부위에서와 같이 만약 역반복의 두 서

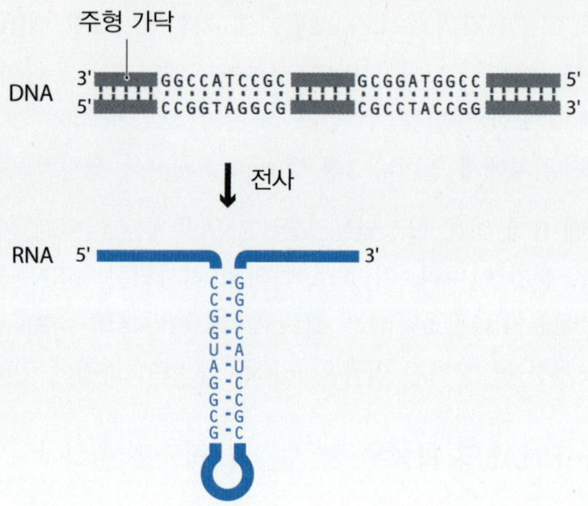

그림 4.27 이중 가닥 DNA 분자의 역반복은 단일 가닥 RNA 분자에서 헤어핀 루프가 생기게 할 수 있다.

열이 몇 개의 뉴클레오티드에 의해 분리되어 있다면, 두 서열 성분들 사이에 사슬 내 염기쌍을 형성하여 RNA 전사체와 같은 단일 가닥 폴리뉴클레오티드에서 헤어핀(hairpin) 루프를 만들 수 있다.

대장균에는 전사가 종결되는 위치의 중간 지점에서, 역반복 서열 다음에 연속적인 디옥시아데노신(deoxyadenosine) 뉴클레오티드가 뒤따르는 것을 비전사 가닥에서 볼 수 있다(그림 4.28). 이를 **내재성 종결자(intrinsic terminator)**라고 부른다. 헤어핀 루프는 비교적 안정하며, 전사 버블 내에서 보통 형성되는 DNA-RNA 쌍보다 더 안정하다. 이는 헤어핀 루프의 형성이 주형 DNA와 전사체 사이의 접촉 수를 줄여서 전체적인 DNA-RNA 상호작용을 약화시키므로 이러한 헤어핀 루프의 형성이 유리하다는 것을 의미한다. A가 연속적으로 있는 DNA가 전사될 때 이러한 DNA-RNA 상호작용은 더 약화되는데, 이는 G-C 염기쌍이 3개의 수소 결합을 가지는 데 비해 이로 인해 형성되는 A-U 염기쌍이 2개의 수소 결합만을 가지고 있기 때문이다. 결국, 신장의 연속보다는 전사체의 분리가 더 유리하다.

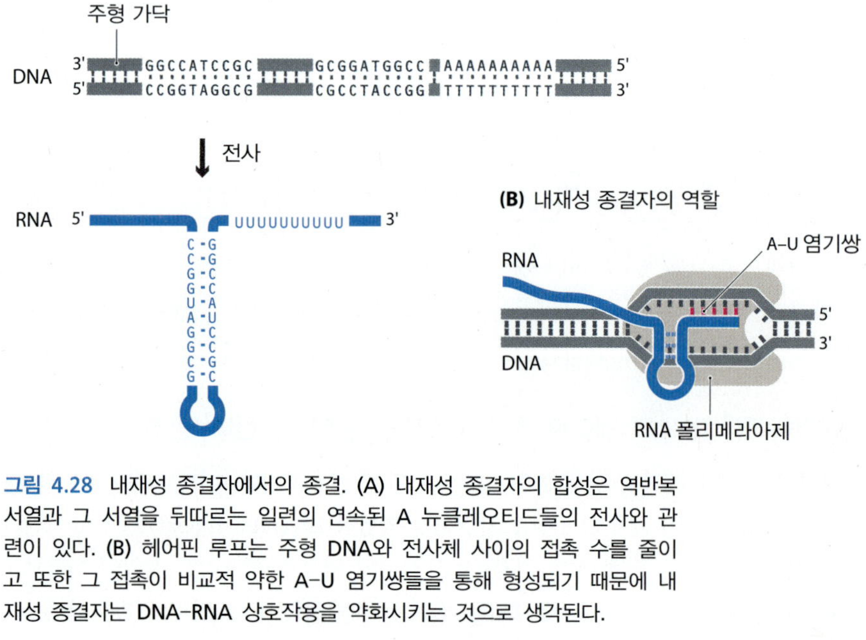

그림 4.28 내재성 종결자에서의 종결. (A) 내재성 종결자의 합성은 역반복 서열과 그 서열을 뒤따르는 일련의 연속된 A 뉴클레오티드들의 전사와 관련이 있다. (B) 헤어핀 루프는 주형 DNA와 전사체 사이의 접촉 수를 줄이고 또한 그 접촉이 비교적 약한 A-U 염기쌍들을 통해 형성되기 때문에 내재성 종결자는 DNA-RNA 상호작용을 약화시키는 것으로 생각된다.

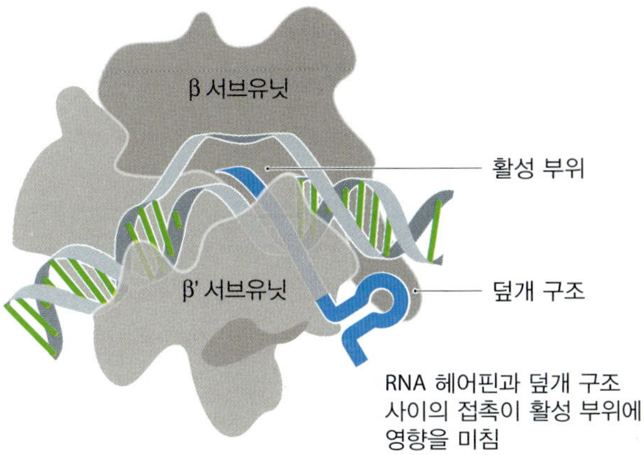

그림 4.29 박테리아에서의 전사 종결에 대한 모델. RNA 폴리메라아제의 표면에 있는 덮개 구조는 폴리메라아제를 떠나는 RNA에 존재하는 헤어핀 루프에 반응하여 종결이 가능하게 한다. 덮개의 이동은 폴리메라아제의 활성 부위에서 아미노산의 위치 설정에 영향을 미칠 것이다.

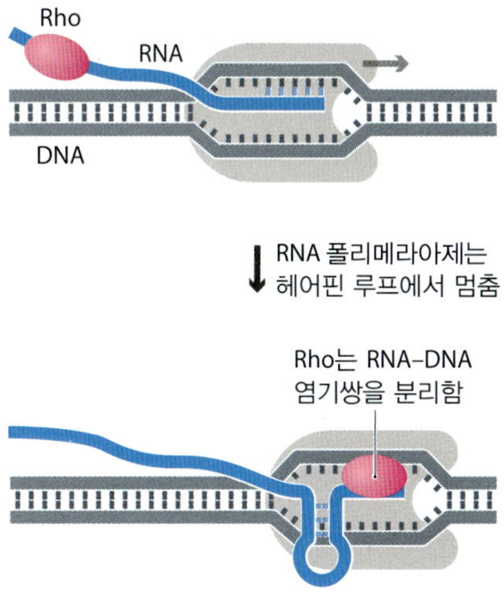

그림 4.30 Rho-의존성 종결. Rho는 전사체를 따라 RNA 폴리메라아제를 뒤따른다. 폴리메라아제가 헤어핀에서 멈출 때, Rho가 따라잡아 RNA-DNA 염기쌍을 분리하여 전사체를 방출한다.

구조 연구 결과들은 RNA 헤어핀이, RNA가 복합체로부터 나오는 통로의 출구 지점에 인접한 RNA 폴리메라아제 β 서브유닛 바깥쪽 표면의 덮개 구조(flap structure)와 또한 접촉을 할 수 있음을 시사하고 있다(그림 4.29). 덮개의 이동은 활성 부위 내 아미노산의 위치 설정에도 영향을 미쳐, DNA-RNA 염기쌍의 분리와 전사의 종결을 유발할 수 있다.

박테리아 종결 신호의 두 번째 형태는 **Rho-의존성(Rho-dependent)**이다. 이 형태의 신호는 보통 내재성 종결자에서 볼 수 있는 역반복을 포함하고 있으나, 이를 통해 형성되는 헤어핀은 덜 안정적이며, DNA의 전사 가닥에 연속적인 A들이 없다. 종결은 전사체에 결합하여 RNA를 따라 폴리메라아제 쪽으로 이동하는 Rho라는 단백질의 활성을 필요로 한다. 폴리메라아제가 RNA를 계속해서 합성을 한다면, 폴리메라아제는 추적하는 Rho보다 앞서 가지만, 종결 신호에서 폴리메라아제는 지연된다(그림 4.30). 그 이유를 정확하게 설명하지는 못하지만, 짐작컨대 RNA에서 형성되는 헤어핀 루프가 어느 정도 관련이 있는 것 같다. 그 결과 Rho는 폴리메라아제를 따라잡을 수 있다. Rho는 헬리카아제이므로 DNA와 전사체 사이에 형성된 염기쌍을 능동적으로 분리할 수 있다. 그 결과, 전사의 종결이 일어난다.

진핵생물은 전사 종결을 위해 다양한 메커니즘을 사용한다

진핵생물의 3가지 RNA 폴리메라아제들은 전사 종결을 위해 각기 다른 메커니즘을 사용한다. RNA 폴리메라아제 I의 경우, 종결은 전사가 종결되는 위치로부터 12~20 bp 하류에 있는 인식 서열에 결합하는 DNA-결합 단백질과 관련이 있다(그림 4.31). 결합된 단백질이 정확히 어떻게 종결을 야기하는지는 모르나, 저지 효과(blocking effect)에 의해 폴리메라아제의 전진이 지체되는 모델이 제안되고 있다. RNA 폴리메라아제 III의 종결에 대해서는 훨씬 더 알려진게 없다. 주형에 있는 연속된 아데노신들이 연관되어 있는 것으로 보이나, 헤어핀 루프와는 관련이 없어서, 박테리아 있는 내재 종결 시스템과도 유사하지 않다.

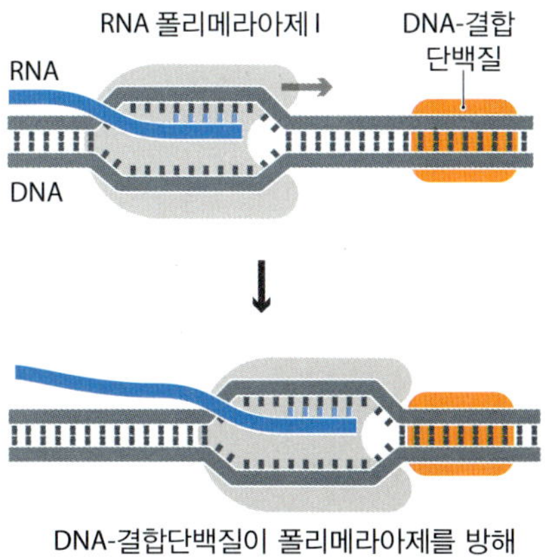

그림 4.31 RNA 폴리메라아제 I에 의한 전사의 종결에 대한 가능한 도식. 이 모델에서, 폴리메라아제의 전진이 DNA-결합 단백질로 인해 방해 받아, 폴리메라아제는 지체된다.

RNA 폴리메라아제 II의 경우, 종결은 합성되고 있는 mRNA의 3' 말단에 **poly(A) 꼬**

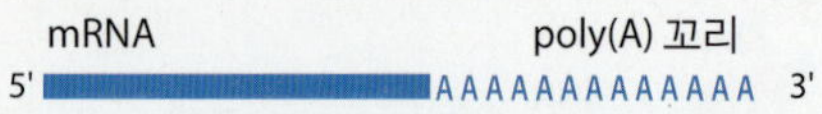

그림 4.32 진핵생물 mRNA는 3' 말단에 poly(A) 꼬리를 가진다.

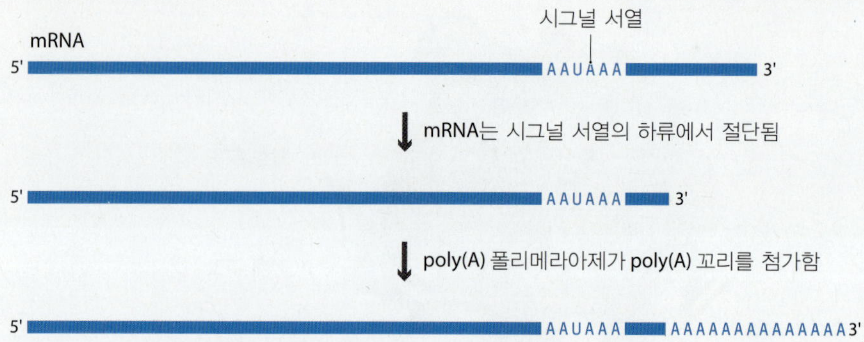

그림 4.33 진핵생물 mRNA의 아데닐산 중합 반응. mRNA는 시그널 서열의 10~30 뉴클레오티드 하류에서 잘린 후, 이 아데닐산 중합 반응 자리에 poly(A) 꼬리가 첨가된다.

리(tail)라 불리는 연속된 아데노신 뉴클레오티드들의 첨가를 동반한다(그림 4.32). 전사되는 DNA 사슬에는 이에 상응하는 연속된 데옥시티미딘(deoxythymidine)들이 없으므로, 이러한 아데노신들이 DNA로부터 전사된 것은 아니고, 대신 **poly(A) 폴리메라아제(polymerase)**라 불리는 DNA-비의존성 RNA 폴리메라아제에 의해 첨가된다. 이 폴리메라아제는 전사체의 3′ 최말단에서는 작용하지 않으나, poly(A) 꼬리가 첨가될 새로운 3′ 말단을 생성하기 위해 절단된 내부 자리에서 작용한다. 포유동물에서, 이 **폴리아데닐화 자리(polyadenylation site)**는 대부분 5′-AAUAAA-3′ 서열을 가지는 시그널 서열의 10~30 뉴클레오티드 하류에 위치하고 있다(그림 4.33). 대부분의 유전자는 하나 이상의 폴리아데닐화 자리를 가지고 있는데, 이는 서로 다른 위치에서 종결이 일어날 수 있음을 의미한다. 이에 따라 동일한 암호화 특성(coding properties)을 갖고 있으나, 서로 다른 3' 말단을 갖는 mRNA들이 생성된다. 서로 다른 폴리아데닐화 자리는 서로 다른 조직에서 사용되는 것으로 보이는데, 이는 **선택적 폴리아데닐화(alternative polyadenylation)**가 유전자 발현의 조직-특이적 패턴을 만드는 중요한 메커니즘이 될 수 있음을 암시한다.

시그널 서열은 **CPSF (Cleavage and polyadenylation specificity factor)**라 불리는 다중 서브유닛 단백질의 결합자리이다. 전사 개시 동안 CPSF는 폴리메라아제 복합체에 결합하고, 또한 RNA 폴리메라아제 II와 같이 주형을 따라 이동한다. 그러므로 CPSF는 시그널 서열이 전사되자마자 시그널 서열에 결합할 수 있으며, 그런 후 폴리아데닐화를 개시한다. Poly(A) 시그널 서열의 위치를 찾으면 CPSF와 중합체 사이의 접촉 특성이 변하며, 이러한 변화는 신장 복합체의 특성들을 변화시켜 RNA 합성을 계속 진행하는 것보다는 종결이 더 유리할 것으로 생각된다. 결과적으로, poly(A) 시그널 서열의 전사가 일어나면 전사는 바로 종결된다.

주요 개념

- 살아 있는 생명체에는 3가지 주요 형태가 있다. 이는 진핵생물계, 세균계, 원시생물계이다.
- 유전자 발현은 종종 "DNA는 RNA를 만들고, RNA는 단백질을 만든다."라고 표현되지만, 실제로는 이보다 더 복잡하며, 특히 진핵생물에서는 이보다 훨씬 복잡하

다. 진핵생물에서의 유전자 발현은 초기 RNA와 초기 단백질들의 기능적 형태로의 가공 과정과 이러한 분자들의 전환과 같은 추가적인 단계가 포함된다.

- 전사를 수행하는 효소들은 DNA-의존성 RNA 폴리메라아제라고 불린다. 박테리아에는 단지 1종류의 RNA 폴리메라아제만이 있으나, 진핵생물에는 3종류가 있으며, 각각은 서로 다른 유전자 세트들을 전사한다. 진핵생물에서 단백질을 암호화하고 있는 유전자는 RNA 폴리메라아제 II에 의해 전사된다.
- 무작위적인 DNA 조각들보다는 유전자를 전사해야 하므로, 전사는 DNA 분자의 정확한 위치에서 개시되어야만 한다. 전사가 개시되어야 하는 위치는 프로모터라 불리는 서열로 표지되어 있다. 이 프로모터는 RNA 폴리메라아제 자체 혹은 RNA 폴리메라아제가 결합하는 플랫폼을 형성하는 DNA-결합 단백질에 의해 인식된다.
- RNA 폴리메라아제 II의 프로모터는 RNA 폴리메라아제가 결합하는 중심 요소와 전사 개시의 조절과 관련되어 있는 다양한 상류 서열들을 포함하고 있다.
- 전사의 개시는 열린 프로모터 복합체를 형성하기 위해 DNA 일부를 연 후, RNA 합성의 시작, 그리고 프로모터 부위로부터 RNA 폴리메라아제의 이동이 뒤따르는 과정이 수반된다.
- RNA 폴리메라아제는 일정한 속도로 전사체를 합성하지는 않는다. 대신, 합성은 불연속적이며, 재빠른 신장시기 후 6밀리 초 이하의 일시정지기를 갖는다.
- RNA 폴리메라아제 II에 의해 만들어지는 모든 전사체는 5' 말단에 캡 구조라 불리는 화학적으로 변형된 구조를 가지고 있다.
- 종결이 일어나기 위해서는 RNA 폴리메라아제가 계속적으로 RNA를 합성하는 것보다는 분리되는 것이 더 유리한 DNA 주형의 어떤 위치에 도달해야 함을 의미한다.
- RNA 폴리메라아제 II에 의한 전사의 종결은 전사체의 3' 말단에 poly(A) 꼬리의 결합을 동반한다.

질문 & 문제 (해답은 www.garlandscience.com/introgenetics에서 찾을 수 있다)

주요 용어들

다음 용어에 대한 간단한 정의를 서술하시오.

alternative polyadenylation
alternative promoter
archaea
backtracking
bacteria
basal rate of transcript initiation
C-terminal domain
cap structure
cleavage and polyadenylation specificity factor
closed promoter complex
consensus sequence
core enzyme
core promoter
DNA-dependent RNA polymerase
elongation factor
eukaryote
guanine methyltransferase
guanylyl transferase
helicase
holoenzyme
initiator sequence
intrinsic terminator
inverted repeat
open promoter complex
poly(A) polymerase
poly(A) tail
polyadenylation site
post-translational chemical modification
Pribnow box
processing
prokaryote

promoter
Rho-dependent terminator
RNA-dependent RNA polymerase
RNA polymerase
RNA polymerase I
RNA polymerase II
RNA polymerase III
strong promoter
TAF- and initiator-dependent cofactors
TATA-binding protein
TATA box
TBP-associated factor
transcription bubble
transcription factor IID
transcription initiation complex
turnover
type 0 cap
type 1 cap
type 2 cap
upstream
upstream control element

자습 문제들

4.1 원핵생물 세포와 진핵생물 세포를 구분하는 특징들을 서술하시오. 원핵생물의 2개의 그룹들에 부여한 이름은 무엇이며, 그들 사이의 차이점들은 무엇인가?

4.2 "DNA는 RNA를 만들고, RNA는 단백질을 만든다."라는 말은 진핵생물에서의 유전자 발현을 잘 설명하지는 못하다. 왜 그럴까?

4.3 DNA-의존성 RNA 폴리메라아제와 RNA-의존성 RNA 폴리메라아제 사이의 차이점은 무엇인가? 어떤 형태가 전사에 관련되나?

4.4 대장균 RNA 폴리메라아제의 중심효소 형태와 핵심효소 형태를 구분하시오. 전사에서 두 형태의 역할들은 무엇인가?

4.5 진핵생물에서 3개의 RNA 폴리메라아제들의 역할은 각각 무엇인가?

4.6 "프로모터"를 정의하시오. 진핵생물에서 3개의 RNA 폴리메라아제들의 프로모터의 구조들과 대장균 RNA 폴리메라아제의 프로모터의 구조를 설명할 수 있는 그림을 그리시오.

4.7 다음의 서열 세트에 대한 적절한 공통 서열을 제시하시오.

ATAGACATA
ATAGCCATT
ATACACTTA
AGAGAGAAT
ATAGACATA
TTTGACATT
ATAAATATA

4.8 대장균 프로모터의 서열과 이 프로모터로부터 전사된 유전자의 기저 전사율은 어떤 관계인가?

4.9 선택적 프로모터의 조절을 받는 인간 유전자의 예를 제시하시오.

4.10 전사 개시 동안 대장균 프로모터에서 두 요소들의 역할들을 설명하시오. 프로모터-RNA 폴리메라아제 복합체의 닫힌 형태와 열린 형태 사이의 차이점을 명확히 밝히시오.

4.11 대장균에서 프로모터를 인식하는 동안 σ 서브유닛의 역할은 무엇인가?

4.12 RNA 폴리메라아제 II 개시 복합체의 조립에 관한 에세이를 적으시오. 이 복합체의 조립에 관련된 주요 단백질들 또는 단백질 그룹들의 이름과 각 역할을 나타낸 표를 작성하여 에세이에 포함시키시오.

4.13 RNA 폴리메라아제 II의 C-말단 도메인은 왜 중요할까?

4.14 TATA-결합 단백질은 어떻게 3개의 모든 진핵생물 RNA 폴리메라아제들의 개시 과정들 사이에 공통 연결을 제공할까?

4.15 각 뉴클레오티드들로부터의 RNA 합성에 수반되는 화학적 반응에 대한 자세한 모식도를 그리시오.

4.16 대장균에서 전사의 신장 단계에서 일어나는 중요한 특징들에 대한 개요를 서술하시오.

4.17 진핵생물 mRNA의 캡 형성을 야기하는 일련의 사건들을 서술하시오.

4.18 진핵생물의 전사 동안 신장 인자들의 역할은 무엇인가?

4.19 "역반복"이 무엇을 의미하는지 설명하시오.

4.20 다음의 RNA 분자들 중 헤어핀 구조를 형성할 수 있는 분자는 어느 것인가?

5′-ACGUUUGGCAGUCCAAACU-3′
5′-AGCUAGCUACAGCUAGCUUUGUGAGCUAGCUUGUG-3′
5′-GGCUACCUCGAAACGACCUAGCC-3′

4.21 전사의 종결이 내재성 종결자와 Rho-의존성 종결자에서 각각 일어날 때 예상되는 사건들을 구분하시오.

4.22 현재 우리가 알고 있는 RNA 폴리메라아제 I과 III의 전사 종결에 대한 개요를 서술하시오.

4.23 어떻게 진핵생물 mRNA에서 폴리아데닐화 반응이 일어나는지를 설명하는 모식도를 그리시오.

토의 주제들

4.24 전사 후 화학적 변형은 단백질의 기능을 변화시킬 수 있다. 이는 생물학적 정보가 유전자에 암호화되어 있다는 도그마에 위배될까?

4.25 박테리아의 어떤 종들은 하나 이상의 σ 서브유닛을 가진다. 예를 들어, 포자를 생성할 수 있는 박테리아인 *Bacillus subtilis*는 최소 4개의 σ 서브유닛을 가지고 있다. 이러한 추가적인 σ 서브유닛의 역할은 무엇이라 생각되는가?

4.26 어떤 종류의 바이러스는 숙주 세포를 감염시킨 후 곧바로 숙주 세포 유전자의 전사를 중단시킨다. 대신에, 세포의 모든 RNA 폴리메라아제들은 바이러스 유전자를 전사하기 시작한다. 이 현상의 기저가 될 것 같은 사건들을 제시하시오.

4.27 진핵생물이 왜 3개의 RNA 폴리메라아제를 가지는 지에 대해 설명할 수 있는 가설을 세우시오. 여러분들의 가설이 검증될 수 있는가?

4.28 TATA-결합 단백질이 왜 3개의 진핵생물 RNA 폴리메라아제들의 전사 개시에 관련되어 있는지 그 이유를 추측하시오.

4.29 게놈에서 서로 이웃한 박테리아 유전자의 그룹인 오페론은 클러스터의 첫 번째 유전자의 상류에 위치한 프로모터로부터 모든 유전자가 하나의 mRNA처럼 함께 전사된다. 종종 오페론에 있는 유전자는 아미노산 합성과 같은 하나의 생화학적 경로에서 함께 작용한다. 유전자를 오페론으로 그룹을 형성하면 어떤 장점이 있을 것으로 생각되어지는가?

추천 문헌

Banerjee S, Chalissery J, Bandey I & Sen R (2006) Rho-dependent transcription termination: more questions than answers. *J. Microbiol.* 44, 11–22.

Bujord H (1980) The interaction of *E. coli* RNA polymerase with promoters. *Trends Biochem. Sci.* 5, 274–278.

Buratowski S (2009) Progression through the RNA polymerase II CTD cycle. *Mol. Cell* 36, 541–546. *Describes recent discoveries regarding the role of the C-terminal domain of RNA polymerase II during transcription.*

Cougot N, van Dijk E, Babajko S & Seeraphin B (2004) "Cap-tabolism." *Trends Biochem. Sci.* 29, 436–444. *mRNA capping.*

Geiduschek EP & Kassavetis GA (2001) The RNA polymerase III transcription apparatus. *J. Mol. Biol.* 310, 1–26.

Green MR (2000) TBP-associated factors (TAF_{II}s): multiple, selective transcriptional mediators in common complexes. *Trends Biochem. Sci.* 25, 59–63.

Klug A (2001) A marvellous machine for making messages. *Science* 292, 1844–1846. *Description of the bacterial RNA polymerase.*

Manley JL & Takagaki Y (1996) The end of the message—another link between yeast and mammals. *Science* 274, 1481–1482. *Polyadenylation.*

Russell J & Zomerdijk JCBM (2005) RNA-polymerase-I-directed rDNA transcription, life and works. *Trends Biochem. Sci.* 30, 87–96.

Sandelin A, Carninci P, Lenhard B et al. (2007) Mammalian RNA polymerase II core promoters: insights from genome-wide studies.
Nat. Rev. Genet. 8, 424–436. *Alternative promoters.*

Tora L & Timmers HT (2010) The TATA box regulates TATA-binding protein (TBP) dynamics in vivo. *Trends Biochem. Sci.* 35, 309–314. *Details of the recognition of the TATA box by TBP.*

Toulokhonov I, Artsimovitch I & Landick R (2001) Allosteric control of RNA polymerase by a site that contacts nascent RNA hairpins. *Science* 292, 730–733. *A model for termination of transcription in bacteria involving the flap structure on the outer surface of the RNA polymerase.*

Travers AA & Burgess RR (1969) Cyclic re-use of the RNA polymerase sigma factor. *Nature* 222, 537–540. *The first demonstration of the role of the σ subunit.*

RNA 분자의 종류: mRNA CHAPTER 5

이미 4장에서 설명했듯이, 전사(transcription)에 의해 RNA가 합성된다. 이것은 복제된 유전자의 염기서열에 따른 염기-쌍 법칙(base-pairing rule)에 의해서 생성된다. 이렇게 생산된 RNA 분자는 2개의 그룹으로 구분된다. 하나는 mRNA(전령 RNA)이며, 또 다른 하나는 비번역 RNA(noncoding RNA)이다. mRNA는 단백질을 암호화하는 유전자로부터 전사되어 유전자 발현의 두 번째 단계인 번역(translation) 과정을 거쳐 단백질을 생산한다. 즉, mRNA는 유전자와 그 유전자의 산물인 단백질의 중간 매개자 역할을 한다. 다양한 전사에 의해 생성되는 비번역 RNA는 단백질로의 번역이 이루어지지 않지만, RNA 분자 자체로 세포 내에서 다양한 역할을 담당한다. 이제부터 우리는 이런 두 종류의 RNA에 대해서 구체적으로 알아볼 것이다. mRNA는 이번 장에서, 그리고 비번역 RNA는 다음 장에서 구체적으로 설명하기로 한다.

세포 안에 존재하고 있는 mRNA에 관해 최근 유전학에서는 **전사체(transcriptome)**라는 단어를 사용하고 있다. 이 용어는 개개의 유전자가 발현된다는 단순한 원리에서 벗어나, 우리로 하여금 유전자 그룹을 조절하는 활성에 대한 생각을 하게 만든다. 특히 전사체에 대한 연구를 통해 각각의 mRNA에 대해 연구를 하는 것보다, 예를 들어 세포가 암으로 진행됨에 있어서 발현 양상의 변화가 어떻게 나타나는지를 통해 더 중요한 정보를 알 수 있게 되었다. 이번 장에서 우리의 첫 번째 목적은 전사체에 대한 연구를 이해하는 것이다.

우선 전사체의 구성이 어떻게 결정되는지에 대한 진행 과정을 이해해야 한다. 이것은 전사를 통해 새로운 mRNA가 간단하게 합성되는지에 대한 것 이상을 의미한다. 또한 이미 존재하고 있는 mRNA가 분해되는 것도 역시 중요하다. 이에 대한 연구는 지난 몇 년간 진핵세포에서 확인된 새로운 형태의 비번역 RNA가 더 이상 필요 없는 mRNA를 분해하는 과정에 관여하는 것이 밝혀지면서 확인되었다.

진핵세포의 전사체를 형성하는 방법에는 **스플라이싱(splicing)**을 포함하는 과정이 있다. 이것은 비연속적인 유전자의 전사 과정 중에 인트론(intron)이 제거되면서 엑손(exon) 역시 함께 "스플라이싱"이 되는 단계를 나타낸다. 스플라이싱은 처음부터 필수적인 단계로는 인식되었지만 특별하게 중요한 과정으로 인식되지 않았다. 그러나 많은 유전자가 **선택적 스플라이싱(alternative splicing)** 단계를 거칠 수 있는 것으로 확인되면서 그 중요성이 인식이 시작되었다. 이러한 선택적 스플라이싱을 경유하여, 일차적으로 엑손의 조합에 따라 전사체는 서로 다른 mRNA를 만들어내고, 이로 인해 서로 다른 단백질이 생산된다(그림 5.1). 이 같은 특별한 스플라이싱 과정은 세포 안

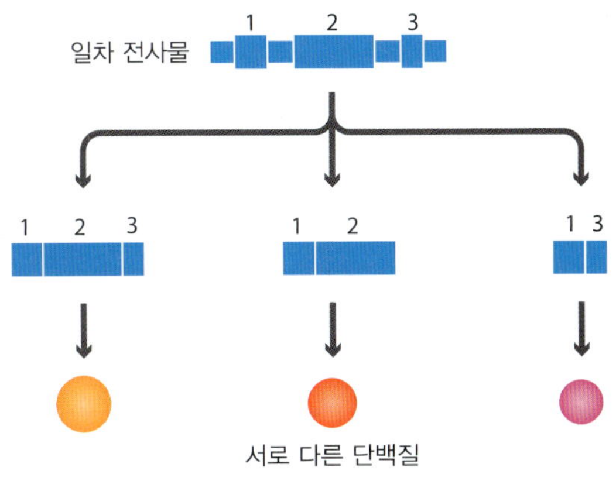

그림 5.1 상보적인 스플라이싱 과정을 통해 하나의 유전자로부터 하나 이상의 단백질을 얻어낼 수 있다.

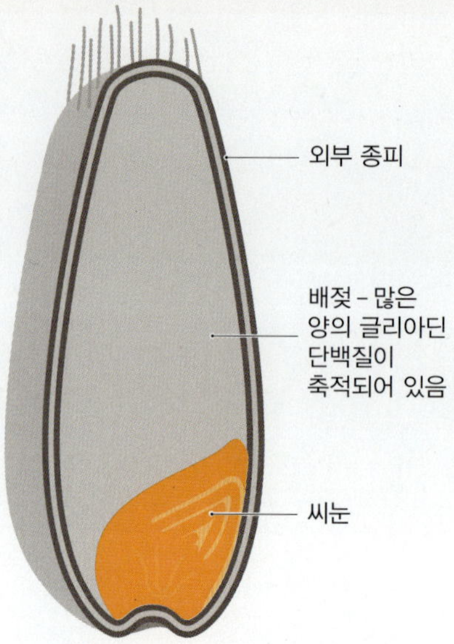

그림 5.2 밀 종자의 배젖 안에 글리아딘(gliadin) 단백질의 축적

에 있는 전사체의 구성에 따라 영향을 받는다. 그러므로 우리는 스플라이싱에 대해 조금 더 자세히 알아볼 필요가 있다.

끝으로, 전사체의 구성은 이미 존재하고 있는 mRNA들의 염기서열을 변화시키는 데 영향을 미칠 수 있다. 이를 **RNA 편집(RNA editing)**이라고 하며, 이번 장의 마지막 부분에서 다루게 될 것이다.

5.1 전사체

어떤 유전학자들은 전사체(transcriptome)를 세포 안에 있는 비번역 RNA를 포함한 모든 RNA를 의미한다고 주장하지만, 이 용어가 처음 사용된 1997년부터 오로지 mRNA를 의미했고 우리도 그 의미로 정의할 것이다. 비록 mRNA가 대부분의 세포 안에서 전체 RNA의 4%의 비중으로만 존재하지만, 세포 안에 존재하는 단백질 합성에 중요한 역할을 하기 때문에 이러한 정의는 의미가 있다. 그러므로 전사체는 세포 안에 존재하는 유전자와 세포가 만들어내는 단백질 간의 연결 고리의 역할을 하며, 이것이 세포의 생화학적 능력을 결정한다.

가장 간단한 생물체인 박테리아나 효모같은 경우, 많은 유전자가 어느 한 순간에 활성을 갖게 된다. 그러므로 전사체는 천 단위는 아니더라도 백 단위 이상의 다양한 mRNA 복제(copies)를 포함하고 있다. 일반적으로 개개의 mRNA는 전체 전사체 중에서 매우 작은 부분으로 존재하며, 대부분의 경우 mRNA는 전체의 1% 미만이다. 예외적으로 하나 혹은 소수의 mRNA가 압도적으로 많은 세포는 생화학적으로 매우 특별한 경우에만 존재한다. 밀의 종자가 그 예로, 밀 종자 배젖의 세포는 글리아딘(gliadin) 단백질을 대량 합성할 수 있는데, 그 이유는 휴면 상태에서 축적되었던 글리아딘이 발아를 위해 필요한 아미노산을 공급하기 위해서이다(그림 5.2). 배젖의 발생 중에, 세포 안에서 글리아딘의 생산을 위한 mRNA의 비중은 전체 전사체의 30%를 차지한다.

이와 같이, 전사체에 포함되어 있는 mRNA를 구분하는 것과 그것의 상대적 양을 확인하는 것이 중요하다. 따라서 전사체 안에 있는 mRNA를 어떻게 확인하며, 이를 정량화하는 지에 대해 알아보고자 한다.

전사체들은 마이크로어레이 분석을 통해 연구된다

전사체를 분석하는 방법은 몇 가지가 있지만, 가장 많이 사용되는 것은 **마이크로어레이 분석(microarray analysis)**이다. 마이크로어레이는 일반적으로 약 2 cm × 2 cm의 작은 유리나 실리콘 조각의 표면에 규칙적으로 다양한 DNA 분자를 흡착시켜서 검사하는 방법이다(그림 5.3). 이러한 DNA 분자들은 보통 수십에서 약 125개까지의 뉴클레오티드(nucleotide)로 구성된다. 이것들은 마이크로어레이 위의 적절한 위치에서 화학적으로 합성되며, 가장 최근의 기술에서는 특정한 뉴클레오티드의 여러 카피들을 포함하여 1개의 마이크로어레이 위에 약 50만 개의 뉴클레오티드를 배열시킬 수 있다.

마이크로어레이 위에 부착되어 있는 뉴클레오티드 서열은 분석하기 위한 생물체의 전

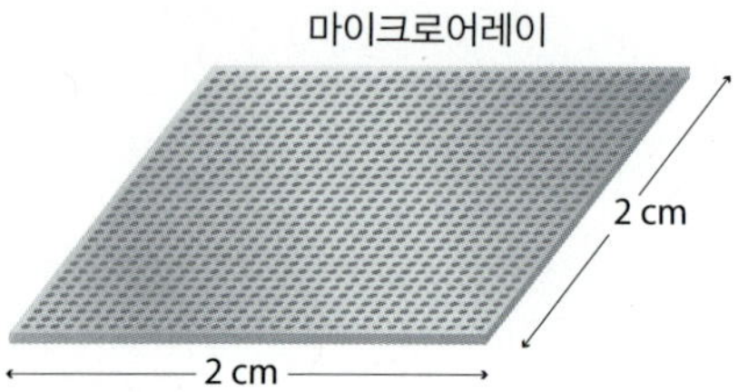

그림 5.3 마이크로어레이(microarray). 각각의 점에 서로 다른 DNA 분자들이 존재하고 이것이 유리나 실리콘 칩의 표면에 결합되어 있다.

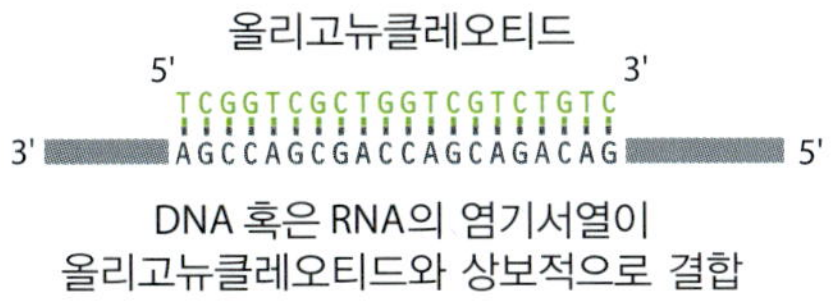

그림 5.4 혼성화 반응. 짧은 올리고뉴클레오티드가 긴 DNA나 RNA 분자에 혼성화되어 결합되어 있는 상태를 나타냄

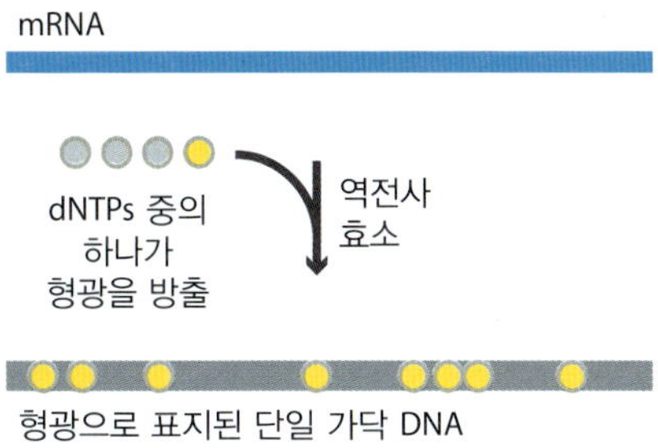

그림 5.5 mRNA로부터 표지된 DNA를 합성하는 과정. 역전사 효소를 통해 RNA 분자를 단일 가닥의 DNA 분자로 복사할 수 있다. 이때 사용되는 dNTP 중 하나는 표지시키면 합성된 DNA 분자는 표지된 상태로 합성이 이루어진다.

사체 유전자 염기서열과 매치되어진다. 대부분의 유전자는 125 bp를 넘기 때문에 완전하게 매치되어 결합하지는 않지만, 마이크로어레이 위의 염기서열은 개개의 유전자를 구별하기 위해 특수하게 염기서열이 디자인되어 있다. 그러므로 올리고뉴클레오티드는 오직 1개의 유전자만을 나타내지, 결코 다른 것을 나타내지는 않는다.

그러면 어떻게 마이크로어레이를 통해 전사체의 mRNA를 구분하며 그 양을 측정하는지를 간단히 설명해보자. 어떤 2개의 폴리뉴클레오티드가 상보적으로 결합한다는 것은(그림 5.4) 어떤 유전자로부터 전사된 mRNA의 복제 1개가 생성되었거나, 마이크로어레이 상의 올리고뉴클레오티드의 염기서열이 그 유전자와 일치한다는 것을 의미한다. 그러므로 mRNA는 마이크로어레이 위의 올리고뉴클레오티드들 중에서 염기서열이 일치하는 위치에서 결합하게 된다.

이제 원론적인 부분의 이해를 위해 몇 가지 기술적인 사항에 대해서 자세히 설명한다. mRNA는 실험실에서 쉽게 분해되어 실험을 수행하기가 매우 어렵다. 이러한 어려움을 피하기 위해, 실험실에서 mRNA를 직접 마이크로어레이에 적용시키지는 않는다. 대신에 RNA로부터 DNA를 합성하는 **역전사 효소(reverse transcriptase)**라고 불리는 RNA-의존성 DNA 폴리메라아제(polymerase)를 이용하여 RNA를 DNA로 변환시켜 실험을 수행한다(그림 5.5). 세포에서부터 분리한 mRNA를 효소와 4가지의 디옥시뉴클레오티드를 혼합하여 역전사 반응을 진행한다. 역전사 반응에 사용되는 뉴클레오티드는 화학적으로 형광을 방출하도록 설계되어 있는데, 이러한 조절은 DNA의 합성에는 영향을 미치지 않고 형광을 나타내는 역할만을 한다.

이처럼 복제된 DNA는 마이크로어레이를 통해서 분석이 이루어진다. 마이크로어레이 위의 올리고뉴클레오티드와 결합한 DNA는 형광을 나타내기 때문에 형광을 감지하여 쉽게 그 위치를 확인할 수 있다(그림 5.6). 유전자가 결합한 위치는 전사체의 일부분을 구성하고 있는 mRNA를 의미하며, mRNA의 양에 따른 형광 시그널 강도의 차이를 통해 존재하는 mRNA의 양을 확인할 수 있다.

전사체 분석은 암 연구에서 중요한 역할을 한다

마이크로어레이 방법을 포함해서 전사체를 연구하는 여러 방법들은 지난 10여 년간 유전학에 많은 영향을 미쳤다. 아마도 가장 중요하게 영향을 미친 부분은 암의 발생

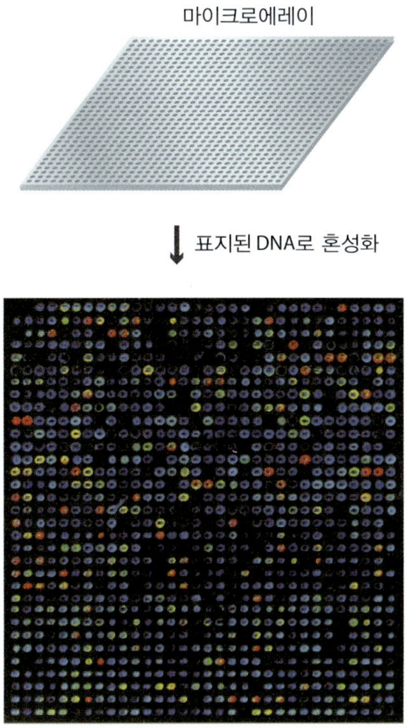

그림 5.6 마이크로어레이 분석. Confocal laser 스캐너를 이용하여 혼성화 정도를 색상을 사용하여 나타내었다. 붉은색이 가장 혼성화가 많이 이루어진 것을 나타내었으며 오렌지색, 노랑색, 녹색, 파란색, 인디고색 그리고 보라색 순으로 혼성화의 정도를 나타내고 있다. (T. Strachan, M. Abitol, D. Davidson, J.S. Beckman, *Nat. Genet.* 16: 126–132,1997. With permission from Macmillan Publishers Ltd.)

연구 브리핑 5.1

'Omes

1990년대부터 유전학자들은 개별적인 유전자에 대한 관심보다는 게놈(genome) 자체에 대한 관심을 더 많이 갖게 되었다. 게놈은 한 생물체가 가지고 있는 모든 유전자를 지칭하는 말로 매우 긴 유전자로 각각의 유전자가 나타내는 모든 DNA를 의미한다. 뇌의 기능이나 일반적인 조직에서 암이 발생하는 것과 같은 생리학적인 과정을 이해하기 위한 과정에서 단일 유전자에 대한 관심에서 게놈을 전반적으로 이해하고자 하는 방향으로 연구의 관심이 전환되었다. 이렇게 관심이 전환된 것은 생리학적인 현상들이 수백 혹은 수천 개의 유전자가 조합되어 일어나기 때문에 하나하나의 유전자 혹은 작은 그룹만을 연구해서는 그 전체의 변화에 대한 것을 알아 낼 수 없기 때문이다.

이러한 변화는 유전자의 발현에 대한 개념 역시 비슷한 방향으로 변화시키게 되었다. 하나의 유전자가 전사를 통해서 mRNA로 변화된 후 번역을 통해서 단백질로 변화되는 발현 단계(그림 1A)가 이전까지의 개념이었다면, 게놈 전체의 발현은 조금 더 복잡하게 진행된다. 어떤 유전자가 하나의 단위를 형성한 후 이것이 mRNA들로 전사되며, 어떤 경우에는 이렇게 전사되는 유전자가 수천에 이르기도 한다. 이렇게 전사된 mRNA들이 동일하게 수많은 수의 서로 다른 단백질로 번역이 된다. 이를 이해하기 위해 1990년대에 게놈의 발현을 통해서 생성되는 **전사체(transcriptome)**과 **단백질체(proteome)**이라는 새로운 용어들이 등장하였다(그림 1B).

유전학자들과 다른 생물학자들은 점차 일반적으로 **'omes**라고 불리는 것들에 집중하며 새로운 타입의 'ome을 만들어 내기도 한다. 최근에 이렇게 만들어진 것들 중에 어떤 것들은 그 필요성이 의심스러운 것들도 있다. 이렇게 만들어진 특수 용어들을 모두 이해하기에는 힘이 들기에 여기서는 게놈, 전사체 그리고 단백질체에 대해서만 정확이 알아볼 것이고, 이것들 이외에 현대 유전학에서 점차 중요해지는 몇몇 'omes들에 대해서는 짧게 이야기하고자 한다.

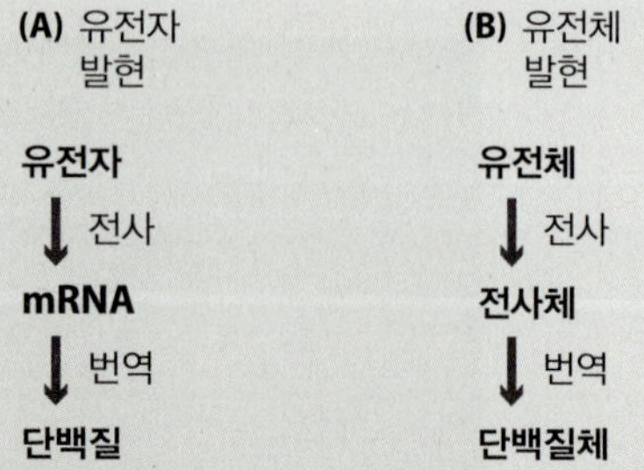

그림 1 (A) 유전자 그리고 (B) 게놈의 발현. 유전자의 발현은 하나의 유전자의 발현을 통해 어떻게 생물학적인 정보가 전달이 되는지에 대해 설명한다. 게놈의 발현 과정은 일정한 시간에 특정한 세포에서 생성되는 단백질들의 조합을 통해 생물학적인 정보의 전달에 대한 전체적인 설명을 해준다.

게놈은 세포 안에 존재하는 모든 DNA들을 의미한다

우리는 이미 게놈에 대해 설명하면서 게놈은 생물체 안에 존재하는 모든 유전 정보를 의미하며 유전자가 가지고 있는 전체 DNA를 나타내는 것이라고 했다. 어떤 생물체는 모든 게놈이 하나의 단일 DNA 분자 안에 존재하는 경우도 있다. 이러한 경우가 대장균(*E. coli*)이라고 불리는 박테리아로 4,693 kb 크기의 하나의 구형 DNA 분자 안에 4,377개의 모든 유전자가 존재한다.

다른 생물체들의 경우에는 게놈이 2개 혹은 그 이상의 DNA 분자들로 구분되기도 한다. 예를 들어 인간의 게놈은 전체 길이가 약 3,200 Mb로 약 20,000개의 유전자를 포함하고 있는 24개의 선형 DNA 분자와 37개의 유전자를 포함하는 16.5 kb의 선형 DNA 분자로 구성되어 있다. 이 중에 24개의 선형 DNA 분자는 인간 세포의 핵 안에 존재하는 염색체를 구성하고 있다(그림 2). 24개의 염색체는 X, Y로 표기되는 성염색체와 22개의 **상염색체(autosome)**로 구성되어 있다. 인간 세포의 가장 큰 특징은 핵 안에서 상염색체들이 각각 한 쌍으로 이루어져 있으며, 2개의 성염색체들 역시 쌍으로 이루어져 존재하며, XX쌍은 여성을 나타내고 XY쌍은 남성을 나타낸다.

선형으로 이루어진 DNA 분자는 핵 안에서 발견되지 않는 대신에 인간 세포에서 에너지를 생산하는 미토콘드리아에서 발견된다. **미토콘드리아 게놈(mitochondrial genome)**은 하나의 세포 안에 약 8,000개 정도로 매우 많은 사본으로 존재하며 개개의 미토콘드리아 내에서 10개 내외로 존재한다.

전사체와 단백질체

이제 이야기의 중심을 RNA와 단백질에서 게놈에 대응하는 개념인 전사체와 단백질체로 돌려 보자. 전사체는 이번 장의 앞부분에서 이미 설명하였듯이 가끔은 비번역 RNA를 포함하여 세포 안에 존재하는 모든 RNA을 의미하기도 하지만 이보다 더 유용한 정의는 mRNA들을 의미하는 것이다. 전사체는 게놈의 발현을 통해서 형성이 되는 결과물로 전사체 안에는 수많은 단백질로 번역이 가능한 개별 전사체들로 이루어져 있다.

단백질체는 세포 안에 존재하는 모든 단백질들을 의미한다. 단백질체는 전사체 안에 존재하는 각각의 mRNA들의 번역에 의해서 생성되며 이들은 세포의 생화학적 생리학적 특성을 나타낸다. 우리는 8장에서 단백질 합성에 대해서 알아보면서 단백질체에 대해 더 자세히 살펴볼 것이다. 또한 연구 브리핑 8.1을 통해서 단백질체에서 개별 단백질을 구분하는 방법과 서로 다른 세포의 단백질체의 비교하는 방법에 대해서도 알아볼 것이다.

게놈의 관점에서 보면 "DNA는 RNA를 만들고 RNA는 단백질을 만든다"라는 명제가 "게놈이 전사체를 만들고 전사체는 단백질체를 만든다"로 변화될 수 있으며, 이를 그림 1B에 요약하여 나타내었다. 다시 말해서 게놈의 발현은 특정 시간에 어떤 세포 안에서 존재하는 단백질들의 조합을 생성하기 위해 어떤 게놈들의 정보에 의해서 생성되는지를 포함한 전반적인 생물학적 정보가 전달되는 과정을 설명하는 것이다.

다른 'ome들

새로운 천년을 맞이하여 생물학계에서 널리 퍼지고 있는 'ome들은 세 가지로, 이들은 사용 빈도가 점점 많아지고 있다.

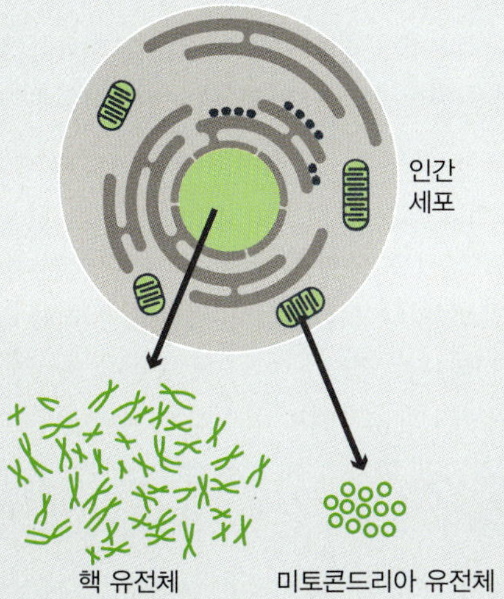

그림 2 인간 게놈을 구성하는 핵과 미토콘드리아. 미토콘드리아는 진핵세포에서 에너지를 생성하는 세포소기관이다.

첫 번째로는 **대사체(metabolome)**이다. 이것은 특정 조건에서 세포 안에 존재하고 있는 대체물들을 집합적으로 표현하는 것으로 이것은 세포 안에서 활발하게 진행되는 있는 생화학 작용을 나타낸다. 이러한 생화학 작용은 단백질체에 의해서 나타나기 때문에 대사체는 게놈의 발현과 명확하게 연결된다. 이러한 이유로 몇몇 유전학자들은 게놈의 발현의 최종 산물이 대사체라고 하기도 한다.

또 다른 하나의 'ome는 **메타게놈(metagenome)**으로 이전까지의 'ome들과는 약간 다르다. 메타게놈은 특정 자연 환경에 존재하는 모든 미생물들의 유전체 집합으로 정의된다. 이 용어는 자연계에 존재하는 대부분의 미생물들이 실험실에서 인위적으로 분리되거나 배양되기가 어렵다는 사실을 인식하게 된 미생물학자들에 의해서 처음 사용되었다. 미생물의 배양 대신에 특정 환경에서 존재하는 모든 생물체들의 DNA를 얻어 이들의 염기서열을 밝히는 과정을 통해 생물체들에 대한 연구를 진행하게 되었다. 이러한 연구는 사르고소 해(Sargosso sea)에서 처음 수행되었으며, 1,500리터의 표면 해수에서 얻어낸 박테리아의 DNA 분석을 통해 148개의 새로운 박테리아의 DNA를 포함하여 1,800여 종의 게놈을 확인할 수 있었다. 이를 통해 메타게놈은 아무도 본적이 없는 미생물의 게놈을 연구할 수 있는 방법으로 확인되었다.

메타게놈이 우리가 확인해 보아야 할 마지막 'ome이지만 또 다른 개념의 용어에 대해 살펴보자. 미생물 군집 혹은 **미생물체(microbiome)**는 이전에 살펴본 개념에 비해서 조금은 더 복잡하다. 미생물체는 생태학으로부터 유래된 용어로 단일 환경에 존재하는 생물체들의 집합체를 나타낸다. 이것은 인간을 포함하여 동물의 내부 혹은 외부에 존재하고 있는 박테리아와 다른 미생물들의 집합이며, 성인 인간의 경우 미생물체의 수는 10^{14}로 성인 인간의 세포의 10배에 다다른다. 수백 혹은 수천 종의 미생물들이 인간의 미생물체를 구성하고 있으며, 이 중 많은 수의 미생물들은 아직 정확히 정의되지도 않았다. 인간 미생물체의 구성은 사람의 건강 상태에 따라 구별된다. 이러한 구성은 어떤 질병이나 장 내의 문제가 발생하는 것이 단지 병원성 미생물의 존재만으로 유래되는 것이 아니라는 것을 보여 준다. 미생물체는 감염으로부터 견딜 수 있는 능력이나 특정 영양소의 흡수에 영향을 주기도 한다. 유전학자들은 메타게놈의 분석을 통해서 인간의 미생물체에 대한 연구를 수행하여 미생물체의 변화가 건강이나 질병에 어떤 영향을 미치는지에 대한 연구를 진행하고 있다.

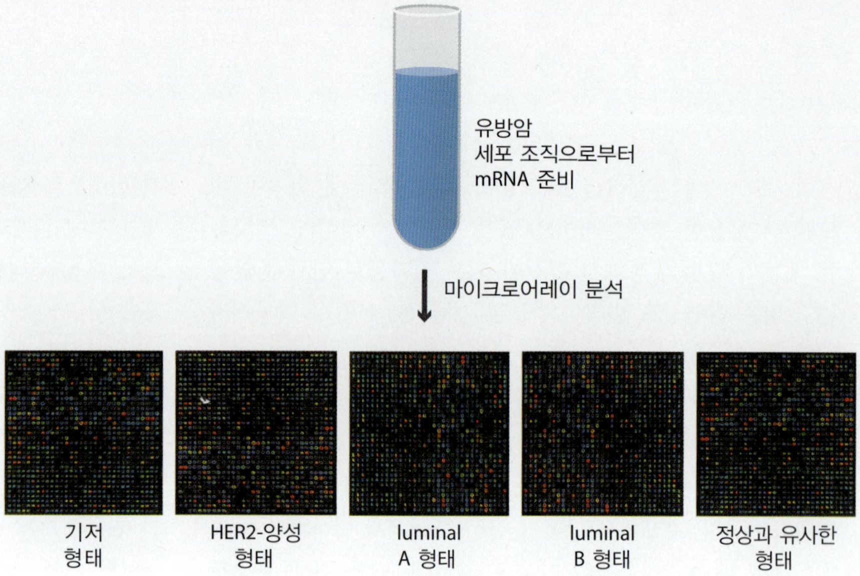

그림 5.7 마이크로어레이를 통하여 유방암의 5가지 하위 타입의 구분. 마이크로어레이 분석을 통하여 5가지 하위 타입 별로 mRNA의 구성 성분의 차이에 따라 혼성화되는 위치 및 정도의 차이점을 확인할 수 있다. 유방암에 대한 연구를 수행하면서 세포 조직으로부터 얻어낸 mRNA를 분리하면 각각의 하위 타입 별로 유방암을 구분할 수 있으며, 이를 바탕으로 환자의 치료에 적절한 처방을 할 수 있다.

에 있어서 유전자의 발현이 변화된다는 것을 알아낸 것이다.

암은 세포의 분화에 문제가 생겨서 나타나는 질환의 한 유형이다. 흔히 암은 신체에 영향을 주는 부분을 중심으로 이야기하고, 이것이 우리가 익숙하게 알고 있는 "폐암" 또는 "대장암"들로 표현되고 있다. 이러한 분류들을 통해서는 다른 요인에 의해서 어떤 장기에 생성된 암의 원인들을 알아내기 쉽지 않다. 암을 이해하고 치료하기 위해서는 다양한 암의 형태들에 대해 확인해야 하는 과정들이 필요하다. 전사체의 분석은 여러 다른 원인에 의해 발병된 암을 확인하는 데 있어서 중요한 역할을 한다. 예를 들어 유방암의 경우, 다섯 가지의 하위 단위로 구분되는데, 이것은 서로 다른 유전자의 발현에 의해 이루어지며 전사체 분석을 통해 확인이 가능하다(그림 5.7).

유방암의 전사체를 자세히 분석해 보면, 임상 현상에 따른 이 질환의 mRNA의 차이점을 분석할 수 있다. 흥미로운 점은, 흔히 조직이 상처를 받았을 때 이를 회복하기 위해 생성되는 mRNA와 유방암의 mRNA 전사체가 유사하게 생산된다는 점이다. 이렇게 조직의 상처로 인한 mRNA는, 때때로 치명적 암인 위암이나 폐암의 경우에서도 발견된다. 과학자들은 악성으로 나타나는 특정 암들과 상처를 회복하기 위해 발현되는 유전자와의 상관 관계를 밝히기 위한 연구들을 계속 수행하고 있는 중이다.

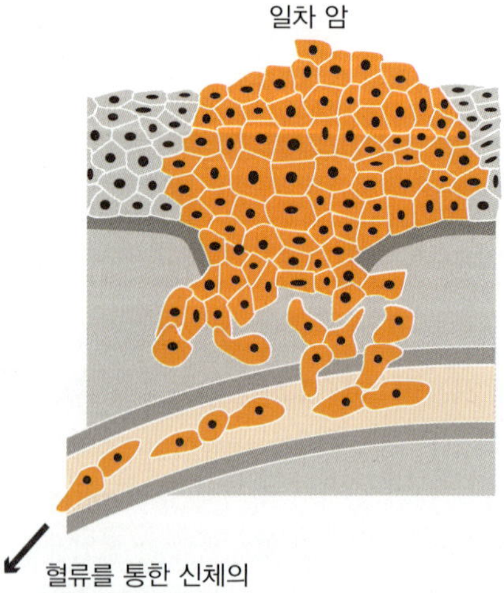

그림 5.8 전이 과정. 최초로 암이 발생된 위치에서 암세포가 혈류를 통해 다른 조직으로 이동하여 두 번째 암을 발생하게 된다. (Adapted from B. Alberts et al., Essential Cell Biology, 3rd ed. New York: Garland Science, 2010.)

암환자의 회복을 위해 가장 중요한 것은 암세포의 **전이(metastasis)**를 막는 것이다. 전이는 암세포가 시작된 곳을 벗어나 다른 조직으로 옮겨져 새로운 암을 생성하는 것을 의미한다(그림 5.8). 전사체의 분석을 통해 유방암에서 전이의 가장 큰 위험성을 확인해 본 결과, 186개 유전자의 발현 양상에 의해 결정된다. 이러한 양상은 단순히 유방암의 경우에만 특정적으로 나타나는 현상은 아니다. 동일한 유전자의 발현 양상이 침투성이 높은 폐암이나 전립선암의 경우에도 동일하게 나타난다. 다른 전사체의 발현 양상에 대한 분석을 통해, 장시간 환자의 예후 관측을 알아보면, 유방암을 치료한 여성들의 재발을 조기에 발견할 수 있다.

전사체의 구성은 시간에 따라 달라질 수 있다

전사체가 항상 일정하게 나타나는 것은 아니다. 전사체가 일정하게 유지된다는 것은

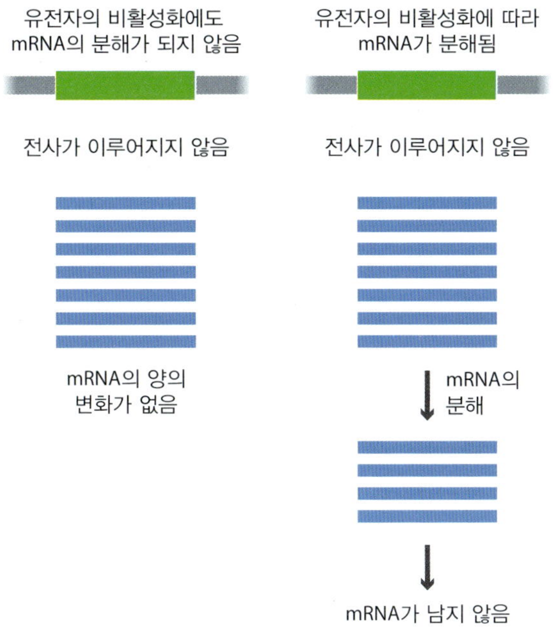

그림 5.9 유전체의 구성 성분에서 mRNA의 분해가 미치는 영향. 왼쪽에서 유전자가 더 이상 전사되지 않아도 되는 상황에서 mRNA가 분해되지 않으면 mRNA로부터 계속적으로 단백질의 합성이 이루어진다. 반면에 오른쪽은 mRNA의 분해를 통해 더 이상의 단백질의 합성이 이루어지지 않는다. 활성화되지 않는 유전자로부터 얻어진 mRNA의 분해를 통해 더 이상의 단백질 합성이 진행되지 않으며, 이로 인해 유전자의 활동이 정지되는 현상이 나타난다.

세포가 환경의 변화에 반응하지 못하게 되거나, 혹은 다른 세포의 신호에 영향을 받지 않는 것이며, 이는 생명체가 발생하는 동안 특화된 형태로 발달하지 못한다는 것을 의미한다. 그러므로 전사체의 구성 변화 정도를 관찰하고, 어떻게 변화되는지를 확인할 필요성이 있다.

전사체의 구성을 변화시키는 가장 뚜렷한 방식은 새로운 유전자의 스위치를 켜는 것이다. 유전자 스위치가 켜지면 이전에는 침묵했었던 유전자의 전사 과정을 통해, 전사체에 새로운 타입의 mRNA가 첨가될 것이다. 이는 세포 안에서 mRNA의 변화를 일으킬 수 있는 확실한 방법이며, 이것을 통해 전사체의 동적 변화에 대해서 관찰할 수 있다. 또한 새로운 mRNA의 추가뿐만 아니라, 전사체에 이미 존재하고 있던 mRNA의 분해도 매우 중요하다. 만일 mRNA가 매우 안정하여 분해되지 않거나 혹은 매우 느린 속도로 퇴행된다면, 유전자의 스위치가 꺼지게 되고 유전자에 의해 암호화되는 단백질 합성에 아무런 영향을 미치게 않게 된다(그림 5.9). 유전자가 더 이상의 전사를 수행하지 않더라도, 유전자의 mRNA는 전사체에 계속 존재한다. 그리하여 mRNA의 전사가 다시 필요할 때, 유전자로부터 암호화되는 단백질 수준을 계속 유지시킬 것이다. 그러므로 개개의 mRNA의 턴오버(turnover)에 의해 전사 과정을 조절할 수 있는 것이다.

mRNA의 분해 속도는 세포 안에서의 **반감기(half-life)**에 따라 예측될 수 있다. 이러한 예측은 생물에 따라 매우 다르게 나타난다. 대부분의 미생물에서 mRNA의 반감기는 턴오버가 몇 분 내에서 매우 빨리 이루어진다. 이렇게 짧은 mRNA의 변화는 미생물의 한 세대가 20분 정도이고, 따라서 매우 빠른 시간 안에 단백질의 합성 패턴 변화가 이루어져야 하기 때문이다. 반면에, 진핵세포에서의 mRNA의 반감기는 원핵세포에 비하여 길게 나타나며, 평균적으로 효모에서는 10~20분이고 포유동물 세포에서는 몇 시간이 걸린다.

개개의 세포 내에서 mRNA의 반감기는 다양한 형태를 보인다. 어떤 효모의 mRNA 반감기는 겨우 1분인 반면, 다른 것은 35분 이상이다. 예외적으로 오랜 시간 존재하는 mRNA가 잘 알려져 있다. 예를 들어, 인간의 망상적혈구 내의 글로빈(globin) mRNA

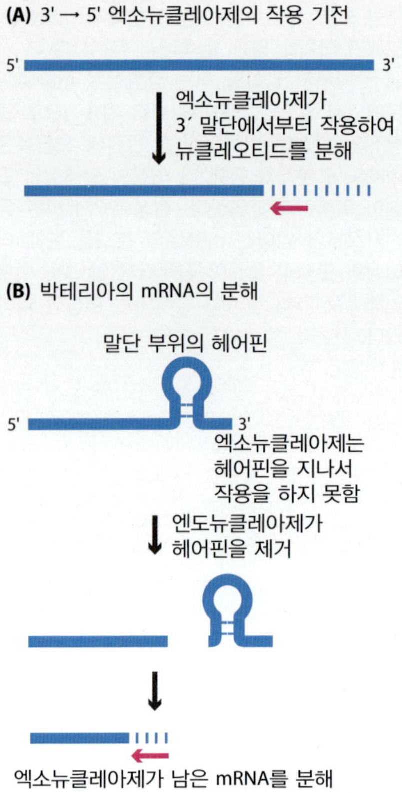

그림 5.10 박테리아에서의 mRNA의 분해. (A) mRNA의 3′ 말단에 엑소뉴클레아제가 작용하여 분해하는 과정. (B) 대부분의 박테리아의 mRNA는 3′ 말단 근처에 헤어핀 구조를 가지며, 이러한 구조는 엑소뉴클레아제의 작용을 방해한다. 이를 해결하기 위하여 첫 번째 단계에서 엔도뉴클레아제의 작용에 의해 헤어핀 구조가 제거되면 엑소뉴클레아제에 의해 mRNA가 분해된다.

의 경우는 매우 안정적으로 존재한다. 이러한 이유는 세포 내에서 글로빈 단백질의 발현을 조절하는 것이 크게 중요하지 않지만, 항상 글로빈 단백질의 농도가 최대로 유지될 수 있도록 단백질을 생산하는 것이 중요하기 때문이다. 이처럼 오랫동안 존재하여 단백질을 생성하는 mRNA들은 여러 종류의 특화된 세포 내에서 다양한 형태로 발견되고 있다.

비특이적 mRNA의 턴오버를 위한 다양한 경로가 존재한다

지난 수년 동안, 생화학자들은 박테리아 또는 진핵세포에서 mRNA의 분해와 관련된 과정을 연구해 왔다. 그러나 최근까지 특정 목표(target) mRNA를 분해할 것처럼 보이는 것도 비특이적(nonspecific)인 것으로 나타났다. 지난 10여 년간의 연구에서 가장 주목할 만한 발전 중의 하나는 진핵세포에서의 mRNA의 분해 과정에 대해서 어느 정도 이해하게 되었다는 것이다. 전사체(transcriptome)에서 특정한 전사물(transcripts)을 제거할 수 있는 능력을 통해, 예전에 유전자의 발현 메커니즘에서 이해할 수 없었던 것이 새롭게 밝혀졌다. 우선 우리는 비특이적인 전사체의 분해 과정에 대해서 알아보고, 이후에 새로이 발견된 특정 mRNA의 분해 과정에 대해서 알아보기로 한다.

분해 과정의 연구를 통해, mRNA의 반감기가 증가된 변이 미생물을 이용하여 mRNA의 분해에 관여하는 **리보뉴클레아제(ribonuclease)**의 역할이 확인되었다. **엑소뉴클레아제(exonucleases)** 효소는 mRNA의 3′ 말단에서 작용하여 분해 과정을 시작한다(그림 5.10A). 이러한 엑소뉴클레아제는 대부분의 미생물 mRNA의 전사 종결을 위해 3′ 말단 근처에 있는 헤어핀 구조를 분해하지 못하고 분해를 마치게 되므로(그림 4.27 참조), 결국 전사의 암호화에 관여하는 부분을 분해할 수가 없다. 따라서 미생물의 mRNA의 분해를 위한 첫 번째 단계는 헤어핀 구조를 포함한 3′ 종결 부위의 제거로부터 시작하며, 이러한 과정은 핵산 내부의 포스포디에스테르(phosphodiester) 결합 부위를 절단하는 효소인 **엔도뉴클레아제(endonuclease)**에 의해 이루어진다(그림 5.10B). 이에 따라, 엑소뉴클레아제가 핵산 내부에 있는 암호화 부분에 들어갈 수 있게 되어 새로운 3′ 말단 절단 부위가 생성되고, 마침내 mRNA의 기능이 있는 부분들이 분해된다.

미생물에 비해서 진핵세포의 경우는 조금 더 복잡한 방법에 의해 mRNA의 분해가 진행된다. 몇몇 다른 분해 경로가 확인되었으나 각각의 역할에 대해서는 아직까지 정

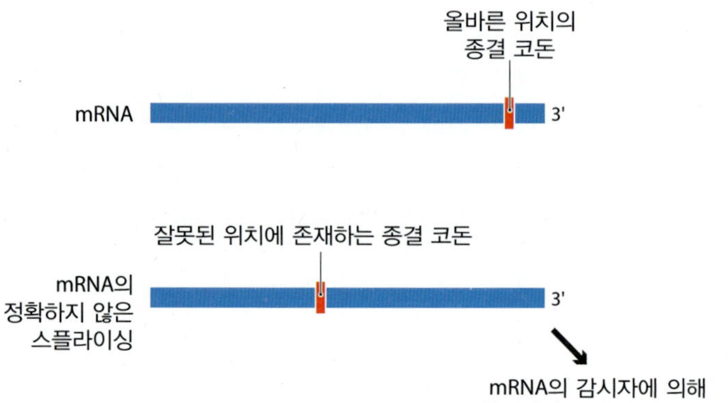

그림 5.11 mRNA 감시의 기본 원리. 전사체가 올바르게 절단 과정을 거쳐 합성이 되었다면 종결 코돈은 3′ 말단 쪽에 위치하여야 한다. 감시 단백질이 합성된 전사체를 확인하여 종결 코돈의 위치가 3′ 말단이 아니라 내부에 존재하고 있다면 이 전사체는 분해된다.

확하게 밝혀지지 않았다. 진핵세포의 mRNA는 스플라이싱 과정 중에 나타나는 오류에 의해 완전하게 생성되지 않을 가능성이 있다. 이 같이 정확하게 생성되지 않은 mRNA는 **mRNA 감시(mRNA surveillance)**라고 불리는 과정을 통해 분해된다. 이러한 "감시" 과정에는 mRNA가 단백질로 번역되는 과정 중에서 정지되는 부위를 인식하는 단백질을 포함하고 있다. 이것을 **종결 코돈(termination codon)**이라 하며, 여기에 대해서는 7장에서 더욱 자세히 알아보기로 한다. 전사가 비연속적인 유전자로부터 일어난다면, 종결 코돈은 보통 마지막 엑손의 3′ 말단 근처에 존재한다(그림 5.11). 만일 종결 코돈을 인식하는 감시 단백질이 정확한 위치가 아닌 곳에 종결 코돈이 있는 것을 알게 되면, mRNA의 5′ 말단에 존재하는 캡 구조가 제거되고 엑소뉴클레아제에 의해 잘못 합성된 mRNA가 분해된다.

진핵세포에서, 더 이상의 단백질 생산이 필요하지 않은 mRNA의 경우에도 역시 분해가 이루어진다. 이러한 시스템을 **탈아데닐-의존적 탈캡핑(deadenylation-dependent decapping)**이라고 부른다. 첫 번째 단계에서, mRNA의 poly(A) 꼬리(tail)의 제거와 동시에 캡 구조의 분해가 이루어지면, 이후에 mRNA의 5′ 말단에서 분해가 시작된다(그림 5.12). 특정 mRNA의 분해 과정이 이루어질지 아니면 분해가 진행되지 않을지는 캡 구조를 분해하는 단백질이 캡 구조에 접근할 수 있는지 아닌지에 따라서 결정된다. 다른 단백질이 이 구조에 이미 결합되어 있다면 접근할 수가 없고, 결합되어 있지 않다면 접근이 가능하다. 즉, mRNA가 단백질로의 번역이 이루어지는 동안에는 캡 구조에 다른 단백질이 결합되어 있어 분해가 이루어지지 않지만, 이미 충분히 번역되어 추가적으로 단백질 생산이 필요하지 않을 경우에는 캡 구조를 분해하는 단백질이 결합하여 mRNA의 분해가 시작된다. 이러한 방식을 통해 세포에서 더 이상 단백질이 필요하지 않으면, 전사체에서 mRNA가 제거된다.

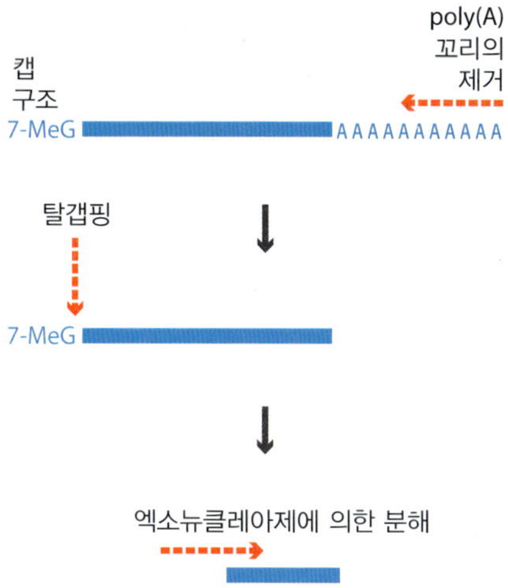

그림 5.12 mRNA의 분해 과정 중 탈아데닐-의존적 탈캡핑(deadenyla- tion-dependent decapping pathway) 과정. Poly(A) 꼬리 부분의 분해가 이루어지고 캡 구조가 제거된 후 mRNA의 5′ 말단에서부터 분해가 이루어진다.

진핵세포에서 개개의 mRNA는 다이서 단백질에 의해 분해된다

기존에 밝혀졌던 분해 방법 외에, 특정 mRNA를 분해하는 다른 방법들에 대해 살펴보자. 이러한 분해 방법들은 간접적인 방법을 통해서 발견되는데, 몇몇 바이러스의 유전체들은 이중 나선 구조의 RNA로 이루어지거나 혹은 이중 나선 구조의 중간체를 형성하여 복제가 일어난다. 지난 몇 년 동안, 진핵세포들에게는 바이러스의 공격으로부터 보호하기 위한 방법으로 RNA 분해 과정이 존재하고 있음이 밝혀졌다. 이러한 과정을 **RNA 침묵(RNA silencing)** 또는 **RNA 간섭(RNA interference)**이라고 하며, 여기에 참여하는 리보뉴클레아제를 **다이서(Dicer)**라고 부른다. 이 효소는 바이러스의 유전체를 21~28개 뉴클레오티드 길이의 **short interfering RNAs(siRNAs)**로 분해한다(그림 5.13A).

다이서에 의해 바이러스의 유전체가 불활성화되지만, 이미 전사된 바이러스의 유전체는 어떻게 될까? 바이러스에 대한 RNA 간섭의 실패로 인해 유해한 영향이 이미 시

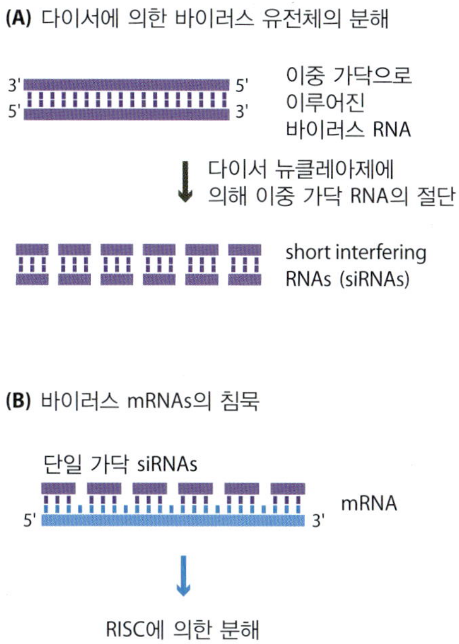

그림 5.13 RNA 침묵. (A) 외부로부터 감염된 이중 가닥의 RNA 유전자가 Dicer 뉴클레아제에 의해 비활성화된다. (B) 바이러스의 유전체의 분해를 통해서 생성된 siRNA들은 이중 결합이 분리되어 단일 가닥으로 존재하게 되어 세포 안에 존재하는 바이러스의 mRNA와 결합을 하게 되고 이렇게 형성된 이중 결합 부분을 목표로 RNA-유도 침묵 복합체(RNA-induced silencing complex, RISC)를 형성하여 이 부분을 절단함으로써 mRNA의 불활성화를 가져 온다.

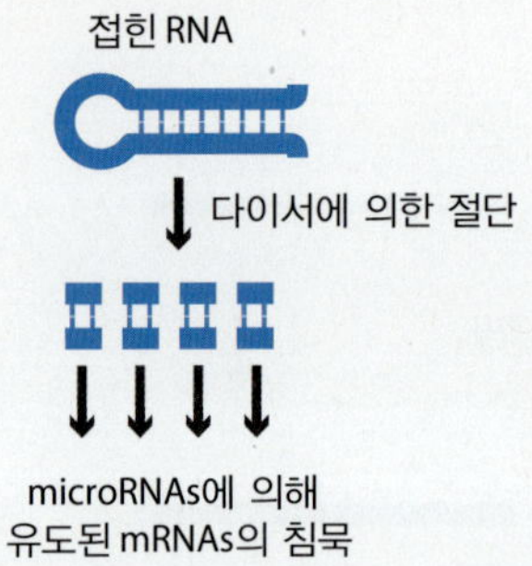

그림 5.14 *Drosophila*에서 microRNA의 생성

작될 수도 있다. 이러한 경우에는 mRNA를 직접 불활성화 시키기 위한 두 번째 단계가 존재한다. 바이러스 유전체의 분해를 통해 생성된 siRNA들은 이중 결합이 분리되어 단일 가닥으로 존재하게 된다. 이러한 단일 가닥이 세포 안에 있는 바이러스의 mRNA와 결합하게 되고, 이렇게 형성된 이중 결합 부분을 타깃으로 하여 **RNA-유도 침묵 복합체(RNA-induced silencing complex, RISC)**가 형성되면 이 부분을 절단함으로써 mRNA의 불활성화를 일으킨다(그림 5.13B).

바이러스 RNA의 침묵 현상과 특정 mRNA의 내부 분해에 관여하고 있는 다이서 단백질은 많은 진핵세포에서 최소한 1가지 이상의 종류가 발견되었다. 초파리라고 불리는 *Drosophila melanogster*의 경우, 2종류의 다이서 단백질이 밝혀졌다. *초파리*에서 발견된 두 번째 형태의 다이서 효소는 바이러스의 RNA뿐만 아니라 **접힌 RNA(foldback RNAs)**라고 불리는 RNA의 분해에도 관여한다. 접힌 RNA는 초파리의 유전자를 주형으로 하여 RNA polymerase II에 의해서 합성된 RNA이다. "foldback"이라는 이름은 생성된 RNA가 내부 결합으로 인해 헤어핀과 유사한 구조로 되어 있어, 이와 같이 명명되었다(그림 5.14). 이런 헤어핀 구조는 다이서 효소에 의해 각각 21 bp의 조각으로 분해되며 **마이크로 RNAs(microRNAs)**라고 명명된다. 이렇게 생산된 microRNA는 세포 안에 존재하는 상보적인 mRNA와 결합함으로써 mRNA의 절단이나 침묵을 만든다.

인간의 세포는 1,000개 정도의 다양한 microRNA를 만들고, 이렇게 만들어진 microRNA는 1가지 이상의 mRNA의 침묵을 만든다. 왜냐하면 microRNA는 각각의 타깃 부분에 정확하게 일치하거나 혹은 mRNA와 microRNA 사이의 결합으로 이루어진 부분은 RISC를 필요로 하지 않은 단계에서도 mRNA의 침묵을 가져올 수 있기 때문이다. 만일 몇몇의 **미스매치(mismatchs)**가 허용된다면, 하나의 microRNA가 결합할 수 있는 mRNA의 범위는 매우 커진다(그림 5.15).

현재까지 microRNA에 의한 mRNA의 비활성화(침묵)는 세포에서 환경의 변화가 필요할 때, 또한 새로운 단계로 접어들어 mRNA가 더 이상 필요하지 않을 때 발생되는 것으로 추측하고 있다. 새로운 유전자 스위치의 켜짐에 의해 새로운 mRNA의 추가와 조화를 이루면서, 필요성이 사라진 특정 mRNA의 분해에 의해 세포는 변화된 환경에서 대사 과정의 새로운 요구에 따라 전사체의 조성을 변경시킬 수 있다.

5.2 진핵세포 mRNAs에서 인트론의 제거

박테리아 유전자로부터 전사된 mRNA는 바로 복제되어 번역이 이루어진다. 반면에, 진핵세포의 경우에는 완전히 다른 상황에 놓여 있다. 진핵세포에서 수많은 mRNA는 인트론(introns)을 포함하고 있는 비연속적인 유전자로부터 복제된다(그림 3.2 참조). 전사는 복제되어야 하는 유전자를 바탕으로 일어나고, 이 과정에서 유전자가 인트론을 포함하고 있다면 이를 포함한 전사가 이루어진다. 복제된 인트론은 전사 이전에 제거되고 엑손끼리 적절하게 연결되어 성숙된 mRNA로 만들어 지는데, 이러한 과정을 스플라이싱이라고 한다.

진핵세포의 핵과 세포질에 존재하는 RNA의 구성 비율을 비교해 보면, 스플라이싱은

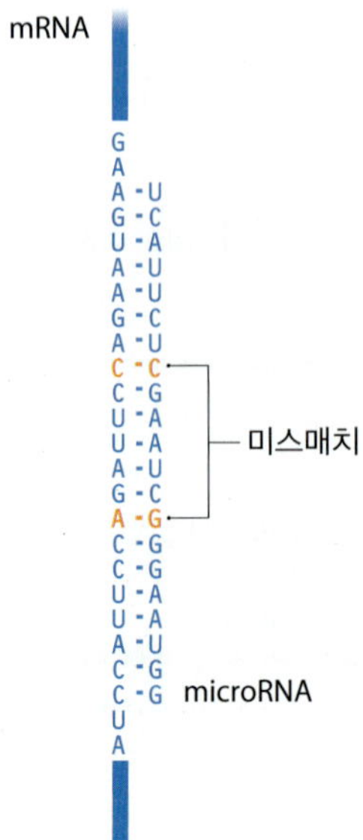

그림 5.15 microRNA와 mRNA의 혼성화 과정에서 형성된 미스매치

핵 안에서 일어나는 것으로 확인된다. 진핵세포의 핵은 두 지역으로 나눌 수 있다. 하나는 **인** 혹은 **핵소체(necleolus)**로 리보솜 RNA(ribosomal RNA, rRNA)가 생산되는 곳이다. 다른 하나는 **핵질(nucleoplasm)**로 mRNA를 포함한 다른 유전자가 생산되는 곳으로 알려져 있다. 핵질 안에 존재하고 있는 RNA들을 **이종핵 RNA(heterogenous nuclear RNA 또는 hnRNA)**라 하며, 이는 RNA 분자들의 복합체로 어떠한 것들은 20 kb 이상이다. 물론 세포질에 존재하는 mRNA도 이종의 형태로 존재하기도 하지만 그 길이는 대체적으로 2 kb 정도이다. 세포질 안에 존재하는 mRNA가 hnRNA로부터 유래된다면 mRNA가 핵에서 세포질로 이동하기 전에 우선적으로 그 길이가 짧아지는 단계가 진행되어야만 한다(그림 5.16).

그림 5.16 hnRNA와 mRNA 간의 크기의 차이를 근거로 mRNA에 핵에서 나오기 이전에 그 길이가 짧아지는 과정을 가지게 된다.

1977년 최초로 대규모의 DNA 염기서열이 분석되기 전까지, 비암호 부위를 포함하고 있는 인트론에 대한 존재가 확인되지 않았다. 우선적으로 hnRNA가 mRNA로 변환되는 과정은 분자의 말단에서 조절되는 것으로 여겨졌다. 2000년에 거의 완전한 연구 결과가 도출되기 전까지 인트론의 발견을 포함한 스플라이싱 과정을 이해하기 위한 많은 연구들이 진행되었다. 또 다른 관점으로 많은 유전자에 있어서, 이 과정이 매우 복잡하게 이루어져 많은 경우에 하나의 유전자가 하나의 단백질만 생성하는 것이 아니라는 것도 확인되었다. 2000년도까지 많은 연구들은 특정 유전자의 서로 다른 스플라이싱 과정에 대한 연구에 초점이 맞추어졌으며, 이들 가운데 어떤 과정을 선택하는지에 관하여 이해하기 위한 시도가 이루어졌다.

이제 우리는 인트론이 어떻게 전사체부터 제거되며, 현재까지 알려져 있는 서로 다른 스플라이싱 과정에 대해 알아볼 것이다.

인트론과 엑손의 경계는 특정 염기서열에 의해 표시된다

인트론이 처음으로 발견되었을 때, 과학자들은 RNA에서 인트론과 엑손의 경계를 인식하기 위한 매우 정교한 메커니즘이 필요하다는 것을 알게 되었다. 어느 방향이든지 하나의 유전자에서 오류가 발생하면 mRNA가 정확하게 단백질로 번역되는 것은 불가능해진다(그림 5.17). 따라서 스플라이싱이 발생하는 위치를 어떻게 정확히 인식하는지를 이해하기 위한 연구가 진행되었다.

많은 유전자의 염기서열이 밝혀짐에 따라 대부분의 경우에 인트론의 시작은 2개의 염기서열 5′-GU-3′로, 종결은 2개의 염기서열 5′-AG-3′로 이루어진 것을 알게 되었다(그림 5.18). 데이터베이스가 축적됨에 따라 인트론의 염기서열에서 5′과 3′의 스플라이싱 위치에서 GU-AG 모티프(motif)는 오랫동안 보존되어 온 공통 서열(consensus sequences)에 의한 것임이 밝혀지게 되었다. 이러한 공통 서열은 진핵세포에서 상당히 다양하게 존재하고 있고 척추동물의 경우에는 아래와 같이 이루어져 있다.

5′ 스플라이싱 위치: 5′-AG ↓ GUAAGU-3′

3′ 스플라이싱 위치: 5′-PyPyPyPyPyPyNCAG ↓ -3′

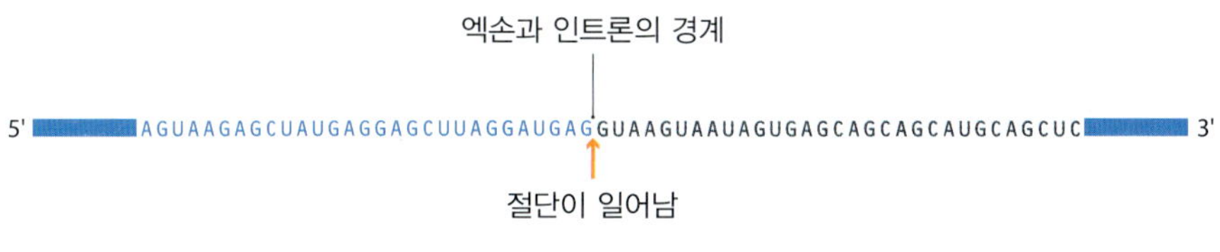

그림 5.17 엑손과 인트론의 경계면에서 절단할 때 정확성이 중요하다. 스플라이싱은 정확한 위치에서 이루어져야 하며, 잘못된 위치에서 스플라이싱이 이루어지면 숙성 mRNA의 염기서열이 달라질 수 있다. 잘못된 위치에서의 절단을 통해 얻어진 mRNA를 통해서는 단백질 합성이 불가능하다.

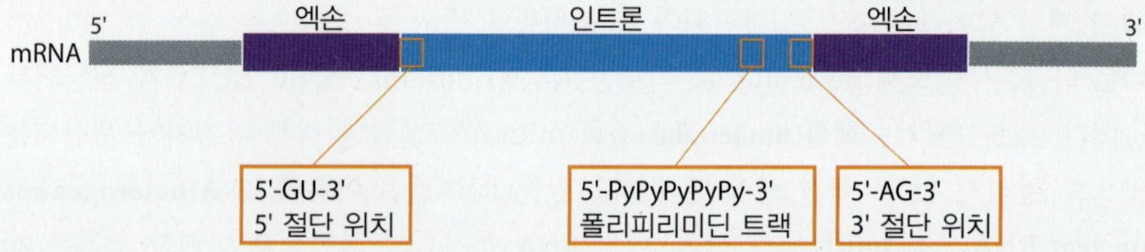

그림 5.18 척추동물의 인트론에서 확인되는 보존서열. Py, 피리미딘 뉴클레오티드 (U 혹은 C)

위에서 Py는 2개의 피리미딘 뉴클레오티드(U 또는 C) 중의 하나를 의미하고, N은 모든 뉴클레오티드 중의 하나이며, 화살표는 엑손과 인트론 사이의 경계를 의미한다. 그러므로 이 보존서열의 3′ 말단은 6개의 피리미딘(Py) 뉴클레오티드, 임의의 뉴클레오티드(N) 하나, 그리고 시토신(C)이 순서대로 존재하며, 마지막으로 AG로 구성되고 있음을 기억해야 한다. 그러나 실제로는 약간씩 다르게 존재하는 경우도 있지만, 그럼에도 불구하고 GU와 AG는 항상 거의 존재하고 있다.

이러한 2개의 스플라이싱 사이트 주변에 존재하는 염기서열이, 처음에는 많은 생명체에서 유사성을 갖고 있다고 생각되었다. 그러나 효모의 일종인 *Saccharomyces cerevisiae*에서는 3′ 스플라이싱 사이트 상부(upstream) 쪽으로 18~140개의 염기서열 사이에 5′-UACUAAC-3′로 나타나는 또 다른 보존된 공통 서열이 확인되었고, 그보다 낮은 단계의 진핵세포인 곰팡이에서도 유사한 염기서열이 확인되었으나 척추동물의 인트론에서 이 모티프는 확인되지 않았다. 한편, 척추동물에서는 동일한 일반적인 위치에 **폴리피리미딘 트랙(polypyrimidne tract)**이 있으며, 이 부위에서 명백한 공통 서열은 나타나지 않았으나, 보통은 피리미딘 염기서열로 이루어져 있다(그림 5.18 참조). 비록 폴리피리미딘 트랙과 5′-UACUAAC-3′ 서열이 유사한 위치에 존재하고 있으나 그 기능은 동일하지 않다.

스플라이싱 경로

앞에서 스플라이싱 부위를 어떻게 인식하는 지에 대해서 알아보았으며, 이제 인트론이 어떻게 스플라이싱되며 2개의 이웃한 엑손이 어떻게 연결되는지에 대해 살펴보기로 한다.

개괄적으로 설명하면, 스플라이싱 경로는 3단계(그림 5.19)로 이루어진다. 첫 번째 단계는 5′ 말단 위치에서 절단(cleavage)이 일어난다. 이렇게 처음으로 잘리기(cut) 때

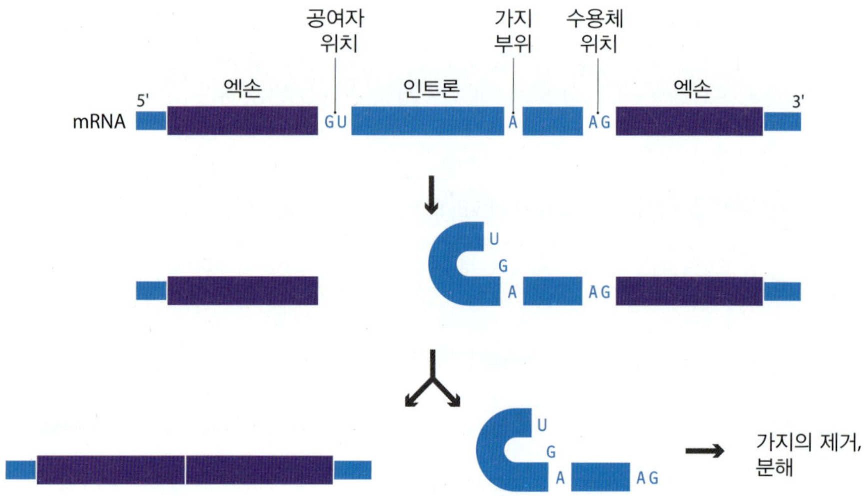

그림 5.19 스플라이싱 과정의 개요. 첫 번째 단계에 절단이 이루어지는 곳은 공여자 부위이다. 이 결과로 생성된 5′ 말단이 내부의 가지 부위에 결합하여 올가미 구조를 형성하며, 수용체 부위의 절단이 이루어진 후에 2개의 엑손이 결합하게 된다.

문에 **공여자(donor site)** 부위라고 불린다. 절단으로 인해 자유로워진 5′ 부위는 올가미(lariat) 구조를 형성하기 위해 인트론 내부에 있는 가지 부위(branch site)로 연결된다. 효모의 경우, 가지 부위는 공통 서열인 UACUAAC의 마지막 A 위치를 말한다. 척추동물의 경우에도 가지 부위의 염기서열은 A이다. 그러나 척추동물의 경우 효모에서 나타나는 공통 서열인 UACUAAC가 없기 때문에, 어떻게 A가 선택되는지에 관해서는 정확히 알려져 있지 않다. 인트론의 첫 번째 염기서열(GU 모티프의 G)의 5′ 탄소와 내부 아데노신의 2′ 탄소 사이에 포스포디에스테르 결합이 형성됨으로써 올가미 구조가 만들어진다. 그런 다음, 3′ 말단의 스플라이싱 부위, 즉 **수용체 부위(acceptor site)**가 절단되고 나서 2개의 엑손이 결합한다. 이후, 올가미 구조로 방출된 RNA는 선형 구조로 변환된 후 분해된다.

이러한 스플라이싱 반응은 **small nuclear ribonucleoproteins (snRNPs)**라고 불리는 RNA-단백질 복합체를 통해서 이루어진다. 이것은 몇 개의 단백질과 1~2개의 비번역 snRNA를 포함하고 있다. 척추동물의 핵 안에는 서로 다른 수많은 snRNA가 존재한다. 그러나 이러한 것들이 모두 스플라이싱 과정에 참여하지는 않는다. 가장 많이 존재하는 것들은 U1, U2, U3, U4, U5와 U6로 여기에서 U가 의미하는 것은 우라실(uracil)이며, 이 snRNA에는 우라실의 함량이 높다. 이것들 중에서 가장 짧은 것은 U6가 106개, 가장 긴 것은 U3로 273개의 뉴클레오티드로 이루어져 있다.

스플라이싱 반응은 U1-snRNP가 공여자 부위에 결합하면서 시작된다(그림 5.20). 이

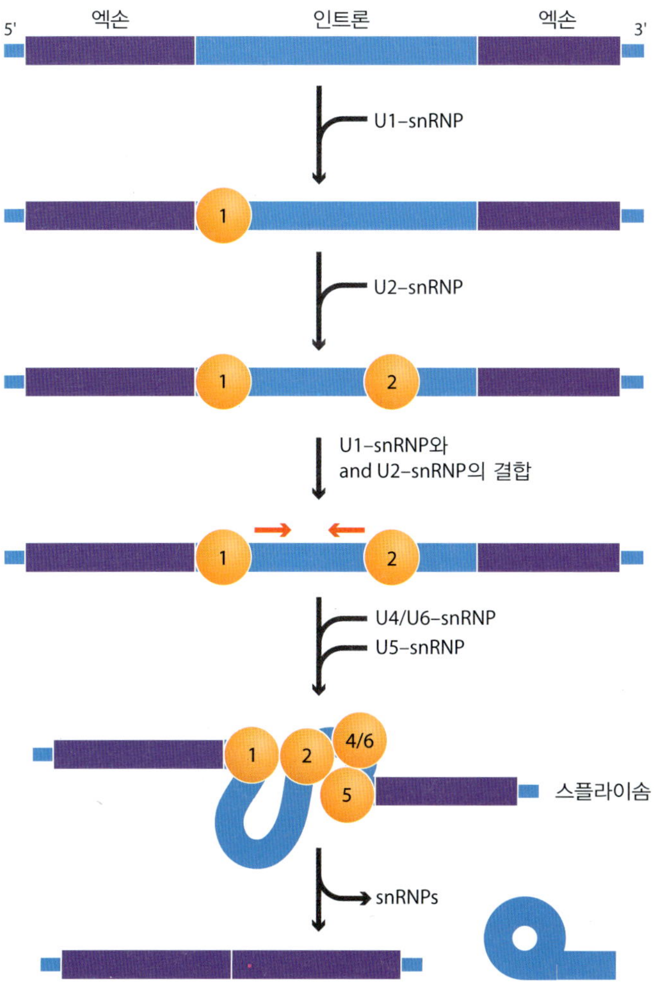

그림 5.20 스플라이싱 과정에서 snRNP의 역할. 스플라이싱 과정은 U1-snRNP가 공여자 부위에 결합하면서 시작이 된다. 이후에 U2-snRNP가 내부의 고리를 형성하는 내부 위치에 결합을 한다. U1-과 U2-snRNP은 서로 끌어당기는 역할을 하여 공여자 부위와 가지 부위가 가까워진다. 이때 U5-snRNP와 U4/U60snRNP도 결합을 하여 스플라이솜을 형성하게 된다. 이때 공여자 부위와 수용체 부위가 스플라이싱되어 2개의 엑손의 결합이 이루어진다. 다른 단백질도 이 과정에 관여하는 것으로 알려져 있으나 그 기능이 정확하게 밝혀져 있지 않다. 이러한 단백질은 $U2AF^{35}$ 단백질이며, 이것은 폴리피리미딘 부위에 결합하여 U2-snRNP가 가지 부위에 결합하는 과정을 도와 준다.

러한 결합은 RNA-RNA 염기쌍에 의해 이루어지는데, U1-snRNA는 공여자 부위의 공통 서열과 상보적인 염기서열을 포함하고 있다. 그런 다음, U2-snRNP가 가지 부위에 결합하는데, 이때는 아마도 염기쌍 대신에 가지 부위가 U2-snRNP와 연관된 단백질 중의 하나와 상호작용을 하는 것으로 보인다. U1-과 U2-snRNP은 서로 친화성을 갖고 있어 공여자 부위를 가지점(branch point)으로 끌어당기는 역할을 한다. 스플라이싱 과정에 참여하는 다른 snRNP (U5-snRNP와 U4/U6-snRNP)도, 이 단계에서 인트론에 결합하여 **스플라이솜(spliceosome)**이라고 불리는 커다란 복합체를 형성한다. 인트론이 제거되어 엑손끼리 연결되는 과정은 이러한 스플라이솜 내부에서 이루어진다. 이 과정이 완료되면 스플라이솜은 각각의 snRNP로 분리되며 스플라이싱된 mRNA는 방출된다.

스플라이싱 동안에 어떻게 실수를 피할 수 있는지는 아직 명확하게 밝혀지지 않았다

화학적인 관점에서 보면, 세포 안에서 일어나는 RNA 스플라이싱 과정은 그렇게 복잡하거나 대단한 과정은 아니다. 다만, 연결되었던 내부의 포스포디에스테르 결합이 분해되고 하나의 새로운 결합이 이루어지는 것이다. 이 과정에서 중요한 것은 정확한 위치에서 결합이 이루어지는 것인데, 이는 기본적으로 스플라이싱 부위의 위치에 따라 결정된다. 스플라이싱 부위 간의 거리는 수만 개의 뉴클레오티드만큼 떨어질 수 있으며, 만일 mRNA가 직선으로 놓여 있다면 그 거리는 100 nm 혹은 그 이상으로 존재할 수도 있다. 달리 말한다면, 정확한 위치에서의 결합을 형성하기 위해서는 스플라이싱 부위를 가까운 곳으로 이동하는 과정이 필요하다고 할 수 있다.

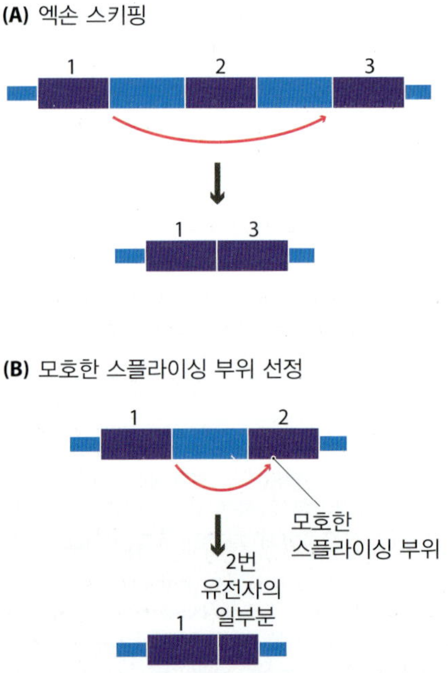

그림 5.21 2개의 비정상적인 스플라이싱. (A) 엑손 생략. mRNA의 스플라이싱 과정 중 하나의 엑손을 건너뛰게 된 현상. (B) 숨은(cryptic) 절단 사이트의 선택. mRNA의 내부에 존재하는 숨은 절단 사이트를 선택하여 엑손의 일부분이 유실된 경우. 만일 인트론에 이런 숨은 절단 사이트가 존재하고 이 부위에서 스플라이싱이 이루어지면 mRNA에 인트론의 일부분이 남게 된다.

위치에 대한 두 번째 문제점은 정확한 위치에서 결합을 하는 것이다. 만일 전사체가 2개 이상의 인트론을 포함하고 있다면 모든 스플라이싱 부위가 유사하기 때문에 스플라이싱 부위의 결합에 있어서 잘못된 부분들끼리 결합이 일어날 수 있고, 이러한 결과로 mRNA의 결합 과정 중에 하나의 엑손을 빼고 결합이 이루어지는 **엑손 스키핑(exon skipping)**이 나타날 수 있다(**그림 5.21A**). 또한 불운하게도 인트론이나 엑손의 내부에 실제로 스플라이싱을 유도하는 공통 서열과 유사한 서열인 **모호한 스플라이싱 부위(cryptic splicing site)**가 존재하여, 이 부분에서 스플라이싱이 일어나면 잘못된 결합이 이루어 질 수도 있다(**그림 5.21B**). 실제로, 이러한 모호한 스플라이싱 부위는 대부분의 mRNA에 존재하지만 스플라이싱 기구(appatatus)에 의해서 무시된다.

인트론의 양 말단에 있는 GU 및 AG 서열의 발견과, 스플라이싱 과정에 관여하는 snRNP들이 결합하여 스플라이싱이 일어나는 것은 이해할 수 있지만, 어느 정도로 정확하게 스플라이싱이 이루어지며, 스플라이싱 부위가 실수 없이 정확한 위치에 결합을 하는지에 대해서는 아직 명확하게 밝혀지지 않았다. 그러나 **SR 단백질(SR protein)**이 스플라이싱 부위의 결합에 있어 정확한 부분을 결정하는 데 중요한 역할을 한다는 것이 조금씩 알려지고 있다. 즉, SR 단백질이 스플라이솜의 성분이라는 것이 발견되고 나서야 처음으로 스플라이싱과 관련된 것이라는 것을 알게 되었다. 이것이 스플라이솜의 초기 형성 단계에서 여러 가지 역할을 하는 것으로 확인되었으며, 이 과정 중에서 엑손과 인트론의 결합을 인식하는 과정에 관여한다는 것이 밝혀졌다. 또한 SR 단백질은 전사체의 엑손 부위에 퓨린뉴클레오티드가 다량 존재하는 **엑손 스플라이싱 인핸서(exon splicing enhancers, ESEs)**와 작용하는 것으로 알려져 있다. 아직까지 ESEs와 이에 대응하는 **엑손 스플라이싱 침묵자(exon splicing silencers, ESSs)**의 연구

그림 5.22 인간 *slo* 유전자. 이 유전자는 35개의 엑손을 자지고 있으며, 오렌지색으로 표시된 27개의 엑손은 모든 *slo* mRNA에서 발견이 되고, 녹색으로 되어 있는 8개의 엑손은 상황에 따라 *slo* mRNA에서 발견이 된다. 즉 스플라이싱 과정을 통해 얻어질 수 있는 mRNA는 8! = 40,320개가 얻어질 수 있다. 그러나 인간의 달팽이관에서는 모두 500여 개의 mRNA가 확인되었다.

는 초기 단계에 있지만, 그러나 이들이 스플라이싱 과정에서 중요한 조절 역할을 한다는 것이, ESEs 염기서열에 돌연변이가 생기면 근위축증을 포함한 여러 질환이 야기된다는 것을 통해 확인되었다.

수많은 진핵세포에 있어서 선택적 스플라이싱은 공통적으로 일어난다

인트론이 처음 발견되었을 때, 개별적인 유전자가 동일한 mRNA를 형성하는 것으로 추측되었다. 그러나 동일한 유전자가 2개 혹은 그 이상의 선택적 스플라이싱(alternative splicing) 경로를 따르고, 최초의 전사(transcript)로부터 서로 관련되지만 서로 다른 mRNA가 생산되며, 이에 따라 서로 관련되지만 서로 다른 단백질을 생산할 수 있다는 것이 밝혀지고 나서, 이러한 가정이 틀렸다는 것을 알게 되었다. 몇몇 생명체에서는 선택적 스플라이싱이 흔하게 일어나지 않으며, 효모에서는 단지 3가지 형태의 스플라이싱 과정만이 밝혀져 있다. 그러나 고등 진핵세포에서는 훨씬 더 많이 공통적으로 일어나, 인간 유전자의 경우에 적어도 80%의 유전자가 선택적 스플라이싱 과정을 거친다.

일부 유전자의 경우는 오직 2개 혹은 3개의 선택적 스플라이싱 경로를 거치지만, 다른 유전자는 이를 통해 수많은 mRNA를 생산할 수 있다. 한 가지 예로 인간 *slo* 유전자를 들 수 있다. 이 유전자는 칼륨(potassium) 이온의 세포 출입을 조절하는 막단백질(membrane protein)을 암호화하는 유전자이다. 이 유전자는 35개의 엑손을 갖고 있으며 이 중에서 8개의 엑손이 선택적 스플라이싱 과정을 거친다(그림 5.22). 이 8개의 엑손은 선택적 스플라이싱을 통해 500가지 이상의 mRNA를 만들게 되며, 이것들은 각각 조금씩 다른 기능을 갖는 막 단백질을 형성한다. 인간 *slo* 유전자는 내이(inner ear)에서 활성화되며 달팽이관의 기저막에 있는 청각 세포의 청력을 결정한다. 다양한 청각 세포는 20~20,000 Hz 사이의 소리에 반응하는 역할을 하며, 이러한 역할은 다양한 Slo 단백질의 특성에 의해서 결정된다. 이와 같이, 인간의 청각 범위는 *slo* 유전자의 스플라이싱 과정을 통해서 이루어진다.

다양한 스플라이싱은 어떤 생물체의 발생 과정에서 중요한 역할을 한다. 선택적 스플라이싱 위치를 선택하기 위해 이용되어 온 몇몇 전략을 이해하기 위해 하나의 예를 들어 보기로 한다. 이 예는 초파리 난자가 암컷 또는 수컷으로 발생할지를 결정하는 데 핵심적인 역할을 하기 때문에 매우 중요한다. 초파리의 암수를 결정하는 단백질은 DXS라고 하며, 암수 각각의 DXS 단백질은 구조에 있어서 아주 작은 차이점을 보인다. DXS는 전사 개시 활성자(activtor of transcription initiation)로서, 암수 각각의 경우에 서로 다른 유전자를 활성화시킨다(그림 5.23). 즉, 수컷의 DXS 단백질에 의해 활성화된 전사 개시 활성자는 난자를 다양한 수컷으로, 마찬가지로 암컷의

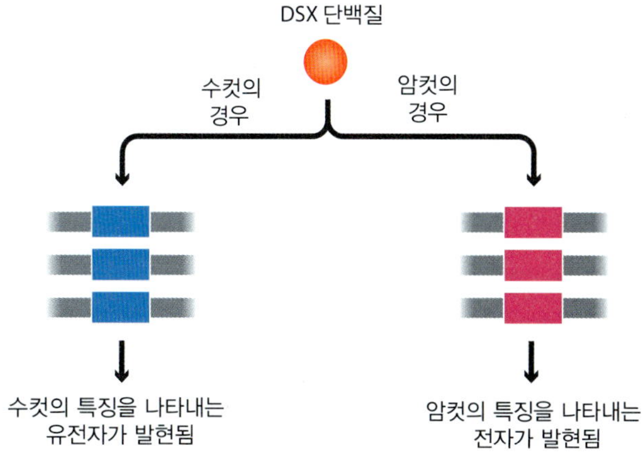

그림 5.23 초파리의 성별을 결정하는 DSX 단백질의 역할

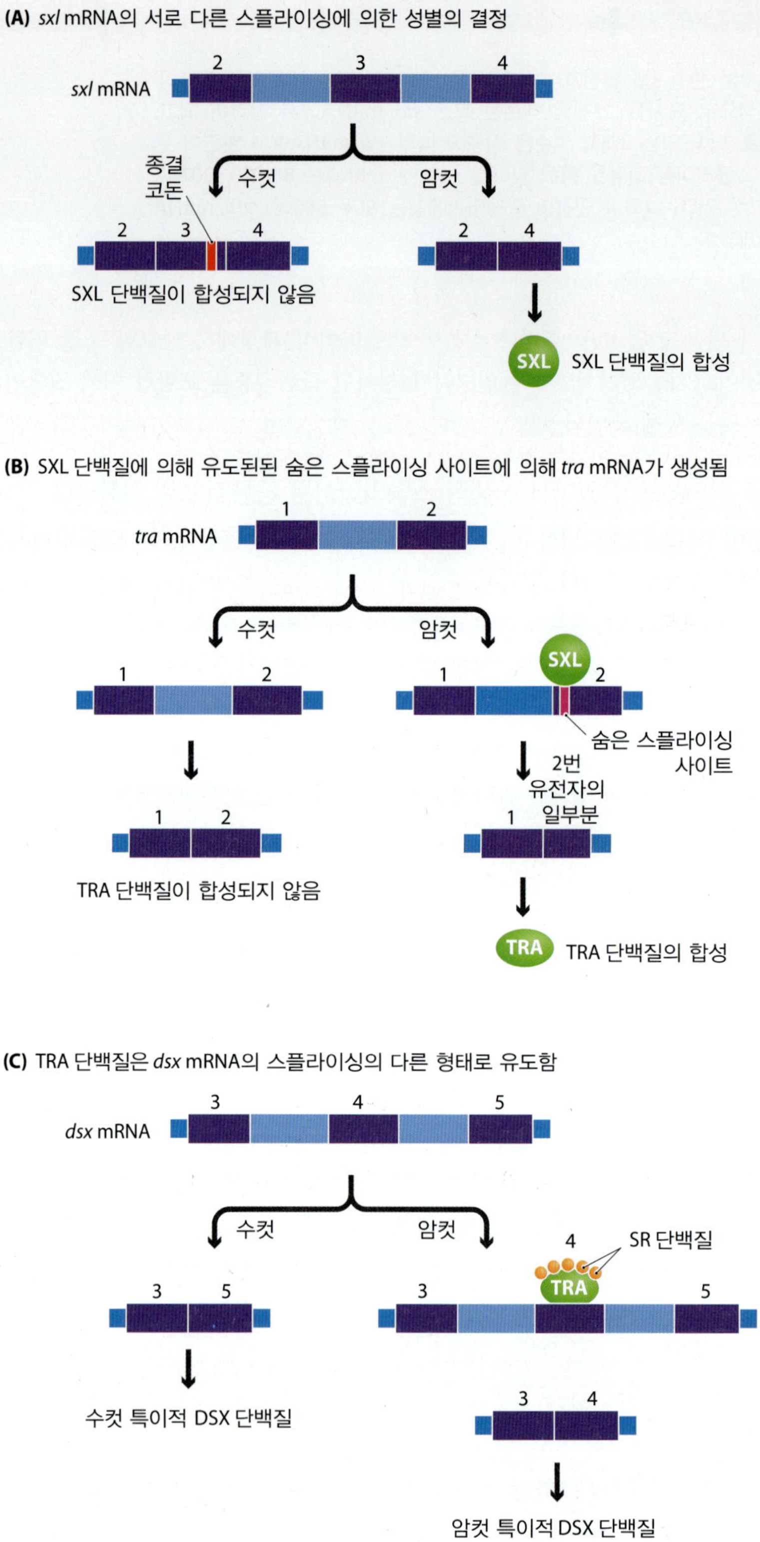

그림 5.24 초파리의 성별을 결정하는 스플라이싱 과정의 차이점. (A) 성별을 결정하는 스플라이싱 과정은 *sxl* mRNA로부터 시작한다. 수컷의 경우 모든 엑손을 다 포함하게 되는데, 이를 통해 엑손 3 내부에 존재하는 종결 코돈에 의해서 일부가 줄어든 단백질을 얻게 된다. 암컷의 경우는 엑손 3를 건너 뛰어 완전한 길이와 기능을 가진 SXL 단백질을 얻게 된다. (B) SXL 단백질은 *tra* mRAN 유전자의 첫 번째 인트론의 수용체 위치를 방해하는 역할을 한다. 유전자의 스플라이싱 부위에 결합하는 스플라이솜의 결합을 불안정하게 하여 두 번째 엑손에 위치하고 있는 숨은 스플라이싱 부위로 이동을 통해 TRA 단백질을 생성하게 되며 오직 암컷에서만 일어나는 현상이다. 수컷의 경우는 SXL 단백질에 의한 방해 과정이 존재하지 않아 단백질로 합성을 이루어지지 않는 mRNA만을 생성한다. (C) 수컷에서는 *dsx* mRNA의 엑손 4가 건너 뛰어진 채 스플라이싱 과정이 일어나 수컷에만 존재하는 DSX 단백질이 생성된다. 암컷에서는 SR 단백질이 TRA 단백질에 결합을 통하여 안정화되고, 이것이 4번째 엑손인 ESE 위치에 결합을 하고, 이를 통해 숙성된 mRAN에 4번째 엑손이 남아 있게 된다. 5번째 엑손은 암컷에서는 유실되는데, 이것은 4번째 엑손과 5번째 엑손에 공여 부위가 존재하지 않아 5번째 엑손이 4번째 엑손과의 결합이 이루어지지 않게 된다는 것을 의미한다.

DXS 단백질에 의해 활성화된 전사 개시 활성자는 난자를 다양한 암컷으로 만든다.

암컷 혹은 수컷 버전의 DXS 단백질 형성은 세 단계의 경로를 통해 이루어진다(**그림 5.24A**). 첫 번째 단계에서는 선택적(optional) 엑손(그림에서 엑손 3)이 포함된 *sxl*로 불리는 유전자에서 시작된다. 이 엑손은 번역(translation)에 대한 종료 신호를 포함하고 있기 때문에, 이 엑손이 mRNA에 포함되면 종료를 알리는 단백질이 생산된다. 수컷과는 다르게 암컷에서는 스플라이싱 경로에서 이 엑손이 스킵되어 mRNA가 전체 길이, 즉 기능적인 SXL 단백질을 생산한다.

SXL 단백질은 초파리의 암컷에만 존재하면서 기능을 갖는 단백질로 초파리의 *tra* 유전자로부터 유래하였고, 두 번째 전사의 선택적 스플라이싱에 관여한다. 이 단백질은 유전자의 첫 번째 인트론의 수용체 위치를 방해하는 역할을 한다(그림 5.24B). 유전자의 스플라이싱 부위에 결합하는 스플라이솜의 결합을 불안정하게 하여, 두 번째 엑손에 위치하고 있는 모호한(cryptic) 스플라이싱 부위로 이동한다. 이러한 결과로, 암컷의 mRNA에서는 부분적인 결손이 발생한다. 이 경우에 있어서 모호한 위치를 선정하는 것은 오류에 의한 것이 아니라, TRA 단백질의 생성을 위해 오직 암컷에서만 일어나는 현상이다.

마지막 단계에 관여하는 단백질은 TRA 단백질로, 이 단백질도 역시 암컷에만 존재하면서 그 기능을 수행한다. TRA 단백질은 *dsx* 유전자의 스플라이싱 과정에 영향을 준다(그림 5.24C). 수컷에서는 TRA 단백질로부터의 영향이 없어 4번째 엑손의 스킵이 일어나지 않지만, 암컷에서는 SR 단백질이 TRA 단백질과의 결합을 통해 안정화된다. 그러므로 4번째 엑손이 ESE 위치에 결합을 하고, 이를 통해 mRNA에 4번째 엑손이 남는다. 5번째 엑손은 암컷에서 유실되는데, 이는 4번째 엑손과 5번째 엑손에 공여 부위가 존재하지 않아 5번째 엑손이 4번째 엑손과 결합이 이루어지지 않는다는 것을 의미한다. 따라서 암컷과 수컷의 *dxs* mRNA는 서로 다른 구조를 갖는다. 수컷의 mRNA는 엑손 1, 2, 3, 5 그리고 암컷의 mRNA는 1, 2, 3, 4의 연결된 구조를 갖는다. 이러한 mRNA의 차이를 통해 암컷과 수컷 사이에 서로 다른 형태의 DSX 단백질이 형성된다.

트랜스-스플라이싱에 의해 서로 다른 전사체로부터 유래한 엑손이 연결된다

지금까지 설명하였던 스플라이싱은 동일한 전사체 내에 있는 2개의 다른 엑손이 연결되는 과정이었다. 그러나 몇몇 생물체의 경우, 서로 다른 RNA 분자들 내에 있는 엑손들 사이에서 스플라이싱이 일어나기도 한다. 이러한 과정을 **트랜스-스플라이싱(trans-splicing)**이라고 하는데, 선충류의 일종인 *Caenorphabditis elegans*와 인간에게 수면병을 일으키는 편모충 원생 기생 동물들에게서 발견된다.

트랜스-스플라이싱은 동일한 길이의 짧은 RNA가 mRNA들의 5′ 말단에 결합하는 과정으로 일어난다(그림 5.25). 이때, 5′ 말단에 연결되는 RNA를 **spliced leader RNA (SL RNA)**라고 부른다. C. *elegans*에는 SL1과 SL2라는 두 종류의 SL RNA가 존재하며 각각의 길이는 약 100개의 뉴클레오티드로 구성되어 있고, 이 중에서 22개의 뉴클레오티드가 mRNA의 5′ 말단에 결합한다. 이러한 스플라이싱 반응은 그림 5.19와 매우 유사하게 이루어진다. 다른 점이 있다면, 스플라이싱 패턴이 올가미 구조를 형성하는 대신에 포크 형태의 구조를 이루는 것이다.

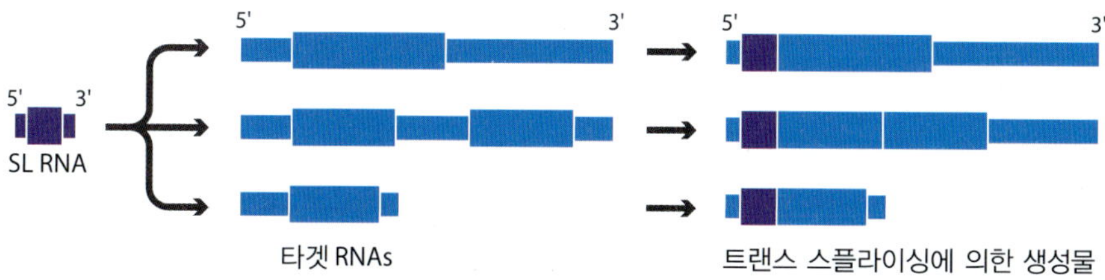

그림 5.25 트랜스-스플라이싱. 그림에서 SL RNA가 서로 다른 3개의 RNA의 5′ 말단에 트랜스-스플라이싱을 통해 결합하는 과정을 보여 주고 있다.

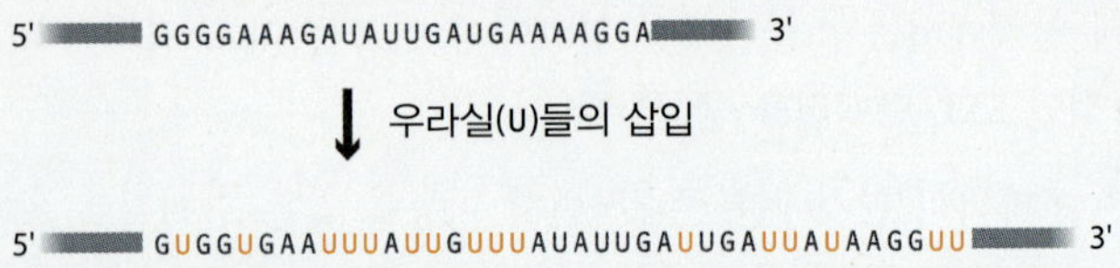

그림 5.26 *Trypanosoma* cryptogene의 편집 과정

트랜스-스플라이싱이 일어나는 이유는 알려지지 않았다. *C. elegnas* mRNA의 약 70%에서 트랜스-스플라이싱 반응이 나타나며, 대부분의 경우에 SL1 RNA가 결합되는 것으로 알려져 있다. 그리고 모든 경우에 있어서, 트랜스-스플라이싱은 mRNA의 5′ 말단 부위에 단순히 추가된 부분이 결합되어 단백질로 번역된다. 하나의 가능성은 mRNA가 단백질로 번역되기 위해 이러한 새로운 부위의 결합을 필요로 하는 것이다. 즉, 트랜스-스플라이싱은 *C. elegnas*에서 어떤 특정한 시간에 전사체에 있는 mRNA가 번역될 수 있도록 발현을 조절할 수 있는 수단이 될 수 있다.

5.3 mRNAs의 편집

끝으로 전사체의 구성에 영향을 미치는 것으로 **RNA 편집(RNA editing)**을 설명한다. 새로운 뉴클레오티드의 삽입, 결손, 또는 변화에 의해 mRNA에 있는 뉴클레오티드 염기서열이 달라지는 결과를 가져온다.

RNA 편집에는 다양한 타입들이 있다

RNA 편집은 1986년에 기생 원충의 일종인 *Trypanosoma brucei* 미토콘드리아 유전자의 위치에 대한 연구를 하는 도중에 발견되었다. 이것은 많은 mRNA가 **cryptogenes**(성숙된 mRNA에 존재하는 몇몇 뉴클레오티드의 결손)에 의해 특이화된다는 사실로부터 알게 되었다. Cryptogenes에서 유래한 최초의 전사체는 U(우라실)의 삽입으로 일어난다. 기능을 가진 mRNA의 수많은 서로 다른 위치에 첨가된 하나 혹은 그 이상의 Us에 의해서 편집은 매우 다양하게 발생한다(그림 5.26). 이 같은 특이한 과정은, 편집된 부위 안에 있는 mRNA와 염기쌍을 이루는 짧은 RNA, 즉 **안내 RNAs(Guide RNAs)**에 의해 조절된다(그림 5.27). 안내 RNAs는 mRNA에 Us가 삽입되어야 할 위치에 As를 포함하고 있으며, 이를 바탕으로 정확한 위치에 편집 과정이 일어난다. 이러한 과정을 **팬-편집(pan-editing)**이라 부르며, 특정한 편모충이나 기생 원충들에서 발견된다.

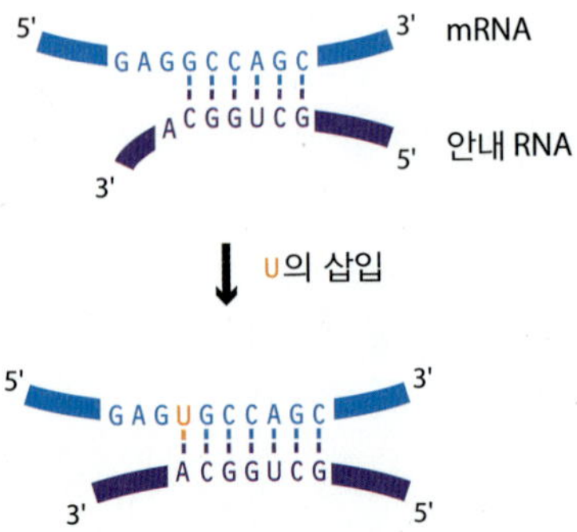

그림 5.27 Cytogene의 편집 과정에서 안내 RNA의 역할. 안내 RNA가 편집이 필요한 부위에 염기 간 결합을 통해 결합한다. 3′ 말단에 존재하는 A의 위치에 대응하여 mRNA에 U의 삽입 과정이 일어난다.

mRNA 편집 과정이 최초로 발견된 이후, 인간과 다른 포유동물을 포함한 여러 가지 생물체에서도 mRNA 편집이 일어나는 것이 발견되었다. 가장 연구가 많이 진행된 것은 apolipoprotein-B를 발현시키는 인간 mRNA의 편집에 관련된 것이다. 간 세포에서 생성된 이 mRNA는 4,563개의 아미노산으로 이루어진 apolipoprotein-B100이라는 단백질을 생산하고, 이 단백질은 혈류에서 지질 전달에 관여한다. 장 세포에서도 apolipoprotein-B가 발견되나, 이 경우에는 B48로 2,153개의 아미노산으로 구성되어 있어 B100에 비해 길이가 짧으며, 생화학적 특성 역시 약간 다르다. 처음에 이 2개의 단백질이 서로 다른 유전자로부터 유래된 것으로 여겨졌으나, 그 후에 동일한 유전자로부터 유래된 것이 밝혀졌다. 장 세포 내에서 mRNA에 있는 C의 4번째 탄소의 $-NH_2$ 부분이 제거되는 탈아미노 작용이 일어나 우라실로 전환되므로, 아미노산코드 CAA가 UAA로 전환되어 mRNA의 번역을 종료시키는 신호를 만든다(그림 5.28). 이러한 결과에 따라, 편집된 장 세포의 mRNA에 의해 암호화된 단백질은, 간 세포에 존재하는 편집되지 않은 mRNA에 의해 암호화된 단백질보다 더 짧은 길이를 갖는다.

시티딘 탈아미나아제(cytidine deaminase) 효소는, 편집할 부위의 양쪽 말단에 있는 뉴클레오티드에 의해 인식된 mRNA의 정확한 위치를 찾아 C→U로 전환시킨다. 그러나 특이하게도, apolipoprotein-B mRNA에서는 이러한 21-bp 인식 염기서열이 존재하지 않는다. 마찬가지로 중요한 것은, 이 같은 염기서열이 인간의 다른 mRNAs에서는 존재하지 않는 것처럼 보인다. 그러므로 탈아미나아제가 오류에 의해 잘못된 mRNA를 편집하는 일은 발생하지 않는다.

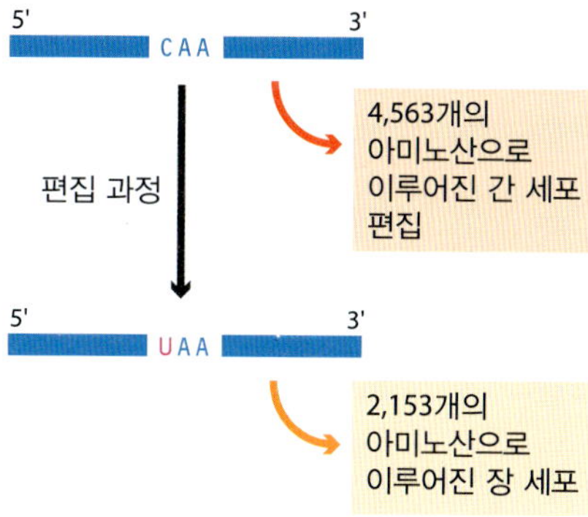

그림 5.28 인간 apolipoprotein-B의 편집 과정

주요 개념

- 세포 안에 존재하고 있는 mRNA의 내용물을 전사체(transcriptome)라고 한다. 전사체에서 중요한 것은, 포함된 mRNA들의 존재 여부와 그들의 상대적인 양이다.
- 전사체는 수백 혹은 수천 개의 서로 다른 mRNA를 포함하고 있다. 흔히, 개개의 mRNA는 전사체 중에서 오직 작은 부분만을 구성한다. 또한 예외적으로, 전사체에 하나 혹은 소수의 mRNAs가 존재하는 특이한 생화학 특성을 갖는 세포들도 있다.
- 전사체의 구성성분은 시간에 따라 변화할 수 있다. 이전에 침묵했었던 유전자의 전사를 통해 전사체에는 새로운 타입의 mRNA가 추가될 수 있다. mRNA의 턴오버(turnover)라는 의미는 유전자의 mRNA가 꺼질 때, 전사체가 사라지는 것이다.
- 대부분 mRNA의 분해 과정은 그들이 목표로 하는 mRNA에는 상관없이 비특이적인 것으로 보인다. 예외적인 것은, microRNA에 의해 매개되는 분해 경로를 통한 특정 진핵세포에서의 mRNA 침묵이다.
- 전사는 유전자의 충실한 복제이다. 만일 유전자가 인트론을 포함하고 있다면, 최초의 전사물도 당연히 이 복제들을 포함한다. 따라서 이 전사물이 성숙한 RNA로 기능을 할 수 있기 전에, 인트론은 전사물로부터 제거되고 엑손들끼리 서로 연결되어져야만 한다.
- mRNA에서 인트론이 제거되는 과정은 세 단계의 경로를 거치며, 이때 소형핵 리보 단백질(snRNP)라고 불리는 RNA-단백질 복합체가 작용한다.
- 많은 유전자는 둘 혹은 그 이상의 선택적 스플라이싱 경로를 거치는데, 최초의 전사물은 서로 관련이 있지만 다른 mRNA를 갖는다. 그러한 결과로, 서로 관련이 있지만 다른 단백질이 생산된다.
- mRAN의 염기서열은, 새로운 뉴클레오티드의 삽입, 결손, 변형과 같은 RNA 편집 과정을 통해 바뀔 수 있다.

질문 & 문제 (해답은 www.garlandscience.com/introgenetics에서 찾을 수 있다)

주요 용어들

다음 용어에 대한 간단한 정의를 서술하시오.

acceptor site	autosome	cryptogene
alternative splicing	cryptic splice site	deadenylation-dependent decapping

decapping
Dicer
donor site
endonuclease
exon skipping
exonic splicing enhancer
exonic splicing silencer
exonuclease
foldback RNA
guide RNA
half-life
heterogeneous nuclear RNA
metabolome
metagenome
metastasis
microRNA
microarray analysis
microbiome
mismatch
mitochondrial genome
mRNA surveillance
nucleic acid hybridization
nucleolus
nucleoplasm
'ome
pan-editing
polypyrimidine tract
proteome
reverse transcriptase
ribonuclease
RNA editing
RNA-induced silencing complex
RNA interference
RNA silencing
short interfering RNA
small nuclear ribonucleoprotein
spliced leader RNA
spliceosome
splicing
SR protein
termination codon
transcriptome
trans-splicing

자습 문제들

5.1 "전사체"를 정의하시오. 전사체와 연결된 세포의 단백질체 및 대사체는 어떻게 존재할까?

5.2 전사체의 특징을 밝혀내기 위해, 어떤 마이크로어레이 분석 방법이 사용되고 있는지 설명하시오. 왜 mRNA를 직접 마이크로어레이에 적용하지 않을까?

5.3 암 연구에 있어 마이크로어레이 분석 응용에 대한 짧은 에세이를 서술하시오.

5.4 전사체가 시간이 지남에 따라 변화하는 과정에서, 왜 전사체의 필수적인 부분의 mRNA 분해가 중요한 것인가?

5.5 박테리아와 진핵세포 mRNA 반감기의 차이점을 설명하시오. 개개의 세포와 기관에서 볼 수 있는 반감기는 어떻게 다양하게 나타나는가?

5.6 엑소뉴클레아제와 엔도뉴클레아제의 차이점은 무엇인가?

5.7 $3' \rightarrow 5'$ 방향으로 RNA를 분해하는 엑소뉴클레아제가, 왜 박테리아의 mRNA는 분해시킬 수 없는가?

5.8 종결 코돈이 어떻게 "mRNA 감시"라고 불리는 진핵세포의 RNA 분해 과정에 관여하는지 설명하시오.

5.9 진핵세포의 RNA의 분해 과정 중 deadenylation-dependent decapping에 대해서 설명하시오.

5.10 Dicer는 무엇이고, 어떤 일을 하는가?

5.11 접힌 RNA와 microRNA 사이에는 어떤 관계가 있는가?

5.12 번역이 되기 전에, 왜 mRNA에서 인트론의 제거가 필수적인가?

5.13 왜 유전학자들은 스플라이싱이 핵 안에서 일어난다고 결론을 내렸는지 설명하시오.

5.14 인트론과 엑손 경계 면의 핵심 염기서열에 대해 설명하시오. 스플라이싱 경로에서 인트론 내부에 어떤 추가된 염기서열이 중요한가?

5.15 RNA 스플라이싱 경로에서 일어나는 일련의 과정들에 대해 자세히 설명하시오. 공여체 부위와 수용체 부위는 어떻게 명명되었는지, 그리고 서로 다른 snRNP의 역할에 대해 명확하게 구분하여 설명하시오.

5.16 스플라이싱 동안, 올바른 스플라이싱 위치가 선택되기 위해서는 어떤 과정을 거치는가?

5.17 인간 세포에서 일어나는 선택적 스플라이싱에 대하여 한 가지 예를 들어보시오.

5.18 초파리의 성결정에서, 선택적 스플라이싱의 역할을 그림을 통해 자세히 설명하시오.

5.19 트랜스-스플라이싱의 의미를 한 가지 예를 들어 설명하시오.

5.20 Pan-editing에서 안내 RNA의 역할에 대해 설명하시오.

5.21 어떠한 RNA 편집을 거쳐서 두 가지 다른 형태의 인간 apolipopretien-B가 생성되는지에 대해 설명하시오.

토의 주제들

5.22 전사체와 단백질체는 각각 게놈의 발현에 있어 중간 산물과 최종 산물로 볼 수 있다. 게놈의 발현을 이해함에 있어서 이러한 용어들의 장점과 한계점에 대해 평가해 보시오.

5.23 전사체 연구는 유전자의 기능을 어느 정도까지 밝힐 수 있을까?

5.24 Poly(A) 꼬리는 진핵세포 mRNA의 반감기에 어떻게 영향을 미칠까?

5.25 GU-AG 인트론 이외에, 어떤 진핵세포의 유전자에서는 AU-AC 인트론이 존재한다. AU-AC 인트론 역시 GU-AG와 유사성을 갖는다는 정보를 이용하여 AU-AC 인트론의 스플라이싱 경로를 어떻게 연구해 왔나를 설명하시오.

5.26 RNA 편집의 발견에 의해 야기된 질문들을 토론해 보시오.

추천 문헌

Blencowe BJ (2000) Exonic splicing enhancers: mechanism of action, diversity and role in human genetic diseases. *Trends Biochem. Sci.* 25, 106–110.

Blencowe BJ (2006) Alternative splicing: new insights from global analyses. *Cell* 126, 37–47.

Bushati N & Cohen SM (2007) MicroRNA functions. *Annu. Rev. Cell Dev. Biol.* 23, 175–205.

Cheang MCU, van de Rijn M & Nielsen TO (2008) Gene expression profiling of breast cancer. *Annu. Rev. Pathol. Mech. Disease* 3, 67–97. *Applications of transcriptome analysis in cancer studies.*

Coller J & Parker R (2004) Eukaryotic mRNA decapping. *Annu. Rev. Biochem.* 73, 861–890. *Decapping and RNA degradation.*

Kaddurah-Daouk R, Kristal BS & Weinshilboum RM (2008) Metabolomics: a global biochemical approach to drug response and disease. *Annu. Rev. Pharmacol. Toxicol.* 48, 653–683.

Mello CC & Conte D (2004) Revealing the world of RNA interference. *Nature* 431, 338–342.

Padgett RA, Grabowski PJ, Konarska MM & Sharp PA (1985) Splicing messenger RNA precursors: branch sites and lariat RNAs. *Trends Biochem. Sci.* 10, 154–157. *A good summary of the basic details of RNA splicing.*

Smith HC & Sowden MP (1996) Base-modification mRNA editing through deamination: the good, the bad and the unregulated. *Trends Genet.* 12, 418–424. *Apolipoprotein-B and similar editing systems.*

Stoughton RB (2005) Applications of DNA microarrays in biology. *Annu. Rev. Biochem.* 74, 53–82.

Stuart KD, Schnaufer A, Ernst NL & Panigrahi AK (2005) Complex management: RNA editing in trypanosomes. *Trends Biochem. Sci.* 30, 97–105.

Venter JC, Remington K, Heidelberg JF et al. (2004) Environmental genome shotgun sequencing of the Sargasso Sea. *Science* 304, 66–74. *An example of metagenomics.*

Wahl MC, Will CL & Lührmann R (2009) The spliceosome: design principles of a dynamic RNP machine. *Cell* 136, 701–718. *Review of RNA splicing with focus on the role of the spliceosome.*

RNA 분자의 종류: 비번역 RNA CHAPTER 6

세포 안에 존재하는 RNA 중 일반적으로 4% 미만의 RNA가 mRNA이며, 대부분은 비번역 RNA(noncoding RNA)로 구성된다. 비번역 RNA는 단백질로 번역(translation)되지 않으며, 세포 안에서 RNA 자체로 역할을 가진다. 어떤 미생물은 전체 세포의 무게 중 약 6%인 0.05~0.10 pg의 비번역 RNA를 보유하고 있으며, 포유동물의 세포는 20~30 pg의 비번역 RNA를 보유하고 있지만, 세포의 크기가 미생물보다 크기 때문에 무게로 보면 약 1% 정도이다.

5장에서 이미 siRNA, microRNA와 snRNA의 3가지 종류의 비번역 RNA를 언급했고, 이것들은 RNA의 분해와 절단에 있어서 각각의 역할을 한다고 설명하였다. 이번 장에서는 리보솜 RNA(ribosomal RNA, rRNA)와 운반 RNA(transfer RNA, tRNA), 이렇게 두 가지 다른 형태의 비번역 RNA에 대해 설명하고자 한다. 이 두 가지 RNA는 mRNA가 단백질로 번역됨에 있어 중요하다. 이러한 두 가지 RNA에 대해서 앞으로 7장과 8장에서 그 기능에 대해서 자세하게 설명하겠지만, 그 전에 먼저 각각의 구조에 대해서 살펴볼 것이며, rRNA와 tRNA가 어떻게 전사되어 형성되는지에 대해서도 알아볼 것이다.

6.1 리보솜 RNA

리보솜 RNA(Ribosomal RNA)는 **리보솜(Ribosome)**의 일부분이다. 리보솜은 여러 가지 분자들이 결합되어 있는 복합체로 세포 안에서 단백질 합성에 관여하고 있다. 또한, 유전자의 발현 단계 중 두 번째 단계에서 mRNA와 함께 단백질 합성에 관여한다(**그림 6.1**).

리보솜은 rRNA와 단백질로 구성이 되어 있으며 세포 안에서 굉장히 많은 수가 존재한다. 개체수가 증가하고 있는 상태의 미생물에는 약 20,000개 이상의 리보솜이 존재하며 이 단계에서 리보솜에 포함되어 있는 RNA는 전체 RNA의 80%, 단백질은 전체 단백질의 10% 정도의 비율로 존재한다. 처음에 리보솜은 단백질 합성에 있어 하나의 구성 요소로 단순히 번역이 이루어지는 구조로서의 역할을 하는 것으로 생각되었다. 그러나 최근 몇 년간의 연구를 거치면서 이러한 관점에 변화가 시작되었다. 리보솜은 번역이 일어나는 과정 중에 필요한 여러 가지 화학 작용에 중심적인 역할을 하며, 단백질에서 아미노산들의 결합을 통해 펩타이드의 형성을 위한 펩타이드 결합에 중요한 촉매 역할을 하고 있음이 알려졌다.

리보솜에 대한 구조를 이해하기 위해 지난 50년 동안 수많은 연구들이 진행되었다. 지금부터 어떠한 연구를 통해서 리보솜에 대한 구조를 이해하였는지에 대해 알아보기로 하자.

밀도구배 원심분리를 통한 리보솜과 그 부속물들에 대한 연구가 시작되었다

최초에 리보솜은 "마이크로솜"이라고 불렸었다. 왜냐하면 20세기 초반에 처음 발견되

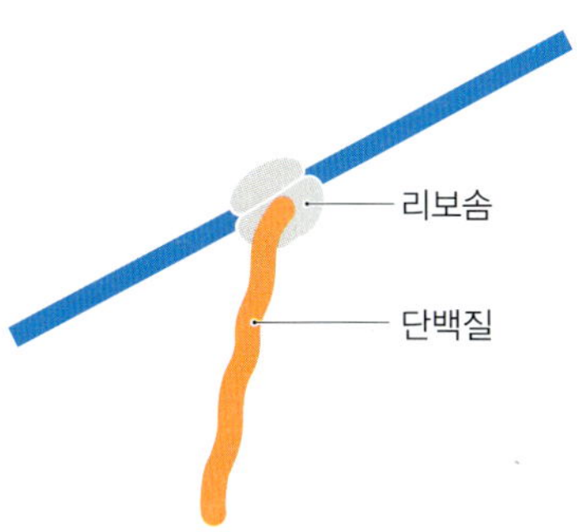

그림 6.1 mRNA에 리보솜이 결합하여 mRNA와 함께 단백질 합성에 관여한다.

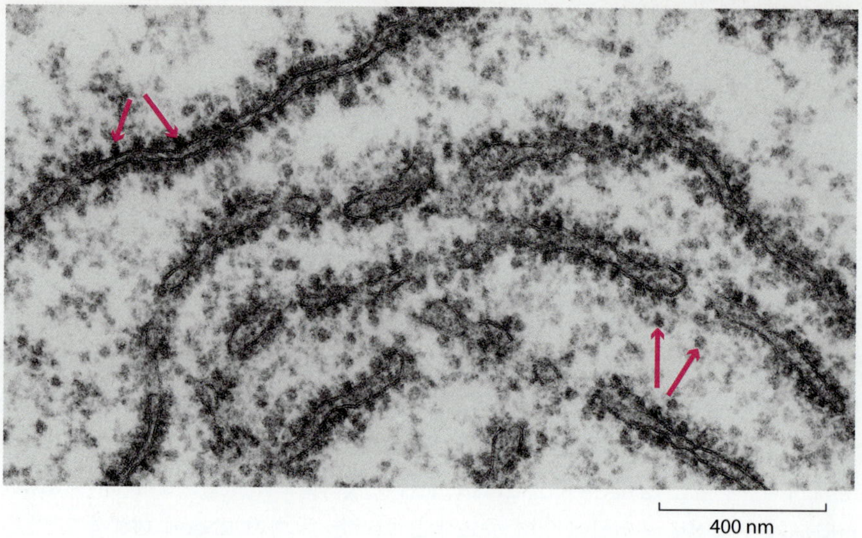

그림 6.2 전자현미경을 이용하여 관찰된 동물 세포의 리보솜. 붉은색 화살표로 표시된 검은 점처럼 보이는 물질이 리보솜이다. 세포질(cytoplasm) 내에 존재하거나 막에 결합된 형태로 확인된다. (Courtesy of the late Professor George Palade.)

었을 때 광학현미경을 이용한 관찰에서 리보솜은 단순히 작은 점으로 보였기 때문이다. 1940년부터 1950년대에 전자현미경에 의해서 박테리아의 리보솜이 29 nm × 21 nm의 타원형으로 처음 관찰되었으며 진핵세포의 리보솜은 종에 따라 크기의 차이가 약간 있지만 평균적으로 32 nm × 22 nm로 박테리아에 비해서 약간 크다(**그림 6.2**). 1950년대 중반에 리보솜은 단백질 합성에 관여하는 것으로 확인되었으며 이러한 구조를 확인하기 위해 많은 실험들이 수행되었다.

리보솜의 구조를 확인하기 위한 최초의 시도는 **밀도구배 원심분리(density gradient centrifugation)**을 통해서 리보솜이 어떤 구성 성분들로 이루어져 있는지는 확인하는 것이었다(**그림 6.3**). 일반적으로 세포 추출물은 수용액 상태에서는 원심력에 의해 구분이 이루어지지 않는다. 그러나 슈크로오스(sucrose)에 의해 밀도구배가 이루어지면, 세포 추출액은 밀도구배에 의해서 분리가 이루어지며 밀도가 높은 물질일수록 튜브의 아래쪽으로 이동하게 된다. 밀도구배 원심분리는 세포 추출물을 밀도구배가 이루어진 튜브 위에 넣은 후 최소한 500,000 × *g* 이상의 매우 빠른 속도로 수 시간 동안 원심분리를 수행하여 결과물을 얻어낸다. 이러한 조건에서 **침강 상수(sedimentation coefficient)**의 차이에 따라서 세포 추출물들의 이동의 정도가 달라지며 이에 따라 분리가 이루어진다. 침강 상수는 1920년대 초반에 초고속 원심분리(ultracentrifuge)를 처음으로 완성한 스웨덴의 화학자인 Svedberg의 이름을 따서 svedberg (S)상수라고 하였다. S값은 분자의 분자량과 모양 등 여러 가지 조건에 의해서 결정된다.

밀도구배 원심분리를 통한 연구에서 진핵세포의 리보솜의 침강 상수는 80S를 가지며, 박테리아의 경우에는 70S의 침강 상수를 가지는 것으로 확인되었다(**그림 6.4**). 각각의

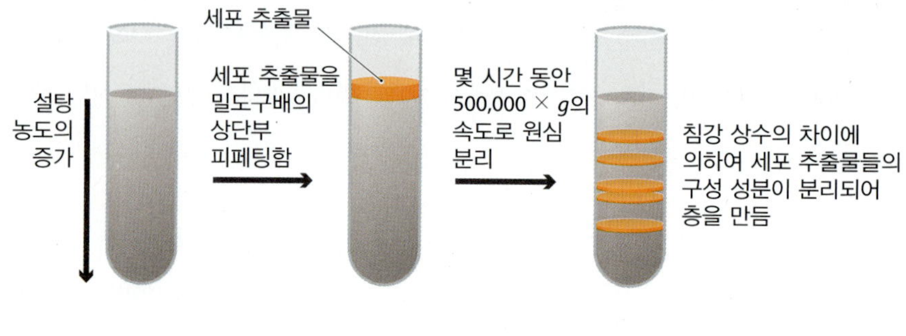

그림 6.3 밀도구배 원심분리. 슈크로오스에 의해 밀도구배가 형성되어 있는 원심분리 튜브의 상층부에 세포 추출액을 놓고 매우 빠른 속도로 원심분리를 수행하면 세포 부속물들의 이동의 정도는 각각의 침강 상수에 따라 달리 이동하게 된다.

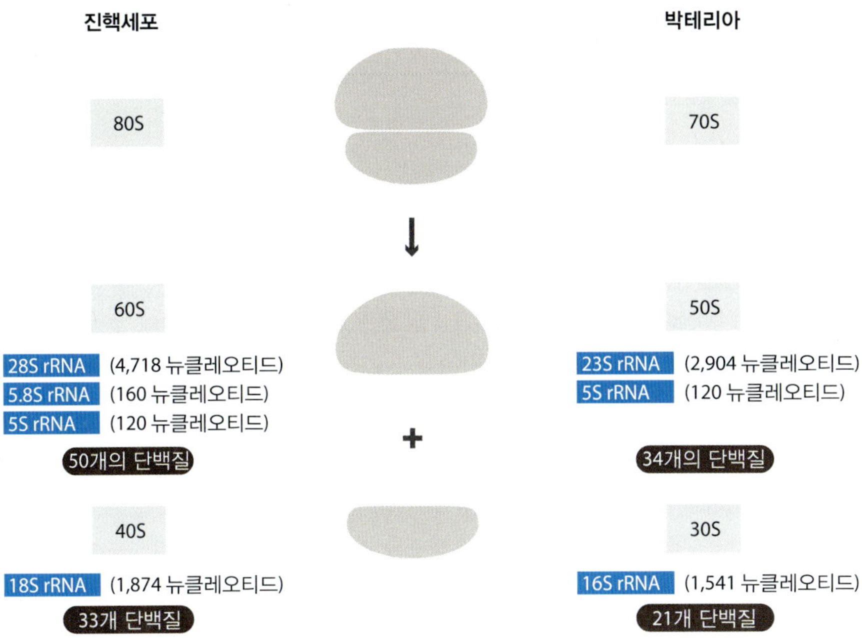

그림 6.4 진핵세포와 박테리아의 리보솜의 구성 성분. 진핵세포는 특정 세포를, 박테리아의 경우는 대장균을 기준으로 설명하였다. 실제 여러 가지 종에 따라서 리보솜 단백질의 개수의 차이가 존재한다.

리보솜은 2개의 단위 구조로 이루어져 있고, 진핵세포의 경우는 60S와 40S로 이루어져 있으며 박테리아의 경우는 50S와 30S로 이루어져 있다. 침강 상수는 분자량에 의해서만 결정되는 것이 아니라 그 구조 및 형태에 의해서도 결정되므로 2개의 단위 구조의 침강 상수의 합이 전체보다 크다고 해서 오류는 아니다.

진핵세포의 경우, 큰 단위 구조에 28S, 5.8S 그리고 5S의 침강 상수를 가지는 3개의 rRNA를 가지고 있으며 박테리아의 경우는 큰 단위 구조에 23S와 5S, 이렇게 2개의 rRNA를 가지고 있다. 박테리아의 23S 분자는 진핵세포의 5.8S에 해당하는 구조를 포함한다. 진핵세포의 18S와 박테리아의 16S는 하나의 rRNA만을 포함하고 있다. 2개의 구조 단위는 여러 가지 종류의 **리보솜 단백질(ribosomal protein)**을 포함하고 있으며, 큰 구조의 단위의 단백질들은 L1, L2 등으로 명명하고 작은 단위 구조에 포함된 단백질은 S1, S2 등으로 명명한다. 이합체로 존재하고 있는 L7과 L12를 제외한 모든 단백질들은 리보솜 안에 하나씩만 존재한다.

리보솜의 세부 구조에 대한 이해

고전적인 개념에서 rRNA의 역할은 리보솜의 기능을 제공하는 단백질의 지지체로써 이해되어 왔었고, 이러한 이유로 rRNA들은 안정적인 3차 구조를 형성하고 있어야 그 역할을 수행할 수 있다고 생각되어 왔다. 이와 같은 안정적인 3차 구조의 형성을 위해 rRNA는 내부 혹은 외부의 베이스 간의 결합을 통하여 구조를 형성한다고 생각되었었다. 이러한 베이스 간의 결합 중에 구조의 결정에 중요한 역할을 하는 결합은 서로 다른 분자들 간의 외부 베이스에 의한 결합보다 rRNA 내부의 염기 간의 결합이다.

그림 6.5에서 대장균의 작은 구조 단위를 형성하는 16S rRNA의 베이스 결합을 통한 2차 구조를 나타내었다. 이 구조는 컴퓨터를 통한 모델링과 실험을 통한 결과를 결합하여 나타낸 결과이다. 우선 대장균의 16S rRNA의 염기서열을 결정한 후 컴퓨터를 이용하여 베이스 간의 결합이 이루어질 수 있는 부분을 확인하였다. 대장균과 다른 박테리아의 16S rRNA의 염기서열을 비교하여 보면 약간의 차이는 있지만 이러한

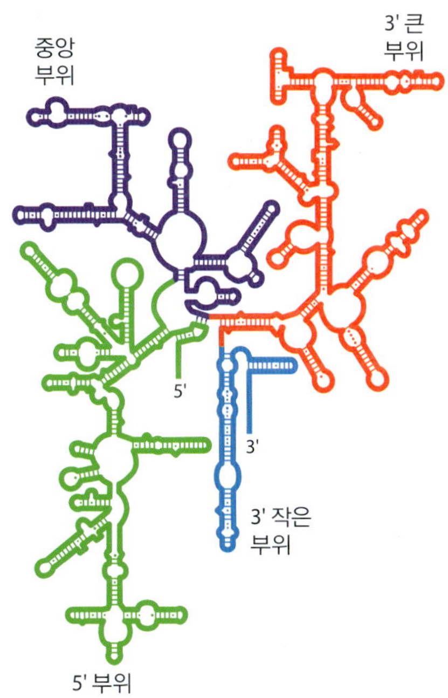

그림 6.5 대장균의 16S rRNA의 염기 간 결합을 통한 구조. rRNA는 일직선으로 존재하는 단일 물질이나 내부의 염기 간 결합을 통해 4개의 도메인을 구성하게 되고 이 부분을 다른 색으로 나타내었다. 일반적으로 알려진 염기 결합 (G–C, A–U) 이외에서 일반적이지 않은 결합(예를 들어 G–U)이 이루어 질 수 있으며 염기 간 결합의 말단 부분에서 이러한 일반적이지 않은 결합들이 나타난다. 이러한 일반적이지 않은 결합은 점으로 나타내었다.

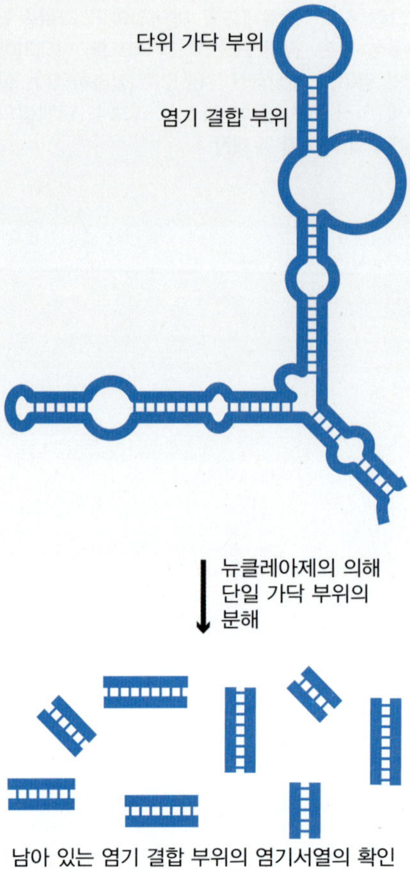

그림 6.6 유전자의 단일 가닥 부위에만 작용하는 핵산분해효소(ribonuclease)를 이용하면 염기쌍 형성이 이루어진 부위를 확인할 수 있다.

구조가 다른 박테리아에서도 가능하다는 것을 유추할 수 있다. 컴퓨터를 통해 모델링된 구조를 확인하기 위해서 베이스 간의 결합이 이루어지지 않은 부분을 분해하는 리보뉴클레아제를 처리하면 결합이 이루어진 부분만이 남겨지게 된다(그림 6.6). 이를 통해 컴퓨터 모델링을 통해 얻어낸 구조가 실제로 이루어지는지에 대해 확인을 해 본 결과, 모델링을 통해 얻어낸 결과가 유효성을 가지고 있음을 알게 되었다.

위에서 수행한 실험과 함께 대장균의 작은 구조 단위에 결합하는 단백질들을 이용한 실험을 수행하여 구조의 분석을 수행한다. 이런 실험법을 **핵산분해효소보호부위분석법(nuclease protection)**이라고 한다. 이는 특정 부분에 결합하는 단백질을 처리한 후에 단일 결합이나 이중 결합에 관계없이 유전자를 분해하는 효소를 처리해 단백질에 의해 보호되지 않은 RNA를 분해한 후 보호를 위해 결합시킨 단백질을 제거하여 보호된 위치의 RNA를 분석하는 방법이다. 단백질이 rRNA에 결합되지 않았다면 이 부위를 분해효소가 분해한다(그림 6.7A). 단백질이 rRNA에 결합되어 있다면 분해효소가 작용하지 않게 된다. 분해 작용이 완료된 후 분해효소를 불활성화시키고 결합된 단백질을 제거하면 어떤 부위에 단백질이 결합되었는지를 확인할 수 있다(그림 6.7B).

전자현미경과 X-ray 크리스탈을 이용한 리보솜의 3차 구조의 결정

그림 6.5에서 나타난 구조는 2차 구조로 리보솜의 3차 구조에 대한 정보를 제공해 주

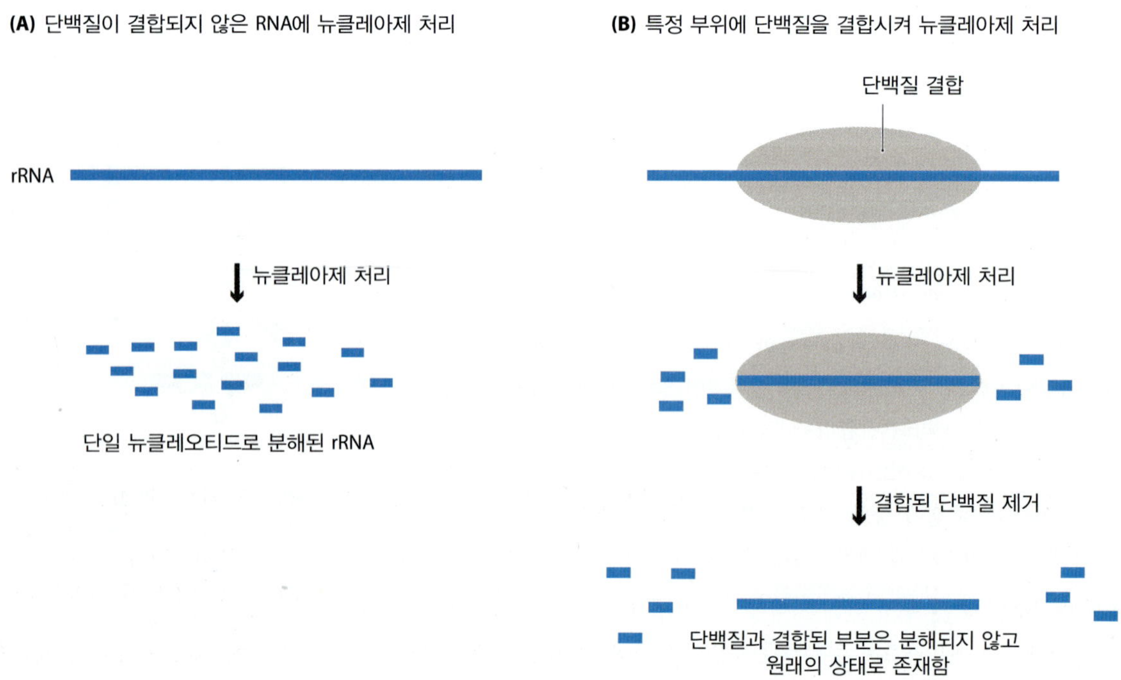

그림 6.7 RNA 분자에 결합하는 단백질 부위를 구분하기 위해 수행한 핵산분해효소보호부위분석법의 원리. (A) RNA에 어떠한 단백질로 결합하지 않아 RNA 가닥이 보호되지 않으면 모든 RNA가 분해된다. (B) 특정 부위에 단백질이 결합하면 이 부위를 제외한 다른 부위만 핵산분해효소에 의해 분해가 되고 이후 분해 효소의 불활성화 후 결합되었던 단백질을 제거하여 결합 부위를 확인한다.

지는 않는다. 오랫동안 연구가 2차 구조에 대한 연구로부터 3차 구조에 대한 연구로 매우 느리게 진행되어 왔었지만 지난 10년 동안 전자현미경과 X-ray 회절분석법에 의해서 이 분야에서 괄목할 만한 연구가 진행되었다.

초기에 리보솜이 발견이 되었을 때 그 크기가 너무 작아서 전자현미경을 사용하여도 흐릿한 이미지만을 제공하였기에 3차 구조를 확인하기가 너무 어려웠다. 그러나 전자현미경이 점점 발달되고 기술이 정교해지면서 **면역전자현미경법(immunoelectron microscopy)**과 같은 기술적 혁신으로 새로운 정보를 얻을 수 있게 되었다. 특정 리보솜의 단백질과 결합하는 항체를 처리하여 항체의 결합이 이루어지면 면역전자현미경으로 관찰한다(그림 6.8). 이 항체는 단백질이지만 항체의 결합된 부위의 이미지를 선명하게 하기 위해 금과 같이 신호를 증폭시켜 주는 물질로 표지되어 있다. 이로 인해 리보솜 표면에 위치하고 있는 단백질에 이 항체 단백질이 결합함으로써 3차 구조 해석에 도움을 준다.

X-ray 회절분석법은 리보솜을 포함하여 생체 물질의 3차 구조의 분석에 매우 유용한 기술이다. 대상 물질인 리보솜의 크기가 클수록 x-ray에 의해 얻어지는 데이터의 양이 복잡해지고 매우 많아져서 그 분석이 어려웠지만, 최근 기술이 발달함에 따라 데이터들을 해석할 수 있게 되었다. 이 기술을 이용하여 리보솜의 전체 구조를 밝혀내었으며 mRNA와 tRNA가 결합되어 있는 상태에서도 그 구조를 확인할 수 있었다(그림 6.9). 이러한 과정은 8장에서 설명할 단백질의 합성을 이해하는 데 도움을 줄 것이다.

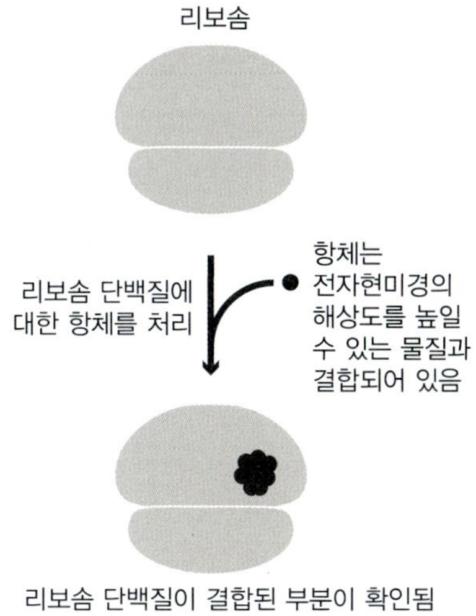

그림 6.8 면역전자현미경법을 통해 리보솜에 결합하는 단백질의 위치를 확인

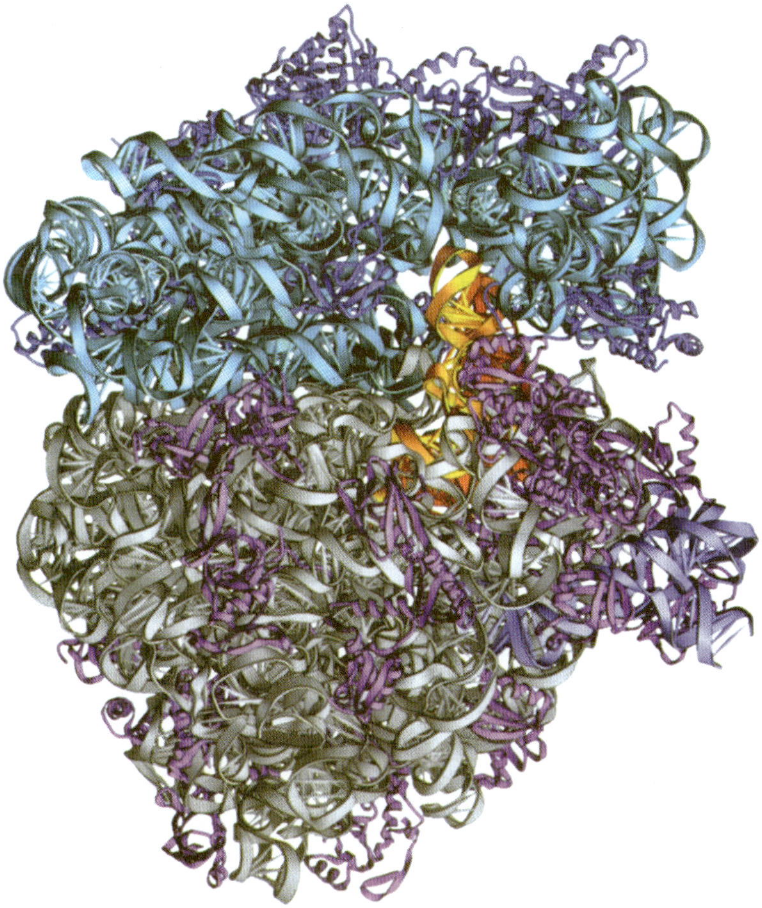

그림 6.9 박테리아의 리보솜. 그림에서 보이고 있는 리보솜은 *Tehermus thermophilus*의 리보솜이다. 위쪽에 있는 밝은 푸른색으로 표시되어 있는 부분은 16S rRNA이며 이 부위에 결합하고 있는 리보솜 단백질은 어둡게 표시되었다. 회색으로 표시된 부분은 rRNA의 큰 단위 구조 부분이며 이 부위에 결합되어 있는 단백질들은 보라색으로 표시되었다. 금색으로 표시된 부분은 단백질 합성 과정에서 tRNA가 들어가는 부위이다.

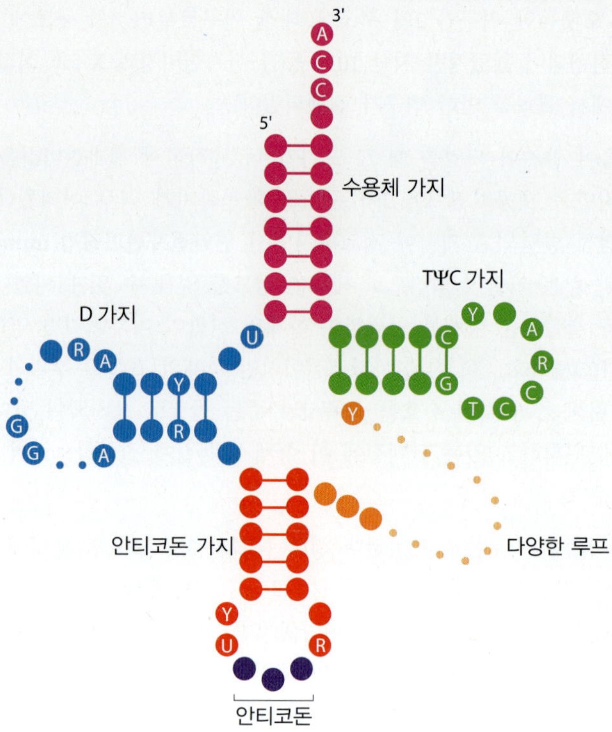

그림 6.10 tRNA은 클로버 잎 구조. 보존된 염기서열(A, C, G, T, U와 Ψ, Ψ는 슈도우리딘(pseudouridine)이다)과 같은 그룹의 염기서열로 유사염기서열(R, 퓨린: Y, 피리미딘)을 나타내었다. Optional 부분은 작은 점으로 나타내었으며, 이 부위가 모든 tRNA에 존재하지는 않는다.

6.2 운반 RNA

운반 RNA(Transfer RNA, tRAN) 역시 단백질의 합성에 관여하지만 그 역할은 rRNA와는 완전히 다르다. tRNA는 번역되어야 하는 mRNA와 합성되는 단백질 사이의 연결고리 역할을 한다. 우리는 7장과 8장에서 유전 암호와 단백질 합성에 대해 알아볼 때 이러한 tRNA의 기능에 대해서도 자세히 다룰 것이므로, 이번 장에서는 그 구조에 대해서만 확인하도록 하자.

모든 tRNA는 유사한 구조를 가지고 있다

tRNA는 대부분 74개에서 95개의 염기서열로 이루어진 작은 분자이며 각각의 생물체들은 많은 수의 여러 가지 종류의 tRNA를 합성한다. 그러나 거의 대부분의 tRNA는 유사한 베이스의 결합 구조를 가지고 있으며, 그림 6.10에서 보이는 것과 같이 **클로버 잎(cloverleaf)**과 같은 구조를 가진다(**그림 6.10**).

이런 클로버 잎 구조는 5개의 부분으로 구분된다. 첫 번째 부분은 **수용체 가지(acceptor arm)**로 5′과 3′ 말단에 7개의 베이스 결합으로 구성된다. 단백질 합성 과정 중에 아미노산은 이 수용체 가지 3′ 말단의 아데노신에 결합하며 3′ 말단 서열은 CCA로 고정되어 종류에 따라 변화되지 않는 보존 서열이다.

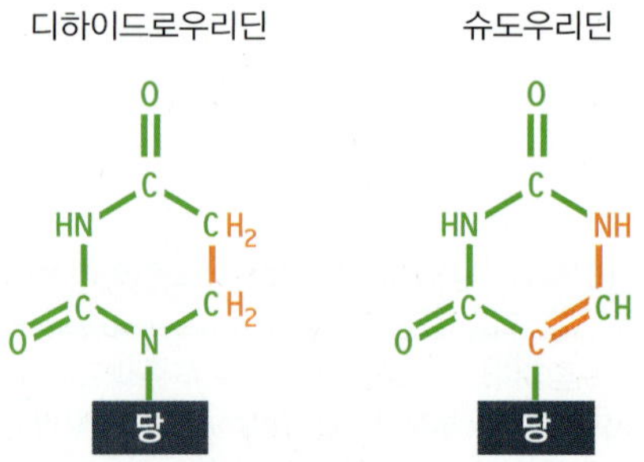

그림 6.11 tRNA에서 발견되는 두 가지 변형된 뉴클레오티드. 변형 뉴클레오티드 모두 우리딘(uridine)으로부터 시작되어 변형이 된다. 원래의 구조와 다른 변형된 위치를 갈색으로 나타내었다.

두 번째 부분은 **D 가지(D arm)**로 불려지는 곳으로 변형된 뉴클레오티드인 디하이드로우리딘(dihydrouridine)으로부터 유래된 이름이다(**그림 6.11**). 세 번째 부분은 **안티코돈 가지(anticodon arm)**로 이 부분에 대한 자세한 설명과 단백질 합성에의 역할은 7장에서 설명하기로 한다.

안티코돈 가지 다음으로 나타나는 부분은 **extra**(또는 **optional**, **variable**) 루프(loop)

부분으로 3개 혹은 5개의 뉴클레오티드로 이루어져 있는 것이 있는가 하면, 좀 더 큰 헤어핀 구조를 이룰 때는 13개에서 21개의 뉴클레오티드로 이루어지기도 한다. 작은 루프로 이루어진 tRNA은 약 75%로 이들을 class I이라 하며 큰 루프로 이루어진 tRNA는 class II라고 한다. 마지막 부분은 **TΨC 가지(TΨC arm)**로 싸이미딘(thymidine)-슈도우리딘(pseudouridine)-시토신(cytocine)의 염기서열로부터 붙여진 이름으로 모든 tRNA에 존재하는 부분이다. 슈도우리딘은 그림 6.11에서 보이듯이 변형된 뉴클레오티드이다.

이런 클로버 잎과 구조는 거의 모든 tRNA에게서 나타나는 구조이다. 이런 구조가 나타나기 위해서는 일부 뉴클레오티드는 보존되어 있어야 하며 실제로 보존되어 있다. 또한 보존되어 있지 않더라도 피리미딘 뉴클레오티드 혹은 퓨린 뉴클레오티드로 구성되어 있으며, 위치는 그림 6.10에 표시되어 있다.

이렇게 클로버 잎의 형태로 나타나는 2차 구조가 tRNA의 유일한 2차 구조임에도 세포 안에서는 여러 가지 형태의 3차 구조를 형성할 수 있다. 그림 6.12에서 나타내어진 3차 구조는 x-ray 회전분광법에 의해서 결정되었다. 클로버 잎에서 나타내어진 염기 사이의 결합은 여전히 유지하고 있지만 D 가지와 TΨC 가지에서 클로버 잎 구조의 다른 부분에 추가적인 베이스 결합이 발견되었다. 이러한 추가적인 베이스 결합은 3차 구조를 좀 더 단단하게 만들어서 L자 형태의 구조를 가지게 한다. 추가적인 베이스 결합을 이루는 염기들은 각각의 tRNA에서 일정하게 보존된 뉴클레오티드들이거나 같은 종류의 뉴클레오티드들로 이루어져 있다. 3차 구조에서 수용체 부위와 안티코돈 부분은 서로 반대 위치에 존재하게 됨을 기억하도록 하자.

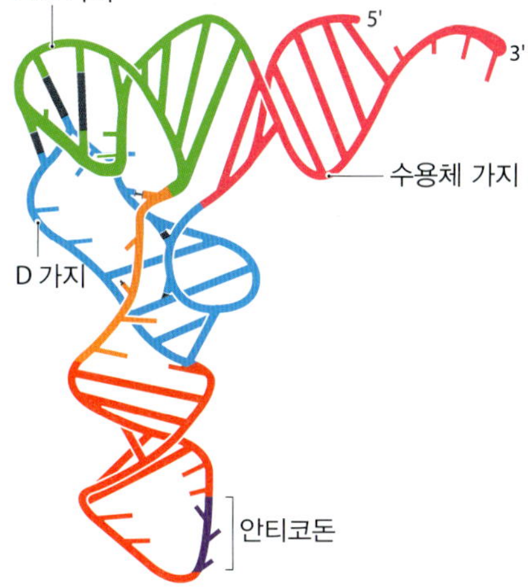

그림 6.12 tRNA의 3차 구조. 2차 구조에서 형성된 결합 이외의 염기 간의 결합은 검은색으로 나타내었으며 대부분의 경우 D-가지와 TΨC 가지 사이에 그림에서 나타낸 결합이 존재하고, 이를 통해 L자 형태의 구조를 나타내게 된다. 색상은 그림 6.10을 참조

6.3 전구체로부터 리보솜 RNA와 운반 RNA를 형성하는 과정

rRNA와 tRNA는 단백질 합성에 있어서 중요한 역할을 하지만 유전자로부터 전사되는 단계에서는 기능을 가질 때와는 달리 완전히 다른 형태로 나타난다. 이런 최초의 전사 과정은 숙성된 RNA들보다 길이가 길거나 때로는 하나 이상의 rRNA 혹은 tRNA를 포함하기도 한다(그림 6.13). 이러한 전구체로부터 절단 등의 과정을 거쳐서 rRNA와 tRNA 등이 생성된다. 대부분의 rRNA와 tRNA들은 일반적인 뉴클레오티드가 아닌 변형된 형태의 뉴클레오티드들을 포함하고 있다. 이미 tRNA의 클로버 잎의 구조를 설명하면서 두 가지 종류의 — 디하이드로우리딘(dihydrouridine)과 슈도우리딘(pseudouridine) — 변형된 뉴클레오티드를 설명하였다(그림 6.11 참조). 이것은 tRNA뿐만 아니라 rRNA도 존재한다. 이러한 변형된 뉴클레오티드들은 최초 전사 단계에서 화학적 반응에 의해서 생성된다.

이와 같이, 모든 과정들은 상당히 정교하고 정확하게 이루어진다. 전구체로부터의 절단 과정은 정확한 위치에서 이루어져야 한다. 왜냐하면 그렇지 않을 경우, 어떤 부분이 더해져 있거나 한 부분이 결손된다면 세포 안에서 그 기능이 정상적으로 이루어지

그림 6.13 DNA로부터 rRNA와 tRAN 전구체의 전사 모식도. 전구체의 절단을 통해 짧은 길이의 숙성된 RNA가 생성된다.

지 않기 때문이다. 또한 변형된 뉴클레오티드의 생성을 위한 화학 반응 역시 정확하게 이루어진다. 이런 변형된 뉴클레오티드들의 역할에 대해 잘 알려져 있는 것은 아니지만, 각각의 RNA들에 있어 동일한 위치에 동일한 변형이 이루어져 있는 것으로 보아 중요한 역할을 할 것으로 여겨진다.

따라서 tRNA와 rRNA 전구체의 조절 과정에 대해 구체적으로 알아보기로 하자. 이러한 과정에 대한 이해는 그 자체의 순서뿐만 아니라 정확한 위치에 원하는 작업이 진행되는 원리에 대한 것도 포함한다.

긴 전구체로 전사되는 rRNA

박테리아의 리보솜에는 세 종류의 rRNA가 그리고 진핵세포의 리보솜에는 네 종류의 rRNA가 존재하듯이 각각의 리보솜에는 한 카피의 다른 종류의 rRNA 분자들이 존재한다. 가장 효율적인 방법은 세포에서 각각의 분자들을 동일한 숫자로 합성하는 것이다. 물론 세포 안에서 각각의 rRNA를 독립적으로 생산할 수는 있으나, 사용하고 남은 rRNA들은 잔류하게 되고 이후에 분해되므로 비효율적이다.

같은 숫자로 각각의 rRNA를 합성하기 위한 확실한 방법은 하나의 DNA로부터 한 번의 전사 과정을 통해서 숙성된 rRNA를 만드는 것이다. 이런 방법에 의해 하나의 DNA로부터 최초로 전사된 전구체를 **프리 rRNA(pre-rRNA)**라고 부르며 각각의 rRNA가 짧은 간격으로 존재한다. 박테리아의 경우 3개의 rRNA가 하나의 프리

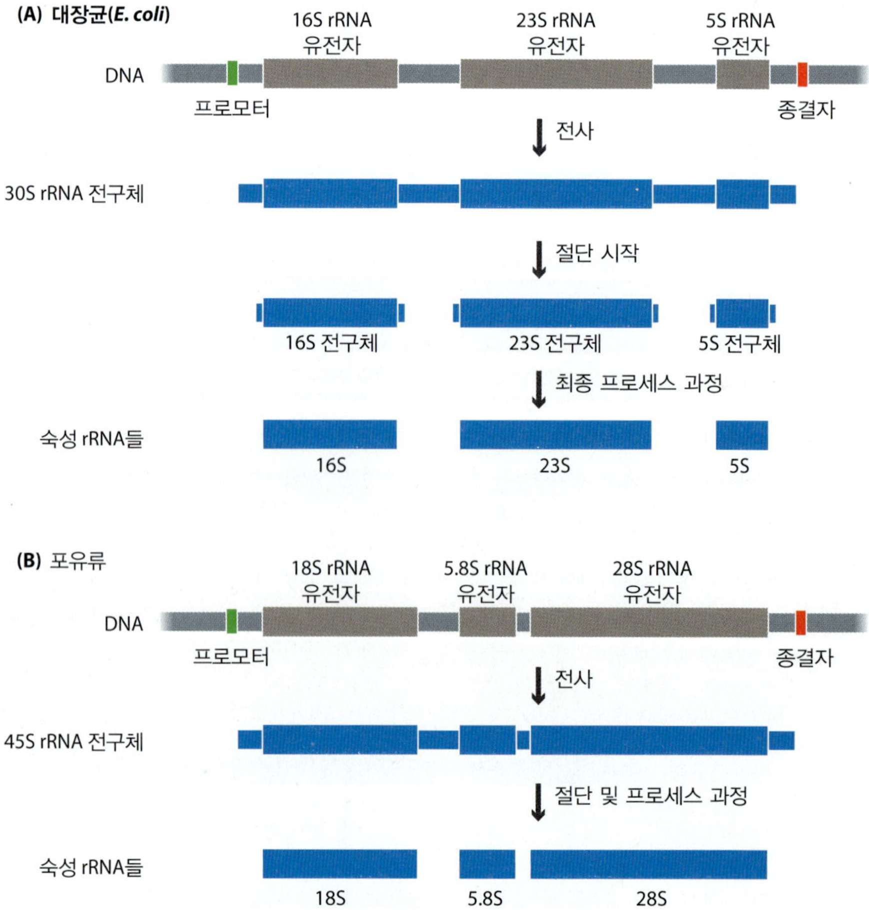

그림 6.14 DNA로부터 프리 rRNA를 거쳐 숙성된 rRNA의 생성을 위한 모식도. (A) 대장균, (B) 인간 세포

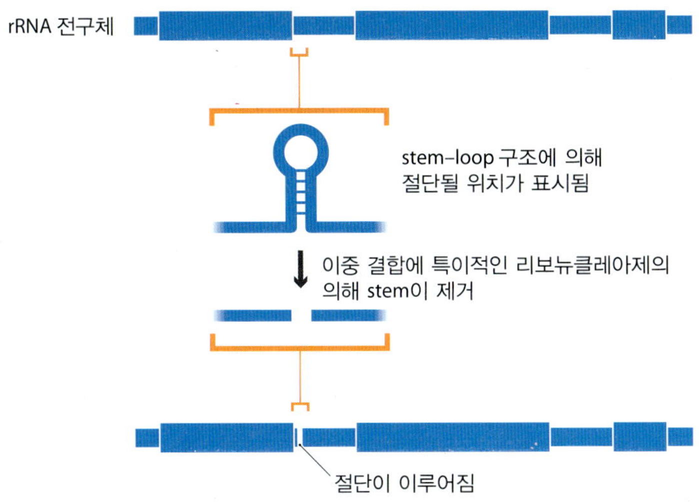

그림 6.15 프리 rRNA의 절단을 위한 이중 가닥 특이적인 리보뉴클레아제의 작용 메커니즘

rRNA로부터 전사되며, 이것은 숙성된 분자로 따지면 16S, 23S, 5S의 순서로 이루어져 있어서 최종적으로 30S의 침강 상수를 가지는 rRNA를 형성한다(그림 6.14A). 이렇게 하나의 분자로 이루어져 있기 때문에 숙성된 rRNA를 형성하기 위해서는 절단 과정을 필요로 한다. 진핵세포의 rRNA 역시 5S를 제외한 28S, 18S, 5.8S 유전자가 함께 전사된다(그림 6.14B). 5S는 진핵세포의 염색체에서 독립적으로 전사되어 생성된다.

숙성된 rRNA가 프리 rRNA로부터 생성되는 과정에는 여러 종류의 리보뉴클레아제가 관여한다. 리보뉴클레아제는 대부분 이중 가닥에 특이적으로 작용한다. 잘려질 부위가 내부의 다른 뉴클레오티드와 이중 가닥을 형성하게 되면 리보뉴클레아제의 작용에 의해서 절단이 이루어진다(그림 6.15). 이렇게 이중 결합을 형성하는 베이스 간의 결합은 프리 rRNA의 염기서열에 의해서 이루어지며, 이러한 과정을 통해 정확한 위치에서 절단된다.

세포는 항상 필요로 하는 숫자 만큼의 rRNA를 생성하는 것이 아니며, 대부분의 경우 필요한 양보다 많은 숫자의 rRNA을 생성한다. 왕성하게 복제되어 성장하는 대장균의 경우, 매 20분마다 분열한다면 20,000개의 리보솜을 필요로 할 것이다. 그러므로 2개의 자손을 위해서 매 20분마다 분열을 통해 20,000개의 새로운 리보솜을 생성하여야 한다. 이러한 rRNA의 필요성을 고려하면 하나의 전사체를 통해서는 필요한 만큼의 rRNA를 생성할 수 없다. 사실 대장균의 염색체에는 7개의 rRNA를 생성할 수 있는 유전자가 존재하며, 진핵세포의 경우는 더 많은 rRNA의 합성을 필요로 하기 때문에 종에 따라 50개에서 5,000개까지의 rRNA를 생성하기 위한 유전자가 존재한다. 진핵세포의 경우, 이러한 구조는 다중유전자군으로 존재하며 이는 전사가 일어나지 않는 부분에 의해 구분되며 순차적으로 존재한다(그림 6.16).

그림 6.16 직렬식 연결로 이루어진 rRNA 전사 단위. 각각의 녹색 부분이 rRNA로 전사되는 부분으로 하나의 부분에 18S, 5,8S와 28S를 다 포함하고 있다.

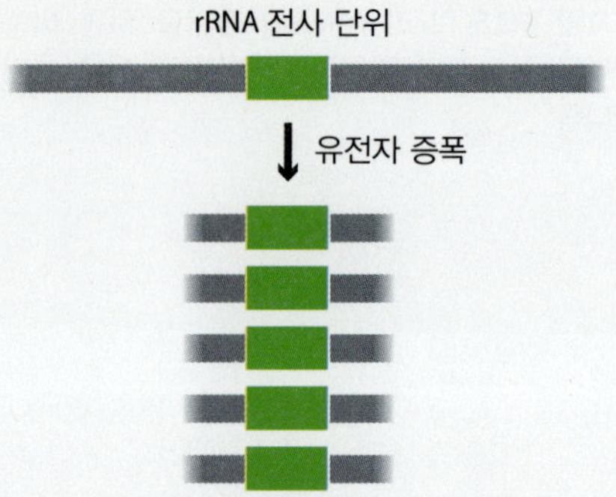

그림 6.17 유전자 증폭을 거쳐서 rRNA의 유전자 개수를 증가시킬 수 있다. 이 과정을 통해 생성된 유전자는 염색체에 결합하지 않으며 독립적으로 작용한다.

어떤 상황에 있어서 실제로 요구되는 rRNA의 양이 세포가 감당할 수 있는 전사 능력을 벗어나는 경우도 있다. 이를 해결하기 위해 몇몇 진핵세포(예를 들어 양서류의 난모세포)에서는 **유전자 증폭(gene amplification)**이라는 추가적인 방법을 가지기도 한다. 이러한 방법을 통해 염색체 상에 존재하는 rRNA 유전자를 증폭하여 원하는 만큼의 유전자를 확보할 수 있다(그림 6.17). 유전자 증폭 과정은 rRNA에만 국한된 것이 아니라, 어떤 특수한 경우나 전사체가 많이 필요할 경우에 일부 유전자에 의해서 이루어진다.

tRNA 역시 긴 전사체로부터 절단 과정을 거쳐 생성된다

rRNA와는 다르게, 왜 세포 안에서 서로 다른 형태의 tRNA가 동량으로 생성되는 지에 대해서는 정확히 알려져 있지 않다. 그럼에도 불구하고 tRNA는 rRNA와 동일하게 박테리아와 진핵세포에서 전구체로부터 순차적으로 만들어진다. 대장균은 몇 가지 다른 종류의 tRNA를 생성하는 유전체를 가지고 있다. 어떤 유전체는 단 하나만의 tRNA를 생성하는 데 반해, 어떤 유전체는 하나의 클러스터에 7개 이상의 tRNA를 생성하기도 한다. 심지어 어떤 박테리아의 경우에는 tRNA를 생성하는 유전자가 rRNA 사이에 존재한다. 대장균의 경우에 하나나 2개의 tRNA 유전자가 16S와 23S rRNA 유전자 사이에 존재하기도 한다(그림 6.14A 참조).

모든 tRNA 전구체들이 동일하지는 않지만 유사한 과정을 거쳐서 tRNA로 숙성된다(그림 6.18). tRNA 전구체는 내부의 베이스 간의 결합에 의해서 클로버 잎과 같은 구조를 가지고 양쪽 말단에 2개의 헤어핀 구조를 형성한다. 이렇게 형성된 전구체가 숙성 tRNA로 변화되는 과정은 우선 리보뉴클레아제 E 혹은 리보뉴클레아제 F에 의하여 3′ 말단 쪽의 헤어핀 구조 바로 앞 쪽 부분의 절단으로부터 시작된다. 절단된 위치에 엑소뉴클레아제인 리보뉴클레아제 D가 결합하여 7개의 뉴클레오티드를 분해한다. 이후 숙성된 5′ 말단을 만들기 위해 리보뉴클레아제 P가 클로버 잎의 5′ 말단을 절단한 후, 다시 리보뉴클레아제 D가 2개의 뉴클레오티드를 분해하여 숙성된 3′ 말단을 형성한다.

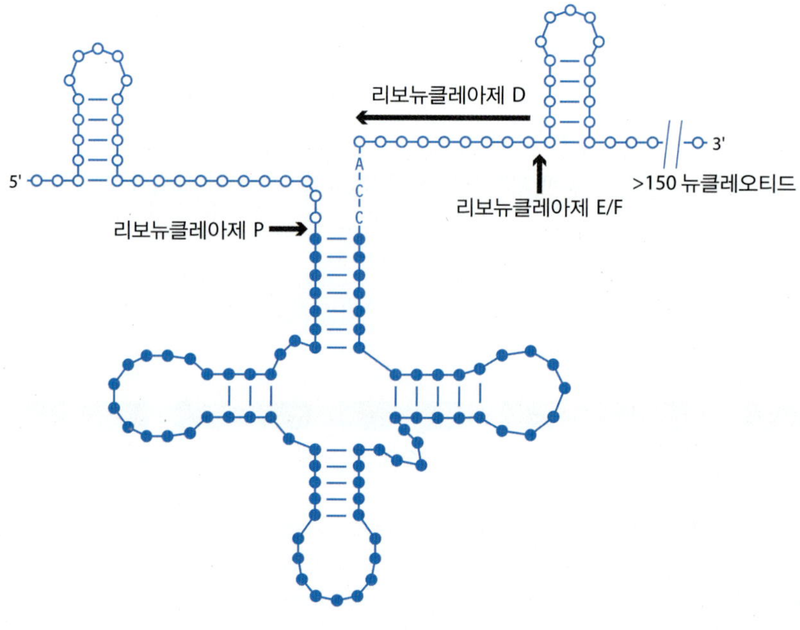

그림 6.18 프리 tRNA의 숙성 과정. 숙성된 tRNA의 뉴클레오티드들은 검은색 원으로 표시되었으며 흰색 원으로 표시된 뉴클레오티드들은 숙성 과정에서 절단되는 뉴클레오티드를 나타낸다. 프리 tRNA의 염기 간의 상호결합을 고려하여 보면 클로버 잎 구조의 양쪽에 추가적으로 2개의 헤어핀 구조를 가지게 된다. 리보뉴클레아제 E 또는 F는 3′ 말단에 있는 헤어핀 구조 앞 쪽을 절단하여 새로운 3′ 말단을 형성하며 이로부터 리보뉴클레아제 D가 작용하여 7개의 뉴클레오티드를 절단한 후 리보뉴클레아제 P는 숙성된 tRNA의 5′ 말단 부위에 작용한다. 마지막으로 리보뉴클레아제 D가 2개의 뉴클레오티드를 절단하여 숙성된 tRNA의 3′ 말단을 형성한다. 이러한 과정에서 3′ 말단에 위치하고 있는 5′-CCA-3′ 서열은 절단되지 않게 되고 혹시라도 절단이 이루어지면 tRNA 뉴클레오티딜트랜스퍼라아제(nucleotidyltransferase)를 통해서 생성된다.

그림 6.19 tRNA의 뉴클레오티드의 화학적 변형을 통해 나타난 일반적이지 않은 뉴클레오티드의 구조. 변형이 이루어진 부분은 갈색으로 표시되었다.

모든 숙성된 tRNA는 3′ 말단에 5′-CCA-3′ 염기서열을 가지고 있다. 어떤 프리 tRNA (pre-tRNA)의 경우에 숙성된 tRNA에 있어야 할 CCA 염기서열이 존재할 수 있고 이것은 리보뉴클레아제 D에 의해 제거되지 않는다. 만일 숙성된 tRNA의 생성을 위한 과정 중에 실수로 CCA 염기서열이 제거된다면, 이 염기서열은 주형에 영향을 받지 않는 RNA 폴리메라아제인 **tRNA 뉴클레오티딜트랜스퍼라아제(tRNA nucleotidhyltransferase)**에 의해서, 하나 혹은 그 이상의 염기들이 추가되어 CCA 염기서열이 생성된다.

화학적 변형을 통해 tRNA의 다양한 변형이 생성된다

전구체로부터의 절단 과정을 통해 tRNA가 생성되는 것 이외에도 tRNA는 화학적 변형 과정을 거친다. 이는 tRNA의 몇몇 뉴클레오티드의 구조가 화학적으로 변형되는 것을 의미한다. 왜 이러한 변형 과정들이 필요한 지에 대해서 정확히 알려져 있지 않지만 몇몇 경우에는 변형이 필요한 이유가 밝혀졌다. D 가지와 TΨC 가지는 효소에 의해 인식되어 아미노산이 tRNA와 결합하기 위해서 변형이 이루어진다. 이곳에서의 변형은 tRNA에 올바른 아미노산을 결합시키기 위해 특이도를 증가시키기 위함이다. 안티코돈(anticodone) 부분에 나타나는 변형은 유전 정보를 정확하게 확인하기 위해 이루어지는 변형으로 7장에서 다시 다루기로 한다.

여러 가지 형태의 화학적 변형에 의해 생성되는 tRNA의 특이 염기들을 **그림 6.19**에 나타내었다. 가장 일반적으로 나타나는 현상은 메틸레이션(methylation)으로 뉴클레오티드의 베이스나 당 위치에 하나 혹은 그 이상의 멜틸기(–CH_3)가 결합하는 것이다. 예를 들어, 구아노신(guanosine)이 7-메틸구나노신(7-methylguanosine)으로 변형된다. 어떤 변형은 기존의 뉴클레오티드에서 일정 부분을 제거하는 과정을 갖는다. 예를 들어, 디아미네이션(deamination) 반응으로 아미노기(–NH_2)를 제거하여 아데노신(adenosine)을 이노신(inosine)으로 변형하기도 한다. 또 다른 예로는 산소 분자를 황분자로 치환하는 티오치환 뉴클레오티드(thiosubstituted nucleotide)를 만드는 것으로 우리딘(uridine)에서 4-티오우리딘(4-thiouridine)으로의 변형이 있다.

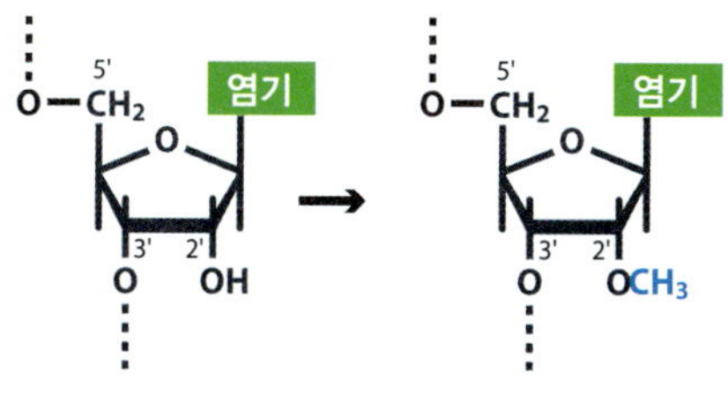

그림 6.20 뉴클레오티드의 2′-*O*-메틸레이션 (2′-*O*-methylation)

위에서 설명한 것보다 조금 더 복잡한 변형으로는 염기의 재배열을 통한 변형이다. 이러한 변형은 퓨린이나 피리미딘 링의 분자들이 재배열되는 것으로 일례로 우리딘

(uridine)이 슈도우리딘(pseudouridine)으로 변형되는 경우이다. 또 다른 형태의 재배열은 이중 결합이 단일 결합으로 변형되는 것으로 우리딘(uridine)에서 디하이드로우리딘(dihydrouridine)으로 변형되는 것을 예로 들수 있다. 드물게 거의 모든 베이스가 재배열되는 것도 있으며, 구나노신(guanosine)이 이러한 방법을 통해서 쿠에오신(queosine)으로 변형된다.

tRNA에서 50종이 넘는 화학적 변형이 발견되었고, 이러한 변형을 발생시키는 효소는 특정 염기서열 또는 베이스 간의 결합에 의한 구조를 인식하여 변형을 만들어 내거나, 혹은 이 두 가지 모두를 인식하여 변형을 일으키며 원하는 위치에서만 적절한 변형을 가져온다.

rRNA도 변형이 일어나나 덜 광범위하게 일어난다

화학적 변형은 오직 tRNA에서만 일어나는 과정이 아니라 rRNA에서도 발생하지만 그 범위가 tRNA 만큼 광범위하지는 않다.

진핵세포의 rRNA에서 발생하는 두 가지 일반적인 변형 중 하나는 2′-*O*-메틸레이션(2′-*O*-methylation)이다. 이것은 2번 탄소 위치의 −OH기의 수소 분자 위치에 메틸기가 결합하는 변형이다(**그림 6.20**). 또 다른 변형은 우리딘이 슈도우리딘으로 변형되는 것이다. 2′-*O*-메틸레이션(2′-*O*-methylation)에 의한 인간 rRNA의 변형은 100개 이상이 나타난다. 이는 70개의 염기에 하나 정도의 변형이 존재하는 것을 의미하며, 변형의 위치는 종에 관계 없이 유사한 패턴으로 혹은 동일하게 발생한다. 비록 박테리아의 경우에 진핵세포보다는 좀 덜 변형이 이루어지지만 그 유사 종에 대해서는 동일하다. 변형이 발생되는 부분이 리보솜 안에서 활성에 중요한 역할을 하는 위치이지만 그 역할에 대해서는 잘 알려져 있지 않다. 아마도 펩타이드 결합 형성 등의 촉매 작용에 관여하는 것으로 추측되고 있다.

박테리아의 경우, rRNA에서 변형되어야 하는 부분 — 변형되어야 하는 염기를 포함하고 있는 부분의 염기서열, 구조 등 — 을 효소가 인식하여 변형을 만들어낸다. 일반적으로 같은 부위에 존재하고 있는 2개 이상의 염기들에서 한 번에 변형이 일어난다. 진핵세포의 경우에는 정확한 위치에 변형을 일으키기 위해 좀 더 복잡한 방법으로 변형 부위의 인식 과정이 일어난다. 진핵세포의 rRNA 전사가 시작되면, 이후 숙성 과정이 일어나는 인(nucleolus) 안에는 snoRNAs (small nucleolar RNAs)라고 불리는 70에서 100개의 염기로 이루어진 짧은 RNA들이 변형 과정에 관여한다. snoRNA와 프리 rRNA (pre-rRNA)의 일정 부분의 염기가 이중 결합을 형성하고, 이로 인해 특정 부분에 메틸레이션(methylation) 과정이 유도된다. 이러한 이중 결합은 snoRNA의 전체가 형성하는 것이 아니라 몇몇 염기들만 관여한다. 이중 결합을 형성하는 위치의 바로 위쪽에는 snoRNA에서 D-박스라고 불리는 부분이 존재하고 있다(**그림 6.21**). 베이스 결합을 포함한 D-박스에서 5개 염기 위쪽에 메틸레이션(methylation)이 유도된다.

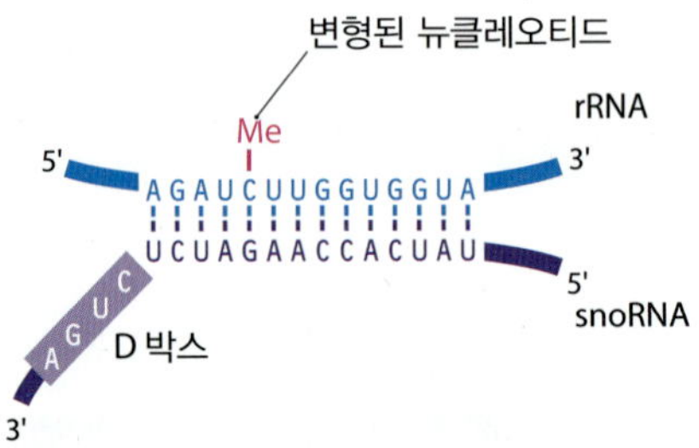

그림 6.21 rRNA 분자에서 메틸레이션에 관여하는 snoRNA의 역할. snoRNA의 D-박스 부분은 음영으로 나타내었다. 메틸레이션은 D-박스에서 5번째 뉴클레오티드에서 이루어진다. rRNA와 snoRNA 사이의 결합에서 일반적이지 않은 G-U 결합은 RNA 폴리뉴클레오티드 간에는 일반적으로 가능하다.

처음에 snoRNA들이 발견되었을 때 변형을 일으키는 방법으로 메틸레이션(methylation)만이 확인되었다. 그러나 이후에 다른 군의 snoRNA가 발견되었으며 이를 통해 우리딘이 슈도우리딘의 형태로 변형이 일어나는 것도 확인되었다. 다른 군의 snoRNA는 D-박스를 가지고 있지는 않지만 다른 보존된 부위를 갖고 있다. 이것이 효소에 의해 변형되는 위치를 정확히 알려 주는 역할을 하는 것으로 확인되었으며, 이로 인해 정확한 위치에서 염기의 변형이 이루어진다.

프리 rRNA의 변형될 위치가 매우 유사하여 하나의 snoRNA로 변형이 유도되는 경우를 제외하고는 변형될 위치에 따라서 서로 다른 snoRNA들이 존재한다. 즉 세포 안에는 snoRNA의 종류가 최소한 수백 개 이상 존재하고 있다. 그러나 이 모든 snoRNA들이 한 번에 생성되지는 않는다. 왜냐하면 유전자 안에는 몇 개의 snoRNA들만이 존재하기 때문이다. 다시 말해서 몇몇의 snoRNA만이 일반적인 유전자로부터 전사되며 대부분은 다른 특정 부위(인트론 같은)에서 유래된다. 즉 스플라이싱 과정을 통해 절단된 인트론에서 snoRNA들이 생성되는 것이다(그림 6.22).

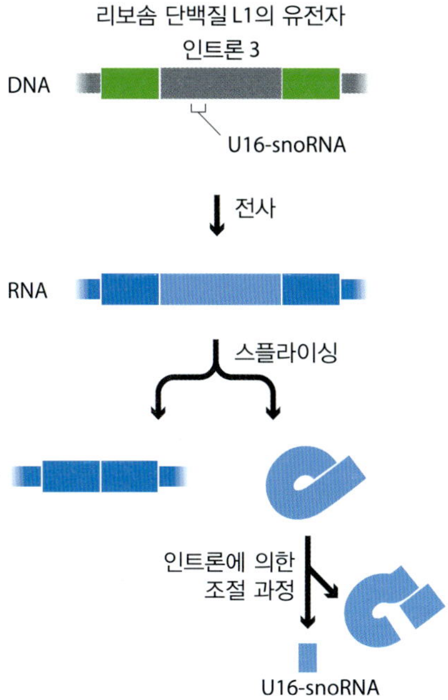

그림 6.22 대부분의 snoRNA는 다른 유전자의 인트론 염기서열에 포함되어 있다. 그림에서 보인 예는 리보솜 단백질 L1의 인트론에서 생성되는 U16-snoRNA이다.

6.4 프리 rRNA와 프리 tRNA로부터 인트론의 제거

인트론은 전사된 mRNA에서만 발견되는 것이 아니라 진핵세포의 rRNA와 tRNA에서도 발견된다. 그러나 rRNA와 tRNA에서 발견되는 인트론은 mRNA에서 발견되는 것과 동일하지 않다. mRNA의 경우에서 나타나는 보존 서열인 GU나 AC 같은 절단 위치도 존재하지 않으며 스플라이솜(spliceosomes)과 결합하지도 않는다. 즉 절단이 발견되는 메커니즘은 우리가 5장에서 확인한 것과는 다른 방법으로 진행된다.

숙성된 분자를 만들기 위해서는 순차적인 과정을 거쳐서 프리 rRNA와 프리 tRNA의 절단 과정이 간단하게 진행되어야 한다. rRNA와 tRNA 전사체의 절단 과정에 있어서 다른 대체적인 과정은 존재하지 않는다. 그러나 인트론은 여전히 생물학적으로 확인되어야 할 부분들이 많다. 특히 rRNA의 인트론은 생물학적으로 그 중요성이 재평가되고 있다.

어떤 rRNA의 인트론은 효소로 작용한다

rRNA의 인트론이 생물학적 반응의 촉매로 작용함이 알려지게 되면서 이전까지 생물 내부에서 촉매로 작용하는 효소는 모두 단백질이라는 개념에 변화가 생겨났다. 왜냐하면 어떤 프리 tRNA에 인트론이 존재하는 경우, 그 자체가 효소로서 작용하는 것을 의미하기 때문이다. 촉매 작용은 오로지 그 자신의 절단 과정에서만 작용한다.

효소로 작용하는 rRNA는 일반적으로 발견되는 것이 아니라 원생 동물의 일종인 섬모충 *Tetrahymena*에서 확인된다. 이 미생물에서는 인트론이 내부의 염기 간의 결합을 통해 특정 구조를 형성하며, 이렇게 형성된 구조에서는 절단이 이루어져야 할 부분들이 가까운 위치에 존재하게 된다(그림 6.23). 이런 구조에서 인트론은 절단되고 접합되어야 할 엑손들이 서로 결합하는데 이 과정에 다른 단백질들은 관여하지 않는다. 이때 인트론은 이러한 반응을 일으키는 데에 있어서 촉매 역할을 수행하는 RNA 효소와 같은 역할을 하는데, 이를 **리보자임(ribozyme)**이라고 한다. 1982년에 섬모충의 일종인 *tetrahymena*에서 인트론의 자가 절단 과정이 확인되었고,이를 통해 리보자임이 처음 발견되었음에도 많은 생화학자들은 RNA가 효소로 작용할 수 있다는 사실을 믿으려고 하지 않았다.

이와 같이, 자가 절단 과정을 나타내는 인트론들을 “Group I”으로 명명하였고, 이 group I 인트론들은 다른 섬모충의 rRNA 유전자와 곰팡이 및 효모 미토콘드리아의 유전자에서 발견되었다. 이들은 *tetrahymena* 인트론에서 확인된 것 같이 내부 염기서열의 결합을 통해 활성을 보이지만, 오직 *tetrahymena*의 인트론만이 단백질이 존재하

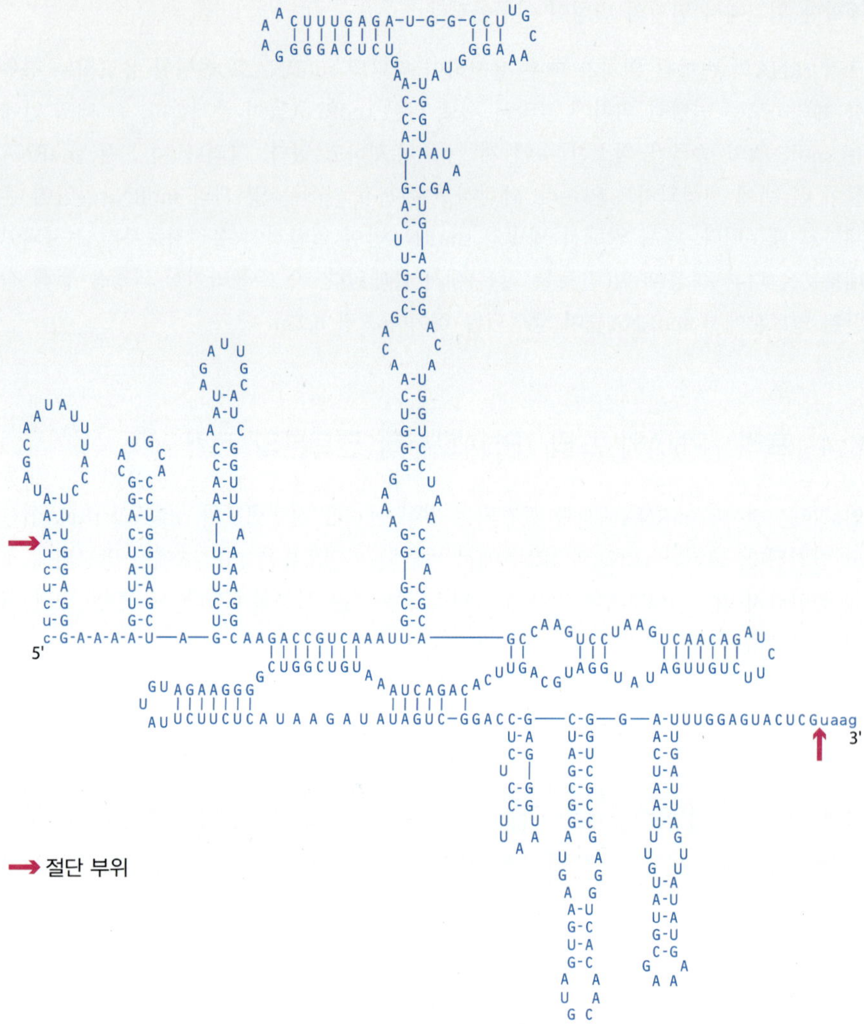

그림 6.23 *Tetrahymena* rRAN 인트론의 염기 간 결합에 의한 2차 구조. 인트론에 해당하는 염기서열은 대문자로, 엑손 부분은 소문자로 나타내었다. 3차 구조를 형성하게 되면 화살표로 표시된 2군데 절단 부위의 위치가 가까워진다.

지 않아도 효율적인 역할을 한다. 그러나 그렇다고 해서 group I 인트론들이 리보자임이 아닌 것은 아니다. 절단 과정은 인트론 그 자체로도 활성을 가지고 있지만 활성을 가지기 위한 염기 간의 결합을 안정화하기 위해서는 단백질을 필요로 한다.

어떤 진핵세포의 프리 tRNA는 인트론을 포함하고 있다

일반적으로 진핵세포에서 tRNA 인트론은 상대적으로 적게 나타나고 척추동물의 경우에는 더 낮은 빈도로 발견된다. 인간의 tRNA에서 인트론은 6% 정도만이 존재한다. 진핵세포의 프리 tRNA에서 인트론은 14개에서 60개의 염기로 구성되어 있으며, 일반적으로 전사체에서와 같은 위치인 안티코돈 가지 부위에서 발견된다. 인트론의 염기서열은 다양하지만 안티코돈 가지의 일정 부분과 상보적으로 결합한다. 2개의 루프를 형성하는 상태에서 상보적인 결합이 이루어진 상태가 절단되지 않은 프리 tRNA이다(**그림 6.24**).

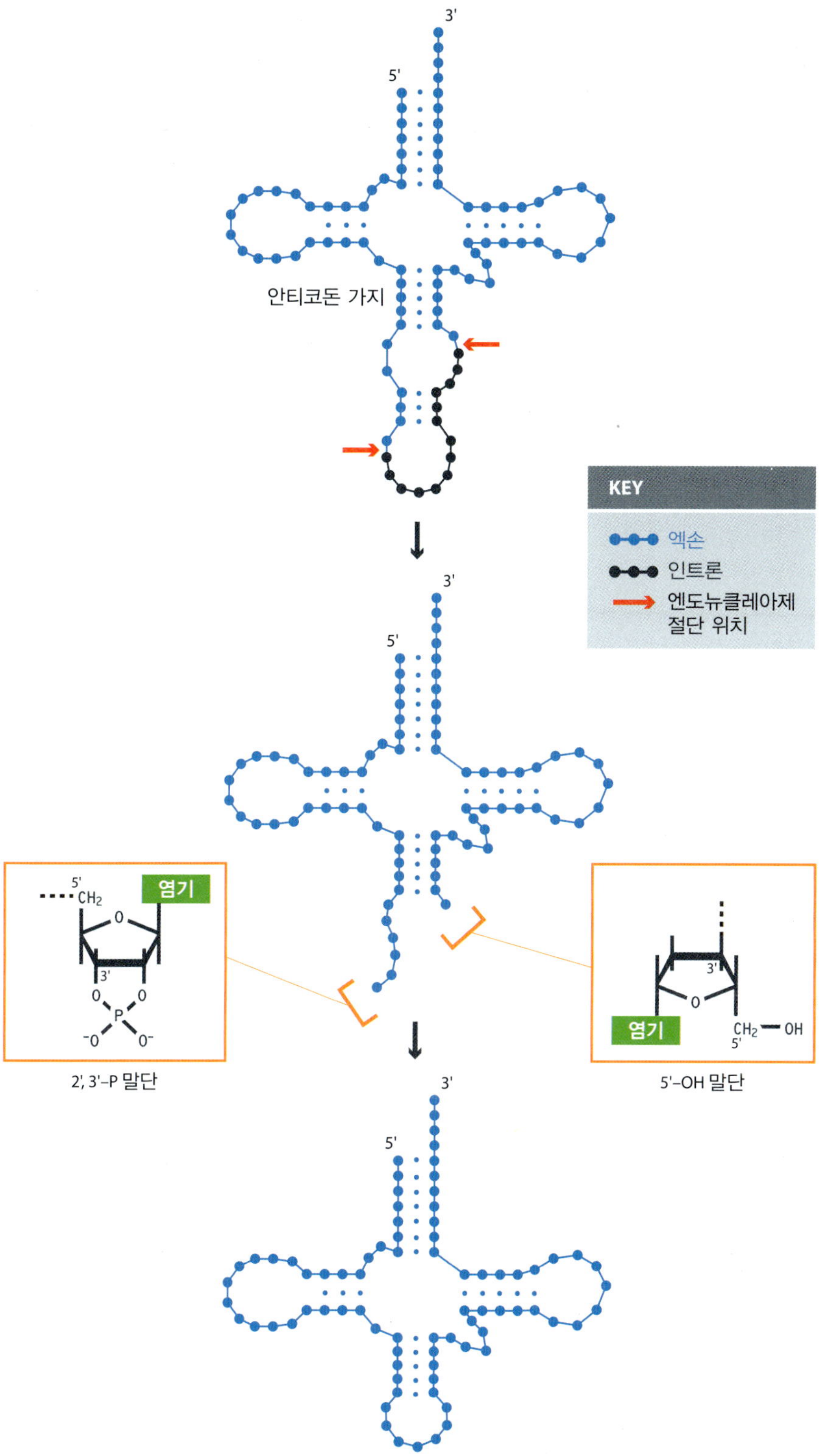

그림 6.24 프리 tRNA에서 인트론 부위의 제거 과정. 제일 위쪽 그림에서 tRAN는 클로버 잎 구조를 지니고 있지만 안티코돈 부위를 보면 인트론에 의해 루프가 하나 더 형성되어 있음을 확인할 수 있다. 숙성된 tRNA의 염기는 푸른색으로 표시되어 있으며 인트론은 회색으로 표시되어 있다. 붉은색 화살표 부위가 엔도뉴클레아제에 의해 절단되는 과정에서 형성된 각 말단의 염기의 구조는 박스에 나타내었다. 이 부분이 결합되면 절단 과정이 완료된다.

mRNA와 Group I 인트론과는 달리 프리 tRNA의 인트론의 제거에는 엔도뉴클레아제(endonuclease)가 관여한다. 이 효소는 서로 다른 4개의 단위 구조로 이루어져 있다. 이 중 하나는 인트론의 베이스 간의 결합을 인식하여 정확히 절단하여야 할 부분을 찾는다. 이런 과정을 통해 상단 부위와 하단 부위, 서로 다른 2개의 단위 구조로 절단된다. 따라서 상단부 엑손의 3′ 말단은 일반적이지 않은 환형 포스페이트(cyclic phosphate) 구조를 형성하게 되며, 하단의 5′ 위치에는 수산기(−OH)가 남게 된다. 이렇게 양 말단이 결합되기 전에 환형 포스페이트 부분은 3′-OH 말단으로, 5′-OH 말단은 5′-P로 바뀐다. 변화된 두 말단은 근접하면서 일반적인 결합을 통해 연결되며, 이러한 반응을 일으키는 효소는 하나의 효소에 의해서 진행된다.

주요 개념

- 세포 안에 존재하는 대부분의 RNA는 단백질로 번역되지 않는다. 그러나 이러한 RNA들도 세포 안에서 각각의 역할을 가지고 있다.
- rRNA는 가장 많은 양으로 존재하는 비번역 RNA(noncoding RNA)이다. rRNA는 단백질 합성에서 중요한 역할을 하는 리보솜을 구성한다. 리보솜은 rRNA와 단백질들로 이루어져 있는 크고 복잡한 구조체이다.
- tRNA 역시 단백질 합성에 관여하지만 rRNA와는 다른 역할을 수행한다. tRNA는 mRNA와 합성되는 단백질 사이를 연결시켜 주는 역할을 수행한다.
- 거의 모든 tRNA들은 염기 간의 결합을 통해 클로버 잎의 형태의 2차 구조를 가지며, 세포 안에서는 L자 형태의 3차 구조를 가진다.
- tRNA와 rRNA가 단백질 합성에 중요한 역할을 하기 위해서는 전구체로 전사되는 과정을 거쳐야 한다. 이렇게 형성된 전구체는 RNA 절단과 어떤 염기의 경우에는 화학적 변형 과정을 거쳐 숙성된 형태로 변형이 이루어져야 한다.
- rRNA의 전구체는 3가지 혹은 그 이상의 여러 가지 rRNA를 포함하고 있어야 하며, 이를 동일한 양으로 합성하여야 한다.
- tRNA와 박테리아의 rRNA에서 화학적 변형이 일어나는 부분은 효소에 의해 변형이 생겨야 하는 부위의 염기서열 혹은 구조에 의해서 결정된다. 진핵세포의 rRNA의 경우는 snoRNA가 변형이 발생할 염기서열의 인식을 도와서 효소에 의해 변형이 일어난다.
- 리보자임(ribozyme)이라 명명된 효소는 인트론을 포함하고 있는 rRNA이며, 그 자체로 rRNA의 절단 과정을 유도한다. 이것은 효소는 단백질로 구성되어 있다는 개념을 변화시켰다.

질문 & 문제 (해답은 www.garlandscience.com/introgenetics에서 찾을 수 있다)

주요 용어들

다음 용어에 대한 간단한 정의를 서술하시오.

acceptor arm
anticodon arm
cloverleaf
D arm
density gradient centrifugation
extra (or optional, or variable) loop
gene amplification
immunoelectron microscopy
noncoding RNA
nuclease protection
pre-rRNA
ribosomal protein
ribosome
ribozyme
sedimentation coefficient
tRNA nucleotidyltransferase
TΨC arm

자습 문제들

6.1 noncoding RNA를 정의하시오.

6.2 밀도구배 원심분리가 세포의 구성 성분의 크기를 어떻게 결정하는지 설명하고, 세포의 구성 성분의 구조가 어떻게 침강 상수에 영향을 미치는지를 설명하시오.

6.3 일반적인 박테리아와 진핵세포에서 리보솜의 크기는 마인가?

6.4 박테리아와 진핵세포의 리보솜를 구성하는 단백질과 RNA에 대해 2개의 표를 자세히 만들어 보시오.

6.5 리보솜의 구조를 연구하기 위해 사용하는 뉴클리에이즈를 어떠한 방법으로 사용하는지 설명하시오.

6.6 RNA의 염기서열이 다음과 같을 때

5′-AUUAGCAUGUAAAUGCUAUCUGGCAAC-3′

단일 결합에 특이적인 뉴클레아제를 처리한 후 확인해 보니 다음과 같은 염기서열만 남아 있음이 확인되었다.

```
5′-AGCAU-3′
   |||||
3′-UCGUA-5′
```

이런 경우, 베이스 간 결합으로 형성된 RNA의 2차 구조에 대해 예측해 보시오.

6.7 두 번째 RNA 염기서열이 다음과 같이 나타난다.

5′-CUCCUCAAAUGAUUCAGUGCAUCUAACCC
UAUUUAAACGCACUAGCUCAUGAGAGGAG-3′

위의 염기서열에 단일 결합에 특이적인 뉴클레아제를 처리함으로써 다음과 같은 염기서열이 남아 있음을 확인하였다.

```
5′-UAA-3′     5′-AUGA-3′     5′-AGUGC-3′
   |||           ||||           |||||
3′-AUU-5′     3′-UACU-5′     3′-UCACG-5′

5′-CUCCUC-3′
   ||||||
3′-GAGGAG-5′
```

RNA 분자의 2차 구조를 예측하여 그려보시오.

6.8 리보솜의 3차 구조를 연구하기 위해 사용한 방법들을 기술하고 각각의 방법의 한계점과 응용 방법을 서술하시오.

6.9 tRNA의 구조를 그리고 클로버 잎 구조에서 각각의 부분을 명명하시오.

6.10 tRNA의 클로버 잎 구조가 실제 구조를 어느 정도 표현하고 있는지 설명하시오.

6.11 다음은 효모의 alanine tRNA의 염기서열이다.

5′-GGGCGUGUGGCGUAGUCGGUAGCGC
GCUCCCUUIGCIUGGGAGAGGUCUC
CGGUUCGAUUCCGGACUCGUCCACCA-3′

가능한 클로버 잎 구조를 그리고 각 부위에 대해 명명하시오.

6.12 프리 rRNA 유전자가 하나 이상의 유전자를 포함하고 있는 이유를 설명하시오.

6.13 프리 rRNA의 숙성 과정을 절단 과정을 포함하여 서술하시오.

6.14 왜 세포에서 많은 양의 rRNA를 필요로 하는지 서술하고 이러한 요구를 어떻게 해결하는지 설명하시오.

6.15 tRAN가 최초로 전사된 후 절단 과정을 통해 숙성된 tRNA로 생성되는 과정을 설명하시오.

6.16 tRNA에서 6가지 형태의 화학적 변형에 대해 설명하고 변형을 통해 생성되는 예를 그림으로 나타내시오.

6.17 tRNA에서 발견되는 화학적 변형의 역할이 무엇인지 설명하시오.

6.18 진핵세포의 rRNA의 화학적 변형의 형태를 설명하시오.

6.19 박테리아에서 rRNA의 화학적 변형에 대해 설명하시오.

6.20 진핵세포의 rRNA의 화학적 변형이 박테리아에서 변형과 다른 점이 무엇인지 설명하시오.

6.21 *Tetrahymena*의 rRNA의 인트론이 왜 "자가 절단"인지에 대해 설명하시오

6.22 프리 tRNA 분자에서 인트론이 어떻게 제거되는지 설명하시오.

토의 주제들

6.23 리보솜의 구조에 대한 연구가 단백질 합성의 자세한 과정의 이해에 어느 정도로 중요한지에 대해 설명하

시오

6.24 mRNA의 빠른 분해 속도에 비해서 rRNA와 tRNA는 세포에서 오랫동안 분해되지 않고 존재한다. 이러한 이유와 결론에 대해서 논하시오.

6.25 진핵세포에서 28S, 18S와 5.8S 유전자는 같이 전사되지만 5S의 경우는 따로 전사된다. 이것은 세포에서 rRNA를 동일한 양으로 합성하기 위한 가장 효율적인 방법이라는 가설에 대해 설명하시오.

6.26 모든 생물체에서 tRNA가 모두 유사한 염기 간의 결합을 가지는 구조를 갖는 이유는 무엇인가?

6.27 tRNA와 rRNA에서 염기의 화학적 변형이 일어나는 이유는 무엇인가?

6.28 리보자임의 존재는 진화의 단계에서 단백질이 효소로 작용하기 이전에 RNA가 효소로 작용하였다는 것을 의미한다. 위의 가설이 맞다면 이 가설을 뒷받침하는 리보자임에 대해 설명하시오.

추천 문헌

Björk GR, Ericson JU, Gustafsson C et al. (1987) Transfer RNA modification. *Annu. Rev. Biochem.* 56, 263–287. *Information on modified nucleotides in tRNAs.*

Cech TR (1990) Self-splicing of group I introns. *Annu. Rev. Biochem.* |59, 543–568. *Review of self-splicing introns.*

Chndramouli P, Topf M, Ménétret J-F et al. (2008) Structure of the mammalian ribosome at 8.7Å resolution. *Structure* 16, 535–548. *A recent detailed study of ribosome structure.*

Clark BFC (2001) The crystallization and structural determination of tRNA. *Trends Biochem. Sci.* 26, 511–514. *Determination of the three-dimensional structure of a tRNA.*

Holley RW, Apgar J, Everett GA et al. (1965) Structure of a ribonucleic acid. *Science* 147, 1462–1465. *The first complete sequence of a tRNA and discovery of the cloverleaf structure.*

Hopper AK, Pai DA & Engelke DR (2010) Cellular dynamics of tRNAs and their genes. *FEBS Lett.* 584, 310–317. *Review of tRNA processing including splicing.*

Kruger K, Grabowski PJ, Zaug AJ et al. (1982) Self-splicing RNA: autoexcision and autocyclization of the ribosomal RNA intervening sequence of Tetrahymena. *Cell* 31, 147–157. *The first indication that the Tetrahymena intron is a ribozyme.*

Tollervey D (1996) Small nucleolar RNAs guide ribosomal RNA methylation. *Science* 273, 1056–1057.

Venema J & Tollervey D (1999) Ribosome synthesis in *Saccharomyces cerevisiae*. *Annu. Rev. Genet.* 33, 261–311. *Extensive details on rRNA processing.*

Yusupov MM, Yusupova GZ, Baucom A et al. (2001) Crystal structure of the ribosome at 5.5Å resolution. *Science* 292, 883–896. *An early and important X-ray crystallography study of ribosome structure.*

유전 정보 CHAPTER 7

전사 과정에 관여하는 3가지의 주된 RNA 분자들 — mRNA(전령 RNA), rRNA(리보솜 RNA), 그리고 tRNA(운반 RNA) — 이 함께 작용하여 번역(translation)이라는 단백질 합성 과정을 수행한다. 번역의 주된 내용은 mRNA의 특정 염기서열에 따라서 아미노산의 서열을 결정되는 것이다(그림 7.1).

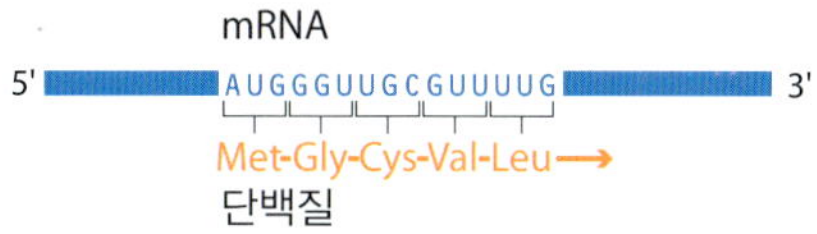

그림 7.1 번역 과정에서 삼중항 염기서열 RNA에 의해 결정되는 아미노산은 하나의 유전 암호 단위에 의해서 결정된다. 세 문자로 나타난 아미노산은 각각 메티오닌(methionin), 글리신(Glycine), 시스테인(Cysteine), 발린(Valine), 그리고 류신(leucine)이다.

단백질의 합성에 대한 메커니즘은 다음 장에서 자세히 다루고, 이번 장에서는 번역의 두 가지 중요한 관점에 대해서 알아 보기로 한다. 이 두 가지 내용 모두 유전 정보를 기반으로 하고 있다. 첫 번째, 단백질에 대해 좀더 집중해서 설명하도록 한다. 3장에서 단백질은 다양한 아미노산의 서열에 의해 그 화학적 특성이 결정되며, 이러한 특성이 세포 안에서의 다양한 역할을 하고 있다는 것을 설명하였다. 단백질의 아미노산 서열과 단백질의 기능에 대한 연결 관계는 세포 안에서 유전자의 발현으로부터 아미노산의 서열이 결정되는 것에 의해서 나타나므로 이 부분이 생물학적으로 중요하게 이루어진다. 그러므로 단백질이 어떻게 기능하는지를 이해하기 위해서는 위에서 언급한 연결 고리에 대해 알고 있어야 한다. 따라서 이번 장의 앞 부분에서는 단백질의 구조에 대해서 간단히 살펴볼 것이다.

두 번째는 유전 정보에 따라서 번역이 이루어지는 내용에 관한 것이다. 유전 정보는 뉴클레오티드의 서열에 의해 단백질의 아미노산 서열이 어떻게 결정되는지에 대한 내용을 포함하고 있다. 이는 mRNA가 단백질로 번역되는 데에 있어 중요한 부분이므로 내용을 좀 더 자세히 알아 보고자 한다. 단순히 유전 정보가 단백질로 번역되는 것뿐만 아니라 각각의 mRNA가 번역이 되는 동안 유전 정보가 어떻게 전달되는지에 대한 것도 명확하게 학습하여야 한다. 이 장의 마지막 부분에서는 단백질 합성에 있어서 중요한 역할을 하는 tRNA에 대해서도 자세히 알아 볼 것이다.

7.1 단백질의 구조

단백질은 DNA 분자와 유사하게 가지 없이 일직선으로 이루어진 폴리머이다. 단백질의 기본 구성 단위인 **아미노산(amino acid)**이 **폴리펩티드(polypeptide)**로 연결된 것이며 드물게는 2,000개 이상이 연결되기도 한다.

단백질의 구조는 DNA와 더불어 20세기 초반부터 알려지기 시작하였다. 단백질 생화학의 절정기인 1940년대부터 1950년대 사이에 중요한 구조인 **이차 구조(secondary structure)**로 된 폴리펩티드 구조들이 밝혀졌다. 최근에 들어서는 이런 이차 구조로부터 어떻게 좀 더 복잡한 3차원 구조들이 형성되는지에 대한 연구가 집중되고 있다.

아미노산은 펩타이드 결합을 통해 연결된다

단백질 분자들은 20개의 아미노산으로 구성되어 있다(표 7.1). 이들의 일반적인 구조는 그림 7.2에 나타내었고, α 탄소에 4개의 서로 다른 분자들이 결합되어 있다. 이것은 수소 분자, 카르복실 그룹($-COO^-$), 아미노 그룹($-NH_3^+$), 그리고 **R 그룹(R group)**으로 이루어져 있으며, R 그룹의 차이에 따라 20개의 서로 다른 아미노산이 결정된다(그림 7.3).

아미노산은 R 그룹의 구성에 따라 화학적 복잡성이 결정된다. 예를 들어 글리신은 R 그룹이 단순히 수소 분자로 이루어져 있는 데 반해 티로신, 페닐알라닌, 그리고 트립

표 7.1 단백질에서 확인되는 20개의 아미노산들

아미노산	약자	
	세 글자	한 글자
알라닌	Ala	A
아르기닌	Arg	R
아스파라긴	Asn	N
아스파르트산	Asp	D
시스테인	Cys	C
글루탐산	Glu	E
글루타민	Gln	Q
글리신	Gly	G
히스티딘	His	H
이소루신	Ile	I
류신	Leu	L
리신	Lys	K
메티오닌	Met	M
페닐알라닌	Phe	F
프롤린	Pro	P
세린	Ser	S
트레오닌	Thr	T
트립토판	Trp	W
티로신	Tyr	Y
발린	Val	V

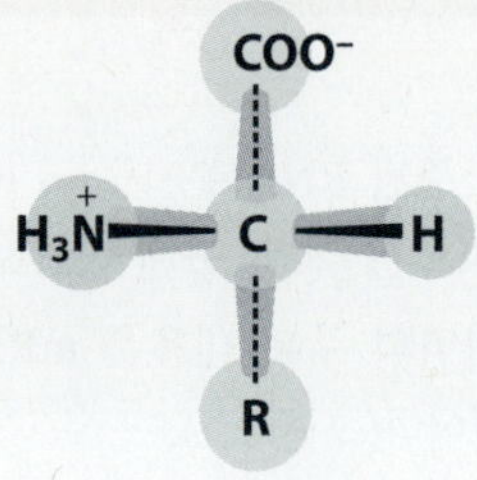

그림 7.2 아미노산의 일반적인 구조. 가운데 존재하는 탄소를 중심으로 해서 사면체의 구조를 가진다. 아미노 그룹과 수소 분자는 앞쪽에 존재하고 카르복실 그룹과 R 그룹은 안쪽에 존재한다.

토판의 R 그룹은 복잡한 아로마틱 체인 구조를 가지고 있다. 대부분의 R 그룹은 전하를 띠지 않는 중성을 나타내지만, 2개의 아미노산(아스파르트산, 글루탐산은 음전하를 띠고 3개의 아미노산(리신), 아르기닌, 히스티딘)은 양전하를 띠고 있다. 어떤 아미노산(세린, 트레오닌)의 R 그룹은 물 분자가 존재하는 환경에서 **극성(polar)**을 띠는 반면에 다른 아미노산(알라닌, 발린, 류신)의 R 그룹은 **비극성(nonpolar)**으로 물과의 친화력이 떨어진다. 이러한 20개 아미노산의 차이에도 불구하고 이들의 화학적 특성은 매우 유사하다.

그림 7.3에 20개 아미노산의 R 그룹을 나타내었다. 이들은 일반적으로 각각의 유전 정보에 의해 결정된다. 아미노산은 mRNA에 의해 결정되며, 번역 과정을 거쳐 단백질로 형성된다. 그러나 20개 아미노산만으로 단백질의 화학적 다양성을 나타내기에는 한계점을 가지고 있다. 그래서 2개의 변형된 아미노산인 셀레노시스테인(selenocystein)과 피로리신(pyrrolysine)(그림 7.4)이 단백질의 합성 과정 중에 삽입되며, 이러한 삽입은 유전 정보의 변형된 해석 과정에 의해서 일어난다. 또한 단백질이

그림 7.3 아미노산의 R 그룹 구조. 20개의 아미노산은 일반적인 유전 암호에 의해서 결정된다. 프롤린(proline)의 경우는 R 그룹만 아니라 전체 구조를 나타내었다. 중심에 위치하는 탄소를 α 탄소라고 표시하였다. 전체 구조를 보면 R 그룹이 α 탄소에만 결합되는 것이 아니라 아미노 그룹과도 결합을 이루고 있다.

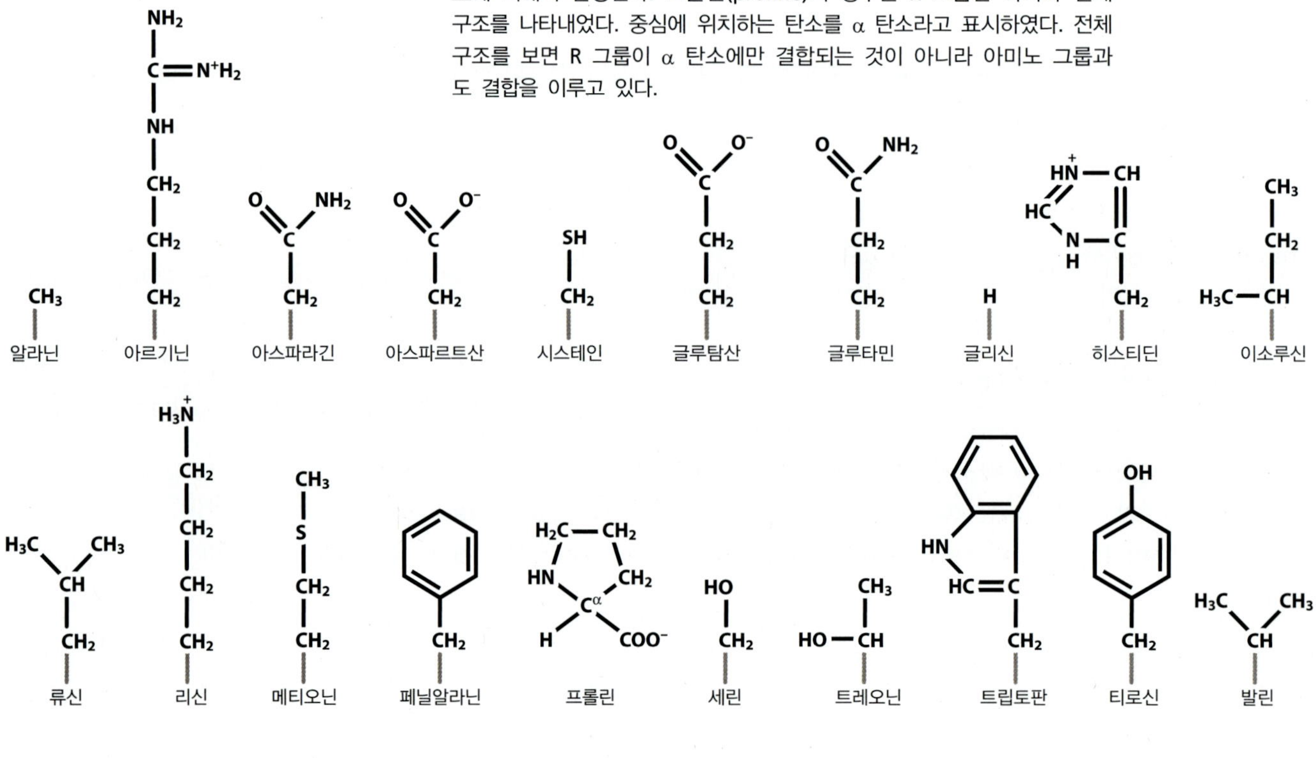

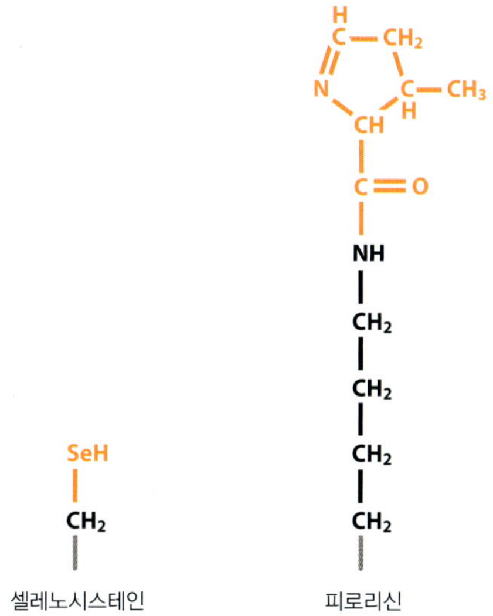

그림 7.4 셀레노시스테인과 피로리신의 R 그룹의 구조. 갈색으로 표시된 부분이 시스테인과 리신의 R 그룹과의 차이점을 보여 주고 있는 부분이다.

합성된 후, 몇몇 아미노산은 새로운 작용 기들이 첨가되는 화학적 변형 과정을 거친다. 이러한 예로는 인산화(phosphorylation) 과정이나 당 분자가 곁사슬(side chains)에 결합하는 등의 과정이다. 아미노산의 중합에 의한 폴리펩티드의 형성은 **펩타이드 결합(peptide bonds)**에 의해 형성된다. 결합은 아미노산의 카르복실기와 다른 아미노산의 아미노기 간의 결합에 의해 생성된다(그림 7.5A). 그림 7.5B에 3개의 아미노산이 결합되어 있는 구조를 나타내었다. 이 그림을 보면 뉴클레오티드의 결합에서와 같이, 폴리펩티드의 양 말단은 화학적으로 멀리 떨어져 있다. 펩타이드 결합에 관여하지 않는 말단 중 아미노기를 **아미노**, NH_2 혹은 **N 말단(N terminus)**이라고 하며, 반대 쪽 말단에 위치한 카르복실기를 **카르복실**, COOH 혹은 **C 말단(C terminus)**이라고 부른다. 또한 폴리펩티드의 표현은 N → C (그림 7.5B에서 왼쪽에서 오른쪽) 혹은 C → N (그림 7.5B에서 오른쪽에서 왼쪽)과 같이 양방향에서 모두 가능하다.

단백질 구조는 4가지 계층적 구조를 가진다

단백질은 전통적으로 4개의 계층적 구조로 되어 있다. 하나의 구조를 바탕으로 그 위에 다른 구조가 형성되는 형태의 계층을 이루고 있어 상위 단계의 구조는 하위 단계의 구조에 영향을 받는다.

이러한 단계의 가장 첫 번째는 **일차 구조(primary structure)**로 아미노산의 결합 순서에 따른 구조이다. 일차 구조의 다음 단계는 **이차 구조(secondary structure)**로 폴리펩티드로 연결되어 다양한 형태로 나타난다. 이차 구조는 2개의 주된 형태를 가지며 그 중 하나는 **α 나선 구조(α helix)**, 다른 하나는 **β 평판 구조(β sheet)**이다(그림 7.6). 이차 구조는 폴리펩티드 내부의 아미노산 간의 수소 결합에 의해 구조의 안정성을 갖

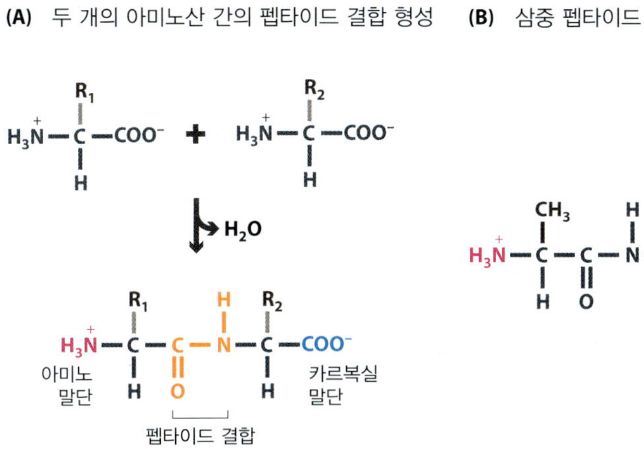

그림 7.5 펩타이드 결합에 의해서 연결된 아미노산들. (A) 2개의 아미노산은 화학 반응에 의해서 연결되며, 이때 펩타이드 결합이 형성된다. (B) 알라닌-페닐알라닌-세린으로 연결된 삼중 펩타이드

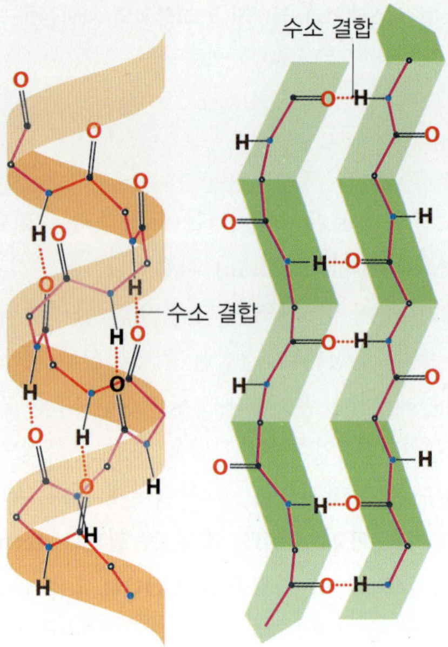

그림 7.6 단백질에서 확인되는 2가지 주된 이차 구조: α 나선 구조와 β 평판 구조. 폴리펩티드 사슬은 윤곽으로 나타내었고, 수소 결합은 점선으로 나타내었다. 구조를 명확하게 보여 주기 위해 R 그룹은 생략하였다. β 평판 구조는 반대 방향으로 평행하게 이루어져 있다. 평행하게 이루어져 있는 β 평판 구조도 존재한다.

는다. 일반적으로 α 나선 구조와 β 평판 구조는 서로 다른 폴리펩티드 부분에서 형성되며, 이러한 구조를 형성하지 않는 부분과 함께 존재한다.

3차 구조(tertiary structure)는 폴리펩티드들에 의해 생성된 이차 구조가 접힘 등의 과정을 통해서 형성된 3차원 구조의 형태를 말한다(그림 7.7). 3차 구조는 이차 구조와는 달리 다양한 화학적 결합에 의해서 안정화된다. 이런 결합에는 주로 아미노산 간의 수소 결합, 전하를 띠고 있는 아미노산의 작용기들에 의한 정전기적 상호작용, 소수성 결합들이 있다. 특히 소수성 결합은 비극성 작용기를 가지고 있는 아미노산들에 의해서 형성되며, 단백질 내부에 소수성 영역을 확보하는 역할을 한다. 또한 폴리펩티드의 다양한 위치에 존재하고 있는 시스테인에 의한 **이황화 결합(disulfide bridge)**과 같은 공유 결합을 가지기도 한다(그림 7.8).

단백질의 구조 중 마지막은 **4차 구조(quaternary structure)**이다. 4차 구조는 3차 구조에 의해 형성된 단백질이 2개 이상이 모여서 집합 구조를 만드는 것으로 다중 단위 구조를 이룬다. 모든 단백질이 4차 구조를 갖는 것은 아니지만, 유전자 발현에 관여하는 여러 가지 효소들을 포함한 많은 단백질에서 이러한 구조가 발견된다. 4차 구조를 형성하는 어떤 단백질들은 각각의 폴리펩티드 간에 이황화 결합을 가지고 있어 그 구조가 상당히 안정적이며, 단위 구조로 쉽게 분해되지 않는다. 이황화 결합이 아닌 수소 결합이나 소수성 영향에 의해 4차 구조를 형성하고 있는 경우도 있으며, 이황

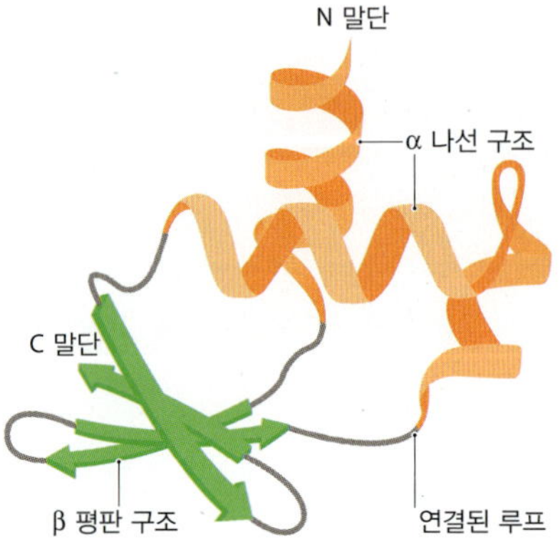

그림 7.7 단백질의 3차 구조. 코일 형태로 된 3개의 α 나선 구조와 화살표 모양으로 이루어진 4개의 β 평판 구조가 확인된다.

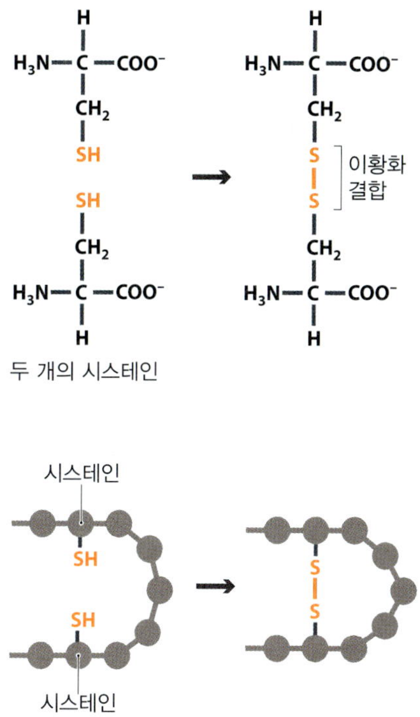

그림 7.8 이황화 결합. 위 쪽의 그림은 이황화 결합이 이루어지는 화학적 구조에 대한 모식도를 나타내었으며, 아래쪽 그림은 이황화 결합이 폴리펩티드의 구조에 미치는 영향을 나타내었다.

화 결합을 가지는 경우에 비해 각각의 단위 구조로 쉽게 분해되거나 4차 구조에서 구성 성분의 변화를 가져올 수도 있다. 4차 구조를 형성하는 단위 구조는 일부는 동일한 폴리펩티드로 구성되는 경우도 있으며, 다른 경우에는 서로 다른 폴리펩티드로 구성되기도 한다. 후자의 예로는 박테리아의 RNA 폴리메라아제에서 확인할 수 있으며, 단위 구조의 구성을 $\alpha_2\beta\beta'\sigma$로 나타낸다(그림 4.10 참조). 또한 어떤 단백질의 경우에는 4차 구조가 굉장히 많은 수의 폴리펩티드 단위 구조로 이루어져 있어 아주 복잡한 배열을 이루기도 한다. 담배 모자이크 바이러스 같이 바이러스를 감싸고 있는 단백질의 경우, 2,130개의 단위 구조로 이루어져 있다(그림 7.9).

아미노산 서열은 단백질 구조를 결정짓는 중요한 역할을 한다

단백질의 2, 3, 4차 구조는 결국 단백질의 1차 구조인 아미노산 서열에 의해서 결정된다. 이차 구조에서 아미노산 작용기의 물리 화학적 성질에 의해서 단백질의 2차 구조인 α 나선 구조와 β 평판 구조가 결정된다. 다시 말해서 어떤 아미노산들은 정해진 구조들의 외부에 좀더 자주 나타나게 되며, 이는 나선 구조 혹은 평판 구조의 종결점을 나타내고 있다. 현재 아미노산의 서열에 따라서 단백질의 이차 구조를 예측하는 방법은 잘 알려져 있다.

그림 7.9 담배 모자이크 바이러스의 외피. 이것은 2,130개의 단위 구조로 이루어져 있다.

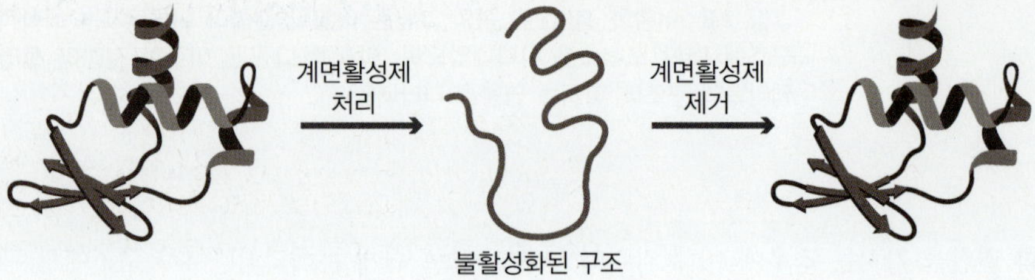

그림 7.10 불활성화된 단백질은 불활성화를 유도한 물질을 제거하면 다시 3차 구조로 되돌아갈 수 있다.

비록 3차 구조와 4차 구조의 경우, 2차 구조의 경우보다는 잘 알려지지 않았다. 그러나 구조의 형성에 중요한 영향을 미치는 것은 단백질의 아미노산 서열이다. 각각의 아미노산 수준에서 3차 혹은 4차 구조의 형성에 미치는 영향을 파악하기 위한 연구가 진행되고 있지만 아직까지 어떤 규칙이 있는지는 명확하게 밝혀지지 않았다. 약한 열 또는 요소(urea)같은 화학적 계면활성제로 처리하면 단백질은 즉시 그 본연의 구조를 잃고 **불활성화(denatured)**된다. 그러나 불활성화를 유도한 요인을 제거하면 단백질은 점차 그 본연의 구조로 **재활성화(renaturation)**가 되어 3차 구조를 형성한다(그림 7.10). 그리고 3차 구조의 형성이 이루어지면, 4차 구조가 필요한 경우에 이를 자연스럽게 형성하는 것이 지난 몇 년 동안의 연구를 통해 확인되었다. 이러한 현상에서 보여지듯이, 단백질의 3차 구조와 4차 구조는 1차 구조인 단백질의 아미노산 염기서열에 의해 결정됨을 알 수 있다.

아미노산 서열은 단백질의 기능도 결정한다

단백질의 아미노산 서열은 오로지 2차, 3차 그리고 4차 구조만을 결정하는 것이 아니라 단백질의 기능까지도 결정한다. 단백질이 그 기능을 발현하기 위해서는 반드시 다른 분자들과 상호작용을 해야 하며, 이러한 상호작용의 정확도는 단백질의 형태와 단백질이 가지고 있는 작용기들의 위치에 의해 결정된다.

단백질과 다른 분자들(다른 단백질을 포함해서) 간의 상호작용을 이해하는 것은 현대 생화학의 복잡한 부분이지만, 기본적인 원리가 단백질의 아미노산 서열에 의해 그 기능이 결정된다는 것을 보여주는 것은 어렵지 않다. 어떤 단백질이 그 기능을 수행하기 위해서 DNA 분자에 결합하여 있다는 것을 가정해 보면, DNA와 결합될 수 있는 다양한 종류의 많은 단백질 — RNA 폴리메라아제이거나 전사 개시에 관여하는 조절자나 활성분자 — 을 생각할 수 있다. 이해를 위해 람다(λ)로 불리우는 **박테리오파지(bacteriophage)**의 발현을 조절하는 단백질인 Cro를 통해 설명하고자 한다. 박테리오파지는 박테리아에 감염을 일으키는 바이러스로 대장균의 경우 람다가 이에 해당된다.

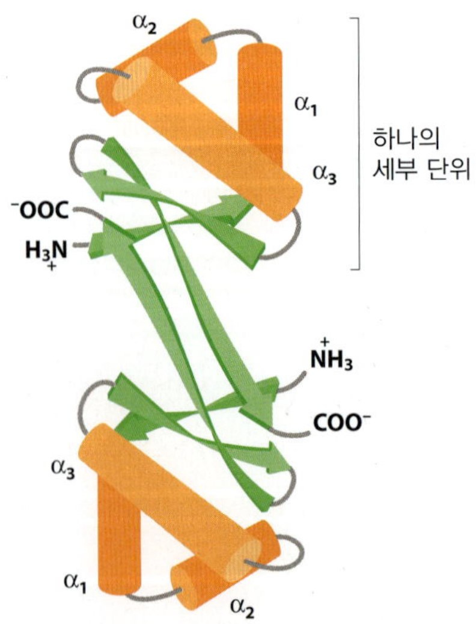

그림 7.11 Cro 단백질의 구조. 2개의 단위 구조로 이루어진 이합체이며, 각각의 단위 구조에는 3개의 α 나선 구조를 가지고 있다. 헬릭스-턴-헬릭스 구조에 있는 나선 구조는 α_2와 α_3로 나타내었으며, 인식 나선은 DNA에 접촉하는 데 중요한 역할을 하며, α_3로 나타내었다.

Cro는 **헤릭스-턴-헤릭스(helix-turn-helix)**의 구조로 이루어진 DNA 결합 단백질로 2개의 α 나선 구조가 하나의 turn 구조에 의해서 분리된 형태로 존재한다(그림 7.11). 이러한 구조에서 턴(turn)이라 불리는 구조는 임의로 형성되는 구조가 아니라, 일반적으로 두 번째 위치에 글리신을 갖는 4개의 아미노산으로 형성되는 특정한 구조를 가지고 있으며, **β 턴(β turn)**이라고 한다. 이러한 turn 구조는 첫 번째 α 나선 구조와 연결이 되어, 두 번째 α 나선 구조가 단백질의 표면에 위치하도록 하며, 이 부분이 DNA 분자의 큰 홈의 위치에 정확히 결합할 수 있는 구조를 형성한다. 이와 같은 결합을 형성하는 두 번째 α 나선 구조를 **인식 나선 구조(recognition helix)**라고 부른다.

Cro 단백질은 이합체를 형성하여 활성을 나타낸다. 각각의 단위체에서 형성된 2개의 인식 나선 구조는 정확히 3.4 nm의 위치로 떨어져 있으므로 DNA 분자의 큰 홈에 정확하게 결합하게 된다(그림 7.12). Cro 단백질에서 인식 나선 구조가 없다거나 나선 구조의 위치가 단백질의 표면에 적절하게 위치하고 있지 않다면, Cro 단백질은 DNA 분자에 결합하지 못하므로 그 기능을 제대로 수행할 수 없다. 그렇기 때문에 단백질의 구조는 기능에 있어서 매우 중요한 역할을 한다. 그러나 단순히 위에서 언급한 것만이 구조와 기능에 대한 이유의 전부는 아니다. 다른 많은 조절 단백질과 마찬가지로 단백질이 유전자의 발현을 조절하여야 하는 정확한 부위에 결합해야 한다. 이를 위해서는 Cro 단백질의 인식 나선 구조가 Cro 단백질이 결합하는 DNA 분자의 정확한 위치에 결합한다. 만일 나선 구조에 잘못된 작용기가 존재하거나 작용기의 위치가 잘못되었을 경우, 정확한 결합이 이루어져야 하는 부분을 인식하는 데 어려움을 겪는다.

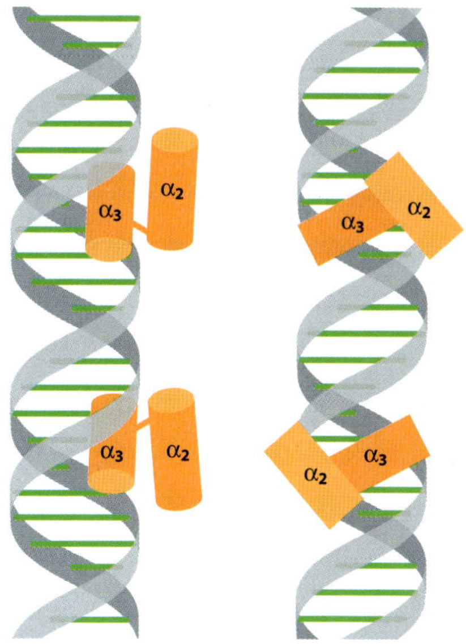

그림 7.12 Cro 단백질은 이합체를 형성하며 각각의 단위체에서 형성된 2개의 인식 나선 구조는 DNA 분자의 큰 홈과 정확히 일치하여 결합을 유도한다. 그림에서는 인식에 관여하는 부위만 나타내었고 나머지 부분은 생략하였다. 2개의 그림은 90° 회전을 통해 다른 위치에서 보여지는 그림이다.

위와 같은 구조적인 결합에 대한 원인으로 Cro 단백질의 1차 구조인 아미노산 서열이 3가지 부분에 있어서 단백질의 기능에 영향을 미친다. 첫 번째는 α 나선 구조의 형성을 촉진하는 Cro 단백질 폴리펩티드의 특정 부분에 있는 아미노산 서열에 의한 인식 구조이다. 두 번째는 정확히 DNA와 결합하고자 하는 부분을 형성할 수 있게 Cro 단백질의 이합체가 형성되고, 이를 통해 4차 구조를 형성할 수 있도록 아미노산 서열이 이루어져 있는 부분이다. 마지막으로, DNA의 특정 결합 부위를 인식할 수 있도록, Cro 단백질의 아미노산 서열에 따라 특정 작용기의 배열이 이루어진 인식 나선 구조가 형성되도록 하는 아미노산 서열이다. 다시 설명하면, Cro 단백질의 아미노산 서열은 Cro 단백질이 이합체를 형성하므로 그 기능을 발휘함에 있어서 밀접한 관계를 갖는다.

7.2 유전 암호

우리는 앞에서 단백질의 아미노산 서열과 그 기능에 대한 연관 관계에 대해서 알아보았다. 관심을 옮겨 아미노산들이 mRNA로부터 번역되는 동안 어떻게 연결되고 정해지는지에 대해 살펴보기로 한다. 이러한 규칙을 **유전 암호(genetic code)**라고 한다.

유전 암호를 이해하려고 하는 노력은 유전자가 DNA로 구성되어 있고 DNA 분자의 뉴클레오티드 서열이 생물학적 정보를 포함하고 있다는 사실이 알려진 이후로 계속 진행되어 왔다. 1966년에 대장균의 모든 유전 암호가 완벽하게 해석됨으로써 유전 암호를 이해하기 위한 연구가 획기적으로 진행되었다. 이후로 유전 암호 자체에 대한 관심은 덜해 졌으나, 유전 암호와 관련한 새로운 발견은 계속 진행되었다. 예를 들어 같은 종(인간을 포함하여)이라도 각각의 개체에 유전 암호의 다양성이 존재한다는 사실과 같은 새로운 발견과 관심이 지속적으로 유지되었다. 이제 유전 암호에 대한 중요한 부분을 먼저 확인해 보고 밝혀져 있는 암호의 다양성에 대해 알아 보자.

유전자와 이에 대응하는 단백질

1950년대에 유전 암호에 관한 연구가 시작될 때 유전자와 단백질이 대응된다는 것이 어느 정도 예상되었다. "colinear"라는 뜻은 유전자의 염기서열에 따라 단백질의 아미노산 서열 역시 같은 방향으로 결정되는 것을 의미한다(그림 7.13). 이것은 유전자에 의해서 단백질이 연결된다는 것을 가장 명확하게 설명해 주는 것이다.

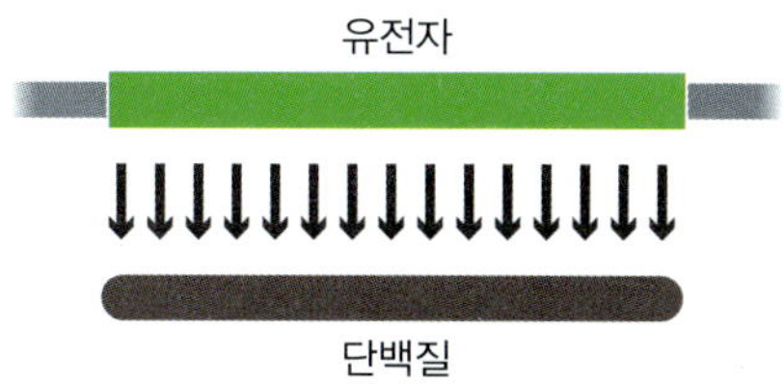

그림 7.13 유전자와 이로부터 발현되는 단백질의 관계는 대응 관계로 존재한다. 유전자의 뉴클레오티드 순서에 대응하여 단백질의 아미노산이 결정된다.

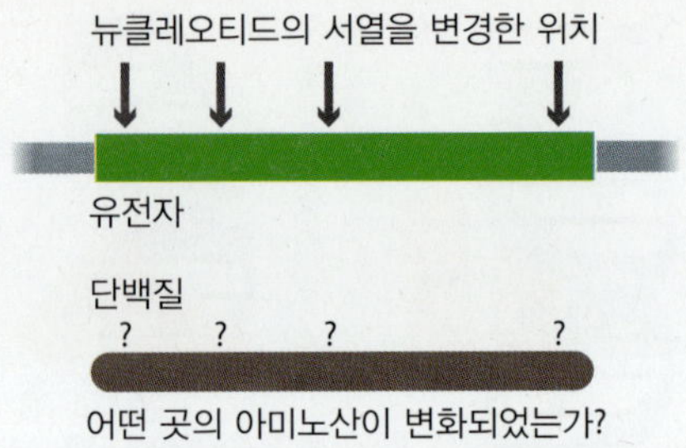

그림 7.14 유전자와 이에 대응하는 단백질을 확인하기 위한 실험 전략

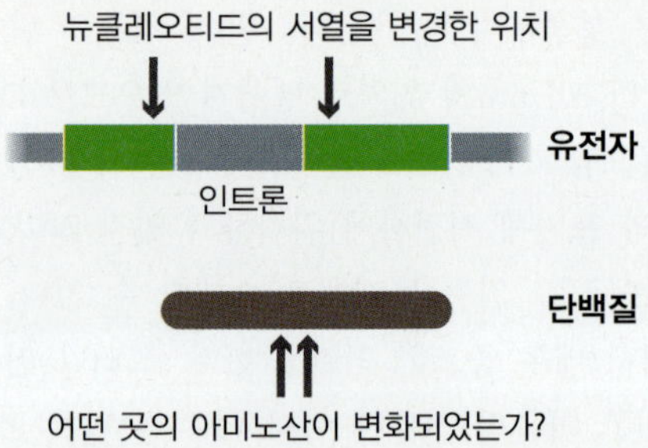

그림 7.15 엄밀히 말해, 인트론이 존재하지 않아야 유전자와 이에 따르는 단백질이 대응한다.

과학에서 가정은 실험을 통해 언제나 확인이 되어야만 하며, 확인되지 않는 것만으로 어떤 판단을 내리는 것은 위험하다. 유전자와 단백질이 같은 방향으로 대응된다는 "colinear"라는 가정을 확인하기 위한 가장 쉽고 명확한 방법은 유전자의 어떤 부분을 변형시켰을 때 그에 대응하여 생성되는 단백질이 어떠한 변화를 나타내는지 확인하는 것이다(**그림 7.14**). 이러한 형태의 실험은 대장균의 트립토판 합성 효소의 단위 구조 중 하나인 단위 구조 A의 유전자를 대상으로 수행되었다. 이 효소는 그 이름에서도 확인되듯이, 트립토판의 생합성에 있어 마지막 단계에 관여하는 효소이다. 이 실험을 통해 트립토판 합성 효소의 단위 구조 A에서 유전자 서열이 변경됨에 따라 단백질의 아미노산 서열도 변경되는 것이 확인되었다. 이 실험을 통하여 단위 구조 A의 유전자 서열이 아미노산 서열의 5′ 말단으로부터 순차적으로 대응하여 발현되고 있다는 사실이 밝혀졌다.

유전 암호를 이해하는 데 있어서 유전자와 단백질이 순차적으로 대응되어 있다는 것을 아는 것은 매우 중요하다. 이러한 실험이 진핵세포가 아니라 원핵세포에서 수행되었다는 것은 운이 좋은 것이다. 왜냐하면 원핵세포에는 인트론이 존재하지 않아 순차적으로 유전자와 단백질이 대응되어 있기 때문이다. 진핵세포의 경우는 인트론의 존재로 인하여 유전자가 연속적으로 존재하지 않으므로 순차적으로 대응되어지지 않는다. 예를 들어, 진핵세포에서는 수 kb 간격으로 떨어져 있는 유전자의 염기서열이 변화되더라도 그에 대응되는 단백질의 아미노산 서열의 변화는 훨씬 가까운 위치에서 일어난다. 이는 진핵세포의 유전자에는 아미노산 서열에 관여하지 않는 인트론이 존재하기 때문이다. 이런 현상 때문에 진핵세포에서는 "colinear"하게 유전자 서열과 아미노산 서열이 대응되는 것이 아니라 "linear"하게 대응되어 변화가 일어나는 것이다(**그림 7.15**). 이러한 결과는 다양한 절단 과정에 마주치게 되면 더 복잡하게 일어날 수 있다. 따라서 과학에 있어서 가정은 매우 위험하다.

각각의 유전 암호는 3개의 뉴클레오티드로 구성되어 있다

두 번째 기본적인 질문은 하나의 아미노산을 결정하기 위해, 이에 대응하는 뉴클레오티드의 단위를 어떻게 결정하는가이다. 이러한 유전 암호의 단위를 부호어(codeword) 또는 **코돈(codon)**이라고 한다. 코돈은 하나의 뉴클레오티드에 의해 결정되지 않는다. 왜냐하면 하나의 아미노산이 하나의 뉴클레오티드에 의해서 결정된다면 20개의 서로 다른 뉴클레오티드가 존재하여야 하지만, 자연계에는 오로지 4개의 뉴클레오티드(A, T, G 그리고 C)만이 존재하기 때문이다. 그리고 2개의 뉴클레오티드의 조합(2개의 뉴클레오티드의 예로 AT, TA, TT, GC 등)에 의해 아미노산을 만들기 위한 경우의 수

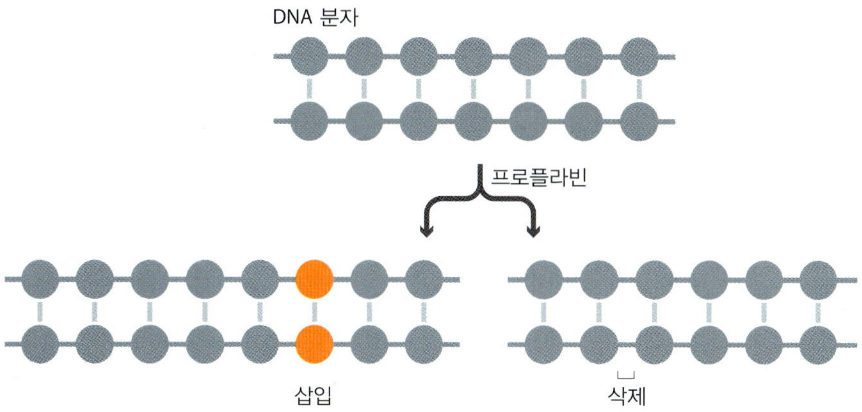

그림 7.16 프로플라빈과 같은 아크리딘 염료는 유전자의 이중 가닥에 삽입 혹은 삭제시킬 수 있다.

는 $4^2 = 16$개로 20개의 아미노산을 만들 수 없다. 하지만 3개의 뉴클레오티드의 조합(3개의 뉴클레오티드의 예로 AAA, AAT, TAT, GCA 등)에 의해 아미노산을 만든다면 $4^3 = 64$로 20개로 20개의 아미노산을 나타내기에 충분한 조합을 얻을 수 있다.

유전자와 단백질의 대응에 대한 실험과 마찬가지로, 코돈이 3개의 뉴클레오티드로 결정된다는 가정이 대장균을 이용한 실험을 통해 확인되었다. 이 실험에서는 **아크리딘 염료(acridine dye)**의 일종인 **프로플라빈(proflavin)**을 이용하였다. 이 화학 물질은 이중 나선 구조의 유전자에서 베이스를 제거하거나 새로 넣어 주는 역할을 한다(그림 7.16). 이론적으로 이런 실험은 다음과 같은 단계를 통해서 확인할 수 있다. 어떤 단백질에서 단백질의 기능에 영향을 주지 않는 부분이 있고, 이 부분에 코딩하는 유전자의 변형을 통하여 단백질의 기능에 변화가 일어나는지를 알아봄으로써, 코돈의 구성 단위에 대해 확인할 수 있다. 즉 기능과 구조에 영향을 미치지 않는 부분에서, 유전자가 삽입 또는 삭제되었을 때 이에 대응하는 단백질이 그 변화에 영향을 받는지 받지 않는지를 확인하므로써 알 수 있다. 만일 코돈이 3개의 뉴클레오티드로 이루어져 있을 때, 하나의 유전가가 삽입 또는 삭제되었다면, 이 부분 이후의 하부 부위에 아미노산의 변화가 일어나 단백질의 기능이 정상적으로 나타나지 않을 것이다(그림 7.17). 2개의 유전자 삽입 또는 삭제를 통한 결과도 하나의 유전자 삽입 및 삭제의 경우와 동일한 결과를 나타낼 것이다. 그러나 3개의 유전자가 삽입 또는 삭제된다면 **리딩프레임(reading frame)**이 변화하지 않고 유지되어 유전자로부터 생성되는 단백질의 기능에 많은 영향을 미치게 되지 않을 것이다.

이러한 실험은 T4라고 명명된 대장균의 박테리오파지에서 얻어진 유전자를 이용한

그림 7.17 유전 암호가 삼중항 코돈으로 이루어지는 것을 합리적으로 설명하는 실험의 모식도. 각각의 코돈은 다른 색으로 나타내었으며, 하나 혹은 2개의 뉴클레오티드가 삽입된 경우 뒤쪽에 따르는 코돈이 모두 변화하였으나 3개의 뉴클레오티드가 삽입되면 뒤쪽의 코돈은 영향을 받지 않고 프레임만 변화되었다.

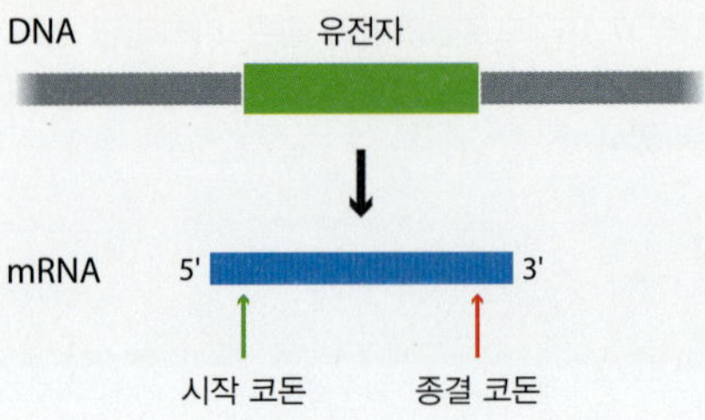

그림 7.18 mRNA에서 구두점 코돈의 위치

실험에서 처음으로 확인되었으며, 이를 통해 3개의 뉴클레오티드의 조합으로 하나의 아미노산을 결정한다는 것이 확인되었다.

유전 암호의 중복성과 시작 및 종결 코돈

우리는 유전 암호를 나타내는 유전자와 단백질이 대응 관계에 있다는 것과 아미노산이 3개의 뉴클레오티드에 의해 결정된다는 것을 확인하였다. 그러면 이제 어떤 코돈이 어떤 아미노산을 결정하는지에 대해 알아보기로 한다. 3개의 뉴클레오티드로 구성되는 코돈은 모두 64개의 서로 다른 형태로 나타날 수 있으며, 이들이 20개의 아미노산으로 번역되기 위해서는 하나 이상의 코돈이 하나의 아미노산을 결정하는 형태로 나타나야 하는데, 이를 **중복성(degenerate)**이라고 한다. 또한 **구두점 코돈(punctuation codons)**이라고 명명되는 변역의 시작과 종결을 결정하는 코돈들도 존재하여야 한다(그림 7.18).

이러한 유전 암호에 대한 연구는 1961년부터 1966년 사이에 가장 활발하게 이루어졌다(연구 브리핑 7.1). 최초로 밝혀진 코돈은 페닐알라닌을 결정짓는 5′-UUU-3′이었다. 이는 RNA 분자의 poly(U) 분자 부분이 직접적으로 폴리페닐알라닌을 합성하는 것이 밝혀졌다. 이와 유사한 방법으로 리신은 5′-AAA-3′에 의해서, 프롤린은 5′-CCC-3′으로 확인되었다. 그러나 설명할 수 없는 이유로 인하여 poly(G)는 단백질을 형성하지는 않았다. 이후에 점차적으로 정교한 방법을 통해 그림 7.19와 같이 코돈에 의해 결정되는 아미노산이 알려졌다.

하나의 아미노산은 하나 이상의 코돈에 의해서 결정된다. 메티오닌과 트립토판을 제외한 모든 아미노산들은 하나 이상의 코돈에 의해서 결정되며, 이는 3개의 뉴클레오티드에 의해 결정되는 삼중항 코돈이 모두 64개가 생성되는 데 반해 아미노산은 20개이기 때문이다. 대부분의 유사한 코돈들은 그룹을 이루고 있다. 예를 들어 5′-GGA-3′, 5′-GGU-3′, 5′-GGG-3′과 5′-GGC-3′은 모두 글리신을 나타낸다. 이러한 유사성은 단백질이 합성되는 동안 판독되는 과정과 연관성을 가지고 있으며, 이에 대해서는 이

코돈	아미노산	코돈	아미노산	코돈	아미노산	코돈	아미노산
UUU	Phe	UCU	Ser	UAU	Tyr	UGU	Cys
UUC	Phe	UCC	Ser	UAC	Tyr	UGC	Cys
UUA	Leu	UCA	Ser	UAA	stop	UGA	stop
UUG	Leu	UCG	Ser	UAG	stop	UGG	Trp
CUU	Leu	CCU	Pro	CAU	His	CGU	Arg
CUC	Leu	CCC	Pro	CAC	His	CGC	Arg
CUA	Leu	CCA	Pro	CAA	Gln	CGA	Arg
CUG	Leu	CCG	Pro	CAG	Gln	CGG	Arg
AUU	Ile	ACU	Thr	AAU	Asn	AGU	Ser
AUC	Ile	ACC	Thr	AAC	Asn	AGC	Ser
AUA	Ile	ACA	Thr	AAA	Lys	AGA	Arg
AUG	Met	ACG	Thr	AAG	Lys	AGG	Arg
GUU	Val	GCU	Ala	GAU	Asp	GGU	Gly
GUC	Val	GCC	Ala	GAC	Asp	GGC	Gly
GUA	Val	GCA	Ala	GAA	Glu	GGA	Gly
GUG	Val	GCG	Ala	GAG	Glu	GGG	Gly

그림 7.19 유전 암호

표 7.2 인간 미토콘드리아 DNA에서 발견된 일반적이지 않은 코돈		
코돈	일반적으로 나타나는	실제로 나타나는
UGA	종결	트립토판
AGA, AGG	아르기닌	종결
AUA	이소루신	메티오닌

장의 후반부에서 tRNA에 대해 설명하면서 자세히 다루도록 한다.

유전 암호는 또한 구두점 코돈을 가지고 있다. 삼중항 코돈 중에 5′-AUG-3′는 거의 대부분의 유전자에서 번역의 시작을 나타내는 **개시 코돈(initiation codon)**이며, 이 코돈은 메티오닌을 나타나므로 새로 합성되는 폴리펩티드의 아미노 말단에는 항상 이 아미노산이 존재한다. 그리고 이렇게 만들어진 메티오닌은 단백질이 합성된 후에 제거된다. 5′-AUG-3′은 메티오닌을 나타내는 유일한 코돈이지만 언제나 AUG가 개시 코돈으로 나타나는 것은 아니며, 유전자 내부에도 존재한다. 몇몇 유전자에서는 개시 코돈으로 5′-GUG-3′나 5′-UUG-3′이 사용되기도 한다.

종결 코돈(termination codons)으로 작용하는 3개의 삼중항 코돈은 5′-UAA-3′, 5′-UAG-3′, 5′-UGA-3′으로 어떠한 아미노산도 결정하지 않는다. 이들 중 하나는 언제나 모든 유전자의 종결 시점에 나타나며, 이 지점에서 단백질로의 번역이 종결된다.

유전 암호는 모두 동일하지 않다

처음에는 모든 생명체에 있어서 유전 암호는 동일하게 적용된다고 생각되었다. 이렇게 생각된 이유는 하나의 뉴클레오티드가 변화된다면, 이에 따라 번역되는 단백질에 변화가 따르게 되며 이러한 변화에 의해 생명체에 변화가 생기기 때문이다.

이러한 이유가 너무나도 일반적으로 생각되어서인지 유전 암호가 동일하게 이루어지지 않는다는 사실은 놀라운 일이다. 그림 7.19에서 보여지는 유전 암호의 대부분은 많은 생물체의 유전자에 적용되지만 이에 반하는 경우도 많이 발견되고 있다. 특히, 미토콘드리아에서 일반적인 유전 암호를 사용하지 않는 유전자가 자주 확인된다(표 7.2). 이런 결과는 인간의 미토콘드리아 유전자 염기서열을 확인하는 과정에서 처음으로 발견되었다. 몇 개의 인간 미토콘드리아 유전자에서 종결 코돈으로 확인된 5′-UGA-3′이 유전자의 내부에 존재하고 있으면서도 단백질의 합성이 중지되지 않는 현상이 확인되었다. 단백질의 아미노산 서열과 유전자의 서열을 비교해 본 결과, 인간 미토콘드리아 유전자의 내부에 존재하고 있는 5′-UGA-3′은 트립토판(tryptophan)으

표 7.3 핵에서 발견되는 일반적이지 않은 코돈의 예			
생물	코돈	일반적으로 나타나는	실제로 나타나는
Several protozoa	UAA, UAG	종결	글루타민
Candida rugosa (yeast)	CUG	루신	세린
Euplotes spp. (ciliated protozoan)	UGA	종결	시스테인

연구 브리핑 7.1

유전 암호

유전 암호가 알려진 1960년대에 어떤 유전 암호가 어떤 아미노산을 나타내는지에 대한 연구가 활발하게 진행되었다. 비록 모든 유전 암호 하나하나에 대한 정보를 얻어 내기는 쉽지 않았지만 1961년부터 1966년까지 대장균에서 모든 유전 암호에 대한 연구가 완료되었다. 유전 암호의 연구에 대한 필요성에 의해 개발된 두 가지 새로운 기술에 의해서 예상보다도 굉장히 빠른 시간 안에 유전 암호에 대한 연구가 완료될 수 있었다.

유전 암호의 해독을 위해 개발된 두 가지 새로운 기술 중에 하나는 RNA 분자의 합성 기술이다. 이론적으로 알고 있는 RNA 분자를 통해 단백질이 합성되면 단백질의 아미노산 서열의 분석을 통해 어떤 유전 암호가 어떤 단백질로 번역이 되었는지에 대해 확인할 수 있다. 이러한 이유로 염기서열을 알거나 예측할 수 있는 RNA를 만드는 것이 연구의 중요한 목표가 되었다. 이를 가능하게 만든 것은 세비오 오초아(Severo Ochoa)에 의해 발견된 **폴리뉴클레오티드 포스포릴라아제(polynucleotide phosphorylase)**라는 효소에 의해서였다. 이 효소는 세포안에서 RNA를 분해하는 역할을 하지만 시험관에서는 반대의 반응인 RNA를 합성하는 역할을 수행한다. 이 반응은 주형으로 DNA를 필요로 하지 않으며, 전사과정과 아무런 연관 없이 진행된다.

두 번째의 기술은 세포가 아닌 곳에서 단백질을 합성하는 (**cell-free protein synthesis**, *in vtro* 단백질 합성) 기술이다. 인공적으로 만들어낸 RNA 분자를 주형으로 단백질을 합성하기 위해서는 세포 추출물을 이용하여 단백질을 합성하는 과정을 필요로 한다. 이런 세포가 아닌 곳, 즉 *in vitro* 상태에서 단백질을 합성하기 위해서는 리보솜, 운반 RNA, 아미노산 같은 세포의 모든 구성 성분들이 필요하다. 물론 인위적으로 합성된 RNA에 의해서 단백질을 합성하기 위해서는 세포 안에서 생성된 RNA들이 존재하지 않아야 합성된 RNA를 이용하여 만들어진 단백질만을 확인할 수 있다.

세포가 아닌 곳에서 단백질을 합성하는 방법을 통해 동일 염기가 나타내는 단백질이 처음으로 확인되었다

미국의 NIHL(National Institutes of Health Laboratories)에서 최초로 마샬 린넨버그(Marshall Nirenberg)와 헨리 마티(Heinrich Matthaei)가 대장균으로부터 얻어낸, 세포가 없는 상태의 구성물들에서 인공적으로 만들어진 RNA를 이용하여 단백질을 합성하는 데 성공하였다. 이러한 실험은 1961년 5월 26일 금요일 새벽 6시쯤부터 아침에 이르기까지 연속된 유리딘 염기 — poly(U) — 를 대장균으로부터 얻어낸 세포가 없는

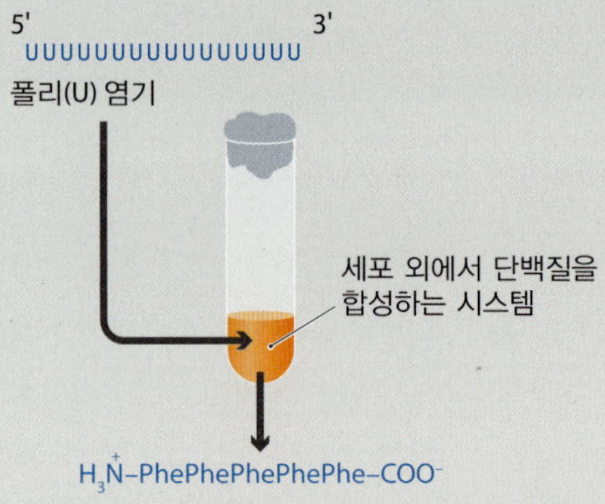

그림 1 세포 추출액을 이용한 폴리(U)를 통해 폴리페닐알라닌을 번역하는 과정

상태에 첨가하여 단백질을 합성하는 데 성공하였으며, 이를 통해 최초로 확인된 코돈인 UUU가 페닐알라닌을 나타낸다는 것을 확인하였다(**그림 1**).

한 종류의 염기로만 이루어진 RNA를 합성하는 것은 상대적으로 쉽기 때문에 연속된 유리딘 염기로 이루어진 RNA를 합성하여 실험을 수행하였으며, 이 중에 제일 먼저 확인된 것이 poly(U)이다. RNA를 합성하는 폴리뉴클레오티딜 포스포릴라아제의 반응에 오직 유리딘만 존재한다면 poly(U)를 쉽게 합성할 수 있으며, 이러한 방법으로 다른 3개의 염기 또한 합성을 수행하여 각각 세포가 없는 상태에서 단백질의 합성이 이루어졌다. 이러한 실험을 통해 마티는 AAA는 리신을 나타내고, CCC는 플로린을 나타낸다는 것을 확인하였다. 그러나 무슨 이유 때문인지는 명확하게 확인되지 않았지만 GGG는 이 단계에서 어떤 단백질을 합성하는지 알아내지 못하였다.

여러 종류의 염기로 이루어진 염기서열로부터 코돈을 확인할 수 있었다

하나의 염기로 이루어진 RNA로부터 나타나는 코돈을 확인한 이후에 다음 단계로 수행된 것은 여러 종류의 염기로 이루어진 염기서열로부터 코돈을 확인하는 것이다. 이러한 실험에 있어서 문제점은 RNA를 합성하는 폴리뉴클레오티딜 포스포릴라아제가 어떤 서열로 RNA를 합성하는 가에 대해 정확한 확인이 불가능하다는 것에 있다. 예로 A와 C만을 넣어서 RNA를 합성한다면 8개의 서로 다른 코돈이 생성되며 — AAA, AAC, ACA, CAA, ACC, CCA, CAC, CCC — 생성된 염기들이 어떤 순서를 가지고 있는지에 대해 알 수 가 없다. 이런 조건에서 합성된 RNA를 세포가 없는 단백질 합성 조건에서 단백질을 합성하면 6개의 서로 다른 아미노산 — 프롤린, 히스티딘, 트레오닌, 아스파라긴, 글루타민, 리신 — 들이

생성되며, 이를 정확하게 코돈과 연결시키는 과정이 필요하다.

완전하지는 않지만, 이를 해결할 수 있는 대답을 얻기 위해 각각의 뉴클레오티드의 양을 달리한 RNA 합성을 수행하여 통계적인 방법으로 답을 얻을 수 있었다. 만일 C와 A의 비율을 5:1로 조정하여 합성을 수행한다면 CCC의 양은 AAA보다 높은 확률로 얻을 수 있다. 이를 통하여 8개의 가능한 코돈의 비율을 조절할 수가 있으므로, 이를 통해 얻어지는 폴리펩티드의 아미노산의 수를 비교하여 코돈에 의해 결정되는 아미노산을 예측할 수가 있게 된다(그림 2). 이 방법이 정확하게 삼중항 코돈과 아미노산을 연결시켜 줄 수는 없지만 통계학적인 처리를 통하여 예측을 할 수 있으며 뉴클레오티드의 비율을 변화시켜 생성되는 결과로 확인해 볼 수 가 있다. 이러한 방법을 통하여 니렌베르그(Nirenberg), 매타이(Matthaei)와 오초아(Ochoa) 등이 64개의 유전 암호 중에 많은 수의 유전 암호를 확인하였다.

유전 암호의 완성을 위해서는 추가적인 방법이 필요하였다

비록 하나의 뉴클레오티드로 이루어진 코돈과 이종의 뉴클레오티드로 이루어진 코돈 중 많은 삼중항 코돈의 유전정보가 확인되었지만, 각각의 코돈의 유전정보를 명백하게 확인하기 위해 3가지의 실험이 추가적으로 필요하였다.

첫 번째로는 이종의 염기로 이루어진 뉴클레오티드의 합성을 순차적으로 진행하는 것으로 이 실험은 고빈드 코라나(H. Gobind Khorana)에 의해서 처음으로 수행되었다. 이 실험은 단일 뉴클레오티드로부터 합성을 진행하는 것이 아니라 AC와 같은 이종 뉴클레오티드로부터 합성을 진행하는 방법이다. 이러한 합성은 폴리(AC)를 만들어 내게 되며, ACACACAC의 서열을 가지게 되고, 이는 ACA와 CAC의 2개의 코돈을 나타내게 된다. UGU같은 삼중 뉴클에오티드를 이용하여 합성을 진행하게 되면 UGUUGUUGU의 염기서열을 얻을 수 있으며, 이를 통해서는 UGU, GUU와 UUG의 코돈을 얻어 낼 수 있다. 이러한 과정을 통해서 삼중항 코돈이 어떤 단백질을 결정하는지를 이전에 비해 쉽게 확인할 수 있다.

이종뉴크레오티드를 무작위로 제조: 단 C와 A의 비율을 5:1로 함

삼중항 코돈에서 C가 들어갈 확률 = 5/6
삼중항 코돈에서 A가 들어갈 확률 = 1/6

예상 가능한 삼중항 코돈	*확률*		
CCC	$(5/6)^3$	=	**57.9%**
CCA, CAC, ACC	$(1/6)(5/6)^2$	=	**11.6%**
CAA, ACA, AAC	$(1/6)^2(5/6)$	=	**2.3%**
AAA	$(1/6)^3$	=	**0.4%**

세포 외에서 단백질을 합성하였을 경우 결과

아미노산	*폴리펩티드에서의 차지하는 비중*	*해석*
프롤린	**69%**	**CCC** + one of **CCA, CAC, ACC** 중 하나
트레오닌	**14%**	**CCA, CAC, ACC** 중 하나 + **CAA, ACA, AAC** 중 하나
히스티딘	**12%**	**CCA, CAC, ACC** 중 하나
아스파라긴	**2%**	각각 **CAA, ACA, AAC** 중 하나
글루타민	**2%**	각각 **CAA, ACA, AAC** 중 하나
리신	**1%**	**AAA**

그림 2 이종 폴리뉴클레오티드를 이용한 단백질 합성 실험 결과의 해석

다음으로 개발된 방법은 1964년에 니렌베르그(Nirenberg)와 필립 레더(Philip Leder)에 의해서 제시된 **삼중항 결합 어세이(triplet binding assay)** 방법으로, 세포 추출액을 이용해 단백질을 합성하는 방법을 변형함으로써 개발한 방법이다. 이러한 발견은 정제된 리보솜이 mRNA의 3개의 뉴클레오티드와만 결합하며, 이것은 특정 코돈에 의해 아미노산과 tRNA 분자 사이의 결합을 일으키는 것으로부터 확인되었다(그림 3). 실험실에서 합성이 이루어져 서열을 알고 있는 삼중항 코돈을 사용하여 실험을 수행함으로써, 코돈과 아미노산 간의 관계에 대해 명확하게 정의를 내릴 수 있게 되었다.

마지막으로 해결하여야 하는 문제는 종료 코돈에 관한 내용이다. 삼중항 결합 어세이 결과, UAA, UAG와 UGA는 아미노아실-tRNA와 결합을 이루지 않아 종결 코돈으로 추정되었다. 이러한 결과는 영국의 캠브리지 대학의 시드니 브래너(Sydney Brenner)와 동료들이 억제에 관련된 연구를 하면서 종료 코돈에 대해 확인할 수 있었다. 이에 대한 자세한 내용은 16장에서 억제에 대해 살펴볼 때 알아 보기로 한다.

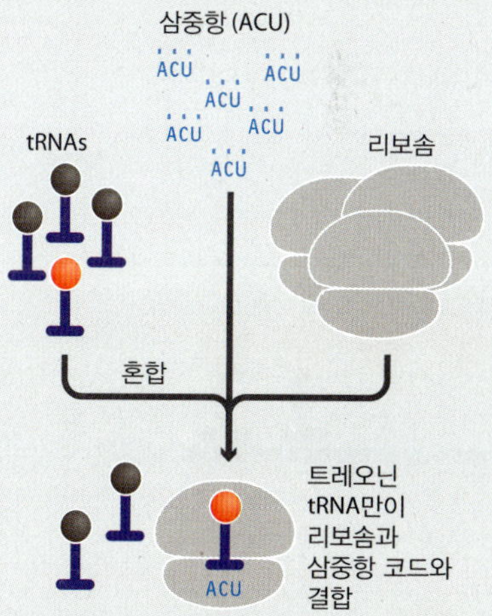

그림 3 삼중항 결합 어세이(triplet binding assay). 이러한 발견은 정제된 리보솜이 mRNA의 3개의 뉴클레오티드와만 결합을 하며 이것이 특정 코돈에 의해 아미노산과 tRNA 분자 사이의 결합을 일으키는 것으로부터 확인되었다. 그림에서 보이는 예는 ACU와 tRAN의 결합을 통해 트레오닌이 생성되는 과정을 보여 준다. 이를 통해 ACU과 트레오닌을 결정하는 것이 확인되었다. 이 실험은 아미노산과 tRNA 혼합물의 연속적인 실험을 통해 확인된다. 각각의 혼합물에는 방사능으로 표지된 하나의 아미노산만이 포함되어 있으며, tRAN와 결합이 이루어지면 리보솜은 방사능을 띠게 된다. 이를 통해 하나의 삼중항 코돈이 결정하는 아미노산이 결정된다.

표 7.4 셀레노시스테인을 포함하고 있는 단백질의 예

생물	단백질
포유류	글루타치온 과산화 효소
	티오리독신 환원 효소
	요오드 티로닌 탈요오드화 효소
박테리아	포메이트 탈수소화 효소
	글리신 환원 효소
	프롤린 환원 효소
고세균	수소화 효소
	포밀메탄노푸란 탈수소화 효소

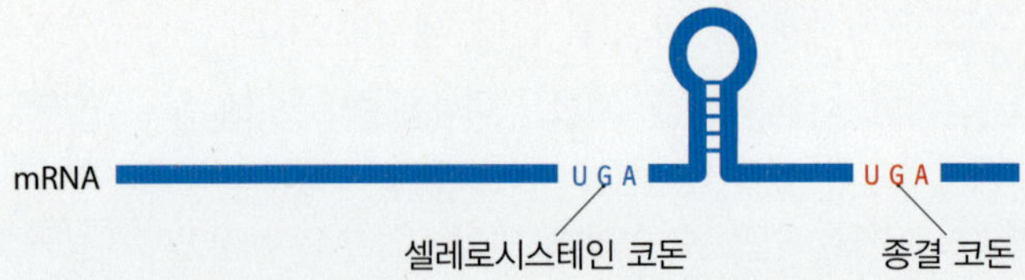

그림 7.20 셀레노시스테인을 나타내는 코돈인 5′-UGA-3′가 종결 코돈과 구분되어지는 점은 셀레노시스테인을 나타내는 5′-UGA-3′와 번역의 종결을 나타내는 지점을 구분하는 요소인 헤어핀 구조의 구조의 존재 여부이다. 그림에서 헤어핀 구조의 앞쪽의 코돈은 셀레노시스테인을 나타낸다.

로 번역되고 있었으며, 이것은 특정 유전자 내에서 4개 중의 하나의 일탈로 확인되었다. 비록 식물체의 미토콘드리아에서 확인되는 트립토판을 지정하는 5′-CGG-3′ 같은 경우는 번역이 이루어지기 전에 RNA 편집으로 수정이 이루어지는 경우도 있지만, 많은 경우에 이러한 유전 암호의 일탈은 인간 미토콘드리아에서만 발견되는 것이 아니라 다른 생명체의 미토콘드리아에서도 확인된다.

일반적이지 않은 비정규적 유전 암호는 하등 진핵세포의 핵 안에 존재하는 유전자에서도 확인된다. 이러한 비정규적인 유전 암호는 종결 코돈이 다른 아미노산을 나타내는 형태이다(표 7.3). 그러나 박테리아에서는 이런 변형이 잘 일어나지 않는다.

또 다른 형태로 나타내는 코돈의 다양성은 **context-dependent codon reassignment**에 의해 나타난다. 이는 단백질이 셀레노시스테인(selenocysteine)이나 피로리신(pyrrolysine)같이 일반적이지 않은 아미노산을 포함하여 합성을 하는 과정 중에 나타난다. 피로리신은 몇몇의 고세균(archaea)과 아주 적은 수의 미생물에서 발견되지만 단백질에 포함되는 경우는 매우 드문 반면에, 셀레노시스테인은 많은 미생물에서 발견된다(표 7.4). 하나의 예로 글루타치온과산화 효소(glutathione peroxidase)에서 확인된다. 이 효소는 인간과 다른 포유동물에서 산화 스트레스에 의한 세포의 피해를 방지하는 효소이다. 이 효소의 유전자에서 셀레노시스테인을 나타내는 코돈은 5′-UGA-3′이지만, 이 코돈은 유전자의 번역을 종결하는 종결 지점의 역할도 함께하고 있다. 유전자에서 셀레노시스테인을 나타내는 5′-UGA-3′와 번역의 종결을 나타내는 지점을 구분하는 요소는 헤어핀 구조의 존재 여부이다. 유전자의 다운스트림에 헤어핀 구조가 존재한다면 셀레노시스테인을 나타내는 염기서열로 인식되며, 이런 구조가 존재하지 않는다면 종결 코돈으로 인식된다(그림 7.20). 셀레노시스테인과 마찬가지로 피로리신 역시 유사한 방법으로 또 다른 종결 코돈인 5′-UAG-3′을 이용하여 결정한다.

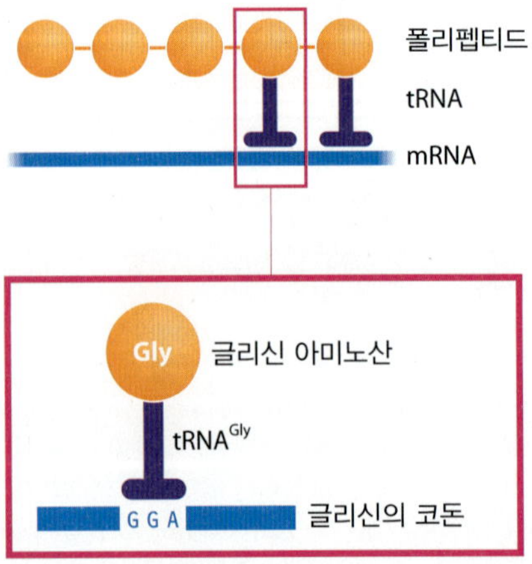

그림 7.21 번역 과정에서 tRNA의 역할. 위쪽의 그림에서 2개의 tRNA가 mRNA와 폴리펩티드 사이에 결합하여 존재하고 있다. 아래쪽 그림에서는 tRNA가 인식하고 있는 코돈에 특정한 아미노산을 결합한 형태로 존재함을 보이고 있다.

7.3 단백질 합성에서 tRNA의 역할

mRNA가 단백질로 번역되는 과정에 tRNA의 중요한 역할은 유전자의 순서에 따라서 아미노산을 전달함으로써 단백질의 합성을 올바르게 진행하는 데 있다. 이러한 역할을 하기 위해서 tRNA는 mRNA와 합성 과정 중에 있는 단백질과 물리적으로 결합이 되어야 한다(그림 7.21). 또한 tRNA의 역할을 정확하게 이해하기 위해서는 각각의 아미노산이 tRNA와 결합하는 과정인 **아미노아실화(aminoacylation)**와 mRNA와 tRNA의 상호작용인 **코돈-안티코돈 인식(codon-anicodon recognition)**에 대해 정확히 알아야 한다.

아미노아실-tRNA 합성 효소가 아미노산을 tRNA에 결합시킨다

아미노산은 20개 만이 존재함에도 불구하고, 박테리아에는 약 30~45 종류의 tRNA가 있다. 또한 진핵세포의 경우에는 50여 개의 tRNA가 존재한다. 이는 모든 생명체에 동일한 아미노산을 운반하는 **동일 아미노산 수용 tRNA(isoaccepting tRNA)**들이 존재하고 있음을 의미한다. tRNA의 명명법은 위 첨자를 이용하여 나타내며, 동일 아미노산 수용 tRNA의 경우는 숫자를 이용해서 구분한다. 이러한 방법에 따르면 글리신(glycine)을 운반하는 2개의 tRNA는 $tRNA^{Gly1}$, $tRNA^{Gly2}$로 나타낸다.

모든 tRNA는 각각의 아미노산과 아미노아실화 혹은 **충전(charging)**이라고 불리는 과정을 통해 공유 결합을 형성한다. 아미노산은 tRNA의 클로버 구조의 수용체 부위에 결합하게 되며, 이 결합에 아미노산의 카르복실 그룹과 tRNA의 말단의 2′-OH 혹은 3′-OH 간의 결합이 이루어진다(그림 7.22). 모든 tRNA의 3′ 말단은 아데닌으로 이루어져 있다. 왜냐하면 이미 6장에서 언급하였듯이, 모든 tRNA의 3′ 말단의 염기서열은 5′-CCA-3′으로 이루어진다(그림 6.10 참조).

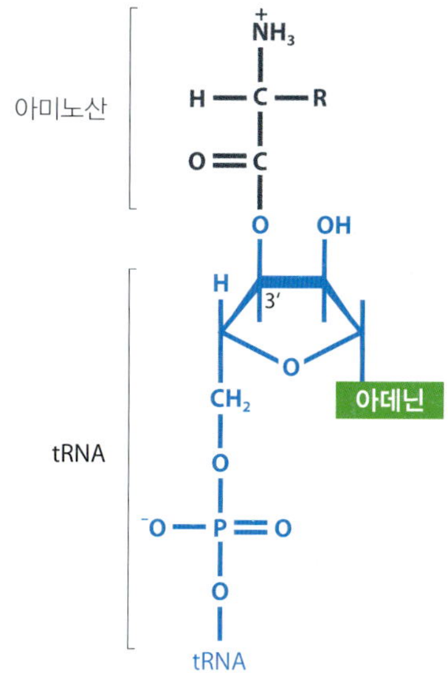

그림 7.22 tRNA의 아미노아실화 혹은 충전. 그림은 class II aminoacyl-tRNA 합성 효소로, 아미노산의 −COOH 그룹이 tRNA의 말단에 있는 뉴클레오티드의 3′−OH에 결합하고 있다. Class I aminoacyl-tRNA 합성 효소는 아미노산을 2′−OH에 결합한다.

아미노아실화는 **아미노아실-tRNA 합성 효소**라 불리는 효소 그룹에 의해서 이루어진다. 대부분의 세포에서는 각각의 아미노산마다 하나의 효소가 존재한다. 다시 말해서 하나의 효소가 동일 아미노산 수용 tRNA들을 포함하여 아미노산에 대응해서 존재한다. 또한 이 효소들은 여러 가지 다른 효소들이 모여서 기능을 함에도 불구하고 촉매 작용에 의한 반응은 동일하게 이루어진다(그림 7.23). 아미노산을 tRNA에 결합시키기 위해서는 에너지가 필요하며, 이 에너지로 ATP 한 분자가 사용되면 사용된 ATP는 AMP와 피로인산(pyrophosphate)으로 분해된다. 이 반응은 두 단계로 이루어진다. 첫 번째 단계는 아미노산이 ATP에 의해 활성화되는 과정으로 아미노산의 카르복실기에 AMP가 결합된 중간체가 형성된다. 두 번째 과정은 첫 번째 과정에서 형성된 중간체에 효소가 결합하여, tRNA가 AMP와 치환되어 aminoacyl-tRNA가 형성되고, AMP가 분리되어 나가는 과정이다.

아미노아실화 반응은 정확하게 이루어져야 한다. 왜냐하면 단백질의 합성이 유전 암호에 따라 이루어지는 단계에서 정확한 tRNA에 의해 아미노산이 운반되어야 하기 때문이다. 각각의 아미노아실-tRNA 합성 효소는 효소와 결합하는 tRNA와 깊은 상호작용을 한다. 아미노산과 직접 결합하는 수용 부위와 안티코돈 가지 부위 뿐만이 아니라 독립적이라고 생각되는 D 가지와 TΨC 가지 부분도 이러한 상호작용에 관여한다. 이같은 상호작용은 효소가 각각의 tRNA의 특정 서열을 인식하여 정확한 tRNA를 선택하느냐에 있어 중요한 역할을 한다. 아미노산과 효소와의 상호작용은 tRNA에 비해서는 약하게 작용한다고 알려져 있다. 이는 아미노산의 크기가 tRNA에 비해 작으며 많은 아미노산들은 그 구조가 매우 유사하게 때문이다. 이러한 이유로 인하여 잘못된 아미노산이 tRNA에 결합되는 오류는 약 1/80의 확률로 일어나며, 그 예로 아이소류신과 발린의 혼동이 자주 발생된다. 그러나 이 오류의 대부분은 효소가 아미노아실-tRNA를 생산하기 전에 복구된다.

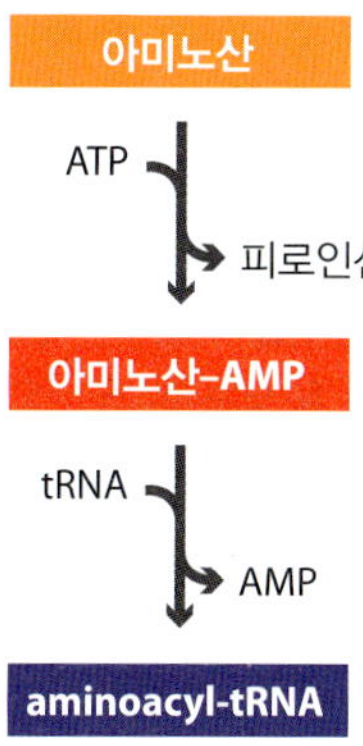

그림 7.23 아미노아실-tRNA 합성 효소에 의해 촉진되는 두 단계의 반응. 첫 번째 단계에서는 아미노산의 카르복실기에 AMP가 결합된 중간체를 형성하는 과정이며, 두 번째 단계로 운반 RNA가 AMP와 치환되면서 아미노아실-tRNA와 AMP가 효소로부터 분리되어 생산되는 과정이다.

일반적이지 않은 아미노아실화 반응

대부분의 생명체에서 아미노아실화 반응은 이미 앞서 기술한 방법에 의해서 이루어진다. 그러나 보편적이지 않은 몇몇 경우들도 보고되어있다. 이 경우 중의 하나는 효소

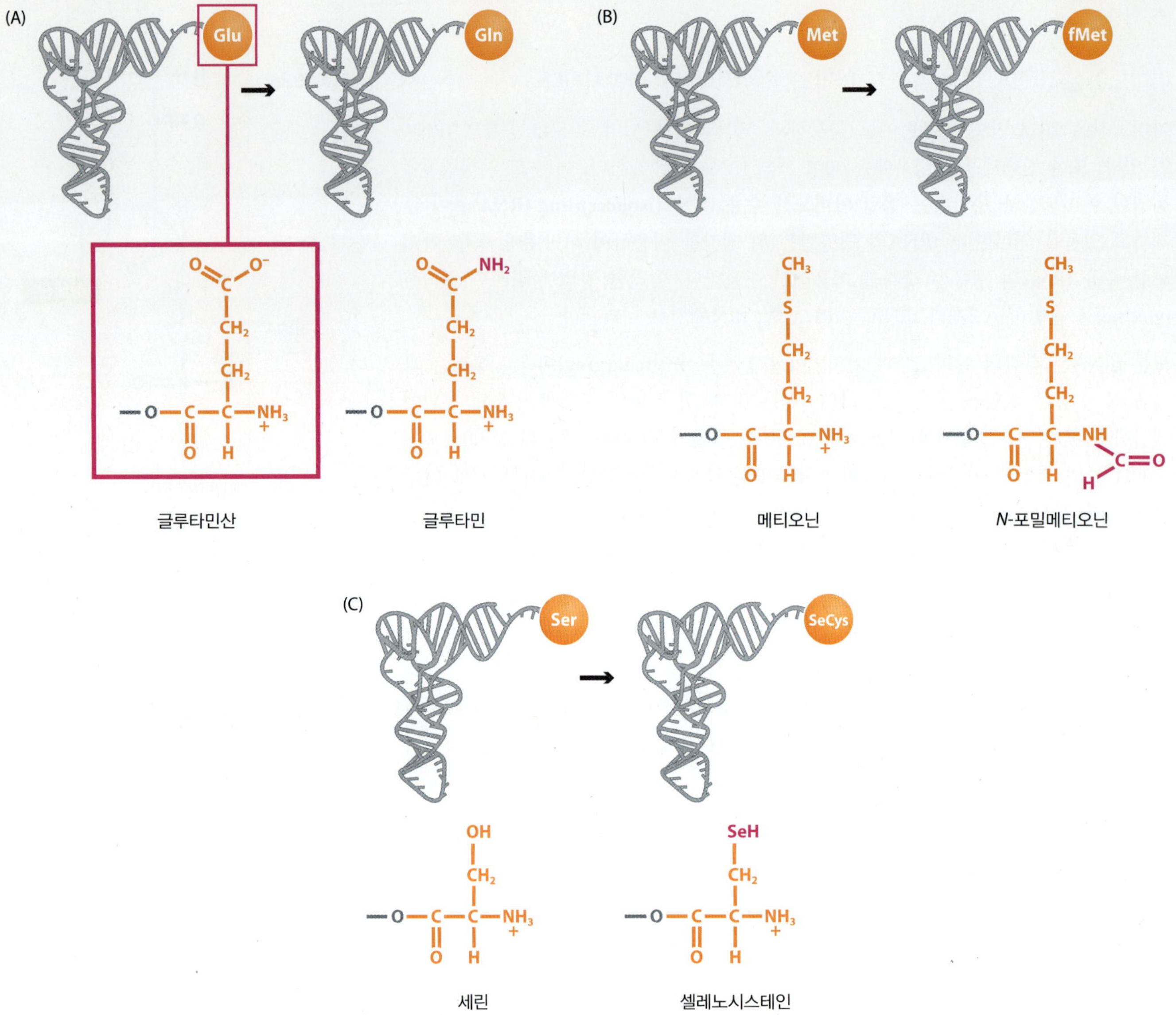

그림 7.24 보편적이지 않은 아미노아실화 반응. (A) 어떤 박테리아에서는 $tRNA^{Gln}$이 글루타민산과 결합한 후 아미노기 전이효소에 의해 글루타민으로 변화된다. (B) 번역 개시 지점을 나타내기 위해서 특정한 tRNA가 사용되어 메티오닌이 N-포밀메티오닌으로 변형된다. (C) 다양한 미생물에서 $tRNA^{SeCys}$은 세린으로부터 시작한다.

가 tRNA에 원래 결합하여야 하는 아미노산이 아닌 다른 아미노산을 결합시킨 후, 이를 화학적 반응에 의하여 원래의 아미노산으로 변형시키는 것이다. 이런 형태의 아미노아실화 반응은 글루타민과 결합하여 $tRNA^{Gln}$을 형성하기 위한 아미노아실-tRNA 합성 효소가 부족한 *Bacillus megaterium*에서 발견이 되었다. 효소는 글루타민이 결합하여야 하는 위치에 글루타민산을 결합시키고, 이후에 두 번째 효소인 아미노기 전이효소(aminotransferase)를 이용하여 글루타민산의 $-O^-$를 $-NH_2$로 변환하여 글루타민으로 변형시킨다(**그림 7.24A**). 이와 유사한 반응이 대장균에서는 발견되지 않지만 다른 많은 미생물에서는 발견된다.

위에 보여진 예는 이미 알려져 있는 기본적인 20개의 아미노산으로 만들어주는 과정이지만, 이와는 다르게 기본적인 아미노산이 아닌 다른 아미노산의 합성을 위해서 이러한 보편적이지 않은 아미노아실화 반응 과정 중에 진행되기도 한다. 하나의 예로 메티오닌이 *N*-포밀메티오닌으로 변형되는 과정에서 두 번째 효소가 작용하기도 한다(**그림 7.24B**). 이는 8장에서 살펴보겠지만, 단백질 합성의 개시를 나타내는 위치에서 발생한다.

화학적 합성 과정이 필요한 또 하나의 예는 셀레노시스테인이다. 앞서 설명하였듯이 셀레노시스테인을 암호화하는 context-dependent한 5′-UGA-3′ 서열을 인식하여, 아미노산을 전달하는 tRNA를 $tRNA^{SeCys}$라고 명명할 수 있지만 실제로 이런 tRNA는 존재하지 않는다. 대신에 seryl-tRNA 합성 효소에 세린(serine)을 결합시킨 후, 변형 과정을 거쳐서 셀레노시스테인을 얻는다(그림 7.24C).

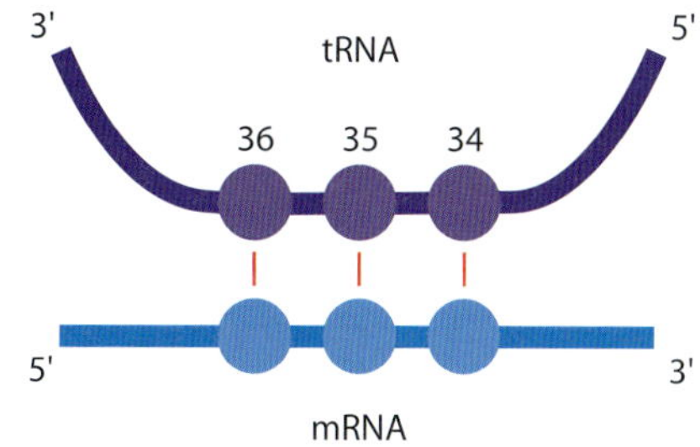

그림 7.25 코돈과 안티코돈의 상호작용. 안티코돈은 코돈과 상보적으로 존재하며 염기 간의 결합을 형성한다. tRNA에서 위치를 나타내는 숫자는 5′ 말단을 1번으로 해서 순서대로 나타낸 번호이다.

mRNA 염기서열에는 코돈과 안티코돈 사이의 베이스 간 결합을 위한 부위가 존재한다

지금까지 설명한 아미노아실화 반응은 단백질 합성을 위한 첫 번째 단계인 특정 아미노산과 tRNA 사이의 관계에 대한 것이었다. 이제부터는 특정 아미노산과 결합된 tRNA가 mRNA의 염기서열에 따라 결합되어 mRNA로부터 단백질을 합성하는 과정을 설명하고자 한다.

mRNA의 염기서열에 따른 코돈의 인식은 tRNA의 안티코돈이라고 불리는 삼중항 염기서열을 통해서 이루어진다(그림 6.10 참조). tRNA의 안티코돈의 삼중항 염기서열은 mRNA의 염기서열과 상보적으로 구성되어 있고 베이스 간의 결합을 통해 정확한 위치에 tRNA가 결합한다(그림 7.25). 다시 말해, mRNA의 특정 염기서열에 상보적인 염기서열을 가지고 있는 tRNA가 그에 해당하는 아미노산을 결합한 상태에서 mRNA에 결합하여 아미노산을 운반한다.

특정 코돈이 특정 아미노산을 결정한다는 것이 확인된 순간부터 tRNA는 모두 61개가 존재할 것으로 예상되어 왔다. 왜냐하면 코돈-안티코돈의 베이스 간의 결합이 정확히 이루어진다면 모두 61가지의 결합이 형성될 수 있고, 이에 따라서 tRNA의 개수도 그에 적합하게 구성되어야 하기 때문이다. 그러나 연구를 거듭하여 1960년대 초반에 실제로 세포 내에 존재하고 있는 tRNA의 개수가 실제로는 30~50개 사이로 존재하게 됨을 알게 되었다. 이 두 가지의 차이를 해결하기 위해 제시된 이론이 **동요 가설(wobble hypothesis)**이다. 이 가설은 tRNA 분자 내 안티코돈은 단일 가닥으로 이루어진 루프 내에 위치하고 있기 때문에 코돈-안티코돈의 상호작용은 DNA의 경우와는 달리 코돈의 3번째 위치에서는 입체적 조건이 덜 엄격하다라는 사실에 기초를 두고 있다. 이러한 결과로 기본적이지 않은 베이스 간의 결합이 삼중항 염기서열 중 마지막 위치(워블 위치, wobble position)에서는 이루어질 수 있다.

이러한 이유로 동요 결합을 통하여 하나의 안티코돈이 하나 이상의 코돈과 결합을 이룰 수 있게 된다. 이는 하나의 tRNA가 하나 이상의 코돈군을 나타낼 수 있다는 것이다. 그러나 이런 워블 위치에 있는 베이스 간 결합이 모든 결합을 허용하지는 않고 몇 가지 형태의 일반적이지 않은 베이스 간의 결합만을 허용한다. G-U의 결합이 한 예이다. 워블 위치에서 U가 C와 마찬가지로 G와 결합할 수 있어 안티코돈 위치에 3′-▼▼G-5′은 코돈의 5′-▲▲C-3′과 5′-▲▲U-3′와 결합할 수 있다(그림 7.26). 유사하게 3′-▼▼U-5′의 안티코돈은 5′-▲▲A-3′과 5′-▲▲G-3′와 결합할 수 있다. 이러한 결과를 통해 4개의 코돈군(5′-GCN-3′은 모두 알라닌을 나타낸다)은 2개의 tRNA를 통해 나타낼 수 있다.

두 번째 형태의 동요 가설은 tRNA에서 나타나는 변형된 뉴클레오티드 중의 하나인 이노신(inosine)을 통해 나타난다. 이노신은 A, C 그리고 U와 베이스 결합을 할 수 있다. 이노신을 포함하는 tRNA의 안티코돈인 3′-UAI-5′인 $tRNA^{Ile}$ 분자는 5′-AUA-3′,

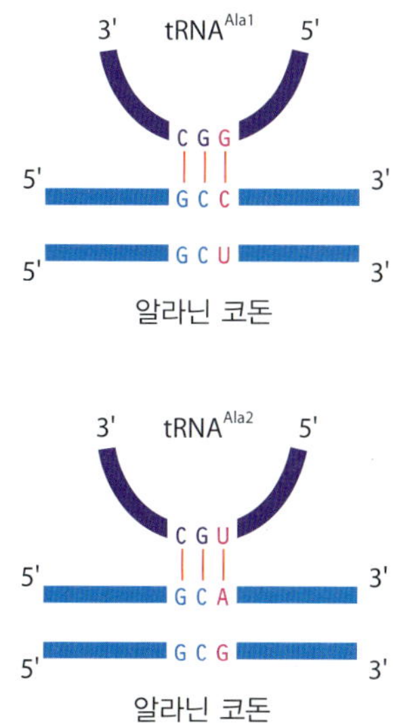

그림 7.26 G-U 염기 결합을 포함하고 있는 워블. 워블에 의해서 알라닌을 나타내는 4개의 코돈군은 2개의 tRAN에 의해서 결정이 가능하다. 워블 위치는 빨간색으로 나타내었다.

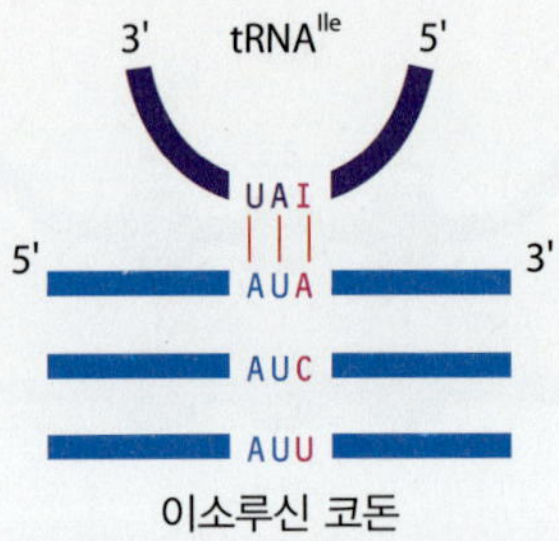

그림 7.27 이노신을 포함한 워블. 워블 위치는 빨간색으로 나타내었다.

5′-AUC-3′와 5′-AUU-3′ 결합을 하여 이소루신(isoleucine)을 나타내는 3개의 코돈군을 나타낼 수 있다(그림 7.27).

위에서 살펴본 것과 같이 동요 가설에 의해서 세포 안에 존재하는 tRNA는 2개 혹은 3개까지의 코돈에 작용할 수 있다. 이러한 이유로 박테리아에서 30개 정도의 tRNA를 통하여 mRNA를 인식할 수 있게 된다. 진행생물에서도 이러한 가설이 통하나 적용되는 방법은 조금 더 엄격하다. 고등 진핵생물인 인간의 유전체를 분석하여 보면 tRNA는 모두 48개가 존재한다. 이를 다시 나누어서 이야기하면, 16개의 tRNA가 동요 가설에 의하여 2개의 코돈을 인식하고 나머지 32개의 tRNA는 하나의 코돈만을 인식한다. 비록 tRNA의 개수가 감소하더라도 동요 가설에 의해서 유전 암호의 규칙을 벗어나지는 않으며 단백질로의 번역은 mRNA의 서열에 따라 정확하게 이루어진다.

주요 개념

- 단백질은 가지가 없는 직선형의 폴리머이다. 단백질을 구성하는 단위 요소는 아미노산이며, 이 아미노산의 중합으로 이루어진 폴리펩티드는 드물게 2,000개 이상의 길이로 존재한다.
- 단백질 분자는 서로 다른 20개의 아미노산으로 구성되어 있다. 아미노산의 R 그룹은 화학적 다양성을 나타내는 역할을 하며, 이로 인해 아미노산이 상당히 유사하더라도 각각의 화학적 특성의 차이를 나타낸다.
- 단백질은 4단계의 계층 구조를 가지고 있다. 이러한 구조는 단계 별로 연관성을 가지게 이루어져 있으며, 상위 단계의 구조는 하위 단계의 구조에 의해 영향을 받는다. 아미노산 서열에 의해서 각각의 상위 구조의 특징이 결정된다.
- 상위 단계의 구조에 의한 단백질의 특성은 아미노산 서열에 의하여 결정된다. 단백질이 그 기능을 수행하기 위해서는 반드시 다른 분자와의 상호작용을 가져야 하며 이러한 상호작용을 위해 단백질의 전체 구조를 이루는 것과 단백질 표면에 존재하는 아미노산을 결정하는 것은 일차 구조인 아미노산에 의해 결정된다.
- 유전 암호는 mRNA에 번역 과정 중 어떤 아미노산이 결합될 것인가를 결정하는 규칙을 나타낸다.
- 코돈이라 불리는 삼중항 코돈은 유전 암호를 나타낸다. 대부분의 아미노산은 하나 이상의 코돈으로부터 형성되고 개시 코돈과 종결 코돈이 존재한다.
- 유전 암호는 보편적이지 않다.
- mRNA로부터 단백질이 번역되는 과정 중에 tRNA는 mRNA의 유전 암호에 따라 놓여진다.
- 각각의 tRNA에는 그에 맞는 아미노산이 결합되어야 한다. 이러한 과정은 각각의 아미노아실-tRNA 합성 효소에 의해 이루어진다.
- 아미노아실화된 tRNA는 각각에 맞는 코돈에 결합하여 아미노산을 전달하는 역할을 한다. tRNA에서 코돈을 인식하는 역할을 하는 부위는 안티코돈 부위로 이 부분은 염기 간의 결합을 통해 코돈에 결합한다.
- 동요 가설에 의해 이론상 존재해야 하는 tRNA보다 적은 수의 tRNA가 존재하며, 이를 통해 하나의 tRNA가 하나 이상의 코돈을 인식하여 아미노산을 운반한다.

동요 가설은 유전 암호의 규칙을 위배하지 않으며 단백질의 합성 과정은 mRNA의 염기서열에 따라 정확하게 이루어진다.

질문 & 문제 (해답은 www.garlandscience.com/introgenetics에서 찾을 수 있다)

주요 용어들

다음 용어에 대한 간단한 정의를 서술하시오

α helix
β sheet
β turn
acridine dye
amino acid
amino terminus (or NH_2 terminus, or N terminus)
aminoacyl-tRNA synthetase
aminoacylation
bacteriophage
carboxyl terminus (or COOH terminus, or C terminus)
cell-free protein synthesis
charging
codon
codon–anticodon recognition
context-dependent codon reassignment
degenerate
denaturation
disulfide bridge
helix–turn–helix
initiation codon
isoaccepting tRNAs
nonpolar
peptide bond
polar
polynucleotide phosphorylase
polypeptide
primary structure
proflavin
punctuation codon
quaternary structure
R group
reading frame
recognition helix
renaturation
secondary structure
termination codon
tertiary structure
triplet binding assay
wobble hypothesis

자습 문제들

7.1 아미노산의 구조를 그린 후에 어느 부분이 아미노산에서 고정된 부분이고 어느 부분이 다른 부분인지를 나타내시오.

7.2 아미노산이 어떻게 연결되어 폴리펩티드를 형성하는가?

7.3 4가지 단계의 단백질 구조에 대해 설명하시오. 설명에는 각각의 단계에서 어떤 화학적 상호작용이 구조의 형성에 중요한 역할을 하는지 포함하시오.

7.4 어떤 실험을 통해 상위의 단백질 구조가 아미노산 서열에 의해서 영향을 받는지 증명할 수 있는지 설명하시고 예를 들어 Cro 단백질에서 아미노산 서열이 단백질의 기능에 어떤 영향을 주는지에 대해 설명하시오.

7.5 유전자와 단백질 간의 대응 관계에 대해 설명하고 대장균에서 어떤 방법을 통해 최초로 이러한 관계를 증명하였는지 설명하시오.

7.6 어떤 과정을 통해 삼중항 코돈이 제시되었는지 설명하고, 이를 증명하기 위해 수행된 실험을 설명하시오.

7.7 만일 하나의 코돈이 4개의 뉴클레오티드로 이루어져 있다면 가능한 코돈의 숫자를 계산하시오.

7.8 유전 암호의 중복성이 어떤 의미를 가지는지에 대해 설명하시오.

7.9 유전 암호의 주요기능에 대해 나열하시오.

7.10 mRNA의 염기서열이 다음과 같다면 이 mRNA는 어떤 아미노산 서열을 나타내는가?

5′-AUGUUAGCUGAUCCGGAAAUGAUG
UUAUAUAUAAUAUAUGCCCAAUAG-3′

7.11 유전 암호는 확인하는 실험들에서 동일중합체와 이종중합체간의 차이점에 대해 설명하시오.

7.12 A와 G로만 이루어져 있는 이종중합체가 존재한 이로부터 얻어지는 폴리펩티드는 어떤 아미노산을 포함하고 있을까?

7.13 Triplet binding assay가 유전 암호의 연구에 있어 중요한 이유를 설명하시오.

7.14 진핵생물에서 발견되는 보편적이지 않은 유전 암호의 예를 드시오.

7.15 Context-dependent codon reassignment에 대해 예를 들어 설명하시오.

7.16 유전 암호에 따라 tRNA가 어떻게 단백질 합성 과정 중에 순서대로 작용하는지에 대해 설명하시오.

7.17 동일 아미노산 수용 tRNA(isoaccepting tRNA)에 대해 설명하시오

7.18 아미노산이 tRNA에 결합되는 과정에 대해 설명하시오.

7.19 tRNA에 올바르지 않은 아미노산이 결합되었을 때 이를 수정하는 세가지 방법에 대해 설명하시오.

7.20 tRNA가 왜 유전 암호 전체를 나타내는 61개 보다 적은 수가 존재하는지에 대해 설명하시오.

7.21 G-U의 결합과 이노신을 포함하여 동요 가설에 의해 코돈-안티코돈 간의 상호작용에 대한 그림을 그리시오.

토의 주제들

7.22 그림 7.3에서 보여지고 있는 아미노산 이외에 다른 아미노산이 생명체 내에는 존재한다. 그러나 그림 7.3에서 나타나는 20개의 아미노산만이 유전 암호로부터 나타내어진다 라고 가정할 때 이 가정을 설명할 수 있는 실험은 무엇이 있는가?

7.23 왜 폴리펩티드는 다양한 구조를 가질 수 있는 반면에 폴리뉴클레오티드는 다양한 구조를 가지지 못하는지에 대해 논하시오.

7.24 1950년대에는 서로 인접하고 있는 코돈이 겹쳐져 나타날수 있다고 제안되었다. 즉 ACAUG는 ACA와 AUG 이렇게 두 가지 코돈을 나타낸다고 제안되었다. 이러한 명제를 설명할 수 있는 실험을 고안하시오.

7.25 세포내 코돈의 변경에 의해 단백질의 모든 단백질의 변화가 일어난다면 유전 암호는 어떻게 변화될 지에 대해 설명하시오.

7.26 대부분의 생명체에서는 각각의 유전자에서 선호하는 코돈이 다르게 나타난다. 예를 들어 *Saccharomyces cerevisiae*에서는 프롤린을 나타내는 4개의 코돈 중에 단지 2개(CCU와 CCA) 만이 대부분의 유전자에 확인되며 CCC와 CCG는 거의 나타나지 않는다. 이것은 생명에서 선호하지 않는 코돈을 다량 보유하고 있는 유전자는 발현되는 속도가 상대적으로 느리다는 것을 나타낼 수 있다. 이러한 가정을 바탕으로 이러한 가정이 나타낼 수 있는 영향에 대해서 설명하시오.

7.27 인간의 미토콘트리아에서 단백질 합성에 필요한 tRNA는 단지 22개 만이 존재한다. 이러한 현상이 미토콘드리아에서 코돈-안티코돈 간의 상호작용에 어떠한 영향을 미치는 지에 대해 설명하시오.

7.28 유전 암호의 중복성과 동요 가설의 상관관계에 대해 설명하시오.

추천 문헌

Agris PF, Vendeix FAP & Graham WD (2007) tRNA's wobble decoding of the genome: 40 years of modification. *J. Mol. Biol.* 366, 1–13. *Review of the development of the wobble hypothesis.*

Branden CI & Tooze J (1998) Introduction to Protein Structure, 2nd ed. Abingdon, UK: Garland Science.

Brennan RG & Matthews BW (1989) Structural basis of DNA-protein recognition. *Trends Biochem. Sci.* 14, 286–290. *The binding of the Cro repressor to DNA.*

Crick FHC, Barrett FRSL, Brenner S & Watts-Tobin RJ (1961) General nature of the genetic code for proteins. *Nature* 192, 1227–1232. *The experimental proof of the triplet nature of the code.*

Hall BD (1979) Mitochondria spring surprises. *Nature* 282, 129–130. *Reviews the first reports of unusual genetic codes in mitochondrial genes.*

Nirenberg MW & Leder P (1964) RNA codewords and protein synthesis. *Science* 145, 1399–1407. *Results of the triplet binding assay.*

Nirenberg MW & Matthaei JH (1961) The dependence of cell-free protein synthesis in *E. coli* upon naturally occurring or synthetic polyribonucleic acids. *Proc. Natl. Acad. Sci. USA* 47, 1588–1602. *An early publication on elucidation of the genetic code.*

Ling J, Reynolds N & Ibba M (2009) Aminoacyl-tRNA synthesis and translational quality control. *Annu. Rev. Microbiol.* 63, 61–76. *The role of aminoacyl-tRNA synthetases with focus on how accuracy of aminoacylation is ensured.*

Low SC & Berry MJ (1996) Knowing when not to stop: selenocysteine incorporation in eukaryotes. *Trends Biochem. Sci.* 21, 203–208. *The questions raised by the discovery that UGA can code for both stop and selenocysteine.*

Yanofsky C, Carlton BC, Guest JR et al. (1964) On the colinearity of gene structure and protein structure. *Proc. Natl. Acad. Sci. USA* 51, 266–272. *The first demonstration of colinearity.*

단백질 합성 CHAPTER 8

우리는 이제 mRNA 뉴클레오티드 서열의 정보가 번역되는 유전자 발현 과정 단계를 공부할 것이다. 이미 이 과정이 유전적 코드에 의해 정해진 규칙을 따른다는 것과 tRNA가 이 규칙을 수행한다는 것을 배웠다. 8장에서는 이것들이 일어나는 모든 메커니즘을 학습할 예정이며, 이번 장의 첫 번째 부분에서는 단백질 합성에서 리보솜의 역할에 대해 알아볼 것이다.

단백질 합성에서 첫 번째 단계는 번역이다. 번역의 결과로 생긴 직선형 아미노산 서열은 정확하게 2차, 3차, 가능하다면 4차 구조로 접혀지거나, 어떠한 경우엔 화학적 변형(modification) 과정을 겪기도 하고, 아주 가끔은 폴리펩티드 사슬의 일부분이 제거되는 과정을 겪기도 한다(그림 8.1). 번역 후에 일어나는 모든 변형들은 유전자 발현의 마지막에 포함된 단계이다. 왜냐하면 변형이 일어날 때까지 세포는 유전자에 포함된 생물학적 정보를 완전하게 이용할 수 없기 때문이다. 따라서 우리는 가장 중요한 번역 후 과정(post-translational processes)에 대하여 알아볼 것이다.

세포에서 단백질의 집합을 **단백질체(proteome)**라 부른다. 단백질체 안에서의 각 단백질의 확인과 상대적 풍부함은 새로운 단백질의 합성과 기존의 단백질의 분해 사이에서 균형을 나타낸다(그림 8.2). 전사체(transcriptome) 안에 있는 mRNAs와 마찬가지로, 각 단백질들의 합성률을 변화시켜 발현이 증가 또는 억제될 수 있게 하기 위한 분해 과정이 필요하다. 유전자의 발현 과정의 마지막 단계는 단백질이 더 이상 필요하지 않을 때 단백질체로부터 제거되는 과정이다. 이번 장에서는 단백질 분해에 대해 간단하게 살펴볼 것이다.

8.1 단백질 합성에서의 리보솜 역할

mRNAs는 리보솜 안에서 번역된다. 이 과정은 순서 대로 번역 개시, 폴리펩티드 사슬의 연장, 번역 종결로 나눠진다. 이 과정은 세균과 진핵생물에서 비슷하지만, 구체적인 단계는 다르고, 특히 번역 개시 과정 동안 가장 큰 차이가 있다.

세균에서의 번역 개시는 내부 리보솜 결합 부위를 필요로 한다

번역 개시 과정은 세균과 진핵생물 사이에 큰 차이점이 있다. 박테리아에서 번역 개시 복합체는 단백질 합성이 시작되는 위치인 개시 코돈(initiation codon)에서 직접적으로 만들어지는 반면, 진핵생물은 개시 위치를 찾기 위해 좀 더 간접적인 과정을 사

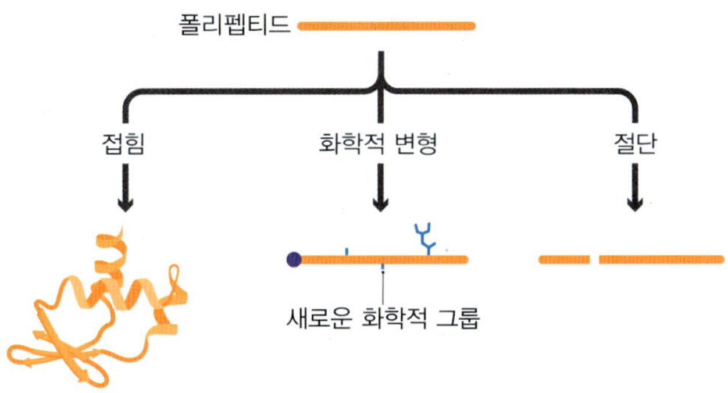

그림 8.1 단백질 가공 단계의 요약. 모든 단백질은 접힘 과정을 통해 기능을 갖게 된다. 일부는 화학적 변형 또는 폴리펩티드가 조각으로 절단되는 과정을 거쳐야 한다.

그림 8.2 단백질체의 구성은 새로운 단백질의 합성과 기존의 단백질의 분해 사이의 균형을 반영한다. 이 그림에서 다른 색깔의 점들(dots)은 각기 다른 단백질들을 의미한다.

용한다.

리보솜이 단백질 합성에 활동적으로 참여하지 않을 때는 단위체로 분리되어 세포질에 존재하며, 새로운 단계의 번역에 사용되어진다. 세균에서의 번역 과정은 소단위체가 **리보솜 결합 부위(ribosome binding site 또는 Shine-Dalgarno sequence)**에 부착되면서 개시된다. 대장균에서 리보솜 결합 부위는 짧은 공동 서열, 5′-AGGAGGU-3′이고(**표 8.1**), 번역이 시작되는 개시 코돈에서 3~10개 뉴클레오티드 상류 쪽에 위치한다(**그림 8.3**). 리보솜 결합 부위는 소단위체에 존재하는 16S RNA의 3′ 말단 부위에 상보적이고, 둘 사이의 염기쌍 형성으로 소단위체가 mRNA의 결합에 관여하는 것으로 보인다.

리보솜의 소단위체는 개시 코돈 위쪽에 있는 리보솜 결합 부위에 결합한다(**그림 8.4**). 7장에서 언급했듯이, 개시 코돈은 메티오닌(methionine)을 암호화하는 5′-AUG-3′이다. 가끔은 5′-GUG-3′과 5′-UUG-3들이 사용된다. 이들 세 코돈들은 똑같은 개시 tRNA ($tRNA_i$)에 의해 인식되는 데, 5′-GUG-3′과 5′-UUG-3′ 두 코돈은 워블(wobble)의 법칙에 따른다. 개시 tRNA는 번역 개시의 마지막 단계에서 에너지를 제공하는 GTP 분자와 함께 리보솜의 소단위체에 결합한다. 개시 tRNA는 메티오닌(AUG)으로 아미노아실화된 후, *N*-formylmethionine으로 전환된다(그림 7.24 참조). 이 변형은 포밀기(–COH)가 아미노기에 결합된 것이며, 따라서 개시 코돈 메티오닌의 카르복실기만 펩티드 결합 형성에 참여하게 된다. 이것이 폴리펩티드 합성을 N → C 방향으로 일어나게 한다.

포밀기는 단백질 번역이 연장시기로 진행될 때까지 결합하고 있다. 하지만 연장된 폴리펩티드에서 포밀기는 자기 자신 또는 개시 메티오닌이 함께 제거된다. $tRNA_i^{Met}$는 단지 개시 코돈만을 암호화시킬 수 있다는 것에 주목하자. $tRNA_i^{Met}$는 번역의 연장시기 동안 완전한 리보솜 안으로 들어갈 수 없다. 번역이 연장되는 동안 내부의 5′-AUG-3′ 코돈은 변형되지 않은 메티오닌을 운반하는 다른 $tRNA^{Met}$에 의해 인식된다.

번역 개시는 리보솜의 소단위체, *N*-formylmethionine tRNA와 더불어 **개시 인자**

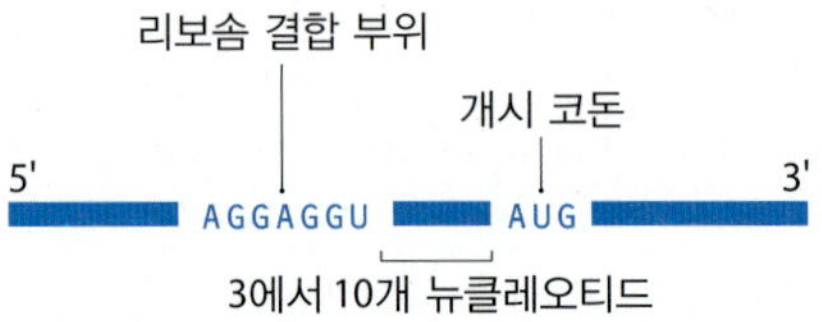

그림 8.3 세균에서 번역을 위한 리보솜 결합 부위. 대장균에서 리보솜 결합 부위는 개시로부터 3~10개 뉴클레오티드 상류 쪽에 위치한다.

표 8.1 대장균에서 리보솜 결합 부위 서열의 예

유전자	암호화하는 단백질	리보솜 결합 서열	개시 코돈으로부터의 뉴클레오티드 위치
대장균 공동 서열	—	5'-AGGAGGU-3'	3~10
락토스 오페론	락토스 이용 효소들	5'-AGGA-3'	7
galE	6탄당-1-인산 유리딜 전리효소	5'-GGAG-3'	6
rplJ	리보솜 단백질 L10	5'-AGGAG-3'	8

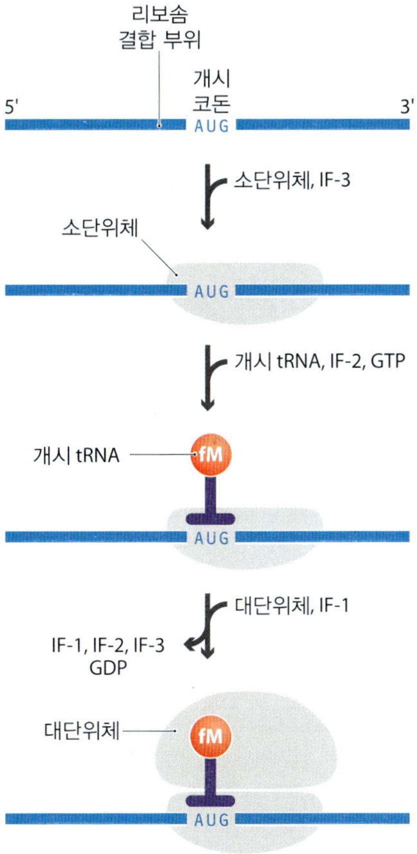

그림 8.4 대장균에서의 번역 개시. 번역 개시는 리보솜의 소단위체가 tRNA의 리보솜 결합 부위에 결합하면서 시작된다. 소단위체는 IF-3를 동반하는데, IF-3는 대단위체가 적당한 시간이 될 때까지 결합하는 것을 막아 준다. 개시 tRNA는 GTP 분자와 IF-2와 복합체를 이룬다. 마지막으로 대단위체가 결합한다. IF-1는 번역 마지막 단계에 관련하지만 정확한 역할은 밝혀지지 않았다. 대단위체의 결합은 에너지를 필요로 하고, GTP가 GDP로 전환되면서 생기는 에너지를 이용하며, 개시 인자들의 분리를 일으킨다. fM, *N*-formylmethionine

(initiation factor)라 불리는 3개의 단백질들을 필요로 한다. 개시 인자들은 리보솜의 영원한 구성 요소는 아니며, 기능을 수행하기 위해 적절한 시간에 결합해야 한다(표 8.2). 2개의 개시 인자들의 기능은 정확하게 밝혀졌다. 하나는 IF-2이며, 개시 tRNA를 리보솜 소단위체의 정확한 위치로 운반하는 기능을 한다. 다른 하나는 IF-3인데, 리보솜 대단위체가 필요해질 때까지 복합체에 결합하는 것을 막아 준다. 이것은 완전한 리보솜이 번역을 개시할 수 없게끔 한다. IF-1는 번역 개시 시기의 마지막 단계에서 복합체에 결합하고 번역 개시에서 번역 신장으로의 전이를 조절한다. 그러나 정확한 역할은 밝혀지지 않았다. 아마도 IF-1은 소단위체의 형태 변화를 일으켜 대단위체가 결합하게 하거나, 두 번째 아미노아실-tRNA가 필요로 할 때까지 복합체 안으로 들어가는 것을 막아 주는 기능을 할 수 있을 것이다.

표 8.2 세균에서 개시 인자들의 기능

개시 인자	기능
IF-1	분명하진 않다. 다만, 소단위체가 대단위체에 결합하도록 준비하는 형태 변화를 일으키거나 두 번째 아미노아실-tRNA의 미성숙한 상태에서 안으로 일찍 들어가는 것을 방지할거라 추측된다.
IF-2	개시 tRNA가 개시 복합체에서 자신의 정확한 위치로 안내한다.
IF-3	리보솜의 대단위체 그리고 소단위체의 미성숙한 재결합을 방지한다.

연구 브리핑 8.1

단백질체 연구

단백질체가 세포의 게놈과 생화학적인 능력의 연결 고리에 중요한 역할을 하기 때문에 단백질체 연구는 중요하다. 따라서 다른 세포들의 단백질체의 특징은 게놈이 어떻게 작동되는지와 고장난 게놈이 어떻게 병을 일으키는지를 이해하기 위한 열쇠이다. 전사체 연구들은 이 주제들에 대해 부분적으로만 다룰 수 있다. 전사체의 실험은 어떤 유전자가 특정한 세포에서는 활동적이지만 존재하는 단백질들에게는 정확한 정보를 제공하지는 않는다. 이것은 단백질체에 영향을 주는 인자들이 이용할 수 있는 다량의 mRNA 뿐만 아니라 단백질로 번역되는 mRNAs 비율과 분해되는 단백질 비율을 포함하기 때문이다. 더불어 번역의 초기 산물인 단백질은 활동적이지 않다. 왜냐하면 일부 단백질들은 번역 후 변형을 거쳐야 기능을 갖기 때문이다. 다량의 단백질 활성화 형태를 결정하는 것은 세포 또는 조직의 생화학을 이해하는 데 있어 중요하다.

단백질체를 연구하는 데 이용되는 방법론이 **단백질체학(proteomics)**이다. 엄밀히 말해, 단백질체학은 단백질체에 존재하는 단백질을 찾고, 각 단백질들의 기능과 세포 내에서의 위치를 연구하는 데 사용되는 다양한 세트의 기술들이다. 단백질체의 구성원을 연구하는 데 사용되는 특정한 기술을 **단백질 프로파일링(protein profiling)** 또는 **발현 단백질체학(expression proteomics)**이라고 한다.

단백질 프로파일링은 **단백질 전기영동(protein electrophoresis)**과 **질량 분석법(mass spectrometry)**을 바탕으로 한다. 두 방법 모두 오랜 역사가 있지만 단백질체학 이전 시대에서는 여간해서는 함께 사용하지 않았다.

단백질들은 이차원 젤 전기영동에 의해 분리될 수 있다

단백질체의 특징을 찾아내기 위해서는 구성 단백질의 순수한 샘플들이 필요하다. 포유류 세포는 대략 10,000에서 20,000개의 다른 단백질들을 포함한다. 그래서 이들 단백질들을 구별해 낼 수 있는 분리 체계가 필요하다.

폴리아크릴아마이드 젤 전기영동은 혼합물에서 단백질을 분리하는 기본 방법이다. 이것은 젤의 구성과 전기영동이 실행되는 환경에 의존하며, 단백질들의 서로 다른 화학적·물리적 특성이 분리의 기본으로 이용된다. 가장 일반적인 기술은 sodium dodecyl sulfate (SDS)라 불리는 세제를 사용하는 것이다. SDS는 두 가지 효과를 가진다. 이것은 각 단백질이 펼쳐지게 하고 각각의 단백질에 음전하를 첨가시키는데 음전하의 수는 단백질의 길이에 따라 결정된다. 이것은 전기영동이 SDS 존재 하에 실행되어진다면, 혼합액 속의 단백질들은 분자량에 따라 분리되고 가장 작은 단백질은 양극 쪽으로 빠르게 이동한다는 것을 의미한다.

단백질 분리의 또 다른 방법은 **등전점 전기영동(isoelectric focusing)**이다. 전기장이 흐를 때, 젤(gel)은 pH 기울기를 형성하는 화학 물질을 포함한다. 이런 젤에서 단백질들은 순수(net) 전위가 0인 위치, 즉 **등전점(soelectric point)**으로 이동한다.

단백질 프로파일링에서, 위의 방법들은 2차원 젤 전기영동(two-dimensional gel electrophoresis)에서 통합된다. 1차원에서, 단백질은 등전점 전기영동에 의해 분리된다. 그 다음에 젤을 SDS에 담그고 90° 회전한다. 그리고 두 번째 전기영동을 통해 크기에 따라 단백질이 분리된다(그림 1). 수천 개의 단백질들이 단일 젤에서 분리될 수 있다.

단백질들은 펩티드 질량 감식법에 의해 구별된다

전기영동 후에 젤을 염색하면 복잡한 양상의 점들이 보이고, 각 점은 다른 단백질을 포함한다. 단백질 프로파일링의 두 번

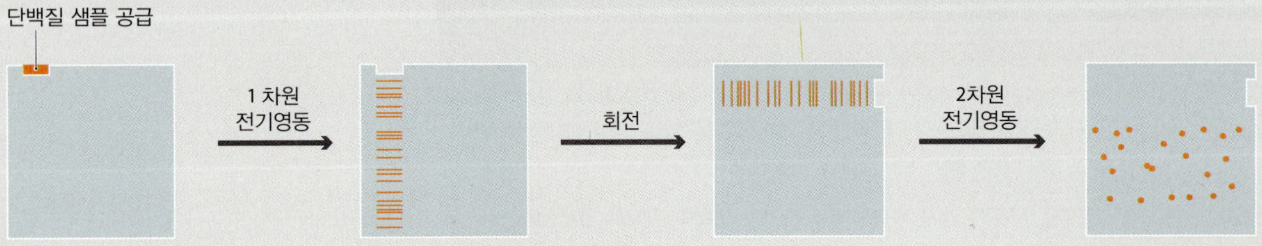

그림 1 2차원 젤 전기영동

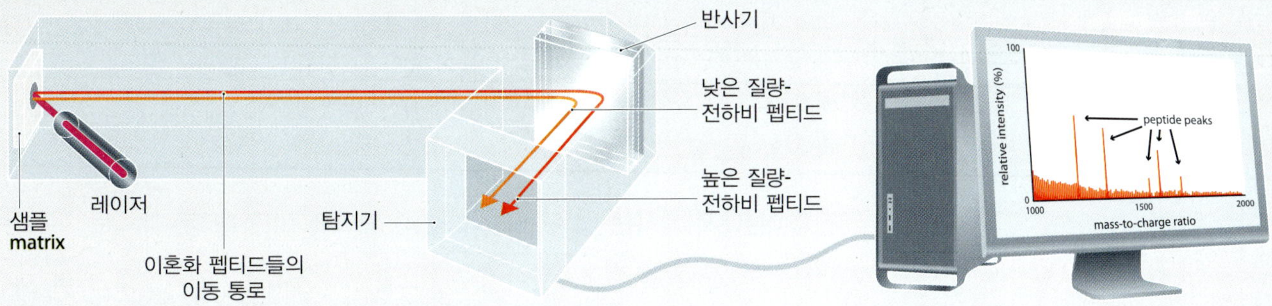

그림 2 MALDI-TOF에 의한 다른 질량의 펩티드들의 분리. 펩티드는 레이저 에너지에 의해 이온화되고 가속화되어 반사기를 거쳐 탐지기 쪽으로 이동한다. 각 펩티드의 비행 시간은 질량-전하비 펩티드에 의존한다. 데이터는 스펙트럼처럼 보인다.

째 단계는 단백질의 식별이다. 이것은 어려운 문제였지만 **단백질 질량 감식법(peptide mass fingerprinting)**의 발달로 식별하는 것이 훨씬 쉬워졌다.

단백질 질량 감식법은 질량 분석법의 발전을 이끌어냈다. 질량 분석법에서, 화합물은 고에너지장에 노출됨으로서 이온화된다. 질량과 전하량 사이의 비율은 화합물을 분리하는 데 사용된다. 단백질은 너무 커서 효과적으로 이온화될 수 없기 때문에 이 방법을 사용하기 쉽지 않다. 그러나 적어도 50개의 아미노산을 갖는 단백질까지는 **MALDI-TOF (matrix-assisted laser desorption ionization time of flight)**를 이용하여 이 문제를 해결할 수 있다. 물론, 대부분 단백질들은 아미노산을 50개 이상 가지고 있다. 따라서 MALDI-TOF를 통해 실험하기 전에 단편으로 잘라내는 것이 필요하다. 단백질은 트립신같은 프로테아제에 의하여 아르기닌과 라이신 다음 위치에서 잘려진다. 이 방법으로 대부분의 단백질들은 5개에서 75개의 사이의 아미노산으로 이루어져 있는 펩티드로 절단된다.

일단 펩티드가 이온화되면, 펩티드의 질량-전하비(mass-to-charge ratio)는 이온화 원점에서 탐지기까지 통과하는, 즉 질량분석기 안에서 비행하는 시간에 의해 결정된다(**그림 2**). 질량-전하비는 펩티드의 분자적 질량을 알아내어 펩티드의 아미노산 구성원을 추론하게 한다. 이 구성 정보를 생물체가 만들어 낼 수 있는 모든 단백질들의 아미노산 서열과 비교한 후, 완전한 게놈 서열을 이용하면 이 단백질 서열을 알게 될 것이다. 따라서 단백질체에서 분리된 단백질을 구별할 수 있다.

2개의 단백질체는 isotope-coded affinity tag labeling에 의해 비교되어 질 수 있다

2개의 단백질체를 비교하면, 다른 양으로 존재하는 단백질들을 알아내야 한다. 이 차이들은 하나 또는 다른 조직의 생화학의 중요한 특징들을 나타낼 것이다. 차이들이 상대적으로 크면, 이 차이들은 2개의 단백질체들로부터 얻어진 염색된 한 쌍의 젤을 비교함으로써 명백해진다. 그러나 한 단백질체의 생화학적 속성의 중요한 변화는 각 단백질들의 양의 작은 변화로부터 생길 수 있다. 따라서 작은 변화를 탐지할 수 있는 방법이 필요하다.

하나의 방법은 2개의 단백질체들의 구성 성분을 서로 다른 형광 표지로 표시하고, 하나의 2차원 젤에 함께 전기영동한다. 서로 다른 형광 물질을 인지하는 다른 파장에서의 2차원 젤의 시각화는 2개의 젤이 분리될 때보다 더 정확하게 단백질의 강도를 보여 준다. 더 정확한 방법은 **isotope-coded affinity tag (ICAT)**로 각 단백질체을 표시하는 것이다. 이것은 2개의 다른 종류의 표시 형태를 갖는데, 하나는 정상적인 수소 원자를, 다른 하나는 수소의 무거운 동위 원소, 중수소를 갖는다. 정상적인 수소 원자와 무거운 중수소는 질량 분석법에 의해 구별되어질 수 있고, 혼합된 2개의 단백질체들에서 하나의 단백질의 상대적 양은 프로파일링 과정의 MALDI-TOF 단계에서 결정된다(**그림 3**).

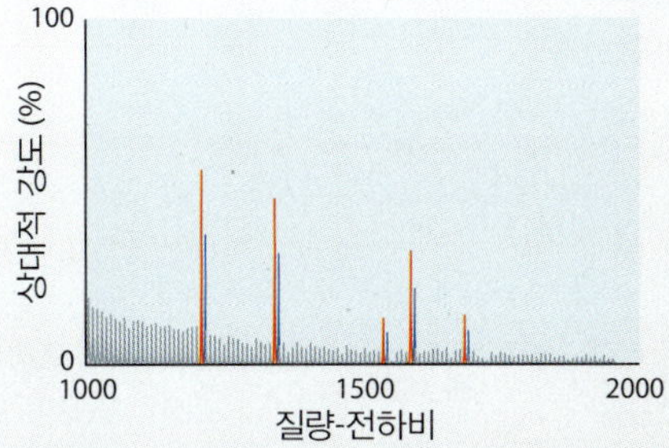

그림 3 ICAT에 의한 2개의 단백질들의 분석. 정상적인 수소를 포함하는 펩티드의 결과는 빨간색이고 중수소를 포함하는 펩티드는 파란색으로 나타낸다.

번역 개시 시기는 대단위체가 소단위체에 결합하여 개시 코돈 부위에 완전한 리보솜을 형성하면서 끝나게 된다. 대단위체의 결합은 에너지를 필요로 하는데, 이 에너지는 개시 초기 동안에 결합된 GTP의 가수분해에 의해 얻어지며, 이때 개시 인자들의 분리가 일어난다.

진핵생물에서 개시는 캡 구조와 poly(A) 꼬리에 의해 매개된다

진핵생물의 mRNAs 중 소수만이 내부 리보솜 결합 부위를 가지고 있다. 반면, 대부분은 리보솜 소단위체가 mRNA 분자의 5′ 말단에 결합한 후, 개시 코돈을 **인지(scans)**할 때까지 뉴클레오티드 서열을 따라 이동한다.

이 과정은 다음과 같다. 첫 번째 단계는 리보솜의 소단위체와 개시 tRNA로 구성된 **전-개시 복합체(pre-initiation complex)**의 형성이다(그림 8.5A). 박테리아처럼 진핵생물의 개시 tRNA는 내부 5′-AUG-3′을 인지하지만, 진핵생물의 개시 tRNA는 박테리아의 개시 tRNA와는 다르다. 진핵생물의 개시 tRNA는 포밀화된 형태가 아닌 정상 메티오닌으로 아미노아실화 되어 있다.

전-개시 복합체는 형성 이후, mRNA의 5′ 최말단에 존재하는 캡(cap) 구조에 결합하여 개시 복합체를 형성한다. **개시 복합체(initiation complex)**는 개시 코돈을 찾기 위해 mRNA 분자를 따라 스캔한다(그림 8.5B). 진핵생물의 mRNA는 수십 또는 수백 개의 뉴클레오티드를 갖는 리더 부위를 포함한다. 리더 부위는 종종 진짜 개시 코돈에 도착하기 전까지 무시되어 지는 몇 개의 5′-AUG-3′ triplets을 포함한다. 이것이 가능한 이유는 개시 코돈이 상류의 5′-AUG-3′ triplets이 아니라 5′-ACCAUGG-3′인 **코작 공통서열(Kozak consensus)**에 포함되어 있기 때문이다.

진핵생물의 번역 개시에는 두 가지 주목할 면이 있다. 첫 번째는 캡 구조에 전-개시 복합체의 결합을 증진시키는 mRNA의 poly(A) 꼬리(tail)의 개입이다. Poly(A) 꼬리의 길이는 특정 mRNA에서 일어나는 번역 개시의 강도에 영향을 주고, poly(A) 꼬리의 제거는 번역 산물이 더 이상 필요로 하지 않는 mRNA의 불활성화를 일으키는 단계의 하나이기 때문에, 전-개시 복합체의 캡 구조의 결합에 poly(A) 꼬리가 개입한다는 것을 배웠다. 그러나 poly(A) 꼬리와 전-개시 복합체 사이의 상호작용에 대해서는 아직 알려지지 않았다.

두 번째는 진핵생물에 존재하는 적어도 13개의 개시 인자들의 역할이다(표 8.3). 이 중에서 5개(eIF-1, eIF-1A, eIF-2, eIF-2B와 eIF-3)는 전-개시 복합체의 구성 요소이다. 다른 3개(eIF-4A, eIF-4E와 eIF-4G)는 **캡 결합 복합체(cap binding complex**, 불행하게

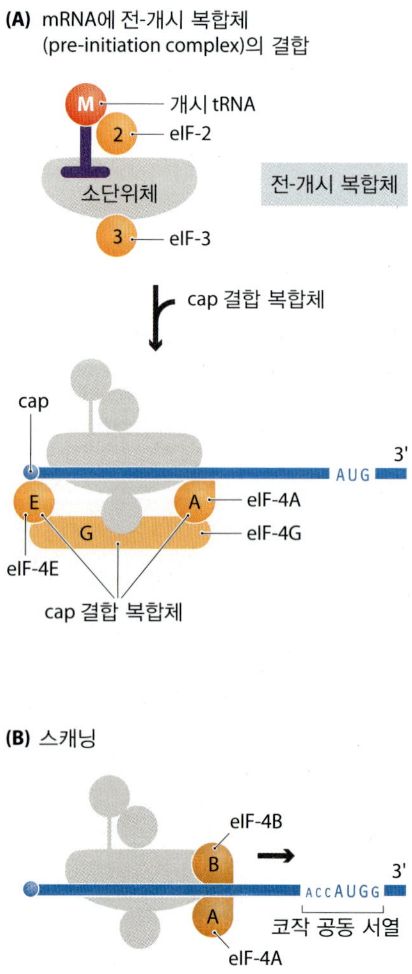

그림 8.5 진핵생물에서 번역 개시. (A) 전-개시 복합체의 형성과 mRNA에 결합. 전-개시 복합체는 리보솜의 소단위체, 개시 tRNA, eIF-2와 eIF-3를 포함한 여러 개시 인자들로 구성된다. 전-개시 복합체는 mRNA의 5′ 말단에 있는 캡 구조에 결합하는 데, 이는 eIF-4A, eIF-4E와 eIF-4G로 구성된 캡 결합 복합체의 도움을 받는다. (B) 개시 복합체는 코작 공통 서열(Kozak consensus)에 위치한 개시 코돈에 도착할 때까지 mRNA를 따라 이동한다. 2개의 개시 인자인 eIF-4A와 eIF-4B는 이 과정에 관여한다. M, methionine

표 8.3 진핵생물에서 개시 인자들의 기능

개시 인자	기능
eIF-1	전-개시 복합체의 성분
eIF-1A	전-개시 복합체의 성분
eIF-2	전-개시 복합체 안에서 개시 tRNA와 결합한다; eIF-2의 인산화는 번역의 전반적인 억제를 일으킨다.
eIF-2B	전-개시 복합체의 성분
eIF-3	전-개시 복합체의 성분; eIF-4G와 직접적으로 접촉하고 cap 결합 복합체와 결합을 형성한다.
eIF-4A	캡 결합 복합체의 성분; mRNA에서 분자 내 염기쌍을 절단함으로써 스캐닝을 돕는 헬리카아제
eIF-4B	mRNA에서 분자 내 염기쌍을 절단하는 헬리카아제로 행동함으로서 스캐닝을 돕는다.
eIF-4E	캡 결합 복합체의 성분, mRNA의 5′ 말단에서 캡 구조와 직접 접촉하는 성분
eIF-4F	캡 결합 복합체, mRNA의 5′ 말단에서 캡 구조와 일차 접촉을 하는 eIF-4A, eIF-4E, eIF-4G를 구성한다.
eIF-4G	캡 결합 복합체의 성분; 전-개시 복합체에서 캡 결합 복합체와 eIF-3 사이의 결합을 형성한다; 최소한 몇 개의 생물체에서, eIF-4G 또한 poly(A) 꼬리와의 결합을 형성한다.
eIF-4H	포유류에서, eIF-4B와 비슷한 방법으로 스캐닝을 돕는다.
eIF-5	개시가 완성될 때 다른 개시 인자들의 방출을 돕는다.
eIF-6	리보솜의 대단위체와 결합한다; 세포질에서 대단위체는 소단위체에 결합하는 것을 방지한다.

도 역시 eIF-4F 불림)를 형성하는데, 이 복합체는 mRNA의 5′ 말단과의 개시 접촉을 만들고 전-개시 복합체의 연속적인 결합을 매개한다. 두 인자(eIF-4A와 eIF-4B)는 스캔 과정에 관여한다. eIF-4A와 eIF-4B는 mRNA 리더 부위에서 가끔씩 형성되는 하나의 분자에서 생기는 염기쌍들을 제거할 수 있는 헬리카아제 활성을 가지고 있다(그림 8.6). 마지막으로 eIF-5는 개시 시기의 말기에서 모든 다른 개시 인자들의 방출을 돕는다. 그리고 eIF-6은 박테리아의 IF-3의 역할처럼 리보솜의 대단위체가 필요해질 때까지 개시 복합체에 결합하는 것을 막는다.

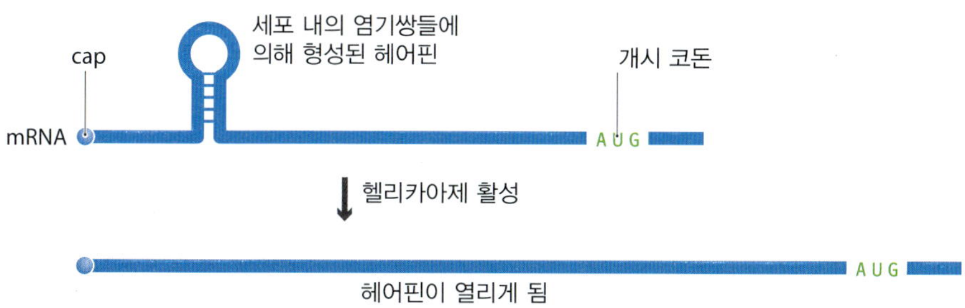

그림 8.6 eIF-4A의 헬리카아제 활성과 eIF-4B는 mRNA의 리더 부위에 있는 헤어핀 구조의 염기쌍들을 제거시킨다.

소수 진핵생물의 mRNAs의 번역은 스캔 없이 개시된다

번역 개시를 위한 스캐닝 시스템은 모든 진핵생물의 mRNA에 적용되는 것은 아니다. 이는 폴리오바이러스(poliovirus)와 일반 감기에 반응하는 인간 리노바이러스(human rhinovirus)를 포함하는 RNA 게놈(genome)을 가진 바이러스 그룹, 즉 피코르나바이러스(picornaviruses)에서 처음으로 발견되었다. 이 바이러스들은 진핵생물은 아니지만 이들의 유전자는 감염된 진핵생물에서 발현된다. 이들은 바이러스에 의해 파괴된 세포에 의해 만들어진 내부 비번역 RNAs와 단백질들의 일부를 이용한다.

피코르나바이러스의 mRNA는 캡 구조를 갖지 않는 대신에, 박테리아의 리보솜 결합 부위의 기능과 유사한 **internal ribosome entry site (IRES)**를 가지고 있다. IRESs의 서열과 개시 코돈에 대한 상대적 위치는 박테리아보다 더 다양하다. 피코르나바이러스의 mRNAs에 IRESs가 존재한다는 것은 피코르나바이러스가 숙주 세포에서 캡 결합 복합체를 불활성화시킴으로써 단백질 합성을 막는다는 것을 의미한다. 이때 자기 자신의 mRNAs의 번역에는 아무런 영향을 주지 못한다. 그러나 이것이 모든 피코르나바이러스의 감염 책략에서 정상적인 부분은 아니다.

놀랍게도, 바이러스 단백질은 숙주 리보솜에 의한 IRES의 인식 과정에 필요하진 않다. 다시 말해서, 정상적인 진핵세포는 IRES에 의한 번역을 가능하게 하는 단백질들과 다른 인자들을 포함한다. 그것들의 다양성 때문에 IRESs는 확인하기 어렵지만, 몇 개의 세포내 mRNAs가 IRESs를 갖고 있다는 것과, 적어도 어떤 환경에서는 스캐닝보다는 IRES를 거쳐 mRNAs가 번역되어 지고 있다는 것이 밝혀지고 있다. 이들 세포내 mRNAs는 세포가 스트레스(예를 들면, 열, 방사능 또는 저산소 환경에 노출될 때)를 받을 때 번역되는 몇 개의 mRNAs를 포함한다. 이런 환경 아래에서 캡-의존성 번역은 전-개시 복합체에 있는 개시 인자들 중 하나인, eIF-2의 불활성화에 의해 억제된다. "생존한" mRNAs에 IRESs가 존재하면, 이들은 생산물이 필요할 시기에 우선적으로 번역이 일어나게 할 수 있다.

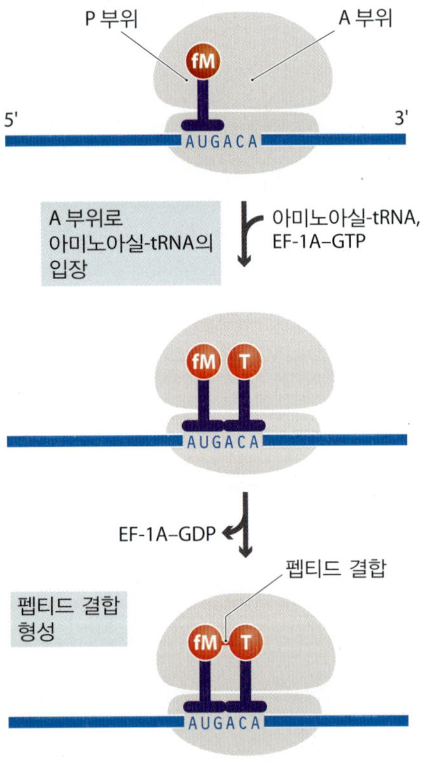

그림 8.7 대장균에서 단백질 합성 신장의 첫 번째 단계. 리보솜은 아미노아실-tRNAs가 결합할 수 있는 2개의 부위를 포함한다. 처음 P 부위에는 개시 $tRNA_i^{Met}$가 채워져 있고, A 부위는 비어 있다. 신장 인자인 EF-1A와 GTP 분자와 함께 두 번째 아미노아실-tRNA가 A 부위로 들어가면서 신장은 시작된다. GTP 분자가 GDP로 전환하면서 생기는 에너지를 이용하여 2개의 아미노산 사이에는 펩티드 결합이 일어난다. fM, *N*-formylmethionine, T, threonine

폴리펩티드의 신장은 첫 번째 펩티드 결합의 형성부터 시작된다

이제부터 각각의 아미노산들이 폴리펩티드의 카르복실 말단에 결합하는, 즉 순차적인 단백질 합성이 일어나는 신장 단계에 대해 알아보자. 신장은 박테리아와 진핵생물에서 모두에서 비슷하므로 함께 다루기로 한다.

2개의 소단위체들이 결합된 리보솜은 아미노아실-tRNAs가 결합하는 2개의 부위들을 포함한다. 첫 번째는 **펩티딜(peptidyl, P) 부위**이고, 이곳은 이미 *N*-formylmethionine 또는 메티오닌(ATG)으로 충전된(charged) 개시 $tRNA_i^{Met}$가 채워져 있으며, 개시 코돈과 염기쌍을 이룬다. 두 번째는 **아미노아실(aminoacyl, A) 부위**이며, 열린 해독틀(open reading frame)에서 두 번째 코돈이 위치한다(그림 8.7). X-ray 결정학을 통해 이 부위들은 리보솜의 대단위체와 소단위체 사이에 공간이 있다고 밝혀졌다. 코돈-안티코돈 사이의 결합은 소단위체에서 일어나고, tRNA의 아미노아실 말단은 대단위체에 존재한다(그림 8.8).

신장이 시작되면서, 대장균의 경우 **신장 인자(elongation factor)** EF-1A에 의해 아미노아실-tRNA가 A 부위에 채워진다. 이 인자는 잘못 충전된(mischarged) tRNAs가 아닌 정확한 아미노산을 운반하는 tRNA만이 리보솜으로 들어가게 함으로써 번역이 정확하게 일어나는 것을 돕는다. EF-1A는 GTP 분자와도 결합하고 있는데, GTP가 가수

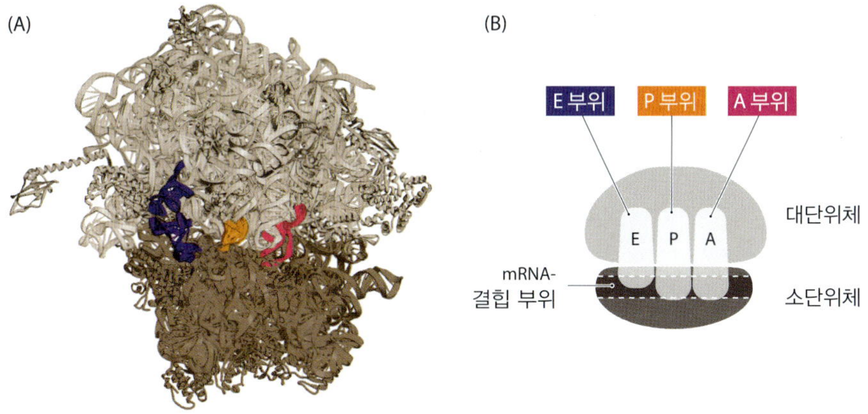

그림 8.8 번역의 신장 시기 중 박테리아 리보솜의 구조. (A) 소단위체(어두운 갈색)와 대단위체(밝은 갈색)를 가진 리보솜의 구조. 오렌지색과 빨간색은 각각 P와 A 부위를 나타낸다. 파란색은 E 또는 퇴장 부위를 나타내며, 아마노산이 신장되는 펩티드에 결합되어진 후 tRNA가 리보솜을 떠나면서 지나가는 통로이다. (B) 리보솜에서 E, P 그리고 A 부위들의 위치를 보여주는 도식. mRNA는 소단위체에 포함되어 있고 tRNA의 아미노아실 말단은 대단위체에 포함되어 있다. (Adapted from M. M. Yusupov et al., *Science* 292:883-896, 2001. With permission from AAAS.)

분해될 때 생긴 에너지를 이용하여 펩티드 결합이 형성된다. 진핵생물에서는 이와 같은 기능을 갖는 인자를 eEF-1이라 부른다(표 8.4)

A 부위에서 tRNA의 안티코돈은 mRNA의 두 번째 코돈과 염기쌍을 형성한다. 이 과정은 실수가 일어나지 않는 것이 필수다. A 부위에서 tRNA와 mRNA는 정확히 맞게 결합되어야 한다. 이는 3개의 염기쌍들이 정확하게 형성되면서 코돈과 안티코돈이 완벽하게 맞아야 일어 날 수 있다. 만약 코돈-안티코돈 결합에서 한 위치라도 잘못된 결합이 일어나면 tRNA는 방출되어 버린다.

정확한 아미노아실-tRNA가 A 부위로 들어갈 때 2개의 아미노산 사이에서 펩티드 결합이 형성된다. 이 결합은 **펩티딜 전이효소(peptidyl transferase)**에 의해 형성된다. 박테리아와 진핵생물의 펩티딜 전이효소는 리보자임의 한 예이다. 펩티드 결합의 촉매적 활성은 단백질에 의해 제공되는 것이 아니라, 리보솜의 대단위체에 있는 가장 큰 rRNAs에 의해 제공된다. 펩티드 결합 형성은 EF-1A(진핵생물에서는 eEF-1)에 부착된 GTP의 가수분해를 통해 생긴 에너지를 필요로 하고, 이로 인해 EF-1A가 불활성화되어 리보솜으로부터 떨어져 나가게 되며, EF-1B에 의해 재생된다. 진핵생물에서 EF-1B와 같은 기능을 하는 인자는 확인되지 않았고, eEF-1의 소단위체들 중 하나가 재생활성도를 제공할 수 있다.

표 8.4 박테리아와 진핵생물에서 신장 인자들의 기능

신장 인자	기능
세균	
EF-1A	리보솜에서 다음번 tRNA를 정확한 위치로 안내한다.
EF-1B	자신에게 결합된 GTP 분자에 포함된 에너지를 만들어 낸 후 EF-1A를 재생산한다.
EF-2	전좌를 매개한다.
진핵생물	
eEF-1	4개의 소기관들(eEF-1a, eEF-1b, eEF-1d, eEF-1g)의 복합체; 리보솜에서 다음번 tRNA를 정확한 위치로 안내한다.
eEF-2	전좌를 매개한다.

세균 신장 인자들이 최근에 새이름으로 변경된 것에 주목한다. 더 오래된 명칭은 EF-1A, EF-1B, 그리고 EF-2는 각각 EF-Tu, EF-Ts, 그리고 EF-G였다.

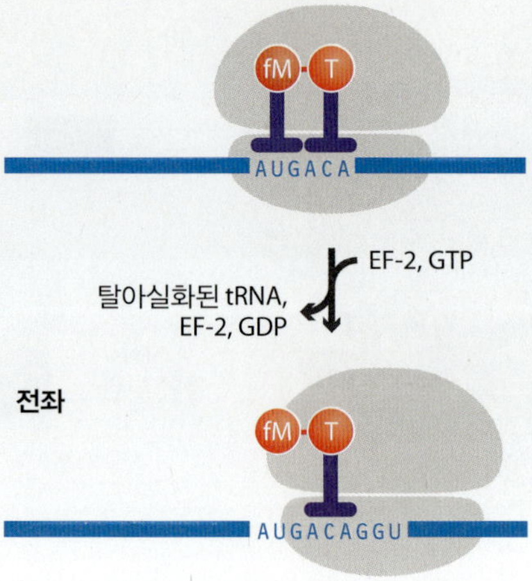

그림 8.9 대장균에서 단백질 합성 과정 중 전좌의 첫 번째 사이클. 리보솜은 P 부위에서 탈아실화된 개시 tRNA를 내보내면서, mRNA를 따라 3개의 뉴클레오티드를 이동시킨다. 그리고 P 부위에 폴리펩티드의 처음 두 아미노산에 결합된 두 번째 tRNA가 들어온다. 전좌는 GTP 분자의 가수분해를 필요로 하며 EF-2에 의해 이루어진다. fM, *N*-formylmethionine, T, threonine

신장은 종결 코돈에 도착할 때까지 계속된다

첫 번째 펩티드 결합의 형성은 열린 해독틀의 처음 두 코돈에 대응하는 디펩티드(dipeptide)를 만든다. A 부위에 위치한 tRNA에 결합된 디펩티드가 떠나면서 첫 번째 아미노산과 이 아미노산 tRNA 사이의 결합은 이 단계에서 분리된다.

다음 단계는 **전좌(translocation)**이다. 이는 리보솜이 mRNA를 따라 3개의 뉴클레오티드를 이동하는 동안 일어나며, 그로 인해 새로운 코돈이 A 부위에 들어온다(그림 8.9). 이것은 디펩티드-tRNA가 P 부위로 이동되며, 탈아실화된 tRNA를 차례로 내보낸다. 진핵생물에서 탈아실화된 tRNA는 리보솜에서 간단하게 떨어져 나오지만, 박테리아에서 탈아실화된 tRNA는 세 번째 위치, **출구(exit, E) 부위**를 거쳐 떨어져 나온다. E 부위는 원래 리보솜으로부터 탈아실화된 tRNA가 떨어져 나오는 단순한 출구점으로 여겨졌으나, 지금은 리보솜에서 전좌가 일어날 때 정확하게 3개의 뉴클레오티드씩 mRNA를 따라 이동한다는 것을 확인하는 데 중요한 역할을 한다고 알려졌다. 따라서 리보솜이 정확한 해독틀을 유지한다.

전좌는 GTP 분자의 가수분해를 필요로 하는데, 박테리아에서는 EF-2, 진핵생물에서는 eEF-2에 의해 이루어진다. 전좌의 다른 중간 단계에서 리보솜을 전자현미경으로 관찰하면 리보솜은 mRNA를 따라 이동하기 위해, 2개의 소단위체가 반대 방향으로 조금씩 회전하면서 작고 응축된 구조를 채택한다. 이것은 두 단위체 사이에 공간을 만들고 리보솜이 mRNA를 따라 미끄러지듯 움직일 수 있게 한다. 전좌 결과, A 부위는 비게 되어 새로운 아미노아실-tRNA가 들어오게 된다.

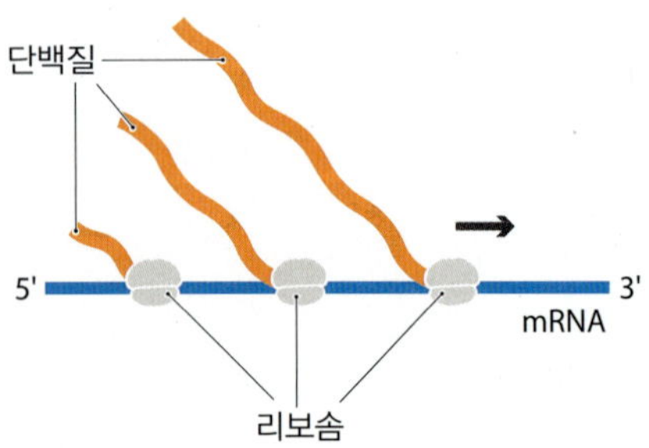

그림 8.10 폴리솜. 3개의 리보솜은 단일 mRNA에 결합되어 있다. 화살표는 리보솜이 mRNA를 따라 이동하는 방향을 나타낸다.

신장은 반복되며 종결 코돈이 도착할 때까지 계속된다. 신장이 몇 번 반복된 후, mRNA 분자의 시작 부위는 더 이상 첫 번째 리보솜과 연결되어 있지 않고, 두 번째 리보솜이 결합되어 단백질의 또 다른 합성이 시작된다. 최종 결과는 mRNA가 동시에 몇 개의 리보솜에 의해 번역되어져 생기는 **폴리솜(polysome)**이다(그림 8.10). 폴리솜은 원핵생물과 진핵생물의 전자현미경 상에서 볼 수 있다.

종결은 특별한 방출 인자를 요구한다

단백질 합성은 3개의 종결 코돈 중 하나가 A 부위로 들어가면서 끝이 난다. 안티코돈을 가진 tRNA 분자는 다른 종결 코돈과 염기쌍을 이루지 않는다. 대신에 **방출 인자**

표 8.5 세균과 진핵생물에서 방출 인자들과 리보솜 재활용 인자들

인자	기능
세균	
RF-1	종결 코돈 5′-UAA-3′과 5′-UAG-3′을 인식한다.
RF-2	5′-UAA-3′과 5′-UAG-3′을 인식한다.
RF-3	종결 후에 리보솜으로부터 RF-1과 RF-2의 분리를 자극한다.
RRF	번역 종결 후에 리보솜 단위체들이 분리되게 하는 리보솜 방출 인자
진핵생물	
eRF-1	종결 코돈을 인식한다.
eRF-3	종결 후에 리보솜으로부터 eRF-1의 분리를 자극할 것이다; 번역의 종결 후에 리보솜 단위체들이 분리되게 할 것이다.

(release factor)라는 단백질이 번역을 종결시키기 위해 A 부위로 들어온다.

박테리아에는 3개의 방출 인자가 있다(**표 8.5**). RF-1은 종결 코돈 5′-UAA-3′와 5′-UAG-3′을 인식한다. RF-2는 종결 코돈 5′-UAA-3′과 5′-UGA-3′을 인식한다. RF-3은 리보솜으로부터 RF-1과 RF-2의 방출을 자극하며, GTP의 가수분해를 통해 에너지를 얻는 반응을 필요로 한다(**그림 8.11**).

진핵세포는 단지 2개의 방출 인자들을 갖는다. 하나는 eRF-1이고 종결 코돈을 인식한다. 다른 하나는 eRF-3인데, 그 기능은 확실히 증명되지는 않았지만 RF-3와 같은 역할을 한다고 여겨진다. X-ray 결정학을 통해 eRF-1의 구조는 tRNA와 매우 비슷하다고 밝혀졌다(**그림 8.12**). 이것은 방출 인자가 tRNA를 흉내 내면서 A 부위에 들어갈 수 있다고 여겨진다. 그러나 몇 명의 연구자들은 구조적 상이성을 인정하지 않으며, 방출 인자들의 기능에 대해 해결되지 않은 복잡함이 있다고 생각한다.

방출 인자들은 번역을 종료시키지만, 적어도 박테리아에서는 리보솜 소단위체들이 분리될 때 어떤 역할도 하지 않는다. 이것은 tRNA와 비슷한 구조를 갖는 **리보솜 재생 인자(ribosome recycling factor, RRF)**라 불리는 추가 단백질의 기능이다. 리보솜 재생 인자는 P 또는 A 부위에 들어가 리보솜을 열리도록 한다(그림 8.11 참고). 소단위체들의 분리는 종결 인자들 중 하나인 EF-2에 의해 GTP로부터 방출된 에너지를 이용한다. 그리고 소단위체들이 다시 결합하는 것을 막기 위해서는 개시 인자인 IF-3가 필요하다. 진핵세포에서 리보솜 재생 인자와 같은 인자는 밝혀지지 않았지만 eRF-3가 이 기능을 할 것이라 추측된다. 리보솜 소단위체들은 세포질로 이동하여 새로운 번역을 할 때까지 세포질에 머무른다.

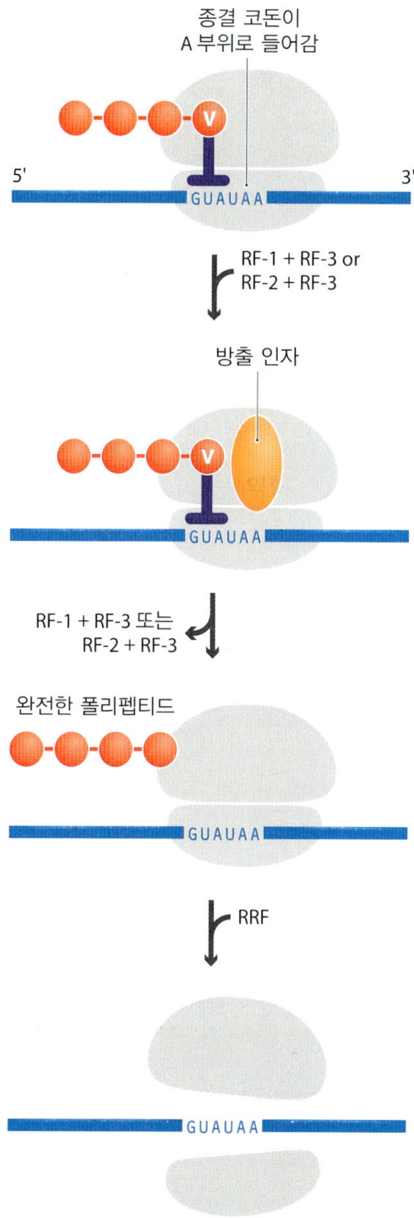

그림 8.11 대장균에서의 번역 종료. 가장 위의 그림에서 리보솜은 종결 코돈에 도착한다. RF-3를 동반하는 RF-1 또는 RF-2는 A 부위로 들어가고 완벽한 폴리펩티드를 방출한다. 그 후 리보솜은 리보솜 재생 인자(RRF)에 의해 2개의 단위체로 분리된다. V, valine

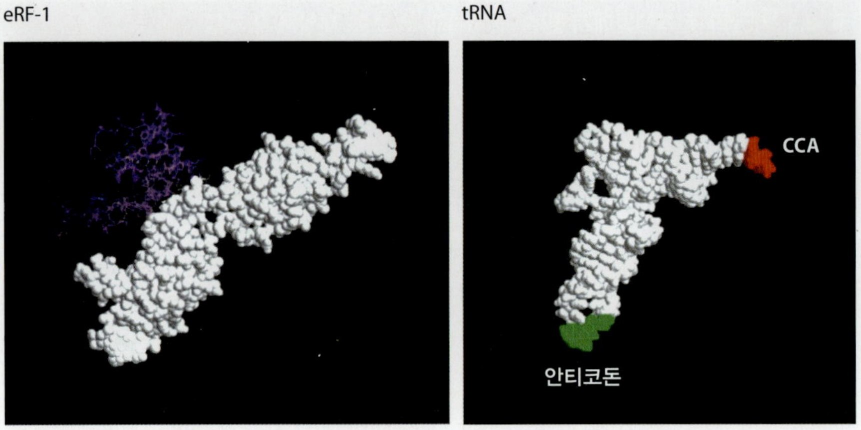

그림 8.12 진핵세포에서 방출 인자 eRF-1은 tRNA와 구조가 비슷하다. 하얀색 부분이 tRNA와 비슷한 eRF-1 부분이다. eRF-1의 보라색 조각은 진핵세포의 방출 인자로, eRF-3와 상호작용한다. tRNA 구조에는 아미노산이 결합하는 3′ 말단("CCA"라고 표시)과 안티코돈의 위치가 표시되었다. (From L. L. Kisselev and R. H. Buckingham, *Trends Biochem. Sci.* 25:561–566, 2000. With permission from Elsevier.)

8.2 번역 후의 단백질 가공

유전학에 현대적인 분자적 접근을 시도하지 않았다면, 우리는 이 시점에서 유전자 발현 과정의 연구를 종결해야만 했을 것이다. 우리는 "DNA는 단백질을 만드는 RNA를 만든다."라고 논쟁하고, 단백질이 만들어지는 단계에 도달해서 공부의 끝을 맺었을 것이다. 그러나 번역은 폴립펩티드를 합성하지만, 이 폴리펩티드는 단순한 아미노산의 선(linear) 모양의 사슬이다. 그것은 불활성 상태이며, 유전자 발현 과정의 최종 산물이 아니다. 유전자에 포함된 생물학적 정보를 이용하기 위해서는 세포에서 기능을 수행할 수 있는 활성화된 단백질의 합성이 필요하다. 따라서 우리는 새롭게 합성된 폴리펩티드를 기능적인 단백질로 전환하는 과정을 연구해야 한다. "번역 후 단백질 가공 과정"을 연구함으로써 어떻게 유전자가 생물학적 정보의 단위 역할을 수행할 수 있는지 완벽하게 이해할 수 있을 것이다.

번역 후 과정에서 가장 중요한 부분은 단백질 접힘(fold)이다. 모든 폴리펩티드는 세포 안에서 활성화되기 전에 정확한 2차와 3차 구조로 접힌다. 어떤 단백질은 새로운 화학적 그룹의 결합으로 화학적 변형(modification)이 생기고, 어떤 단백질은 **프로테아제(proteases)**에 의해 절단되는 과정을 거친다. 이 절단 과정은 폴리펩티드의 한쪽 또는 양쪽 말단 부위를 제거하는 것으로, 결과적으로 짧아진 형태의 단백질이 생기거나 폴리펩티드가 모두 또는 일부만 활성화되는 여러 개의 다른 조각으로 만들어진다. 폴리펩티드가 접히면서 변형되거나 잘려지는 과정이 함께 일어나곤 한다. 이런 경우, 폴리펩티드가 정확한 3차원 형태를 형성하기 위해서는 화학적 변형과 절단이 필요하다. 반면, 화학적 변형 또는 절단 현상이 단백질 접힘 현상 후에 일어나기도 한다. 이 과정은 접혔지만 불활성인 단백질을 활성 형태로 전환하는 조절 메커니즘의 일부이다.

어떤 단백질은 시험관에서 자발적으로 접힌다

7장에서 우리는 단백질 구조의 4단계를 시험했고, 폴리펩티드가 정확한 3차원적 구조로 접혀지기 위해 필요한 모든 정보가 단백질의 아미노산 서열 안에 포함되어 있다는 것을 알았다. 단백질의 아미노산 서열과 3차 구조 사이의 연결은 유전자 발현의 열쇠들 중 하나이다. 왜냐하면, 이 연결은 유전자 내에 포함된 생물학적 정보의 시작에서

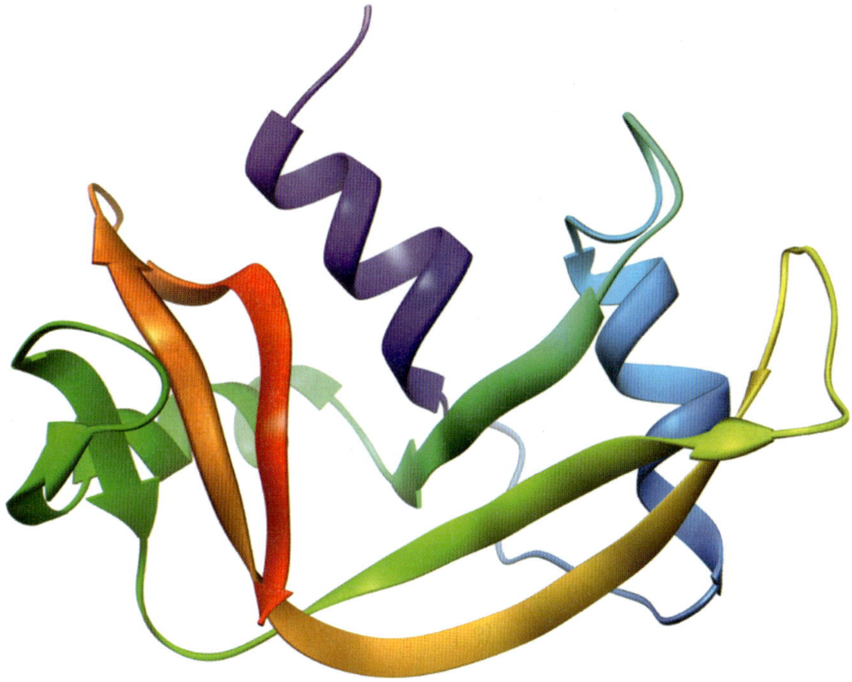

그림 8.13 리보뉴클레아제 A의 3차 구조. 단백질의 다양한 2차 구조 성분은 여러 색깔로 표시되었다.

단백질 기능을 종결 짓는 과정을 완성하기 때문이다.

단백질의 아미노산 서열이 단백질의 3차 구조를 결정한다는 것을 보여준 실험은 리보뉴클레아제(ribonuclease)를 통해 처음으로 진행되었다. 리보뉴클레아제는 124개의 아미노산을 가지고, 4개의 이황화결합과 3개의 나선들, 그리고 1개의 병풍 부분으로 만들어진 3차 구조로 된 작은 단백질이다(그림 8.13). 리보뉴클레아제의 접힘에 대한 연구는 완충 용액 안에 녹인 정제된 리보뉴클레아제를 이용해 진행되었다. 수소 결합을 파괴하는 요소를 첨가하면 효소의 활성도가 감소되는데, 이는 RNA를 자르는 능력을 시험함으로써 알 수 있으며, 동시에 용액의 점성이 증가되는 결과를 나타낸다(그림 8.14). 두 결과를 통해 접히지 않은 폴리펩티드 사슬은 변성이 된다는 것을 알 수 있다. 접히지 않은 단백질은 더 이상 리보뉴클레아제의 역할을 하지 못하고 — 즉, 효소 활성을 잃어버리고 — 사슬은 헝클어지고 점성이 증가함을 설명해 준다.

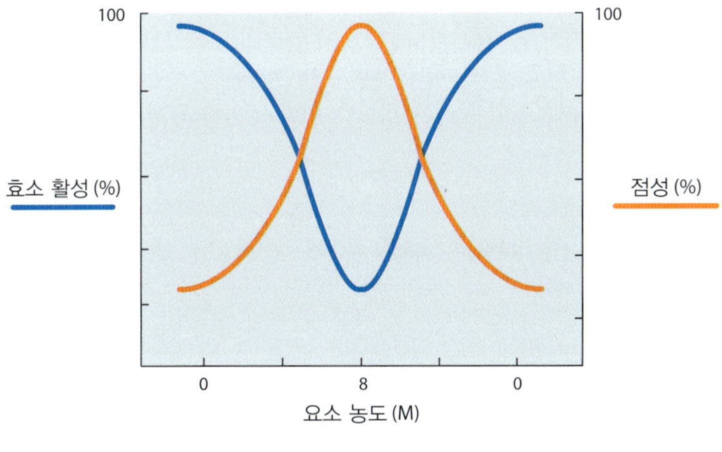

그림 8.14 요소 양의 변화에 따른 리보뉴클레아제의 변성과 자발적인 재생. 요소의 양이 8 M로 증가하면, 단백질은 펼쳐지지 않아 변성된다. 이때, 단백질의 활성은 감소하고 용액의 점성은 증가한다. 요소가 투석에 의해 제거되면 리보뉴클레아제 A는 다시 접혀진 형태로 변한다. 단백질의 활성은 다시 처음의 단계로 증가하고 용액의 점성은 감소한다.

직선
폴리펩티드
↓
2차 구조
모티프 형성
↓
단백질은 밀집하지만 접혀지지
않은 구조를 이룸
↓
점차적으로 3차 구조가
형성

그림 8.15 전형적인 단백질 접힘 과정

용액에서 요소를 제거하면 무슨 일이 생길까? 점성은 감소하고 효소 활성은 다시 나타날 것이다. 결론은 변성제(denaturant)가 제거되면, 단백질은 자발적으로 다시 접혀진다는 것이다. 요소를 이황화결합을 절단하는 환원제와 같이 첨가하면 똑같은 결과를 얻을 수 있다. 단백질 활성은 재생에 의하여 다시 되찾을 수 있다. 이것은 이황화결합이 단백질의 재접힘에 결정적이지 않다는 것을 보여 준다. 이황화결합은 단지 채택된 3차 구조를 안정화 시킬 뿐이다.

리보뉴클레아제와 작은 단백질의 자발적인 접힘에 대한 상세한 연구를 통해, 변성제가 제거되면 폴리펩티드 사슬을 따라 2차 구조를 갖는 모양이 수천 분의 1초 안에 형성됨을 알 수 있었다. 이 단계에서 단백질은 물로 감싸여지고 안쪽에는 소수성 그룹을 갖는 밀집한 그러나 접혀지지 않은 구조를 이룬다(그림 8.15). 다음 몇 초, 몇 분 동안, 2차 구조들이 서로 상호작용하여 단백질의 **접힘 경로(folding pathway)**를 완성하는 중간 형태의 단계를 거쳐 점점 3차 구조로 변한다. 단백질이 정확하게 접힌 구조에 도달하기까지 하나 이상의 과정이 있을 것이다.

이 과정은 단백질을 정확하지 않은 구조로 이끄는 쪽으로 방향을 바꾸게 하는 곁가지를 갖는다. 정확하지 않은 구조가 매우 불안정하면 부분적이거나 완전한 펼침이 일어나지 않을 것이다. 이는 단백질이 정확한 접힘 과정을 추구하기 위한 두 번째 기회를 제공한다(그림 8.16)

세포 안에서 단백질 접힘은 샤페론 분자의 도움을 받는다

위에서 설명한 실험은 단백질의 아미노산 서열이 단백질의 3차 구조를 명시한다는 것을 확인해 준다. 그러나 이 실험은 단백질이 어떻게 세포 안에서 접힘이 일어나는지에 대한 이해에는 도움을 주지 못한다. 아마도 세포 안에서의 접힘은 적어도 모든 단백질, 특히 리보뉴클레아제보다 더 복잡한 구조를 가진 큰 단백질에서는 자발적으로 일어나는 과정은 아닐 것이다. 시험관(test tube)에서 연구되어질 때, 단백질들은 변성제가 제거되면 불용성 집합체들을 형성하는 경향이 있다. 이것은 단백질이 접힘 과정이 시작되면서 물로부터 소수성 그룹을 보호하기 위해 서로 맞물리는 네트워크로 붕괴되기 때문이다. 부정확하게 접혀진, 그러나 너무 안정적이어서 펼쳐질 수 없는 중간 형태를 띠면서 일부는 접힘 과정의 비생산적인 곁가지로 빠지게 된다. 실험적으로 정확한 접힘은 단백질이 희석되면서 일어날 수 있으나, 이것은 세포가 펼쳐진 단백질이 집합체가 되는 것을 막거나 부정확한 과정을 따르는 것을 막기 위한 선택 사항은 아니다.

시험관에서 더 큰 단백질이 접혀질 때의 곤란한 점은 세포 안에는 단백질이 정확한 구조를 채택하는 것을 돕는 메커니즘이 틀림없이 있어야 한다는 것이다. 우리는 이런 필수적 보조작용이 **샤페론 분자(molecular chaperones)**라 불리는 단백질에 의해 제공된다는 것을 안다. 샤페론의 존재는 접힘을 위한 정보가 단백질의 아미노산 서열에

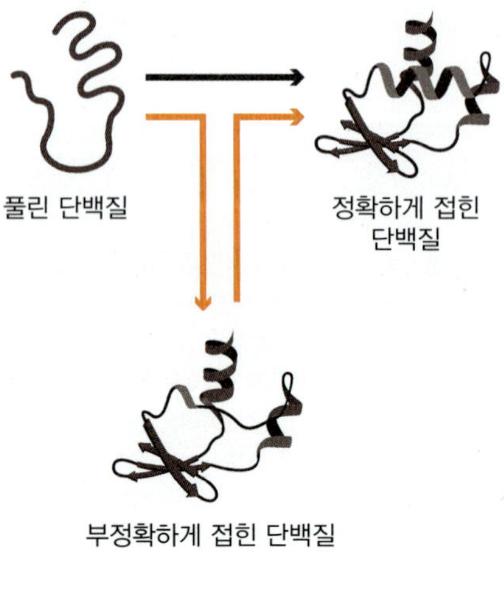

그림 8.16 부정확하게 접힌 단백질은 정확한 형태로 재접힘될 수 있다. 검은색 화살표는 정확한 접힘 과정을 보여 주며, 왼쪽의 접히지 않은 단백질로부터 오른쪽의 활성화된 단백질로 가는 과정이다. 갈색 화살표는 α 나선들이 형성되지 않는 부정확한 접힘 형태로 가는 과정이다. 이 형태가 불안정적이라면 단백질은 부분적으로 펼쳐질 수 있고, 정확한 접힘 과정으로 되돌아갈 수 있으며, 결국에는 활성화된 형태로 도달한다.

의해 수행되어지는 근본적인 원리와 타협하지 않는다. 샤페론 분자는 단백질의 3차 구조를 명시하지 못하며, 단순히 단백질이 정확한 구조를 발견하는 데 도움을 준다.

샤페론 분자에는 두 가지 형태가 있다. 첫 번째는 **샤페론 Hsp70**이다. 이것은 번역 중인 단백질의 소수성 지역에 결합한다(그림 8.17). 단백질이 완벽하게 합성되기 전에 폴리펩티드의 일부가 이용되어 접힘이 시작된다면, 접힘 과정의 부정확한 가지가 뒤따라 올 것이라는 가능성이 증가될 것이다. 샤페론 Hsp70은 열린 형태로 단백질을 붙잡고, 때로는 접힌 단백질에서 상호작용을 만드는 폴리펩티드의 부분들 사이에서의 결합을 조절하는 것으로 여겨진다. 정확하게 이것이 어떻게 달성되는지는 이해되지 않지만, 이것은 ATP의 가수분해에 의해 제공된 에너지를 필요로 하는 각 단계에서 Hsp70 단백질의 부착과 반복되는 결합에 관여한다. 단백질 접힘 이외에, 샤페론 Hsp70은 막을 통한 이동, 다중 단위의 복합체로의 단백질들의 결합, 그리고 열 스트레스에 의해 상처를 입은 단백질의 분리처럼 단백질에서 소수성 지역의 차폐를 필요로 하는 다른 과정에 관여한다.

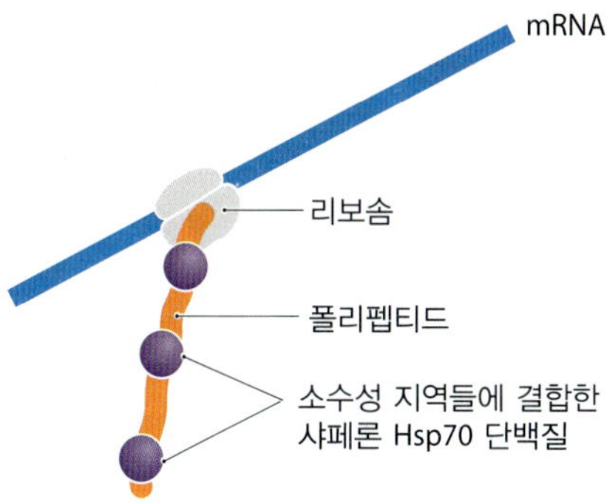

그림 8.17 샤페론 Hsp70의 역할. 샤페론 Hsp70은 번역 중인 단백질의 접히지 않은 폴리펩티드의 소수성 지역에 결합하고, 접힘을 돕기 위해 열린 형태에서 단백질을 붙잡고 있다.

샤페론 분자의 두 번째는 **샤페로닌(chaperonins)**이다. 이것은 아주 다른 경로로 작용한다. GroEL/GroES 복합체가 대표적인 것으로, 이것들은 중앙에 공간이 있는 빈 총알(hollowed-out bullet)처럼 보이는 다중 단위체 구조이다(그림 8.18). 하나의 펼쳐진 단백질은 공간으로 들어가고 접힘이 생긴다. 이러한 메커니즘은 잘 알려져 있지 않지만 GroEL/GroES가 펼쳐진 단백질이 다른 단백질과 결합하는 것을 막아주는 울타리로 행동한다고 추측되고, 또 단백질 안에서 소수성 아미노산의 매몰을 촉진하는 방법으로 공간의 안쪽 표면이 소수성에서 친수성으로 변화된다고 추측된다. 하지만 이것은 단지 가설이다. 다른 가능성은 공간이 부정확하게 접혀진 단백질을 펴지게 하고, 펼쳐진 단백질은 세포질로 돌아가서 정확한 3차 구조를 가지게 하기 위해 재시도를 한다는 것이다.

샤페론 Hsp70 종류와 GroEL/GroES 샤페로닌은 박테리아와 진핵생물에 모두 존재하지만, 진핵생물에서 단백질 접힘 현상은 Hsp70 단백질의 활동에 주로 의존한다고 생각된다. 이것은 박테리아에서도 역시 사실이지만, 박테리아에서는 GroEL/GroES 샤페로닌이 전사와 번역에 관여하는 대사 효소와 단백질의 접힘에 중요한 역할을 한다.

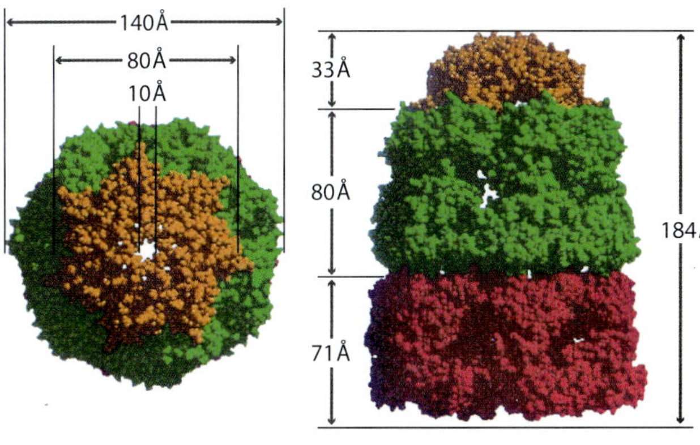

그림 8.18 GroEL/GroES 샤페로닌. 왼쪽은 위에서, 오른쪽은 옆에선 본 것이다. GroES는 7개의 동일한 단백질 단위체들로 구성되어 있고 금색으로 나타냈다. GroEL 성분은 각각 7개의 단위체들을 포함한 2개의 링 안(빨간색과 초록색)에 배열되어진 14개의 동일한 단백질로 구성되어 있다. 중앙 공간으로의 입구는 오른쪽에 보여지는 구조의 아래쪽으로 생각된다. 1Å은 0.1 nm와 같다. (Courtesy of Zhaohui Xu, University of Michigan.)

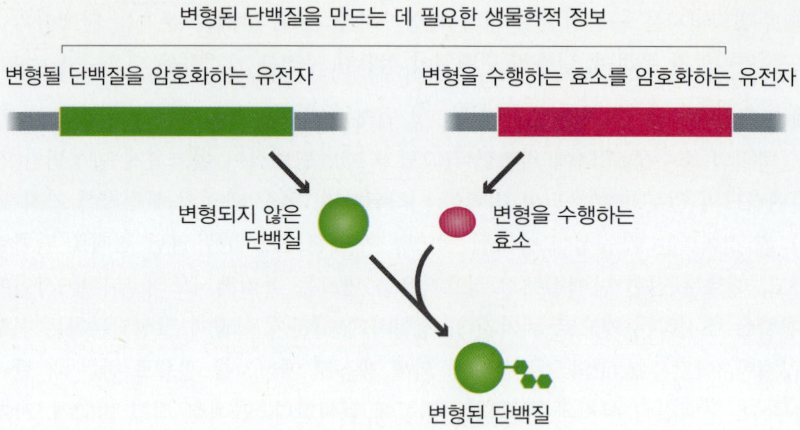

그림 8.19 화학적으로 변형될 단백질을 합성하기 위해 필요한 생물학적 정보는 그 단백질을 암호화하는 유전자와 변형을 수행하는 효소를 암호화하는 유전자 모두 안에 남아 있다.

어떤 단백질은 화학적으로 변형된다

기준이 되는 표준 유전 코드는 20개의 다른 아미노산을 명시하고, 2개의 다른 셀레노시스테인(selenocysteine)과 피롤리신((pyrrolysine)은 상황 의존적 재배치에 의해 5′-UGA-3′과 5′-UAG-3′ 코돈이 번역되는 동안 삽입되어질 수 있다. 이 레퍼토리는 단백질의 번역 후 화학적 변형에 의해 극적으로 증가되고, 결과적으로 다른 아미노산 타입들이 많은 양으로 배열된다.

화학적 변형 때문에, 성숙한 기능성 단백질의 아미노산 서열은 유전자에 의해 암호화된 폴리펩티드의 서열과 다를 수도 있다. 그러나 화학적 변형은 무작위로 일어나는 것이 아니기 때문에 변형된 단백질과 유전자 사이에는 지켜져야 할 관계가 있다. 대신, 그것들은 똑같은 아미노산이 단백질의 모든 복사에서 같은 방법으로 변형되어지는 고도의 특정한 방식으로 수행된다. 필수적으로 화학적 변형을 명시하는 생물학적 정보는, 변형되고 있는 단백질을 지정하는 유전자에 존재하지 않고 변형을 수행하는 효소를 암호화하는 유전자 안에 존재한다(**그림 8.19**). 유전자 서열에 의해 암호화됨으로써 변형된 효소의 구조들은 목표 단백질의 정확한 위치에서 특정한 화학적 변형을 일으키는 능력을 결정한다.

가장 단순한 형태의 화학적 변형은 모든 생물체에서 일어나는 데, 이는 작은 화학적 그룹(예, 아세틸기, 메틸기, 인산기; **표 8.6**)이 아미노산 곁사슬(side chain) 또는 폴리펩티드의 양 끝 아미노산의 아미노기 또는 카르복실기에 첨가되는 현상이다. 150개 이상의 다른 변형된 아미노산은 다른 단백질에서 발견되었다. 어떤 단백질은 다수의 다른 변형이 일어난다. 예를 들면 포유류 히스톤 H3의 경우 폴리펩티드를 따라 다수의 위치에서 아세틸화, 메틸화, 그리고 인산화에 의해 변형될 수 있다(**그림 8.20**). 히

그림 8.20 포유류 H3의 번역 후 변형. 그림은 처음 29개의 아미노산 부위에 일어나는 모든 변형들을 보여 준다. Ac, acetylation; Me, methylation; P, phosphorylation

표 8.6 번역 후 화학 변형의 예

변형	변형된 아미노산	예들
작은 화학적 그룹의 첨가		
아실화	라이신	히스톤
메틸화	라이신	히스톤
인산화	세린, 트레오닌, 타이로신	신호 전달에 관련된 몇 단백질
하이드록실화	프롤린, 라이신	콜라겐
N-포밀화	N-말단 글리신	멜리틴
슈가 사이드 체인의 첨가		
O-linked 글리코실화	세린, 트레오닌	많은 막 단백질들과 분비 단백질
N-linked 글리코실화	아스파라긴	많은 막 단백질들과 분비 단백질
지질 사이드 체인의 첨가		
아실화	세린, 트레오닌, 시스테인	많은 막 단백질
N-미리스토릴화	N-말단 글리신	신호 전달에 관련된 일부의 단백질 키나아제
바이오틴의 첨가		
바이오틴화	라이신	다양한 카르복실레아제 효소들

스톤은 진핵생물의 염색체 형태로 DNA가 감겨져 있는 단백질로, 뉴클레오솜의 구성 성분이다. 뉴클레오솜이 서로 상호작용하는 방법은 히스톤 단백질에서 화학적 변형의 성질에 의해 결정된다. 화학적 변형은 단백질 활성도를 변형하는 방법이며, 아마도 히스톤 변형처럼 미묘하게, 그러나 중요한 방향으로 기능을 변화시킬 수 있고 또는 특정한 시간에만 요구되는 단백질의 기능을 활성화 시킬 수도 있을 것이다.

진핵생물에서 발견되는 변형의 더 복잡한 형태는 폴리펩티드에 큰 탄수화물 곁사슬이 결합되는 **글리코실화(glycosylation)**이다. 글리코실화에는 두 가지 형태가 있다(그림 8.21). ***O*-linked 글리코실화(*O*-linked glycosyation)**은 세린 또는 트레오닌 아마노산의 수산기(–OH)에 당 곁사슬이 결합하는 형태이고, ***N*-linked 글리코실화(*N*-linked glycosyation)**는 아스파라긴의 곁사슬의 아미노 그룹을 통한 결합 형태이다.

일부 진핵생물에서 글리코실화는 10~20개의 다양한 형태의 당 단위체로 구성된 커다란 구조가 단백질에 결합한 형태다. 이 곁사슬은 세포에서 특정한 부위를 목표로 하는 단백질을 돕고 혈관에서 순환하는 단백질의 안정성을 증가시키는 것을 돕는다. 다

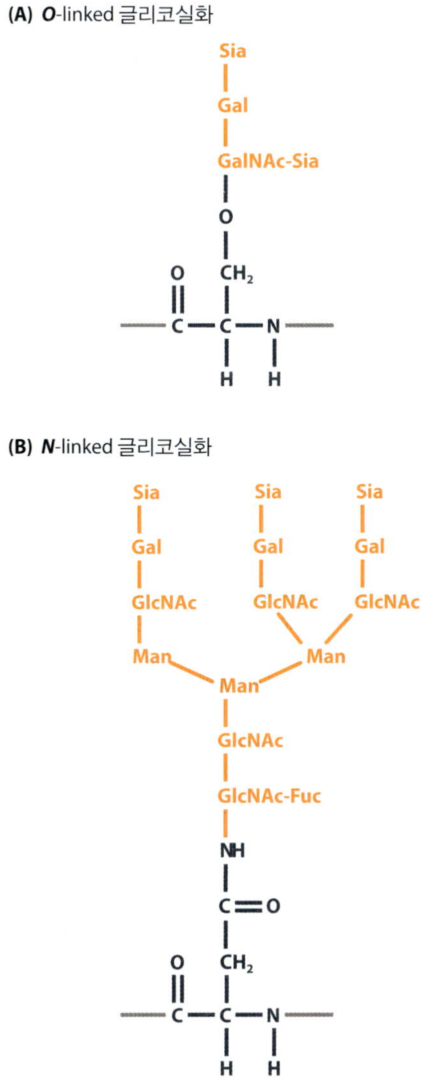

그림 8.21 글리코실화 (A) *O*-linked 글리코실화. 이 구조는 다수의 글리코실화된 단백질에서 발견되었다. 그림은 세린 아미노산에 결합된 형태를 보여 주고 있지만 트레오닌에도 결합될 수 있다. (B) *N*-linked 글리코실화은 *O*-linked 글리코실화에서 보이는 것보다 더 큰 당 구조이다. 그림은 아스파라긴 아미노산에 결합된 복잡한 구조의 일반적인 예를 보여 준다. Fuc, fucose; Gal, gllactose; GalNAc, *N*-acetylgalactosamine; GlcNAc, *N*-acetylglucosamine; Man, mannose; Sia, sialic acid

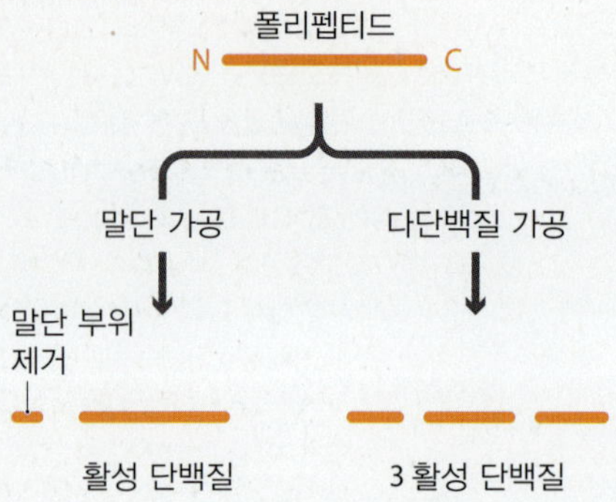

그림 8.22 단백질 절단에 의한 서로 다른 두 가지 형태의 단백질 가공. 왼쪽은 N-말단 조각의 제거로 단백질이 가공된다. 일부 단백질에서는 C-말단이 제거되기도 한다. 오른쪽은 다단백질이 가공되어 3개의 다른 단백질들을 만든다. 모든 단백질들이 단백질 절단 현상을 겪는 것은 아니다.

른 형태의 큰 규모의 변형은 세린 또는 시스테인 아미노산에 긴 사슬로 된 지질들의 결합이다. 이 과정은 **아실화(acylation)**라 부르며 막과 결합하는 많은 단백질들에서 일어난다.

일부 단백질은 단백질의 절단에 의해 가공된다

단백질의 절단은 진핵생물에서는 일반적이지만 박테리아에서는 드물다. 단백질의 절단은 2개의 기능을 갖는다(**그림 8.22**). 많은 경우 작은 조각들이 폴리펩티드의 N-또는 C-말단 지역에서 제거되어, 활성화된 단백질로 접히는 하나의 짧은 분자가 된다. 드물게, 단백질의 절단이 **다단백질(polyprotein)**의 일부 또는 모두가 활성화된 조각으로 분리하는 데 사용되기도 한다. 화학적 변형으로서 이 절단 과정들은 특정한 방법으로 수행되고 단백질을 활성화시키는 것이 다반사이지만, 가끔은 단백질 기능을 변화시키기도 한다.

단백질 절단 가공 — N- 또는 C-말단 조각의 제거 — 의 첫 번째 형태는 폴리펩티드의 생화학적 활성도가 단백질을 만든 세포를 해롭게 하는 폴리펩티드들에서 자주 일어난다. 그 예로 멜리틴(melittin)을 들 수 있다. 이 단백질은 벌의 독에 가장 많이 존재하고 사람이나 동물이 벌에 쏘여 감염되면 세포 용혈을 일으킨다. 멜리틴은 동물뿐만 아니라 벌 내부의 세포도 용혈시키므로 불활성 전구체로써 초기에 합성되어져야만 한다. 멜리틴의 전구체인 프로멜리틴은 N 말단에 22개의 첨가된 아미노산을 가지고 있다. 이 첨가된 아미노산은 세포 외부의 프로테아제에 의해 제거되는데, 11개의 위치에서 절단이 일어나며, 그 결과 활성화된 독 단백질을 방출한다. 프로테아제의 절단 방식은 X-Y 서열을 가진 디펩티드(dipeptid)를 방출하는데, 여기서 X는 알라닌, 아스파르산, 글루타민산이고 Y는 알라닌 또는 프롤린이다. 활성화 서열 부위에는 이 X-Y 서열이 존재하지 않기 때문에 프로테아제는 활성화 서열 부위를 절단하지 못한다(**그림 8.23**).

인슐린에서도 비슷한 형태의 가공이 일어난다. 인슐린은 척추동물 췌장의 랑게르한스섬에서 만들어진 단백질이고 혈액 내의 당 농도를 조절한다. 인슐린은 110개의 아미노산을 가진 프리프로인슐린으로부터 합성된다(**그림 8.24**). 다음으로 첫 번째 24개의 아미노산을 제거하여 프로인슐린을 만든다. 그리고 단백질의 두 활성화 부분인 A와 B 사슬이 생기고 이 두 사슬들은 이황화결합을 이룬다. 마지막으로 두 번의 절단

그림 8.23 프로멜리틴의 가공, 벌 독침. 화살표는 절단 부위들을 나타낸다.

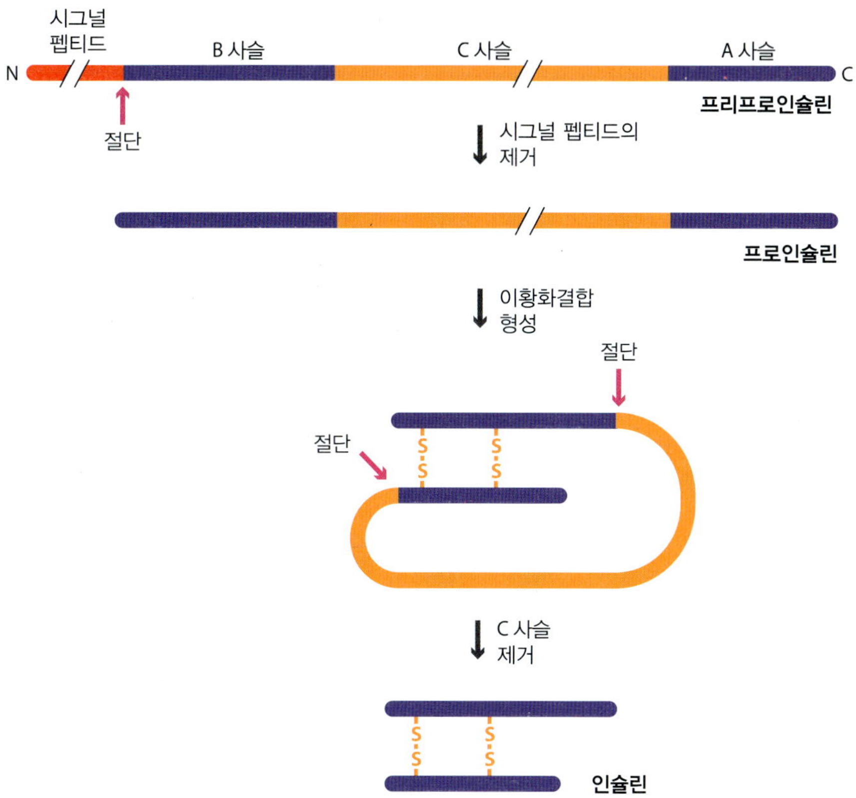

그림 8.24 프리프로인슐린의 가공. 첫 번째 24개의 아미노산이 제거되어 프로인슐린이 만들어지고, 2개의 이황화결합을 형성한다. 추가로 두 번의 절단을 통해 중앙 부위가 제거되고 성숙한 인슐린이 생성된다.

을 통해 중앙 부위가 제거되면 성숙한 인슐린이 된다. 제거되는 첫 번째 조각은 **시그널 펩티드(signal peptide)**로, N-말단에서부터 24개의 아미노산으로 구성된다. 이것은 세포막을 가로 질러 세포 바깥으로 운송되기 전에 전구체 단백질을 세포막에 결합시키는 소수성이 매우 강한 아미노산들이다. 시그널 펩티드는 진핵생물들과 원핵생물들 모두에서 막에 결합하고, 또는 막을 가로지르는 단백질에서 주로 발견된다.

다단백질은 head to tail 형태로 서로 연결된 성숙한 단백질들을 포함하는 긴 폴리펩티드이다. 다단백질의 절단은 서로 다른 기능을 갖는 각기 다른 단백질들을 생성한다. 다단백질은 진핵생물들에서는 드문 경우가 아니다. 진핵세포를 감염시키는 여러 형태의 바이러스는 개개의 유전자보다 공간을 덜 차지하는 하나의 다단백질 유전자를 가짐으로써 자신들의 게놈의 크기를 줄이기 위해 이 방법을 사용한다. 다단백질은 척추동물들에서 펩티드 호르몬의 합성에도 관여한다. 예를 들면, 뇌하수체에서 만들어지는 다단백질 POMC(pro-opiomelanocortin)는 적어도 10개의 다른 펩티드 호르몬들을 가지고 있다. 이들은 다단백질의 절단에 의하여 생성되지만(그림 8.25), 각 펩티드 서열들 사이의 중복 때문에 동시에 만들어질 수는 없다. 대신, 정확한 절단 양상이 다른 세포들에서는 다르게 나타난다.

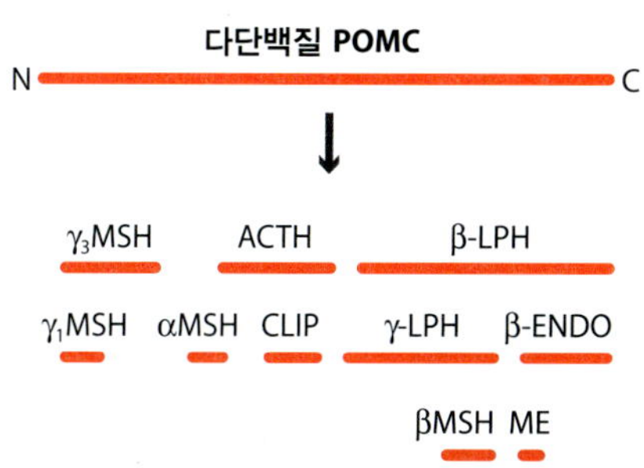

그림 8.25 다단백질 POMC의 가공. ACTH (adrenocorticotropichormon); CLIP (corticotropin-like intermediate lobe protein); ENDO (endorphin); LPH (lipotropin); ME (met-encephalin); MSH (melanotropin)

8.3 단백질 분해

지금까지 8장에서 공부한 단백질 합성과 가공 과정은 세포의 단백질체에서 발생하는 새로운 활성화된 단백질들을 만들어 낸다. 이 단백질들은 분해되어 없어질 기존 단백질을 대신하거나, 변화하는 세포의 요구들에 반응하여 새로운 단백질 기능들을 제공한다. 그러나 단백질체는 시간이 지남에 따라 새로운 단백질 기능들을 단순히 축적할 수는 없다. 더 이상 필요치 않은 단백질 기능들을 제거해야만 하는데(**그림 8.26**), 불필요한 단백질만 분해하기 위해서는 정확한 선별이 필요하다. 이것은 빠르게 진행되는데, 어떤 상황들에서는 단백질체의 구성 성분이 매우 급속히 변하기 때문이다.

최근 마이크로 RNAs(microRNAs)가 발견되어 전사체로부터 mRNA의 분해에 필요한 여부가 부분적으로 설명되어진다. 단백질 분해에서는 "유레카(eureka)"처럼 새로운 발견이 오랜 기간의 미스테리를 설명해 주는 순간은 아직 경험하지 못했다. 어떻게 특정 단백질들이 단백질체에서 제거될 목표가 되는지도 아직 알지 못한다. 따라서 이 주제는 단백질 분해를 위한 일반적인 과정으로 제한되어져서 설명되어 있다.

단백질 분해 과정은 다양하지만 어떻게 특정 단백질이 목표가 되는지는 완벽하게 연구되지 못했다

수년 동안, 단백질 분해는 관심 있는 주제가 아니었다. 1990년대에서야 단백질 변환이 어떻게 세포 활성도의 변화와 연결되는지를 이해하게 되었다. 지금도 목표가 되는 특정 단백질에 이용되는 조절 과정과 메커니즘보다는 일반적인 단백질 분해 과정을 설명하는 데 중점을 두고 있다. 상호 연결성은 아직 찾을 수 없지만, 다른 유형의 분해 과정들은 많다. 특히 세균에서는 단백질의 분해를 조절하는 다양한 프로테아제를 갖고 있다. 진핵생물들에서 대부분의 분해는 **유비퀴틴(ubiquitin)**과 **프로테아좀(proteasome)**이 연관된 하나의 시스템이 관여한다.

유비퀴틴과 단백질 분해의 연관은 토끼 세포에 풍부한 76개의 아미노산으로 이루어진 단백질이 에너지 의존적 단백질 분해 반응에 관련되어져 있다는 것이 알려지면서 처음으로 밝혀졌다. 그 후, 분해될 단백질의 라이신 아미노산에 유비퀴틴 분자들을 개별적으로, 또는 사슬 형태로 결합시키는 3개의 효소를 밝혀냈다. 단백질이 유비퀴틴화되고 안되고는 분해 감수성 신호들로 작용하는 아미노산 모티프(motifs)의 존재 유무에 의존한다. 이 신호들은 완벽하게 특정지어 지지는 않았지만, 이들은 단백질의 N 말단에 존재하는 서열 요소인, ***N*-데그론(*N*-degron)**과, 프롤린(P), 글루타민산(E), 세린(S)과 트레오닌(T)이 풍부하게 존재하는 내부 서열들인 **PEST 서열(PEST sequences)**들을 포함한다.

N-데그론과 PEST 서열들은 이들을 포함하고 있는 단백질의 특징이며 정확히는 분해 신호가 될 수는 없다. 만약 이들이 분해 신호들로 작용한다면 단백질들은 합성되자마

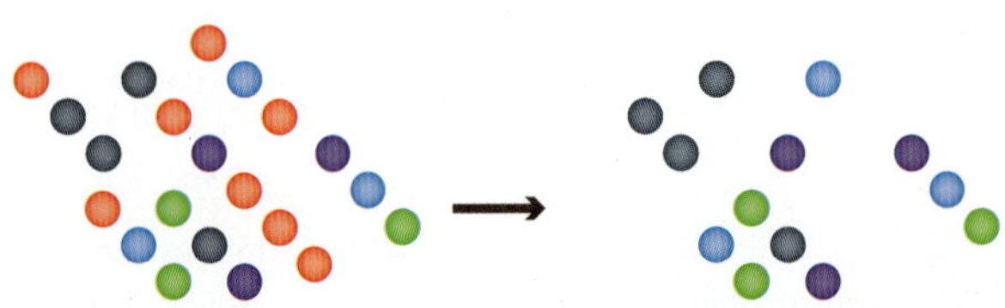

그림 8.26 더 이상 기능이 필요치 않은 단백질들만을 단백질체로부터 제거하기 위해서는 단백질 분해는 선택적이어야만 한다. 이 실험에서 단백질체에서 제거되는 단백질은 빨간 점들로 표시했다.

자 분해될 것이다. 대신, 세포 안에서 분해의 감수성과 단백질의 일반적인 안정성을 결정해야만 한다. 이들이 특정한 시기에 선택된 단백질의 분해에 어떻게 연관되어 있는 지는 아직까지 분명하지 않다.

유비퀴틴-의존성 분해 과정에서 두 번째 성분은 프로테아좀으로, 유비퀴틴화된 단백질이 프로테아좀 안에서 분해되는 구조이다. 진핵생물에서 프로테아좀은 2개의 캡(caps)과 구멍이 있는 실린더 모양의 큰 다단위체 구조이다(그림 8.27). 프로테아좀 내부에 있는 공간으로 들어가는 입구는 좁아서 단백질이 펼쳐져야만 들어갈 수 있다. 아마도 풀림 현상은 에너지 의존적 과정이고 접힘 활성보다는 펼침 활성을 갖는 샤페오닌(chaperonin)들과 구조적 유사성이 있을 것이다. 펼침 현상 후 단백질은 프로테아좀으로 들어가고 4~10개의 아미노산을 갖는 짧은 펩티드들로 절단된다. 이것들은 세포질로 다시 방출되고 이곳에서 각각의 아미노산으로 분해되어 새로운 단백질 합성에 다시 사용된다.

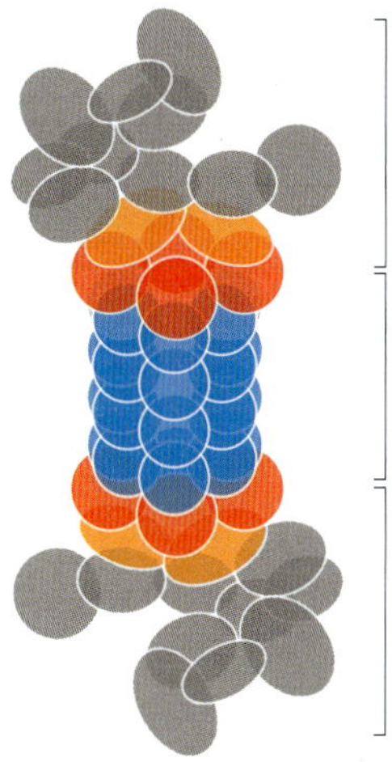

그림 8.27 진핵생물의 프로테아좀. 2개의 캡(cap)을 구성하는 단백질은 갈색, 오렌지색, 빨간색으로 나타냈고 실린더를 형성하는 단백질은 파란색으로 나타냈다.

주요 개념

- 세포 안에서 단백질의 집합체는 단백질체이다. 단백질체 안의 각각의 단백질들의 식별과 상대적 풍부함은 새 단백질의 합성과 기존 단백질의 분해 사이에서 균형을 보여 준다.
- 번역이 일어나는 동안, mRNA의 뉴클레오티드 서열 안에 포함된 정보는 단백질 합성을 이끌어낸다. 이 과정은 유전자 암호의 규칙을 따르며, 이 규칙을 지휘하는 tRNAs와 함께 수행된다.
- 세균에서 번역 개시 복합체는 단백질 합성이 시작되는 mRNA의 개시 코돈에서 이루어진다. 진핵생물에서 번역 개시 복합체는 mRNA의 5′ 말단에 먼저 결합하고 개시 코돈에 위치할 때까지 mRNA 서열을 따라 움직인다
- 번역의 신장 과정 중, 단백질은 단계적으로 합성된다. 각 아미노산들은 성장하는 폴리펩티드의 카르복실 말단에 결합한다.
- 단백질 합성은 리보솜이 3개의 종결 코돈 중 하나에 도착하면 종료된다. 종결 코돈과 염기쌍을 이루는 안티코돈을 가진 tRNA 분자들은 없고, 번역을 종결하기 위하여 단백질 방출 인자가 리보솜으로 들어간다.
- 유전자에 포함된 생물학적 정보를 이용하기 위해서는 세포 안에서 기능을 수행할 수 있는 활성화된 단백질의 합성이 필요하다. 번역의 초기 생산물들은 활성화된 단백질들이 아니다. 따라서 단백질 가공은 유전자 발현 과정의 필수 구성 요소이다.
- 모든 단백질들은 세포 안에서 활성화되기 전에 정확한 3차원 구조로 반드시 접혀져야 한다.
- 어떤 단백질들은 새로운 화학적 그룹의 결합으로 인해 화학적 변형을 거친다. 화학적 변형은 불활성화 단백질을 활성화시키고 이미 활성화된 단백질의 기능을 변화시킨다.
- 일부 단백질들은 폴리펩티드의 한쪽 또는 양쪽 말단의 조각이 절단되어 짧은 단백질이 형성되거나 일부 또는 모든 폴리펩티드가 활성화되는 수많은 다른 조각으로 절단된다.

- 단백질 절단 과정은 확인되어졌으나 그 과정이 어떻게 조절되는지는 거의 알려지지 않았다. 특별한 목표 단백질의 분해에 사용된 메커니즘들은 아직 설명되어지지 않고 있다.

질문 & 문제 (해답은 www.garlandscience.com/introgenetics에서 찾을 수 있다)

주요 용어들

다음 용어에 대한 간단한 정의를 서술하시오.

acylation
aminoacyl site
cap binding complex
chaperonin
elongation factor
exit site
expression proteomics
folding pathway
glycosylation
Hsp70 chaperone
initiation complex
initiation factor
internal ribosome entry site
isoelectric focusing
isoelectric point
isotope-coded affinity tag
Kozak consensus
mass spectrometry
matrix-assisted laser desorption ionization time of flight
molecular chaperone
N-degron
N-linked glycosylation
O-linked glycosylation
peptide mass fingerprinting
peptidyl site
peptidyl transferase
PEST sequence
polyprotein
polysome
pre-initiation complex
protease
proteasome
protein electrophoresis
protein profiling
proteome
proteomics
release factor
ribosome binding site
ribosome recycling factor
scanning
Shine–Dalgarno sequence
signal peptide
translocation
two-dimensional gel electrophoresis
ubiquitin

자습 문제들

8.1 단백질체는 무엇인지 설명하시오.

8.2 단백질체의 성분이 단백질 자료수집에 의해 어떻게 연구되어질 수 있는지 설명하시오. 2개의 다른 조직의 단백질체들 사이에서 정확한 비교를 하기 위해 어떤 방법이 사용되었는지 설명하시오.

8.3 대장균에서 단백질 합성 과정 중 개시 복합체의 형성에 관여하는 과정들을 설명하시오.

8.4 대장균에서 단백질 합성 동안 *N*-formylmethionine의 중요성은 무엇인지 설명하시오.

8.5 대장균에서 단백질 합성 중 개시 인자의 역할을 설명하시오.

8.6 진핵생물의 전-개시 복합체에서 개시 복합체라 구조의 차이점을 서술하시오.

8.7 개시 복합체가 진핵생물의 mRNA를 따라 스캔할 때 개시 복합체가 AUG 코돈을 어떻게 무시할 수 있는지와 정확한 개시 코돈을 어떻게 찾아내는지를 설명하시오.

8.8 진핵생물에서 단백질 합성의 개시 과정 동안 poly(A) 꼬리의 역할은 무엇이라 생각되는지 설명하시오.

8.9 진핵생물의 단백질 합성에서 개시 인자들의 역할을 간략히 서술하시오.

8.10 캡(cap) 구조가 없는 진핵생물 mRNAs는 어떻게 번역되는지 서술하시오.

8.11 세균과 진핵생물에서 번역의 신장 단계를 자세히 서술하시오.

8.12 대장균의 단백질 합성에서 P, A 그리고 E 부위의 역할

은 무엇이며, 이 부위 중 진핵생물이 가지고 있지 않은 것은 무엇인지 쓰시오.

8.13 대장균에서 번역의 종결 과정 동안 3개의 방출 인자들과 리보솜 재활용 인자의 역할에 대해 서술하시오. 진핵생물의 종결 과정 동안 똑같은 역할을 하는 단백질은 무엇인지 쓰시오.

8.14 *In vitro*에서 리보뉴클레아제 같은 자발적으로 접힐 수 있는 작은 단백질을 보여주는 실험을 설명하시오. 왜 더 큰 단백질은 자발적으로 접힐 수 없는지 설명하시오.

8.15 단백질 접힘 현상에서 샤프론 Hsp70과 샤페로닌의 활성도 사이의 차이점을 서술하시오.

8.16 다른 단백질에서 발생하는 다양한 형태의 번역 후 화학적 변형의 목록을 예와 함께 표로 만드시오.

8.17 글리코실이 무엇인지 설명하시오. *O*-와 *N*-linked 과정들 사이의 차이점을 포함하여 대답하시오.

8.18 인슐린의 합성에서 단백질 절단 가공의 역할을 설명하시오.

8.19 다단백질의 단백질 절단가공의 예를 들어 설명하시오.

8.20 진핵생물에서 단백질 분해의 원인이 되는 과정을 설명하시오.

토의 주제들

8.21 진핵생물 mRNA의 poly(A) 꼬리가 왜 mRNA의 번역 개시에 관련이 있는지, 그 이유를 추측해 보시오.

8.22 박테리아와 일부 진핵생물의 mRNAs는 단백질 합성을 개시하기 위해 리보솜의 작은 단위체가 결합하는 내부 인식 서열이 존재한다. 상대적으로 간단한 이 과정이 일부 mRNAs에 적합하다면, 왜 진핵생물 mRNAs의 개시가 치밀한 스캐닝 메커니즘을 갖는지를 설명하시오.

8.23 단백질 합성에서 리보솜이 어느 정도까지 활동적 또는 수동적 상대인지 설명하시오.

8.24 "펩티딜 전이효소가 리보자임이다"라는 정의를 설명하는 실험을 기획하시오.

8.25 시험관에서 수행된 단백질 접힘 연구가 살아 있는 세포에서의 단백질 접힘을 이해하기 위한 좋은 모델이 될 수 있는가?

8.26 단백질 분해에서 현재의 정보를 이용하여 어떻게 특정한 단백질이 개별적으로 분해될 수 있는지 고안하시오. 당신의 가설은 입증될 수 있는지 설명하시오.

추천 문헌

Caskey CT (1980) Peptide chain termination. *Trends Biochem. Sci.* 5, 234–237.

Clark B (1980) The elongation step of protein biosynthesis. *Trends Biochem. Sci.* 5, 207–210.

Frydman J (2001) Folding of newly translated proteins *in vivo*: the role of molecular chaperones. *Annu. Rev. Biochem.* 70, 603–649.

Görg A, Weiss W & Dunn MJ (2004) Current two-dimensional electrophoresis technology for proteomics. *Proteomics* 4, 3665–3685.

Hellen CUT & Sarnow P (2001) Internal ribosome entry sites in eukaryotic mRNA molecules. *Genes Dev.* 15, 1593–1612.

Hunt T (1980) The initiation of protein synthesis. *Trends Biochem. Sci.* 5, 178–181.

Jackson RJ, Hellen CUT & Pestova TV (2010) The mechanism of eukaryotic translation initiation and principles of its regulation. *Nat. Rev. Mol. Cell Biol.* 11, 113–127.

Kapp LD & Lorsch JR (2004) The molecular mechanics of eukaryotic translation. *Annu. Rev. Biochem.* 73, 657–704.

Schmeing TM & Ramakrishnan V (2009) What recent ribosome structures have revealed about the mechanism of translation. *Nature* 461, 1234–1242.

Steitz TA & Moore PB (2003) RNA, the first macromolecular catalyst: the ribosome is a ribozyme. *Trends Biochem. Sci.* 28, 411–418. *Describes the evidence that led to the discovery that peptidyl transferase is a ribozyme.*

Varshavsky A (1997) The ubiquitin system. *Trends Biochem. Sci.* 22, 383–387. *Protein degradation.*

Voges D, Zwickl P & Baumeister W (1999) The 26S proteasome: a molecular machine designed for controlled proteolysis. *Annu. Rev. Biochem.* 68, 1015–1068. *More on protein degradation.*

유전자 발현의 조절 CHAPTER 9

앞의 5개 장에서 우리는 합성, 가공, 단백질 생산물 분해를 통한 유전자의 전사 개시로부터 유전자의 발현 과정을 살펴 보았다. 유전자에 포함된 생물학적 정보가 어떻게 세포에서 이용되는지를 알기 때문에, 우리는 유전자의 발현 과정을 되돌아 보고, 유전자 발현이 어떻게 조절되는지를 시험해야만 한다.

유전자 발현 비율은 변할 수 있고, 많은 유전자가 특정한 시간에 발현이 완전히 중지될 지도 모른다는 것을 우리는 이미 알고 있다. 각 유전자의 발현율 변화에 반응하는 전사체와 단백질체를 구성하기 위해서는 분해가 필요했다는 것을 깨달은 것처럼, 우리의 유전자 발현의 연구에 mRNA와 단백질 분해를 포함하라고 촉구한다. 우리는 하나의 유전자 발현 경로를 변화시키는 특이적 메커니즘, 예를 들어 선택적 프로모터의 사용, mRNA가 스플라이싱되는 방법을 변화시키거나 RNA 편집에 대하여 고찰해 왔다. 그러나 이것들은 유전자 조절의 표면을 긁는 수준에 불과하다.

처음에 우리는 유전자 발현을 조절하는 것이 왜 필요한지 물어봐야만 한다. 이 질문에 대한 대답에서, 조절 과정은 세균보다 진핵생물에서 더 정교하지만, 모든 생물체에서 유전자 조절의 근본적인 원리는 똑같다는 것을 인정하기 시작할 것이다. 차이점은 진핵생물, 특히 인간과 같은 다세포 동물의 경우, 분화와 발달 과정 동안 유전자 조절을 위해 더 많은 것들이 필요하다는 것을 의미한다.

다음에 우리는 유전자 발현의 시작과 끝을 결정하는 조절 과정과 유전자 발현이 시작되었을 때 RNA 또는 단백질 생산물이 합성되는 비율에 영향을 주는 과정, 그리고 유전자 생산물의 본성을 변화시키지만 비율에 영향을 주지 않는 과정들을 구별하는 시도를 할 것이다. 이 차이점들을 이해하기 위해, 우리는 전사 개시가 어떻게 세균과 진핵생물에서 조절되는지에 초점을 맞출 것이고, 이것은 세포에서 어떤 때에 어떤 유전자가 활성을 가지는지를 조절하는 중요한 단계로 보고 있다. 우리는 자세하게 전사 조절을 공부할 것이고, 비록 진행 과정이 진핵생물에서 좀 더 복잡하지만 모든 형태의 생물체에서 근본적인 원리는 같다는 것을 다시 발견할 것이다.

마지막으로 조절 메커니즘이 어떻게 작동하며, RNA 또는 단백질 산물들에 어떤 영향을 줄 것인지에 대해 질문하면서, 전자 개시의 유전자 발현의 아래 단계를 목표로 하는 가장 중요한 조절 메커니즘을 조사할 것이다.

이번 장에서 우리의 관심은 특별히 각 유전자의 조절에 있다. 이것은 좁은 시각이지만 복잡한 주제를 다루기 위해 필요한 접근 가능한 방법이다. 18장에서 우리는 분화와 발달의 유전적 기초를 시험하면서 더 넓은 시각으로 유전자 조절을 학습할 것이다.

9.1 유전자 조절의 중요성

단세포에서 전체 유전자는 엄청난 양의 생물학적 정보를 갖고 있다. 이 정보 중 일부는 언제나 세포에게 필요한 정보이다. 예를 들면, 대부분의 세포는 계속해서 리보솜을 합성하므로 rRNA와 리보솜 단백질 유전자의 전사를 끊임 없이 요구한다. 비슷하게, RNA 폴리메라아제를 암호화하거나 기본적인 대사 과정에 관여하는 유전자

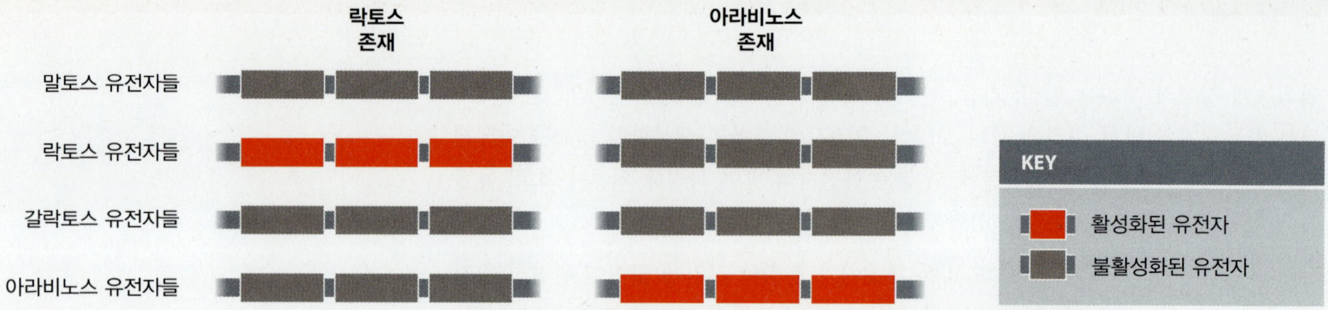

그림 9.1 대장균은 자신의 환경에 존재하는 당을 대사하기 위해 필요한 효소들을 암호화하는 유전자만을 발현한다. 예를 들어, 락토스만이 존재한다면, 락토스를 이용하기 위해 필요한 유전자만 활성화시키고 다른 당의 이용에 필요한 유전자는 불활성화된다. 반대로, 아라비노스만이 존재한다면, 아라비노스를 이용하기 위해 필요한 유전자만 활성화되고 다른 당을 위한 유전자는 불활성화된다.

는 항상 모든 세포에서 거의 활성화된다. 항상 활성화된 유전자는 **하우스키핑 유전자(housekeeping genes)**라 불리며, 세포에서의 역할은 생물학적 정보를 운반하는 것이다.

특별한 역할을 하는 다른 유전자와 그들이 갖는 생물학적 정보는 정해진 환경에서만 세포에 의해 요구된다. 따라서 모든 생물체는 자신들의 유전자의 발현을 조절할 수 있다. 따라서 특정한 시간에 요구되지 않는 RNA 또는 단백질 산물들의 유전자는 활성이 억제된다. 이것은 간단한 개념이지만 광범위한 결과를 갖는다. 요점을 설명하기 위해, 세균과 진핵생물에서의 유전자 조절의 예들을 간략하게 다룰 것이다.

유전자 조절은 세균이 환경의 변화에 대응하게 한다

가장 간단한 세균 조차 자신의 유전자의 발현을 조절할 수 있으며, 이를 통해 환경의 변화에 대응할 수 있다.

환경 변화에 대한 세균의 반응은 실험실에서 키운 대장균의 배지를 이용해 연구해왔다. 배양 배지는 균형잡힌 영양혼합물을 제공하는데, 이 혼합물은 세포내 과정에 필요한 에너지를 생산하기 위해 대사 작용을 일으킬 수 있는 성분을 포함한다. 일반적으로 이 에너지는 당(sugar) 형태로 제공된다. 대부분의 세균들은 어떤 형태의 당이 제공되던지 간에 특별히 가리지 않는다. 대장균은 글루코스, 말토스, 락토스, 갈락토스, 아라비노스 또는 다른 형태의 당 등을 대사할 수 있다. 각 화합물로부터 에너지를 방출하기 위해서는 다른 세트의 효소들이 필요한 데, 대장균은 모든 효소들을 암호화하는 유전자를 가지고 있다.

정확하게, 각 세균이 어떤 효소들을 필요로 하는지는 어떤 당이 배지에 존재하는 지에 따라 결정된다. 각 세균은 당 이용에 관계된 모든 유전자를 계속해서 발현할 수 있고, 그래서 항상 이용 가능한 각 효소 분자들을 갖는다. 하지만 이것은 에너지를 낭비하는 경우로 모든 생물체가 피하려고 한다. 왜 이용할 수 없는 당에 작용하는 효소들을 합성할까? 대신, 대장균은 존재하는 당을 활성화시키는 데 필요한 효소를 암호화하는 유전자만을 발현한다. 유전자 산물들을 필요로 하지 않기 때문에 다른 모든 효소들을 암호화하는 유전자는 불활성화 상태가 된다(그림 9.1).

성장 배지에 새로운 당을 첨가하면 어떤 변화가 생길까? 예를 들면 배지 속의 기본 당을 글루코스라고 가정해 보자. 결국, 이것은 세균에 의해 모두 소비되고 이를 대체하기 위해 락토오스가 첨가된다. 대장균은 락토오스 대사를 위한 유전자를 발현시키고 쓸모 없어진 글루코스를 위한 유전자는 불활성화된다. 이렇게 유전자 발현을 조절함으로써, 대장균은 에너지 낭비 없이 성장 배지의 변화에 빠르게 반응할 수 있다.

진핵생물에서의 유전자 조절은 더욱 정교함을 요구한다

가장 기본적인 단계에서의 유전자 조절은 세균과 진핵생물들 모두에서 동일하다. 이는 세포가 자신의 생화학적 능력을 변화시키는 것을 가능하게 한다. 생물체에서 유전자 발현에 영향을 주는 신호와 유전자 조절이 갖는 영향 모두에 관하여 진핵생물에서 더욱 정교한 점을 볼 수 있다.

세균처럼, 진핵생물들도 자신들의 환경 변화에 반응하기 위해 유전자 발현의 양상(patterns)을 변화시킬 수 있다. 예를 들면, 효모 *Saccharomyces cerevisiae*는 어떤 의미에서 대장균과 비슷하게 당을 이용하는 효소들의 유전자를 조절한다. 식물 세포는 빛에 반응하는 광합성 단백질들의 발현에 관여하는 유전자를 활성화시킨다(그림 9.2A).

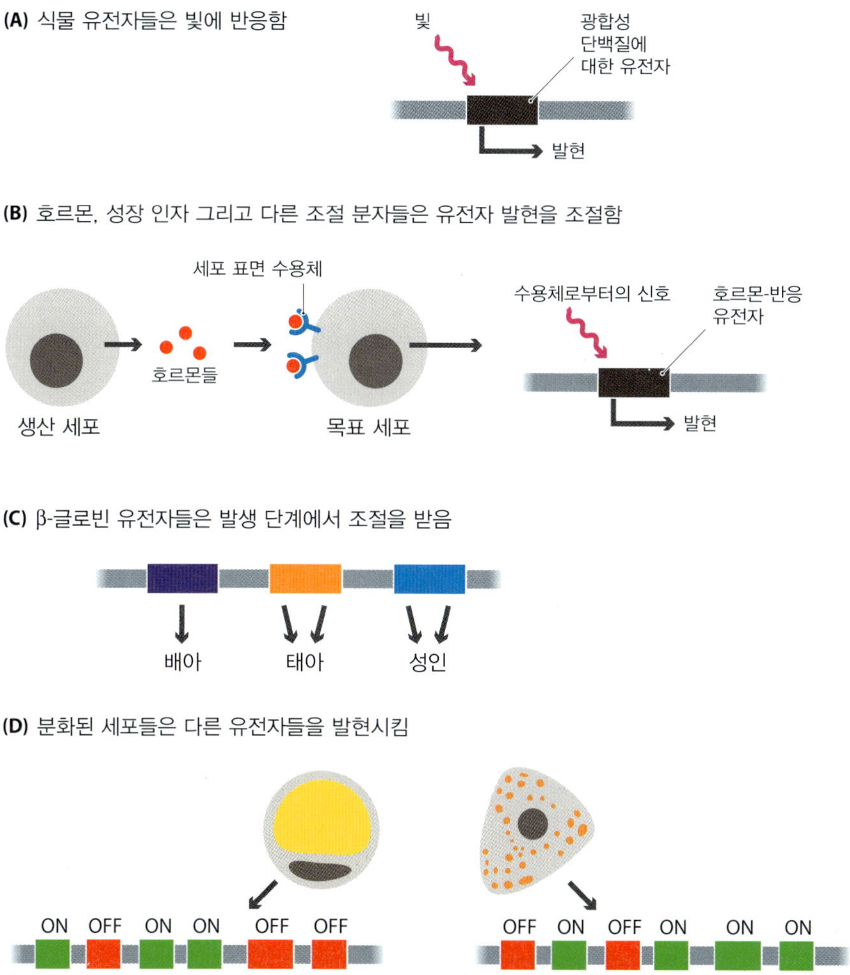

그림 9.2 다세포 진핵생물에서 유전자 조절의 예. (A) 식물에 있는 일부 유전자는 빛에 노출됨으로써 활성화된다. (B) 호르몬, 성장 인자 그리고 다른 조절 분자들은 한 종류의 세포에 의해 만들어지고, 다른 세포에서 유전자 발현에 변화를 일으킨다. (C) 일부 유전자는 발생 단계에서 조절되고 생명 주기의 다른 단계에서 발현된다. (D) 다른 세트의 유전자는 다른 종류의 분화된 세포에서 발현된다.

다세포 진핵생물에서, 각 세포, 또는 세포 그룹들은 생물체 내에서 유래된 자극에 반응한다. 호르몬, 성장 인자, 그리고 다른 조절 분자들은 한 형태의 세포에서 생산되어 다른 세포의 유전자 발현의 변화를 일으킨다(**그림 9.2B**). 이처럼 세포 그룹들의 활성은 생물체에 이익이 되는 방향으로 조절된다.

대부분의 진핵생물들(일부 세균도 마찬가지로)은 유전자 발현에서 일시적인 변화뿐만 아니라 발달 과정의 여러 단계에서 유전자를 활성화시키거나 불활성화시킬 수 있다. 그 예가 α와 β 유전자 가족들의 다른 구성원이 배아, 태아 그리고 성인에서 발현되는 사람의 글로빈(globin) 유전자이다(그림 3.20 참조). 생성된 글로빈 단백질들의 특이한 생화학적 특성은 헤모글로빈이 인간 발달 과정의 다른 단계에서 작용하는 특별한 생리학적 역할을 반영한다. 발생의 조절은 생명 주기의 각 단계마다 특별하게 요구되는 것들에 대응하면서 생물체의 생화학이 변화되게 만든다(**그림 9.2C**).

다세포 진핵생물들의 유전자 조절은 세포 분화의 열쇠이다. 인간에는 다른 형태와 다른 생화학적 특성을 가진 400 종류 이상의 분화된 세포들이 있다. 세포 형태의 차이점은 유전자 발현 패턴의 차이에서 비롯된다(**그림 9.2D**). 간 세포는 근육 세포와는 많이 다른데, 이것은 각각 다른 세트의 유전자를 발현하기 때문이다. 이런 유전자 발현 패턴은 변하지 않는다. 즉, 간 세포는 근육 세포가 결코 될 수 없으며, 이는 발달 과정의 아주 초기에 정해진다.

따라서 유전자 조절의 결과들은 세균보다 진핵생물들, 특히 인간처럼 다세포 생물들에서 더욱 섬세하다. 이제 우리는 유전자 발현이 조절될 수 있는 다양한 방법들을 고려해야만 한다. 정말 진핵생물들에서 더 정교할까?

유전자 조절의 근본적인 원리는 모든 생물체에서 똑같다

진핵생물들에서 유전자 발현은 넓은 범위의 조절 신호에 반응하고 조절 진행 과정이 정교할지라도 유전자 조절의 근본적인 원리는 모든 생물체에서 똑같다. 차이점은 근소할 뿐이다.

유전자 발현의 조절은 세포에 존재하는 유전자 산물의 양을 통제한다. 이 양은 합성(단위 시간당 만들어지는 유전자 산물 분자)과 분해(단위 시간당 분해되는 분자; **그림 9.3**)의 균형에 의해 정해진다. 균형의 결과는 세포에서 각 유전자 산물에 대한 서로 다른 안정화 상태의 농도이다. 만약 합성률 또는 분해율이 변한다면, 안정화 상태의 농도 또한 변한다. 비록 우리는 유전자 발현 과정에서 mRNA와 단백질 분해의 중요

그림 9.3 세포 안에 존재하는 유전자 산물의 양은 합성률과 분해율 사이의 균형에 의한다.

전사
전사 개시
RNA 전사체의 신장

↓

RNA 가공
캡핑, 폴리아데닐, 진핵생물 mRNA의 스플라이싱
rRNA와 tRNA 전구체의 잘림
각 RNAs의 분해

↓

번역
번역 개시
폴리펩티드의 신장

↓

단백질 가공
단백질 접힘
단백질 전구체들의 잘림
화학적 변형에 의한 활성
각 단백질들의 분해

그림 9.4 유전자 산물의 합성을 통제할 수 있는 진핵생물 유전자 발현 단계의 개요

성을 이미 알았지만, 현재 유전학자는 안정화 상태의 유전자 산물에서 중요한 변화가 일어나는 것은 합성률에서의 변화 때문이라고 믿는다. 이는 단백질들과 비번역 RNA 모두에서 사실이다.

유전자 산물의 합성률은 어떻게 조절될 수 있을까? 해답은 유전자 발현 과정에서 다양한 단계 중 하나 또는 조합을 통제하는 것이다(**그림 9.4**). 가장 먼저 가능한 것은 전사 단계이다. 단위 시간당 합성되어지는 전사물의 수가 변한다면, 합성되어지는 유전자 산물의 양도 변한다. 전사율이 증가하면 유전자 산물은 더 많을 것이고, 전사율이 감소하면 유전자 산물이 줄어들 것이다. RNA 가공 단계도 조절된다. 이 단계는 기능적인 비번역 RNAs의 합성에 관여하는 다양한 가공과 번역 단계의 필수 요건인 mRNA 스플라이싱 뿐만 아니라, 캡핑(capping)과 폴리아데닐화(polyadenylation) 반응을 포함한다. 하나 또는 그 이상의 진행 과정의 속도를 낮추면 산물 합성은 실패할 것이다. 마지막으로, 유전자 발현의 조절은 리보솜이 mRNA에 초기에 부착하거나, 아니면 개개의 리보솜이 단백질을 만드는 동안 mRNA를 따라 이동하는 비율을 조절함으로써, 또는 하나 혹은 그 이상의 다양한 번역 후 진행 과정이 변화함으로써 가능하다.

생물체가 유전자 발현을 조절할 때에는 가능한 모든 전략들을 사용한다는 것이 밝혀졌다. 이것에 따르면, 진핵생물들은 세균보다 더 복잡하다. 왜냐하면 진핵생물에서의 유전자 발현 과정은 실행되는 조절 단계가 더 많기 때문이다. 예를 들면, mRNA 가공에 대한 조절은 진핵생물에서만 가능하다. 왜냐하면 mRNA 가공은 세균에서는 진행되지 않기 때문이다. 그러나 유전자 조절을 연구할 때, 우리는 근본적인 원리와 세부사항 사이를 구별하기 위해 주의해야만 한다. 유전자 조절의 원리는 유전자 스위치를 켜고(on), 그리고 꺼지게(off) 함으로써 RNA와 단백질 산물의 합성을 조절하고 활성화된 유전자의 발현 비율을 조절하는 것이다. 초기 단계에서 진핵생물과 세균은 동일하다. 왜냐하면 모든 생물체에서 유전자의 활성화와 불활성화를 결정하는 주요 사건은 전사 개시 동안 일어나기 때문이다. 유전자 발현의 다음 단계에서 활성화된 유전자의 발현 비율을 변화시킬 수 있고, 진핵생물에서 단일 유전자의 대체 산물의 합성을 조절할 수 있다(**그림 9.5**). 전사 개시가 초기 조절 시점이지만, 세균과 진핵생물에서 유전자 발현이 어떻게 조절되는지를 이해하기 위해서는 자세하게 연구되어져야만 한다.

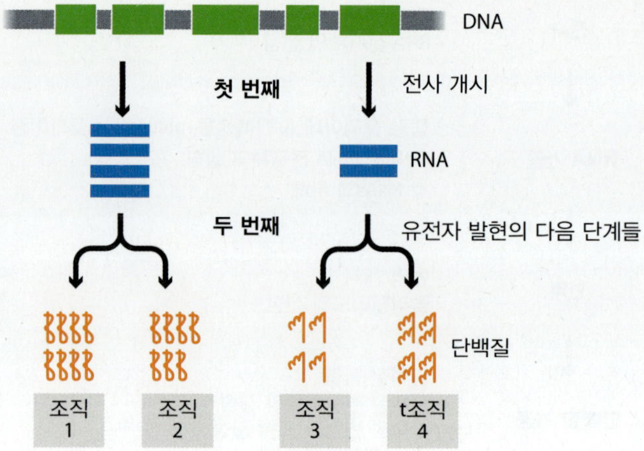

그림 9.5 전사 개시는 유전자가 켜질(on) 것인지 혹은 꺼질(off) 것인지를 결정하는 초기 조절 시점이다. 다음 단계는 만들어지는 유전자 산물의 양에 영향을 준다. 그림은 조직 1과 2에서 만들어진 유전자 산물과 조직 3과 4에서 만들어진 유전자 산물을 묘사하고 있다.

9.2 세균에서 전사 개시의 조절

1961년에 출판된 논문에서 Francois Jacob과 Jacques Monod는 세균에서 유전자의 전사가 어떻게 조절되는지를 기초적으로 설명했다. 현재, 이것은 실험 분석과 연역적 추리의 고전적 예로 여겨진다. Jacob과 Monod는 대장균의 락토스 이용에 대한 유전학적 분석을 명제로 하였고, 연속적으로 확인된 조절 시스템을 자세하게 설명하였다. 우리는 락토스 시스템을 이용하여 세균에서 유전자 조절이 어떻게 일어나는지를 설명할 것이다.

대장균에 의한 락토스 이용에는 4개의 유전자가 관여한다

락토스는 갈락토스 단당류에 글루코스 단당류가 결합된 이당류의 당이다(**그림 9.6A**). 에너지 근원으로 락토스를 이용하기 위해, 대장균 세포는 먼저 세포외 환경으로부터 세포 안으로 락토스 분자를 운반해야만 한다. 그리고 가수분해를 통해 락토스 분자를 글루코스와 갈락토스로 분해한다(**그림 9.6B**). 이 반응은 락토스 분해 기능을 갖는 3개의 효소에 의해 촉매된다. 이 세 효소는 락토스를 세포 내로 운반하는 락토스퍼미아제(lactose permease), 스플리팅 반응을 책임지는 베타-갈락토시다아제(β-galactosidase), 그리고 역할이 잘 알려지지 않은 베타-트랜스아세틸라아제(β-galactside transacetylase)이다.

락토스가 없으면 대략 5개 이하의 효소 분자들이 대장균 세포 안에 존재한다. 세균들이 락토스와 만날 때 효소 합성은 빠르게 유도되고 몇 분 내에 세포당 5,000 분자 이상으로 증가한다. 세 효소들의 발현 유도는 동등하게 일어나는데, 이는 세 효소들이 각각 동시에 그리고 같은 정도로 발현이 유도되는 것을 의미한다. 이것은 대장균 DNA 분자에서 서로 관련이 있는 유전자의 배열에 대한 증거를 제공한다.

락토스 분해에 관여하는 세 효소들은 *lacZ* (β-galactosidase), *lacY* (permease), 또는 *lacA* (transacetylase)라 불리는 유전자에 의해 암호화된다. 이 이름들은 대부분 다른 생물체와 마찬가지로, 대장균에서 유전자를 위한 협정에 따른다. 관련된 기능의 유전자를 구별하는 하나 또는 그 이상의 글자 그리고/또는 숫자는 유전자의 기능을 암시하는 3-문자 약어(abbreviation) 뒤에 붙여진다. 세 유전자는 한 유전자의 마지막과 다음 유전자의 시작 사이에 아주 짧은 길이의 클러스터에 형성된다(**그림 9.7A**). *lacZ*의 바로 앞쪽에 하나의 프로모터 서열만이 있고 — 유전자 사이의 작은 공간에는 프로모

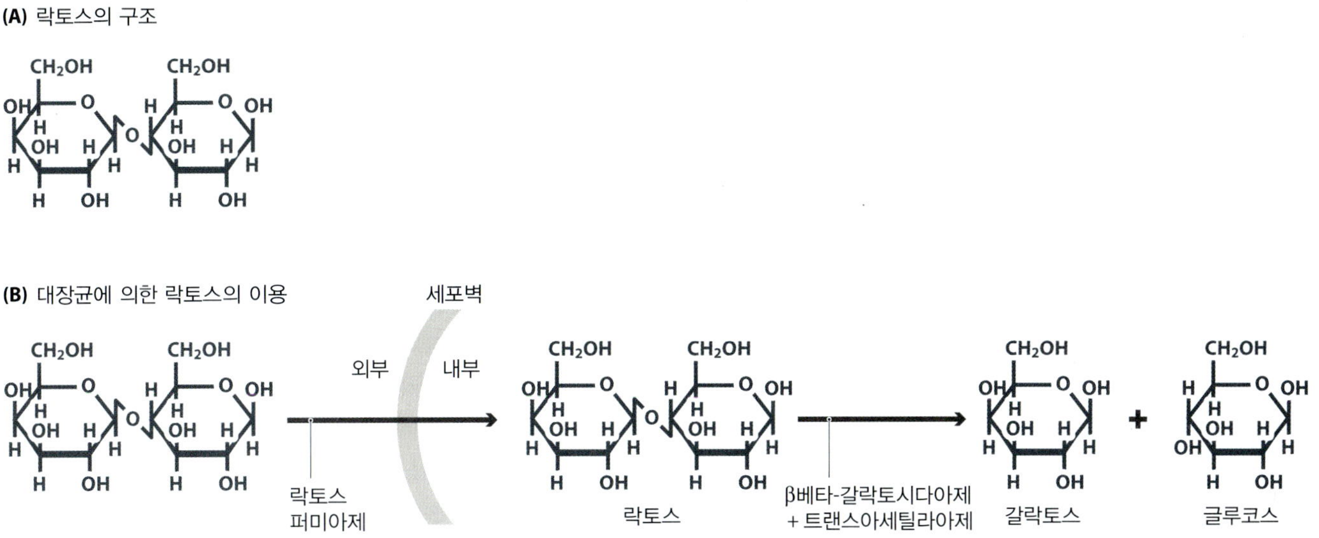

그림 9.6 락토스 구조와 대장균에 의한 락토스의 이용. (A) 락토스 분자는 갈락토스 단당류와 글루코스 단당류의 결합으로 구성된다. (B) 락토스를 에너지로 이용하기 위해 대장균 세포는 락토스 분자를 세포 외 환경에서 세포 내로 운반해야 하고, 그 후에 락토스 분자를 글루코스와 갈락토스로 분해한다.

터가 없다 — 이러한 3개의 유전자는 단일 mRNA 분자에서 함께 전사된다. 이런 종류의 유전자 구조를 **오페론(operon)**이라 부른다.

Jacob과 Monod는 *lacZ*, *lacY* 그리고 *lacA* 유전자를 구별하고 대장균 게놈에서 이 유전자의 상대적 위치를 결정하기 위해, 유전학적 분석 기술을 사용하였다. 이들은 또한 *lacI*라는 추가 유전자를 발견하였다. 이 유전자는 락토스 유전자 클러스터의 바로 앞쪽에 놓여 있지만 오페론의 일부는 아니다. 왜냐하면 *lacI* 유전자는 자신의 고유한 프로모터로부터 전사되고 자신의 고유한 종결 신호를 갖기 때문이다(그림 9.7B).

*lacI*의 유전자 산물은 락토스 이용에 직접적으로 연관되어 있지만, 당의 가수분해나 활용에 직접적으로 요구되는 효소는 아니다. 대신, *lacI* 산물은 다른 세 유전자의 발현을 조절한다. 이것은 *lacI*에 일어나는 돌연변이의 효과로부터 뚜렷하게 알 수 있다.

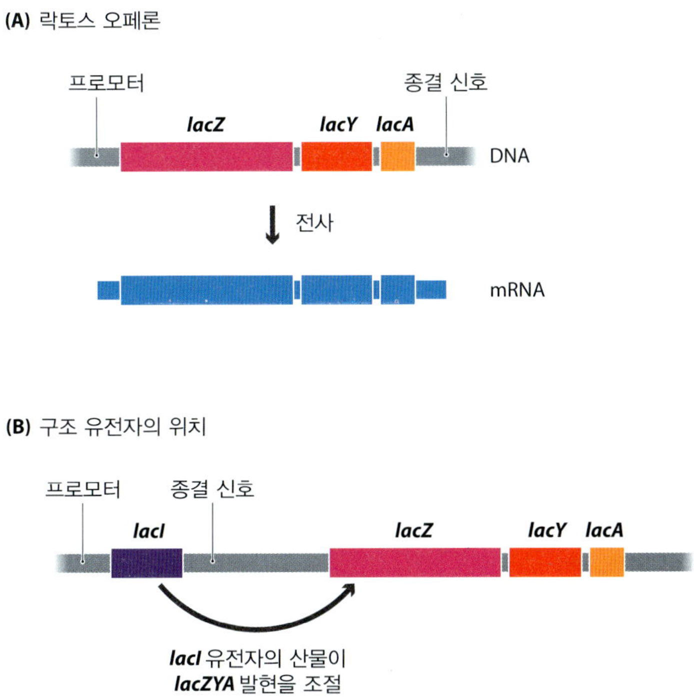

그림 9.7 대장균에서의 락토스 이용 관련 유전자. (A) 락토스 오페론의 세 유전자는 하나의 단위체로 전사된다. (B) 락토스 이용에 관련된 네 번째 유전자, *lacI*는 자신의 고유한 프로모터와 종결 신호를 갖는다. 이 유전자는 락토스 오페론의 발현을 조절한다.

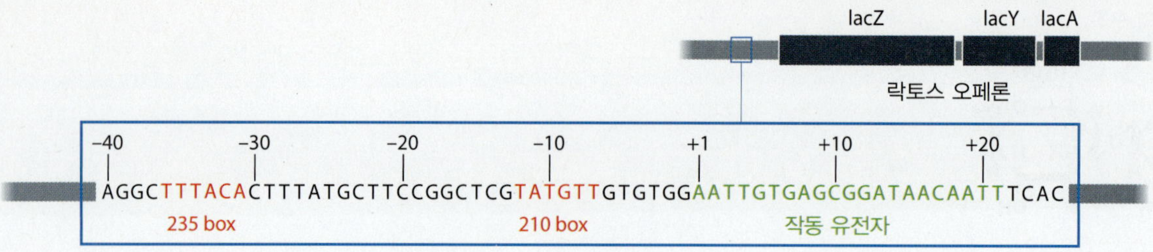

그림 9.8 대장균의 *lacZ* 유전자의 바로 상류에 존재하는 DNA 서열. 서열은 프로모터의 −35와 −10 요소들에 대한 작동 유전자의 위치를 보여 준다.

*lacI*가 불활성화되면 락토스가 없음에도 불구하고 락토스 오페론은 계속해서 활성화된 상태가 된다. Jacob과 Monod에 의해 사용된 전문용어는 오늘날에도 여전히 중요하게 사용한다. 우리는 *lacZ*, *lacY* 그리고 *lacA*를 **구조 유전자(structural genes)**라 부르는 이유는, 이들의 산물이 세포의 생화학적 구조에 기여하기 때문이다. 반대로 *lacI*를 **조절 유전자(regulatory gene)**라 부르는데, 이는 *lacI*의 기능이 다른 유전자의 발현을 조절하는 것이기 때문이다.

조절 유전자는 억제 인자 단백질을 암호화한다

*lacI*의 유전자 산물은 Jacob과 Monod가 락토스 **억제 인자(repressor)**라 불렀던 단백질이다. 이 단백질과 대장균 DNA와의 결합은 락토스 오페론의 프로모터와 클러스터의 첫 번째 유전자인 *lacZ*의 시작 부위 사이에서 일어난다(그림 9.8). 결합 부위는 **작동 유전자(operator)**라 불리며 Jacob과 Monod의 유전학적 방법에 의해 발견되었다. 사실, 작동 유전자는 프로모터와 겹쳐져서 억제 인자가 결합될 때 프로모터는 차단되고, 결국 RNA 폴리메라아제는 DNA에 결합할 수 없게 되어 락토스 오페론의 전사는 일어날 수 없게 된다(그림 9.9). 이것은 락토스가 세포에서 이용할 수 없을 때에 일어나는 현상이다. 요약하면, *락토스가 없다면 프로모터가 억제 인자에 의해 차단되기 때문에 락토스 오페론의 전사는 일어나지 않는다.*

전사는 알로락토스(allolactose)에 의해 유도된다. 알로락토스는 락토스의 이성질체이고 락토스가 글루코스와 갈락토스로 분리되는 동안 합성된다. 세균이 새로운 락토스를 만나게 될 때 몇 개의 분자를 모으고 그것들을 분리시킨다. 이것은 항상 존재하는 적은 수의 락토스 이용 효소가 있기에 가능하다. 부산물로 형성된 알로락토스는 억제 인자에 결합한다. 이 억제 인자가 더 이상 작동 유전자에 결합될 수 없는 상태로 단백질의 형성에 변화를 일으킨다. 한편, 억제 인자-알로락토스 복합체가 DNA 분자로부터 분리되면, RNA 폴리메라아제가 프로모터에 결합하게 되고 오페론의 전사가 시작된다(그림 9.10). 이 결과, 훨씬 많은 수의 필요한 효소 분자가 합성되어 나머지의 락토스를 대사에 이용한다. 따라서 알로락토스는 오페론의 **유도자(inducer)**로서 행동

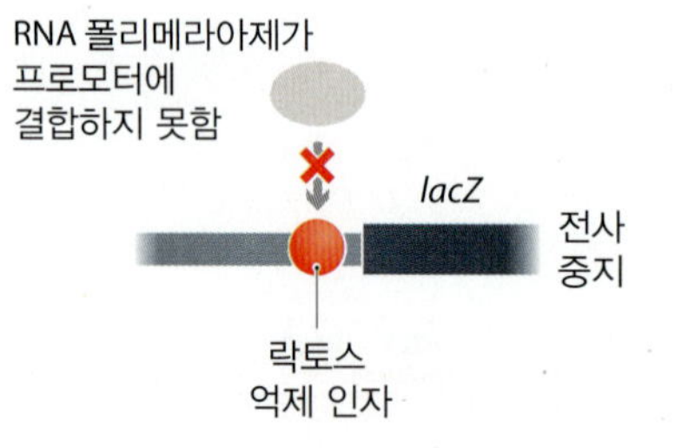

그림 9.9 락토스 억제 인자가 작동 유전자에 결합하면 RNA 폴리메라아제는 프로모터에 접근할 수 없다.

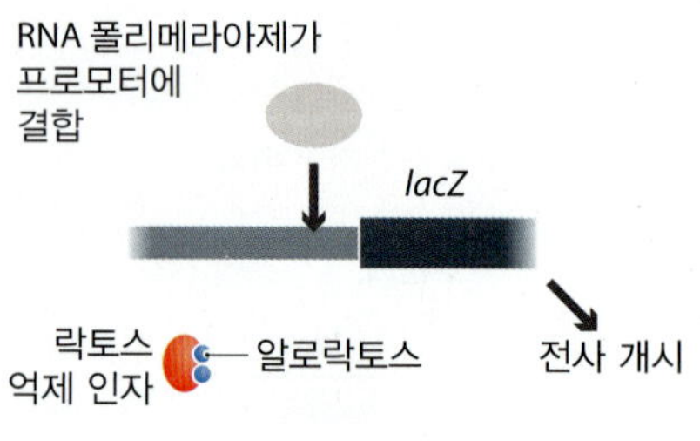

그림 9.10 억제 인자-알로락토스 복합체는 작동 유전자에 결합하지 않는다. 따라서 RNA 폴리메라아제는 프로모터에 접근할 수 있다.

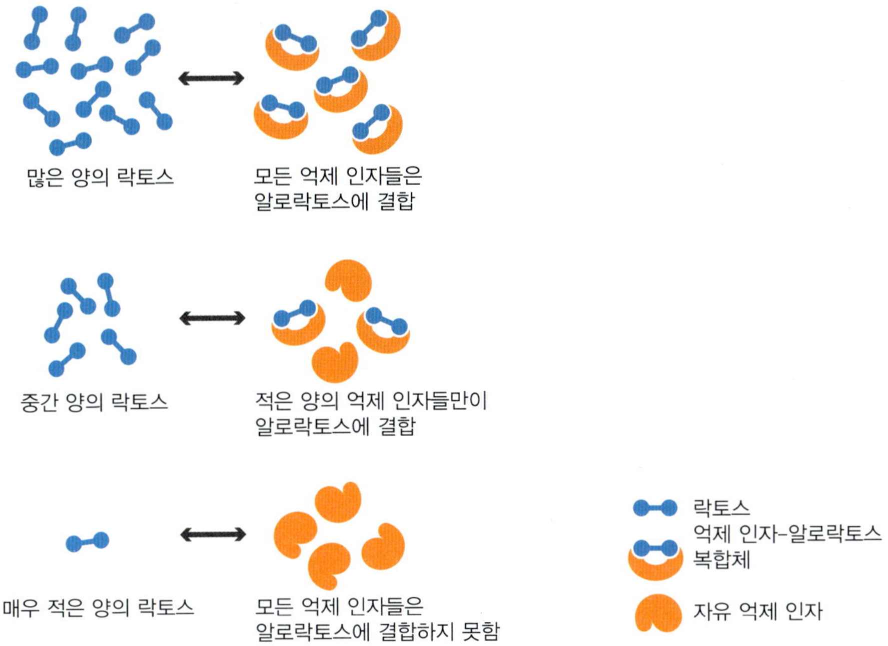

그림 9.11 억제 인자-유도자 결합은 균형 과정이다.

한다. *만일 락토스가 존재하면, 락토스 오페론(opern)의 전사는 억제 인자-유도자 복합체가 작동 유전자(operator)에 결합하지 못하도록 행동한다.*

결국, 락토스 이용 효소는 이용 가능한 락토스를 모두 소비한다. 억제 인자-유도자 결합은 균형 과정이다(그림 9.11). 그래서 락토스 농도가 감소할 때, 억제 인자-알로락토스 복합체의 수는 감소하고 억제 인자는 많아지기 시작한다. 이 억제 인자는 작동 유전자에 다시 결합할 수 있다. *락토스 공급이 줄어들면, 락토스 오페론은 억제 인자가 작동 유전자에 재결합함으로써 유전자 발현이 억제된다.*

글루코스 역시 락토스 오페론을 조절한다

락토스의 존재 유무는 락토스 오페론의 발현에 영향을 주는 유일한 인자가 아니다. 세균이 에너지원으로 충분하게 글루코스(락토스의 분해 산물 중 한 가지)를 갖는다면 락토스가 환경 내에서 이용 가능한 상태일지라도 락토스 대사는 일어나지 않는다. 세포는 모든 글루코스가 소모될 때에만 락토스를 이용하기 시작할 것이다(그림 9.12).

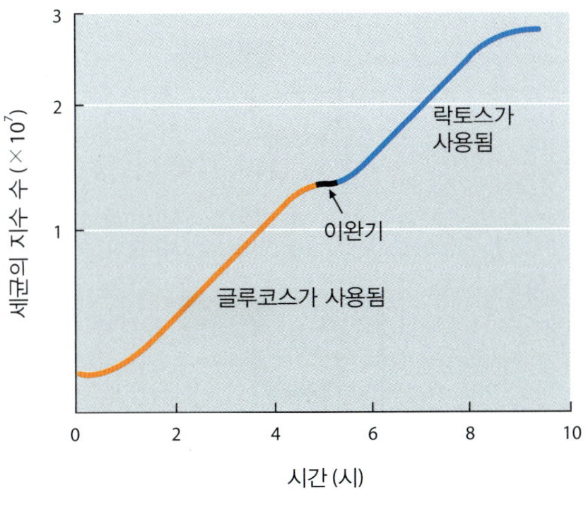

그림 9.12 전형적인 이원 영양(diauxic) 성장 곡선, 이것은 대장균이 글루코스와 락토스의 혼합물을 포함하는 배지에서 자랄 때 볼 수 있다. 첫 번째 몇 시간 동안, 세균은 에너지원으로 글루코스를 이용하면서 기하급수적으로 나눠진다. 글루코스가 소모되면 세균이 기하급수적인 성장으로 되돌아가기 전에 락토스 유전자가 켜지는(on) 짧은 잠복기(lag period)가 오고, 그 후 다시 락토스를 사용한다. Y축은 로그자(logarithmic scale)이고, 세균 성장의 기하급수적 시간은 그래프에서 직선 라인으로 표현되었다.

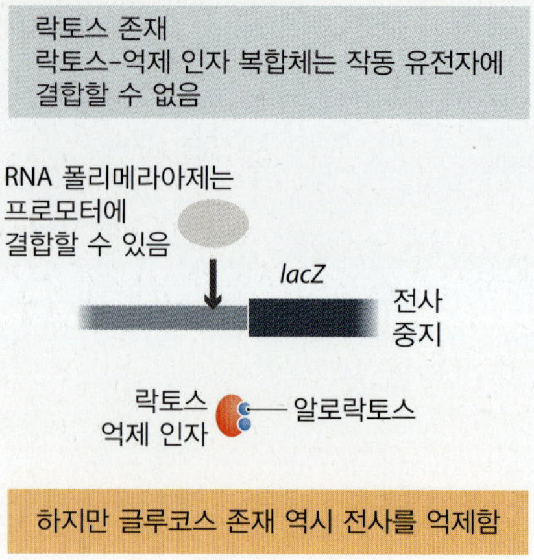

그림 9.13 글루코스는 락토스 억제 인자를 무력화시킨다. 락토스가 존재하면 억제 인자는 작동 유전자로부터 떨어져 나오고 락토스 오페론은 전사될 수 있다. 하지만 만일 글루코스 역시 존재한다면, 오페론은 여전히 불활성화된다.

Monod가 1941년에 **이원 영양 생장(diauxie)**이라 불리는 현상을 발견했다. 그로부터 약 20년 후에 락토스 오페론의 자세한 내용이 밝혀졌을 때, 글루코스와 락토스 사이의 이원 영양 생장은 글루코스가 존재할 때 락토스가 자신의 오페론에 대한 유도 효과를 억제하는 메커니즘에 관여하여야만 한다는 것이 명백해졌다. 락토스와 글루코스 모두 존재할 경우, 비록 혼합물 속의 일부 락토스가 락토스 억제 인자에 결합할 수 있는 알로락토스로 전환되지만 락토스 오페론은 불활성화된다(그림 9.13).

다른 당-이용 오페론처럼 이원 영양 생장 반응에 대한 설명은 글루코스가 **이화 물질 활성화 단백질(catabolic activator protein, CAP)**에 간접적 영향을 주어 락토스 오페론의 발현을 막는다는 것이다. 이 단백질은 대장균 DNA의 다양한 부위의 인식 서열에 결합하고 RNA 폴리메라아제의 단위체와 상호 결합하여 프로모터 하류에서 전사 개시를 활성화시킨다. 이 프로모터에서 전사 개시 산물은 CAP 결합의 존재 유무에 의존한다. 이 단백질이 없다면 프로모터에 의해 조절된 유전자는 전사되지 않는다.

글루코스는 CAP와 상호 결합하지 않는다. 그 대신에, 글루코스는 변형된 뉴클레오티드인 **사이클릭 AMP(cyclic AMP, cAMP;** 그림 9.14)의 세포내 농도를 조절한다. 이것은 ATP에서 cAMP를 합성하는 효소인 **아데닐산 고리화효소(adenylate cyclase)**의 활성도를 억제함으로써 일어난다. 이 억제는 세균에게 당을 운반해 주는 단백질 복합체의 성분인, IIA^{Glc}라 불리는 단백질에 의해 매개된다. 글루코스가 세포 내로 운반되어질 때, IIA^{Glc}는 세포 표면에 결합하는 인산기를 제거함으로써 변형된다. IIA^{Glc}의 변형 형태는 아데닐산 고리화효소 활성을 제어한다. 이것은 글루코스 농도가 높으면 세포내 cAMP 농도가 낮다는 것을 의미한다.

CAP는 cAMP가 존재할 때만 목표 부위에 결합한다. 그래서 글루코스가 존재할 때 이 단백질은 오페론에서 분리되고, 조절하는 오페론은 불활성화된다. 글루코스와 락토스 혼합물에 관여하는 이원 영양 생장의 특별한 경우, CAP에 대한 글루코스의 간

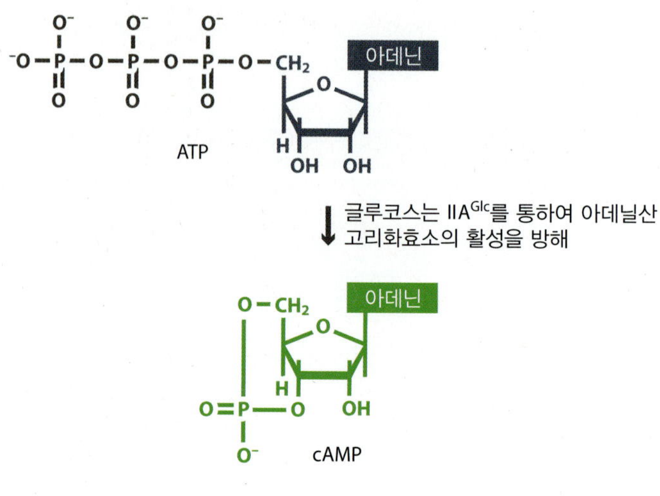

그림 9.14 글루코스는 ATP로부터 cAMP를 합성하는 효소인 아데닐산 고리화효소의 활성을 방해함으로써 세포내 cAMP 농도를 조절한다. 이러한 조절의 제어는 당을 세균으로 운반하는 다단백질 복합체의 구성 성분인, IIA^{Glc}에 의해 매개된다.

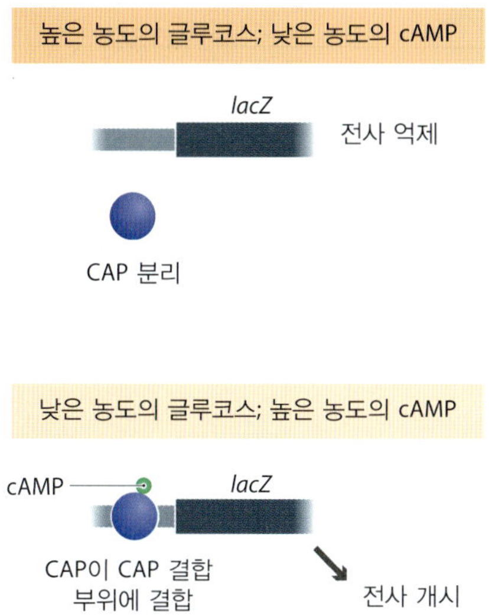

그림 9.15 이화 물질 활성화 단백질(CAP)은 cAMP가 존재할 때만 DNA 결합 부위에 결합할 수 있다. 글루코스가 존재하면, cAMP 농도가 낮아지므로 CAP가 DNA에 결합하지 못하여 RNA 폴리메라아제를 활성화시킬 수 없다. 글루코스가 소비되면 cAMP 농도는 증가하고 CAP는 DNA에 결합하여 락토스 오페론의 전사를 활성화시킨다.

접적 효과는 비록 락토스 억제 인자가 결합하지 않았을지라도 락토스 오페론이 불활성화된다는 것을 의미한다. 따라서 배지 안의 글루코스가 먼저 소모된다. 글루코스가 사라지면, cAMP 농도가 올라가고 CAP는 락토스 오페론의 상류 부위를 포함한 목표 부위에 결합한다. 따라서 락토스 유전자의 전사가 활성화된다(**그림 9.15**).

오페론은 원핵 생물 게놈에서 일반적인 특징이다

대장균 게놈에는 약 600개의 오페론이 있고, 각각은 2개 또는 그 이상의 유전자를 포함한다. 오페론은 또한 대부분의 다른 세균의 게놈 안에 존재하고 일반적으로 원시생물계에도 존재한다.

오페론은 크게 두 종류로 나뉜다. 첫 번째는 **유도성 오페론(inducible operons)**으로 락토스 오페론이 대표적이다. 유도성 오페론은 락토스 효소가 락토스를 분해하는 방법으로 기질 혼합물을 분해하는 대사 과정에 관여하는 한 세트의 효소들을 암호화한다. 기질의 존재는 유전자 발현을 유도한다. 유도성 오페론의 다른 예는 갈락토스 오페론과 아라비노스 오페론이 있다.

두 번째는 **억제 오페론(repressible operons)**이다. 이것은 생합성 과정에 연관된 효소들을 암호화하며, 이 산물이 오페론의 발현을 조절한다. 그 예로는 트립토판 오페론이 있고, 이것은 아미노산 트립토판의 합성에 관여하는 5개의 유전자로 구성된다(**그림 9.16**). 오페론의 발현은 트립토판 작동 유전자에 결합하고 전사를 방해하는 트립토판

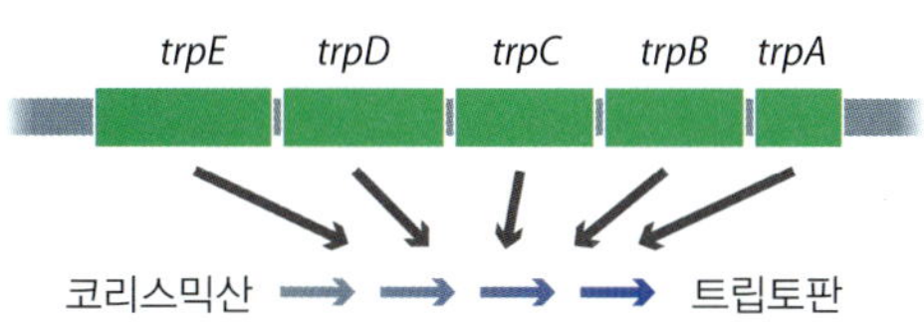

그림 9.16 트립토판 오페론. 이것은 코리스믹산(chorismic acid)을 아미노산 트립토판으로 전환하는 다단계 생화학적 과정에 관여하는 효소들을 암호화하는 5개의 유전자를 포함하고 있다.

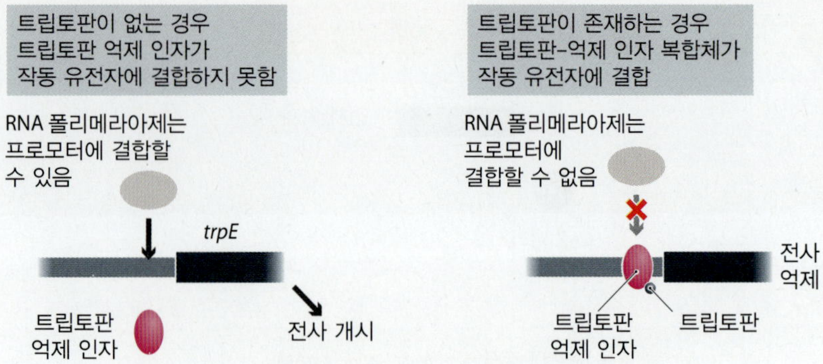

그림 9.17 대장균 트립토판 오페론의 조절. 트립토판이 존재하여 합성이 필요치 않을 때, 억제 인자-트립토판 복합체가 작동 유전자에 결합하므로 오페론은 발현되지 않는다. 트립토판이 없으면, 억제 인자는 작동 유전자에 결합할 수 없기 때문에 오페론은 발현된다.

억제 인자에 의하여 조절된다. 이런 경우, 자신이 가진 억제 인자는 작동 유전자에 결합할 수 없다. 오페론의 억제는 트립토판 억제 인자가 트립토판에 결합할 때만 일어나고(**그림 9.17**), 이것은 트립토판이 오페론에 의해 조절되는 생화학적 과정의 산물이라는 것을 말해 준다. 만약 트립토판이 없다면, 그것의 합성을 위한 효소가 필요해지고, 그 오페론은 전사되어야만 한다. 트립토판은 **억제 보조 물질**(**co-repressor**)이라 불린다. 억제 오페론의 두 번째 예는 페닐알라닌 오페론이 있다.

9.3 진핵생물에서의 전사 개시의 조절

이제 우리는 진핵생물에서 전사 개시의 조절에 관심을 갖고자 한다. 우리는 세균의 전사 개시가 RNA 폴리메라아제의 결합 부위 근처에 위치한 특정 서열에 결합하는 락토스 억제 인자와 CAP와 같은 DNA-결합 단백질에 의해 영향을 받는다는 것을 배웠다. 이것은 진핵생물에서의 전사 조절에 대한 기본이 된다. 먼저 우리는 조절 서열에 대해 알아볼 것이다.

RNA 폴리메라아제 II 프로모터는 다양한 조절 서열들에 의해 조절을 받는다

RNA 폴리메라아제 II는 진핵생물에서 전사 조절을 설명하는 데 가장 좋은 예이다. 이 폴리메라아제에 의해 인식되는 프로모터는 대부분 복합체 조절 양상을 따르며, 이것은 각 단백질-코딩 유전자가 세포 안팎의 일반적인 조건에 적응하는 수준으로 발현된다는 것을 확인시켜 준다.

우리는 이미 RNA 폴리메라아제 II에 의해 전사되는 유전자를 위한 프로모터에 대해 알아 보았고, 중심 프로모터를 구성하는 TATA 박스와 Inr 서열은 전사 개시 부위의 몇 kb 상류에 위치한 조절 서열 뒤에 있는 것으로 보인다(그림 4.14 참조). 하나의 유전자는 세포 내외부의 신호를 반영하는 많은 수의 조절 서열에 의해 조절을 받는다. 예를 들면, 인간 인슐린 유전자는 비록 특별히 정교한 조절 체제를 받지는 않더라도, 적어도 10개의 조절 서열을 가지고 있다(**그림 9.18**).

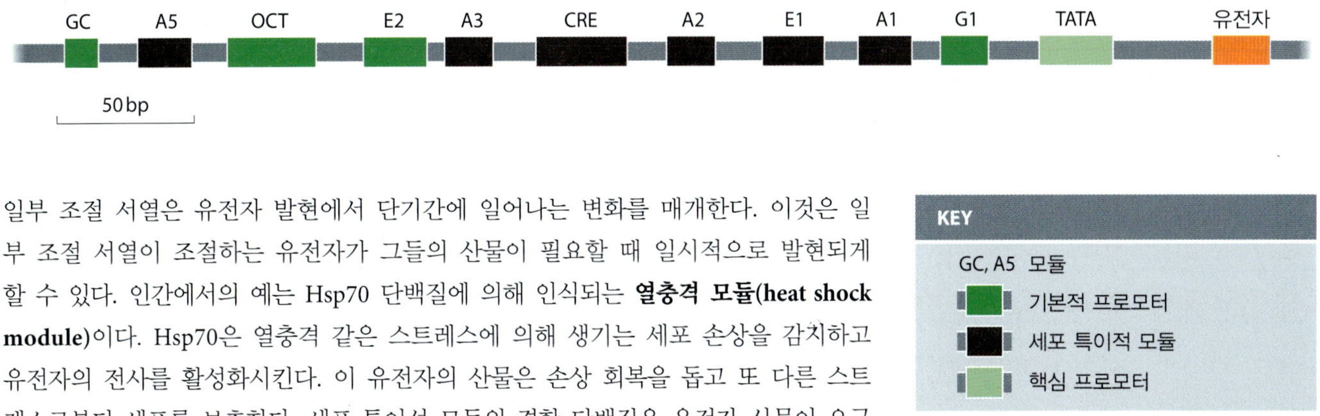

그림 9.18 인간 인슐린 유전자의 상류 조절 서열. 갈색으로 표시된 A5, A3, CRE, A2, E1 그리고 A1 서열은 세포-특이성 모듈이다. 이것은 인슐린 유전자가 췌장의 β 세포에서만 활성화된다는 것을 확신시켜 준다. 어두운 초록색으로 표시된 GC, OCT, E2, 그리고 G1 모듈은 GC 박스의 스위치가 켜질 때 유전자의 전사율을 조절하는 기본적인 프로모터 요소들이다; GC (GC 박스), OCT (octamer sequene)

일부 조절 서열은 유전자 발현에서 단기간에 일어나는 변화를 매개한다. 이것은 일부 조절 서열이 조절하는 유전자가 그들의 산물이 필요할 때 일시적으로 발현되게 할 수 있다. 인간에서의 예는 Hsp70 단백질에 의해 인식되는 **열충격 모듈(heat shock module)**이다. Hsp70은 열충격 같은 스트레스에 의해 생기는 세포 손상을 감치하고 유전자의 전사를 활성화시킨다. 이 유전자의 산물은 손상 회복을 돕고 또 다른 스트레스로부터 세포를 보호한다. 세포-특이성 모듈의 결합 단백질은 유전자 산물이 요구되는 세포 종류에서만 유전자를 발현시킨다는 것을 확인시켜 준다. 인슐린은 췌장의 β세포에서만 만들어지고 다른 조직에서는 유전자가 불활성화되는 것처럼, 인슐린은 다수의 세포-특이성 모듈을 갖는다. 다른 조절 서열은 특별한 발달 단계에서 활성화되는 유전자의 발현을 매개한다.

조절 서열의 마지막 그룹은 오히려 다른 기능을 갖는다. 이것을 **기본적 프로모터 요소(basal promoter elements)**라고 부른다. 그것들은 세포 안과 밖으로부터의 어떤 신호에도 반응하지 않는 대신, 그것들이 결합되어 있는 유전자의 기본적인 전사율을 조절한다. 따라서 이 서열에 결합하는 단백질은 유전자의 전사 시기와 전사가 적절한 부위에서 일어나는지를 확신시켜 준다. 인간 인슐린 유전자는 4개의 기본적인 프로모터 요소를 갖는다. 이것은 진핵생물에서 단백질 번역 유전자의 상류에서 발견되는 여러 개의 **GC 박스(GC box)**와 **옥타머 서열(octamer sequence)**을 포함한다. 또 다른 일반적인 기본 요소는 **CAAT 박스(CAAT box)**인데, 이것은 인슐린 조절 지역에는 존재하지 않는다.

유전자의 상류 지역에 있는 조절 서열과 더불어, 같거나 다른 요소들이 **인핸서(enhancers)**에 포함된다. 이것은 200~300 bp 길이의 더 긴 DNA 지역이며, 목표 유전자로부터 조금 멀리 떨어져 위치한다(**그림 9.19**). 하나의 인핸서는 하나 이상의 많은 유전자의 발현을 조절한다.

세균에서처럼, 진핵생물의 유전자 발현을 조절하는 조절 서열은 RNA 폴리메라아제의 활성에 영향을 주는 단백질 결합 부위이다. 그러나 중요한 차이점이 하나 있다. 세균의 RNA 폴리메라아제는 자신의 프로모터에 대해 강력한 친화력을 갖는다. 그리고 가장 약한 프로모터를 제외하고는 기본 개시 비율이 상대적으로 높다. 이와 반대되는 현상이 대부분의 진핵생물 유전자에서 나타나 폴리메라아제 II 개시 복합체가 효과적으로 형성되지 않는다. 따라서 기초 전사 개시율이 매우 낮다. 효과적인 개시를 위해, 복합체의 형성은 추가되는 단백질에 의해 활성화되어야만 한다. 진핵생물 조절 서열에 결합하는 대부분의 단백질은 전사 촉진 인자이고 억제 인자는 상대적으로 드물다.

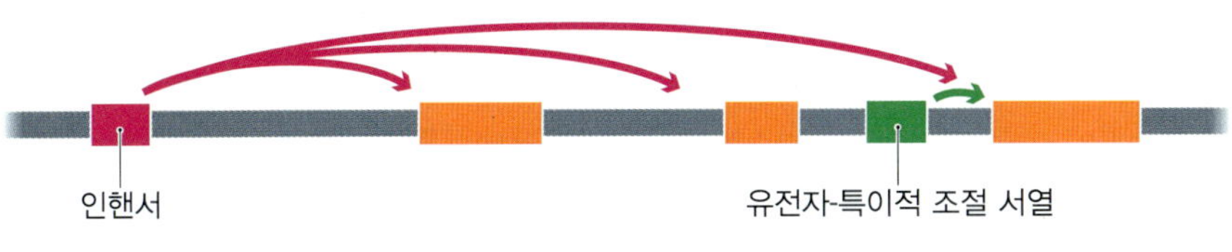

그림 9.19 인핸서는 자신이 조절하는 유전자로부터 약간 떨어진 거리에 위치해 있다. 조절 서열(초록색)은 목표 유전자의 상류에 위치하고 하나의 유전자에서만 전사 개시에 영향을 준다. 반대로 심홍색(magenta)으로 보이는 서열이 인핸서이고, 3개의 모든 유전자의 전사에 영향을 준다.

연구 브리핑 9.1

DNA에 결합하는 단백질

세균과 진핵생물 모두 전사 개시는 DNA-결합 단백질의 조절을 받는다. 이 단백질들은 자신들이 조절하는 유전자 또는 유전자의 시작 부위의 가까운 부분에 위치한 특이적 뉴클레오티드 서열에 결합한다.

이런 특별한 방식으로 결합하기 위해, 단백질은 뉴클레오티드 서열을 인식할 수 있는 방법으로 이중 나선 구조와 접촉해야만 한다. 이러한 접촉은 이중 나선 구조 사이의 염기쌍이 분리되지 않고 일어나며, 이는 단백질의 일부가 큰 홈, 그리고/또는 작은 홈을 관통해야만 한다는 것을 의미한다. 또한 뉴클레오티드의 서열은 분자 표면 위에 원소의 배열로부터 읽혀지는 나선 구조 부분 안에 있다.

우리는 DNA-결합 단백질과 이들이 작용하는 방법을 좀 더 자세히 조사할 것이다.

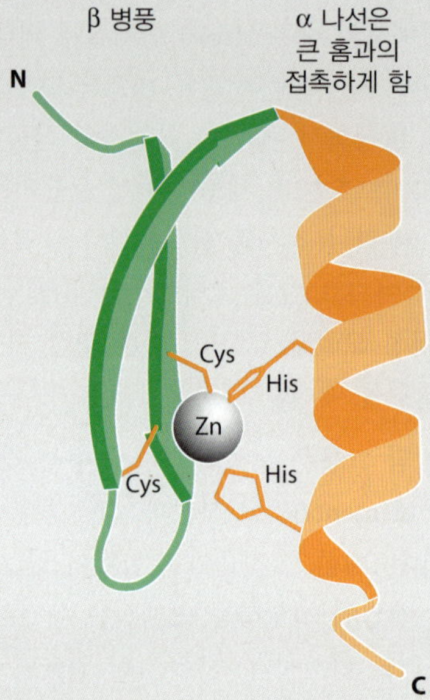

그림 2 A Cys_2His_2 징크 핑거

DNA-결합 단백질은 이중 나선 구조와 상호 결합할 수 있는 특별한 구조를 갖는다

많은 DNA-결합 단백질의 구조는 X-ray 결정학(X-ray crystallography)과 핵자기 공명분광기와 같은 방법으로 조사되어 왔다. 이러한 단백질들을 비교하면, 단백질이 DNA에 결합할 수 있게끔 하는 제한된 수의 구조들이 있다는 것이 명백해진다. **DNA-결합 모티프(DNA-binding motifs)**는 각각 다른 생물체로부터 유래된 다양한 단백질들에 존재하며 적어도 일부는 몇 번이나 진화되었을 것이다.

나선-회전-나선(helix-turn-helix, HTH) 모티프는 알려진 첫 번째 DNA-결합 구조이다(그림 1). 우리는 7장에서 이 구조를 공부했고 단백질의 아미노산 서열이 자신의 기능에 영향을 주는 하나의 예로 사용해 왔다. 두 나선 구조 중 하나가 DNA 서열을 읽을 수 있게 DNA에 접촉하는 인식 나선 구조라는 것을 배웠다. HTH 구조는 대략 20개 정도의 아미노산을 가지고 있으며 단백질의 작은 일부분이다. 단백질의 다른 부분은 DNA 분자 표면과의 결합을 이루며 인식 나선 구조가 큰 홈 안에서 정확한 위치를 잡도록 도와 준다. 많은 세균과 진핵생물의 DNA-결합 단백질은 HTH 모티프를 이용한다. 세균에서 HTH는 락토스 억제 인자를 포함하는 몇몇 조절 단백질에 존재한다.

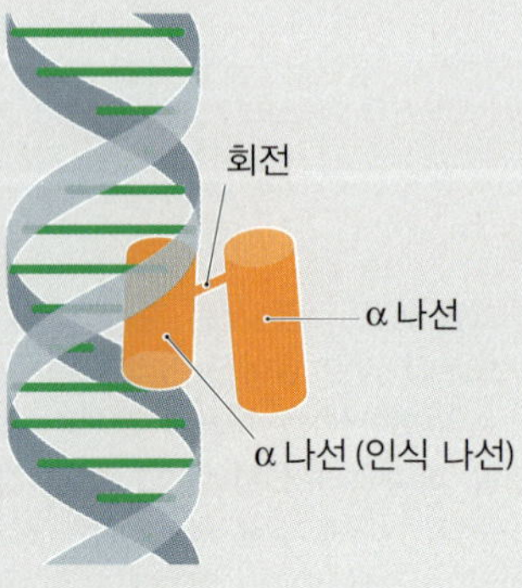

그림 1 나선-회전-나선 모티프

DNA-결합 모티프의 두 번째 중요한 종류는 **징크 핑거(zinc finger)**이다. 이것은 세균 단백질에서는 드물지만, 진핵생물에서는 일반적인 모티프이다. 징크 핑거는 6개의 다른 종류가 있다. 첫 번째는 **Cys_2His_2 핑거(Cys_2His_2 finger)**이며, 이것은 일련의 12개 정도의 아미노산으로 구성되며, 2개의 시스테인과 2개의 히스티딘을 포함하며, α 나선 구조 다음에 따라오는 β 병풍 구조를 형성한다. 단백질의 표면으로부터 "finger" 프로젝팅을 형성하고 결합된 아연(zinc) 원자를 잡고 있는 이 두 구조는 2개의 시스테인과 2개의 히스티딘에 의해 유지된다(그림 2). α 나선 구조는 DNA 큰 홈 안과 접촉하는 모티프의 일부이다. 홈 안에서 α 나선의 위치는 DNA의 당-인산기 백본(backbone)과 결합하는 β 병풍에 의해 결정되고, 또한 적당한 위치에서 α 나선과 β 병풍 구조를 잡고 있는 아연 원자에 의해 결정된다. 간혹 여러 개의 징크 핑거가 하나의 단백질에서 발견된다. 몇몇의 단백질은 2개, 3개, 또는 4개의 징크 핑거를 갖지만, 어떤 두꺼비(toad) 단백질의 경우 37개의 징크 핑거를 가진다. 대부분의 경우에 각각의 징크 핑거는 DNA 분자와 독립적으로 접촉하는 것으로 여겨진다.

단백질들은 DNA 분자와 비특이적으로 결합할 수 있다

특정 서열을 인식하는 대부분의 단백질은 DNA 분자의 다른 부위에 비특이적으로 결합할 수 있다. 세포에는 DNA의 양이 매우 많고 각 결합 단백질의 수는 적어서 전체는 아니지만 대부분의 단백질은 DNA에 비특이적으로 결합하는 데 시간을 보낸다고 여겨진다. 비특이적 결합과 특이적 결합 형태의 차이점은 열역학에서는 후자가 더 선호된다는 것이다. 따라서, 비특이적으로 결합할 수 있는 수백만 개의 부위가 있음에도 불구하고, 단백질은 자신의 특정 부위에 결합할 수 있다. 이 열역학적 선호도를 달성하기 위해, 특정 결합 과정은 최대 가능한 수의 DNA-단백질 접촉과 관련이 있다. 이것은 DNA-결합 모티프의 인식 구조가 나선 구조의 큰 홈에 잘 맞도록 진화된 이유를 부분적으로 설명해 준다.

아주 흥미로운 질문은 "DNA 결합의 특이성이 DNA-결합 모티프의 인식 나선 구조의 연구로부터 예측되어진 단백질의 목표 위치의 서열에 대하여 자세하게 이해될 수 있는 것인가?"이다. 지금까지 이 관찰은 우리에게 큰 도움을 주지 못했지만 어떤 타입의 징크 핑거는 많은 진보가 이루어졌다. 다른 징크 핑거의 인식 나선에서 아미노산 서열과 이들의 결합 부위에서 뉴클레오티드의 서열을 비교함으로써 상호작용을 지배하는 일련의 규칙을 찾아낼 수 있다. 이것은 약간 애매모호함이 있지만, 새로운 징크 핑거 단백질의 뉴클레오티드 서열 특이성을 예상할 수 있다.

많은 DNA-결합 단백질은 이합체다

DNA-결합 단백질이 서로 결합하는 2개의 단백질로 구성되어 있는 이합체(dimers)이기 때문에 특이성을 확인하기 위해 접촉을 최대화할 필요가 있다. 대부분의 HTH 단백질과 많은 징크 핑거 타입도 이러한 경우이다. 이합체는 두 단백질의 DNA-결합 모티프가 DNA 나선에 접하면서 만들어진다. 이합체 사이에 어떤 협동성이 있어서 결과적으로 접촉의 수는 단위체의 경우 보다 2배 이상이다.

DNA-결합 모티프와 더불어 많은 단백질은 추가적인 특정 도메인을 갖고 있으며 이 도메인은 이합체 형성을 일으킨 단백질-단백질 접촉에 참여한다. 이 중 하나는 **류신 지퍼(leucine zipper)**이고 이것은 일련의 류신으로 구성되어 있는데, 류신이 나선의 표면에 한 줄로 서 있다. 여기에서 이합체를 형성하는 두 번째 단백질 위의 류신들과 지퍼를 형성한다(그림 3). 흥미로운 것은, 단백질의 지퍼가 열리면 하나의 단위체가 조금 다른 형태의 단위체로 대치되는데, 이는 아주 미묘한 방법으로 단백질의 기능을 변화시킨다.

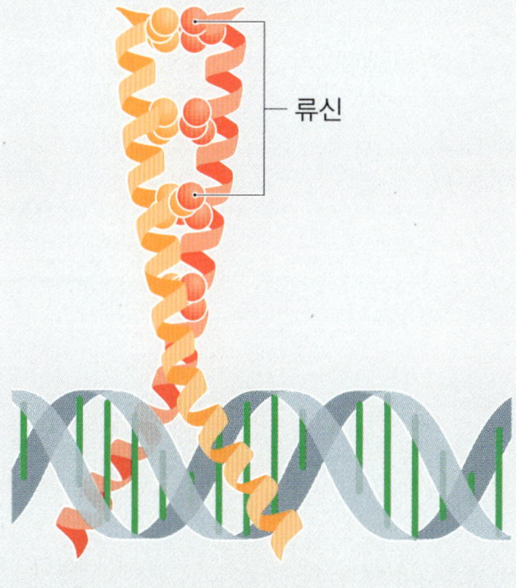

그림 3 류신 지퍼. 오렌지색과 빨간색 구조는 서로 다른 단백질의 일부이다. 구의 각 세트는 류신의 R 그룹이다. 그것들은 서로 상호작용하는 것을 보여 주는데, 이는 류신 지퍼의 bZIP 종류이고 1쌍의 DNA-결합 모티프를 형성하기 위하여 지퍼 확장을 형성하는 나선들이 존재한다. 다른 지퍼 단백질은 HTH 또는 징크 핑거 모티프를 갖는다.

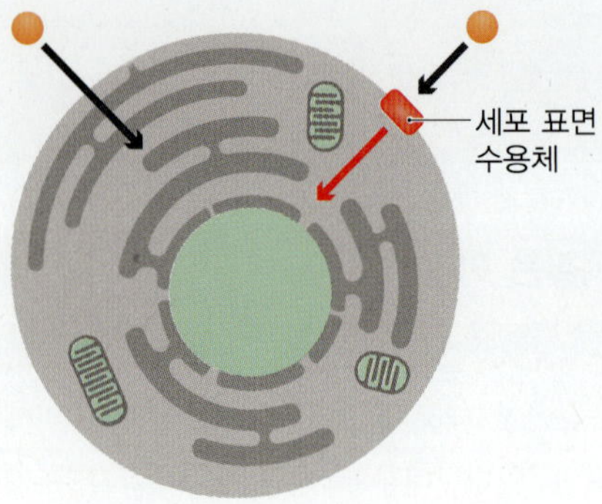

그림 9.20 세포 외부의 신호 복합체가 세포 내에서 일어나는 과정에 영향을 주는 두 가지 방법

세포 밖으로부터의 신호는 유전자 발현에 영향을 주기 위해 핵으로 전달되어야만 한다

진핵생물에서의 전사는 핵 안에서 일어나지만 세포 밖 신호에 반응해야만 한다. 따라서 신호는 세포 표면에서 세포질을 통해 핵 안으로 전달되어야만 한다(그림 9.20). 이것이 일어나는 방법에는 몇 가지가 있다. 가장 간단한 방법은 세포막을 통과하여 세포 안으로 들어가는 신호 복합체(호르몬 또는 성장 인자)이다. 이것은 고등 진핵생물의 세포에서 생리학적 활성을 조정하는 **스테로이드 호르몬(steroid hormones)** 같은 것이다. 그것들은 성 호르몬(여성의 성 발달을 위한 에스트로겐, 남성의 성 발달을 위한 안드로겐), 글루코코르티코이드(glucocorticoid), 그리고 미네랄로코르티코이드(mineralocorticoid) 호르몬을 포함한다. 세포 안쪽에서, 각 스테로이드 호르몬은 고유의 **스테로이드 수용체(steroid receptor)** 단백질과 결합한다. 이것은 일반적으로 세포질에 존재한다. 결합 후에, 활성화된 수용체는 핵으로 이동한다. 핵에서 목표 유전자의 상류에 존재하는 **호르몬 반응 요소(hormone response element)**에 결합한다(그림 9.21). 인간의 경우, 각 수용체에 대한 반응 요소는 주로 인핸서 안에 존재하며, 50~100개의 유전자의 상류 쪽에 위치한다. 그래서 단일 스테로이드 호르몬은 세포의 생화학적 특성에서 큰 변화를 유도할 수 있다.

스테로이드 호르몬들은 소수성 분자들이고 세포막을 쉽게 통과한다. 이들은 많은 다른 신호 복합체들과는 다른 경우이다. 대신, 신호 복합체들은 세포막을 가로지르고 세포 안으로 신호를 운반할 수 있는 단백질인 **세포 표면 수용체(cell surface receptor)**에 결합한다. 신호 복합체가 세포 바깥 부위의 수용체에 결합하는 경우에는 수용체에 형태적인 변화를 유도한다. 이 변화로 수용체의 이합체화(dimerization)가 형성되며, 이는 2개의 단위체들이 결합하여 단일 구조를 만드는 것이다. 이합체화는 세포막의 액상 성질이 막단백질에 의해 제한된 양의 측면 이동을 가능하게 하기 때문에 일어난다. 막단백질은 수용기의 두 소기관이 세포 외부 신호의 존재 유무에 대응하여 결

그림 9.21 호르몬 반응 요소들. 반응 요소들의 서열을 보여 줌. 각 요소는 2개의 부분을 갖는다. 각 서열은 글루코코르티코이드와 에스트로겐 수용체의 경우처럼, 정확한 반복 서열이며 방향은 서로 반대이다; N, any nucleotide

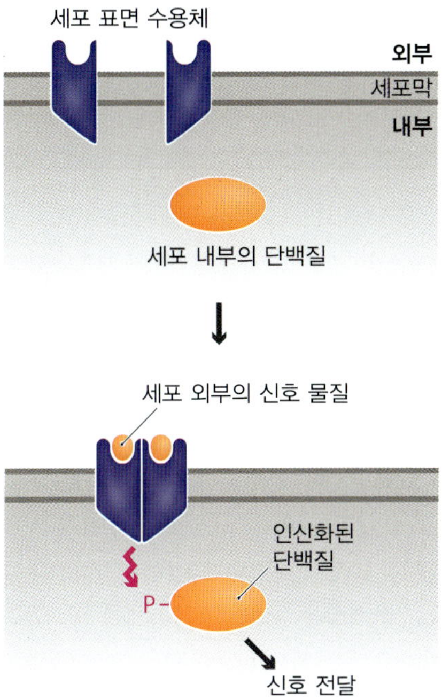

그림 9.22 세포 표면 수용체의 역할. 세포 외부 신호 복합체와 수용체 단백질의 바깥 표면의 결합은 수용체에서 "이합체화"라는 형태적인 변화를 일으킨다. 그 결과, 인산화에 의한 세포내 단백질의 활성이 일어난다. "P"는 인산기(PO_3^{2-})를 나타낸다.

합·분리되게 한다(그림 9.22).

수용체의 구조적 변화는 세포질 단백질에 인산기 결합과 같은, 세포 내에서 생화학적인 사건(event)을 유도한다. 이 단백질은 일단 인산화되고, 핵으로 이동하여 조절 서열에 결합하는 전사 촉진자일 것이다. 많은 사이토카인(cytokines)은 — 세포 성장과 분해를 조절하는 신호 단백질 — 이 방법으로 유전자 발현을 조절한다. 세포 표면 수용체는 **STATs**라 불리는 전사 촉진자를 인산화시킴으로써 사이토카인 결합에 반응한다. STATs는 핵으로 이동하고 목표 유전자의 전사가 일어나도록 한다(그림 9.23). 많은 유전자는 STATs에 의해 활성화될 수 있지만, 종합적인 반응은 다른 STATs와 상호작용하고 특정 환경 하에서 전사가 일어나는 유전자에 영향을 받는 다른 단백질들에 의하여 조절된다. 이 과정은 매우 복잡할 것으로 예상되는데, 왜냐하면, STATs가 매개하는 — 성장과 분열 — 세포내 진행 과정은 그 자체가 복잡하고, 이 진행 과정에서 단백질체의 광범위한 리모델링과 유전자 활성에서 큰 규모의 변화가 요구될 것이기 때문이다.

세포 표면 수용체에 의한 전사 활성화물의 직접적인 인산화는 간단하지만, 세포 표면에서 핵으로의 신호를 전달하는 것은 흔하게 일어나는 방법이 아니다. 세포 표면 수

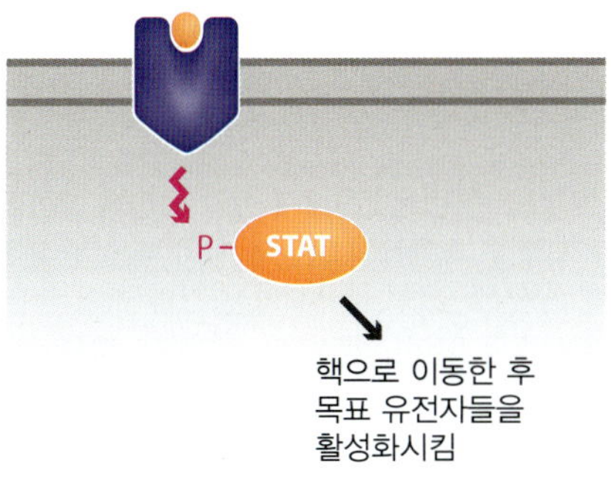

그림 9.23 STATs는 인산화가 되면 목표 유전자의 전사를 일으키기 위해 핵으로 이동하는 전사 촉진자이다.

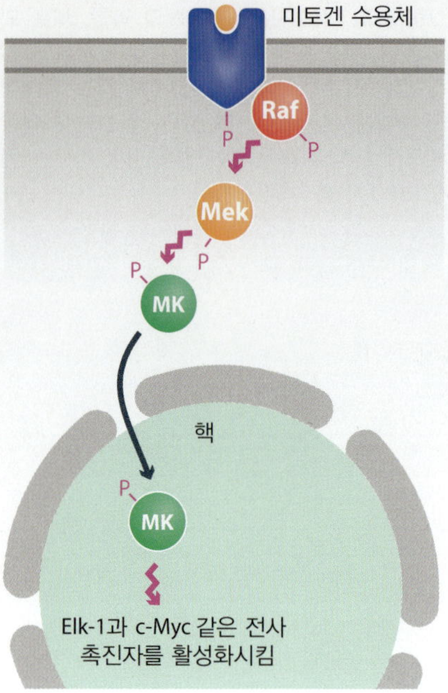

그림 9.24 MAP 키나아제 신호전달 시스템. 신호전달 물질은 미토겐 수용체를 이합체화시키고 이것은 Raf라 불리는 세포 내부 신호 단백질을 인산화시킨다. Raf의 활성화는 Mek를 거쳐 MAP 키나아제의 활성을 이끌어 내는 정보 전달을 계단식으로 시작한다. 활성화된 MAP 키나아제는 핵으로 이동하고 Elk-1과 c-Myc 같은 전사 촉진자를 활성화시킨다; MK (MAP kinase)

용체는 **신호전달(signal transduction)**의 매우 일반적인 형태로, 복잡한 다단계 과정의 첫 번째 구성 요소이다. 그 대표적인 예는 **MAP 키나아제 시스템(mitogen-activated protein kinase system)**이다(그림 9.24). 이 과정은 사이토카인들과 비슷한 효과를 갖지만, 특별히 유사 분열을 촉진하는 화합물인 미토겐(mitogen)을 포함한 많은 세포외 신호들에 반응한다. 신호 물질의 결합은 미토겐 수용체의 이합체화를 일으키고 이것은 Raf라 불리는 세포 내부 신호 단백질을 활성화시킨다. 이 단백질은 인산화 반응을 개시하여, 결과적으로 Raf 단백질은 MAP 키나아제를 인산화시키는 Mek를 인산화시킨다. 활성화된 MAP 키나아제는 핵으로 이동하고 일련의 전사 촉진자를 인산화시킴으로써 전사를 개시한다. STATs처럼, 이 방법으로 활성화된 유전자는 다른 세포 외부의 신호 화합물로부터 온 신호를 전달하는 다른 단백질들과의 상호작용에 의존한다.

RNA 폴리메라아제 II 개시 복합체는 매개 단백질을 거쳐 활성화된다

DNA-결합 단백질은 어떻게 유전자의 전사를 활성화시킬까? 일종의 물리적 접촉이 전사 활성화 단백질과 전사 개시 복합체 사이에서 일어나야만 한다. DNA의 신축성은 결합된 조절 단백질과 개시 복합체 사이에 결합을 만들 수 있도록 구부러질 수 있기 때문에 조절 서열과 전사 시작 부위의 분리는 문제가 되지 않는다. 하지만 이것은 조절 단백질이 어떻게 RNA 폴리메라아제의 활성에 영향을 주는지를 이해하는 데 도움을 주지 않는다. 다른 생명체를 이용한 연구로 알아낸 증거와는 명백하게 상반되며, 이와 같은 현상이 어떻게 RNA 폴리메라아제 II 프로모터에서 일어나는지는 수년 간 미스테리였다. **매개체(mediator)**라 불리는 큰 단백질이 효모에서 분리되었을 때 문제가 해결되었다.

효모 매개체는 머리, 중간, 그리고 꼬리 도메인 구조를 가진 21개의 단위체들로 구성되어 있다. 꼬리는 조절 서열에 결합하는 활성 단백질과 물리적 접촉을 만들고, 중간과 머리 부분은 개시 복합체와 상호작용을 한다(그림 9.25). 따라서 개시 복합체가 활성화 단백질과 직접적인 결합하기 보다는, 매개체에 의해 전달되는 활성화 신호에 의해 간접적으로 결합한다.

고등 진핵생물들의 매개체는 효모 매개체보다 더 큰데, 인간 버전(version)의 경우 30

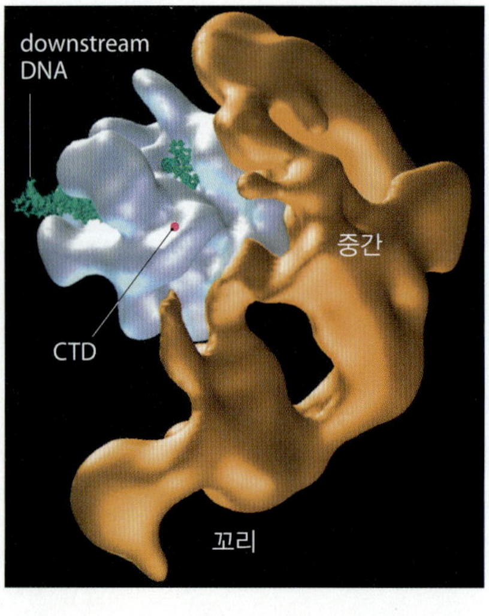

그림 9.25 효모의 매개체와 RNA 폴리메라아제 II 개시 복합체 사이의 상호작용. 매개체는 갈색으로 표시했다. 매개체의 중간과 꼬리 부분이 잘 보이며 머리 요소는 구조의 반대쪽 부분에 있다. 매개체의 중간과 머리 부분은 개시 복합체(하얀색)와 접촉하여 결국 DNA(초록색)에 결합한다. RNA 폴리메라아제의 C-말단 도메인의 위치도 보여 준다. (From K.A. Davis et al., *Mol. Cell* 10: 409–415, 2002. With permission from Elsevier.)

개 또는 그 이상의 단위체들을 가진다. 포유류 매개체의 한 특징은 단위체 매개체를 이루는 성분이 다양하며, 이는 몇 개의 버전이 있을 수 있는 가능성을 높여 준다. 각각의 버전은 어쩌면 중복될 가능성이 있지만, 다른 세트의 촉진자에 반응한다. 매개체가 어떻게 전사에 영향을 미칠까? 한 세트의 인산기가 RNA 폴리메라아제 II의 가장 큰 단위체의 C-말단 지역에 첨가되어질 때까지 개시 복합체는 전사를 시작할 수 없다(그림 9.26). 매개체 스스로가 이 인산기를 RNA 폴리메라아제 II에 첨부함으로써 전사 개시를 활성화시킨다고 생각되었다. 비록 매개체가 일부 방법에 관련되어 있다 하더라도, 전사 인자 TFIIH가 인산기를 첨가하는 역활을 한다는 것을 알았다. 다른 실험은 TATA-결합 단백질인 TBP가 프로모터에 결합할 때, 매개체가 개시 복합체 형성의 첫 번째 단계를 활성화시킬 수도 있다고 제안한다.

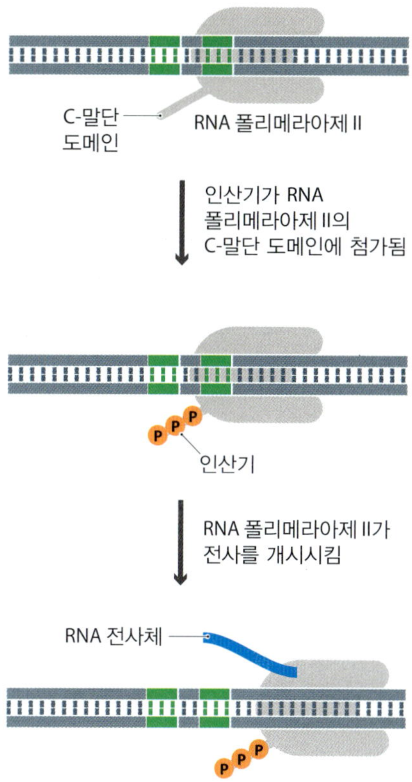

그림 9.26 전사를 시작하기 위해서는 인산기가 RNA 폴리메라아제 II의 C-말단 도메인에 첨가되어져야만 한다. 위쪽 그림은 RNA 폴리메라아제 II가 코어 프로모터(녹색)에 결합하는 것을 보여 준다. C-말단 도메인의 인산화는 RNA를 합성시킬 수 있도록 폴리메라아제를 활성화시킨다.

9.4 유전자 발현을 조절하는 다른 방법들

조절 서열에 결합하고 전사 개시를 활성화 또는 억제시키는 DNA-결합 단백질에 의해 유전자 발현이 어떻게 조절 되는지에 대해 관찰했다. 우리는 유전자 조절 면에 초점을 맞춰 왔다. 왜냐하면 유전학자들은 전사 개시가 유전자 스위치의 켜짐과 꺼짐을 결정하는 중요한 과정이라고 믿기 때문이다. 그러나 이것이 유전자 조절에서 유일하게 중요한 형태라고 생각하는 오류를 범해서는 안 된다. 위에서 논의했던 것처럼, 유전자 발현에서 거의 모든 단계는 어떤 형태의 조절을 받게 된다(그림 9.4 참조). 다른 단계에서는 유전자 스위치의 켜짐과 꺼짐이 중요한 조절점이 아닐지도 모른다. 아닐 것이다. 그러나 그것이 유전자 산물 합성률에 동등하게 중요한 영향을 미친다.

처음으로 유전학을 공부하는 학생들에게는 다른 생물체에서 진화하는 광범위의 조절 전략들을 이해하는 것이 쉽지 않기 때문에 알려진 모든 조절 메커니즘을 종합적으로 조사하지는 않을 것이다. 대신에 우리는 유전자 발현이 조절되는 가장 중요한 방법으로 세가지 예에 대해 알아볼 것이다.

세균 RNA 폴리메라아제의 변형은 다양한 유전자 세트가 발현될 수 있도록 만든다

유전자 조절의 첫 번째 형태는 전사 개시이다. 그러나 조절 전략은 지금까지 학습해 왔던 것과는 다르다. 이것은 세균에서만 알려졌지만 하나의 오페론에 존재하지 않는 유전자 쌍들로 동시에 전사가 일어나거나 일어나지 않게 될 수 있다. 이것은 열충격처럼 위급 상황에 빠르게 반응하는 방법으로서 일부 세균에 의해 이용되기도 하고, 세포 분화를 위해 다른 생명체에 의해 이용되기도 한다.

이런 타입의 조절 열쇠는 세균 RNA 폴리메라아제의 σ 단위체이다. 세균의 RNA 폴리메라아제에 한 타입이 존재할 지라도, 일부 종은 많은 종류의 σ 단위체를 가지고 있어서 약간 다른 성분의 RNA 폴리메라아제를 형성할 수 있다. σ 단위체는 서열-특이성 DNA-결합 능력을 갖는 폴리메라아제의 일부이기 때문에, 다른 σ 단위체를 갖는 폴리메라아제는 다른 프로모터 서열을 인식할 것이다.

대장균에서 기본적인 σ 단위체는 σ^{70}(분자량이 거의 70 KD)이고, 이것은 그림 4.12에서 보여준 것처럼 공통 프로모터 서열을 인식한다. 대장균은 두 번째 σ 단위체인 σ^{32}를 갖는데, 이것은 세균이 열충격에 노출될 때 만들어진다. 이 단위체는 다른 프로모

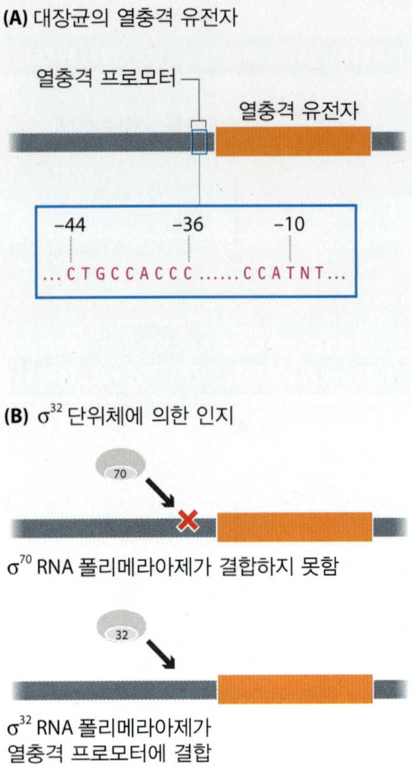

그림 9.27 σ^{32} 단위체에 의한 대장균 열충격 유전자의 인식. (A) 열충격 프로모터의 서열은 정상적인 대장균 프로모터의 서열과는 다르다. 정상적인 프로모터는 5′-TTGACA-3′의 서열을 갖는 −35 박스와 5′-TATAAT-3′의 서열을 갖는 −10 박스로 구성된다. (B) 열충격 프로모터는 σ^{70} 단위체를 포함하는 정상적인 대장균 RNA 폴리메라아제에 의해 인식되지는 않지만, 열충격 동안 활성화되는 σ^{32} RNA 폴리메라아제에 의해 인식된다.

터 서열을 인식하며(**그림 9.27**), 이 서열은 세균이 열 스트레스를 이겨 내도록 돕는 특별한 단백질을 번역하는 유전자의 상류에서 발견된다.

선택적 σ 단위체는 다른 세균에서도 알려져 있다. 예를 들면, *폐렴간균(Klebsiella pneumoniae)*은 σ^{54} 단위체를 이용하여 질소 고정에 관여하는 유전자 발현을 조절하는 시스템을 사용한다. 이 조절 전략에서 가장 정교한 예는 바실러스(*Bacillus*) 종이다. 이것은 정상적인 성장에서 부터 포자 형성까지의 전환 과정 중에 한 그룹의 유전자의 꺼짐과 켜짐 스위치를 포함하는 모든 범위의 다른 σ 단위체를 사용한다. *바실러스*는 좋지 않은 환경 조건에 반응하여 포자를 생성하는 여러 세균류 중 하나이다(**그림 9.28**). 이 포자는 물리적, 화학적 학대에 강한 저항력이 있고 몇 십 년 또는 수 세기 동안 생존할 수 있다.

기본적인 바실러스 서브틸러스(*Bacillus subtilis*) σ 단위체들은 A와 H라 불린다. 이 단위체들은 포자를 생성하지 않는 세포에서 합성되며 RNA 폴리메라아제가 정상적인 성장과 세포 분열을 유지하기 위해 전사에 필요한 유전자를 위한 프로모터를 인식할 수 있게 한다. 포자 형성이 시작될 세포는 두 부분으로 나눠진다. 하나는 포자가 될 것이고 다른 하나는 포자가 방출될 때 죽는 모세포가 될 것이다(**그림 9.29**). 두 부분은 각각의 분화 과정들을 따라야만 한다. 이것은 기존의 단위체가 전-포자(pre-spore) 안의 σ^F와 모세포 안의 σ^E, 이렇게 2개의 새로운 단위체들로 대체됨으로써 일어난다. 각 단위체는 전-포자 또는 모세포 발달을 위한 특별한 유전자에 결합되어 있는 자신 고유의 프로모터 서열을 인식한다. 포자 형성 이후에 σ^F와 σ^E들은 각각 σ^G와 σ^K들로 대체될 때 일어나는 또 다른 변화가 진행된다. 이 두 번째 변화는 포자와 모세포 형성의 후기 단계에서 필요한 유전자를 활성화시킨다. 따라서 σ 단위체의 성공은 포자에서 기존 세균의 분화를 바탕으로 하는 유전자 활성도에서 시간-의존성 변화를 가져온다.

전사 종결 신호는 가끔 무시된다

우리는 이제 유전자 발현 과정으로 이동하여 전사 개시 이후에 발생하는 조절 과정을 살펴볼 것이다. 전사 개시 이후에 RNA의 합성을 조절하는 2개의 메커니즘은 세균에서 잘 알려져 있다.

첫 번째는 **항종결(antitermination)**이라 불린다. 이는 RNA 폴리메라아제가 종결 신호를 무시하고 두 번째 신호에 도착할 때까지 계속해서 전사가 연장될 때 발생한다(**그림 9.30**). 항종결은 폴리메라아제가 유전자의 상류에 위치하는 종결 신호를 인식하거

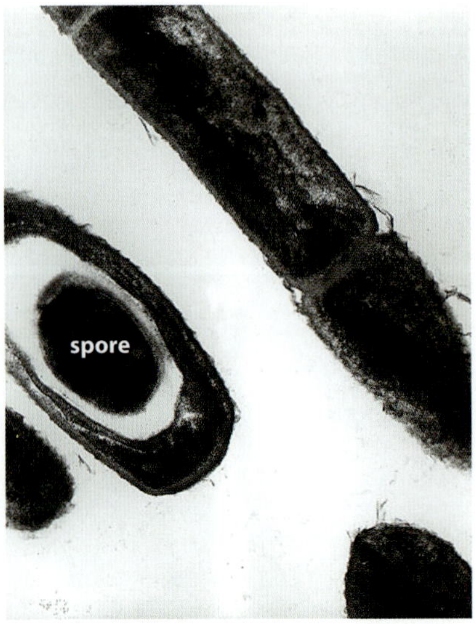

그림 9.28 *Bacillus anthracis* 세균의 전자현미경 사진. 마지막 발달 단계에 포자를 포함하는 세포를 보여 준다. (Courtesy of Dr Sherif Zaki and Elizabeth White, Centers for Disease Control and Prevention.)

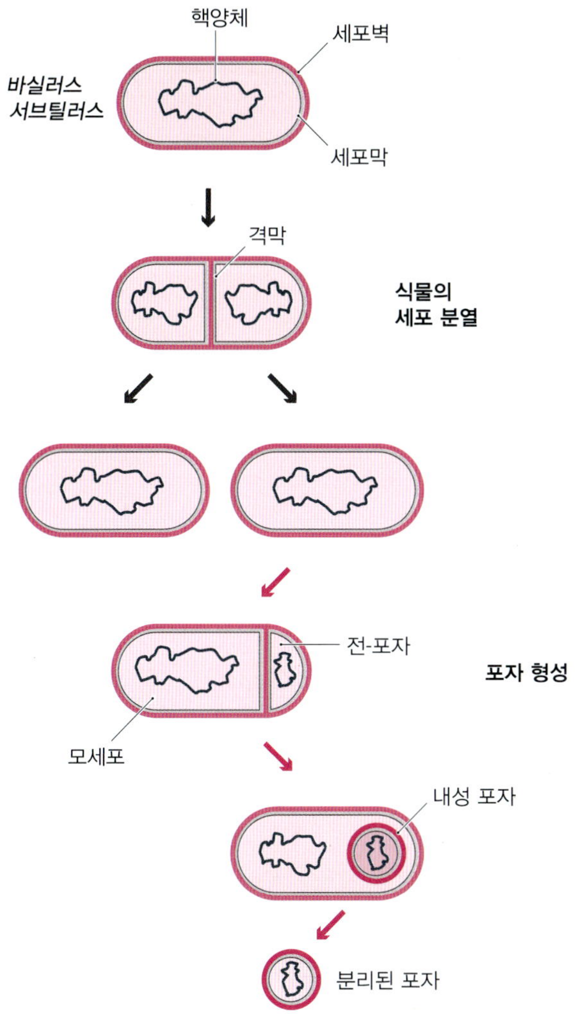

그림 9.29 바실러스 서브틸러스에서 포자 형성. 그림의 가장 윗부분은 세포 분열의 정상적인 식물 생장 형태를 보여 주며, 이것은 세균의 중앙을 가로질러 격막 형성에 관여하여 2개의 동일한 모세포를 만든다. 그림의 아래 부분은 세포의 한쪽 끝 근처에 격막이 형성되어 다른 크기의 전-포자와 모세포를 만들어 내는 포자 형성을 보여 준다. 결국 모세포는 전-포자를 완전히 에워싼다. 과정의 마지막에는 성숙한 내성 포자가 방출된다.

나 인식을 실패할 때 오페론의 말단에 있는 하나 또는 그 이상의 유전자 스위치가 켜지거나 또는 꺼질 수 있는 메커니즘을 제공한다.

항종결은 **항종결자 단백질(antiterminator protein)**에 의해 조절된다. 이 단백질은 오페론의 시작 부위 가까이에 있는 DNA에 결합하고, 첫 번째 종결 신호를 향해 가는

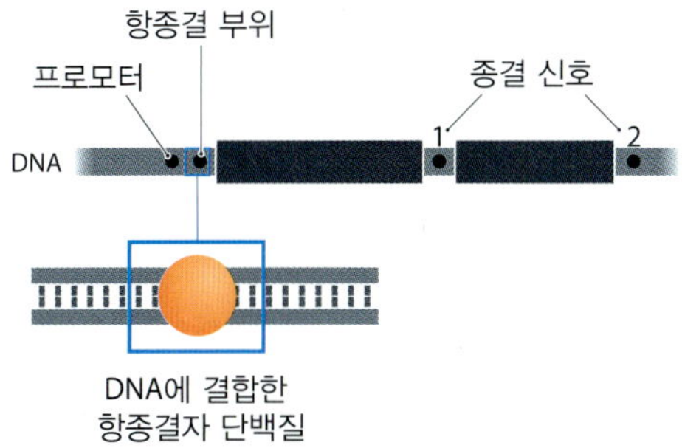

그림 9.30 항종결. 항종결자 단백질은 항종결 부위에서 DNA에 결합한다. 항종결자 단백질은 RNA 폴리메라아제가 첫 번째 종결 신호를 지나 계속해서 전사를 이어갈 수 있도록 RNA 폴리메라아제를 이동시킨다. 그래서 오페론에서 두 번째 부위의 유전자가 전사된다.

RNA 폴리메라아제를 종결 신호를 지나쳐서 계속 이동하게 한다. 항종결자 단백질은 효소가 종결 신호를 무시하게 함으로써, 하류 지역까지 전사가 계속된다. 항종결이 어떻게 일어나는지는 정확하게 알려지지 않았지만, 짐작컨대 항종결자 단백질은 고유한 종결을 안정화시킬 수 있고, 그리고/또는 Rho 의존성 전사 종결에서 폴리메라아제의 작용이 멈추는 것을 막는다.

비록 항종결의 메커니즘이 확실히 밝혀지진 않았지만, 유전자 발현에서 가질 수 있는 효과는 자세히 설명되어져 왔다. 항종결은 박테리오파지 λ의 감염 사이클 동안 특히 중요하다. 박테리오파지 λ는 대장균을 감염시키는 다양한 바이러스 중 하나이다. 박테리오파지는 상대적으로 적은 수의 유전자 — λ는 약 48개를 갖는다. — 를 가지고 있기 때문에, 유전자 발현의 기본 원리를 이해하기 위한 모델 시스템으로서 분자유전학의 초기에 사용되어졌다. 박테리오파지 λ의 연구는 유전자 조절에 관해서 특별히 유익했다.

λ의 감염 사이클이 성공적으로 진행되기 위해서는 다른 세트의 박테리오파지 유전자가 정확한 순서로 켜지고 꺼지는 것이 필요하다. 박테리오파지가 대장균 세포로 들어간 직후, 세균 RNA 폴리메라아제가 2개의 프로모터, p_L과 p_R에 결합할 때 게놈의 전사가 시작된다. 이 프로모터들의 전사는 2개의 "immediate early" mRNAs의 합성을 이끌고, 이것은 t_{L1}과 t_{R1} 위치에서 종결된다(**그림 9.31A**). p_L에서 t_{L1}까지 전사되는 mRNA는 N 단백질을 암호화하는데, 이것이 항종결자 단백질이다. N 단백질은 *nutL*과 *nutR* 부위에서 λ 게놈에 결합하고 RNA 폴리메라아제로 이동된다. 이제 RNA 폴리메라아제는 t_{L1}과 t_{R1}에서의 전사 종결을 무시하고 이 위치의 하류로 전사를 이어간다. 이 결과로 생기는 mRNAs는 "delayed early" 단백질을 암호화한다(**그림 9.31B**). 따라서 N 단백질에 의해 조절되는 항종결은 immediate early 단백질, 그리고 delayed early 단백질이 λ 감염 사이클 동안 정확한 순서로 합성하는 것을 확인해 준다. delayed early 단백질 중 하나인 Q는 감염 사이클의 후기 단계에서 전사를 조절하

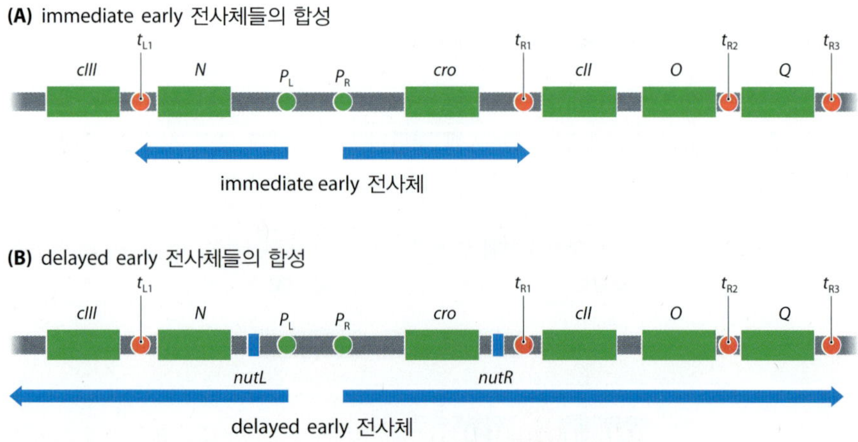

그림 9.31 박테리오파지 λ의 감염 사이클 중 항종결. (A) 프로모터 p_L 그리고 p_R로부터의 전사는 초기에 2개의 "immediate early" mRNAs의 합성이 일어나게 하고, 이것은 t_{L1}과 t_{R1} 위치에서 종결을 일으킨다. (B) p_L에서 t_{L1}까지 전사되는 mRNA는 N 단백질을 암호화하는데, 이것은 *nutL*과 *nutR* 부위에서 항종결 부위에 결합한다. 이제 RNA 폴리메라아제는 t_{L1}과 t_{R1}의 하류로 전사를 계속하게 된다. p_R로부터의 전사는 전사 종결 부위인 t_{R2}를 무시하고 t_{R3}에 도착할 때까지 계속된다.

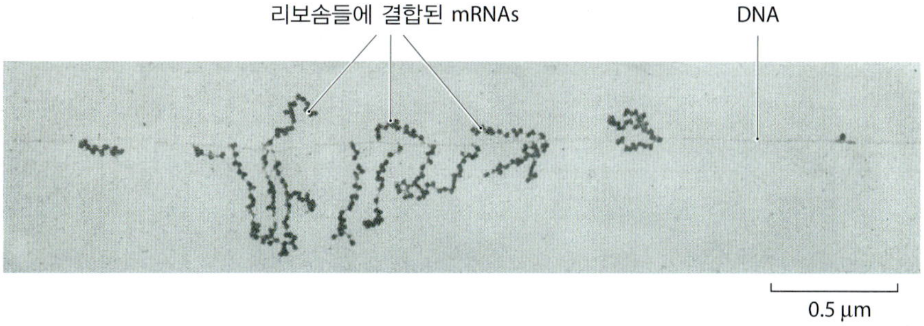

그림 9.32 세균에서 전사와 번역은 흔히 연결되어 있다. 이 전자현미경 사진은 대장균 DNA 분자들의 일부를 보여 준다. 몇몇 mRNAs가 DNA로부터 전사되고, 이 mRNAs는 자신에 결합된 리보솜들(작고 검은 점으로 보임)을 갖는다. mRNAs는 자신들이 완전하게 전사되지 않았을지라도 번역이 일어나게 된다. (From O.L. Miller, B.A. Hamkalo and C.A. Thomas Jr, *Science* 169: 392–395, 1970. With permission from AAAS)

는 두 번째 항종결자 단백질이다.

감쇠는 전사 종결을 목표로 하는 두 번째 조절 전략이다

세균에서 전사의 종결을 조절하는 두 번째 조절 과정은 **감쇠(attenuation)**라고 불린다. 이것은 주로 아미노산 합성에 관여하는 효소를 암호화하는 오페론에서 잘 알려져 있고, 다른 예는 거의 알려져 있지 않다.

감쇠의 기본은 세균에서 일어나는 전사와 번역 사이의 연결에서 나타난다. 즉, mRNA가 RNA 폴리메라아제에 의해 합성되고 있는 동안, 리보솜이 mRNA에 결합하고 번역하기 시작하는데(**그림 9.32**), 트립토판 오페론에서 감쇠가 어떻게 일어나는지 대장균에서 밝혀졌다(**그림 9.33**). 트립토판 오페론에서 5개의 유전자 중 첫 번째 유전자,

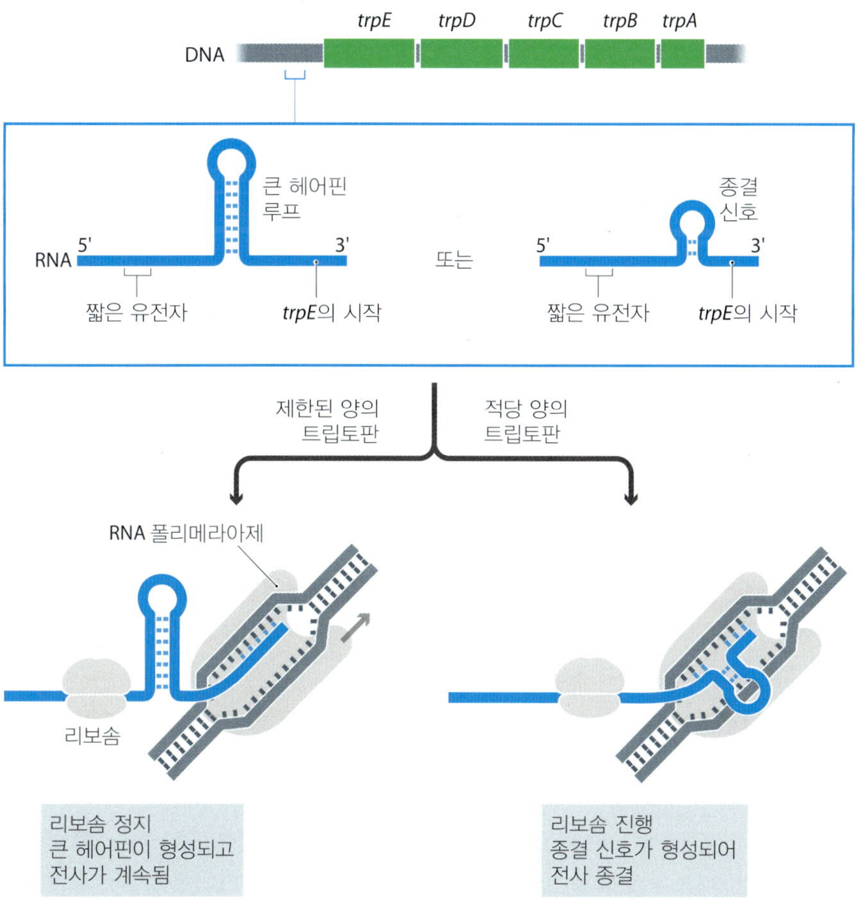

그림 9.33 트립토판 오페론에서의 감쇠. trpE의 시작 부위와 전사의 시작 부위 사이에 2개의 헤어핀 루프가 형성되는 것이 보인다. 작은 헤어핀 루프는 종결 신호의 역할을 한다. 그림의 아래 부분은 트립토판의 존재 유무에 따라 다르게 발생되는 과정을 보여 준다. 트립토판의 양이 제한적이라면, 리보솜은 짧은 유전자에 도착할 때 정지된다. 이것을 통해 폴리메라아제가 앞쪽으로 이동할 수 있게 하여 큰 헤어핀이 형성되고 전사가 이어진다. 트립토판의 양이 적당하다면, 리보솜은 폴리메라아제와 함께 계속 이동하며, 종결 신호가 형성된다.

*trpE*의 시작 부위와 전사의 시작 부위와 사이에 2개의 헤어핀 루프가 형성될 수 있다. 두 루프 중에서 작은 것은 종결 신호 역할을 한다. 그러나 전사의 시작 부위에 가까운 큰 헤어핀 루프가 더 안정적이며, 이것은 종결 헤어핀과 겹치게 된다. 그래서 2개의 헤어핀 중 하나만 한 번에 형성될 수 있다.

어떤 루프의 형성은 합성 직후 전사의 5′ 말단에 결합하는 리보솜과 RNA 폴리메라아제 사이의 상대적 위치에 의존한다. 리보솜이 폴리메라아제의 진행 속도에 보조를 맞출 수 없다면, 더 큰 헤어핀이 형성되고 전사는 계속된다. 그러나 리보솜이 RNA 폴리메라아제의 진행 속도에 보조를 맞추면 이 구조의 스템(stem) 일부를 구성하는 RNA에 리보솜이 결합함으로써 큰 헤어핀 형성을 방해한다. 위와 같은 상항이 일어날 때, 종결 헤어핀이 형성되고 전사는 멈춘다.

따라서 중요한 주제는 리보솜이 폴리메라아제의 진행 속도에 보조를 맞추느냐 아니냐이다. 종결 신호의 상류가 짧은 유전자이기 때문에 뒤처질 수 있다. 이 유전자는 단지 14개의 아미노산을 갖는 아주 작은 단백질을 암호화하는데, 이 중에서 2개는 트립토판이다. 세균 안에 이용될 수 있는 트립토판의 양이 적으면, 리보솜은 이 유전자를 번역하는 동안 방해를 받는다. 왜냐하면 필요한 트립토판의 두 분자를 기다려야만 하기 때문이다. 따라서 리보솜은 뒤처지고 폴리메라아제가 계속 앞으로 이동하게 함으로써 더 큰 헤어핀이 형성되고 전사는 계속 진행된다. 결과로 생긴 전사는 트립토판의 생합성을 암호화하는 여러 유전자를 포함하기 때문에, 신장이 계속된다면 세포 내에서 이 아미노산은 결핍될 것이다. 세포내 트립토판의 양이 만족스럽다면, 감쇠 시스템은 트립토판 오페론의 전사의 진행을 막는다. 왜냐하면 리보솜이 작은 단백질을 만드는 동안 뒤처지지 않기 때문이다. 그 대신, 폴리메라아제와 보조를 맞추어 종결 신호가 형성되도록 만든다.

대장균 트립토판 오페론은 감쇠뿐만 아니라 억제 인자에 의해서도 조절된다. 억제는 기본적으로 켜짐-꺼짐 스위치 역할을 하고, 감쇠는 유전자 발현의 정교한 단계를 조절한다고 여겨진다. 히스티딘, 류신, 트레오닌의 생합성을 위한 것처럼, 다른 대장균 오페론들은 오로지 감쇠에 의해서만 조절된다.

흥미롭게도, 바실러스 서브틸러스를 포함하는 일부 세균에서 트립토판 오페론은 억제 인자 시스템을 갖지 않은 것 중 하나이므로 전적으로 감쇠에 의해서만 조절된다. 이런 세균에서 감쇠는 mRNA를 따라 움직이는 리보솜의 속도가 아니라, **트립토판 RNA-결합 감쇠 단백질(*trp* RNA-binding attenuation protein, TRAP)**이라 불리는 RNA-결합 단백질에 의해 매개된다. 트립토판이 존재하면, 이 단백질은 대장균 전사물의 짧은 유전자와 상응하는 지역의 mRNA에 결합한다(**그림 9.34**). 한편, TRAP의 결합이 일어나면, 종결 신호가 형성되고 전사가 멈춘다.

세균과 진핵생물은 모두 번역 개시를 조절할 수 있다

우리는 이제 전사 개시가 각 유전자의 발현이 조절되어질 수 있다는 점에서 중요한 조절점이라는 것을 잘 알고 있다. 정도는 약하지만 번역 개시에도 똑같은 점이 있다.

가장 이해하기 좋은 예는 대장균의 리보솜 단백질 유전자의 오페론들에 관한 것이다(**그림 9.35**). 각 오페론들로부터 전사된 mRNAs의 리더 지역은 오페론에 의해 암호화된 단백질 중 하나의 결합 부위로 작용하는 서열을 포함한다. 이 단백질이 합성될 때, 이들은 rRNA에 결합하거나 mRNA의 리더 지역에 결합할 수 있다. 세포 안에 자유 rRNAs가 존재하면 rRNA 결합이 선호되어 발생한다. 모든 자유 rRNAs가 리보솜에 결합되면, 리보솜 단백질은 자신의 mRNA에 결합하게 되고, 번역 개시를 방해하

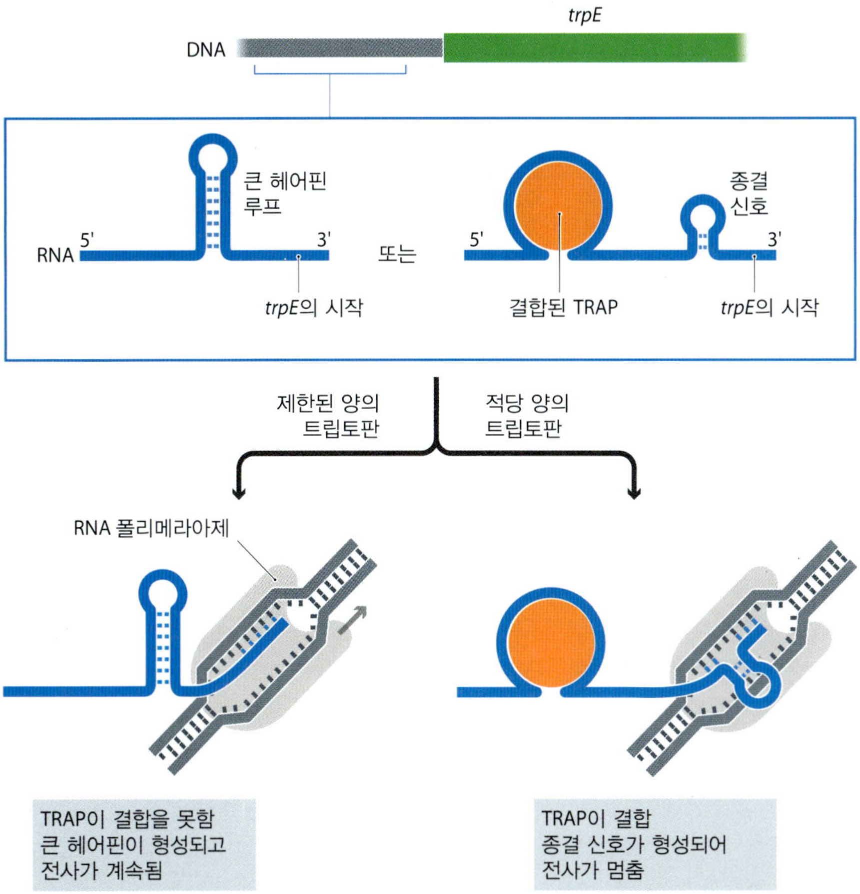

그림 9.34 바실러스 서브틸러스 트립토판 오페론의 조절. 박스는 *trpE*의 시작과 전사의 시작 사이의 지역에서 형성될 수 있는 2개의 헤어핀 루프를 보여 준다. 작은 헤어핀 루프는 종결 신호로서 행동하며, TRAP라 불리는 단백질이 전사물의 리더 지역에 결합할 경우 형성될 수 있다. 아래 그림은 트립토판의 존재 유무에 따라 다른 현상이 일어난다는 것을 보여 준다. 트립토판의 양이 제한되어질 때, TRAP는 결합하지 못하여 큰 헤어핀이 형성되고 전사는 계속된다. 트립토판의 양이 적당하다면, TRAP는 mRNA에 결합하고 종결 신호가 형성된다.

여 특정 mRNA에 의해 암호화되는 리보솜 단백질의 합성을 막는다. 다른 mRNAs와 관련된 비슷한 일들은 각 리보솜 단백질의 합성이 세포내 자유 rRNA의 양과 동등하다는 것을 확인시켜 준다.

진핵생물도 번역 개시의 조절 메커니즘을 갖는다. 포유류에서 재미있는 예는 철-저장 단백질, 페리틴(ferritin)을 위한 mRNA이다. 철이 없으면 페리틴은 필요하지 않다. 페리틴의 합성은 페리틴 mRNA의 리더 지역에 위치한 **철-반응 요소(iron-response**

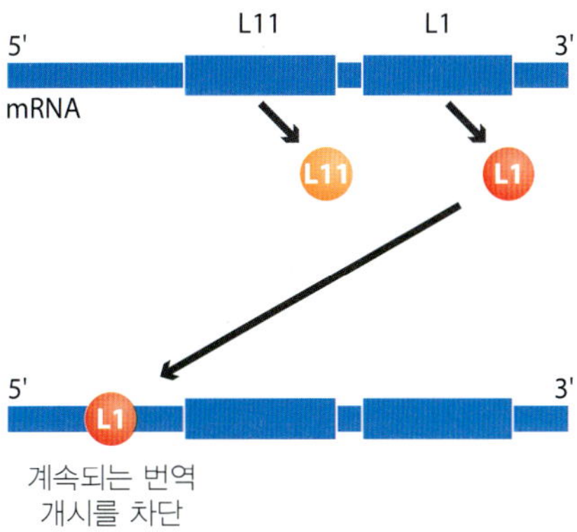

그림 9.35 세균에서 리보솜 단백질 합성 조절. 대장균의 L11 오페론은 L11과 L1 리보솜 단백질을 위한 여러 유전자를 운반하는 mRNA로 전사된다. 이용 가능한 23S rRNA 분자에 있는 L1 결합 부위가 채워질 때, L1은 mRNA의 리더 지역에 결합하고, 계속되는 번역 개시를 차단한다.

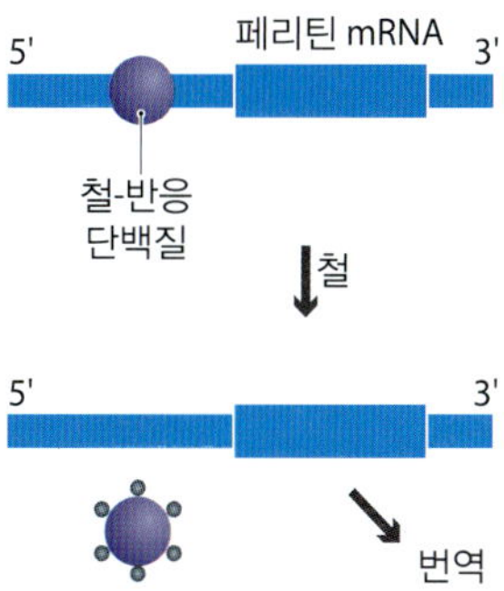

그림 9.36 포유류에서 페리틴 단백질 합성 조절. 철이 없으면 철-반응 단백질이 페리틴 mRNA에 결합하고 번역을 방해한다. 철이 있으면 철은 철-반응 단백질에 결합함으로써, mRNA에서 떨어지게 되어 페리틴이 합성되는 것을 가능하도록 만든다.

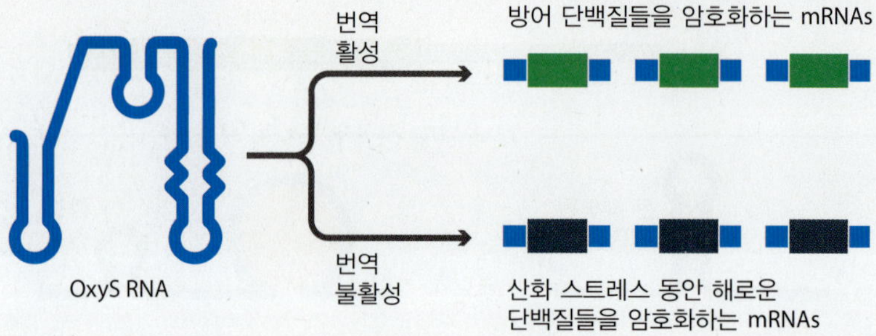

그림 9.37 대장균의 유전자 발현 조절에서 OxyS RNA의 역할. OxyS는 세균을 산화 손상으로부터 보호하는 단백질을 암호화하는 mRNAs의 번역을 활성화시킨다. 그리고 산화 스트레스 동안 해로울 수 있는 산물을 만드는 다른 mRNAs의 번역을 억제한다.

elements)라 불리는 서열에 결합하는 단백질에 의해 방해를 받는다(**그림 9.36**). 결합된 단백질은 mRNA를 따라 스캔을 시도하면서 개시 코돈을 찾는 리보솜을 방해한다. 철이 존재할 때 결합 단백질은 떨어지고 mRNA는 번역된다. 단백질-세포에 의해 철의 섭취에 연관된 트랜스페린 수용체에 관련된 mRNA 또한 철-반응 요소를 갖는다. 이런 경우, 철의 존재 하에 결합 단백질의 분리는 mRNA의 번역이 아니라 자신의 분해를 초래한다. 세포 내에 철이 존재할 때 세포 밖에서 철을 들여 올 필요가 없으므로 트랜스페린 수용체 활성이 필요치 않게 되는 것이다.

일부 세균 mRNAs의 번역 개시도 mRNAs 안의 인식 서열에 결합하는 짧은 RNAs에 의해 조절된다. RNA에 의해 매개되는 메커니즘은 표적 mRNAs의 번역의 활성과 방해를 모두 일으킨다. 대장균에서 위와 같은 조절 RNA를 OxyS라 부르는데, 이 RNA는 109개의 뉴클레오티드를 갖고 있으며, 대략 40여 개 mRNAs의 번역을 조절한다. OxyS RNA의 합성은 과산화수소와 다른 활성적인 산소 복합체에 의해 활성화되고, 이들은 세포에게 산화 손상을 일으킬 수 있다. 일단 OxyS가 합성되면, OxyS는 세균을 산화 손상으로부터 보호할 수 있는 산물을 만드는 일부 mRNAs 번역을 개시하고, 해로울 수 있는 산물을 만드는 다른 mRNAs 번역은 방해한다(**그림 9.37**). 똑같은 RNA가 일부 mRNA의 번역을 활성화시키거나 일부 mRNA의 번역을 방해하는 것처럼 어떻게 다른 효과를 가질 수 있는지 아직 모른다. 특히 OxyS가 mRNAs에 결합할 때 형성된 구조는 번역이 활성화된 mRNAs와 번역이 방해된 mRNAs에서 명백하게 다르지는 않다는 것은 매우 당혹스러운 것이다.

주요 개념

- 일부 유전자는 항상 발현되지만, 모든 생물체는 일부 유전자의 발현을 조절할 수 있다. 유전자 발현 조절은 세균이 환경의 변화에 반응할 수 있게 하고, 다세포 생물체의 세포가 다른 세포로부터의 신호에 반응할 수 있게 한다. 유전자 조절 역시 분화와 발생의 기초를 이룬다.
- 유전자 발현 조절은 세포에 존재하는 유전자 산물의 양을 통제한다. 이 양은 합성률(단위 시간당 만들어지는 유전자 산물)과 분해율(단위 시간당 분해되는 유전자 산물) 사이의 균형이다.
- 유전자 산물의 합성률은 유전자 발현 과정에서 다양한 단계의 하나 또는 조합을 통제하면서 조절될 수 있다.
- 모든 생물체에서 유전자가 발현 또는 억제되는지를 결정하는 주요 사건은 전사

개시 동안 발생한다. 전사 개시 이후의 유전자 발현 과정은 발현되는 유전자의 발현율을 변화시킬 수 있다. 진핵생물은 단일 유전자의 대체 산물의 합성을 조절할 수 있다.

- 대장균의 락토스 오페론은 전사 개시 조절의 기본적인 원리를 설명한다. 전사 개시는 락토스 억제 인자와 이화 물질 활성화 단백질처럼 DNA-결합 단백질의 영향을 받는다. 이 단백질들은 RNA 폴리메라아제의 결합 부위 근처에 위치한 특별한 서열에 결합하여 프로모터에 접근하고 RNA 합성을 개시할 수 있는 RNA 폴리메라아제의 능력에 영향을 준다.
- 조절 서열과 그 서열에 결합하는 단백질도 진핵생물에서 전사 개시 조절의 기초를 이룬다. 한 가지 차이점은 진핵생물의 RNA 폴리메라아제에 의한 기본적인 전사율은 낮다는 것이다. 그러므로 대부분의 진핵생물 조절 단백질은 전사 활성화물이다.
- 진핵생물에서, 세포 바깥으로부터의 신호는 세포 표면으로부터 세포질을 거쳐 유전자 발현에 영향을 주기 위해 핵으로 전달되어짐에 틀림없다.
- 전사 개시 이후에 일어나는 유전자 발현 과정들도 조절을 받는다. 전사의 종결과 번역 개시가 그 예이다.

질문 & 문제 (해답은 www.garlandscience.com/introgenetics에서 찾을 수 있다)

주요 용어들

다음 용어에 대한 간단한 정의를 서술하시오..

adenylate cyclase
antitermination
antiterminator protein
attenuation
basal promoter element
CAAT box
catabolite activator protein
cell surface receptor
co-repressor
cyclic AMP
Cys_2His_2 finger
diauxie
DNA-binding motif
enhancer
GC box
heat shock module
hormone response element
housekeeping genes
inducer
inducible operon
iron-response element
leucine zipper
MAP kinase system
mediator
octamer sequence
operator
operon
regulatory gene
repressible operon
repressor
signal transduction
STAT
steroid hormone
steroid receptor
structural gene
trp RNA-binding attenuation protein
zinc finger

자습 문제들

9.1 유전자 조절이 세균과 진핵생물에서 중요한 이유를 예를 들어 설명하시오.

9.2 모든 생명체에서 유전자 조절의 근본적인 원리는 어느 정도까지 똑같은지 설명하시오.

9.3 "구조"와 "조절" 유전자의 두 용어의 차이점을 대장균의 락토스 이용을 예를 들어 비교하시오.

9.4 작동 유전자와 억제 인자가 락토스 오페론의 발현을 조절하기 위해 어떻게 상호작용하는지 설명하시오. 이것이 왜 유도성 오페론이라 불리는지 설명하시오.

9.5 대장균에서 갈락토스 오페론은 *galK*, *galT* 그리고 *galE* 이렇게 3개의 구조 유전자로 구성된다. 이 유전자에 의해 암호화되는 단백질은 갈락토스의 대사체에 연관되어 있다. 또한 *galR* 조절 유전자도 있는데, 이것은 *gal* 오페론의 작동 유전자 상류에 결합하는 억제 인자를 암호화한다. 갈락토스는 유도자로서 행동한다. (a) 갈락토스가 없을 때, 그리고 (b) 갈락토스가 존재할 때 발생할 거라 예상되는 현상을 설명하시오.

9.6 돌연변이는 유전자, 프로모터, 또는 조절 부위의 기능이 달라질 수도 있는 뉴클레오티드 서열에서의 변화이다. *lac* 오페론의 발현에서 다음 돌연변이들의 효과를 추론하고 설명하시오.

(a) 작동 유전자에서의 돌연변이, 그래서 억제 인자가 더 이상 결합할 수 없다.

(b) *lacI*에서의 돌연변이, 그래서 억제 인자는 더 이상 합성되지 않는다.

(c) 프로모터에서의 돌연변이, 그래서 RNA 폴리메라아제가 더 이상 결합하지 않는다.

(d) *lacI*에서의 돌연변이, 그래서 억제 인자는 알로락토스에 더 이상 결합하지 않는다.

(e) 유전자 중간에 종결시키기 위해 전사를 일으키는 *lacY*에서의 돌연변이

(f) *lac* mRNA가 분해되지 않게 하는 알려지지 않은 위치에서의 돌연변이

9.7 "diauxie" 용어의 뜻은 무엇인지 설명하시오.

9.8 글루코스가 락토스 오페론의 발현에 어떻게 영향을 주는지 설명하시오.

9.9 유도성 그리고 억제 오페론 사이의 차이점을 설명하시오.

9.10 DNA 분자에 결합하는 단백질에서 발견되는 DNA-결합 모티프의 두 가지 예를 쓰시오.

9.11 유전자 발현의 조절에서 류신 지퍼의 중요성은 무엇인지 설명하시오.

9.12 진핵생물에서 유전자의 상류에서 발견되는 조절 모듈들의 예를 쓰시오.

9.13 인핸서의 특별한 특징은 무엇인지 쓰시오.

9.14 고등 진핵생물에서 유전자 활성을 조절하는 스테로이드 호르몬에 의한 과정의 개요를 설명하시오.

9.15 유전자 발현의 조절에서 STATs의 역할의 개요를 설명하시오.

9.16 신호 전달의 의미는 무엇인지 설명하고, 신호 전달 과정의 한 가지 예를 쓰시오.

9.17 효모와 포유 동물의 매개체 사이의 차이점을 서술하시오. 그리고 매개체가 어떻게 전사 개시에 영향을 주는지를 설명하시오.

9.18 선택적 단위체에 의한 세균 유전자 발현의 조절을 설명하기 위한 두 가지 예를 쓰시오.

9.19 항종결 과정을 설명하시오. 그리고 박테리오파지 λ에서 유전자 발현에 어떻게 연관 되는지 설명하시오.

9.20 감쇠란 무엇인지 대장균과 바실러스 서브틸러스에서 일어나는 진행 과정 사이의 차이점을 포함하여 설명하시오.

9.21 번역 개시가 세균과 진핵생물에서 어떻게 조절되는지를 예를 들어 설명하시오.

토의 주제들

9.22 어느 정도까지 유전자 조절의 근본적인 원리는 모든 생물체에서 똑같지 않다는 것을 설명하시오.

9.23 인지 나선의 아미노산 서열은 그 나선을 포함하는 단백질을 위한 DNA 결합 부위의 뉴클레오티드 서열을 감소시키기 위해 사용될 수 있다는 가능성에 대해 자세히 설명하시오.

9.24 왜 락토스 보다는 알로락토스가 락토스 오페론의 유도체인지 설명하시오.

9.25 대장균은 진핵생물에서 전사 개시 조절을 위해 어느 정도까지 좋은 모델인지와 대장균에서의 추정이 진핵생물에서 동등한 사건을 이해하는 과정에서 도움을 주는지 또는 도움을 주지 않는지 특별한 예를 들어 당신의 의견을 설명하시오.

9.26 오페론은 관련이 있는 유전자의 발현을 통합 조절할 수 있는 편리한 시스템이다. 오페론이 세균에서는 일반적이지만 진핵생물에서는 존재하지 않는다. 여기에 관해 논의하시오.

9.27 대장균의 트립토판 오페론은 억제 인자와 감쇠 인자 모두에 의해 조절받는다. 아미노산의 생화학적 효소를 암호화하는 다른 오페론은 감쇠에 의해서만 조절받는다. 이와 관련하여 논의하시오.

추천 문헌

Harrison SC & Aggarwal AK (1990) DNA recognition by proteins with the helix-turn-helix motif. *Annu. Rev. Biochem.* 59, 933–969.

Henkin TM (1996) Control of transcription termination in prokaryotes. *Annu. Rev. Genet.* 30, 35–57. *A detailed account of antitermination and attenuation.*

Horvath CM (2000) STAT proteins and transcriptional responses to extracellular signals. *Trends Biochem. Sci.* 25, 496–502.

Jacob F & Monod J (1961) Genetic regulatory mechanisms in the synthesis of proteins. *J. Mol. Biol.* 3, 318–389. *The original proposal of the operon theory for control of bacterial gene expression.*

Kim Y-J & Lis JT (2005) Interactions between subunits of *Drosophila* mediator and activator proteins. *Trends Biochem. Sci.* 30, 245–249.

Lopez D, Viamakis H & Kolter R (2008) Generation of multiple cell types in *Bacillus subtilis*. *FEMS Microbiol. Lett.* 33, 152–163. *Describes how different σ subunits are involved in sporulation.*

Losick RL & Sonenshein AL (2001) Turning gene regulation on its head. *Science* 293, 2018–2019. *Describes the attenuation systems at the tryptophan operons of* E. coli *and* B. subtilis.

Mackay JP & Crossley M (1998) Zinc fingers are sticking together. *Trends Biochem. Sci.* 23, 1–4.

Ptashne M & Gilbert W (1970) Genetic repressors. *Sci. Am.* 222, 36–44. *The mode of action of repressors and the methods used in isolation of the proteins.*

Tsai M-J & O'Malley BW (1994) Molecular mechanisms of action of steroid/thyroid receptor superfamily members. *Annu. Rev. Biochem.* 63, 451–486. *Control of gene expression by steroid hormones.*

Zubay G, Schwartz D & Beckwith J (1970) Mechanisms of activation of catabolite-sensitive genes: a positive control system. *Proc. Natl. Acad. Sci. USA* 66, 104–110. *An early description of the CAP system.*

PART II

유전의 단위로서의 유전자

10 DNA 복제

11 진핵세포 분열에서 유전자의 유전

12 세균에서 유전자의 유전

13 바이러스 감염주기에서 유전자의 유전

14 진핵생물 유성생식에서 DNA 분자의 유전

15 진핵생물 유성생식에서 유전자의 유전

16 돌연변이와 DNA 수선

17 집단에서 유전자의 유전

우리는 생물학적 정보가 유전자의 뉴클레오티드 서열 안에서 암호화된다는 것과 유전자 발현 과정에 의해 세포가 이 정보를 이용가능하다는 것을 배웠다. 다음 8개의 장에서는 유전의 단위들로서, 유전자의 두 번째 역할에 초점을 맞출 것이다. 우리는 세 가지 질문을 다룰 것이다. 첫 번째 질문은 모세포가 분열할 때 완벽한 세트의 유전자가 어떻게 딸세포로 전달되는가이다. 이 질문에 대답하기 위해 우리는 어떻게 각 DNA 분자가 복제되는지와 어떻게 딸세포가 모든 세트의 복제된 DNA 분자를 획득하는지를 알아 볼 것이다. 따라서 우리는 DNA 분자가 진핵생물세포의 염색체 안에서 어떻게 체계화되는지와 염색체 분열이 세포 분열과 어떻게 조화롭게 일어나는지를 연구해야만 한다. 우리는 세균이 나누어질 때 DNA 분자의 이동을 관찰하고 바이러스 감염주기 동안 바이러스가 어떻게 자손에게 유전자를 전달하는지를 연구해야만 한다.

두 번째 질문은 유성생식 동안 유전자의 유전에 대한 것이다. 유성생식은 남성, 여성의 생식세포를 생산하는 특별한 종류의 세포 분열에 의해 진행된다. 하나의 남성 생식세포와 하나의 여성 생식세포가 융합하여 새로운 버전의 생명체로 발전하는 수정란을 만든다. 우리는 어떻게 생식세포가 만들어지는지를 공부하고, 유성생식으로 태어난 새로운 생명체에서 부모로부터 받은 유전자가 어떻게 상호작용하는지를 연구해야만 한다. 이 질문에 대한 대답은 150년 전 멘델(Mendel)에 의해 처음으로 설명된 유전과정을 분자적 실험을 통해서 얻게 될 것이다.

세 번째 질문은 유전자의 유전과 종의 진화 사이의 관계에 대한 것이다. 진화가 일어난다는 사실은 우리에게 유전자가 바뀔 수 없는 단위체들이 아니라는 것과, 그들 스스로 시간이 지나면서 변해야만 한다는 것을 알려준다. 따라서 우리는 DNA 분자서열을 변화시키는 다양한 과정들 뿐만이 아니라, 이 과정들이 유전자 안에 포함된 생물학적 정보에 미치는 영향도 조사해야만 한다. 우리는 새로운 버전의 유전자가 시간이 지나면서 생긴다는 것과 이것들의 일부가 인구를 통해 전파되어 널리 퍼지는 것을 알게 될 것이다. 그렇게 함으로써 인간은 그들의 조상에서는 부족했던 대립유전자를 얻게 된다. 유전자가 개별적인 것에 의한 것보다 인구에 의해 유전되는 방법을 연구함으로써, 종들이 시간이 가면서 어떻게 변화할 수 있는 지를 이해할 수 있을 것이다.

DNA 복제 CHAPTER 10

모세포가 분열할 때 완전한 세트의 유전자가 어떻게 딸세포로 전달될까? 이 장에서 우리는 DNA 분자가 복제되는 방법을 연구함으로써 답의 일부를 알아낼 것이다. 첫 번째, 우리는 복제의 전체적인 양상을 관찰할 것이고 하나의 DNA 이중 나선이 어떻게 2개의 독립적인 딸 이중 나선을 만드는지를 질문할 것이다. 상보적인 염기쌍이 폴리뉴클레오티드의 이중 나선 복제를 가능하게 하는데, 여기에는 여러 방법이 있기 때문에 우리는 옳은 방법을 찾아야만 한다. 그 다음에는 DNA 복제의 생화학과 효소학을 연구해야 한다. 어떤 단백질이 관여하고 어떻게 새로운 폴리뉴클레오티드가 합성될까?

10.1 DNA 복제의 전체적인 양상

이중 나선 구조의 발견이 유전학에서 중요한 돌파구가 된 이유 중 하나는 DNA 분자가 복제될 수 있는 방법이 바로 제안되었고, 따라서 유전자가 어떻게 복제될 수 있는지에 대한 큰 비밀을 풀었기 때문이다. 이는 이중 나선의 각 가닥이 자신의 파트너 합성을 위한 주형으로 행동할 수 있기 때문에 상보적 염기쌍이 열쇠가 된다(그림 10.1). 그러나 주형-의존성 DNA 합성이 이중 나선의 복제를 가능하게 하는 방법에는 여러 가지가 있다. 우리는 가능한 복제 과정을 살펴보고 살아 있는 세포에서 실제로 작용하는 것을 발견해야만 한다.

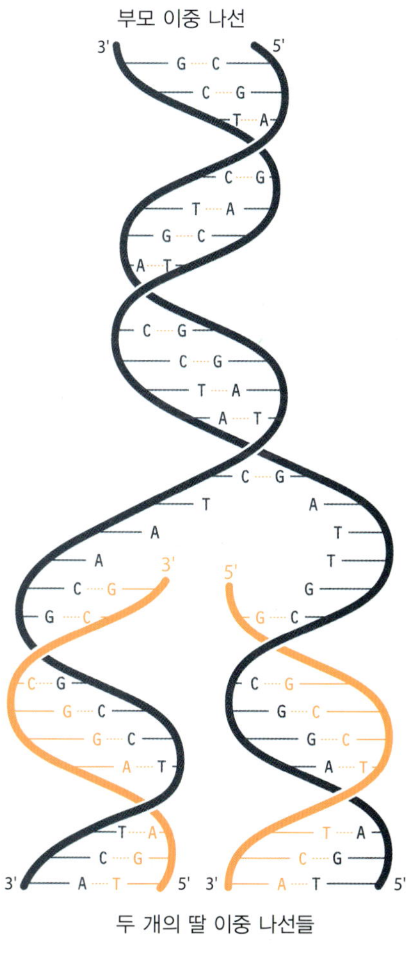

그림 10.1 상보적 염기쌍은 2개의 이중 나선 복제품을 만드는 방법을 제공한다. 부모 이중 나선의 폴리뉴클레오티드들은 파란색으로 나타내고, 새롭게 합성된 가닥들은 오렌지색으로 나타난다.

DNA는 반보존적으로 복제하지만 이것은 기하학적 문제를 일으킨다

상보적 염기쌍은 DNA 이중 나선의 복제를 만들기 위해 사용될 수 있는 3가지 다른 방식을 제공한다(그림 10.2). 첫 번째는 **반보존적 복제(semiconservative replication)**이다. 각 딸 DNA 분자는 기존의 분자와 하나의 새롭게 합성된 가닥으로부터 얻은 하나의 폴리뉴클레오티드를 포함한다. 두 번째는 **보존적 복제(conservative replication)**이다. 이 과정에서 하나의 딸 DNA 분자는 양쪽 부모의 폴리뉴클레오티드를 포함하고 다른 딸 DNA 분자는 새롭게 합성된 양쪽 가닥들을 포함한다. 세 번째는 **분산 복제(dispersive replication)**이다. 딸 분자의 각 가닥은 기존의 폴리뉴클레오티드의 일부와 새롭게 합성된 폴리뉴클레오티드의 일부로 구성된다.

반보존적 복제는 가장 정교한 계획이고 Watson과 Crick이 1953년에 DNA 이중 나선 구조를 발견했을 때 확증된 것이다. 보존적 모델은 2개의 새롭게 합성된 가닥들이 그들의 주형으로부터 분리되고 서로 재결합되어야만 하기 때문에 가능성이 적다. 따라서 보존적 복제 과정에서는 여분의 무의미한 과정이 나타날 것이다(그림 10.3A). 분산 복제는 반복된 주형의 교체를 요구하며, 겉보기에 불필요한 합성이 다시 있을 것이다(그림 10.3B). 그러나 과학은 다른 계획을 고려하고 대부분 사실임을 판단하는 정도로 간단히 진행되지는 않는다. 따라서 3개의 복제 모델이 정확하다는 것을 결정하기 위해, 이중 나선의 발견 이후에 실험이 수행되었다(연구 브리핑 10.1). 이 실험의 결과는 DNA가 반보존적으로 복제된다는 것을 완벽히 증명하였다. 이러한 결론은 문제를 일으켰는데, 왜냐하면 그 당시에는 반보존적 복제 과정이 살아 있는 세포 안에서는 불가능하다고 믿었기 때문이다.

왜 반보존적 복제는 불가능하다고 생각되었을까? 이유는 이중 나선 구조 안에 있다.

그림 10.2 DNA 복제를 위한 가능한 계획

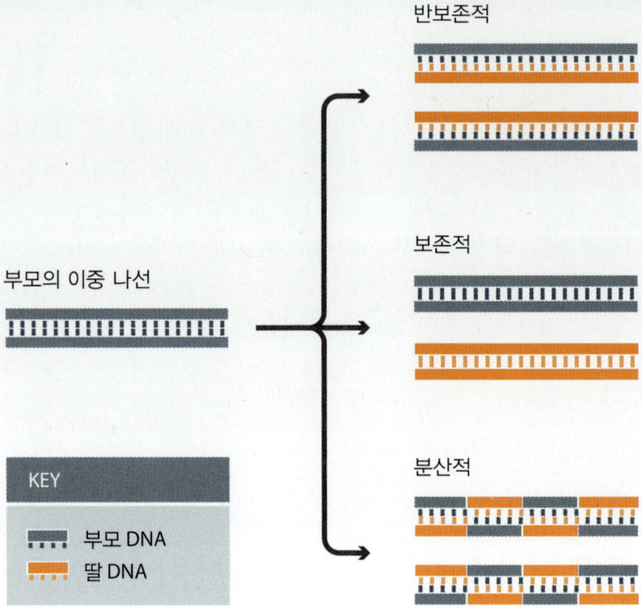

이중 나선은 **연사형(plectonemic)**인데, 2개의 가닥들의 풀림 없이는 분리될 수 없다는 것을 의미한다. 따라서 반보존적 복제 동안, 가닥들이 개별적으로 복사되기 전에 풀림 현상이 일어나므로, 부모의 이중 나선이 회전하는 것이 필요하다. 이중 나선의 10 bp마다 1번의 회전이 일어나므로 225 Mb의 길이를 갖는 인간의 1번 염색체에서 DNA 분자의 복제는 염색체 DNA의 2,250만 번의 회전을 필요로 한다. 이것이 어떻게 부자연스러운 볼륨의 핵 안에서 발생할 수 있는지는 상상하기 어렵고, 회전이 가능하다 하더라도 직선의 염색체 DNA 분자의 풀림은 물리적으로 불가능하다. 반대로, 세균에서 발견되는 것처럼 원형 이중 나선 분자는 복제에 필요한 방법으로 회전되어질 수 없고 반보존적 과정에 의해 복제될 수 없다. 기하학적 문제의 해결책을 발견하기까지 거의 25년이 소요되었다.

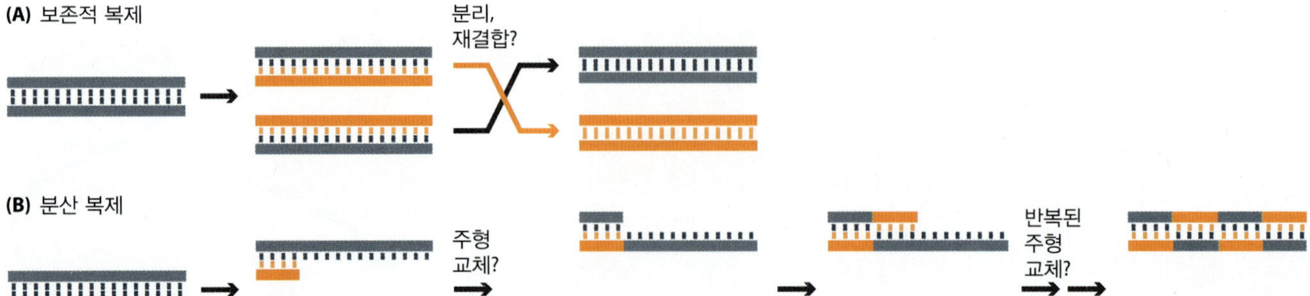

그림 10.3 보존적 그리고 분산 복제의 문제점. (A) 보존적 복제는 2개의 새롭게 합성된 가닥이 자신들의 주형으로부터 분리되고 서로 재결합되는 과정을 요구한다. (B) 분산적 복제는 반복된 주형 교체를 요구한다.

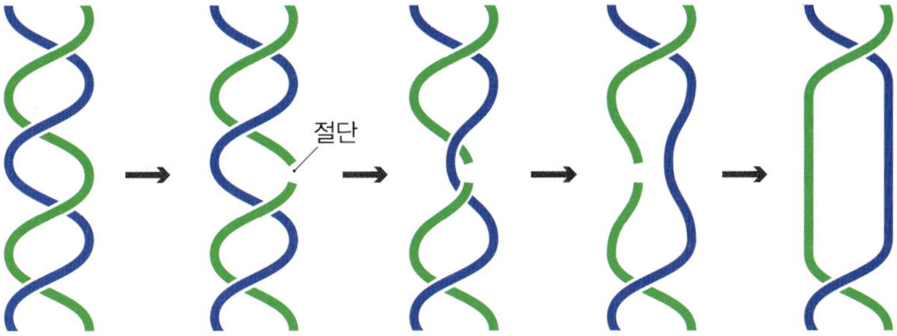

그림 10.4 타입 I DNA 토포이소메라아제의 작용 방식. 타입 I 토포이소메라아제는 하나의 폴리뉴클레오티드를 절단하고 만들어진 틈을 통해 두 번째 폴리뉴클레오티드를 통과시킨다.

DNA 토포이소메라아제가 기하학적 문제를 해결한다

기하학적 문제는 **DNA 토포이소메라아제(DNA topoisomerases)**라 불리는 효소의 활성이 발견됨으로써 해결되었다. DNA 토포이소메라아제는 이중 나선을 회전시키지 않고 DNA 분자의 두 가닥을 분리시키는 효소이다. DNA 토포이소메라아제들은 폴리뉴클레오티드 백본(backbone)을 일시적으로 절단하여 이것을 실행한다.

DNA 토포이소메라아제는 두 종류가 있다. **타입 I 토포이소메라아제(Type I topoisomerases)**는 하나의 폴리뉴클레오티드를 절단하고 형성된 틈을 통해 두 번째 폴리뉴클레오티드를 통과시킨다(그림 10.4). 절단된 가닥의 두 말단은 다시 합쳐진다. 이 행동은 고리수(linking number, 원형 분자에서 한 가닥이 다른 가닥과 교차되는 수)를 1번 변화시킨다. 반면 **타입 II 토포이소메라아제(Type II topoisomeraes)**는 두 번째 나선 조각을 통과할 때 “열린 문(gate)”을 만들면서 이중 나선의 두 가닥을 모두 절단한다(그림 10.5). 이것은 고리수를 2번 변화시킨다. 서로 다른 메커니즘임에도 불구하고 타입 I, II 토포이소메라아제 모두 똑같은 말단 결과를 만든다. 두 타입 모두 DNA 분자가 복제될 때 회전하지 못하게 하고 두 가닥을 옆으로 각각 잡아당겨서 나선이 풀

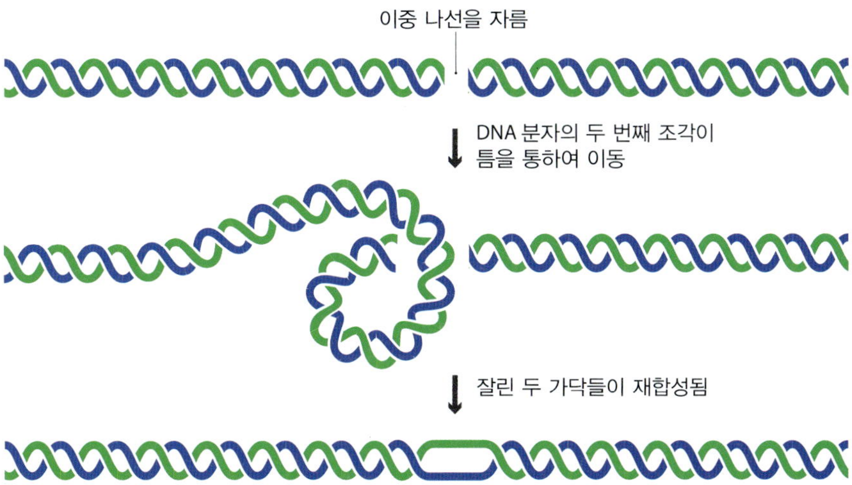

그림 10.5 타입 II DNA 토포이소메라아제의 행동 방식. 타입 II 토포이소메라아제는 이중 나선의 양 가닥을 절단한다. 나선의 두 번째 조각을 통과하는 틈이 만들어진다.

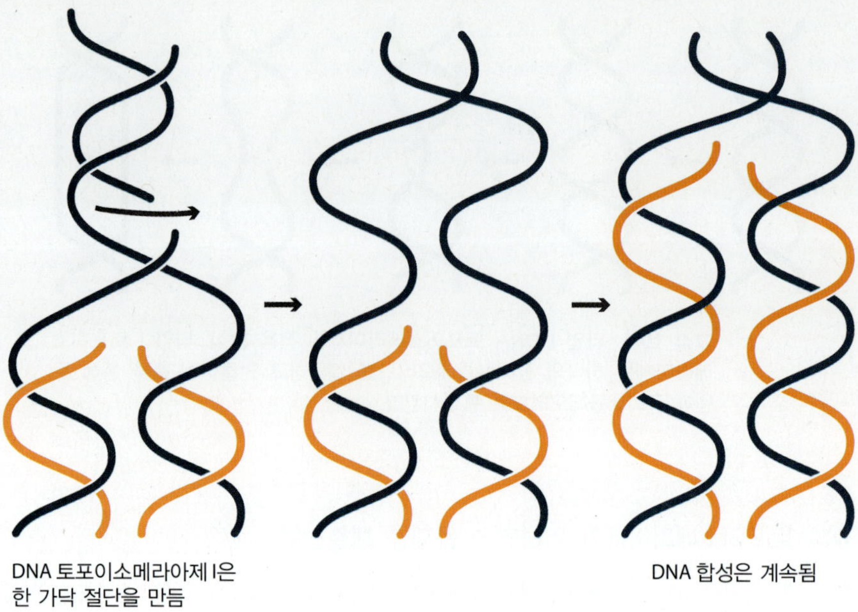

그림 10.6 이중 나선의 압축 풀림. 복제 동안에, 이중 나선은 DNA 토포이소메라아제의 작용에 의해 풀림 현상이 일어난다. 따라서 복제는 나선의 회전 없이 일어날 수 있다.

린 상태를 만든다(**그림 10.6**).

이와 같이, 하나 또는 양쪽 DNA 가닥의 절단을 통해 기하학적 문제를 과감하게 해결할 수 있었다. 가끔씩 토포이소메라아제가 가닥의 재조합에 실패하면 그 후에 우연히 두 섹션(sections)으로 절단된 염색체가 만들어진다. 그러나 이러한 가능성은 효소의 작용 방식에 의해 감소된다. 절단된 폴리뉴클레오티드 각 말단은 효소의 활성 부위의 타이로신과 공유 결합한다. 이것은 자유로운 폴리뉴클레오티드 말단이 조작되어지는 동안, 이 말단들이 단단하게 고정되어있다는 것을 확인시켜준다. 타입 I 및 II 토포이소메라아제는 폴리뉴클레오티드-타이로신 결합의 정확한 화학적 구조에 따라 세분화된다. 타입 IA와 IIA 효소들은 절단된 폴리뉴클레오티드의 자유 5′ 말단에 붙어 있는 인산기의 결합에 관여하고 타입 IB와 IIB는 3′ 말단의 인산기를 통한 결합에 관여한다(**그림 10.7**). A와 B 토포이소메라아제는 각각 개별적으로 진화하였을 것이다. 두 가지 타입 모두 진핵생물에 존재하지만 타입 IB와 IIB 효소는 세균에서 매우 드물다.

복제가 이중 나선의 기하학에 의해 복잡해지는 유일한 활동은 아니다. DNA 토포이소

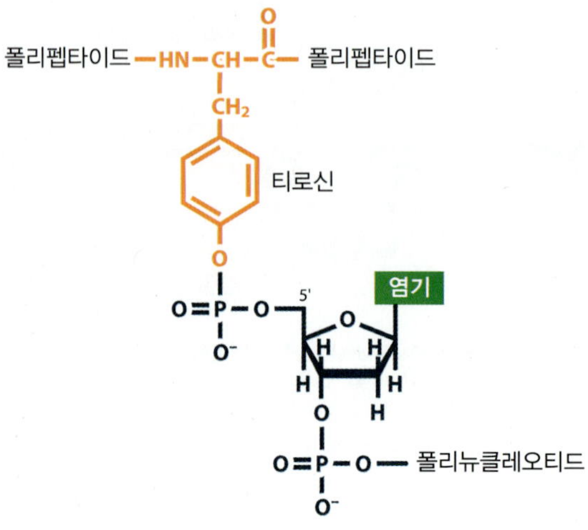

그림 10.7 타입 IA와 IIA 토포이소메라아제와 타이로신 사이의 결합(갈색)과 절단된 폴리뉴클레오티드의 5′ 말단

메라아제가 전사 과정과, 그리고 너무 많이 감기거나 덜 감긴 DNA를 만드는 다른 과정에서도 중요한 역할을 한다는 것이 점점 명백해지고 있다. 대부분의 토포이소메라아제는 DNA를 풀 수 있지만, 일부 세균의 타입 II 효소는 반대 작용을 수행할 수 있고 DNA 분자로 여분의 회전을 유도할 수 있다. 그 예는 **DNA 기라아제(DNA gyrase)**라 불리는 효소이다. 우리는 13장에서 DNA 기라아제의 역할에 대해 공부할 것이다.

반보존적 주제에 대한 다양성

DNA 복제의 반보존적 방식에서 예외는 없다고 알려졌지만, 이 기본적인 주제에서도 몇 개의 다양성이 존재한다. 그림 10.1에서처럼, **복제 포크**를 통한 DNA 복제는 탁월한 시스템이고, 이 시스템은 진핵생물의 염색체 DNA 분자와 세균의 원형 DNA 분자에 의해 사용된다.

동물 미토콘드리아에 존재하는 것처럼, 일부 더 작은 원형 분자는 **변위 복제(displacement replication)**라 불리는 조금 다른 과정을 이용한다. 원형 분자에서 복제가 시작되는 위치는 **D 루프(D loop)**로 표시되며, 이 D 루프는 약 500 bp의 길이로, 이것의 이중 나선은 DNA 두 가닥들 중 하나와 염기쌍을 이루는 RNA 분자에 의해 방해 받는다(그림 10.8). 이 RNA 분자는 딸 폴리뉴클레오티드 중 하나의 합성을 위한 시작점으로 행동한다. 이 폴리뉴클레오티드는 이중 나선의 한 가닥을 계속해서 복제하면서 생성된다. 두 번째 가닥은 첫 번째 딸 게놈의 합성이 완성된 후에 변위되고 계속해서 복제된다.

동물 미토콘드리아 DNA에 의해 수행되는 변위 복제의 장점은 명백하지 않다. 반대

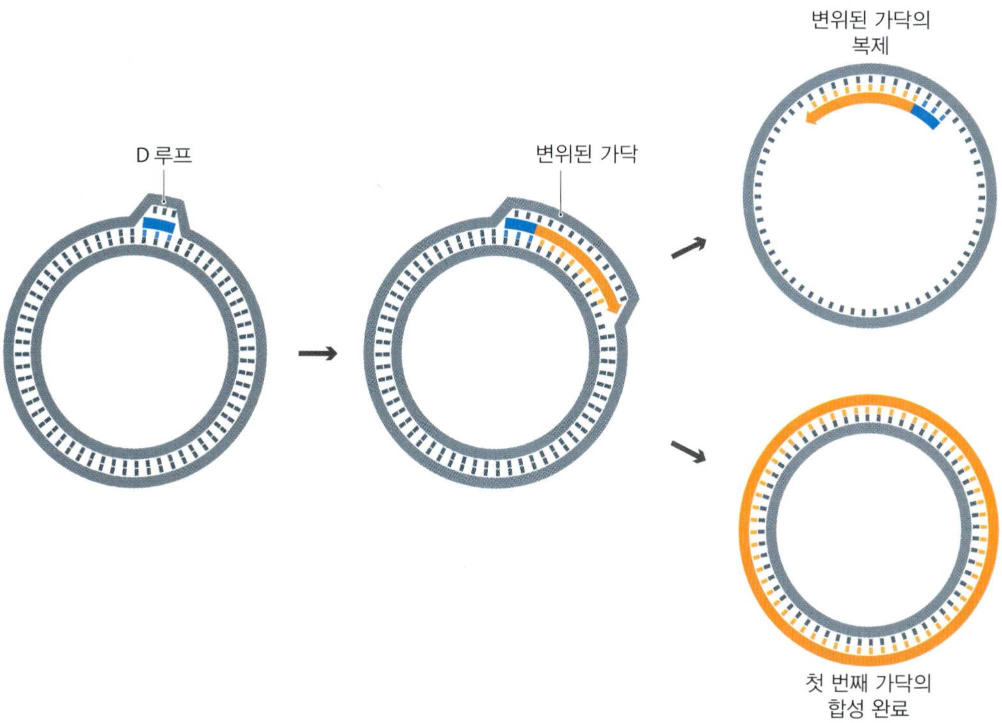

그림 10.8 변위 복제. D 루프는 첫 번째 딸 폴리뉴클레오티드의 합성을 위한 시작점으로 행동하는 짧은 RNA 분자(파란색)을 포함한다. 이 폴리뉴클레오티드는 이중 나선 분자를 만들기 위해 나선의 한 가닥의 복사가 계속되면서 합성된다(오른쪽 아래). 그 후에 변위된 가닥(오른쪽 위)은 두 번째 딸 폴리뉴클레오티드의 합성을 위한 시작점으로 행동하는 두 번째 RNA 분자의 결합에 의해 복제된다.

연구 브리핑 10.1

DNA 복제는 반보존적이다

DNA 이중 나선의 복사 방법은 반보존적 복제, 보존적 복제, 그리고 분산 복제가 있다(그림 10.2 참조). 반보존 설계가 직관적인 관점에서 가장 가능성이 있는 것으로 보이지만, 1950년대 생물학자들은 확실하고 유일한 방법은 복제의 세 가지 모드를 구별하고 실제 작용메커니즘을 확인하는 실험을 고안해 내는 것임을 깨달았다. 그 실험은 1958년에 Matthew Meselson과 Flanklin Stahl에 의해 캘리포니아 공과 대학에서 수행되었다.

Meselson-Stahl의 실험은 무거운 질소 동위원소를 사용하였다

Meselson-Stahl의 실험은 화학적 동위원소, 이 경우에는 질소(N)를 사용하였다. 질소는 서로 다른 동위원소 형태로 존재한다. 환경에서 지배적이고 14.008의 원소 무게를 갖는 "정상적인" 동위원소인 ^{14}N 뿐만 아니라, 훨씬 더 적은 양으로 존재하는 다수의 동위원소들이 있다. 이것은 "무거운 동위원소"라 불리며 원자 무게가 더 나가는 ^{15}N을 포함한다. 대장균 세포에 $^{15}NH_4Cl$의 형태로 무거운 질소를 공급한다면, 세균은 그들이 합성하는 새로운 DNA 분자에 동위원소를 포함시킨다.

밀도구배 원심분리법을 이용하여 무거운 질소만을 포함하는 DNA 분자를 정상적인 동위원소만을 포함하는 DNA 분자로부터 분리할 수 있다. 우리는 6장에서 이러한 과정, 즉 슈크로오스(sucrose) 밀도구배를 통한 원심분리법이 어떻게 리보솜과 다른 세포 성분의 침강상수를 측정하는지를 배웠다. 밀도구배 원심분리법의 두 번째 종류는 6M CsCl 용액이 사용된다. 이것은 침강상수를 측정하기 위해 사용된 슈크로오스 용액보다 밀도가 훨씬 더 높다. 처음 CsCl 용액의 밀도는 한결같지만 원심분리 동안 밀도구배가 만들어진다. 세포 성분은 원심분리 튜브의 아랫부분으로 모두 이동하지만, DNA와 단백질 분자는 아랫부분으로 이동하지 않는다. 대신 각각은 CsCl 밀도와 동등한 **부력 밀도**에 해당하는 위치에 존재한다. Meselson-Stahl은 밀도구배 원심분리법을 이용했는데, 이는 ^{15}N-DNA가 ^{14}N-DNA보다 더 큰 부력 밀도를 가지기 때문이다. 따라서 ^{15}N-DNA는 CsCl 경사에서 더 낮은 위치에 밴드를 형성한다(그림 1).

밀도구배는 처음, 그리고 두 번째의 복제를 통해 만들어진 DNA 분자의 성분을 알려준다

Meselson-Stahl은 $^{15}NH_4Cl$이 존재하는 배지에서 대장균을 키워서, 세포내 DNA 분자를 무거운 질소로 표시되었다. 배양균을 낮은 속도의 원심분리기에 넣고 원심분리시킨 후, 배양액은 버리고 세균을 $^{14}NH_4Cl$만을 포함하는 용액에서 다시 키웠다. 새로운 폴리뉴클레오티드는 정상적인 질소 동위원소만을 포함하고 있는 용액에서 합성된다.

대장균의 경우 각 DNA 분자가 한 번 복제되는 시간은 거의 20분 정도 걸리고, 한 번의 세포 분열을 겪는다. 일부 세포를 배양액으로부터 추출한 후에 DNA를 분리했고, DNA 샘플을 밀도구배 원심분리법으로 분석하였다. 결과는 ^{15}N-DNA와 ^{14}N-DNA로 예상되는 값의 중간 부력 밀도에 해당하는 위치에서의 DNA 단일 밴드로 각각 나타났다(그림 2). 이것은 한 번의 복제 후에, ^{15}N-폴리뉴클레오티드와 ^{14}N-폴리뉴클레오티드의 거의 동일한 양을 포함하고 있는 DNA 이중 나선을 보여 주는 것이다.

20분이 더 지나면 세균은 배양액에서 두 번째 세포 분열을 한다. 다시 세포를 배양액으로부터 추출한 후, DNA 분자를 밀도구배 원심분리법으로 분석하였다. 2개의 밴드가 나타났는데, 하나는 ^{15}N-DNA와 ^{14}N-DNA인 하이브리드 분자를 나타내며, 다른 하나는 ^{14}N-DNA만으로 만들어진 이중 나선 밴드이다.

밴딩 양상은 복제가 반보존적이라는 것을 보여 준다

우리는 어떻게 Meselson-Stahl 실험의 결과를 이해할 수 있을까? DNA 복제에 대한 세 가지 설계를 다시 실험한다면, 우리는 한 번의 세포 분열 이후에 얻어진 밴딩 양상이 보존적 복

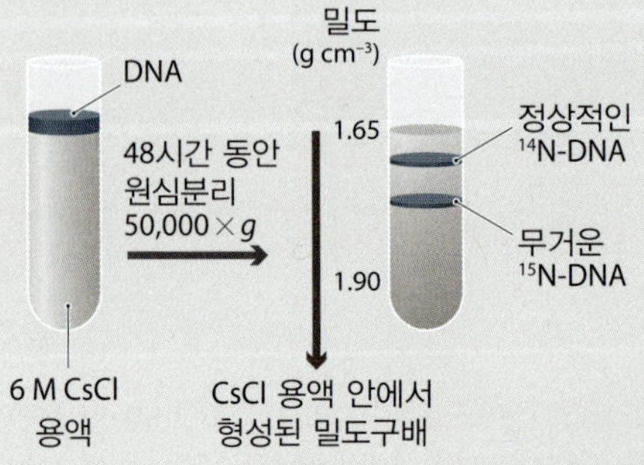

그림 1 ^{15}N-DNA와 ^{14}N-DNA를 분리하기 위한 밀도구배 원심분리법의 이용

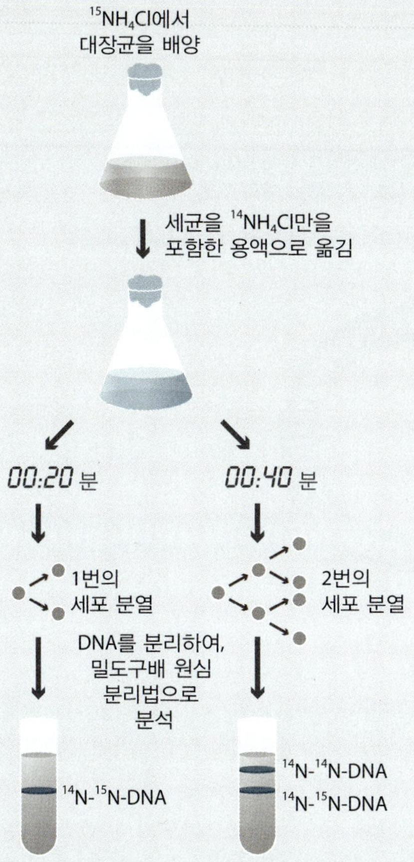

그림 2 Meselson-Stahl의 실험. 왼쪽은 한 번의 DNA 복제 이후, 밀도구배에서 보이는 DNA 밴드 양상이다. 그리고 오른쪽은 두 번의 복제 이후, 보이는 DNA 밴드 양상이다.

제를 무시한다는 것을 알게 될 것이다(**그림 3**). 예상된 설계는 한 번의 복제 후에 하나는 ^{15}N만을 포함하고, 다른 하나는 ^{14}N만을 포함하는 2개의 다른 종류의 이중 나선이 있을 거라는 것이었다. 따라서 하나의 밴드만 보이는 것으로도 우리는 보존적 복제를 배제할 수 있다.

20분 후에 보이는 단일 ^{14}N-^{15}N-DNA 밴드는 분산적 그리고 반보존적 복제 양쪽 모두의 설명이 가능하다. 이 설계 중 하나에 의하면, 딸 분자가 ^{15}N-DNA와 ^{14}N-DNA의 동등한 양으로 만들어질 것이다. 즉, 복제가 반보존적이라면 각각의 이중 나선은 하나의 ^{15}N-폴리뉴클레오티드와 하나의 ^{14}N-폴리뉴클레오티드로 구성될 것이다. 그런데 복제가 분산적이라면 양 가닥은 ^{15}N-폴리뉴클레어티드와 ^{14}N-폴리뉴클레오티드의 혼합물로 구성될 것이다.

반보존적과 분산적 복제를 구별하기 위해, 우리는 두 번째 세포 분열 이후에 얻어진 Meselson-Stahl의 결과를 살펴봐야만 한다. 보이는 2개의 밴드는 ^{14}N-DNA만으로 만들어진 이중 나선과 함께 ^{15}N-DNA와 ^{14}N-DNA인 하이브리드 분자가 여전히 존재한다는 것을 암시한다. 이 결과는 반보존적 복제와 일치한다. 왜냐하면 이 설계에 따르면, ^{14}N-폴리뉴클레오티드만으로 만들어진 손녀 분자가 있기 때문이다. 반대로, 분산 복제는 여러 세대 동안 많은 세포가 여전히 하나의 하이브리드 분자만을 만들기 때문에 배제된다. 따라서 우리는 DNA 복제가 반보존적이라는 결론을 내릴 수 있다.

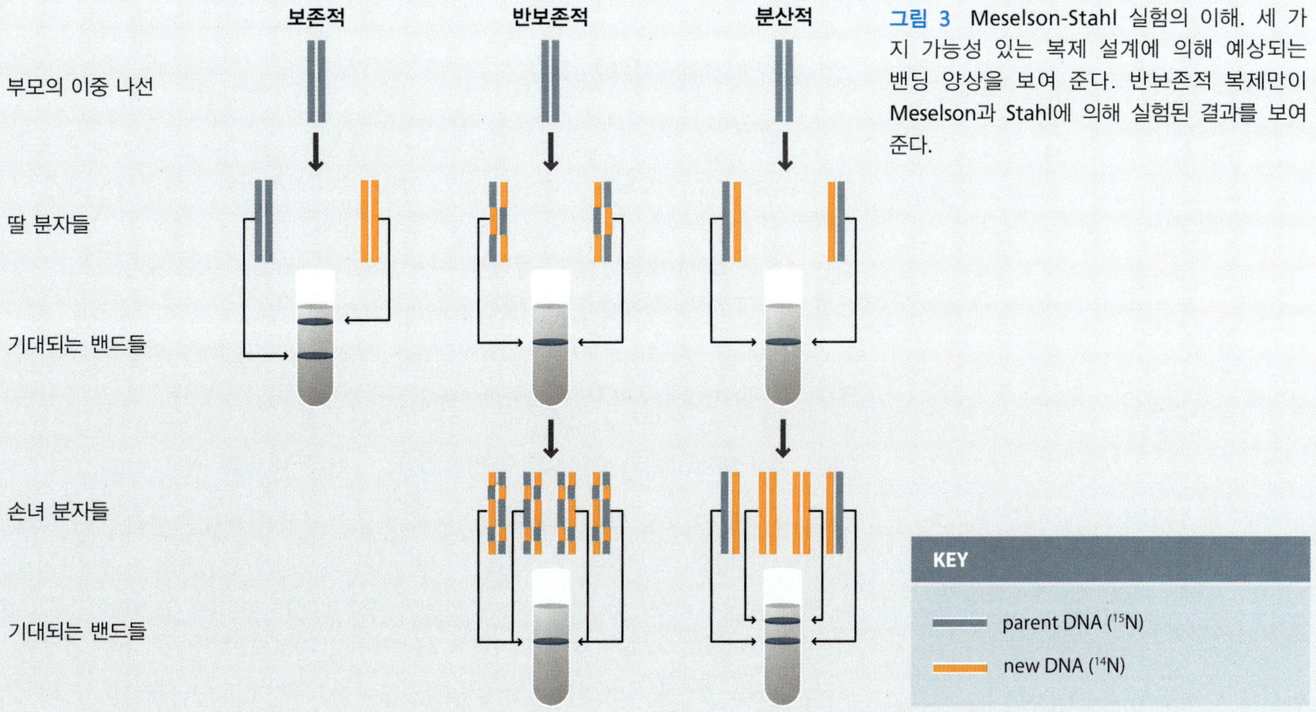

그림 3 Meselson-Stahl 실험의 이해. 세 가지 가능성 있는 복제 설계에 의해 예상되는 밴딩 양상을 보여 준다. 반보존적 복제만이 Meselson과 Stahl에 의해 실험된 결과를 보여 준다.

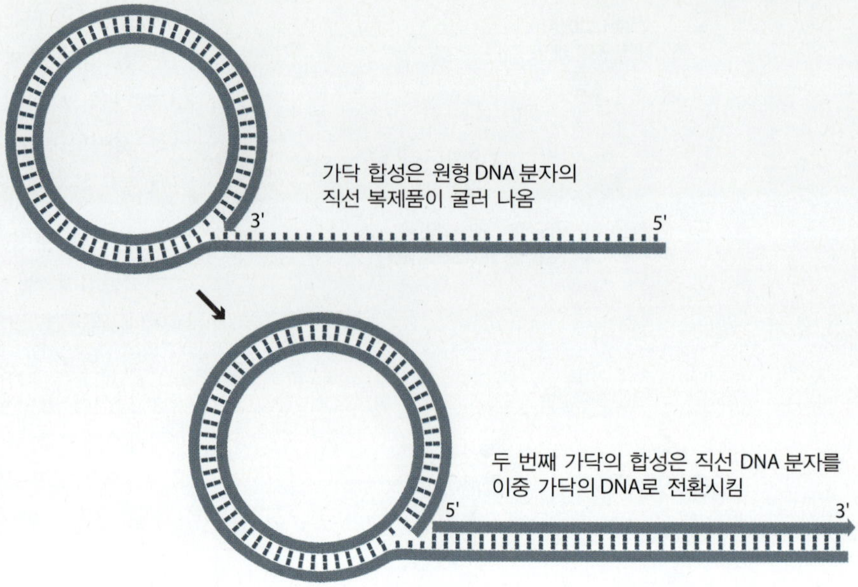

그림 10.9 롤링-서클 복제. 위쪽 그림은 DNA 합성에 의해 3' 말단에서 단일 가닥이 원형 분자로부터 굴러 나옴을 보여 준다. 굴러 나온 가닥은 상보적 가닥의 합성에 의해 이중 가닥 DNA로 전환된다.

로, **롤링-서클 복제(rolling-circle replication)**라 불리는 변위 과정의 특별한 형태는 원형 DNA 분자의 다량 복제의 빠른 합성을 위해 효과적인 메커니즘이다. λ와 다양한 다른 박테리오파지에 의해 이용되는 롤링-서클 복제는 부모의 폴리뉴클레오티드 중 한 가닥에 만들어진 틈에서 개시된다. 폴리뉴클레오티드의 5′ 말단이 변위(위치를 바꿈)되면서 자유 3′ 말단이 확장된다. 계속되는 합성으로 인해, 완벽히 복제된 DNA 분자가 "굴러 나온다". 그리고 합성이 계속 진행되면 결국 머리부터 꼬리까지 연결된 일련의 동일한 분자들이 만들어진다(**그림 10.9**). 이 분자들은 단일 가닥이고 직선이지만, 상보적인 가닥 합성에 의해 이중 가닥의 원형 분자로 쉽게 전환된다. 연결 부위에서 절단이 일어나므로써 생긴 절편들은 원형화된다.

10.2 DNA 폴리메라아제

우리는 이제 DNA 복제가 반보존적이라는 것을 알았으므로 복제 과정에 대해 상세하게 알아보자. 이 과정에서 주된 작용자는 새로운 딸 DNA 가닥을 합성하는 효소이다. 기존의 DNA 가닥을 주형으로 사용하여 새로운 DNA 폴리뉴클레오티드를 만들 수 있는 효소는 **DNA-의존성 DNA 폴리메라아제(DNA-dependent DNA polymerase)**이다. 이것은 짧게 **DNA 폴리메라아제(DNA polymerase)**라고 불린다. 한편, AIDS를 일으키는 바이러스를 포함한 바이러스의 RNA 게놈 복제에 연관된 **RNA-의존성 DNA 폴리메라아제(RNA-ependent DNA polymerase)**와 혼동하지 않아야 한다.

DNA 폴리메라아제는 DNA를 합성하지만, 그것을 분해할 수도 있다

DNA 폴리메라아제에 의해 촉매되는 화학적 반응은 조립된 새로운 폴리뉴클레오티드가 리보뉴크레오티드보다는 오히려 디옥시리보뉴클레오티드 단위체로 되어 있다는 것을 제외하고는, RNA 폴리메라아제의 반응과 매우 유사하다(**그림 10.10**). 새로운 폴리뉴클레오티드의 서열은 주형의 서열에 의존적이고 상보적 염기쌍에 의해 결정된다. 그리고 RNA 합성과 같이 DNA 중합 반응은 5′ → 3′ 방향으로만 일어날 수 있다(**그

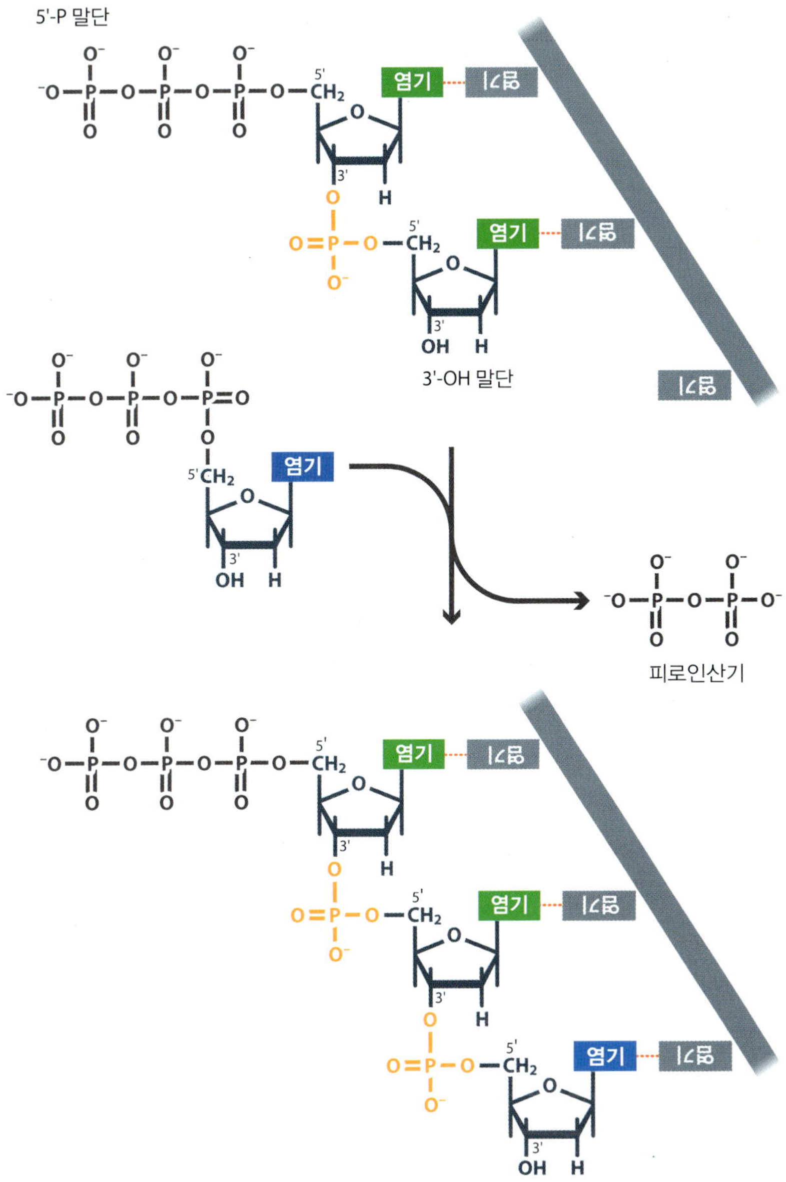

그림 10.10 주형-의존성 DNA 합성

림 10.11).

DNA 폴리메라아제의 주된 기능이 DNA이지만, 대부분의 DNA 폴리메라아제는 DNA 폴리뉴클레오티드의 말단에서 뉴클레오티드를 하나씩 차례대로 제거할 수 있는 엑소뉴클레아제 활성을 갖는다. 폴리뉴클레오티드의 두 말단은 화학적으로 뚜렷이 다르기 때문에, 엑소뉴클레아제는 두 종류의 활성이 있다. 한 종류는 **3′ → 5′ 엑소뉴클레아제(exonuclease)** 활성이고, 뉴클레오티드가 폴리뉴클레오티드의 3′ 말단으로부터 제거되게 한다. 그리고 다른 한 종류는 **5′ → 3′ 엑소뉴클레아제(exonuclease)** 활성으로 5′ 말단으로부터 뉴클레오티드를 제거한다. 일부 폴리메라아제는 두 가지 활성을 다 가지고 있지만, 하나의 활성만을 갖거나 두 가지 활성 모두를 갖고 있지 않는 폴리메라아제도 있다(표 10.1).

DNA 폴리메라아제는 폴리뉴클레오티드를 합성하는 것 뿐만 아니라 분해도 할 수

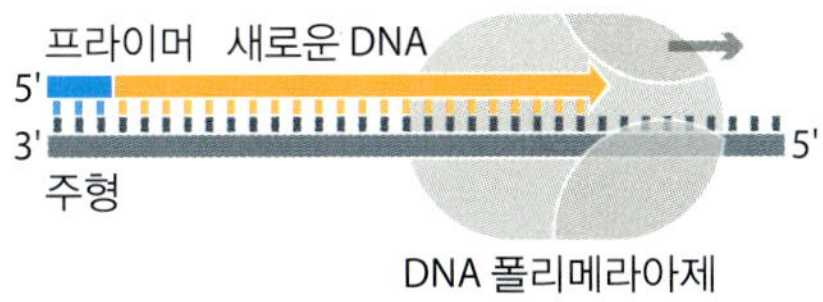

그림 10.11 DNA 폴리메라아제의 작용. DNA 폴리메라아제는 DNA를 5' → 3' 방향으로 합성한다. 새로운 폴리뉴클레오티드의 서열은 상보적 염기쌍에 의해 결정된다. 프라이머(primer)로 작용하는 짧은 가닥이 존재하지 않는다면, DNA 폴리메라아제는 DNA 합성을 개시할 수 없다는 것에 주목한다.

표 10.1 DNA 폴리메라아제는 세균과 진핵생물 게놈의 복제에 관여한다

효소	단위체들	엑소뉴클레아제 활성		기능
		3' → 5'	5' → 3'	
세균 DNA 폴리메라아제들				
DNA 폴리메라아제 I	1	예	예	DNA 수선, 복제
DNA 폴리메라아제 II	최소한 10	예	아니오	주된 복제 효소
진핵생물 DNA 폴리메라아제들				
DNA 폴리메라아제 α	4	아니오	아니오	복제 과정 동안 프라이밍
DNA 폴리메라아제 γ	2	예	아니오	미토콘드리아 DNA 복제
DNA 폴리메라아제 δ	2 또는 3	예	아니오	주된 복제 효소
DNA 폴리메라아제 κ	1	?	?	딸 염색질을 결합시키는 코헤신 단백질의 결합에 요구됨

세균과 진핵생물들은 손상된 DNA의 회복에 주로 관여하는 다른 DNA 폴리메라아제들을 갖는다. 이 효소들은 대장균의 DNA 폴리메라아제 II, IV, 그리고 V와 진핵생물 DNA 폴리메라아제 β, ε, ζ, η, θ, 그리고 τ를 포함한다.

있는데, 엑소뉴클레아제 활성을 자세히 고려해 볼 때 자연적인 논리가 분명이 있다. 3′ → 5′ 엑소뉴클레아제 활성은 주형-의존성 DNA 폴리메라아제가 막 합성된 가닥의 3′ 말단으로부터 뉴클레오티드를 제거할 수 있게 한다. 이것은 **교정 능력(proof-reading)**으로 보인다. 왜냐하면 이 활성은 폴리메라아제가 부정확하게 삽입된 뉴클레오티드를 제거함으로써 실수를 고치기 때문이다(**그림 10.12A**).

5′ → 3′ 엑소뉴클레아제 활성은 덜 일반적이지만 그것이 갖는 폴리메라아제의 기능은 똑같이 중요하다. 5′ → 3′ 엑소뉴클레아제 활성은 전형적인 폴리메라아제의 특징이며, DNA 복제에서의 역할은 폴리메라아제가 복제하고 있는 주형 가닥에 이미 결합된 폴리뉴클레오티드 일부를 제거할 때 필요하다(**그림 10.12B**). 우리는 나중에 세균에서 DNA 복제 동안 이 활성이 반드시 필요하다는 것을 알게 될 것이다.

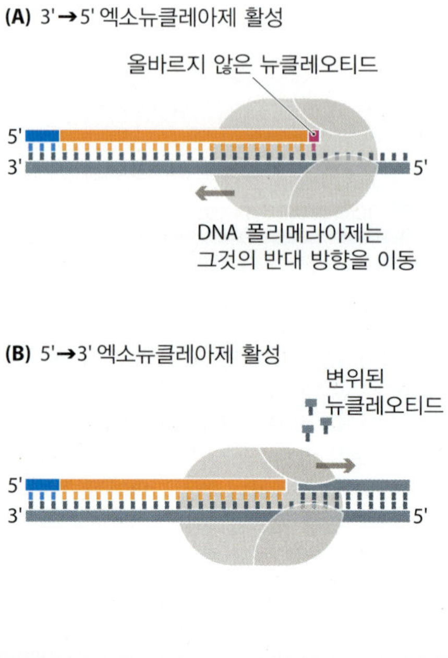

세균과 진핵생물들은 몇 종류의 DNA 폴리메라아제를 갖는다

DNA 폴리메라아제에 대한 연구는 DNA 합성이 유전자 복제의 핵심이라는 것을 알게 된 1950년대 중반에 시작되었다. 세균은 아마도 하나의 DNA 폴리메라아제를 가졌을 것이라 생각되었고, **DNA 폴리메라아제 I(DNA polymerase I)**이 1957년에 발견되었을 때, 이 효소가 주된 DNA 복제 효소일 것이라는 가정이 널리 확산되었다. DNA 폴리메라아제 I을 암호화하는 대장균 *polA* 유전자가 거의 완벽하게 불활성화되면, DNA를 복제하는 세포의 능력에 아무런 영향을 미치지 못한다는 것을 발견하게

그림 10.12 일부 DNA 폴리메라아제의 엑소뉴클레아제 활성. (A) 3' → 5' 엑소뉴클레아제 활성은 DNA 폴리메라아제가 막 합성된 가닥의 3' 말단으로부터 뉴클레오티드를 제거한다. (B) 5' → 3' 엑소뉴클레아제 활성은 DNA 폴리메라아제가 복사되고 있는 주형 가닥에 이미 결합되어 있는 폴리뉴클레오티드의 일부를 제거한다.

되었다. 그 이후에, 두 번째 효소인 **DNA 폴리메라아제 II(DNA polymerase II)**가 분리되었지만, 폴리메라아제 II는 DNA 복제보다는 손상된 DNA의 회복에 주로 관여한다고 밝혀졌다. 1972년이 되어서야 대장균의 주된 복제 폴리메라아제인 **DNA 폴리메라아제 III(DNA polymerase III)**가 발견되었다.

DNA 폴리메라아제 I과 II는 하나의 폴리펩티드이지만, DNA 폴리메라아제 III는 거의 900 kD의 분자량을 가진 복합체이다(표 10.1). 핵심 효소는 3개의 주된 단위체, α, ε, θ로 구성된다. 이 중 단위체가 폴리메라아제 활성을 갖는다. 그리고 3′ → 5′ 엑소뉴클레아제 활성은 ε 단위체에 존재한다. θ 단위체의 기능은 아직 명백하게 밝혀지지 않았다. 아마도 다른 2개의 중심 단위체의 결합과 다양한 액세서리 단위체들을 조립하는 구조적 역할을 할 것이다. 액세서리 단위체들 중 7종류는 폴리메라아제 복합체를 DNA에 단단하게 잡아주는 "슬라이딩 클램프"로서의 역할을 하며, β 단위체가 가장 중요한 역할을 한다.

진핵생물들은 적어도 10개의 DNA 폴리메라아제를 갖는다. 포유류에서 이것들은 그리스 접미사들(α, β, γ, δ 등)로 구분하는데, 이 명명법은 대장균 DNA 폴리메라아제 III의 단위체와 똑같은 이름이 붙여져 혼동이 온다. 주된 복제 효소는 **DNA 폴리메라아제 δ(DNA polymerase δ)**이고(표 10.1) 2개의 단위체를 가지며, **PCNA (proliferating-cell nucleasr antigen)**라 불리는 액세서리 단백질과 결합한다. PCNA는 대장균 DNA 폴리메라아제 III의 β 단위체와 같은 기능을 하고, 이 효소가 복제하고 있는 DNA를 꽉 잡아 주는 기능을 한다. **DNA 폴리메라아제 α (DNA polymerase α)**도 DNA 복제에서 중요한 기능을 한다. 그리고 DNA 폴리메라아제 γ는 미토콘드리아에서 DNA 분자의 복제를 책임진다. 6개의 다른 진핵생물 DNA 폴리메라아제는 손상된 DNA의 회복에 관여한다.

DNA 폴리메라아제 활성이 제한되면 복제 과정 동안 문제가 나타난다

DNA 폴리메라아제가 DNA 복제를 진전시키지만, 이 효소들은 세포에서 복제가 일어나는 방법을 복잡하게 만드는 두 가지 특징이 있다.

첫 번째 어려움은 DNA 폴리메라아제가 5′ → 3′ 방향으로만 폴리뉴클레오티드를 합성할 수 있는 제한 때문에 일어난다. 이것은 주형 가닥이 반드시 3′ → 5′ 방향으로 읽혀야만 한다는 것을 의미한다(그림 10.11). 부모 이중 나선의 한 가닥은 **선도 가닥(leading strand)**이라 불리며, 이것은 새로운 폴리뉴클레오티드가 계속해서 합성될 수 있기 때문에 문제가 되지 않는다(그림 10.13). 그러나 두 번째, **지연 가닥(lagging strand)**은 계속되는 방식으로 복사될 수 없다. 왜냐하면 지연 가닥은 3′ → 5′ 방향의 DNA 합성을 필요로 하기 때문이다. 대신에, 지연 가닥은 절편으로 복제될 수 있다. 부모 나선의 일부는 2개의 폴리뉴클레오티드로 분리되고 짧은 구간의 지연 가닥이 복제된다. 조금 더 나선이 분리되면 지연 가닥의 또 다른 조각이 복제된다. 이 과정은 단지 가설에 불과했지만 1969년 DNA 복제와 관련된 단일 가닥 DNA의 짧은 조각, **오카자키 절편(Okazaki fragments)**이 분리되면서 이 가설이 옳다는 것이 확인되었다.

두 번째 어려움은 RNA 폴리메라아제와는 다르게, DNA 폴리메라아제는 프라이머(primer)로 작용하는 짧은 가닥이 존재하지 않는다면 DNA 합성을 개시할 수 없다는 것이다(그림 10.14). DNA 복제 동안 프라이머는 어떻게 존재할까? 대답은 선도 가닥과 지연 가닥에 결합된 가장 첫 번째 몇 개의 뉴클레오티드가 디옥시리보뉴클레오티드가 아니라 RNA 폴리메라아제에 의해 만들어진 리보뉴클레오티드라는 것이다.

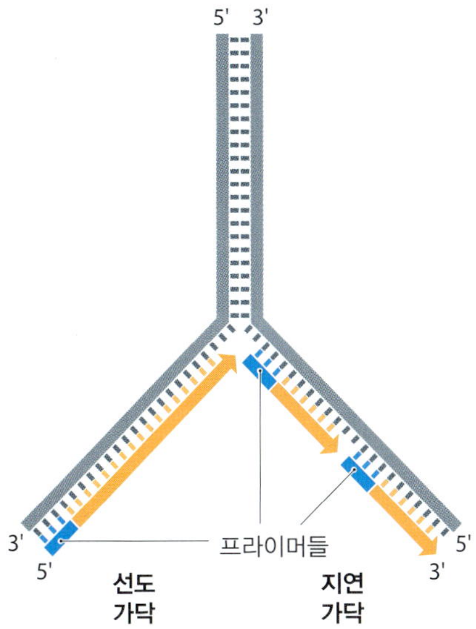

그림 10.13 DNA 분자의 선도 가닥과 지연 가닥 복제

연구 브리핑 10.2

PCR (polymerase chain reaction)

DNA 사료에 따르면, PCR은 1985년 어느 저녁, 캘리포니아 해안가를 따라 드라이브 하던 Kary Mulis에 의해 발견되었다. 그 후로, PCR은 생물학적 연구를 위해 다른 지역으로 확장되어 응용되면서, 근대 유전학의 중요한 방법 중의 하나가 되었다.

PCR은 DNA 분자 조각을 약 40 kb 길이까지 반복적으로 복제하여 다량으로 얻을 수 있다. 따라서 PCR은 세포 추출물에서 DNA 분자의 혼합물로부터 단일 유전자를 순수 분리하기 위해 사용된다. PCR은 DNA 복제에 기초를 두고 있고, 이것은 PCR이 어떻게 작용하는지 왜 중요한지를 살펴보는 좋은 기회이다.

PCR에서, 열안정성 DNA 폴리메라아제는 선택된 DNA 서열을 대량으로 만든다

PCR 과정은 DNA 분자의 선택된 지역에서 반복된 복제를 만든다. 복제는 *Taq* 폴리메라아제에 의해 수행된다. 이것은 *Thermus aquaticus*(*Taq*)라 불리는 세균으로부터 얻은 DNA 폴리메라아제이다. 이 세균은 온도가 90°C 이상인 온천에 산다. 이런 혹독한 환경에서 생존하기 위해, 다수의 효소들은 **열안정성(thermostable)**이다. 이것은 대장균과 인간 세포의 효소가 작용하는 정상적 온도보다 더 높은 온도에서 활성화된 상태로 존재한다는 것을 의미한다. 단백질 열안정성의 생화학적 기본은 완전히 이해되지는 않지만, 상승하는 온도에서 일어나는 단백질 펼침의 양을 줄이는 구조적인 특징을 갖는다. *Taq* 폴리메라아제의 경우, 특별한 특징은 무엇이던 간에, 최적의 작용 온도가 72°C라는 것을 의미한다.

PCR 실험을 수행하기 위한 DNA 샘플은 *Taq* 폴리메라아제, 한 쌍의 올리고뉴클레오티드와 일정한 양의 뉴클레오티드를 포함하고 있다. PCR이 극도로 민감하여 단일 분자와도 작용하기 때문에 DNA의 양은 매우 적다. 올리고뉴클레오티드는 *Taq* 폴리메라아제에 의해 수행될 DNA 합성 반응을 준비시키기 위해 필요하다. 올리고뉴클레오티드는 복제되는 DNA 조각의 양 끝 부분에 결합해야만 한다. 따라서 이 결합 부위의 뉴클레오티드 서열을 알고 있어야만 결합하는 프라이머를 합성할 수 있다.

PCR 반응은 94°C까지 반응액에 열을 가함으로서 시작된다. 이 온도에서 이중 나선에 있는 2개의 폴리뉴크레오티드의 결합에 관여하는 수소 결합이 깨진다. 그래서 DNA는 단일 가닥 분자로 분리되고, 또는 변성(denaturation)된다(**그림 1**). 온도가 50~60°C로 내려가면 단일 가닥이 재결합될 수 있어, 프라이머가 분리된 단일 가닥 분자에 가열 냉각(annealing)한다. 온도가 72°C로 상승하면 DNA 합성(synthesis)이 시작된다. PCR 반응의 첫 번째 단계에서 만들어지는 한 세트의 "긴 생산물(long products)"은 DNA의 각 가닥으로부터 합성된다. 이 폴리뉴클레오티드는 동일한 5′ 말단과 무작위의 3′ 말단을 갖는다. 후자는 DNA 합성이 우연히 종결되는 위치를 나타낸다.

변성(denaturation)-가열 냉각(annealing)-합성(synthesis)의 사이클은 반복된다. 긴 산물들은 새로운 DNA 합성을 위한 주형으로 작용한다. 그 결과로 혼합물인 두 번째-사이클 산물이 생성된다(**그림 2**). 다음 사이클에서 우리는 첫 번째 "짧은 산물들(short products)"이 반응 혼합액에서 나타나는 것을 알 수 있다. 5′과 3′ 말단이 프라이머가 결합하는 위치이므로 이 짧은 산물들은 매우 중요하다(그림 2). 연속적인 사이클에서 반응 성분의 하나가 고갈될 때까지, 각 사이클 동안 2배로 증가하면서 짧은 산물들의 수는 기하급수적으로 증가한다. 이것은 30 사이클 후에, 1억 3천만 개 이상의 짧은 산물들이 각 시작

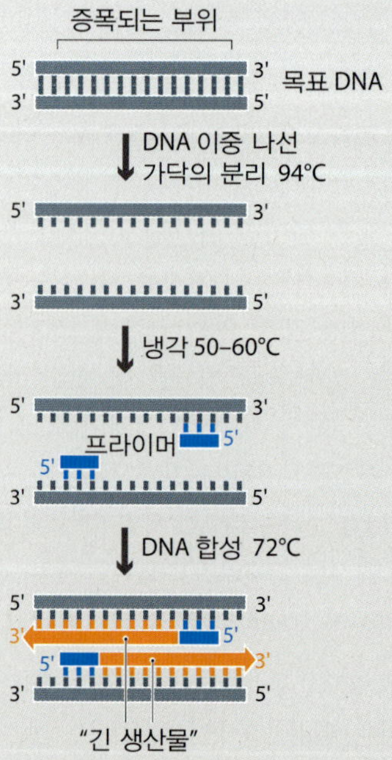

그림 1 PCR 반응의 첫 번째 사이클. 이 반응 단계에서, 목표 DNA의 2가닥은 한 쌍의 "긴 산물들"로 복제된다. 이 산물들은 DNA 합성을 개시하는 데 사용된 프라이머에 의해 표시된 5' 말단을 갖는다.

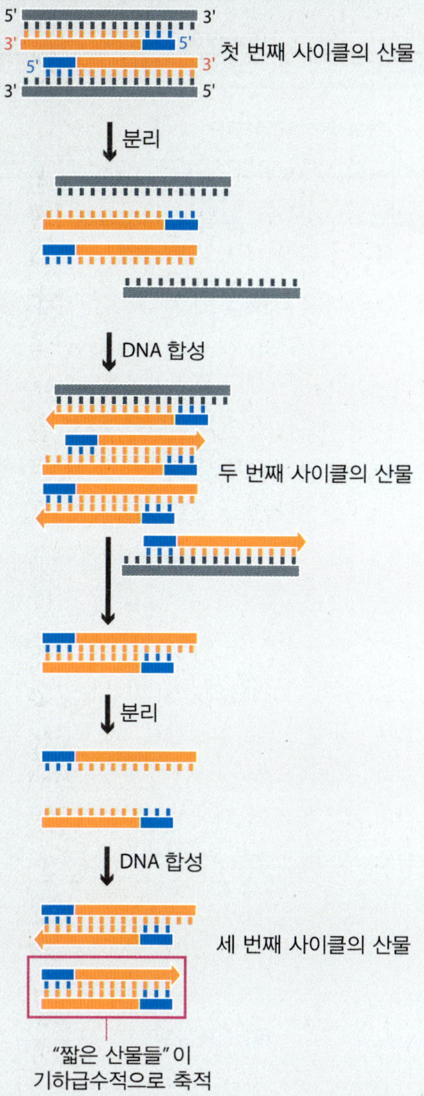

그림 2 PCR의 두 번째 그리고 세 번째 사이클. 주된 특징은 세 번째 사이클부터는 첫 번째 "짧은 산물들"의 합성이다. 짧은 산물들의 5'과 3' 말단은 프라이머가 결합하는 위치이다. 연속적인 사이클에서, 이 짧은 산물들은 반응 혼합물에서 기하급수적으로 증가한다.

분자로부터 생산될 것이라는 것을 의미한다. 실제로, 극히 미량의 나노그램(ng) 또는 그보다 적은 양의 DNA로부터 몇 마이크로그램(㎍)의 PCR 산물들을 얻을 수 있다. 증폭된 서열은 그것이 포함하는 모든 유전자, 또는 다른 관심 있는 특징에 대한 정보를 얻기 위해 다양한 방법으로, 예를 들면 DNA 서열 분석처럼 연구될 수 있다.

PCR은 생물학의 많은 영역에 활용된다

PCR은 매우 정교한 과정으로, 어떻게 근대 연구에서 매우 중요해진 것인지를 이해하는 것이 가끔은 어렵다. 우선, 우리는 PCR의 한계점을 다룰 것이다. 정확한 위치에 결합할 프라이머를 합성하기 위해서는 증폭될 DNA 경계 지역의 염기서열이 밝혀져야만 한다. 이것은 PCR이 이전에 연구된 적이 없는 게놈의 다른 부분, 또는 유전자의 조각을 순수 분리하기 위해 사용될 수 없다는 것을 의미한다.

두 번째 한계는 복사될 수 있는 DNA의 길이이다. 큰 어려움 없이, 5 kb 길이까지는 증폭될 수 있다. 그리고 기본적인 테크닉의 변형을 이용하면 더 긴 증폭 — 40 kb까지 — 이 가능하다. 그러나 많은 유전자 특히 인간 유전자는 이것보다 훨씬 더 길다. 따라서, PCR에 의해 온전한 복사본을 얻을 수 없다. 하지만 DNA 서열이 중복되는 지역에서 일련의 PCRs을 수행한다면, 작은 조각들을 만들 수 있다(**그림 3**).

PCR의 장점은 무엇일까? 프라이머의 서열을 알아야만 한다는 것은 큰 문제점이 되지는 않는다. 왜냐하면 연구되고 있는 유전자의 서열이 이미 밝혀졌으므로 많은 응용이 가능하기 때문이다. 예를 들면, 인간 글로빈 유전자의 PCR 실험은 지중해빈혈(thalassemia)이라는 질병을 일으키는 돌연변이의 존재를 확인하기 위해 이용된다. 이 PCR을 위해 적합한 프라이머를 디자인하는 것은 쉽다. 왜냐하면 인간 글로빈 유전자의 염기서열은 이미 알려져 있기 때문이다. PCR 실험 후, 유전자 복제물은 지중해 빈혈의 돌연변이 존재 유무를 결정하기 위해 염기서열을 밝히거나 다른 방법으로 연구된다.

PCR의 또 다른 임상적 응용은 질병을 일으키는 바이러스 DNA를 위한 특별한 프라이머를 사용하는 것과 관련이 있다. 양성 결과는 샘플이 바이러스를 포함한다는 것을 의미하고, 샘플을 공급한 사람은 질병의 발생을 막기 위해 치료를 받아야만 한다는 것을 나타낸다. PCR은 엄청나게 예민하다. 처음 혼합물에 단지 하나의 DNA 분자만이 존재하더라도 PCR의 준비 반응을 통해서 검출할 수 있는 양의 DNA를 만들어낸다. 이 기술은 감염의 가장 빠른 초기에 바이러스를 탐지할 수 있고, 치료의 기회를 성공적으로 증가시킨다는 것을 뜻한다.

21장에서 보겠지만, 위와 같은 대단한 민감도는 PCR이 건조된 핏자국과 머리카락 같은 물질로부터, 또는 죽은 지 오래된 사람의 뼈로부터 얻은 DNA도 법의학적으로 이용이 가능하다는 것을 의미한다.

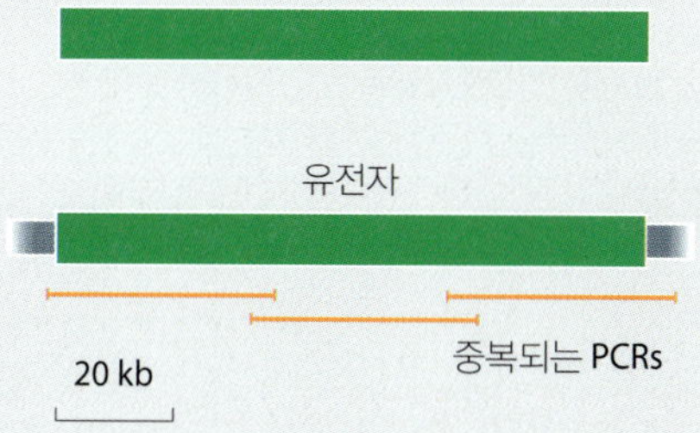

그림 3 Overlapping PCRs를 이용한 100 kb 유전자의 증폭

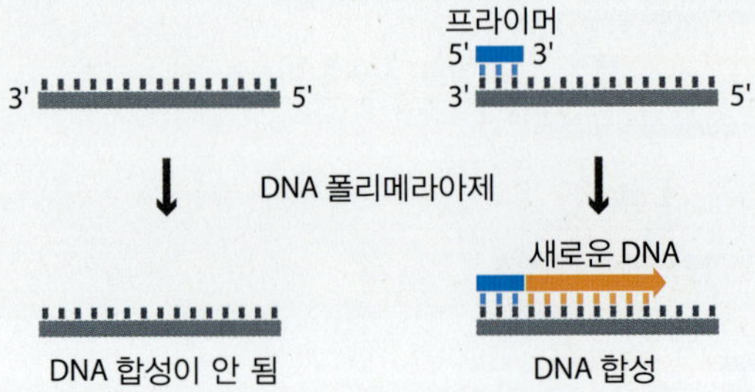

그림 10.14 프라이머는 RNA 폴리메라아제에 의해 만들어지며 DNA 합성을 개시하기 위해 필요하다.

세균에서 프라이머는 특별한 RNA 폴리메라아제인 **프리마아제(primase)**에 의해 합성되는데 이 효소는 전사효소와는 관련이 없다. 각 프라이머는 4~15 뉴클레오티드들을 가지며, 대부분 5′-AG-3′ 서열에서 시작한다. 일단 프라이머가 완성되면, DNA 가닥의 합성은 DNA 폴리메라아제 III에 의해 계속해서 진행된다(**그림 10.15A**).

진핵생물에서의 상황은 조금 더 복잡하다. 왜냐하면 프리마아제가 DNA 폴리메라아제 α에 단단히 결합되어 있고 새로운 폴리뉴클레오티드에서 첫 번째 몇 개의 뉴클레오티드 합성에서 이 효소와 협동하기 때문이다. 진핵생물의 프리마아제는 8~12개 뉴클레오티드의 RNA 프라이머를 합성하고, 그 다음에 약 20개의 뉴클레오티드를 첨가하면 DNA 폴리메라아제 α가 RNA 프라이머를 연장한다. 이 DNA 가닥은 몇 개의 혼합된 리보뉴클레오티드를 갖는다. 그러나 프라이머의 합성이 DNA 폴리메라아제 α에 의해서인지 프리마아제의 간헐적인 활성에 의해서인지는 명백하지 않다. RNA-DNA 프라이머의 완성 이후에, DNA 합성은 주된 복제 효소인 DNA 폴리메라아제 δ에 의해 계속해서 진행된다(**그림 10.15B**).

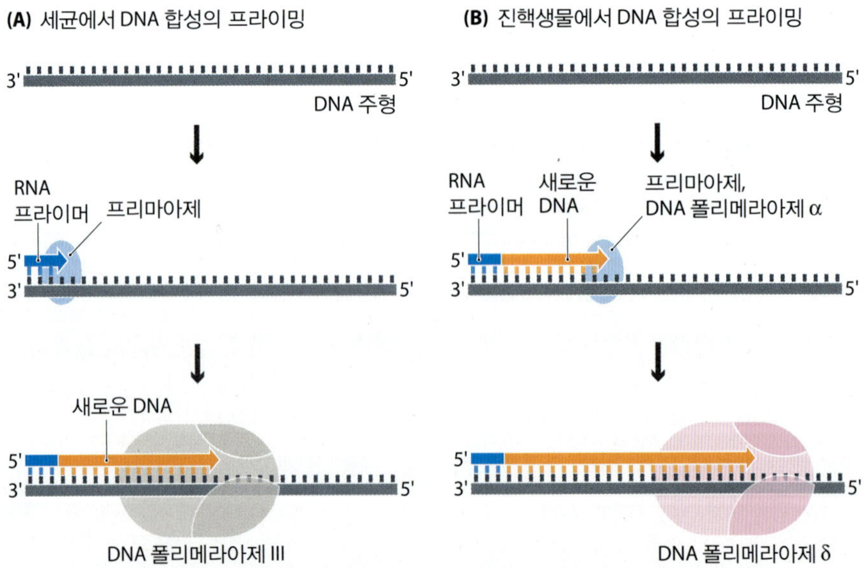

그림 10.15 세균과 진핵생물에서 DNA 합성의 프라이밍(priming). (A) 세균에서 프라이머는 프리마아제라 불리는 RNA 폴리메라아제에 의해 합성된다. DNA 가닥의 합성은 DNA 폴리메라아제 III에 의해 계속된다. (B) 진핵생물에서 프리마아제는 DNA 폴리메라아제 α에 결합되어 있고 첫 30개 정도의 뉴클레오티드의 합성에서 함께 작용한다. DNA 합성은 DNA 폴리메라아제 δ에 의해 계속된다.

10.3 세균에서 DNA 복제

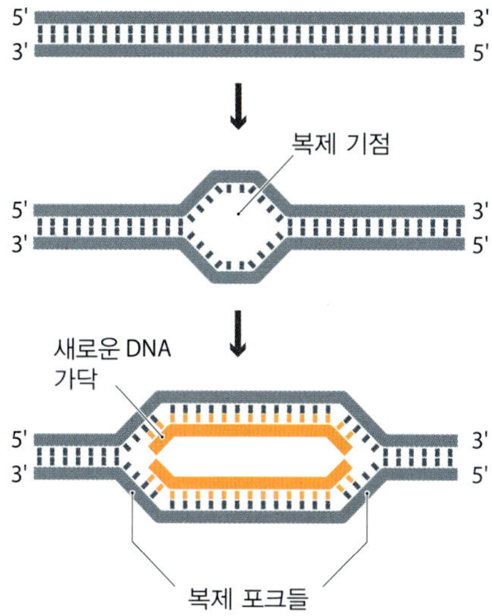

그림 10.16 복제 기점

세균과 진핵생물에서 DNA 복제는 유사점이 많다. 그리고 이 주제를 다루는 가장 쉬운 방법은 덜 복잡한 세균에서 일어나는 과정을 먼저 다루어 보고, 그 다음에 진핵생물에서의 복제 특징으로 넘어가는 것이다.

유전학에서 공부한 많은 과정과 마찬가지로 우리는 개시, 신장, 종결의 세 부분으로 구성되는 DNA 복제를 알아 볼 것이다. 복제 개시는 복제가 시작되는 DNA 분자에서의 특정 위치를 인식하는 것으로부터 시작된다. 신장은 부모 폴리뉴클레오티드가 복제되는 복제 포크에서 일어나는 과정이라 생각된다. 그리고 일반적으로 애매하지만, 이해되는 종결은 부모 분자가 완벽하게 복제되었을 때 일어난다. 우리는 복제의 단계들을 순서대로 각각 생각해 볼 것이다.

대장균은 단 하나의 복제 기점을 갖는다

DNA 분자가 복제될 때, 제한된 지역만이 분리된 염기쌍(non-base-paired) 형태를 가진다. 염기쌍의 분리는 **복제 기점(origin of replication)**에서 시작되고(그림 10.16), 이중 나선 풀림 현상처럼 새로운 뉴클레오티드의 합성과 함께 DNA 분자를 따라 양쪽 방향으로 진행된다.

대부분의 세균에서 전형적인 대장균의 원형 DNA 분자는 오직 하나의 복제 기점만을 갖는다. 이 기점은 DNA의 약 245 bp에 걸쳐 있으며 2개의 짧고 반복되는 모티프를 갖는데, 하나는 9-뉴클레오티드로 구성되어 있고 다른 하나는 13-뉴클레오티드로 구성되어 있다(그림 10.17). 9-뉴클레오티드로 구성된 모티프 5개는 복제 기점 도처에 흩어져 있는데, 이들은 DnaA라 불리는 단백질의 결합 부위들이다. 5개의 결합 서열에, 5개의 DnaA가 결합되어질 거라 생각된다. 그러나 실제로는 먼저 결합된 DnaA 단백질은 약 30개의 DnaA가 복제 기점에 결합할 때까지 결합되지 않은 분자와 상호작용한다. DnaA 결합의 결과는 복제 기점의 한 쪽 말단에 위치한 3개의 AT-rich, 13-뉴클레오티드 반복서열의 2열 배열(tandem array) 안에서 이중 나선이 열리게("melts")된다(그림 10.18). 정확한 메커니즘은 알려지지 않았지만 DnaA는 염기쌍을 분리하는 데 필요한 효소 활성을 가지고 있는 것처럼 보이진 않는다. 따라서 DnaA 단백질들의 결합에 의해 유도되는 비틀림 스트레스에 의해 이중 나선이 분리된다고 추정된다. 흥미로운 모델은 DnaA 단백질이 감겨진 DNA 나선 주위에서 배럴(barrel) 모습의 구조를 형성한다고 것이다.

DNA 나선의 분리 현상은 분리된 부위의 끝 부분들에서 **복제 포크(replication fork)**가 만들어지는 과정을 일으킨다. 첫 번째 단계는 두 위치 각각에서 **초기단계 복합체(prepriming complex)**의 결합이다. 각 초기단계 복합체는 초기에 DnaB 단백질 6개와 DnaC 단백질 6개로 구성된다. DnaC는 일시적으로 DnaB의 결합을 돕는 역할을 한다고 생각되고 결합이 형성된 직후에 복합체로부터 떨어진다. DnaB는 **헬리카아제(helicase)**로 염기쌍을 분리할 수 있다.

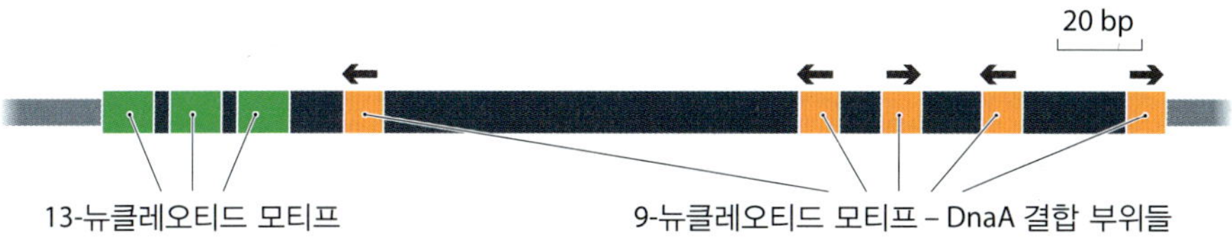

그림 10.17 대장균 복제 기점 내의 서열 모티프

그림 10.18 대장균 복제 기점에서의 DnaA 단백질의 결합 모델. 이것은 AT-rich 13-뉴클레오티드 서열 내에서 DNA 나선의 분리를 일으킨다.

DnaB는 노출된 단일 가닥의 DNA 길이를 늘리면서 분리된 지역의 크기를 증가시키기 시작한다. 단일 가닥 지역은 자연스럽게 점성을 가진다. 그리고 분리된 2개의 폴리뉴클레오티드는 효소가 지나간 직후에 염기쌍을 재형성한다. 단일 가닥은 뉴클레아제(nuclease) 공격에 매우 민감하고 어떤 방법으로든 보호되지 않는다면 분해될 것이다. 이처럼 원치 않는 결과를 피하기 위해서, **단일 가닥 결합 단백질(single-strand binding proteins, SSBs)**이 분리된 폴리뉴클레오티드에 결합하고 이들이 재결합하거나 분해되는 것을 막아 준다(그림 10.19).

DnaB가 오픈 지역의 크기를 증가시키기 시작하면서, DNA 복제의 신장에 관여하는 효소가 결합할 수 있다. 이제 복제 포크는 복제 기점에서 멀어지면서 DNA 복제가 시작된다.

세균 DNA 복제의 신장 단계

DNA 복제에 관여하는 첫 번째 효소는 DnaB 헬리카아제가 복제 기점에 결합된 직후에 차출된다. 이 효소는 프리마아제인데, DNA 폴리메라아제 III가 DNA를 생성하기 전에 필요한 프라이머를 합성하는 RNA 폴리메라아제의 특별한 형태이다. 프리마아제를 첨가하면, 초기 단계 복합체를 **프리모솜(primosome)** 구조로 전환시킨다. 그리고 선도 가닥의 복제가 개시된다.

선도 가닥의 1,000에서 2,000개 정도의 뉴클레오티드들이 복제된 후에, 지연 가닥에서 불연속적인 가닥 합성의 첫 번째 라운드가 시작된다. 프리모솜에서 DnaB 헬리카아제에 연결된 프리마아제는 RNA 프라이머를 만든다. 프라이머는 DNA 폴리메라아제 III에 의해 연장된다(그림 10.20). 이것은 2개의 DNA 폴리메라아제의 핵심 효소가 이중나선에 결합한다는 것을 의미하는데, 하나는 선도 가닥을 복제하고 다른 하나는 지연 가닥을 복제한다.

단 하나의 **γ 복합체(γ complex)**도 존재한다. 이것은 DNA 폴리메라아제 III의 5개 액세서리 단위체(γ, δ, δ′, χ, ψ이라 불림)로 구성되어 있다. γ 복합체(가끔 "클램프 로더"라 불림)의 주된 기능은 각 폴리메라아제의 β 단위체("슬라이딩 클램프")와 상호작용한다. 그 다음에 주형 DNA에 효소가 결합하고 분리되는 것을 조절한다. 이 기능은 폴리메라아제가 오카자키 절편의 시작과 말단에 반복적으로 결합과 분리를 해야만 하는, 지연 가닥의 복제 동안 주로 요구된다.

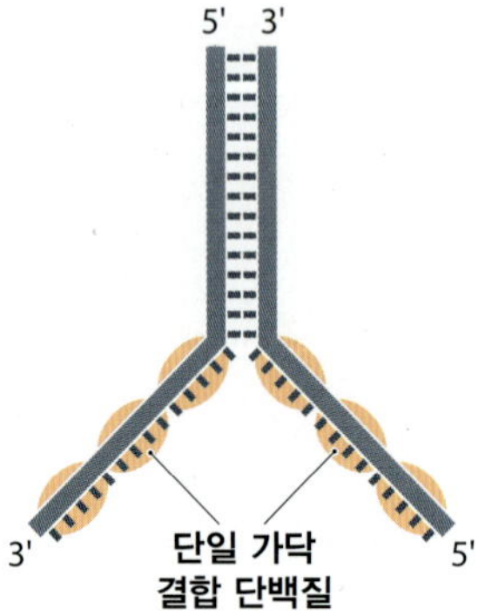

그림 10.19 DNA 복제 동안 단일 가닥 결합 단백질(SSBs)의 역할. SSBs는 헬리카아제에 의해 만들어진 짝을 이루지 않은 폴리뉴클레오티드에 결합한다. 그리고 분리된 가닥들이 서로 염기쌍을 이루지 않게 하거나 뉴클레아제에 의해 분해되는 것을 막아 준다.

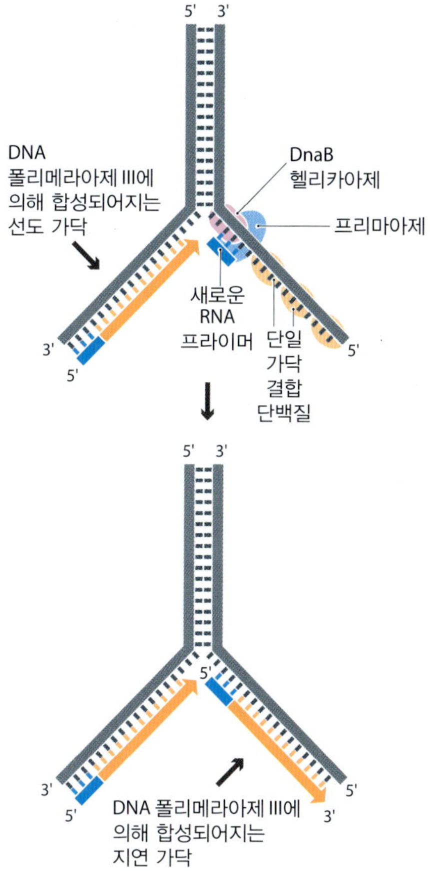

그림 10.20 대장균에서 DNA 복제 동안 지연 가닥 합성과 프라이밍. 위쪽 그림에서 선도 가닥의 복제가 시작되었고, 프리마아제는 지연 가닥에서 프라이머를 합성한다. 아래 그림에서 이 프라이머는 지연 가닥의 복제를 시작하기 위해 연장된다. 이 과정이 지연 가닥에서 불연속적인 가닥을 합성하는 첫 번째 라운드라는 것을 주목한다. 복제 포크가 부모 분자를 따라 진행될 때, 추가적으로 지연 가닥 복제가 필요하다.

복제 복합체의 일부 모델은 2개의 폴리메라아제를 DNA 합성이 일어나는 다른 방향을 반영하기 위해 반대 방향으로 놓이게 하는데, 선도 가닥에서는 복제 포크를 향하여 그리고 지연 가닥에서는 복제 포크와 떨어지게 놓인다. 하지만 1쌍의 효소들은 같은 방향을 향하게 하고 지연 가닥은 루프를 형성한다. 이것은 복제 포크의 진행을 따라 복합체가 앞으로 나가는 것과 동시에 두 가닥에서의 DNA 합성이 진행되게 한다(그림 10.21). 2개의 폴리메라아제 III, γ 복합체, 그리고 프리모솜의 조합은 **레플리솜(replisome)**으로 불린다. 이것들은 부모 DNA를 따라 이동하고 복제 기능의 대부분을 실행한다.

레플리솜이 지나간 후의 복제 과정은 각각의 오카자키 절편들이 서로 결합함으로써 완성된다. 이것은 사소한 과정이 아닌데, 왜냐하면 각각 이웃한 오카자키 절편의 한쪽은 라이게이션이 일어나는 지점에 결합된 RNA 프라이머를 여전히 가지고 있기 때문이다(그림 10.22). 프라이머는 DNA 폴리메라아제 III에 의해 제거될 수 없다. 왜냐

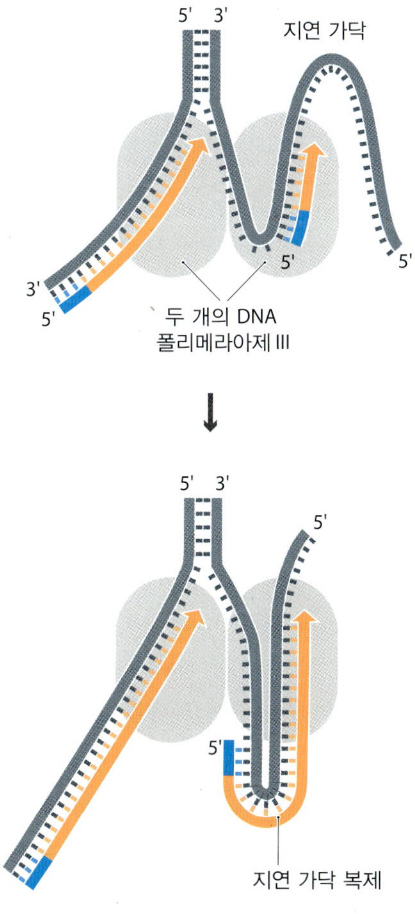

그림 10.21 지연 가닥과 선도 가닥의 정방향 복제 모델. 각 가닥을 복제하기 위해 2개의 DNA 폴리메라아제 III가 있다. 이 방법대로, 지연 가닥은 폴리메라아제를 통해 루프를 만든다고 생각된다. 이것은 2개의 폴리메라아제가 부모 DNA 분자를 따라 똑같은 방향으로 이동하는 것처럼 지연 가닥과 선도 가닥을 동시에 복제하게 한다.

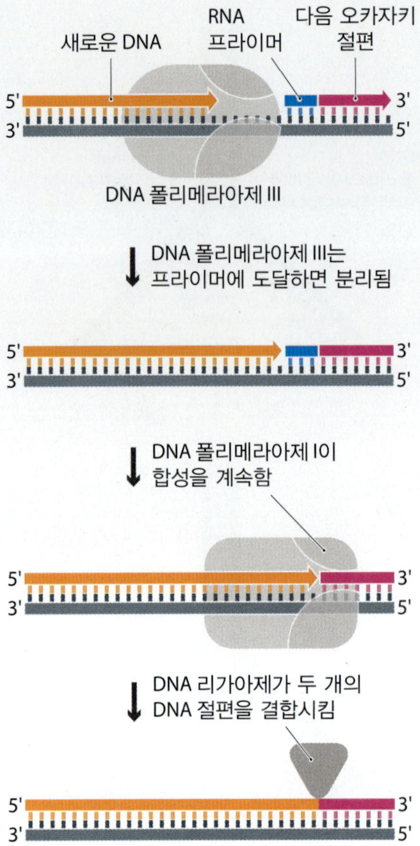

그림 10.22 대장균에서 DNA 복제 동안 인접한 오카자키 절편에서 일어나는 일련의 과정을 보여 준다. DNA 폴리메라아제 III는 다음번 오카자키 절편의 RNA 프라이머에 도달하면 분리된다. DNA 폴리메라아제 I은 RNA 프라이머를 제거하고 그 자리에 DNA를 놓는다. 최종 인산 디에스테르 결합은 DNA 리가아제에 의해 합성된다.

하면 이 효소는 필수적인 5′ → 3′ 엑소뉴클라아제 활성이 없기 때문이다(표 10.1 참고). 이 점에서 DNA 폴리메라아제 III는 지연 가닥에서 분리되고, 그 자리는 5′ → 3′ 엑소뉴클레아제 활성을 가지며 프라이머를 제거하는 DNA 폴리메라아제 I이 결합한다. 일반적으로 DNA 폴리메라아제 I은 주형의 노출된 지역에서 이웃한 절편의 3′ 말단을 확장하면서, 오카자키 절편의 DNA 시작 부위를 제거한다. 결과적으로, 양쪽 종결지역이 DNA로 전부 구성된 2개의 오카자키 절편이 인접해 있게 된다. 마지막으로, **DNA 리가아제(DNA ligase)**에 의해 잃어버린 인산 디에스테르 결합이 만들어진다. DNA 리가아제는 2개의 절편을 결합시키고 이 지역의 복제를 완성시킨다.

대장균 게놈의 복제는 제한된 지역 안에서 종결된다

복제 포크는 직선 DNA 분자 또는 원형 분자 주위를 따라 진행하지만, 일반적으로 이들이 전사되고 있는 지역을 만났을 때를 제외하고는 방해받지 않는다. DNA 합성은 RNA 합성율의 거의 5배 정도 일어난다. 그래서 복제 복합체는 RNA 폴리메라아제를 쉽게 추월하지만, 실제로는 그런 일이 일어날 수 없다. 대신에, DNA 복제 포크는 RNA 폴리메라아제 뒤에서 멈추고, 전사가 완료되었을 때만 계속 이동한다고 생각된다. 결국 직선 분자, 또는 원형 분자의 말단에 도착한 복제 포크는 반대 방향으로 이동하는 두 번째 복제 포크를 만난다. 다음에 일어날 일은 DNA 복제에서 잘 이해되지 않는 부분 중 하나이다.

세균 DNA 분자는 하나의 위치로부터 양방향으로 복제된다(그림 10.23). 이는 2개의 복제 포크가 DNA 분자 위의 복제 기점에서 정반대의 위치에서 만나야만 한다는 것을 의미한다. 그러나 전사가 일어나는 확장 지역을 복제해야만 하는 이유로, 하나의 포크가 늦어질 경우, 다른 포크는 중간 부분을 지나쳐 갈 가능성이 있고 DNA 분자의 "다른 쪽"을 계속 복제할 것이다(그림 10.24). 위의 현상이 왜 바람직하지 않는지, 딸 분자가 영향을 받지 않는지 명백하지는 않지만, 이것은 **종결 서열(terminator sequences)**의 존재 때문에 실제로 일어나지는 않는다. 6개의 종결 서열이 대장균에서 발견되었다(그림 10.25). 각각은 **Tus**라 불리는 서열-특이성 DNA-결합 단백질에 의해 인식되는 부위로 작용한다.

그림 10.23 원형 세균 DNA 분자의 양방향 복제

Tus의 행동 모드는 일반적이지 않다. Tus 단백질이 종결 서열에 결합할 때, 만약 DNA 포크가 한 방향으로 이동 중이라면, Tus 단백질은 복제 포크가 통과하도록 허락한다. 그러나 복제 포크가 반대 방향으로 이동한다면 진행을 막는다. 방향성은 이중 나선 위의 Tus 단백질의 방향에 의해 결정된다. 한 방향으로부터 접근할 때, DNA 복제 포크의 진행에 대해 책임이 있는 DnaB 헬리카아제는 Tus 단백질의 한 쪽에서 β 가닥의 관통할 수 없는 벽을 만나게 된다(그림 10.26). 복제 포크는 이 벽을 통과할 수 없어서 멈추게 된다. 그러나 다른 방향에서 오고 있는 DnaB는 Tus 구조의 덜 단단한 부분을 만난다. 그래서 복제 포크가 DNA를 따라 계속 진행할 수 있게 하면서 단백질을 변위시킬 수 있다.

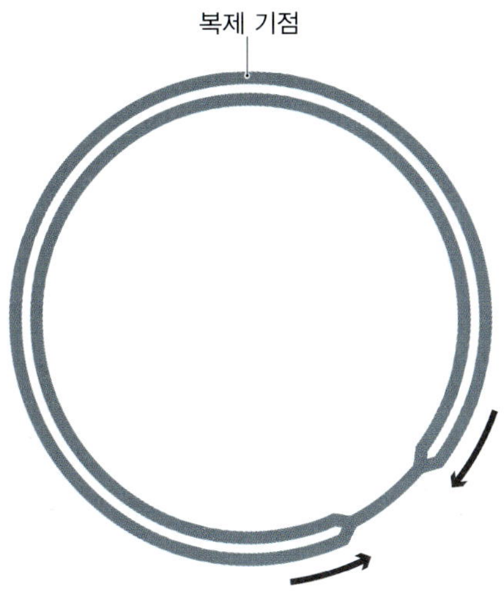

그림 10.24 원형 대장균 게놈의 복제 동안 일어나지 않는 상황. 복제 포크 중 하나는 중간점을 지나쳐 조금 더 진행한다.

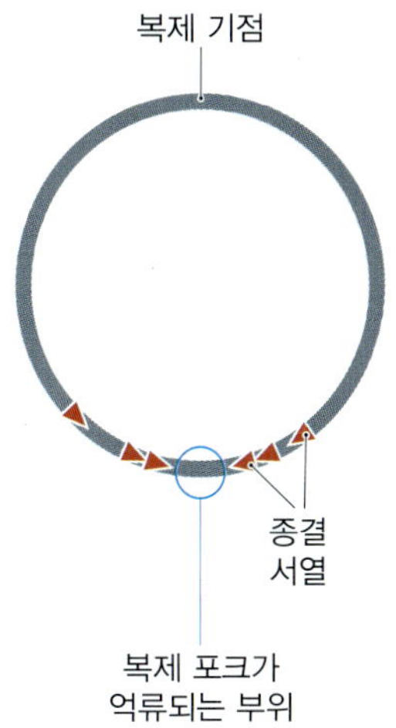

그림 10.25 대장균 DNA 분자 위의 6개 종결 서열들의 위치. 화살표는 각 종결 서열이 복제 포크에 의해 통과될 수 있는 방향을 의미한다.

대장균에서 종결 서열과 결합한 Tus 단백질의 방향은 양쪽의 복제 포크 모두가 상대적으로 짧은 지역 내에서 갇히게 한다(그림 10.25 참고). 이는 종결이 항상 똑같은 위치에서 또는 근처에서 일어난다는 것을 확신시켜 준다. 2개의 복제 포크가 만날 때 어떤 일이 일어나는지 정확히 알려지지 않았지만, 이들의 만남은 레플리솜의 해체 후에 자발적이거나 조절에 의해 일어난다. 그 결과, 토포이소메라아제 IV에 의해 분리되는 2개의 연결된 딸 분자들이 생긴다.

10.4 진핵생물에서의 DNA 복제

위에서 언급한 대로, DNA 복제는 세균과 진핵생물들에서 유사하다. 하지만 진핵생물들의 복제에는 특별한 특징이 있다. 우리는 이것에 대해 살펴볼 것이다.

진핵생물의 게놈은 다수의 복제 기점들을 갖는다

대부분 원형 세균 DNA 분자는 단 하나의 복제 기점을 갖는다. 반대로 진핵생물의 염색체는 다수의 복제 기점들을 갖는다. 효모 *Saccharomyces cerevisiae*는 332개 그리고 인간은 20,000개의 복제 기점들을 갖는다. 단일 복제 포크에 의해 복제된 DNA의 길이 또한 다른 생명체들 사이에서 매우 다양하다. 세균에서 각 포크는 반대 방향에서 진행되는 두 번째 포크를 만나기 전까지 몇 Mb를 이동해야 한다. 인간에서는 포크당 약 15 kb 그리고 효모는 약 36 kb의 DNA가 복제되고 있다.

효모와 다른 단순 진핵생물들은 어떤 면에서 대장균의 복제 기점과 비슷한 별개의 복제 기점을 갖는다. *S. cerevisiae*에서 복제 기점은 약 200 bp이고 네 부분으로 구성된다(A, B1, B2, B3; 그림 10.27). A와 B1은 **복제 개시점 인식 서열(origin recognition sequence)**을 형성한다. 이 서열은 약 40 bp 구간으로, 복제 기점에 결합하는 6개의 단백질 세트인 **복제 개시점 인식 복합체(orgin recognition complex, ORC)**의 결합 부위이다. ORC 단백질은 대장균 DnaA 단백질의 효모 버전으로 설명되지만, 이 해석은

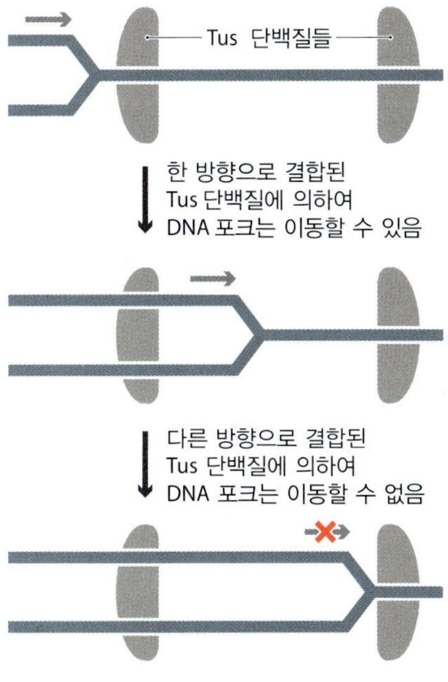

그림 10.26 결합한 Tus 단백질은 복제 포크가 한 방향으로부터 접근할 때, 통과할 수 있게 하지만, 포크가 다른 방향으로부터 접근할 때는 통과하지 못하게 한다.

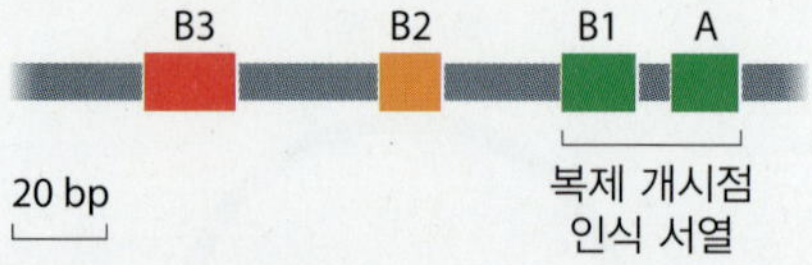

그림 10.27 효모 복제 기점의 구조

엄격하게 말하면 정확하지는 않다. 왜냐하면 ORCs는 복제가 개시되지 않을 때 효모 복제 기점에 결합된 채로 남아 있기 때문이다. ORCs가 진짜 개시 단백질이기 보다는 오히려 DNA 복제 조절에 관여하는 것으로 보이며, 세포 분열과 DNA 복제 개시를 조절하는 조절 신호와 복제 기점 사이의 매개체로 행동하는 것 같다. DnaA에 해당하는 단백질은 효모 기점의 다른 조각에 결합할 것이다.

인간처럼 더 복잡한 진핵생물에서 복제 기점을 구분하기 위한 시도는 성공적이지 못하다. **개시 지역(initiation regions**, 복제가 개시되는 염색체 DNA의 일부)은 포유류에서 확인되었고, 이는 복제가 시작되는 포유류 염색체에서 특정한 지역임이 제안되었다. 그러나 일부 연구자들은 이 지역이 효모와 세균의 복제점과 동등한 복제 기점을 포함하는지를 의심스러워 한다. 하나의 가설은 복제가 핵 안의 특정 위치를 갖는 단백질 구조에 의해 개시되며, DNA 조각인 개시 지역은 핵의 3차원 조직에서 이 단백질 구조 가까이에 위치해 있다는 것이다.

진핵생물의 복제 포크: 세균 주제의 다양성

몇몇의 진핵생물 헬리카아제는 복제 동안 DNA 멜팅에 주된 책임이 있다는 것이 확인되지 않았지만, 세균에서처럼 진핵생물의 복제 포크의 진행은 헬리카아제 활성에 의해 유지된다. 단일 가닥 결합 단백질들은 분리된 폴리뉴클레오티드가 재결합하는 것을 방해하는데, 진핵생물에서는 **복제 단백질 A(replication protein A; RPA)**가 주된 단일 가닥 결합 단백질이다.

DNA 합성을 준비하는 데 이용되는 방법을 시험할 때, 진핵생물 복제 과정의 독특한 특징을 접하게 된다. 위에서 설명한 대로, 진핵생물의 DNA 폴리메라아제 α는 선도 가닥의 개시와 각 오카자키 절편들의 시작 부위에 RNA-DNA 프라이머를 놓기 위해 프리마아제 효소와 협동한다. DNA 폴리메라아제 α는 DNA 합성을 길게 할 수 없다. 왜냐하면 이것은 진핵생물의 DNA 폴리메라아제 δ를 돕는 PCNA 액세서리 단백질과 DNA 폴리메라아제 III의 β 단위체의 슬라이딩 클램프를 안정하게 하는 효과가 없기 때문이다. 따라서 비록 DNA 폴리메라아제 α가 20 뉴클레오티드들의 DNA를 가진 RNA 프라이머를 확장할 수 있을지라도, 주된 복제 효소인 DNA 폴리메라아제 δ에 의해 대치되어야만 한다(그림 10.15 참조).

대장균에서 지연 가닥 합성을 완성하기 위해서는 각 오카자키 절편으로부터 RNA 프라이머의 제거해야만 한다. 그러나 여기에 필요한 5′ → 3′ 엑소뉴클레아제 활성을 가진 진핵생물의 DNA 폴리메라아제가 없는 것처럼 보인다. 그래서 진행 과정은 세균을 위해 설명한 것과는 매우 다르다. 이웃하는 절편의 5′ 말단으로부터 프라이머를 분해하기 위해 가장 중요한 단백질은 "플랩 앤도뉴클레아제(flap endonuclease)," FEN1인데, 이것은 오카자키 절편의 3′ 말단에서 DNA 폴리메라아제 δ와 결합한다. **FEN1** 프라이머를 분해할 수 없는 성질 때문에 이것이 어떻게 작용하는 지를 정확하게 이해하는 것은 어려워진다. 이는 프라이머 맨 끝의 5′ 말단에서 리보뉴클레오티드가 FEN1 활성을 막는 5′-3인산 그룹을 가지고 있기 때문이다(**그림 10.28**). 하나의 가능성은 헬리카아제가 주형 가닥에 프라이머를 잡고 있는 염기쌍을 절단하여 DNA 폴리메라아제 δ에 의해 이웃한 오카자키 절편이 노출된 지역으로 확장되는 것처럼 프라이머가 한 쪽으로 밀려 나가게 하는 것이다(**그림 10.29**). 결과적으로 생긴 플랩(flap)은 FEN1에 의해 절단될 수 있다. FEN1의 앤도뉴클레아제 활성은 분기점에서 인산 디에스테르 결합을 절단할 수 있다. 분기점에서 치환된 부위는 여전히 염기쌍을 이루고 있는

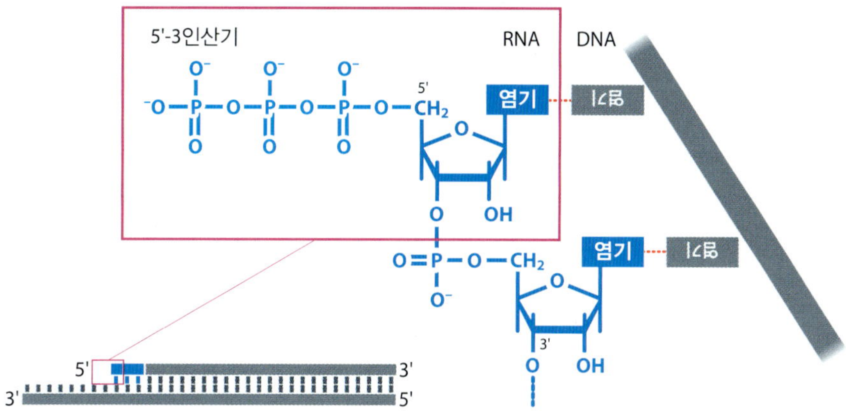

그림 10.28 "플랩 엔도뉴클레아제" FEN1은 프라이머 분해를 개시할 수 없다. 왜냐하면 이 단백질의 활성은 프라이머의 5′ 말단에 존재하는 3인산염 그룹에 의해 방해를 받기 때문이다.

절편의 일부에 결합한다.

RNA 프라이머와 DNA 폴리메라아제 α에 의해 합성된 모든 DNA는 제거된다고 생각된다. 이것은 DNA 폴리메라아제 α가 3′ → 5′ 교정 활성을 갖지 않고(표 10.1 참조) 상대적으로 오류 발생이 쉬운 방법으로 DNA를 합성하기 때문에 필요하다. FEN1에 의해 절단되고 DNA 폴리메라아제 δ(교정 활성을 갖고 있으며 아주 정확한 주형 복제품을 생산)에 의해 재합성된 플랩의 일부처럼, 이 지역을 제거하는 것은 이런 오류들이 딸 이중 나선의 영구적인 특징이 되는 것을 막아줄 것이다.

세균과 진핵생물들에서 복제의 최종 차이점은 진핵생물은 세균 레플리솜과 동등하지 않다는 것이다. 대신에, 복제에 관련된 효소와 단백질은 핵 내에서 상당한 크기의 구조를 형성하며, 각각은 수백 또는 수천 개의 독립된 복제 복합체를 포함한다. 이 구조들은 핵 매트릭스와의 결합때문에 움직이지 않는다. 그래서 DNA 분자들은 자신들이 복제될 때 복합체를 통해 엮여져 있다. 이 구조들은 **복제 공장들(replication factories)**이라 불린다.

진핵생물에서 복제 종결에 대해서 알려진 것은 거의 없다

진핵생물에서 세균 종결 인자와 동등한 서열은 알려진 게 없으며, Tus와 유사한 단백질이 분리되지 않았다. 복제 포크는 무작위 위치에서 만나고, 종결은 새로운 폴리뉴클레오티드의 말단의 라이게이션에 관여한다는 것은 꽤 가능성이 있다. 우리는 복제 복합체가 분해되지 않는다는 것을 안다. 왜냐하면 이 공장들은 핵의 영구적인 특징이기 때문이다.

복제 포크가 만날 때 일어나는 분자적 과정에 집중하기 보다는 진핵생물 핵에서 만들어진 딸 DNA 분자가 어떻게 극단적으로 뒤엉키지 않는 가에 대한 어려운 질문에 초점을 맞춰야 한다. 비록 DNA 토포이소메라아제가 DNA 분자를 풀 수 있는 능력을 가졌지만, 토포이소메라아제에 의해 촉매되는 광범위한 절단 및 재결합 반응을 피하

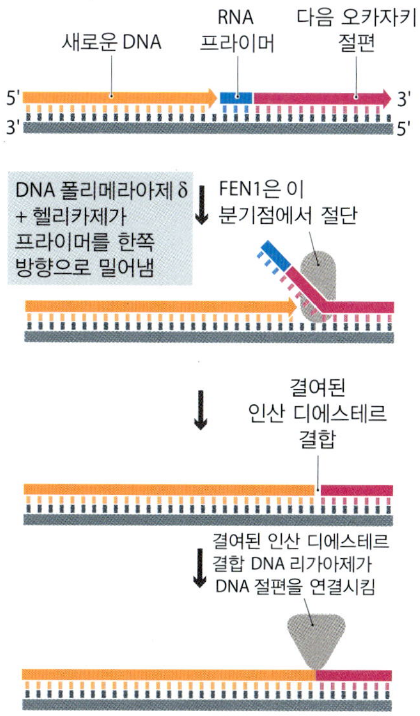

그림 10.29 진핵생물에서 지연 가닥 복제의 완성. 헬리카아제는 DNA 폴리메라아제 δ가 다음 번에 오는 오카자키 절편의 프라이머를 한 쪽 방향으로 미는 것을 도와 주는 것으로 생각된다. 결과로 생긴 플랩은 FEN1에 의해 절단되고, 마지막 인산 디에스테르 결합은 DNA 리가아제에 의해 합성된다.

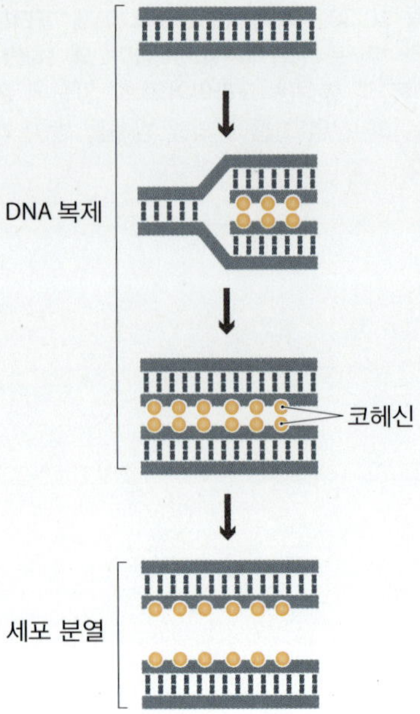

그림 10.30 코헤신 단백질의 역할. 코헤신은 복제 포크가 지나간 직후에 결합하고 세포가 분열할 때까지 딸 분자들을 함께 맞잡고 있다. 그 후 코헤신은 절단되고, 딸세포로 분리되기 전에 복제 염색체들이 분리되게 한다.

기 위해 일반적으로 엉킴이 최소화되게 유지하는 것으로 생각된다. 이 문제를 해결하기 위해 다양한 모델이 제시되었다. 이들 중 하나는 진핵생물의 염색체가 무작위하게 핵을 가득 메우는 게 아니라 복제 공장들 주위에 질서 정연하게 나열되어 있다고 가정된다. 이것은 단지 제한된 수 만이 존재하는 것으로 보인다. 딸 분자들이 복잡하게 얽히는 배열을 피하기 위해 특별한 배열을 유지하게 하면서, 각 공장은 DNA의 단일 지역을 복제하는 것으로 추측된다.

처음에, 2개의 딸 분자는 **코헤신(cohesin)** 단백질에 의해 함께 결합되어 있다. 코헤신 단백질은 DNA 폴리메라아제 κ를 포함하는 진행 과정에 의해 복제 포크를 통과한 직후 DNA에 결합된다. 그러나 DNA 폴리메라아제 κ의 역할은 DNA 폴리메라아제 활성을 필요로 하지는 않지만 복제에는 필수적인 수수께끼 같은 효소이다. 코헤신은 세포가 분열될 때까지 딸 DNA 분자의 정렬을 유지한다. 코헤신은 절단 단백질에 의해 절단되고 딸 염색체들이 분리되도록 만든다(**그림 10.30**).

주요 개념

- 이중 나선 구조의 발견은 DNA 분자가 복사될 수 있는 방법을 제시했다. DNA 복제가 반보전적 방법으로 일어난다는 것이 발견된 직후에 바로 이 실험이 수행되었다.
- 반보존적 복제는 기하학적인 문제를 갖는다. 왜냐하면 이중 나선의 두 가닥은 풀림현상 없이 분리될 수 없기 때문이다. 이 문제는 DNA 토포이소메라아제의 작용으로 해결된다.
- 기존의 DNA 가닥을 주형으로 사용하여 새로운 DNA 폴리뉴클레오티드를 만드는 효소는 DNA-의존성 DNA 폴리메라아제라 불린다. 대부분의 DNA 폴리메라아제는 폴리메라아제 활성뿐만 아니라 엑소뉴클레아제 활성도 갖는다.
- DNA 폴리메라아제는 5′ → 3′ 방향으로만 폴리뉴클레오티드를 합성할 수 있다. 이것은 부모 이중 나선의 한 가닥이 부분적으로 복제되어야만 한다는 것을 의미한다.
- DNA 폴리메라아제는 짧은 이중 가닥 지역이 프라이머로 활동하지 않는다면 DNA 합성을 개시할 수 없다. 이 문제를 해결하기 위해 결합된 첫 번째 몇 개의 뉴클레오티드는 RNA 폴리메라아제에 의해 만들어진 리보뉴클레오티드이다.
- 대부분의 세균 DNA 분자들은 단일 복제 기점을 가지지만, 진핵 생물 DNA 분자들은 많은 복제 기점들을 갖는다.
- DNA 분자를 따라 이동하는 복제 포크는 몇 개의 다른 효소들과 단백질들의 통합된 활성을 필요로 한다.
- 세균에서, 원형 DNA 분자 주위를 반대 방향으로 이동하는 복제 포크는 종결 서

열로 정의된 지역에 갇히게 된다. 이 서열은 한쪽 포크 또는 반대쪽 포크가 DNA 주위를 너무 멀리 진행되는 것을 막아준다.

- 진핵생물 핵에서, DNA 복제는 복제 공장이라 불리는 큰 복합체에 의해 수행된다. 이 구조는 핵 매트릭스와의 결합 때문에 움직이지 않는다. 따라서 DNA 분자는 자신들이 복제될 때 복합체들을 통해 엮여져 있다.

질문 & 문제 (해답은 www.garlandscience.com/introgenetics에서 찾을 수 있다)

주요 용어들

다음 용어에 대한 간단한 정의를 서술하시오.

g complex
3′ → 5′ exonuclease
5′ → 3′ exonuclease
buoyant density
cohesin
conservative replication
dispersive replication
displacement replication
D loop
DNA-dependent DNA polymerase
DNA gyrase
DNA ligase
DNA polymerase I
DNA polymerase II
DNA polymerase III
DNA polymerase α
DNA polymerase γ
DNA polymerase δ
DNA topoisomerase
flap endonuclease
helicase
initiation region
lagging strand
leading strand
Okazaki fragment
origin of replication
origin recognition complex
origin recognition sequence
plectonemic
prepriming complex
primase
primosome
proliferating-cell nuclear antigen
proofreading
replication factory
replication fork
replication protein A
replisome
RNA-dependent DNA polymerase
rolling-circle replication
semiconservative replication
single-strand binding protein
terminator sequence
thermostable
Tus
type I topoisomerase
type II topoisomerase

자습 문제들

10.1 이중 나선이 복제될 수 있는 세 가지 가능한 방법들의 차이점을 서술하시오.

10.2 DNA가 반보존적 방법으로 복제되는 것을 보여 주는 실험을 설명하시오.

10.3 DNA 복제가 (a) 보존적, 또는 (b) 분산적으로 판가름이 난다면, 2번의 복제 후에 Meselson과 Stahl이 얻는 밀도구배 밴딩 양상을 그리시오.

10.4 DNA 복제에서 기하학적 문제는 무엇인지, 그리고 이 문제는 DNA 토포이소메라아제의 발견에 의해 어떻게 해결되었는지 설명하시오.

10.5 타입 I과 타입 II DNA 토포이소메라아제의 작용 방법의 차이를 설명하시오.

10.6 변위 복제 및 롤링 원형 복제가 복제 포크를 이용한 DNA 복제와 어떻게 다른지 그림을 첨부하여 설명하시오.

10.7 DNA 폴리메라아제가 갖는 엑소뉴클레아제 활성의 역할은 무엇인지 설명하시오.

10.8 대장균 DNA 폴리메라아제 III의 구조를 설명하시오. DNA 폴리메라아제 I과 II의 구조와는 어떻게 비슷한지 설명하시오.

10.9 대장균에서 DNA 복제동안 DNA 폴리메라아제 I과 DNA 폴리메라아제 III의 역할에서의 차이를 설명하시오.

10.10 3′ → 5′ 방향으로 DNA를 합성하는 DNA 폴리메라아

제의 무능력은 DNA 복제에 어떤 영향을 주는가?

10.11 DNA 복제가 왜 프라임이 되어야만 하는지 이유를 설명하시오. 그리고 프라이밍 문제는 대장균과 진핵생물에 의해 어떻게 해결되는지 설명하시오.

10.12 대장균 복제 기점의 구조를 자세히 설명하시오. 그리고 복제 개시에서 복제 기점의 각 성분 요소의 역할의 개요를 설명하시오.

10.13 DNA 복제 동안 헬리카아제와 단일 가닥 결합 단백질의 역할은 무엇인지 설명하시오.

10.14 대장균에서 복제 포크에서 일어나는 현상을 자세히 설명하시오. 당신의 답은 프리모솜과 레플리솜이라 불리는 복합체를 확연히 구별해야만 한다.

10.15 대장균에서 오카자키 절편들이 어떻게 연결되는지 설명하시오.

10.16 대장균 DNA 분자의 복제는 왜 항상 정해진 지역에서 종결되는지 설명하시오.

10.17 효모와 인간에서의 복제 기점의 특징을 설명하시오.

10.18 진핵생물의 복제 포크에서 일어나는 현상과 대장균에서 일어나는 현상이 어떻게 다른지 설명하시오.

10.19 진핵생물에서 오카자키 절편들이 어떻게 연결되는지 설명하시오.

10.2 복제 공장이 무엇인지 설명하시오.

10.21 진핵생물에서 복제는 어떻게 종결되는지 개요를 서술하시오.

토의 주제들

10.22 DNA 토포이소메라아제가 존재하지 않는다면, 살아 있는 세포에 존재하는 DNA 분자를 복제하는 것이 가능한지 설명하시오.

10.23 DNA 폴리메라아제 I을 암호화하는 대장균 *polA* 유전자의 비활성화가 왜 치명적이지 않은지 설명하시오.

10.24 손상된 DNA의 회복에서 DNA 폴리메라아제의 역할은 무엇인지 설명하시오.

10.25 새로운 폴리뉴클레오티드의 합성을 개시하기 위해 DNA 폴리메라아제가 왜 프라이머를 요구하는지 설명하기 위한 가설을 세우시오. 당신의 가설은 증명될 수 있는지 설명하시오.

10.26 생물학자는 반복되는 DNA 복제가 직선의 이중 가닥 분자의 점진적인 단축을 일으킨다고 수 년 전부터 알고 있었는데, 이것이 왜 일어나는 지를 설명하시오.

10.27 진핵생물에서 DNA 복제에 대한 우리의 지식은 복제 포크에서 일어나는 현상에 더 관심이 있다. 다음 도전은 복제에 대한 서술을 복제가 핵 안에서 어떻게 조직화되는지를 설명하는 모델로 전환하는 것이다. 이것은 복제 공장의 역할과 딸 분자의 엉킴을 피하기 위해 이용된 진행 과정 같은 주제를 다룬다. 이 사안들의 하나 또는 그 이상을 설명하기 위한 연구 계획을 고안하시오.

추천 문헌

Hübscher U, Nasheuer H-P & Syväoja JE (2000) Eukaryotic DNA polymerases: a growing family. *Trends Biochem. Sci.* 25, 143–147.

Johnson A & O'Donnell M (2005) Cellular DNA replicases: components and dynamics at the replication fork. *Annu. Rev. Biochem.* 74, 283–315. *Details of replication in bacteria and eukaryotes.*

Kaplan DL & Bastia D (2009) Mechanisms of polar arrest of a replication fork. *Mol. Microbiol.* 72, 279–285. *Recent ideas on the termination of replication in bacteria.*

Kornberg A (1960) Biologic synthesis of deoxyribonucleic acid. *Science* 131, 1503–1508. *A description of DNA polymerase I.*

Kornberg A (1984) DNA replication. *Trends Biochem. Sci.* 9, 122–124. *An early description of events at the replication fork.*

Meselson M & Stahl F (1958) The replication of DNA in *Escherichia coli*. *Proc. Natl. Acad. Sci. USA* 44, 671–682. *The Meselson–Stahl experiment.*

Mott ML & Berger JM (2007) DNA replication initiation: mechanisms and regulation in bacteria. *Nat. Rev. Microbiol.* 5, 343–354.

Mullis KB (1990) The unusual origins of the polymerase chain reaction. *Sci. Am.* 262, 56–65.

Okazaki T & Okazaki R (1969) Mechanisms of DNA chain growth. *Proc. Natl. Acad. Sci. USA* 64, 1242–1248. *The discovery of Okazaki fragments.*

Pomerantz RT & O'Donnell M (2007) Replisome mechanics: insights into a twin polymerase machine. *Trends Microbiol.* 15, 156–164. *Details of how DNA is synthesized at the replication fork.*

Saiki RK, Gelfand DH, Stoffel S et al. (1988) Primer-directed enzymatic amplification of DNA with a thermostable DNA polymerase. *Science* 239, 487–491. *Description of PCR.*

Wang JC (2002) Cellular roles of DNA topoisomerases: a molecular perspective. *Nat. Rev. Mol. Cell Biol.* 3, 430–440.

세 가지의 큰 질문 중 첫 번째는 유전 단위로서의 유전자 역할에 관한 질문이다. 부모세포가 분열할 때 어떻게 모든 유전자 세트가 딸세포로 전달되는지를 이해하는 것이다. 10장에서는 DNA 분자가 복제되는 과정에 대하여 살펴보았으나, 자신의 DNA 복제에 대한 부분은 유전자가 어떻게 유전되고 있는지를 설명할 수 없었다. 복제에서 생성된 DNA 분자가 세포 분열할 때 유전자가 어떻게 딸세포로 전달되는지 이해되어야만 한다. 만약에 세포에 1개 이상의 DNA 분자가 있다면 어떻게 딸세포는 2개의 복사본 DNA 분자를 가지거나 혹은 1개의 복사본 DNA도 가지지 않는 딸세포로 분열되지 않고, 각각의 딸세포가 DNA 분자를 한 복사본씩 나누어 가진다고 확신할 수 있을까?

DNA 분자들이 정확하게 세포 분열에서 나뉘는지를 이해하기 위해서는 유전학과 세포생물학에서 공통으로 다루는 부분을 탐구해야만 한다. 첫째, 당면한 문제가 단지 부모세포로부터 딸세포에게 "발가 벗은(naked)" DNA의 분배가 아니라, 염색체의 전달이라는 점을 인식해야만 한다. 따라서 염색체가 무엇이며 세포 내에서 어떻게 구성되어 있는지 이해해야 한다. 또한 세포 분열은 세포의 생활사에서 오직 한 단계에 지나지 않는다는 점도 인식해야 한다. 세포주기 전체를 검토하고, 특히 DNA 복제가 분열기와 어떻게 잘 어우러져 있는지도 조사하여야 한다. 그렇게 함으로써 세포 분열 동안에 일어나는 일에 관하여 연구하게 될 것이고 염색체의 정확한 분배가 어떻게 일어나는지 확실히 알 수 있을 것이다.

11.1 게놈과 염색체

세포 분열에 관한 연구는 중요한 지식의 발전이 수반되어야 한다. 이 책에서는 유전자에 초점을 맞추어 계속 다룰 것이나, 단지 유전자 각각을 살펴보기보다는 전체 게놈(genome, 유전체)에 중점을 둘 것이다.

유전자는 잘 알려진 바와 같이, 생물 정보의 구성 단위를 갖는 DNA 부분이다. 반면에 게놈은 생물체의 모든 유전자와 유전자 사이의 DNA를 포함하고, 하나 혹은 그 이상의 DNA 분자로 이루어진 생물체의 전체 유전적 요소이다. 유전자는 유전의 한 구성 단위이지만 게놈은 모든 유전자를 함께 모아 놓은 것이다. 각각의 유전자의 유전에 대하여 생각할 수도 있지만 실제로 유전되는 것은 게놈이라는 사실을 알아야 한다. 따라서 11장에서는 게놈을 출발점으로 하고자 한다.

진핵세포의 게놈은 염색체에 포함되어 있다

진핵세포 게놈의 크기는 다양하여 가장 짧은 것은 10 Mb 보다 작고, 가장 긴 것은 50,000 Mb 이상인 것도 있다(**표 11.1**). 가장 단순한 진핵생물인 곰팡이는 가장 작은 게놈을 갖고 있는 것으로 보아 그 크기는 생물체의 복잡성과도 어느 정도 일치한다. 대부분의 게놈들은 핵 안에 존재하나, 예외적으로 미토콘드리아나 광합성 진핵생물의 엽록체에서는 매우 작은 게놈이 발견된다.

모든 진핵생물 핵 내의 게놈은 선형 DNA 분자로 구성되며 각각의 분자들은 서로 다른 염색체에 해당된다. 염색체의 수는 생물종에 따라 다양하며 생물체의 생물학적인

표 11.1 여러 진핵생물체의 유전체 크기와 유전자의 개수

생물종	유전체 크기	개산 유전자 개수
Thalassiosira pseudonana (규조류)	2.5	11,240
Saccharomyces cereviside (출아 효모)	12.1	6,100
Schizosaccharomyces pombe (분열 효모)	12.5	4,900
caenorhabditis elegans (선충)	97	20,140
Arabidopsis thaliana (애기장대)	125	25,500
Drosophila melanogaster (초파리)	180	13,600
Oryza mays (쌀)	466	40,000
Zea mays (옥수수)	2,300	32,700
Homo sapiens (인간)	3,200	20,500
Plethodon vandykei (도롱뇽)	70,000	20,000

특성과는 관련이 없다.

가장 간단한 진핵생물도 여러 개의 염색체를 가지는데 일례로 효모인 *Saccharomyces cerevisiae*는 염색체가 16개이다. 반면에, 보다 복잡한 생물체도 비교적 매우 적은 수의 염색체를 가지기도 한다. 개미의 일종인 *Myrmecia*는 염색체가 딱 1개이며, 사슴의 일종인 Indian muntjac는 단지 3개의 염색체를 가지고 있을 뿐이다(**그림 11.1**).

인간 세포의 핵 안에 있는 게놈은 다세포 동물의 게놈을 대표한다. 게놈은 대략 3,200 Mb의 길이를 가지는 DNA이고, 가장 짧은 것은 48 Mb이며 가장 긴 것은 250 Mb로 24개의 분자에 나뉘어 있다. 24개의 염색체는 22개의 **상염색체(autosome)**와 2개의 성염색체 X와 Y로 구성된다. 인간 세포의 대부분은 **2배체(diploid)**이며, 따라서 각각의 상염색체 두 복제본과 남성일 경우 XY, 여성일 경우 XX인 2개의 성염색체를 더하면 전부 46개의 염색체가 된다. 이것들은 **체세포(somatic cell)**인 반면에, **성세포(sex cell)**

그림 11.1 다른 염색체 수를 갖는 3가지 진핵생물. (A) 16개의 염색체를 가진 효모 *Saccharomyces cerevisiae*. (B) 단 1개의 염색체를 가진 개미 *Myrmecia pilosula*. (C) 3개의 염색체를 가진 사슴 Indian muntjac. (A, Courtesy of Eric Schabtach, University of Oregon; B, Courtesy of Alex Wild; C, Courtesy of Susan Hoffman, Miami University.)

혹은 **배우자(gametes)**는 **반수체(haploid)**로 각각의 상염색체 중에서 하나씩, 그리고 하나의 성염색체를 포함하여 23개의 염색체를 갖는다.

염색체는 DNA와 단백질을 포함한다

염색체는 세포에 항상 존재하지만 세포 분열할 때 가장 잘 나타나며, 보다 정확하게 표현된 **중기 염색체(metaphase chromosome)**라는 친근한 구조로 자신의 모습을 드러낸다(그림 11.2) 중기 염색체는 염색체에 포함되는 DNA 분자에 비해 매우 짧다. 이렇게 DNA 분자를 염색체의 크기에 맞추어 넣는 데에는 대단히 도전적인 일이고 상상하지 못할 문제점들이 많다. 인간 게놈을 이루고 있는 DNA의 총길이는 1 m에 이른다. 총 DNA가 24개의 염색체에 나누어 각각은 평균 4 cm 이상의 DNA를 포함한다고 해도 중기 형태에서 염색체 하나의 길이가 수천 분의 1 mm에 지나지 않는다. 이와 같이, 매우 긴 DNA 분자를 매우 작은 구조에 맞추려면 굉장히 조직화된 포장 시스템이 있어야만 한다.

이와 같은 포장 시스템의 이해를 이끌어 내는 연구는 DNA가 유전물질이라는 사실을 알기 전부터 이미 진행되었다. 세포학자들은 19세기 말에 이르러 호염기성 아닐린 염료에 매우 강하게 염색되는 핵 내의 성분을 위해 **염색질(chromatin, 염색질)**이라는 용어를 만들었다(그림 11.3). 염색질은 이제 염색체의 DNA와 단백질 사이의 결합된 복합체로 염색체 내에서 규칙적인 방식으로 포장되는 데 관여하는 것으로 간주된다.

염색질은 반이 단백질이고 반이 DNA이다. 단백질 성분은 DNA 복제 유전자 발현에 관여하는 불균일한 혼합물로, DNA 폴리메라아제, RNA 폴리메라아제, 조절 단백질들을 포함한다. 나머지는 염색체의 DNA 구성 성분과 친밀한 **히스톤(histone)**이라 불리는 단백질 그룹이다(표 11.2).

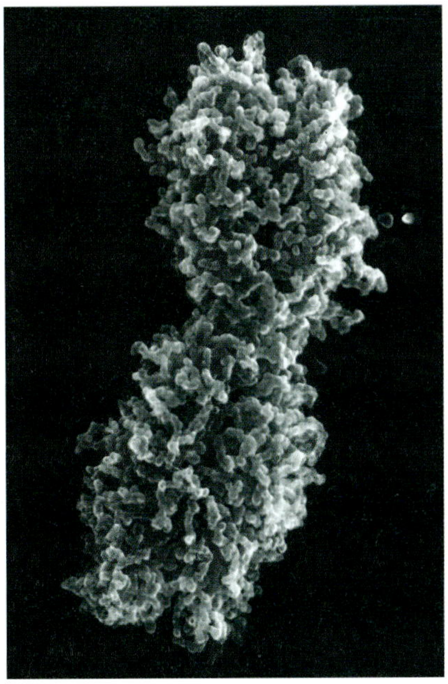

그림 11.2 전형적인 인간 중기 염색체의 주사형 전자현미경 사진. (From S. Inaga, K. Tanaka, and T. Ushiki (eds), Chromosome Nanoscience and Technology, 2007. With permission from CRC Press.)

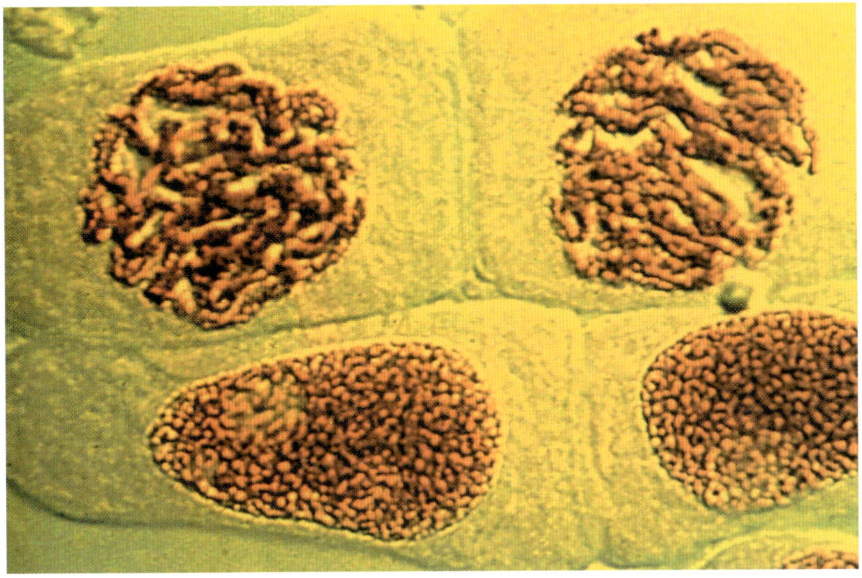

그림 11.3 bluebell로 염색한 세포의 광학 현미경 사진. 핵의 DNA 부분은 붉게 염색된다. 상부의 두 세포의 염색체들은 세포 분열 전에 농축되기 시작하고 있다. 이와 비슷한 현미경 이미지는 19세기 세포생물학자들로 하여금 핵 속에 있는 물질을 묘사하는 데 염색질이라는 용어를 사용하게 하였다. "Chroma"는 그리스어로 색깔을 의미한다. (Courtesy of G. Gimenez-Martin/Science Photo Library.)

표 11.2 히스톤

히스톤	분자질량 (kD)	염기성 아미노산 함량
H1	23,000	30%
H2A	14,000	20%
H2B	13,750	22%
H3	15,350	23%
H4	11,300	25%

"염기성 아미노산 함량"은 라이신, 히스티딘, 아르기닌들이 각각의 단백질에 있는 양을 나타낸다. H1a-e, $H1^0$, H1t, H5들을 포함하는 H1은 히스톤 패밀리에 속한다.

```
cow MSGRGKGGKGLGKGGAKRHRKVLRDNIQGITKPAIRRLARRGGVKRISGLIYEETRGVLKVFLENVIRDAVTYTEHAKRKTVTAMDVVYALKRQGRTLYGFGG
pea MSGRGKGGKGLGKGGAKRHRKVLRDNIQGITKPAIRRLARRGGVKRISGLIYEETRGVLKIFLENVIRDAVTYTEHARRKTVTAMDVVYALKRQGRTLYGFGG
    ************************************************************ **************** *************************
```

그림 11.4 젖소와 완두콩의 히스톤 H4의 아미노산 서열 비교. 서열은 아미노산을 한 문자의 약어를 사용하여 표기하였다. 별표는 두 서열에서 아미노산의 위치가 같은 경우에 표시하였다.

히스톤은 염기성 아미노산을 높은 비율로 포함하며 모든 생물종에서 매우 유사하다. 예를 들어, 완두콩과 젖소의 H4 히스톤 단백질을 비교하면, 103개 아미노산의 폴리펩티드 중에서 단지 2개의 아미노산 만이 다르게 되어 있다(**그림 11.4**). 이것은 같은 기능을 가진 단백질이 오래 전에 갈라진 생명체들 사이에서 예측되는 유사성보다 더 많은 유사성을 보인다는 것이다. 이런 보존성은 히스톤이 진화하는 첫 번째 단백질 중의 하나이고(완두콩과 젖소의 공동조상 이전부터), 그 구조가 수억 년 동안 변하지 않았다는 것이다. 결과적으로, 히스톤이 염색체 내에서 근본적인 역할을 하며 이 역할은 진핵세포의 초기 단계 동안에 시작되어 정착된 것으로 보인다. 히스톤이 DNA 포장 시스템의 주요 성분이라는 것은 전혀 놀랄만한 것이 아니다.

히스톤은 뉴클레오솜의 구성 성분이다

DNA 포장에 대한 중요한 돌파구는 1970년대 초반에 전자현미경과 생화학적 분석에 의해 시작되었다. 이 생화학적 작업은 **뉴클레아제 프로텍션(nuclease protection)** 실험법을 포함한다(**그림 11.5**). 이 과정에서 폴리뉴클레오티드 내부의 인산디에스테르(phosphodiester) 결합을 절단하는 효소인 엔도뉴클레아제(endonuclease)로 DNA-단백질 복합체를 처리한다. 엔도뉴클레아제가 DNA를 절단하기 위해서는 DNA에 접근

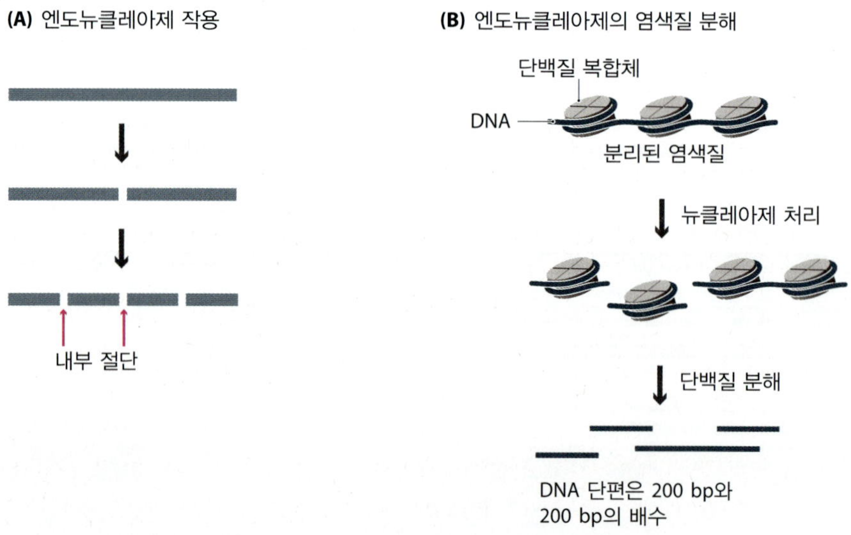

그림 11.5 뉴클레아제 프로텍션 기술과 분리된 염색질을 이용한 실험. (A) 엔도뉴클레아제는 DNA 분자 내부의 인산 다이에스테르 결합을 자른다. 많이 뉴클레아제에 노출될수록 절단되는 수는 많아지고 결국에는 모노뉴클레오티드가 될 때까지 진행된다. (B) 만약에 단백질이 DNA 분자에 결합한다면 결합된 부위는 보호되기 때문에 모든 인산 다이에스테르 결합은 엔도뉴클레아제에 의하여 절단되지 않을 것이다. 이 그림은 분리된 염색질을 엔도뉴클레아제로 짧은 시간 처리하면 각각의 결합한 단백질 복합체 사이를 절단하는 것을 보여 준다. 이 결과로 잘려진 DNA 단편은 200 bp와 200 bp의 배수의 길이로 나타나고 이는 단백질 복합체가 약 200 bp 간격으로 형성되는 것을 알 수 있다.

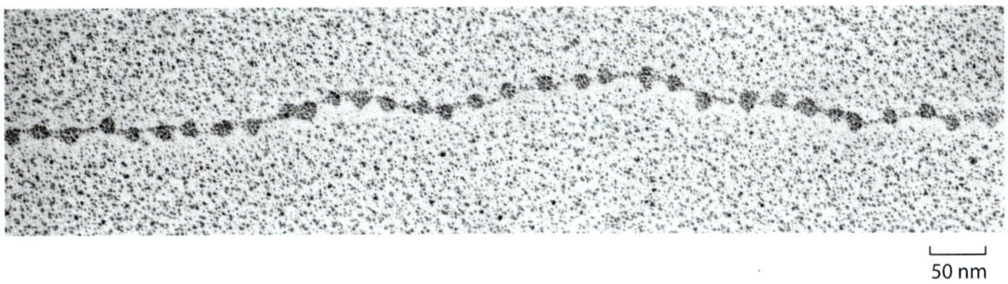

그림 11.6 DNA 가닥에 부착되어 있는 뉴클레오솜인 "구슬을 줄로 꿴 목걸이" 구조를 보여주는 전자현미경 사진. (Courtesy of Victoria Foe, University of Washington.)

해야만 하는 데 단백질 부착으로 가리지(보호받지) 않았을 때에만 인산 다이에스테르 결합을 공격할 수 있다. 염색체의 구조를 최대한 유지하도록 고안된 방법으로서, 핵으로부터 염색질을 매우 조심스럽게 추출하여 실험이 진행되었다. 실험 결과, DNA 조각의 크기는 예상하듯이 무작위적인 크기가 아니라 대략 200 bp이거나 200 bp의 배수의 크기를 보였다. 결론적으로, 염색질에서 단백질은 DNA와 규칙적인 방식으로 결합되는데, 각각의 단백질 혹은 단백질 복합체가 200 bp 간격으로 DNA에 널리 퍼져서 놓여 있다는 것이다.

이 생화학적 결과는 전자현미경에 의한 염색질의 관찰을 보완해 주었다. 이 영상은 **구슬을 줄로 꿴 목걸이(beads on a string)**를 나타내는 구형 구조의 직선형 배열을 보여 준다(그림 11.6). 이것들은 일반적으로 단백질 복합체가 DNA 분자에 부착한 모습을 직접 시각화하는 것으로 받아들여진다.

이 구형 입자를 **뉴클레오솜(nucleosome)**이라 부르고 H1을 제외한 각각의 히스톤이 동량으로 들어있다. 히스톤은 통 모양 구조의 **핵심 팔량체(core octamer)**를 이루는데, 이는 두 분자의 H2A, H2B, H3, H4로 구성되며 각각의 뉴클레오솜은 DNA가 두 번씩 감싸고 있다(그림 11.7A). 인간에서는 정확하게 146 bp의 DNA가 뉴클레오솜에 결합한다. 따라서 이 부분은 엔도뉴클레아제의 분해로부터 안전하다. 엔도뉴클레아제가 접근할 수 있는 DNA는 단지 50~70 bp의 **연결 DNA(linker DNA)**로 인접한 뉴클레오솜을 연결하는 부분이다. 따라서 연결 DNA 부분의 절단으로 대략 200bp 길이의 DNA 조각이 만들어진다.

핵심 팔량체에서 발견되지 않은 히스톤은 H1이다. 히스톤 H1은 단일 폴리펩티드로 구성되어 있지 않고, 서로 매우 동질적인 단백질들로 구성되어 전체적으로 이를 **연결 히스톤(linker histones)**이라 부른다. 척추동물의 연결 히스톤은 H1a–e, $H1^0$, H1t, H5로 구성된다. 이 연결 히스톤의 정확한 위치는 알려지지 않았지만 뉴클레오솜에 부착하여 **크로마토솜(chromatosome)**을 형성한다. 가장 일반적인 모델은 연결 단백질이 뉴클레오솜 표면에 놓임으로써, DNA가 일정한 방식과 자리에 있도록 하는데, 이는 마치 리본을 묶을 때 손가락을 사용하여 줄의 매듭을 정지하게 하는 것과 유사하다(그림 11.7B).

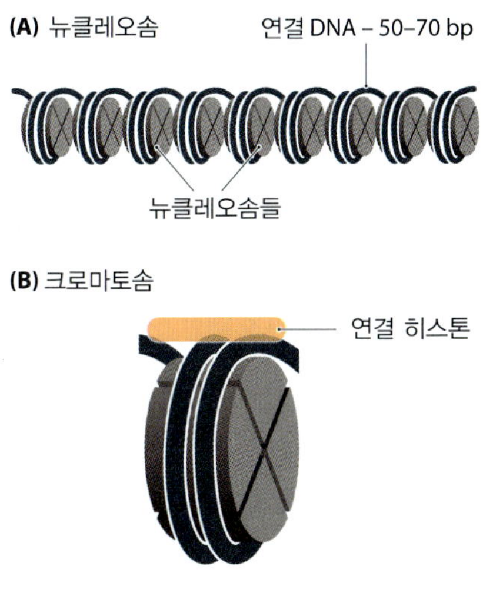

그림 11.7 뉴클레오솜과 크로마토솜. (A) 각각의 bead는 뉴클레오솜 표면을 DNA로 2회 감긴 통 모양으로 "구슬을 줄로 꿴 목걸이" 구조를 형성하는 모델. (B) 크로마토솜에서 뉴클레오솜과 상대적으로 연결 히스톤의 위치는 잘 알 수 없지만 여기에 보인 것처럼 연결 히스톤은 클램프로 작용하여 DNA를 뉴클레오솜 표면으로부터 분리되는 것을 막는다.

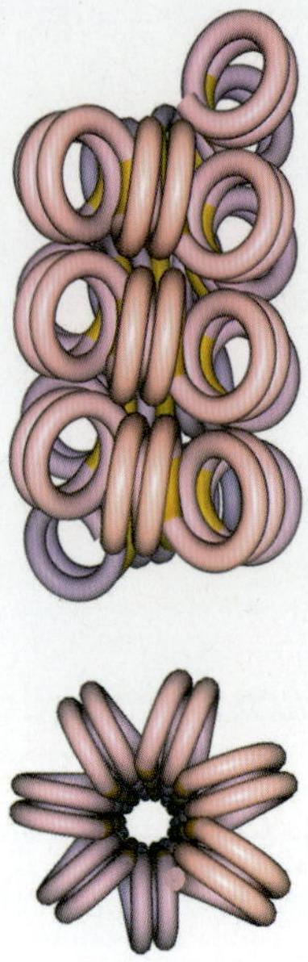

그림 11.8 30 nm 염색질 섬유에 대한 솔레노이드 모델. 이 그림에서 DNA 분자가 섬유 내에서 감겨져 있는 모습을 나타내기 위하여 뉴클레오솜을 빼고 그렸다. 위의 그림은 옆면에서 관찰한 것이고 아래 그림은 섬유의 축을 위에서 본 그림이다.

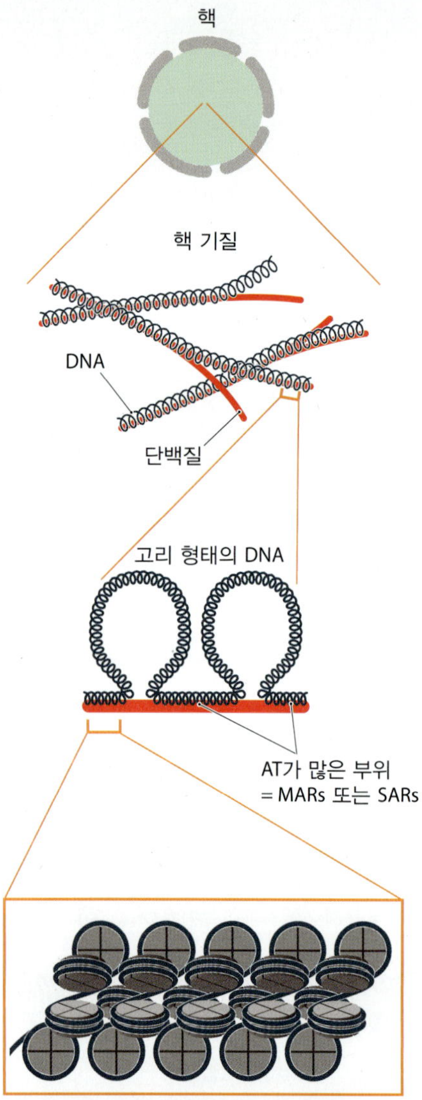

그림 11.9 진정염색질 내의 DNA 조직화 도표. 진정염색질 DNA는 섬유 단백질로 된 구조로 핵을 가로지르는 핵 기질에 부착된다. DNA 고리는 scaffold 부착 부위라 (MARs 혹은 SARs) 불리는 AT가 많은 서열의 기질에 부착한다. 고리에 있는 DNA는 30 nm 염색질 섬유의 형태이다.

뉴클레오솜은 결합하여 30 nm 염색질 섬유를 형성한다

6 cm의 DNA 분자는 단일 인간 염색체를 구성하는 평균 DNA 길이의 이상에 해당하지만, 구슬을 줄로 꿴 목걸이 형태로 하면 1 cm로 축소될 것이다. 이렇게 축소된 길이는 아직도 중기 염색체의 축소에 비하면 백만 배나 더 길다. 따라서 부가적인 높은 수준의 염색체 구조에 대하여 살펴보아야 한다.

다음 단계의 염색질 구조는 전자현미경 연구를 통해 발견하였으며, 구슬을 줄로 꿴 목걸이 구조보다는 덜 퍼진 단계로 염색질의 직경이 30 nm이다. 이 염색질 섬유는 여러 개의 뉴클레오솜이 함께 포장되어 만들어진다. 뉴클레오솜이 어떻게 배열하는가는 정확히 이해할 수 없지만, 대부분의 생물학자들은 처음 제시된 솔레노이드 모델을 지지하고 있다(그림 11.8). **30 nm 염색질 섬유(30-nm chromatin fiber)**는 구슬을 줄로 꿴 목걸이 구조의 길이를 약 7배 정도 축소시킨다. 따라서 원래의 6 cm 길이의 DNA는 이제 1.4 mm 길이로 줄어든다.

세포 분열 사이에 발현되고 있는 유전자를 포함하는 염색체의 한 부분으로의 30 nm 섬유가 아마도 가장 조직화된 구조의 염색질일 것이다. 이 부분의 DNA는 너무 압축되지 않아야 하고 전사과정에 작용하는 단백질들의 접근이 허용될 수 있어야 한다. 이 부분의 DNA를 **진정염색질(euchromatin)**이라 한다.

진정염색질 부분의 DNA가 고리를 이루고 있는 것을 전자현미경으로 관찰할 수 있었는데, 각 고리는 40~100 kb 길이로 주로 30 nm 염색질 섬유의 형태를 보인다. 고리는 단백질과 RNA 섬유의 회로망으로 핵 전체에 퍼져 있는 **핵 기질(nuclear matrix)**에 부착되어 있다. 이러한 핵 기질에 부착된 부분은 AT가 많은 구획으로 **matrix-associated regions(MARs)** 혹은 **scaffold attachment regions(SARs)**이라 명명된다(그림 11.9).

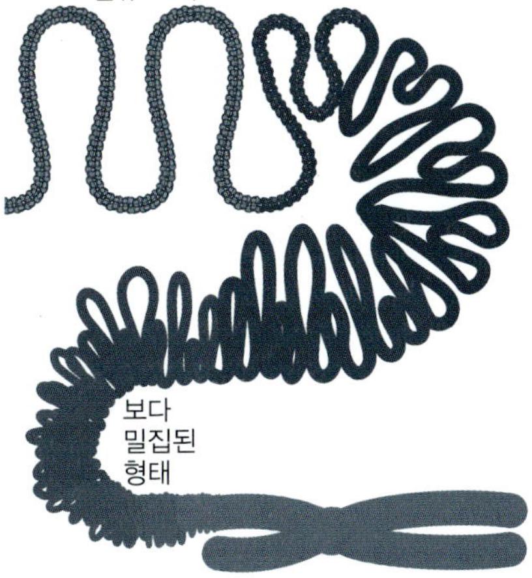

그림 11.10 중기 염색체에 존재하는 것으로 생각되는 30 nm 섬유의 좀 더 응축된 구조에 대한 그림

어떻게 DNA가 보다 밀집된 염색체 구조로 포장되는지 이해되지 않는다

뉴클레오솜, 30 nm 섬유, 진정염색질들은 DNA 포장의 첫 3단계로 볼 수 있다. 단계를 좀 더 높이면, 진핵생물에서 가장 밀집한 형태인 중기의 염색체에 이르게 된다. 정확히 어떻게 이 높은 단계까지 포장할 수 있는지 아직도 수수께끼이다. 진정염색질을 전제로 한 보다 압축된 구조를 생각할 수 있고, 30 nm 섬유질의 서로 다른 고리에 있는 히스톤들 사이의 결합을 통하여 보다 밀집된 형태를 그려볼 수 있다(그림 11.10).

높은 수준의 염색질 구조를 이해하기 어려운 이유는, 염색체가 오직 세포 분열 시기에서만 보이기 때문이다. 세포 분열이 일어나지 않는 시기에는 염색체 부분이 덜 밀집되어 있어 특별한 기술을 사용하지 않으면 독립된 구조로 구별되지 않는다. 분열하지 않고 있는 핵을 현미경으로 관찰하면 밝게 혹은 어둡게 염색되는 부분으로 나뉜다(그림 11.11). 밝은 부분을 진정염색질이라 하고, 진정염색질보다 더 압축되어 어둡게 염색되는 부분을 **이질염색질(heterochromatin)**이라 부른다.

이질염색질에는 두 종류가 알려져 있다. 첫 번째는 **구성 이질염색질(constitutive heterochromatin)**로 모든 세포 내에서 영구적인 특징을 갖고, 유전자를 포함하지 않아 항상 밀집된 구성을 나타낸다. 반면에 **조건 이질염색질(facultative heterochromatin)**은 영구적인 특징이 아니며 특정 세포에서, 혹은 특정한 시기에서만 나타난다. 조건 이질염색질은 특정 세포에서 불활성화하거나, 세포주기의 특정 시기에서 불활성화하는 유전자를 포함하고 있다. 이들 유전자가 불활성화하면 그 유전자 지역은 이질염색질로 밀집된다.

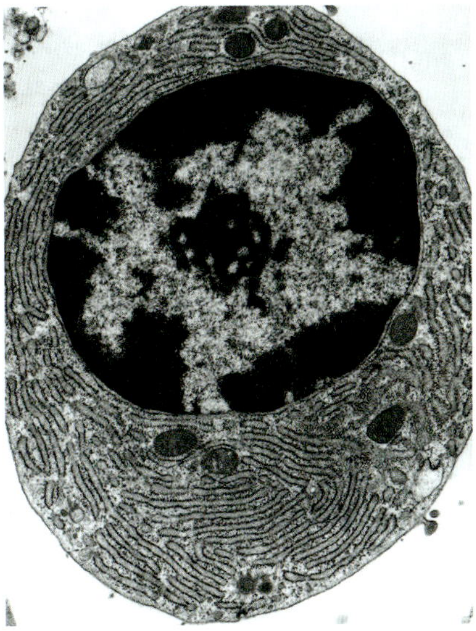

그림 11.11 기니아 돼지 플라스마 세포의 전자현미경 사진. 원형의 핵 내에 밝은 부분은 진정염색질이고 어두운 부분은 이질염색질이다. (Courtesy of Don Fawcett/Science Photo Library.)

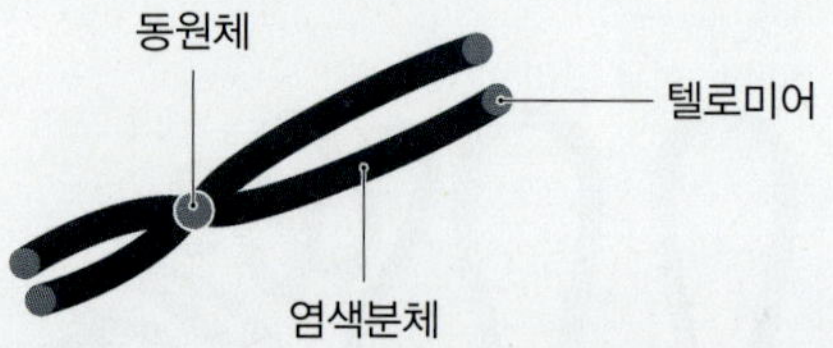

그림 11.12 중기 염색체의 전형적인 모습. 이 그림은 DNA 복제가 일어난 후에 중기 염색체가 형성되어 실제로 동원체에 연결된 두 염색체이다. 이들 각각을 염색분체라 부른다.

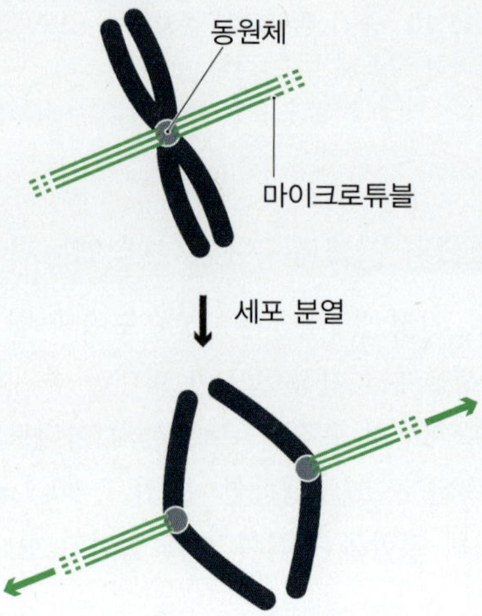

그림 11.13 세포 분열에서 동원체의 역할 세포가 분열될 때 각각의 염색체는 동원체에 부착된 마이크로튜블의 수축으로 분리되어 당겨진다.

11.2 중기 염색체의 특이한 특성

비록 중기의 염색체는 세포가 분열할 때 생성되는 일시적인 구조이지만, 시각적인 모습이 각각의 염색체들을 구별되게 하고 형태적인 특성이 인지될 수 있기 때문에 중요하다.

각각의 중기 염색체들은 명확한 형태를 갖는다

중기 염색체의 전형적인 모습을 그림 11.12에서 보여 준다. 이것은 실제로 두 염색체가 함께 연결된 것으로, 세포 주기에 의하면 DNA 복제가 이미 끝났고 염색체가 압축되어 현미경으로 보이게 되는 것이다. 따라서 중기 염색체는 **동원체(centromeres)**에 연결된 두 딸 염색체를 포함하고 있다. 세포 분열 동안에 딸 염색체를 각자의 핵으로 끌어당기는 미세소관(microtubles)에 염색체가 부착되는 장소도 동원체이다(그림 11.13).

동원체는 염색체의 특정 위치에 놓인다(그림 11.14). 동원체는 염색체 중심인 **중부(metacentric)**, 중심에서 약간 벗어난 **차중부(submetacentric)**, 염색체의 끝인 **말부(acrocentric)**, 말단의 거의 끝인 **말단부(telocentric)**에 놓인다. 동원체의 양쪽 옆에 놓여있는 부분을 염색체 팔 혹은 **염색분체(chromatid)**라고 한다.

각기 다른 동원체의 위치로 인해 각자의 염색체가 구별될 수 있다. 염색체를 염색하

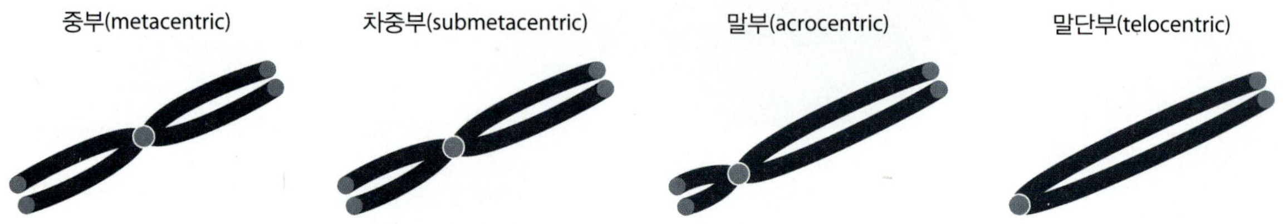

그림 11.14 서로 다른 동원체의 위치

표 11.3 염색체 밴드 패턴을 만드는 데 사용되는 염색 기술		
기술	실험 순서	밴드 패턴
G 밴드	약한 단백질 분해 후에 Giemsa으로 염색	AT 많은 부위 진함 GC 많은 부위 희미함
R 밴드	가열 변성 후에 Giemsa으로 염색	GC 많은 부위 진함 AT 많은 부위 희미함
Q 밴드	quinacrine으로 염색	AT 많은 부위 진함 GC 많은 부위 희미함
C 밴드	수산화바륨으로 변성 후에 Giemsa 염색	구성염색질 부위 진함

면 보다 더 구별하기 쉽다. 수많은 종류의 염색 기술이 있고(표 11.3), 이들은 제각각 염색체의 특성을 나타내는 밴드 양상(banding pattern)을 나타낸다. 생물체에 있는 염색체 세트는 염색체 각각의 밴드 모습을 묘사할 수 있는 **핵형도(karyogram)**로 표현될 수 있다. 그림 11.15는 인간 핵형도를 보여주고 있다.

동원체는 반복 서열 DNA와 변형된 뉴클레오솜을 포함한다

DNA는 동원체를 포함하고 있는 염색체 전체에 걸쳐 존재한다. 동원체 DNA에는 대게 반복 서열로 구성되어 있다. 인간은 반복 서열이 171 bp 길이로, 이는 **알포이드 DNA(alphoid DNA)**로 불린다. 염색체 당 1,500~30,000 복제본의 알포이드 DNA로 이루어져 있으며 이는 0.9~5.2 Mb에 해당한다.

극히 소수의 유전자가 동원체 부위에 존재한다. 오랫동안 동원체에는 유전자가 없는 것으로 알려져 있었다. 여러 가지 생물체로부터 전체 게놈 서열을 얻었을 때 동원체 DNA는 제외되는 경향이 있었다. 이제는 대부분 생물종의 동원체에도 유전자가 존재한다는 것이 밝혀졌다. 비록 동원체 DNA 1 Mb 당 100개의 유전자로 구성되어 있지만, 비동원체 부위의 250개 혹은 그 이상에 비해 적은 편이다.

대부분의 진핵생물 동원체도 염색체의 다른 부위와 유사하게 뉴클레오솜이 있다. 하지만 히스톤 H3 대신에 단백질 CENP-A를 포함한다. CENP-A를 포함하는 뉴클레오솜은 H3를 포함하는 것보다 더 조밀하여 구조적으로 견고하다. CENP-A와 H3 뉴클레오솜들이 DNA를 따라 배열되고, 따라서 동원체(centromere) 표면에는 CENP-A가 위치한다고 제안되었다. CENP-A는 **방추사부착점(kinetochore, 키네토코어)**를 형성하는 바깥 표면 껍질을 만들고 이들은 염색체를 딸세포의 핵으로 나누어 끌어당기는 미세소관들이 부착하는 부위의 구조이다. 방추사부착점은 염색체 중기에 만들어지고, 각각의 딸 염색체는 결합된 동원체 위에 자신들의 방추사부착점을 구성한다. 하나의 방추사부착점은 동원체의 한 면에 있고, 다른 하나는 다른 면에 존재한다(그림 11.16).

텔로미어는 염색체 말단을 보호한다

염색체의 말단을 **텔로미어(telomere)**라 부른다. 이것들은 여러 중요한 역할을 하는 특별한 구조이다. 첫째는, 염색체 내에 있는 DNA 분자의 말단을 엑소뉴클레아제 효소의 공격으로부터 보호하는 것이다. 만약에 이 효소들이 염색체 DNA에 접근한다면 말

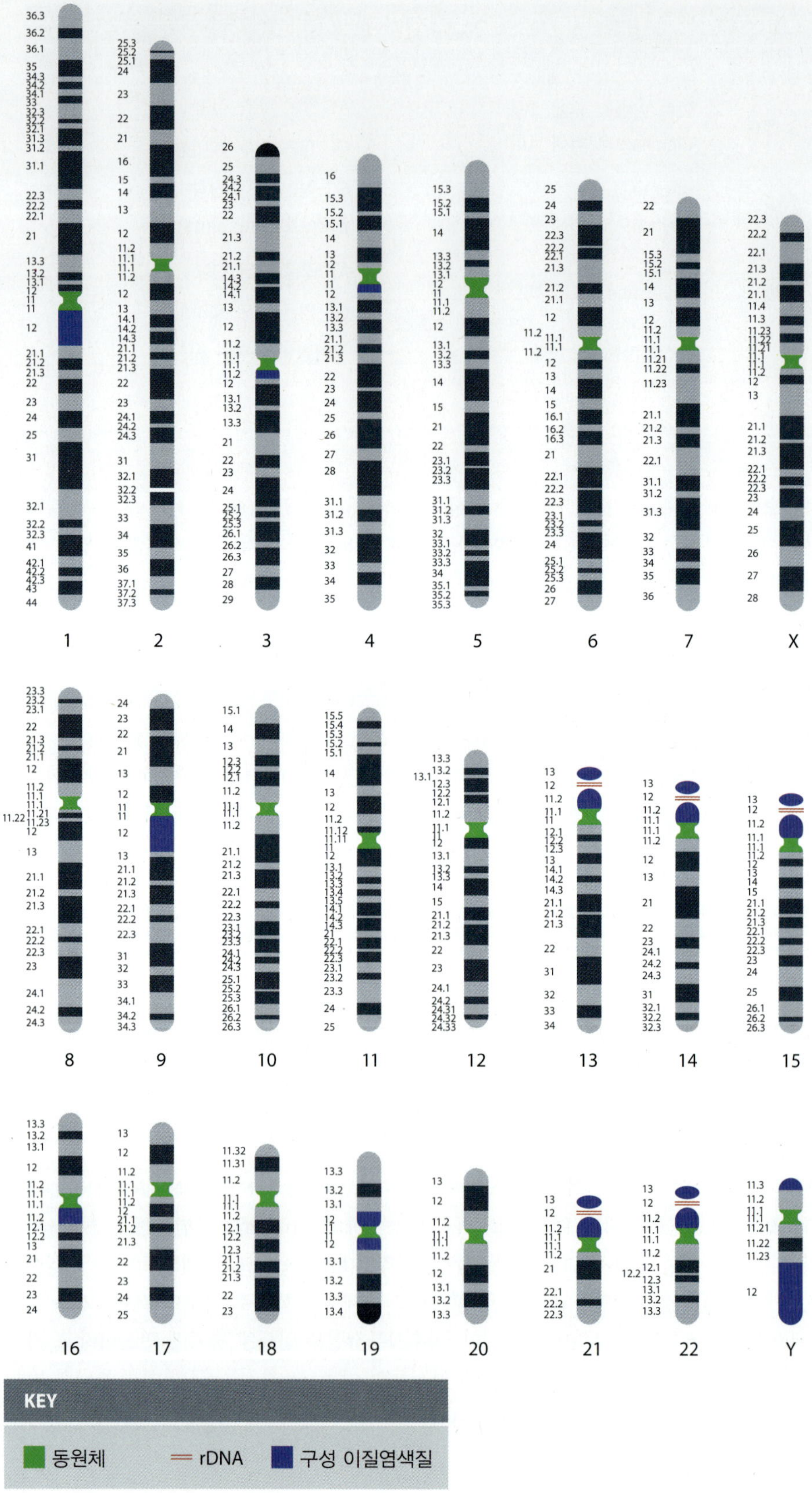

그림 11.15 인간 핵형도. 염색체들은 Giemsa 염색 후에 얻어진 G 밴드 양식으로 보인다. 염색체 숫자는 각각 구조의 아래쪽에, 밴드 숫자는 왼쪽에 적혀 있다. "rDNA"는 리보솜 RNA 유전자의 반복 집단을 포함하는 지역이다.

그림 11.16 중기 염색체에서 키네트코어(kinetochore) 위치

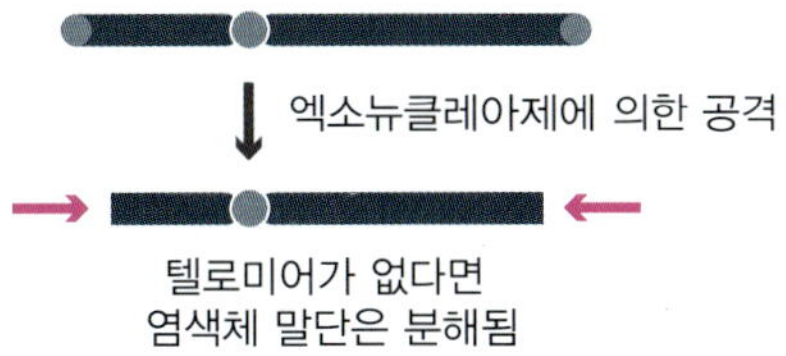

그림 11.17 텔로미어 역할 중의 하나는 염색체 말단을 엑소뉴클레아제에 의해 분해되는 것을 막는 것이다.

단 부근의 DNA를 분해할 것이다(그림 11.17) 또한 자연계에 존재하는 염색체 DNA의 말단은 DNA 수선(repair) 시스템으로부터 보호할 필요가 있다. 이 시스템은 잘려진 DNA를 수선하는 매우 효과적인 메커니즘을 갖고 있고, 잘려진 곳의 노출된 DNA 말단에 결합하는 단백질에 의해 추진된다. 이 수선 단백질들은 자연계에 존재하는 염색체 말단을 잘려진 말단으로 혼동하여 두 염색체를 연결할 수도 있다. 텔로미어는 이런 일이 발생하는 것을 막는다.

동원체와 마찬가지로 텔로미어도 특별한 DNA 서열을 포함한다. 텔로미어 DNA는 5′-TTAGGG-3′의 짧은 서열이 수백 번 복제되어 구성되어 있다(그림 11.18). 다른 가닥에는 반복 서열로 5′-CCCTAA-3′이 있어, 한 가닥은 G 뉴클레오티드가 많고 다른 가닥은 C가 많이 존재한다. 실제로, 반복 서열은 다양해도 모든 진핵생물은 G가 많은 짧은 반복 서열로 구성된다. G가 많은 가닥은 C가 많은 가닥보다 DNA 분자의 3′말단에 200 뉴클레오티드 정도 연장되어 단일 가닥이 돌출된 구조를 보인다.

뉴클레오솜은 염색체의 텔로미어 지역에는 존재하지 않고, 2개의 특별한 단백질이 이 반복 서열에 결합한다. 인간에서 이들은 텔로미어 길이의 조절을 돕는 TRF1과 단일 사슬 연장을 유지하는 TRF2가 있다. 만약에 TRF2가 불활성화되면 이 연장된 단일 가닥이 없어지고 두 폴리뉴클레오티드가 공유 결합으로 연결되어 하나로 융합될 것이다. 다른 텔로미어 단백질은 텔로미어와 염색체 말단이 위치하는 지역인 핵의 주변부를 연결해 준다.

염색체는 여러 번 복제하는 동안에 점차적으로 짧아진다

텔로미어는 DNA 복제에서 제기된 문제도 또한 해결해야만 한다. 이론적으로는 매회 DNA 복제에서 염색체의 길이는 경미하게 줄어 들어야 하나, 실제로는 거의 모든 세포에서 어떤 일도 일어나지 않는다.

왜 염색체가 DNA 복제에서 점차적으로 짧아지는지 이해하기 위하여 DNA 복제의 기본적인 특성을 다시 살펴보아야 한다. DNA 합성은 오직 5′ → 3′ 방향으로 진행되고, 이는 지연 가닥에서의 오카자키 절편처럼 불연속적으로 복제되는 것을 의미한다(그림 10.13 참조). 진핵생물 염색체의 DNA 분자와 같은 선형 DNA 분자의 말단에는 2가지 문제점이 나타난다. 첫째, 지연 가닥의 최단 말단은 프라이밍되는 위치가 지연 가닥 말단을 넘어서기 때문에 마지막 오카자키 절편이 프라이밍되지 않아 복제될 수 없다는 것이다(그림 11.19A). 그러므로 이 오카자키 절편의 부재는 지연 가닥 복제가 원래의 길이보다 짧아지게 된다. 만약에 이 길이로 유지된다면, 다음 번 복제에서 부모 폴리뉴클레오티드로 작용하여 결과적으로 생긴 딸 분자는 조부모보다는 짧아진다.

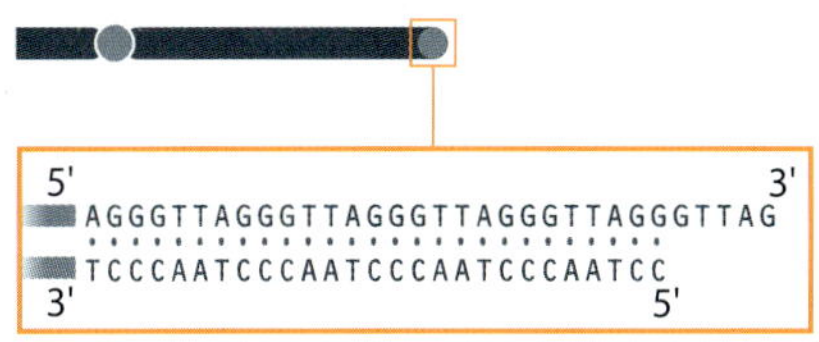

그림 11.18 인간 텔로미어 말단의 DNA 서열. 단일 가닥이 연장되는 부분은 200 뉴클레오티드까지 확장된다.

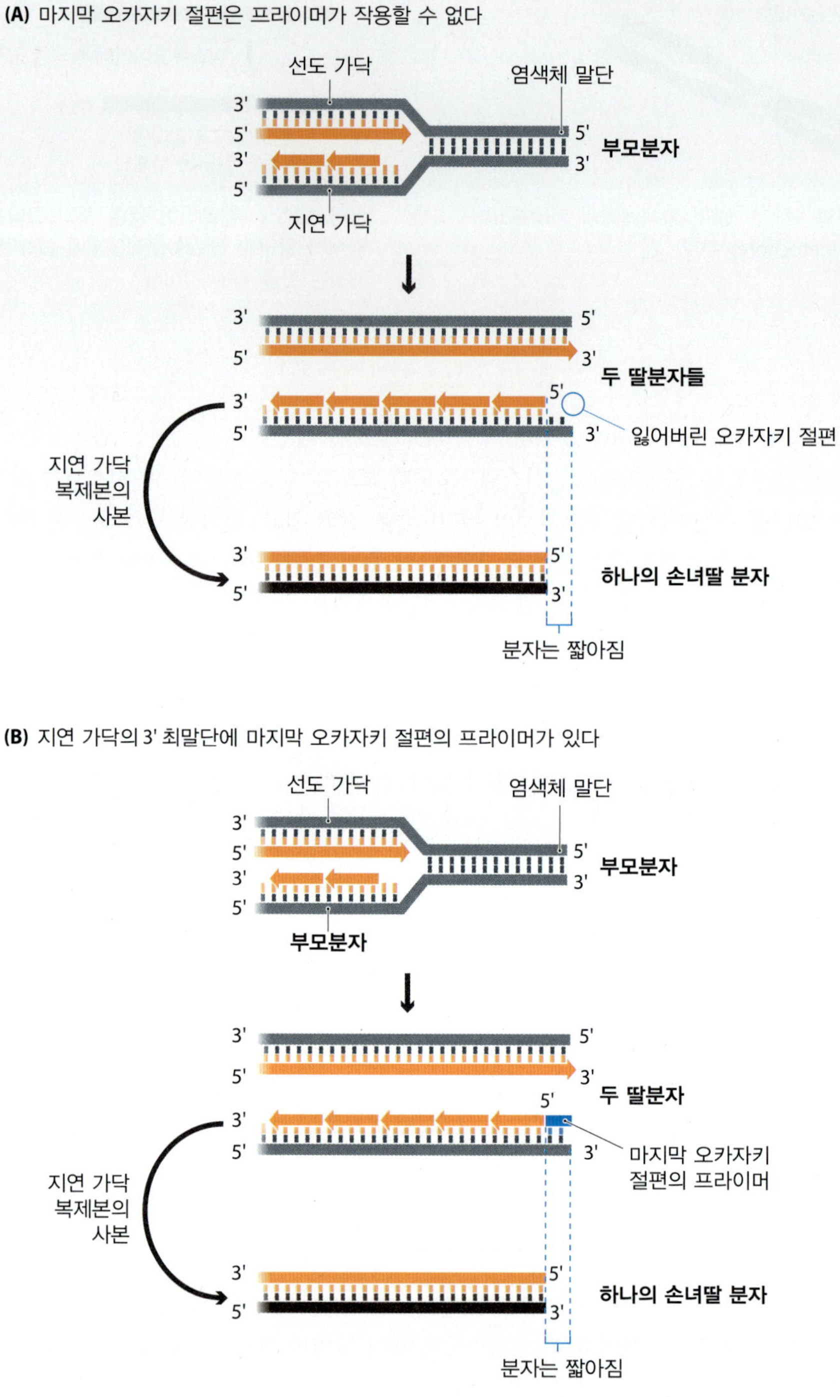

그림 11.19 선형 DNA 분자들이 DNA 복제 후에 짧아지는 두 가지 이유. 양쪽의 예시에서 부모 분자는 정상적인 방법으로 복제된다. 선도 가닥에서는 완전한 복제가 일어나지만, (A) 지연 가닥에서는 마지막 오카자키 절편이 만들어지지 않기 때문에 불완전한 복제가 일어난다. 오카자키 절편에 필요한 프라이머는 지연 가닥에서 대략 200 bp 떨어져서 만들기 때문이다. 만약에 오카자키 절편이 3′ 말단에서 200 bp 보다 짧게 남은 위치에서 시작했다면 또 다른 프라이머 합성을 위한 자리가 남아 있지 않고 지연 가닥의 남은 부분은 복제되지 않는다. 이 결과 생성된 딸 분자는 3′ 돌출 부위가 있고, 이것이 복제되면 원래 부모보다 짧은 손녀딸 분자가 나온다. (B) 마지막 오카자키 절편이 3′ 지연 가닥의 최말단에 놓이면 이들 RNA 프라이머는 지연 가닥의 3′ 말단을 넘어선 위치에서 또 다른 오카자키 절편의 연장이 필요하기에 DNA로 전환되지 않는다. 프라이머를 손실하거나 DNA로 복제되지 않으면 손녀딸 분자 중의 하나는 원래의 부모 분자보다 짧아진다.

만약에 마지막 오카자키 절편에 대한 프라이머가 3′ 최말단에 놓인다면 두 번째 문제가 발생한다. 이 말단의 RNA 프라이머는 이를 제거하는 일반적인 과정에 의해 DNA로 바뀔 수 없기 때문에 (작은 길이이긴 해도) 짧아지게 된다(**그림 11.19B**) 이것은 프라이머를 제거하는 방법이 인접해 있는 오카자키 절편의 3′ 말단을 필요로 하기 때문이다(그림 10.29 참조). 하지만 이러한 경우, 인접한 오카자키 절편이 없어 프라이머를 제거할 수 없다.

텔로미어는 이러한 문제를 다음과 같은 방법으로 해결한다. 대부분의 텔로미어 DNA

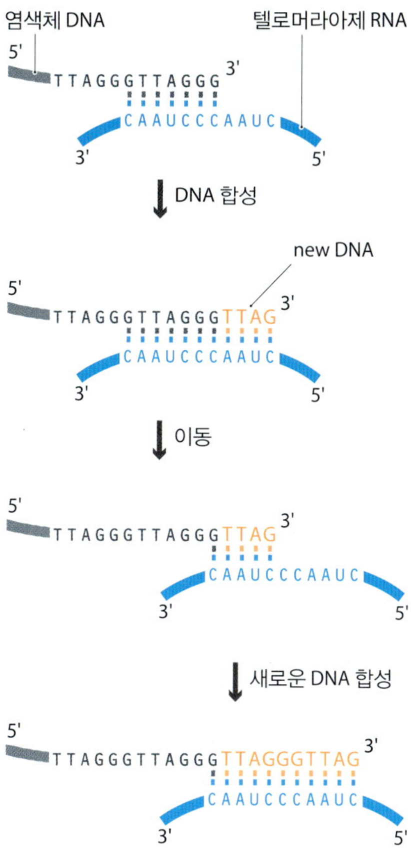

그림 11.20 텔로머라아제에 의한 인간 염색체 말단의 연장. 인간 염색체 DNA 분자의 3′ 말단을 보여 준다. 인간 텔로미어는 5′-TTAGGG-3′의 반복 서열로 구성된다. 텔로머라아제 RNA는 DNA 분자와 염기쌍 형성을 하고 짧은 부분의 DNA 합성이 일어나 연장된다. 텔로머라아제 RNA는 DNA 폴리뉴클레오티드를 따라 새로운 염기쌍 형성 위치로 약간 이동하여 약간의 뉴클레오티드가 끼어 들어가 연장된다.

는 DNA가 복제될 때 일반적인 스타일로 복제되지만, 이 방법이 유일한 것은 아니다. 복제 과정의 한계를 보상하기 위하여 효소 **텔로머라아제(telomerase)**에 의해 촉매되는 독립적인 메커니즘에 따라 텔로미어가 연장될 수 있다. 텔로머라아제는 특이한 효소로 단백질과 RNA로 구성되어 있다. 인간 텔로머라아제의 경우, RNA 성분은 450 bp 길이의 뉴클레오티드로 5′ 말단 부근에 5′-CUAACCCUAAC-3′ 서열을 포함한다. 이 서열의 중앙 부위에는 인간 텔로미어 반복 서열인 5′-TTAGGG-3′에 상보적인 서열이 있다. 따라서 텔로머라아제 RNA는 텔로미어 단일 가닥 돌출부와 염기쌍 형성을 한다(그림 11.20). 이러한 염기쌍 형성은 DNA의 3′ 말단에 몇몇 개의 뉴클레오티드가 연장될 수 있는 주형을 제공한다. 텔로머라아제 RNA는 DNA 폴리뉴클레오티드를 따라 새로운 염기쌍이 형성되는 위치로 약간 이동하여 몇 개의 뉴클레오티드를 DNA의 3′ 말단에 연장시킨다. 이 과정은 염색체 말단이 충분히 연장될 때까지 반복된다.

텔로머라아제는 오직 G가 많은 가닥의 말단에만 뉴클레오티드를 부가할 수 있다. 다른 폴리뉴클레오티드는(C가 많은 가닥) 어떻게 연장되는지 확실하진 않지만 G가 많은 가닥이 충분히 길어졌을 때 프리마아제-DNA 폴리메라아제 복합체가 C가 많은 가닥에 부착하여 새로운 오카자키 절편의 합성을 시작한다(그림 11.21). 이 과정은 새로운 RNA 프라이머를 사용하고, 이 때문에 C가 많은 가닥이 G가 많은 가닥 보다는 항상 짧게 된다. 중요한 점은 전체적인 염색체의 길이에는 변함이 없다는 것이다.

11.3 세포주기

진핵세포의 게놈이 어떻게 하나 혹은 그 이상의 염색체로 포장되는지 알아보았다. 이제 염색체가 어떻게 딸세포로 전달되는지, 그리고 언제 세포가 분열되는지를 알아보려고 한다. 이를 위하여 세포주기의 여러 다른 단계에 대하여 친숙할 필요가 있다.

인간 세포의 배양에서 세포는 24시간 마다 1번씩 분열한다. 대체로 신체에서 세포가 1번 분열하는 데 걸리는 시간은 이보다 더 길지만 항상 같은 과정으로 진행된다. 이러한 과정들은 염색체가 제때에 복제되고 세포 분열에서 복제된 염색체가 질서있게 딸세포들로 분배될 수 있도록 편성되고 조절된다.

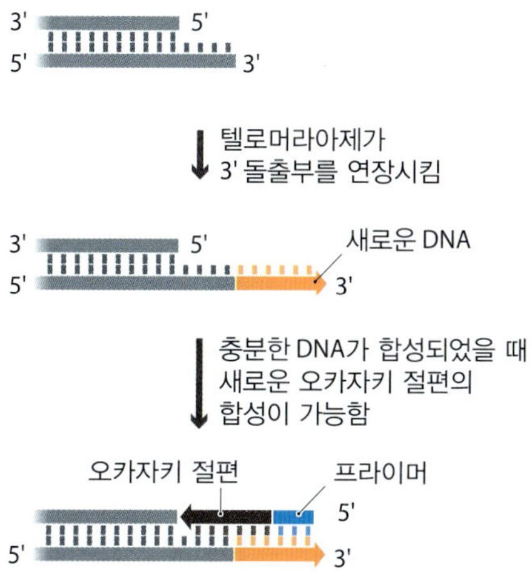

그림 11.21 염색체 말단의 확장 과정의 완성. 텔로머라아제에 의해 염색체 3′ 말단의 확장된 이후에 새로운 오카자키 절편이 프라이머로 작용하여 DNA를 합성하고 이중 가닥 말단이 만들어진다.

연구 브리핑 11.1

텔로머라아제, 노화 그리고 암

텔로머라아제는 진핵생물 염색체에 존재하는 선형 DNA 분자의 말단을 유지하게 하는 효소이다. 이 효소는 복제할 때마다 DNA 분자가 점차적으로 짧아지지 않게 방지하기 위해 필요하다. 따라서 텔로머라아제가 모든 포유동물의 세포에서 활성화되지 않는다는 것을 발견한 것은 놀라운 일이다. 이 효소는 초기 배아 단계에서 기능이 있고, 태어난 후에는 생식 세포와 **줄기세포(stem cells)**에서만 활성이 있다. 줄기세포는 생명체가 살아가는 동안 끊임 없이 분열하는 전구세포로 기관이나 조직의 기능이 살아 있는 상태를 유지할 수 있도록 새로운 세포를 생성한다.

텔로머라아제가 부족한 세포는 염색체가 분열할 때마다 짧아진다. 결국 세포 분열이 많이 일어난 다음에는 텔로미어 반복 서열이 완전히 제거된다. 이 결과, 정상적으로 각 염색체 말단에 있는 단백질 "캡(cap)"을 잃어버린다. 이 캡은 말단을 엑소뉴클레아제의 공격으로부터 막아 주고 내부 절단으로 일어나는 오류로부터 보호해 준다. 보호 기능이 있는 캡을 형성하는 단백질은 결합하는 서열로서 텔로미어 반복 서열을 인식한다. 따라서 텔로미어가 제거되면 단백질이 부착할 수 없게 된다.

텔로머라아제 활성의 부재는 노화와 관련될 수 있다

수 년 동안 생물학자들은 염색체 말단이 점차 줄어드는 것과 **세포 노화(cell senescence)**와의 관련성에 대하여 연구해 왔다. 노화는 원래 세포 배양을 통해 연구되었다(그림 1). 모든 정상 세포의 배양은 제한된 수명을 가진다. 즉, 50번 정도의 세포 분열이 일어난 세포는 생존은 하지만 분열을 더 이상 하지 못하는 노화 단계에 접어든다(그림 2). 노화는 염색체가 재배열되거나 부서지는 것과 같은 손상이 축적되어 세포 계보에 미치는 영향에 반대로 작동하는 보호 메커니즘이다. 이러한 결함들은 결국 세포를 암으로 유도할 수 있을 것이다. 노화 과정은 위험한 시점에 도달하기 전에 반드시 세포 계보를 종결하여 암으로 진행되는 것을 막는 것이다. 노화와 텔로미어가 짧아지는 것의 관련성은 순전히 직관에 근거하여 제안되었다. 만약에 세포 계보가 특정한 횟수의 세포 분열 후에 노화된다면, 세포는 진행되어 왔던 분열 횟수를 셀 수 있는 메커니즘이 있어야만 한다. 텔로미어가 점차적으로 짧아지는 것이 세포 분열의 횟수를 기록할 수 있게 하는 드물게 일어나는 세포 과정 중의 하나이다. 텔로미어가 짧아지는 것이 노화와 관련 있다는 사실이 실험적으로 증명되었다. 이는 어떤 포유동물 세포 세포주인 섬유아 세포(fibroblast culture) 배양(결합 조직 세포)에서 확인되었으며, 활성적인 텔로머라아제를 합성할 수 있게 디자인된 세포에서는 노화가 지연되는 것을 알 수 있었다.

세포 노화는 노화와 관련이 있을 수 있다

세포 노화와 노화는 어떤 관련이 있을까? 노화는 생물체 전체에 영향을 주고 결국에는 죽음으로 다가간다. 인간 세포의 텔로미어 길이와 인간의 나이와는 어떤 관계이며, 노화가 일찍 일어나는 어떤 질병은 짧은 텔로미어 길이와 연관성이 있을까? 어떤 과학자들은 스트레스와 비만이 인간의 텔로미어 길이를 짧게 하여 수명을 감소시킨다는 보고를 하고 있다.

조기 노화를 일으키는 질병 중의 어떤 것들은 텔로머라아제의 활성과 직접 관련된다. 이 질병에서는 텔로머라아제에 결함이

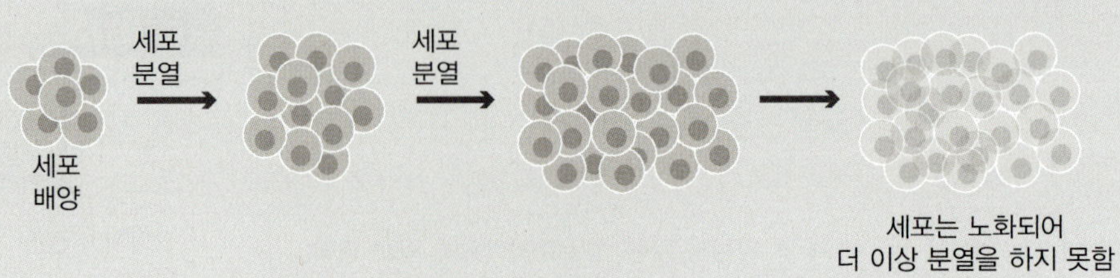

그림 1 다수의 세포 분열 후에 배양된 세포는 노화된다.

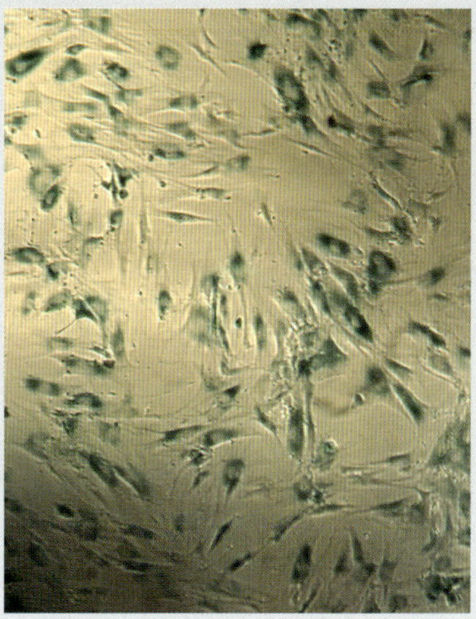

그림 2 파란색 세포는 인간 간엽(mesenchymal) 줄기세포로 X-레이 조사를 하여 분열하지 못하거나 노화되었다. 노화 관련 β-갈락토시다아제 (SA-β-gal) 염색을 사용하여 얻은 이미지로 버클리 실험실 과학자들이 이 세포의 노화를 유발하는 과정에 대해 보다 쉽게 이해할 수 있었다. SA-β-gal은 노화 세포에만 활성화되는 효소이다. 이 효소의 활성을 감지하는 분석법으로 세포의 염색 과정에 사용하여 노화된 세포와 노화되지 않은 세포와 구별할 수 있다. (Adapted from D. Wang and D. J. Jang, *Cancer Res.* 69: 8200–8207, 2009. With permission from the American Association for Cancer Research.)

있거나, 혹은 텔로머라아제 활성을 조절하는 단백질이 정확히 작용할 수 없기 때문에 텔로머라아제 활성이 감소된다. 텔로머라아제의 결합은 줄기세포에 주요한 영향을 미칠 수 있다. 이 효소의 지속적인 활성에 의해 줄기세포가 생물체의 일생 동안 살아 있게 되고 새로운 세포 계보를 시작할 수 있기 때문이다. 텔로미어와 노화의 관계를 정립하기 위해서는 체세포에서 텔로미어가 짧아져서 일어나는 노화와 줄기세포에서 텔로머라아제가 재생 능력을 상실하여 일어나는 노화를 구별해야만 한다. 이러한 세포 활동에서 노화가 일어나는 과정을 이해하는 데에는 많은 어려움이 따른다.

텔로머라아제의 존재는 암과 관련될 수 있다

모든 체세포가 노화되지는 않는다. 암 세포는 세포 배양에서 연속적으로 분열할 수 있고, 암 세포의 불멸성은 온전한 생물체에서 암의 생장과 유사성을 보인다. 여러 종류의 암에서 노화의 부재는 텔로머라아제의 활성과 관련이 있다. 수없이 세포 분열을 하여도 정상적인 텔로미어 길이를 유지하는 경우도 종종 있고, 텔로머라아제가 활성이 지나쳐 텔로미어 길이가 길어지는 경우도 있다.

선천성 각화이상증(Dyskeratosis congenita)이라는 암은 인간 텔로머라아제 RNA 성분의 유전자에 돌연변이가 발생하여 생기는 것으로 보아 텔로머라아제가 암의 원인으로 작용하는 것 같지만, 텔로머라아제 활성이 암의 원인인지 혹은 결과인지는 분명하지 않다. 이 질문은 왜 암이 발생하는지 이해하는 데 결정적이지만 텔로머라아제가 암과의 전쟁에서 의약품의 목표가 될지언정 치료하는 일과는 거의 상관이 없어 보인다. 그러나 비록 텔로머라아제 활성이 암의 결과라 해도, 암 세포의 노화를 유도하는 의약품이 개발된다면 암 세포의 증식을 막을 수 있기 때문에 이러한 치료는 성공적일 수 있다.

암 세포의 텔로머라아제를 불활성화하려는 시도는 단백질과 RNA 성분에 초점을 맞추고 있다. 단백질은 텔로머라아제의 어떠한 단백질 성분과도 결합함으로써 불활성화되는 백신을 제조하기 위하여 사용된다. 임상실험 결과, 이러한 백신은 환자의 혈액 속에 돌아다니는 암 세포의 수를 감소시켜 암이 몸의 다른 부분으로 전이되는 것을 막았다. 이 백신이 이미 존재하는 암의 생장을 감소할 수 있는지 혹은 암이 발생 장소에서 고착화되는 것을 막을 수 있는지는 분명하지 않다. 두 번째 시도는 텔로머라아제의 RNA 성분에 상보적인 짧은 올리고뉴클레오티드를 사용하는 것이다. 이 제안은 이 올리고뉴클레오티드가 RNA 분자에 결합함으로써 텔로머라아제 효소를 억제시킨다는 것이다(그림 3).

텔로머라아제를 목표로 하는 백신과 올리고뉴클레오티드는 암과의 전쟁에서 가장 유망한 전략 중의 하나이다. 이 시점에서 주된 장애물은 텔로미어를 유지하는 어떤 세포의 능력이다. 그 결과, 텔로머라아제가 필요하지 않은 다른 방법으로 노화를 피하게 되는 것이다. 이리하여 텔로미어 반복 서열은 위험할 정도로 짧아지지 않고 다음 세포에 전달된다. 이 과정은 어떤 암 세포가 발생하는 원리이며, 텔로머라아제 불활성화되는 것과는 반대로 작동된다.

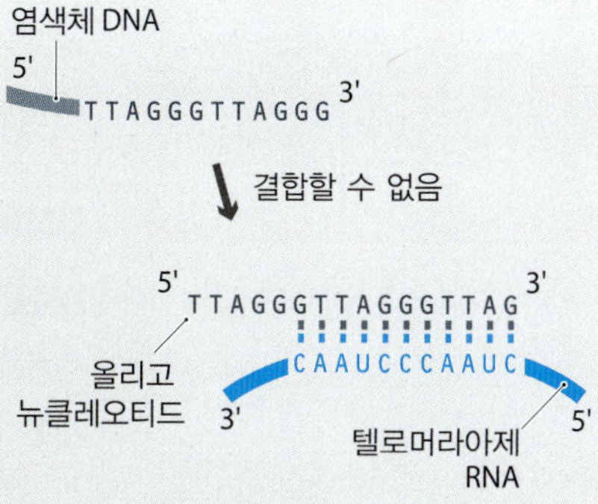

그림 3 텔로머라아제 활성을 억제하는 올리고뉴클레오티드의 사용

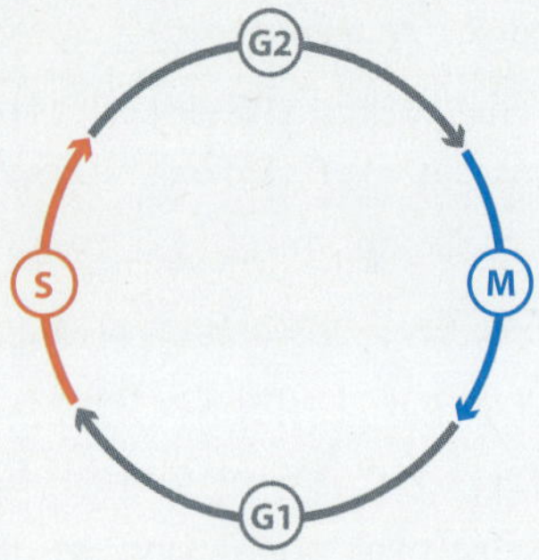

그림 11.22 세포주기. 각 시기의 길이는 세포에 따라 다양하다. 약어: G1과 G2는 gap phase: M은 mitosis: S는 synthesis 시기를 의미함

세포주기에는 4개의 단계가 있다

세포주기에 대한 개념은 초기 생물학자들에 의해 수행된 광학현미경 연구로부터 나왔다. 그들에 의해 분열하는 세포는 반복된 **체세포 분열(mitosis,** 핵과 세포의 분열이 일어나는 기간)과, 그리고 **간기(interphase,** 현미경 관찰에서 거의 역동적 변화가 없는 기간)의 주기를 지나가는 것이 관찰되었다. 염색체가 간기 동안에 분리되는 것으로 알려졌고, DNA가 유전 물질로 알려진 시점에서 간기는 게놈의 복제가 반드시 일어나는 기간으로, 그 중요성이 부각되었다. 이로 인해 세포주기는 4가지 단계의 과정으로 재해석되었다(그림 11.22).

이 4가지 단계의 첫 단계는 **G1기(G1 phase)**라고 명명된다. 이것은 세포주기의 가장 긴 단계로 어떤 세포는 몇 주, 심지어는 몇 달 동안 지속되기도 한다. G 또는 "gap"은 시간적 공백을 의미하고 이는 중요하지 않은 시기라는 의미를 함축하고 있지만, 세포가 생장하고, 대사 작용을 하며, 다세포 생물에서는 특별한 기능을 수행하는 시간으로 잘못 인식된 점이 있다. G1기 동안에 염색체는 2배체 세포 표준에 해당하는 46개의 염색체의 수를 갖는다.

두 번째 단계는 **S기(S phase)** 또는 "synthesis" 단계이다. 이 단계는 염색체 DNA 분자가 복제되는 기간이다. S기의 시작은 복제 기점에서 활성화되고 양방향의 DNA 합성 과정이 선형 분자를 따라 복제가 끝날 때까지 진행된다. 각각의 염색체마다 다수의 복제 기점이 있어도 DNA를 합성하는 S기는 6~8시간 동안 지속된다.

다음은 **G2기(G2 phase)**라 불리는 두 번째 시간적 공백 기간이다. 이제 이 기간 동안 세포가 분열하며 3~4시간 이상 진행되지는 않는다. G2기 동안에 염색체는 제각각 복제되어 두 DNA 분자들을 포함하는 세포는 실질적으로는 4배체이다. G2 말기에서는 염색체는 압축되기 시작하여 중기의 구조를 형성한다. 이후, 핵과 세포의 분열이 일어나는 **M기(M phase)**로 들어선다.

체세포 분열과 **감수 분열(meiosis)**로 불리는 2가지 뚜렷한 종류의 핵 분열이 일어난다. 일반적으로 1시간 이내로 이들 분열이 종료된다. 체세포 분열은 부모와 같은 염색체를 포함하는 두 딸세포의 핵으로 되고, 이는 체세포가 분열되는 전형적인 과정이다. 따라서 이 장에서는 체세포 분열에 초점을 맞출 것이다. 감수 분열은 특별한 종류의 세포 분열로 수컷과 암컷의 생식세포에서 일어난다. 유성생식에서 DNA 분자의 유전에 관한 내용은 14장에서 다룰 것이고, 또한 감수 분열에 대해서도 논의할 것이다.

DNA 복제는 세포주기의 다른 단계들과 조정되어야만 한다

DNA 복제가 세포주기들의 다른 단계들과 조정되어 진행되는것은 게놈이 분열하기 전에 한 번만 복제되고 또한 완전히 복제되기 위해서는 매우 중요한 일이다. 세포주기를 조정하는 것에는 전체적으로 **사이클린(cyclins)**이라 불리는 많은 조절 단백질이 관여한다. 이들 중 일부는 S기 초기에 활성화되어 DNA 복제를 시작하는 데 관여하는 것으로 생각된다. 다른 것들은 세포가 체세포 분열을 준비하는 동안에 G2기에 일어나

그림 11.23 전-복제 복합체와 (pre-RC) 후-복제 복합체 사이의 (post-RC) 관계. 복제 출발점에서 복제 분기점이 떠났을 때 pre-RC는 post-RC로 전환된다.

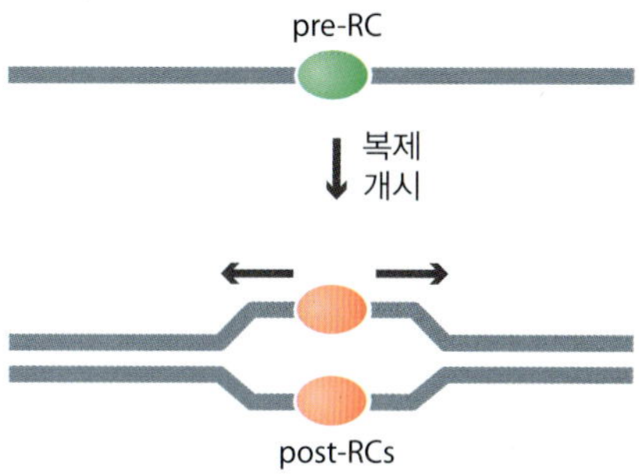

는 두 번째 DNA 복제를 막는다.

사이클린은 복제 시작점에서 조절 작용에 관여하여 DNA 복제에 영향을 주는 것으로 생각된다. 복제 시작점에서 복제가 시작되기 위해서는 **전-복제 복합체(pre-replication complex: pre-RC)**의 형성이 필요하다. pre-RC는 복제 시작점에서 복제 분기점이 이동할 때 **후-복제 복합체(post-replication complex: post-RC)**로 전환된다(그림 11.23). post-RC는 복제를 시작할 수 없다. 이는 복제된 게놈 부분에서 체세포 분열이 일어나기 전에, 돌발적으로 다시 복제가 시작될 수 없음을 의미한다.

pre-RC를 형성하는 데 관여하는 주요 단백질은 Cdc6p로, 효모에서 처음 확인된 이후 다른 고등 진핵생물에서도 발견되었다. Cdc6p의 역할에 대한 첫 증거는, 이 단백질에 대한 유전자를 불활성화 시키는 실험으로 알 수 있었다. 실험의 결과로 pre-RC를 합성할 수 없는 세포가 만들어졌다. 역으로 Cdc6p가 과잉 발현되면 많은 양의 단백질이 생산되고 게놈은 체세포 분열 없이 여러 번 복제가 진행된다. Cdc6p는 G1기 동안에 합성되고 MCM 헬리카아제 단백질은 pre-RC에 모이게 된다(그림 11.24). 이 헬리카아제는 복제 시작점에서 염기쌍 결합을 해체하여 DNA 합성이 시작되게 한다.

pre-RC 단백질 중에 두 번째로 중요한 그룹은 **복제 허가 인자(replication licensing factors: RLFs)**이다. 이들은 M기 말에 염색체의 DNA에 결합하고 S기가 시작할 때까지 남아 있다가 복제되는 DNA로부터 점차적으로 제거된다. 이들의 제거는 pre-RC가 post-RC로 전환되는 중요한 과정이며, 이미 복제가 일어난 복제 시작점에서 다시 복제가 개시되는 것을 막는다.

S기 동안에도 역시 조절이 있을 수 있다

G1기에서 S기로의 전환은 아마도 게놈의 복제에서 주요 조절 시점이지만 이것이 전부는 아니다. S기 동안에서도 조절되는 특이한 과정이 있다.

복제 개시가 모든 복제 시작점에서 동시에 시작되지 않아도 "복제 시작점에서의 복제 개시(origin firing)"가 전적으로 무작위로 일어나는 것은 아니다. 게놈의 어떤 부분은 S기 초기에 복제되고 다른 부분은 나중에 복제된다. 복제가 일어나는 양상은 매번 세포주기마다 일정하게 진행된다. 활발하게 전사되는 유전자나 동원체는 S기 초반에 복제되고 각 염색체의 텔로미어나 전사되지 않는 부위는 후에 복제되는 일반적인 양상을 보인다(그림 11.25). 따라서 초기 복제 시작점에서의 복제 개시는 조직 특이적이어서 특정 세포에서 일어나는 유전자의 발현 양식을 반영한다. 각각의 복제 분기점의 이동 속도 또한 다양하다. 효모의 평균 이동속도는 분당 2.9 kb이다. 하지만 가장 활성적인 것들은 분당 11 kb로 매우 빠르게 이동한다.

복제 시작점에서 복제를 개시하는 시간을 무엇이 결정하는가에 대해 입증하기는 매우 어려운 일이다. 복제 시작점의 DNA를 같은 혹은 다른 염색체로 이동시키면, 이 부분에서 복제 시작점의 복제 양식 변화가 일어나기 때문에 단순히 복제 시작점의 서열

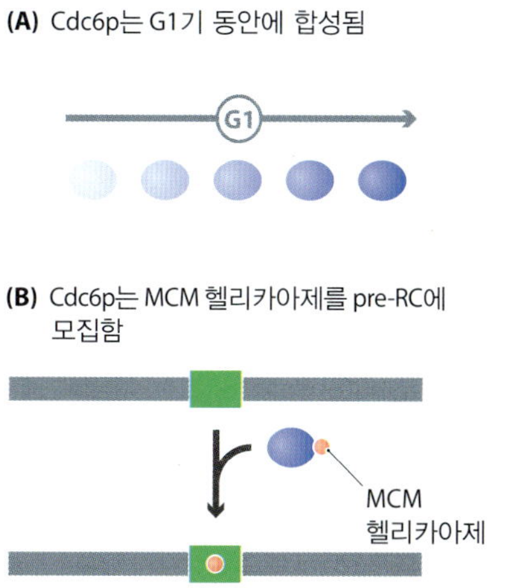

그림 11.24 (A) Cdc6p는 G1기 동안에 합성되고, 그리고 (B) MCM 헬리카아제를 pre-RC에 모집한다.

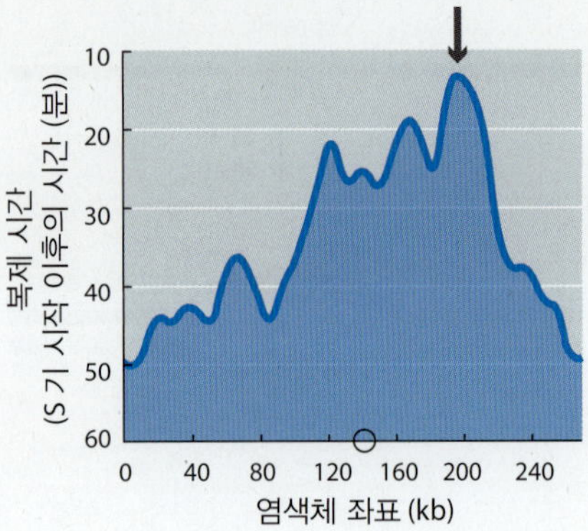

그림 11.25 *Saccharomyces cerevisiae* 염색체 VI의 복제 출발점 개시의 시기. 화살표는 이 염색체의 복제가 시작되는 곳을 표시하며 원은 X축에서 동원체의 위치이다.

만으로 복제 개시를 결정하는 것은 아니다(그림 11.26). 이 위치의 영향은 DNA가 염색체의 다른 부분에 포장되는 방식과도 관련될 수 있다. 적어도 포유류에서는 S기와 비슷한 시기에 활성화되는 복제 시작점들이 함께 무리지어 있기 때문에 핵 내부의 복제 시작점들의 위치도 또한 중요하다.

DNA 복제는 일시적으로 또는 영구적으로 S기 동안에 정지될 수 있다. 이 현상은 DNA 손상을 입은 효모 세포의 게놈 복제 속도가 느려지고 완전히 정지되는 것이 처음으로 확인되었다. 이런 일은 DNA 수선에 관여하는 생성물의 유전자 활성과 관련성이 있다. 복제 분기점의 주형 DNA의 손상을 확인하는 단백질로부터의 신호로 S기 사이클린들이 반응한다. 손상 감지 단백질로부터의 신호는 다른 종류의 세포 반응을 유도해 낸다. 보통 S기 후반에 활성화되거나 현존하는 복제 분기점의 진행이 느린 복제 시작점의 개시를 억제하여 복제 진행을 막는다. 만약에 손상이 심하지 않으면 DNA 수선은 활성화되고 복제가 재개될 수 있다.

세포는 **세포 사멸(apoptosis)**이라 불리는 프로그램을 통해, 선택적으로 세포 사멸을 유도할 수 있다. 세포 사멸은 DNA 손상의 결과로 돌연변이가 일어난 DNA를 복제하여 종양이나 암 발생으로 이끄는 것 보다는 항상 덜 위험하다. 포유류에서 세포주

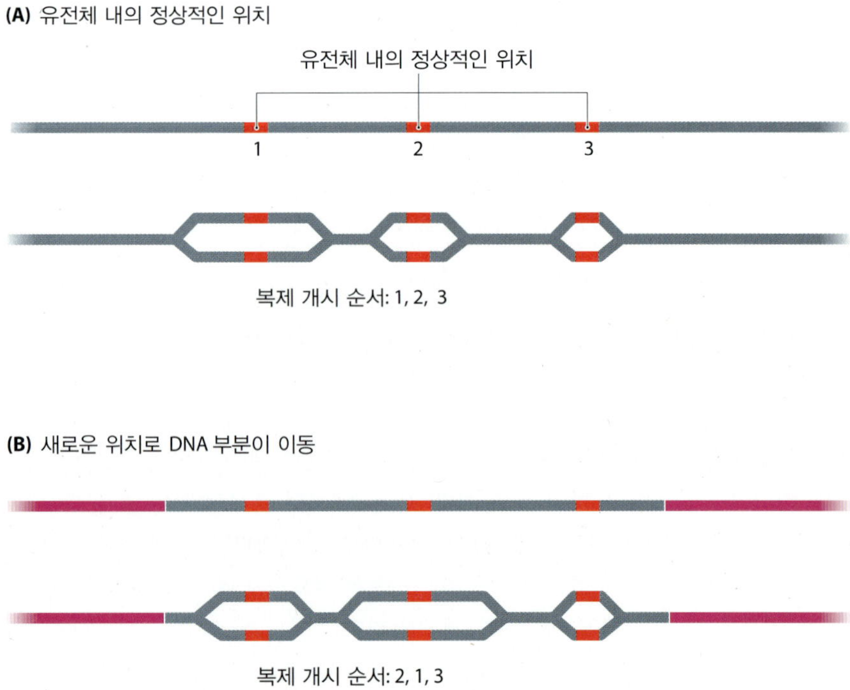

그림 11.26 염색체 내의 DNA 부분의 이동은 (A) 정상적인 위치에서 (B) 새로운 위치로 복제 순서를 바꿀 수 있다. 이 DNA 부분은 복제 개시가 일어나는 복제 출발점을 포함하고 있다.

그림 11.27 유사 분열. (Adapted from B. Alberts et al., Essential Cell Biology, 3rd ed. New York: Garland Science, 2010.)

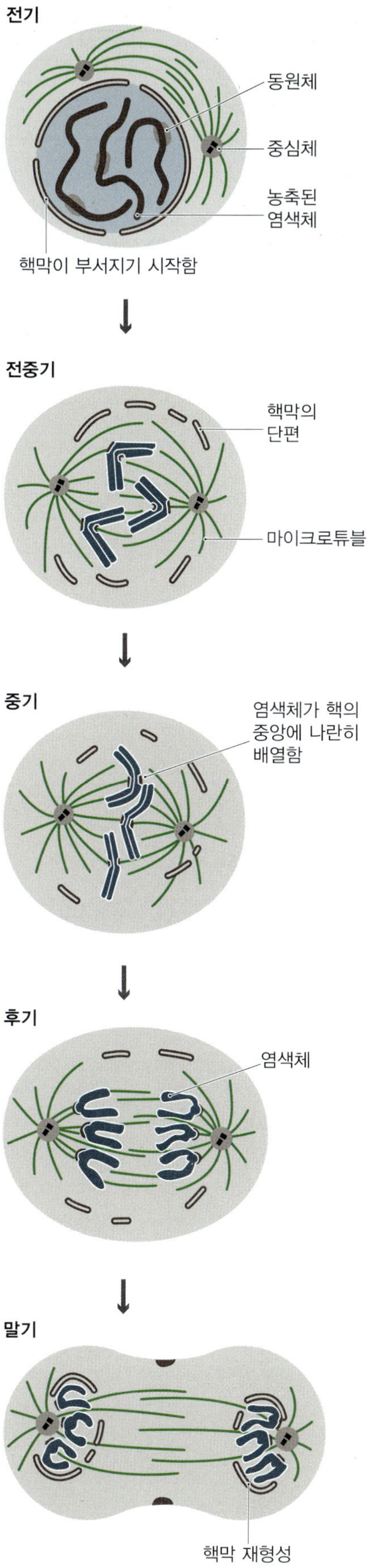

기를 저지하거나 세포 사멸을 유도하는 주요 인자는 p53이라 불리는 단백질이다. 이것은 **종양 억제 단백질(tumor suppressor protein)**로 분류되는데, 이 단백질에 결함이 있는 경우 손상된 게놈을 가진 세포는 S기 체크포인트(checkpoint)를 피하고 암으로 증식되기 때문이다. p53은 서열 특이적 DNA-결합 단백질(DAN-binding protein)로 세포 사멸에 직접적으로 관여하는 것으로 여겨지는 유전자를 활성화한다. 또한 암의 활성화 스위치를 켜는 유전자의 발현을 억제시킨다.

체세포 분열은 염색체의 정확한 분배를 보장한다

성공적인 S기 다음에는 세포가 체세포 분열(mitosis)을 시작할 수 있고, 이 분열로 부모로부터 온 완전한 염색체 세트를 포함하는 각각의 두 딸세포가 생성된다. 체세포 분열 동안, 염색체는 S기 동안에 복제되고 각 염색체는 두 딸 DNA 분자를 포함하며 이들은 서로 다른 동원체에 연결된다. 염색체는 아직도 중기 염색체 형태로 진정염색질과 이질염색질을 가지고 있다.

체세포 분열은 관례적으로 다섯 단계로 구성된다(그림 11.27). 첫 단계는 **전기(prophase)**이다. 이 시기에는 염색체가 압축되고 광학현미경으로도 관찰되기 시작하는 때이다. 또한 대부분의 진핵세포에서 핵막이 깨지고 두 **중심체(centrosome)**가 핵의 양쪽 면으로 위치한다.

전기 다음으로는 **전중기(prometaphase)**가 온다. 염색체가 완전히 압축되고 중심체로부터 방출된 미세소관에 부착하기 시작한다. **중기(metaphase)**에서는 염색체가 핵의 중앙에 도열하며, **후기(anaphase)**에서는 염색체가 분리된다. 각 쌍의 하나씩 한 중심체로 이동되고, 분열하기 전에 세포 중앙 부위의 수축이 시작된다.

말기(telophase)에서는 체세포 분열의 한 사이클이 종료된다. 이제 염색체 쌍은 완전히 나누어지고 새로운 핵막이 제각각 염색체 세트 주변으로 형성된다. 분열이 끝날 때까지 세포 중앙 부위의 수축은 계속되어 두 딸세포가 형성된다.

염색체의 적절한 분배가 어떻게 보장될 수 있을까? 대답은 중기 염색체 구조에 있고 특히 방추사부착점(kinetochore)이 결합하는 동원체(centromere) 표면에 놓인 위치의 구조 때문이다. 그림 11.16에서처럼 2개의 방추사부착점은 각 동원체에 하나씩 형성된다. 따라서 2개의 방추사부착점은 염색체 쌍의 반대 방향에 놓이게 된다.

방추사부착점은 중심체(centrosome)에서 방출된 미세소관이 부착하는 곳이다. 중심체는 **체세포 방추사(mitotic spindle)**의 반대편에 위치하고 미세소관의 배열은 이전의 핵이 있던 곳에 위치한다(그림 11.28) 전중기 동안에 방추사의 미세소관은 염색체에 결합하기 시작하여, 방추사부착점에 다다를 때까지 염색분체를 따라서 이동한다. 첫 번째 방추사부착점에 놓인 미세소관은 방추사부착점을 미세소관이 부착해 있는 중심체로 향하게 한다(그림 11.29). 다른 방추사부착점도 이제 다른 중심체로부터 나온 미세소관에 쉽게 부착된다.

결국에는 40개의 미세소관이 한 쪽의 방추사부착점에 부착한다. 두 세트의 미세소관

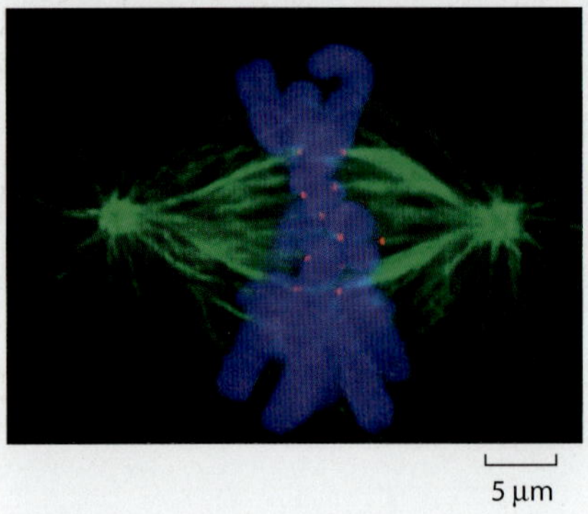

그림 11.28 유사 분열 중인 세포의 형광현미경 사진으로 유사 분열 방추사는 녹색으로, 염색체는 파란색으로, 방추사부착점(kinetochores)들은 붉은 점으로 보인다. (From A. Desai, *Curr. Biol*. 10: R508, 2000. With permission from Elsevier.)

이 서로 반대 방향으로 끌어 당긴다. 이렇게 반대로 작용하는 장력은 정확한 부착이 일어났는지 검증할 수 있게 한다. 만약에 두 방추사부착점이 동일한 중심체에서 나온 미세소관에 의해 부착된다면 장력은 발생하지 않고 체세포 분열은 지속될 수 없다.

말기 초반에서는 두 딸 염색체를 붙잡아 주는 코헤신(cohesin) 단백질이 프로테아제에 의해 분해되고, 미세소관은 자유로워진 딸 염색체를 중심체로 당긴다. 자연계의 결과는 딸 염색체 쌍에서 하나는 한 중심체로 이동되고, 다른 염색체는 다른 중심체로 이동한다. 모든 염색체 세트가 각각의 체세포 방추사 기둥에 집합한다. 말기에는 각 염색체 세트가 핵막으로 둘려쳐진다. **세포질 분열(cytokinesis)** 동안 세포는 둘로 나뉘며 방추사를 가로지르는 면으로 분열되어 각각의 딸세포들은 분할된 핵 주변으로 형

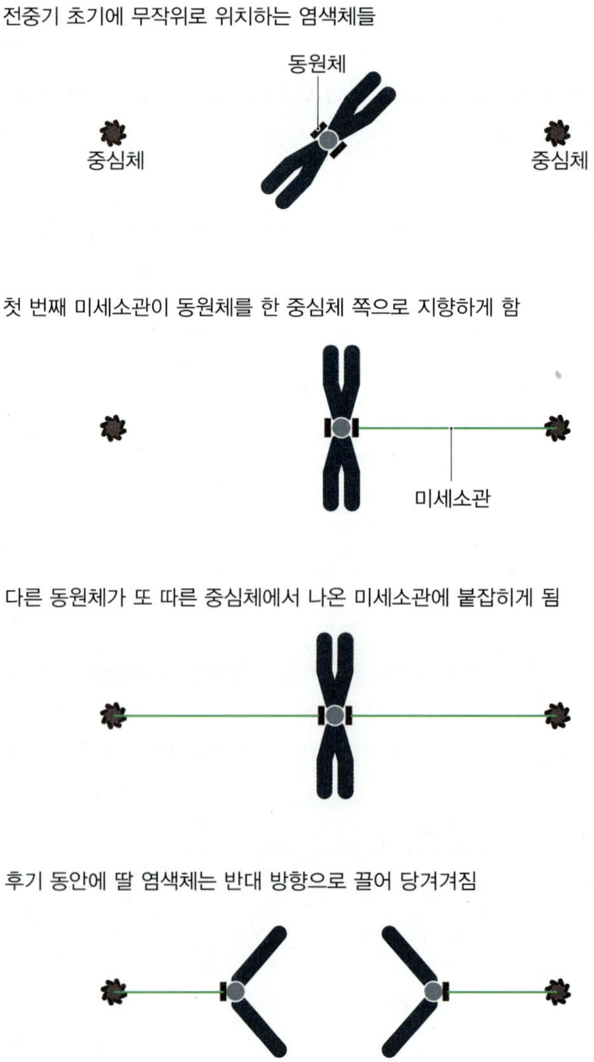

그림 11.29 부착된 미세소관이 서로 다른 중심체에 딸 염색체를 이동시키는 방법.

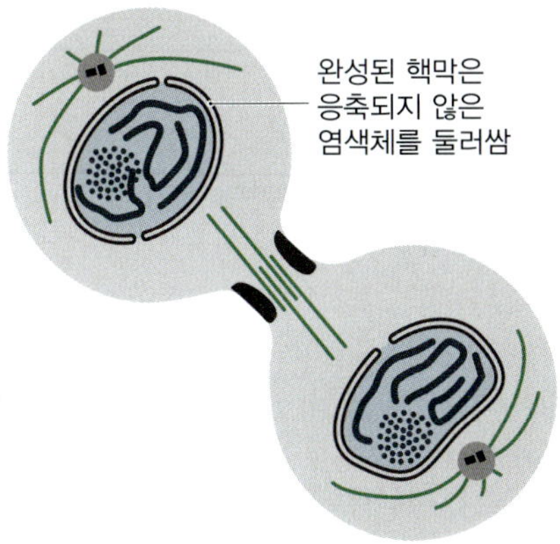

그림 11.30 세포질 분열. (Adapted from B. Alberts et al., Essential Cell Biology, 3rd ed. New York: Garland Science, 2010.)

성된다(**그림 11.30**). 따라서 딸세포는 부모 세포 게놈으로부터 제각각 완전한 복제본(copy)을 물려 받게 된다.

주요 개념

- 게놈은 생물체의 모든 유전자뿐만 아니라 유전자 사이의 모든 DNA도 포함하는 하나 혹은 그 이상의 긴 DNA 분자들로 구성되어 있는 전체 유전자를 포함한다. 유전자는 유전의 한 단위이며 게놈은 모든 유전 단위들이 함께 모인 것이다.
- 모든 진핵생물의 게놈은 선형 DNA 분자들로 구성되며, 각각의 분자는 다른 염색체에 포함된다. 염색체의 개수는 생물종에 따라 다양하다.
- DNA 분자를 염색체에 맞추기 위해서는 포장 시스템이 필요하다. 포장 시스템은 단계적이다. 가장 낮은 단계의 포장은 히스톤 단백질 팔량체에 DNA를 감아 뉴클레오솜을 만드는 것이다. 뉴클레오솜은 함께 포장되어 30 nm 섬유를 형성한다.
- 염색체는 오직 분열하고 있는 세포에서만 보인다. 세포 분열 사이에 핵은 밝고 어둡게 염색되는 부분으로 나뉜다. 밝은 부분은 진정염색질로 주로 30 nm 섬유로 구성된다. 어두운 부분은 이질염색질로 불리며 진정염색질 보다 압축된 DNA로 구성되어 있다.
- 중기의 염색체는 동원체에 함께 연결된 두 복제된 딸 염색체들을 포함한다. 염색체에서 동원체는 미세소관이 부착되는 자리이며, 세포 분열에서 딸 염색체들을 제각각의 핵으로 끌어 당긴다.
- 염색체의 말단을 텔로미어라고 한다. 텔로미어의 다양한 역할 중에 중요한 점은 염색체 말단이 점차적으로 짧아지는 것을 막아주는 것이다.
- 세포주기의 과정들은 염색체가 제때에 복제되고 세포 분열에서 복제된 염색체가 질서 있게 딸세포들로 분배될 수 있도록 편성되고 조절된다. 세포주기의 조정을 총괄하는 사이클린이라 불리는 다양한 조절 단백질이 관여한다.
- 유사 분열은 세포 분열 동안에 염색체가 반드시 정확하게 분배될 수 있게 한다.

질문 & 문제 (해답은 www.garlandscience.com/introgenetics에서 찾을 수 있다)

주요 용어들

다음 용어에 대한 간단한 정의를 쓰시오.

30-nm chromatin fiber
acrocentric
alphoid DNA
anaphase
apoptosis
autosome
beads-on-a-string
cell senescence
centromere

centrosome
chromatid
chromatin
chromatosome
constitutive heterochromatin
core octamer
cyclin
cytokinesis
diploid
euchromatin
facultative heterochromatin
G1 phase
G2 phase
gamete
haploid
heterochromatin
histone
interphase
karyogram
kinetochore
linker DNA
linker histone
M phase
matrix-associated region
meiosis
metacentric
metaphase
metaphase chromosome
mitosis
mitotic spindle
nuclear matrix
nuclease protection
nucleosome
post-replication complex
pre-replication complex
prometaphase
prophase
replication licensing factor
S phase
scaffold attachment region
sex cell
somatic cell
stem cell
submetacentric
telocentric
telomerase
telomere
telophase
tumor-suppressor protein

자습 문제들

11.1 염색체의 수를 고려해 볼 때 일반적으로 진핵생물인 인간의 전형적인 개수는 얼마인가?

11.2 왜 DNA 분자를 염색체에 맞추어 넣을 때 조립 시스템이 필요한지 설명하시오.

11.3 진핵생물 염색체로 DNA를 포장하는 데 있어서 히스톤의 역할을 설명하시오.

11.4 염색질을 뉴클레아제로 처리하면 진핵생물 DNA의 포장에 대하여 무엇을 밝힐 수 있는가?

11.5 구슬을 줄로 꿴 목걸이 구조와 30 nm 염색질 섬유를 구별하시오.

11.6 어떻게 30 nm 염색질 섬유가 핵 기질에 부착되는가?

11.7 진정염색질과 이질염색질의 차이를 설명하고 이질염색질의 두 다른 종류의 차이도 설명하시오.

11.8 인간 중기 염색체의 주요 형태학적 특성을 설명하시오.

11.9 네 종류의 중부(metacentric), 차중부(submetacentric), 말부(acrocentric), 말단부(telocentric) 염색체 차이를 보여 주는 4가지 그림을 그리시오.

11.10 동원체에 존재하는 DNA 서열과 뉴클레오솜의 특별한 특성은 무엇인가?

11.11 텔로미어가 하는 역할을 요약하시오. 텔로미어에 존재하는 DNA의 특별한 특성은 무엇인가?

11.12 염색체 말단의 DNA가 반복적인 DNA 복제 횟수에 따라 왜 짧아지는지 설명하고 이것을 텔로머라아제가 어떻게 방해하는지 보이시오.

11.13 텔로미어, 세포 노화, 암들의 관련성에 대하여 논의하시오.

11.14 "세포주기"가 무엇을 의미하는지 설명하고 세포주기의 다른 단계들을 구별하시오.

11.15 DNA 복제가 세포주기의 나머지 부분과 어떻게 조정되는지 최근 지식에 의거하여 간단히 설명하시오.

11.16 "origin firing (복제 개시)"이란 무엇을 의미하는가? 또한 염색체를 따라 여러 곳에서 일어나는 복제 개시들은 서로 어떻게 다른가?

11.17 복제될 염색체에 DNA 손상이 많이 축적된 세포에서 어떤 일이 발생할지 설명하시오.

11.18 체세포 분열의 주요 단계를 설명하는 일련의 도표를 그리시오.

11.19 키네트코어(kinetochore)가 체세포 분열에서 하는 역할은 무엇인가?

11.20 체세포 분열 동안 염색체의 정확한 분배가 어떻게 일어나는지 묘사하시오.

토의 문제들

11.21 진핵생물의 게놈 크기와 생물체의 복잡성이 어느 정도 일치하기는 함에도 불구하고 그 관계는 추정에 불과하다. 예를 들어, 도롱뇽 게놈의 길이는 인간의 게놈보다 20배 더 길지만, 아무도 인간이 도롱뇽보다 20분의 1배 덜 복잡하다고 생각하지는 않는다. 어떤 요인으로 큰 게놈을 가진 생물체들이 존재하는 것일까?

11.22 왜 생물체들은 서로 다른 염색체의 수를 갖는가? 그리고 왜 염색체 수는 생물체의 복잡성과는 관련이 없을까?

11.23 뉴클레오솜의 존재가 개개의 유전자의 발현에 줄 수 있는 영향을 논의하시오.

11.24 선택적 이질염색질의 존재가 진핵생물 게놈 내에서 유전자의 조직화를 위해 가질 수 있는 영향이 무엇인지 논의하시오.

11.25 효모 염색체의 각 복제 시작점에서 동시에 복제 개시될 수 있는 실험을 고안하시오.

추천 문헌

Cech TR (2004) Beginning to understand the end of the chromosome. *Cell* 116, 273–279. *Reviews all aspects of telomerase.*

Collado M, Blasco MA & Serrano M (2007) Cellular senescence in cancer and aging. *Cell* 130, 223–233.

Kornberg RD & Klug A (1981) The nucleosome. *Sci. Am.* 244, 48–60.

Mazia D (1961) How cells divide. *Sci. Am.* 205, 100–120.

Nurse P (2000) A long twentieth century of the cell cycle and beyond. *Cell* 100, 71–78. *Reviews progress in understanding the cell cycle.*

Robinson PJJ & Rhodes D (2006) Structure of the "30 nm" chromatin fibre: a key role for the linker histone. *Curr. Opin. Struct. Biol.* 16, 336–343. *Reviews models for the structure of the 30-nm fiber.*

Schueler MG, Higgins AW, Rudd MK et al. (2001) Genomic and genetic definition of a functional human centromere. *Science* 294, 109–115. *Details the sequence features of human centromeres.*

Shay JW & Wright WE (2006) Telomerase therapeutics for cancer: challenges and new directions. *Nat. Rev. Drug Discov.* 5, 577–584. *Methods for inhibiting telomerase in order to treat cancer.*

Stillman B (1996) Cell cycle control of DNA replication. *Science* 274, 1659–1664.

Travers A (1999) The location of the linker histone on the nucleosome. *Trends Biochem. Sci.* 24, 4–7.

van Steensel B, Smogorzewska A & de Lange T (1998) TRF2 protects human telomeres from end-to-end fusions. *Cell* 92, 401–413.

Verheijen R, van Venrooij W & Ramaekers F (1988) The nuclear matrix: structure and composition. *J. Cell Sci.* 90, 11–36.

세균에서 유전자의 유전 CHAPTER 12

인간으로서 우리는 인간 게놈을 가장 중요하게 보는 경향이 있다. 하지만 유전학자로서 우리는 보다 넓은 시야를 가져야 하며, 모든 유형의 생명체의 게놈을 고려해야 한다. 이는 우리가 진핵생물의 세포 분열 동안 뿐만 아니라 세균에서도 유전자가 어떻게 유전되는지 질문하여야 한다는 것을 의미한다.

그러므로 우리는 세균의 게놈 구조를 조사하여야 하며, 세균이 분열할 때 이들이 복제되는 방법과 완전한 복사본이 딸세포에 전달되는 방법에 대하여 질문하여야 한다. 이렇게 함으로써, 게놈과 유전에 대한 우리의 이해에 도전하는 중요한 두 가지를 발견하게 될 것이다. 첫째, 우리는 일부 세균은 다양한 DNA 분자를 가지고 있어 어떤 분자가 생명체의 게놈을 구성하는지 정확하게 정의하는 것이 어려울 수 있다는 것을 알게 될 것이다. **플라스미드(plasmid)**라 불리는 이들 DNA 분자들의 일부는 이동성이 있어 세균 사이, 심지어 다른 종의 구성원 사이에서도 쉽게 이동할 수 있다. 둘째, 우리는 선형 유전(수직 유전) — 모세포에서 딸세포로의 게놈의 반복적인 이동 — 이 세균에서 유전자를 얻는 유일한 방법이 아니라는 것을 알게 될 것이다. 세균 게놈 유전자의 일부는 **수평 유전자 전달(horizontal gene transfer)**에 의해 다른 세균, 어쩌면 다른 종으로부터 획득될 수 있다(그림 12.1).

세균 유전학의 초기 연구의 대부분은 대장균을 사용하여 수행되었다. 이것은 인간과 포유동물의 대장에 살고 있는 흔한 세균이다(그림 12.2). 대부분의 균주는 무해하지만, 몇 가지 유형은 숙주에 독성이 있는 단백질을 암호화하는 유전자를 가지고 있다. 이러한 병원성 유형들은 종종 식중독 발생의 원인이 되기도 한다.

대장균은 1885년 처음 분리되었다. 이 균은 고체 한천 배지 또는 액체 배지에서 배양할 수 있는 용이성으로 인해 세균 유전학을 포함한 모든 유형의 미생물학 연구를 위한 모델 세균으로서 차츰 받아들여졌다. 대장균은 비교적 간단한 게놈을 가지고 있기

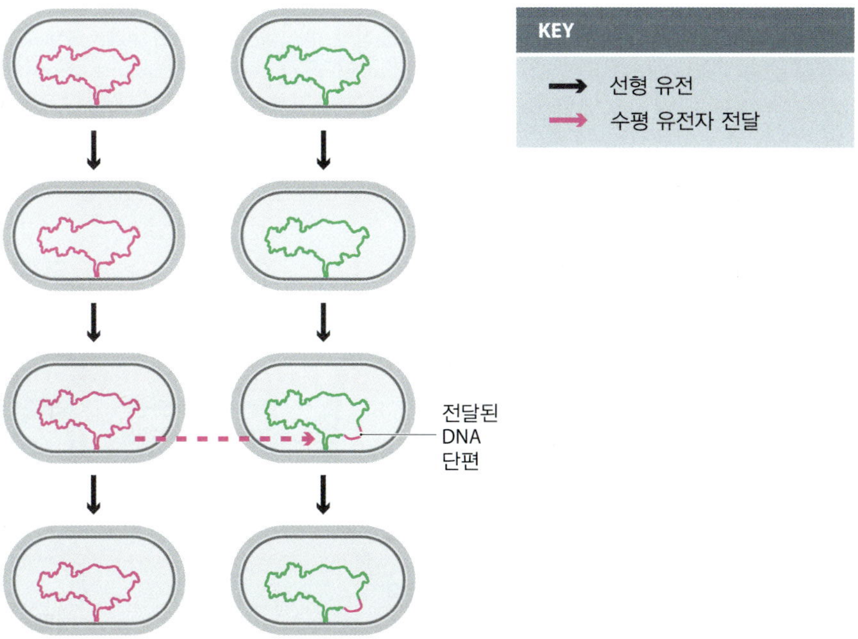

그림 12.1 선형 유전과 수평 유전자 전달에 의한 유전자의 유전

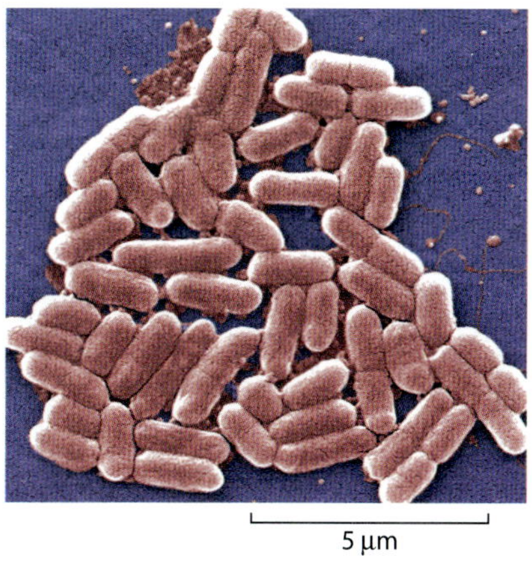

그림 12.2 대장균 세포의 주사전자현미경 사진. (Courtesy of Janice Carr, Centers for Disease Control and Prevention.)

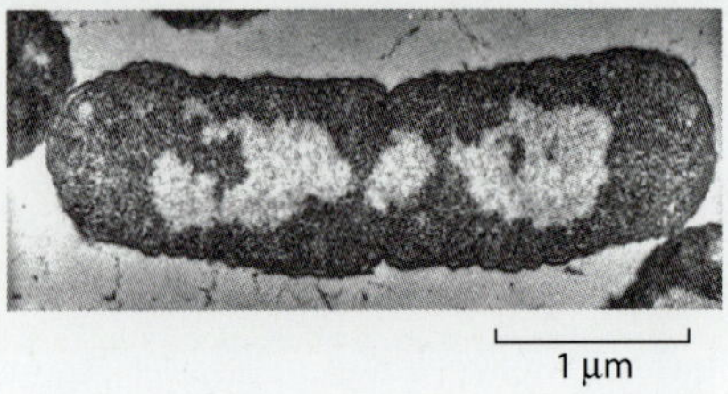

그림 12.3 대장균 핵양체. 이 투과전자현미경 사진은 분열하는 대장균 세포의 횡단면을 보여 준다. 핵양체는 세포의 중심부에 있는 밝게 염색된 영역이다. (Courtesy of Conrad Woldringh, University of Amsterdam.)

때문에 이 균을 선택한 것은 행운이었다. 이는 비록 많은 플라스미드의 숙주이지만 몇몇 다른 세균에서 발견되는 추가적인 DNA 분자에 의해 나타나는 모호성은 겪지 않는다. 따라서 우리는 대장균을 이용하여 세균 유전자의 유전에 관한 공부를 시작할 것이고, 그런 다음 보다 더 복잡한 유형의 게놈에 의해 제기된 상태를 검토할 것이다. 마지막으로, 우리는 수평 유전자 전달을 초래할 수 있는 다양한 과정과 함께 이 과정들이 세균 게놈의 구성에 미치는 영향을 검토할 것이다.

12.1 대장균에서 유전자의 유전

세균 세포는 막으로 둘러싸인 구획으로 나누어져 있지는 않지만, 그들의 내부 구조가 완전히 특색이 없는 것은 아니다. 전자현미경은 대장균 세포 내에서 2개의 뚜렷한 영역을 보여 주고 있다(그림 12.3). 여기에는 세포 부피의 약 3분의 1을 차지하는 **핵양체(nucleoid)**라고 불리는 중심부가 있다. 핵양체는 보통 세포질로 불리는 주변부에 의해 둘러싸여 있다. 대장균 세포에서 대부분의 DNA는 핵양체에 포함되어 있으므로 우리가 대장균의 게놈을 공부하기 위해 알아봐야 하는 곳이다.

대장균 핵양체는 단백질 코어에 부착되어 있는 초나선형 DNA를 포함하고 있다

대장균의 핵양체는 DNA와 단백질로 구성되어 있다. DNA는 약 1.6 mm의 윤곽 길이(즉, 원주)에 해당하는 4,639 kb의 단일 원형 분자이다. 이 분자는 진핵세포 염색체의 특징을 어떤 것도 가지고 있지 않기 때문에 잘못된 표현이지만, 전문 용어로 **세균 염색체(bacterial chromosome)**라고 종종 불리고 있다.

대장균의 염색체는 2 μm가 약 1 μm인 세포 안에 압축되어야 한다. DNA 분자는 매우 얇아서, 이것이 단단하게 접힐 경우 많은 공간을 차지하지 않기 때문에 불가능하지 않다. 이러한 단단한 접힘은 추가적인 회전이 DNA 이중 나선에 도입될 때 (양성 초나선 꼬임), 또는 회전이 제거(음성 초나선 꼬임)되면서 일어나는 **초나선 꼬임(supercoiling)**에 의해 형성될 수 있다. 선형 분자에서는 과도한 꼬임 또는 불충분한 꼬임에 의해 발생한 비틀림 응력은 DNA 분자 말단의 회전에 의해 즉시 풀어지지만, 말단이 없는 원형 분자는 이 방법으로 변형을 줄일 수 없다. 대신 원형 분자는 그 자체로 꼬여서 보다 조밀한 구조를 형성한다(그림 12.4). 따라서 초나선 꼬임은 작은 공

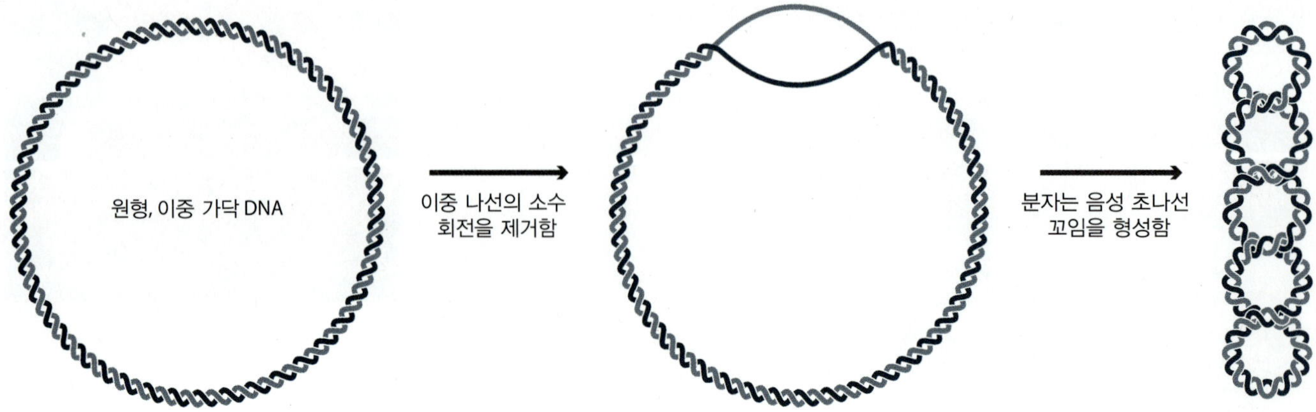

그림 12.4 초나선 꼬임. 모식도는 원형 이중 가닥 DNA 분자의 불충분한 꼬임이 어떻게 음성 초나선 꼬임으로 귀결되는지를 보여 준다.

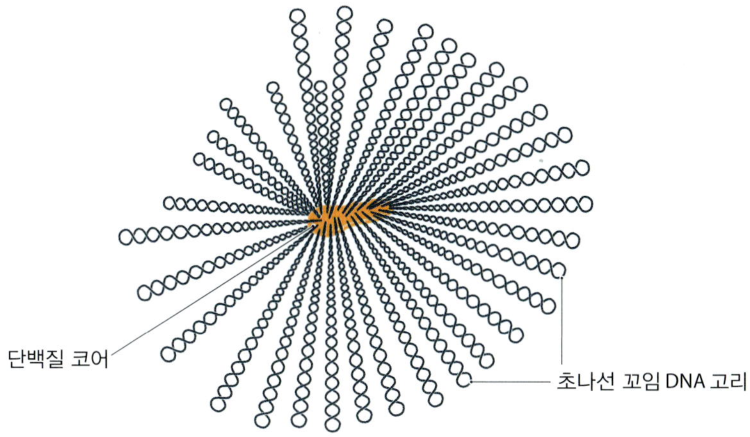

그림 12.5 대장균 핵양체 구조를 위한 모델

간으로 원형 분자를 포장하는 이상적인 방법이다.

초나선 꼬임이 원형 대장균 염색체의 포장에 관여한다는 증거는 1970년대에 발견 분리된 핵양체 실험으로부터 처음 발견되었다. 1981년에, 초나선 꼬임은 살아 있는 세포에서 DNA의 특징으로 확인되었다. 대장균에서 초나선 꼬임은 두 가지 효소, 즉 DNA 기라아제와 DNA 토포이소메라아제 I에 의해 발생되고 조절되는 것으로 판단된다.

대장균 염색체에 도입된 초나선 꼬임은 분자 내의 유전자가 여전히 접근하기 쉬운 방식으로 조직되어야 하며, 그래서 그들이 필요한 대로 그리고 필요할 때 전사될 수 있어야 한다. 또한 DNA를 복제하고 모든 것이 뒤엉킴 없이 딸분자를 분리하는 것이 가능해야 한다. 이것은 DNA 분자가 매우 정돈된 방식으로 접혀져야 한다는 것을 의미한다. 현재, 대장균 DNA는 단백질 코어에 부착되어 있으며, 각각 10에서 100 kb의 DNA를 포함하고 있는 초나선형 고리가 이로부터 세포로 방사상으로 뻗어 있다고 믿어지고 있다(그림 12.5). 핵양체의 단백질 구성 요소는 세균 DNA를 포장하는데 보다 구체적인 역할을 한다고 여겨지는 최소한 4개의 단백질 세트 뿐만 아니라, 주로 초나선 상태를 유지하는 데 책임이 있는 두 효소인 DNA 기라아제와 DNA 토포이소메라아제 I을 포함하고 있다. 이들 포장 단백질 중에서 가장 풍부한 것은 HU로, 이는 주위로 약 60 bp의 DNA가 감고 있는 사량체를 형성하고 있다(그림 12.6). DNA 분자의 약 5분의 1을 덮을 만큼 충분하게 대장균 세포 당 약 60,000 HU 단백질이 존재하고 있지만, 세포 안으로 퍼져 있는 초나선형 DNA의 고리를 따라 사량체들이 균일하게 간격을 두고 있는지 또는 핵양체의 단백질 코어에 한정되어 존재하는지는 알려져 있지 않다.

플라스미드는 세균 세포 안에 있는 독립적인 DNA 분자이다

대장균 세포의 세포질은 그 핵양체의 염색체 이외에도, 플라스미드라 불리는 다른

그림 12.6 세균 DNA를 포장하여 감싸는 데 있어서의 HU 단백질의 역할. HU는 대략 60 bp의 DNA가 주위를 감싸고 있는 사량체를 형성한다.

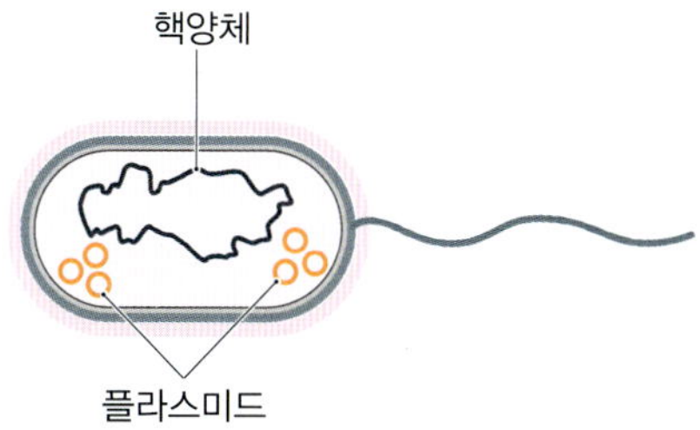

그림 12.7 플라스미드는 일부 세균 세포 내에서 발견되는 작고, 보통 원형인 DNA 분자이다.

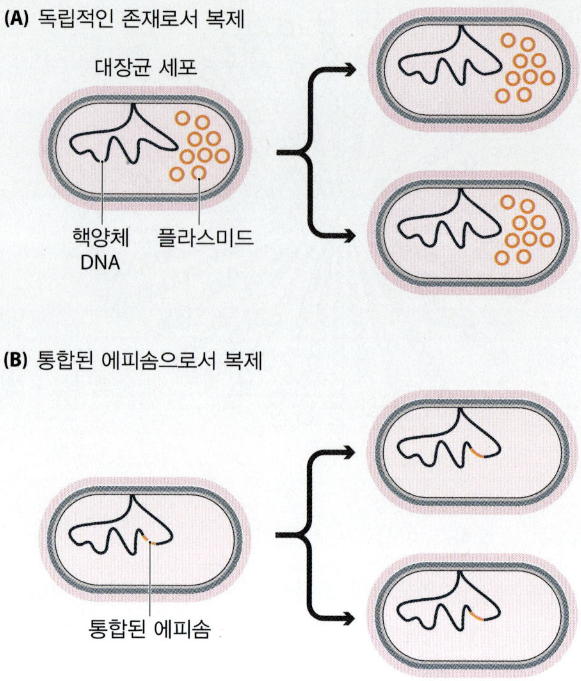

그림 12.8 플라스미드 복제의 두 가지 메커니즘. (A) 일부 플라스미드는 독립적인 존재로서 복제된다. (B) 에피솜은 세균 염색체로 삽입될 수 있다.

DNA 분자를 함유하고 있을 것이다(그림 12.7). 일부 선형인 것들이 알려져 있지만 대부분의 플라스미드는 원형이다. 플라스미드는 거의 항상 하나 이상의 유전자를 가지고 있으며, 이들 유전자는 종종 유용한 특성의 원인이 된다. 예를 들어, 클로람페니콜 또는 암피실린과 같은 항생제의 일반적인 독성 농도에서 생존하는 일부 대장균 균주의 능력은 이들 항생제에 내성을 나타내는 유전자를 가지고 있는 플라스미드를 함유하고 있는 세균의 존재에서 기인한다.

모든 플라스미드는 복제 개시점으로 작용할 수 있는 적어도 1개의 DNA 염기서열을 가지고 있으며, 이에 따라 세균 염색체로부터 독립하여 세포에서 증식할 수 있다(그림 12.8A). 큰 것들 중 일부 플라스미드는 플라스미드 복제에 특이적인 특수한 효소들을 암호화하고 있는 유전자를 가지고 있는 반면에, 더 작은 플라스미드는 자신들의 복사본을 만들기 위해 세포 자체의 DNA 복제 효소를 이용한다. 또한 소수의 플라스미드는 염색체에 자신의 플라스미드를 삽입함으로써 복제할 수 있다(그림 12.8B). 이러한 통합 플라스미드 또는 **에피솜(episomes)**은 수많은 세포 분열을 거치는 동안 이 형태로서 안정적으로 유지될 수 있지만, 어떤 단계에서는 독립적인 요소로서 유지될 수 있을 것이다.

플라스미드는 그들이 가지고 있는 유전자에 따라 분류될 수 있다

사실상 세균의 모든 종은 플라스미드를 가지고 있다. 그들의 크기는 대략 1 kb에서부터 250 kb 이상까지 다양하게 존재한다. 일부 플라스미드는 소수의 관련된 종에 한정되어 다른 세균에서는 발견되지 않지만, 다른 플라스미드는 그들이 흔히 존재하고 있는 소수 종류의 세균을 선호하더라도 넓은 숙주 범위를 가져 수많은 종에서 존재할 수 있다.

전체적으로 플라스미드는 그들이 가지고 있는 유전자 및 이들 유전자가 숙주 세균에 부여하는 특성들에 따라 유용하게 분류된다. 이 분류에 따르면 5가지 주요한 유형의

표 12.1 전형적인 플라스미드의 특징

플라스미드 유형	유전자 기능	예
내성	항세균제제에 대한 내성	대장균과 다른 세균의 Rbk
생식	세균간의 접합과 DNA 전달	대장균의 F
킬러	다른 세균을 죽이는 독소 합성	콜리신 생산을 위한 대장균의 Col
분해	특이한 분자들의 대사를 위한 효소	톨루엔 대사를 위한 *Pseudomonas putida*의 TOL
독성	병원성	쌍떡잎식물에서 근두암종을 유발하는 능력을 부여하는 *Agrobacterium tumefaciens*의 Ti

플라스미드가 존재한다(표 12.1).

가장 흔한 유형은 **내성(resistance)** 또는 **R 플라스미드(R plasmids)**이다. 이들은 클로람페니콜, 암피실린 또는 수은과 같은 (하나 또는 그 이상의) 항생제에 대한 내성을 숙주 세균에게 부여하는 유전자를 가지고 있다. 자연 개체군을 통한 그들의 확산은 세균 감염의 치료에 대해서 심각한 영향을 가질 수 있기 때문에 R 플라스미드는 임상 미생물학에서 매우 중요하다. 흔히 대장균에서 발견될 뿐만 아니라 다른 세균에서도 나타나는 Rbk는 R 플라스미드의 한 예이다.

대장균을 포함한 세균의 일부 종은 종종 **생식력(fertility)** 또는 **F 플라스미드(F plasmid)**로 불리는 두 번째 유형의 플라스미드 사본을 가지고 있다. 이들은 같거나 또는 관련된 종의 다른 세균 사이에서 **접합(conjugation)**을 지시할 수 있다. 접합은 두 세균이 함께 결합하는 것을 가능하게 하는 과정으로써 플라스미드, 어쩌면 염색체의 부분들이 한 세포에서 다른 세포로 옮겨갈 수 있다. 그러므로 접합은 수평 유전자 전달로 이어질 수 있는 과정 중의 하나이며, 우리는 이 장의 뒷부분에서 이 주제를 다룰 때 좀 더 상세하게 살펴볼 것이다.

일부 플라스미드는 다른 세균을 죽이는 독성 단백질을 암호화하고 있는 유전자를 가지고 있다. 우리는 이들 플라스미드를 가지고 있는 세균이 부족한 자원을 차지하기 위한 경쟁에서 이점을 가진다고 추정하고 있다. 이 유형의 플라스미드는 전체적으로 세균 종에서는 흔하지는 않지만, 일부 대장균 균주에 존재한다. 이들은 **콜리신(colicins)**이라 불리는 독소를 암호화하고 있는 **Col 플라스미드(Col plasmids)**이다. 또한 대장균보다 다른 종에서, **분해 플라스미드(degradative plasmids)**와 **독성 플라스미드(virulence plasmids)**가 발견된다. 분해 플라스미드는 숙주 세균으로 하여금 톨루엔과 살리실산과 같은 색다른 분자를 대사하게 한다. 몇 가지 예들이 *Pseudomonas putida*의 TOL 플라스미드 같이 *Pseudomonas* 속 세균에 존재한다. 독성 플라스미드는 숙주 세균에 병원성을 부여한다. 가장 잘 알려진 예는 쌍떡잎 식물에서 근두암종을 유발하는 *Agrobacterium tumefaciens*의 Ti 플라스미드이다.

단일 세균은 동일하거나 다른 플라스미드의 다수의 복사본을 가질 수 있다

각 유형의 플라스미드는 자신 특유의 **복사본수(copy number)**를 가지는데, 이것은 하나의 세균 세포에 존재하는 플라스미드의 복사본 수이다. 일부 플라스미드는(특히 보다 큰 것들은), **엄격(stringent)**하며 세포당 1~2개의 낮은 복사본수를 가진다. **이완형**

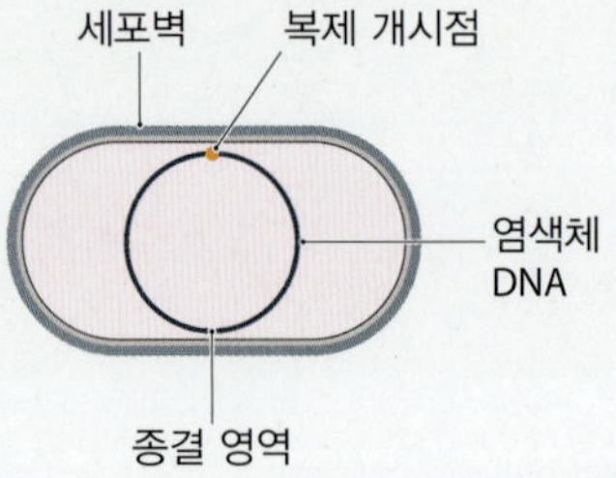

그림 12.9 대장균 세포 내에서 염색체 DNA의 방향성. 실제 DNA 분자는 너무 길어서 여기서 보여 주는 것처럼 원형으로 세포 내부에서 자리를 잡을 수 없고, 대신에 그림 12.5에서 도해된 것처럼 초나선 꼬임 형태로 존재한다는 것에 유의한다. 중요한 점은 복제 개시점과 종결 영역이 세포의 반대 위치에 위치한다는 점이다.

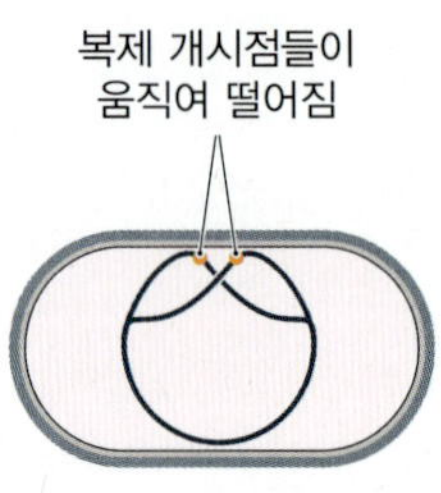

그림 12.10 대장균 염색체의 복제 동안에, 두 딸분자들의 복제 개시점들은 서로에게서 움직여 떨어진다.

(relaxed) 플라스미드라 불리는 다른 것들은, 50개 또는 그 이상의 많은 복사본으로 존재한다.

또한 단일 세포 내에 플라스미드가 한 종류 보다 더 많이 있을 수 있다 — 대장균 세포는 동시에 다른 플라스미드를 7개까지 가지고 있는 것으로 알려져 있다. 같은 세포에 공존할 수 있으려면, 다른 플라스미드는 **적합성(화합성, compatible)**이 있어야 한다. 두 플라스미드가 서로 부적합성이면, 한 쪽 또는 다른 쪽은 세포로부터 매우 빠르게 소실될 것이다. 그러므로 다른 유형의 플라스미드는 그들이 공존할 수 있는지 여부에 기초하여 다른 **부적합성 군(비화합성 군, incompatibility groups)**로 지정된다. 단일 부적합성군으로부터의 플라스미드(공존할 수 없는)는 종종 다양한 방법으로 서로 연관되어 있다.

플라스미드 사이에서의 복사본수와 적합성 관계를 결정하는 요인은 알려져 있지 않지만, 플라스미드가 복제하는 동안에 일어나는 사건이 두 현상의 기초가 된다고 여겨진다. 한 이론은 복사본수는 특정 값에 도달되면 플라스미드의 추가 복제를 방지하는 억제분자에 의해 결정된다고 주장한다. 또한 부적합성 플라스미드의 복제가 동일한 억제 분자에 의해 조절된다고 제시하고 있다. 두 번째 이론에서는 플라스미드의 복제는 세포막의 특이적인 결합 부위에의 부착을 필요로 하고 있으며, 부적합성 플라스미드는 같은 부착 부위에 대하여 경쟁한다고 제시하고 있다.

딸세포가 어떻게 세균 염색체와 플라스미드의 복사본을 획득하는지 잘 알려져 있지 않다

단지 단일 염색체를 가지고 있지만, 대장균은 이 분자의 복제된 복사본이 딸세포로 전달되어 각각이 단일의 완전한 복사본을 확실히 받을 수 있도록 하는 메커니즘을 여전히 가지고 있어야 한다. 이들 DNA 분자들은 어떠한 필수적인 유전자를 가지고 있지 않기 때문에, 플라스미드의 유전은 절대적인 요건은 아니지만, 부모세포에 존재하는 플라스미드는 대부분의 세포 분열 동안 딸세포 사이에 고르게 분배된다. 이는 플라스미드의 분배를 위해 메커니즘이 역시 존재함을 의미한다.

우리는 복제된 세균 염색체가 딸세포로 전달되는 방법에 대하여 상대적으로 거의 알지 못한다. 우리가 알고 있는 것은 핵양체 내의 염색체의 배열이 중요한 역할을 한다고 제시하고 있다. 이 배열은 무작위적이지 않다. 서로 다른 세포에서 DNA 분자의 동등한 부분들은 항상 동등한 위치에 있다. 예를 들어, 대장균에서 염색체 DNA는 막대 모양의 세포의 중간 부분에 위치하고 있다. 복제 개시점은 세포의 다른 쪽의 벽에 인접한 복제 종결 지점과 정반대로 마주보며 항상 세포벽에 인접해 있다(**그림 12.9**).

염색체가 복제를 시작하면, 두 딸세포 DNA 분자들의 복제 개시점은 각각 세포의 다른 말단을 향하여 서로로부터 떨어져 이동한다(**그림 12.10**). 왜 이것이 발생하는지는 알려져 있지 않다. MreB라 불리는 세포 골격 단백질이 요구되지만, 어쩌면 개시점이 따라서 이동하는 기초 구조를 단순히 제공하는 수동적인 역할을 하는지도 모른다. 한 이론은 개시점에 가까운 유전자를 전사하기 위해 RNA 폴리메라아제들이 새롭게 복제된 가닥으로 접근할 때 개시점들이 RNA 폴리메라아제의 효소에 의해 떨어져서 밀려 움직인다는 것이다.

과정이 무엇이든 간에, 결과는 부모 분자가 복제될 때 두 딸염색체는 세균의 말단을 향하여 나아간다는 것이다. 그러므로 복제된 DNA 분자들은 세포 분열이 세균을 둘로 나눌 때 형성된 딸세포 내에 그들이 봉해 넣어지기 위하여 필요한 적절한 위치를 차지한다. 세균이 20분 정도마다 분열할 수 있는 풍부한 성장 배지에서, 격막은 염색체 복제가 완료되기 전에 부모세포의 중간에 걸쳐 형성되기 시작한다(**그림 12.11**). 복제된 DNA 분자들의 마지막 부분은 특별한 트랜스로카아제(translocase) 효소에 의해 격막을 가로질러 "주입"된다.

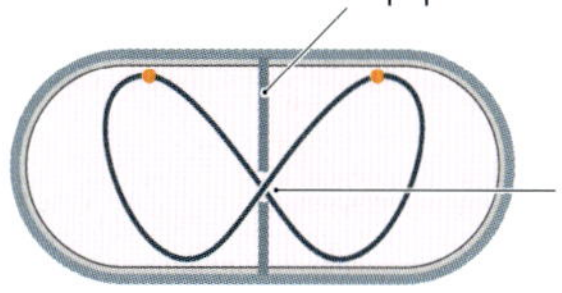

그림 12.11 급격하게 분열하는 대장균 세포에서, 격막 형성은 염색체 DNA가 완전하게 복제되기 전에 일어날 수 있다.

아직 우리의 지식에는 공백이 있지만, 플라스미드 분배는 보다 잘 알려져 있다. 다른 유형의 플라스미드에 의해 사용되는 각각의 적어도 세 가지 다른 분배 메커니즘이 있다. 임상적으로 몇몇의 중요한 대장균의 R 플라스미드에 의해 사용되는 '유형 I' 시스템은 가장 잘 이해되고 있다. 이 시스템에서 한 쌍의 딸 플라스미드의 두 구성원들은 ParM 단백질로 구성되어 있는 미세 섬유의 성장에 의해 서로로부터 떨어져 분리된다(**그림 12.12**). 이들 단백질은 다른 단백질인 ParR의 결합 부위인 *parC*로 불리는 특정 염기서열에서 각 플라스미드에 부착한다. 후자는 성장하는 미세 섬유에서 ParM 단백질들의 첫 번째가 부착하는 플랫폼을 형성한다. 안타깝게도, *parC*는 진핵세포의 동원체와 어떠한 유사성도 없지만 미세 섬유(진핵세포의 미세소관과 상당히 다르다)를 위한 부착 부위가 아닌 플라스미드 "동원체"로 때때로 불리워진다. ParM 섬유는 세균의 축을 따라 성장하며, 이에 따라 복제된 플라스미드는 반대쪽 말단으로 밀려나간다. 다른 플라스미드 분배 시스템은 유사한 방법으로 작동하며, 딸 플라스미드를 양극으로 밀어내는 섬유를 형성하는 단백질의 유사성에서 주요한 차이가 있다.

12.2 대장균 주제에서의 변화

일반적으로 세균인 대장균이 어떻게 보편적일 수 있을까? 세균 유전학의 초기에는 모두는 아니더라도 대부분의 세균이 매우 유사한 게놈을 가진 것으로 판명될 것이므로 대장균을 이용하여 이루어진 발견들이 다른 종들에도 적용된다고 추정하는 경향이 있었다. 우리는 지금 이 견해는 잘못되었고, 몇 가지 측면에서 대장균은 상당히 색다른 세균임을 알게 되었다.

세균 게놈은 크기에서 매우 다양하고, 일부는 선형 DNA 분자이다

"평균"인 대장균 게놈의 한 특징은 그것의 크기이다. 대장균의 게놈은 4,639 kb로, 세균 게놈의 중간 범위에 있다. 대부분의 세균 게놈은 5 Mb보다 작지만, 완전히 염기서

표 12.2 다양한 원핵생물의 게놈 크기

종	게놈의 크기 (Mb)
Carsonella ruddii	0.16
Mycoplasma genitalium	0.58
Mycobacterium tuberculosis H37Rv	4.41
Escherichia coli K12	4.64
Sorangium cellulosum So ce56	13.0

게놈 염기서열을 결정한 그룹에 의해 특정된 경우 균주 지정(예, K12)이 되어 있다. 많은 세균 종에서 다른 균주들은 상이한 게놈 크기를 가지고 있다.

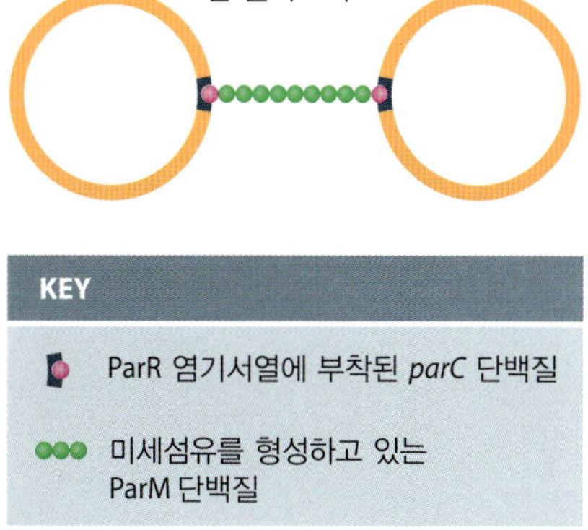

그림 12.12 유형 I 시스템에 의한 플라스미드 분배

(A) *Borrelia, Agrobacterium*

(B) *Streptomyces*

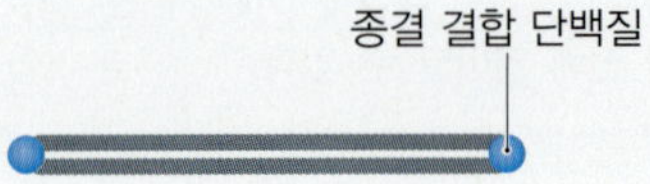

그림 12.13 (A) *Borrelia*와 *Agrobacterium*, (B) *Streptomyces*에서 발견되는 선형 염색체들의 말단

열이 결정된 이들 게놈 사이의 변이는 *Carsonella ruddii*의 160 kb에서부터 *Sorangium cellulosum*의 13.0 Mb까지이다(**표 12.2**). 소수의 염기서열이 결정되지 않은 게놈은 이것보다 대체로 크다. 예를 들어 *Bacillus megaterium*은 가장 작은 진핵 게놈보다 2.5배가 큰 30 Mb의 거대한 게놈을 가진다. 이러한 크기들은 세균이 가지고 있는 유전자 수를 반영하며 결국 라이프 스타일을 반영한다. *C. ruddii*는 일부 유형의 곤충 내부에 살고 있는 내부 공생균이다. 이러한 보호받는 환경에서는 토양에 사는 셀룰로오스 분해 세균인 *S. cellulosum*과 같이 자유 생활을 하는 세균에서 요구되는 많은 유전자를 필요로 하지는 않는다. *C. ruddii*가 약 180개의 유전자를 가지고 있는 반면에, *S. cellulosum*는 대장균의 두 배나 많은 거의 9,400개를 가진다. 위에서 서술한 바와 같이, 대장균 게놈은 단일 원형의 DNA 분자이다. 이것도 연구된 대부분의 세균 게놈의 경우이지만, 수많은 선형 버전이 발견되고 있다. 이들의 첫 번째는 라임병을 유발하는 생명체인 *Borrelia burgdorferi*로, 1989년에 소개되었고, 이듬해에 *Streptomyces coelicolor*와 *Agrobacterium tumefaciens*에 대하여 유사한 발견이 이루어졌다.

선형 분자는 DNA의 깨진 틈으로부터 구별될 수 있는 자유 말단을 가지고 있으므로 이러한 염색체는 진핵생물 염색체의 텔로미어와 동등한 말단 구조를 필요로 한다. *Borrelia*와 *Agrobacterium*에서 실제 염색체 말단은 DNA 이중 나선의 폴리뉴클레오티드의 5′와 3′ 말단 사이에서 공유 결합이 형성되기 때문에 구별될 수 있고, *Streptomyces*에서 말단은 특별한 결합 단백질에 의해 표식되는 듯하다(**그림 12.13**).

일부 세균은 여러 부분으로 나누어진 게놈을 가지고 있다

두 번째, 대장균 주제에 관한 보다 광범위한 변이는 일부 세균에서 2개 이상의 DNA 분자들로 나눠져 있는 게놈 — 여러 부분으로 나누어진 게놈의 존재이다. 플라스미드로부터 진짜 게놈 부분을 식별하는 데 때때로 어려움이 있을 수 있기 때문에 이러한 특징은 처음 그럴거라고 생각한 것 보다 더 복잡하다. 플라스미드에 의해 운반되는 유전자는 필수적이지 않고 세균이 그들 없이도 살아 남을 수 있기 때문에 일반적으로 플라스미드는 세균의 진짜 게놈보다는 오히려 부가적인 분자로 간주된다.

우리가 하나 이상의 DNA 분자를 함유하고 있는 세균을 발견한 경우, 그 종이 여러 부분으로 나눠져 있는 게놈을 가지고 있다는 결론을 내리기 전에 추가적인 분자들이 플라스미드가 아니라는 것을 입증해야 한다. 수 kb 이상의 크기도 아니고 세균의 생존에 필수적인 유전자를 운반하는 것도 아닌 다양한 조합의 플라스미드를 감추고 있는 대장균을 포함한 많은 세균에서 이것은 충분히 용이하다.

다른 세균과의 구분은 그리 쉽지 않다(**표 12.3**). 병원성 세균으로 콜레라를 유발하는 *Vibrio cholerae*가 적절한 예이다. 이 종의 구성원들은 2.96 Mb와 1.07 Mb인 2개의 원형 DNA 분자들을 가지고 있으며, 이들 중 보다 큰 것은 생명체의 3,878개의 단백질 암호화 유전자의 71%를 가지고 있다(**그림 12.14A**). 병원성을 부여하는 유전자 뿐만 아니라 유전자 발현과 에너지 생성과 같은 주요한 세포 활동들을 담당하는 대부분의 유전자가 더 큰 분자에 위치하고 있지만, 두 분자는 필수적인 유전자를 가지고 있다.

표 12.3 세균에서 게놈 구성의 예

종	DNA 분자	크기 (Mb)
Escherichia coli K12	1개의 원형 분자	4.639
Vibrio cholerae El Tor N16961	2개의 원형 분자	
	주 염색체	2.961
	메가플라스미드	1.073
Deinococcus radiodurans R1	4개의 원형 분자	
	염색체 1	2.649
	염색체 2	0.412
	메가플라스미드	0.177
	플라스미드	0.046

이 두 DNA 분자들이 *Vibrio* 게놈을 함께 구성하고 있는 것은 분명해 보인다. 두 분자 중에 더 작은 분자는 보다 엄밀하게 조사할 때 복잡함이 야기된다. 이 분자는 플라스미드가 박테리오파지와 기타 플라스미드로부터 유전자를 포획할 수 있게 하는 유전자와 다른 DNA 염기서열의 세트인 **유전자모듬체(integron)**를 포함한다. 그러므로 심지어 그것이 운반하는 유전자의 일부가 세균에 필수적이라도 보다 작은 분자는 염색체보다는 오히려 플라스미드에 가까운 것으로 보인다.

방사선의 유해한 영향에 대해 저항성을 가지도록 도와 주는 많은 유전자를 포함하고 있기 때문에 게놈이 특히 흥미로운 *Deinococcus radiodurans*는 동일한 방식으로 구성되어 있다. 이들의 필수적인 유전자는 진짜 염색체로 여겨지는 2개의 원형 DNA 분자와 2개의 플라스미드 사이에 분포되어 있다(그림 12.14B).

*Vibrio*와 *Deinococcus* 같은 세균에 의해 제기된 혼란은 미생물 유전학자로 하여금 필수유전자를 갖고 있는 플라스미드를 기술하는 새로운 용어 — **크로미드(chromid)** — 를 창안하도록 재촉했다. 이것은 우리가 지금 세균에서 발견할 수 있는 단 두 가지 DNA 분자의 유형보다는 오히려 세 가지 유형 사이에서 구별해야 함

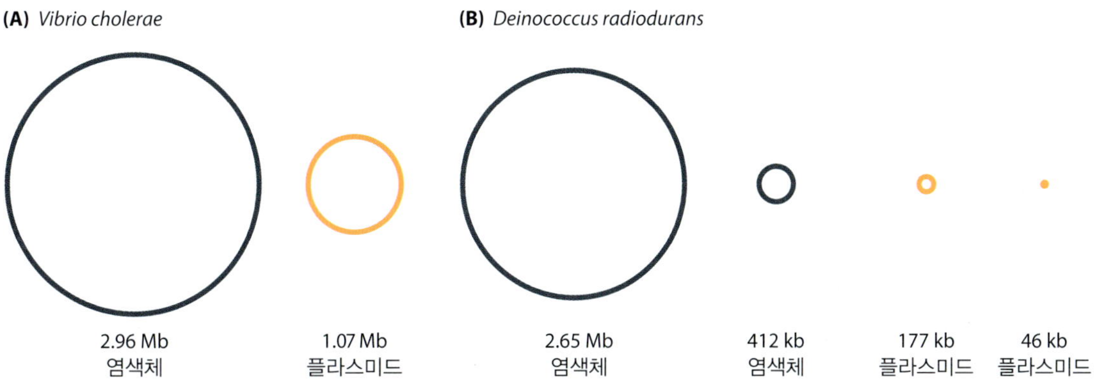

그림 12.14 (A) *Vibrio cholerae*와 (B) *Deinococcus radiodurans*의 여러 부분으로 나누어진 게놈

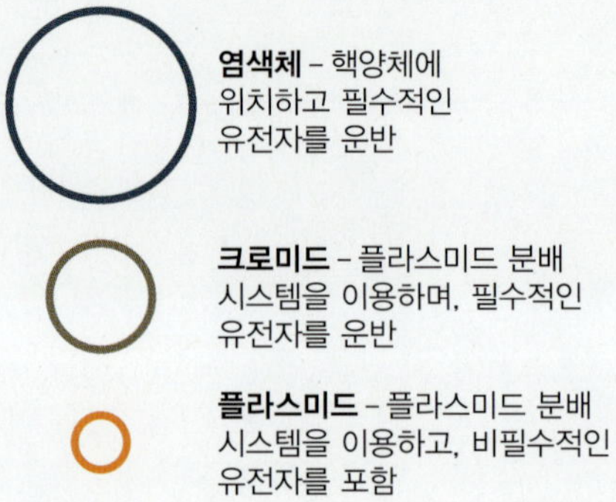

그림 12.15 크로미드, 염색체, 그리고 플라스미드의 관계

을 의미한다(그림 12.15). 첫째, 필수적인 유전자를 가지고 있는 하나 이상의 세균 염색체가 있고, 이들은 핵양체에 위치하고 있다. 둘째, 그들의 유전자가 세균에게 필수적이지 않고 그들의 특별한 플라스미드 분배 시스템 때문에 세균 염색체와 구별되는 진짜 플라스미드이다. 그리고 셋째는, 플라스미드 분배 시스템을 사용하지만 세균이 생존하는 데 필요한 유전자를 가지고 있는 크로미드이다. 이 명명법에 따르면, *Vibrio cholerae*는 하나의 염색체와 하나의 크로미드를 가지며, *Deinococcus radiodurans*는 2개의 염색체와 2개의 크로미드를 갖는다.

12.3 세균 간에 유전자의 전달

지금까지 우리는 부모세포가 분열할 때 딸세포에 의한 선형 유전에 의해 세균성 유전자가, 염색체, 크로미드 또는 플라스미드 위에 어디에 있든지 간에 — 유전되는 것을 유일한 방법으로 생각하고 있다. 또한 세균은 다른 세균으로부터 직접 유전자를 획득할 수 있다. 이것을 수평 또는 측면 유전자 전달이라고 한다.

1940년대 이래 플라스미드와 때때로 염색체 유전자가 수평적으로 이동할 수 있다고 알려져 있지만, 이는 단지 같은 종의 구성원 간이거나 때때로 밀접하게 관련된 종 사이에서만 이동이 일어날 수 있다고 생각되어졌다. 이러한 가설은 게놈 염기서열이 다양한 세균 종에서 획득된 1990년대에 뒤집혔다. 이들 서열의 비교로 같은 유전자가 상당히 먼 관련 종에 존재하고 있음이 밝혀져 수평 유전자 전달에 대한 장벽이 이전에 생각했던 것 보다 훨씬 덜 엄밀하다고 제시되었다. 또한 우리는 플라스미드와 염색체의 유전자가 종 내에서 이동하는 과정에 대해서는 많은 걸 알고 있지만, 유전자가 한 종에서 다른 종으로 이동되는 방법에 대해서는 훨씬 덜 알고 있음이 분명하게 되었다. 우리는 먼저 이들 종 내에서의 과정에 대한 이해를 고찰할 것이고, 그 다음 게놈 염기서열 결정에 의해 밝혀진 수평 유전자 전달의 더 광범위한 실례들의 관련성을 조사할 것이다.

플라스미드는 접합에 의해 세균 간에 전달될 수 있다

20세기 미생물학에서 비약적인 주요 발견 중의 하나가 예일대학교 대학원생인 21살된 Joshua Lederberg가 후에 접합이라 불리는 과정에 의해 세균이 유전자를 교환할 수 있다는 것을 발견한 1946년에 이루어졌다. 다음 10년 동안, 접합을 연구한 Lederberg와 다른 미생물 유전학자들은 유전자의 이동은 공여 세포부터 수용 세포에게로 한 방향으로 이루어지는 것을 보여주었다. 공여 세포는 F^+ ("F-플러스," 생식력으로서 F)로 불리고, 수용 세포는 F^- ("F-마이너스") 세포로 불린다.

접합은 F^+ 세포가 만들 수 있는 **선모(pilus)**라 불리는 관 같은 구조를 포함한다(그림 12.16). F^+ 세포는 그것의 성선모를 통해 F^- 세포와 연결을 형성하고 선모는 속이 비어 있기 때문에 DNA 전달이 그곳을 통해서 일어난다고 가정되고 있다. 이것은 증명된 적이 없지만, 선모는 단순히 F^+와 F^- 세포들을 밀접하게 접촉하게 하는 것이 보다

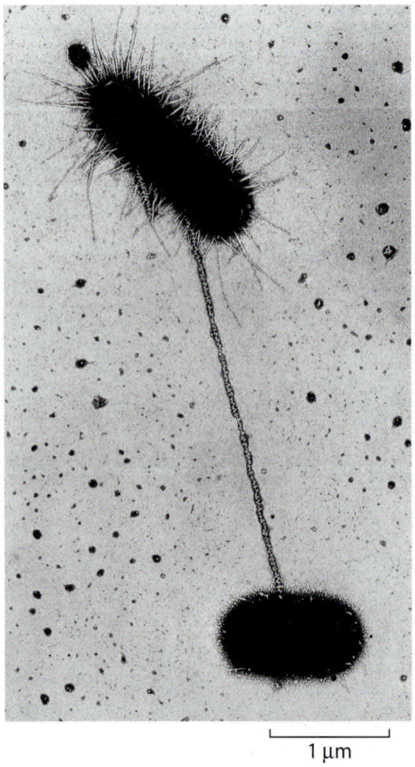

그림 12.16 선모에 의해 함께 연결된 두 세균을 보여 주는 전자현미경 사진. 두 세균 중 하나는 표면에서 뻗어 나온 많은 수의 짧은 선모도 가지고 있다. (Courtesy of the late Charles Brinton.)

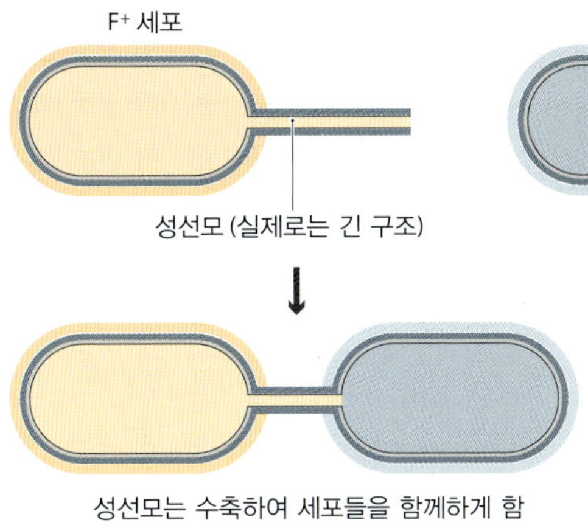

그림 12.17 두 세균을 함께 연결하는 데 있어서의 성선모의 역할

있을 법한 일이다(그림 12.17). 접촉이 매우 가깝기 때문에 두 세균 표면의 외막이 융합되어 DNA가 한 세포에서 다른 세포로 직접 전달될 수 있다.

F^+와 F^- 세포 사이의 차이점은 전자가 생식 플라스미드를 가지고 있다는 점이다. 이들 중 가장 잘 연구된 것은 대장균의 F 플라스미드이다. F 플라스미드의 크기는 95 kb이며 *tra* (전달을 뜻하는) 유전자를 가지고 있는 큰 오페론을 가지고 있다(그림 12.18). 이들 유전자는 선모의 합성 및 조립에 관여하며 DNA 전달 과정 자체에 관여하는 단백질을 암호화하고 있다.

접합은 항상 F^+ 세포와 F^- 사이에서 일어난다. F 플라스미드를 가지고 있는 세포인 F^+ 세포는 선모를 만들어 접합을 개시하며, 이후에 이들은 F^- 세포에 부착한다(그림 12.19). 2개의 세포는 모이고 F 플라스미드의 사본은 F^+에서 F^- 세균으로 전달된다. 복제는 부모 플라스미드는 F^+ 세포에 남아 있고 사본은 부모로부터 회전하며 빠져 나와 수용 F^- 세포로 전달되는 롤링-써클 메커니즘에 의하여 이루어진다. 따라서 F^- 세

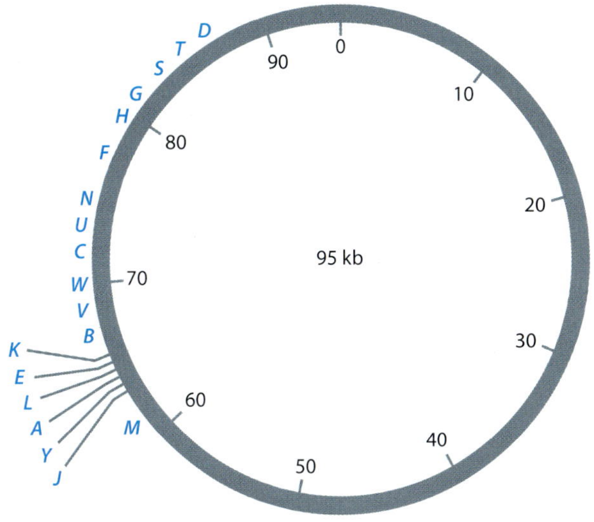

그림 12.18 F 플라스미드. 숫자들은 복제 개시점으로부터 시계 방향으로 거리를 kb로 표시하고 있다. 글자들은 *tra* 유전자(*traA*, *traB*, 등)의 위치를 표시한다.

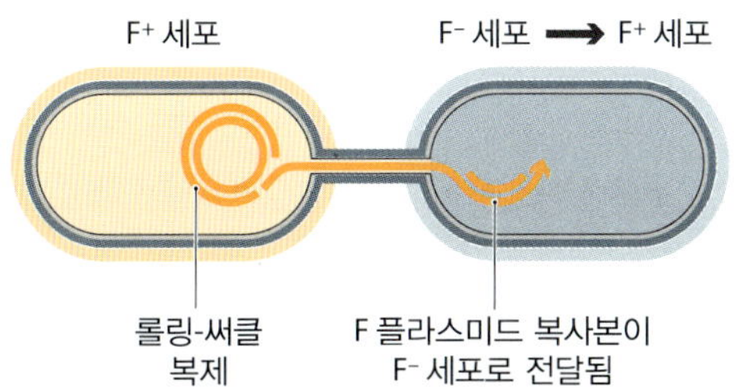

그림 12.19 F^+와 F^- 세포 사이의 접합 동안에 F 플라스미드의 전달. 전달은 두 세포의 벽을 가로질러 직접 발생하는 것 일 수도 있지만, 성선모를 통해 전달이 일어나는 것을 보여 주고 있다.

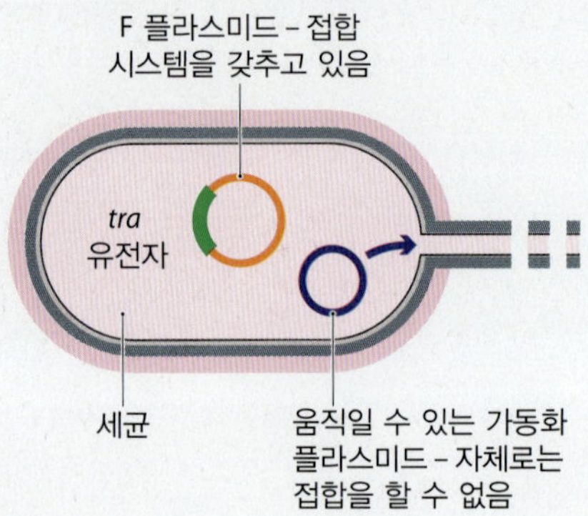

그림 12.20 일부 플라스미드는 접합을 할 수 없지만 접합 플라스미드와 함께 세포를 공유하면 이동될 수 있다.

포는 F^+가 된다. 이론적으로, 이것은 시간이 지남에 따라 모든 대장균 세균이 F^+가 됨을 의미하여야 한다. F 플라스미드는 F^+ 세균으로부터 가끔 소실되어 군집에는 F^- 세포가 항상 존재하기 때문에 이것은 진실이 아니다.

많은 수의 세균 종은 대장균과 같은 방식으로 접합을 할 수 있으며, 접합 과정은 이들 모두에서 F 플라스미드와 유사한 플라스미드에 의해 통제된다. 이 유형의 생식 플라스미드는 자가 전달이라 불린다. 이는 그들이 접합을 시작할 수 있고 수용 세포로 자신들을 이동시킬 수 있는 것을 의미한다. 접합(즉, 초기 접촉을 준비함)과 기동(공여 세포에서 수용 세포로 플라스미드 DNA의 이동)은 2개의 별개의 기능이고, 자가 전달 플라스미드만이 둘 다 지시할 수 있다. 몇몇 다른 플라스미드는 단지 세포 사이에서 접합 접촉을 시작할 수 있으며, 그들 자신에 의하여 이동되지 않으며, 일부는 이동할 수 있으나, 그들이 초기 접촉을 시작할 수 있는 두 번째 플라스미드와 함께 세포에 공존할 때에만 이동할 수 있다(그림 12.20). 다른 플라스미드는 전체적으로 불임성이며 접합과 이동을 모두 할 수 없다.

염색체 유전자도 또한 접합 중에 전달될 수 있다

세균 접합은 세균 사이에 플라스미드가 단지 이동되는 것이기 때문에 중요한 것은 아니다. 염색체 유전자도 역시 공여 세포로부터 수용 세포에 전달될 수 있다. 이것은 어떻게 일어날까?

여러 가지 가능한 방법들 중에서, 첫 번째는 공여 세포 게놈의 작은 임의의 조각이 F 플라스미드와 함께 전달되는 간단한 방법이다(그림 12.21). 이것은 아마도 상당히 드물게 발생한다.

Hfr와 **F′** (“F-프라임”)으로 불리는 공여 세포의 2가지 특별한 유형의 유전자 전달 특성이 더 중요하다. Hfr 세포에서 F 플라스미드는 대장균 염색체 DNA에 통합된다. F 플라스미드의 통합된 형태는 여전히 접합성 이동을 지시할 수 있지만, 이 경우에는 그 자체를 이동시키는 데 더하여, 이것이 붙어 있는 대장균 DNA 분자 중 적어도 일부 사본을 역시 F^- 세포에 이동시킨다(그림 12.22). 이러한 방식으로 전체 대장균의 염색체가 전달되는 데는 대략 100분이 걸리지만 접합이 이렇게 오랫동안 지속되는 경우는 드물다. 접합의 종결은 DNA 전달을 중단시키며 이로 인해 보통 염색체 DNA의 일부만 수용 세포로 전달된다.

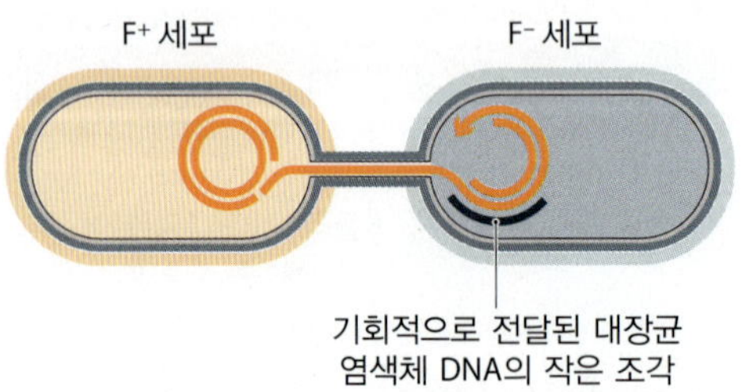

그림 12.21 F^+와 F^- 세포 사이에서 접합 중에 세균 염색체 분절의 기회 전달

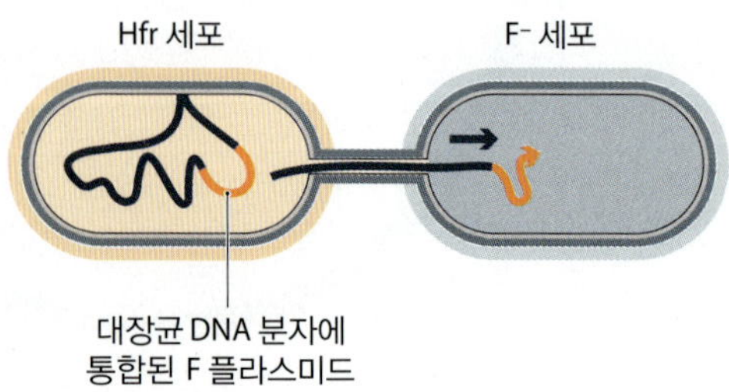

그림 12.22 Hfr와 F^- 세포 사이에서 접합 중에 염색체 DNA의 전달

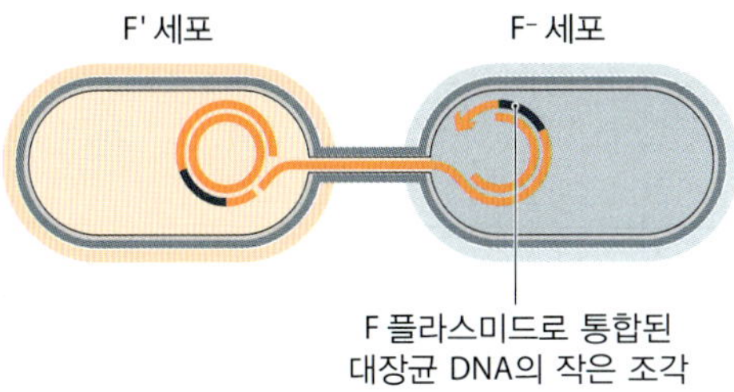

그림 12.23 F'와 F⁻ 세포 사이에서 접합 중에 염색체 DNA의 전달

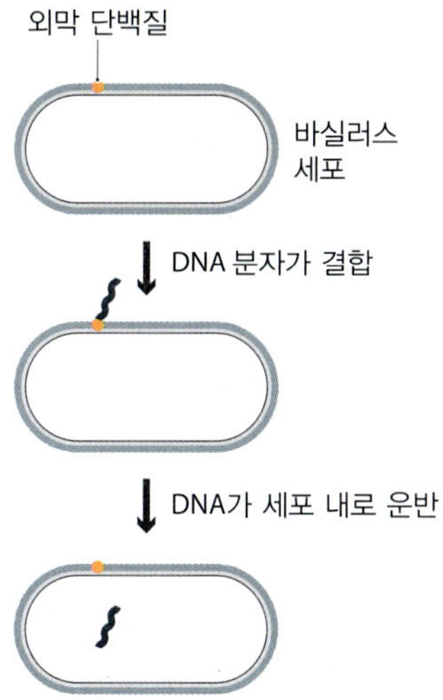

그림 12.24 형질전환 중에 DNA 도입에서의 외막 단백질의 역할

염색체 유전자의 전달과 통상적으로 관련 있는 공여 세포의 두 번째 유형인 F′ 세포는 통합된 F 플라스미드가 게놈으로부터 절단될 때 Hfr 세포에서 때때로 발생한다. 이 사건은 보통 F^+ 세포로 귀결되지만, 때때로 F 플라스미드의 절단이 완전히 정확하지 않으며 인접한 세균 DNA의 작은 조각들도 역시 잘려 나간다. 이로써 아마도 일부 유전자를 포함하는 세균 게놈 조각을 운반하는 F′ 플라스미드를 초래한다(그림 12.23). F′ 세포를 포함한 접합은 항상 이들 플라스미드 매개성 세균 유전자의 전달로 귀착된다.

세균 유전자는 공여 세포와 수용 세포 사이에서 접촉 없이도 역시 전달될 수 있다

세균은 세포와 세포의 직접 접촉을 수반하지 않는 과정에 의하여 다른 세포로부터 염색체 DNA 조각을 역시 획득할 수 있다. **형질전환(transformation)**과 **형질 도입(transduction)**이라 불리는 2개의 과정이 그러하다.

형질전환은 이들 과정 중에서도 보다 더 간단하다. 형질전환 동안에 세균은 국지 환경에서 마주한 DNA를 쉽게 받아들인다. *Bacillus*와 *Haemophilus* 종 같은 일부 세균은 DNA 도입을 위한 효율적인 메커니즘을 가진다. 이들 종들의 외막은 DNA에 결합하여 세포 안으로 그것을 이동시키는 단백질을 가지고 있다(그림 12.24). 대장균을 포함하는 다른 종은 DNA 도입 단백질은 가지고 있지 않지만, 일부 DNA는 여전히 세균의 외부 표면을 관통하여 세포 내부로 들어갈 수 있다. 연구실에서 인위적인 처리로 DNA 도입을 위하여 그들을 보다 수용능이 있게 함으로써 대장균의 형질전환 효율을 향상시킬 수 있다.

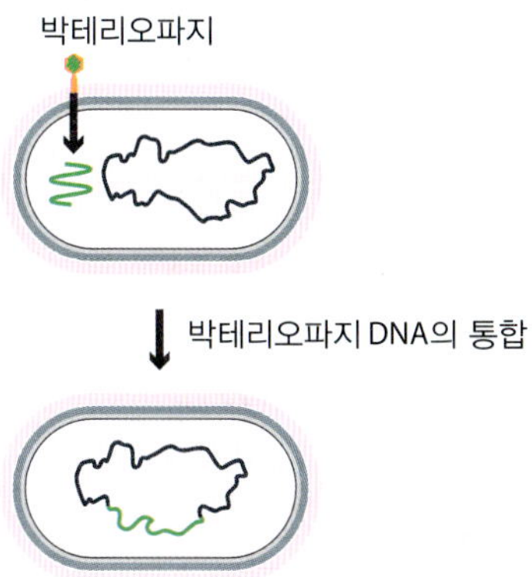

그림 12.25 세균 염색체로 박테리오파지 DNA 분자의 통합

세포-세포 접촉을 요구하지 않는 DNA 전달의 두 번째 유형은 형질 도입이다. 형질 도입에서, 이동은 세균 세포에 감염하는 바이러스의 하나인 박테리오파지에 의해 매개된다. 일부 박테리오파지는 숙주 세포를 즉시 죽이지 않는다. 대신에 바이러스 게놈은 꼭 Hfr 세포에 있는 F 플라스미드처럼 숙주 세균 염색체로 통합된다(그림 12.25). 통합된 바이러스 게놈은 **프로파지(prophage)**라 불린다. 어느 시점에서 프로파지는 숙주 염색체로부터 절단되어 복제할 것이고, 새로운 바이러스 입자들이 복제된 바이러스 게놈을 둘러싸서 조립될 것이다(그림 12.26). 이는 작은 단편으로의 세균 염색체의 파괴에 의해 수반되며, 일부는, 우연히 박테리오파지 게놈과 같은 크기가 될 것이다. 실수로 이 작은 염색체 단편들 중 하나가 바이러스 입자로 포장될 수도 있다. 감염은 전적으로 내부에 DNA를 둘러싸고 있는 단백질의 기능이기 때문에 결과적으로 생긴 입자는 여전히 감염성이 있다. 그러므로 세균 DNA 단편은 수용 세포가 형질 도입된 바이러스 입자에 "감염된" 시기에 새로운 세포로 전달될 수 있다.

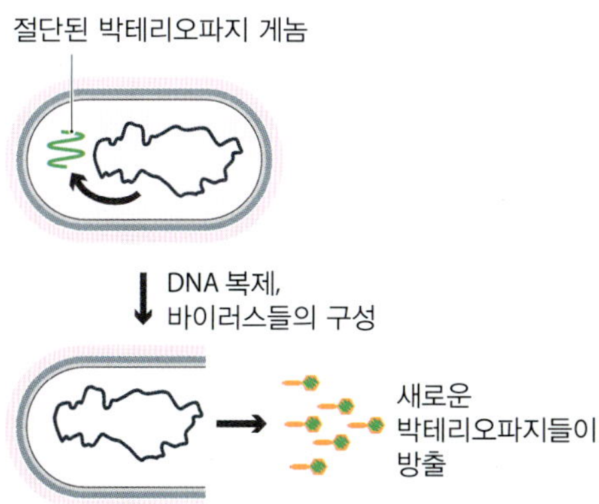

그림 12.26 세균 염색체로부터 프로파지의 절단, 새로운 박테리오파지의 합성이 뒤따른다.

연구 브리핑 12.1

세균에서 유전자 지도 작성을 위한 접합의 이용

접합의 발견은 단지 개개의 세균 사이에서 DNA의 전달에 관해서 보여주기 때문에 중요한 것이 아니다. 접합은 유전자의 상대적 위치를 대장균 염색체 상에서 지도로 작성하는 것을 가능하게 하는 기술로 인도하였다. 게놈 염기서열 결정 시기 이전에는 이러한 지도들이 유전학자들이 세균 염색체 내의 유전자의 조직에 대해 알고 있는 유일한 정보였다. 게놈 염기서열을 처음 얻었을 때, 대장균에 대한 지도와 같은 지도들은 DNA 염기서열에서 나타나는 유전자를 동정하기 위해 사용되었다.

공여 세균이 Hfr 세포일 때 염색체 유전자가 전달되기 때문에 접합은 유전자 지도 작성에 사용될 수 있다. 이러한 가능성은 **중절교배 실험(interrupted mating experiment)**으로 알려지게 된 결과로서, 1955년 초기에 파스퇴르 연구소의 Elie Wollman와 Francois Jacob에 의해 처음 인지되었다.

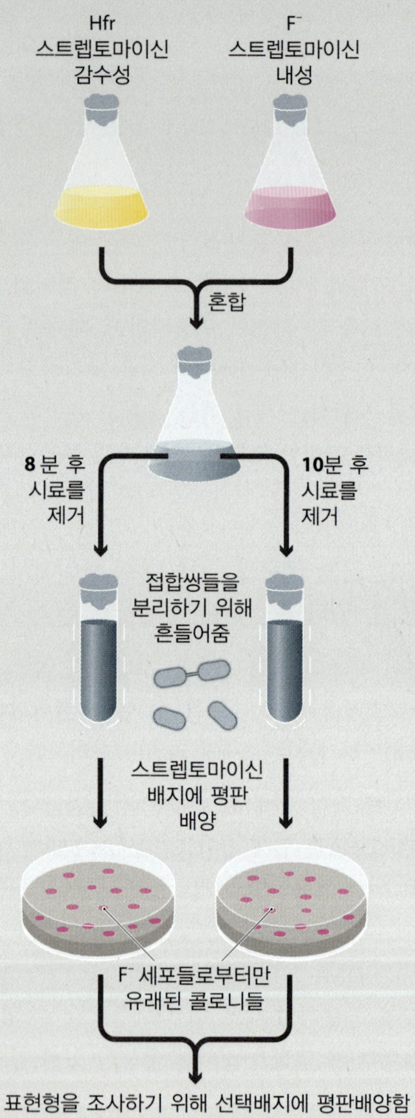

그림 1 중절교배 실험

중절교배는 접합하는 동안, 모든 유전자가 동시에 전달되지는 않는다는 것을 보여준다

Wollman과 Jacob의 목표는 Hfr 세포에서 F^- 세포로 세균 유전자의 전달을 기록하는 것이었다. 이를 위해 그들은 여러 변이 유전자를 가지고 있는 F^- 균주와 이들 유전자의 정식의 또는 **야생형(wild-type)** 사본을 지니고 있는 Hfr 균주를 필요로 했다. Hfr 세포로부터 F^- 세포로 각 야생형 유전자의 전달은 그 유전자에 의해 지정된 형질을 수용 세포들이 획득하는 것으로써 알게 된다.

Wollman과 Jacob에 의해 연구된 유전자 세트는 표 1에 실려 있다. 실험은 Hfr과 F^- 세포를 함께 혼합한 후 다양한 시간 간격에서 배양액으로부터 시료를 제거하였다(그림 1). 각 시료는 Hfr과 F^- 세포를 연결하고 있는 선모를 파괴하여 교배를 중단시키기 위해 즉시 교반되었다. 그 다음 스트렙토마이신을 포함하고 있는 한천 배지에 도말되었다. 원래의 F^- 세포는 스트렙토마이신에 내성이 있고 반면에 Hfr 세균은 이 항생제에 감수성이 있기 때문에 오로지 수용 세포들만 이 배지에서 자랄 수 있을 것이다. 따라서 수용 세포들은 콜로니를 만

표 1 Wollman과 Jacob에 의해 연구된 유전자

유전자	특성
thr	트레오닌을 합성하는 능력
leu	류신을 합성하는 능력
azi	아자이드에 감수성
ton	콜리신과 T1 박테리오파지에 대한 내성
lac	에너지원으로서 락토스를 이용하는 능력
gal	에너지원으로서 갈락토스를 이용하는 능력

혼합 후 시간(분)	전달된 유전자
8	*thr, leu*
10	*thr, leu, azi*
15	*thr, leu, azi, ton*
20	*thr, leu, azi, ton, lac*
25	*thr, leu, azi, ton, lac, gal*

그림 2 중절교배 실험 중에 유전자의 전달 순서

들 수 있었다. 각 콜로니에서의 세균의 생화학적 특성은 다른 한천 배지로 옮겨진 후 조사되었다. 세포가 여전히 트레오닌(표 1 참조)을 필요로 하는지 안하는지는 트레오닌이 결핍된 한천 배지에 일부 옮겨 그들이 자라는지를 확인함으로써 조사되었다. 에너지원으로서 락토스를 이용하는 그들의 능력은 다른 당은 없이 락토스만 포함된 배지에서 조사되었다. 기타 모든 유전자에 대해서는 표 1에 실려 있다.

Wollman과 Jacob는 그 당시 Hfr 접합의 정확한 세부사항을 이해하지 못했기 때문에 중절교배 실험으로부터 무엇을 예상할 수 있는지 정확히 확신하지 못했다. 그들에게는 그들 자신의 생각이 있었지만, 실제는 정말 놀라운 결과가 나왔다. 모든 유전자가 한 번에 이동되는 것이 아니라 오히려 다른 시간에 Hfr에서 F^- 세포로 이동된 것이다. 첫째, 교배 후 약 8분이 지난 다음 트레오닌과 류신을 합성하는 능력을 획득한 수용 세포가 나타나기 시작하였다(그림 2). 교배가 지속됨에 따라, 몇 분이 더 지난 후에는 거의 모든 수용 세포들이 이 특성을 위한 야생형 유전자를 가질 때까지 이들 두 아미노산을 만들 수 있는 세포의 비율은 증가했다. 다음, 약 10분 후에 아자이드 감수성이 수용 세포들에서 나타나기 시작했고, 약 80%가 아자이드 감수성으로 될 때까지 빈도는 점차 증가했다. 마침내 야생형의 특성 각각이 수용 세포들로 전달되었다. Wollman과 Jacob는 각 유전자 전달의 속도론을 설명하는 그래프의 형태로 결과를 표현하였다(그림 3).

유전자 전달 시기는 대장균 염색체에서의 그 위치를 나타낸다

우리가 Hfr 세포들이 F^- 세포들로 선형 분자로서의 숙주 DNA의 가능한 모든 부분 또는 일부를 전달하는 것을 기억하면 일단 중절교배 실험은 쉽게 설명된다. 이 전달 동안에 F 영역이 수용 세포로 들어가는 최초 영역이며, 대장균 염색체의 나머지가 뒤를 따른다. 교배가 중단되면, 수용 세포들은 공여 세균으로부터 야생형 유전자의 몇 가지만을 획득하는 시간을 가지게 될 것이다. 다른 특성들이 수용 세포들에 나타나는 시간을 측정함으로써, Wollman과 Jacob는 대장균 염색체 상에 있는 유전자의 상대적 위치를 효율적으로 지도 위에 나타내었다. 사실, 대장균 DNA 위에서 지도 거리는, 전달 시간이 1분 걸리는 DNA의 길이를 나타내는 것으로 하여, 분으로 현재 표시되고 있다. 전체 대장균 염색체의 전달은 약 100분이 걸리므로 지도 위에서 100으로 표시된다.

전체 염색체 전달은 단일 접합 동안에는 가능성이 거의 없다. 많은 세균은 100분이 지나기 전에 자연적으로 교배를 포기한다. 전체 대장균 DNA의 지도를 만들기 위해서는 다른 위치에 삽입된 각각의 F 플라스미드와 다양한 Hfr 균주를 사용하여 일련의 중절교배 실험을 수행하는 것이 필수적이다. 이들 각 균주를 가지고 연구될 수 있는 대장균 염색체의 부분들은 중복되어 완전한 지도가 만들어 질 수 있게 한다. 이러한 실험은 유전자는 선형 방식으로 전달되고 있지만 대장균 염색체는 실제로 원형임을 보여준다.

전달의 속도론에 관한 두 가지 추가적인 핵심은 인지되어야 한다. 첫 번째는 그림 3에 제시된 그래프 위의 각 곡선에 경사가 있다는 것이다. 이것은 접합이 세포의 집단에서 완전히 동조적으로 일어나지 않고, 특정 유전자가 다른 교배에서 전달되기 전에 일부 교배에서 먼저 전달됨을 나타낸다. 이러한 이유로 접합 지도 작성은 완전히 정확하지 않으며, 또한 염색체의 약 90 kb에 해당하는 약 2분 이내로 떨어져 있는 두 유전자의 상대적인 위치를 구별할 수 없다. 알아 두어야 할 핵심적인 두 번째 사항은 각 유전자는 유전자를 결과적으로 획득하는 F^- 세포들 집단의 비율을 가리키는 고원값(plateau value)을 가진다는 것이다. 이 고원값은 항상 100% 미만이며, 교배에서 더 늦게 전달된 유전자에서는 점차 작아진다. 고원은 모든 F^- 세균이 접합에 관련하는 것은 아니며, 많은 교배는 실험과정 동안 자연스럽게 종결된다는 것을 나타낸다.

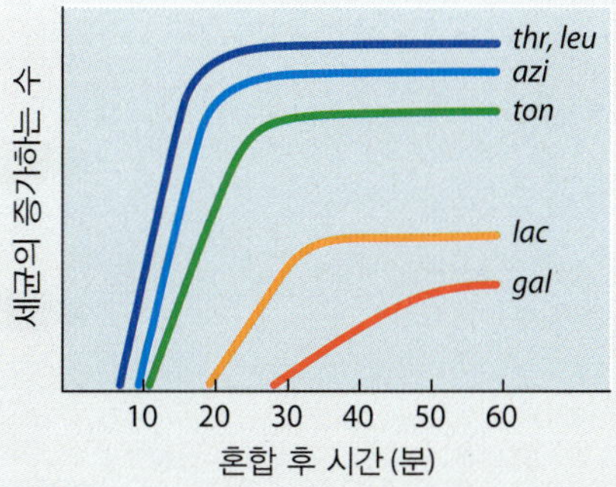

그림 3 중절교배 실험 결과의 그림을 이용한 설명

전달된 세균 DNA는 수용 세포 게놈의 영구적인 특징이 될 수 있다

접합, 형질전환 또는 형질 도입에 의해 수용 세포가 획득하는 DNA에는 무슨 일이 일어날까? DNA가 원래의 온전한 플라스미드라면, 그 다음 종종 그것은 수용 세포의 플라스미드 보충물로 첨가되어 새로운 숙주에서 복제가 가능할 것이다. 이것의 대부분은 접합의 결과이며, 이런 방식으로 환경으로부터 플라스미드 DNA를 받아들일 가능성이 아주 크기 때문에 형질전환으로부터도 일어날 수 있다. 플라스미드의 수평적인 전달은 항생제 내성 유전자의 확산에 대한 책임이 있기 때문에 미생물학에서 대단히 중요하다. 이것은 이전에 그들에 대해 효과가 있었던 항생제로는 더 이상 제어할 수 없는 병원성 세균 균주의 진화를 가져왔다. 대표적인 예는 메티실린 내성 황색 포도구균(methicillin-resistant *Staphylococcus aureus,* MRSA)이다. MRSA에서 "M"은 "다중"을 의미하는 것이 일반적인 소신이지만, 그렇지 않다. MRSA는 *S. aureus*가 병원 환자의 상처에 침입하는 것을 방지하는 데에 일반적으로 사용되는 메티실린 항생제에 대해 내성을 가진 것으로 충분히 유해하다. 그것은 진짜 "다중 내성"이 되어 다음에 그것을 통제하는 문제는 본질적으로 더 악화될 것이다.

형질전환, 형질 도입, 그리고 종종 접합에 의해 수용 세포로 전달되는 염색체 DNA에 대해서는 어떠할까? 이 DNA는 분해될 수도 있어 수용 세균 안에서 새로운 분자의 구성을 위해 탄소원, 질소원 그리고 인산원으로서 사용된다. 그러나 때때로 DNA는 세포 안에서 존속할 수 있다. 이것이 일어나기 위해서는, DNA는 세균 염색체나 크로미드 내로 통합되어야 한다. 전달된 DNA가 수용 세포의 염색체 조각과 같거나 유사한 염기서열을 가지고 있으면, 이것이 같은 종으로부터 유래하면 그런 것처럼, 가능하다. 전달된 DNA의 분절은 다음 염색체 DNA의 동등한 신장 부분을 교체할 수 있다(**그림 12.27**). 이렇게 되면 수용 세균은 공여 세균으로부터 유전자를 물려 받을 것이다. 유전자가 이전에 가지고 있던 것들과 같으므로, 교체는 중요하지 않게 보일지도 모른다. 그러나 진핵생물의 유전자와 똑같이 세균 유전자는 각각 조금씩 다른 DNA 염기서열을 가지고 있는, 대립유전자라 불리는 변이형을 가진다. 그러므로 전달은 수용 세균이 획득한 하나 또는 그 이상의 유전자에 대한 다른 대립유전자를 획득하는 것으로 귀결된다. 따라서 그 생물학적 특성은 근소하게 변화할 수도 있다.

게놈 염기서열 결정 프로젝트는 DNA의 전달이 상당히 다른 종 사이에서도 일어난다고 우리에게 말해 주고 있다. 정확하게 이것이 어떻게 일어나는지는 알려져 있지 않다. 유연성이 없는 종은 접합을 할 수 없으며, 형질 도입은 항상 형질 도입되는 박테

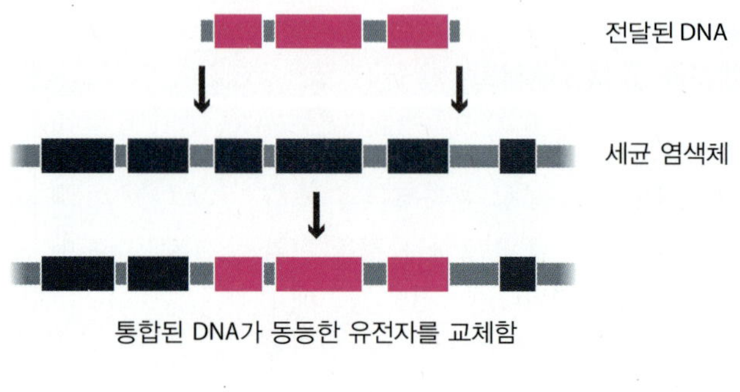

그림 12.27 전달된 DNA의 통합은 하나 이상의 유전자를 가지고 있는 세균 염색체 분절의 교체로 귀결될 수 있다.

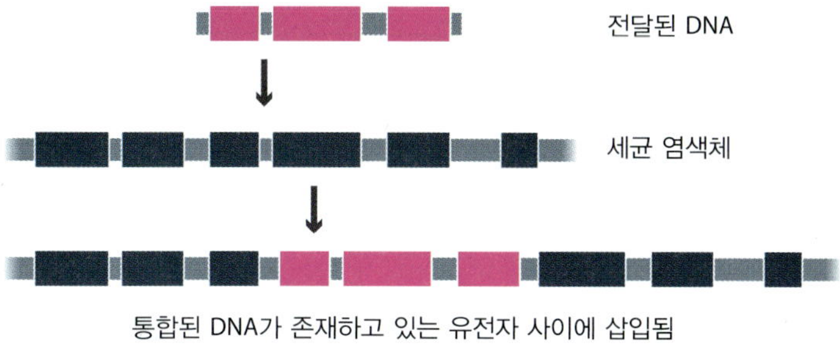

그림 12.28 어떤 기존 유전자의 교체 없이 세균 염색체로 전달된 DNA의 무작위 통합

리오파지의 매우 좁은 숙주 범위 내에서만 일어날 수 있기 때문에 전달은 형질전환에 의한다고 추정한다. 들어오는 DNA는 수용 세포 염색체의 어느 한 부분과 포괄적인 염기서열 유사성을 아마도 가지지 않기 때문에 통합은 무작위로 일어나는 것으로 추정되고 있다(그림 12.28). 일단 이것이 염색체의 일부분이 되면, 새로운 DNA와 이들이 포함하고 있는 어떤 유전자는 수용 세포 게놈의 영구적인 부분이 될 것이다. 유전자는 부모세포가 분열할 때 게놈의 나머지와 함께 딸세포로 전달될 것이다.

종의 경계를 가로질러서의 전달은 매우 빈번히 일어나지 않지만, 전달은 세균이 다른 종으로부터 때때로 새로운 유전자를 획득할 수 있도록 충분하게 자주 발생한다. 대부분의 세균 게놈은 수평 유전자 전달에 의해 획득한 수백 kb의 DNA를 포함하며, 일부 경우에는 수치가 더 높다. 대장균의 흔한 연구실 균주에서 0.59 Mb에 상응하는 균주 게놈 12.8%가 이러한 방법으로 얻어졌다고 추정된다(그림 12.29). 고온균인 *Thermotoga maritima* 게놈은 1,877개 유전자를 가지며, 그 중 451개는 두 번째의 원핵생물계인 고세균의 구성원을 포함하는 다른 종으로부터 얻은 것으로 나타났다. 세균에서 고세균으로의 반대 방향의 전달도 마찬가지로 일어난다. 새롭게 알려진 사실은 유사한 생태적 지위에 살고 있는 원핵생물은 특정 환경에서 생존하기 위한 그들의 개개의 적응도를 향상시키기 위해 서로 유전자를 교환한다는 것이다. 고세균으로부터 획득하게 된 많은 *Thermotoga* 유전자는 아마 이 세균이 고온에서 견디는 능력을 획득하는 데 도움을 주었을 것이다.

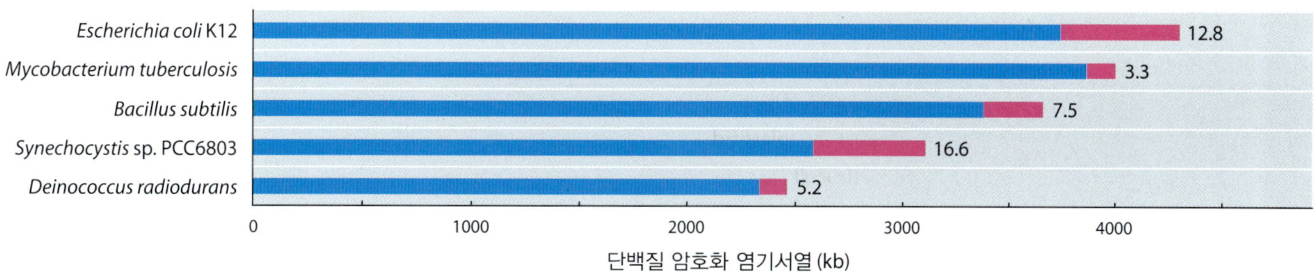

그림 12.29 대부분의 세균 게놈은 수평 유전자 전달에 의해 획득된 DNA를 가지고 있다. 차트는 특정 종의 고유한 DNA를 파란색으로 나타내고 수평 유전자 전달에 의해 획득된 DNA를 빨간색으로 나타낸다. 각 막대의 끝에 표시된 숫자는 수평적 전달로부터 유래된 게놈의 퍼센트를 표시한다. 각 게놈의 유전자간 DNA 함유량은 무시되었기 때문에 수치는 단지 유전자를 가리킨다.

주요 개념

- 세균에서 대부분의 DNA는 핵양체에 포함되어 있다. 핵양체는 세포 부피의 약 3분의 1을 차지하고 있다.
- 대장균 핵양체는 단백질 코어에, 각 10에서 100 kb의 DNA를 포함하고 있는 초나선 꼬임 고리가 이로부터 세포 내로 퍼져 있다, 부착되어 있는 세균 염색체를 포함하고 있다.
- 세균의 분열 동안에 부모 염색체가 복제하고 있을 때 두 딸 DNA 분자들은 세포의 양쪽 말단 중의 어느 쪽인가를 향해 이동한다. 이것이 발생하는 메커니즘에 대해서는 충분하게 이해하지 못하고 있다.
- 플라스미드는 세균 안에서 독립적인 생활을 하는 일반적으로 원형인 DNA 분자들이다. 플라스미드는 유전자를 가지고 있지만 이들은 세균의 생존에 필수적이지 않다. 그러나, 플라스미드 유전자는 항생제에 대한 내성과 같은 유용한 특성을 부여한다.
- 일부 세균은 여러 부분으로 나누어진 게놈을 가지고 있다. 이들 종의 일부에서는 필수적인 유전자를 가지고 있는 염색체 DNA 분자와 플라스미드를 구별하기 어렵다. 새로운 용어인 크로미드는 플라스미드와 같은 성질을 가지지만 필수적인 유전자에 대해서 서술할 목적으로 도입되었다.
- 접합, 형질전환, 그리고 형질 도입은 세균 사이에서 DNA의 전달로 귀결될 수 있는 과정이다. 접합과 형질 도입은 동일한 또는 유연 관계가 있는 구성원 간에서만 전달로 귀결될 수 있다. 형질전환은 이론적으로 어떠한 두 종의 구성원 간에서도 일어날 수 있다.
- 다른 종의 구성원 사이에서의 수평 유전자 전달은 세균 게놈 서열 간의 비교로부터 명백하게 되었다.
- 유사한 생태적 지위에 살고 있는 원핵생물은, 세균과 고세균 모두, 특정 환경에서 생존을 위하여 개개의 적응성을 향상시킬 목적으로 유전자를 서로 교환한다.

질문 & 문제 [해답은 www.garlandscience.com/introgenetics에서 찾을 수 있다]

주요 용어들

다음 용어들의 간단한 정의를 쓰시오:

bacterial chromosome
chromid
Col plasmid
colicin
compatible
conjugation
copy number
degradative plasmid
episome
F^+ cell
F^- cell
F′ cell
fertility plasmid
Hfr cell
horizontal gene transfer
incompatibility group
integron
interrupted mating experiment
nucleoid
pilus
plasmid
prophage
relaxed
resistance plasmid
stringent
supercoiling
transduction
transformation
virulence plasmid
wild-type

자습 문제들

12.1 대장균 핵양체의 구조에 대해 설명하시오.

12.2 초나선 꼬임은 무엇이며, 원형 DNA 분자에 어떤 영향을 미치는가?

12.3 대장균 핵양체에 존재하는 단백질은 무엇인가?

12.4 플라스미드가 무엇인지 설명하고, 알고 있는 다른 유형의 플라스미드의 예를 드시오.

12.5 플라스미드와 수평 유전자 전달 사이에 연결고리는 무엇인가?

12.6 플라스미드에 적용되는 용어 "엄밀한"과 "이완형"을 구별하시오.

12.7 부적합성 군이 무엇인지 설명하고, 플라스미드 부적합성과 사본 수 사이에 제안된 연관성을 개략적으로 말하시오.

12.8 대장균 게놈이 어떻게 복제되며 딸세포 사이에 분배되는지 설명하시오.

12.9 플라스미드 분배에 관한 유형 I 시스템을 개략적으로 말하시오.

12.10 대장균 게놈은 단일이며, 원형 DNA 분자이다. 원핵생물들에서 발견되는 다른 유형의 게놈 구조는 무엇인가?

12.11 *Vibrio cholerae*와 *Deinococcus radiodurans*의 게놈 구성을 설명하시오.

12.12 세균 염색체, 플라스미드와 크로미드를 구분하는 특징은 무엇인가?

12.13 플라스미드가 접합에 의해 세균 세포 사이에서 어떻게 전달되는지 설명하시오.

12.14 플라스미드 R100은 스트렙토마이신에 내성을 나타내는 유전자를 가지고 있다. 당신은 R100을 포함하는 대장균의 F^+ 균주를 가지고 있다. R100이 그 자체로 가동화 되는지를 조사하기 위한 실험을 계획하시오.

12.15 F^+, F^-, Hfr, 그리고 F′ 세포를 구별하시오.

12.16 Wollman과 Jacob는 어떻게 최초의 중절교배 실험을 수행했는지 설명하시오.

12.17 중절교배 실험이 어떻게 대장균 DNA 분자가 원형임을 증명했는지 설명하시오.

12.18 다른 Hfr 균주를 사용한 일련의 중절교배 실험은 다음의 선형 유전자 지도를 제공한다:

1. *A J F C*
2. *D H E B*
3. *I B E H*
4. *J F C I*
5. *A G D H*

이들 유전자의 위치를 보여 주는 세균 DNA 분자의 원형 지도를 그리시오.

12.19 세균 사이에 접촉 없이 유전자가 전달될 수 있는 두 가지 방법을 설명하시오.

12.20 전달된 DNA는 어떻게 수용 세균의 게놈에 통합될 수 있는가?

12.21 다른 종의 원핵생물 사이에서 수평 유전자 전달이 일어나는 데 대한 증거를 개략적으로 설명하시오.

토의 주제들

12.22 숙주 게놈 내에서 또는 함께 복제하지만 숙주에 아무런 혜택을 주지 않는 유전 요소들을 "이기적"이라 한다. 특히 플라스미드에 적용될 때 이 개념을 설명하시오.

12.23 단일 원형 DNA 분자로서의 세균 게놈의 전통적인 견해는 포기되어야 하는가? 그렇다면 어떤 "세균 게놈"의 새로운 정의가 채택되어야 하는가?

12.24 세포 내의 절대 기생세균인 *Mycoplasma genitalium*는 470개 유전자를 가지고 있다. 왜 이 생명체는 그렇게 적은 유전자를 필요로 하는가?

12.25 플라스미드 사본 수가 조절될 수 있는 가능한 방법에 대해 논의하시오.

12.26 연구 브리핑 12.1은 대장균 염색체 위의 유전자의 상대적인 위치를 지도로 작성하는 데 어떻게 접합이 사용될 수 있는지에 대해 설명하고 있다. 세균 개체 내에서는 동조성이 없으므로 약 90 kb 이하로 떨어져 있는 두 유전자의 상대적인 위치를 구별하기 위해 접합 지도를 작성하는 것은 불가능하다. 90 kb보다 가까운 유전자의 위치를 지도 작성하기 위해 세균 사이에서 DNA 전달로 귀결되는 다른 과정이 — 형질전환과 형질 도입 — 사용될 수 있는 방법을 토론하시오.

12.27 종은 다른 그룹들로부터 생식적으로 분리된 교배하는 개체 그룹이라고 생물학적 종 개념을 명시하고 있다. 이러한 종의 정의는 원핵생물에 적용할 수 있는가? 만일 그렇지 않다면, 원핵생물 종은 어떻게 정의될 수 있는가?

추천 문헌

Boucher Y, Douady CJ, Papke RT et al. (2003) Lateral gene transfer and the origins of prokaryotic groups. *Annu. Rev. Genet.* 37, 283–328.

Harrison PW, Lower RPJ, Kim NKD & Young JP (2010) Introducing the bacterial "chromid": not a chromosome, not a plasmid. *Trends Microbiol.* 18, 141–148.

Heidelberg JF, Eisen JA, Nelson WC et al. (2000) DNA sequence of both chromosomes of the cholera pathogen *Vibrio cholerae*. *Nature* 406, 477–483.

Holloway BW (1979) Plasmids that mobilize bacterial chromosome. *Plasmid* 2, 1–19. *Includes a description of F plasmids from bacteria other than E. coli.*

Novick RP (1980) Plasmids. *Sci. Am.* 243, 76–90. *A general review.*

Rocha EPC (2008) The organization of the bacterial genome. *Annu. Rev. Genet.* 42, 211–233. *Includes details of nucleoid structure and chromosome partitioning.*

Thanbichler M & Shapiro L (2008) Getting organized—how bacterial cells move proteins and DNA. *Nat. Rev. Microbiol.* 6, 28–40. *Chromosome and plasmid partitioning.*

White O, Eisen JA, Heidelberg JF et al. (1999) Genome sequence of the radioresistant bacterium *Deinococcus radiodurans* R1. *Science* 286, 1571–1577.

Willetts N & Skurray R (1980) The conjugation system of F-like plasmids. *Annu. Rev. Genet.* 14, 47–76.

Wollman EL & Jacob F (1955) Sur la mécanisme du transfert de matériel génétique au cours de la recombinaison chez *Escherichia coli* K12. *Comptes Rendus de l'Académie des Sciences* 240, 2449–2451. *The first interrupted mating experiment.*

바이러스 감염주기에서 유전자의 유전 CHAPTER 13

우리는 진핵생물과 세균의 세포 분열 중에 일어나는 유전자의 유전을 공부하였고 같거나 다른 종의 세균 간에서 어떻게 유전자가 전달될 수 있는지도 살펴보았다. 우리는 이제 전체적인 모습을 완성하기 위해서 바이러스 주기 중에 유전자가 어떻게 유전되는지 살펴보기로 한다.

바이러스는 지구에 존재하고 있는 가장 단순한 종류의 생명체이다. 사실 바이러스는 생물학적 조건에서 보면 정말 단순하기 때문에 실제로 살아 있는 생명체로 간주할 수 있는지 여부를 스스로 자문해야 한다. 바이러스는 부분적으로 모든 종류의 생명체들과 다르게 만들어져 있고 — 바이러스는 세포가 아니다 — 부분적으로는 바이러스 생활주기의 특성으로 인한 의구심이 생기게 된다. 바이러스는 가장 극단적인 종류의 절대 기생체이다. 그들은 숙주 세포 내에서만 복제되고, 그들의 게놈을 복제하고 발현하기 위해 숙주의 유전 장치 중 일부를 무너뜨린다. 일부 바이러스들은 그들 자신의 DNA 폴리메라아제와 RNA 폴리메라아제를 암호화하고 있는 유전자를 가지지만, 대부분은 게놈의 복제와 전사를 위해 숙주 효소들에 의존하고 있다. 모든 바이러스는 그들 자손의 단백질 외투를 만드는 폴리펩티드 합성을 위해 숙주의 리보솜과 번역기구를 이용한다. 이것은 바이러스 유전자가 숙주의 유전 시스템과 일치한다는 것을 의미한다. 따라서, 바이러스는 개개의 생명들에 대하여 매우 특이적이며, 개별적인 유형들은 광범위한 종에 감염할 수 없다.

바이러스는 다른 수많은 유형이 존재하여, 그들을 연구하기 위한 전략을 계획하는 것은 상당히 어려울 수 있다. 가장 좋은 방법은 역사를 따르는 것이다. 1930년대에 유전학자들은 바이러스 감염주기 연구를 위한 모델 생명체로서, 박테리오파지를 — 세균을 감염시키는 바이러스를 — 선택했다. 이는 박테리오파지로 감염된 세균의 배양물을 증식시키는 것이 상대적으로 쉽기 때문이다. 나중에는, 후천성면역결핍증(AIDS)의 원인이 되는 인간면역결핍바이러스가 속해 있는 그룹인 **레트로바이러스(retroviruses)**를 포함하는 진핵생물을 감염시키는 바이러스로 관심이 전환되었다.

우리는 이 같은 접근 방식을 따르기로 한다. 먼저 박테리오파지를 조사함으로써 바이러스 생활주기의 기초적인 특징에 익숙해지게 될 것이다. 그런 다음 레트로바이러스가 단지 중요한 진핵생물 바이러스이기 때문이 아니라 그들이 박테리오파지 중에서는 접하지 않은 기능을 나타내기 때문에 주로 이들에게 초점을 두고 진핵생물의 바이러스로 접근해 나아갈 것이다. 레트로바이러스에 관한 연구는 우리를 생명이라고 생각하는 것의 가장 가장자리로 이끌 것이다.

13.1 박테리오파지

박테리오파지(때때로 "파지"로 불리는)는 흔한 존재이지만, 자주 간과되는 자연환경의 구성원이다. 때때로, 세균 감염을 제어하거나 치료용으로 파지를 사용하는 것이 가능한지가 연구 방향이 되기도 한다. 플라스미드의 확산에 기인하여 내성을 획득하고 있는 많은 세균으로 인하여 항생제 시대가 마감되는 시점에서, 박테리오파지는 인류의 잠재적인 은인으로 다시 한번 주목받을 수 있다.

우리는 주로 유전자가 박테리오파지 감염주기 중 어떻게 유전되는지에 대해서 관심이 있지만, 이 주제를 공부하기 전에 박테리오파지 자체와 익숙해져야 한다.

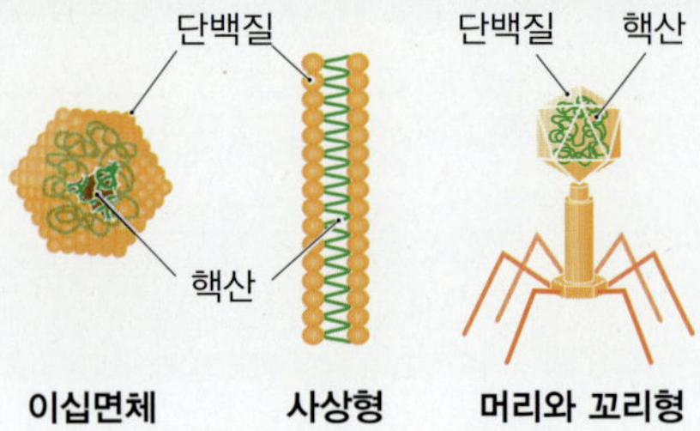

그림 13.1 박테리오파지에 의해 일반적으로 보여 주는 캡시드 구조의 세 가지 유형

박테리오파지는 다양한 구조와 동일하게 다양한 게놈을 가진다

박테리오파지는 주로 2개의 구성 요소인, 단백질과 핵산으로 구성되어 있다. 단백질은 외투 또는 **캡시드(capsid)**를 형성하며 그 안에 핵산 게놈을 포함하고 있다.

세 가지 기본적인 박테리오파지 유형은 그들의 캡시드 구조로 구별될 수 있다(그림 13.1). 이들 중 첫 번째 유형은 핵산을 둘러싸고 있는 20면의 기하학적인 구조 안에 개개의 단백질 서브유닛(**기본 단위체, protomer**)이 배열되어 있는 **정이십면체(icosahedral)** 캡시드를 가지고 있다. 정이십면체 박테리오파지의 예로는 대장균을 감염시키는 MS2와 *Pseudomonas aeruginosa*를 감염시키는 PM2가 있다. 두 번째 유형은 기본 단위체들이 막대 모양 구조를 형성하도록 나선형으로 배열되어 있는 **사상형(filamentous)** 캡시드를 가지고 있다. M13으로 불리는 대장균 박테리오파지가 그 예이다. **머리와 꼬리형(head-and-tail)** 박테리오파지는 다른 두 가지 유형의 특징들을 함께 가지고 있다. 그들의 캡시드는 핵산을 포함하고 있는 정이십면체 머리와 숙주 세포에 핵산의 도입을 수월하게 하는 사상의 꼬리로 구성되어 있다. 그들은 또한 대장균 박테리오파지 T4가 가지고 있는 "다리"와 같은 다른 구조를 가질 수 있다.

박테리오파지의 게놈을 언급할 때 이들 분자들이 일부 RNA로 되어 있는 경우도 있기 때문에 "핵산"이라는 용어가 사용되어야 한다. 바이러스는 유전 물질이 항상 DNA가 아닌 한 종류의 "생명"이다. 박테리오파지와 다른 바이러스들은 또 다른 규칙도 또한 어기고 있다. 그들의 게놈은 DNA든 RNA든 이중 가닥일 뿐만 아니라 단일 가닥일 수 있다.

다른 게놈 구조의 전체 범위는 표 13.1에 요약된 것처럼, 박테리오파지 사이에서 알

표 13.1 몇 가지 전형적인 박테리오파지와 그들의 게놈의 특성

파지	숙주	캡시드 구조	게놈 구조	게놈 크기 (kb)	유전자 수
λ	대장균	머리와 꼬리형	이중 가닥 선형 DNA	49.5	48
φX174	대장균	정이십면체	단일 가닥 원형 DNA	5.4	11
f6	*Pseudomonas phaseolica*	정이십면체	분절된 이중 가닥 선형 RNA	2.9, 4.0, 6.4	13
M13	대장균	사상형	단일 가닥 원형 DNA	6.4	10
MS2	대장균	정이십면체	단일 가닥 선형 RNA	3.6	3
PM2	*Pseudomonas aeruginosa*	정이십면체	이중 가닥 선형 DNA	10.0	약 21
SP01	*Bacillus subtilis*	머리와 꼬리형	이중 가닥 선형 DNA	150	100+
T2, T4, T6	대장균	머리와 꼬리형	이중 가닥 선형 DNA	166	150+
T7	대장균	머리와 꼬리형	이중 가닥 선형 DNA	39.9	55+

게놈 구조는 파지 캡시드에서의 구조이다. 일부 게놈은 숙주 세포 내에서 다른 형태로 존재한다.

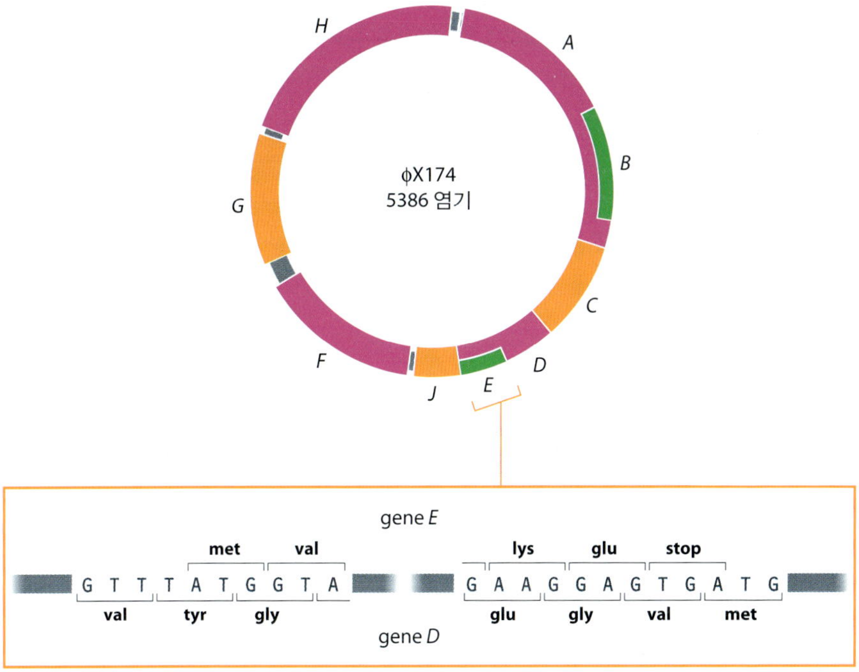

그림 13.2 ϕX174 게놈은 중복 유전자를 포함한다. 확장된 영역은 *E*와 *D* 유전자 사이에 중복의 시작과 말단에서의 DNA 서열을 보여 주고, 이들 2개의 유전자에 의해 사용되는 리딩 프레임이 다른 것을 보여 준다.

려져 있다. 대부분 유형의 박테리오파지에는 전체 게놈을 구성하는 단일 DNA 또는 RNA 분자가 존재한다. 몇몇 RNA 박테리오파지는 **분절 게놈(segmented genomes)**을 가지고 있으며, 그들의 유전자가 다수의 다른 RNA 분자들에 의해 운반되고 있다는 것을 의미한다. 박테리오파지 게놈의 크기는 가장 작은 박테리오파지의 약 1.6 kb부터 T2, T4, 그리고 T6처럼 큰 것은 150 kb 이상으로 엄청나게 다양하다.

상대적으로 작은 박테리오파지 게놈은 1970년대 후반에 개발된 신속하고 효율적인 DNA 염기서열 결정 방법에 의해 광범위하게 연구된 최초의 것들에 포함되어 있다. 유전자 수는 MS2의 경우에는 단지 3개 부터 더 복잡한 머리와 꼬리형 박테리오파지는 100개 이상으로 다양하다(표 13.1을 보시오). 더 작은 박테리오파지 게놈은 물론 상대적으로 적은 유전자를 포함하지만 이들은 매우 복잡한 방식으로 조직화될 수 있다. 예를 들어 ϕX174 파지는, 유전자 중 다수가 겹쳐져 있기 때문에 그 게놈에 “추가” 생물학적 정보를 어떻게든지 담고 있다(그림 13.2). 이들 **중복 유전자(overlapping genes)**는 뉴클레오티드 염기서열을 공유하지만(예를 들어 B 유전자는 유전자 A 내에 완전히 포함되어 있다), 전사체들은 다른 개시 위치에서 다른 리딩 프레임으로 번역되기 때문에 다른 유전자 산물을 암호화한다. 중복 유전자는 바이러스에서 흔히 존재한다.

더 큰 박테리오파지 게놈은 더 많은 유전자를 포함하며, 이들 박테리오파지의 더 복잡한 캡시드 구조들과 감염주기 중 박테리오파지에 암호화된 더 많은 수의 효소에 대한 의존성을 반영한다. 예를 들어 T4 게놈은 박테리오파지 캡시드의 구성에만 관여하는 약 50개의 유전자를 포함한다(그림 13.3). 그들의 복잡성에도 불구하고 심지어 이들 큰 박테리오파지는 그들의 감염주기를 완수하기 위하여 적어도 몇몇의 숙주에 암호화되어 있는 단백질과 RNA들을 여전히 요구하고 있다.

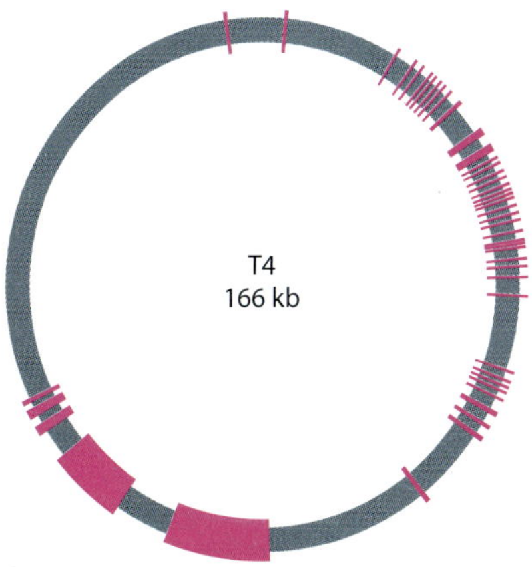

그림 13.3 T4 게놈. 박테리오파지 캡시드의 구성 성분을 암호화하는 그들 유전자만 보여 준다(빨간색). 박테리오파지 생활주기의 다른 부분에 관련되는 약 100개의 추가적인 유전자는 생략되어 있다.

박테리오파지 T4의 용균성 감염주기

박테리오파지는 그들의 생활주기에 따라 2개의 그룹으로 분류된다. 두 가지 유형은

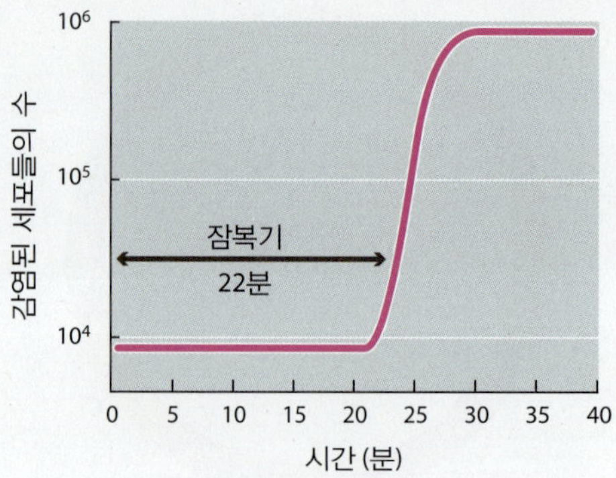

그림 13.4 T4 감염주기의 시간 코스. 감염의 처음 22분 동안은 감염된 세포 수에서 어떤 변화도 없다. 일정 시간이 지난 다음 감염된 세포의 수는 증가하기 시작하고 원래 숙주의 용균이 일어나며, 생성된 새로운 박테리오파지는 다른 세포들을 감염시키고 있는 것을 보여 준다.

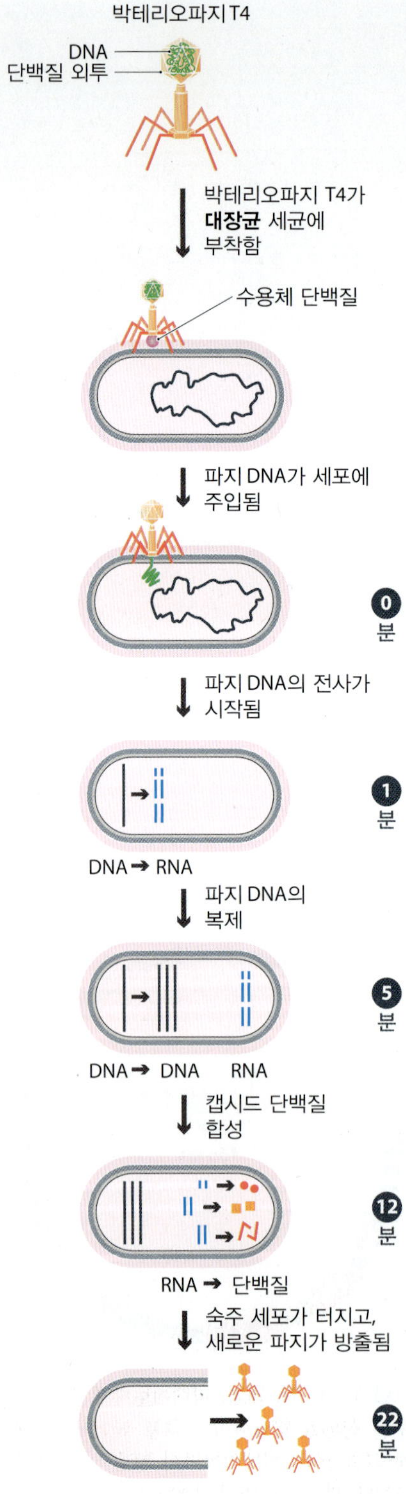

그림 13.5 T4 감염주기 중에 일어나는 사건

용균성(lytic)과 **용원성(lysogenic)**으로 불린다. 이들 그룹 사이에 근본적인 차이는 용균성 박테리오파지는 초기 감염 후, 일반적으로 30분 내에, 곧 바로 그 숙주 세균을 죽이는 반면에, 용원성 박테리오파지는 숙주 세포의 수많은 세대를 거쳐서 상당 기간 동안 그 숙주 내에서 정지 상태로 남을 수 있다는 점이다. 이들 두 생활주기들은 용균성(또는 **독성, virulent**) T4와 용원성(또는 **온순, temperate**) λ, 2개의 대장균 박테리오파지에 의해 대표된다.

T4 감염주기는 대장균 배양에 박테리오파지 T4를 첨가하여 박테리오파지가 세균에 부착하도록 3분 동안 기다리고 그 다음 40분 동안 계속하여 감염된 세포의 수를 측정함으로써 추적될 수 있다(**그림 13.4**). 감염주기의 첫 번째 흥미있는 특징은 감염의 처음 22분 동안은 감염된 세포의 수에 변화가 없다는 것이다. 이 **잠복기(latent period)**는 그들의 숙주 내에서 박테리오파지가 증식하기 위해 필요한 시간이다. 22분 후에 감염된 세포의 수는 증가하기 시작하고, 원래 숙주의 용균이 일어나며, 생성된 새로운 박테리오파지가 배양액에서 이제는 다른 세포들을 감염시키고 있음을 보여 준다. 이 감염주기는 **1단계 증식 곡선(one-step growth curve)**으로 불린다.

T4 감염주기 중에 발생하는 분자적인 사건은 다음과 같다. 최초 단계에서 세균의 외부에 있는 수용체 단백질에 박테리오파지가 부착된다(**그림 13.5**). 다른 박테리오파지는 다른 수용체들을 가진다. T4의 수용체는 OmpC라 불리는 단백질이다. OmpC는 포린이라 불리는 외막 단백질의 유형으로 막을 거쳐 채널을 형성하여 영양분의 섭취를 용이하게 한다. 부착 후에 박테리오파지는 그 꼬리 구조를 통해 세포 안으로 자신의 DNA 게놈을 주입한다.

잠복기는 지금 시작된다. 잠복기란 이름은 사실 잘못된 명칭이다. 비록 외부 관찰자에게는 아무것도 일어나지 않는 것으로 보이지만, 세포 내부에서는 새로운 박테리오파지 입자의 합성을 유도하는 활발한 활동이 일어난다. 박테리오파지 DNA의 침입 후에 즉시 숙주의 DNA, RNA, 그리고 단백질의 합성이 중단되고 박테리오파지 게놈의 전사가 시작된다. 세균 DNA 분자가 5분 내에 분해되고 그 결과 뉴클레오티드들은 T4 게놈의 복제에 이용된다. 12분 후에 새로운 박테리오파지 캡시드 단백질이 나타나기 시작하고 첫 번째 완전한 박테리오파지 입자들이 조립된다. 최종적으로 잠복기 마지막에 세포가 터지고 새로운 박테리오파지가 방출된다. 전형적인 감염주기는 세포 당 200에서 300개의 T4 박테리오파지를 생산하고 이들 모두는 다른 세균을 계속 감염시킬 수 있다.

용균성 감염주기는 초기와 후기 유전자의 발현에 의해 조절된다

모든 박테리오파지, 특히 보다 큰 게놈을 가진 것들에서, 감염주기 중 적절한 시기에 정확한 활동들이 확실히 일어나게 하기 위해 유전자 발현이 어떻게 조절되는지 의문이 생긴다. 대부분의 박테리오파지에서 게놈 복제가 캡시드 단백질의 합성을 앞선다. 동일하게 세균의 파괴를 유발하는 효소인 리소자임의 합성은 감염주기의 가장 마지막까지 지연되어야 한다. 그러므로 개개의 박테리오파지 유전자는 감염주기가 정확하게 진행하도록 다른 시기에 발현되어야 한다.

용균성 감염주기를 조절하기 위한 가장 간단한 전략 중에 하나가 ϕX174에 의해 보여지고 있다. 이 박테리오파지는 그 유전자의 전사에 대해 통제를 하지 않는다. 11개의 모든 유전자는 박테리오파지 DNA가 세포로 들어가자마자 숙주 RNA 폴리메라아제에 의해 전사된다. 게놈 복제와 캡시드 합성은 거의 같은 시간에 일어나지만 리소자임 합성은 이 효소에 대한 mRNA가 천천히 번역되므로 지연된다.

대부분의 다른 박테리오파지에서는 유전자 발현의 단계가 구별된다. 전통적으로, 유전자의 두 그룹이 인정된다. 이들은 감염의 초기 단계에 그들의 산물이 요구되는 **초기 유전자(early genes)**와 주기의 마지막을 향할 때까지 불활성 상태로 남아 있는 **후기 유전자(late genes)**이다. 그러나 이 그룹들 내에 다른 구분들이 있을 수 있다. 예를 들어 일부 박테리오파지는 "초기 전기" 유전자를 갖는다. 이들 그룹의 유전자가 정확한 순서로 발현되는 것을 확실히 하기 위하여 많은 전략이 박테리오파지에 의해 사용된다. 이러한 많은 계획은 유전자의 한 세트로부터의 번역 생성물의 세포내 출현이 다음 세트의 유전자의 전사를 개시하게 하는 **연쇄 반응 시스템(cascade system)**을 이용한다(그림 13.6).

예를 들면 T4에서, 발현되는 초기 전기 유전자는 박테리오파지 게놈에 존재하는 몇 개의 표준 대장균 프로모터 서열로부터 대장균 RNA 폴리메라아제에 의해 전사된다. 초기 전기 유전자 산물은 숙주의 RNA 폴리메라아제의 σ 서브유닛을 변형시키는 단백질을 포함하고 있기 때문에 더 이상 대장균 프로모터를 인식하지 않음으로써 숙주

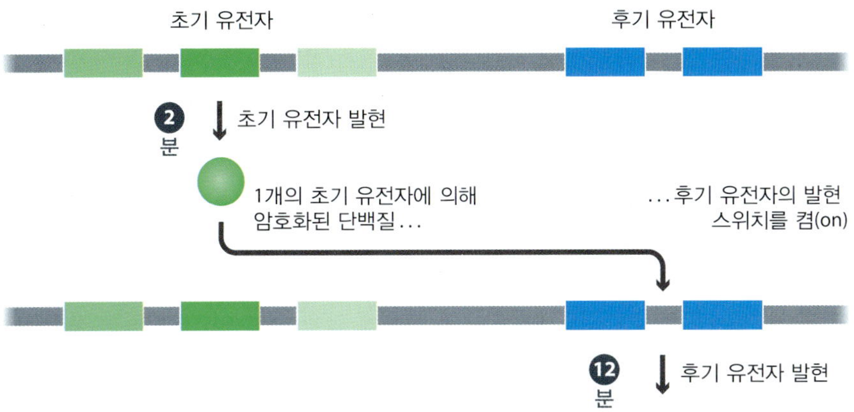

그림 13.6 박테리오파지 감염주기 중 초기와 후기 유전자 발현의 올바른 순간을 확실하게 하기 위한 연쇄 반응 시스템. 초기 유전자에 의해 암호화된 단백질이 합성된 후에 후기 유전자의 발현 스위치를 켜는 것을 포함한다.

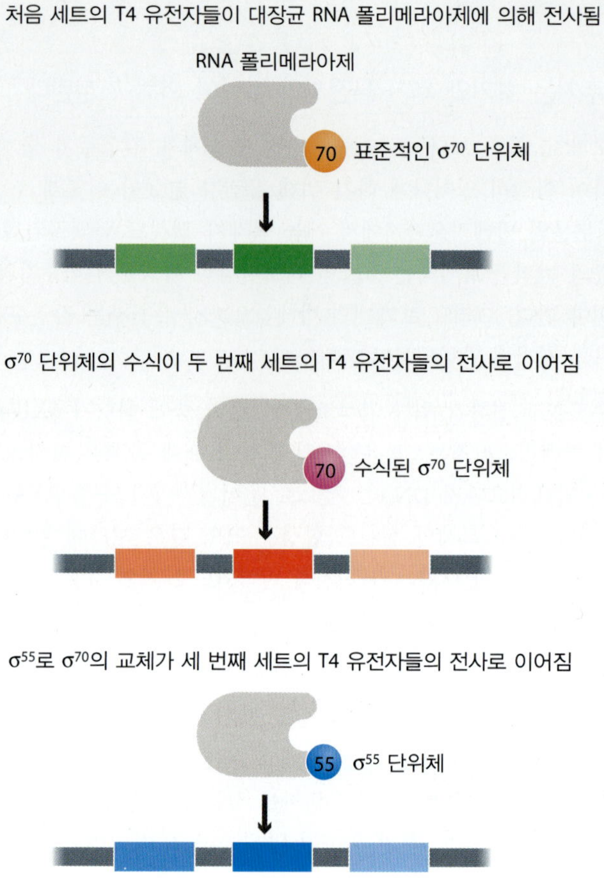

그림 13.7 대장균 RNA 폴리메라아제의 수식으로 인한 T4 유전자의 연속적인 발현

유전자 발현을 중지하게 한다. 대신, RNA 폴리메라아제는 박테리오파지 유전자의 두 번째 세트를 특이적으로 전사한다(그림 13.7). 이들 유전자 중의 하나는 숙주의 σ^{70} 버전을 대체하는 새로운 σ 서브유닛인 σ^{55}를 지정하므로 RNA 폴리메라아제는 이제 박테리오파지 유전자의 세 번째 세트를 전사시킨다. 그러므로 유전자의 개개 그룹들은 정확한 순서 대로 발현되며, 한 세트의 산물은 다음 세트의 발현을 개시하게 한다.

박테리오파지 λ의 용원성 감염주기

대부분의 온순 박테리오파지처럼 박테리오파지 λ는 용균성 감염주기를 따를 수 있지만 보통은 다른 방안인 용원성 주기와 더 관련되어 있다. 구분은 용원성 주기 동안 박테리오파지 게놈이 숙주 DNA로 통합된다는 것이다.

통합은 세포로 박테리오파지 DNA의 도입 후에 즉시 일어나고, **프로파지(prophage)**로 불리는 정지형의 박테리오파지로 귀결된다(그림 13.8). 통합은 λ와 대장균 게놈에 존재하는 동일한 15 bp 염기서열을 포함하는 부위-특이적 메커니즘에 의해 일어난다. 이것은 λ 게놈은 항상 대장균의 DNA 분자 내에 같은 위치에서 통합하는 것을 의미한다.

통합된 프로파지는 여러 세포 세대 중 숙주 DNA 분자에 남아 있을 수 있어 세균 게놈과 함께 복제되고 그것과 함께 딸세포로 전달된다. 그러나 프로파지가 여러 화학적 또는 물리적 자극 중 어느 하나에 의해 **유도(induced)**된다면 감염의 용균성 모드로 전환된다. 이들 각각은 DNA 손상과 연관되는 것으로 보이며 자연적인 원인들에 의한

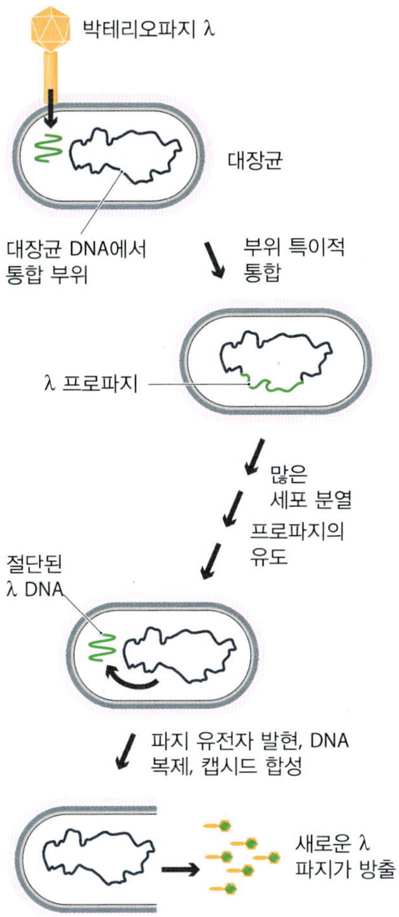

그림 13.8 박테리오파지 λ의 용원성 감염주기 중에 일어나는 사건들. 숙주 염색체로 λ DNA 통합은 많은 세포 분열을 위해 숙주 DNA 분자에서 유지될 수 있는 정지성의 프로파지로 귀결된다. 유도 후에, λ 게놈은 숙주 DNA로부터 절단되고 새로운 박테리오파지 입자들의 합성을 지시한다.

숙주의 임박한 죽음을 신호하고 있다.

이러한 자극에 대한 응답으로 박테리오파지 게놈은 숙주 DNA로부터 잘려져서 원형 분자로 전환된다. λ 게놈은 그 뒤에 롤링-써클 메커니즘에 의해 복제된다. 이것은 ***cos*** (*cos*) 부위로 불리는 12 bp 인식 염기서열에서 엔도뉴클레아제(λ 유전자 *A*에 의해 암호화된)에 의해 절단되는 일련의 **콘카타머(concatamers**, 말단에 말단이 연결된 선형 게놈들)를 생성한다. 생성된 선형 게놈은 λ 박테리오파지 입자들로 포장되고 이들 새로운 박테리오파지는 세포로부터 방출된다. 게놈들은 새로운 숙주로 주입된 후 즉시 재원형화된다.

용원성은 박테리오파지 생활주기에 부가적인 수준의 복잡성을 더하고, 박테리오파지가 지배적인 조건에 가장 적합한 특정 감염 전략을 확실히 채택할 수 있게 한다.

많은 유전자는 용원성의 확립 및 유지에 관련되어 있다

용원성은 감염주기 중 발생하는 박테리오파지 유전자의 발현 패턴에 부가적인 복잡성을 더하고 있다. 특히, 이것은 세 가지 의문을 제기한다. 박테리오파지는 용균성을 따를지 또는 용원성 주기를 따를 것인지를 어떻게 "결정"하고, 어떻게 용원성은 유지되는지, 그리고 프로파지는 어떻게 유도되어 용원성을 중단하는지이다. λ 감염 중에 유전자 발현에 대해 상당한 결과가 알려져 있기 때문에 비교적 완벽한 답변이 이들 세 가지 의문에 대해 각각 주어질 수 있다. 다음은 요약한 것이다.

우리는 의문 1과 3에 앞서 두 번째 의문 — 용원성은 어떻게 유지되는지 — 을 다룰 것이다. 용균성 감염주기에서의 첫 번째 단계는 초기 λ 유전자의 발현이다. 이들은 *c*I 이라 불리는 조절 유전자의 양 쪽에 위치한 2개의 프로모터, p_L과 p_R로부터 전사된다 (그림 13.9). 용원성 주기 중 p_L과 p_R은 억제 인자 단백질인 *c*I 유전자 산물이 이들 프로모터에 인접한 작동 유전자에 결합하고 있기 때문에 꺼져 있다. 그 결과, 초기 유전자는 발현되지 않고 박테리오파지는 용균성 주기로 들어갈 수 없다. 낮은 수준이라도 *c*I 유전자가 지속적으로 발현되어 세포에 존재하는 cI 억제 인자의 양이 항상 p_L과 p_R

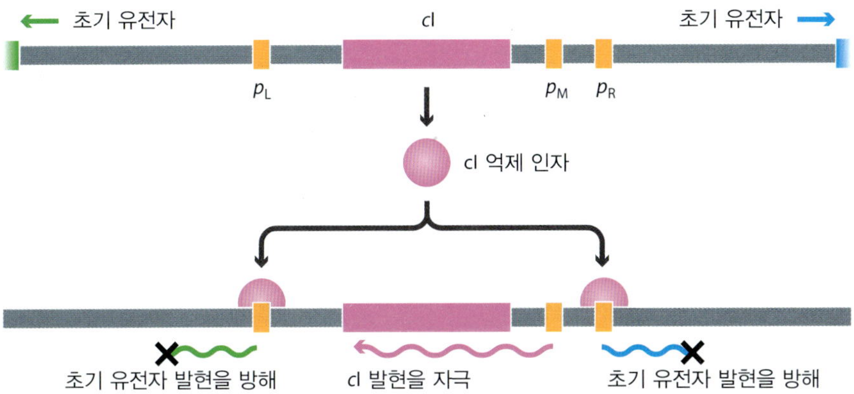

그림 13.9 cI 억제 인자는 초기 유전자 프로모터인 p_L과 p_R로부터의 전사를 방해하지만, cI 유전자에 대한 프로모터인 p_M으로부터 전사를 자극한다.

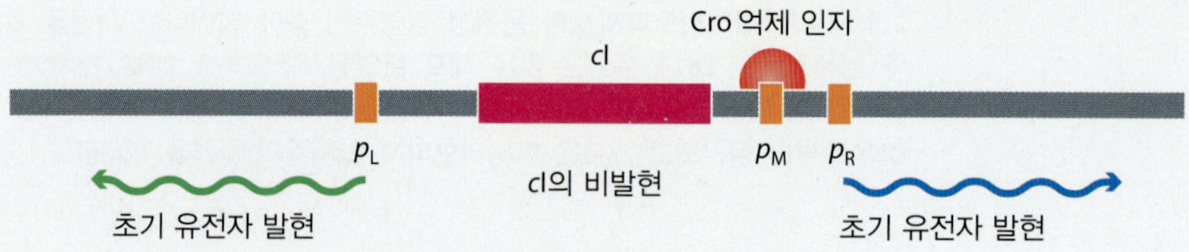

그림 13.10 Cro 억제 인자는 cI의 전사를 방해한다.

이 스위치 오프 상태로 유지하기에 충분하기 때문에 용원성은 다수의 세포 분열 동안에 유지된다. 이러한 *c*I의 지속적인 발현은 cI 억제 인자가 p_L과 p_R로부터 전사를 막을 뿐만 아니라 *c*I 유전자에 대한 프로모터인 p_M에서 전사를 자극하기 때문에 일어난다. 그러므로 cI 억제 인자의 이중 역할은 용원성의 핵심이다.

박테리오파지는 어떻게 용균성 주기를 따를지 또는 용원성 주기를 따를 것인지를 "결정"하는가? 이것은 cI와 cro 단백질들 사이의 경쟁의 결과에 달려 있다. λ DNA 분자가 대장균 세포로 들어가면, 숙주의 RNA 폴리메라아제는 분자에 따라 다양한 프로모터에 부착하고 λ 유전자를 전사하기 시작한다. 일단 *c*I 유전자가 발현되면 cI 억제 인자가 초기 유전자가 발현되는 것을 막으며 용균성 주기로 들어오는 것을 방해하고 용원화가 확립되게 한다. 그러나 용원화가 항상 λ 감염의 결과는 아니다. 이것은 두 번째 유전자인 *cro* 역시 억제 인자에 대해 암호화하기 때문이다. 그러나 이 경우에는 cI의 전사를 방지한다(**그림 13.10**). *c*I와 *cro* 유전자 둘 다 λ DNA 분자가 세포로 들어간 후에 즉시 발현된다. cI 억제 인자가 Cro 억제 인자보다 더 빨리 합성되면, 초기 유전자 발현은 차단되고 용원화가 따른다. 그러나 Cro 억제 인자가 경쟁에서 이기면 충분한 cI 억제 인자가 합성되어 초기 유전자의 스위치를 끄기 전에 *cI* 유전자의 발현을 막는다. 그 결과 박테리오파지는 용균성 감염주기에 들어간다. 그러므로 용균과 용원화 사이에 결정은 두 유전자의 산물인 cI와 Cro 중 어느 쪽이 가장 빠르게 축적되는지에 달려 있다. 결정은 숙주 세포의 생리학적 상태를 평가할 수 있는 다른 λ 유전자의 산물들에 의해 영향을 받으며 따라서 용원화와 즉각적인 용균 사이에 적절한 선택이 확실하게 이루어진다.

마지막으로 용원화는 어떻게 끝나는가? 이것은 cI 억제 인자의 불활성화를 필요로 한다. 용원화는 cI 억제 인자가 p_L과 p_R에 인접한 작동 유전자와 결합하고 있는 한 유지된다. 그러므로 프로파지는 활성화된 cI 억제 인자의 수준이 특정 지점 아래로 감소하면 유도될 것이다. 이것은 우연히 발생하여 자발적인 유도에 이르거나 물리적 또는 화학적 자극에 대하여 반응으로 발생할 수 있다. 이들 자극은 대장균의 일반적인 보호 메커니즘인 **SOS 반응(SOS response)**을 활성화한다. SOS 반응의 일부는 RecA 단

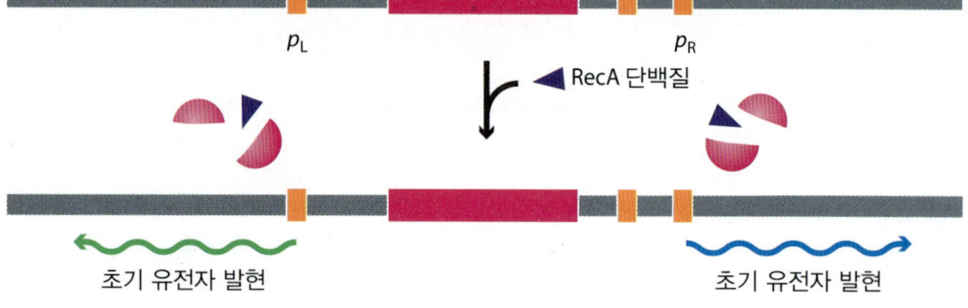

그림 13.11 RecA 단백질은 초기 유전자가 발현되도록 cI 억제 인자를 절단한다.

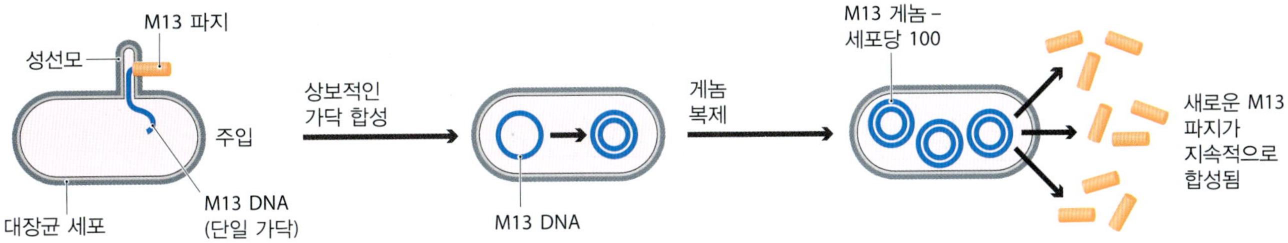

그림 13.12 박테리오파지 M13의 독특한 감염주기. 이 박테리오파지는 자신의 DNA를 숙주 세포로 주입하기 위해 성선모에 부착한다. 이것은 F^- 세균을 감염시킬 수 없음을 의미하고, 때로는 "남성 특이적(male-specific)" 박테리오파지라 불리워진다.

백질을 암호화하는 대장균 유전자 *recA*의 발현이다. RecA는 cI 억제 인자를 둘로 절단하여 불활성화한다(그림 13.11). 이것은 초기 유전자의 발현 스위치를 켜서 박테리오파지가 용균성 주기로 들어가게 한다. cI 억제 인자의 불활성화는 또한 *cI* 유전자의 전사가 더 이상 자극되지 않으며, 더 많은 cI 억제 인자의 합성을 통해 용원화가 재확립될 가능성을 배제함을 의미한다. 그러므로 cI 억제 인자의 불활성화는 프로파지의 유도를 일으킨다.

일부 독특한 박테리오파지 생활주기가 있다

용균성과 용원화는 가장 전형적인 두 가지 박테리오파지 생활주기이지만, 유일한 것은 아니다. 하나 또는 2개의 다른 박테리오파지는 정확히 용균성도 아니고 용원화도 아닌 독특한 감염주기를 나타낸다. 그 예는 게놈이 단일 가닥, 원형 DNA 분자, 그리고 길이 6,400의 뉴클레오티드라는 점에서 독특한 세 번째 대장균 박테리오파지인 M13에 의해 제공된다.

세포로의 주입 후에, M13 게놈은 상보 가닥의 합성에 의해 복제되어 이중 가닥, 원형 DNA 분자를 만든다(그림 13.12). 이 분자는 이어서 세포 내에서 100개 이상의 사본이 될 때까지 복제를 더 거친다. 이 단계에서 감염주기는 용균성과 용원성 박테리오파지 둘 다의 특성을 가진다. 용균성 박테리오파지와 마찬가지로, M13 외투 단백질은 합성되고 새로운 박테리오파지 입자들이 조립되어 세포로부터 방출된다. 그러나 용원성 박테리오파지와 마찬가지로 세포 파괴는 일어나지 않고 감염된 세균은 성장과 분열을 계속한다. 박테리오파지 게놈의 사본은 세포 분열 동안 딸세포로 전달되고 M13 조립과 방출은 계속된다. M13 감염주기는 그러므로 부분적으로는 용균성이고 부분적으로 용원성이다.

13.2 진핵생물의 바이러스

모든 진핵생물은 한 종류 또는 다른 바이러스의 숙주로서 역할을 한다. 사실, 대부분의 진핵생물은 광범위한 범위의 바이러스 유형에 의해 감염되기 쉽다. 인간이 걸릴 수 있는 다수의 바이러스성 질병을 단지 생각해보자. 다소 먼 이차적인 작물을 파괴할 수 있는 식물 바이러스와 함께 의료 관련성 때문에 인간과 동물의 바이러스가 대부분의 연구에서 주목을 받고 있다.

많은 점에서 진핵생물 바이러스는 박테리오파지와 닮았지만, 사실 약간 다른 점은 그들의 숙주는 세균보다 오히려 진핵생물이라는 사실이다. 그들의 유전자는 진핵세포 안에서 발현되므로 진핵생물 유전자와 닮아야 한다. 그러므로 그들은 RNA 폴리메라아제 II에 의해 전사를 활성화하는 데 필요한 복잡한 상류 염기서열이 필요하고, 그들

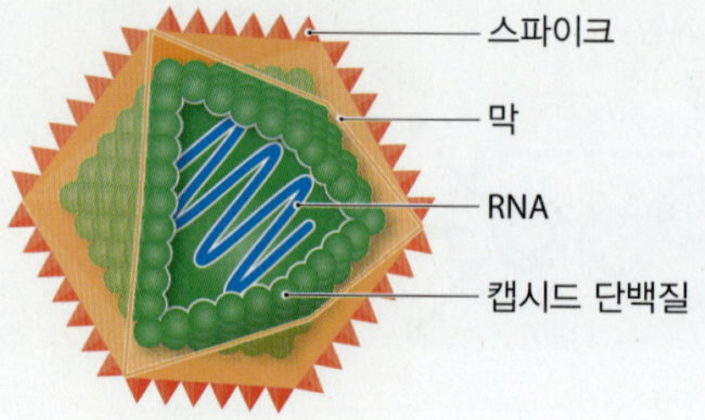

그림 13.13 진핵생물 레트로바이러스의 구조. 캡시드는 추가적인 바이러스 단백질이 부착되어 있는 지질막에 둘러싸인다. 단백질은 바이러스의 외부 표면에 "스파이크"를 형성한다.

은 인트론을 포함할 수 있다.

진핵생물 바이러스는 다양한 구조와 감염 전략을 가진다

진핵생물 바이러스의 캡시드들은 정이십면체이거나 사상형이다 — 머리 꼬리형 구조는 박테리오파지에서 유일하다. 진핵생물 바이러스 특히 동물 숙주를 가지는 그들의 두 번째 분명한 특징은, 캡시드가 바이러스 구조에 추가적인 구성 성분을 형성하는 지질막에 의해 둘러싸일 수 있다는 점이다(**그림 13.13**). 이 막은 새로운 바이러스 입자가 세포를 떠날 때 숙주로부터 유래되었고, 그 후에 바이러스 특이 단백질의 삽입에 의해 변형될 수 있다.

바이러스 게놈은 매우 다양한 구조를 보여 준다. 그들은 DNA 또는 RNA, 단일- 또는 이중 가닥(또는 단일 가닥 영역들을 가지고 있는 부분적으로 이중 가닥), 선형 또는 원형, 분절 또는 비분절일 수 있다. 여태까지 아무도 알지 못하고 있는 이유로, 식물 바이러스의 대부분은 RNA 게놈을 가진다. 가장 큰 바이러스 게놈(예, 240 kb의 우두 바이러스)은 가장 큰 박테리오파지 게놈보다 다소 더 크지만 게놈 크기는 박테리오파지에서 본 것처럼 거의 같은 범위를 포함하고 있다. 진핵생물 바이러스 구조는 **표 13.2**에 요약되어 있다.

대부분의 진핵생물 바이러스는 용균성 감염주기만을 따르지만, 이들 바이러스의 일부

표 13.2 몇 가지 전형적인 진핵생물 바이러스와 그들의 게놈 특성

바이러스	숙주	게놈 구조	게놈 크기 (kb)	유전자 수
아데노바이러스	포유동물	이중 가닥 선형 DNA	36.0	30
B형 간염	포유동물	부분적으로 이중 가닥 원형 DNA	3.2	4
인플루엔자 바이러스	포유동물	분절된 단일 가닥 선형 RNA	13.5	12
파보바이러스	포유동물	단일 가닥 선형 DNA	1.6	5
폴리오바이러스	포유동물	단일 가닥 선형 RNA	7.6	8
레오바이러스	포유동물	분절된 이중 가닥 선형 RNA	22.5	22
레트로바이러스	포유동물, 조류	단일 가닥 선형 RNA	6.0-9.0	3
SV40	원숭이	이중 가닥 원형 DNA	5.0	5
담배 모자이크 바이러스	식물	단일 가닥 선형 RNA	6.4	6
백시니아 바이러스	포유동물	이중 가닥 원형 DNA	240	240

게놈 구조는 바이러스 캡시드에서의 구조이다. 일부 게놈은 숙주 세포 내에서 다른 형태로 존재한다.

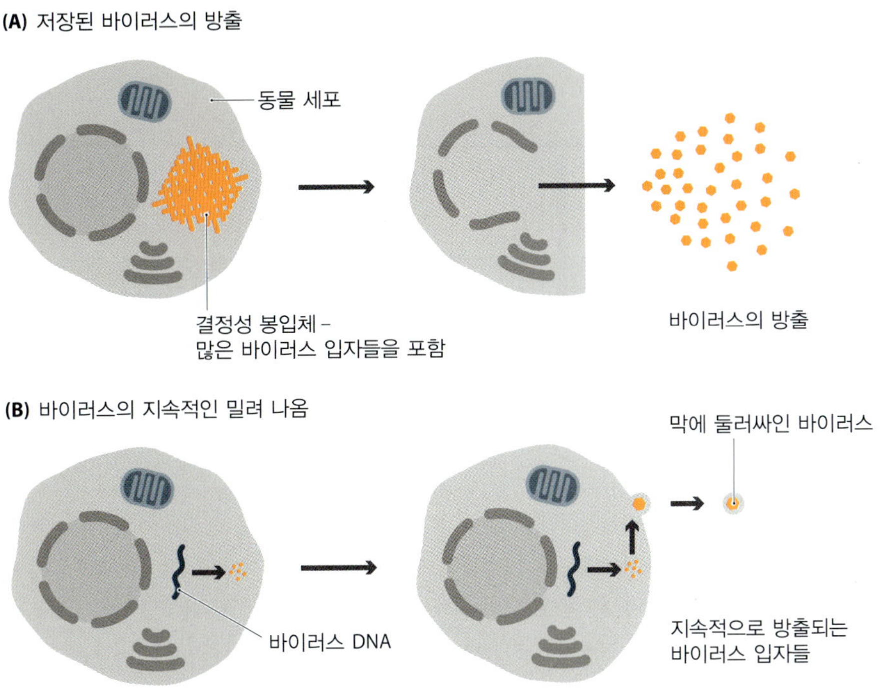

그림 13.14 진핵생물 바이러스의 자손은 방출되기 전에 숙주 세포에 저장되거나(A), 또는 감염된 세포로부터 계속해서 밀려 나간다(B). (A)에서 저장된 바이러스는 세포 내부에서 결정질 봉입체를 형성한다. (B)에서 바이러스 입자들은 세포로부터 방출될 때 외부 세포막의 작은 부분으로 싸인다.

는 용균성 박테리오파지가 숙주 세균을 획득하는 방법으로 숙주 세포의 유전 기구를 획득한다. 많은 바이러스는 오랜 기간, 아마 몇 년 동안 그들의 숙주 세포들과 함께 공존할 것이다. 숙주 세포의 기능은 세포에 저장되어 있는 바이러스 자손이 방출될 때인 감염주기 말기에 가까워 질 때만 중단된다(**그림 13.14A**). 다른 바이러스는 대장균에서의 M13과 비슷한 감염주기를 가지며, 지속적으로 새로운 바이러스 입자를 합성하며 세포에서 방출된다(**그림 13.14B**).

바이러스 retroelements는 숙주 세포 DNA로 통합한다

다수의 진핵생물 바이러스들은 숙주 세포의 DNA에 통합하지 않고 오랜 기간 감염할 수 있지만, 이것은 용원성 박테리오파지와 동등한 것이 진핵생물에는 없다는 것을 의미하는 것은 아니다. 많은 DNA와 RNA 바이러스는 그들의 숙주 게놈들에 통합될 수 있으며, 때때로 숙주 세포에 강력한 영향을 미친다. **바이러스 retroelements(viral retroelements)**는 통합적인 진핵생물 바이러스의 중요한 예이다. 이들 바이러스는 그들의 복제 경로가 게놈의 RNA 버전이 DNA로 전환되는 새로운 단계를 포함하기 때문에 역시 흥미롭다.

바이러스 retroelements는 두 종류가 있다. 이들은 캡시드가 게놈의 RNA 버전을 포함하는 **레트로바이러스(retroviruses)**와 캡시드로 둘러싸인 게놈이 DNA로 구성되어 있는 **파라레트로바이러스(pararetrovirus)**이다. RNA를 DNA로 전환하는 바이러스 retroelements의 능력은 RNA 주형의 DNA 사본을 만들 수 있는 **역전사 효소(reverse transcriptase)**를 필요로 한다(**그림 13.15**).

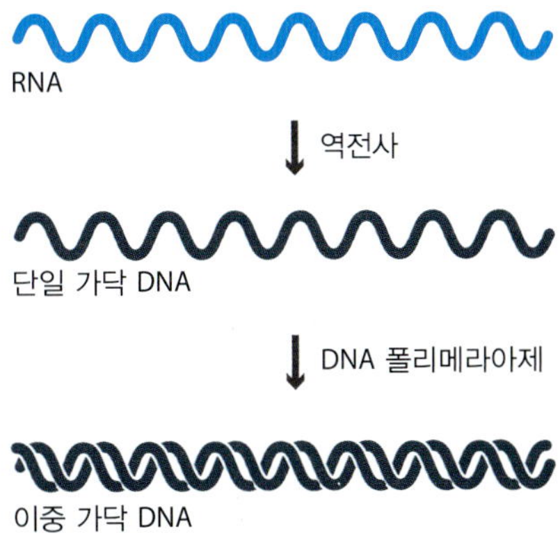

그림 13.15 DNA로 RNA 주형의 역전사. 역전사에 기인한 단일 가닥 DNA는 DNA-의존 DNA 폴리메라아제에 의해 이중 가닥 DNA로 복사될 수 있다.

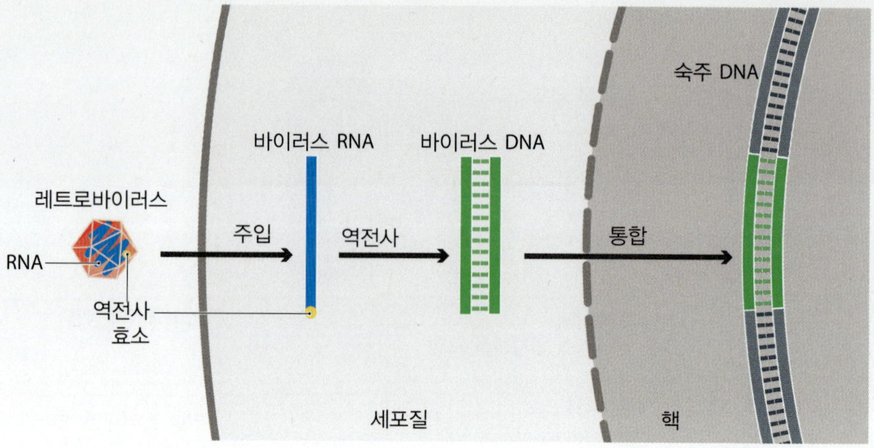

그림 13.16 숙주 염색체로 레트로바이러스 게놈의 삽입

전형적인 레트로바이러스 게놈은 단일 가닥 RNA 분자로, 길이 6,000~9,000 뉴클레오티드이다. 세포로 도입 후 게놈은 바이러스가 그들의 캡시드에 가지고 있는 소수의 역전사효소 분자에 의해 이중 가닥 DNA로 복사된다. 게놈의 이중 가닥 버전은 그 뒤 숙주 DNA로 통합된다(그림 13.16). λ와는 달리, 레트로바이러스 게놈은 숙주 DNA에서 그들의 삽입 부위와 염기서열 상동성을 가지지 않으며, 다소 무작위인 위치에서 삽입되는 듯하다.

숙주 DNA로 바이러스 게놈의 통합은 레트로바이러스 유전자의 발현을 위한 필요조건이다. *gag*, *pol*, 그리고 *env*라 불리는 세 가지 유전자가 있다(그림 13.17). 각각은 번역 후에 2개 이상의 기능적인 유전자 산물로 분할되는 다단백질을 암호화하고 있다. 이들 산물은 바이러스 외투 단백질(*env*로부터)과 역전사효소(*pol*로부터)를 포함한다. 단백질 산물은 새로운 바이러스 입자들을 생산하기 위하여 레트로바이러스 게놈의 풀-랭스 RNA 전사체들과 결합한다.

AIDS의 원인이 되는 인자들이 레트로바이러스임이 1983~1984년에 밝혀졌다. 분리된 첫 번째 AIDS 바이러스는 인간면역결핍 바이러스 1 또는 HIV-1이라 불리고, AIDS의 가장 일반적인 병원성 형태이다. 관련된 바이러스, HIV-2는 덜 광범위하며 좀 더 온화한 형태의 질병을 유발한다. HIV들은 혈류에서 어떤 유형들의 림프구를 공격함으로써 숙주의 면역 반응을 억제한다. 이들 림프구들은 표면에 바이러스에 대한 수용체로 작용하는 CD4라는 단백질의 여러 사본을 가지고 있다. HIV 입자는 CD4 단백질에 결합하고 그 뒤 이들 지질 외피와 세포막 사이에서 융합한 후에 림프구로 들어간다.

어떤 레트로바이러스는 종양을 야기한다

인간면역결핍 바이러스는 질병을 야기할 수 있는 유일한 레트로바이러스는 아니다. 여러 레트로바이러스들은 어쩌면 종양으로 이어질 수 있는 **세포 변형(cell transformation)**을 유도할 수 있다. 세포 변형은 세포 형태 및 생리에서 변화를 수반한다. 세포 배양에서, 변형은 성장 조절의 상실로 귀결되어 변형된 세포들은 단일층보다 오히려 비조직적인 집단으로 성장한다(그림 13.18). 전체 동물에서, 세포 변형은 종양의 발달에 기초가 된다고 생각되어진다.

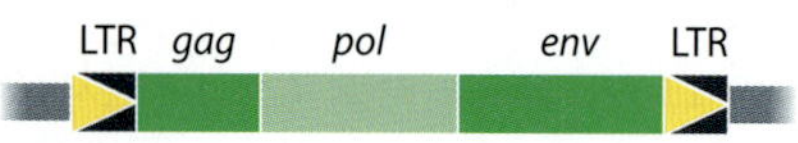

그림 13.17 레트로바이러스 게놈. LTR, 긴말단반복배열

레트로바이러스가 세포 변형을 야기할 수 있는 데에는 두 가지 별개의 방법이 있는 것 처럼 보인다. 숙주 게놈 내에 바이러스의 통합된 형태는 정지 상태로 있는 오랜

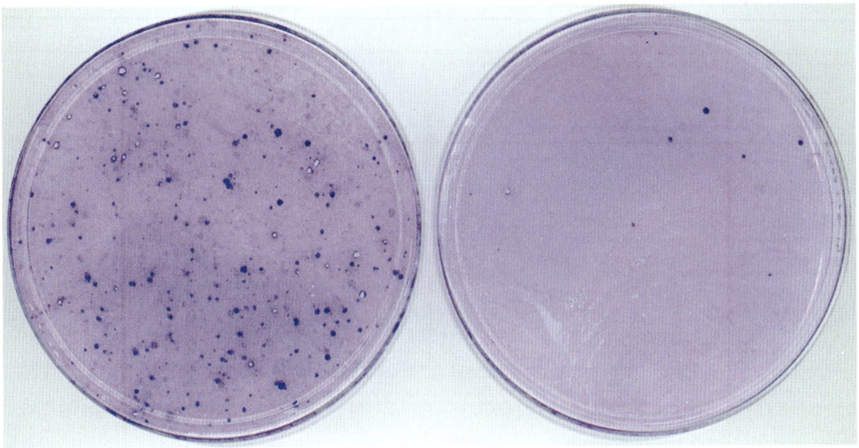

그림 13.18 배양된 인간 세포의 변형. 오른쪽 페트리 접시에서 정상 인간 세포는 단일층으로 성장하고 있다. 왼쪽의 세포는 변형되었다. 정상적으로 세포 성장을 조절하는 과정의 일부가 파괴된 것을 보여 주는 세포 덩어리가 관찰된다. (Courtesy of Klaus Bister, University of Innsbruck.)

잠복 기간 후에만 유도될 수 있지만, 백혈병 바이러스 같은 일부 레트로바이러스에서는 세포 변형이 감염의 자연적인 결과이다. 다른 레트로바이러스는 그들의 게놈 구조 이상으로 세포의 변형을 일으킨다. 이들 **급성 변형성 바이러스(acute transforming viruses)**는 그들이 감염했던 이전의 세포로부터 획득한 세포질 유전자를 운반한다. 적어도 하나의 변형성 레트로바이러스(라우스 육종 바이러스)에서 이 세포질 유전자가 표준 레트로바이러스 유전자와 나란히 존재한다(그림 13.19A). 다른 세포질 유전자는 레트로바이러스 유전자 한 벌의 일부를 대체한다(그림 13.19B). 후자의 경우 레트로바이러스는 중요한 복제 효소들 및/또는 캡시드 단백질들에 대해 암호화하는 유전자를 잃게 됨으로써 그것은 새로운 바이러스를 복제하고 생산할 수 없다는 것을 의미하는 **결함이 있는(defective)** 것이 된다. 그러나, 그들은 동일한 세포에서 다른 레트로바이러스에 의해 제공되는 단백질을 이용할 수 있기 때문에 이들 결함있는 레트로바이러스는 항상 불활성화되지 않는다(그림 13.20).

세포의 변형을 유발하는 급성 변형성 바이러스의 능력은 획득한 세포 유전자의 성질에 달려 있다. 대개 이 획득한 유전자 "v"는 "바이러스"를 나타내고 "onc"는 세포 증식에 관여하는 단백질을 암호화하는 유전자인 **암 유전자(oncogene)**를 나타내는 v-*onc* 유전자이다. 이러한 유전자의 정상적인 세포질 버전은 엄격하게 조절되고 필요할 때 제한된 수만 발현된다. v-*onc*의 발현은 유전자 구조에서의 변화 또는 레트로바이러스 내의 프로모터의 영향 때문에 다르고 덜 통제되는 패턴을 따른다고 생각되어 진다.

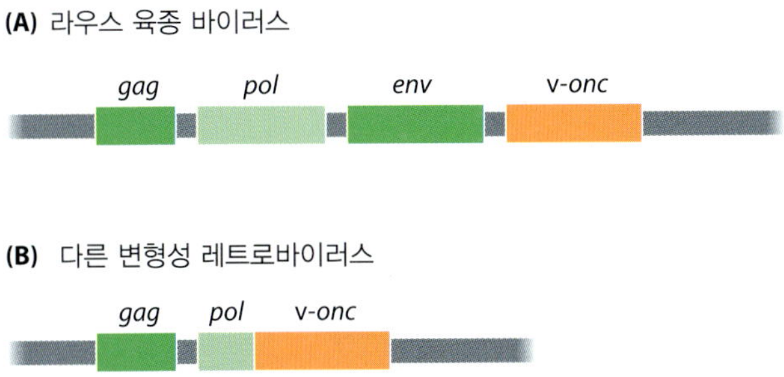

그림 13.19 (A) 라우스 육종 바이러스와 (B) 급성 변형성 바이러스의 게놈. v-*onc*로 표시된 유전자는 바이러스에 의해 포획된 세포 유전자이다.

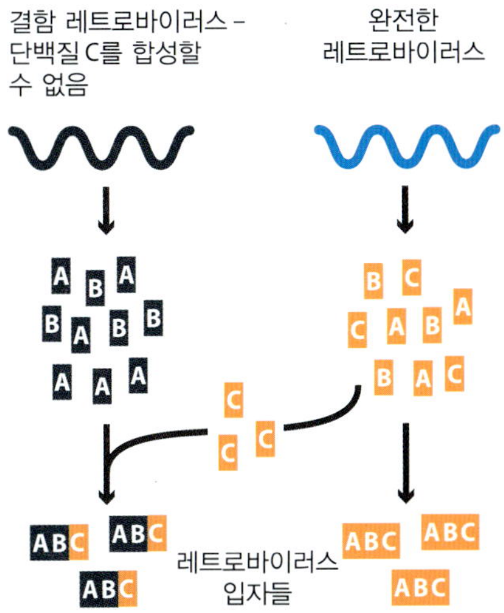

그림 13.20 결함 있는 레트로바이러스가 비결함 레트로바이러스와 세포를 공유한다면 감염성 바이러스 입자들을 만들어낼 수 있다. 후자는 결함 있는 바이러스가 합성할 수 없는 단백질들을 제공하는 "helper"로서 작용한다.

연구 브리핑 13.1

1918 인플루엔자 바이러스의 복원

바이러스가 질병을 야기하는 방법에 대한 연구에는 많은 종류가 있다. 이들 접근 방식들에서 보다 틀에 얽매이지 않는 것 중의 하나의 예는 1918 인플루엔자 유행병에 대한 책임이 있는 바이러스 게놈의 복원이다. 바이러스 게놈에 관한 연구는 이 인플루엔자 균주가 매우 치명적이었던 이유에 대한 통찰력을 제공했다.

인플루엔자 유행병은 매년 발생한다. 바이러스에 감염된 대부분 사람들은 약 일주일 동안 아픈 후 회복하지만, 매년 최대 50만 명은 사망한다. 이들은 대부분 어리거나 늙었거나 또는 이미 심장 질환과 같은 다른 조건에서 고통받는 사람이다. 일단 바이러스에 노출되면 건강한 사람은 그 균주로 인한 추가 감염에 면역이 된다. 새로 생긴 면역은 바이러스 게놈이 바이러스 캡시드에 있는 단백질에 작은 변화를 가져오는 돌연변이를 지속적으로 겪는 "확장 경쟁"으로 이어진다. 돌연변이는 이전의 균주에 대해 보호해 주던 항체에 인식이 잘 않되는 바이러스의 새로운 균주를 생기게 한다(**그림 1**). 이렇게 감염의 새로운 주기가 발생한다.

때때로 바이러스는 훨씬 더 심각한 유행병으로 귀착되는 더 극적인 변화를 겪는다. 이것은 다양한 방법으로 발생할 수 있다. 하나의 가능성은 새 또는 돼지와 같은 동물에서 진화한 바이러스 균주가 인간 개체군으로 뛰어드는 것이다. 인간에게 이것은 전년도에서 유래한 새로운 버전의 균주가 아니라 완전히 새로운 균주이다. 그래서 전혀 인간 면역성이 없고 더 많은 사람이 죽을 수 있다(**그림 2**). 이러한 균주를 대중 언론매체가 "조류 독감"과 "돼지 인플루엔자"라고 부르는 것이다. 또 다른 가능성은 2개의 다른 바이러스 균주들이 재조합하여 하이브리드 게놈을 형성하는 것이다. 이것은 2개의 인간 균주들 또는 1개의 인간 바이러스와 다른 종으로부터의 버전일 수 있다(**그림 3**). 새로운 변종은 사람들이 과거에 마주쳤던 바이러스와 전혀 다르기 때문에 전체 인구에 면역성이 발달하기 전에 많은 사람들이 죽을 수 있다. 2009년 "돼지 인플루엔자"가 그 예이며, 이것은 3개의 이전 인플루엔자 균주들이, 1개는 인간으로부터, 1개는 돼지로부터, 그리고 1개는 새로부터 재조합된 것이다. 다행히도, 이것이 처음 등장했을 때 두려워했던 광범위한 전염병을 일으키지는 않았다.

이러한 행운이 1918 바이러스에는 없었다. 이 균주는 기록된 역사 이래 가장 심각한 인플루엔자 유행병을 일으켰다. 이 유행병은 1918년부터 1920년까지 지속되었고, 2천만 명에서 1억 명이 사망하기에 이르렀다 — 너무 많아 아무도 정확한 수를 확인할 수 없다. 임상의들은 이 종이 특히 치명적이었기 때문에 이러한 높은 사망률이 발생했는지 또는 스트레스를 받은 사람들 사이에서 그리고 일부 경우에는 제1차 세계대전 직후에 유럽의 기아 인구 사이에서 내성의 감소된 수준을 사망률이 반영했는지를 두고 논쟁하였다. 거기에는 또한 균주의 기원에 대한 의문이 있었다. 대체 이론은 그것이 인간과 돼지 인플루엔자 사이에서의 재조합에서 비롯되었거나 인간에게 전파된 조류 인플루엔자의 형태였다는 것이다. 또 다른 대형 인플루엔자 유행병 발생의 기한이 지나고 있다. 1918년 바이러스의 기원과 독성에 대한 더 나은 지식은 피할 수 없는 그들의 출현을 대비하는 데 도움이 될지도 모른다.

1918 인플루엔자 바이러스의 유전자는 고대 표본에서 재발견되었다

바이러스가 돌연변이와 재조합에 의해 지속적으로 진화한다면 우리는 어떻게 1918 인플루엔자 균주를 연구할 수 있을까? 균주의 어떤 예도 오늘날 생존하는 인간 또는 동물 집단 사이에서 생존할 수 없다. 해답은 1918년 유행하고 있는 동안에 죽은 개인들로부터 바이러스 게놈의 옛 모습을 복구하는 것이다. 독감 희생자로부터 얻은 보전된 조직 조각에서 이들 옛 모습을 얻는 것이 가능하다. 시료는 알래스카의 영구 동토층에 매장된 뒤 보존되어 있던 여성의 폐에서 회수되었다.

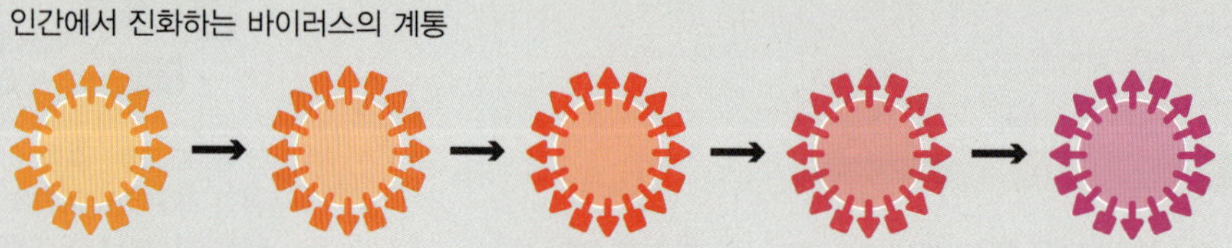

그림 1 인플루엔자 바이러스는 시간이 지남에 따라 점차 진화하여 매년 질병 발생을 일으킨다.

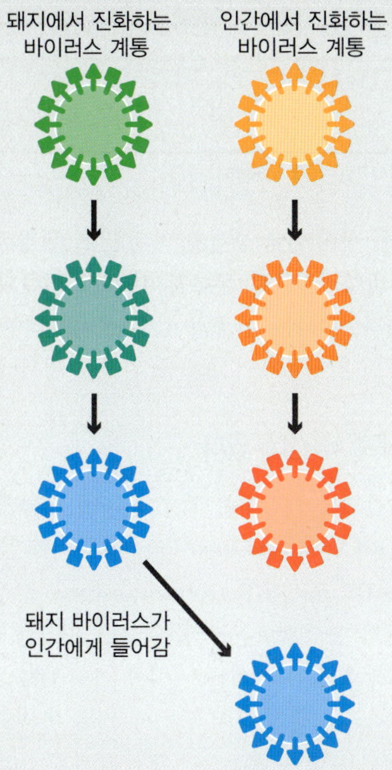

그림 2 인플루엔자 균주가 돼지나 새들에서 인간 집단으로 들어오면 보다 더 심각한 유행병이 결과적으로 발생할 가능성이 있다.

이들 옛 시료들은 온전한 바이러스 게놈의 사본을 보존하지 않지만, 때때로 작은 조각들은 보존된다. 많은 바이러스들처럼, 인플루엔자 게놈은 RNA로 구성되어 있다. 옛 시료들로부터 회수한 RNA 조각들은 역전사효소를 처리하여 DNA로 전환한 후, PCR에 의해 연구되었다. 실험의 첫 번째 세트에서, PCR은 바이러스 단백질에서 보다 중요한 것에 대한 유전자를 목표로 하였다. 이들은 바이러스 캡시드의 표면에 있는 적혈구 응집소와 뉴라미니다아제 단백질을 포함한다. 그들은 숙주 면역 체계에 의해 보통 인식되는 단백질이고, 또한 바이러스가 얼마나 효과적으로 인간 조직을 침입하고 질병을 유발할 수 있는지를 결정하는 단백질이다.

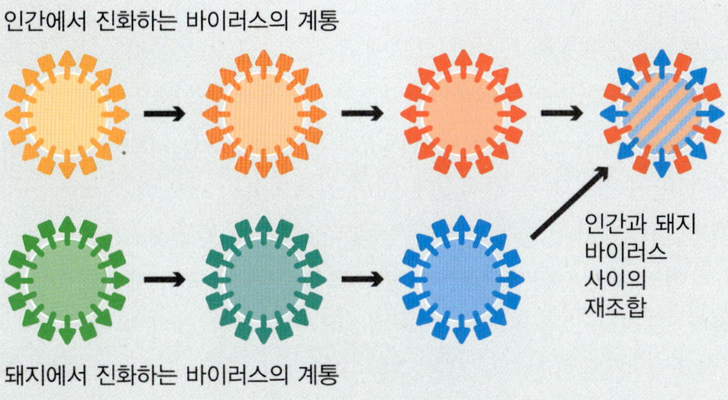

현대 인플루엔자 바이러스에 상응하는 유전자와 1918 유전자의 서열 비교는 재조합된 인간-돼지 바이러스보다 오히려 인간에게 적응한 조류 바이러스에 의해 1918 독감이 발생되었음을 보여 주었다. 헤마글루티닌의 PCR은 1918 바이러스에서 이 단백질이 주로 그것의 조류 바이러스 구조를 유지하고 있지만, 작은 변화로 바이러스가 인간 세포의 표면 수용체들에 결합할 수 있게 되었음을 보여 주었다. 이들은 현대 인플루엔자 균주에서 나타나지 않는 독특한 특징이며, 1918 바이러스의 높은 독성을 잘 설명할 수 있었다.

완전한 1918 바이러스 게놈은 복원되었다

보존된 표본들로부터 얻은 정보는 또한 1918 바이러스 게놈의 부분 또는 전체 사본이 복원되는 것을 가능하게 했다. 처음에 1918 염기서열은 현대 바이러스 게놈에 삽입되었고 결과적인 하이브리드로 생쥐에 접종되었다. 생쥐는 1918 헤마글루티닌 유전자가 바이러스 성분으로 존재하였을 때, 바이러스가 현대 헤마글루티닌을 가지고 있을 때보다 훨씬 더 심각한 폐 손상을 입었다. 헤마글루티닌 단백질의 이 특정 버전의 구조가 1918 유행병의 심각성에 대한 책임이 있는 근본적인 요인 중 하나라는 의혹을 유전자 서열에 기초하여 확인하였다.

더 진행된 연구에서는 1918 독감의 독성이 단지 헤마글루티닌 단백질 때문 만이 아니라는 것을 보여 주었다. 면역 시스템이 인간의 면역 시스템과 매우 유사한 짧은 꼬리 원숭이를 이용한 실험은 1918 바이러스가 현대 독감의 균주보다 더 강한 면역 반응을 이끌어내었다. 확실히 보다 강력한 면역 반응은 보다 많은 감염 바이러스를 파괴함으로써 독성을 감소시켜야만 하는가? 역설적으로 말하면, 강화된 반응은 사실 바이러스에 유익할 수 있다. 이는 결과적인 조직 염증으로 인하여 숙주의 폐 세포들로 바이러스 입자들이 들어오는 것을 용이하게 하기 때문이다. 여기서 우리는 1918 유행병의 가장 비극적인 특징 중의 하나를 설명한다. 바이러스의 영향을 더 잘 견뎌낼 수 있게 면역 체계를 만들어야 하는 상대적으로 강력한 면역 시스템을 가진 15~45세의 젊은 사람 사이에서 매우 높은 사망률이 발생했다. 그들의 강한 면역 반응이 그들을 죽음으로 이끈 원인이었음이 밝혀졌다.

그림 3 이전에 접하지 않은 특성들을 조합하여, 가지고 있는 새로운 균주를 형성하는 인플루엔자 바이러스의 두 균주를 재조합함으로 인해 심각한 유행병을 초래할 수 있다.

이 변경된 발현 패턴의 한 가지 결과는 세포 분열에 대한 조절의 실패로 인한, 변형 상태로 이어진다.

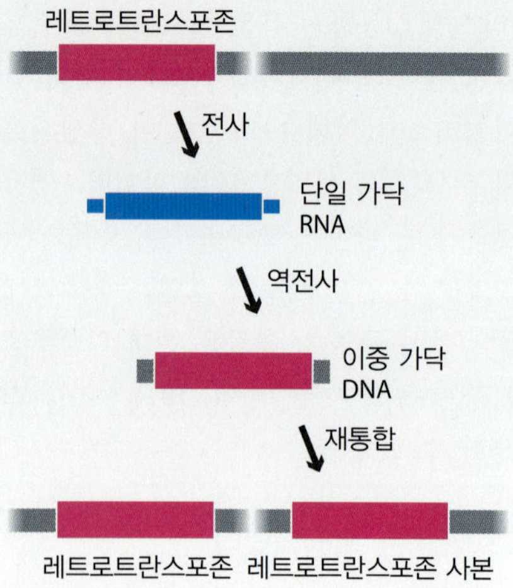

그림 13.21 레트로트란스포지션. 레트로트란스포존의 RNA 사본은 게놈으로 재통합되는 이중 가닥 DNA로 전환된다.

13.3 생명의 경계를 향해 그리고 뛰어넘어

바이러스들은 생물과 무생물 세계 사이에서 경계를 차지한다. 생명의 가장자리에서, 그리고 어쩌면 그것을 뛰어넘어, 바이러스들로 분류될 지 또는 분류되지 않을지 모르는 다양한 유전 요소들이 존재한다. 우리는 이들과 같은 불가사의한 존재에서 가장 중요한 것을 조사함으로써 바이러스 감염주기의 개관을 완성할 것이다.

바이러스 retroelements의 세포 버전이 있다

많은 진핵생물 게놈들은 RNA 중간체를 포함하는 과정에 의해 게놈에서 여러 곳으로 이동할 수 있는 **RNA 트렌스포존(RNA transposons)**이라 불리는 염기서열들의 다수의 사본들을 포함한다. 소위 **레트로트란스포지션(Retrotransposition)**은 일반적인 전사과정에 의해 염기서열의 RNA 사본의 합성으로 시작한다(**그림 13.21**). 그 뒤에 전사체는 초기에 게놈 외부에서 독립적인 분자로 존재하는 이중 가닥 DNA로 복사된다. 마지막으로, 트렌스포존의 DNA 사본은 원래의 구성 단위에 의해 점유된 같은 염색체로 되돌아가거나 어쩌면 다른 염색체로 들어가 게놈으로 통합된다.

그림 13.16에 제시된 것처럼 우리가 바이러스 retroelements의 복제에 대한 메커니즘과 레트로트란스포지션에 대한 메커니즘을 비교하면, 두 과정이 매우 유사하다는 것을 알 수 있다. 중요한 차이 중 하나는 레트로트란스포지션을 개시하는 RNA 분자는 내인성 서열로부터 전사되는 반면, 바이러스 retroelements의 복제를 개시하는 RNA 분자는 세포 외부에서 유래된다는 점이다. 이 밀접한 유사성은 우리에게 RNA의 트랜스포존과 바이러스 retroelements 사이에 상관 관계가 존재할 가능성을 알려준다.

RNA 트랜스포존은 **긴말단반복배열(long terminal repeats; LTRs)**을 가진 것과 그렇지 않은 것 두 가지 유형으로 폭 넓게 분류될 수 있다. 긴말단반복배열은 또한 바이러스 retroelements에 의해 소유될 수 있고(그림 13.17을 보시오), 이들 바이러스들과 내인성 LTR 레트로트란스포존들이 인자들의 같은 슈퍼패밀리의 구성원임이 이제 분명하다.

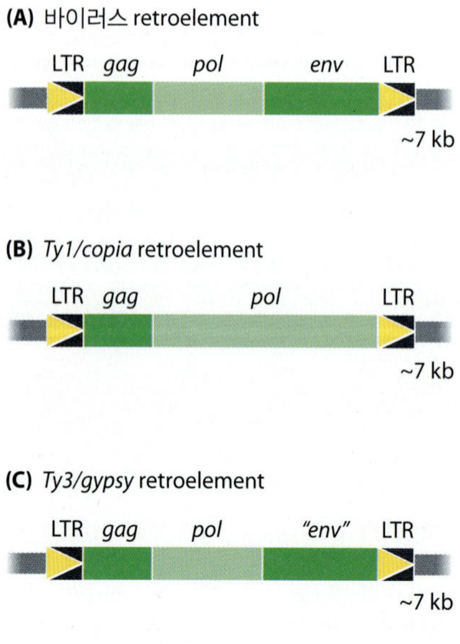

그림 13.22 LTR retroelements의 게놈 구조

처음 발견된 LTR 레트로트란스포존은 길이가 6.3 kb이며, 대부분의 *Saccharomyces cerevisiae* 게놈들에서 25~35 사본수를 가지는 효모의 *Ty* 서열이었다. 효모 게놈들에는 여러 가지 유형의 *Ty* 인자가 있다. 이들 중 가장 풍부한 *Ty1*은 초파리의 *copia* 트랜스포존과 유사하다. 그러므로 이들 요소들은 현재 *Ty1/copia* 패밀리로 불리워진다. *Ty1/copia* 레트로트란스포존의 구조와 바이러스 retroelements의 그것을 비교한다면, 우리는 명확한 패밀리 관계를 볼 수 있다(**그림 13.22**). 각 *Ty1/copia* 요소는 바이러스 retroelements의 *gag*와 *pol* 유전자와 유사한 효모에서 *TyA*와 *TyB*라 불리는 두 유전자를 포함한다. 특히, *TyB*는 *Ty1/copia* 요소의 트란스포지션에서 중심적인 역할을 담당하는 역전사효소를 포함하는 다단백질에 대하여 암호화하고 있다. 그러나 *Ty1/copia* 레트로트란스포존에는 바이러스 외투 단백질에 대해 암호화하는 바이러스 *env* 유전자에 상응하는 유전자가 결여되어 있다는 점에 주목한다. 이것은 *Ty1/copia* 레트로트란스포존들이 전염성 바이러스 입자를 형성할 수 없으므로 그들의 숙주 세포를 떠날 수 없다는 것을 의미한다. 그러나 그들은 TyA 다단백질에서 유래된 코어 단백질들에 부착된 레트로트란스포존의 RNA와 DNA 사본들로 구성되어 있는 바이러스 유사입자

(VLPs)를 형성한다(**그림 13.23**). 반면, *Ty3/gypsy*(효모와 초파리 버전에 연유하여 다시)라 불리는 LTR 레트로트란스포존의 두 번째 패밀리의 구성원들은 *env* 유전자와 동등한 것을 가지며(그림 13.22C), 적어도 이들 일부는 전염섬 바이러스를 형성할 수 있다. 비록 내인성 레트로트란스포존으로 분류되지만, 이들 전염성 버전은 바이러스 retroelements로 봐야 한다.

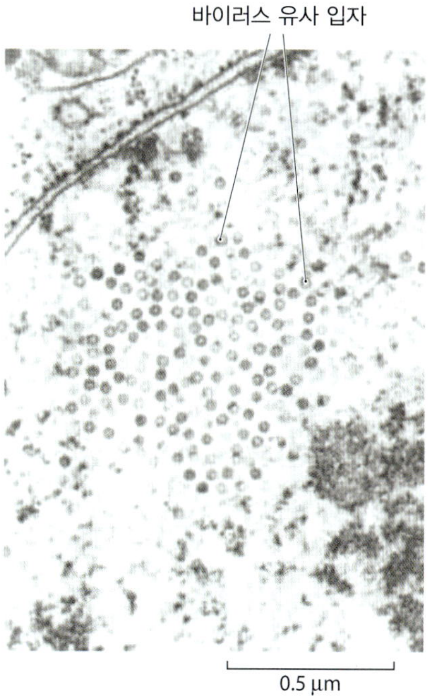

그림 13.23 *Drosophila melanogaster* 세포의 핵에서 *copia* 레트로트란스포존의 바이러스 유사입자들을 보여 주는 전자현미경 사진. (From K. Yoshioka et al., *EMBO J.* 9:535–541, 1990. With permission from Macmillan Publishers Ltd.)

LTR의 레트로트란스포존은 많은 진핵생물 게놈들의 상당한 부분을 차지하고, 더 큰 식물 게놈들 특히 옥수수와 같은 벼과의 게놈들에 두드러지게 풍부하다. 그들은 무척추동물과 일부 척추동물 게놈들의 중요한 성분을 역시 구성하지만, 인간들과 다른 포유류들의 게놈에서는 모든 LTR 요소는 진정한 레트로트란스포존보다는 쇠퇴한 바이러스 retroelements인 것처럼 보인다. 이들 서열은 **내인성 레트로바이러스(endogenous retroviruses; ERVs)**로 불리고, 대략 240,000의 사본 수로 인간 게놈의 4.7%를 차지한다. 인간 ERV들은 길이가 6~11 kb이며 gag, pol 그리고 *env* 유전자의 사본들을 가진다(**그림 13.24**). 대부분은 이들 유전자의 하나 이상을 불활성하는 돌연변이 또는 결실을 포함하지만 HERV-K 그룹의 일부 구성원들은 기능적인 염기서열들을 가지고 있다. 다른 개개의 게놈들에서 HERV-K 인자들의 위치를 비교함으로써, 추가적인 증식 능력이 없는 불활성 서열인 대다수 인간의 ERV들과 달리 적어도 이들의 일부는 활성 트란스포존으로 추정된다.

새틀라이드 RNA, 바이루소이드, 바이로이드, 그리고 프리온은 아마도 모두 생명의 경계를 넘어서 있다

진짜 생명의 경계로 이동하면 우리는 바이러스들과 관련 있지만 다른 다양한 감염성 분자들을 만난다. **바이루소이드(virusoids)**라고도 불리는 **새틀라이트 RNA(satellite RNAs)**가 그 예이다. 이들은 각각 단일 또는 매우 적은 수의 유전자를 가지고 있는 길이 약 320~400개의 뉴클레오티드들인 RNA 분자들이다. 새틀라이트 RNA와 바이루소이드는 그들 자신의 캡시드를 만들 수 없고, 대신에 helper 바이러스의 캡시드들 내에서 세포에서 세포로 이동한다. 두 그룹 사이의 차이는 새틀라이트 바이러스는 helper 바이러스의 게놈과 함께 캡시드를 공유하는 반면에, 바이루소이드 RNA 분자는 자신의 캡시드로 둘러싸고 있다는 점이다. Helper는 새틀라이트 RNA들 또는 바이로이드 없이는 복제할 수 없는 소수 사례가 있지만, 두 분자 모두 일반적으로 그들의 helper 바이러스의 기생체로 간주되며 적어도 관계의 일부는 공생임을 나타낸다.

새틀라이드 RNA들과 바이루소이드들은 **바이로이드(viroids)**라 불리는 더 극단적인 그룹이 그런 것 같이 주로 식물에서 발견된다. 이들은 유전자를 포함하지 않는 240~375개 뉴클레오티드의 RNA 분자들이다. 바이로이드는 결코 캡시드로 둘러싸여 있지 않으며 대신에 노출된 RNA로서 세포에서 세포로 퍼진다. 그들은 감귤류 나무의 성장을 억제하는 citrus exocortis 바이로이드 같은 경제적으로 중요한 일부 병원균을 포함한다.

마지막으로 **프리온(prions)**이 있다. 이들은 핵산을 가지고 있지 않는 전염성, 질병-유발 입자들이다. 프리온들은 양과 염소의 스크래피의 원인이며, 소에의 프리온의 전달은 광우병 — 소해면상뇌증이라 불리는 새로운 질병을 유발했다. 게다가 그것들이 인간에게 전달되어 크로이츠펠트-야콥병(CJD)의 변형을 유발하는지는 논란은 있지만 많은 생물학자들에 의해 인정되었다. 처음에 프리온은 바이러스라고 생각했지만, 단백질로만 구성되어 있음이 명백하게 밝혀졌다.

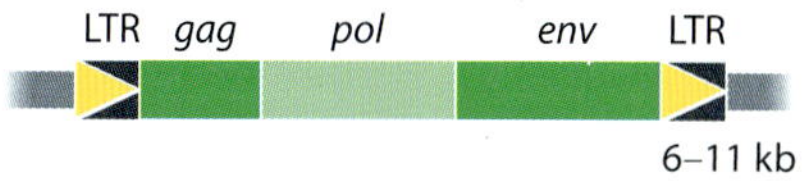

그림 13.24 온전한 인간 내인성 레트로바이러스 서열. LTR, 긴말단반복배열

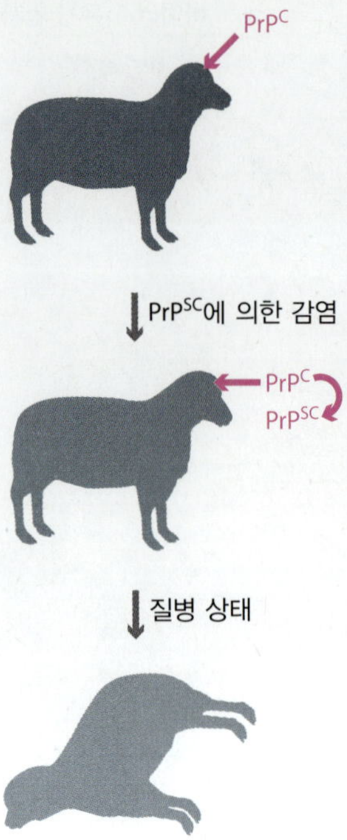

그림 13.25 프리온의 작용 방식

PrP^{C}로 불리는 프리온 단백질의 정상 버전은 그 기능이 알려져 있지 않지만 포유류의 핵 유전자에 의해 암호화되고 뇌에서 합성된다. PrP^{C}는 프로테아제에 의해 쉽게 분해되는 반면에, PrP^{sc}의 감염성 버전은 프로테아제에 저항력이 있고 감염된 조직에서 보여지는 섬유결합을 형성하는 보다 고도의 β-sheet 구조를 가진다. 일단 세포 내부에서 PrP^{sc} 분자들은 아직 밝혀져 있지 않은 메커니즘에 의해 새롭게 합성된 PrP^{c} 단백질을 질병 상태로 귀결되는 감염성 형태로 전환할 수 있다. 새로운 동물에게 하나 이상의 PrP^{sc} 단백질들의 전달은 그 동물의 뇌에 새로운 PrP^{sc} 단백질들의 축적으로 귀결되며 질병이 전염된다(**그림 13.25**). 유사한 특성을 가진 감염성 단백질들은 하등 진핵생물에서 알려져 있다. 예로 *Saccharomyces cerevisiae*의 Ure3과 Psi^{+} 프리온들이 있다. 그러나, 프리온들은 유전 물질이기보다는 유전자 산물임이 분명하며, 그들의 지위와 관련하여 초기 혼란을 초래한 감염성 성질에도 불구하고, 바이러스들 또는 바이로이드와 바이루소이드와 같은 바이러스 하위 입자들과는 관련이 없다.

주요 개념

- 바이러스는 지구에 있는 가장 단순한 종류이다. 그들은 생물학적 조건에서 보면 매우 단순하여 사실 살아 있는 생명체로서 생각할 수 있는지 의심스럽다.
- 바이러스 감염주기에서 유래된 자손은 유전자를 부모 바이러스로부터 물려받는다.
- 박테리오파지는 그들의 생활주기에 따라 두 유형으로 분류된다. 두 가지 유형은 용균성과 용원성이다. 이들 유형 사이에 근본적인 차이는 용균성 박테리오파지는 최초 감염 후 곧 바로 숙주 세균을 죽이는 반면에 용원성 박테리오파지는 숙주 세포의 다수 세대를 거쳐서 정지 상태로 남을 수 있다.
- 정확한 유전자가 감염주기에서 적절한 시기에 발현되도록 박테리오파지 유전자의 발현은 조절된다.
- 대부분의 진핵생물 바이러스들은 용균성 감염주기만을 따르지만, 소수는 박테리오파지가 하는 방법으로 숙주 세포의 유전 기구를 취득한다. 많은 바이러스들은 오랜 기간, 아마 수년 동안 숙주 세포와 함께 공존한다.
- 바이러스 retroelements는 게놈이 숙주의 DNA로 통합되는 진핵생물 바이러스의 예이다. 그들의 복제 경로는 게놈의 RNA 버전이 DNA로 전환되는 새로운 단계를 포함한다.
- 세포 변형을 유발하여 암에 이르게 할 수도 있는 일부 바이러스처럼 AIDS의 원인 인자는 레트로바이러스이다.
- 많은 진핵생물 게놈은 RNA 중간체를 포함하는 과정에 의해 게놈에서 여러 곳으로 이동할 수 있는 RNA 트렌스포존의 복수 사본들을 가지고 있다. 일부 이들 트란스포존들은 바이러스 retroelements와 밀접하게 관련되어 있다.
- 새틀라이트 RNA, 바이루소이드 그리고 바이로이드는 아마도 생명의 경계를 넘어선 바이러스 하위 입자들이다.
- 프리온들은 핵산을 포함하지 않는 감염성 질병-유발 입자이다. 프리온은 단백질로 만들어져 있어서 유전자라기보다 오히려 유전자 산물에 가깝다.

질문 & 문제 (해답은 www.garlandscience.com/introgenetics에서 찾을 수 있다)

주요 용어들

다음 용어들의 간단한 정의를 쓰시오:

acute transforming virus
capsid
cascade system
cell transformation
concatamer
cos site
defective retrovirus
early gene
endogenous retrovirus
filamentous bacteriophage
head-and-tail bacteriophage
icosahedral
induction of prophage
late gene
latent period
long terminal repeat
lysogenic infection cycle
lytic infection cycle
oncogene
one-step growth curve
overlapping genes
pararetrovirus
prion
prophage
protomer
retrotransposition
retrovirus
reverse transcriptase
RNA transposon
satellite RNA
segmented genome
SOS response
temperate bacteriophage
viral retroelement
viroid
virulent bacteriophage
virusoid

자습 문제들

13.1 박테리오파지에서 보이는 다른 캡시드 구조를 설명하시오.

13.2 박테리오파지 게놈의 다른 유형을 설명하시오.

13.3 일부 바이러스 게놈에서 볼 수 있는 중복 유전자는 무엇인가?

13.4 용균성과 용원성 박테리오파지의 감염주기 사이에서의 주요 차이점을 나열하시오.

13.5 1단계 증식 곡선을 나타내는 그래프를 그리고 주석을 다시오. 이 그래프가 T4 박테리오파지로 대장균의 감염 중에 일어나고 있는 일에 어떻게 관련이 있는지 설명하시오.

13.6 용어 "초기 유전자"와 "후기 유전자"가 무엇을 의미하는지 설명하시오. 박테리오파지가 그 유전자를 정확한 시기에 확실히 발현되게 하는 전형적인 전략을 개략적으로 설명하시오.

13.7 박테리오파지 λ 프로파지가 대장균 게놈에서 잘려서 새로운 박테리오파지 입자로 포장되는 과정을 설명하시오.

13.8 박테리오파지 λ가 용원화로 들어가기 위해 어떻게 결정하는지와 상태가 어떻게 유지되는지를 설명하시오.

13.9 대장균 SOS 반응과 λ 프로파지의 유도 사이의 연결을 개략적으로 설명하시오.

13.10 M13 감염주기가 어떤 점에서 용균성인지 또는 용원성인지를 설명하시오.

13.11 어떤 점에서 진핵생물 바이러스들의 구조가 박테리오파지의 구조와 유사하고 다른지 설명하시오

13.12 레트로바이러스와 파라레트로바이러스를 구별하시오

13.13 레트로바이러스의 감염주기를 설명하시오. 당신의 대답은 레트로바이러스 게놈에서의 세 가지 유전자의 역할을 설명해야 한다.

13.14 급성 변형성 바이러스의 독특한 특징은 무엇이며, 어떻게 세포 변형을 일으키는 능력과 관련이 있는가?

13.15 종양 유전자가 인간의 게놈에 존재하면 무해할 수 있지만 레트로바이러스에 의해 운반되면 왜 암을 유발할 수 있는지 설명하시오.

13.16 예를 들어, RNA 트랜스포존과 바이러스 retroelements 사이의 관계를 설명하시오.

13.17 LTR 레트로트란스포존의 *Ty1/copia*와 *Ty3/gypsy* 집단 사이의 차이점을 설명하시오.

13.18 인간 게놈에 존재하는 LTR 요소들의 특징은 무엇인가?

13.19 바이루소이드와 바이로이드의 주요 특징들과 차이점을 설명하시오.

13.20 프리온은 무엇이며, 어떻게 질병을 유발하는가?

13.21 보존된 표본들에 있는 인플루엔자 바이러스의 옛 모습에 관한 연구가 1918 인플루엔자 유행병의 원인에 대해 우리가 이해하는 데 있어 어떤 도움을 주었는지 설명하시오.

토의 주제들

13.22 바이러스는 어느 정도까지 생명의 형태로 간주될 수 있는가?

13.23 작은 게놈들을 가진 박테리오파지는(예, ΦX174) 그들의 숙주에서 매우 성공적으로 복제할 수 있다. 그런데 왜 T4와 같은 다른 박테리오파지는 크고 복잡한 게놈을 가지고 있어야 있는가?

13.24 박테리오파지는 유전자를 연구하기 위한 모델 시스템으로서 20세기 중반부터 수십 년 동안 광범위하게 사용되었다. 유전자 구조와 조절의 많은 근본 원리들은 이 연구를 통해 발견되었다. 이런 유형의 연구를 위한 박테리오파지의 이점과 단점을 논의하시오.

13.25 HIV-1이 인간 집단으로 뛰어 들어온 원래부터 동물 바이러스인지 여부를 밝히고자 하는 목표를 가진 연구 프로젝트를 고안하시오.

13.26 왜 LTR retroelements는 긴말단반복배열을 가지고 있는가?

13.27 바이러스, 바이루소이드, 바이로이드, 프리온 시리즈에서 우리는 어느 시점에서 더 이상 유전학을 공부하고 있지 않는 단계에 도달하는가?

추천 문헌

Belshe RB (2005) The origins of pandemic influenza—lessons from the 1918 virus. *N. Engl. J. Med.* 353, 2209–2211.

Bishop JM (1983) Cellular oncogenes and retroviruses. *Annu. Rev. Biochem.* 52, 301–354.

Butler PJG & Klug A (1978) The assembly of a virus. *Sci. Am.* 239, 52–59. *Describes the basic features of virus structure.*

Diener TO (1984) Viroids. *Trends Biochem. Sci.* 9, 133–136.

Herskowitz I (1973) Control of gene expression in bacteriophage lambda. *Annu. Rev. Genet.* 7, 289–324.

Marvin DA (1998) Filamentous phage structure, infection and assembly. *Curr. Opin. Struct. Biol.* 8, 150–158. *Bacteriophage M13.*

Miller ES, Kutter E, Mosig G et al. (2003) Bacteriophage T4 genome. *Microbiol. Mol. Biol. Rev.* 67, 86–156.

Patience C, Wilkinson DA & Weiss RA (1997) Our retroviral heritage. *Trends Genet.* 13, 116–120. *Endogenous retroviruses.*

Prusiner SB (1996) Molecular biology and pathogenesis of prion diseases. *Trends Biochem. Sci.* 21, 482–487.

Song SU, Gerasimova T, Kurkulos M, Boeke JD & Corces VG (1994) An env-like protein encoded by a *Drosophila* retroelement: evidence that *gypsy* is an infectious retrovirus. *Genes Dev.* 8, 2046–2057.

진핵생물 유성생식에서 DNA 분자의 유전

다음 2개의 장에서는 유전의 단위로서 유전자의 역할에 대해 우리가 가지고 있는 세 가지 큰 의문점 중에서 두 번째 것에 대해 논의할 것이다. 유전자는 유성생식 중 어떻게 유전될까?

유성생식은 남성과 여성의 생식세포 또는 **배우자(gametes)**를 생성하는 **감수 분열(meiosis)**이라 불리는 특별한 유형의 세포 분열로 시작한다. 감수 분열을 거치는 세포는 모든 체세포들처럼 이배체이며 2개의 게놈 사본을 가진다. 반면에 배우자들은 반수체이다. 각 배우자는 게놈 사본 하나만을 가진다(그림 14.1). 한 배우자는 남성으로부터 다른 한 배우자는 여성에서 온 한 쌍의 배우자들의 융합은 수정된 난세포로 귀결된다. 그러므로 난세포는 남성으로부터 게놈 사본 하나와 여성으로부터 사본 하나를 물려받으므로 이배체이다. 유사 분열에 의해 난세포와 그 자손의 반복된 분열은 새로운 생명체에서 체세포들을 생기게 한다.

이 과정 동안에 유전자가 어떻게 유전되는지 이해하기 위해 우리는 2개의 다른 관점에서 유성생식을 검토해야 한다. 첫 번째 관점은 분자의 관점이다. 우리는 유성생식에서 단계들을 통해서 뒤따라 가야 하며, 각 단계에서 DNA 분자에 어떤 일이 일어나는지를 이해해야 한다. 우리는 유사 분열 동안에 무슨 일이 일어나는지 이미 알고 있기 때문에 배우자들을 형성하는 세포 분열의 새로운 유형에 집중해야 한다. 우리는 유사 분열과 달리 감수 분열은 단순히 DNA 분자의 복제와 부모 세포가 분열할 때 형성된 세포들로 딸세포들의 이동을 포함하지는 않는다는 것을 발견할 것이다. 감수 분열은 재조합에 의해 DNA 분자가 분절들을 교환하는 기회를 또한 제공하기 때문에 더 복잡하다. 이 장에서 우리는 재조합의 분자적인 기초를 강조하면서 감수 분열 중 DNA의 유전에 초점을 맞출 것이다.

우리가 유성생식에 대해 받아들여야 하는 두 번째 접근은 멘델과 같은 초기 유전학

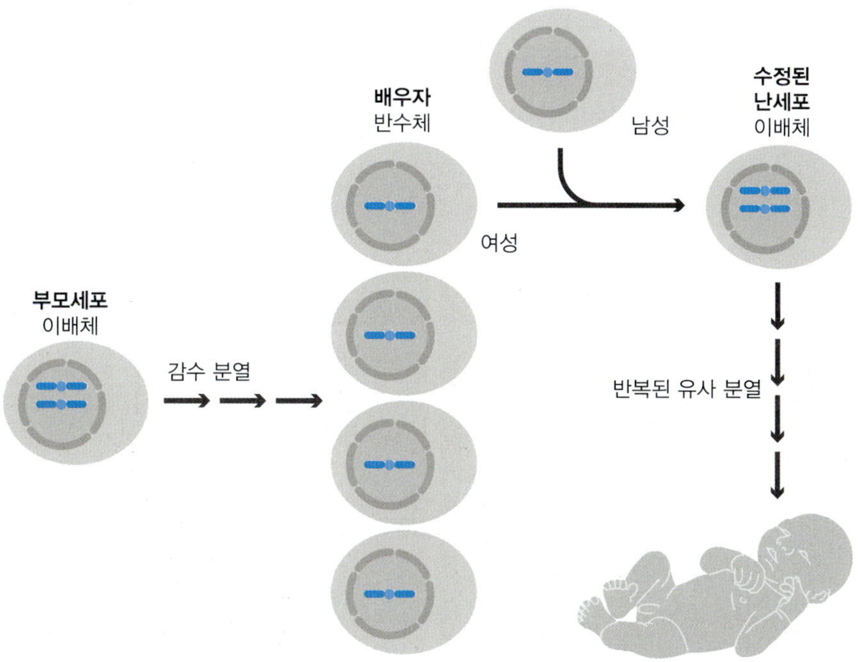

그림 14.1 유성생식 중 일어나는 세포 사건들

자에 의해 채택된 것이다. 유성생식으로부터 유래하는 새로운 생명체는 각 부모로부터 유전자의 완전한 한 벌을 유전받는다. 때때로 각 유전자의 두 사본은 동일할 것이다 — 그들은 모두 동일한 대립유전자일 것이다 — 그러나 때로는 아닐 것이다. 그러므로 우리는 대립유전자 쌍들이 어떻게 상호작용하여 새로운 생명체의 생물학적 특성을 특정 지우는지를 탐구하여야 한다. 유성생식의 이러한 국면은 — 단지 DNA 분자들이기보다 오히려 유전자의 유전에 관계가 있는 — 다음 장의 주제가 될 것이다.

14.1 감수 분열 중 DNA 분자의 유전

다세포 진핵생물에서 일어나는 세포 분열들의 대부분은 유사 분열에 의해 일어난다. 인간의 일생 동안 요구되는 모든 세포들을 생산하기 위해 약 10^{17}번의 유사 분열이 필요하다. 세포 분열들의 훨씬 적은 수는 생식세포들 또는 배우자들을 만드는 감수 분열이라는 대체 경로에 따른다. 감수 분열의 주요 특징 중 하나는 배우자들이 각각 게놈의 단 하나의 사본 만을 포함하는 반수체라는 것이다. 우리는 이배체 부모세포가 반수체 딸세포로 전환되는 방법에 초점을 맞춰서 감수 분열에 대한 공부를 시작할 것이다.

감수 분열은 두 번의 연속적인 세포 분열이 필요하다

감수 분열을 이해하기 위해서는 한발 뒤로 물러나 우리가 세포는 이배체라고 말하는 것이 무엇을 의미하는지 스스로 상기해 보아야 한다. 각각의 체세포는 각 염색체의 2개의 사본을 가진다. 인간에게서 이것은 전부 46개의 염색체 — 22개의 상염색체들 각각의 2개 사본들과 한 쌍의 성염색체, 여성은 XX, 남성은 XY — 를 의미한다(그림 14.2). 우리는 각 염색체의 2개의 사본을 **상동(homologous)쌍** 또는 **상동염색체(homologous chromosomes)**라고 부른다.

감수 분열이든 유사 분열이든 세포 분열의 시작에서 모든 상동염색체는 스스로 복제하며, 딸염색체의 쌍들은 그들의 중심체에 붙은 채 남아 있는다. 그러므로 세포는 이 시점에서 각 염색체의 4개의 사본을 가지는 사배체이다(그림 14.3).

이들 분열이 일어나는 동안에 DNA 복제는 일어나지 않으며, 사실상 사배체 세포의 두 번에 걸친 연속적인 세포 분열이기 때문에 감수 분열은 반수체 세포들을 만든다.

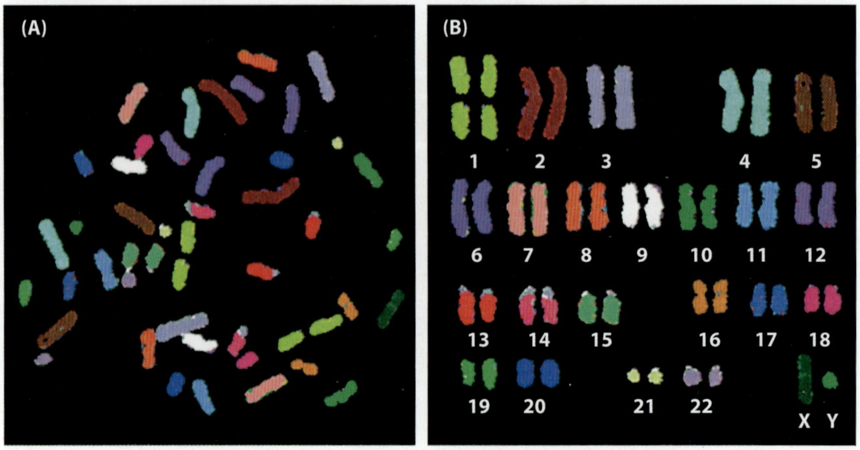

그림 14.2 인간 체세포의 염색체들. 각 염색체는 각기 다른 형광색 마커로 표식되어 "채색되어"있다. (A) 세포로부터 원래 얻어진 염색체 (B) 상동염색체들 쌍들이 서로 옆으로 정렬되도록 조작된 같은 이미지. 세포는 남성의 것이다. (From E. Schröck et al., *Science* 273: 494-497, 1996. Wth permission from AAAS.)

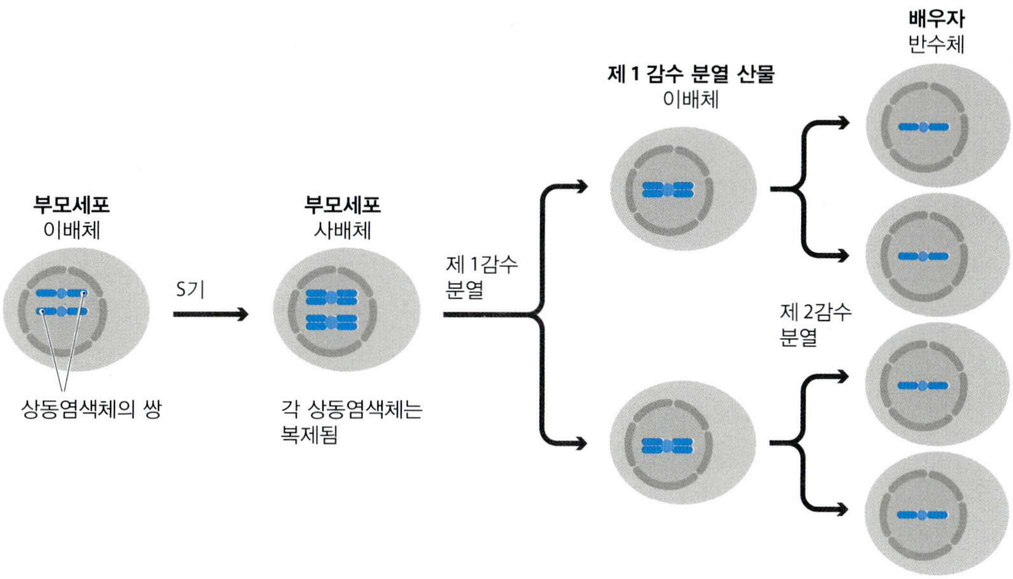

그림 14.3 배수성의 변화가 있는 감수 분열 중에 일어나는 사건들의 개요. 세포주기의 S기 동안에, 각 염색체는 복제되고 딸세포들은 그들의 동원체들에서 서로 부착되어 남아 있는다. 이 단계에서 세포는 사배체이다.

두 번의 분열은 제 1감수 분열과 제 2감수 분열이라 한다. 제 1감수 분열은 복제된 상동염색체의 각각의 사본을 하나씩 포함하는 2개의 세포들로 귀결된다. 따라서 제 1감수 분열에서 유래된 세포들은 이배체이다. 제 2감수 분열 중에 딸염색체들의 각 쌍을 묶고 있는 연결은 끊어진다. 하나의 딸염색체는 한 배우자로 이동하고, 다른 딸염색체는 다른 배우자로 이동한다. 따라서 배우자들은 반수체이다.

제 1감수 분열 중에, 2가 염색체는 상동염색체 사이에서 형성된다

제 1감수 분열이 시작될 때, 복제된 염색체들은 농축되어 핵의 중간 영역으로 이동한다(그림 14.4). 이 단계에서 우리는 감수 분열과 유사 분열 사이의 가장 중요한 차이를 보게 된다. 유사 분열 동안에 상동염색체는 서로 분리된 상태로 있다. 그러나 제 1감수 분열에서 상동염색체 쌍들은 절대 독립적이지 않다. 대신, 각 염색체는 그것의

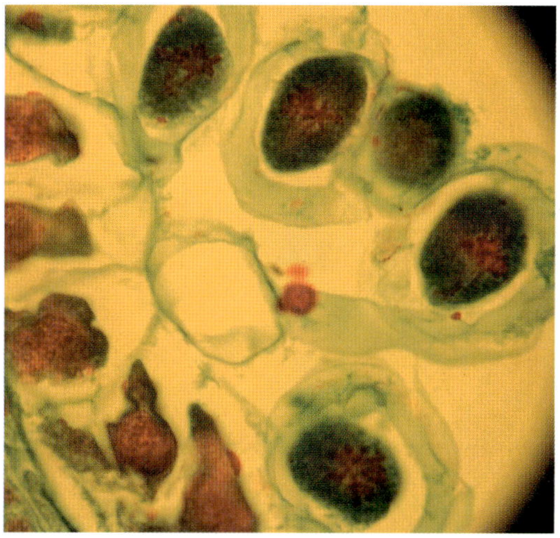

그림 14.4 백합에서 제 1감수 분열 중의 초기 사건들. 백합 꽃밥의 횡단면에서 꽃가루—수컷 배우자들—생성에서의 첫 번째 단계들이 보여질 수 있다. DNA는 붉은색으로 염색되어 있고, 각 핵의 나머지는 녹색으로 나타난다. 여러 핵에서 염색체들은 응축되어 핵의 중간 부분으로 이동되어 있다. (Courtesy of Professor David B. Fankhauser, University of Cincinnati Clermont College. http://biology.clc.uc.edu/Fankhauser.)

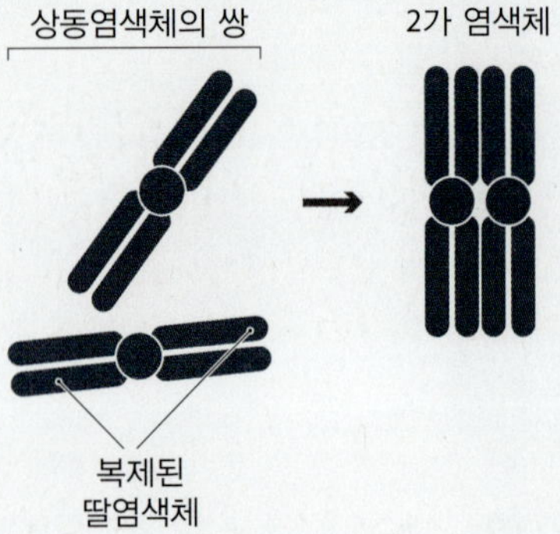

그림 14.5 상동염색체 쌍 사이에서의 2가 염색체의 형성

상동체를 발견하여 **2가 염색체(bivalent)**를 형성한다(**그림 14.5**). 독립적인 염색체들이 아닌 이들 2가 염색체는 핵의 중간에 배열된다.

2가 염색체의 형성 후에, 제 1감수 분열은 유사 세포 분열과 비슷한 방법으로 계속된다(**그림 14.6**). 미세소관은 중심체로부터 밖으로 방사되어 동원체에 부착되고, 정반대 방향으로 끌어당기기 시작한다. 2가 염색체에 가해진 장력은 그들을 떨어지게 하며, 2개의 상동염색체들은 정반대 방향에서 끌어당겨진다. 그러므로 염색체의 완전한 세트가 유사 분열 방추사의 각각의 극에서 조립된다. 제 1감수 분열은 그 뒤에 세포질 분열에 의해 완성된다.

제 2감수 분열은 거의 즉시 시작한다(**그림 14.7**). 각각의 세포에서 염색체들은 핵의 중간으로 다시 이동한다. 각각의 세포는 각 한 쌍의 상동염색체의 한 구성원만 가지고 있기 때문에 염색체들은 서로 독립되어 있다. 미세소관들이 동원체에 부착되며 염색체들을 떨어지게 하므로써 다시 반대 방향으로 이동하는 두 딸세포들을 분리한다. 두 번째 회의 세포질 분열은 4개의 배우자들을 만들어낸다.

2가 염색체의 형성은 형제자매가 서로 동일하지 않게 한다

유전학자에게, 유성생식에서 가장 흥미로운 것은 2가 염색체의 형성이다. 2가 염색체의 형성이 매우 흥미로운 이유 중 하나는 왜 형제자매 — 같은 부모들의 아이들 — 이 정확하게 동일하지 않는가 하는 것이다. 이는 하나의 수정된 난세포로부터 유래된 일란성 쌍둥이를 제외한 모든 형제자매에서 일어난다.

형제 자매 간의 차이는 생명의 명백한 사실이기 때문에 그래야만 되는 이유에 대하여 의문을 가지는 것도 쉽게 잊어 버린다. 우리는 유사 분열이 각각 같은 세트의 DNA 분자를 가지는 동일한 딸세포를 만든다는 것을 알고 있기 때문에 이 질문을 해야 한다. 감수 분열이 동일한 결과를 가진다면, 개인에 의해 생산되는 모든 배우자들은 서로 동일하다(**그림 14.8**). 모의 배우자들은 부의 배우자들이 그런 것처럼 모두 동일할 것이다. 모와 부의 배우자들의 융합은 동일한 형제자매들로 발달할 수 있는 동일한 수정된 난세포들을 만들 것이다.

형제자매는 왜 서로 다를까, 각각은 부모의 생물학적 특성의 조합이지만, 왜 각각은 자신의 개성을 가질까? 여기에는 두 가지 이유가 있으며 모두 2가 염색체 형성의 결과이다. 첫 번째는 제 1감수 분열 후기 동안에 2가 염색체의 분리에서 유래하고 있다.

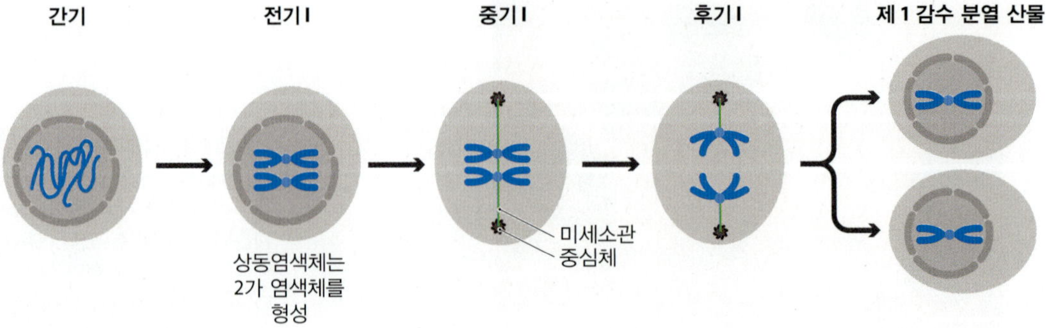

그림 14.6 제 1감수 분열. 상동염색체는 전기 I 동안에 2가 염색체를 형성하고 미세소관들은 중기 I 동안에 동원체에 부착한다. 그리고 염색체들은 후기 I 동안에 맞은편 중심체로 당겨지며, 세포질 분열에 의해 제 1감수 분열은 완료된다. 그림 11.27에 나타낸 유사 분열 동안에 일어나는 과정과 비교해 보자.

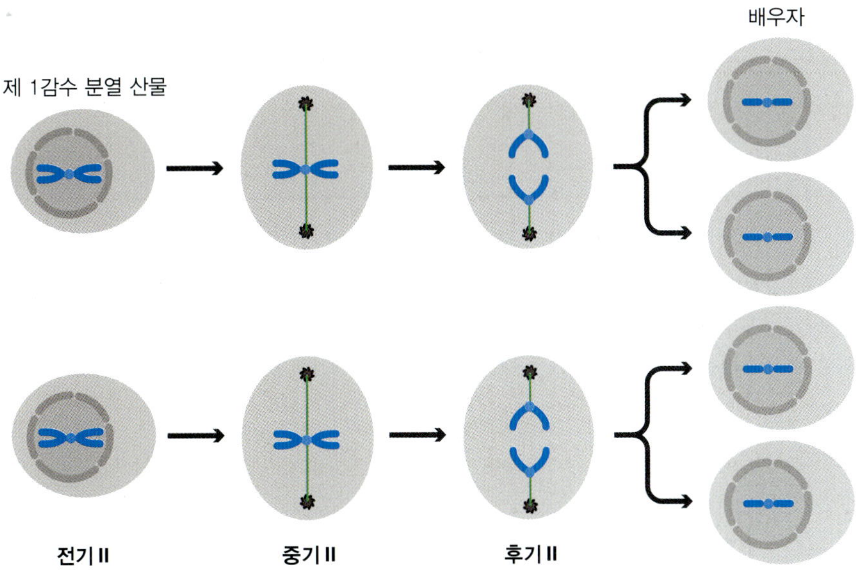

그림 14.7 제 2감수 분열. 각 개시 세포가 상동염색체 각 쌍의 단 하나의 구성원을 가진 것을 제외하고, 사건들이 제 1감수 분열 중에 일어나는 것과 비슷하므로 2가 염색체는 형성되지 않는다.

2가 염색체에서 두 상동염색체들은 동일하지 않다. 그들은 같은 세트의 유전자를 가지고 있지만, 그들 유전자의 많은 다른 대립 유전자를 가지고 있을 것이다(그림 14.9). 2가 염색체가 따로 분리되면 두 염색체들은 반대쪽 중심체로 당겨진다. 어떤 염색체

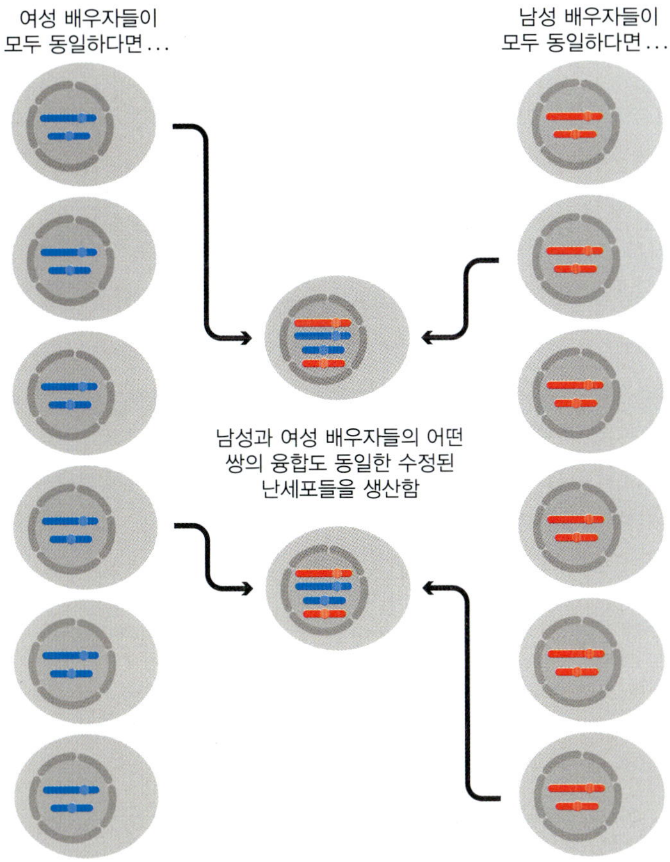

그림 14.8 감수 분열이 유사 분열처럼 같은 결과를 가진다면, 개개에 의해 생성된 모든 배우자들은 동일할 것이다. 여성 및 남성 파트너들로부터 유래된 배우자들의 융합은 항상 동일한 수정된 난세포들을 만들 것이고, 이들 난세포들로부터 발달한 형제자매들은 유전적으로 동일할 것이다.

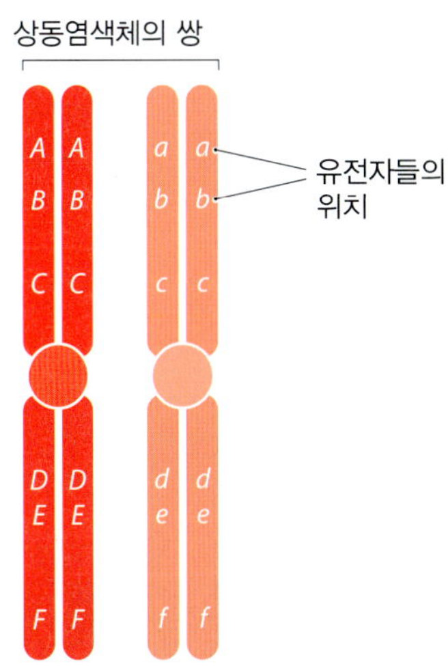

그림 14.9 2가 염색체에서의 상동염색체의 쌍은 동일하지 않다. 이 예에서, *A*와 *a*, 등은 같은 유전자의 다른 대립유전자가다.

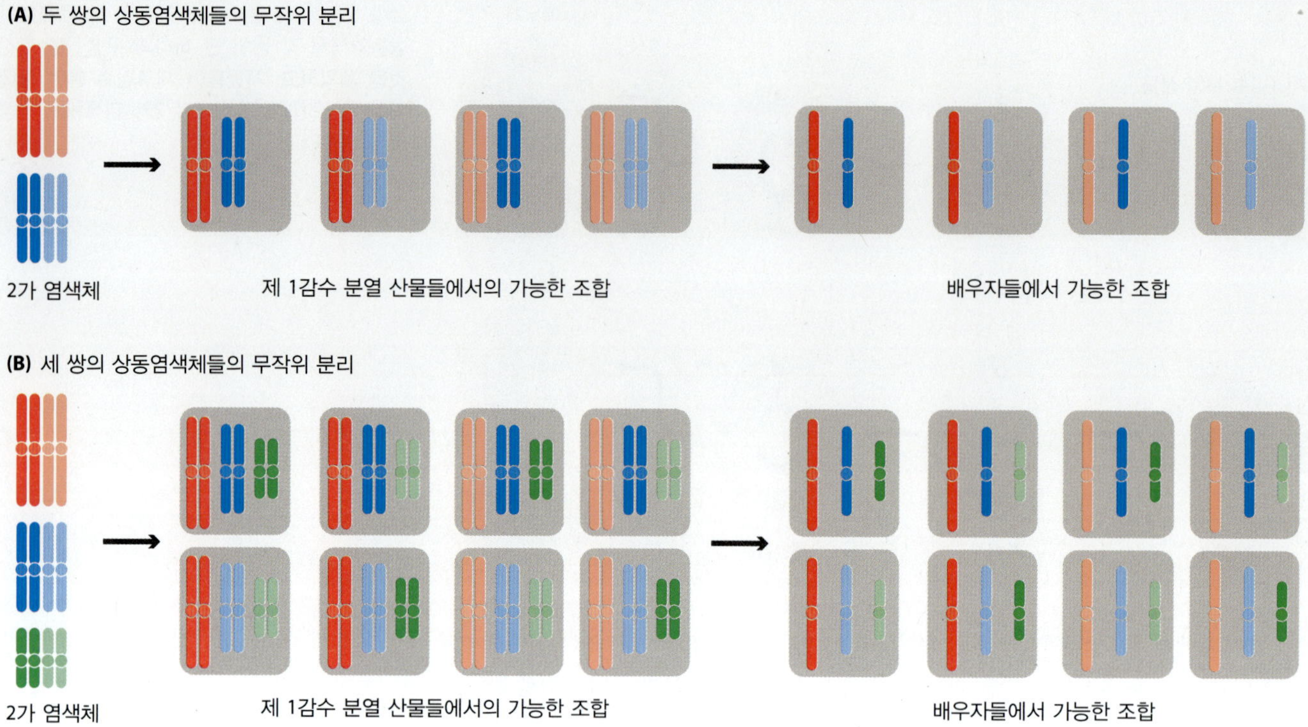

그림 14.10 후기 I 동안에 상동염색체의 무작위 분리는 감수 분열에서 유래된 배우자들이 모두 동일하지 않다는 것을 의미한다. 상동염색체의 각 쌍의 개개 구성원들은 어두운 음영과 밝은 음영으로 주어진다. 이배체 제 1감수 분열 산물들과 배우자들에서 나타날 수 있는 다양한 조합이 보여지고 있다.

가 어느 방향으로 가는가는 완전히 무작위적이며 2개의 방추사 극들에 대해서의 2가 염색체의 방향에만 의존하고 있다.

두 쌍의 상동염색체들을 가지고 있는 세포를 상상해 보자. 감수 분열은 후기 I 동안에 각 상동염색체 쌍의 구성원들이 분리되는 방향에 의존하여 네 가지의 서로 다른 염색체 조합 중 어느 한 가지를 가지는 배우자를 만들 수 있다(**그림 14.10A**). 이들 염색체 조합들의 각각은 다른 세트의 대립유전자를 가지고 있는 배우자에 해당한다. 3개의 염색체들로 된 세포에 대해서 $2^3 = 8$개의 가능한 조합들이 있다(**그림 14.10B**). 이배체로 46개의 염색체들을 가지고 있는 인간 세포에서는 상동염색체들 쌍들이 제 1감수 분열 동안에 분배될 수 있는 2^{23}개의 경우의 수를 가진다. 그것은 8백만 번 이상의 조합들로 각 조합은 다른 세트의 대립유전자를 가진 배우자를 만든다.

재조합은 2가 염색체 내에서 상동염색체 간에 일어난다

후기 I 동안에 염색체들의 무작위 분리가 감수 분열로부터 유래된 배우자들의 변이성에 영향을 미치는 유일한 요인은 아니다. 2가 염색체가 결과적인 변이가 생기게 하는 두 번째 심지어 보다 더 중요한 요인이다.

그림 14.11 2가 염색체에서 2개의 크로마틴 사이에서의 교차

2가 염색체 내에서, 염색체 팔들 — 크로마틴들 — 은 DNA 분절을 교환할 수 있다(**그림 14.11**). 이 교환은 **교차(crossing over)** 또는 **재조합(recombination)**이라 한다. 이는 1909년에 벨기에의 세포생물학자 F. A. Janssens에 의해 처음 발견되었다. Janssens은 도롱뇽에서 감수 분열 중에 형성된 2가 염색체를 매우 정밀하게 실험했다. 그는 그 당시에 이용할 수 있는 현미경으로는 관찰이 불가능해서 2가 염색체의 크로마틴들

사이에서 교차들을 실제로 보지는 못하였다. 그러나, 그는 순간적인 통찰력에 의해 크로마틴들의 밀접한 근접은 염색체들 간에 분절의 절단과 이동을 유발할 수 있음을 제안하였다. 후에, 세포생물학자들은 보다 정교한 현미경으로 실제 교차점들, 또는 **키아스마타(chiasmata)**를 볼 수 있었다. 그림 14.12에 보인 현미경 사진은 염색체의 길이를 따라 3개의 떨어져 있는 키아스마타를 가지고 있는 매우 전형적인 사진이다.

그림 14.12 메뚜기 핵에서 2가 염색체의 세 번의 교차를 보여 주는 전자현미경 사진. (Courtesy of the late Professor Bernard John.)

교차는 감수 분열로부터 유래된 배우자들의 유전적 변이성에 어떤 영향을 미치는가? 2가 염색체의 상동염색체 쌍이 DNA 분절을 교환한다면, 그 분절에 존재하는 특정 유전자도 역시 교환될 것이다. 한 염색체에 존재하는 대립유전자는 다른 쪽으로 이동될 것이고, 반대쪽도 마찬가지다. 더 나아가 상동 쌍의 각 구성원의 두 염색체들은 다른 교환에 참여할 수 있다. 결과적으로 2가 염색체의 4개의 염색체들은 교차 후에는 서로 다를 수 있다(그림 14.13).

재조합은 후기 I 동안에 그들 염색체들의 무작위 분리에 앞서 개개의 염색체들 내에서 대립유전자의 조합들을 변화시킴으로써 감수 분열로 유래된 배우자들의 변이성을 증가시킨다. 자체적인 무작위 분리는 인간의 감수 분열에서 유래된 배우자들에서 8백만의 다른 염색체 조합들을 만들 수 있다. 그들 배우자들에서 가능한 대립유전자 조합들의 수는 각 2가 염색체 내에서 가능한 DNA 교환들의 무작위성으로 인해 8백만보다 훨씬 많다.

14.2 재조합의 분자적 기초

"재조합"이란 용어는 원래 유전학자들이 상동염색체 쌍들 사이에 교차의 결과를 설명하기 위해 사용하였다. 이러한 맥락에서 재조합은 감수 분열 중에 새로운 대립유전자 조합들이 생기는 것을 일컫는 특별한 명칭이었다. 1960년대에 교차는 DNA 분자들의 절단과 뒤이은 재결합을 의미하며, "재조합"은 DNA 분자의 절단과 재결합을 수반하는 어떠한 사건에도 주어지는 명칭으로 점차적으로 되어 구체화되었다. 오늘날, 우리는 재조합이 교차에서 뿐만 아니라 16장에서 다룰 주제 가운데 하나인 손상된 DNA 분자의 수선에서도 역시 중요하다는 것을 알고 있다. 재조합은 에피솜들과 용원성 박테리오파지 게놈들의 통합뿐만 아니라 형질전환, 접합, 그리고 형질 도입에 의해 획득

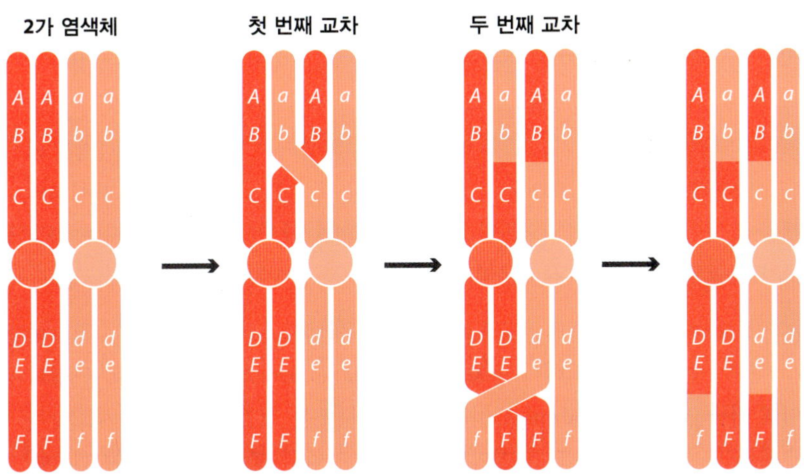

그림 14.13 2가 염색체에서 두 번의 교차로 인한 결과들 중에 한 가지 가능한 결과. 과정의 끝에서 4개의 염색체들은 모두 다르다. 교차의 횟수, 교차가 발생한 위치들 및 이들 교차에 참여하는 2가 염색체의 구성원들에 따라 다른 결과들이 일어난다.

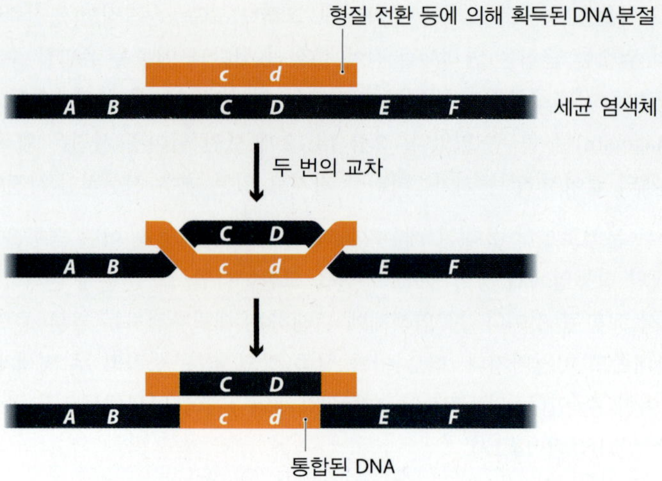

그림 14.14 재조합의 결과들 중의 하나. 형질전환, 접합, 또는 형질 도입에 의해 획득된 DNA 조각의 세균 염색체로의 통합은 한 쌍의 교차를 요구한다. 그림의 예에서, 통합은 유전자 C와 D에 존재하는 대립유전자에서 변화를 유발한다.

한 DNA의 세균 게놈들로의 통합에도 관여한다(**그림 14.14**).

이것은 유전학의 중요한 과정이므로, 우리는 재조합이 일어나는 방법을 정확하게 이해하는 데 시간을 사용해야 한다. 또한, DNA 분절이 교차 동안에 교환되는 방법을 검토해야 하고, 과정을 촉매하고 조절하는 효소들과 다른 단백질들에도 익숙해져야 한다.

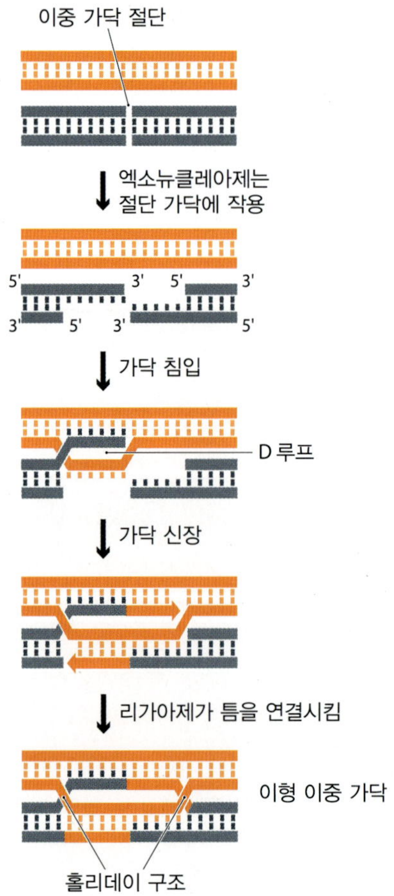

그림 14.15 이형 이중 가닥을 형성하는 상동재조합에서의 초기 단계

상동재조합은 DNA의 이형 이중 가닥의 형성으로 시작된다

상동재조합은 상동염색체들 간의 교차 중 발생하는 재조합의 형태를 일컫는 명칭이다. 이것은 뉴클레오티드 염기서열들이 동일하거나 적어도 매우 유사한 영역들을 가진 2개의 이중 가닥 DNA 분자들 사이에서 일어난다.

상동재조합은 2개의 이중 가닥 분자들이 서로 인접하게 일렬로 배열될 때 시작된다(**그림 14.15**). 이중 가닥 절단은 분자들 중 하나에서 일어나며 이 하나를 두 조각으로 절단한다. 이 분자의 각 절반에서 한 가닥은 몇몇 뉴클레오티드들의 제거에 의해 짧아지며 각 말단에 3′ 돌출부를 생기게 한다.

두 염색체들 사이에 협력은 3′ 돌출부의 하나가 끊어지지 않은 DNA 분자에 침입할 때 형성되며, 그 가닥들의 하나를 대신해서 D 루프를 형성한다. 가닥의 침입은 전달된 폴리뉴클레오티드의 분절과 수용성 분자의 손상되지 않은 폴리뉴클레오티드 사이에의 염기쌍에 의해 안정화된다. 이 염기쌍은 두 분자들 사이에 염기서열의 유사성 때문에 가능하다. 침입하는 가닥은 새로운 DNA 합성에 의해 신장되며, **D 루프(D loop)**가 확장되고 동시에 다른 끊어진 가닥도 역시 신장된다.

가닥의 신장 후에, 유리 폴리뉴클레오티드 말단은 서로 결합한다. 이는 2개의 이중 가닥 분자들이 한 쌍의 **홀리데이 구조(Holliday structures)**에 의해 서로 연결되어 있는 **이형 이중 가닥(heteroduplex)**이라 불리는 구조를 만든다. 이들은 재조합에 대한 첫 번째 모델을 제안하고 그 과정이 이형 이중 가닥의 형성을 수반해야 한다는 것을 발견한 과학자 Robin Holliday의 이름을 따서 명명되었다. 각 홀리데이 구조는 동적이며, 이형 이중 가닥을 따라 이동할 수 있다. 이 **분지점 이동(branch migration)**은 DNA의 긴 분절들의 교환으로 귀결된다(그림 14.16).

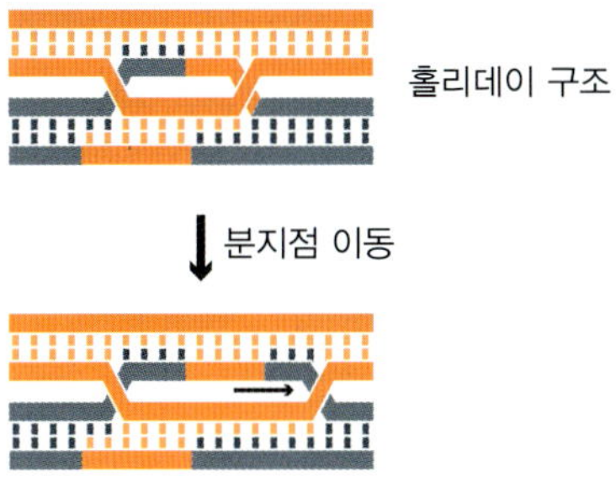

그림 14.16 분지점 이동. 이 예에서 그림 14.15에 나타낸 재조합 과정에서 유래된 2개의 홀리데이 구조 중 하나는 이형 이중 가닥이 신장되도록 하는 방식으로 이동한다.

홀리데이 구조의 분열은 재조합으로 귀결된다

개개의 이중 가닥 분자들로 돌아가는 이형 이중 가닥의 분리, 또는 **분해(resolution)**는 홀리데이 구조의 분열에 의해 발생한다. 그림 14.15와 14.16에서 사용된 2차원 그림은 홀리데이 구조의 진정한 위상을 불분명하게 한다는 점에서 오히려 도움이 되지 않는다. 특히 각 홀리데이 구조가 매우 다른 결과로, 두 방향 중 어느 쪽에서 분열될 수 있는지 나타내지 못하고 있다. 이 점을 이해하기 위해 우리는 DNA 분자를 재조합하는 것이 전자현미경 관찰에 의해 밝혀진 것처럼 **카이(chi form)**라 불리는 진실된 3차원 구조로 홀리데이 구조를 묘사해야 한다(그림 14.17).

이제 2개의 가능한 분열은 보다 명확해진다. 첫째, 왼쪽에서 오른쪽으로 카이를 가로질러 절단할 수 있다. 이것은 그림 14.17의 상단에 그려진 것 같이 홀리데이 구조를 직접 가로질러 분할하는 것과 동일하다. 절단 가닥들의 결합이 따르는 이 방식으로 홀리데이 구조의 절단은 폴리뉴클레오티드의 짧은 분절들을 교환한 2개의 분자들을 제공한다. 교환된 가닥들이 유사한 염기서열을 가지고 있을 때, 각 분자의 유전적 구조에 대한 영향은 비교적 적고, 이 결과는 감수 분열 중에 비교적 흔한 것은 아니라고 생각된다.

보다 흔하게, 홀리데이 구조는 두 가지 가능한 방향 중 두 번째 방향으로, 그림 14.17에서 위-아래로, 카이 구조를 절단함으로써 분해된다. 이것은 홀리데이 구조의 2차원 그림에서 선뜻 분명하지 않은 분할의 유형이다. 그러나 위-아래 분할이 **상호 가닥 교**

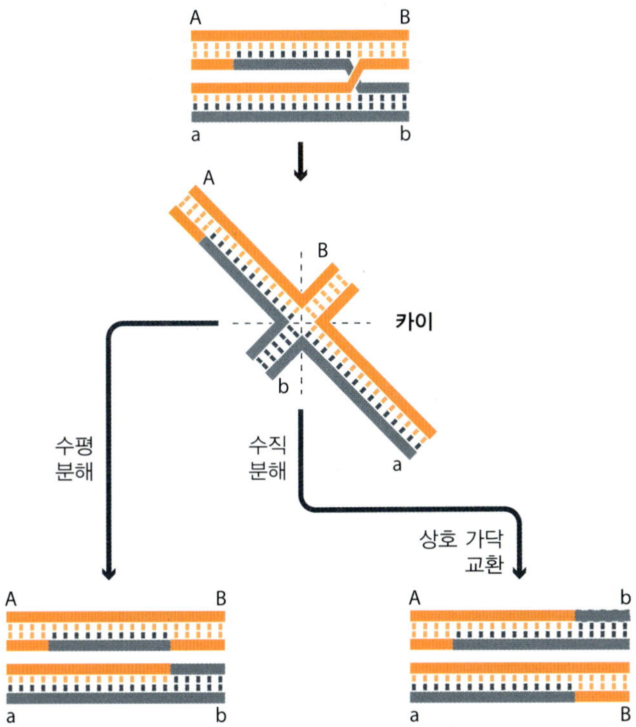

그림 14.17 홀리데이 구조를 분해하는 두 가지 가능한 방법

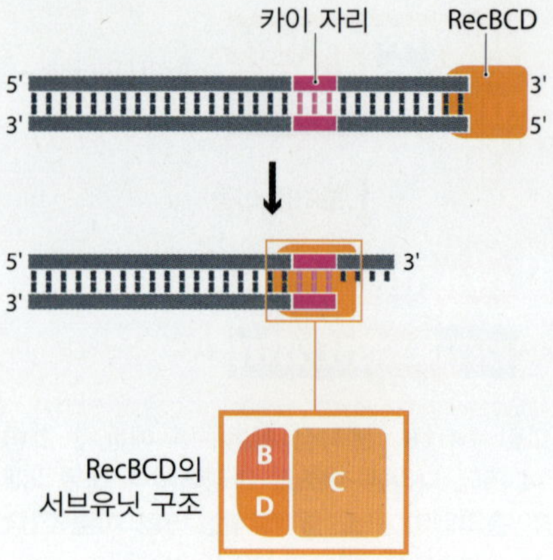

그림 14.18 대장균의 상동재조합에서 RecBCD 효소의 역할

환(reciprocal strand exchange)으로 귀결되기 때문에 매우 중요하며, 이중 가닥 DNA가 두 분자들 사이에서 전달되어 한 분자의 말단이 다른 분자의 말단을 향해서 교환된다. 이것은 교차 중에 일어나는 DNA 전달이다.

상동재조합에 대한 생화학 경로들은 대장균에서 연구되었다

이제 우리는 과정을 수행하는 데 책임이 있는 효소들과 다른 단백질들에 우리의 관심을 돌릴 수 있는 상동재조합 중에 DNA 분자들이 행동하는 방법을 탐구해야 한다. 여기서 우리는 어려움에 직면한다. 대장균에서의 재조합의 생화학에 관한 연구는 꽤 진보되었으나, 인간과 같은 진핵생물에서 상응하는 이벤트들에 대해서는 훨씬 덜 알려져 있다. 이것은 세균과 진핵생물들의 재조합 과정 사이에 일부 중요한 차이점이 나타내므로 우리가 대장균의 연구로부터 배운 모든 것을 진핵생물에 직접 적용 가능한 것인지 확신할 수 없기 때문에 문제이다. 그 경고를 염두에 두고, 우리는 세균에서의 상동재조합에 관련된 효소들과 단백질들에 대해 알고 있는 것을 탐구함으로써 시작할 것이다.

생화학 수준에서, 대장균에는 세 가지 뚜렷한 재조합 시스템이 있으며, 각각은 다른 세트의 단백질들을 포함하고 있다. 이들은 RecBCD, RecE 및 RecF 경로라 불린다. RecBCD 경로는 가장 잘 연구되어 있으며 모든 세 가지 경로의 핵심을 설명하고 있다.

RecBCD 경로에서 중심 플레이어는 그 이름이 암시하듯이, 세 가지 다른 단백질들로 구성되어 있는 **RecBCD 효소(RecBCD enzyme)**이다. 이들 중 두 가지 — RecB와 RecD — 는 헬리카아제로 폴리뉴클레오티드들을 함께 붙잡고 있는 염기쌍을 파괴할 수 있는 효소들이다. 상동재조합을 시작하기 위해, RecBCD 효소의 사본 하나는 이중 가닥 깨진 틈에서 염색체의 유리 말단들에 부착한다. 헬리카아제 활성을 사용하여, RecBCD는 그 다음 여덟 개 뉴클레오티드 일치 염기서열 5′-GCTGGTGG-3′의 첫 번째 사본에 도달할 때까지 초당 약 1 kb 속도로 DNA 분자를 따라 진행한다. 이것은 **카이 자리(chi site)**라 불린다. 이 서열은 대장균 DNA에서 평균적으로 6 kb마다 한 번씩 나타난다. 카이 자리에서 정확하게 무슨 일이 일어나는지 완전히 이해되고 있지 않지만, 결과는 RecBCD 효소가 재조합의 개시를 위해 필요할 때 3′ 돌출부를 가진 이중 가닥 분자를 형성한다는 것이다(그림 14.18).

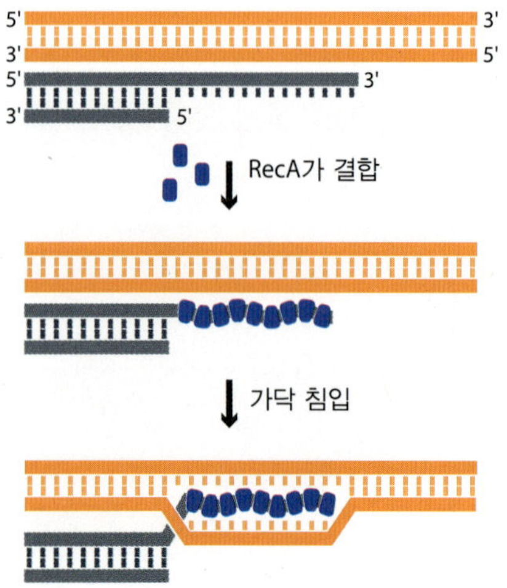

그림 14.19 대장균의 상동재조합 중에 D 루프의 형성에서의 RecA 단백질의 역할

다음 단계는 이형 이중 가닥의 확립이다. 이 단계는 원래대로의 이중 나선을 침입하여 D 루프를 만들 수 있는 단백질로 코팅된 DNA 필라멘트를 형성하는 RecA 단백질에 의해 매개된다(그림 14.19). D 루프 형성에 있어서의 중간체는 침입하는 폴리뉴클레오티드가 원래대로의 나선의 큰 틈 내에 위치하며 이들이 만난 염기쌍들과 수소 결합을 형성하는 삼중 가닥 DNA 나선인, **삼동형접합(triplex)** 구조이다.

일단 이형 이중 가닥이 확립되면, 이후의 사건들은 모든 3개의 재조합 시스템들에 공통적일 것이다. 분지점 이동이 발생하면, 그것은 RuvA와 RuvB 단백질들에 의해 촉매되며, 둘 다 홀리데이 구조에 부착한다. RuvA의 4개의 사본들은 분지점에 직접 결합하며, 각각 여덟 개의 단백질들로 구성된 2개의 RuvB 환이 양쪽에 하나씩 부착하는 중심을 형성한다(그림 14.20). 결과적인 구조는 아마도 요구되는 방식으로 나선을 회전시켜 분지점이 이동되도록 하는 "분자 모터"로서 작동할 것이다.

분지점 이동은 무작위 과정인 것처럼 보이지 않는다. 대신 이것은 5′-(A/T)TT(G/C)-3′ 염기서열에서 우선적으로 정지한다. 이 서열에서, (A/T)와 (G/C)는 두 뉴클레오티

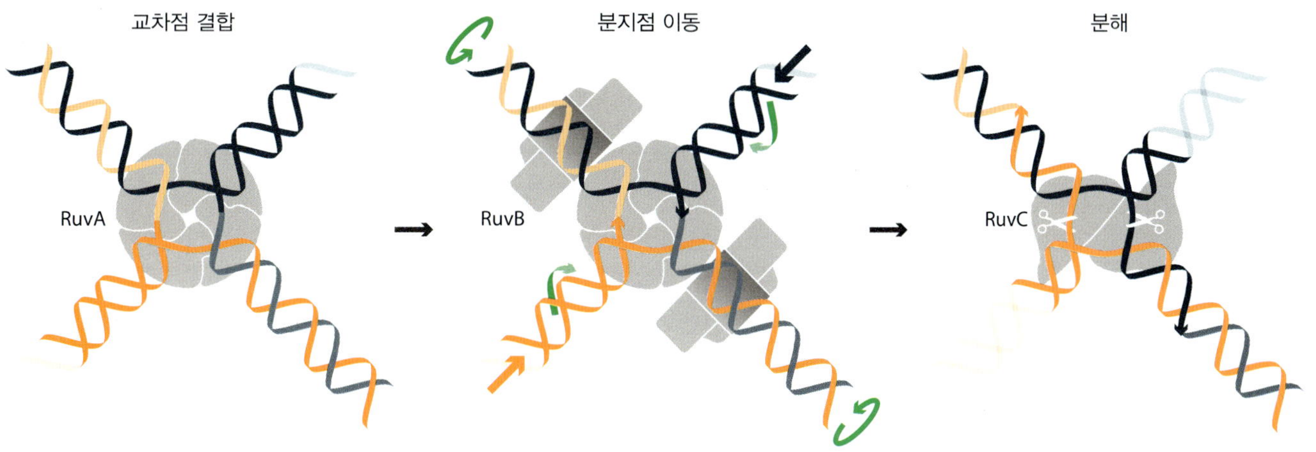

그림 14.20 대장균의 상동재조합에서 Ruv 단백질들의 역할. 가운데 그림에서 주황색과 검은색 화살표는 이중 나선들이 RuvAB 복합체를 통해 움직이고 있는 방향을 표시하고, 녹색 화살표는 분지점 이동을 하는 동안 가닥들이 회전하는 방법을 보여 주고 있다.

드들의 어느 것이라도 표시된 위치들에 존재할 수 있다는 것을 의미한다. 이 서열은 대장균의 게놈에서 자주 존재하므로 도달한 첫 번째 경우의 모티브에서는 중지하지 않고 이동한다. 분지점 이동이 종결되면, RuvAB 복합체는 분리되고 2개의 RuvC 단백질들에 의해 대체된다. RuvC는 뉴클레아제이므로 홀리데이 구조를 분해하는 분열을 수행할 수 있다. 절단은 인식 서열의 두 번째 T와 (G/C) 요소들 사이에서 이루어진다.

진핵생물에서 재조합의 생화학적 기초는 훨씬 덜 이해되고 있다

재조합의 근본적인 생화학적 사건들은 모든 생명체에서 유사한 것처럼 보이기 때문에 일반적인 의미에서 대장균 RecBCD 경로는 진핵생물들에서 재조합이 일어나는 과정을 기술한다. 세부사항은 안타깝게도 다르다.

효모 *Saccharomyces cerevisiae*의 연구는 RecBCD 경로에 관여하는 것들과 동일한 기능들을 가진 단백질들을 동정했다. 특히 RAD51과 DMC1이라고 불리는 2개의 효모 단백질들은 대장균의 RecA에 상응하는 것들이다. RAD51와 DMC1는 자신의 개개의 역할을 가진 것으로 여겨지지만, 두 단백질들은 감수 분열을 하고 있는 핵 내의 같은 위치들에서 함께 발견되어, 많은 상동재조합 사건들에서 함께 작동하는 것으로 생각된다. RAD51과 DMC1에 상응하는 단백질들은 인간들을 포함하는 여러 다른 진핵생물들에서도 역시 알려져 있다.

진핵생물에서 상동재조합을 곤혹스럽게 하는 한 측면은 홀리데이 구조가 분해되는 메커니즘이다. 수 년간, 대장균의 RuvC와 유사한 진핵생물 단백질들을 찾으려 했지만 발견하지 못했다. 시험관 내에서 홀리데이 구조를 절단할 수 있는 뉴클레아제의 다른 유형들이 발견되었지만 그들이 남긴 절단된 말단들은 쉽게 서로에게 연결될 수 없다. 그러므로 그들은 살아 있는 세포들에서 재조합에 어떤 역할을 가지는 것 같지 않다. 이 연구 중에 심지어 세균에서도, 뉴클레아제 효소를 사용하지 않고 홀리데이 구조를 분해하는 것이 가능하다는 것을 역시 알게 되었다. 헬리카아제들과 토포이소메라아제들의 조합은 독립적인 염색체들로 이형 이중 가닥을 다시 분리할 수 있다.

진핵생물의 RuvC 상응 단백질들이 존재하지 않을 가능성이 보이기 시작했지만 최근에 인간 세포들로부터 GEN1 단백질을 분리함으로써 수수께끼는 풀렸다. 이 단백질은 RuvC와 거의 정확하게 같은 방법으로 홀리데이 구조를 절단하며, GEN1 절단으로부터 유래된 잘린 DNA 말단들은 서로 쉽게 결합할 수 있다.

주요 개념

- 감수 분열은 세포 분열의 유형으로 생식세포 또는 배우자를 만든다. 감수 분열의 중요한 특징들 중 하나는 배우자들이 반수체이며, 각각은 게놈의 단 하나의 사본만을 포함한다는 것이다.
- 이들 분열 어느 것이 일어나는 동안에도 DNA 복제가 일어나지 않으며, 효과적인 두 번의 연속적인 세포 분열이기 때문에 감수 분열은 반수체 세포들을 만든다.
- 제 1감수 분열 동안에 상동염색체 쌍의 두 구성원들은 2가 염색체를 형성하기 위해 서로 나란히 배열된다.
- 2가 염색체가 분리될 때, 후기 I 동안에 염색체의 무작위 분리는 유래된 배우자들 사이에서 매우 광범위한 범위의 가능한 조합이 생기게 한다.
- 배우자의 변이성은 2가 염색체 내의 상동염색체 사이에서의 교차에 의해 오히려 훨씬 더 증가된다.
- 재조합은 2개의 이중 가닥 DNA 분자들이 한 쌍의 교차에 의해 함께 연결되어 있는 구조인 이형 이중 가닥 형성을 수반한다.
- 이형 이중 가닥의 분해는 염색체 분절의 교환을 일으킬 수 있다.
- 대장균에서 재조합 경로의 생화학은 잘 알려져 있다. 진핵생물에 상응하는 사건들은 덜 만족스럽게 연구되었지만, 세균의 재조합에 관여하는 단백질과 유사한 단백질이 효모와 인간들에서 알려져 있다.

질문 & 문제 (해답은 www.garlandscience.com/introgenetics에서 찾을 수 있다)

주요 용어들

다음 용어에 대한 간단한 정의를 서술하시오.

bivalent
branch migration
chi form
chi site
chiasmata
crossing over
D loop
gamete
heteroduplex
Holliday structure
homologous chromosomes
meiosis
RecBCD enzyme
reciprocal strand exchange
recombination
resolution of a heteroduplex
triplex helix

자습 문제들

14.1 감수 분열은 어떻게 반수체 세포들을 만들고 유사 세포 분열은 이배체 세포들을 만드는지 설명하시오.

14.2 "상동염색체"가 무엇을 의미하는지 설명하시오. 상동염색체의 얼마나 많은 쌍들이 이배체 인간 세포에 존재하는가?

14.3 2가 염색체는 어떻게 형성되고, 제 1감수 분열 동안에 분리되는지 설명하시오.

14.4 미세소관의 부착은 어떻게 감수 분열 동안 염색체의 정확한 분배를 확실하게 하는가?

14.5 2가 염색체의 형성과 형제자매에서 나타나는 유전적

차이들 사이의 연관성을 설명하시오.

14.6 네 쌍의 상동염색체를 가지고 있는 세포의 감수 분열로 인해 얼마나 많은 염색체 조합들이 유래할 수 있는가?

14.7 상동염색체 사이의 교차는 어떻게 처음 발견되었나?

14.8 교차가 감수 분열에서 유래된 배우자들의 유전적 변이성에 미치는 영향을 설명하시오.

14.9 이형 이중 가닥은 무엇이며 재조합 동안에 어떻게 형성되는가?

14.10 분지점 이동이 발생하는 단계까지, 상동재조합 동안에 발생하는 사건들을 설명하는 일련의 도표들을 그리시오.

14.11 상동염색체 재조합 동안에 분지점 이동의 결과로 무엇이 일어나는가?

14.12 홀리데이 구조의 카이를 보여 주는 도표를 그리시오.

14.13 홀리데이 구조의 카이가 분할될 수 있는 다른 방법을 설명하고, 이들 분할들 각각이 유래된 DNA 분자들의 구조에 미치는 영향을 설명하시오.

14.14 대장균에서 상동재조합 동안에 RecBCD 효소의 역할은 무엇인가?

14.15 대장균에서 상동재조합 동안에 삼동형접합의 중간체가 어떻게 형성되는지 설명하시오.

14.16 대장균에서 분지점 이동의 분자적인 기초를 설명하시오.

14.17 대장균에서 홀리데이 구조 절단의 분자적인 기초를 설명하시오.

14.18 효모에서 RAD51과 DMC1 단백질의 역할은 무엇인가?

14.19 진핵생물에서 홀리데이 구조의 분해의 배후 분자 메커니즘이 왜 수수께끼인지 설명하고, 이 수수께끼가 어떻게 풀렸는지 설명하시오.

토의 주제들

14.20 여성 세포의 감수 분열 동안에 일어나지 않는 어떤 복잡한 것이 남성 인간 세포의 감수 분열 동안에 일어나는가?

14.21 상동염색체 사이에서의 교차는 진핵생물 염색체 위에서 유전자의 위치를 지도매김하는 데 사용되는 방법들의 기반이다. 교차는 어떻게 이 방법으로 사용될 수 있는가?

14.22 일부 생물학자들은 재조합의 주요 기능이 어떤 돌연변이들과 다른 종류의 DNA 손상들이 수정되는 과정인 DNA 수선에 있다고 생각한다. 재조합이 어떻게 손상된 DNA 분자를 수선하기 위해 사용될 수 있는지 설명하시오.

14.23 대장균 염색체와 작은 원형 플라스미드 사이에서의 재조합의 결과는 무엇인가? 플라스미드는 뉴클레오티드 서열이 염색체의 일부와 동일한 영역을 가지고 있다고 가정하라.

추천 문헌

Chen Z, Yang H & Pavietich NP (2008) Mechanism of homologous recombination from the RecA-ssDNA/dsDNA structures. *Nature* 453, 489–494. *Details of how the triplex structure is set up by the RecA protein.*

Dillingham MS & Kowalczykowski SC (2008) RecBCD enzyme and the repair of double-stranded DNA breaks. *Microbiol. Mol. Biol. Rev.* 72, 642–671. *The mode of action of the RecBCD enzyme during homologous recombination and other events in which it is involved.*

Murray AW & Szostak JW (1985) Chromosome segregation in mitosis and meiosis. *Annu. Rev. Cell Biol.* 1, 289–315.

Nasmyth K (2001) Disseminating the genomes: joining, resolving and separating sister chromatids during mitosis and meiosis. *Annu. Rev. Genet.* 35, 673–745.

Pyle AM (2004) Big engine finds small breaks. *Nature* 432, 157–158. *The structure of the RecBCD complex.*

Rafferty JB, Sedelnikova SE, Hargreaves D et al. (1996) Crystal structure of DNA recombination protein RuvA and a model for its binding to the Holliday junction. *Science* 274, 415–421.

Rass U, Compton SA, Natos J et al. (2010) Mechanism of Holliday junction resolution by the human GEN1 protein. *Genes Dev.* 24, 1559–1569.

Roeder GS (1997) Meiotic chromosomes: it takes two to tango. *Genes Dev.* 11, 2600–2621. *Describes the formation of bivalents and exchange of DNA by recombination.*

Shinagawa H & Iwasaki H (1996) Processing the Holliday junction in homologous recombination. *Trends Biochem. Sci.* 21, 107–111.

Szostak JW, Orr-Weaver TK, Rothstein RJ & Stahl EW (1983) The double-strand-break repair model for recombination. *Cell* 33, 25–35. *The molecular basis of recombination.*

진핵생물 유성생식에서 유전자의 유전 CHAPTER 15

감수 분열에 대한 연구를 통해 유성생식에서 DNA 분자나 염색체의 작동에 대한 이해를 확실히 할 수 있었다. 특히 상동염색체 간의 2가의 염색체를 형성하는 것은 감수 분열에서 생성된 생식세포들 사이에 유전적 다양성을 일으키는 주요 단계라는 것을 알 수 있었다. 새로운 대립유전자의 조합은 2가염색체의 재조합에 의해 일어나고, 또한 2가염색체가 해체될 때 상동염색체가 무작위로 분리되어 만들어진다.

감수 분열 동안에 DNA 분자가 어떻게 작용하는지에 대한 확고한 지식과 이해를 토대로, 이제 유성생식에 대한 유전(inheritance)을 다른 시각에서 살펴보고자 한다. 특히 DNA 분자 보다는 유전자의 유전 현상에 대하여 알아보기로 한다. 이에 우리는 유전학 초기로 돌아가서 멘델(Gregor Mendel)과 초기 유전학자들이 궁금해 했던 것과 거의 유사한 질문을 하여야 한다.

항상 나오는 첫 번째 질문은, 유성생식으로 새로운 생물체가 탄생할 때 특정 유전자의 2개의 다른 대립유전자에 어떤 일이 발생하는가에 관한 것이다. 3장에서 대립유전자는 생물학적 특성의 서로 다른 변이로 정의되며, 일례로 1쌍의 대립유전자는 완두콩 모양의 둥글고 주름진 변이의 생물학적 특성을 지정하는 것이다. 만약에 생물체가 특정 유전자에 대해 다른 대립유전자가 존재한다면, 이 생물학적 특성의 변이 중 어느 것이 표현될 수 있을까? 이 질문에 대하여 멘델이 완벽하게 대답하였고, 12세기 초기에 그의 계승자에 의해 몇 가지 마지막 추가사항이 덧붙여졌다.

두 번째 질문은, 유전자 집단 사이의 상호작용에 관한 것이다. 많은 생물학적 특성은 유전자 집단들이 함께 작용하여 표현된다. 이러한 것들은 비교적 단순한 꽃의 색깔이나 조금 더 복잡한 인간의 질병에 대한 민감성들을 포함한다. 총괄적으로 대립유전자의 조합이 유전자에 의해 표현되는 생물학적 특성에 어떤 영향을 미치는가? 멘델은 이 질문에 스스로 대답할 수 있는 연구를 하지 않았으나, 그의 발견은 이후에 유전자 상호작용에 대한 대규모의 연구를 위한 토대가 되었다.

마지막 질문은, 감수 분열 동안에 상동염색체 쌍 사이에서 일어난 교차가 한 염색체에 있는 유전자의 유전에 어떤 영향을 주는 가에 관한 것이다. 이는 중요한 질문이며 응용될 수도 있다. 왜냐하면 두 유전자 사이에 일어나는 교차의 빈도를 측정하여 염색체에서 유전자의 위치를 확인할 수 있기 때문이다. 이 유전자 지도 제작 기술은 100년 전에 멘델 이후 두 번째로 저명한 유전학자인 토마스 헌트 모건(Thomas Hunt Morgan)에 의하여 개발되었으며, 오늘날에도 사용되고 있다. 이들을 응용하여 질병에 관계된 유전자를 확인할 수 있다.

15.1 대립유전자 쌍 사이의 관계

만약에 생물체가 두 다른 대립유전자로 유전된다면, 이들에 의해 지정되는 2개의 다른 생물학적 정보에서는 어느 것으로 표현될까? 이 질문에 대한 답은 멘델의 생물학적 특성에 대한 한 연구로부터 시작된다. 생물학적 정보에 대한 단위로서의 유전자 역할에 대하여 조사할 때 3장에서 살펴본 완두콩의 모양이 이에 해당된다.

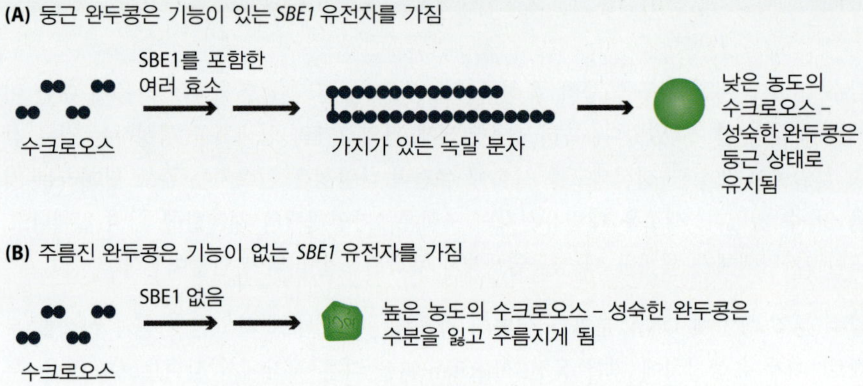

그림 15.1 둥글거나 주름진 완두콩에 대한 표현형의 근거. (A) 둥근 완두콩은 기능이 있는 *SBE1* 유전자를 가지며 수크로오스를 녹말로 전환시킨다. 이는 완두콩이 숙성됐을 때 둥근 상태로 있게 한다. (B) 주름진 완두콩은 기능이 없는 *SBE1* 유전자를 가진다. 따라서 수크로오스를 녹말로 전환할 수 없다. 완두콩이 숙성될 때 수분이 증발되어 주름지게 된다.

둥근 완두콩에 대한 대립유전자는 주름진 완두콩에 대한 대립유전자에 비해 우성이다

완두콩의 모양은 대립유전자 쌍 사이에 존재하는 가장 단순한 관계를 설명하고 있다. 둥근 완두콩과 주름진 완두콩의 차이를 생각해보면, 둥근 완두콩은 녹말 가지 형성 효소인 SBE1에 대해 기능할 수 있는 효소가 있어 광합성에서 생산된 수크로오스를 녹말로 전환할 수 있다(**그림 15.1**). 녹말의 존재는 완두콩이 성숙함에 따라 수분 흡수량이 줄어들고 완전히 성숙했을 때 수분이 빠져서 둥근 모양이 유지된다. 반면에 주름진 완두콩을 생산하는 식물의 경우, 여분의 DNA 단편이 *SBE1* 유전자 내에 끼어 들어가 코돈의 서열이 파괴되고 따라서 단백질로 번역되지 못하여 *SBE1* 유전자의 기능이 상실된다. SBE1 효소가 없으면 완두콩은 수크로오스가 녹말로 전환되지 못하고 높은 농도를 유지한다. 이런 식물들은 성숙해감에 따라 보다 많은 수분을 흡수하고 완전히 성숙하면 수분이 탈수되어 주름이 생기게 된다.

따라서 완두콩 모양으로 묘사되는 생물학적 특성은 *SBE1* 유전자에 의해 표현된다. 이 유전자는 2개의 대립유전자를 가진다. 첫 번째는, 둥근 완두콩을 암호화하는 기능을 할 수 있는 형질이다. 멘델이 인용하였던 표기법 대로 *R* 대립유전자라 부른다. 두 번째 대립유전자는 기능을 할 수 없는 유전자로 주름진 완두콩을 만들고 *r* 대립유전자라 부른다.

이제 완두콩 식물의 두 *SBE1* 유전자 복제본이 기능할 수 있을 때를 고려해 보자(**그림 15.2A**). 이 완두콩 식물의 **유전자형(genotype)**은 *RR*이라 하고 **표현형(phenotype)**은 "둥근 완두콩"이다. "유전자형"은 유전적 구성을 의미하고 — 존재하는 대립유전자의 조합 — 그리고 "표현형"은 대립유전자의 조합으로 만들어지며 관찰될 수 있는 특성이다. 이 식물은 두 동일한 대립유전자를 가지므로 — 이 경우는 *RR* — **동형접합체**라 부른다.

2개의 기능할 수 없는 *SBE1* 유전자 복제본을 가지는 식물도 역시 동형접합체이다. 하지만 이 경우, 유전자형은 *rr*이고 어떤 SBE1 효소도 만들지 못하기 때문에 이 식물에서 나타내는 표현형은 "주름진 완두콩"이다(**그림 15.2B**).

그림 15.2 둥근 완두콩과 주름진 완두콩의 표현형과 유전자형 사이의 관계. (A와 C) 둥근 완두콩에 대한 대립유전자 *R*은 주름진 완두콩에 대한 대립유전자 *r*에 대하여 우성이다. 이는 유전자형 *Rr*과 *RR*이 둘 다 둥근 것을 의미한다. (B) 유전자형 *rr*만이 주름진 완두콩이다.

만약에 식물이 한 부모로부터는 *R* 대립유전자를 다른 부모로부터는 *r* 대립유전자를 유전받았다면 어떻게 될까? 이것의 유전자형은 *Rr*이며 이 식물은 **이형접합체(heterozygote)**가 된다. 하지만 하나의 기능할 수 있는 *SBE1* 유전자 복제본을 가지고 있어 녹말 가지 형성 효소를 합성할 수 있다. 따라서 수크로오스를 녹말로 전환할 수 있고 이들의 완두콩은 둥글게 된다(**그림 15.2C**). 우리가 사용하는 용어는 멘델이 만들었던 그대로 사용하고 있다. 이형접합체의 표현형을 나타내는 대립유전자 *R*을 **우성(dominant)**이라 하고, 이형접합체의 표현형에서 감추어지는 대립유전자 *r*를 **열성(recessive)**이라 한다.

몇몇 대립유전자 쌍은 불완전 우성을 나타낸다

둥근 완두콩과 주름진 완두콩에서, 전자는 우성, 후자는 열성이며, 이들 두 대립유전자 쌍에서 우성이 이형접합체의 표현형을 결정하는 매우 단순한 관계로 표현된다. 종종 완두콩의 모양처럼 우성 대립유전자는 기능할 수 있는 유전자형이며, 열성 대립유전자는 기능할 수 없는 변이이다. 하지만 유전자의 기능을 할 수 있거나 할 수 없는 대립유전자의 관계처럼 항상 간단하게 표현되는 것만은 아니다.

*SBE1*이 이형접합체일 때 기능할 수 있는 유전자 복제본이 녹말 가지 형성 효소의 합성을 지시하기 때문에 표현형이 둥근 완두콩으로 나타나는 것만은 아니다. 기능할 수 있는 유전자 복제본이 식물 내에서 SBE1 효소의 필요한 수준만큼 유지하도록 발현하여야만 한다. SBE1의 경우는 이 수준만큼 발현할 수 있어 완두콩이 둥근 형태를 훌륭하게 유지하는 것이다.

이형접합체에서 하나의 기능을 할 수 있는 유전자의 복제본이 세포 내의 필요한 수준의 충분한 단백질의 합성을 지시할 수 없다면 어떻게 될까? 이제 이형접합체의 표현형이 기능을 할 수 있는 유전자의 두 복제본을 가진 동형접합체와는 다를 수 있다. 한 예로써 카네이션의 꽃 색소 안토시아닌의 합성을 조사하여 보자. 안토시아닌은 진한 붉은색 꽃잎을 만드는 플라보노이드의 한 종류에 속한다. 안토시아닌은 하얀색 전구 물질로부터 *ANS* 유전자로 암호화된 안토시아닌 합성 효소에 의하여 합성된다. 이 유전자의 두 대립유전자는 기능할 수 있는 유전자에 해당하는 *A*와 기능할 수 없는 *a*로 구성된다(**그림 15.3**).

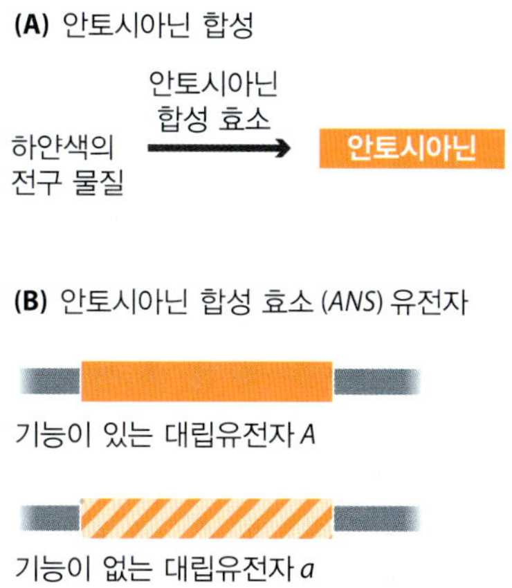

그림 15.3 카네이션의 *ANS* 유전자. (A) *ANS* 유전자의 생성물은 하얀색의 전구 물질로부터 안토시아닌을 합성하는 안토시아닌 합성 효소이다. (B) *ANS* 유전자의 기능이 있는 대립유전자와 없는 대립유전자들

연구 브리핑 15.1

멘델의 발견 유전학 제 1법칙

대립유전자에 대한 우성-열성의 관계는 150년 전에 멘델에 의하여 처음 발견되었다. 멘델과 멘델을 따르는 유전학자들이 단순히 완두콩의 모양과 같은 물리적 특성의 유전에 대한 연구를 통하여 대립유전자의 관계를 상세히 알 수 있었던 것을 현대의 분자 수준의 단계에서 보면 그 진가를 알아보기 어려울 수 있다. 물론 자녀들이 부모를 닮는 원리가 자연계에서 적용된다는 사실을 처음 인식한 사람이 멘델은 아니다. 하지만 멘델은 유익한 정보를 주며 과학적인 방식으로 유전에 대한 연구가 가능하다는 것을 보여주는 첫 번째 사람이었다. 실제로 그의 작업은 유전학 첫 번째 실험으로 간주된다. 따라서 어떻게 그가 유전학 제 1법칙을 발견했는지 조사하고자 한다.

멘델의 실험은 신중하게 계획되었다

멘델의 목표는 유전되는 특성이 부모로부터 다음 세대에 전달되는 방법의 양식(pattern)을 발견하는 것이다. 19세기 중반에는 어린이가 그의 아버지와 어머니의 특성들이 섞여 내보이는 것을 "세포질 혼합(cytoplasmic mixing)"과 같은 모호한 일 정도로 생각하였다. 이 당시, 유전은 과학적으로나 통계적으로 연구될 수 없는 현상으로 받아드렸다. 하지만 멘델의 생각은 이와 달랐다.

멘델은 완두콩 *Pisum sativum*을 연구하기로 결정하였다. 완두콩 식물은 재배하기 쉽고, 생활 주기가 비교적 짧기 때문에, 한 번의 성장시기 동안 여러 세대의 식물을 얻을 수 있었다. 따라서 완두콩은 부모로부터 유전적 특성이 자손에게 전달되는 방법을 연구하는 데에 있어 이상적인 실험 생물체이다.

첫 단계는 연구할 특성을 선택하는 것이었다. 멘델은 대립하는 쌍으로 존재하는 특성을 연구하기로 결정하였다. 이는 완두콩에서 하나의 특성이나 혹은 이와는 다른 특성이 나타나지만 이 두가지 특성이 동시에 나타나지 않는 대립유전자를 의미한다. 완두콩의 모양이 좋은 예로서 둥글거나 혹은 주름진 완두콩이 존재하지만, 동시에 둥글면서 주름진 완두콩은 존재하지 않기 때문이다. 멘델은 존재하는 유전의 양식을 찾아내기 위하여 수백 개의 식물에 있는 특성의 유형을 구별할 필요가 있음을 인식하였다. 따라서 그는 자르거나 화학 분석을 사용하기 보다는 단순히 식물을 보고 판단하기 쉬운 특성을 선택하였다(표 1).

멘델의 교배는 규칙적인 유전 특성의 양식을 밝혔다

멘델의 첫 실험군에서는 완두콩 꽃의 화분을 같은 꽃의 심피에 수정하는 **자가수정(self-fertilize)**을 하였다. 멘델은 자가수정의 결과, 항상 부모 식물의 특성을 보인다는 사실을 발견하였다. 예를 들어 주름진 완두콩으로 배양한 식물의 자가수정으로 얻어진 자손은 모두 주름진 완두콩이었다. 이제는 이런 자가수정의 방법을 **순수 교배법(pure breeding)**이라 한다.

다음으로 멘델은 하나의 식물에서 화분을 다른 식물의 심피에 수정하는 **교차수정(cross-fertilize)**을 실행하였다. 이 교차수정 중의 하나는 둥근 완두콩과 주름진 완두콩 식물 사이의 교배였다. 모든 자손들은 — F_1 세대라고 언급되는 식물 — 둥근 완두콩이었다. 이 식물들을 자가수정하여 F_2 세대를 얻었다. F_2 세대는 5,474개의 둥근 완두콩과 1,850개의 주름진 완두콩으로 나타나 F_1 세대에는 없었던 주름진 완두콩이 다시 나왔다. 둥근 완두콩 대 주름진 완두콩의 비율은 2.96 : 1이었다. 멘델은 같은 유형의 교배를 각각 7가지 특성에 대하여 실험하였다. 각각의 교배에서 F_1 세대에서는 오로지 한 종류의 특성이 나타났지만, 모두 F_2 세대에서는 대략 3 : 1의 비율로 특성이 나타났다(표 2).

왜 모든 F_1 식물은 같은 표현형을 가질까?

유전에 대한 일관된 양식을 설명하기 위하여 멘델은 각 특성이 단일 인자(unit factor)에 의해 조절되고, 단일 인자는

표 1 멘델에 의해 연구된 특성

특성	선택 가능한 유형
완두콩 색	노랑, 녹색
줄기 길이	크다, 작다
꼬투리 위치	중축태좌, 말단
꼬투리 형태	통통함, 수축됨
완두콩 형태	둥글다, 주름지다
꽃 색	보라, 하얀색

표 2 멘델 교배의 결과

교배	F_1 세대	F_2 세대	
		개수	비율
둥글고 × 주름진 완두콩	모두 둥글다	5,474 둥글고, 1,850 주름지다	2.96 : 1
크고 × 작은 줄기	모두 크다	787 크고, 277 작다	2.84 : 1
중축태좌 × 말단의 꼬투리	모두 중축태좌	651 중축태좌, 207 말단	3.15 : 1
통통한 × 수축된 꼬투리	모두 통통함	882 통통함, 299 수축됨	2.95 : 1
녹색 × 노랑 꼬투리	모두 녹색	428 녹색, 152 노랑	2.82 : 1
노랑 × 녹색 완두콩	모두 노랑	6,022 노랑, 2,001 녹색	3.01 : 1
보라 × 하얀색 꽃	모두 보라	705 보라, 224 하얀색	3.15 : 1

1가지 형태 이상으로 존재한다고 제안하였다. 지금은 이들 단일 인자를 유전자라 부르며 대립적인 타입을 보여 대립유전자라 한다. 멘델은 그의 단일 인자를 세포 내에 존재하는 어떤 물리적 구조로 상상할 만큼 통찰력이 있었다. 이는 유전자가 DNA로 구성된다는 것을 알기 1세기 전의 일이었다.

멘델이 그의 교배에서 깨달은 가장 중요한 측면은 부모의 특성이 F_1 세대에서는 사라지고 F_2 세대에서 다시 나타난다는 점이다. 예를 들어 둥근 완두콩과 주름진 완두콩 사이의 교배에서 주름진 완두콩 특성은 F_1 세대에서는 사라지지만, F_2 세대에서는 다시 존재한다는 것이다. 이것은 F_1 식물에서 하나는 둥근 완두콩, 또 하나는 주름진 완두콩의 두 대립유전자를 포함한다는 것을 의미한다. 만약에 이렇지 않다면, 어떻게 F_2 식물에 두 대립유전자가 전달될 수 있겠는가? 이 결과는 멘델로 하여금 각 유전자는 대립유전자의 쌍으로 존재하고 F_1 식물의 유전자형을 Rr로 쓸 수 있다는 결론을 내리게 하였다. 이런 식물들은 이형접합체(heterozygotes)이며 R은 r에 비하여 우성이다. 유전자가 염색체 위에 놓여 있고 2배체 세포는 각 염색체가 두 복제본을 가진다는 사실을 밝히기 오래 전의 멘델의 실험이었다는 것을 생각해보라. 멘델은 표 2에서와 같이 교배의 결과를 단순히 조사함으로서 이 같은 결론을 추론하였다.

왜 F_2 세대에서 3:1의 비를 보일까?

어떻게 부모의 한 가지 특성이 F_1 세대에 사라지고 다시 F_2 세대에 나타나는가에 대한 현상을 규명한 후에, 멘델은 F_2 세대에서 3 : 1의 비로 나타나는가를 설명하기 시작했다. F_1 식물의 유전자형을 Rr이라 하면 F1 사이의 교배는 다음과 같이 쓸 수 있다.

$$Rr \times Rr$$

이 표기법은 비록 F_1 교배가 자가수정이라 해도 가능한 표현이며, 이는 실제로 두 독립된 식물간의 교배가 아니라 같은 식물의 다른 부분(parts)끼리의 교배를 의미한다.

F_1 교배에서의 주름진 완두콩 식물이 만들어지고 이의 유전자형은 rr이다. 이들 F_2 식물은 각 F_1 부모로부터 r 대립유전자를 물려받았다. 이런 방법이 아니고서는 이들이 생겨날 수 없다. 이것은 유성생식 동안에 각 부모의 대립유전자는 분리(**segregate**라는 용어로 사용)되고, 이는 하나의 대립유전자만을 포함하는 중간 단계의 구조이다. 이 중간 단계의 구조는 생식세포(gamete)로, 30년 후에 세포생물학자가 감수 분열을 연구할 때 처음으로 발견한 세포이다. 각각의 부모로부터 유래한 두 생식세포는 다음 세대에 구성원으로 전달될 대립유전자쌍을 함께 가지고 결합한다.

어떻게 이런 교배의 결과가 3 : 1의 비율로 될까? **푸네트 정방형(punnett square,** 그림 1**)**이라 불리는 유용한 구성도를 통해, F_1 생식세포가 전적으로 무작위하게 분리될 수 있는 한, 왜 3 : 1의 비율로 나오는지를 설명할 수 있다. 분리가 무작위로 일어나면 F_2 식물에 의해 표현되는 유전자형은 1RR : 2Rr : 1rr이다. RR과 Rr 식물은 둥근 완두콩을 가지므로 각 주름진 완두콩에 대해 3개의 둥근 완두콩으로 멘델이 관찰한 형상과 틀림없이 똑같다. 따라서 3 : 1 비율은 대립유전자가 무작위로 분리되는 멘델의 유전학 제 1법칙으로 나오게 되었다.

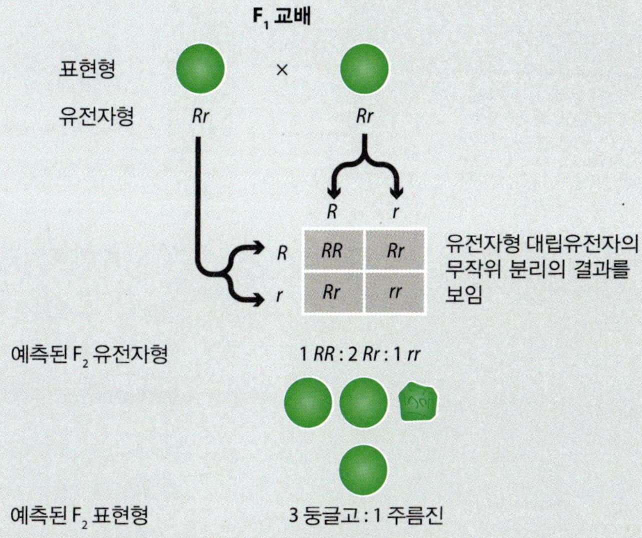

그림 1 F_2 세대의 3:1 비율에 대한 설명

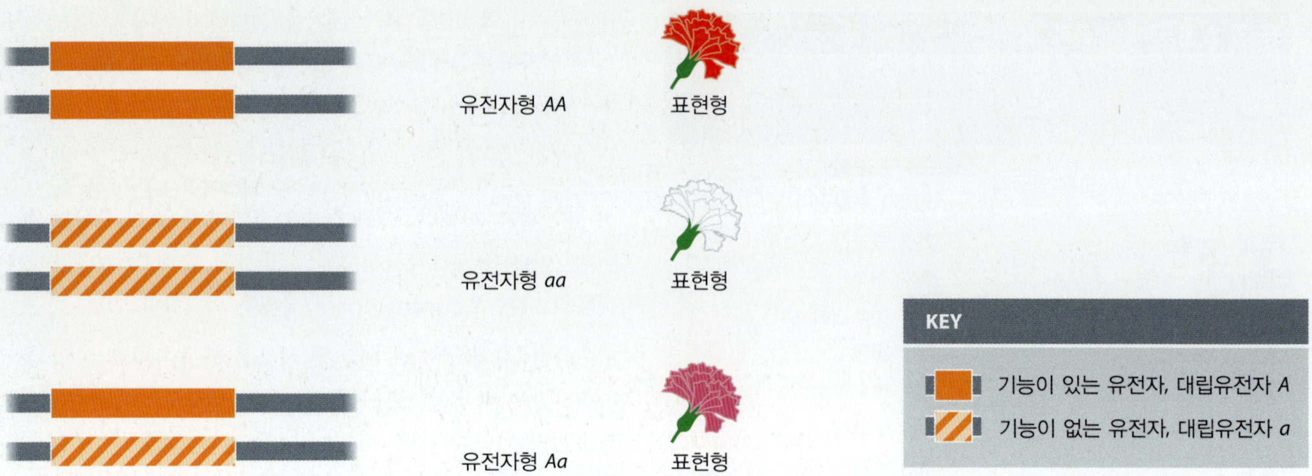

그림 15.4 카네이션 꽃의 색에서 표현되는 불완전 우성. 이형접합체의 표현형은 두 동형접합체들의 중간이다.

대립유전자 *A*에 대한 동형접합체인 식물의 유전자형은 *AA*이며, 안토시아닌 합성 효소를 만들 수 있고 따라서 많은 양의 안토시아닌을 생산하여 붉은색 꽃을 피운다(**그림 15.4**). 다른 동형접합체는 유전자형이 *aa*이고 안토시아닌 합성 효소를 만들지 못하기 때문에 안토시아닌 색소를 생산할 수 없다. 따라서 이들은 하얀색 꽃이 핀다.

만약에 *A*와 *a* 대립유전자가 마치 *SBE1* 유전자에 의해 표현된 것처럼, 단순히 우성-열성의 관계라면 *Aa* 이형접합체 식물은 붉은색 꽃을 피울 것이다. 하지만 이 경우, 이형접합체에서는 유전자 발현 전체의 50%로 감소한 — 왜냐하면 오직 하나의 기능이 있는 유전자 복제본만 있기 때문에 — 세포에서 안토시아닌 합성 효소가 필요한 수준만큼 유지되지 못한다. 오직 제한된 양의 안토시아닌이 만들어지고 이 경우에 꽃은 보다 매력적인 분홍색으로 핀다. 이런 종류의 기능 유무에 대한 대립유전자 간의 관계를 **불완전 우성(incomplete dominance)**이라 한다.

치사 대립유전자의 동형접합체는 사멸한다

이제까지의 두 예시에서 보다시피, 기능할 수 없는 대립유전자를 갖는 동형접합체는 특정한 효소를 만들지 못하지만 건강하게 자란다. 완두콩에서 SBE1 효소가 없으면 단지 콩 모양이 둥글지 않고 주름질 뿐이다. 또한 카네이션의 색소 합성 효소가 없으면 단지 꽃 색깔이 달라질 뿐이다.

기능할 수 없는 두 대립유전자를 가진 생물체의 동형접합체에서 유전자 생성물이 없으면 좀 더 심각한 결과를 낳는다. 이 경우, 기능할 수 없는 대립유전자를 **치사(lethal)**라고 말한다. 왜냐하면 이 동형접합체는 생존할 수 없기 때문이다.

치사 대립유전자의 가장 흥미 있는 예로 **금어초(snapdragon)**의 *aurea* 유전자이다. 이 유전자는 클로로필 합성에 관여하는 단백질을 암호화한다. 이 식물은 광합성을 하기 위해서는 클로로필을 합성해야만 하고 광합성을 할 수 없으면 생존할 수 없다. 기능할 수 있는 *aurea* 유전자의 두 복제본이 있는 식물은 모두 건강하게 자란다. 이 식물

그림 15.5 금어초 *aurea* 유전자의 L^A 대립유전자는 치명적이다. 동형접합체는 L^A L^A는 생존할 수 없다. 이형접합체 L^GL^A는 생존에 필요한 클로로필을 생산하며 잎은 옅은 노란색을 띤다.

의 유전자형은 대개 L^GL^G로 나타낸다. 이것은 기능할 수 있는 두 대립유전자를 갖고 많은 양의 클로로필을 생산하여 녹색을 띠며 건강하게 살아갈 수 있다(**그림 15.5**).

유전자형이 L^GL^A인 이형접합체에서 하나의 활성이 있는 L^G 대립유전자는 약간의 클로로필 합성이 가능하여 식물이 생존하는 데 충분한 양이지만, 이들의 잎은 녹색이 아니라 옅은 노란색을 띤다. *Aurea*라는 이름은 실제로 "황금의(golden)" 변종이라는 뜻과 관련이 있다. 하지만 두 활성이 없는 유전자 복제본을 가진 동형접합체는 클로로필을 합성할 수 없어 광합성을 할 수 없다. 동형접합체 L^AL^A 씨앗은 발아할 수 있지만, 모종은 잘되지 않고 오래 살지 못한다. 따라서 L^A와 L^G는 불완전 우성을 나타내고 L^A는 치사 대립유전자이다.

Aurea 유전자를 치사 대립유전자의 한 예로 들 수 있고, 이들 동형접합체에서는 생물체의 발달 과정은 일어나지만 성숙하게 성장되지는 못한다. 보다 극단적인 다른 치사 대립유전자는 수정란이 생존하지 못하거나 수정 자체도 전혀 일어나지 못하는 경우이다. 유전자 발현에 관한 연구로부터 공격적인 치사 대립유전자의 많은 예시를 생각해 볼 수 있다. RNA 중합효소, 혹은 리보솜 단백질 혹은 DNA 복제에 필요한 효소 중에 하나를 암호화하는 대립유전자는 분명히 동형접합체 상태에서 치명적인 죽음을 초래할 것이다.

어떤 대립유전자는 공우성이다

다음에 나오는 마지막 대립유전자 관계는 **공우성(codominance)**이다. 공우성을 보이기 위해서는 대립유전자 쌍의 양쪽 모두 기능할 수 있어야만 한다. 이형접합체에서 양쪽의 대립유전자가 모두 활성이 있을 때 공우성이 일어날 수 있다.

보통 공우성을 알아보기 위하여 생물체에 대한 생화학을 조사할 필요가 있다. 가장 쉽게 이해되는 예시 중의 하나는 인간의 MN 혈액형 시리즈이다. 사람의 혈액형은 혈액 속의 어떤 단백질 분자를 확인하는 데 달려 있다. M과 N은 L^M과 L^N으로 표기된

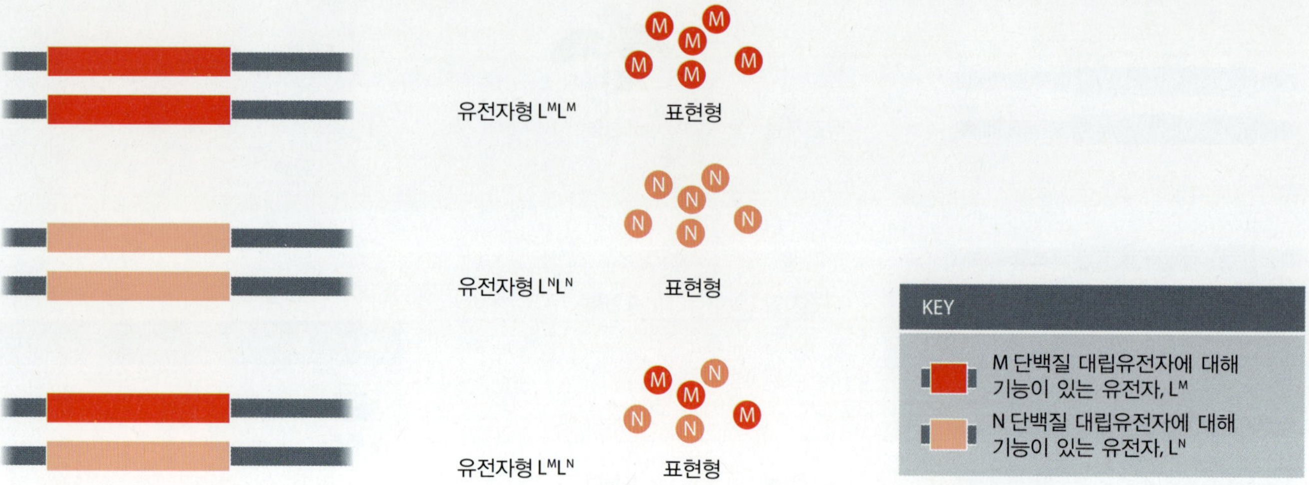

그림 15.6 M과 N 혈액 단백질 유전자의 공우성. 이형접합체 L^ML^N은 M과 N 양쪽 단백질들을 다 만들 수 있고 따라서 혈액형 MN형이다.

대립유전자 쌍으로 암호화되어 있다(**그림 15.6**). L^ML^M 동형접합체를 가진 사람은 다만 M 단백질을 만들 수 있고 따라서 혈액형 M을 갖는다. 이와 비슷하게 L^NL^N 동형접합체 유전자형은 N 단백질을 생산하고 혈액형은 N이다. 하지만 이형접합체는 양쪽 대립유전자가 있고(L^ML^N), 양쪽 모두 이들 백질 합성을 지시한다. MN 혈액형에서 어느 대립유전자도 우성이 될 수는 없다.

공우성은 많은 대립유전자 쌍의 양쪽 다 기능할 수 있는 유전자일 경우에 나타난다. 그러나 양쪽이 기능할 수 있는 대립유전자 쌍의 관계라고 해서 결코 공우성이 되는 것은 아니다. 기능할 수 있는 두 대립유전자도 우성-열성의 쌍으로 작용할 수 있고, 비록 드물게 불완전 우성이 나타나기도 한다. 대립유전자 쌍에 의해 표현되는 관계를 확인하는 것이 중요하고, 기능할 수 없거나 혹은 두 유전자가 다른 활성을 가지는지에 대해 아는 것이 이들 대립유전자의 분자 수준의 작용을 이해하는 출발점이 된다. 20장에서 인간 유전자 질병을 연구하는 응용 분야에 있어서, 이와 같은 관계를 이해하는 것이 얼마나 중요한지 확인할 수 있을 것이다.

15.2 서로 다른 유전자의 대립유전자 사이의 상호작용

비록 많은 표현형이 단지 하나의 유전자 활성과 관련되어 표현되지만, 수많은 표현형들은 둘이나 그 이상의 유전자 사이의 상호작용 결과이다. 이러한 상호작용을 이해하는 것이 어떻게 게놈(genome)이 전체적으로 생물체의 생물학적 특성을 표현하는지를 아는 데에 필수적이다.

여러 유전자에 의해 조절되는 다소 복잡한 특성은 서로 다른 대립유전자에 의해 어떤 영향을 받을 까? 라는 질문이 제기된다(**그림 15.7**). 함께 관여하는 두 유전자의 비교적 단순한 상호작용을 살펴보자. 그런 다음에, 수많은 유전자의 연합 활동에 의해 표현되는 **양적 형질(quantitative traits)**의 훨씬 더 복잡한 현상에 대하여 알아보고자 한다.

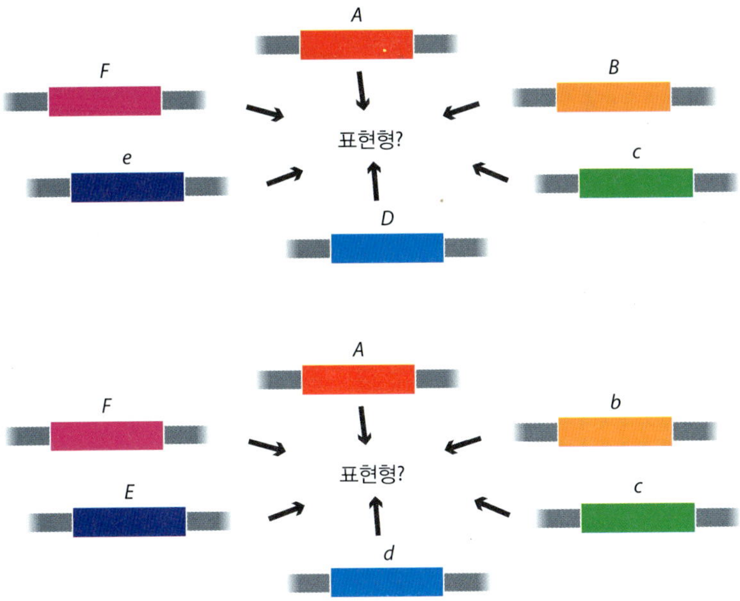

그림 15.7 여러 유전자의 서로 다른 대립유전자의 존재에 의하여 정해지는 복잡한 표현형이 어떻게 만들어질까? 이 예에서는 A–F의 6 유전자 각각은 두 대립유전자가 존재하며 표현형을 결정한다. 각각의 조합은 약간 다른 표현형으로 도출된다.

상호작용하는 유전자의 기능이 있는 대립유전자는 부가적인 효과를 갖는다

꽃의 색소는 서로 다른 유전자가 하나의 표현형을 만들기 위하여 상호작용할 수 있는 다양한 방법으로 표현된다. 어떤 식물들은 같거나 유사한 색깔을 나타내는 여러 가지 다른 꽃 색소들을 합성할 수 있다. 원추리속(*Hemerocalis* genus)의 왕원추리(daylily, **그림 15.8**)는 시아니딘cyanidin)과 페라고니딘(pelargonidin)이라 불리는 2종류의 안토시아닌 색소를 만든다. 둘 다 붉은색을 띤다. 시아니딘 합성 효소는 유전자 *C*에 의해 표현되고, 페라고니딘 합성 효소는 유전자 *P*이다. 각각의 유전자는 기능할 수 있는 대립유전자 *C* 혹은 *P*를 가지며, 기능할 수 없는 형은 *c* 혹은 *p*이다. 각 쌍의 대립유전자는 — *C*와 *c*, 그리고 *P*와 *p* — 불완전 우성을 나타낸다. 이들 대립유전자의 관계는 이미 전에 다룬 카네이션의 안토시아닌 합성 효소에 의해 표현된 것과 같다.

카네이션의 색소 합성 효소 대립유전자의 다른 조합으로부터 나온 표현형 결과의 지식을 바탕으로, 두 상호작용하는 유전자가 왕원추리 꽃 색깔에 미치는 영향에 대한 추론을 시작할 수 있다. 각각의 기능이 있는 대립유전자형인 *CCPP*의 이중 동형접합체는 최대한으로 시아니딘과 페라고니딘을 합성하여 진한 붉은색 꽃을 피게 한다(**그림 15.9A**). 천칭의 반대편의 다른 동형접합체인 *ccpp*는 어떤 색소도 만들 수 없어 순수한 하얀 꽃을 피운다.

지금까지의 결과는 오직 하나의 색소 합성 유전자에 관한 것이지만 다른 가능성을 고려해 보면 차이가 생긴다(**그림 15.9B**). 이중 동형접합체에 이외에, 두 유전자를 함께 고려해보면 다양한 다른 유전자형들이 생긴다. 이것들은 *CcPP*, *Ccpp*, *CCPp*, *CCpp*, *ccPP*, *ccPp*이다. 이들 각각의 유전자형의 식물은 어떤 표현형으로 표현될까?

이들 표현형을 알아보는 가장 쉬운 방법은 각각의 기능할 수 있는 대립유전자가 색소

그림 15.8 원추리속의 왕원추리

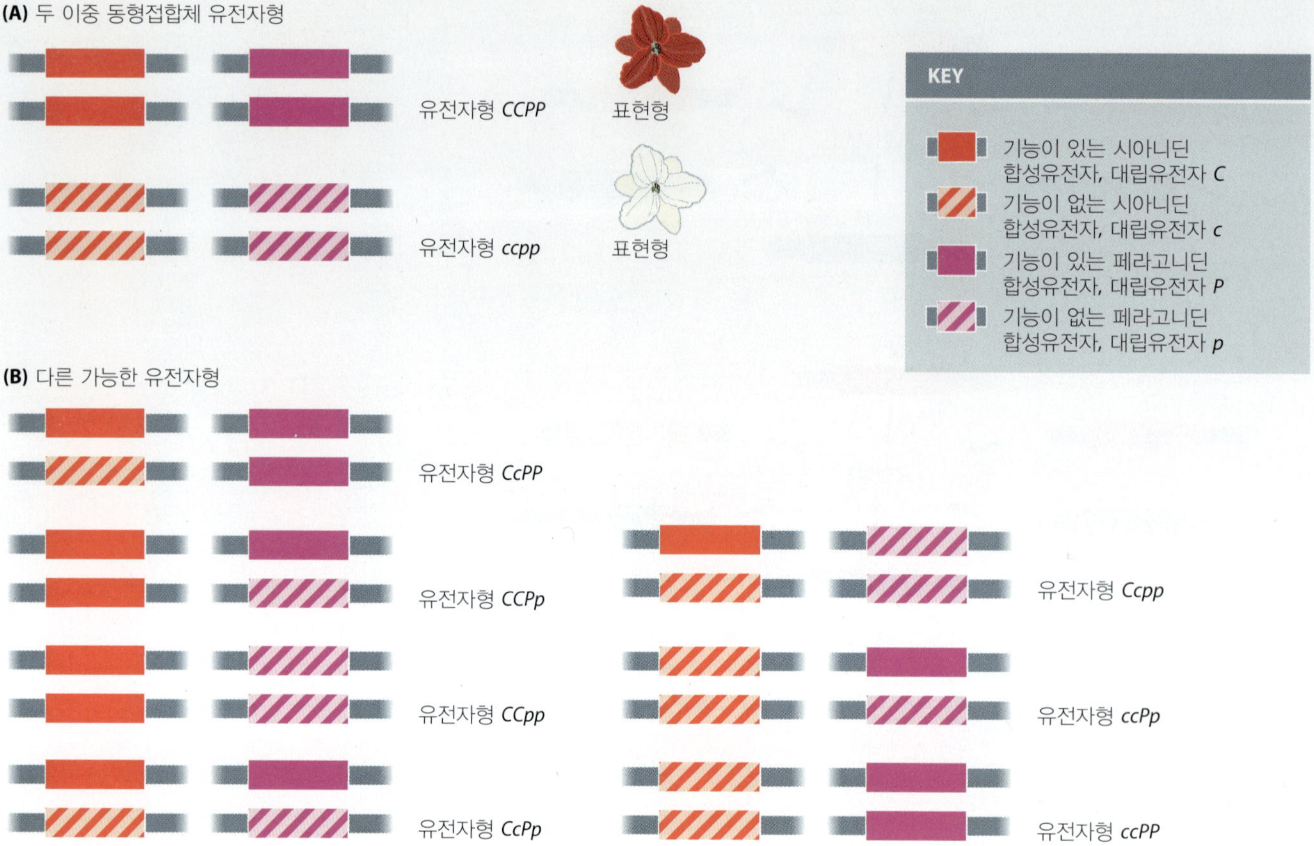

그림 15.9 왕원추리 꽃 색의 유전적 근거. (A) 두 이중 동형접합체의 표현형이 예측될 수 있다. (B) 하나 혹은 2개의 유전자가 이형접합체일 때 7가지 추가의 유전자형이 있다.

의 단위로서 얼마나 기여하는지를 조사하는 것이다(**표 15.1**). 이 해석에 따르면 이중 동형접합체인 CCPP는 색소 4 단위이고 진한 붉은색 꽃을 피운다. 다른 이중 동형접합체인 ccpp는 색소 0 단위이고 따라서 꽃은 하얀색이다. 이들 사이에 1, 2, 3개의 기능성 있는 대립유전자를 가진 유전자형은 1, 2, 3의 색소 단위를 가진다. 이것은 붉은색과 하얀색 사이에 세 가지 중간 색소의 꽃이 있다는 것을 의미한다. 이것들은 왕원추리 판매 회사에서 대담한 표현으로 seashall, babypink, salmon이라는 이름으로 불리우는 연한 분홍색, 분홍색, 연한 붉은색 꽃들이다.

표 15.1에는 두 가지 중요한 점이 있다. 이미 살펴본 것처럼, 첫째, 서로 다른 유전자의 대립유전자가 부가적인 방법으로 연합하여 생물의 표현형을 결정한다는 것이다. 둘째, 유전자형의 개수는 5개의 가능한 제각각의 표현형에서 똑같지 않다는 점이다. 붉은색과 하얀색은 오직 하나의 방법이 있다. 하지만 연한 분홍색과 연한 붉은색은 2

표 15.1 두 상호작용하는 합성유전자에 의한 색소 생산

색소 단위의 수	유전자형	표현형
4	*CCPP*	붉은색
3	*CCPp*, *CcPP*	연한 붉은색
2	*CCpp*, *ccPP*, *CcPp*	분홍색
1	*Ccpp*, *ccPp*	연한 분홍색
0	*ccpp*	하얀색

개의 가능한 유전자형이 있고, 분홍색은 3개의 유전자형이 있다. 대집단의 왕원추리를 살펴보면 붉은색과 하얀색은 상대적으로 거의 없고 분홍색이 가장 흔한 색의 꽃일 거라고 예상된다. 더 나아가 각각의 꽃의 색을 예측하면 종 모양의 분포를 나타내는 **정규 분포(normal distribution)** 혹은 **가우스 분포(Gaussian distribution)**를 형성한다(그림 15.10). 이것은 다중 유전자에 의해서 정량적으로 표현되는 특성인 점에서 중요한 현상이라고 볼 수 있다.

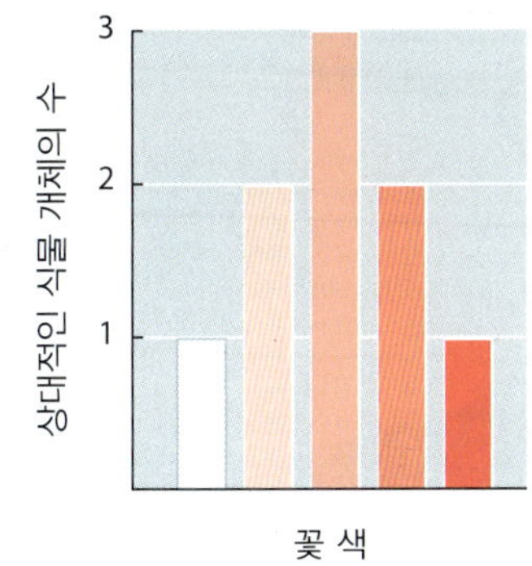

그림 15.10 대단위 수의 왕원추리 꽃 색에 대한 예측된 분포

생화학적 회로의 여러 다른 단계에서 조절되는 유전자 사이에 일어나는 중요한 상호작용

지금까지 살펴본 꽃 색깔의 예는, 다른 종류의 붉은색 색소의 합성에 관여하는 두 유전자가 포함된다. 따라서 기능성 있는 대립유전자가 부가적(additive)으로 작용하여 꽃 색깔이라는 표현형에 영향을 준다.

이제 하나의 꽃 색소 합성의 조절에 함께 작용하는 한 쌍의 유전자가 나타내는 상호작용을 생각하여 보자. 색소의 전구 물질이 중간 물질로 되고 이것이 색소로 전환되는 두 단계 생화학적 회로로 합성되는 가상적인 예를 들어 시작해 보자(그림 15.11). 유전자 X와 Y가 두 단계 생화학적 회로의 반응에 촉매로 작용하는 효소들을 암호화하고 종전과 같이 대립유전자 *X*와 *Y*는 기능할 수 있고 *x*와 *y*는 기능할 수 없다.

두 유전자가 한 회로에 같이 작용할 때, 생산물을 합성하기 위해서는 적어도 각각의 유전자에 하나의 기능할 수 있는 대립유전자가 있어야만 한다. 예를 들어보면 유전자 X의 기능할 수 있는 대립유전자가 전구 물질을 중간 물질로 만들기 위하여 필요하고, 중간 물질을 색소로 만들기 위해서는 유전자 Y의 기능할 수 있는 대립유전자가 필요하다. 이것은 4가지 유전자형인 *XXYY*, *XxYY*, *XXYy*, *XxYy* 만이 색소를 합성한다는 것을 의미한다. 5가지 가능한 유전자형 각각은 — *xxYY*, *xxYy*, *XXyy*, *Xxyy*, *xxyy* — X 또는, Y 유전자 중에 하나는 기능할 수 있는 대립유전자가 없어서 색소를 생산할 수 없다.

이런 종류의 관계는 생물계에서는 흔하다. 2개나 그 이상의 유전자가 생화학적 회로의 다른 단계에 관여하는 효소들을 지정하는 경우에도 모두 해당된다. 여기에서는 색소 합성을 예로 들었지만 아미노산이나 필수 비타민의 합성에 대한 회로에도 적용할 수 있다. 표현형을 만들기 위하여 2개의 분리된 유전자의 대립유전자의 특별한 조합으로 형성된 이런 관계를 때때로 **상호보완적 유전자 작용(complementary gene action)**이라고 명명한다.

상위는 한 유전자의 대립유전자가 두 번째 유전자의 효과를 감추게 하는 상호작용이다

상호보완적 유전자 작용을 종종 언급하지만, 위에서 언급된 유전자 X와 Y의 관계를 **상위(epistssis)**로 쓰는 것이 보다 더 정확한 표현이다. 상위는 한 유전자의 어떤 대립유전자가 2번째 유전자의 대립유전자의 효과를 차폐하거나 무효화하는 것이다. 그림

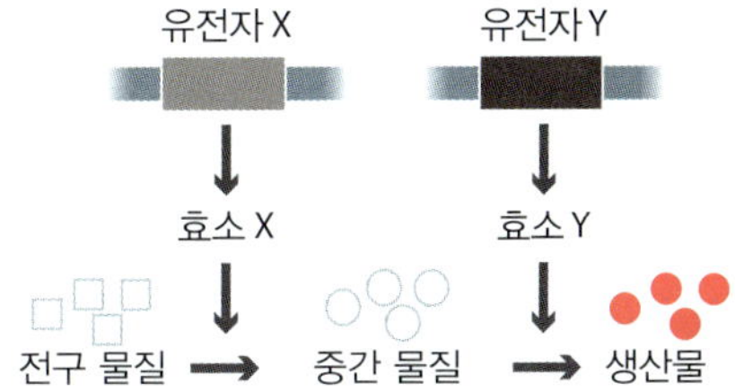

그림 15.11 색소 합성을 이끄는 생화학적 합성 경로의 서로 다른 단계에 관여하는 효소를 암호화하는 유전자 한 쌍. 유전자 X의 생산물은 색이 없는 전구 물질로부터 색이 없는 중간 물질로 전환시킨다. 유전자 Y는 중간 물질을 색소로 전환시킨다.

그림 15.12 오렌지색의 다육질 가운데 열매 껍질을 보이는 버터호두호박

15.11에서 설명된 예시처럼 유전자형 *xx*는 유전자 Y의 유전자형을 차폐시킨다. 이것은 유전자형 *YY*, *Yy*, *yy* 간의 차이가 없게 만든다. 즉, 색소를 합성 못하는 표현형으로 표현된다. 이와 유사하게 *yy*도 유전자 X의 유전자형을 차폐시킨다. 이 두 유전자는 서로에 대하여 상위이다.

상위 유전자의 기능이 없는 열성 대립유전자에 의해 차폐 효과가 일어나는 예를 살펴보았다. 우성의 기능이 있는 대립유전자도 2번째 유전자에 상위로 작용하는 것 또한 가능하다. 식물 색소를 주제로 계속하여 호박의 색에 대한 예를 들어보자. 호박 가운데 열매 껍질이나 다육질 부분이 오렌지색을 띠는 것은 과일의 영양가를 높이는 카로티노이드 색소 때문이다(**그림 15.12**). 카로티노이드 색소는 유전자 G로 암호화된 효소에 의해 녹색 전구 물질로부터 합성된다(**그림 15.13**). 기능할 수 있는 대립유전자인 *G*는 기능할 수 없는 *g*에 대하여 우성이고, 따라서 유전자형 *GG*와 *Gg*는 오렌지색 호박을 유전자형 *gg*는 녹색 호박을 만든다.

W라 불리는 상위 유전자가 있다. 이 유전자의 우성 형질이 하나 혹은 그 이상 있을 때, 즉 *WW*이거나 *Ww*일 때 호박은 하얀색이다. 상위에 대한 이번 예의 생화학적 설명은 *W* 대립유전자는 녹색 색소 합성에 대한 전구 물질 합성을 억제하는 단백질을 암호화한다. 이렇게 녹색 색소가 만들어지지 않음에 따라, 호박의 가운데 껍질은 하얀색이다. 이에 따라, 유전자형 G는 카로티노이드 색소로 전환시킬 녹색의 전구 물질이 없으면 작동되지 않기 때문에 호박의 색소에 영향을 주지 못한다. 따라서 유전자 W는 유전자 G에 비하여 우성 상위를 보인다.

다수의 유전자 사이의 상호작용은 정량적인 특성을 나타낸다

지금까지 한 쌍의 유전자가 상호작용할 수 있는 방법에 대하여 살펴보았다. 인간 게놈에는 20,500개의 유전자가 있고, 따라서 단순한 한 쌍의 유전자 상호작용은 비교적 흔하게 일어나지 않고 대부분 다수의 유전자의 상호작용이 일어난다고 생각된다. 따라서 여러 유전자가 한 표현형에 관계된 예를 조사해야 한다.

다수의 유전자 효과에 대한 징후는 앞에서 왕원추리 색소 유전자의 부가적인 효과를 다룬 바 있다. 하얀색에서 붉은색까지 5단계의 다른 색소를 확인하였고, 이들은 단지 두 유전자 사이의 상호작용의 결과이었다. 무작위로 식물을 선택할 경우 이 5단계의 색소는 서로 다른 빈도로 발생하고 종(bell) 모양의 곡선 분포를 보인다(그림 15.10 참조)

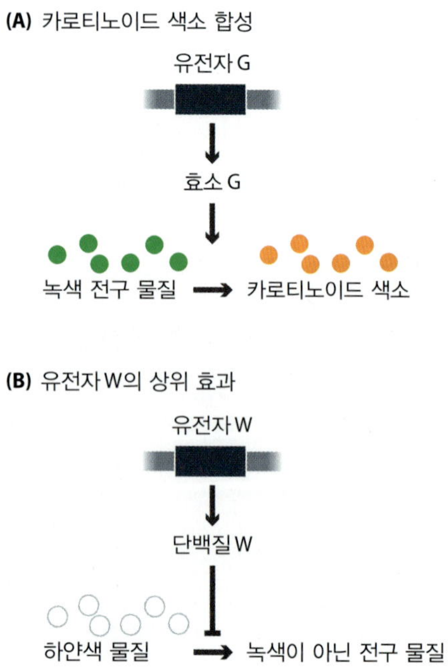

그림 15.13 호박에서의 카로티노이드 색소 합성
(A) 유전자 생산물 G에 의한 카로티노이드 색소 합성. (B) 유전자 W의 상위 효과

종 모양의 곡선은 다수 유전자 사이의 상호작용으로 생기는 표현형의 특징적인 모습이다. 상호작용하는 유전자가 3, 4 혹은 수백 개라도, 단지 차이는 유전자가 많으면 많을수록 곡선이 좀 더 부드러워질(smoother) 뿐 종 모양은 그대로 유지한다는 것이다(**그림 15.14**) 사람의 키 크기와 같은 정량적인 특성은 많은 유전자에 의하여 정해지고 이를 인구집단에서 조사한다면 정확히 연속적인 가우스 분포 양상을 보일 것이다(**그림 15.15**) 신장을 포함한 많은 정량적인 특성은 음식 같은 환경 인자에 의해 영향을 받기 때문에 유전적인 기준을 정하는 것이 복잡하게 된다.

오늘날 정량적인 특성의 중요성 때문에 이들 특성에 대한 연구가 대규모로 진행되고 있다. 예를 들어, 대부분의 곡식과 농장 동물의 생산성은 종자의 크기, 무게 당 고기(meat)의 바율과 같은 정량적인 특성으로 정해진다. 의약에서는 정량적인 특성이 중요한데, 이는 특정 질병에 대한 민감성은 다수의 유전자 사이의 상호작용에 좌우되기

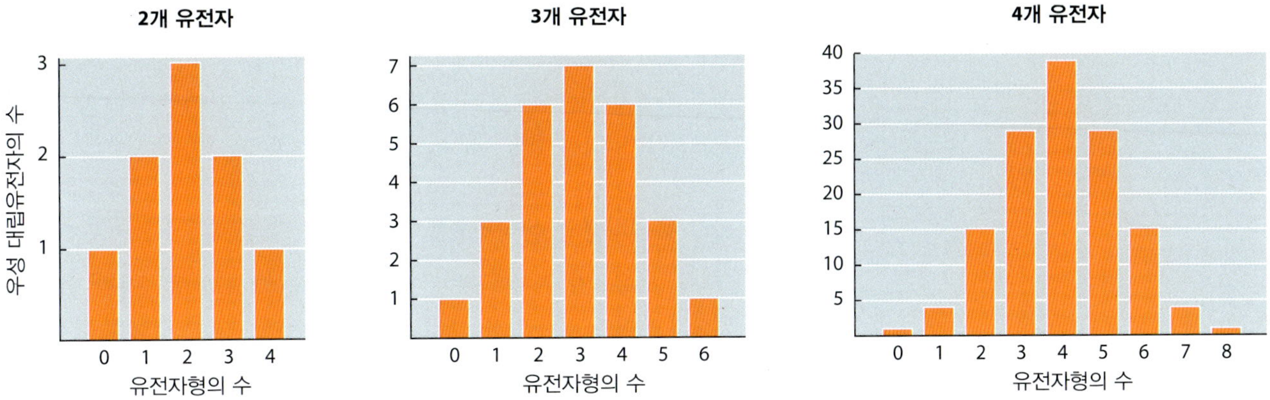

그림 15.14 2개, 3개, 4개의 유전자 들이 부가적인 양상으로 작용하여 불완전 우성을 보이는 표현형의 예측되는 분포

때문이다. 따라서 민감성은 대체로 인구에 대해 가우스 분포를 나타낸다. 전형적인 분포에서 최극단에 놓일 때 질병이 진행될 수 있는 것이다(**그림 15.16**).

15.3 동일 염색체 내에 위치한 유전자의 유전

유성생식에서 찾아보는 마지막 주제는 한 염색체에 위치하는 여러 유전자가 유전되는 방법에 관한 것이다. 물론 이들 유전자는 항상 함께 유전되지만, 재조합 결과로 일어나는 상동염색체 간에 조각들의 교환이 일어나기 때문에 감수 분열 동안에 대립유전자의 조합은 바뀔 수 있다.

유성생식에서 순전히 대립유전자의 관점에서 살펴보면 재조합의 효과는 매우 사소한 부분이다. 어떤 대립유전자는 다른 것들과 교환될 수 있고 유성생식의 결과로 생물체의 표현형에 영향을 줄 수도 있다. 이미 15장의 초입부에서 이들의 중요성을 다룬 바 있다. 대립유전자에 대한 재조합의 효과를 조사해야만 하는 이유는, 염색체 내의 유전자의 위치를 지도로 만드는 데 사용하는 방법의 근거가 되기 때문이다. 오늘날 비교적 쉽게 모든 염색체의 DNA 서열을 얻을 수 있음에도 불구하고 유전자의 위치를 산정하는 방법이 필요하다. 특히, 엑손에 해당되는 유전자가 수 kb에 걸쳐 분산되어 있

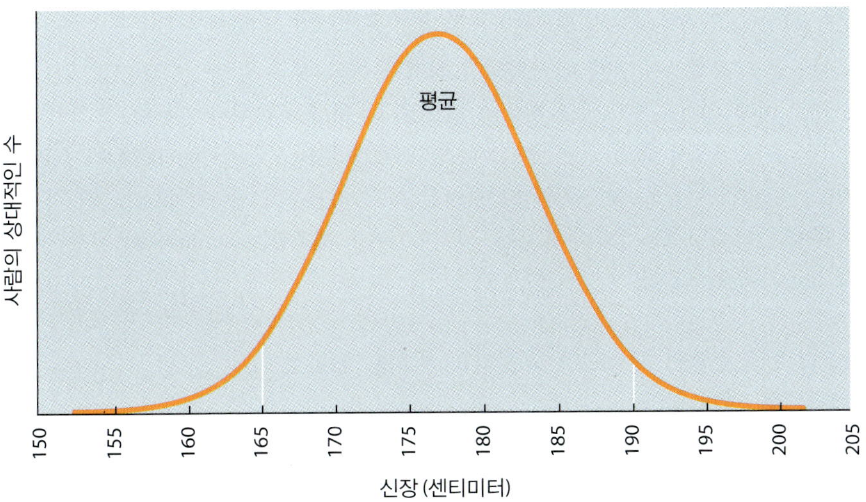

그림 15.15 미국 성인 남성의 신장의 분포 양상

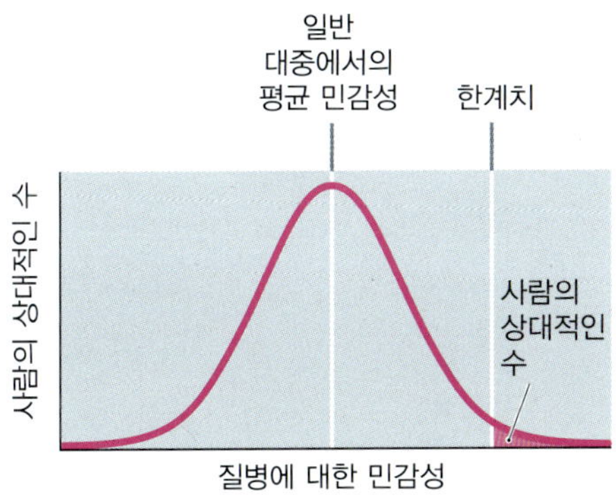

그림 15.16 어떤 질병에 대한 민감성은 인간에게 정량적인 특성으로 인구집단에 적용하면 가우스 분포를 보인다. 사람 모두는 각각 어느 정도의 민감성을 보이지만 대립유전자의 특별한 조합에 의해 한계치의 오른편에 있는 사람은 질병이 발병될 가능성이 높다.

을 경우, 단순히 DNA 서열을 조사하는 것으로 유전자의 위치를 찾기가 매우 힘들 수 있기 때문이다. 또한 대략의 염색체에서의 위치를 알아내는 아이디어가 필요한 것은 DNA 서열에서 찾고자하는 부분을 집중하여 조사할 수 있기 때문이다. 따라서 어떻게 재조합이 유전자 지도 제작에 사용되는지 알아야만 한다.

교차는 재조합 유전자형의 생식세포를 낳는다

재조합을 염색체 내 유전자 위치에 대한 지도를 만드는 데 어떻게 사용할 수 있을까? 이 질문에 답하기 위하여 교차가 유전되고 있는 유전자에 미치는 영향을 고려할 필요가 있다.

두 유전자에 대하여 이들 각각은 두 대립유전자를 가지고 있다고 가정하자. 첫 번째 유전자를 A라 하고 이것의 대립유전자는 *A*와 *a*이다. 두 번째 유전자는 B라 하고 이것의 대립유전자는 *B*와 *b*이다. 이들 두 유전자가 초파리(*Drosophila melanogaster*) 1번 염색체에 있다고 가정한다. 유전자 지도 제작에 사용했던 기술이, 1910년대에 모건(Morgan)과 그의 학생들에 의해서 초파리에 처음 적용하였기 때문에 이 생물체를 예로 들어 설명하고자 한다.

1번 염색체의 한 복제본은 *A*와 *B*의 대립유전자를 가지며 다른 복제본은 *a*와 *b*의 대립유전자를 가진 2배체 핵의 감수 분열을 따라가 보자. 이 상황은 **그림 15.17**에서 2가지 다른 시나리오로 설명된다. 첫째는 A와 B 대립유전자 사이의 교차가 일어나지 않는다. 이렇게 교차가 일어나지 않으면, 나타나는 두 생식세포는 *A*와 *B*의 대립유전자를 가진 1번 염색체 복제본을 포함하며, 다른 두 생식세포는 *a*와 *b* 대립유전자를 가진 1번 염색체 복제본을 포함한다. 달리 말하면, 두 생식세포는 *AB* 유전자형을 가지며, 다른 두 생식세포는 *ab* 유전자형을 가진다.

두 번째 시나리오는 유전자 A와 B 사이에 교차가 일어나는 경우이다. 이 경우 유전자 A를 포함하는 조각이 상동염색체 사이에서 교환이 일어난다. 이 결과, 각각의 생식세포는 다른 유전자형을 갖는다. 따라서 이들의 비율은 1*AB* : 1*aB* : 1*Ab* : 1*ab*이다.

이제 100개의 같은 세포에서의 감수 분열 결과에서 어떤 일이 발생하였는지 생각해 보자(**그림 15.18A**) 만약에 교차가 전혀 일어나지 않았다면, 200개의 생식세포는 유전자형이 *AB*이며 나머지 200개의 유전자형은 *ab*이다. 이것을 완전히 **연관(linkage)**되어 있다고 하며, 두 유전자는 마치 감수 분열 동안에 하나의 단위로 행동한다.

만약에 감수 분열에서 A와 B 사이에서 교차가 어느 정도 일어난다면 어떤 일이 벌어질까? 이제 대립유전자 쌍이 하나의 단위로 더 이상 유전되지 않는다. 교차가 100개의 감수 분열에서 40번 일어난다고 하자(**그림 15.18B**). 이 결과는 160*AB* : 160*ab* : 40*Ab* : 40*aB*의 비율로 생식세포가 만들어진다. 이 연관은 완전하지 않고 단지 부분적일 뿐이다. 2개의 **부모** 유전자형 (*AB*, *ab*) 이외에도 **재조합(recombinant)** 유전자형인 (*Ab*, *aB*)가 만들어진다.

재조합 빈도로부터 계산되어 유전자의 위치를 지도로 작성할 수 있게 한다

감수 분열로부터 얻어진 생식세포의 유전자형에 교차가 주는 영향이 지대하기 때문에 염색체에서 유전자의 위치를 어떻게 정하는가를 알기 위하여 조금 더 깊이 들어가 보자.

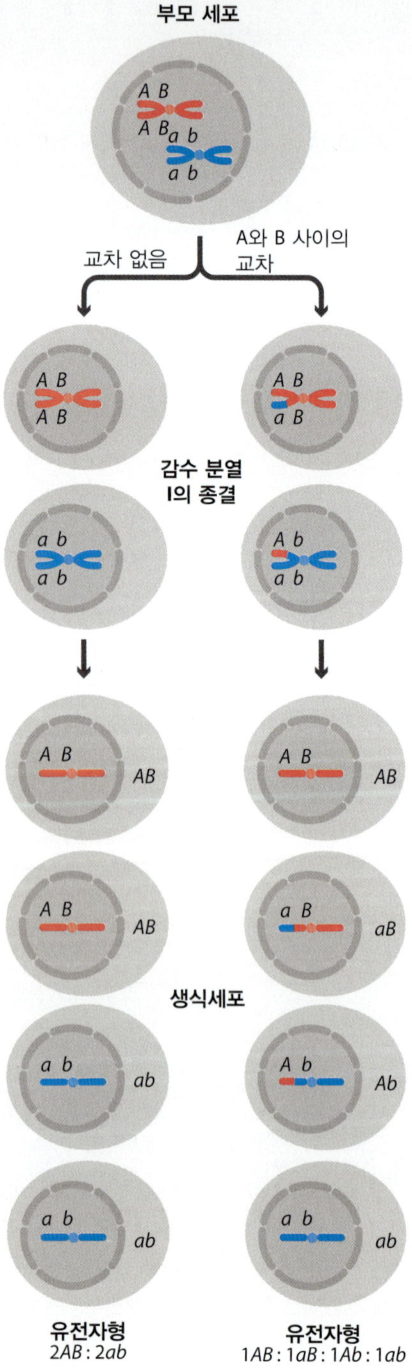

그림 15.17 감수 분열로부터 나온 생식세포 유전형에 대한 교차 효과

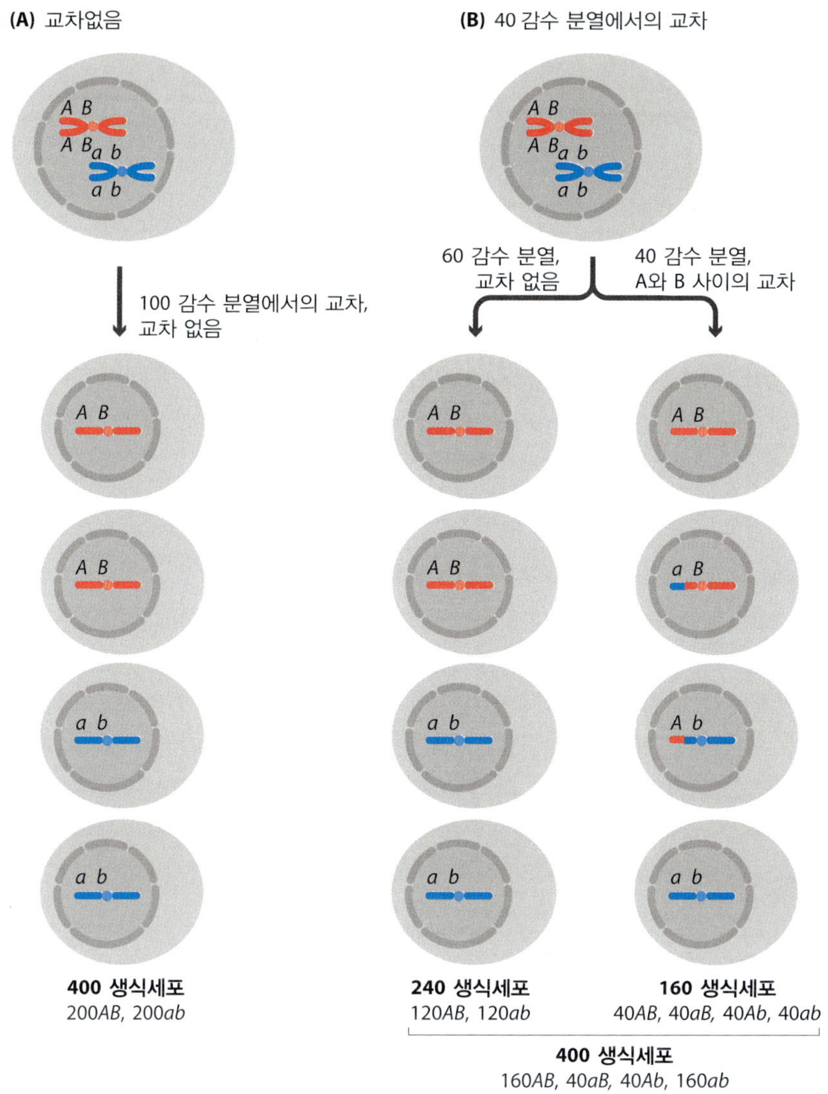

그림 15.18 100 감수 분열로부터 얻은 생식세포를 조사하였다. (A) 유전자 A와 B는 교차가 없으므로 완전 연관을 나타낸다. (B) 어느 정도 감수분열에서 유전자 간에 교차가 일어나므로 유전자 A와 B 사이의 부분적인 연관을 나타낸다.

교차가 한 줄로 배열한 염색체 쌍을 따라, 어떤 위치이든지 같은 확률로 일어나는 무작위 과정이라고 하자. 만약에 이 가정이 옳다면 가까이 있는 두 유전자는 교차에 의하여 분리될 가능성이 더 멀리 떨어진 유전자 보다 적게 될 것이다. 더욱이 유전자가 교차에 의해 연관되지 않을 확률은 그들이 염색체 상에서 얼마나 멀리 떨어져 있는가와 직접 비례할 것이다. 따라서 **재조합 빈도(recombination frequency)**는 두 유전자 사이의 거리를 재는 척도가 된다. 다른 유전자 쌍에 대한 재조합 빈도를 산정한다면 염색체 상에서 그들의 상대적 위치에 대한 지도를 작성할 수 있을 것이다(그림 15.19).

첫 번째 유전자 지도는 1913년 모건 실험실에서 일했던 학부 학생 스턴트반트(A. Sturtevant)에 의해 작성되었다. 그가 연구했던 두 유전자는 눈의 주홍색 색소를 결정하는 유전자 V(vermilion)와 하얀색 색소를 결정하는 유전자 W(white)이다. 세 번째 유전자는 소형의 날개를 만드는 유전자 M(miniature)이고, 네 번째 유전자는 노란색의 몸통을 만드는 유전자 Y(yellow)이다. 스턴트반트는 각각의 유전자 쌍에 대하여 재조합 빈도를 산정하였으며 1.3%~33.7%의 값을 얻었다. 이 자료로부터 그림 15.20에서와 같은 유전자 지도를 그릴 수 있었다.

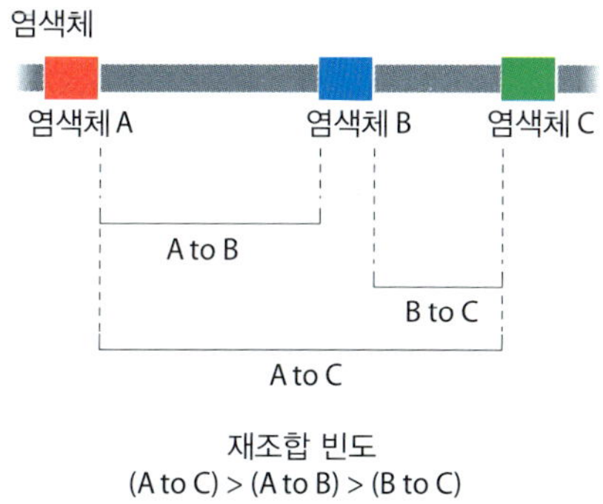

그림 15.19 염색체 상의 유전자 위치의 지도를 제작하기 위해 재조합 빈도를 사용하는 원리

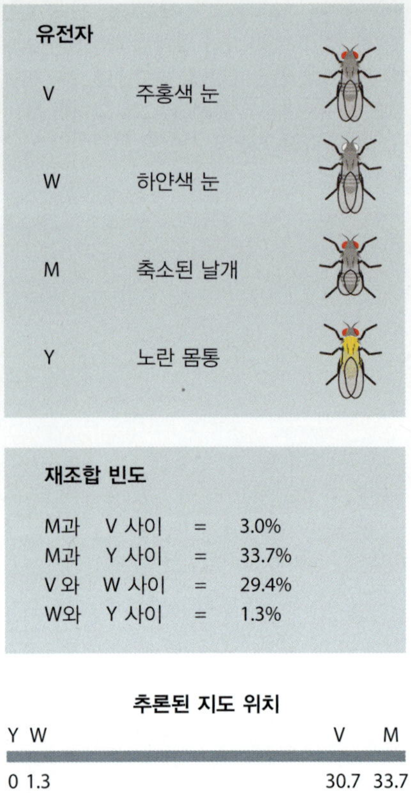

그림 15.20 초파리 염색체 1번의 4개의 유전자 위치를 보여주는 스터트반트의 지도. 유전자 간의 재조합 빈도는 추론된 지도 위치를 따라서 표시된다.

모건 그룹에서는 가능한 많은 초파리 유전자의 지도 작성에 착수하여 1915년까지 85개의 유전자의 위치를 정하였다. 이들은 초파리 핵 내의 4쌍의 염색체에 해당되는 4개의 **연관 그룹(linkage group)**으로 나뉜다. 유전자 사이의 거리는 **지도단위(map unit)**로 표시되고 1 지도단위의 유전자 사이의 거리는 재조합 빈도 1%에 해당한다. 이 표기법에 따르면 하얀색 눈과 노란색 몸통의 유전자 사이의 거리는 재조합 빈도가 1.3%로 1.3 지도단위이다. 최근에는 **센티모건(centimorgan : cM)**이란 이름이 지도단위를 대체하기 시작하였다.

스턴트반트와 모건의 지도가 1세기 전에 만들어졌다는 것을 상기해보자! 초파리(*D. melanogaster*) 게놈 서열과 실제 유전자의 위치를 비교해보면, 똑같지는 않지만 거의 비슷하다(**그림 15.21**). 이것은 교차가 무작위하게 일어난다는 추측이 맞지 않기 때문이다. 염색체 내의 동원체 근처에서는 교차 빈도가 줄고 **재조합 핫스팟(recombination hotspots)**이라 불리는 부분이 다른 부분에 비하여 교차가 더 많이 일어난다. 이것은 유전자 지도에서의 거리가 실제 두 유전자 사이의 거리와는 정확하게 일치하지 않음을 의미한다. 또한 단 하나의 염색체에서 1번 이상의 교차가 동시에 일어날 수 있다. 그러나 얼마나 가까이에 있을 때 교차가 일어날 수 있을지에 대한 제한이 있어, 지도 제작 과정에 있어서 부정확한 요인이 된다. 이런 요건에도 불구하고 **연관 분석(linkage analysis)**은 게놈 서열에서 유전자를 확인할 때, 항상 유전자의 순서와 거리 추정에 있어 정확히 예측을 가능하게 하므로 유전자 지도가 유용하게 이용된다.

실제로, 유전자 지도 제작에는 계획된 육종 시험 혹은 혈통 분석이 필요하다

유전자 지도 제작에 필요한 것은, 유전자 쌍 사이에 재조합이 일어나는 빈도에 관한 정보이다. 실제로는 어떻게 이 정보를 얻게 될까?

아직도 대부분의 유전자 지도 제작 프로젝트는, 이를 처음에 고안한 모건의 방법을 사용한다. 이 방법은 연구 브리핑 15.2에서 설명한 것처럼, 알려진 유전자형을 가진 부모 사이의 교배로 얻어진 자손을 분석하는 것이다. 이와 같은 시도는 불가능한 것은 아니지만, 실제로 적용하기에는 매우 어려운 점이 있다. 적어도 이론적으로는 모든 진핵생물체에서 가능하다. 생물체는 적정한 시간 내에 자손을 얻기 위하여 비교적 수명이 짧아야만 한다. 따라서 초파리나 쥐는 적절하지만 코끼리는 적절하지 않다.

계획된 육종 실험으로 유전자 지도를 제작하는 것을 인간에서 적용하지 못하는 것은 인간의 수명이 문제가 아니라, 유전학자가 인간 육종 실험에 참여하는 참가자의 유전자형을 결정하는 것 외에 다른 것에 관심이 있기 때문이다. 하지만 그럼에도 불구하고 인간의 유전자 지도를 작성할 수 있다. 실제로 존재하는 모든 게놈에서 인간의 게놈에 대한 유전자 지도가 가장 상세하다. 인간의 질병에 관여하는 유전자를 확인하는 방법은, 유전자 지도를 작성함으로써 질병을 유발하는 유전자를 확인하는 것이 종종 질병을 치료하는 첫 단계가 된다.

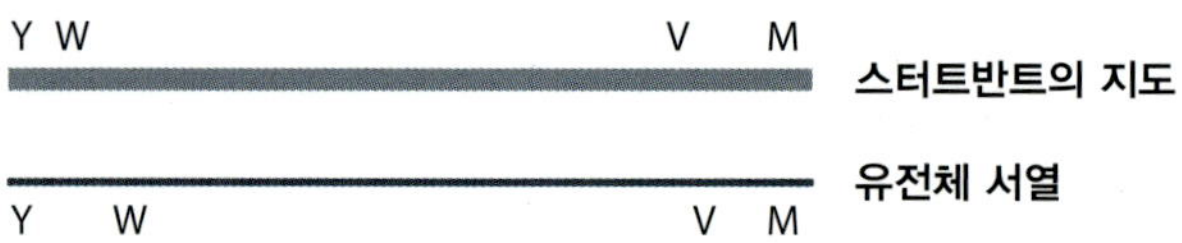

그림 15.21 네 유전자의 초파리 유전체 서열에서 위치와 스터트반트의 지도에서의 위치 비교

인간 유전자의 지도 제작은 혈통 분석을 통해 수행된다

인간의 경우에는 계획된 실험보다는 현존하는 가족의 연속적인 세대 구성원의 유전자형을 조사하여 재조합 빈도의 계산을 위한 데이터를 얻어야 한다. 이는 매우 제한된 데이터가 수집되어 종종 해석이 힘들어진다. 이런 제한이 생기는 이유는 이미 사망하였거나 혹은 협조하기를 꺼려하므로, 하나 혹은 그 이상의 가족 구성원의 유전자형에 대한 데이터를 얻을 수 없기 때문이다.

혈통 분석(pedigree analysis) 방법을 이용하여 데이터를 수집할 수 있고 발생하는 문제점들을 잘 대처할 수 있기에 인간에 대한 혈통 분석을 다루기로 한다.

두 부모와 여섯 자녀들로 이루어진 가족에 존재하는 유전병을 조사한다고 가정하여 보자(**그림 15.22A**). 유전병은 종종 인간에서 유전자 표지(marker)로 이용되며, 하나의 대립유전자가 유전병의 발병과 관련이 있으면, 건강한 상태는 이에 상응하는 다른 대립유전자와 관련이 있다. 가계도에서 어머니와 4자녀들은 병이 발생하였다. 가족 관계에서 외할머니 또한 병이 발생했었으며, 외할머니와 외할아버지는 이미 모두 사망하

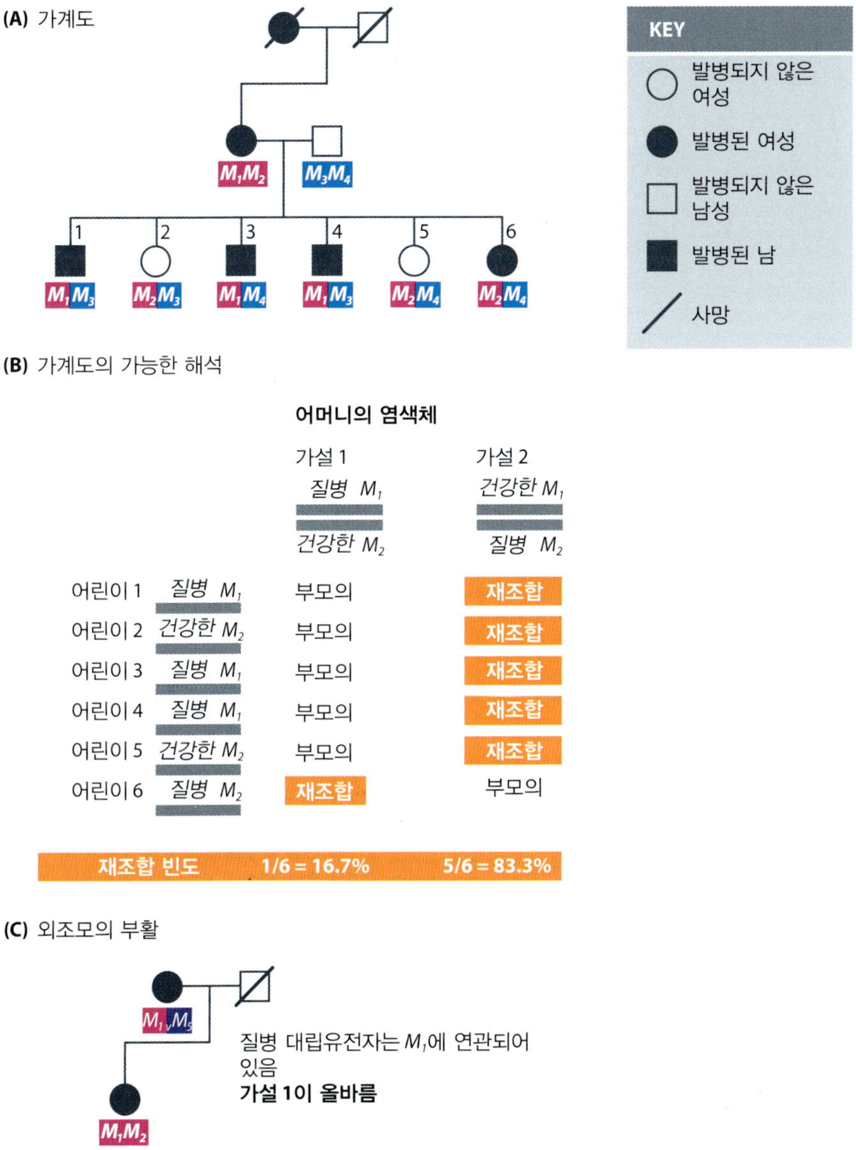

그림 15.22 인간 가계도 분석의 예. (A) 가족 기록으로부터 외조부모의 정보와 살아 있는 2명의 부모와 6명의 아이들 가족의 유전병의 유전에 관한 가계도이다. 질병 대립유전자는 (검은색 동그라미와 네모) 건강 대립유전자에 (하얀색 동그라미와 네모) 비해 우성이다. (B) 가계도는 두 다른 방법으로 해석될 수 있다. 가설 1은 낮은 재조합 빈도로 질병 유전자가 유전자 M과 단단히 연관되어 있다. 가설 2는 질병 유전자와 유전자 M이 거의 연관되어 있지 않다. (C)에서는 외조모의 유전자형이 가설 1과 부합하게 되어 문제가 해결되었다.

연구 브리핑 15.2

진핵생물의 유전자 지도 제작

진핵생물에서 유전자의 위치를 지도 제작하는 첫 번째 방법은 모건과 그의 동료들에 의하여 대략 100년 전에 고안되었다. 이 방법은 시험 기간을 거쳐 계획된 육종 실험이 수행될 수 있는 생물체들을 통해, 오늘날까지도 계속 사용되고 있다. 어떻게 이러한 실험들이 수행되고, 얻어진 데이터들이 어떻게 유전자 지도로 전환되는지 알아보고자 한다.

육종 실험을 통한 유전자 지도 제작에서 검정 교배가 가장 중요하다

유전자 지도 제작의 열쇠는 감수 분열에서 얻어진 생식세포(gamete, 배우자)의 유전자형을 결정할 수 있는 것이다(그림 15.18 참조). 그런 다음, 교차(crossover)로부터 유전자 쌍 간의 재조합 빈도를 계산할 수 있다. 유전적 교차의 복합성은 2배체 자손이 1개의 감수 분열 결과가 아닌 2개의 감수 분열 결과라는 것이다(부모 각각이 하나의 감수 분열). 대부분의 생물체에서 교차는 남성과 여성의 양쪽 생식세포를 생산하는데 동일하게 일어날 가능성이 있다. 어쨌든 2배체 자손의 유전자형으로부터 각각의 두 감수 분열에서 일어난 교차 사건(events)을 풀어줄 수 있어야만 한다.

이 수수께끼에 대한 해답은 그림 1에서 설명한 대로, **검정 교배(test cross)**를 하는 것이다. 검정 교배는 유전자 A와 (대립유전자 *A*와 *a*) 유전자 B의 (대립유전자 *B*와 *b*) 위치에 대한 지도 제작을 위해 준비한 것이다. 검정 교배의 중요한 특성은 두 부모들의 유전자형이다. 부모 중의 하나는 **이중 이형접합체(double heterozygote)**이다. 이는 4개의 모든 대립유전자가 한 부모에 존재함을 의미하고 따라서 이 유전자형은 *AB*/*ab*이다. 이 표기법은 한 쌍의 상동염색체에 *A*와 *B*의 대립유전자를 가진 것과, *a*와 *b*의 대립유전자를 가진 것이 있음을 보여준다. 이중 이형접합체는 두 순수한 계통, 예를 들어 *AB*/*AB* × *ab*/*ab* 사이의 교배를 통해 얻어진다.

두 번째 부모는 **이중 동형접합체(double homozygote)**이어야만 한다. 이 부모의 경우, 염색체의 상동 복제본 양쪽이 똑같다. 대립유전자는 열성이어야 하고, 이는 그림 1에서와 같이 상동염색체 양쪽 모두 대립유전자 *a*와 *b*를 가지며 따라서 이 부모의 유전자형은 *ab*/*ab*이다.

두 번째 부모(이중 동형접합체)로부터 나온 모든 생식세포는 그들의 생산에서 일어날 수 있는 교차에도 불구하고 유전자형 *ab*를 가질 것이다. 대립유전자 *a*와 *b*는 모두 열성이고 이 부모의 감수 분열은 실제로 자손의 유전자형을 조사했을 때 나타나지 않게 되는 것이다. 이는 그림 1에서 보다시피 2배체 자손의 유전자형이 명확하게 이중 이형접합체 생식세포의 유전자형으로 바뀔 수 있다는 것을 의미한다. 따라서 이 시험의 결과는 단 하나의 감수 분열에 대한 직접적인 조사가 가능하고, 이런 이유로 재조합 빈도를 계산할 수 있으며 관심이 있는 두 유전자 사이의 유전자 지도 상 거리를 알 수 있다.

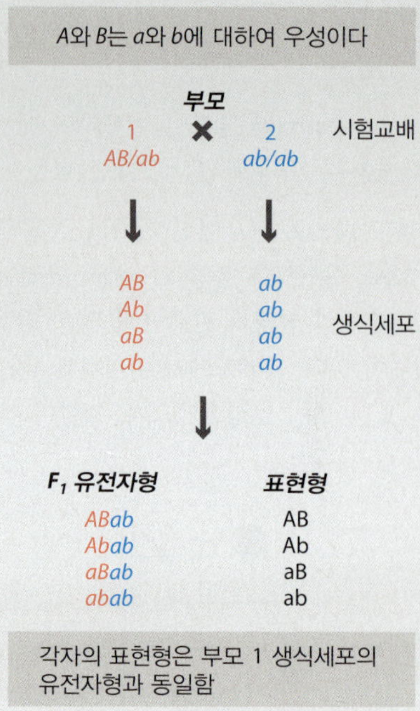

그림 1 검정 교배. 부모 1은 유전자 A와 B 사이의 교차가 일어나는 것과 일어나지 않는 것에 따라 4개의 가능한 생식세포를 만든다. 부모 2는 교차에 관계 없이 이중 열성 유전자형의 생식세포를 만든다. 따라서 부모 2는 자손의 표현형에 기여하지 못한다. F_1 세대 각각의 표현형은 부모 1의 생식세포가 개별 생물체로 될 때 그 세포의 유전자형과 같다.

다지점 교차—한 번에 두 유전자 이상의 위치를 지도 제작

2개 이상의 유전자를 한 번의 교배에서 추적하였다면 유전자 지도 제작의 능력은 향상될 것이다. 이것은 보다 빠르게 재조합 빈도를 만들어낼 뿐만 아니라, 단순히 데이터를 조사하여 염색체에서 상대적인 유전자의 순서를 정할 수 있다. 연속적인 3개의 유전자에서 2개의 바깥쪽 유전자로부터 가운데 유전

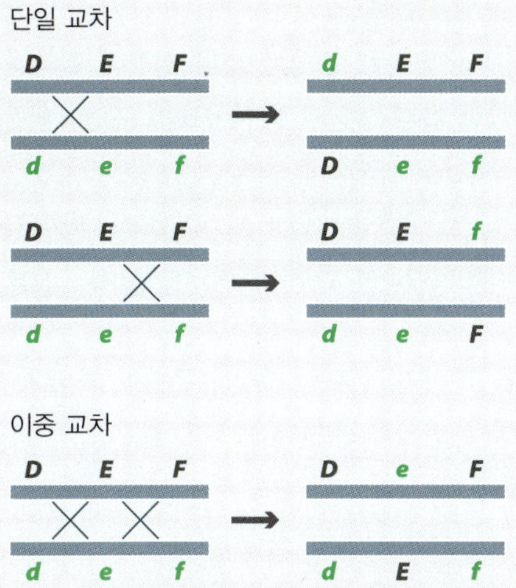

그림 2 바깥쪽 유전자를 연관시키지 않기 위해서는 단일 교차가 충분하나, 가운데 유전자를 연관시키지 않기 위해서는 두 번의 교차가 필요하다.

자가 연관되지 않으려면 두 번의 교차가 일어나야 하기 때문이다. 반면에 바깥쪽의 두 유전자는 한 번의 교차에 의해 연관되지 않는다(그림 2). 두 번의 교차는 한 번의 교차보다 잘 일어나지 않고 따라서 가운데 유전자를 연관시키지 않는 것은 비교적 드물게 일어난다.

만약에 두 유전자 이상이 한 번에 유전자 지도에 제작된다면, 이런 육종 실험을 **다지점 교차(multipoint cross)**라 한다. 세 지점 교차의 전형적인 데이터를 표 1에서 보여준다. 삼중의 이형접합체(*ABC*/*abc*)와 삼중의 동형접합체(*abc*/*abc*) 사이에서 검정 교배를 하였다. 가장 빈도가 높은 것은 유전자 A, B, C를 포함한 부위에서 재조합이 일어나지 않았을 때 나오는 두 부모의 유전자형을 가진 자손이다. 2개의 다른 등급의 자손은

표 1 삼중 이형접합체와 (*ABC*/*abc*) 삼중 동형접합체 (*abc*/*abc*) 사이의 다지점 교배 전형적인 데이터 세트

자손의 유전자형	자손의 수	추정된 재조합 이벤트
ABC/*abc*, *abc*/*abc*	987	없음 (부모의 유전자형)
aBC/*abc*, *Abc*/*abc*	51	하나, A와 B/C 사이에서
AbC/*abc*, *aBc*/*abc*	63	하나, B와 A/C 사이에서
ABc/*abc*, *abC*/*abc*	2	둘, C와 A 사이에서, C와 B 사이에서

비교적 흔하며 표 1에서와 같이 제각각 51과 63의 자손이 포함된다. 이들 둘 모두 단 한 번의 재조합으로 만들어지는 것으로 추정된다. 자손들의 유전자형을 조사해 보면, 두 등급 중 첫 번째는 유전자 A가 유전자 B와 C에 대해서 연관되지 않는다. 두 번째 등급에서는 유전자 B가 유전자 A와 C에 연관되지 않는다. 이는 유전자 A와 B가 바깥쪽 유전자임을 암시한다. 이것은 C 표지 유전자가 A와 B에 연관되지 않은 자손의 수에 의해 확인된다. 이 자손의 수가 겨우 둘이며, 이는 이중 재조합(double recombination)이 이러한 유전자형을 생산하는데 필요함을 알 수 있다. 따라서 유전자 C는 A와 B의 중간에 놓인다.

유전자의 순서를 정한 후에 유전자형의 빈도를 이용하여 유전자 A와 C 그리고 유전자 C와 B 사이의 거리를 추정할 수 있다. 표 1에서 유전자 A와 C 사이에 단일 유전자 재조합에 의해 51개의 재조합체가 생산되는 것을 보였다. 이중 재조합에 의해 일어나는 자손 또한 포함되어야 한다. 왜냐하면 이중 재조합은 A와 C 사이의 재조합이 포함되어 있기 때문이다. 따라서 A와 C 유전자 사이의 재조합 빈도는 아래와 같이 계산된다.

$$\mathrm{RF} = \frac{sr\ (\mathrm{A} \leftrightarrow \mathrm{C}) + dr}{t} \times 100$$

이 식에서 RF는 재조합 빈도이고, sr (A ↔ C)는 유전자 A와 C 사이에서 일어나는 단일 재조합에서 생기는 자손의 수이고, dr은 이중 재조합에서 나오는 자손의 수이고, 그리고 t는 총 자손의 수이다. 적절한 수치를 넣어서 찾아낸 유전자 A와 C 사이의 재조합 빈도는

$$\mathrm{RF} = \frac{51 + 2}{1103} \times 100 = 4.8\%$$

그리고 유전자 C와 B에 대한 재조합 빈도는

$$\mathrm{RF} = \frac{63 + 2}{1103} \times 100 = 5.9\%$$

따라서 추론된 유전자 지도는 그림 3과 같다.

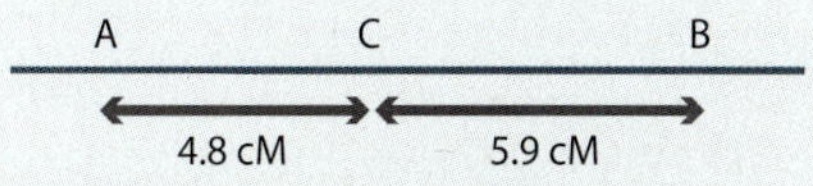

그림 3 다중 교배에서 추론된 유전자 지도

였다. 이들을 가계도에 포함시키고 사선으로 표현한다. 이는 이미 죽었다는 것을 의미하며 유전자형에 대한 정보를 얻을 수 없음을 뜻한다. 이 질병 유전자는 한 염색체에 존재하며 다중 대립유전자 M은 4개의 대립유전자인 M_1, M_2, M_3, M_4로 살아 있는 가족 구성원에 존재한다. 따라서 목표는 유전자 M에 관한 질병 유전자의 위치를 지도에 나타내는 것이다.

질병 유전자와 유전자 M 사이의 재조합 빈도를 알아보기 위하여 얼마나 많은 어린이들이 재조합 산물인지를 정하여야만 한다. 6명의 어린이들의 유전자형을 살펴보면 1, 3, 4번이 질병 대립유전자와 M_1 대립유전자를 가지며, 2, 5번은 건강한 대립유전자와 M_2 대립유전자를, 그리고 6번은 질병 대립유전자와 M_2 대립유전자를 가진다. 이로부터 2가지 가능한 가설을 제시할 수 있다. 첫 번째, 어머니는 관련이 있는 상동염색체의 두 복제본에 *질병이 있는* M_1과 *건강한* M_2 유전자형을 가진다. 이는 어린이들 1, 2, 3, 4, 5번이 부모의 유전자형을 가지며, 어린이 6번이 유일한 하나의 재조합체임을 의미한다(**그림 15.22B**) 이는 질병 유전자와 유전자 M 이 비교적 가깝게 연관되어 이들 사이의 교차가 드물게 일어난다.

또 다른 가설은 어머니의 염색체는 *건강한* M_1과 *질병의* M_2 유전자형을 가지는 것이다. 이 가설에 따르면 어린이들 1~5번까지는 재조합체이고 6번은 부모의 유전자형을 가진다는 것이다. 이는 두 유전자가 염색체 상에서 비교적 멀리 떨어져 있음을 의미한다. 이 두 가지 가설 중에 어느 것이 맞는 것인지 결정할 수 없다. 데이터가 매우 애매모호하기 때문이다.

그림 15.22의 가계도에서 제시된 문제에 대한 가장 만족스러운 해답은 할머니의 유전자형을 아는 것이다. 이들이 연속극에 나오는 가족이라고 가정하자. 할머니는 실제로 죽지 않았고 유전자형이 M_1M_5로 알려졌다(**그림 15.22C**) 이는 어머니에 의해 그녀로부터 유전된 염색체는 *질병의* M_1 유전자형을 가지고 있었어야만 한다. 할머니는 M_2 대립유전자를 가지지 않았기 때문에 M_2는 질병을 일으킬 수 없었다. 이제 두 가설 중에 어느 것에 해당하는지 알게 되었고, 오직 6번 어린이만이 재조합체라는 것이 확인되었다.

로드값(lod score)이라 불리는 단위를 사용하여 인간 가계도로부터의 데이터를 통계적으로 분석한다. 이는 개연성의 로그대수 값(<u>l</u>ogarithm of the <u>od</u>ds)을 나타내며, 개연성은 유전자의 연관성을 나타내는데, 주로 연구 대상의 두 유전자가 같은 염색체에 놓여 있는지 결정하는 데 사용한다. 로드값이 3이거나 혹은 그 이상은 개연성이 1000:1에 해당하며 이는 확신을 갖고 결론을 내릴 수 있는 최소한의 값이다. 두 유전자가 같은 염색체에 놓여 있다는 것이 확실하다면 로드값은 가계도 분석에 의해 얻어진 데이터가 나오게 하는 빈도를 확인하기 위하여 각각의 재조합 빈도의 범위 내에서 계산될 수 있다.

로드값은 실질적으로 데이터가 한 가계도 이상에서 얻어질 때 보다 믿을 만하며, 앞에서 언급한 것처럼 많은 수의 어린이가 있는 가족일 경우 분석은 더 명확해진다. 또한 앞의 예와 같이 적어도 3세대의 유전자형을 조사하는 것이 중요하다. 이와 같은 이유로 가족 수집이 확립되었고, 예를 들어 파리(Paris)의 CEPH (Centre d'Etudes du Polymorphisme Humaine)에 의해 수집되어 유지된다. CEPH 수집은 4명의 모든 조부모와 적어도 8명 손주들의 배양된 세포 계보를 포함한다. 이 수집은 연구 결과 데이터를 CEPH에 제출하기로 약속하고 유전자 지도 작성을 하는 어떤 연구자에게도 제공될 수 있다.

주요 개념

- 한 쌍의 대립유전자에 의해 전개된 관계를 아는 것은 종종 이들 대립유전자의 분자적 근거를 이해하는 출발점이 된다. 때때로 하나의 대립유전자 중 하나는 기능할 수 있고 다른 하나는 기능할 수 없는 것이다.
- 많은 쌍의 대립유전자에서 한 대립유전자는 우성이고, 다른 하나는 열성이다. 이형접합체에서 열성의 표현형은 감추어진다.
- 어떤 대립유전자 쌍은 불완전 우성을 나타낸다. 이형접합체의 표현형은 두 동형접합체들 사이의 중간을 보인다.
- 어떤 대립유전자는 동형접합체 상태에서 치명적이다.
- 많은 표현형은 단지 하나의 유전자와 연관될 수 있으나, 수많은 다른 표현형들은 둘이나 혹은 그 이상의 분리된 유전자 사이의 상호작용의 결과이다. 이러한 상호작용을 이해하는 것이 어떻게 유전체가 전체적으로 생물체의 특성을 나타내는지를 인식하는 데 매우 중요하다.
- 때때로 한 유전자의 대립유전자는 두 번째 유전자의 대립유전자를 차폐하거나 무효화한다. 이것을 상위라 부른다.
- 정량적인 특성을 나타내는 표현형은 여러 유전자에 의해 표현되며 전체적으로 개체군에서 조사하면 가우스 분포를 보인다.
- 같은 염색체에 놓여 있는 한 쌍의 유전자 사이의 재조합 빈도는 이들 두 유전자의 상대적 위치를 지도에 표현하는 데 사용된다.
- 많은 생물체에서의 유전자 지도 작성은 계획된 육종 실험에 의하여 나온 자손의 유전자형을 조사하여 수행된다.
- 인간의 경우 재조합 빈도를 계산하기 위하여 계획된 실험을 수행하기 보다는 가계도 분석을 통하여 얻는다.
- 인간의 경우 계획된 실험을 수행하기 보다는 가계도 분석을 통해 계산된 재조합 빈도의 데이터를 얻는다. 이는 연속적인 현존하는 가족 구성원의 유전자형을 조사하는 것이다.

질문 & 문제 (해답은 www.garlandscience.com/introgenetics에서 찾을 수 있다)

주요 용어들

다음 용어에 대한 간단한 정의를 서술하시오.

centimorgan
codominance
complementary gene action
cross-fertilization
dominant
double heterozygote
double homozygote
epistasis
Gaussian distribution
genotype
heterozygote
homozygote

incomplete dominance
lethal allele
linkage
linkage analysis
linkage group
lod score
map unit
multipoint cross
normal distribution
parental genotype
pedigree analysis
phenotype
Punnett square
pure-breeding
quantitative trait
recessive
recombinant genotype
recombination frequency
recombination hotspot
segregation
self-fertilization
test cross
unit factor

자습 문제들

15.1 "유전자형"과 "표현형"을 구별하시오.

15.2 어떻게 멘델은 대립유전자가 쌍으로 일어나며 그들이 우성과 열성으로 표현된다고 추론할 수 있었는지 꼼꼼하게 설명하시오.

15.3 둥근 완두콩과 주름진 완두콩 사이의 우성-열성 관계에 대한 분자 수준의 근거에 대해 묘사하시오.

15.4 어떻게 멘델이 유전학 제 1법칙을 이끌어 냈는지 설명하시오.

15.5 완두콩의 녹색 꼬투리가 노란색 꼬투리에 비해 우성일 때 녹색 꼬투리(*GG*)와 노란색 꼬투리(*gg*) 사이의 교배에서 F_1과 F_2의 표현형과 유전자형은 어떻게 되는가?

15.6 질문 15.5에서의 F_1과 노란색 꼬투리 식물과의 교배에서 어떤 결과가 나올까? (이것을 역교배라 한다)

15.7 만약에 *A*가 *a*에 대하여 불완전 우성을 보인다면 *AA* 유전자형과 *aa* 유전자형을 두 부모로 교배하여 나온 F_1과 F_2 세대의 표현형 비는 어떻게 되는가?

15.8 "치사 대립유전자"라는 용어가 무엇을 의미하는지 설명하시오. 금어초의 *aurea* 대립유전자의 치사에 대한 분자적 근거는 무엇인가?

15.9 만약에 *a*가 치사 대립유전자라면 유전자형 *Aa* 이형접합체 쌍 사이의 교배에 의한 표현형의 비율은 어떻게 되는가?

15.10 상호우성이란 무엇이며 어떻게 검출되는가?

15.11 유전자 상호작용으로 일어나는 꽃의 색소에 대하여 어떻게 설명할 수 있는가?

15.12 정량적인 특성을 지니는 표현형은 왜 가우스 분포를 나타내는지 설명하시오.

15.13 보완적인 유전자 활동의 예를 드시오.

15.14 상위 원리를 표현하는 호박의 열매 색에 대하여 묘사하시오.

15.15 부모의 유전자형과 재조합 유전자형을 구별하시오. 감수 분열을 통하여 어떤 방법으로 재조합 유전자형의 생식세포가 만들어지는가?

15.16 감수 분열에서 만든 재조합 생식세포의 빈도로부터 어떻게 유전자의 위치를 알 수 있는가?

15.17 최초 초파리 염색체 1번의 지도를 어떻게 작성할 수 있었는가?

15.18 유전자 지도에서 추론된 유전자의 위치가 염색체 상의 실제 위치와 약간 다른 이유를 설명하시오.

15.19 가계도 분석으로부터 얻어진 데이터의 양에 제한을 주는 요인에 대하여 설명하시오.

15.20 로드값이란 무엇이며, 인간 유전체에서 두 유전자 사이의 상대적인 위치에 대하여 어떤 정보를 제공하는가?

15.21 왜 상관 분석에서 이중 동형접합체를 검정 교배에 이용하는가? 왜 연구 대상의 특성에 대해서 동형접합체 대립유전자는 열성이어야만 하는가?

토의 주제들

15.22 유전자의 유전에 대한 광범위한 연구에서 사용될 생물체의 바람직한 특성은 무엇인가?

15.23 완두콩의 꼬투리 색깔과 모양에 대한 유전자는 완두콩의 서로 다른 염색체에 있다. 유전자형이 *GGRR*인 녹색 꼬투리와 둥근 완두콩을 가진 것과 유전자형이 *ggrr*로 노란색 꼬투리와 주름진 완두콩을 가진 것을 부모로 하여 교배시킬 때 나오는 F_1과 F_2 세대의 표현형들의 비는 어떻게 될까?

15.24 대부분의 야생 쥐는 검은색 털에 가는 노란색 밴드를 가진다. 이것이 외피의 색으로 나타나며 아구우티(agouti)로 참조된다. 이는 쥐가 있는 자연환경에서 가장 잘 위장하도록 진화된 것이다. 검은색은 유전자 C에 의해서 노란색 밴드는 유전자 A에 의해서 암호화된다. 다음과 같은 관찰을 하였다.

- 유전자형 *C_A_*를 가진 쥐(두 유전자 각각 적어도 하나의 우성 대립유전자를 가진다)는 검은색 털(C에 의해 암호화됨)과 노란색 밴드(A에 의해 암호화됨)를 띠어 아구우티 외피를 가진다.
- 유전자 A에 대해 우성 대립유전자가 없는 쥐(*C_aa* 유전자형)는 검은색 털을 보이나 노란색 밴드는 없다. 따라서 이런 쥐들의 외피는 검은색이다.
- 이중 열성 유전자형 *ccaa*를 가진 쥐는 노란색 밴드가 없는 하얀색 털을 가지고 있으므로 그들의 외피는 하얀색이다.
- 우성 대립유전자 C가 없는 쥐가 적어도 A 유전자에 대해 하나의 우성 대립유전자를 가진다면 (*ccA_* 유전자형) 하얀색 털과 노란색 밴드를 가질 것이다. 하지만 실제로 이런 쥐들은 이중 열성 유전자형을 가진 것과 똑같은 순전히 하얀색 털을 가진다.

이러한 각각의 관찰을 고려하여 가설을 제시하시오. 세운 가설을 어떻게 시험할 수 있는가?

15.25 초파리의 염색체 1번에는 vermilion 눈과 흔적 날개를 지정하는 두 유전자가 있다. *VVRR*과 (빨간색 눈과 정상적인 날개) *vvrr* (vermilion 눈과 흔적 날개) 사이에 교배를 하여 다음의 F_2 세대가 생산되었다.

359마리의 빨간색 눈과 정상적인 날개를 가진 초파리

381마리의 vermilion 눈과 흔적 날개를 가진 초파리

133마리의 빨간색 눈과 흔적 날개를 가진 초파리

139마리의 vermilion 눈과 정상적인 날개를 가진 초파리

vermilion 눈과 흔적 날개의 유전자 사이의 유전자 지도 상의 거리는 어떻게 되는가?

15.26 유전자 A, B, C, D가 초파리의 같은 염색체 상에 놓여 있다. 연속적인 교배에서 다음과 같은 재조합 빈도가 관찰되었다.

유전자	재조합 빈도 (%)
A, C	40
A, D	25
B, D	5
B, C	10

이들 유전자의 위치를 표시하는 염색체의 유전자 지도를 그리시오.

15.27 오늘날 생물체의 유전체에 대한 완전한 DNA 서열을 비교적 쉽게 얻을 수 있음에도 불구하고 아직도 유전자 지도 제작이 중요한 이유에 대하여 논의하시오.

추천 문헌

Baur E (1908) Die Aurea-Sippen von Antirrhinum majus. *Mol. Gen. Genet.* 1, 124–125. *The original publication of the lethal aurea allele of snapdragon.*

Cordell HJ (2002) Epistasis: what it means, what it doesn't mean, and statistical methods to detect it in humans. *Hum. Mol. Genet.* 20, 2463–2468.

Fincham JRS (1990) Mendel – now down to the molecular level. *Nature* 343, 208–209. *Describes the molecular basis of round and wrinkled peas.*

Gudbjartsson DF, Walter GB, Thorleifsson G et al. (2008) Many sequence variants affecting diversity of adult human height. *Nat. Genet.* 40, 609–615.

Mackay TFC (2001) Quantitative trait loci in *Drosophila*. *Nat. Rev. Genet.* 2, 11–20. *Explains how quantitative traits are studied in fruit flies and indicates how they might be studied more effectively in humans.*

Morton NE (1955) Sequential tests for the detection of linkage. *Am. J. Hum. Genet.* 7, 277–318. *The use of lod scores in human pedigree analysis.*

Orel V (1995) Gregor Mendel: The First Geneticist. Oxford: Oxford University Press.

Ott J (1999) Analysis of Human Genetic Linkage. Baltimore: Johns Hopkins University Press. *Describes all aspects of human pedigree analysis.*

Shine I & Wrobel S (1976) Thomas Hunt Morgan: Pioneer of Genetics. Lexington, KY: University Press of Kentucky.

Sturtevant AH (1913) The linear arrangement of six sex-linked factors in *Drosophila* as shown by mode of association. *J. Exp. Zool.* 14, 39–45. *Construction of the first linkage map for the fruit fly.*

돌연변이와 DNA 수선 CHAPTER 16

Part II 초입에서 유전자를 유전의 한 단위로 간주하는 것에 관한 세 가지 중요한 질문을 제기한 바 있다. 세포 분열과 유성생식에서 유전자의 유전에 관한 두 가지 질문들은 앞에서 다루었다. 다음 두 장에서 탐구할 세 번째 질문은 종들의 진화와 유전자의 유전 사이의 관계에 관한 것이다. 진화가 일어난다는 사실은 종들의 생물학적 특성이 시간에 따라 변화할 수 있다는 것을 말해 준다. 따라서 종들이 세대에서 세대로 유전자의 흐름을 통하여 유전적 다양성을 어떻게 획득하고, 결국에는 새로운 종들로 진화하는가에 대한 질문을 피할 수 없게 되었다.

유전적 다양성이 어떻게 획득되는가를 이해하기 위해서는 DNA 서열 변화의 결과가 일어난 여러 가지 과정을 연구하여야 한다. 이런 변화들을 **돌연변이(mutation)**라 부르고, 이는 2가지 방법에 의해 일어난다. 첫째는 DNA 복제의 오류로부터 생겨난다. DNA 복제에서는 사실상 거의 오류가 없지만, 드물게 실수가 발생한다. 이중 나선의 마주보는 뉴클레오티드가 서로 상보적이지 않기 때문에 염기쌍 형성을 못하는 부위의 **미스매치(mismatch)**가 있는 딸 분자에서 복제의 오류가 일어난다(**그림 16.1A**) 미스매치 딸 분자가 스스로 복제될 때 만들어진 두 손녀딸 분자들은 동일하지 않다. 그 중에서 하나는 올바른 뉴클레오티드 서열을 갖지만 나머지는 돌연변이를 만든다.

돌연변이가 일어나는 두 번째 방법은 화학적 혹은 물리적 돌연변이 유발 물질인 **돌연변이원(mutagen)**의 작용으로 발생한다. 여러 가지 화학 물질들은 DNA 분자와 작용하여 이중 나선 내에 있는 하나 혹은 그 이상의 뉴클레오티드들의 구조에 변화를 일으킨다. 열, 자외선과 다른 물리적 돌연변이원들은 비슷한 효과를 나타낸다. 뉴클레오티드의 구조 변화는 염기쌍 형성의 성질에 영향을 줄 수 있고, DNA 분자가 복제될 때 돌연변이를 유발한다(**그림 16.1B**)

돌연변이는 무해할 수도 있고, 혹은 생물체에 심각한 결과를, 심지어는 죽음에까지 이르게 할 수도 있다. 이와 같이 돌연변이는 유해할 수 있기 때문에 대부분의 생물체에는 돌연변이를 고치는 **DNA 수선(DNA repair)** 메커니즘들이 있다. 만약, 돌연변이가 감수 분열 중인 세포에 일어나서 수선되지 않고 생식세포로 만들어진다면, 이 돌연변이는 생물체의 한 자손에게 전달될 수 있다. 이리하여 생물종들의 새롭고 영구적인 유전적 다양성이라는 특징으로 표현될 것이다(**그림 16.2**).

이 장에서는, 세대의 다양성에 초점을 맞추고 있다. 우선 돌연변이를 일으키는 과정에 대하여 살펴보고 돌연변이가 일어난 DNA 분자를 수선하는 메커니즘에 대해 다룬다. 다음에는 돌연변이가 세포나 생물체에 미치는 영향에 대하여 알아보도록 한다. 다음 장에서는 돌연변이의 결과로 만들어진 대립유전자에서 일어날 수 있는 운명에 대하여 탐구할 것이다.

16.1 돌연변이 원인

돌연변이는 DNA 분자의 뉴클레오티드 서열이 바뀐 것이다. 가장 단순한 타입은 한 뉴클레오티드가 다른 것으로 바뀐 **점 돌연변이(point mutation)**이다(**그림 16.3**). 점 돌연변이는 단순 돌연변이, 혹은 한 자리 돌연변이라고도 불린다. 점 돌연변이는 **염기 전위(transition)**로 분류되며 퓨린이 퓨린으로 (A $\rightleftharpoons$ G) 혹은 피리미딘이 피리미딘

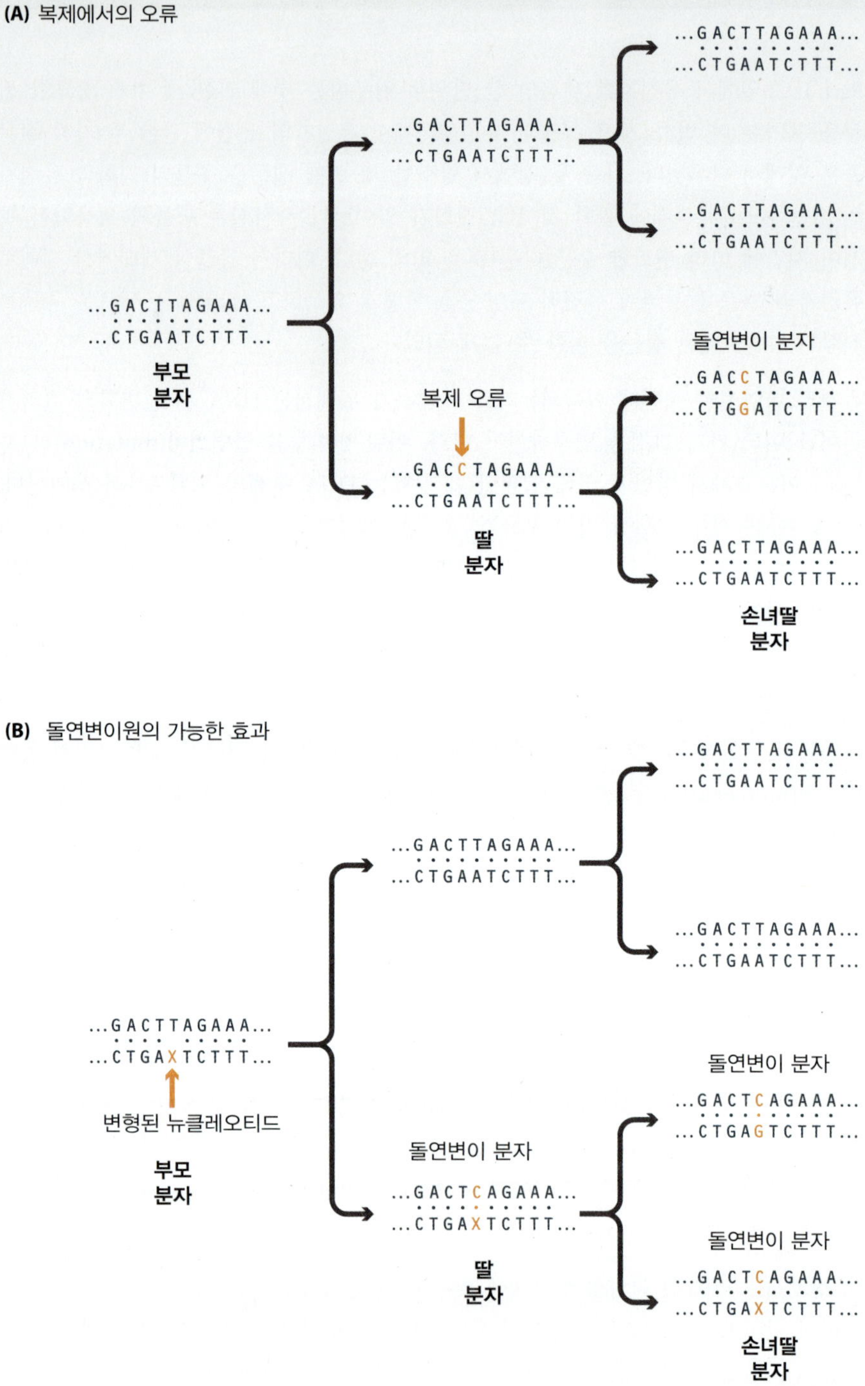

그림 16.1 돌연변이의 예. (A) 복제에서의 오류는 딸 이중 나선 중의 하나에서 미스매치를 유도한다. 미스매치가 일어난 분자는 복제될 때 올바른 염기서열과 돌연변이가 일어난 염기서열로 만들어진다. (B) 돌연변이원은 부모 분자의 아래 사슬에 있는 A염기의 구조를 변형시켜 X로 만들며, 이는 위에 있는 사슬의 T와 염기쌍을 이루지 못한다. 부모 분자가 복제될 때 X는 C와 염기쌍을 이루어 돌연변이가 일어난 딸 분자를 만든다. 이 딸 분자가 복제될 때 두 손녀딸 분자들은 돌연변이를 유전받는다.

으로 (C⇌T) 바뀐 것이며, 퓨린이 피리미딘으로, 혹은 역으로 바뀐 것을 **염기 전환(transversion)**이라고 한다(A 혹은 G⇌T 혹은 C).

다른 종류의 돌연변이로는 **삽입(insertions)**과 **결손(deletions)**이 있고, 이는 한 염기쌍으로부터 수많은 DNA의 첨가와 제거가 일어나는 것이다. **역위(inversions)**는 이중 나선의 한 부분이 잘려나가 같은 위치에서 방향이 반대로 다시 삽입되는 것을 말한다.

어떤 돌연변이들은 DNA 복제 과정에서 복제 효소의 교정 기능을 회피한 오류로부터 일어나고, 다른 돌연변이는 환경에서 자연적으로 일어나는 돌연변이원의 작용으로 인

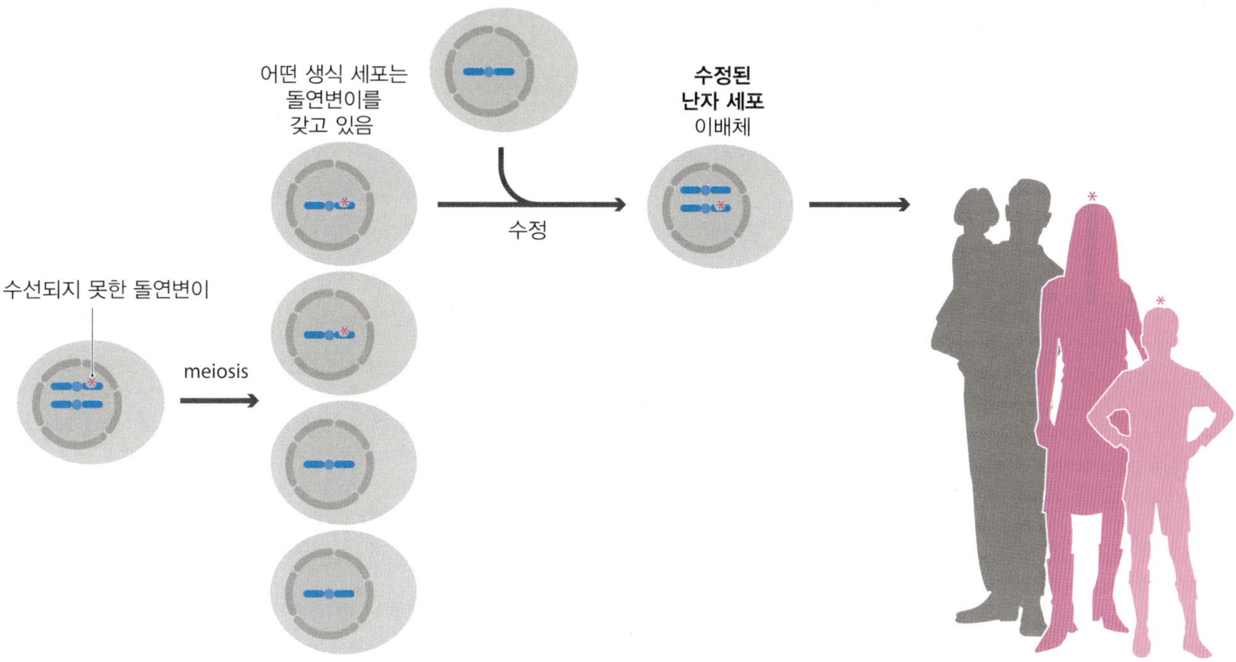

그림 16.2 감수 분열 중인 세포에서 일어난 돌연변이가 수선되지 않고 전달되어 생물종의 영구적인 유전적 다양성의 특징으로 표현된다. 왼쪽에 표시된 수선되지 않은 돌연변이가 여자로부터 큰아들에게로 전달된다.

한 DNA 분자의 구조적 변화로부터 발생한다. 이 장에서는 이러한 두 타입의 돌연변이 과정의 분자적 근거에 대하여 조사하는 것으로 시작한다.

복제에서의 오류는 점 돌연변이의 원천이다

복제가 일어나는 동안에 DNA의 새로운 사슬의 서열은 주형 폴리뉴클레오티드와 상보적 염기를 이루는 염기쌍 형성으로 만들어진다(**그림 16.4**). 순수한 화학 반응으로만

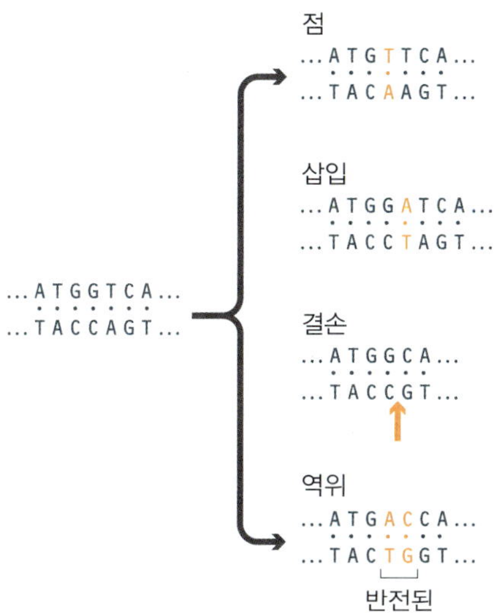

그림 16.3 돌연변이에 의해 일어날 수 있는 여러 가지 서열 변화. 돌연변이가 일어나는 단계에 대한 설명 없이 단순히 돌연변이와 원형 DNA 서열을 표시하였다.

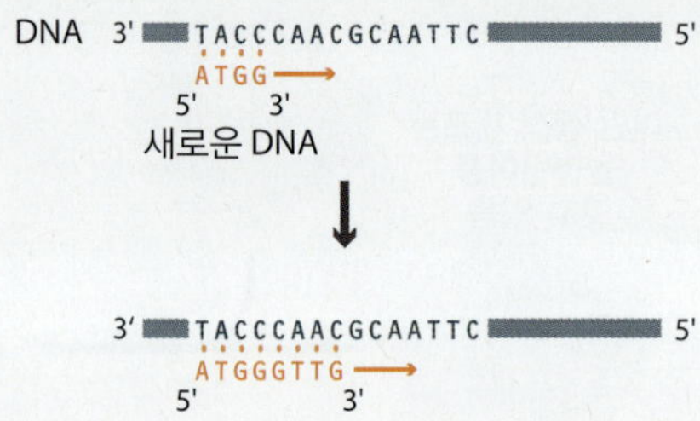

그림 16.4 주형 의존적 DNA 복제

작용한다면 상보적 염기쌍 형성은 완전히 정확하게 짝지어지지 않는다. 어느 누구도 효소의 도움 없이 주형 의존적인 DNA 합성을 수행할 수 있는 방법을 고안하진 못했지만, 이 과정이 순수한 화학적 방법으로 시험관에서 합성된다면 100개 중 5~10개의 점 돌연변이가 일어난 폴리뉴클레오티드를 얻게 될 것이다. 오류 확률 5~10%는 살아 있는 세포에서의 DNA 복제에서 거의 일어날 수 없는 값이다.

DNA 폴리메라아제에 의해 수행되는 확인 과정에서 DNA 복제의 정확도는 증가되어 잘못된 뉴클레오티드가 새로 합성되는 사슬에 끼어 들어갈 확률은 감소한다(**그림 16.5**). 복제의 여러 단계에 걸쳐 확인하는 과정을 거친다. 뉴클레오티드의 확인은 첫째로 뉴클레오티드가 폴리메라아제와 결합할 때 일어난다. 그리고 뉴클레오티드가 효소의 활성자리로 이동할 때도 다시 한 번 확인한다. 이런 단계에서 효소는 올바른 뉴클레오티드가 아니라는 것이 확인되면 거부할 수 있다.

올바르지 않은 뉴클레오티드가 이런 감시망을 피하여 폴리뉴클레오티드의 3′ 말단에 부착하여 합성된다면 모두 다 거부될 수는 없을 것이다. 대부분의 DNA 폴리메라아제는 3′ → 5′ 엑소뉴클레아제 활성을 가지고 있어, 다시 뒤로 돌아가 하나 혹은 그 이상의 새로이 합성되는 잘못된 염기쌍을 포함하는 폴리뉴클레오티드를 제거한다(**그림 16.6**). 이것을 교정(proofreading)이라 부른다.

이러한 예방책에도 불구하고 소수의 오류가 발생한다. 딸 분자에서 단 하나의 미스매치 유발은 그림 16.1A에서와 같이 영구적인 점 돌연변이를 손녀딸 분자에서 일어나게 한다. 하지만 모든 점 돌연변이가 폴리메라아제의 잘못된 반응에 의해 일어나지는 않는다. 때때로 효소가 주형에 올바른 염기쌍과 짝을 이루는 뉴클레오티드를 넣어도 오류가 발생한다. 이것은 **호변이성체(tautomers)**라 불리는 두 가지의 다른 구조적 형

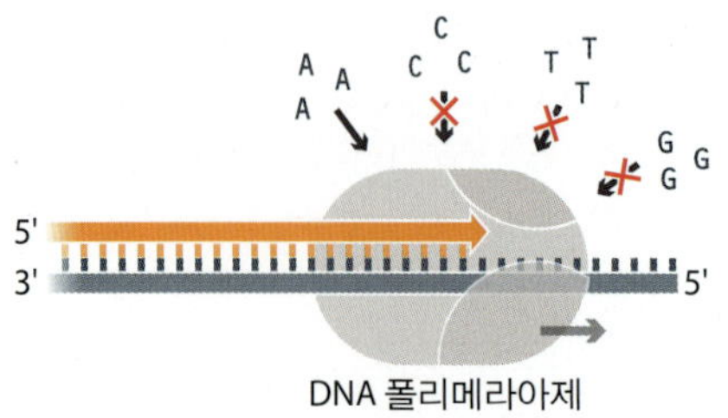

그림 16.5 복제하는 동안에 DNA 폴리메라아제는 각각의 위치에 정확한 뉴클레오티드를 선택한다.

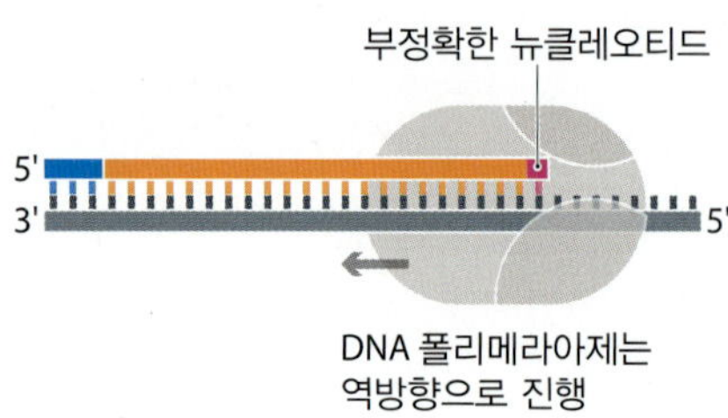

그림 16.6 많은 DNA 폴리메라아제는 교정 기능을 가진다.

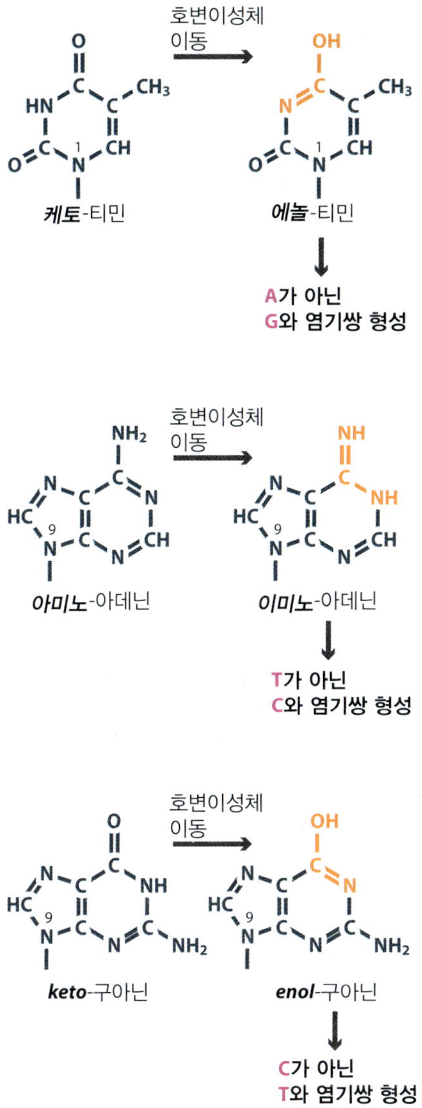

그림 16.7 염기쌍 형성에서의 호변이성체 현상의 효과. 3종류의 염기에서 두 호변이성체의 형태는 서로 다른 염기쌍 형성 성질을 갖는다. 시토신 역시 아미노와 이미노의 호변이성체를 갖지만 모두 구아닌과 염기쌍을 형성한다.

태 중에서 한 가지 형태로 존재하기 때문이다. 예를 들어, 티민(T)은 케토(*keto*)와 에놀(*enol*) 두 호변이성체로 존재하고, 각각의 분자들은 한 형에서 다른 형으로 전환된다(**그림 16.7**). 평형 상태에서는 케토형으로 많이 기울어져 있지만, 복제 분기점이 빠르게 이동하는 순간에 주형 DNA에 에놀형이 존재할 수 있다. 이때에 에놀형의 티민(T)은 A 대신 G와 염기쌍을 이루므로 오류가 일어난다. 같은 문제가 아데닌(A)에서도 일어나는데 이미노(*imino*) 호변이성체가 C와 염기쌍을 형성한다. 구아닌(G)의 경우에서도 에놀형의 구아닌은 티민과 염기쌍과 형성한다. 복제 후에 드물게 존재하는 호변이성체는 불가피하게 보다 많이 존재하는 형으로 바뀌게 되고 이는 딸 분자에서 미스매치를 유발시킨다.

복제 오류는 삽입과 결손 돌연변이를 일으킬 수 있다

복제에서의 오류가 모두 점 돌연변이로 일어나지는 않는다. 비정상적인 복제에서 몇몇 개의 뉴클레오티드가 폴리뉴클레오티드에 삽입(insertion)되어 합성되거나 혹은 빠뜨리는 일이 일어난다. 삽입이나 결손(deletion)이 유전자를 암호화하는 부분에서 발생하면 유전자에 의해 만들어지는 단백질의 리딩 프레임이 변화되어 프레임시프트 돌연변이가 된다(**그림 16.8**). 모든 삽입과 결손을 설명하기 위해, "프레임시프트(frameshift)"를 사용하는 경향이 있지만, 단순히 3개 혹은 3배수의 뉴클레오티드의 삽입 및 결손이거나, 리딩프레임(reading frame)에 영향을 주지 않는 코돈과 코돈의 주변을 단지 추가하거나 제거한다고 해서 프레임시프트가 일어나는 것은 아니다. 또한 유전자 외부에서 삽입과 결손이 일어날 수도 있다.

삽입이나 결손은 게놈(genome, 유전체) 전체에 영향을 미칠 수 있고, 특히 주형 DNA에 짧은 반복서열이 있는 경우에는 더욱 그 영향이 크다. 반복서열은 복제가 일어날 때 주형 사슬에서 **복제 슬리피지(replication slippage)**를 유발하고, 이로 인해 2번 복제되거나 복제를 건너 뛸 수도 있다. 이런 결과로 새로 합성된 각각의 폴리뉴클레오티드는 반복서열의 수가 증가하거나 감소하게 된다(**그림 16.9**).

복제에서의 미끄러짐은 아마도 **트리뉴클레오티드 반복 확장 질병(trinucleotide repeat expansion diseases)**의 원인이 된다. 이 질병은 오래 전부터 알려져 있었으나 분자적

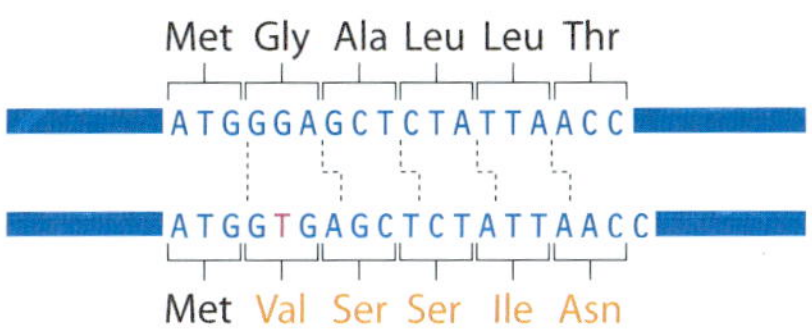

그림 16.8 뉴클레오티드의 삽입은 유전자에 의해 암호화되어 있는 단백질 번역에 사용되는 리딩프레임을 변화시킨다.

그림 16.9 복제 슬리피지. 도표는 짧은 반복서열의 복제를 보여 준다. 슬리피지는 부모 분자의 복제 동안에 일어나며 딸 분자의 새로이 합성되는 폴리뉴클레오티드에 추가적으로 반복된 서열을 삽입하여 발생한다. 이 딸 분자가 복제될 때 원래의 부모보다 한 단위 더 길어진 손녀딸 분자가 나온다.

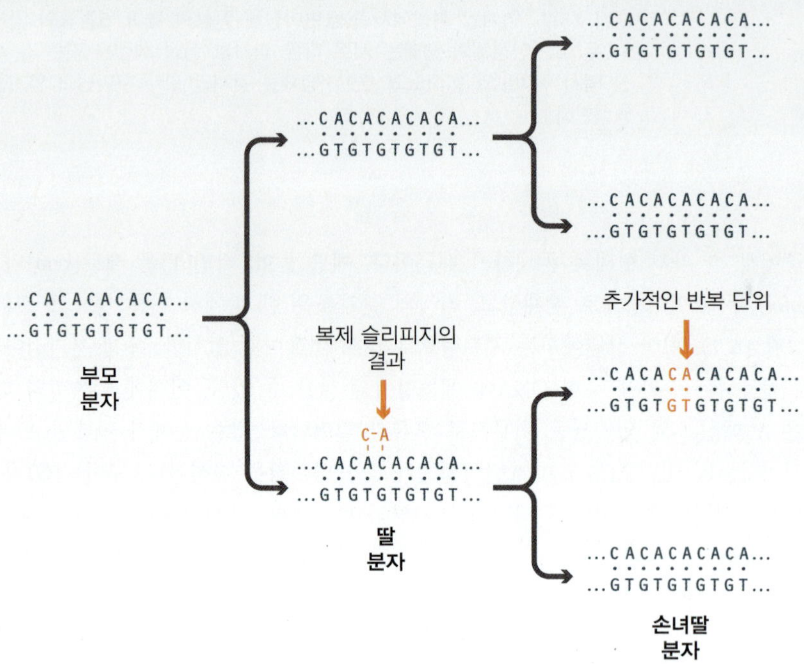

근거가 최근에 밝혀진 인간 신경 퇴행성 질병이다. 이 질병은 비교적 짧은 트리뉴클레오티드 반복서열이 정상적인 길이보다 2배 혹은 그 이상 증가하여 일어난다. 예를 들면 인간 *HD* 유전자는 5′-CAG-3′ 반복서열이 6~35번 일렬로 나타나, 단백질 생성물에 연속된 글루타민을 암호화한다. 헌팅턴(huntington) 질환에서는 이 반복서열이 36~121번 확장되고 폴리글루타민 길이를 증가시켜 단백질의 기능 장애를 일으킨다(그림 16.10).

돌연변이원은 세포에 손상을 일으키는 환경 요인 중의 한 유형이다

환경에서 자연 발생적으로 만들어진 많은 화학 물질들은 돌연변이를 일으키는 성질을 보이며, 최근에는 인간의 산업 활동에서 나오는 다른 화학 돌연변이원(mutagens)이 추가되고 있다. 빛과 같은 물리적 요인도, 역시 돌연변이를 유발한다. 대부분의 생물체들은 다소 간의 다양한 돌연변이원에 노출되고, 이 결과 그들의 게놈은 손상에 시달리게 된다.

돌연변이원은 3가지 다른 방법으로 돌연변이를 일으킨다(그림 16.11). 어떤 돌연변이원은 **염기 유사체(base analogs)**로 작용하여 복제 분기점에서 새로운 DNA가 합성될 때 기질로 잘못 사용된다. 다른 돌연변이원은 직접 DNA에 작용하여 구조 변화를 일

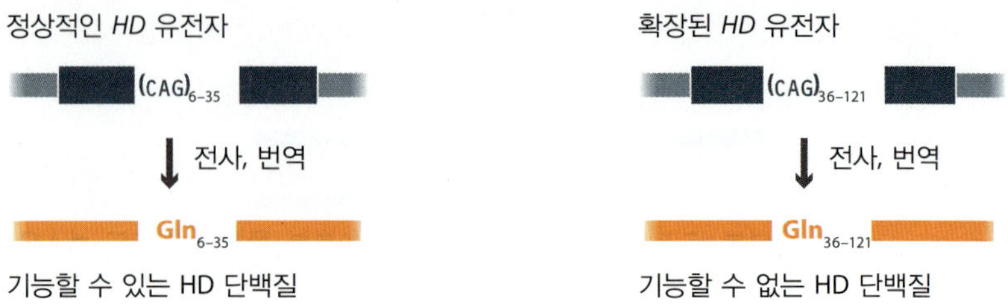

그림 16.10 헌팅턴 질병의 유전적 근거

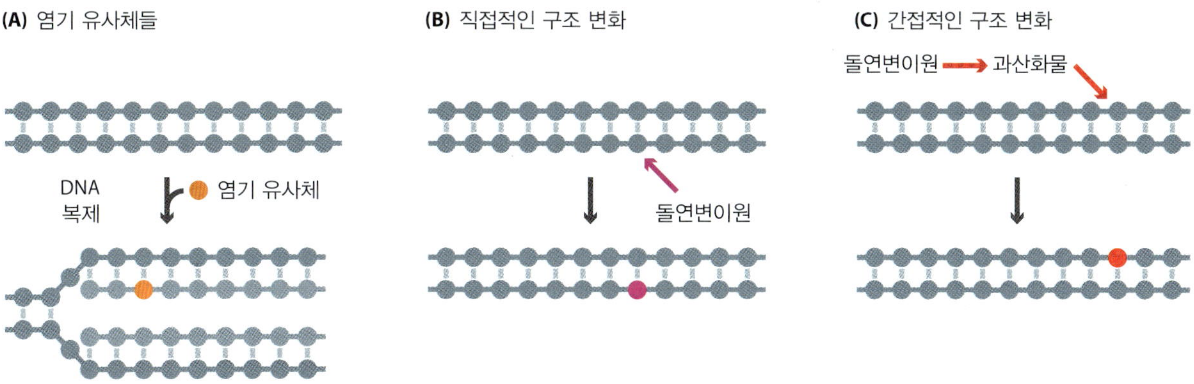

그림 16.11 돌연변이원에 의해 돌연변이를 일으키는 3가지 방법 (A) 염기 유사체는 DNA 복제에서 잘못된 기질로 이용될 수 있다. (B) 어떤 돌연변이원은 DNA에 직접 작용하여 구조변화를 일으키고 이 변화는 DNA 복제에서 복제 오류를 발생한다. (C) 이외의 다른 돌연변이원들은 세포가 돌연변이원으로 직접 작용하는 화합물을 만들어 DNA에 간접적으로 작용한다.

으키고 DNA가 복제될 때 주형 사슬의 복제 오류를 이끌어낸다. 각각의 돌연변이원들을 살펴보면 이런 구조적 변화들은 다양하다. 또 다른 어떤 돌연변이원은 간접적으로 DNA에 작용한다. 이들은 스스로 DNA 구조에 영향을 미치지 않는 대신에 세포로 하여금 과산화물과 같은 돌연변이를 유발하는 물질을 만들게 한다.

돌연변이를 일으키는 화학적 물리적 요인으로 정의되는 돌연변이원은 돌연변이 유발 이외의 다른 방법으로 세포에 손상을 주는 종류의 환경 요인과는 구별된다는 점을 이해하여야 한다. 이런 것들에는 암(세포의 종양으로 변환)을 일으키는 **발암 물질(carcinogens)**, 종양 형성을 유발하는 **종양 유발 인자(oncogens)**, 비정상적 발달을 유도하는 **기형 발생 인자(teratogens)**가 있다. 이런 분류에서는 서로 겹치는 부분이 있으나(예를 들어, 어떤 돌연변이원은 발암 물질임), 각각의 요인은 확실하게 생물학적인 효과를 나타낸다. 돌연변이원의 정의에 따르면 진정한 돌연변이원과 **돌연변이를 유발하지 않고 DNA에 손상을 주는 인자(clastogens)**를 분명히 구별한다. 이 인자는 DNA 분자를 쪼개어 염색체를 조각낸다. 이런 종류의 손상은 복제를 막고 세포를 사멸시키는데, 이는 용어의 엄밀한 의미로 보았을 때, 돌연변이가 일어나지 않았으므로 돌연변이원이라 할 수 없다.

화학적 돌연변이원에는 많은 유형이 있다

화학적 돌연변이원의 범위는 너무나 크므로 모두를 포함하는 분류로 구분하기는 어렵다. 따라서 매우 중요한 형태로 범위를 제한하였다(**표 16.1**)

표 16.1 화학적 돌연변이원의 주요 종류

종류	예
염기 유사체	5-브로모우라실, 2-아미노퓨린
탈아미노 시약	Nitrous acid, sodium bisulfite
알킬화제들	Ethylmethane sulfonate, dimethylnitrosamine methylhalides
삽입성 약물들	Ethidium bromide (EtBr)

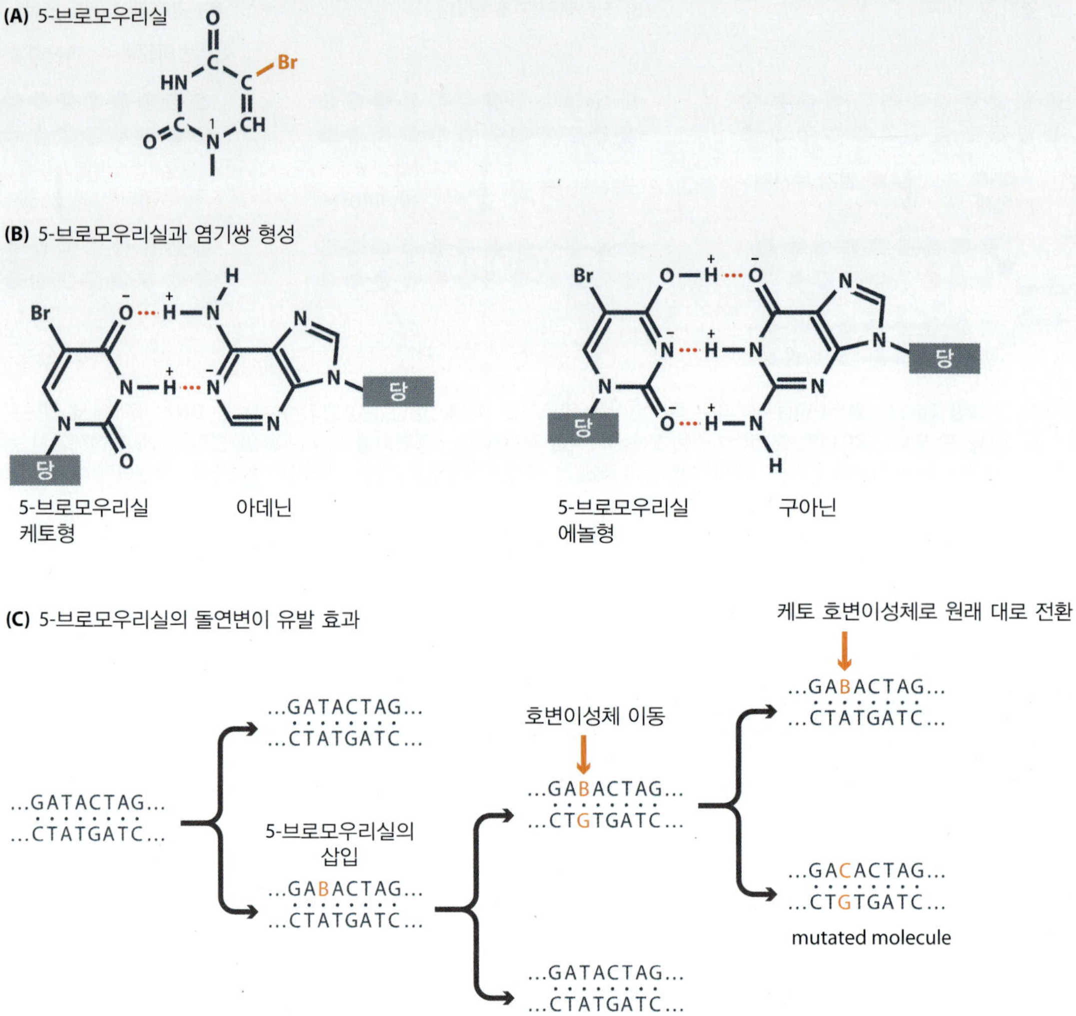

그림 16.12 5-브로모우리실의 돌연변이 유발. (A) 5-브로모우리실은 티민으로부터 변형되었다. (B) 5-브로모우리실의 케토형은 아데닌과, 에놀형은 구아닌과 염기쌍을 이룬다. (C) DNA 복제 3회를 보여 준다. 1회 복제에서 5-브로모우리실이 염기 유사체로 작용하여 딸 분자에서 티민 뉴클레오티드 대신에 들어간다. 2회 복제에서 비교적 일반적인 형태의 에놀 호변이성체로 존재하고 염기쌍 변화를 이끌어낸다. 3회 복제에서 이 오류는 점 돌연변이로 된다.

첫째는 염기 유사체(base analogs)이다. 이것들은 피리미딘과 퓨린 염기로 세포에서 합성되어 뉴클레오티드에 끼어들어가는 표준 염기와 매우 비슷하다. 이 결과로 생겨난 특이한 뉴클레오티드는 게놈이 복제될 때 기질로 사용될 수 있다. 예를 들어, **5-브로모우라실(5-bromo uracil, 5-bu)**은 티민과 같은 염기쌍 형성 성질을 가지며 주형의 A와 짝을 지어 딸 폴리뉴클레오티드에 첨가될 수 있다. 5-bu는 두 호변이성질체 중 티민에서는 드물게 존재하는 에놀형으로 더 많이 존재하여 돌연변이를 유발할 수 있다. 이것은 에놀-티민이 A보다는 G와 염기쌍을 형성하듯이, 비교적 높은 빈도로 에놀-5-bu가 존재하고 다음 번 복제에서 사용되기 때문이다. 이 결과로 점 돌연변이가 일어난다(그림 16.12). **2-아미노푸린(2-aminopurine)**도 같은 방식으로 작용한다. 이것은 아데닌 유사체로 아미노 호변이성질체는 티민과 염기쌍을 이루지만, 이미노 호변이성질체는 시토신과 염기쌍을 이룬다. 이미노형이 아미노형보다 흔하고 DNA 복제

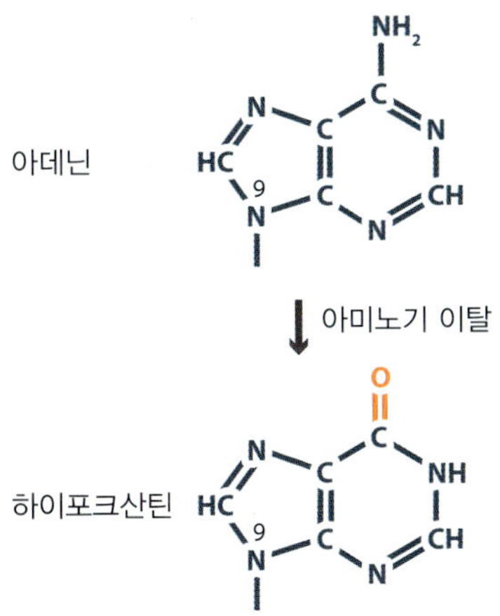

그림 16.13 하이포크산틴은 아데닌의 탈아미노형이다.

동안에 T에서 C로 전이가 일어난다.

탈아미노 시약(Deaminating agents) 또한 점 돌연변이를 일으킨다. 일정량의 염기 탈아미노화(아미노기 제거)는 세포 내의 DNA 분자에서 자발적으로 일어난다. 아질산은 아데닌 시토신 구아닌의 탈아미노화 반응 속도를 증가시키고 중아황산염은 시토신의 탈아미노화 반응 속도를 증가시킨다. 티민은 물론 아미노기가 없고 따라서 탈아미노화 할 수 없다. 아데닌의 탈아미노화는 하이포잔틴(hypoxanthine)을 만들고(**그림 16.13**), 이는 T 대신에 C와 쌍을 이룬다. 시토신이 탈아미노화되면 우라실이 되고 이는 G 대신 A와 쌍을 이룬다. 이 두 염기들의 탈아미노화는 주형사슬이 복제될 때 점 돌연변이를 만든다. 구아닌의 탈아미노화로 잔틴(xanthine)이 생성되고 이는 복제를 정지시켜 세포를 손상시킨다. 하지만 돌연변이의 정의에 맞지 않으므로 구아닌의 탈아미노화는 돌연변이원이 아니다.

알킬화제(alkylating agents)는 점 돌연변이를 유발하는 세 번째 형태의 돌연변이원이다. 화학 물질 **ethylmethane sulfonate(EMS)**와 디메틸니트로사민(dimethyl nitrosamine)은 알킬기를 DNA 분자의 뉴클레오티드에 첨가한다. 이는 마치 대기 중에 존재하는 할로겐화 메틸(methyl halide)이나 아질산 대사산물이 알킬화(alkylation) 제제로 작용하는 것과 같다. 알킬화의 효과는 뉴클레오티드가 변형되는 위치나 첨가되는 알킬기의 종류에 따라 달라진다. 예를 들어 메틸화는 염기쌍 형성을 바꾸고 변형된 뉴클레오티드를 만든다. 다른 알킬화는 DNA 두 사슬 사이를 연결하여 복제를 막고, 큰 알킬기의 첨가는 복제 복합체의 진행을 방해한다.

마지막으로 나오는 화학 돌연변이원은 **삽입성 약물(intercalating agents)**이다. 이 종류에서 가장 잘 알려진 돌연변이원은 **ethidium bromide(Etbr)**이고, 이는 자외선을 쪼이면 형광을 나타내는 성질이 있어 DNA를 염색하는 데 사용한다. Etbr과 같은 삽입성 약물은 평평한 분자로서 이중 나선의 염기쌍 사이에 끼어 들어가 나선을 약간 풀리게 하여 인접한 염기쌍 사이의 거리를 증가시킨다(**그림 16.14**). 특히, 이와 같은 변

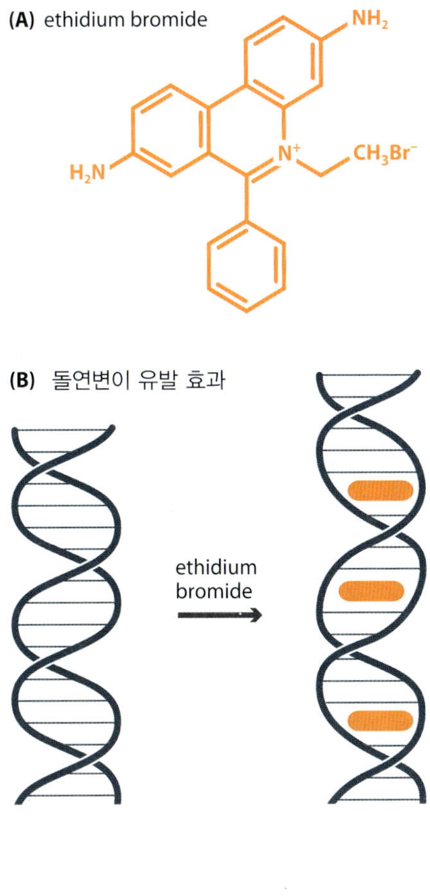

그림 16.14 ethidium bromide의 돌연변이 유발 효과. (A) ethidium bromide는 평평한 판 같은 구조의 분자로 이중 나선의 염기쌍 사이로 끼어들어 갈 수 있다. (B) 측면에서 본 ethidium bromide 분자를 보여 주며 이중 나선에 끼어들어가 염기쌍 사이의 간격을 넓혀 준다.

화가 삽입이나 결손을 이끄는 것으로 추정되나, 삽입성 약물에 노출되면 이외의 다른 형태의 돌연변이도 유도될 수 있다.

물리적 돌연변이원에도 역시 몇몇 유형이 있다

DNA 분자에 돌연변이를 유발할 수 있는 환경적 요인 중에 꼭 화학적인 요소만 있는 것은 아니다. 역시 다양한 물리적 돌연변이원들도 존재한다. 예를 들어, 자외선(UV)은 인접한 피리미딘 염기 특히 티민 염기가 인접해 있을 때 이량체가 유도된다. 이 결과, **사이클로부틸 이량체(cyclobutyl dimer)**가 만들어진다(**그림 16.15A**). 다른 피리미딘 조합에서도 또한 이량체를 만들 수 있고, 그 빈도는 5′-CT-3′ > 5′-TC3′ > 5′-CC-3′ 순으로 합성된다. 퓨린 이량체는 거의 만들어지지 않는다. 자외선에 의해 유도된 이량체의 변형된 사슬이 복제될 때에 대부분의 결손이 일어난다. 다른 타입의 자외선에 의해 유도된 **광반응생성물(photoproduct)**은 **(6-4) 손상(lesion)**이고, 이는 인접한 피리미딘 염기 사이의 탄소 4번과 6번 사이에서 공유 결합이 형성되는 것이다(**그림 16.15B**).

전리 방사선(ionizing radiation) 역시 돌연변이를 유발한다. 전리 방사선의 타입과 강도에 따라 여러 가지 효과를 보이며, 점 돌연변이 및 삽입과 결손이 일어날 뿐만 아니라 게놈의 복제를 막는다. 어떤 전리 방사선은 직접 DNA에 작용하며, 다른 전

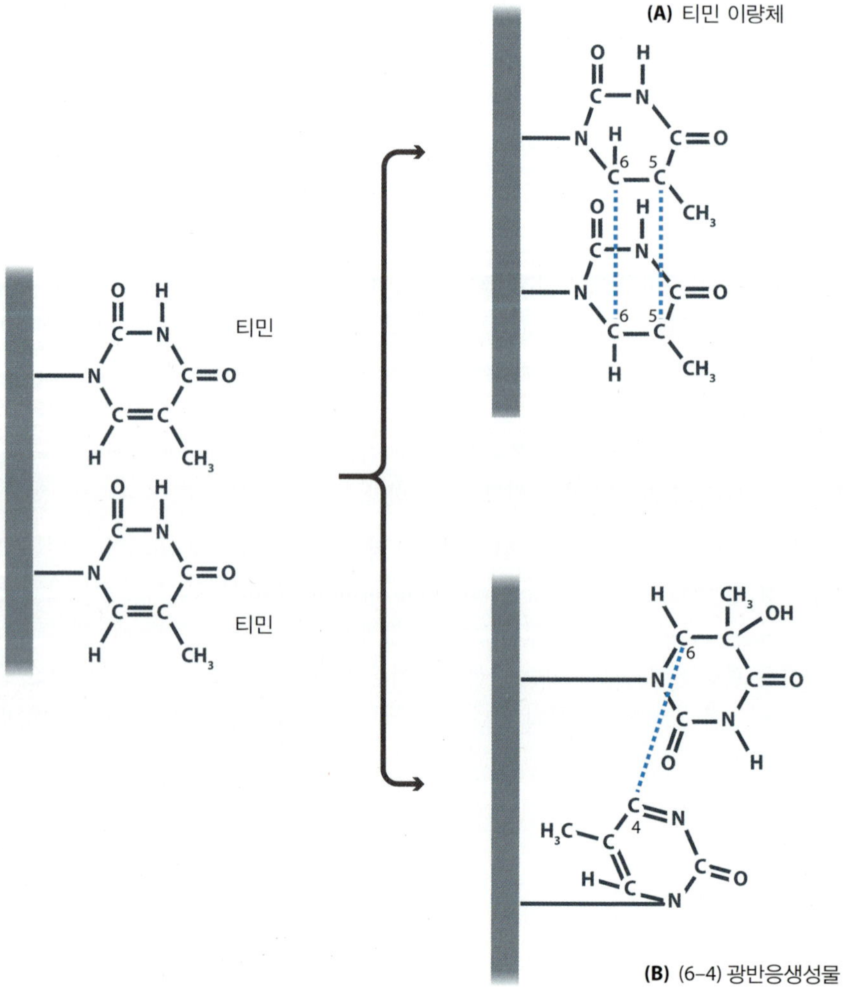

그림 16.15 광반응생성물은 자외선에 의해 유도된다. 두 인접한 폴리뉴클레오티드를 포함하는 부분을 보여 준다. (A) 티민 이량체는 자외선에 의해 유도된 2개의 공유 결합을 포함한다. 하나는 6번 위치의 탄소 사이의 연결이고 다른 하나는 5번 위치의 탄소 사이의 연결이다. (B) (6-4) 상해는 자외선에 의해 유도되어 인접한 뉴클레오티드의 탄소 4번과 탄소 6번 사이의 형성된 공유 결합이다. (A)와 (B)에서 자외선에 의해 유도된 공유 결합은 점선으로 표시된다.

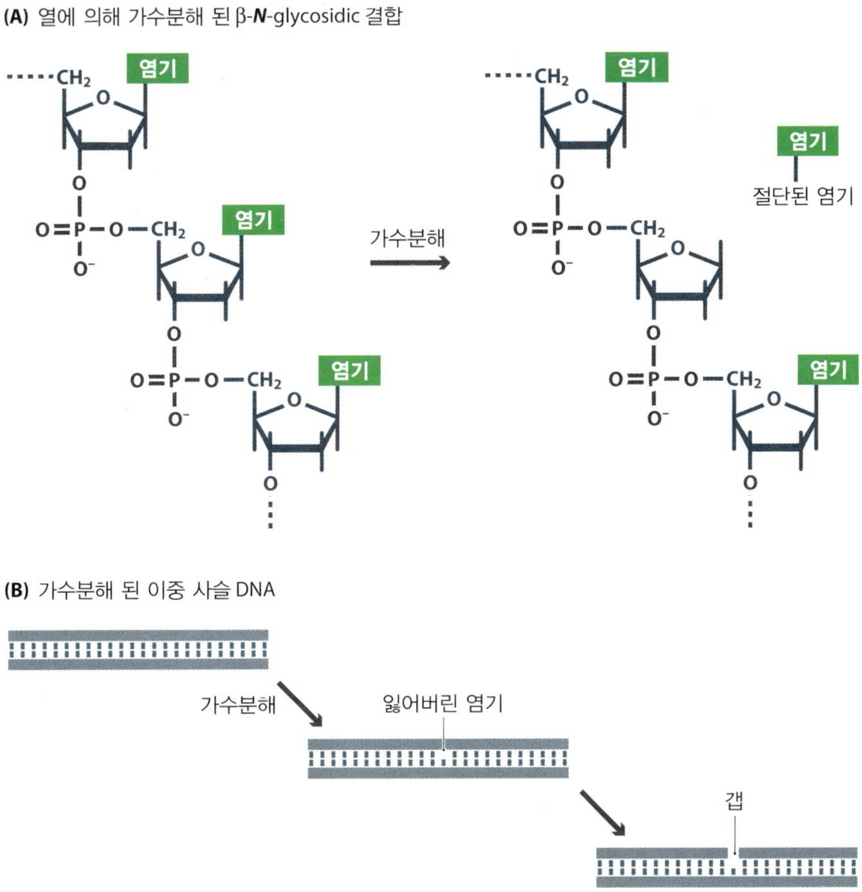

그림 16.16 열에 의한 돌연변이 유발 효과. (A) 열은 β-*N*-glycosidic 결합의 가수분해를 유도하여 염기가 제거된 폴리뉴클레오티드를 만든다. (B) 열에 의해 가수분해 된 이중 사슬 DNA 분자를 표현하는 도식적인 그림. 염기가 없는 자리는 불안정하여 분해되고 갭이 생기게 된다.

리 방사선은 간접적으로 작용하여 과산화물과 같은 활성 분자 생성을 증진시키기도 한다.

열(heat)도 돌연변이를 유발한다. 열은 물 분자가 뉴클레오티드의 당과 염기가 결합하는 β-N-글리코시딕(glycosidic) 결합을 자르는 반응이 일어나게 한다(**그림 16.16A**). 피리미딘 보다 퓨린인 경우에 더 잘 일어나며, 따라서 **AP**(apurinic/apyrimidinic) 또는 **염기 없는 부위(baseless site)**가 만들어진다. 이때 남겨진 당-인산 결합은 불안정하여 쉽게 분해되고 이중 사슬의 경우 갭(gap)이 만들어진다(**그림 16.16B**). 이 반응은 정상적으로는 돌연변이를 유발하지 않는다. 왜냐하면 세포는 이런 갭을 수리하는 효과적인 시스템이 있고 하나의 세포에서 하루에 10,000 AP 부위가 만들어지는 것을 막기 때문이다.

16.2 DNA 수선

게놈 전체가 복제될 때 일어나는 오류와 더불어 매일 겪어야 할 수천 개의 게놈 손상을 볼 때 세포가 갖는 효과적인 수선 시스템은 필수불가결한 것이다. 이러한 수선 시스템이 없다면 핵심 유전자는 DNA 손상에 의해 몇 시간 내에 불활성화 될 것이다. 세포 계보에서의 복제 오류도 이와 비슷한 비율로 일어나 수천 세대의 세포 분열 후에는 게놈으로서의 기능을 잃게 될 것이다.

대부분의 세포들은 4종류의 수선 시스템을 가진다(**그림 16.17**). 이들 중 첫째는 **직접**

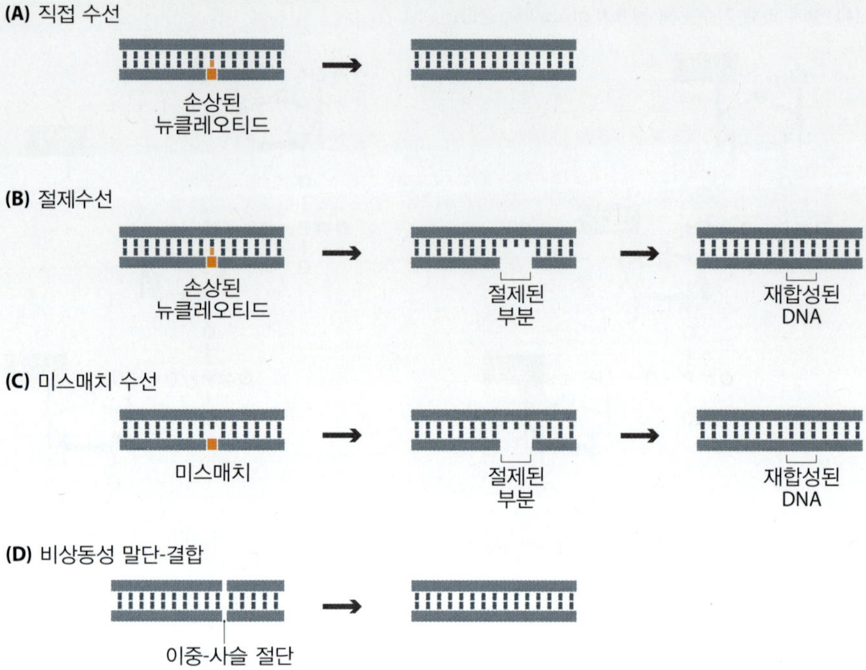

그림 16.17 4종류의 서로 다른 DNA 수선 시스템. (A) 직접 수선은 손상된 뉴클레오티드를 원래의 구조로 바꾼다. (B) 절제 수선은 손상된 폴리뉴클레오티드 부분을 제거하고 올바른 DNA 서열로 재합성한다. (C) 미스매치 수선은 절제 수선과 유사하나, 잘못 형성된 염기쌍의 오류를 감지하여 작동된다. (D) 비상동성 말단-결합은 절단된 이중 사슬을 수선한다.

수선 시스템(direct repair systems)으로, 이름에서 알 수 있듯이 손상된 뉴클레오티드에 직접 작용하여 원래의 구조로 되돌린다. 둘째는 **절제 수선(excision repair)**이다. 이는 손상된 부분을 포함하는 폴리뉴클레오티드 부분을 절제한 후, DNA 폴리메라아제로 하여금 올바른 뉴클레오티드로 재합성하게 한다. 절제되는 부분은 하나의 뉴클레오티드이거나 더 긴 뉴클레오티드일 수도 있다. 특별한 타입의 절제 수선은 **미스매치 수선(mismatch repair)**으로 복제에서 발생한 오류를 고친다. 잘못된 뉴클레오티드를 포함하는 단일 사슬 부분을 절제하고, 이때 만들어진 갭을 수선한다. 마지막은 **비상동성 말단-결합(nonhomologous end joining, NHEJ)**으로, 이는 이중 사슬이 잘려진 것을 수선한다.

이들 수선 경로의 영향은 과대평가된 것은 아니다. 대장균에서 DNA 합성에서의 오류 빈도는 복제되는 10^7 bp 마다 1번 꼴로 일어난다. 하지만 대장균 게놈 전체의 오류 빈도는 겨우 10^{10}~10^{11} bp 당 1번 일어난다. 폴리메라아제 오류 빈도에 비하여 증가된 오류 빈도는 미스매치 수선 때문이다. 폴리메라아제들은 새로이 복제되는 DNA를 스캔하여 염기들이 올바르게 짝짓지 않은 것을 찾아내어 이들 오류를 수선한다. 이 체계의 효율성으로 인해 대장균 게놈 전체가 1,000번 복제될 때 1번 정도로 수정되지 않은 복제 오류가 발생한다.

직접 수선하는 시스템은 닉(nick)을 채워 몇몇 뉴클레오티드가 변형된 형태를 수정한다

화학적 또는 물리적 돌연변이원에 의해 발생하는 대부분의 DNA 손상은 그림 16.17B에서와 같이 손상된 뉴클레오티드를 제거하고 새로운 DNA를 다시 합성함으로서 수선될 수 있다. 몇몇 타입의 손상은 뉴클레오티드 제거 없이 직접 수선될 수 있다. 이런 것들 중에는 특정 형태의 알킬화가 있고 효소에 의해 직접 뉴클레오티드의 알킬기(alkyl group)를 가역적으로 효소의 폴리펩티드로 이동시킨다. 이렇게 작용하는 효소들은 많은 생물체에 존재하고, 이 중에는 대장균의 **Ada 효소(Ada enzyme)**로 DNA

손상에 대응해 활성화되어 작동하는 효소이다. Ada는 티민과 구아닌의 4와 6 위치의 산소에 붙은 알킬기를 제거하고 인산 디에스테르 결합(phosphodiester bonds)에 메틸화된 것도 수선할 수 있다. 다른 알킬화 수선 효소는 보다 제한적인 특이성을 가지는데, 예를 들어 인간 **MGMT**(O^6-methyl guanine-DNA methyltransferase)는 이름에서 표현된 대로 오직 구아닌의 6 위치 알킬기만을 제거하는 것이다.

자외선에 의해 손상 받아 생긴 사이클로부틸 이량체(cyclobutyl dimers)는 **광회복(photoreactivation)**이라 불리는 빛 의존 시스템에 의해 직접 수선될 수도 있다. 대장균에서 **DNA 포토리아제(photolyase)**라 불리는 효소가 관여하는데, 300~500 nm 파장의 빛에 의해 자극받아 활성화되고 사이클로부틸 이량체에 결합하여 원래의 뉴클레오티드로 복구한다. 광회복은 널리 많은 생물종에서 일어나고 있으나 일반적인 것은 아니다. DNA 포토리아제는 많은 박테리아와 또한 척추동물을 포함하는 소수의 진핵생물체에서 알려져 있지만 인간을 포함하는 포유류에는 존재하지 않는다. 비슷한 타입의 광회복으로 **(6-4) 광분해생성물 포토리아제(photoproduct photolyase)**가 있고 (6-4) 손상을 수선한다. 여러 다양한 생물체에는 이 효소가 발견되고 있으나 대장균과 인간에서는 존재하지 않는다.

많은 형태의 손상된 뉴클레오티드는 염기 절제를 통해 수선될 수 있다

염기 절제(base excision)는 다양한 수선 시스템 중에서 가장 간단하며, 하나 혹은 그 이상의 손상된 뉴클레오티드들을 제거한 후에 만들어진 갭(gap)을 포함하는 DNA 부분에서 재합성이 일어난다. 뉴클레오타이드의 염기들이 알킬화제나 전리반사선에 노출되어 변형된 비교적 작은 손상의 수선에 염기 절제가 이용된다.

이 과정은 **DNA 글리코실라아제(DNA glycosylase)**에 의해 시작되고 손상된 염기와 당 요소 사이의 β-N-글리코시딕 결합을 절단한다(**그림 16.18A**). 각각의 DNA 글리코실라아제는 제한된 특이성을 보이며 세포에 따라서 손상된 뉴클레오티드의 범위가 결정되고 수선될 수 있다. 대부분의 생물체들은 우라실과 하이포잔틴 같은 탈아미노화된 염기(탈아미노화된 시토신과 아데닌), 5-하이드록시시토신과 티민 글리콜(thymine glycol)같은 산화 생성물, 3-메틸아데닌, 7-메틸구아닌과 2-메틸시토신 같은 메틸화된 염기들을 수선할 수 있다.

DNA 글라이코실라아제는 손상된 염기를 이중 나선에서 제거하여 폴리뉴클레오티드로부터 분리시킨다. 그리하여 염기가 없는 AP 자리가 생성되고 **그림 16.18B**에서 수선 과정의 두 번째 단계를 통하여 단일-뉴클레오티드 갭으로 된다. 뉴클레오티드 갭은 여러 다양한 방법으로 수선될 수 있다. 일반적인 방법으로는 **AP 엔도뉴클레아제(AP endonuclease)**를 사용하는 것으로 AP 자리 5′ 방향의 인산 디에스테르 결합을 자른다. 어떤 AP 엔도뉴클레아제는 AP 자리에서 손상된 뉴클레오티드의 나머지 부분인 당을 제거할 수 있지만, 다른 AP 엔도뉴클레아제는 이러한 능력이 없어 따로 존재하는 **인산 디에스테라아제(phosphodiesterase)**와 연합하여 당을 잘라낸다. AP 자리를 갭으로 전환시키는 다른 대안은 어떤 DNA 글라이코실라아제에 있는 AP 자리의 3′ 쪽을 절단할 수 있는 엔도뉴클레아제 활성을 활용하는 것이다. AP 자리의 3′ 자리를 자르고 손상된 염기가 제거된 다음에 인산 디에스테라아제 효소로 당을 제거시킨다.

단일-뉴클레오티드 갭은 DNA 폴리메라아제에 의하여 메워지는데, DNA 분자의 손상되지 않은 다른 사슬에 있는 염기에 짝을 이루어 올바른 뉴클레오티드가 삽입된다. 대장균에서는 DNA 폴리메라아제 I이 갭을 메우고 포유동물에서는 DNA 폴리메라아

그림 16.18 염기-절제 수선. (A) DNA 글리코실화 효소에 의한 손상된 뉴클레오티드 절제. (B) 염기-절제 수선 경로의 도식적인 묘사

(A) DNA 글리코실화 효소에 의한 손상된 염기 제거

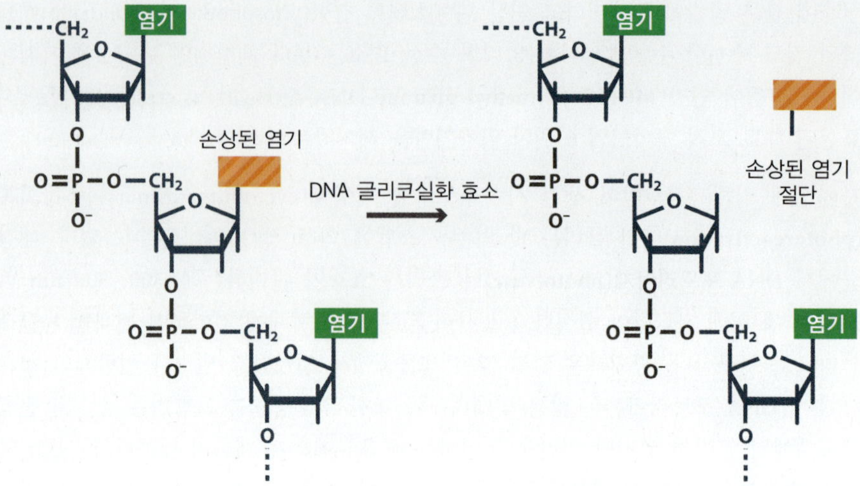

(B) 경로 개요

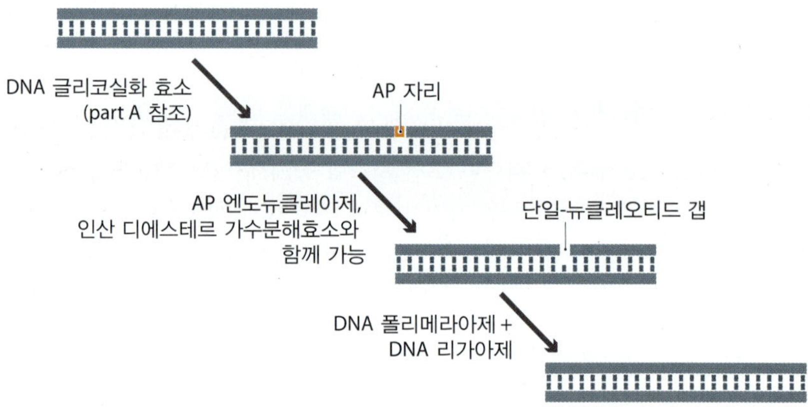

제 β가 사용된다. 갭이 메워진 후에 마지막 인산 디에스테르 결합은 DNA 리가아제에 의해 연결된다.

뉴클레오티드 절제 수선은 보다 광범위한 타입의 손상을 고치는 데 이용된다

뉴클레오티드 절제 수선은 두 번째 종류의 절제 수선으로, 커다란 화합기(chemical groups)의 부착에 의해 변형된 염기와 사슬 내의 교차 결합(intrastrand crosslink)과 같은 심각한 손상에 작용한다. 물론 사이클로부틸 이량체를 암회복(dark repair) 과정으로 수선할 수도 있다. 인간과 같이 광회복 시스템을 가지지 못한 생명체는 암회복 과정으로 사이클로부틸 이량체를 수선한다.

뉴클레오티드 절제 수선에서는 손상된 뉴클레오티드를 포함하는 단일 사슬 DNA 부분을 절제하고 새로운 DNA로 대체시킨다. 이 과정은 단지 선별적 염기 제거 대신에 보다 긴 폴리뉴클레오티드 부분이 제거된다는 점을 제외하고 염기 절제 수선과 유사하다. 대장균에서의 **짧은 조각(short-patch)** 과정은 가장 잘 연구된 뉴클레오티드 절제 수선의 예로, 비교적 짧은 12 뉴클레오티드 길이의 조각을 잘라낸다.

짧은-조각 수선 과정은 **UvrABC 엔도뉴클레아제(UvrABC endonuclease)**라 불리는 다효소 복합체에 의하여 시작된다. 이 과정의 첫 번째 단계는 두 UvrA 단백질과 1개의

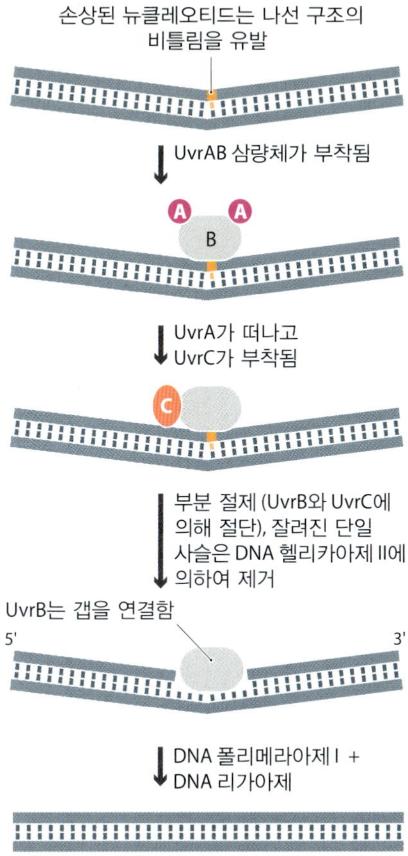

그림 16.19 대장균의 짧은-조각 뉴클레오티드 절제 수선. 손상된 부위는 UvrAB 삼량체에 의해 확인되는 과정으로 시작한다. UvrA가 떨어져 나가고 UvrC가 들어와 손상된 부위의 양쪽 면을 절단한다. UvrB는 DNA 폴리메라아제 I과 DNA 리가아제가 수선하는 동안 갭을 붙들고 있다. 그림의 위 부분에서는 손상된 뉴클레오티드가 이중 나선이 비틀린 형태로 표현되어 있고, 이것은 UvrAB 삼량체가 하나의 인식하는 신호로 생각된다.

UvrB로 구성된 삼량체가 손상된 부위의 DNA에 붙는 것이다(그림 16.19). 어떻게 손상된 부위를 인지하는가에 대하여 알려진 바는 없지만 이 과정의 폭 넓은 특이성으로 보아 이 복합체는 직접적 손상을 감지하지 않고, 이중 나선의 찌그러짐과 같은 일반적인 DNA 손상을 인지하는 것으로 보인다. UvrA는 발견된 자리에서 해리되고 더 이상 수선 과정에 작용하지 않는 것으로 보아 손상된 장소에 관여하는 복합체의 일부분으로 보인다.

UvrA가 떠나가면 UvrC가 결합하여 UvrBC 이량체를 형성하고, 이는 폴리뉴클레오티드의 손상된 부분의 양쪽을 절단한다. 첫 번째 절단은 손상된 뉴클레오티드 아래쪽으로 5번째 인산 디에스테르 결합을 UvrB에 의해 절단되고, 두 번째 절단은 위쪽으로 8번째 인산 디에스테르 결합을 UvrC에 의해 절단된다. 특히 UvrB 절단은 약간 유동적임에도 불구하고 결과적으로는 12-뉴클레오티드 절단이 일어난다.

잘려나간 부분은 DNA 헬리카아제 II에 의해 염기쌍 결합이 깨짐으로써, 대부분 온전한 DNA 조각으로 제거된다. UvrC 역시 이 단계에서 분리되나 UvrB는 그대로 남아 절제에 의하여 생긴 갭 사이를 연결해 준다. UvrB의 결합은 단일 사슬로 노출된 부분이 스스로 염기쌍을 이루는 것을 막아 주는 역할을 한다. UvrB의 다른 역할은 노출된 사슬이 손상되는 것을 막아 주며 수선에 필요한 자리를 DNA 폴리메라아제에 제공하는 것이다. 염기 절제 수선에 있어서 갭은 DNA 폴리메라아제 I에 의해 메워지며 DNA 리가아제에 의해 마지막 인산 디에스테르 결합으로 연결된다.

또한 대장균은 Uvr 단백질의 **긴-조각(long-patch)** 뉴클레오티드 절제 수선 시스템이 있지만, 2 kb 정도까지 긴 DNA를 절제하는 점이 특이하다. 긴-조각 수선은 덜 연구되어 있고 그 과정이 상세히 밝혀지지 않았지만 단지 염기 하나가 변형된 것 보다는 뉴클레오티드 그룹의 지역이 보다 심각한 손상을 입었을 때 작동하는 것으로 추정된다. 진핵생물은 오직 24~29 뉴클레오티드의 DNA를 교체하는 한 종류의 뉴클레오티드 절제 수선을 가지며, 이는 박테리아의 어떤 절제 수선과도 관련성이 없는 것으로 보인다.

미스매치 수선은 복제 오류를 고친다

지금까지 살펴본 각각의 복제 수선 시스템들은 직접, 염기 절제, 뉴클레오티드 절제 수선이고, 돌연변이원에 의해 유발된 DNA 손상을 인지하여 작용한다. 이것들은 변형된 염기, 사이클로부틸 이량체, 사슬 내부에서의 상호 연결과 같은 비정상적인 화학 구조를 찾아 수선하는 체계들이다. 하지만 복제에서 오류로 발생하는 미스매치는 비정상적인 구조를 보이지 않기 때문에 수선될 수는 없다. 잘못된 위치에 삽입되었던 것들은 단순히 A, G, C, T이다. 이들 뉴클레오티드들을 다른 뉴클레오티드와 구별될 수 없기 때문에 복제 오류를 수선하는 미스매치 수선 시스템은 잘못된 염기쌍을 이루는 뉴클레오티드 자체보다는 부모와 딸 사슬들 간의 염기쌍이 없는 것을 감지해야만

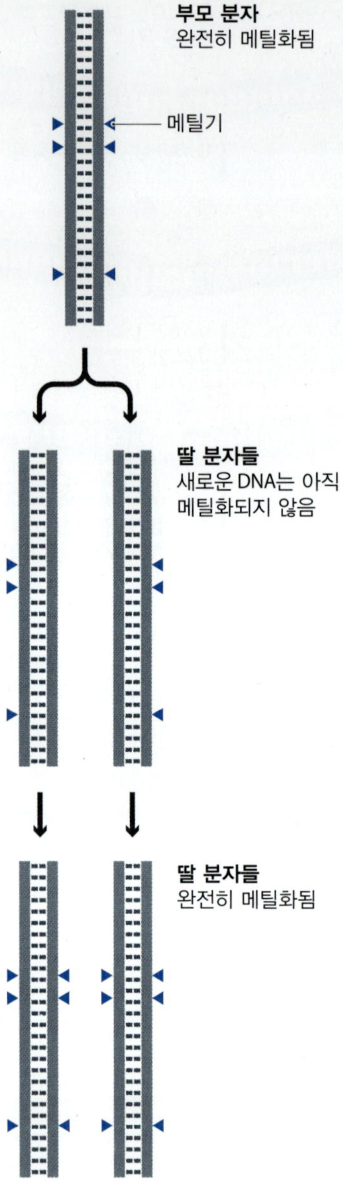

그림 16.20 대장균에서 새로이 합성된 DNA는 복제 후에 메틸화가 즉각적으로 일어나지 않고 미스매치 수선을 하는 단백질이 딸 사슬을 인지하여 복제 오류를 수선할 수 있는 기회를 준다.

한다. 한번 미스매치가 발견되면 수선 시스템은 염기와 뉴클레오티드 절제 수선과 같은 방식으로 딸 폴리뉴클레오티드의 틀린 부분을 제거하고 벌어진 갭을 메운다.

미스매치를 수선하는 데는 한 가지 어려움이 존재한다. 오류는 새로이 합성된 사슬에서 발생하고 따라서 딸 폴리뉴클레오티드가 수선되어야만 한다. 반면에 부모 폴리뉴클레오티드는 올바른 서열을 가진다. 어떻게 수선 과정에서 어느 사슬이 어느 것인지를 알 수 있겠는가? 대장균에서의 대답은 부모 사슬이 메틸화되는 것이다. 새로이 합성된 폴리뉴클레오티드는 메틸화되어 있지 않고 따라서 부모 사슬과는 구별된다.

대장균 DNA는 두 효소의 활성으로 메틸화된다. 이들 효소에는 5′-GATC-3′에 있는 아데닌을 6-메틸아데닌으로 바꾸는 **DNA 아데닌메틸화효소(DNA adenine methylase, DAM)**, 5′-CCAGG-3′에 있는 시토신을 5-메틸시토신으로 바꾸는 **DNA 시토신메틸화효소(DNA cytosine methylase, DCM)**가 있다. 이들 메틸화효소에 의해 변형된 뉴클레오티드는, 변형되지 않은 버전과 동일한 염기쌍 짓기를 하여 돌연변이원이 아니다. 딸 사슬의 복제와 메틸화 사이에는 시차가 있고, 이 시간 동안 수선 시스템이 DNA의 미스매치 염기가 있는 부분을 스캔하여 메틸화되지 않은 딸 사슬의 오류를 수선한다(**그림 16.20**).

대장균에는 적어도 세 가지 미스매치 수선 시스템이 있다. 잘려나가고 다시 합성되는 부분의 상대적인 길이에 따라 긴-조각, 짧은-조각, 매우-짧은-조각 수선 시스템으로 불린다. 긴-조각 수선 시스템은 1 kb나 그 이상의 DNA를 교체하며 뉴클레오티드 절제 수선에서 작용하는 DNA 헬리카아제 뿐만 아니라 MutH, MutL, MutS 단백질들이 필요하다. MutS는 미스매치 염기를 인지하고 MutH는 메틸화되지 않은 5′-GATC-3′에 결합함으로써 두 사슬을 구별한다(**그림 16.21**). 결합한 MutH는 메틸화된 서열의 G 바로 윗부분의 인산 디에스테르 결합을 자르고 DNA 헬리카아제 II는 이 지점에서 시작하여 단일 사슬을 떼어낸다. 미스매치 부분의 아래쪽을 절단하는 효소는 발견되지 않았지만, 엑소뉴클라아제에 의하여 미스매치 자리를 포함하는 부분까지 떼어진 단일 사슬을 분해시킨다. 이 갭은 DNA 폴리메라아제 I과 DNA 라이가제에 의하여 메워진다.

비록 염기 메틸화가 부모와 딸 폴리뉴클레오티드를 구별하는 데 사용되는 방법이 아닐지라도, 진핵생물의 미스매치 수선 과정도 이와 비슷한 방법으로 작동된다. 메틸화가 포유동물 세포의 미스매치 수선에 관련되어 있지만 초파리, 효모를 포함한 일부의 진핵생물 DNA는 광범위하게 메틸화되어 있지는 않다. 따라서 이런 생물체에서는 딸 사슬을 확인하는 다른 방법이 사용되어야 한다. 수선 효소들과 복제 복합체 사이의 연계를 통해 DNA 합성이 수선과 짝을 이루어 진행되거나 부모 사슬에 표시를 하는 단일 사슬 결합단백질을 사용할 가능성이 있다.

부서진 DNA도 역시 수선될 수 있다

마지막으로, 어떻게 부서진 DNA가 수선되는 지를 알아보아야 한다. 특정한 산화적 손상으로 일어나는 이중 사슬 DNA 중에서 한 사슬에 고장이 있더라도, 이중 사슬 전체의 온전함이 유지되어 세포에 심각한 문제가 되지 않는다. 인간의 DNA 중 노출된 사슬은 손상을 막기 위해 PARP1 단백질로 코팅되어 있다. 부서진 부분의 DNA는 DNA 폴리메라아제와 라이가제에 의하여 메워진다(**그림 16.22**).

양쪽 사슬이 부서진 경우에는 원래의 이중 나선이 분리된 두 조각으로 나누어지고 수선되기 위하여, 분리된 두 조각들이 다시 맞춰져야 하기 때문에 보다 더 심각하다. 2

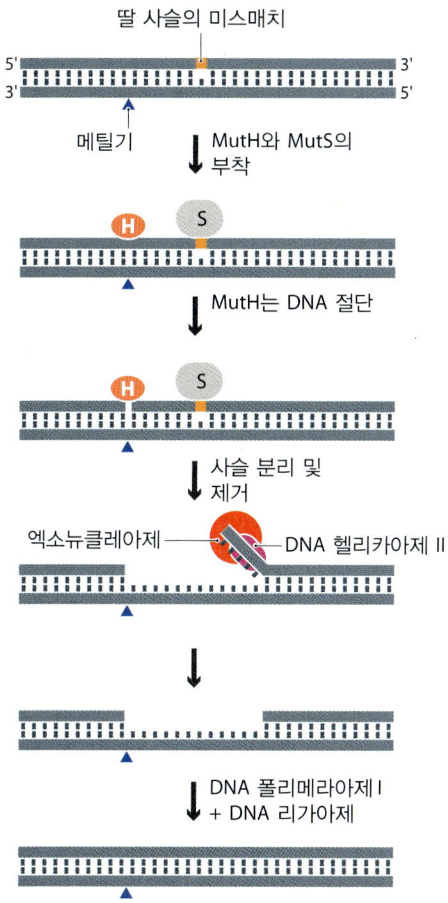

그림 16.21 대장균에서의 긴-조각 미스매치 수선. 이 과정은 메틸화된 폴리뉴클레오티드와 메틸화되지 않은 폴리뉴클레오티드를 구별하는 MutH와 미스매치를 구별할 수 있는 MutS의 부착으로 시작한다. MutH는 메틸화된 서열이 있는 부위에서 메틸화되어 있지 않은 폴리뉴클레오티드를 절단하고 DNA 헬리카아제 II는 미스매치 부근의 단일 사슬을 제거한다. 제거된 단일 사슬은 엑소뉴클레아제에 의하여 분해되고 DNA 폴리메라아제 I과 DNA 리가아제에 의해 메워진다.

개의 부서진 말단은 어떤 방법으로든 보호되어야 한다. 왜냐하면 말단에서의 뉴클레오티드 손실은 수선된 절단 부위의 결실 돌연변이가 만들어지기 때문이다. 수선 과정은 올바른 말단이 연결되도록 보장해야 한다. 핵 내에 2개의 부서진 염색체가 있다면 원래의 구조로 돌아가기 위해서는 올바른 짝으로 연결되어야 한다. 실험을 통하여 올바른 짝으로 연결되는 것이 힘들다는 것을 알아냈고, 비교적 높은 비율로 올바르지 않은 짝으로 연결되어 혼성 구조를 만들어 내었다. 비록 하나의 염색체가 부서진 경우에도 원래 염색체의 말단을 절단된 부분으로 착각하여 잘못된 수선이 일어날 가능성이 있다.

이중 사슬은 전리 방사선이나 어떤 화학적 돌연변이원에 의하여 절단되고, DNA 복제가 일어나는 동안에서도 절단될 수 있다. 이러한 절단은 Ku라 불리는 단백질 쌍에 의하여 절단된 부분의 DNA 말단 양쪽에 결합하여 작용하는 비상동적 말단 연결 과정에 의하여 수선될 수 있다(그림 16.23). 개개의 Ku 단백질은 서로 서로 친화성이 있어 두 부서진 DNA 말단을 가깝게 하고 DNA 라이가제에 의하여 원래 대로 연결

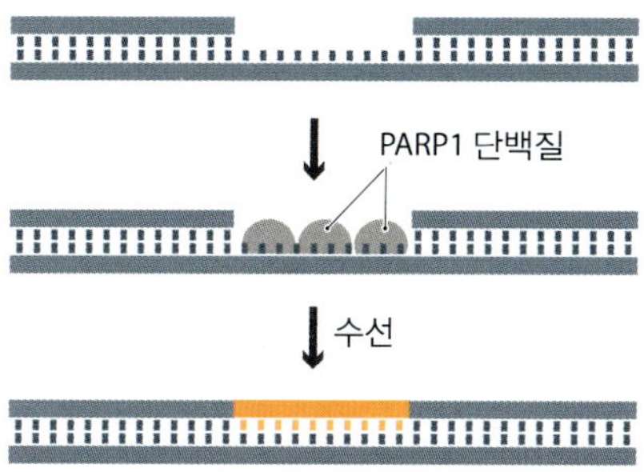

그림 16.22 단일 사슬 절단 수선

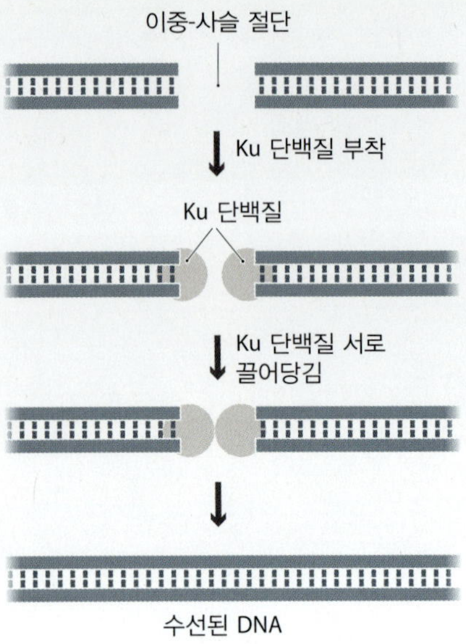

그림 16.23 비상동성 말단-결합에 의한 이중 사슬 절단의 수선. ku 단백질은 절단된 양쪽 DNA 말단에 부착한다. 이 단백질들 사이의 친화력으로 인해 두 말단은 다가서게 되고 DNA 리가아제에 의해 절단이 수선될 수 있다.

된다.

NHEJ는 원래 진핵생물에서만 존재하는 것으로 알려졌지만, 단백질 데이터베이스 탐색을 통해 박테리아에서도 이와 유사한 ku 단백질들이 발견되었다. 이들은 박테리아 라이가제와 연합하여 단순한 타입의 이중 사슬 절단 수선에 작용한다는 사실이 실험적으로 밝혀졌다.

비상 상태에서의 DNA 손상은 게놈 복제 동안에는 우회될 수 있다

게놈의 한 부분에서 광범위한 손상이 일어날 때 수선 과정이 어떻게 진행되어야 할지 알 수 없게 된다. 이때, 세포는 비록 복제에서 오류 발생이 일어나 돌연변이가 일어난 딸 분자를 만들어 복제를 진행시키거나 아니면 사멸되는 냉혹한 선택을 해야만 한다. 이런 선택에 놓이면 대장균은 불가피하게 주요 손상 부위를 우회하는 하나의 긴급 절차를 유도하여 사멸을 피한다.

가장 잘 연구된 우회 과정은 일부 **SOS 반응(SOS response)**에서 일어난다. 이러한 SOS 반응은, 비록 주형의 폴리뉴클레오티드에 복제 복합체를 정지시키거나, 적어도 지연시키는 **AP** (apurinic/apyrimidinic)나 혹은 광반응 생성물이 있어도 대장균에서는 DNA 복제를 가능하게 한다. 이런 손상 자리는 DNA 폴리메라아제 V(역시 $UmuD'_2C$ 복합체로 명명됨)와 여러개의 RecA 단백질을 포함하는 **돌연변이체(mutasome)**에 의하여 우회시킨다. RecA는 재조합에서 그 기능이 이미 알려진 단일 사슬 DNA 결합단백질이다. 이 우회 경로에서 RecA는 손상된 사슬을 둘러싸고 DNA 폴리메라아제 V가 오류 발생이 쉬운 DNA 합성을 마칠 때까지 손상된 부분을 보호한다(**그림 16.24**). 주요 복제 효소인 DNA 폴리메라아제 III는 다시 복제를 시작한다.

SOS 반응은 우선 박테리아가 나쁜 환경에서 DNA 복제를 해야만 할 때 일어나므로 생존할 수 있는 마지막 기회로 여겨진다. 하지만 생존의 대가로 돌연변이체는 단순히 손상된 폴리뉴클레오티드 부위가 복제될 뿐, 수선은 되지 않기 때문에 돌연변이 발생률이 증가한다. 비록 AP 자리의 맞은편에 A 염기를 보다 더 선호하는 경향은 있지만, DNA 폴리메라아제 V는 손상된 부위에 대충 무작위로 뉴클레오티드를 선택한다.

DNA 수선의 결함은 암을 포함한 인간 질환의 원인이다

수선 과정에서의 결함과 관련되는 인간에서의 유전적 질환의 가혹성으로 인해 DNA 수선의 중요성은 매우 강조된다. 이러한 특성을 가장 잘 나타내는 것 중의 하나는 색

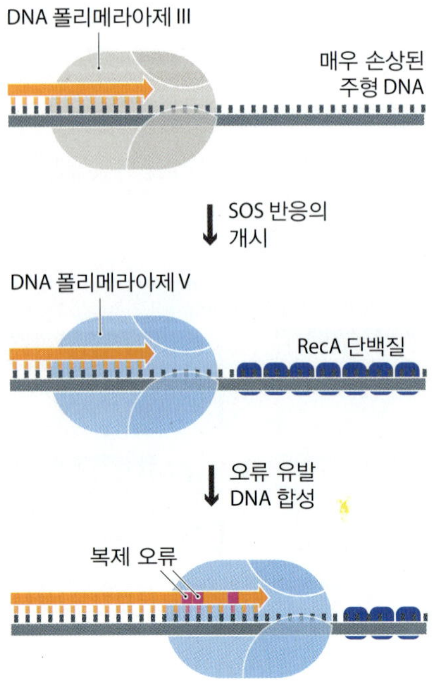

그림 16.24 대장균의 SOS 반응. DNA 복제가 진행되고 있는 동안에 심한 손상 부위는 SOS 반응에 의하여 우회될 수 있다. 주요 복제 효소인 DNA 폴리메라아제 III는 분리되어 떨어져 나가고, DNA 폴리메라아제 IV와 RecA 단백질의 조합으로 이루어진 돌연변이체로 대체된다. RecA는 손상된 폴리뉴클레오티드를 둘러싸고 DNA 폴리메라아제 IV가 손상된 부위의 오류 유발 DNA 합성을 가능하게 한다. 합성이 끝나면 다시 DNA 폴리메라아제 III가 인계 받는다.

소성 건피증(xeroderma pigmentosum)으로 뉴클레오티드 절제 수선에 관여하는 단백질의 유전자 중 어느 하나에 일어나는 돌연변이로 인하여 발생한다. 뉴클레오티드 절제 수선은 사이클로부틸 이량체나 다른 광반응생성물을 인간에서 수선할 수 있는 유일한 방법이다. 색소성 건피증의 증상은 자외선에 예민하고 일반인에 비해 햇빛에 의해 더 많은 돌연변이를 일으키고 종종 피부암으로 고통받는다.

또한 뉴클레오티드 절제 수복은 유방암, 난소암, 생장과 신경계의 결함으로 알려진 코카인(Cockayne) 증후군과 관련이 있다. HNPCC (hereditary nonpolyposis colorectal cancer)로 불리는 이 증후군은 원래 미스매치 수선의 결함으로 발생하는 것으로 알려졌으나 뉴클레오티드 절제 수선 역시 이 증후군을 유발한다. 모세혈관확장성 운동실조증(Ataxia telangiectasia)은 전리방사선에 민감하지만 DNA 손상 감지 과정에 작용하는 ATX 유전자의 결함으로 발생한다. DNA 수선의 고장으로 일어나는 다른 질병은 블룸(Bloom) 증후군과 베르너(Werner) 증후군이 있으며, 이들은 NHEJ에서 작용하는 DNA 헬리카아제의 결함으로 일어난다. 판코니(Fanconi) 빈혈증에 대한 생화학적 기전은 알려져 있지 않으나 DNA 상호 연결을 유발하는 화학 물질에 예민하고, SCA(spinocerebella ataxia)는 단일 사슬 절단을 수선하는 경로에 결함이 일어나 발생한다.

그림 16.25 짧은 상상 속의 유전자

16.3 유전자, 세포, 생물체에 미치는 돌연변이의 효과

DNA 분자에서 돌연변이가 어떻게 발생하고, 그들 중에서 많은 경우가 DNA 복제에 의하여 퍼져 나가기 전에 수선된다는 사실을 알았다. 또한 수선을 피하는 소수의 경우에 돌연변이가 유발되는 것도 생각할 수 있다.

돌연변이는 유전자에 포함되어 있는 생물 정보에 다양한 영향을 준다

많은 돌연변이는 유전자 사이의 위치에서 발생하기 때문에 **침묵(silent)**한다. 이들은 뉴클레오티드 서열의 변화가 일어나지만 게놈의 생물학적 정보에는 영향을 미치지 못한다. 하지만 돌연변이가 유전자 내의 암호화 지역에서 일어난다면 어떤 영향이 있을까? 이 질문에 답하기 위하여 오직 6개의 아미노산으로 구성된 단백질을 암호화하는 간단한 상상의 유전자를 생각해보면(**그림 16.25**), 모든 질문에 대답을 할 수 있다.

첫 번째 가능성은 코돈의 3번째 뉴클레오티드에서 점 돌연변이가 일어나는 것이고, 이는 유전 암호의 퇴화(degeneracy)로 인해 아미노산의 변화는 일어나지 않는다. **그림 16.26**의 예를 보면 뉴클레오티드 15의 A가 G로 바뀌는 경우이다. 이 변화는 류신을 암호화하는 다섯 번째 코돈 5′-TTA-3′가 역시 같은 아미노산을 암호화하는 5′-TTG-3′로 바뀌는 것이다. 이것을 **동의 돌연변이(synnonymous mutation)**라고 명명하는데, 유전자 산물인 단백질의 아미노산 서열을 그대로 유지하며 세포에 어떤 영향도 주지 못한다.

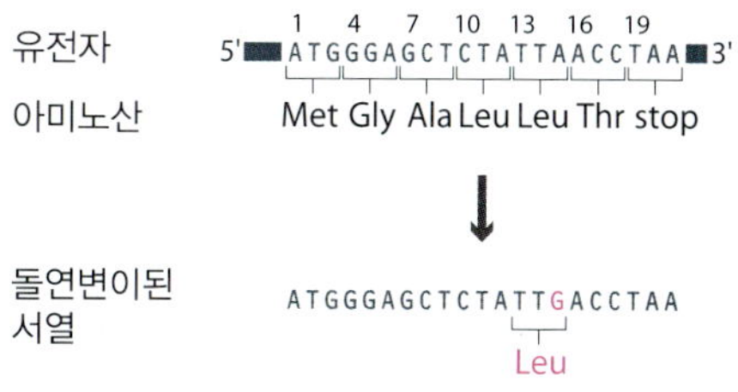

그림 16.26 유전자 내의 침묵 돌연변이. 뉴클레오티드 15의 A가 G로 바뀌어도 유전 암호의 퇴화로 인해 단백질의 아미노산 서열 변화 없이 원래 대로 유지한다.

코돈의 첫 번째나 혹은 두 번째 위치의 뉴클레오티드 변화 대부분과 소수이기는 하나 세 번째 위치의 변화는 **비동의 돌연변이(nonsynnonymous mutation)**이다. 유전자의 4번째 뉴클레오티드 G가 A로 바뀌면 글리신(glycine) 코돈이 아르기닌(arginine) 코돈으로 바뀐다(**그림 16.27**). 이와 비슷하게 15번째 뉴클레오티드가 A에서 T로 바뀌면 류신 대신에 페닐알라닌으로 바뀐다. 비동의 돌연변이는 하나의 아미노산이 바뀐 단백질을 만들어 낸다. 이런 변화와는 달리 단백질 내에서 아미노산의 구체적인 역할에

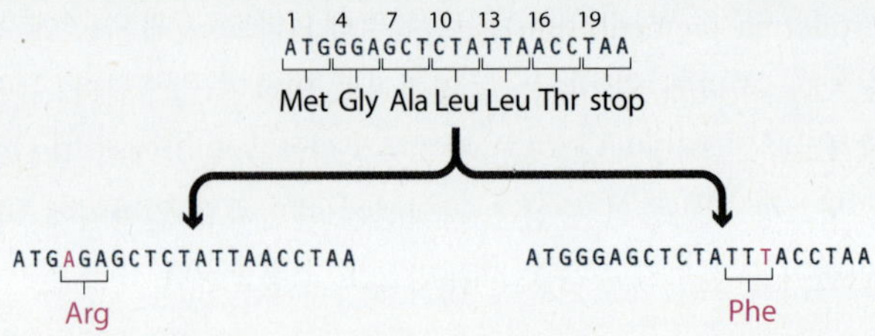

그림 16.27 두 비동의 돌연변이. 뉴클레오티드 4의 G가 A로 바뀌면 글리신 코돈이 아르기닌으로 바뀌고, 뉴클레오티드 15의 A가 T로 바뀌면 류신에서 페닐알라닌으로 바뀐다.

따라 세포의 표현형이 결정된다. 구조나 기능에 필수적인 아미노산의 변화를 유발하는 비동의 돌연변이는 단백질을 불활성화하여 돌연변이의 표현형을 이끌어내지만, 대부분의 단백질은 아미노산 서열 변화에 대하여 그다지 영향을 받지 않는다.

다른 돌연변이들은 돌연변이 표현형의 결과에 따르는 경향이 있다. **정지 돌연변이(nonsense mutation,** 그림 16.28**)**는 한 아미노산을 지정하는 코돈이 종결 코돈으로 바뀌는 점 돌연변이이다. 이 결과, 카르복시 말단이 잘려나간 절단된 단백질을 암호화하는 유전자로 된다. 자주 발생하진 않지만 많은 경우에 잘려나간 카르복시 말단 부분은 단백질 활성에 필수적인 아미노산을 포함한다. **프레임시프트 돌연변이(frameshift mutation,** 그림 16.29**)**는 일반적으로 삽입 혹은 결손의 결과이다. 추가되거나 제거되는 뉴클레오티드의 수가 3의 배수가 아닐 때, 리보솜은 돌연변이가 일어난 자리 이후의 서열을 완전히 새로운 코돈 세트로 해독하게 된다. 마지막으로 **번역초과 돌연변이(readthrough mutation,** 그림 16.30**)**는 종결 코돈을 한 아미노산의 코돈으로 바꾸는 것이다. 이런 결과로, 종결 신호를 지나쳐서 단백질의 카르복시 말단에 부가적인 일련의 아미노산들이 확장된다. 짧은 확장에 대부분의 단백질들은 거의 문제를 일으키지 않지만 보다 긴 확장은 단백질의 3차 구조에 영향을 주어 감소된 활성을 보인다.

돌연변이는 다세포 생물에 다양한 영향을 미친다

돌연변이의 표현형이 작동하려면 뉴클레오티드의 변화로 세포 내에서의 기능이 제대로 수행되지 못하는 유전자 산물이 생산되어야 한다. 많은 경우 세포는 기능의 손실을 감내할 수 없어서 사멸될 것이다. 서열의 변화가 세포의 사멸을 일으키는 것을 **치사 돌연변이(lethal mutation)**라고 부른다. 하지만 표현형의 변화가 있는 돌연변이가 모두 극단적인 결과를 낳는 것은 아니다. 어떤 돌연변이는 세포에 필수적이지 않은

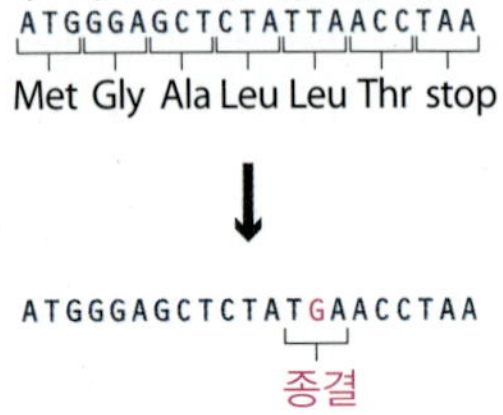

그림 16.28 종결 돌연변이. 뉴클레오티드 14의 T가 G로 바뀌면 류신 코돈은 종결 코돈으로 전환된다.

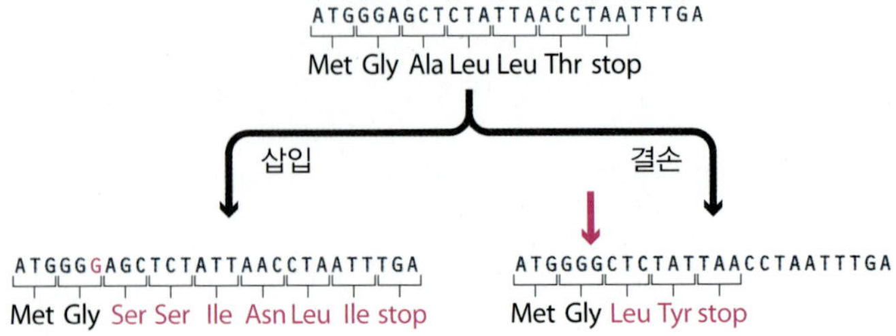

그림 16.29 두 프레임시프트 돌연변이. 하나는 뉴클레오티드 5와 6 사이에 G를 삽입하여 일어나고, 다른 하나는 뉴클레오티드 6이 손실되어 일어난다.

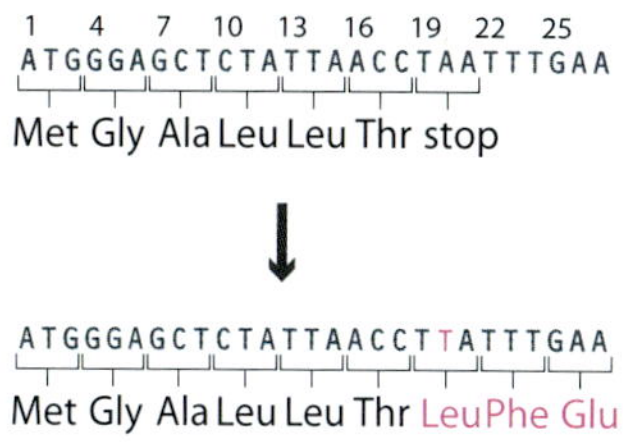

그림 16.30 번역 초과 돌연변이. 뉴클레오티드 20의 A를 T로 바꾸면 종결 코돈은 류신 코돈으로 전환된다.

단백질을 불활성화시키기도 하고 활성이 감소되거나 변형시키기도 한다. 이렇게 사멸시키지 않는 돌연변이가 다세포 생물체에게는 어떤 영향을 미칠 수 있을까?

생물체의 대부분을 차지하지만 생식 과정에 관여하지 않는 체세포에서 일어나는 돌연변이와, 배우자를 생산하는 생식세포의 돌연변이는 차이가 있다. 체세포에서의 돌연변이는 게놈의 복제물을 다음 세대로 전달되지 않으므로 오직 돌연변이가 일어나는 생물체에만 영향을 준다. 이것은 진화에 어떤 영향력도 미치지 않는다. 같은 조직에는 수많은 세포들이 존재하여 세포 하나의 손실이 큰 영향을 주지 않으므로 돌연변이가 세포 사멸(cell death)을 유도하여도 심각한 이상이 일어나지 않는다. 체세포에서 돌연변이가 일어날 때 생물체에 나쁜 영향을 주는 예외적인 경우는 종양을 형성하거나 암을 유발하는 것이다.

생식세포에 일어나는 돌연변이는 다음 세대의 구성원들에게 전달되고, 유전되는 개체의 모든 세포에 돌연변이가 전달되기 때문에 보다 더 심각하다. 모든 침묵 돌연변이와 많은 암호화 지역에서의 돌연변이는 생물체의 표현형에 심각한 영향을 주지는 않는다. 영향력이 있는 돌연변이들은 **기능 손실(loss of function)**과 **기능 획득(gain of function)**의 두 부류로 나뉜다.

기능 손실은 단백질의 활성을 소멸시키거나 감소시키는 정상적인 돌연변이 결과이다. 대부분의 진핵생물은 2배체이기 때문에, 이는 염색체를 두 복제본이 가진다는 의미이고 기능 상실의 돌연변이가 표현형의 변화로 나타나지는 않는다. 왜냐하면 유전자의 또 다른 복제본이 아직도 활성을 가지며 돌연변이에 의한 손상을 회복시킬 수 있기 때문이다(그림 16.31). 예외적인 경우는 **반수체 기능 부전(haploinsufficiency)**으로 생물체가 단백질 활성의 대략 50%의 손실을 견딜 수 없을 때, 한 복사본의 손실로 일어날 수 있다.

기능 획득 돌연변이는 매우 드물게 일어난다. 이 돌연변이는 단백질의 비정상적인 활성에 의해 일어난다. 알려진 한 예는, 세포 표면에 수용기로 작용하는 단백질이다. 이 단백질은 외부 자극에 의해 스위치를 적절하게 켜고 끄는 데 작용하는 세포 신호를 보내는 단백질이다. 이 수용체 단백질에 돌연변이가 일어나 외부의 자극이 없더라도 세포 내에 신호를 전달할 수 있다(그림 16.32). 따라서 세포는 계속하여 자극에 영향을 받은 것처럼 행동하여 결과적으로 기능을 획득한 것과 같이 된다. 기능 획득 돌연변이는 2배체 생물체에서 돌연변이되지 않은 다른 유전자 복제본에 의하여 회복될 수 없다.

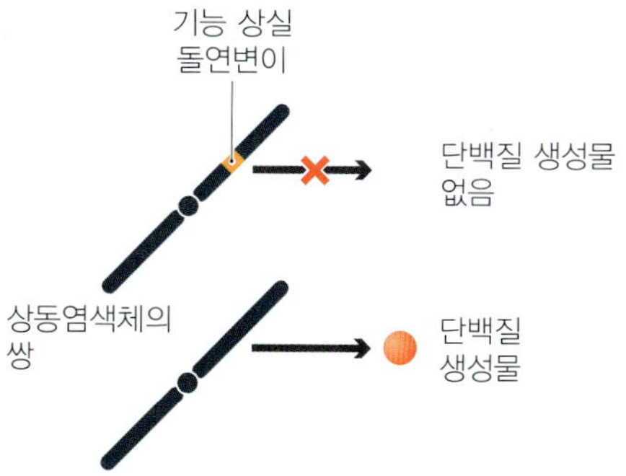

그림 16.31 기능이 있는 유전자가 두 번째 염색체 복사본에 존재하기 때문에 기능 상실 돌연변이는 항상 열성이다.

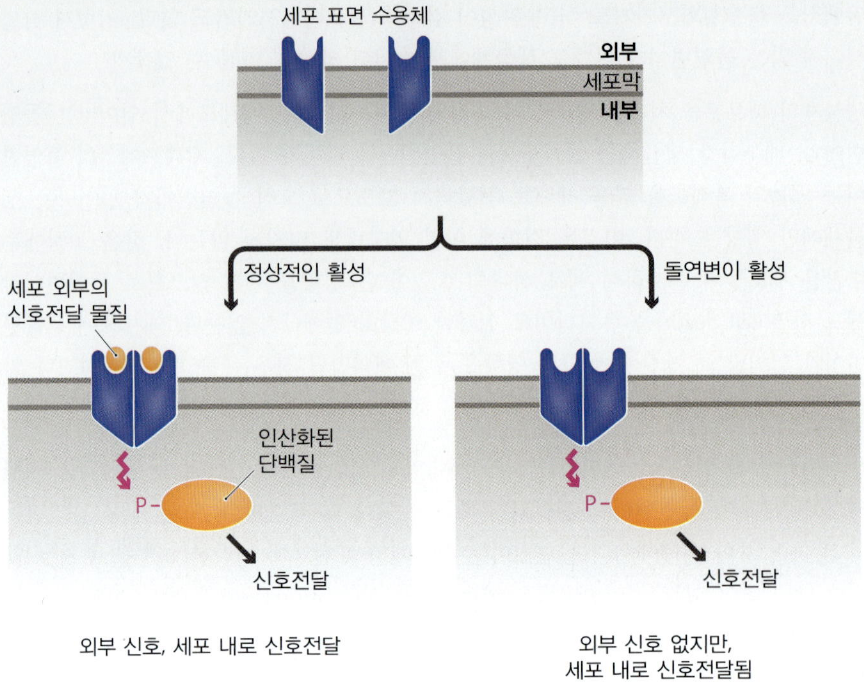

그림 16.32 기능 획득 돌연변이가 일어나는 한 가지 방법. 맨 위의 그림은 세포 표면의 수용체를 표현한다. 정상적인 활성은 왼쪽 그림에 나타나 있다. 외부 신호 물질이 있으면 수용체가 이량체가 되고 내부 단백질을 활성화한다. 이 단백질이 신호전달 경로를 시작시키고 외부 자극이 있을 때 필요한 단백질들의 유전자 세트 스위치를 켠다. 오른쪽 그림은 돌연변이 수용체 단백질을 보여 준다. 외부 신호전달 화합물이 없어도 수용체 단백질이 이량체를 만든다. 이 수용체에 의한 신호전달 경로는 항상 스위치가 켜지며 돌연변이 세포는 기능을 '획득'하게 된다.

다세포 생물체에서 표현형이 미치는 영향력의 평가가 어려운 것은 모든 돌연변이가 즉각적인 영향력을 보이지 않기 때문이다. 어떤 것들은 **불완전 침투율(incomplete penetrance)**을 보이고 다른 것들은 **후발성 개시(delayed onset)**를 나타낸다. 전형적으로 불완전 침투율은 나중에 일어난 어떤 계기에 의해서만 반응을 나타내는 경향이 있는 경우이다(그림 16.33). 불완전 침투율은 인간의 수많은 유전적 암 발생에서 발견되는데, 인간의 생활 스타일 혹은 환경과 관련된 유발 인자(triggering factor)에 의해 일어난다. 유발 인자들을 일생 동안 만나지 않는다면 다른 질병으로 죽을 때까지 건강을 유지한다.

후발성(delayed-oneset) 개시는 일생의 후반에 발현되는 표현형으로서, 어떤 요인이 반복적으로 쌓인 결과 이것이 계기가 되어 발생한다(그림 16.34). 나이가 들어감에 따라 발생하는 질병 중 헌팅턴 질병이 이 범주에 드는데, 가능성이 있는 독극물이나 여러 종류의 세포 손상이 계속 쌓여서 유발된다. 불완전 침투율의 유전자형을 가진 사람이 일생 동안 받은 요인이 어느 한계에 이른다고 해도 불완전 침투율의 표현형은 유발되지 않는다. 왜냐하면 불완전 침투율을 유발시키는 요인은 축적되지 않기 때문이다. 불완전 침투율과 후발성 개시의 차이점은 얼마나 오래 사는 지에 관계 없이 표현형이 나타나지 않으면 불완전 침투율이고, 후발성 개시는 오래 살면 살수록 불가피하게 발현되는 경우이다.

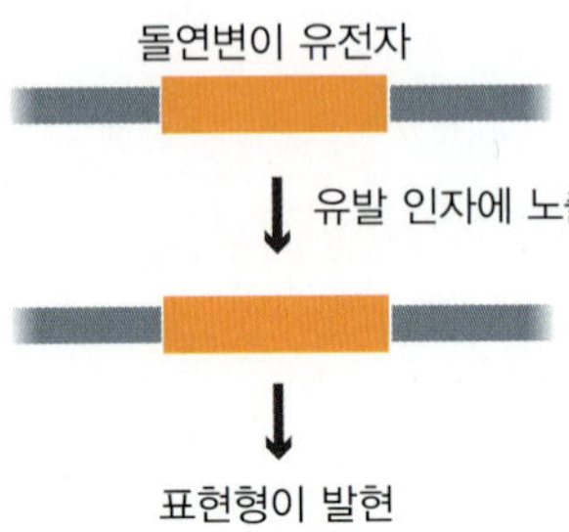

그림 16.33 불완전 침투율

두 번째 돌연변이는 먼저 일어난 돌연변이의 표현된 형질을 되돌릴 수 있다

두 번째 돌연변이에 의해 이전의 돌연변이 효과를 돌이킬 수 있는 방법에서 다양하고 가장 간단한 것은, 두 번째 돌연변이가 DNA 분자의 원래 뉴클레오티드 서열로 되돌리는 것이다. 점 돌연변이는 두 번째 점 돌연변이에 의해, 삽입 돌연변이는 결손 돌연변이에 의해 되돌릴 수 있다. 이렇게 되돌릴 수 있는 돌연변이를 **복귀 돌연변이(back mutation)**라고 부르는데, 원래의 돌연변이가 일어난 자리가 자연적으로 돌연변이가 쉽게 일어나는 자리가 아니라면 거의 일어날 가능성이 없다.

DNA 서열이 정확히 원래의 상태로 바뀌지 않아도 여러 종류의 두 번째 돌연변이에 의해 원래의 표현형으로 돌아오는 **둘째-자리 복귀 돌연변이(second-site reversion)**에 의해 수정될 수 있다. 이를 설명하기 위하여 임의의 유전자를 생각해 보는 것이다. 그림 16.27에서 하나의 비동의 돌연변이는 15번째 뉴클레오티드 A가 T로 바뀌면 류신 코돈(5′-TTA-3′)이 페닐알라닌 코돈(5′-TTT-3′)으로 바뀌는 것이다. 만약에 두 번째 돌연변이가 일어나 13번째 뉴클레오티드 T가 C로 바뀌면 코돈은 5′-CTT-3′로 되어 다시 한 번 류신 아미노산으로 돌아오게 된다(그림 16.35). 비동의 돌연변이는 비록 뉴클레오티드 서열이 원래의 것과 다르게 변해도 유전자 산물이 정상으로 돌아와 수정될 수 있다.

둘째-자리 복귀(reversion)는 원래 일어난 돌연변이와 같은 유전자에서 일어난다. 돌연변이의 효과를 되돌리는 마지막 방법은 **억제(suppression)**로서 두 번째 돌연변이가 다른 유전자에서 일어난다. 이런 현상에 대해서는 여러 가지 예가 있지만, 가장 보편적인 것은 tRNA의 안티코돈에 억제 돌연변이를 일으켜 정지 돌연변이를 되돌리는 것이다. 예를 들면, $tRNA^{Trp}$의 안티코돈은 5′-CCA-3′ 트립토판 코돈 5′-UGG-3′를 해독한다. 만약에 이 tRNA 안티코돈의 첫 번째 뉴클레오티드가 돌연변이에 의하여 C에서 U로 바뀌면, 이제 이 안티코돈은 5′-UCA-3′로 되어 종결 코돈인 5′-UGA-3′를 해독하게 된다(그림 16.36A). 따라서 이 종결 코돈은 단백질 합성에서 트립토판 코돈으로 읽힌다. 그림 16.28에서 정지 돌연변이에 의하여 만들어진 짧아진 폴리펩티드는 이제 완전한 길이로 복원된다(그림 16.36B). 억제된 종결 코돈이 읽혀질 때 단백질로 삽입되는 아미노산은 돌연변이가 일어나지 않은 원래 상태의 아미노산이 아니다. 비동의 돌연변이의 경우처럼 작은 아미노산의 변화는 대개 용인될 수 있고 활성이 회복된다.

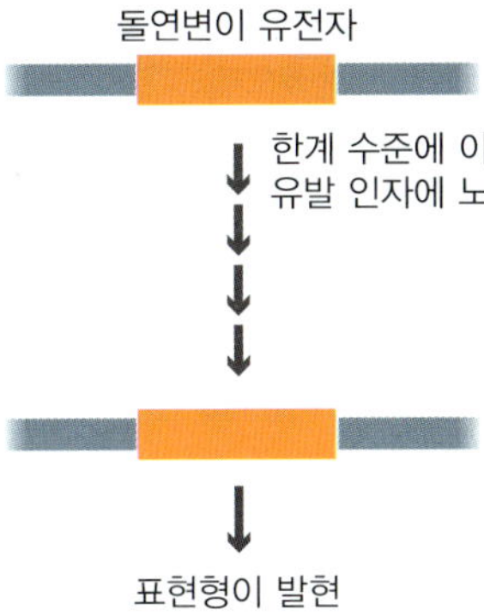

그림 16.34 후발성 개시

그림 16.35 둘째-자리 복귀 돌연변이의 예. 첫 번째 돌연변이가 뉴클레오티드 15의 A를 T로 바꾸어 류신 코돈을 페닐알라닌 코돈으로 전환한다. 두 번째 돌연변이가 일어나 뉴클레오티드 13의 T를 C로 바꾸어 도로 류신 코돈으로 되고, 이 경우 원상태의 뉴클레오티드 서열로 돌아가지 않는다.

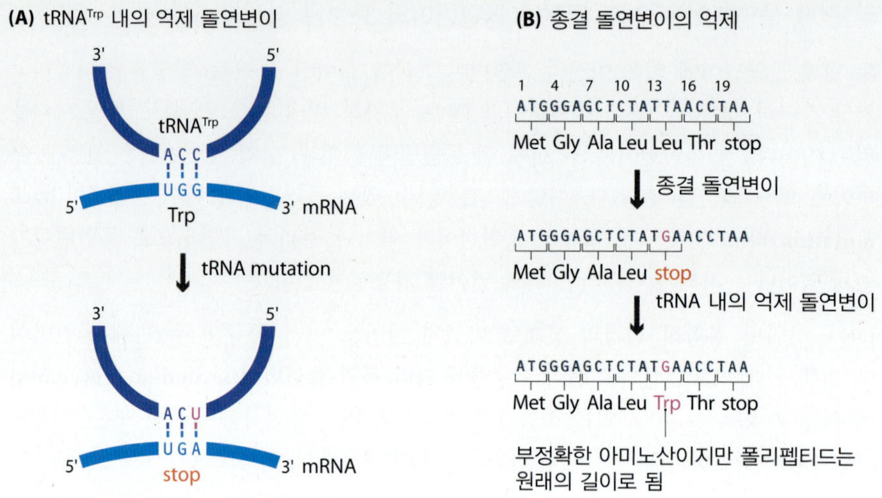

그림 16.36 억제 돌연변이. (A) $tRNA^{Trp}$ 안티코돈의 첫 번째 뉴클레오티드가 (5'→3' 방향을 읽음) C에서 U로 바뀌면 새로운 안티코돈이 종결 코돈인 5'-UGA-3'와 염기쌍을 짝지을 수 있다. (B) 어떤 유전자에 있는 종결 돌연변이는 류신 코돈을 종결 코돈으로 전환한다. 이 돌연변이는 종결 코돈을 트립토판 코돈으로 해독하는 돌연변이 $tRNA^{Trp}$에 의하여 억제될 수 있다.

주요 개념

- 돌연변이는 DNA 분자의 뉴클레오티드 서열의 변화이다. 돌연변이는 화학적 혹은 물리적 돌연변이원에 의한 영향으로 혹은 복제에서의 오류에 의하여 발생한다.
- 모든 생물체는 그들의 DNA 분자에 일어나는 대부분의 돌연변이들을 고치는 수선 메커니즘이 있다.
- 만약에 수선되지 않은 돌연변이가 감수 분열을 통해 배우자로 된다면, 그때 돌연변이는 생물체의 자손에게 유전될 것이다. 이것은 생물종의 유전적 다양성의 새롭고 영구적인 특성이 된다.
- 대부분의 세포들은 4가지 다른 타입의 수선 시스템을 가진다. 직접 수선 시스템은 손상된 뉴클레오티드에 직접 작용하여 원래의 구조로 바꾼다. 절제 수선은 손상된 부위를 포함하는 폴리뉴클레오티드 부분을 잘라내고 올바른 뉴클레오티드 서열로 재합성하는 것이다. 미스매치 수선은 복제 오류를 수선한다. 비상동성 말단-결합은 이중 사슬 절단을 수선하는 데 사용된다.
- 박테리아와 포유류에서는 올바른 서열을 가진 부모 사슬이 메틸화되어 있어 복제에서의 오류로 생기는 미스매치 염기를 정확히 수선할 수 있다. 일부 진핵생물들은 부모와 딸 사슬을 구별할 수 있는 다른 방법을 사용한다.
- DNA 수선의 중요성은 수선 과정의 결함과 관련되어 있는 유전되는 인간 질병의 수와 가혹함에 의해 강조된다.
- 돌연변이는 한 유전자에 있는 생물학적인 정보에 다양한 영향을 줄 수 있다. 어떤 것들은 영향이 없다. 극단적인 경우는 단백질의 기능에 손실이 일어난다.
- 어떤 돌연변이는 기능을 획득하는 방식으로 단백질 생성물을 변화시킨다. 돌연변이된 세포는 돌연변이되지 않은 세포에는 존재하지 않는 비정상적인 단백질 활성을 갖는다.
- 돌연변이의 효과는 복귀 돌연변이, 둘째-자리 복귀 돌연변이 혹은 억제에 의하여 되돌릴 수 있다.

질문 & 문제 [해답은 www.garlandscience.com/introgenetics에서 찾을 수 있다]

주요 용어들

다음 용어에 대한 간단한 정의를 쓰시오.

(6–4) lesion
(6–4) photoproduct photolyase
Ada enzyme
alkylating agent
2-aminopurine
AP endonuclease
AP site
back mutation
base analog
baseless site
5-bromouracil
carcinogen
clastogens
cyclobutyl dimer
dark repair
deaminating agent
delayed onset
deletion
direct repair
DNA adenine methylase
DNA cytosine methylase
DNA glycosylase
DNA photolyase
DNA repair
ethidium bromide
ethylmethane sulfonate
excision repair
frameshift mutation
gain of function
haploinsufficiency
incomplete penetrance
insertion
intercalating agent
inversion
lethal mutation
long-patch repair
loss of function
MGMT
mismatch
mismatch repair
mutagen
mutasome
mutation
nonhomologous end joining
nonsense mutation
nonsynonymous mutation
oncogen
phosphodiesterase
photoproduct
photoreactivation
point mutation
readthrough mutation
replication slippage
second-site reversion
short-patch repair
silent mutation
SOS response
suppression
synonymous mutation
tautomer
teratogens
transition
transversion
trinucleotide repeat expansion disease
UvrABC endonuclease

자습 문제들

16.1 트랜지션과 트랜스버전의 차이점은 무엇인가?

16.2 다음 용어들을 구별하시오: (a) 점 돌연변이, (b) 삽입 돌연변이, (c) 결손 돌연변이, (d) 역위 돌연변이.

16.3 뉴클레오티드 염기의 호변이성체가 어떻게 복제 과정에서 오류를 일으키는가?

16.4 복제 슬리피지란 무엇이며 어떻게 복제에서 오류를 유발할 수 있는가?

16.5 복제 슬리피지와 trinucleotide repeat expansion disease는 어떤 관련이 있는가?

16.6 돌연변이원과 염색체이상유발원의 차이점은 무엇인가?

16.7 염기 유사체가 어떻게 돌연변이를 일으키는지 예를 들어 설명하시오.

16.8 탈아미노 시약, 알킬화제, 삽입성 약물들이 돌연변이를 어떻게 유발하는지 구별하시오.

16.9 사이클로부틸 이량체와 (6–4) 손상의 차이는 무엇인가? 어떻게 이들 각각의 구조가 생성되는가?

16.10 열이 어떻게 돌연변이를 발생할 수 있는가?

16.11 DNA 수선 시스템에 대하여 직접 수선, 절제 수선, 미스매치 수선들을 구별하시오.

16.12 박테리아와 진핵생물의 DNA 손상에서 직접 수선하는 방법에 대해 예를 들어 설명하시오.

16.13 염기 절제 수선 과정을 DNA 글리코실화 효소의 작용방식에 특별히 주목하여 설명하시오.

16.14 대장균에서 뉴클레오티드 절제 수선을 통해 돌연변이를 어떻게 올바르게 바로잡는지 설명하시오.

16.15 대장균의 미스매치 수선 시스템에서 DNA 메틸화의 중요성을 설명하시오.

16.16 이중 사슬 절단이 어떻게 비상동성 말단-결합에 의해 수선되는지 설명하시오.

16.17 돌연변이체란 무엇인가? 왜 가끔 유도되는 오류-유발 복제는 대장균 세포에게 가치 있는 일인가?

16.18 DNA 손상의 결함과 관련되는 인간 질병의 예를 드시오.

16.19 왜 비동의 돌연변이에 비하여 정지 돌연변이와 프레임시프트 돌연변이가 표현형을 더 잘 변화시키는지 설명하시오.

16.20 다음 돌연변이 중 어느 것이 1개의 뉴클레오티드 변화로 일어나는가?

(a) 비동의 (b) 정지 돌연변이 (c) 프레임시프트 (d) 복귀 (e) 둘째-자리 복귀 (f) 억제

16.21 다음은 짧은 유전자의 뉴클레오티드 서열이다.

```
5'-ATGGGTCGTACGACCGGTACTTACTGGTTCAGTTAA-3'
```

이 유전자에 의해 암호화된 폴리펩티드의 아미노산 서열을 쓰시오. 다음 돌연변이가 일어날 때 폴리펩티드 서열에 미치는 영향에 대하여 쓰시오. (a) 침묵 돌연변이 (b) 비동의 돌연변이 (c) 정지 돌연변이 (d) 프레임시프트 돌연변이

16.22 기능 상실에 대한 이형접합체인 사람이 표현형에 반수체 기능 부전을 보이는 효과에 대하여 설명하시오. 반수체 기능 부전에 대한 분자 수준의 근거는 무엇인가?

16.23 불완전 침투율과 후발성 개시의 차이점은 무엇인가?

16.24 억제에 의하여 돌연변이의 효과가 원래 상태로 되돌려지는 방법의 예를 들어보시오.

토의 주제들

16.25 퓨린에서 퓨린으로 혹은 피리미딘에서 피리미딘으로 변하는 점 돌연변이를 염기 전위라 부르는 반면에, 퓨린에서 피리미딘으로 (혹은 그 반대로) 변환되는 것을 왜 염기 전환이라 부르는지 설명하시오.

16.26 돌연변이의 수가 많이 일어나는 조건에서 염기 전위과 염기 전환의 비율이 어떻게 예상되는가?

16.27 어떤 진핵생물에서 미스매치 수선 과정은 두 사슬의 뚜렷한 메틸화 양상이 없는 데도 북구하고 이중 나선의 딸 사슬을 알아낼 수 있다. 메틸화 없이 딸 사슬을 알아내는 메커니즘을 제안하시오. 어떻게 이 가설을 검증할 수 있는가?

16.28 다음 코돈의 변화를 점 돌연변이에 의해서 어떻게 생성할 수 있는지 설명하시오.

(a) 글리신 코돈에서 알라닌 코돈

(b) 트립토판 코돈에서 종결 코돈

(c) 시스테인 코돈에서 아르기닌 코돈

(d) 세린 코돈에서 아이소류이신 코돈

(e) 세린 코돈에서 (AGT이거나 AGC) 트레오닌 코돈

(f) 원래의 뉴클레오티드 서열이 아닌 세린으로 되돌아가는 돌연변이

16.29 이 책에서 설명된 억제의 예는 모든 UGA 종결 코돈이 번역되어야만 한다. 이 결과로 수많은 긴 폴리펩티드가 생산된다. 이런 변화는 생물체에 치명적이지 않을까? 만약에 그렇지 않다면 왜 그럴까? 만약에 치명적이라면 이 억제 돌연변이 타입의 특성은 무엇일까?

16.30 tRNA 유전자에 변화 없이 발생하는 억제 돌연변이를 생성하기 위한 방법에 대해 제안하시오.

추천 문헌

David SS, O'Shea VL & Kundu S (2007) Base-excision repair of oxidative DNA damage. *Nature* 447, 941–950.

Drake JW, Glickman BW & Ripley LS (1983) Updating the theory of mutation. *Am. Sci.* 71, 621–630. *There are very few good general reviews of mutation, so this one is worth searching out.*

Fisher E & Scambler P (1994) Human haploinsufficiency—one for sorrow, two for joy. *Nat. Genet.* 7, 5–7.

Hearst JE (1995) The structure of photolyase: using photon energy for DNA repair. *Science* 268, 1858–1859.

Kunkel TA & Bebenek K (2000) DNA replication fidelity. *Annu. Rev. Biochem.* 69, 497–529. *Covers the processes that ensure that the minimum number of errors are made during DNA replication.*

Lehmann AR (1995) Nucleotide excision repair and the link with transcription. *Trends Biochem. Sci.* 20, 402–405.

Li G-M (2008) Mechanisms and functions of DNA mismatch repair. *Cell Res.* 18, 85–98.

Lieber MR (2010) The mechanism of double-strand break repair by the nonhomologous DNA end-joining pathway. *Annu. Rev. Biochem.*
79, 181–211.

Mirkin AM (2007) Expandable DNA repeats and human disease. *Nature* 447, 932–940. *Trinucleotide repeat expansion diseases.*

Subba Rao K (2007) Mechanisms of disease: DNA repair defects and neurological disease. *Nat. Clin. Pract. Neurol.* 3, 162–172.

Sutton MD, Smith BT, Godoy VG & Walker GC (2000) The SOS response: recent insights into *umuDC*-dependent mutagenesis and DNA damage tolerance. *Annu. Rev. Genet.* 34, 479–497.

집단에서 유전자의 유전 CHAPTER 17

다세포 생물에서 일어나는 돌연변이의 매우 적은 수가 다음 세대로 전달된다. 돌연변이가 이 방법으로 유전되기 위해서는 세포 복구 효소를 피해 생식세포에서 일어나야만 하며, 수정란 세포를 형성하여 배우자에게 전달되어야 한다(그림 17.1). 매 세대마다 얼마나 많은 돌연변이가 일어나는지는 모르지만, 그들의 부와 모의 체세포 안에는 각각 100개 이상의 새로운 돌연변이를 가지고 있고, 임신 전에 그들의 생식세포에 발생한다. 이것은 3,200 Mb를 포함하는 인간의 게놈 중 단지 4% 만이 DNA를 암호화하여 발현한다고 볼 때, 변화의 정도가 매우 적다고 볼 수 있을 것이다. 대부분의 개인이 소유하고 있는 100개의 독특한 돌연변이들은 유전자와 유전자 사이의 암호화되지 않는 부분에 존재하지만, 때로는 일부가 유전자의 암호화되는 곳에서 발생하여 새로운 대립유전자를 만든다.

이 장에서는 이와 같은 방법으로 새로운 대립유전자가 만들어질 가능성에 대하여 알아볼 것이다. 이것은 개개인이 아닌 인구집단에서 어떻게 유전자가 유전되는지 조사해야 한다는 것을 의미한다. 유전학자들이 사용하는 "집단(population)"은 생물체의 한 그룹을 묘사한다. 한 집단에서 한 종은 모든 구성원이라 할 수 있다. 대안적으로, 한 종에서 그들 사이의 적은 상호 교배를 가짐으로 해서 2개 또는 더 많은 집단으로 나누어질지도 모른다. 이는 대부분 지리적 장벽에 의하여 집단이 분리되기 때문이다(그림 17.2).

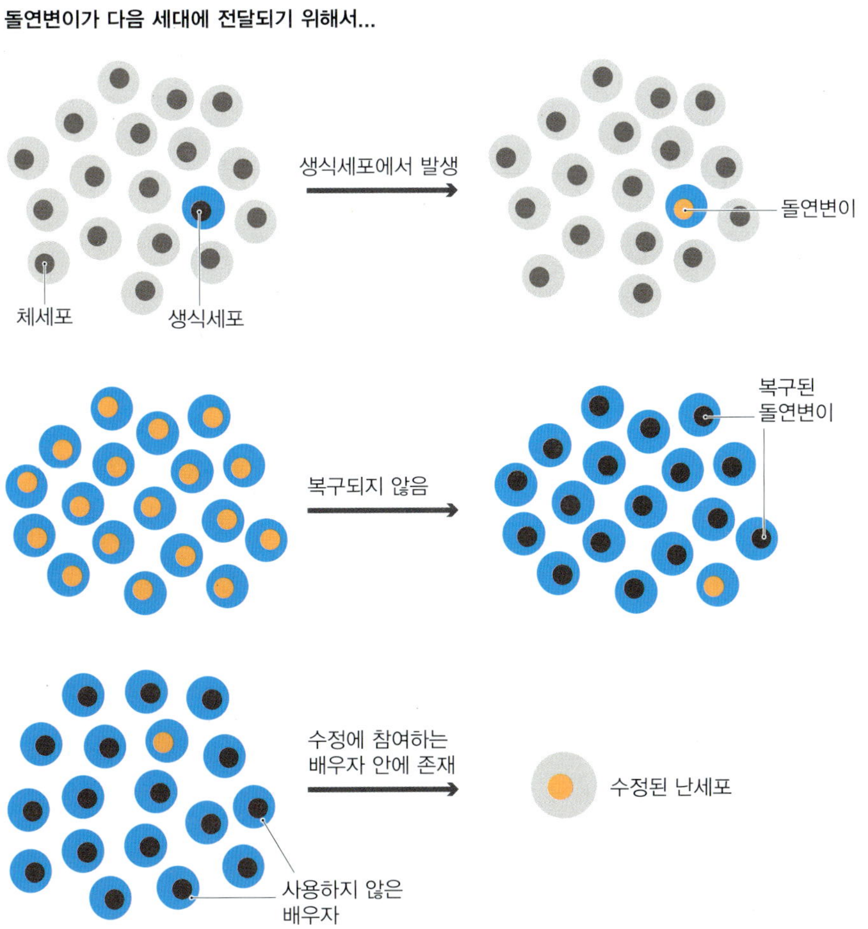

그림 17.1 단지 적은 수의 돌연변이가 다음 세대로 전달된다.

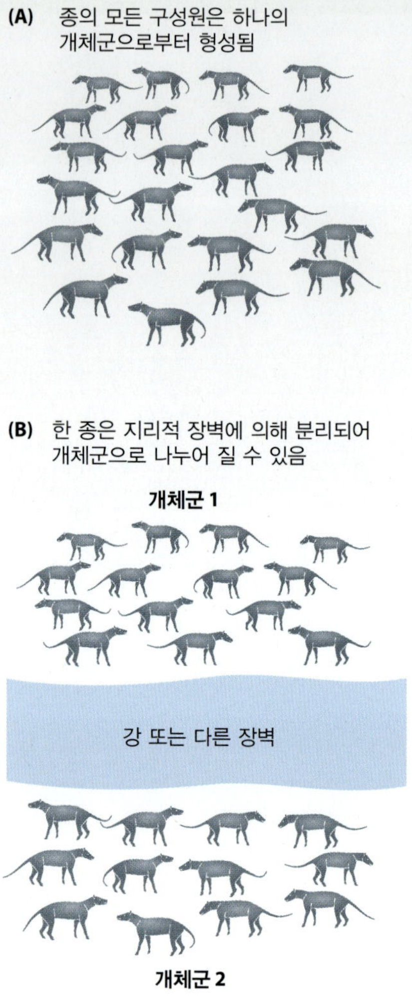

그림 17.2 개체군. (A) 한 종의 모든 구성원은 하나의 개체군이다. (B) 한 종은 둘 또는 더 많은 개체군으로 나누어 질 수 있다.

집단 내에서, 특별한 대립유전자를 소유한 개개인의 수는 시간이 지나면서 변화할 수 있다. 이러한 대립유전자 빈도의 변화를 **소진화(microevolution)**라고 부른다. 그들은 무작위적인 과정에서 일어나기 때문에 **유전적 부동(genetic drift)**이라 하고, 더 직접적으로는 **선택(selection)**이라 부른다. 우리는 돌연변이에 의해서 만들어진 새로운 대립유전자가 어떠한 영향을 주는지 이해하기 위하여, 이들의 과정을 조사할 것이다.

자연 환경에 존재하는 집단은 꾸준히 변화한다. 그러므로 한 집단에 나타나는 형질전환 빈도에 미치는 환경의 영향에 대하여 알아보아야 한다. 또한, 집단의 크기가 갑자기 감소하거나, 새로운 지리적 장벽에 의하여 집단이 나누어졌을 때, 무슨 현상이 일어나는지도 조사해야만 한다. 이것은 새로운 종이 소유하고 있는 유전의 단위로서, 우리가 유전자에 대하여 고려해 보아야 할 마지막 주제를 이끌 것이다.

17.1 집단에서 대립유전자의 빈도에 영향을 주는 요인

하나의 유전자를 A라 부른다고 생각해 보면, 2개의 대립유전자는 자연적으로 *A*와 *a*가 된다. 또한 집단에서, 유전자 A의 모든 대립유전자 중 95%가 *A*이면, 5%는 *a*가 된다(**그림 17.3A**). 그러므로 대립유전자 *A*의 빈도는 0.95이고, *a*는 0.05가 된다. 보통 빈도를 *p*와 *q*로서 표기하는데, 이 경우에 $p = 0.95$, 그리고 $q = 0.05$가 된다. 100년이 지나서 같은 집단에서 *A*와 *a*의 빈도를 다시 결정한다고 상상해 보자. $p = 0.85$이고 $q = 0.15$ 값을 가지기 때문에 우리는 빈도에 차이가 있다는 것을 알 수 있다(**그림 17.3B**). 대립유전자 빈도가 변화되었고 그 집단은 전체적으로 소진화를 겪은 것이다. 어떻게 이것이 발생했을까?

대립유전자 빈도는 단순히 짝짓기의 결과로써 변하진 않는다

과학자들에게 주요 주제로서 유전학이 시작되던 1900년대 초에는 열성 대립유전자가 집단으로부터 점차적으로 없어진다는 잘못된 개념을 가지고 있었다. 이러한 개념 중 가장 유명한 것은 스코틀랜드의 통계학자인 Udny Yule에 의해서 주장되었는데, 그는 인간을 관찰하였을 때 비정상적인 짧은 손가락이 정상 길이의 손가락보다 우성이라고 판단하여, 정상 길이의 손가락을 가진 사람들은 모든 사람들이 짧은 손가락을 가질 때까지 점차적으로 사라질 것이라고 하였다. 유전학자들은 주장한 대로, 이런 일들이 일어났을까?

Yule의 주장은 손가락 길이 유전자에서 우성인 것은 부모의 아이에서 표현형으로 나타난다는 예상에 근거를 둔다. 만약 우리가 이것을 F 유전자라 하여, 두 대립유전자 중 짧은 손가락은 *F*, 정상 길이 손가락은 *f*라 해보자. 만약 두 부모가 이형접합체이면, 그 둘의 유전자형은 *Ff*를 가지게 될 것이고, *F* 와 *f* 대립유전자를 가진 배우자

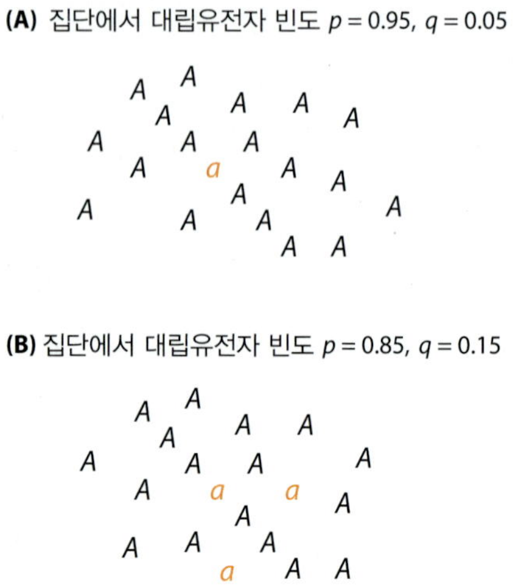

그림 17.3 개체군에서 대립유전자 빈도의 차이를 보여 준다. 유전자 A는 2개의 대립유전자 *A*와 *a*, 그들의 빈도는 *p*와 *q*로 표시한다.

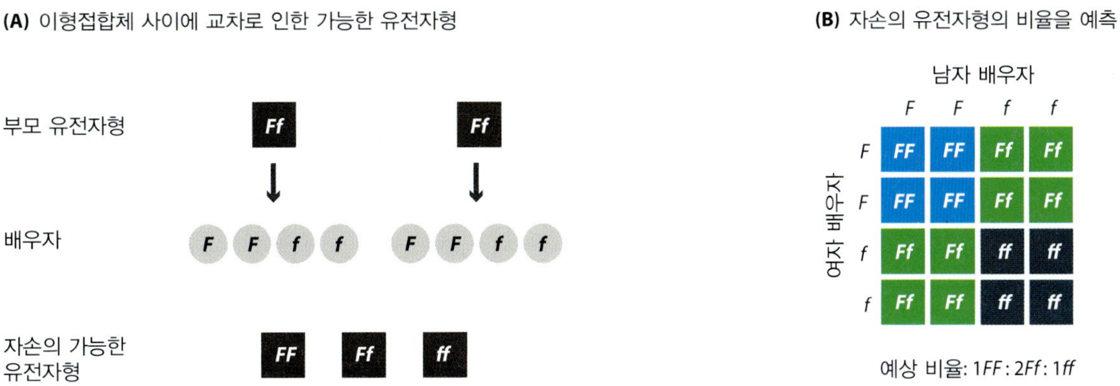

그림 17.4 같은 유전자에 대한 이형접합체를 가진 2개인 사이의 교차 결과

와 같은 수를 생산할 것이다. 그러므로 아이는 각 부모로부터 *F* 또는 *f* 대립유전자가 유전되어 3개의 유전자 형질 *FF*, *Ff*, 또는 *ff*를 가지게 된다. 멘델이 완두콩 실험에서 보여 주었듯이, 만약 그와 같은 교차가 일어난다면, 다음 세대의 유전자형의 비율은 1*FF* : 2*Ff* : 1*ff*가 될 것이다(그림 17.4). 이러한 표현형이 Yule을 사로잡게 하여, 이 결과 3명의 짧은 손가락을 가진 아이가 태어날 때마다 1명의 정상 길이 손가락을 가진 아이가 태어난다고 생각하였다. 이것은 짧은 손가락을 가진 경우가 이형접합자 중 우성 대립유전자이었기 때문이며, 따라서 이러한 표현형이 관찰된다는 것이었다. 만약 매번 교배할 때마다 이형접합자 중에 우성 표현형을 가진 3명의 아이와 1명의 열성 표현형을 가진 아이가 나타난다면, 열성 표현형을 가진 사람의 수가 시간이 지남에 따라 확실히 감소할까?

실제로는 감소하지 않는다. Yule이 만약 이형접합자에서 가족을 형성하기 위하여 또 다른 하나를 찾아냈었다면 정확할지도 모른다. 집단 안에서 교배는 개개인의 유전자형의 차이에 따라 더 무작위적으로 일어난다. 1908년에 Yule의 주장은 하디(G. Hardy)와 바인베르크(W. Weinberg)에 의해서 오류라는 것이 증명되었다. 그들은 각각의 집단 내에서 대립유전자의 빈도는 교배의 결과로써 간단히 변하지 않는다는 것을 증명하였다. 이러한 증명은 연구 브리핑 17.1에 묘사된 것과 같이, **하디-바인베르크 평형(Hardy-Weinberg equilibrium)**이라 부른다. 이것으로 집단에서 열성 대립유전자가 점차적으로 없어진다는 개념이 바꼈을 뿐만 아니라, 최근까지 멘델에 의해서 묘사된 것과 같이, 하디-바인베르크 평형은 개개인에 의한 대립유전자 유전에 대한 규칙을 잘 보여 주고 있고 모든 집단에 적용할 수 있기 때문에 중요하다.

그러므로 하디-바인베르크 평형은 교배가 집단 내에 존재하는 대립유전자 빈도에 영향을 주지 않는다는 것을 보여 준다. 그러나 그림 17.3에서, 대립유전자의 빈도가 시간이 지남에 따라 변한다는 가정을 고려해 보았고, 그러한 변화가 소진화를 보여 주기 때문에 생물학자들에게 중요하게 생각되어 왔다. 그러므로 우리는 한 집단 내에서 시간이 지남에 따라 대립유전자 빈도의 변화를 이끄는, 1쌍의 대립유전자에 대한 하디-바인베르크 평형에 어긋나는 요인을 고려해 보아야만 한다.

유전적 부동은 집단의 크기가 무한하지 않기 때문에 발생한다

하디-바인베르크 평형의 중심이 되는 가정은 집단에서 일어나는 모든 가능한 교배는 통계적 빈도로 예견할 수 있다는 것이다. 이러한 가정은 만약 집단의 크기가 무한정

연구 브리핑 17.1

하디-바인베르크 평형

열성 대립유전자(recessive allele)는 집단에서 점점 사라질 것이라는 생각은 영국의 수학학자 하디와 독일의 의사 바인베르크에 의해 잘못되었다는 것이 증명되었다. 하디와 바인베르크는 개별적으로 각각 멘델의 유전 제 1법칙을 이용하여 한 집단에서 대립유전자 빈도는 생식의 결과로서 단순히 변하지 않을 것이라는 것을 보여 주었다. 이 법칙의 증명은 약간의 수식을 사용하여야 하지만, 분석이 아주 어렵지는 않다.

	pA	qa
pA	AA $p \times p = p^2$	Aa $p \times q$
qa	Aa $p \times q$	aa $q \times q = q^2$

그림 1 푸네트 정방형(Punnett square)은 대입유전자를 A와 a 및 각각의 유전자 빈도 p와 q를 갖는 한 유전자의 무작위 교배의 결과로 예측되는 유전자형들의 빈도를 보여 준다.

교배가 무작위로 일어난다면, 유전자형 빈도(genotype frequencies)는 계산될 수 있다

먼저 한 집단 안에서 교배가 무작위로 일어나는 경우에 다른 유전자형의 빈도를 계산할 것이다. 이 것을 하기 위해서 우리는 가상의 유전자 A를 생각해 보자. 이 유전자는 2개의 대립유전자 A와 a 및 각각의 유전자 빈도 p와 q를 갖는다. 그 집단에서 3가지 가능한 유전자형 AA, Aa, aa의 빈도는 어떻게 될까?

멘델의 제 1법칙에 의하면 대립유전자는 무작위로 나뉘어질 것이다. 따라서 우리는 접합체 쌍들을 무작위로 조합해서 한 개체를 만드는 경우, A와 a 대립유전자 한 쌍의 풀을 가진 접합체를 상상할 수 있다. 3가지 유전형 빈도를 계산하기 위하여 푸네트 정방형을 사용할 수 있다 (**그림 1**)

이 분석은 우리에게 그 집단의 유전자형의 빈도가 다음과 같을 것이라는 것을 보여 준다.

$$AA = p \times p = p^2$$
$$Aa = (p \times q)\ (p \times q) = 2pq$$
$$aa = q \times q = q^2$$

전체 유전자형 빈도는 1이 되어야 한다. 그래서,

$$p^2 + 2pq + q^2 = 1$$

이 관계가 사실이라는 것을 보여 주기 위해서, 3개 빈도의 합은 항상 1과 같다. **그림 2**에서 $p = 0.95$와 $q = 0.05$, 다른 경우에 $p = 0.85$와 $q = 0.15$의 2개 다른 집단의 상대적 계산을 하였다.

유전형 빈도는 후속 세대에서 변하지 않는다

유전자형 AA, Aa, aa의 빈도가 p^2, $2pq$ 및 q^2인 한 집단에서 하디-바이베르크 평형이 보여진다. 하디와 바이베르크가 확립한 중요한 요점은 이 유전자형 빈도는 후속 세대에서 유지된다는 것이다. 하디-바이베르크 평형이 유지된다는 것을 증명하는 여러 방법들이 있다. 가장 단순한 방법 중에 하나는 한 집단에서 모든 가능한 교배들을 고려하고 교배 결과 후손에서 나올 수 있는 유전자형을 파악하는 것이다. 이러한 분석법은 **표 1**에 서술하였다.

먼저, 부모 모두 유전자형 AA를 가진 경우에 교배를 생각해 보자. 이 교배의 결과는 유전자형 AA를 가진 후손들로 결과된다. 그 교배는 $p^2 \times p^2 = p^4$의 유전자형 빈도를 보일 것이다. 이러한 유형의 교배로 얻는 후손들은 유전자형 AA와 유전자 빈도 p^4를 가진 개체들이라는 것을 보여 준다.

다음에는 한 부모는 유전자형 AA를 가지고 다른 부모는 Aa를 가지는 경우의 교배를 생각해 보자. 이 경우, 각각의 유전자 빈도는 각각 p^2과 $2pq$이다. 우리가 너무 단순하게 생각하면 이 교배의 유전자 빈도는 $p^2 \times 2pq$라는 잘못된 결론 내릴 수 있다. 아빠 쪽이 AA이고 엄마 쪽이 Aa인 교배뿐만 아니라, 그 반대의 경우로 엄마 쪽이 AA이고 아빠 쪽이 Aa인 경우의 교배도 있기 때문에, 정확한 빈도는 $2 \times (p^2 \times 2pq) = 4p^3q$이다.

AA와 Aa를 가진 부모 사이에 교배는 동등한 수의 AA와 Aa를 가진 후손들을 생산한다. 이러한 교배는 후손 세대에 AA

(A) $p = 0.95$ and $q = 0.05$:

$$p^2 + 2pq + q^2 = 0.95^2 + (2 \times 0.95 \times 0.05) + 0.05^2 = 0.9025 + 0.0950 + 0.0025 = 1$$

(B) $p = 0.85$ and $q = 0.15$:

$$p^2 + 2pq + q^2 = 0.85^2 + (2 \times 0.85 \times 0.15) + 0.15^2 = 0.7225 + 0.2550 + 0.0225 = 1$$

그림 2 두 집단에서 예측되는 유전자형 빈도의 계산. (A) $p = 0.95$와 $q = 0.05$인 집단. (B) $p = 0.85$와 $q = 0.15$인 집단

와 Aa 유전자를 전달하고 후손에서의 빈도는 $4p^3q$의 절반인 2 p^3q가 된다.

표 1에서 다른 형태의 교배는 AA와 aa를 가진 부모 사이에 교배에서 볼 수 있다. 이러한 교배로 결과되는 유전자형의 빈도는 각각 p^2과 q^2이다. 이 경우에서도 또한 유전자형의 종류에 따라 아빠 쪽과 엄마 쪽에 달라질 수 있기 때문에 각각 두 세트의 경우가 발생한다. 2개 이형접합자들 사이에 교배는 $2pq \times 2pq = 4p^2q^2$ 유전자형의 빈도가 발생한다. 이 형태의 교배는 그림 17.4에서 후손 비율이 유전자형 $1AA : 2Aa : 1aa$로 설명되어졌다. 표 1에서처럼 유전자형 AA에 대한 빈도 p^2q^2, 유전자형 Aa에 대한 빈도 $2p^2q^2$, 유전자형 aa에 대한 빈도 p^2q^2이 된다.

AA와 Aa 유전자를 가지고 있는 부모들 사이에 교배는 $2(2pq \times q^2) = 4pq^3$)가 될 것이다. 후손들의 절반은 Aa 유전자형을 가지고 나머지 절반은 aa 유전자형을 갖는다. 마지막으로, 부모 둘 다 aa 유전자형을 가진 개체들의 교배는 후손들 모두 aa 유전자형을 갖고 빈도는 $q^2 \times q^2 = q^4$이 될 것이다.

빈도가 변하지 않는다는 마지막 증거

이제 우리는 각 유전자형의 전체 빈도를 계산하는 것에 의해 개개의 빈칸을 채워 넣어 표를 완성할 수 있다. 계산식은 아래와 같다.

$$\begin{aligned} AA &= p^4 + 2p^3q + p^2q^2 \\ &= p^2(p^2 + 2pq + q^2) \\ Aa &= 2p^3q + 2p^2q^2 + 2p^2q^2 + 2pq^3 \\ &= 2p^3q + 4p^2q^2 + 2pq^3 \\ &= 2pq(p^2 + 2p^2q^2 + q^2) \\ aa &= p^2q^2 + 2pq^3 + q^4 \\ &= q2(p^2 + 2pq + q^2) \end{aligned}$$

우리는 $(p^2 + 2pq + q^2) = 1$이라는 것을 이미 알고 있다. 따라서 이 공식은 $AA = p^2$, $Aa = 2pq$, $aa = q^2$으로 단순화 할 수 있다. 이 것들은 우리가 만든 새로운 후손 세대들에서 3가지 유전형들의 빈도이다.

분석 초기로 되돌아 가보면, $AA = p^2$, $Aa = 2pq$, $aa = q^2$은 또한 부모 집단에서 가졌던 유전형 빈도라는 것을 알 수 있다. 다시 말하면, 하디-바인베르크 평형은 새로운 후손 세대를 만드는 것으로 흐트러지지 않고 유지되는 것을 알 수 있다.

그러므로 열성 대립유전자는 집단에서 점점 사라질 것이라는 생각은 잘못되었다. 교배 그 자체는 교배가 무작위로 일어나는 한, 전체 집단에서 대립유전자 빈도에 영향을 주지 않는다.

표 1 대립유전자 A와 a 한 쌍이 개체군 내에서 발생할 수 있는 모든 가능한 교배의 결과는 하디-베인베르크 평형을 따른다.

교배	교배 회수	다음 세대에 대한 기여		
		AA	Aa	aa
$AA \times AA$	$p^2 \times p^2 = p^4$	p^4		
$AA \times Aa$	$2(p^2 \times 2pq) = 4p^3q$	$2p^3q$	$2p^3q$	
$AA \times aa$	$2(p^2 \times q^2) = 2p^2q^2$		$2p^2q^2$	
$Aa \times Aa$	$2pq \times 2pq = 4p^2q^2$	p^2q^2	$2p^2q^2$	p^2q^2
$Aa \times aa$	$2(2pq \times q^2) = 4pq^3$		$2pq^3$	$2pq^3$
$aa \times aa$	$q^2 \times q^2 = q^4$			p^4

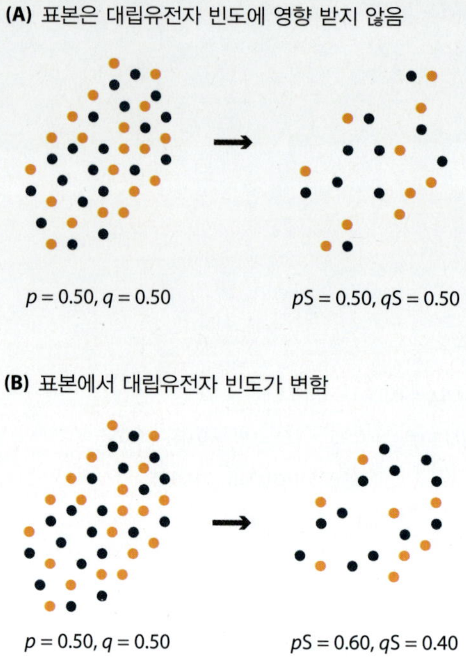

그림 17.5 표본에서 각각의 새로운 세대가 발생할 때 개체군 내에서 대립유전자 빈도에 영향을 줄 수도 있다. 이러한 예를 두 대립유전자, *A*와 *a*를 가진 하나의 유전자를 고려해 보면, 원래 개체군에서 *A*와 *a*의 빈도는 *p*와 *q*이다. 표본에서의 빈도는 *pS*와 *Qs*가 된다. (A)에서 표본의 대립유전자 빈도는 초기 개체군의 빈도와 같다. (B)에서 표본의 대립유전자 빈도는 다르다.

이라면 사실이지만, 세상에서 발생하는 실제 사건들과 같이 통계적 예상으로부터 편차가 생겨, 어떤 한정된 집단에서는 **확률적 영향(stochastic effects)**에 문제가 될 것이다. 이 같은 사건에서 통계적 예상이 거의 유사하게 나타나면, 우리는 통계적 예상에서 발생하는 모든 편차를 알 수 있다. 이것은 동전을 던져 올리는 것과 같은 간단한 과정에서 통계적 예상이 맞는다면, 집단 내 대립유전자의 유전과 같은 더 복잡한 과정에서도 맞게 될 것이다.

집단에서 대립유전자의 한정된 수가 앞선 세대로부터 표본이 되었기 때문에, 확률적 영향은 새로운 세대가 발생하는 것에 대하여 중요하다. 대립유전자 *A*와 *a*에 대하여 앞선 세대의 대립유전자 빈도를 *pS*와 *qS*로 나타내 보자. 이 빈도는 전체 집단의 대립유전자 빈도와 같아 $pS = P$ 그리고 $qS = q$로 표기할 수 있다(그림 17.5). $pS = P$와 $qS = q$에서 어떤 편차가 계속되는 세대의 대립유전자 빈도의 변화를 이끌 것이다. 이 과정을 **유전적 부동(genetic drift)**이라고 한다.

실제 집단은 무한한 크기가 될 수 없으나, 더 큰 집단이 작은 것보다는 무한한 크기에 더 가깝다. 그러므로 더 큰 집단에서 표본을 가져 왔을 때 작은 집단 표본보다 평균적으로 $pS = P$와 $qS = q$의 편차가 적다(그림 17.6). 만약 이 추정이 사실이면, 유전적 부동은 작은 집단에서 대립유전자 빈도가 더 극적이어야 한다. 컴퓨터 시뮬레이션에 의해 이러한 예측이 정확하다고 확인되었다(그림 17.7). 이 시뮬레이션에서 보면, 서로 다른 크기의 집단에서 대립유전자의 빈도를 똑같이 ($p = 0.5$, $q = 0.5$) 시작하게 하여 유전적 부동의 영향을 관찰하였다. 집단 수, *N*이 20일 때 대립유전자 빈도는 극적으로 변동을 거듭하는 반면, $N = 1{,}000$일 경우에 변동은 덜 극적이다.

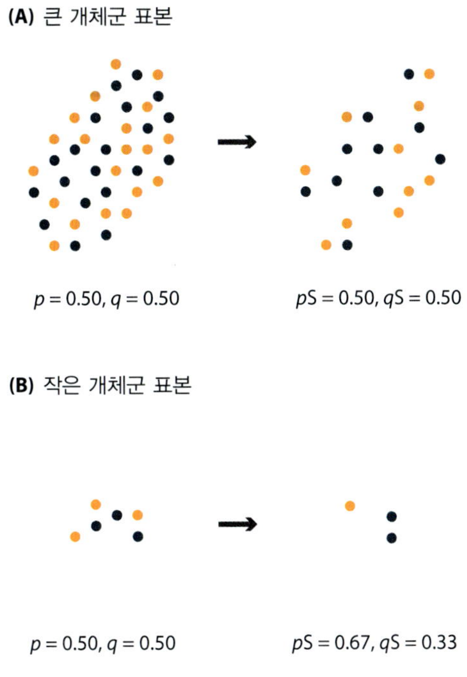

그림 17.6 작은 개체군에서 표본의 영향은 더 크다. *A*와 *a* 2개의 대립유전자를 가진 하나의 유전자에서, 원래의 개체군에서 빈도를 *p*와 *q*로, 표본에서는 *pS*와 *qS*로 고려해 본다. (A)와 (B)에서 대립유전자 빈도의 편차는 큰 개체군으로부터 가져온 표본이 작은 개체군의 표본보다 더 적은 것을 보여 준다.

대립유전자는 효과적인 집단 크기에 의해서 결정된 비율로 고정된다

그림 17.7에서 보여 주는 시뮬레이션은 유전적 부동의 중요한 결과를 증명한다. 시간이 지남에 따라 대립유전자 빈도는 표류(drift)하게 되어, 어느 시점부터는 집단으로 나타나지 않게 된다. 이 필연적인 결과로 다른 하나의 대립유전자가 **고정(fixation)**에 도달한다. 집단에서 모든 구성원이 이 상황이 될 때 대립유전자는 동형접합자가 된다. 그림 17.7에서, 이러한 상황은 집단의 크기가 20일 경우에 26세대 후에 일어난다. 집단의 크기가 1,000일 경우에서는 그 기간 동안 전혀 일어나지 않았으나, 통계적인 예측으로는 유전적 부동의 1쌍의 대립유전자 중 하나로 항상 고정될 것이다. 이것은 세대 수를 더 많게 하여 수행한 시뮬레이션 결과에 의해 더욱 확신하게 되었다.

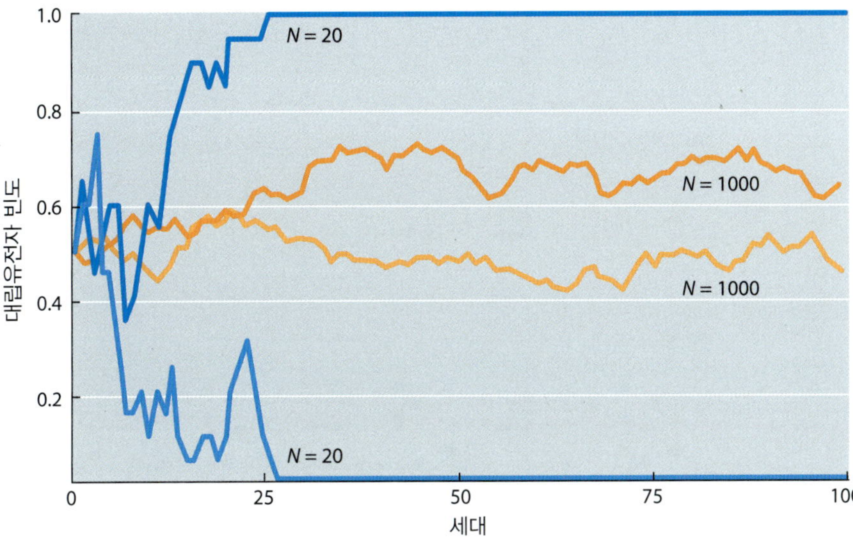

그림 17.7 유전적 부동의 컴퓨터 시뮬레이션. 4개의 시뮬레이션이 0.5의 대립유전자 빈도로 시작하였다. 시뮬레이션 중 2개는 개체군의 크기(*N*)가 20이고, 2개는 1,000이라 추정한다. (From M.A. Jobling, M. Hurles and C. Tyler-Smith, Human Evolutionary Genetics. New York: Garland Science, 2003.)

그림 17.8 한 개체군에서 단지 일부가 유성생식에 관여한다.

평균적으로, 고정(fixation)의 기간은 큰 집단일수록 더 길다. 고정이 되는 기간이 집단 크기에 *비례*한다고 생각할지도 모른다. 그러나 그것은 엄밀히 정확한 것은 아니다. 지금까지 우리는 한 집단에서 대립유전자의 유전에 관하여 고려해 보았는데, 그 집단의 모든 구성원이 다음 세대로 그들의 대립유전자를 전달하기 위해서 모두 번식에 관여한다고 추정하였다. 그러나 이것은 인간 집단과 대부분의 다른 동물 집단에서 분명히 사실이 아니다. 어떤 집단에서는 일부가 생식 가능 연령에 도달하지 않았거나, 너무 늙어 그들의 대립유전자를 다음 세대로 전달할 수 없다(그림 17.8).

번식에 참여하는 집단의 부분을 **유효 집단 크기(effective population size, N_e)**라고 부른다. 이 수치는 암컷과 수컷의 수를 포함한 다양한 요인에 의하여 영향을 받기 때문에 생식 가능한 연령 각각의 수는 간단하지 않다. 그것은 거의 전체 집단 크기보다 작으며, 대부분은 훨씬 작다.

작은 집단에서 손실(loss)과 고정(fixation)이 더 빠른 것은 멸종위기 종들의 집단 크기가 왜 그렇게 위협적으로 줄어들었는지를 설명하는 이유 중의 하나가 된다. 작은 집단에서 마지막으로 남아 있는 개체가 죽는 것에 대한 고려 보다, 유전적 변이성이 소실된다는 점에 대해 생각해 보아야 한다. 유전적 변이성이 높은 집단은 내성이 증가하여 질병에 대항하기 쉽다(그림 17.9). 위험에 처한 종의 효과적인 집단 크기와 그들의 유전적 변이성 정도를 이해하는 것은, 멸종위기의 종을 구제할 목적으로 번식 프로그램을 계획하는 데 중요하다.

새로운 대립유전자는 돌연변이에 의해서 끊임없이 창출된다

만약 유전적 부동이 대립유전자의 고정과 삭제(elimination)를 필연적으로 이끈다면, 왜 집단 모두에서 유전적 변이성이 나타날까? 시간이 지남에 따라 어떤 특별한 유전

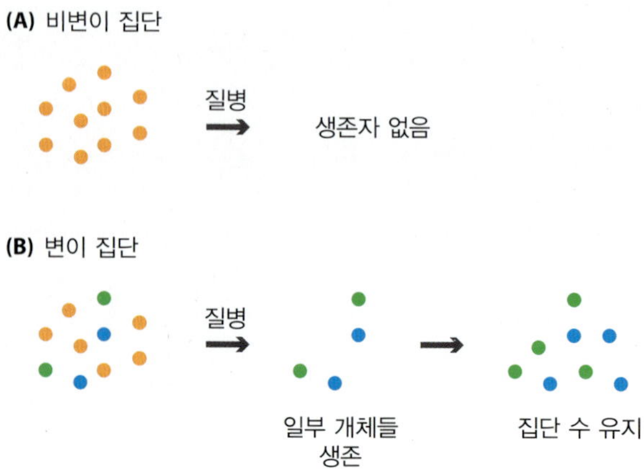

그림 17.9 낮은 유전적 변이성을 가진 개체군에 대한 가능한 프로그램. 오렌지색 유전형을 가진 개개인은 질병에 민감하다. (A) 개체군의 변이성이 낮다. 질병에 맞닥뜨렸을 때 생존하지 못한다. (B) 개체군의 변이성 정도가 크다. 변이성 정도가 오렌지색 유전형을 가진 개체는 질병에 의해 죽지만, 다른 개체는 살아남아 원래의 개체군 수를 회복할 수 있다.

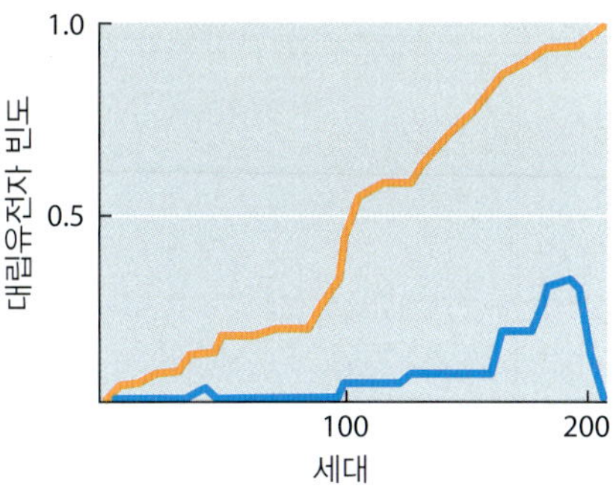

그림 17.10 새로운 대립유전자의 가능한 운명. 오렌지색 선은 대립유전자가 개체군 안에서 분명히 고정되는 것을 보여 준다. 파란색 선은 대립유전자를 잃어버리는 더 일반적인 상황을 보여 준다.

자가 삭제되면 대립유전자의 하나 또는 모두를 잃어 버려 모든 다양성이 없어질 것이라 예상할 수 있을까? 이에 대한 답변은 당연히 "새로운 대립유전자가 돌연변이에 의해서 지속적으로 창출된 것이다"이다.

처음에, 새로운 대립유전자는 전체로 볼 때 집단 내에서 매우 낮은 빈도를 가질 것이다. 실제로, 그것은 단 하나의 개체를 가질 것이다. 그러므로 표류(drift)에 의해서 삭제될 가능성이 매우 높다. 그러나 그러한 것이 즉시 발생하지 않는다면 삭제가 아니다. 컴퓨터 시뮬레이션에서 보이듯이, 일부 새로운 대립유전자는 집단 내에서 고정되어 유전적 부동의 결과와 같은 빈도로 증가한다(그림 17.10).

돌연변이에 의해서 창출된 대립유전자는, 그 다음에 고정될 것인지 또는 삭제될 것인지를 표류하여, 시간이 지남에 따라 집단의 유전적 형태를 바꾸는 수단이 된다. 이들 분자에 의한 사건은 소진화를 겪으면서 한 집단이 될 수 있으나, 소진화의 변화를 일으킬 수 있는 어떤 영향도 없다면 매우 천천히 일어난다. 실제 집단에서, 소진화의 비율을 증가시키는 요인이 더해지면 대립유전자의 빈도의 변화를 가져온다. 이들 중에서 가장 중요한 것이 **자연 선택(natural selection)**이다.

자연 선택은 그들의 환경에 높은 적합성을 가진 개체를 선호한다

다윈의 진화론에서 자연 선택은 한 집단에서 다른 구성원으로 전환되는 번식 이점이 있는 개체를 선호한다고 주장한다. 이러한 번식의 이점은 다른 형태의 수적 변화를 가져올 수 있다. 번식 이점은 생식 가능한 연령의 개별 생존 가능성을 증가시키고, 배우자를 찾을 가능성 또는 생식 능력이 향상됨에 따라, 개체의 교배 비율이 더 높아지므로 보다 많은 새끼를 낳게 된다(그림 17.11).

자연 선택의 결과, 유리한 특성을 가진 것은 불리한 특성을 가진 개체보다 더 크게 번식하여 집단이 증가하게 된다. 유리한 특성을 가진 종의 새로운 대립유전자는 비교

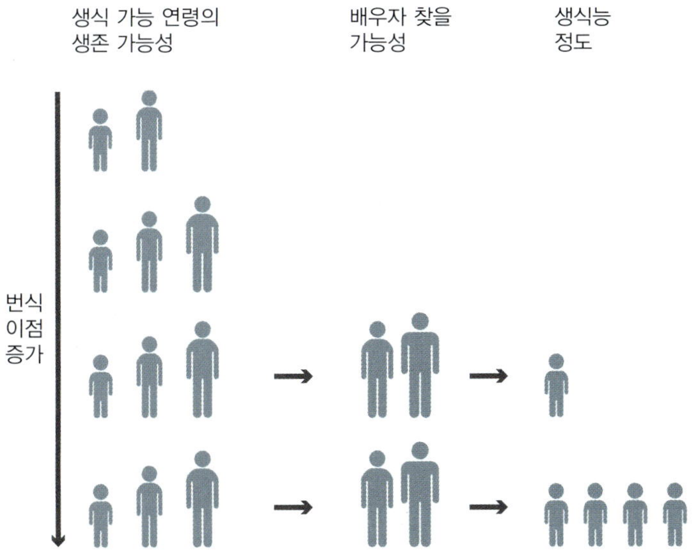

그림 17.11 번식 이점에 영향을 받는 다양한 요인

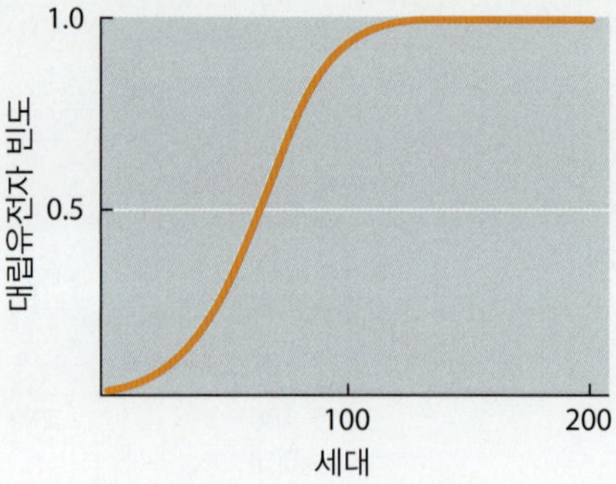

그림 17.12 유리한 특성을 가진 종의 대립유전자는 긍정적인 자연 선택에 기인하여 빈도가 빠르게 증가한다. 그림 17.10과 이것을 비교해 보면, 그 새로운 대립유전자는 선택의 대상이 아니다.

적 빠르게 빈도가 증가한다(**그림 17.12**). 개체에 의해 소유하는 번식 이점의 정도를 **적응도(fitness)**라 부른다. 적응도의 주된 특징은 환경에 따라 변화한다. 만약 환경 변화가 발생한다면 높은 번식 능력을 가진 개체는 낮은 번식 능력을 가진 것보다 불리하다.

개체의 적응도를 결정하는 환경의 중요성은 자연 선택의 전형적인 본보기 중 하나인, 회색가지나방(*Biston betularia*)의 흑색소 침착증에서 증명되었다(**그림 17.13**). 이 종은 브리튼 섬 도처에 서식하며 19세기 중반까지 밝은 색의 형태로 존재하였고 이러한 품종을 *typica*라 부른다. 1948년에 짙은 색 품종인 *carbonaria*가 당시 산업화가 이루어지는 도시 중 하나인 멘체스터 근처에서 처음으로 관찰되었다. *carbonaria*의 검은 몸과 날개는 피부 세포에 검은 멜라닌 색소 합성이 증가되어 생긴 것이다(**그림 17.14**).

19세기 후반기 동안, 회색가지나방인 *carbonaria* 품종은 더 빈도가 높아졌고, 1900년대에는 멘체스터에 있는 나방의 90% 이상이 검은 몸과 날개를 가졌었다(**그림 17.15**). 이러한 증가는 19세기 산업화에 따라 공기 오염에 의하여 검게 변해 버린 나무나 기타 구조물에 나방이 앉을 때 위장할 수 있게 검은색으로 변하는 자연 선택 때문인 것이다. 대조적으로 밝은 색의 *typica* 형태는 검은색 배경에 대해 눈에 잘 띄는 형태여서 새의 먹이가 되기 쉽다. 그러므로 검은색 날개를 가진 나방이 생식 가능 연령까지 생존하기가 쉬워지므로 그들의 자손이 시간이 지남에 따라 증가하는 것이다. 검은색 나방의 다른 종도 유럽과 북아메리카의 산업화 지역에서 비슷하게 증가되었다.

우리는 회색가지나방에서 *carbonaria* 돌연변이가 언제 일어났는지는 알지 못하지만, 그것은 산업혁명 전 어느 시간에 생겼을 것이라 생각한다. 산업화로 환경이 바뀌기 전에, 이들 검은색 나방은 비교적 적합성이 낮아 전체 집단에서 차지하는 비중은 일반적이지 않았다. 그러나 산업화가 되면서 환경이 바뀌고 *carbonaria* 나방이 바뀐 환경에 적합성을 가짐에 따라 증가하였고, *typica* 종은 감소하게 되었다. 그 결과, 검은색 나방의 수가 증가되고 집단에서 빈도가 더 높아졌다. 이와는 달리, 브리튼 섬의 시골 지역에서는 산업화에 의한 오염이 없어 환경이 변하지 않았고, 이에 따른 *carbonaria*의 적합성이 낮았으므로, 그들의 수는 19세기 동안 증가하지 않았다. 20세기에는 공장에서 배출되는 오염 물질을 엄격하게 감독하므로써 공기 오염이 감소하게 되자 다시 환경이 변화하였다. 이에 따라 *carbonaria* 나방의 빈도는 낮아지고, 그들의 적합성에 의해 산업화 전 상태인 밝은 색으로 돌아갔다.

자연 선택은 근본적으로 유전자형의 빈도를 변화시켜 표현형으로 나타난다

자연 선택은 유전적 과정보다는 다소 생물학적인 과정이다. 환경에 대한 개체의 적합성은 표현형에 의하여 결정되기 때문에 표현형에 영향을 준다고 할 수 있다. 자연 선

그림 17.13 회색가지나방(*Biston betularia cognataria*)의 엷고 짙은 (멜라닌) 형태

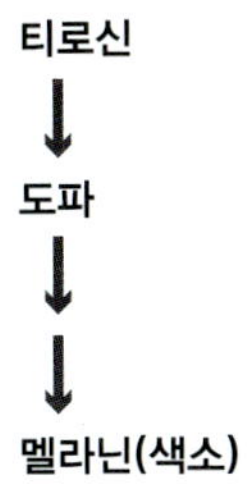

그림 17.14 티로신(Tyrosine), 도파(DOPA), 3,4-dihydroxyphenylalanine으로부터 멜라닌 색소의 합성 과정

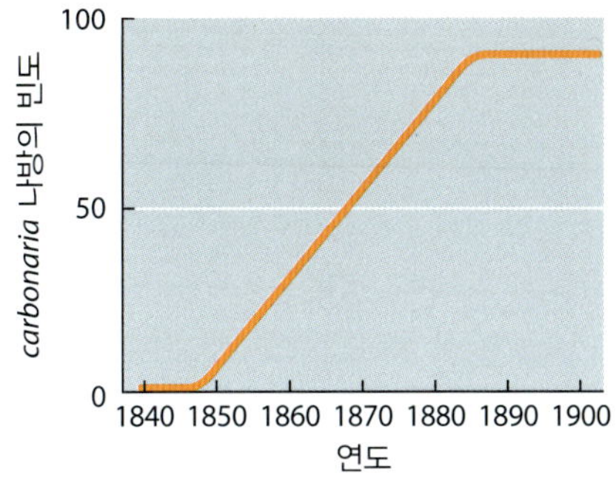

그림 17.15 19세기 동안 잉글랜드 멘체스터 부근에서 발생한 *carbonaria* 나방의 빈도 변화

택은 유전자에 직접적으로 영향을 주지 않으나, 그 변화는 한 집단 내에서 대립유전자의 빈도에 중요한 영향을 가져온다. 이 점에서 우리는 *carbonaria* 품종에 대한 자연선택의 결과로써 회색가지나방에서 일어나는 유전적 변화에 대하여 살펴보아야 할 것이다.

*carbonaria*와 *typica* 나방 사이의 교배에서 *carbonaria* 대립유전자가 우성이고 *typica* 대립유전자가 열성이라는 것을 알게 되었다. 우리가 우성과 열성의 분자적 기초에서 배웠듯이, 이러한 결과는 놀라운 것이 아니다. 검은 색소를 합성하는 것이 우성이 되면 옅은 색소를 합성하는 것 또는 어떤 색소를 생성하지 않는 것에 대한 대립유전자를 예상해 볼 수 있다.

만약 멜라닌에 대하여 색소 합성 유전자를 M으로 나타낸다면, 대립유전자는 *M*과 *m*이 될 것이고, *carbonaria*는 *MM*과 *Mm* 유전자형을, *typica* 나방은 *mm*을 가질 것이다. 산업화 지역에서 *carbonaria* 형태가 선택되면, *MM*과 *Mm* 유전자형의 빈도가 증가할 것이고 *mm*의 빈도는 감소하게 될 것이다. 이러한 변화는 *M* 대립유전자가 *m*보다 더 빈번하게 된다는 것을 의미한다(**그림 17.16**).

계속적인 선택은 분명히 대립유전자 중 하나는 고정으로, 다른 하나는 삭제로 이끌 것이다. 대립유전자에 의해 특성화된 표현형의 차이는 얼마 동안 정확히 상대적인 적합성에 의존한다(**그림 17.17**). 적합성은 정확한 정도의 측정이 매우 어려운데, 왜냐하

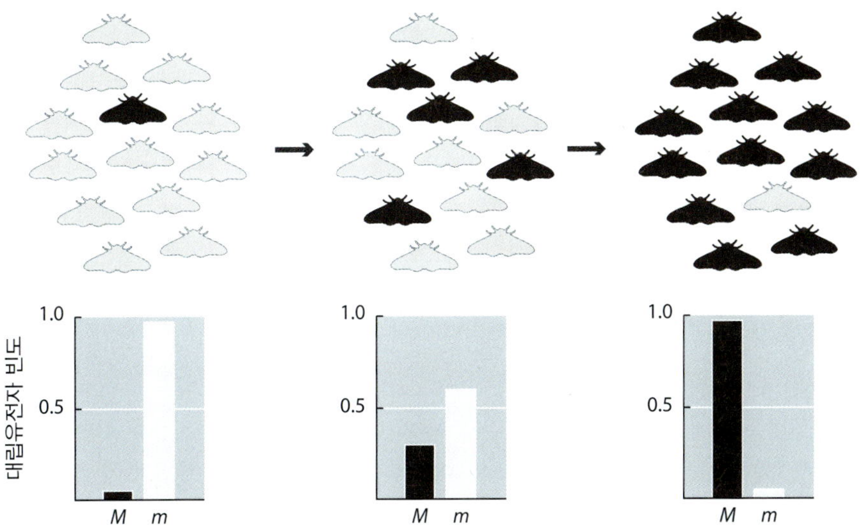

그림 17.16 회색가지나방의 *carbonaria* 표현형에 있어서 선택 결과에 따른 멜라닌 합성 유전자의 두 대립유전자에 대한 빈도 변화

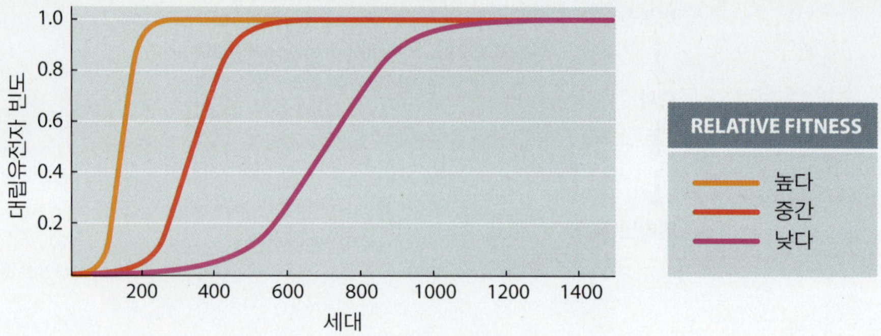

그림 17.17 개체군에서 고정된 대립유전자 한 쌍의 더 이로운 비율에 대한 적응도의 영향. 고정된 대립유전자의 비율은 표현형의 상대적 적응도에 의존하고, 그 특이성이 덜 이로운 대립유전자를 가진 표현형과 비교하였다. 상대적 적응도가 더 큰 정도는 이로운 대립유전자의 더 빠른 고정을 나타낸다.

면 자연 집단에서 각 유전자형을 가진 개체에 의해서 생긴 새끼의 정확한 평균수를 알아야만 하기 때문이다. 그러므로 대립유전자 빈도에 대한 적합성의 영향을 알아보는 대부분 연구에서 컴퓨터 시뮬레이션을 사용한다.

이 시뮬레이션에서, 상대적인 적합성은 **선택 계수(selection coefficient)**로 표현하고, 가장 성공적인 유전자형은 선택 계수 0으로, 가장 덜 성공적인 유전자형은 선택 계수 1로 표기한다. 마지막 유전자형을 가진 개체는 아마도 유전자형이 치사 상태이기 때문에 자손을 반드시 생산하지 않는다. 선택 계수가 0.05일 때, 가장 성공적인 유전자형의 95%가 적합성에 좋은 유전자형을 제공한다.

대립유전자는 자연 선택이 히치하이크(hitchhike) 할 수 있는 대상이 아니다

우리는 유전자가 DNA 분자를 포함하고 있다는 것을 잊지 말아야만 한다. 이것은 선택 결과가 단순히 개체의 대립유전자의 빈도를 바꾸는 것이 아니라, 대립유전자가 포함하고 있는 DNA 부분의 빈도를 바꾸는 것을 의미한다(**그림 17.18A**). 시간이 경과됨에 따라, 빈도가 증가하면 DNA의 길이는 더 짧아지게 된다. 이것은 돌연변이에 대한 이형접합자를 갖고 있는 개개인의 배우자가 생산되는 동안 일어나는 교차의 영향 때문이다. 이러한 교차로 인해, 돌연변이가 없는 염색체에 돌연변이가 있는 DNA의 일부분이 대체된다(**그림 17.18B**). 만약 돌연변이를 가진 부분의 빈도가 강력한 선택압력(selective press)에 의하여 갑자기 증가한다면, DNA는 아직 비교적 긴 상태로 고정이 일어난다. 이런 상황 하에서, 고정이 되는 것은 대립유전자가 아니라 대립유전자의 한 쪽을 차지하는 DNA 길이인 것이다(**그림 17.18C**).

이 모든 것이 단순히 학문적인 관심이라면 고정된 DNA 부분에 다른 유전자가 위치할 가능성은 없다. 인접한 3개의 유전자 A, B, C를 생각해 보자. 유전자 A와 C는 접합성에 대한 어떤 영향도 없고, 그들의 대립유전자 빈도는 단지 유전적 부동의 결과에 의해서 변한다. 우연히, 하나의 특별한 DNA 분자가 그들의 대립유전자 *a*와 *c*와 같이 존재한다면 전체적으로 그 집단은 비교적 일반적이지 않을 것이다. 지금부터 상상해 보자! 이 DNA 분자 안에 돌연변이를 가진 유전자 B가 있다면 새로운 대립유전

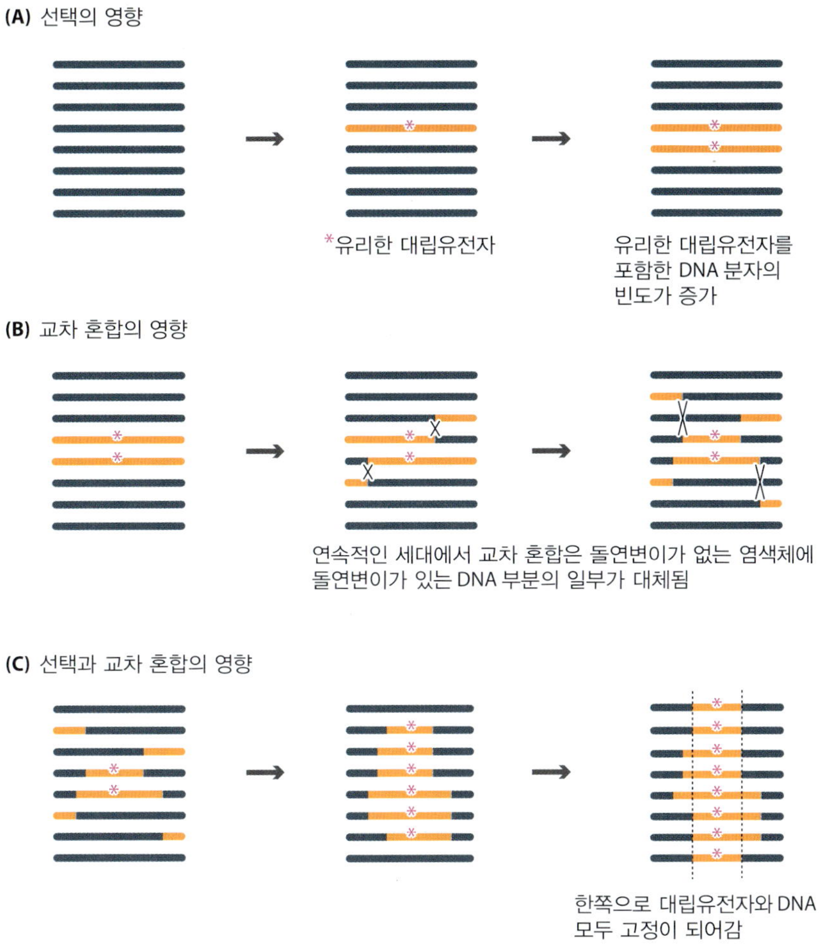

그림 17.18 대립유전자에 대한 선택 작용, 이들 대립유전자는 DNA 분자를 포함한다. (A) 한 이로운 돌연변이가 개체에서 나타난다. 선택 작용은 단순히 새로운 대립유전자를 형성하는 것이 아니라 대립유전자에 포함된 DNA 부분에 작용한다. (B) 다음 세대에서 교차 혼합이 발생하여 DNA 길이는 점차적으로 줄어들고 빈도는 증가한다. (C) 선택이 발생한 결과 이로운 대립유전자가 고정된다.

자를 만들 것이고, 이것을 b^*라 부르고, 그것이 적합성을 증가시켜 긍정적 선택의 대상이 되었다. 그 결과, 집단 내에서 대립유전자 b^*의 빈도는 교차가 일어나 유전자 B로부터 유전자 A가 분리되던지, 또는 유전자 C로 부터 유전자 B가 분리될 때까지, *a*와 *c*와 빈도의 증가에 따라 똑같이 증가될 것이다. 만약 대립유전자 b^*가 교차가 일어나기 전에 고정이 되고, 그 때에 대립유전자 *a*와 *c*도 고정이 되면 더 이상 그들 스스로 적합성을 증가시키려 하지 않는다(그림 17.19). 이 과정을 **히치하이킹(hitchhiking)**이라 한다. 대립유전자 *a*와 *c*는 고정을 위하여 대립유전자 b^*를 가진 “hitchhiked”로 여긴다.

그러므로 히치하이크는 한 집단의 유전적 다양성 면에서, 긍정적인 선택에 의해 균형이 맞지 않는 것들을 감소시킬 수 있는 수단인 것이다. 선택 과정 하에서, 유전자의 변동성이 사라질 뿐만 아니라 인접한 유전자도 사라진다는 것을 알아야 한다. 우리는 이것을 **선택적 스윕(selective sweep)**과 같은 것으로 본다.

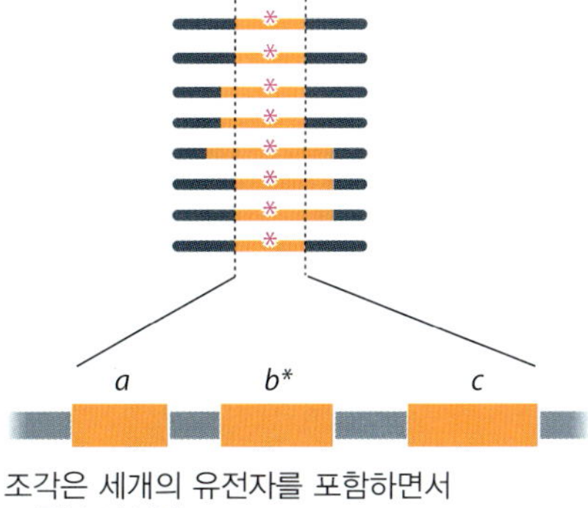

그림 17.19 hitchhike의 예. 비록 그들 자신이 적합성이 증가하지 않더라도 대립유전자 *a*와 *c*는 고정된다.

이형접합체는 때때로 선택적인 장점을 갖는다

선택과 유전자형 사이의 관계는 꽤 복잡하고, 가장 성공적의 유전자형은 동형접합자가 아닌 이형접합자 형태의 예에서 나타난다. 이것을 **초우성(over-dominance)**, **이형접합자 우세(heterozygote superiority)**, **이형접합자 장점(heterozygote advantage)**, 또는 **잡종강세(heterosis)**라고 다양하게 부른다.

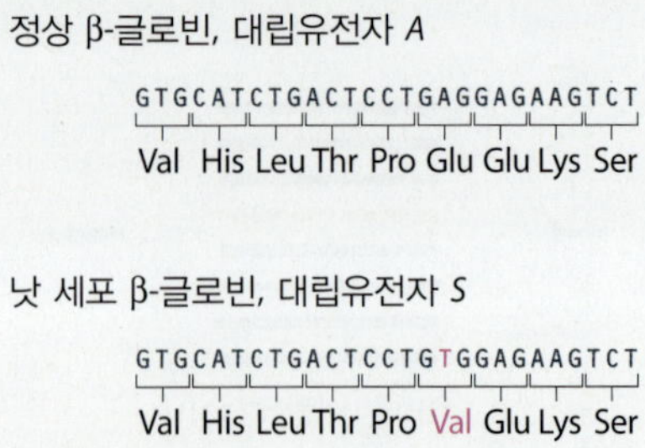

그림 17.20 겸상 적혈구 빈혈증에 대한 돌연변이 반응. 인간 β-글로빈의 *A*와 *S* 변종의 9개의 아미노산. β-글로빈은 ATG 개시 코돈을 가지고 시작되지만 메티오닌은 전사 후 변형 과정에 의해서 제거되므로 여기에서는 나타나지 않는다.

인간의 겸상적혈구 빈혈증은 초우성의 아주 좋은 예이다. 이 질병은 하나의 점 돌연변이에 의해서 β-글로빈(β-globin) 유전자의 정상적인 대립유전자 *A*가 *S*로 바뀐 것이다. 이 돌연변이가 유전자 내에서 6번째 코돈을 변화시켜 글루타민산(glutamic acid)이 발린(valin)으로 전환된다(**그림 17.20**). 그 결과, 산소 상태가 낮아져 헤모글로빈 분자의 전기적 성질이 변한다. 동형접합제 *SS* 형태에서 적혈구 세포는 낫(sickle) 모양으로 변하고, 모세혈관이 막혀 이상이 생긴다. 그 결과 겸상적혈구 빈혈증은 치명적이 된다.

AS 유전자형을 가진 이형접합자는 적혈구 세포에 덜 영향을 주어 가벼운 빈혈증을 보인다. 그러므로 동형접합체인 *AA*가 가장 좋은 형태로 선택 계수가 0이고, *SS* 유전자형은 1, 그리고 *AS*는 그 중간 값을 가질 것이라 예상할 수 있다. 실제로, 일부 지역에서는 이 상황이 사실이나, 말라리아가 많이 발생하는 지역에서는 그렇지 않다. 이 지역에서는 *AS* 유전자형이 가장 좋은 형태이다. 예를 들어, 아프리카에서 말라리아가 발생하는 지역에서는 선택 계수가 *AS*에 대하여 0, *AA*는 0.1 그리고 *SS*는 0.8이다. 이것은 *AA*(정상 헤모글로빈을 가진 동형접합자)의 적합성은 *AS*(가벼운 빈혈증을 가진 이형접합자)의 10분의 9라는 것을 의미한다(**그림 17.21**).

이 예상치 못한 결과에 대한 이유는 말라리아 기생충인 *Plasmodium falciparum*이 *AS*를 가진 사람의 혈류에서 쉽게 증식하지 못하는데, 그것은 아마 적혈구의 세포 수가 적음에 따라 여기에 기생하여 증식하는 능력이 단순히 감소하기 때문일 것이다. 그러므로 *AS* 유전자형을 가진 개체는 *AA* 동형접합자를 가진 것보다 말라리아에 더 강한 내성을 가진다. 이렇게 말라리아 내성에 의해 생긴 적합성의 증가가 *AS* 유전자형 때문에 생긴 빈혈증에 대한 적합성 감소보다 더 큰 것이다. 그러므로 이형접합자는 동형접합자 유전자형과 비교하여 선택적인 장점을 갖게 된다.

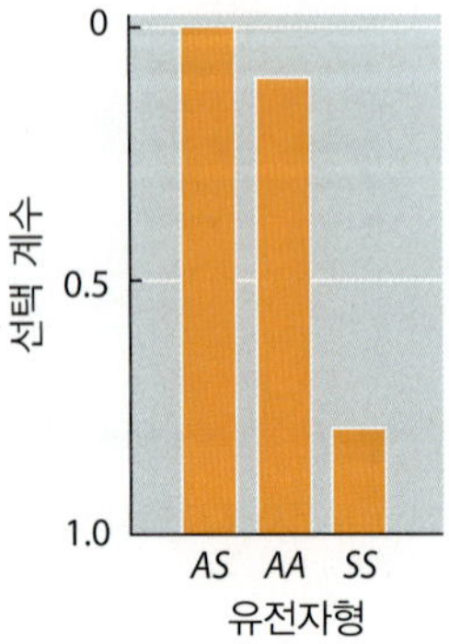

그림 17.21 β-globin의 *A*와 *S* 대립유전자의 3가지 조합에 대한 선택 계수

대립유전자 빈도에 대하여 유전적 부동과 선택의 상대적인 영향은 무엇일까?

유전학자들은 집단에 대한 자연 선택의 영향을 오랫동안 논의해 왔다. 특히, 유전적 부동의 영향에 대한 반대로써 선택의 직접적인 영향이 어떻게 대립유전자 빈도를 변화시키는지에 대하여 논의해 왔다. 이 질문에 대한 대답은, 이로운 또는 불리한 특성을 주는 유전자형의 차이의 선택 계수에 달려 있다. 선택 계수가 아주 크거나 작은 경우 대립유전자 빈도는 크게 변화가 없으나, 중간의 경우 대립유전자 빈도는 천천히

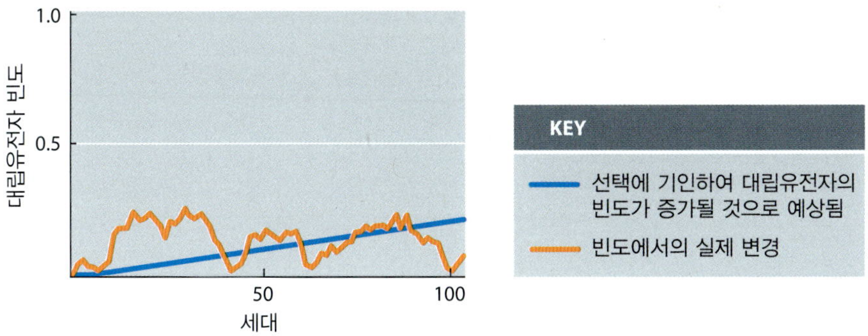

그림 17.22 약한 선택의 영향은 유전자 부동에 의해 감추어 질 수 있다. 그래프에서 대립유전자 빈도의 증가는 100세대 이상에서 발생하지 않을 것으로 예상되는데, 이는 유전적 부동의 결과로서 대입유전자의 빈도 증가 보다 감소가 더 적어질 것이기 때문이다.

변화한다. 만약 대립유전자 1쌍의 빈도가 선택의 결과로써 천천히 이루어진다면, 그들의 변화는 유전적 부동의 영향에 의해 감추어 질지도 모른다(그림 17.22).

돌연변이에 의해 만들어진 새로운 대립유전자는 집단에서 관찰되는 순간 위험하게 된다. 처음에, 대립유전자는 낮은 빈도를 가질 것이나, 만약 하나의 유전자형이 개체의 적합성을 증가시킨다면 그 빈도는 긍정적인 선택의 결과로써 빠르게 증가될 것이다. 그러나 그 기간 동안에 적합성을 증가시키는 유전자형의 빈도가 낮으면, 부동(drift, 표류)의 결과로써 상대적으로 변화가 적게 되고 집단으로부터 대립유전자는 삭제된다(그림 17.23). 생산 가능 연령이 되기 전에 소수의 개체가 갑작스럽게 죽는 것은 이와 같은 영향이라 할 수 있다. 인간에서 발생하는 새로 생긴 이로운 대립유전자 대부분이 이 방법에 의하여 없어진다고 생각된다.

이것에 대해서는 아직 논란이 많으나, 많은 유전학자들은 유전적 부동이 집단 내에서 대립유전자 빈도를 결정하는 데 압도적으로 가장 중요한 요인이라는 **중립 이론(neutral theory)**을 선호한다. 부정적 선택(negative selection)은 돌연변이에 의해 생긴 불리한 대립유전자의 적은 수를 삭제하고, 긍정적 선택(positive selection)은 극히 드물게 유리한 대립유전자를 고정시키므로, 선택은 대립유전자 빈도를 결정하는 데 다소 영향이 적다고 본다.

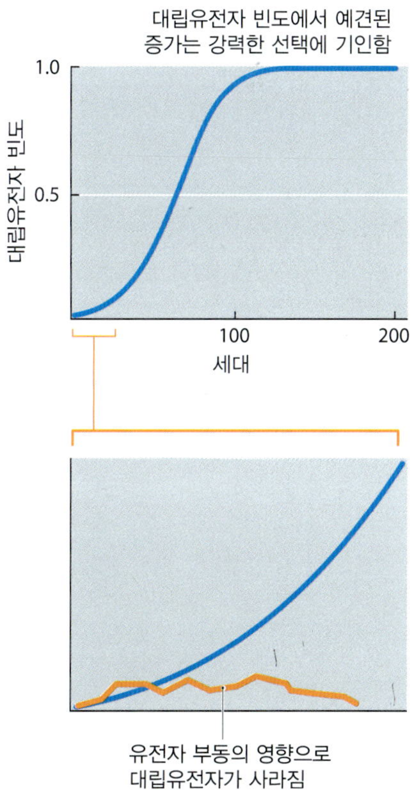

그림 17.23 새로운 대립유전자 조차 강력한 선택의 대상이 된다. 그것은 유전자 부동의 영향 때문에 사라질지도 모른다.

17.2 대립유전자 빈도에 대한 집단생물학의 영향

이 장을 통해서 "집단"의 이해가 점차적으로 진전을 보여 왔다. 처음에는 하디-바인베르크 평형을 통해, 무한히 큰 집단에서 시작하여 모든 실제 집단은 크기가 유한하다는 것을 깨달았고 대립유전자가 집단에서 유전된다는 것을 알았다. 우리가 회색가지나방의 다른 형태에 대한 선택을 고려해 보았을 때, 집단은 환경에 상관없이 고정되어 있는 것이 아니라, 환경적인 요인에 그들이 노출되면 시간이 지남에 따라 변한다는 것을 알았다. 그리고 겸상적혈구 빈혈증의 연구로부터 집단은 모든 지역에서 완전히 똑같은 것이 아니라, 선택적 압력을 받아 같은 집단이라도 다른 일부 지역에서는

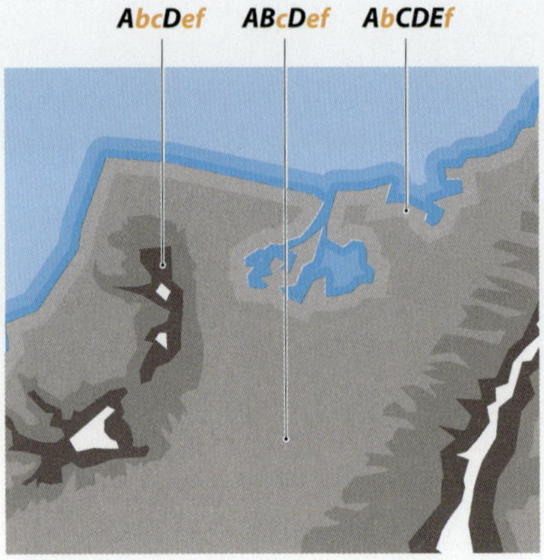

그림 17.24 유전형은 한 종의 지역적 범위를 지나면서 다양성을 가져 더 큰 적합성을 보인다. 여기서는 지역적 범위에서 다양하게 된 개체군에서 6개의 유전자 A-F를 고려한다. 산악 지형은 *AbcDef*, 내륙 평지는 *ABcDef*, 해안가는 *AbcDEf*가 더 큰 적합성을 갖는다.

대립유전자 빈도에 차이가 난다는 것을 알았다. 이제부터는 집단의 좀 더 복잡한 생물학적인 모양인 집단유전학에 대하여 더 면밀히 알아볼 것이다.

환경의 다양성이 대립유전자 빈도의 단계적 차이를 만들 수 있다

대부분 정상적인 집단은 크고 꽤 넓은 지리적인 범위를 차지한다. 하나의 큰 집단이 차지하고 있는 모든 환경 조건이 다 같지는 않다. 그것은 그 집단이 다른 지역에서는 다른 선택적인 압력의 대상이 된다는 것을 의미하다. 이들의 유전자형은 그 집단에게 더 큰 적합성을 제공할 수 있지만 다른 지역에서는 아닐지도 모른다(그림 17.24). 그러면, 어떻게 이들 요인이 대립유전자 빈도에 영향을 줄까?

하나의 본보기로 보리 경작을 들 수 있는데, 보리는 세계의 많은 지역에서 자라기 때문에 많은 다른 환경에 노출되어 있다. 유럽에서 보리는 더운 지역, 지중해 해변의 건조한 지역, 여름은 더 시원하고 더 습윤한 북부지역 등 대륙 전체의 다양한 지역에서 자란다.

유럽 남부에서 보리는 4, 5월경 계절 초에 개화하는데, 이것은 온도가 상승하여 땅이 건조해지면 시들고, 죽기 전에 씨앗을 생산하는 것이 이점이 있기 때문이다. 반대로 유럽 북부에서의 보리는 시원하면서 습한 여름 동안에 계속 자라는 것이 더 유리한데, 왜냐하면 많은 영양분을 흡수하므로써 더 많은 수의 씨앗을 생산할 수 있기 때문이다. 따라서 유럽 북부에서 자라는 보리는 8월과 9월에 개화한다(그림 17.25).

식물에서 꽃피는 시기를 조절하는 유전자는 꽤 복잡하다. 그러나 식물 생물학자들은

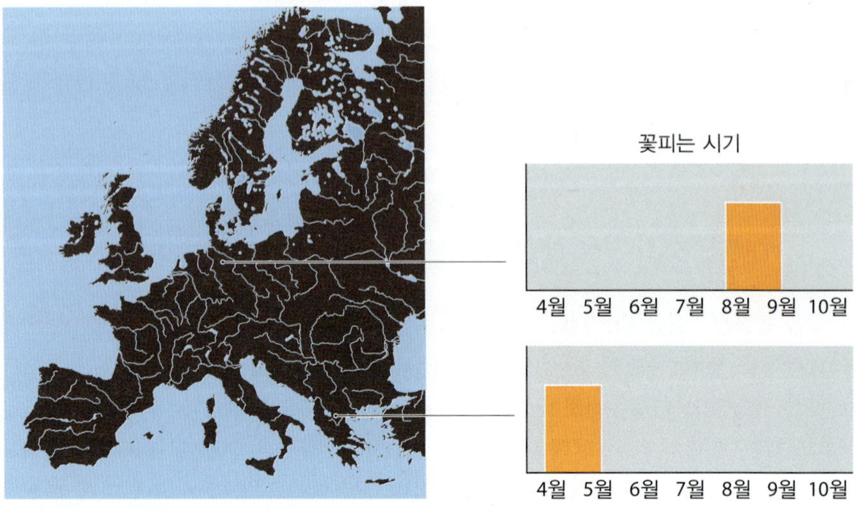

그림 17.25 유럽 남부와 북부에서 경작되는 보리의 가장 유리한 개화 시기

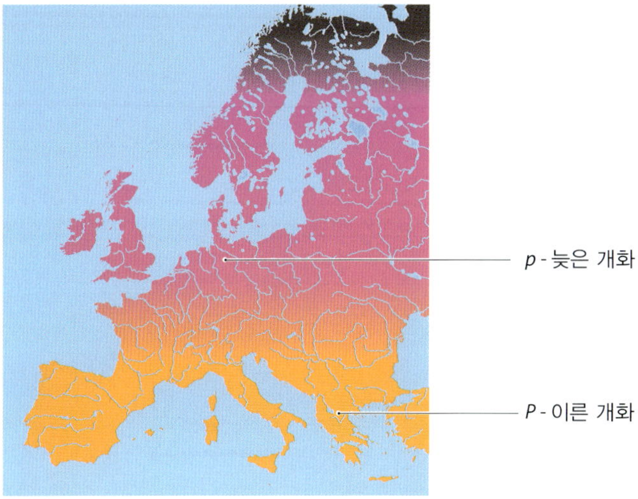

그림 17.26 유럽의 다른 지역에서 자라는 보리 품종에서 개화 시기에 따른 두 대립유전자의 빈도. 늦게 꽃을 피우게 하는 대립유전자 *p*는 유럽 북부에서 더 높은 빈도를 보이고, 초기에 꽃을 피우는 *P*는 유럽 남부에 더 많다.

이 표현형과 관계되는 중요한 유전자 중 하나인 광주기-1(photoperiod-1)을 발견하였다. 이 유전자는 식물이 꽃 피는 것에 영향을 주는 낮의 길이에 반응할 수 있게 한다. 광주기-1의 두 대립유전자를 *P*와 *p*로 부른다. 이들 특성의 첫 번째는 낮의 길이에 반응하여 4월과 5월에 일찍 꽃이 피게 한다. *P*와 달리 대립유전자 *p*는 하나의 점 돌연변이를 가지고 있어 낮의 길이에 대한 반응을 바꾸어, 그 해의 마지막까지 꽃피는 것을 늦출 수 있다.

유럽의 다른 지역에서 자라는 보리 품종에서 두 대립유전자의 빈도를 조사해 보면, 북쪽에서 남쪽으로 점차적으로 차이가 나는 것을 볼 수 있다. 북쪽에서는 *p*의 빈도가, 남쪽에서는 *P*의 빈도가 더 크다(그림 17.26). 이것을 **연속 변이**(cline)라 부르고, 넓은 지역의 범위에 존재하는 집단 내에서 많은 대립유전자가 환경 선택에 적응하는 것에 대한 하나의 특징이다.

집단 안에서 이종 교배에 대한 내부의 장벽이 있을지 모른다

실제 집단은 지형 또는 따른 장벽에 의하여 유지되고, 그것은 소집단 사이에 발생하여 이종 교배(interbreeding)의 수를 감소시키다. 간단한 예로서, 넓은 평지에 거주하는 작은 동물 집단을 생각해 보자(그림 17.27A). 우선, 거기에는 이종 교배에 대한 장벽이 없어, 어떤 암컷도 수컷과 짝을 지을 수 있다. 시간이 지나면서 그 평지를 가로지르는 강이 생겨, 두 그룹으로 집단은 나누어지게 된다(그림 17.27B). 그러면, 이들 작은 동물은 수영을 할 수 없어 그 집단은 두 구성원으로 나누어지고 이종 교배를 할 수 없다. 이종 교배에 대한 장벽이 그들 사이에 갑자기 생겨난 것이다.

2개의 소집단의 유전적 특징에 대하여 이 집단의 분류는 무슨 영향을 줄까? 유전적 부동의 과정은 소집단 안에서 아직 작용하지 않으나, 대립유전자 빈도에 대한 영향은

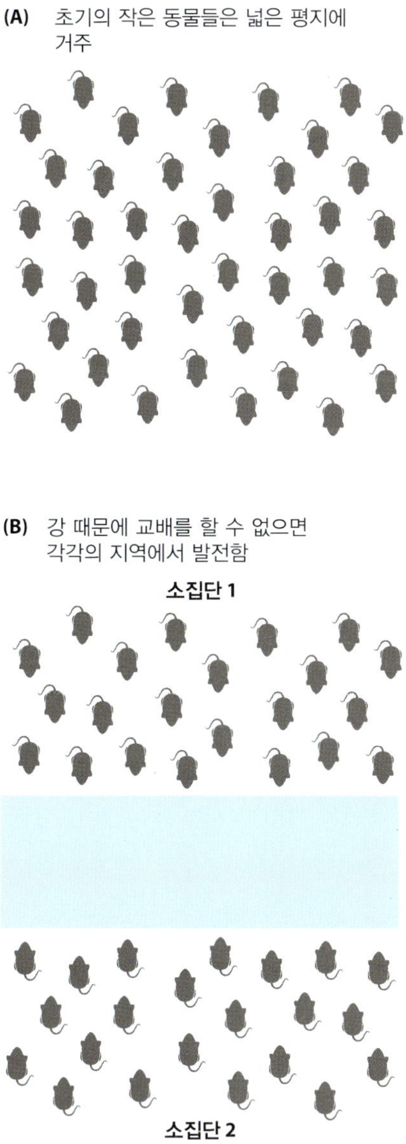

(A) 초기의 작은 동물들은 넓은 평지에 거주

(B) 강 때문에 교배를 할 수 없으면 각각의 지역에서 발전함

소집단 1

소집단 2

그림 17.27 한 개체군의 배분(subdivision). (A) 넓은 평지에 거주하는 작은 동물의 한 개체군. 모든 개체는 번식을 위하여 다른 것과 만날 수 있다. (B) 만약 평지에 강이 생기기 시작하고, 그 동물이 수영을 할 수 없다면, 두 세분된 개체군은 서로 이종 교배를 할 수 없어 서로 다른 지역에서 각각 발전한다.

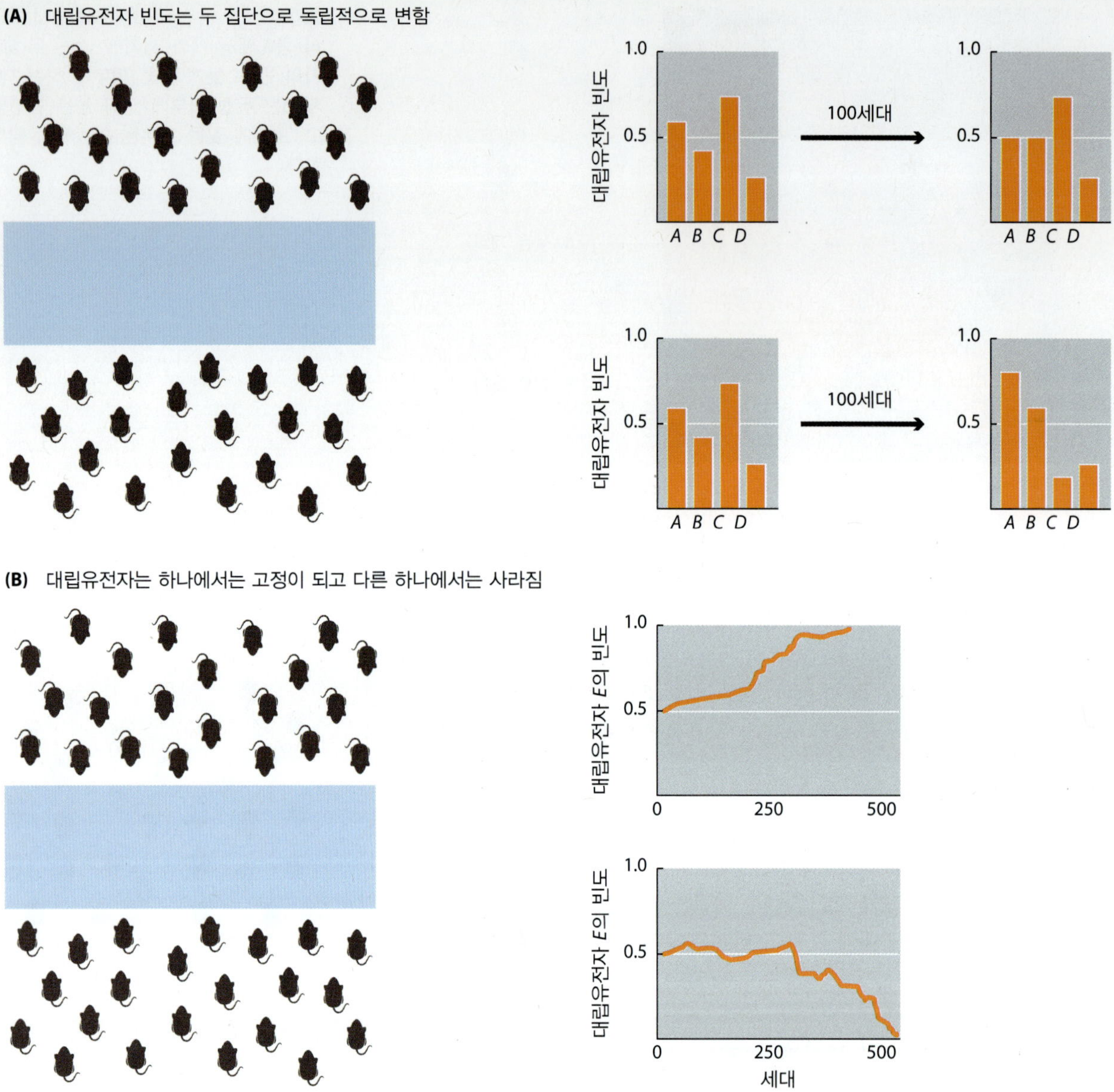

그림 17.28 이종 교배가 일어나지 않는 두 집단에서 유전적 부동은 대립유전자 빈도에 다른 영향을 줄것이다. (A) 4개의 대립유전자, *A*–*D*에 대한 빈도의 변화가 나타난다. 100세대 후 대립유전자 빈도는 두 소집단에서 다를 것이다. (B) 대립유전자 *E*의 빈도는 두 집단에서 다음과 같다. 하나의 소집단에서는 고정이 되고 다른 하나에서는 사라진다.

두 집단에 똑 같지는 않을 것이다. 우연히, 일부 대립유전자가 하나의 소집단에서 더 많아지면 다른 것은 줄어들 것이다(**그림 17.28A**). 심지어 하나의 소집단에서 대립유전자 1쌍이 고정되고, 다른 소집단에서는 다른 대립유전자의 고정이 일어날 수도 있다(**그림 17.28B**).

만약 두 소집단의 유효 크기가 비슷하다면, 이 대립유전자 고정의 차이는 흔치 않은 형태의 결과를 나타내 두 대립유전자는 그 집단 안에서 똑같이 최대의 빈도를 가진다. 그러나 이형접합자는 존재하지 않는다(**그림 17.29**). 이 패턴은 단일 이종 교배 집단에서는 일어나지 않는다. 만약 여기에 이종 교배에 대한 장벽이 없다면, 대립유전자

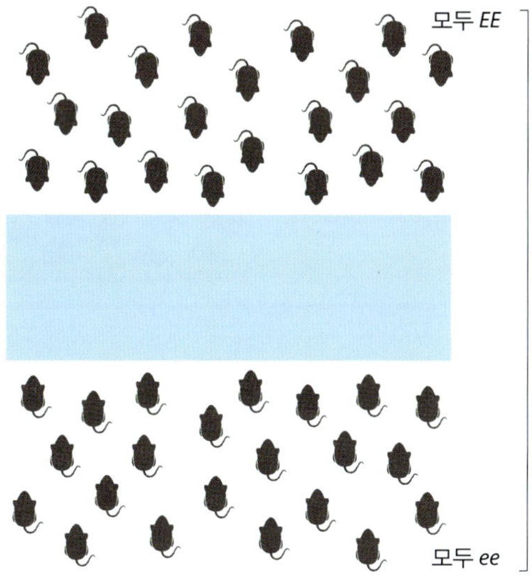

그림 17.29 이 분리된 개체군에서 두 대립유전자 *E*와 *e*는 같은 빈도를 가진다. 거기에는 이형접합체가 없다.

의 다른 쌍이 똑 같은 빈도로 최대가 되고, 거기에는 늘 많은 이형접합자가 있을 것이다.

우리가 인용한 예에서는 이종 교배에 대한 장벽이 분명히 보이고(큰 강), 그리고 확실하였다(동물은 수영을 할 수 없다). 자연 상태에서 그 장벽은 지리적인 형태가 덜 명백하고 미묘한 환경적인 맥락 때문에 소집단을 쉽게 구분하기는 어려울 것이다. 대부분 자연적인 장벽은 확실하지 않고 다른 소집단의 구성원 사이에 이종 교배를 제한할 수 있는 것이 적다. 어떻게 우리는 소집단의 존재를 알 수 있을까?

소집단 사이에 일부 이종 교배가 있다 하더라도, 유전적 부동이 자연적으로 일어나기 때문에 대립유전자 빈도는 다른 방식으로 변할 것이라 기대할 수 있다. 그러므로 이형접합자의 수에 대한 예견과 관찰의 차이는 집단의 세분이 일어났는지 아닌지를 결정하는 데 이용할 수 있다. 이것은 다양한 **고정 계수(fixation indices)**에 기본을 둔다. 이것은 한 집단의 다른 요소에서 이형접합자의 비율에 의한 이형접합성을 비교하는 것이다. 가장 일반적으로 사용되는 고정 계수는 **F_{ST} 값(F_{ST} value)**을 다음과 같이 계산한다.

$$F_{ST} = \frac{H_T - H_S}{H_T}$$

이 공식에서 H_T는 이형접합성, 즉 전체적으로 그 집단에서 예견되는 대립유전자 빈도이고, H_S는 소집단의 평균 이형접합성이다. 만약 F_{ST} value가 0.05보다 낮으면, 그 집단은 아직 세분화가 안 된 것이고, 만약 그 값이 0.25보다 높으면 많은 유전적 차이를 가져 비교적 한정된 소집단이 존재하는 것이다.

유효 집단 크기의 일시적인 감소는 대립유전자 빈도에 급격한 변화를 줄 수 있다

실제 집단에서 또 다른 일반적인 형태는 그들의 규모가 시간이 지나면서 변할 수 있다는 것이다. 특히, 환경 변화나 먹이 감소는 한 집단 내에서 빠르게 개체 수를 떨어트린다. 만약 환경 조건이 회복되고 식량 공급이 증가하여 집단 수에 문제를 일으키

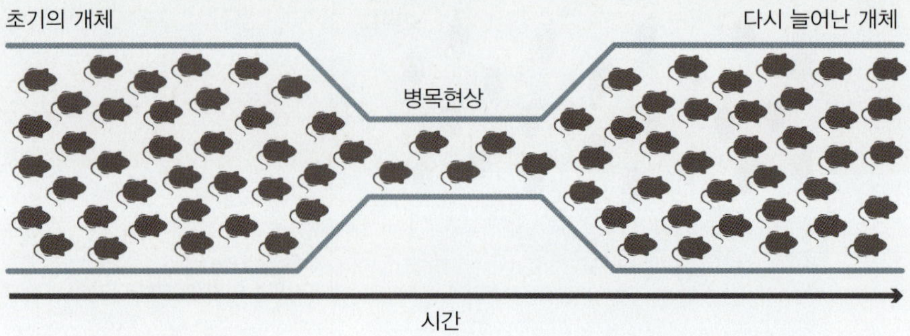

그림 17.30 개체 병목현상

는 것이 제거되면, 다시 개체 수는 증가하여 원래 크기로 돌아올 것이다. 이와 같은 감소와 회복 사이의 시기를 **병목현상(bottleneck)**이라 부른다(그림 17.30).

지난 몇 천 년 동안 코끼리물범과 아프리카 치타를 포함한 몇몇 종이 병목현상을 겪어왔다(그림 17.31). 인간 집단은 150,000년 전에 빙하기를 견디는 동안 10,000개체로 감소한 것으로 생각된다. 게다가, 많은 종의 집단 수가 현재도 감소하고 있고, 극심한 병목현상을 겪다가 결국에는 사라지게 될 것이다.

병목현상은 **샘플링 효과(sampling effect)** 때문에 한 집단의 유전적 특성에 대하여 중요한 영향을 가진다. 우리는 대립유전자 빈도가 시간이 지나면서 점차적으로 변화되는 것을 보아 왔고, 이것이 유전적 부동을 분명히 보여 주었다. 샘플링에 같은 원리를 적용하면 한 집단이 병목현상을 겪었을 때 그 영향은 더 심각하게 될 수 있다(그림 17.32). 병목현상 내에서 대립유전자 빈도는 그 개체가 감소를 시작하고, 일부 대립유전자는 완전히 사라지게 되기 전의 집단과는 상당히 다를 것이다. 그러므로 병목현상 후에 새롭게 확장된 집단에서의 유전적 특성은 병목현상 전에 존재했던 집단과 비교하여 다른 것이다. 병목현상 내에서 대립유전자 빈도는 바뀌게 되는데, 대립유전자 손실 때문에 다양성이 감소하게 된다. 그러므로 병목현상은 한 집단에서 유전적 특성을 빠르게 변화시킨다.

그림 17.31 2개의 종은 지난 몇 천 년 동안 병목현상을 겪어 왔다. (A) 북극 코끼리물범(*Mirounga angustriostris*). (B) 아프리카 치타(*Acinonyx jubatus*). 코끼리물범은 사냥에 의해서 19세기 동안 약 30개체로 감소한 것으로 알려져 있고, 비록 지금은 회복되었지만 유전적 다양성은 낮게 나타난다. 아프리카 치타 개체군도 낮은 유전적 다양성을 보이지만 병목현상이 더 먼 옛날에 발생하였다.

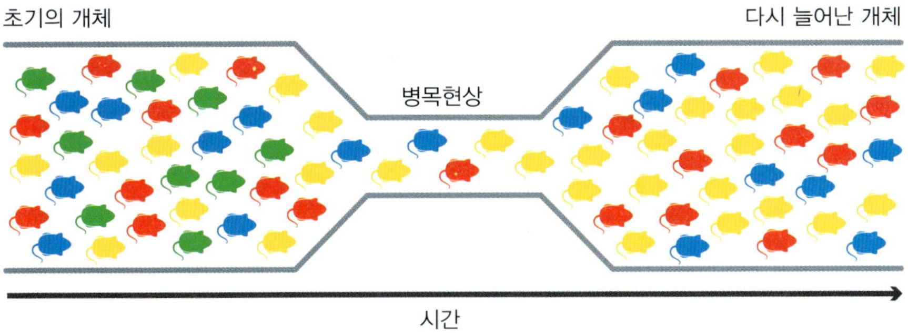

그림 17.32 병목현상은 대립유전자 빈도의 변화를 야기할 수 있다. 다른 색깔의 동물에 의해서 표기된 4개의 대립유전자는 첫 개체군에서는 같은 최대의 빈도를 가진다. 병목현상 후에 그 빈도는 샘플링 효과에에 기인하여 차이가 난다. "초록색" 대립유전자는 병목현상에서 완전히 사라졌다..

창시자 효과(Founder effects)는 병목현상과 유사하지만 다른 사정으로 발생한다. 창시자 효과에서는 한 집단에서 어느 정도의 구성원들이 떨어져 나가 새로운 집단을 만든다(그림 17.33). 이것은 전형적으로 집단의 일부가 전에는 해당 종이 차지하지 않았던 새로운 영토로 이동할 때 일어나기 때문에 **정착(colonization)**이라 부른다. 다시 여기에는 샘플링 효과가 있다. 왜냐하면, 창시자로서 활동한 개체의 일부가 부모 집단에 존재한 모든 대립유전자를 소유하지 않을 수도 있고, 그들이 소유한 대립유전자가 다른 빈도를 가졌을 지도 모르는 것이다. 창시자 사건은 선사시대의 인간에게 중요하다. 아프리카 본토로부터 비교적 소수의 사람들이 아시아, 유럽 그리고 새로운 세계로 점차적으로 이동하여 정착을 이루었다. 이들 각각의 창시자 사건이 일어나는 동안 발생한 대립유전자의 변화는 현재의 인간 집단 내에서 식별이 가능하다. 이것은 지난 정착의 패턴을 알 수 있게 하고, 각각의 사건들이 발생한 정확한 시기를 추론할 수 있게 한다.

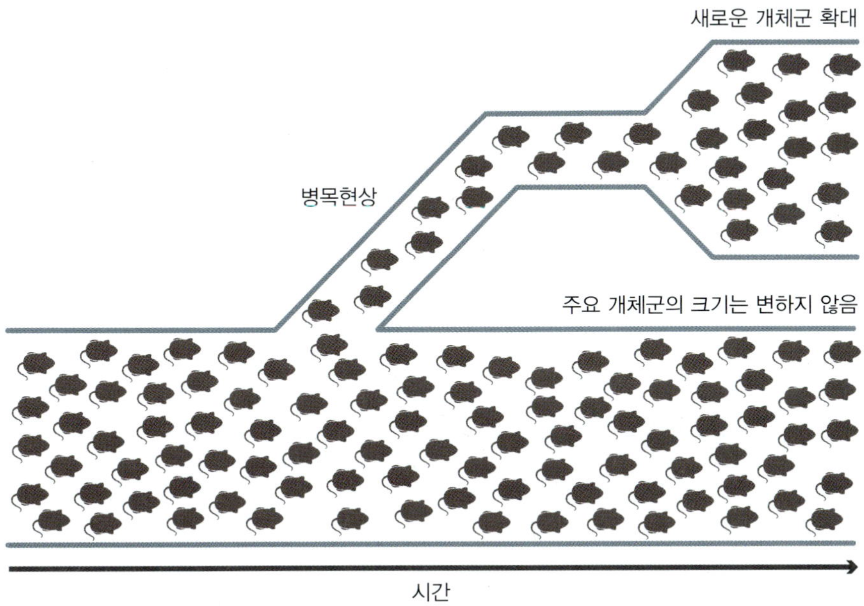

그림 17.33 한 개체군에서 나누어진 소수 구성원이 새로운 개체군으로 발전하는 상황

한 집단의 분열은 종 분화의 전구체가 될 수 있다

새로운 대립유전자가 어떻게 창출되고, 대립유전자의 빈도가 어떻게 변하며, 새로운 종이 진화를 할까? 종에 대한 현대적 개념은 번식의 불화합성에 근본을 둔다. 상반되는 성을 가진 같은 종의 두 구성원은 새끼를 낳을 수 있다. 그러나 다른 종의 구성원은 상호 교배를 할 수 없고, 만약 교배를 한다고 하여도 임신을 할 수 없다. 간단한 예로, 암컷 말과 수컷 말(horse)은 새끼 말을 생산할 수 있다. 심지어 그 부모가 다른 지역에서 왔어도 새끼를 낳을 수 있다. 이것은 모든 말들이 하나의 종인 *Equus caballus*이기 때문이다. 대조적으로, 당나귀(*Equus asinus*, **그림 17.34**)는 다른 종이다. 당나귀와 말은 자손을 생산할 수 있다(만약 부모가 암컷이면 노새, 수컷이면 버새). 그러나 그들 자손은 임신을 할 수 없다. **접합 후 격리(Postzygotic isolation)**의 예에서 번식에 대한 장벽은 교배에 의한 생산 후에 일어난다. 반대로, **접합 전 격리(prezygotic isolation)**는 교배를 할 수 없고, 교배를 해도 자손을 생산할 수 없다. **종 분화(Speciation)**의 유전적 기초를 이해하기 위해서, 우리는 이 단원에서 공부한 소진화와 집단 내에서 대립유전자 빈도에 영향을 주는 요인 사이의 관계를 연결시켜 보고, 번식 불화합성을 야기시키는 과정을 알아야 한다.

한 집단의 분리는 종종 종분화의 시작점으로 보인다. 예를 들어, 지역적 고립에 의해 분리되었다면, 두 집단은 같은 단계의 구성원이고, 만약 함께 있었을 때는 교배에 의해서 자손을 생산을 할 수 있기 때문에 그 자체가 종형성으로는 이어지지는 않는다. 그러나 번식 자체가 분리되었을 때 그것은 두 집단 사이에 이종 교배가 없다는 것을 의미하며, 그들 군 자체가 소진화 과정에서 자유롭게 된다. 이것은 그들에게 결국 접합후- 또는 접합 전 격리를 제공하여 다른 유전적 변이를 가져올 수도 있다.

어떻게 2개로 분리된 소진화가 번식 불화합성을 유도하였는지 알기 위해 유전학자들은 노력해 왔다. 연구의 일부에서 접합 전 격리(prezygotic)가 유전자 중에 하나 또는

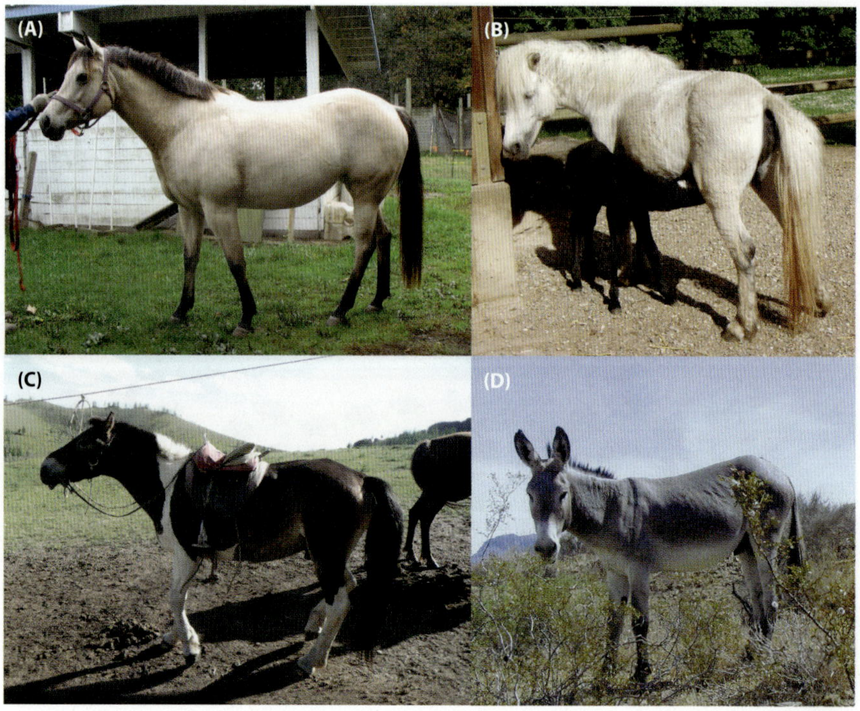

그림 17.34 말(*Equus caballus*)의 3개 종(speiceis). (A) 미국 단거리 경주마(American quaterhorse), (B) 세틀랜드 조랑말(Shetland pony), (C) 몽고말(Mongolian horse), (D) 당나귀(*Equus asinus*)의 한 구성원.

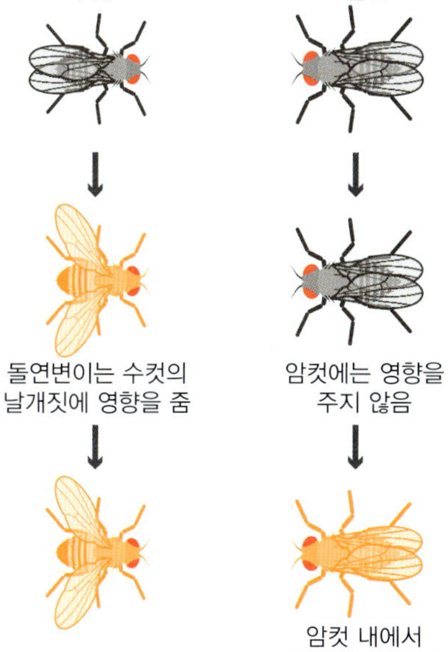

그림 17.35 접합 전 격리(Prezygotic isolation)는 초파리의 *per* 유전자에서 나타나는 것과 같이 하나의 유전자 돌연변이에 의해서 발생할 수 있다. 그 유전자는 날개 움직임의 패턴을 결정한다.

작은 그룹을 변화시켜서 이루어졌을 가능성에 초점이 맞추어졌으며, 이는 초파리의 *per* 유전자에 의한 예에서 볼 수 있다. 이 유전자는 수컷이 짝짓기를 위한 구애를 하는 동안에, 날개 짓의 속도와 율동을 결정한다. 수컷의 날개 움직임의 변화는 암컷이 매력을 느끼게 하는 성향을 감소시킨다. 그러나 만약 비정상적인 날개 짓을 하는 수컷의 움직임 움직임을 선호하도록 암컷의 유전자가 바뀐다면, 비정상적인 날개 짓을 하는 수컷은 짝을 짓게 된다(그림 17.35). 이 가정에서, 초파리 집단은 어떤 지리적 분리 없이 접합 후 격리에 의해 2개의 소집단으로 분류된다.

이 모델의 쟁점은 돌연변이된 수컷의 날개 짓을 암컷이 선호하도록 변화했는지에 있다. 만약 암컷이 몇 세대가 지날 때까지 돌연변이된 수컷들을 선호하지 않는다면, 새로운 날개 움직임을 가진 초파리는 멸종될 것이다. 그것은 바로 날개 짓에 대한 생리적 유인 물질을 합성하는 유전자의 돌연변이와 같이 종형성을 가능하게 하는 또 다른 변이가 있었을 것이다.

염색체 쌍이 잡종 불임성에 미치는 역할을 대해 살펴보자. 노새와 버새의 불임은 말과 당나귀의 염색체 수가 다르기 때문이다(말은 64개, 당나귀는 62개). 이 차이는 말과 당나귀는 잡종 배아를 형성하여 노새나 버새를 만들 수 있지만, 그 잡종은 감수분열 동안에 염색체가 효과적으로 쌍을 형성할 수 없어 그들 스스로 생식세포를 형성할 수 없다는 것을 의미한다(그림 17.36). 염색체 내에서 전위와 전좌와 같은 재배열이 일어나기도 어렵다. 그러므로 이러한 유전적 변화는 접합 후 격리를 유도하는 하나의 요인이 되어 그 결과 종형성이 되는 것이다.

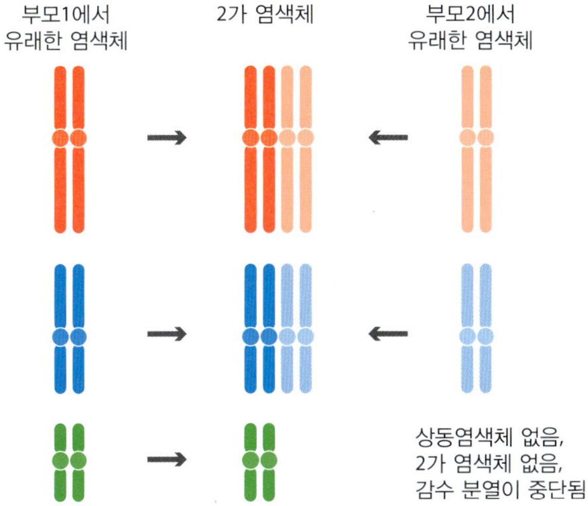

그림 17.36 감수 분열 동안에 부모 염색체가 효과적으로 쌍을 형성할 수 없어 잡종 불임(hybrid sterility)이 유발될 수 있다.

주요 개념

- 집단은 구성원끼리 서로 새끼를 낳을 수 있는 생물체의 한 그룹이다.
- 하디-바인베르크 평형은 그 자체로, 교배가 집단 내에 존재하는 대립유전자 빈도에 영향을 주지 않는다는 것을 보여 준다.
- 집단 내에서, 특별한 대립유전자를 소유한 개개인의 수는 시간이 지나면서 변화할 수 있다. 이러한 대립유전자 빈도의 변화를 소진화라 부른다. 그들은 무작위적인 과정에서 일어나기 때문에 유전적 부동이라 하고, 더 직접적으로는 선택이라 한다.
- 새로운 유전형질은 돌연변이에 의해서 계속적으로 창출된다.
- 중립 이론은 유전적 부동이 집단 내에서 대립유전자 빈도를 결정하는 데 압도적으로 가장 중요한 요인이라고 상정한다. 부정적 선택은 돌연변이에 의해 생긴 불리한 대립유전자의 적은 수를 삭제하고, 긍정적 선택은 극히 드물게 유리한 대립유전자를 고정시키므로 선택은 대립유전자 빈도를 결정하는 데 영향이 다소 적다고 본다.
- 환경의 변화는 대립유전자의 단계적 차이를 만들 수 있다.
- 유효 집단 크기의 일시적인 감소는 대립유전자 빈도의 급격한 변화를 줄 수 있다. 이것은 집단이 병목현상을 겪던지, 또는 어느 정도 구성원이 집단에 남아 새로운 지역에서 서식하여 발생할 수도 있다.
- 한 집단이 분리는 종종 종형성의 시작점으로 보인다. 두 소집단에서 소진화의 과정과 달리 이것은 그들에게 결국 접합 후 또는 접합 전 격리를 제공하여 유전적 변이의 차이를 가져올 수도 있다.

질문 & 문제 (해답은 www.garlandscience.com/introgenetics에서 찾을 수 있다)

주요 용어들

다음 용어에 대한 간단한 정의를 서술하시오.

bottleneck	genetic drift	overdominance
cline	Hardy–Weinberg equilibrium	postzygotic isolation
colonization	heterosis	prezygotic isolation
effective population size	heterozygote advantage	sampling effect
F_{ST} value	heterozygote superiority	selection
fitness	hitchhiking	selection coefficient
fixation	microevolution	selective sweep
fixation index	natural selection	speciation
founder effect	neutral theory	stochastic effect

자습 문제들

17.1 열성 대립유전자는 집단으로부터 점차적으로 없어진다는 잘못된 개념의 근거를 서술하시오.

17.2 한 집단으로부터 열성 대립유전자가 어떻게 손실되는지 오류를 보면서 설명하시오.

17.3 왜 하디-바인베르크 평형의 예견에도 불구하고 소진화가 일어나는가?

17.4 어떻게 확률적 영향이 유전적 부동을 이끄는지 설명하시오.

17.5 한 집단에서 고정된 대립유전자의 비율에 유효 집단 크기의 영향은 무엇인가?

17.6 위험에 처한 종에서 유효 집단 크기를 이해하는 것이 왜 중요한가?

17.7 왜 새로운 대립유전자가 한 집단으로부터 빠르게 삭제되는지 설명하시오. 그 상황 하에서 무엇이 새로운 대립유전자의 빈도를 증가시키는가?

17.8 어떻게 회색가지나방이 자연 선택의 원리를 증명할 수 있는지 설명하시오.

17.9 "히치하이킹"과 "선택적 스윕"의 차이를 구별하시오.

17.10 왜 이형접합자가 가장 성공적인 유전자형의 한 세트라 할 수 있는지 예를 들어 설명하시오.

17.11 중립 이론에 의하면, 소진화에 대하여 유전적 부동과 자연 선택의 상대적인 영향은 무엇인가?

17.12 어떻게 환경적인 요인이 대립유전자 빈도를 점차적으로 감소시킬 수 있는지 설명하시오.

17.13 어떻게 한 집단 내에서 이종 교배를 야기하는 중간 장벽이 있는가? 전체적으로 중간 장벽이 어떻게 그 집단의 한 쌍의 대립유전자가 이형접합자가 아닌 유사한 빈도를 가지게 만들 수 있는가?

17.14 고정 계수(*FST* value) 값이 집단의 중간 구조를 연구하는 데에 있어서 어떻게 이용되는가?

17.15 병목현상과 창시자 효과를 구별하여 설명하시오.

17.16 최근에 병목현상을 통과한 종에 대하여 예를 들어 설명하시오.

17.17 한 집단에서 대립유전자의 빈도에 대한 병목현상의 영향은 무엇인가?

17.18 접합 전 격리와 접합 후 격리 사이의 차이점을 설명하시오.

17.19 접합 전 격리가 어떻게 하나의 유전자 돌연변이에 의해서 이루어지는지 예를 들어 설명하시오.

17.20 염색체 재배열이 어떻게 종형성과 관계가 될까?

토의 주제들

17.21 실제 집단에서 하디-바인베르크 평형이 나타날 수 있을까?

17.22 소진화의 어떤 분야를 더 살펴보면 진화에 대한 잘못된 관점을 가진 사람들에게 설명을 해 줄 수 있을까?

17.23 위험에 처한 종에서 보이는 유전적 다양성이 그 종의 소멸을 피하기 위하여 육종을 계획할 때 어떻게 사용되는지 설명하시오.

17.24 한 집단에서 대립유전자를 조사하여 병목현상이 발생한 경과 시간의 길이를 분석해 보시오.

17.25 하나의 유전자 또는 작은 유전자 그룹이 접합 전 격리를 만들어 내는 과정을 설명하시오.

추천 문헌

Charlesworth B (2009) Effective population size and patterns of molecular evolution and variation. *Nat. Rev. Genet.* 10, 195–205. *A good description of the importance of effective population size in evolutionary studies.*

Cook LM, Mani GS & Varley ME (1986) Postindustrial melanism in the peppered moth. *Science* 231, 611–613.

Hardy GH (1908) Mendelian proportions in a mixed population. *Science* 28, 49–50. *First description of the Hardy–Weinberg equilibrium.*

Hartl DL & Clark AC (1997) Principles of Population Genetics, 3rd ed. Sunderland, MA: Sinauer.

Holsinger KE & Weir BS (2009) Genetics in geographically structured populations: defining, estimating and interpreting F_{ST}. *Nat. Rev. Genet.* 10, 639–650.

Jones H, Leigh FJ, Bower MA et al. (2008) Population-based resequencing reveals that the flowering time adaptation of cultivated barley originated east of the Fertile Crescent. *Mol. Biol. Evol.* 25, 2211–2219. *The barley photoperiod-1 allele gradation across Europe.*

Kimura M (1985) The Neutral Theory of Molecular Evolution. Cambridge: Cambridge University Press.

Nielsen R (2005) Molecular signatures of natural selection. *Annu. Rev. Genet.* 39, 197–218. *Explains how examination of DNA sequences and genotypes can reveal genes and larger regions of a genome that are under selection.*

Rieseberg LH & Blackman BK (2010) Speciation genes in plants. *Ann. Bot.* 106, 439–455.

Strasser BJ (1999) "Sickle cell anemia: a molecular disease." *Science* 286, 1488–1490. *An account of the discovery of the changes in hemoglobin structure that underlie sickle-cell anemia.*

Tauber E, Roe H, Coosta R, Hennessy JM & Kyriacou CP (2003) Temporal mating isolation driven by a behavioural gene in *Drosophila*. *Curr. Biol.* 13, 140–145. *The possibility of speciation driven by the fruit fly per gene.*

Templeton RA (1980) The theory of speciation via the founder principle. *Genetics* 94, 1011–1038. *Founder effects.*

현대 세계의 유전학

18 분화 및 발생에서의 유전자

19 인간의 게놈

20 유전자와 의학

21 법의학에서의 DNA와 인류기원 연구

22 산업과 농업 분야에서의 유전자

23 현대 유전학에 이해 제기되는 윤리적인 이슈

우리는 생물 정보의 단위(units of biological information), 그리고 전달의 단위(units of inheritance)라는 2개의 서로 보완적 역할을 가진 유전자에 대해 알아 보았다. 지금 우리는 현대 유전학을 더욱 넓은 시각으로 볼 것이며 대중적으로 잘 알려진 몇몇 연구 영역에 대한 탐험을 시작하고자 한다.

우리가 학습하고자 하는 주제가 최근 연구 중에서 중요한 분야에 속한 목록들을 전부 탐구하고자 하는 것이 아니다. 이러한 주제를 선택하기 위해, 아마도 모든 것이 포함된 몇 권의 책이면 충분하게 참고가 될 것이다. 우리의 주제 선택은 세 가지 요인에 근거하였다. 첫째, 어떻게 유전학이 생물학의 다른 분야와 서로 협력하여 세포와 생물체에 대한 우리의 지식을 발전시키는지를 설명하는 것이다. 이 책의 첫 장에서는 금세기에 유전학자, 세포생물학자, 생리학자, 생화학자들이 서로 협력하여 노력한 덕분에 분화 및 발생 연구 분야에 지대한 성과를 이루어 왔다는 것을 언급하였다.

우리의 주제 선택에 영향을 미친 두 번째 요인은, 우리 자신의 종(species)이 지구 상에서 가장 중요하다는 인간 중심의 관점에 달려 있다. 모든 종들 중에서 인간은 아마도 이런 관점을 유지하고 싶은 소수에 해당될 것이지만, 그러나 그럼에도 불구하고 인체유전학(human genetics)에 관해 3개의 장을 할애하려고 한다. 여기에서 인간의 질환, 법의학에 있어서 유전학의 이용, 인간 역사의 연구를 이해하는 데 사용되어온 유전학 방식을 학습하고, 또한 인간 게놈에 관한 탐구를 할 것이다.

인간 중심의 주제는 두 가지 — 의학에서의 유전자, 그리고 범죄학에서의 유전자 — 를 포함하고 있으며, 이는 우리가 선택하게 된 세 번째 요인에 해당한다. 이는 현대 사회에서 필요로 하는 유전학의 이용 범위이기도 하다. 의학 및 범죄학 이외에, 박테리아, 곰팡이, 동물에서 중요한 단백질을 생산하는 수단으로서의 유전자 클로닝(gene cloning), 아울러 유전자 조작을 농업에 이용하는 방식을 함께 탐구하고자 한다.

이 단원의 몇몇 장에서는 전혀 새로운 분야가 아니거나 획기적으로 중요하지도 않지만, 연구 결과가 바르지 않게 사용될 수 있다는 우려 때문에, 대중에게도 잘 알려진 현대 유전학의 영역과도 마주하게 될 것이다. 유전학을 배우는 학생으로서, 우리는 이러한 문제(issues)를 무시할 수는 없다. 따라서 이 책의 마지막 장에서는 현대 유전학에 의해 야기된 윤리적 문제들에 대해 논하고자 한다.

PART III

분화 및 발생에서의 유전자 CHAPTER 18

우리는 이번 장에서 분화(differentiation) 및 발생(development)에 대한 유전적 기초에 대해 학습하려고 한다. 분화와 발생은 불가분의 관계이지만, 양쪽을 혼동해서는 안 된다. 분화는 개개의 세포가 특정한 기능을 획득해 가는 과정이다. 그러므로 분화는 세포 내에서 유전자의 발현 양식의 변화를 필요로 한다. 특별한 발현 양식의 결과로 흔히 세포가 살아갈 공간이 형성되고 딸 세포, 자손 세포 등등 계속해서 수많은 세포 분열을 거쳐 대물림 된다(그림 18.1). 이와는 대조적으로, 발생은 수정란에서 시작하여 성체(adult)에 이르는 경로를 말한다. 만일 이러한 발생 경로가 성공적인 완성에 도달하기 위해서는, 정상적인 세포 내에서 정확한 명령과 적당한 시간이 주어져야만 하며 유전학적, 세포학적, 생리학적 사건(events)이 서로 관련된 복잡한 일련의 과정이 필요하다. 이 같은 사건의 결과, 하나의 수정란은 수없이 많은 서로 다른 형태의 세포들로 분화된다. 예를 들어, 인간은 발생 경로를 통해 400개 이상의 유형으로 분화되며, 개개의 세포가 모든 다른 세포와 조화를 이룬 10^{13}개의 세포를 포함한 성체에 이른다. 유전자가 어떻게 특수화되어 인간과 같이 다세포로 구성된 진핵생물의 분화 및 발생을 조절하는지를 이해하는 것은 모든 유전학에 있어서 가장 커다란 도전 중의 하나이다.

발생생물학은 유전학, 세포생물학, 생리학, 생화학 영역을 총망라한 여러 전문적인 분야를 포함하고 있다. 이번 장에서 분화 및 발생에 있어서 유전자의 역할에 관해 초점을 맞출 것이고 두 가지 질문에 대한 해답을 제시하려고 한다. 첫 번째 질문은 분화에 대한 유전적 기초이다. 즉, "세포가 특별한 기능을 담당할 때, 그 세포에는 어떠한 유전적 변화가 일어날까?"에 대한 해답이다. 특히 여러 단계의 유사 분열(mitosis)이 일어나는 동안, 유전자 발현이 어떤 특정한 양식으로 유지되는지를 이해하고자 한다면, 이에 대한 해답을 얻기 위해 세포 분화의 여러 가지 예(examples)를 관찰해야 하

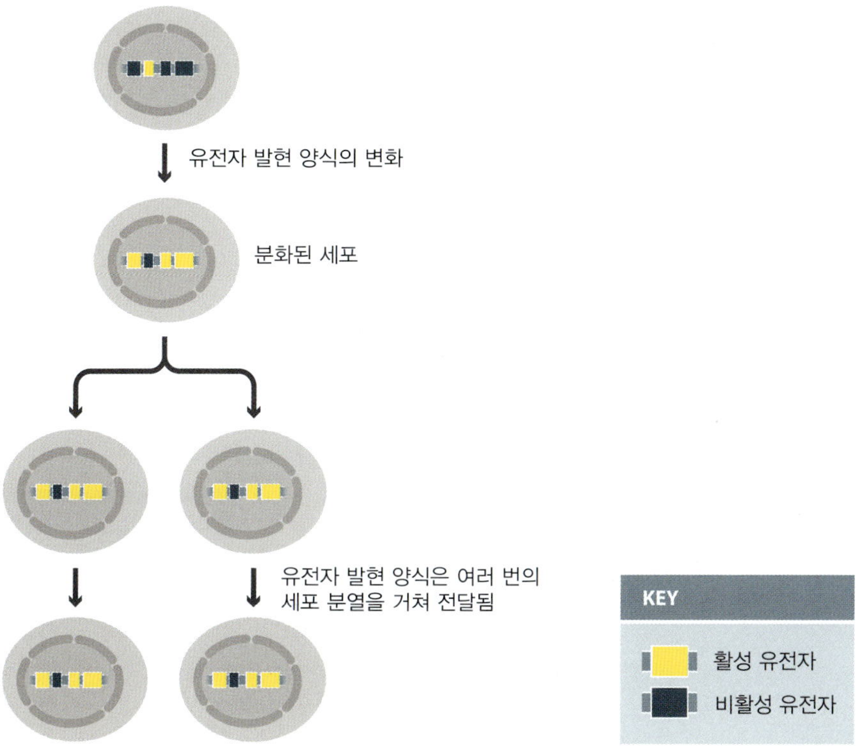

그림 18.1 세포 및 딸 세포들의 유전자 발현 양식에 지속적이고 유전적인 변화가 일어남으로써 분화가 완성된다.

고, 특수하게 분화된 다양한 세포 유형에 의해 유전자 발현을 조절하는 몇몇 전략들(strategies)이 활용된다는 것을 알게 될 것이다.

두 번째 질문은 "발생이 진행되는 동안에, 어떻게 유전자 활성이 조절되고, 공간과 시간이 조절될까?"라는 것이다. 발생을 통해 생물체를 이루는 복잡한 신체의 부분들을 정확하게 조립함에 있어서 공간과 시간은 필수적이다. 우리는 초파리와 같은 모델 생물(model organisms)들을 이용하여 발생에 대한 연구를 할 것이고, 상대적으로 간단한 생물체에서의 연구가 인간과 같이 더욱 복잡한 생물체에 어떤 기여를 하게 되었는지도 찾게 될 것이다.

18.1 세포 분화에서 유전자 발현의 변화

인간 게놈에 존재하는 20,500개 유전자 중에서, 3,000개 이하의 유전자가 모든 세포에서 활성화된다. 다른 15,000개의 유전자는 어떤 정해진 시간에 어떤 특정한 세포의 형태로 분화되어 발현된다(**그림 18.2**). 유전자 발현이 분화하는 양식들은 400개 정도의 세포 유형들에서 생화학적, 그리고 생리학적으로 연구되어 왔다.

우리는 9장을 통해, 개개의 유전자 또는 유전자 그룹들의 발현이 내부 및 외부 자극에 반응하여 조절되거나, 심지어 유전자 스위치가 꺼지는 과정들을 배웠다. 이와 같은 과정들에 의해 대부분의 유전자 활성화에 일시적인 변화들이 나타나는데, 이러한 변화들은 세포 내에서 일생 동안 일어나기도 하고, 세포의 일생에 있어서 잠시 나타나기도 한다(**그림 18.3A**). 세포 분화는 유전자 발현 양식에 많은 영구적인 변화들을 요구한다. 이런 변화들은 세포의 일생 동안 지속될 것이며, 그것들이 사라지도록 유도하는 자극이 나타날 때까지 계속 유지된다. 중요한 것은 유전자 발현 양식이 세포의 체세포 분열 후에 자손들에게 전달될 것이다(**그림 18.3B**). 따라서 우리가 학습해 왔던 유전자 조절의 유형들을 뛰어넘어 우리의 시야를 넓혀야만 한다.

유전학자들은 유전자 활성에 영구적인 변화들을 초래할 수 있는 서로 다른 4가지 방식에 대하여 고민하고 있다(**그림 18.4**). 첫 번째는 세포 계보(cell lineage)에 의해 유전되어 게놈의 구조가 변형된 게놈의 재배열(rearrangement)이다. 두 번째는 세포와 그 세포의 자손에서 유전자 발현의 변화를 지속하기 위한 유전적 피드백(genetic

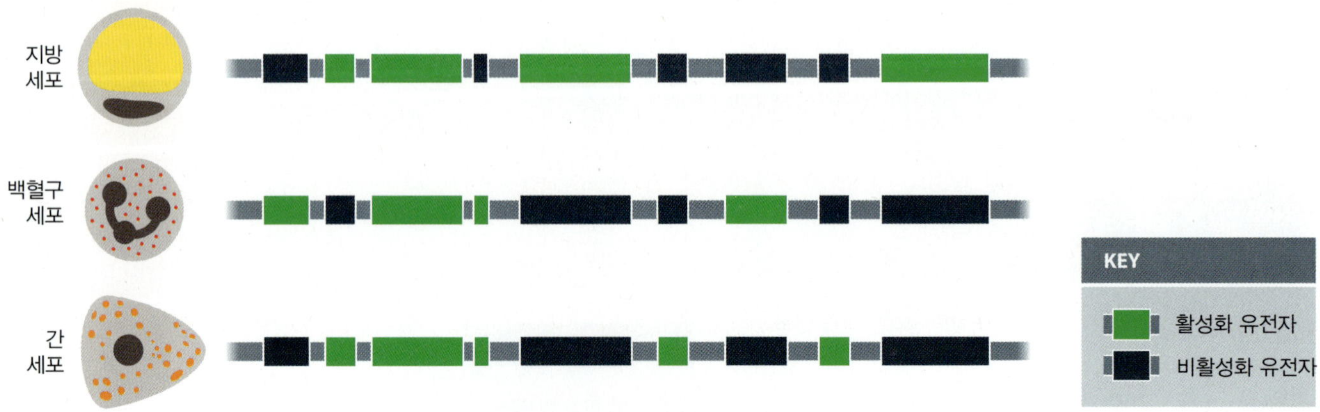

그림 18.2 다양한 유전자 세트들이 특수화된 세포에서 여러 가지 형태로 활성화된다.

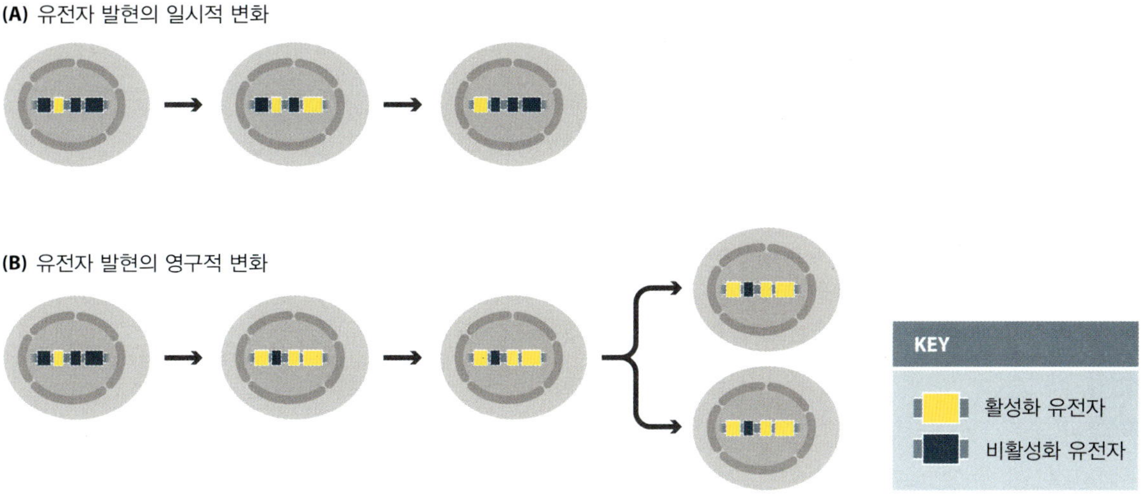

그림 18.3 유전자 발현에서의 일시적 및 영구적 변화들

feedback)이 가능하다는 것이다. 세 번째는 뉴클레오솜에 화학적 변성이 나타나는 **염색질 변성(chromatin modification)**이고, 네 번째는 분화된 세포에서 유전자 발현 양식을 유지시킴으로써 보편적인 역할을 갖는 것으로 생각되는 **DNA 메틸화(DNA methylation)**이다.

유전자 발현 양식에서 나타나는 영구적 변화들을 설명함에 있어서 **후성설(epigenesis)**이라는 용어 사용이 점점 더 증가하고 있다. 후성설은 돌연변이를 포함하지 않은 게놈에서의 유전적 변화로 정의된다.

척추동물에서 면역글로불린 및 T-세포의 다양성은 게놈이 재배열된 결과이다

우선, 우리는 세포 분화가 게놈의 물리적 재배열에 의해 발생할 수 있는 방식에 대하여 살펴볼 것이다. 예를 들면, 림프구(lymphocyte)는 포유동물 면역계에서 특이한 성분을 생산하는 세포로 분화된다.

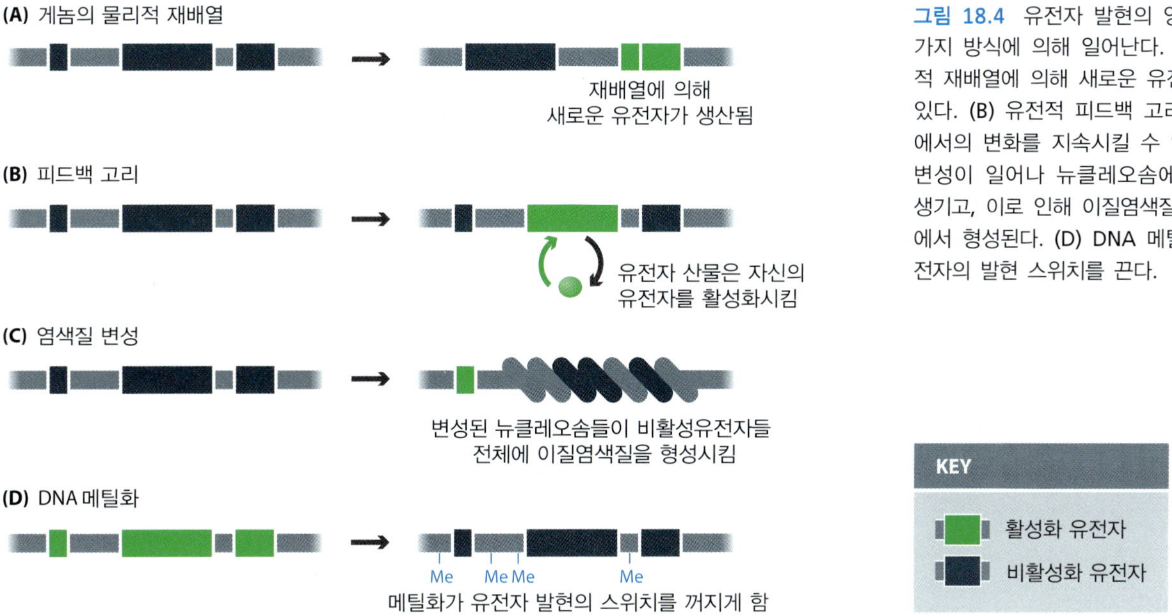

그림 18.4 유전자 발현의 영구적 변화는 네 가지 방식에 의해 일어난다. (A) 게놈의 물리적 재배열에 의해 새로운 유전자가 생산될 수 있다. (B) 유전적 피드백 고리가 유전자 발현에서의 변화를 지속시킬 수 있다. (C) 염색질 변성이 일어나 뉴클레오솜에 화학적 변화가 생기고, 이로 인해 이질염색질이 비활성유전자에서 형성된다. (D) DNA 메틸화는 인접한 유전자의 발현 스위치를 끈다.

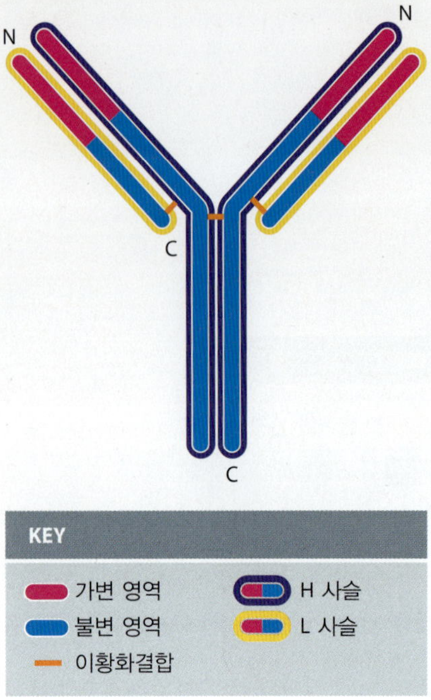

그림 18.5 전형적인 면역글로불린 단백질의 구조. 각각의 H 사슬은 446개의 아미노산으로 구성되어 있고, C 영역에 이어 1-108 아미노산은 V 영역이다. 각각의 L 사슬은 214개의 아미노산으로 구성되어 있으며, N-말단 부위의 108개 아미노산은 V 영역에 해당된다. 이황화결합에 의해 각각의 사슬이 연결되어 복잡한 3차원 구조의 단백질을 형성한다.

면역글로불린(immunoglobulin) 및 T-세포 수용체는 B-림프구와 T-림프구에 의해 각각 합성되는 단백질들과 관련이 있다. 양쪽 단백질 모두 세포의 외부 표면에 부착되어 있고, 면역글로불린은 혈류(bloodstream)로 방출된다. 면역글로불린은 박테리아, 바이러스, 그리고 다른 상처에서 유래된 **항원(antigens)**과 결합함으로써 이들의 침입에 대응하여 신체를 보호해 준다.

한 생물체는 일생 동안 매우 다양한 항원에 노출될 수 있고, 이는 광대한 범위의 면역글로불린 단백질들과 T-세포 수용체 단백질들이 합성되어야만 한다는 것을 의미한다. 인간은 대략 10^8개 정도의 면역글로불린 및 T-세포 수용체 단백질들을 생산할 수 있지만, 인간 게놈 안에는 단지 20,500개의 유전자만이 존재한다. 그렇다면 이렇게 많은 단백질들은 어디에서 만들어지는 것일까?

이에 대한 해답을 찾기 위해, 전형적인 면역글로불린 단백질의 구조를 살펴보기로 하자. 면역글로불린은 4개의 폴리펩티드로 구성된 테트라머(tetramer)이다. 즉 2개의 긴 "H(heavy, 무거운)" 사슬과 2개의 짧은 "L(light, 가벼운)" 사슬이 이황화결합으로 연결되어 있다(그림 18.5). 면역글로불린의 H 사슬은 주로 N-말단 영역이 다양하여 서로 다른 항원들에 대하여 특이적으로 작용하며, 모든 H 사슬에서 C-말단 부분은 유사하거나 "C(constant, 불변) 영역"이다. 이에 반하여, L 사슬은 카파(κ)와 람다(λ)를 제외하고는 확연히 구별될 수 있다.

척추동물의 게놈들 내에는 면역글로불린으로 하여금 H 사슬과 L 사슬을 생산하게 하는 완전한 유전자가 없다. 그 대신에 인간의 14번 염색체에 위치한 유전자 단편(segment)에 의해 이러한 단백질들이 특이적으로 생산된다. 면역글로불린의 "C 영역"에서 서로 다른 버전(versions)을 암호화하는 것은 11 C_H 유전자 단편들이며, 이들은 아미노산 배열에서 서로 간에 약간의 차이를 보일 뿐이다. 이러한 C_H 유전자 단편들은 H 사슬에서 V(variable, 가변) 영역의 구성 성분인 V(variable), D(diverse, J(joining) 영역의 서로 다른 버전을 암호화하는 123-129 V_H, 27 D_H, 9 J_H 유전자 단편들보다 앞에 위치한다(그림 18.6), H 사슬 영역 전체는 수 메가베이스(megabase) 크기로 뻗쳐 있다. 이와 유사한 배열이 2번(κ locus) 염색체와 22번(λ locus) 염색체에서 관찰되는데, 유일한 차이점은 L 사슬에는 D 유전자 단편들이 없다는 것이다.

B 림프구의 초기 증식 단계 동안, 면역글로불린 영역에서 게놈의 재배열이 일어난다. 이러한 재배열은 H 사슬 내에서 J_H 유전자 단편 1개가 D_H 유전자 단편 1개와 함께 연결되어 있으며, V_H 유전자 단편은 D-J 조합(combination)에 의해 함께 연결된

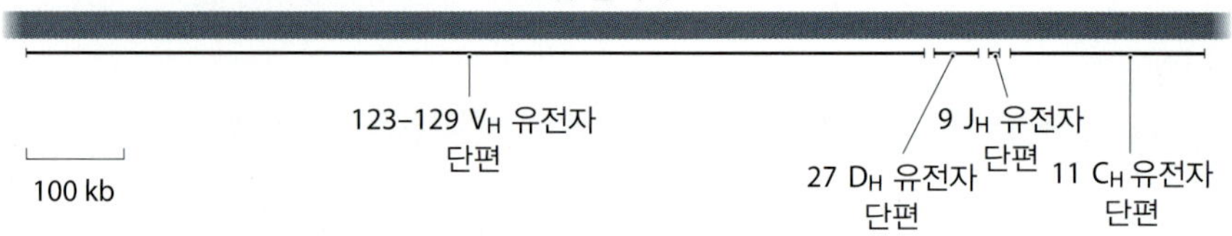

그림 18.6 14번 염색체에 있는 인간 *IGH* (heavy chain) 영역의 구조

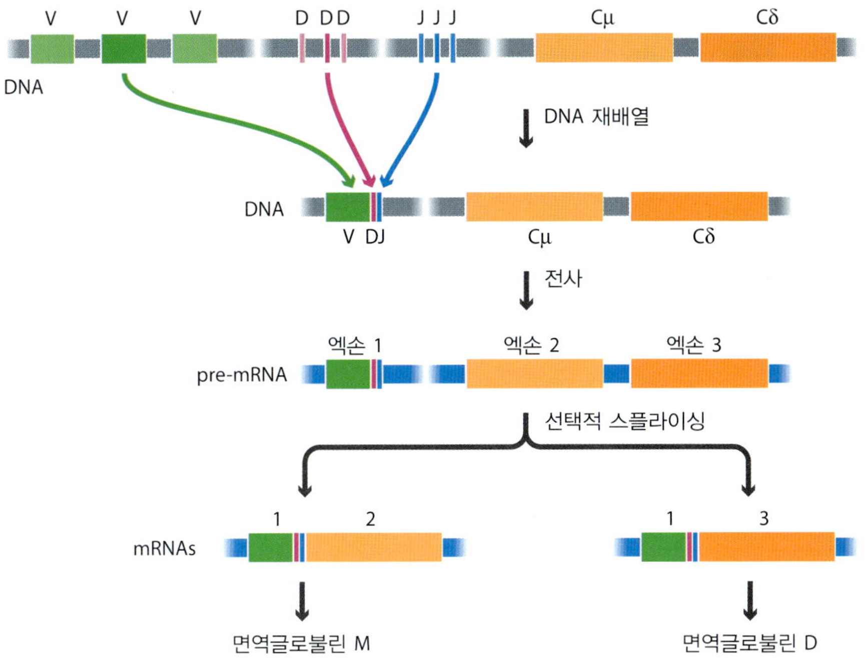

그림 18.7 특이적인 면역글로불린 단백질의 합성. DNA 재배열이 V, D, J 유전자 단편들과 연결되고, 이 유전자 단편들은 mRNA 스플라이싱에 의한 C-유전자 단편들과 연결된다. 성숙한 B 세포 내에서, V-D-J 엑손은 언제나 면역글로불린 M을 결정하는 mRNA를 생산하기 위해 Cμ 엑손(엑손 2)과 연결된다. B 세포의 발생이 일어난 후, 몇몇 면역글로불린 D 단백질 역시 V-D-J 엑손을 Cδ 엑손과 연결시키는 선택적 스플라이싱에 의해 생산된다. 양쪽 면역글로불린 형태들은 세포막에 부착된다.

다(그림 18.7). 그 결과로서, 면역글로불린 단백질인 V, D, J 유전자 단편을 특수하게 만드는 완전(complete)한 열린 해독틀(open reading frame)을 포함하는 엑손이 생산된다. 이러한 엑손은 전사 과정 동안 스플라이싱(splicing)에 의해 C-유전자 단편을 포함하는 두 번째 엑손과 연결되어, 림프구를 생산하는 면역글로불린 단백질로 번역(translation)될 수 있는 완전한 H 사슬의 mRNA가 만들어진다.

DNA 재배열과 유사한 과정을 통해 κ, 혹은 λ 좌위(locus)에 위치한 림프구의 L 사슬 V-J 엑손이 조립되며, mRNA 합성 시에 C-유전자 단편을 포함한 엑손이 부착되어 다시 한 번 더 스플라이싱이 일어난다. 따라서 하나하나의 림프구는 그 자신에 특이적인 면역글로불린을 만들고, 면역글로불린 합성에 필요한 정보가 재배열된 게놈의 형태로 그들의 자손(림프구)에게 물려 준다.

T-세포 수용체들의 다양성 역시, 세포-특이적인 유전자를 생산하기 위해 서로 다른 조합으로 V, D, J, C 유전자 단편들을 연결하는 재배열과 유사한 방법에 의해 생산된다. 제각각의 수용체는 면역글로불린 H 사슬과 유사한 한 쌍의 β 분자, 그리고 면역글로불린 카파(κ) L 사슬과 닮은 α 분자 2개를 포함하고 있다. 면역글로불린처럼 T-세포 수용체들은 세포막에 부착되고, 하나하나의 림프구는 그 자신에 특이적인 외부 항원을 인식하여 반응하게 된다.

유전적 피드백 고리는 세포 계보의 영구적 분화를 보장할 수 있다

유전자 발현의 양식에 있어서 영구적 변화를 초래하는 두 번째 메커니즘은 피드백 고리(feedback loop)를 이용하는 것이다. 이 시스템에서 조절 단백질은 유전자 스위치를 켜서 유전자가 연속적으로 발현하도록 그 자신의 전사를 활성화 시킨다(그림 18.8).

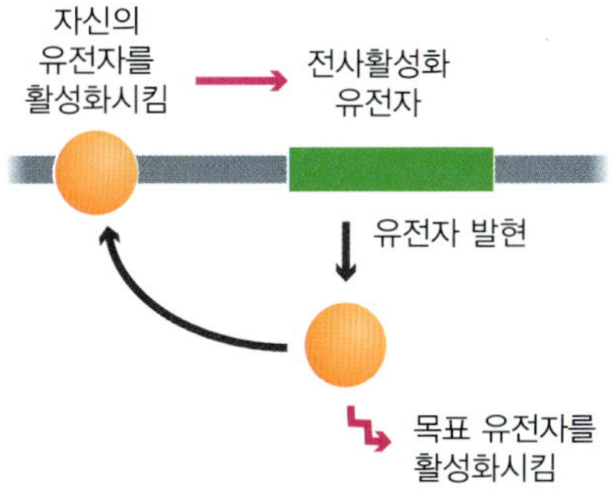

그림 18.8 유전자 발현에서의 피드백 조절

피드백 조절 중에서 가장 잘 알려진 것 중의 하나는 근육 발생에 관여하는 척추동물의 MyoD 단백질이다. *myoD* 유전자 발현이 시작되면, 세포는 근육 세포로 발생할 준비를 시작한다. 이러한 *myoD* 유전자는 근육 세포의 분화를 포함한 몇몇 다른 유전

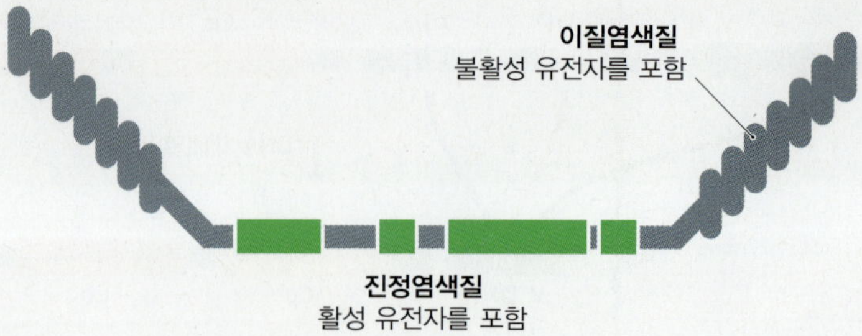

그림 18.9 이질염색질 내에 존재하는 유전자는 발현될 수 없다. 왜냐하면 RNA 폴리메라아제와 다른 전사단백질이 그들에게 접근할 수 없기 때문이다.

자를 타겟으로 한 전사활성자(transcription activator)를 암호화하는 유전자에 속한다. MyoD 단백질은 자신의 유전자가 끊임없이 발현되도록 *myoD*의 상부(upstream)에 결합한다. 이 같이 긍정적인 피드백 고리의 결과는 세포로 하여금 MyoD 단백질의 합성을 계속하게 한다. 세포 분열은 MyoD가 역시 근육 세포를 보장하는 딸 세포로 전달되고 나서 완료되기 때문에, 분화된 상태는 유전(heritable)된다.

유전적 피드백에서 두 번째로 잘 알려진 예는 Deformed (Dfd)라고 불리는 초파리 단백질에서 찾을 수 있다. 이 단백질은 초파리(*Drosophila*) 발생에서 매우 중요한 역할을 한다. 왜냐하면, Dfd가 없으면 초파리의 머리가 제대로 발달하지 않기 때문이다. 즉, 초파리의 머리를 만들기 위해 Dfd는 세포 내부에서 끊임없이 발현되어야만 한다. 이는 Dfd가 기능하기 위해서는 *Dfd* 유전자의 상부(upstream)에 위치한 인헨서(ehhancer)와 결합된 피드백 시스템을 통해 가능하다. 또한 피드백 자동 조절은 척추동물의 발생을 조절하는 최소한 몇몇 중요한 유전자의 발현을 조절하기도 한다.

뉴클레오솜의 화학적 변성은 염색질 구조에 유전적 변화를 가져온다

유전학자들은 염색질 변성(chromatin modification)이라고 부르는 과정을 통해 유전자 발현에 영구적 변화가 초래될 수 있다는 것을 밝혔다. 우리는 11장에서 진핵생물에서의 DNA가 뉴클레오솜과 결합되어 있고, 1개의 뉴클레오솜은 200 bp 정도로 구성되었다는 것을 배웠다. DNA 패키징(packaging)의 정확한 배열은 뉴클레오솜 간의 상호작용을 통해 이루어진다. 간기 동안에, 대부분의 촘촘한 DNA 형태는 비활성 유전자를 포함하고 있는 이질염색질(heterochromatin)의 형태로 나타난다. 그러므로 게놈의 어떤 영역에서 이질염색질로 패키징되면 유전자 발현에 영향을 주게 되고, 이것이 세포가 분화되는 일차적인 결정 요소로 여겨진다(**그림 18.9**). 따라서 분화에 관해 더 많은 것을 이해하기 위해, 우리는 게놈의 한 부분을 이질염색질로 응축시키는 요

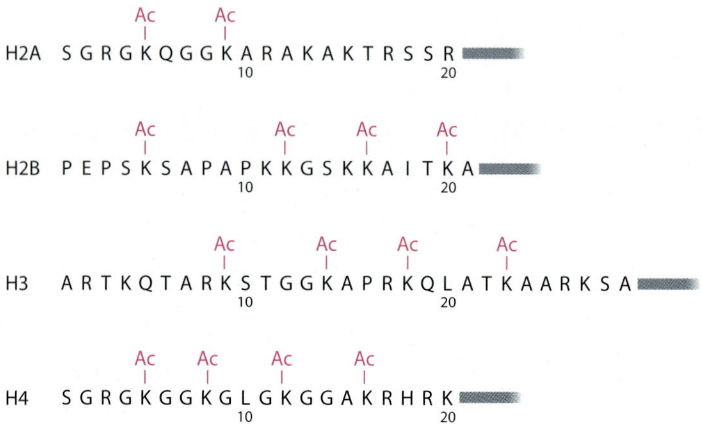

그림 18.10 아세틸(Ac) 그룹이 4개의 코아 히스톤의 N-말단 안에 부착될 수 있다.

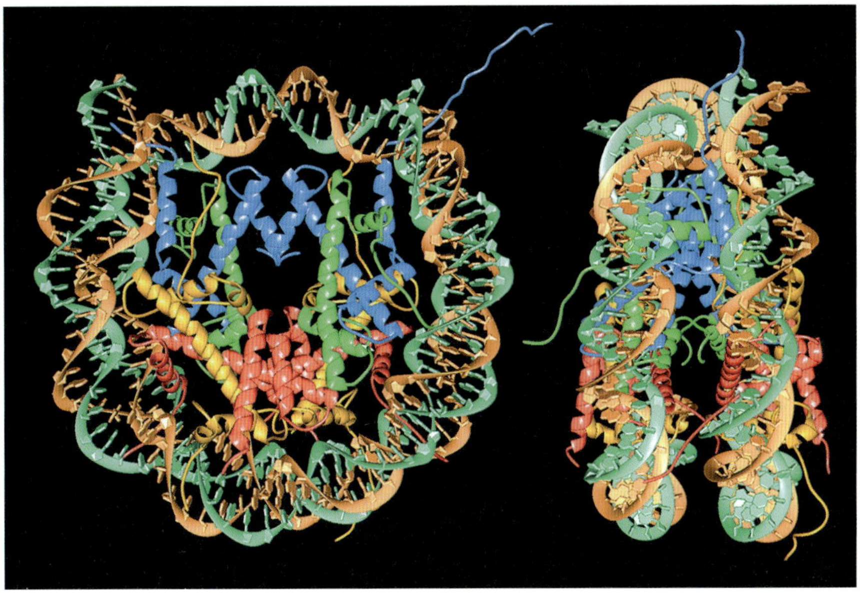

그림 18.11 뉴클레오솜 코아 팔량체의 구조. 왼쪽은 전면이고 오른쪽은 측면을 나타낸다. 바깥 부분의 이중 나선 DNA는 황갈색과 녹색으로 나타냈다. 팔량체는 2개 히스톤 H3(파란색)와 2개 히스톤 H4(연두색)가 중앙에 테트라머(사량체)를 구성하고, 여기에 서브유닛인 한 쌍의 H2A(노란색)와 H2B(빨간색) 다이머(이량체)가 추가된다. 히스톤 단백질의 N-말단 꼬리는 코아 팔량체로부터 생산되는 것으로 보인다. (From K.Luger et al., *Nature* 389: 251–260, 1997. With permission from Macmillan Publishers Ltd.)

소들을 찾아야만 한다.

뉴클레오솜의 코아 팔량체(core octamer)에 존재하는 히스톤 단백질에서의 화학적 변성은, 게놈의 서로 다른 영역에서의 패키징에 영향을 주는 중요한 요소인 것으로 보인다. 이러한 변성 중에서 가장 잘 연구된 것이 아세틸화(acetylation)이다. 이는 히스톤 단백질 N-말단에 있는 1개 혹은 그 이상의 아미노산 라이신(lysine)에 아세틸(acetyl) 그룹이 부착되는 것이다(**그림 18.10**). 이러한 N-말단은 뉴클레오솜에서 튀어나온 꼬리를 형성한다(**그림 18.11**). 아세틸화는 히스톤과 DNA의 친화력을 감소시키고 또한 개개 뉴클레오솜 사이의 상호작용도 감소시킨다. 일반적으로, 이질염색질 안에 있는 히스톤은 아세틸화되지 않는 반면에, 이질염색질 안에 있을 지라도 활성유전자를 포함하고 있는 영역에서는 아세틸화가 일어난다. 아세틸화와 같은 이러한 변성(modification)의 형태는 DNA 패키징과 연관되어 있음이 명백하다. 히스톤이 아세틸화될 것인지 아닌지는 두 가지 효소의 활성화 사이에 어떠한 균형이 일어나는가에 달려 있으며, 하나는 히스톤에 아세틸 그룹을 결합시키는 **히스톤 아세틸 전이효소(histone acetyltransferase, HATs)**이고, 다른 하나는 아세틸 그룹을 제거하는 **히스톤 디아세틸라아제(histone deacetylases, HDACs)**이다.

히스톤의 변형이 오직 아세틸화만을 통해 일어나는 것은 아니다. 히스톤의 라이신(lysine) 및 아르기닌(arginine) 잔기는 메틸화(methylation)에 의해, 그리고 N-말단 영역에서는 세린(serines)이 인산화(phosphorylation)되어 히스톤의 변형을 일으킨다. 한편, 소위 **유비퀴틴(ubiquitin)**이라고 부르는, 작고 어디에나 있는("ubiquitous") 단백질이 C-말단 영역의 라이신에 존재한다. 4개 히스톤의 N- 및 C-말단 영역에서는 29개

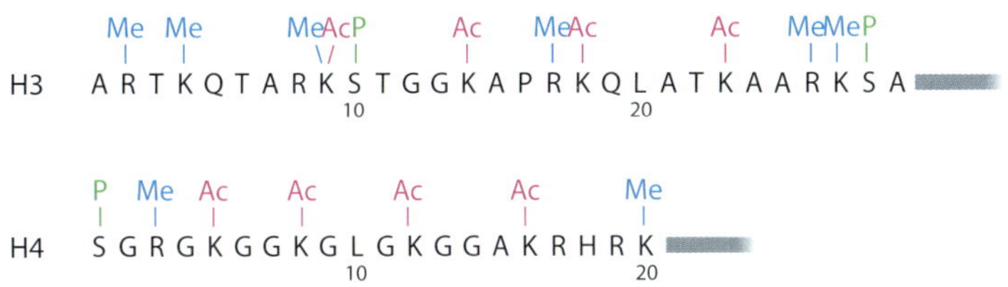

그림 18.12 포유동물의 H3 및 H4 히스톤에서 N-말단 영역의 변형. 이 영역에서 발생하는 모든 변형이 나타나 있다.

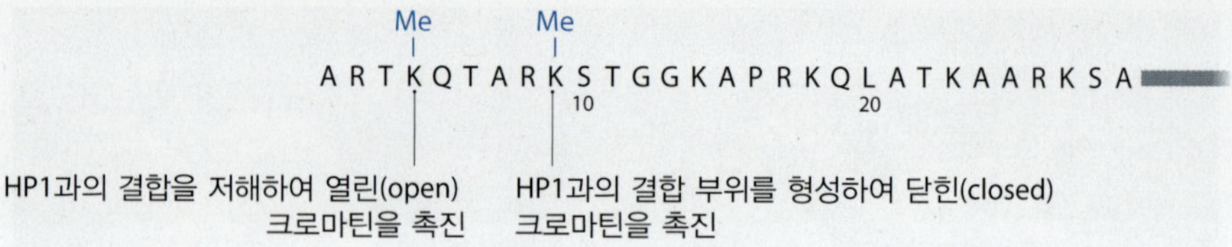

그림 18.13 히스톤 H3에 있어서 라이신 4, 그리고 라이신 9 위치에서의 서로 다른 메틸화 효과

나 되는 부위에서 서로 다른 방식을 통해 공유(covalent) 변형이 일어나는 것으로 밝혀졌다(그림 18.12).

이와 같이 아세틸화, 메틸화, 인산화를 통한 히스톤 변형은 크로마틴의 패키징 정도를 결정짓기 위해 서로서로 상호작용한다. 예를 들면, H3 히스톤에서 라이신 9(N-말단으로부터 아홉 번째에 위치한 라이신 아미노산)가 메틸화되면 HP1 단백질과 결합을 형성하여 크로마틴 패키징을 유도함으로써 유전자 발현을 침묵시킨다. 그러나 라이신 4에서와 같이 2~3개의 메틸기가 결합되면 크로마틴의 열림(open)이 촉진되어 유전자 발현이 활성화된다(그림 18.13).

가능한 히스톤 변형의 다양성과 이와 같이 서로 다른 다양성이 함께 작용하는 방식을 알아내기 위한 우리들의 노력에 의해 **히스톤 암호화(histone code)**라는 것이 제안되었다. 히스톤 암호화란 게놈 내에 있는 한 영역에서 어떤 특정 시기에 발현되는 화학적인 변형 형태를 말한다. 히스톤 변형이 세포 분화(한 예는 아래에서 설명함)와 직접적으로 연결되어 있음을 우리는 여러 가지 예를 통해서 알고 있다. 그러나 히스톤에서 변형이 일어나는 패턴이 어떻게 세포 분열을 통해 전달되는지는 여전히 밝혀지지 않은 부분이다.

폴리콤이라고 부르는 초파리 단백질과 트리토락스가 크로마틴 패키징에 영향을 준다

크로마틴을 변형시키는 방식의 다양한 예를 초파리(*Drosophila*) 단백질인 폴리콤(Polycomb)과 트리토락스(trithorax)에서 찾을 수 있다. 폴리콤 다유전자군(multigene family)은 폴리콤 반응 요소(response element)라고 부르는 단백질을 암호화하는 30개의 유전자를 포함하고 있으며, 이것들이 이질염색질 형성에 영향을 미친다. 이는 폴리콤이 히스톤 H3에 위치한 라이신 9, 라이신 27을 트리메틸화(trimethylating) 시킴으로써 일어나며, 그 결과로서 크로마틴 패키징이 유도된다.

각각의 반응 요소는 약 10 kb 길이이다. 이러한 반응 요소가 폴리콤 단백질에 의해 어떻게 인식되는지는 알려져 있지 않지만, 결과적으로 폴리콤 단백질 주위에 이질염색질의 핵형성(nucleation)이 일어난다. 그런 다음, 이질염색질이 양쪽 방향에 있는 수천 만 kb나 되는 DNA를 따라 이들을 퍼뜨리고(그림 18.14), 이 부위에서는 초파리에

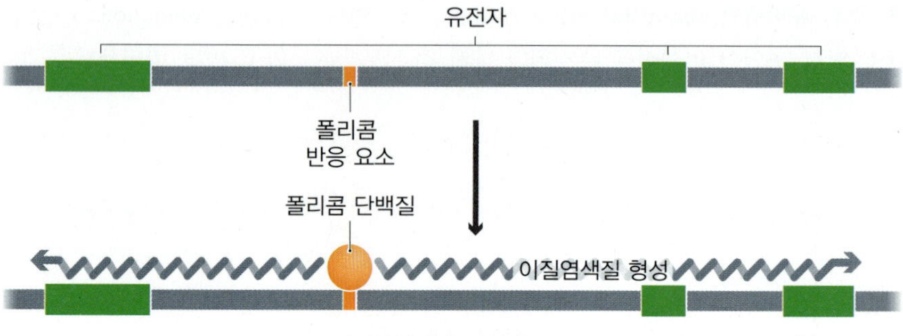

그림 18.14 폴리콤은 이질염색질 형성을 개시함으로써 초파리 게놈에서 침묵을 유지시킨다.

서 개개의 몸 부위(머리, 다리 등등)의 발달을 조절하는 유전자가 침묵하게 된다. 특히 몸 구조를 형성하는 데 필요하지 않은 유전자는 폴리콤 단백질에 의해 영원히 정지하고 만다.

실제로, 폴리콤 단백질이 침묵할 예정인 유전자를 결정하지는 않는다. 유전자 발현은 폴리콤 단백질이 그들의 반응 요소와 결합하기 전에 이미 억제된다. 그러므로 폴리콤의 역할은 유전자가 침묵하는 것을 *개시*(*initiate*)하기보다는 오히려 *유지*(*maintain*)시키는 것이다. 중요한 것은, 폴리콤에 의해 유도된 이질염색질이 유전된다는 것이다. 세포 분열이 일어난 후에, 2개의 새로운 세포들은 부모에게서 형성된 이질염색질을 갖고 있다. 따라서 게놈을 활성화시키는 이런 조절 방식은 단세포에서는 물론 세포의 혈통(lineage)에서도 영원히 계속된다.

트리토락스(trithorax) 단백질은 폴리콤과는 정반대의 효과를 나타낸다. 이들은 폴리콤 단백질에 의해 서로 다른 몸 부위에서 침묵이 일어난 유전자를 목표로 하여, 유전자 활성이 나타나는 지역에서 크로마틴이 열린(open) 상태를 유지시키도록 한다. 인간에서는 트리토락스가 히스톤 H3의 라이신 4를 트리메틸화시킴으로써 이런 현상이 나타난다. 초파리에서, 트리토락스 단백질은 뉴클레오솜의 **리모델링(nucleosome remodeling)**을 수행함으로써 크로마틴 열림을 촉진하여, 인간과는 다른 효과를 나타내는 것으로 보인다. 그 결과로서, 게놈 안에서 뉴클레오솜이 재배치된다(**그림 18.15**). 이는 히스톤 분자에서 화학적 변화가 일어난 것이 아니고, 그 대신에 뉴클레오솜과 DNA 간의 결합에 의해 접촉을 약하게 만든 에너지-의존적인 과정에 의해 유도된 것이다.

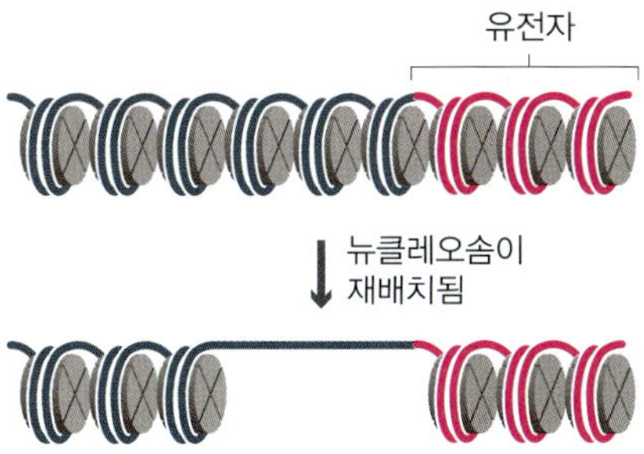

그림 18.15 유전자 상부에서 뉴클레오솜의 재배치는 RNA 폴리메라제와 다른 전사 단백질이 프로모터에 접근할 수 있도록 해준다. 이를 통해 유전자가 활성화 상태를 유지하는 것으로 여겨진다.

DNA 메틸화는 게놈의 어떤 영역을 침묵시킬 수 있다

유전자를 활성화시키는 중요한 변형들은 DNA 자체의 화학적 변화에 의해 일어날 수 있다. 이러한 변형들 중의 하나는 DNA 메틸화(methylation)로, 이는 게놈의 어떤 영역을 영원히 침묵하도록 만들며, 염색체 전체도 가능하다.

진핵생물에서, 때때로 **DNA 메틸전이효소(methyltransferase)**라고 부르는 효소에 의해 염색체 DNA 분자인 시토신(cytosine) 염기에 메틸 그룹이 붙으면 5-메틸시토신으로 변화한다(**그림 18.16**). 시토신 메틸화는 하급 진핵생물에서는 상대적으로 드물게 나타나지만, 척추동물에서는 게놈 전체에 있는 시토신의 10% 정도까지, 그리고 식물에서는 30%라는 높은 비율로 시토신에서 메틸화가 일어난다. 메틸화는 무작위로 일어나는 것이 아니라, 5′-CG-3′ 염기서열에 있는 시토신에 한정되고, 식물에서는 5′-CNG-3′ 염기서열에서 나타난다(여기에서 N은 4개의 염기 중 어느 1개를 의미함). DNA 메틸화와 유전자 발현과의 연관성은 염색체 DNA에서의 메틸화 방식을 연구해 보면 명확하게 알 수 있다. 활성화 유전자는 메틸화가 일어나지 않은 영역에 존재한다. 예를 들면 인간의 경우, 모든 유전자의 40~50%에서 GC 비율이 전체 게놈의 평균치

그림 18.16 진핵생물 DNA 5′-CG-3′ 염기서열에서의 시토신 메틸화

그림 18.17 CpG 섬

보다 더 크고 약 1 kb 정도 길이 안에서 가깝게 위치하고 있다. 이러한 것을 **CpG 섬(CpG island)**이라고 부른다. CpG 섬에서의 메틸화 상태는 인접한 유전자의 발현과 매우 밀접하게 관련되어 있다(그림 18.17). 모든 조직에서 발현되는 하우스키핑 유전자(housekeeping gene)는 메틸화되지 않은 CpG 섬을 갖고 있는 반면에, 조직 특이적 유전자와 연관된 CpG 섬은 오로지 유전자가 발현되는 조직에서만 메틸화가 일어나지 않는다.

히스톤 변형과는 달리, 우리는 세포 분열 동안 어떻게 메틸화 패턴이 유전되는지를 알고 있다. DNA 복제가 일어난 후, 각각 이중 나선 중에서 1개는 부모로부터 온 가닥이고 나머지 1개는 새로 합성된 가닥이다. 전자는 메틸화되지만, 후자는 메틸화되지 않는다. 그러나 이런 상태가 오래 지속되지는 않는다. 왜냐하면 Dnmt1이라고 하는 메틸전이효소가 부모 DNA 가닥에서 메틸화가 일어난 CpG 염기서열에 있는 시토신의 메틸 그룹을 스캔하여 새로 합성된 DNA 가닥을 따라 부착시키기 때문이다(그림 18.18). 이와 같은 **메틸화 유지(maintenance methylation)** 현상을 통해 2개의 딸 이중 나선은 부모 분자의 메틸화 패턴을 보유하게 되고, 이런 패턴은 세포 분열을 통해 다음 세대로 유전된다.

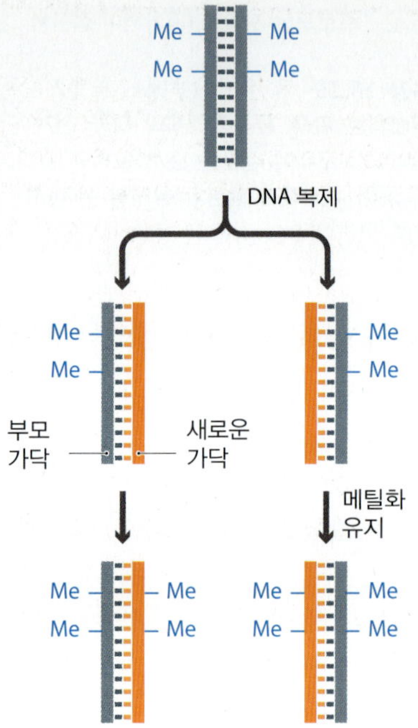

그림 18.18 DNA 복제 후에, 2개의 딸 이중 나선이 부모 분자의 메틸화 패턴을 그대로 물려받는 것이 메틸화 유지이다.

메틸화에 대한 수수께끼는 어떻게 메틸화에 의해 유전자 활성이 억제되는가 하는 것이었다. 이 수수께끼를 풀 수 있는 가능한 실마리가 **메틸-CpG-결합 단백질(methyl-CpG-binding proteins, MeCPs)**이라고 불리는 단백질의 발견으로부터 제공되었으며, **MeCPs**는 메틸화된 CpG 섬에 부착한다. 이는 히스톤 디아세틸라아제(HDAC)와의 결합을 통해 일어나는데, 이때 히스톤 디아세틸라아제는 히스톤 그룹으로부터 아세틸 그룹을 제거함으로써 인접한 유전자에게 크로마틴 패키징을 유도한다(그림 18.19).

유전자 각인 및 X 불활성화는 DNA 메틸화 결과이다

유전자 침묵에 있어서 DNA 메틸화의 중요한 역할에 대한 예를 **유전자 각인(genomic imprinting)** 및 **X 불활성화(X inactivation)**를 통해 알아보기로 하자.

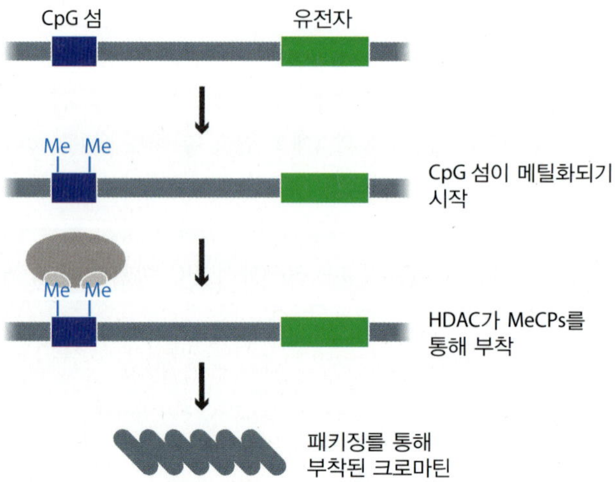

그림 18.19 DNA 메틸화와 유전자 발현 간의 연결 모델. 유전자 상부에서 CpG 섬의 메틸화는 메틸-CpG-결합 단백질(MeCPs) 및 히스톤 디아세틸라아제 복합체(HDAC)의 조성물이 인식되는 신호이다. HDAC는 CpG 섬에 위치한 크로마틴을 변형하여 유전자를 불활성화시킨다.

유전자 각인은 상대적으로 자주 나타나는 현상은 아니지만, 포유동물에서 상동염색체에 존재하는 유전자 쌍 중의 하나가 메틸화에 의해 침묵된다는 점에서 중요한 의미를 지닌다(그림 18.20). 이러한 현상은 일부 곤충과 식물에서도 나타난다. 이때, 유전자 쌍 중에서 각인되고 불활성화되는 것은 언제나 동일하게 나타난다. 일부 유전자의 각인된 사본(copy)에서, 1개는 모계로부터, 다른 1개는 부계에서 유전된 것이다. 인간과 생쥐에 있는 60개 정도의 유전자가 각인 현상을 보이고 있으며, 이 유전자는 암호화 단백질과 비암호화 RNA를 포함하고 있다. 각인된 유전자는 게놈 전체에 걸쳐서 넓게 분산되어 있지만, 클러스터(cluster)를 형성하려는 경향이 있다. 예를 들면, 인간에 있어서 15번 염색체에 있는 2.2 Mb 단편에는 최소한 10개의 각인된 유전자가 포함되어 있고, 더 작은 예로서 11번 염색체에 있는 1 Mb 단편에는 8개의 각인된 유전자가 존재한다.

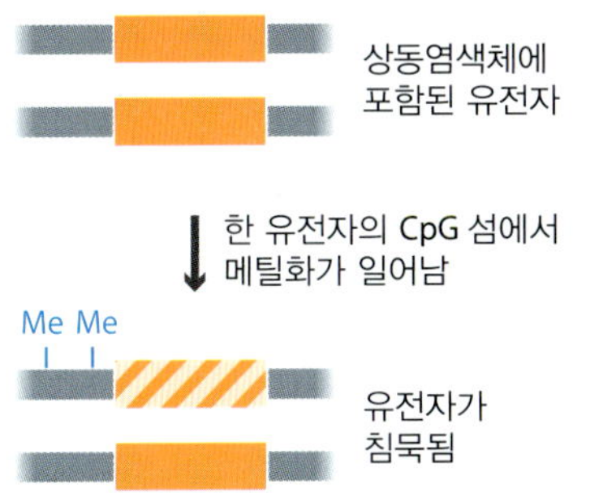

그림 18.20 CpG 섬에서 메틸화에 의해 유전자 쌍 중의 1개가 침묵되었다.

각인된 유전자의 예는 세포 사이에서 신호를 전달하는 단백질인 성장 요소(growth factor)를 암호화하는 *Igf2*에서 볼 수 있다. 여기에서는 유일하게도 부계쪽의 유전자만이 활성화된다(그림 18.21). 왜냐하면, 모계쪽으로부터 물려 받은 염색체에 존재하는 *Igf2* 영역 안의 DNA 단편들이 유전자 발현을 억제시키기 위해 메틸화되기 때문이다. 두 번째 각인된 유전자는 *H19*이다. 이 유전자는 *Igf2*로부터 약 90 kb 정도 떨어져 있지만, *Igf2*와는 다른 방식을 선택하므로, *H19*의 모계쪽 버전이 활성화되고 부계쪽 버전은 불활성화된다.

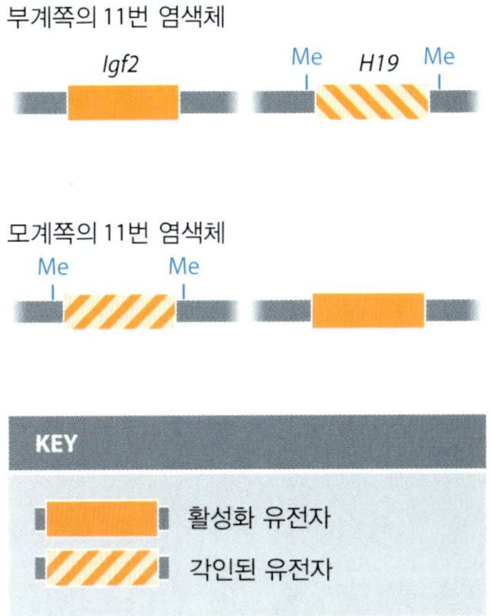

그림 18.21 인간 염색체 11번에 포함된 한 쌍의 각인된 유전자. *H19*는 부계쪽으로부터 물려 받은 염색체 위에서 각인되었고, *Igf2*는 모계쪽으로부터 물려 받은 염색체 위에서 각인되었다.

각인 현상은 **각인 조절 요소(imprint control elements)**에 의해 조절되고, 각인된 유전자 클러스터 내에서 이들의 DNA 염기서열이 몇 kb 정도의 크기로 발견된다. 이러한 조절 요소들이 각인된 유전자의 메틸화를 중재하지만, 어떻게 작용하는지는 잘 알려져 있지 않다. 유전자 각인 현상 역시 불가사의로 남아 있지만, 발생에 중요한 역할을 하는 것만은 분명한 것으로 보인다. 왜냐하면, 모계쪽 게놈의 두 사본(copy)을 갖는 유전자 조작된 생쥐에서는 발생이 일어나지 않기 때문이다.

X 불활성화는 각인 현상의 특별한 경우이다. X 불활성화를 통해 암컷 포유동물 세포의 X 염색체 1개에 포함된 유전자의 80%가 불활성화된다. 이러한 이유는 암컷이 2개의 X 염색체를 갖고 있기 때문에 가능하다. 반면에 수컷은 단지 1개의 X 염색체만을 갖고 있는데, 만일 암컷에 있는 X 염색체 2개가 모두 활성화된다면, X 염색체에 있는 유전자에 의해 암호화되는 단백질 합성 비율이 수컷에 비해 2배가 될 것이다. 이와 같은 바람직하지 않은 상황을 피하기 위해, 암컷에 있는 X 염색체 1개는 침묵하게 되어, **바소체(Barr body)**라고 하는 응축된 구조로 핵에 나타난다(그림 18.22). 이는 전체적으로 이질염색질에서 만들어진다.

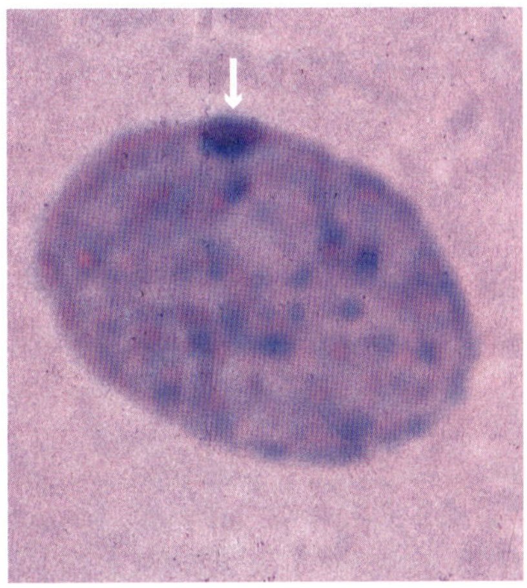

그림 18.22 바소체. 현미경으로 관찰해 보면, 바소체는 핵막에 인접한 응축된 형태로 볼 수 있다. (Courtesy of Malcolm ferguson-Smith, University of Cambridge.)

X 염색체의 침묵은 배아 발생 초기에 나타나고, 개개의 X 염색체에 존재하는 X *불활성화 센터*(*Xic*)에 의해 조절된다(그림 18.23). X 불활성화가 일어나는 세포에서는, 한 X 염색체 위에 있는 불활성화 센터에 의해 이질염색질의 형성이 시작되고, 이것이 전체 염색체에 영향을 미칠 때까지 응축된 점을 기점으로 확산된다(이때, 몇몇 짧은 단편은 예외이다). 이 과정이 완료될 때까지는 며칠의 시간이 걸린다. 또한 불활성화 센터에 존재하며 25 kb 크기의 비암호화 RNA로 전사되는 *Xist*라고 불리는 유전자가 이러한 과정에 관여하며, 이질염색질이 형성되는 것처럼 염색체를 둘러싼 사본들(copies)이 형성된다. 이때, 불활성화 상태가 준비된 후에 메틸화가 일어나는 것처럼 보이지만, 다양한 히스톤 변성이 동시에 일어나고 일부 DNA 염기서열이 메틸화된다.

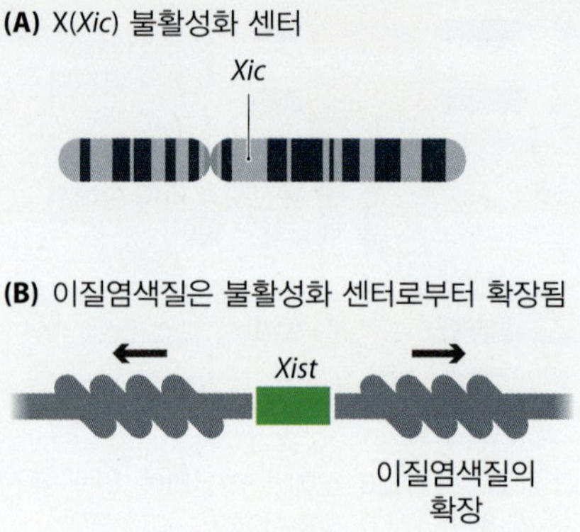

그림 18.23 X 불활성화. (A) X 염색체에 있는 X 불활성화 센터(*Xic*)의 위치. (B) X 불활성화가 일어나는 동안, 이질염색질은 불활성화 센터로부터 확장된다. *Xist*라는 유전자는 불활성화 센터에 존재하고 염색체를 둘러싼 RNA로 전사된다.

X 불활성화는 유전되고, 불활성화가 나타났었던 초기 세포로부터 유전된 모든 세포에서 일어난다.

18.2 발생 과정에서 유전자 활성의 조절

앞에서 설명한, 게놈 재배열, 피드백 고리, 크로마틴 변성, 그리고 DNA 메틸화는 세포 분화를 책임지는 것으로 생각되는 유전적 변화들이다. 분화의 최종 산물(다세포 생물체에 존재하는 특이화된 세포 형태들)은 분화가 진행되는 동안 정확한 시간과 공간 내에서 형성되어야만 한다. 발생에 대한 유전적 기초를 이해하기 위해, 우선 하나 하나의 세포 내에서 어떻게 유전자 발현 패턴이 정해진 시간과 공간 내에서 조절되는지를 알아야만 한다.

발생유전학 연구는 모델 생물의 이용에 의해 입증된다

발생, 특히 인간과 같이 매우 복잡한 발생 과정을 갖는 고등 진핵생물에서 최근 수년 동안 수행되어 온 우수한 연구들을 소개하고자 한다. 이런 연구를 이끌어 온 원리 중의 하나는, 오랜 진화를 거쳤음에도 불구하고 서로 다른 생물체에서의 발생 과정이 유사하다는 것이다. 이러한 연구는 발생 과정이 상대적으로 단순한 **모델 생물(model organisms)**을 통해 가능했으며, 이를 토대로 인간의 발생 과정을 이해하는 데 중요한 정보를 제공받을 수 있었다.

모델 생물을 이용한 연구가 최근에 행해진 것은 아니다. 그것은 지난 수십 년 동안 수행해 왔었던 생물학적 방법인데, 예를 들어 생쥐나 흰쥐와 같은 실험 동물을 광범위하게 이용해 온 것을 보면 이해가 될 것이다. 수많은 생물학적인 의문점들, 가령 예를 들면 암 발생의 원인과 과정에 대한 연구는 오직 인간과 상대적으로 많은 연관성을 가진 모델 생물들의 연구를 통해서만이 가능했다. 따라서 발생유전학에 관한 연구도 모델 생물을 이용해 왔다. 그러나 인간, 그리고 다른 척추동물들에 대해 직접적으로 중요한 수많은 정보를 얻게 된 것은, 진화 과정에서 더욱 낮은 하등 동물의 종(species)에 대한 연구를 통해서였다. 발생유전학에서 모델 생물로서 특히 중요한 2개의 종은 아주 작은 선충류인 꼬마선충(*Caenorhabditis elegans*), 그리고 노랑초파리(*Drosophila melanogaster*)이다.

꼬마선충(**그림 18.24**)에 관한 연구는, 1960년대에 발생 연구를 위한 모델로서 특별한 생물체를 선택했던 시드니 브래너(Sydney Brenner)에 의해 시작되었다. 모든 훌륭한 모델 생물과 마찬가지로, 꼬마선충은 실험실에서 쉽게 성장했고 약 4일이라는 짧은 세대 교체 시간을 가졌기 때문에 유전 교배의 결과를 곧바로 확보할 수 있었다. 또한 이 선충은 생활 주기의 모든 단계 동안 투명하게 보이므로, 죽이지 않고 내부의 연구가 가능했었다. 이와 같은 중요한 조건 덕분에 연구자들은 꼬마선충의 전체 발생 과정을 세포 수준에서 확인할 수 있었다.

수정된 난자로부터 성체 꼬마선충이 되는 경로에서 일어나는 모든 세포 분열을 도표

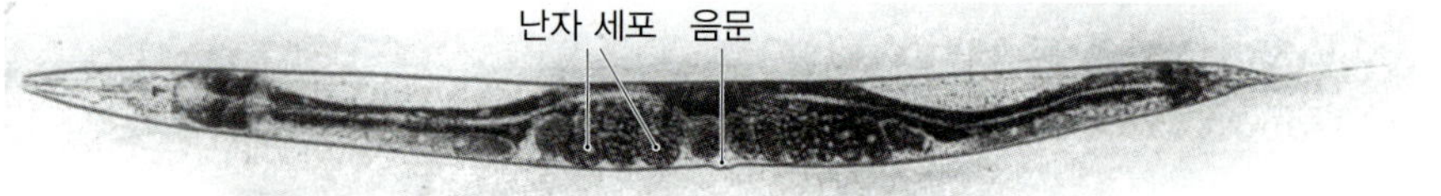

그림 18.24 꼬마선충(*Caenorhabditis elegans*). 현미경을 통해 약 1 mm 길이의 성체인 자웅동체(hermaphrodite)가 확인된다. 아래쪽 중간 정도에 작고 돌출된 음문이 보인다. 난자 세포는 음문 부근인 선충의 내부에서 볼 수 있다. (From J. Kendrew (ed). Encropedia of Molecular Boiology. Oxford: Blackwell, 1994. With permission from Wiley-Blackwell.)

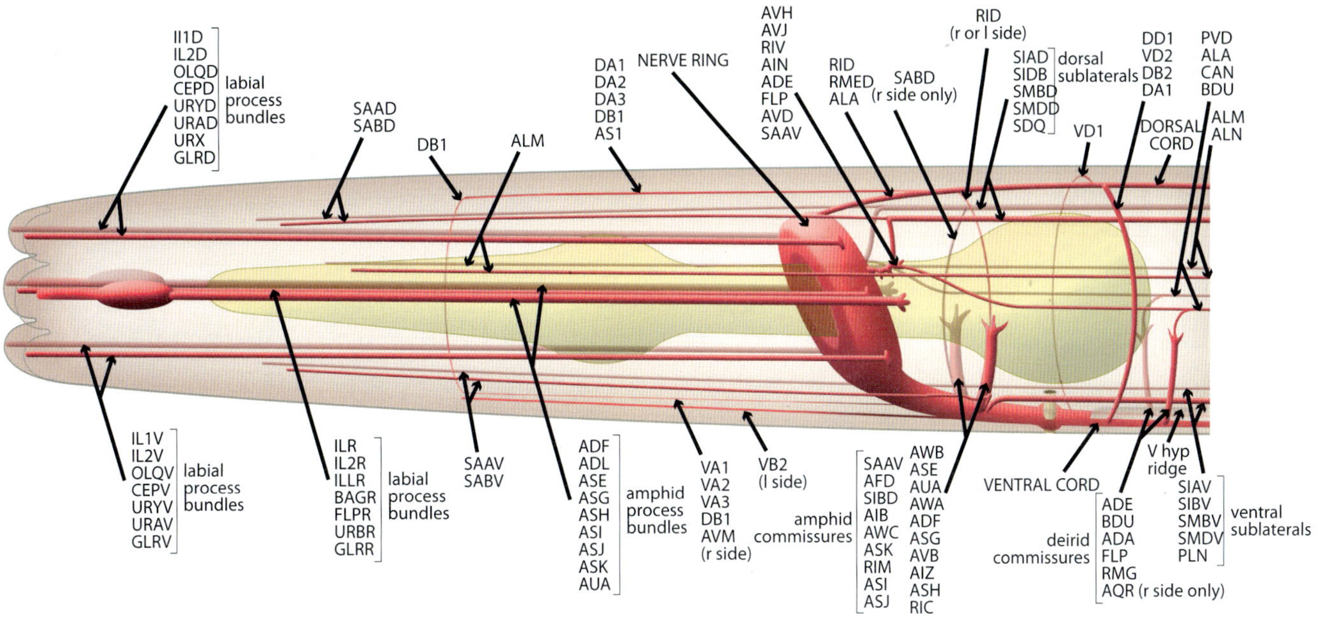

그림 18.25 꼬마선충 앞부분의 신경계. 신경과 신경계의 다른 구성 성분이 빨간색으로 표시되었다. 노란 구조는 소화관의 한 부분이다. 다양한 구조를 포함하는 신경세포의 이름들이 표시되었다. (Reprinted with permission from WormAtlas [www.wormatlas.org]. Adapted from J.G. White, E. Southgate, J.N. Thomson and S. Brenner, *Phil. Trans. R. Soc. Lond. B* 314: 1–340, 1986. With permission from Royal Society Publishing.)

로 나타냈다. 또한 각 단계에서 특이한 역할을 하는 세포의 모든 지점이 확인되었고, 게다가 꼬마선충의 신경계를 구성하는 302개 세포의 완전한 연관 관계가 지도로 제작되었다(그림 18.25). 모델 생물로서의 꼬마선충의 또 다른 장점은, 게놈이 상대적으로 작아 97 Mb에 불과하고 전체 염기서열도 밝혀졌다.

꼬마선충과 달리, 초파리는 발생 연구의 모델로서 특별하게 선택되지 않았다. 1910년, 토마스 헌트 모건(Thomas Hunt Morgen)에 의해 초파리는 유전학 연구를 위한 편리한 생물체로서 최초로 이용되었다. 모건이 생각한 초파리의 장점은 크기가 작고, 한 종류의 실험을 연구하기에 충분히 많은 개체를 생산했으며, 최소한의 영양분 만을 제공하면 그만이었다(바나나에 붙은 초파리를 기억하기 바람). 또한 예를 들어, 흔치 않은 눈 색깔처럼 유전적 특징을 인식하기 쉬운 특별하고 다양한 변이체의 자연 집단을 만드는 것이 가능했었다. 모건은 초파리가 작은 게놈(180 Mb)을 가졌다는 것과, "거대한" 염색체의 침샘에서 유전자 분리가 가능하다는 다른 장점에 대해 알지 못했다. 그러나 이 같은 장점들을 통해, 차례로 놓인 동일한 DNA 분자의 다중 복제물이 생산되었고, 이로 인해 원하는 유전자의 위치를 정확히 나타내는 각각의 염색체 지도와 연관시킬 수 있는 밴딩 패턴을 밝힐 수 있었다(그림 18.26). 이로 인해 모건은 초파리

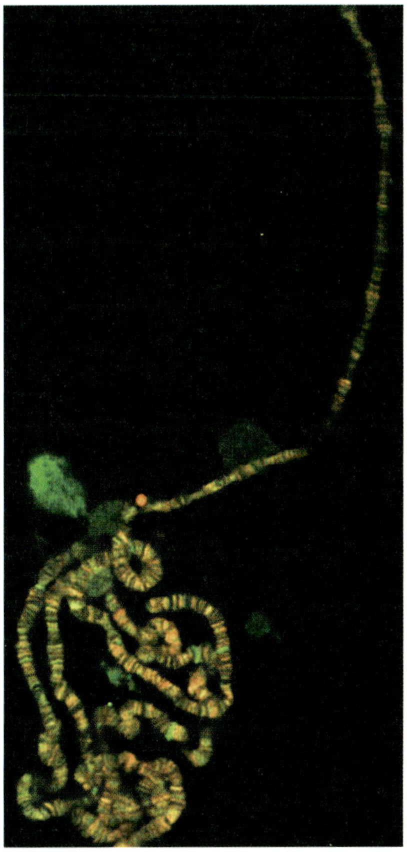

그림 18.26 초파리 유충의 침샘에서 분리한 거대한 염색체(또는 다사 염색체라고 함). 이런 밴딩 패턴은 개개 유전자의 위치를 확인하는 유전자 지도 작성에 도움을 줄 수 있다. (Courtesy of LPLT.)

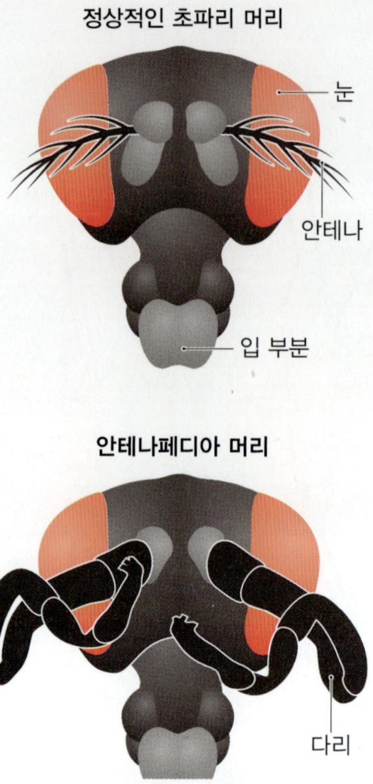

그림 18.27 안테나페디아 돌연변이

가 발생 연구에 중요한 생물체가 될 지도 모른다고 예견하였다. 왜냐하면, 1915년에 그의 학생 중 한 명인 캘빈 브리지(Calvin Bridges)가 초파리 머리 부분에서 안테나가 있어야 할 위치에 다리가 생긴 기이한 돌연변이체를 분리하여 그 스스로 안테나페디아(*Antennapedia*)라고 명명했기 때문이다(**그림 18.27**). 이것은 돌연변이가 눈 색깔, 날개 형태는 물론, 생물체의 몸 구조를 형성하는 데 바로 영향을 미칠 수 있다는 것을 발견한 최초의 사건이었다. 1915년 이후에, 그는 이 연구를 통해 유전자 발현의 공간적 조절을 이해하기 위한 연구비를 받게 되었고, 이러한 연구 결과를 알기 위해 우리는 나중에 *안테나페디아*로 되돌아갈 것이다.

척추동물의 발생을 연구하기 위해 선충 및 곤충과 같은 덜 복잡한 생물체들을 모델로서 활용할 수 있다는 사실은, 초창기의 진화를 연구함에 있어서 최초의 다세포 생물이 출현한 바로 직후의 기본적인 발생 과정을 연구하는 데 도움을 준다. 비록 척추동물이 곤충보다 더 복잡한 몸 구조를 가졌음에도 불구하고, 서로 다른 기능을 갖는 몸의 특이한 구조 형성을 담당하는 유전적 발생 과정은 양쪽 생물에서 유사하다. 그러므로 지금부터 모델 생물에 의해 제공된 정보를 통해 척추동물에서의 발생 과정을 이해하기 위한 발생유전학을 시작하기로 한다.

꼬마선충은 어떻게 세포-세포 간의 신호를 통해 위치 정보를 제공할 수 있는지를 보여 준다

발생 과정을 올바르게 진행시키기 위해, 배아의 특별한 위치에 존재하는 세포들은 성체의 적합한 장소에 정확한 조직이나 구조가 나타나도록 개별적인 분화 경로를 따라야만 한다. 이를 실현하기 위해, 먼저 배아에 있는 세포들은 **위치 정보(positional information)**를 획득해야 한다. 간단히 말해서, 만일 배아의 세포들이 어느 유전자가 발현할 것인지를 알고 있다면, 우선 개개의 세포들은 그들이 위치할 장소를 알아야만 한다(**그림 18.28**). 꼬마선충의 연구를 통해 배아 발생에 있어서 세포-세포 간의 신호가 이러한 위치 정보를 확인하는 데 결정적인 역할을 한다는 것을 알게 되었다.

대부분의 꼬마선충은 암컷과 수컷 생식기 모두를 갖고 있는 자웅동체이다. 음문은 암

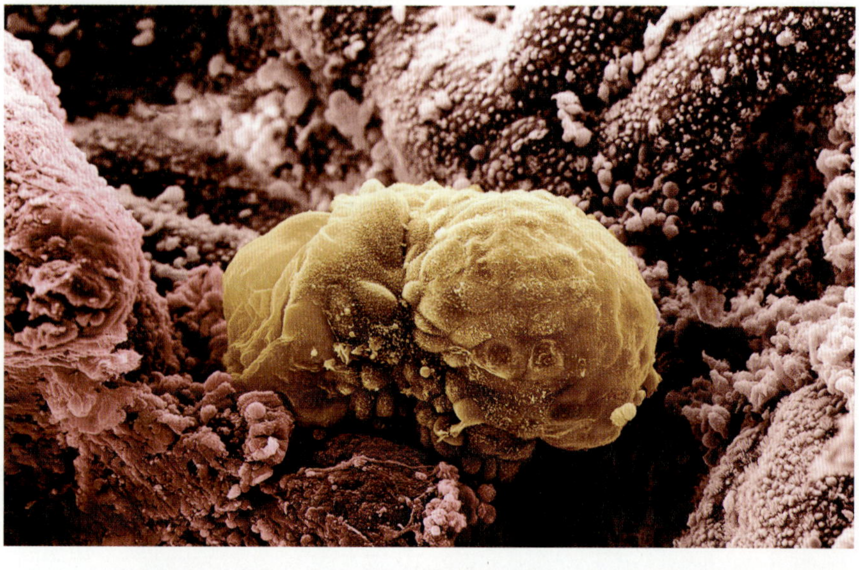

그림 18.28 자궁벽에 착상된 6일째의 인간 배아 세포. 이 단계에서 배아는 이미 정확한 구조가 성체의 정확한 위치에서 나타나도록 보장하기 위한 위치 정보를 획득하고 있다. (Courtesy of Yorgos Nikas/Wellcome Images.)

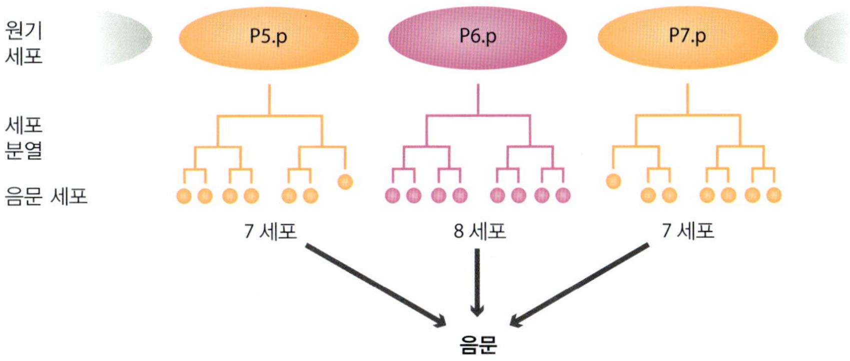

그림 18.29 꼬마선충의 음문 세포는 세포 분열을 통해 생산된다. 3개의 원기 세포는 22개의 선조 세포를 생산하기 위해 예정된 방식으로 분열되며, 음문을 만들기 위해 상대방의 위치를 서로서로 인식한다.

컷 생식기의 부분이며, 정자가 통과하고 수정된 난자가 놓일 수 있는 관(tube)을 형성하고 있다. 성체의 음문은 3개로 구성된 음문 원기(progenitor) 세포로부터 유래된다. 이는 발생 중인 선충의 아래 표면에 있는 줄(row)을 따라 위치를 잡기 시작한다(P5.p, P6.p, P7.p. 그림 18.29). 이러한 개개의 원기 세포는 음문 세포의 생산을 안내하는 분화 경로로 들어가기 시작한다. P6.p로 불리는 중심 세포는 “음문의 운명을 결정하는 최초의 세포”로 선택된다. 다른 두 세포(P5.p, P7.p)는 “음문의 운명을 결정하는 두 번째 세포”이며 각각 7개의 세포로 나뉜다. 그런 다음, 그림 18.29에서와 같이 22개의 세포는 음문을 만들 위치를 인식하게 된다.

난자 세포를 포함한 구조로 이루어진 생식선 내에서의 음문 발생은 상대적으로 정확한 위치에서 일어나야만 한다. 만일 음문 발생이 잘못된 위치에서 일어난다면, 생식선은 정자를 받아드릴 수 없고 난자 세포는 결코 수정되지 않는다. 이때, 닻세포(anchor cell)라고 하는 생식선 안에 있는 세포가 원기 세포에게 필요한 위치 정보를 제공한다(그림 18.30). 닻세포의 이러한 중요성은 꼬마선충 배아의 닻세포를 인위적으로 파괴한 실험에 의해 증명되었다. 즉 닻세포가 없으면 음문은 발생하지 않는다. 왜냐하면 닻세포가 P5.p, P6.p, 그리고 P7.p의 구별을 유도하는 세포외 신호화합물(compound)을 분비하기 때문이다. 이 같은 신호화합물은 *lin-3* 유전자에 의해 암호화되는 LIN-3이라고 부르는 단백질이다.

p6.p는 왜 1차 세포로 되어야만 할 운명이고, P5.p 그리고 P7.p은 왜 2차 세포로 되어야만 할 운명일까? 그 이유는 다음과 같다. 우선 닻세포에 의해 분비된 LIN-3 단백질은 농도기울기(concentration gradient)를 형성하여 닻세포로부터 가장 가까이에 있는 P6.p에 영향을 미치는 반면, 닻세포로부터 상대적으로 멀리 떨어져 있는 P5.p, P7.p에는 영향을 덜 미치기 때문이다(그림 18.31). 이때, 고농도의 LIN-3는 P6.p가 2차 신호화합물을 분비하도록 자극하는 것을 가능하게 하므로, P5.p, P7.p는 2차 세포가 될 운명에 놓이게 된다. 결국, 선충 몸을 대부분 둘러싸고 있는 다핵성의 껍질인 피하(hypodermal) 세포에서 분비된 3차 신호화합물이 존재하게 되는데, 이 화합물은 비활성화 효과를 갖지만, P.5.p, P6.p, 그리고 P7.p에 영향을 주는 LIN-3의 농도를 제어할

그림 18.30 닻세포(anchor cell)의 상대적 위치와 1차, 2차 음문 세포

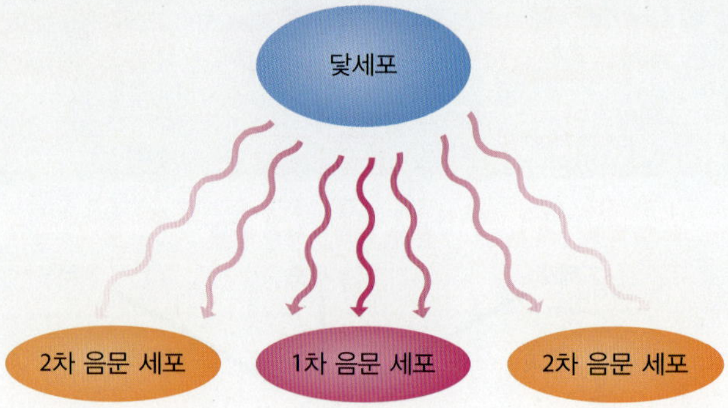

그림 18.31 꼬마선충에서 음문 발생 동안에 세포의 운명을 결정하는 닻세포의 필요한 역할. 닻세포에 의해 LIN-3 신호화합물이 방출됨에 따라 P6.p에 영향을 준다(여기에서는 짙은 다홍색으로 보임). P6.p 세포는 닻세포에 가장 가까이에 있어 1차 음문 세포로 될 운명에 놓인다. 반면에 P5.p, P7.p(여기에서는 오렌지색으로 보임)는 닻세포로부터 멀리 떨어져 있어 낮은 농도의 LIN-3에 노출되므로 2차 음문 세포가 된다.

수는 없다. 또한 이 화합물의 기능은 인접한 3개의 세포 P3.p, P4.p 그리고 P8.p가 불필요하게 분화하는 것을 억제한다. 만일 피하 세포로부터 제어 신호가 제대로 작동하지 않는다면, P3.p, P4.p 그리고 P8.p는 음문으로 발생할 수 있다. 따라서 이 같은 3개의 세포-세포 신호 과정이 조합하여 P5.p, P6.p, P7.p, 그리고 이웃한 세포들로 하여금 그들이 특이적 분화 경로를 따르는 데 필요한 위치 정보를 획득하도록 만든다.

초파리 배아의 위치 정보는 모계 유전자에 의해 가장 먼저 만들어진다

꼬마선충의 음문을 통해, 우리는 발생 동안에 나타나는 위치 정보를 확인함으로써 세포-세포 간에 신호를 전달하는 방식을 이해하였다. 게다가 초파리에 대한 연구는 이러한 메커니즘을 이해하는 데 더욱 많은 도움을 주었다.

초파리 배아는 개개의 세포들로부터 구성되지 않기 때문에 매우 유별나다고 할 수 있다. 그 대신에, 초파리는 유일하게도 세포질 덩어리와 다핵으로 구성된 **다핵체(syncytium)**를 갖고 있다(그림 18.32). 이 구조는 핵 분열이 13번 진행될 때까지 계속 지속되어 1,500개 정도의 핵을 생산한다. 그런 다음, 다핵체 외부 주위로 개개의 세포들이 출현하기 시작하여 **포배엽(blastoderm)**이라 부르는 구조가 형성된다. 한편, 포배엽 단계에 도달하기 전에, 위치 정보는 작동을 시작해 왔었다.

배아가 필요로 하는 최초의 위치 정보에는 앞쪽(anterior), 뒤쪽(posterior), 위쪽(dorsal), 아래쪽(ventral)을 구별하는 능력을 포함한다. 이 정보는 다핵체에서 생산된 농도기울기 단백질로부터 제공받는다. 이러한 단백질의 대부분은 배아에 있는 유전자로부터 합성되는 것이 아니라, 모계에 의해 배아로 주입된 mRNA에서 번역된(translated) 단백질들이다. 이 같은 **모성효과 유전자(maternal-effect gene)** 중의 하나를 *bicoid*(비코이드)라고 부른다. *bicoid* 유전자는 난자 세포와 접촉 중인 모계의 영양세포로 전사되고, 그것의 mRNA가 미수정란의 앞쪽(anterior) 끝으로 주입된다. 이때, 주입되는 위치는 난자 방(chamber)에 있는 난자 세포의 방향에 따라 결정된다. *bicoid* mRNA는 세포 골격에 붙어 있는 난자 세포의 앞쪽 부근에 남아 있다. mRNA에서 번역된 Bicoid 단백질은 다핵체를 통해 확산되어 농도기울기를 형성하며, 앞쪽 끝에서

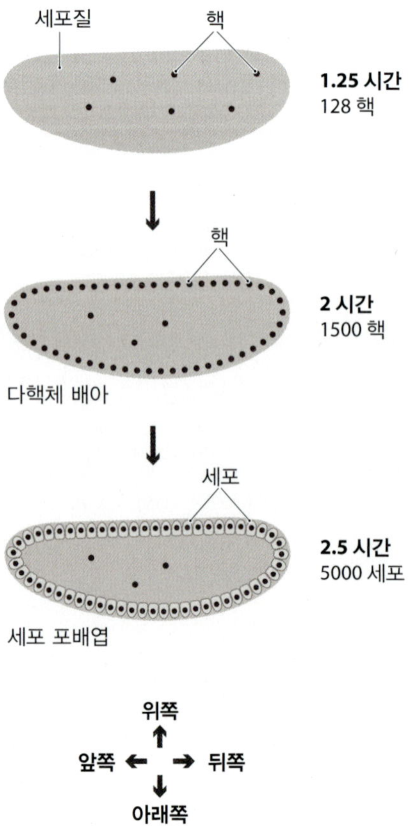

그림 18.32 초파리 배아의 초기 발생. 배아는 핵의 수가 점차로 증가하는 유일한 다핵체이다. 이 핵들은 약 2시간 후에 배아 주변으로 이동하고, 그런 다음 30분 이내에 세포가 만들어지기 시작한다. 배아는 대략 500 μm 길이와 170 μm 지름을 갖고 있다.

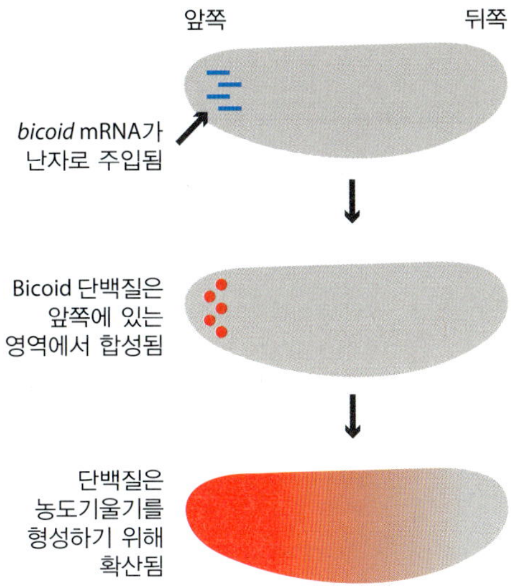

그림 18.33 초파리 난자 세포에서 *bicoid* 농도기울기의 형성. Bicoid mRNA는 난자 앞쪽 끝으로 주입된다. mRNA에서 번역된 Bicoid 단백질은 다핵체를 통해 확산되어 농도기울기를 형성한다.

농도가 가장 높고 뒤쪽 끝에서 가장 낮다(그림 18.33).

또한 3종류의 서로 다른 모성효과 유전자의 생산물이 앞쪽-뒤쪽 기울기에 따라 만들어지며, 이를 Hunchback(곱추), Nanos(난쟁이), 그리고 Caudal(꼬리) 단백질이라고 부른다. 이들은 모두 미수정란의 앞쪽 영역에서 mRNA 상태로 주입된다. *hunchback* 및 *caudal* mRNA는 세포질을 통해 균등하게 분배되어, 나중에 이들의 단백질들이 농도기울기를 형성한다. 이와 같은 이유는 Bicoid가 배아의 핵 안에서 *hunchback* 유전자를 활성화시키고 *caudal* mRNA를 억제시키기 때문이다. 그 결과로서, 앞쪽 영역에서 Hunchback 단백질의 농도는 증가하지만 Caudal 단백질의 농도는 감소한다(그림 18.34). *nanos* mRNA는 난자의 뒤쪽 부근으로 이동되어 세포 골격에 붙는다. Nanos 단백질은 *hunchback* mRNA의 번역을 억제하여 Hunchback 단백질의 앞쪽-뒤쪽 단백질의 기울기에 계속해서 영향을 준다.

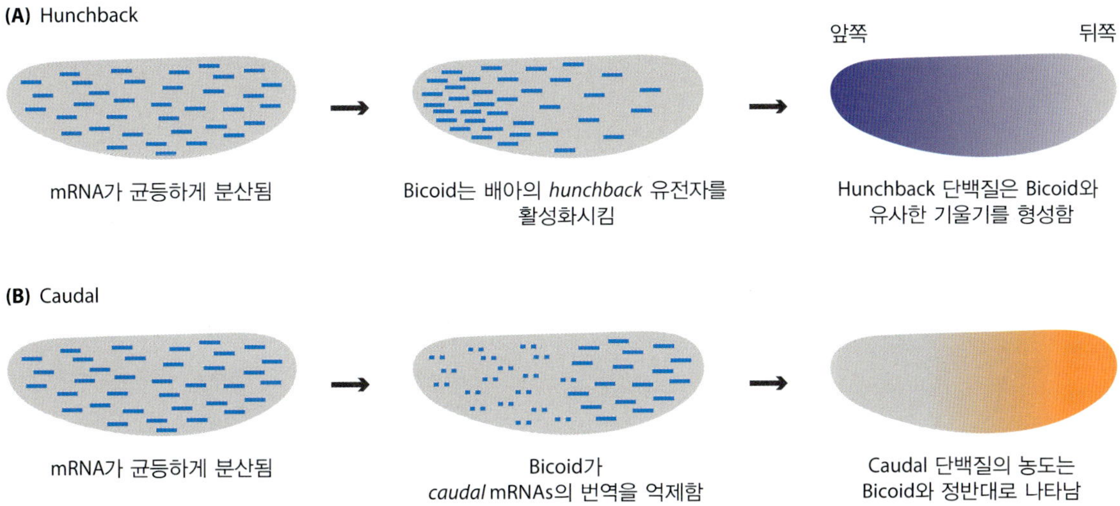

그림 18.34 Hunchback 및 Caudal 농도기울기의 형성. (A) Bicoid는 배아의 핵 안에 있는 *hunchback* 유전자를 활성화시켜 앞쪽 영역에서 Hunchback 단백질의 농도가 증가한다. (B) Bicoid가 *caudal* mRNA의 번역을 억제하기 때문에 앞쪽 영역에 있는 Caudal 단백질의 농도는 감소한다.

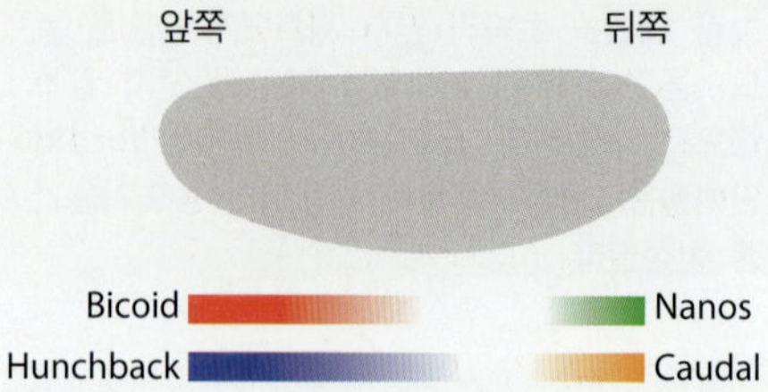

그림 18.35 초파리 배아 앞쪽-뒤쪽 축을 따라 최초의 위치 정보를 제공하는 단백질의 농도기울기

이에 따른 다음 결과로서, Bicoid, Hunchback 농도는 앞쪽 끝에서 점점 높아지고, Nanos, Caudal 농도는 뒤쪽 끝에서 점점 높아진다(**그림 18.35**). 위쪽과 아래쪽의 기울기도 유사하게 나타나지만, Dorsal이라고 불리는 단백질이 우세를 보인다.

유전자 활성의 연쇄 반응을 통해 위치 정보가 체절 패턴으로 바뀐다

성체 초파리의 몸 구조를 구성하는 계획은 서로 다른 구조적 역할을 하는 일련의 체절(segments)로부터 시작된다. 이는 가슴(thorax)에서 가장 명확하게 나타난다. 3개의 체절로 되어 있는 가슴은 1쌍의 다리와 8개의 체절로 이루어진 복부(abdomen)를 갖고 있다(**그림 18.36**). 초파리 역시 머리를 갖고 있지만, 머리에서 분리된 구조를 구분하는 것은 쉽지 않다. 그러므로 배아 발생의 최초 대상은 정확한 체절 패턴(pattern)을 나타내는 어린 유충이었다.

체절 패턴을 형성하는 과정 중의 첫 단계는 모성효과 단백질에 의해 배아에서 형성된 농도기울기이다. 이 기울기를 통해 배아 내부에 대한 많은 기본적인 위치 정보를 얻을 수 있고, 다핵체에서 각각의 위치는 초파리 자신에 있어서 하나 밖에 없는 단백질 신호이다. 이러한 위치 정보는 **간극 유전자(gap genes)**의 발현에 의해 더욱 정확하게 나타난다. 앞축-뒤축을 결정하는 세 종류의 단백질, 즉 Bicoid, Hunchback, Caudal은 배아의 내부를 한 줄로 나열시킴으로써 핵 내에 있는 간극 유전자를 목표로 하는 전사활성자(transcriptions acivators)이다(**그림 18.37**). 간극 유전자는 기울기 단백질들의 상대적 농도 및 앞쪽-뒤쪽 축을 따라 나타나는 핵의 위치에 의존적인 특별한 핵 안에서 발현된다.

몇몇 간극 유전자는 Bicoid, Hunchback, Caudal에 의해 직접 활성화된다. Bicoid에 의해 활성화되는 예로서 *buttonhead, empty spiracles, orthodenticle*을 들 수 있다. 다른 간극 유전자, 예를 들면 *huckbein, taillness*는 기울기 단백질에 의해 활성화되는 유전자에 의해 암호화되는 전사인자를 통해 간접적으로 활성화가 일어난다. 또한 억제 효과(예: Bicoid는 *knirps*의 발현을 억제함)와 간극 유전자는 다양한 방법으로 그들 자신의 발현을 조절한다. 이러한 복잡한 상호작용으로 인해, 배아에서 더욱 상세한 위치 정보의 결과가 나타나는데, 이는 간극 유전자 산물의 상대적 농도에 의해 결정된다(**그림 18.38**).

활성화를 일으키는 다음 유전자 세트, 즉 **쌍-지배 유전자(pair-rule genes)**가 기본적인 체절 패턴을 형성한다. 이 유전자의 전사는 간극 유전자 산물의 상대적 농도에 반응하는데, 배아는 연이어진 줄무늬(stripes) 상태로 볼 수 있으며, 각각의 줄무늬는 쌍-지

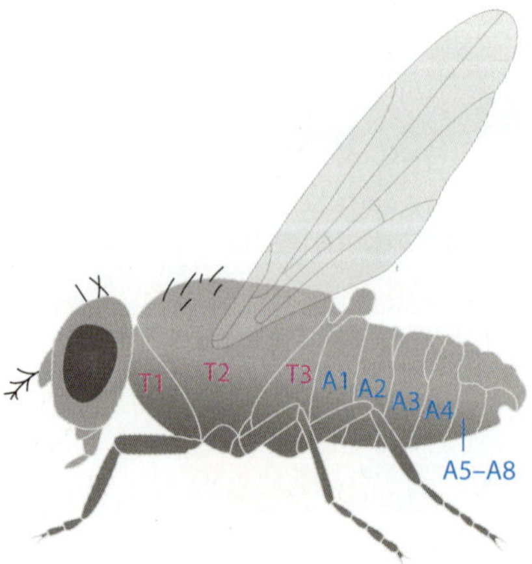

그림 18.36 성체 초파리(Drosophila melanogaster)의 체절 패턴. 머리 역시 체절로 구성되었지만, 성체 초파리에서는 형태상으로 쉽게 구분되지 않는다.

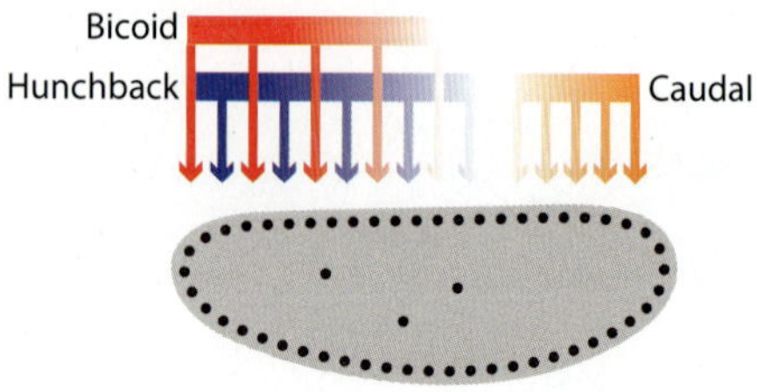

그림 18.37 Bicoid, Hunchback, Caudal은 초파리 배아의 내부에 한 줄로 나열되어 핵 안의 간극 유전자를 목표로 하는 전사활성자이다. 각각의 단백질이 농도기울기를 형성하기 때문에, 서로 다른 간극 유전자의 패턴이 앞쪽-뒤쪽 축을 따라 구축된다.

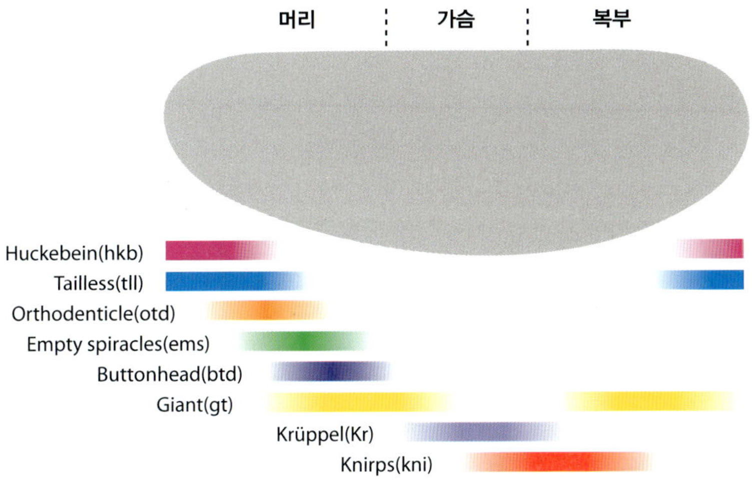

그림 18.38 Bicoid, Hunchback, Caudal을 통해 간극 유전자의 서로 다른 활성에 의해 나타나는 간극 단백질의 농도기울기

배 유전자의 특별한 조합을 발현하는 세포 세트를 포함하고 있다(그림 18.39). 유전자 활성이 더욱 진행되면 **체절극성 유전자(segment polarity genes)**들이 작동함에 따라, 줄무늬는 크기가 더욱 선명해지고 최종적으로 유충 날개의 체절이 될 정확한 위치가 정해진다(그림 18.40). 점차적으로 모성효과 기울기에 대한 위치 정보가 선명한 체절 패턴으로 바뀐다.

체절은 호메오틱 선택 유전자에 의해 결정된다

쌍-지배 유전자와 체절극성 유전자에 의해 초파리 배아의 체절(segmentation)이 형성되지만, 그들 유전자 스스로가 개개의 체절을 결정하지는 못한다. 즉 이와 같은 결정은 **호메오틱 선택 유전자(homeotic selector genes)**의 역할에 따른다. 이는 이 유전자의 엉뚱한 돌연변이 효과 때문에 성체 초파리에서 최초로 발견되었으며, 이전에 우리가 배웠던 안테나페디아(*Antennapedia*) 돌연변이가 바로 그러한 예이다. 이러한 돌연변이로 인해 안테나가 생겨야 할 머리에서 다리가 생산되므로, 이 초파리는 안테나가 있어야 할 장소에 한 쌍의 다리를 갖는다(그림 18.27 참조). 옛날 유전학자들은 이와 같은 괴상한 **호메오틱 돌연변이(homeotic mutation)**에 열광했었고, 20세기 첫 수년 동안 이에 대한 많은 연구 자료들이 보고되었다.

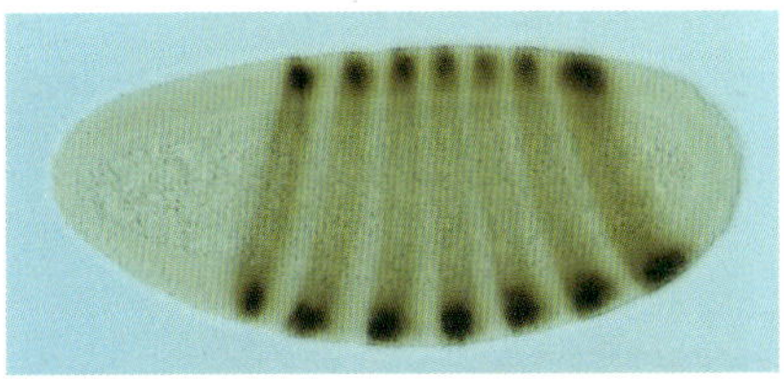

그림 18.39 쌍-지배 유전자 even-skipped에 의해 발현되는 초파리 배아. 발현 패턴이 Even-skipped 단백질과 특이적으로 결합하는 항체로 염색되어 나타난다. (Courtesy of Michael Levine, University California, Berkeley and Stephen Small, New York University.)

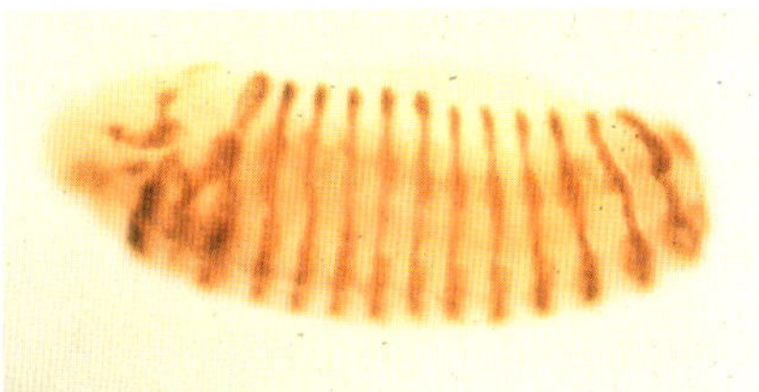

그림 18.40 체절극성 유전자 *engrailed*에 의해 발현되는 초파리 배아. 발현 패턴이 Engrailed 단백질과 특이적으로 결합하는 항체로 염색되어 나타난다. (From C. Hama, Z. Ali and T.B. Kornberg, *Genes Dev.* 4: 1079–1093, 1990. With permission from Cold Spring Harbor Laboratort Press.)

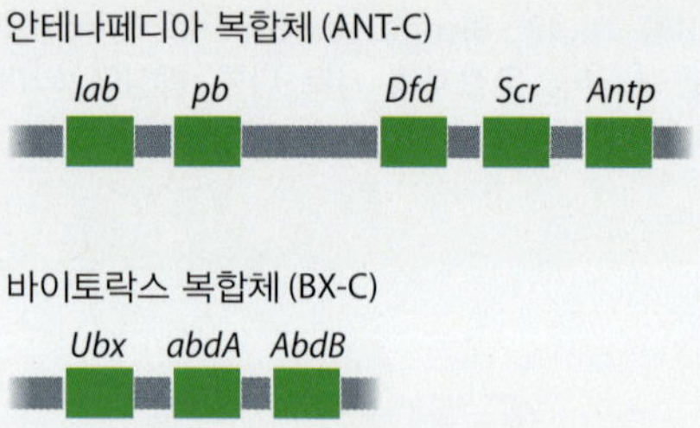

그림 18.41 초파리의 안테나페디아 및 바이오토락스 복합체. 유전자 약어의 전체명은 다음과 같다; *lab, labial palps; pb, proboscipedia; Dfd, Derfomed; Scr, Sex combs reduced; Antp, Antennapedia; Ubx, Ultrabithorax, abdA, abdominal A; AbdB, Abdominal B.*

호메오틱 돌연변이의 유전자 지도를 보면, 선택 유전자(selector genes)가 3번 염색체에서 두 그룹으로 클러스터를 이루고 있다. 이 클러스터를 안테나페디아 복합체(Antennapedia complex, ANT-C)라고 부르며, 머리와 가슴 체절을 결정하는 유전자, 그리고 복부 체절을 결정하는 유전자인 바이토락스 복합체(Bithorax, BX-C)가 포함되어 있다(그림 18.41). 이러한 유전자가 배열된 순서는 초파리 체절들의 순서와 일치한다. 즉 안테나페디아 복합체(ANT-C)에서 맨 앞에 위치하는 유전자인 *labial palps*는 초파리에서 대부분의 앞쪽 체절을 조절하고, 바이토락스 복합체(Bithorax, BX-C) 끝에 오는 유전자인 *Abdominal B*는 대부분의 뒤쪽 체절을 조절한다.

선택 유전자는 각각의 체절에 정확하게 발현된다. 왜냐하면, 제각기의 유전자 활성이 간극 단백질과 쌍-지배 단백질에서 제공된 위치 정보에 따라 반응하기 때문이다. 선택 유전자는 그들 스스로가 특이한 체절의 초기 분화에 필요한 유전자 세트를 작동시키는 전사활성자를 생산한다. 발생에서 분화된 상태로 계속 유지되는 것은, 부분적으로 개개의 호메오틱 선택 유전자의 억제 효과에 의해, 또한 일부는 앞에서 보았듯이, 특정 세포에서는 발현되지 않는 선택 유전자를 구성하는 비활성 이질염색질, 즉 폴리콤(Polycomb)에 의한 것이다.

호메오틱 선택 유전자는 척추동물의 발생에도 관여한다

1980년대 중반까지, 초파리에 대한 발생 연구가 직접적으로 척추동물의 발생과 관련이 있다는 것을 깨닫지 못했다. 이와 같이 중요한 사실을 초파리에서 호메오틱 선택 유전자의 염기서열이 밝혀지고, 그리고 그것이 다른 호메오틱 선택 유전자와 매우 유사하며 180 bp 길이의 체절로 되어 있다는 것을 발견하고 나서야 비로소 알게 되었다(그림 18.42). 우리는 **호메오박스(homeobox)**라고 불리는 염기서열을 알고 있고, 호메오박스는 DNA-결합(binding) 구조, 즉 **호메오도메인(homeodomain)**을 암호화한다. 호메오도메인(homeodomain)은 단백질을 DNA에 결합시켜 전사활성자로서의 역할을 수행하게 한다.

다양한 초파리 선택 유전자의 호메오박스 간에 나타나는 유사성은, 1980년대의 과학자들로 하여금 이 염기서열을 포함하는 다른 유전자를 연구하도록 이끌었다. 첫째, 초파리의 게놈을 연구한 결과, 이전에는 호메오박스를 포함하지 않은 것으로 알려졌던 몇몇 유전자가 분리되었다. 이들은 선택 유전자가 아니라 발생 과정에서 전사활성자를 암호화하는 다른 타입의 유전자라는 결론이 났다. 예를 들면, 쌍-지배 유전자인 *even-skipped, fushi tarazu,* 그리고 체절극성 유전자인 *engrailed*가 이에 속한다.

초파리에서 뿐만 아니라 다른 생물체에서도 호메오박스 유전자가 존재한다는 것이 놀랄만한 일은 아니었다. 다른 생물체의 게놈을 연구한 끝에 호메오박스가 인간을 비롯

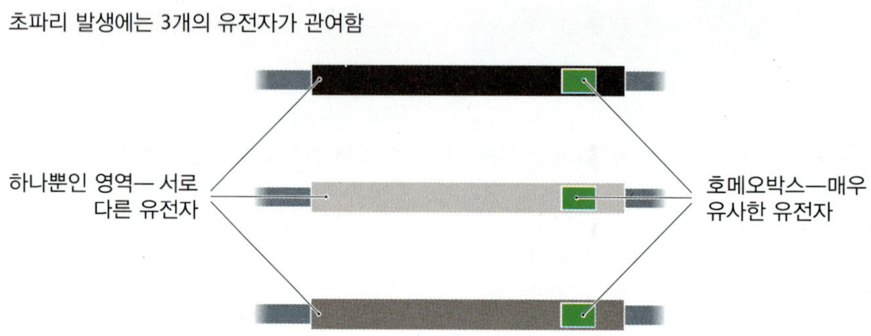

그림 18.42 호메오박스는 다른 호메오틱 선택 유전자와 유사한 염기서열로 이루어졌다.

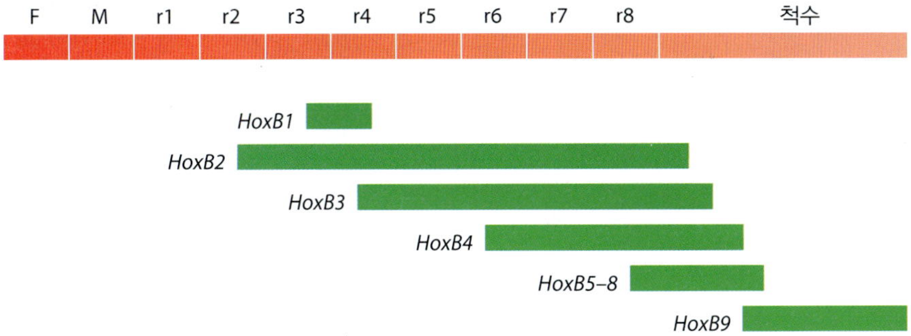

그림 18.43 HoxB 클러스터의 선택 유전자에 의한 생쥐 신경계의 특이화. 신경계가 도식화되어 보여진다. 개개의 HoxB 유전자(*HoxB1* ~ *HoxB9*)에 의해 특이화된 위치는 연두색 막대기로 표시하였다. 신경계의 구성 성분은 다음과 같다: F, forebrain(전뇌); M, midbrain(중뇌); r1-r8, rhombomeres. Rhombomeres는 발생 동안 후뇌 부분에서 관찰된다.

하여 다른 동물의 유전자에도 광범위하게 존재한다는 것이 알려졌다. 몇몇 서로 다른 생물체에 있는 호메오박스 유전자는 ANT-C, BX-C와 유사하게 클러스터로 배열되어 있으며, 초파리의 유전자와 동일한 기능을 갖고 있다. 생쥐의 *HoxC8* 유전자를 통해 설명해 보기로 하다. 이 유전자에 돌연변이가 일어나면, 여분의 갈비뼈(ribs)가 생겨서 요추(lumbar vertebra)가 흉추(thoracic vertebra)로 바뀐다. 동물에서 다른 Hox 유전자에 돌연변이가 일어나면 수족 기형(limb deformation), 예를 들면 전완(손목과 팔꿈치 사이)이 없거나 또는 여분의 손가락이나 발가락이 생긴다.

우리는 이제 초파리에서 선택 유전자의 클러스터인 ANT-C, BX-C로 눈을 돌려 보기로 하자. 이들은 호메오틱 유전자 복합체 또는 HOM-C라는 단일 복합체(single complex)가 두 부분으로 구성되었다. 척추동물에는 HoxA ~ HoxD에 이르는 4개의 호메오틱 유전자 클러스터가 있다. 척추동물의 모든 Hox 유전자가 기능을 갖는 것은 아니지만, 척추동물의 몸 구조를 복잡하게 만드는 것과 연관이 있는 것으로 보인다. 초파리에서와 마찬가지로, 척추동물의 클러스터에 존재하는 유전자의 배열 순서는 성체 몸 안의 유전자에 의해 특이화된 구조의 순서와 같다. 이는 생쥐에서 신경계의 발생을 조절하는 HoxB 클러스터에서 확실하게 관찰된다(**그림 18.43**).

척추동물에서 4개의 클러스터를 일렬로 나열시켜서 초파리 HOM-C와 비교해 보면, 동일한 위치에 있는 유전자 사이에 어떤 유사성이 있다(**그림 18.44**). 이것은 진화와도 관련이 있다는 것을 암시한다. 척추동물의 혈통(lineage)을 보게 되면, 최초의 Hox 클러스터에서 2번의 중복이 나타났다. 첫 번째 중복을 통해 오늘날 초파리에서 볼 수 있는 단일(single) 클러스터가 한 쌍의 Hox 클러스터로 바뀌었고, 두 번째 중복이 일어나 척추동물에서 볼 수 있는 4개의 클러스터가 만들어졌다(**그림 18.45**). 이와 같은

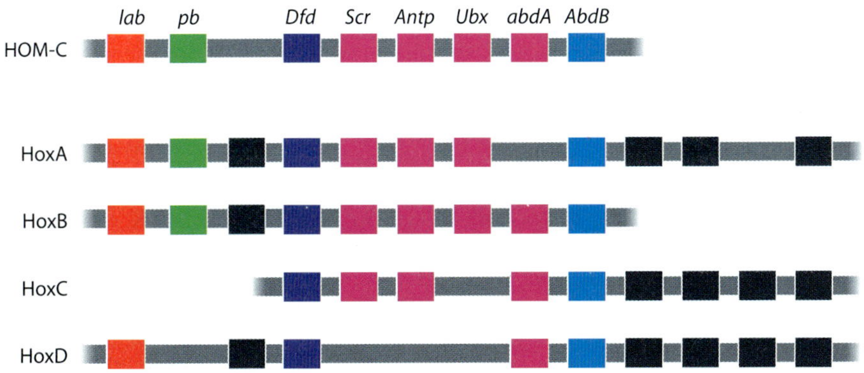

그림 18.44 초파리 HOM-C 유전자 복합체와 척추동물에서의 4개 클러스터 비교. 관련된 구조와 기능을 갖게 하는 단백질을 암호화하는 유전자가 같은 색깔로 나타나 있다.

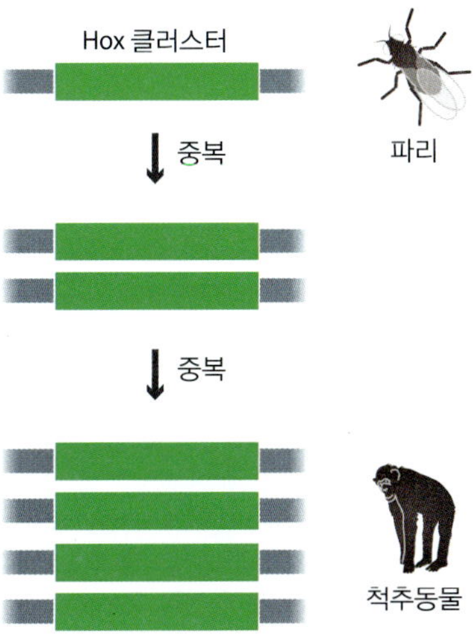

그림 18.45 Hox 유전자 클러스터의 중복을 통해 척추동물로 진화되었다.

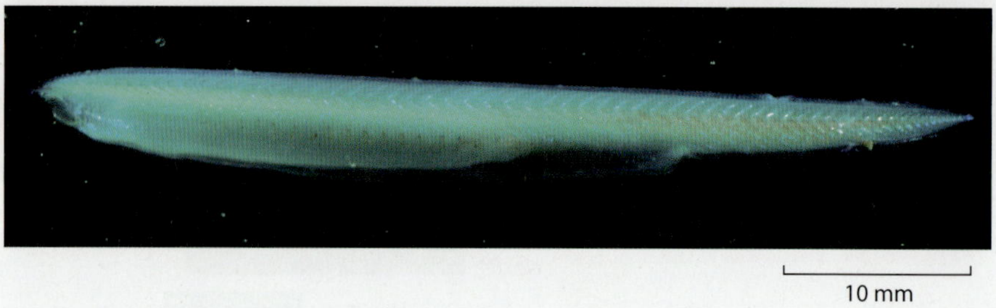

그림 18.46 신경계가 배열되어 척추동물의 형체를 일부분 갖추고 있는 바다에 사는 작은 창고기. (Courtesy of Sinclair Stammers/science Photo Library.)

주장은 2개의 Hox 클러스터를 갖고 있어 초기의 척추동물 형체를 갖춘 비척추동물인 창고기(amphioxus)의 발견으로부터 설득력을 얻게 되었다(그림 18.46). 더 정확하게 창고기는 "원시척추동물(protovertebrate)"이라고 표현하는 것이 맞을지도 모른다.

인간 중심적인 관점에서 본다면, 우리는 지구 상에 존재하는 어떤 생물체와 비교해 보더라도, 가장 많은 4개의 Hox 클러스터를 갖고 있는 것에 대해 자부심을 가져야할지도 모른다. 그러나 조기류(Ray-finned fish)가 7개나 갖고 있는 것에 대해서는 무척 낙심할 수도 있다. 이 같은 물고기가 보여주는 기본적 몸 구조의 다양한 변이는 Hox 유전자의 여분의 복제물(copies)이 광범위하게 나타났으며, 아마도 진화를 거친 생물들 중에서 가장 다양하게 진화해 온 그룹일 것으로 여겨진다(그림 18.47).

호메오틱 유전자는 식물 발생에도 관여한다

발생을 연구하기 위한 모델 체계로서 초파리의 힘은 척추동물을 훨씬 뛰어넘었다. 식물의 발생 과정은 초파리 그리고 다른 동물들과는 여러 측면에서 다른 점이 많지만, 유전적 수준에서 보면 많은 유사성을 보인다. 초파리에서 얻은 지식이면 식물의 발생 과정을 이해하는 데 충분하다. 특히 제한된 수를 가진 호메오틱 선택 유전자가 초파리의 몸 구조를 조절한다는 사실은, 꽃의 구조 역시 몇몇 호메오틱 유전자에 의해 결

그림 18.47 조기류(Ray-finned fish)는 아마도 가장 다양하게 진화해 온 생물체 그룹이다. (A) Giant trevally(*Caranx ignobilis*). (B) Garibaldi damsefish(*Hypsypops rubicundus*). (C) Blackside hawkfish (*Paracirrhites forsteri*). (D) Surge wrasse (*Thalassoma purpureum*) (Courtesy od Claire Fackler, NOAA National Marine Sanctuaries.)

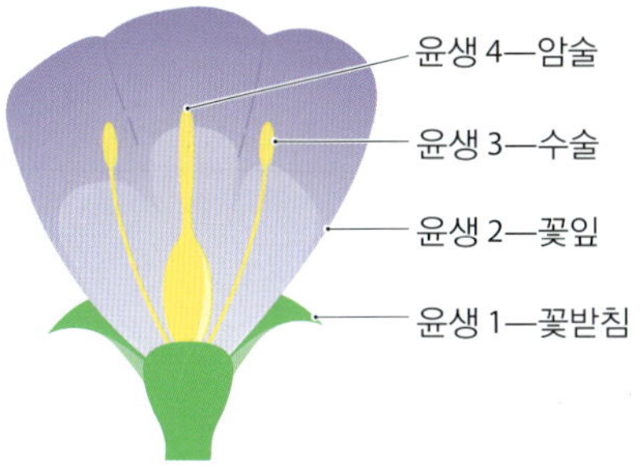

그림 18.48 꽃들은 4개의 동심원적인 윤생으로부터 만들어진다.

그림 18.49 식물 유전학의 모델인 애기장대(*arabidopsis thaliana*). (Courtesy of Dr Jeremy Burgess/Science Photo Library.)

정된다는 가정 아래 시작한 식물 발생 연구의 모델이 되었다.

모든 꽃들은 유사한 계통(lines), 즉 제각각 서로 다른 꽃무늬 기관으로 이루어진 4개의 동심원적인 윤생(whorls)으로 생산된다(그림 18.48). 바깥쪽의 1번은 꽃받침이며 초기 발생이 일어나는 동안 싹을 덮고 있던 잎이 변형된 것이다. 다음 2번은 뚜렷한 꽃잎이고, 꽃잎 안에 있는 3번은 수술(수컷 생식기관)이며, 4번은 암술(암컷 생식기관)이다.

식물 발생 연구의 대부분은 금어초(*Antirrhinum*)와 애기장대(*arabidopsis thaliana*)를 통해 이루어진다. 애기장대는 모델 종으로 선택되어 온 작은 나비나물류로서, 일부분은 단지 125 Mb 크기이며 현화식물(flowering plants) 중에서 가장 작은 것 중의 하나로 알려져 있다(그림 18.49). 비록 식물이 호메오도메인 단백질을 갖고 있지 않은 것으로 보이지만, 돌연변이가 일어나 식물구조에서 호메오틱 변화를 이끄는 유전자를 갖고 있으며, 예를 들면 꽃받침이 암술로 대체된다. 이러한 돌연변이의 분석을 통해 **ABC 모델**이라는 주장이 제기되었다. 이 모델에 의하면 호메오틱 유전자의 A, B, C 세 타입이 꽃의 발생을 조절한다. ABC 모델에 따르면, 윤생 1은 A-타입 유전자(애기장대에서 *apetala 1*, *apetala 2*를 포함)에 의해, 윤생 2는 B 유전자(*apetala 3*을 포함)와 함께 작용하는 A 유전자에 의해, 윤생 3은 B 유전자와 유일한 C 유전자(*agamous*)와의 공동작용에 의해, 그리고 윤생 4는 그 자신에 작용하는 C 유전자에 의해 특이화된다(그림 18.50).

초파리 연구로부터 예상했던 것처럼, A, B, C 호메오틱 유전자 산물은 전사활성자이다. APETALA2 단백질을 제외한 모든 단백질은 동일한 DNA-결합 도메인인 **MADS box**를 포함하고 있다. 이러한 MADS box는 식물 발생에 관여하는 다른 단백질들에서도 역시 발견되며, 꽃의 상세한 구조를 결정하는 A, B, C 단백질과 함께 작용하는 SEPALLATA 1, 2, 3을 갖고 있다. 초파리와 또 다른 유사성이 있다면 애기장대의 유전자에는 그 유전자의 산물이 초파리의 폴리콤(Polycom)처럼 작용하는 "*곱슬한 잎*(*curly leaf*)"이 있다. 이것이 특별한 윤생에서 비활성화된 호메오틱 유전자를 억제함으로써 세포의 분화 상태를 계속 유지시킨다.

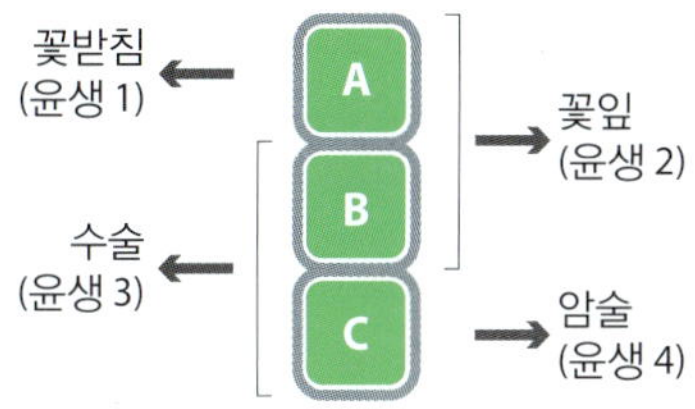

그림 18.50 식물 발생을 조절하는 ABC 모델. 이 모델에 따르면, 윤생 1은 A-타입 유전자에 의해, 윤생 2는 B 유전자와 함께 작용하는 A 유전자에 의해, 윤생 3은 B 유전자와 C 유전자에 의해, 그리고 윤생 4는 그 자신에 작용하는 C 유전자에 의해 특이화된다.

주요 개념

- 분화는 개개의 세포가 특이한 기능을 획득하는 과정이다. 분화는 세포 내에서 유전자 발현 패턴의 변화를 필요로 한다. 특별한 발현 패턴의 결과로서, 보통은 세포의 수명이 다할 장소가 결정되어 딸 세포, 자손 세포에게 전달되고, 수많은 세포 분열이 계속 진행된다.
- 발생은 수정된 난자 세포와 함께 시작되어 성체로 완성되는 과정이다. 발생 경로는 유전학적, 세포학적, 생리학적 사건이 정확한 명령에 의해, 정확한 세포 내에서 일어나고, 또한 경로가 성공적으로 도달하기 위해서는 적합한 시간에 일어나야만 하는 복잡한 과정이다. 이러한 사건들은 수많은 세포들이 수많은 서로 다른 특별한 형태로 분화되는 과정을 포함한다.
- 후성설은 돌연변이를 포함하지 않은 게놈에 유전적 변화가 일어나는 것을 설명한 용어이다.
- 서로 다른 생물체들의 발생 과정 사이에 유사성과 일치성이 존재한다는 가정(assumption)에서 발생유전학의 원리가 시작되었다. 인간의 발생과 관련된 정보를 발생 경로가 상대적으로 단순한 모델 생물체 연구를 통해 얻을 수 있었다.
- 꼬마선충(*Caenorhabditis elegans*)에 대한 연구는 어떻게 세포-세포 간의 신호가 배아 발생 동안 위치 정보를 제공할 수 있는지를 보여 준다.
- 초파리 배아의 체절 패턴은 서로 다른 유전자의 그룹이 순차적으로 발현함에 따라 나타난다. 모성효과 단백질에 대한 농도기울기를 포함하는 초기의 위치 정보는 체절을 결정하는 패턴으로 뚜렷하게 바뀐다.
- 호메오틱 선택유전자의 활성을 통해 초파리의 체절이 결정되는 것을 확인할 수 있다.
- 호메오틱 선택유전자는 인간을 비롯하여 다핵세포를 갖는 모든 동물에 존재한다.

질문 & 문제 (해답은 www.garlandscience.com/introgenetics에서 찾을 수 있다)

주요 용어들

다음 용어에 대한 간단한 정의를 서술하시오.

ABC model
antigen
Barr body
blastoderm
chromatin modification
CpG island
DNA methylation
DNA methyltransferase
epigenesis
gap gene
genomic imprinting
histone acetyltransferase
histone code
histone deacetylase
homeobox
homeodomain
homeotic mutation
homeotic selector gene
imprint control element
MADS box
maintenance methylation
maternal effect gene
methyl-CpG-binding protein
model organism
nucleosome remodeling
pair-rule gene
positional information
segment polarity gene
syncytium
ubiquitin
X inactivation

자습 문제들

18.1 "분화"와 "발생"의 차이점은 무엇인가?

18.2 면역글로불린의 다양성이 어떻게 인간 게놈의 물리적 재배열에 의해 만들어지는지에 대하여 설명하시오.

18.3 유전학적 피드백 고리의 2가지 예를 제시하시오.

18.4 히스톤 아세틸 트랜스페라아제와 히스톤 탈아세틸라아제의 활성은 어떠한 차이를 보이는가?

18.5 히스톤 단백질로부터 생산되는 것으로 알려진 화학적 변성에는 어떤 타입이 있는가?

18.6 "히스톤 암호화"라는 용어가 의미하는 바를 설명하시오.

18.7 초파리 폴리콤(*Polycomb*) 유전자군의 역할에 대하여 설명하시오.

18.8 뉴클레오솜 리모델링은 유전자 발현에 어떤 영향을 주는지에 대해 예를 들어 설명하시오.

18.9 DNA 메틸화와 게놈의 침묵 간의 연관성에 대해 설명하시오.

18.10 유전자 각인의 원리를 2가지 예를 들어 설명하시오.

18.11 X 불활성화의 목적은 무엇인가? 또한 어떻게 X 불활성화가 일어나는가?

18.12 모델 생물이 발생 연구에 있어 왜 중요한지를 설명하시오.

18.13 발생 연구의 훌륭한 모델 생물 종인 꼬마선충과 초파리의 특징을 요약하시오.

18.14 꼬마선충의 음문 발생에 대한 연구에서 어떻게 위치 정보가 생겼는지, 그리고 발생 경로에서 어떻게 이용되는지에 대하여 설명하시오.

18.15 초파리 배아에서의 위치 정보가 모성효과 유전자의 작용을 통해 어떻게 처음으로 형성되었는지에 대해 설명하시오.

18.16 초파리 배아의 발생 동안, 간극유전자, 쌍-지배 유전자, 분절극성 유전자의 역할에 대해 설명하시오.

18.17 초파리에서 안테나페디아 돌연변이의 유전적 원리는 무엇인가?

18.18 초파리 배아의 발생 동안, 호메오틱 선택 유전자의 역할에 대해 설명하시오.

18.19 초파리에서 호메오틱 선택 유전자의 발견은 척추동물의 발생과 왜 관련이 있는지에 대해 설명하시오.

18.20 ABC 모델이란 무엇인가? 또한 꽃의 발생에서 어떤 역할을 담당하는가?

토의 주제들

18.21 히스톤 암호화를 조사하고 평가해 보시오.

18.22 많은 생물학 분야에서 원인과 효과를 구별하는 것은 어렵다. 뉴클레오솜과 유전자 발현에 관한 문제에 대해 논의해 보시오. 왜 뉴클레오솜 리모델링이 게놈 발현에 변화를 일으키는가? 혹은 이러한 발현 변화의 효과는 무엇인가?

18.23 2개의 딸 DNA 분자에서의 DNA 메틸화 패턴은 부모 분자의 패턴과 동일하게 메틸화가 유지된다. 다른 말로 표현하면, 메틸화 패턴, 유전자 발현에 관한 정보는 유전된다. 크로마틴 구조의 다른 양상들도 역시 유사한 방법으로 유전될 것이다. 유전자에 의해 특이화되는 유전 원리에 영향을 주는 이러한 현상은 어떻게 진행되는가?

18.24 정상 이배체 암컷에서 X 염색체 1개는 불활성화되고, 다른 나머지는 활성화된다. 흥미로운 것은, 드문 성염색체를 갖는 이배체 암컷에서는 1개의 X 염색체만 존재한다면 활성화는 일어나지 않는다. 예를 들면, 드물지만 오직 1개의 X 염색체만 보유한 개인에게서는 불활성화가 일어나지 않는다. XXX 유전자형은 가진 개인은 3개 중에서 2개가 불활성화된다. 핵 안에 존재하는 불활성화된 X 염색체 수를 셀 수가 있는 방법은 무엇인가?

18.25 척추동물의 발생 연구를 위한 이상적인 모델 생물의 중요한 특징은 어떠해야 하는가?

18.26 꼬마선충과 초파리는 척추동물의 발생 연구를 위한 훌륭한 모델 생물들인가?

추천 문헌

Alt FW, Blackwell TK & Yancopoulos GD (1987) Development of the primary antibody repertoire. *Science* 238, 1079–1087. *Generation of immunoglobulin diversity.*

Amores A, Force A, Yan Y-L et al. (1998) Zebrafish *hox* clusters and vertebrate genome evolution. *Science* 282, 1711–1714. *Hox genes in ray-finned fishes.*

Heard E, Clerc P & Avner P (1997) X-chromosome inactivation in mammals. *Annu. Rev. Genet.* 31, 571–610.

Ideraabdullah FY, Vigneau S & Bartolomei MS (2008) Genomic imprinting mechanisms in mammals. *Mutat. Res.* 647, 77–85.

Ingham PW (1988) The molecular genetics of embryo pattern formation in *Drosophila*. *Nature* 335, 25–34.

Khorasanizedeh S (2004) The nucleosome: from genomic organization to genomic regulation. *Cell* 116, 259–272. *Review of histone modification, nucleosome remodeling, and DNA methylation.*

Kornfeld K (1997) Vulval development in *Caenorhabditis elegans*. *Trends Genet.* 13, 55–61.

Kouzarides T (2007) Chromatin modifications and their function. *Cell* 126, 693–705. *Histone modifications.*

Mahowald AP & Hardy PA (1985) Genetics of *Drosophila* embryogenesis. *Annu. Rev. Genet.* 19, 149–177.

Margueron R, Trojer P & Reinberg D (2005) The key to development: interpreting the histone code? *Curr. Opin. Genet. Dev.* 15, 163–176.

Schwartz YB & Pirrotta V (2007) Polycomb silencing mechanisms and the management of genomic programmes. *Nat. Rev. Genet.* 8, 9–22.

Suzuki MM & Bird A (2008) DNA methylation landscapes: provocative insights from epigenomics. *Nat. Rev. Genet.* 9, 465–476. *The latest ideas on the role of methylation in controlling gene activity.*

Theissen G (2001) Development of floral organ identity: stories from the MADS house. *Curr. Opin. Plant Biol.* 4, 75–85. *Genes involved in the ABC model for flower development.*

Zakany J & Duboule D (2007) The role of *Hox* genes during vertebrate limb development. *Curr. Opin. Genet. Dev.* 17, 359–366.

인간의 게놈 CHAPTER 19

이 단원에서 인간 게놈을 다루는 이유는 현재까지 알려진 인간 게놈에 대한 정보가 완전하지 않기 때문이다. 이 책에서는 지금까지 알려진 진핵생물 게놈의 중요한 특징들을 보다 자세히 정리하였다. 대표적 진핵생물을 포함한 80개 이상의 게놈 염기서열이 완전히 밝혀졌으며, 종내-특이적 변이를 확인할 수 있는 여러 개체들로부터 몇몇 대표 종의 염기서열이 밝혀지고 있다(**표 19.1**). 진핵생물들은 각각 다른 유전자 수와 염색체를 가지고 있으며, 그 구성에서도 광범위한 차이가 있는 것으로 밝혀졌다. 인간 게놈은 포유류 게놈의 대표적인 예이고, 그것은 또한 모든 동식물 게놈과 많은 유사성을 가지고 있다. 따라서 다른 많은 종에서 게놈이 어떻게 구성되어졌는지 이해하는 것 보다는 인간 게놈에 초점을 맞춤으로 해서, 인간 종의 생명현상에 대한 더 많은 정보를 얻을 수 있다.

이 단원에서 우리는 인간 게놈과 관련된 3가지 중요한 주제를 알아볼 것이다. 첫 번째로 우리는 게놈 상에 존재하는 유전자가 어떻게 배열되어 있는지 살펴볼 것이다. 또한 전체 진핵생물들 사이에 존재하는 변이를 확인하기 위해, 인간 게놈을 다른 유기체들의 게놈과 비교·분석할 것이다.

우리가 두 번째로 알아볼 것은 인간 게놈의 DNA 반복서열이다. 우리는 게놈의 대부분이 그 기능이 아직까지 밝혀지지 않은 많은 반복서열로 이루어져 있다는 것을 배울 것이다. 우리는 인간 게놈과 다른 영장류들의 게놈 간의 상관 관계를 공부할 것이고, 무엇이 우리를 인간으로 만드는지 이해하는 데 도움이 되는 게놈들의 염기서열의 정보가 무엇인지 생각해 볼 것이다.

이 단원의 마지막 주제는 인간 미토콘드리아 게놈이다. 핵에 존재하는 DNA와 더불어, 인간과 대부분의 진핵생물 또한 그들의 세포질에 존재하는 에너지 생성 기관인 미토콘드리아에 작은 DNA 분자들을 가지고 있다(**그림 19.1**). 이 작은 DNA 분자들이 가지고 있는 유전자의 기능과 왜 그것이 미토콘드리아에 존재하는지 생각해 볼 것이다.

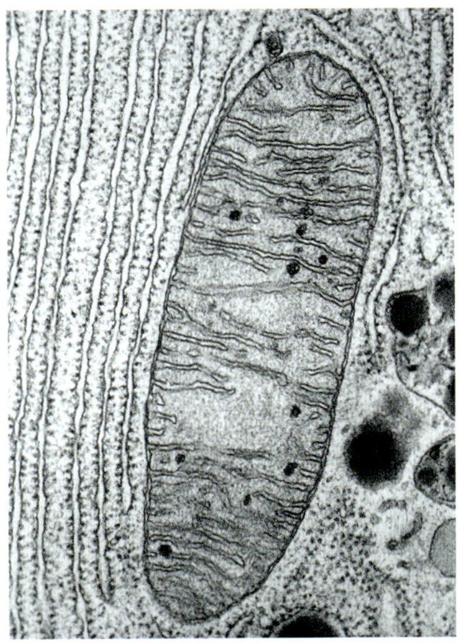

그림 19.1 미토콘드리아 횡단면의 전자현미경 사진. (Courtesy of Don Fawcett/Science Photo Library.)

표 19.1 염기서열 분석이 완료된 게놈을 가지는 진핵생물의 예

그룹	종
포유류	인간, 침팬지, 소, 개
다른 동물	제브라피쉬, 개구리, 바다 성게
새	닭, 금화조
식물	애기장대, 벼, 옥수수
곤충	초파리, 모기, 누애나방
곰팡이	효모(*Saccharomyces serevisiae*), 누룩곰팡이(*Aspergillus nidulans*)
원생동물	말라리아 기생충(*Plasmodium falciparum*), 섬모충류(*Tetrahymena thermophila*), 이질아메바(*Entamoeba histolytica*)

19.1 인간 세포핵 내 게놈의 유전자 구성

인간 세포핵 내에 존재하는 게놈은 약 3,200 Mb의 DNA로 이루어져 있다. 각각의 염색체들은 짧게는 48 Mb에서 길게는 250 Mb에 이르는 단일 DNA 분자를 가진다. 이 중에서 약 37.5%의 게놈에 대한 기능이 밝혀졌다. 이것은 모든 유전자(genes), 위유전자(pseudogenes), 그리고 유전자 산물(relics)의 다른 유형들을 포함하며, 유전자 상류 부위의 프로모터와 인트론이 불연속적인 유전자 내에 포함되어 있다(**그림 19.2**). 게놈을 구성하고 있는 나머지 62.5%는 다른 어떠한 기능도 가지고 있지 않는 것으로 알려지고 있다. 따라서 이 장에서는 그 기능이 밝혀진 37.5%의 게놈에 대해 살펴볼 것이다.

인간 게놈은 기대했던 것보다 더 적은 수의 유전자를 가지고 있다

가장 최근에 조사된 진핵생물 게놈의 유전자 수는 **표 19.2**에 제시되어 있다. 가장 단순한 진핵생물인 단세포 효모는 5,000~6,000개의 유전자를 가지고 있다. 또한 초파리(fruit fly)는 약 13,600개의 유전자를 가지고 있으며, 꼬마선충(*Caenorhabditis elegans*)은 20,140개의 유전자를 가지고 있는 것으로 밝혀지면서, 선충이 곤충보다 덜 복잡할 것이라 생각했던 우리의 추측이 빗나간 것으로 확인되었다.

이러한 비교에 근거하여, 인간의 게놈이 오직 20,500개의 유전자를 가짐으로써 꼬마선충보다 약간 더 복잡하다는 것 또한 알 수 있다. 이 숫자는 당초에 예상했던 것보다 훨씬 적은 것인데, 2000년에 인간 게놈 서열 분석이 완료되기 불과 몇 달 전까지만 하더라도, 80,000~100,000개 일 것이라는 추측이 대부분이었다. 이러한 추정치는 대부분의 경우 하나의 유전자가 하나의 단백질로만 번역될 것이라는 예상에 근거하였기 때문에 훨씬 많은 유전자가 존재할 것으로 예측한 것이다. 이 모델에 따르면 인간 게놈 내에 존재하는 유전자의 개수가 인간세포에 존재하는 것으로 추정되는 80,000~100,000개의 단백질 개수와 비슷해야 한다. 유전자의 개수가 단백질의 개수보다 훨씬 적다는 것은 선택적 스플라이싱(엑손이 서로 다른 조합으로 조립되어 하나 이상의 단백질이 단일 유전자로부터 만들어지는 과정)이 당초에 추측했던 것 보다 일반적이라는 것을 나타낸다.

따라서 종 간의 비교는 유전자의 개수가 아닌 유전자로부터 만들어 질 수 있는 단백질의 개수에 근거해야 한다. 꼬마선충의 20,140개의 유전자가 단지 22,000개의 단백질을 지정하였기 때문에 선택적 스플라이싱이 이 유기체에서는 훨씬 덜 일반적이며, 이는 인간이 선충보다 추가적인 복잡성의 정도를 훨씬 더 충족시켜 준다는 것을 의미

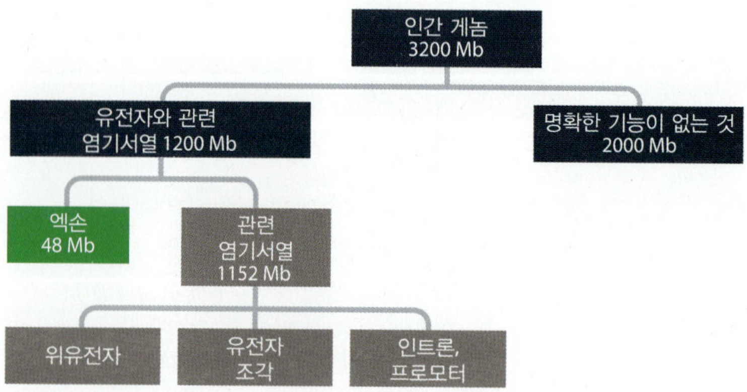

그림 19.2 인간 게놈의 구성 요소

표 19.2 다양한 종류의 진핵생물의 유전자 개수

종	대략적인 유전자 개수
분열 효모(*Schizosaccharomyces pombe*)	4,900
출아 효모(*Saccharomyces cerevisiae*)	6,100
초파리(*Drosophila melanogaster*)	13,600
선충(*Caenorhabditis elegans*)	20,140
인간(*Homo sapiens*)	20,500
애기장대(*Arabidopsis thaliana*)	25,500
옥수수(*Zea mays*)	32,700

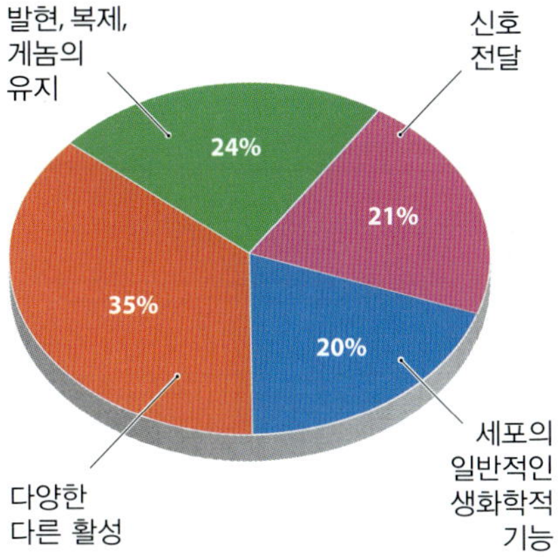

그림 19.3 인간 게놈의 알려진 유전자의 범주

한다.

20,500개 정도로 알려진 인간 유전자 중 절반 이상의 기능은 알려져 있거나, 확실하게 추측되어지고 있다. 이 유전자의 4분의 1은 발현, 복제, 그리고 게놈의 유지에 관련되어 있으며, 나머지의 21%는 세포 외부에서 인식된 신호에 의한 게놈 발현과 다른 세포 활성을 조절하는 신호전달 경로의 구성 요소를 지정한다(**그림 19.3**). 이러한 유전자는 어떤 식으로든 게놈의 활성에 관련된 기능을 가진 것처럼 간주될 수 있다. 알려진 유전자의 또 다른 20%는 세포의 일반적인 생화학적 기능을 담당하는 효소를 지정하며, 나머지는 세포 내외로 화합물의 수송, 그들의 3차 구조에 맞는 단백질의 접힘, 면역 반응, 그리고 세포 골격과 근육에 존재하는 구조 단백질의 합성에 관련되어 있다.

다른 게놈에서의 유전자 분석을 통해, 모든 진핵생물들이 유전자의 기본 세트가 똑같지만, 보다 복잡한 종들은 각각의 범주에서 보다 많은 개수의 유전자를 가질 것이라 예상되어진다. 인간 게놈에 존재하는 유전자 중 5분의 1에서 4분의 1에 해당하는 유전자가 척추동물에서만 나타나고, 또 다른 4분의 1은 척추동물을 포함한 다른 동물들에서만 발견되었다(**그림 19.4**). 진핵생물의 다른 유형들과 구별되어지는 특징들이 주어졌다고 여겨지는 척추동물 고유의 유전자는 세포 부착(cell adhesion), 전기 결합(electric couplings), 그리고 신경 세포의 성장 등에 관여한다. 하지만 게놈의 내용으로만 보면 인간과 침팬지는 거의 동일하기 때문에 이러한 비교를 통해 얻을 수 있는 유용한 정보는 한정적이다.

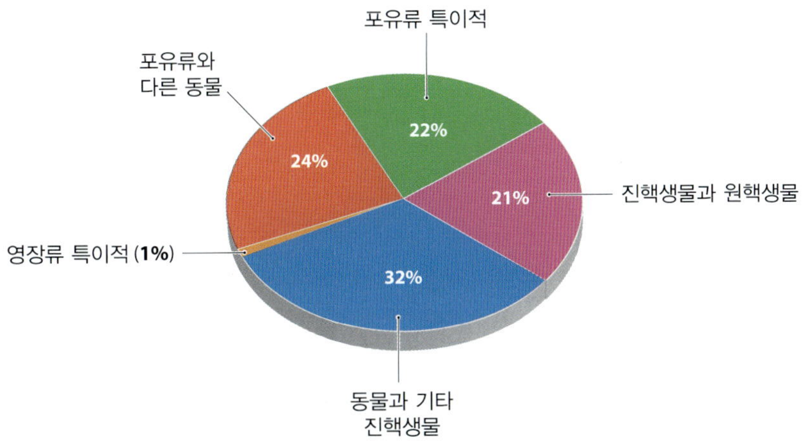

그림 19.4 인간 게놈과 다른 종류의 유기체 게놈의 유전자 간의 관계. 원 도표는 다른 유기체에서 동일 유전자의 존재 유무에 따라 인간 유전자를 분류하였다. 원 도표는 인간 유전자의 22%가 포유류 특이적이고, 24%가 포유류와 다른 동물들에 존재한다는 것을 예로 보여 준다.

인간 게놈의 유전자 배열은 논리적이지 않다

인간 유전자는 짧게는 100 bp에서 길게는 2,000 kb 이상의 크기를 가진다. tRNA, snRNA, snoRNA 유전자가 가장 짧고, 어떤 경우에는 65~75 bp의 정도의 짧은 길이를 가진다. 단백질을 암호화하는 유전자 중에는 히스톤 H4 유전자가 406 bp로 가장 작다. 큰 크기의 유전자는 대부분 암호화 서열이 아닌 인트론을 포함하여 구성되어 있다. 가장 긴 인간 유전자는 2,400 kb의 길이에 78개의 인트론을 가진 디스프로핀(dystrophin)을 암호화하며, 이 단백질의 결함은 근이영양증(muscular dystrophy)의 원인 중 하나이다. 디스트로핀 단백질은 비교적 크고 400 kDa 이상의 분자량을 가진다. 그것의 암호화 서열의 길이, 즉 모든 엑손이 연결된 유전자의 길이는 전체 길이의 0.6% 밖에 되지 않는다. 여기에서 한 가지 더 주목할 만 한 점은 이 단일 유전자의 전체 길이가 대장균 염색체 전체 길이의 2분의 1 이상이라는 것이다.

유전자는 인간 게놈 도처에 고르게 분산되어 있지는 않다. 100 kb 마다 64개 정도의 유전자가 있는 반면에, 덜 밀집된 구역은 각각의 염색체 동원체와 끝부분에서 가깝다. 이것을 제외하고는 각각의 유전자 위치에는 명확한 순서나 논리가 없다. 이 점은 다양한 다유전자군(multigene family)의 구성원들의 위치를 살펴봄으로써 설명할 수 있다(**그림 19.5**).

그림 19.5 인간 게놈에서 몇 가지 유전자와 유전자군의 위치.

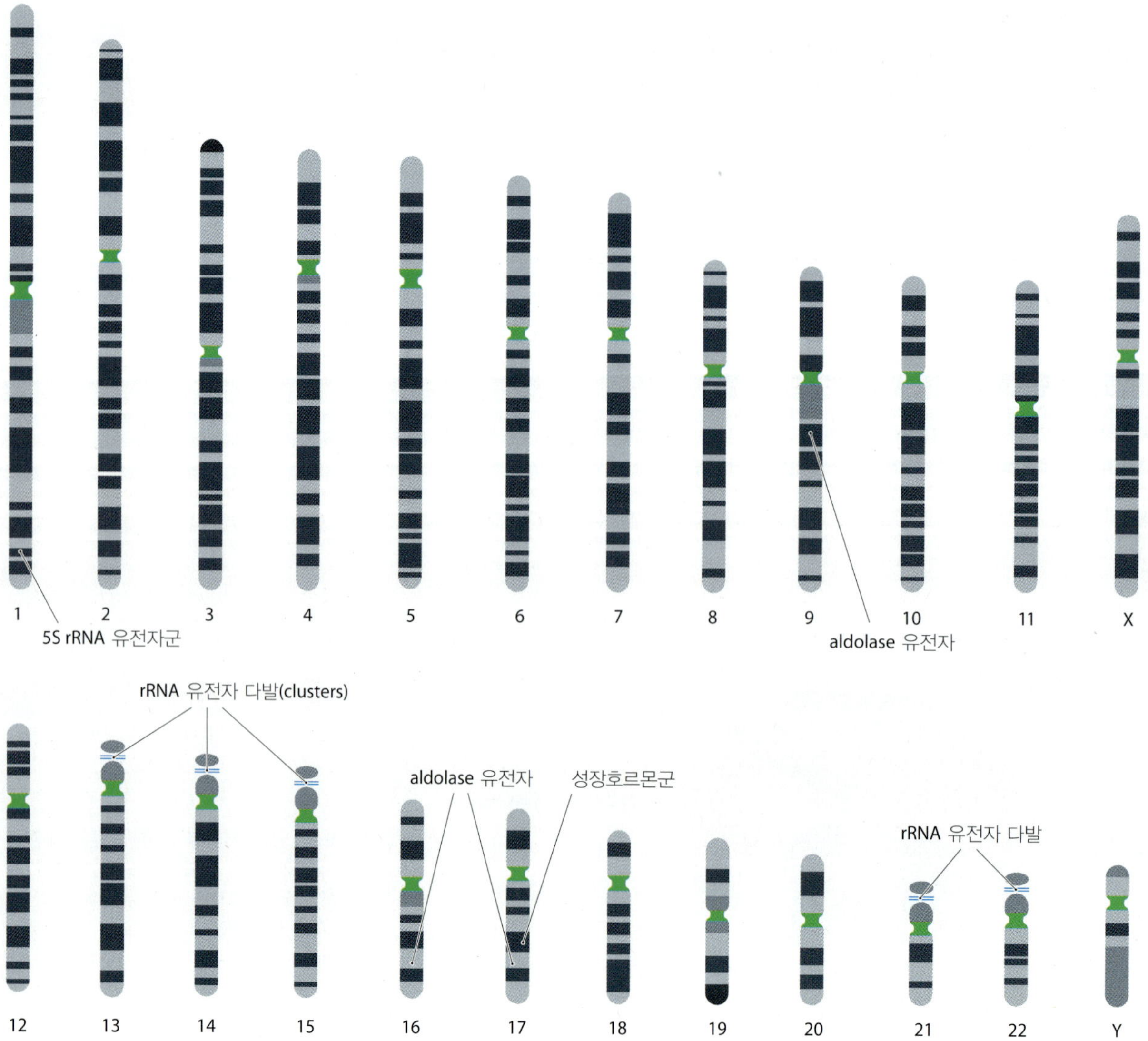

각각의 유전자와 함께 몇몇의 유전자군은 게놈의 한 위치에 밀집되어 있다. 17번 염색체에 밀집되어 있는 5개의 성장호르몬 유전자군과 2,000개의 유전자가 1번 염색체의 장완(long arm)에 직렬 배열되어 구성된 5S rRNA 유전자군이 그 예이다.

유전자는 유전자군과 더불어 게놈 주변에 산재되어 있다. 예를 들어, 3개의 알돌라아제(aldolase) 유전자군은 각각 염색체 9, 16, 17번에 위치하고 있다. 동시에 어떤 큰 유전자 군들은 밀집해 있거나 산재되어 있다. 약 280개의 rRNA의 전사 단위는 각각 50~70 단위가 5개의 무리(cluster)로 나누어져 있으며, 각각의 무리들은 13, 14, 15, 21, 22번 염색체의 단완(short arm)에 위치하고 있다. 대부분의 경우, 오늘날 우리가 알게 된 유전자의 위치는 게놈의 과거 진화 과정 중에 발생한 우연한 사건에 기인한다는 것을 암시한다.

유전자는 인간 게놈의 단지 작은 부분만으로 구성되어 있다

유전자 밀도의 변화가 인간 염색체의 길이에 따라 발생한다는 것은, 전체 게놈의 전형으로 보일 수 있는 유전자의 구성된 지역을 확인하는 것이 어렵다는 것을 의미한다. 이를 염두에 두고, 게놈의 세부적인 구성을 이해하기 위해 우리는 염색체 12번의 50kb 단편을 좀 더 면밀히 살펴볼 것이다(**그림 19.6**).

이 단편은 4개의 유전자를 포함한다. 4개의 유전자 간에 뚜렷한 관계가 없다는 것은, 인간 게놈에서 유전자의 분포가 확실히 일정하지 않다는 것을 강조하는 것이다. *PKP2*로 명명된 첫 번째 유전자는 플라코필린(plakophilin)을 암호화하고, 인접한 포유동물 세포들 간에 접점으로 작용하는 구조인 데스모솜(desmosome)의 합성에 관여한다. 두 번째 유전자인 *SYB1*은 세포 내에서 그들의 정확한 목표의 세포막과 소포융합(vesicle fuse)을 하는 단백질을 지정한다. 다음으로 *FLJ10143*으로 명명된 유전자는 그 기능이 아직까지 밝혀지지 않고 있다. 단편의 마지막 유전자인 *CD27*은 종양 괴사 인자 수용체 슈퍼패밀리(superfamily) — 세포 사멸(apotosis; programmed cell death)과 세포 분화에 관여하는 세포내 신호전달 경로를 조절하는 단백질군 — 의 구성원을 암호화한다.

우리는 얼마나 적은 부분의 인간 게놈이 실제로 생물학적 정보를 포함하고 있는지 그림 19.6에서 알 수 있다. 4개의 유전자는 각각 불연속적인 많은 수의 인트론 — *SYB1*은 2개, *PKP2*는 8개 — 을 가진다. 엑손들이 서로 연결되면 총 길이는 50 kb 단편의

그림 19.6 인간 게놈의 50 kb 단편. 지도는 인간 12번 염색체의 50 kb 단편에서 유전자와 반복서열의 위치를 보여 준다. 네 가지 유전자의 자세한 구조는 위 도식에 나타나 있다.

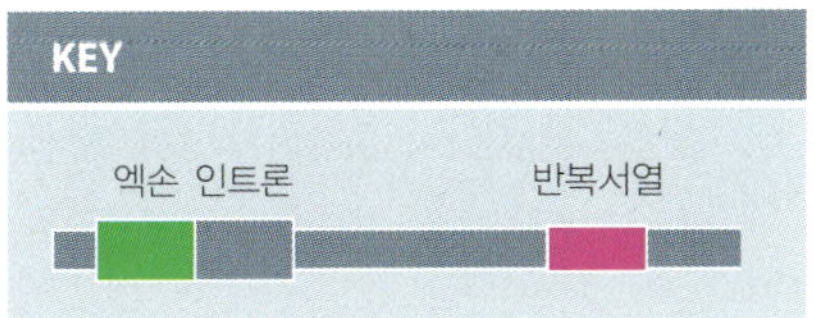

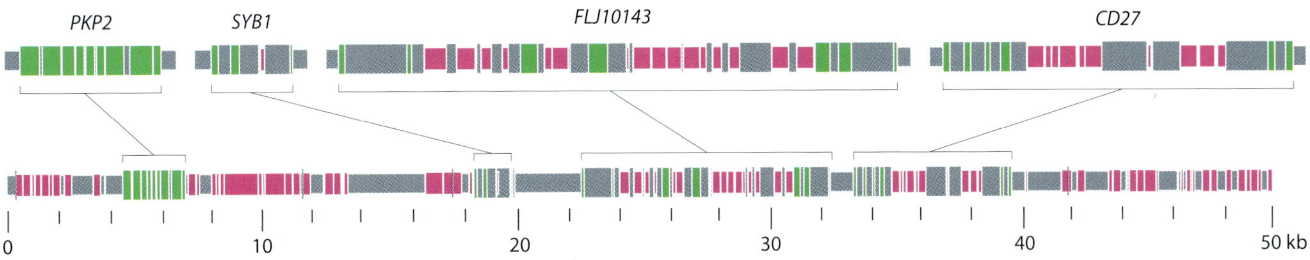

그림 19.7 마이크로새틀라이트 서열

9.5%인 4,745 bp 밖에 되지 않는다. 전체 게놈을 통틀어 단백질을 암호화하는 DNA의 양은 이것보다 적다. 인간 게놈에서 모든 엑손들은 전체의 오직 1.5%인 48 Mb 만을 구성한다(그림 19.2 참조).

유전자와 더불어 88개의 반복서열이 염색체 12번의 단편들의 여러 위치에 분포되어 있다. 이것은 게놈의 많은 장소에서 반복되어 나타나는 서열의 예이다. 그것들 대부분은 이 단편의 유전자간 부위에 위치해 있지만, 몇몇은 인트론 내에 존재한다. 이러한 반복서열의 분포는 전체 게놈에서 전형적으로 나타나며, 이 단원에서 반복 DNA(repetitive DNA)를 보다 자세히 살펴볼 때 다시 다루기로 할 것이다.

50 kb 단편의 일곱 군데에서 디뉴클레오티드 5′-CA-3′와 같은 짧은 모티프(motif)가 직렬 배열로 반복된다(그림 19.7). 이러한 직렬 반복서열들을 **마이크로새틀라이트(microsatellites)**라 부른다.

결론적으로, 인간 게놈의 50 kb 단편의 약 30%는 비유전자(nongenic)이거나, 비반복적(nonrepetitive)이고, 기능이 알려져 있지 않거나 의미가 없는 단일-사본(single copy) DNA로 구성되어 있다.

유전자는 하등 진핵생물의 게놈에서 좀 더 조밀하게 뭉쳐 있다

진핵생물 간에 유전자 구성은 얼마나 많은 차이가 있을까? 이 질문에 대한 답을 찾기 위해, 우리는 인간 게놈의 50 kb 단편을 효모(*Saccharomyces cerevisiae*), 초파리(*Drosophila melanogaster*), 옥수수의 게놈에 존재하는 같은 길이의 "전형적인(typical)" 단편과 비교할 것이다(그림 19.8).

그림 19.8 인간(A), 효모(B), 초파리(C), 옥수수(D) 게놈의 50 kb 단편 간의 비교. B~D에서는 단지 적은 수의 유전자만 표기하였다. 효모 게놈의 50 kb 단편은 26개의 유전자가 있고, "t"라고 표기한 부분은 tRNA를 암호화하며, 나머지는 단백질을 암호화한다. 초파리 게놈의 단편에는 11개의 유전자가 있으며 옥수수 게놈의 단편에는 단지 1개의 유전자만 존재한다.

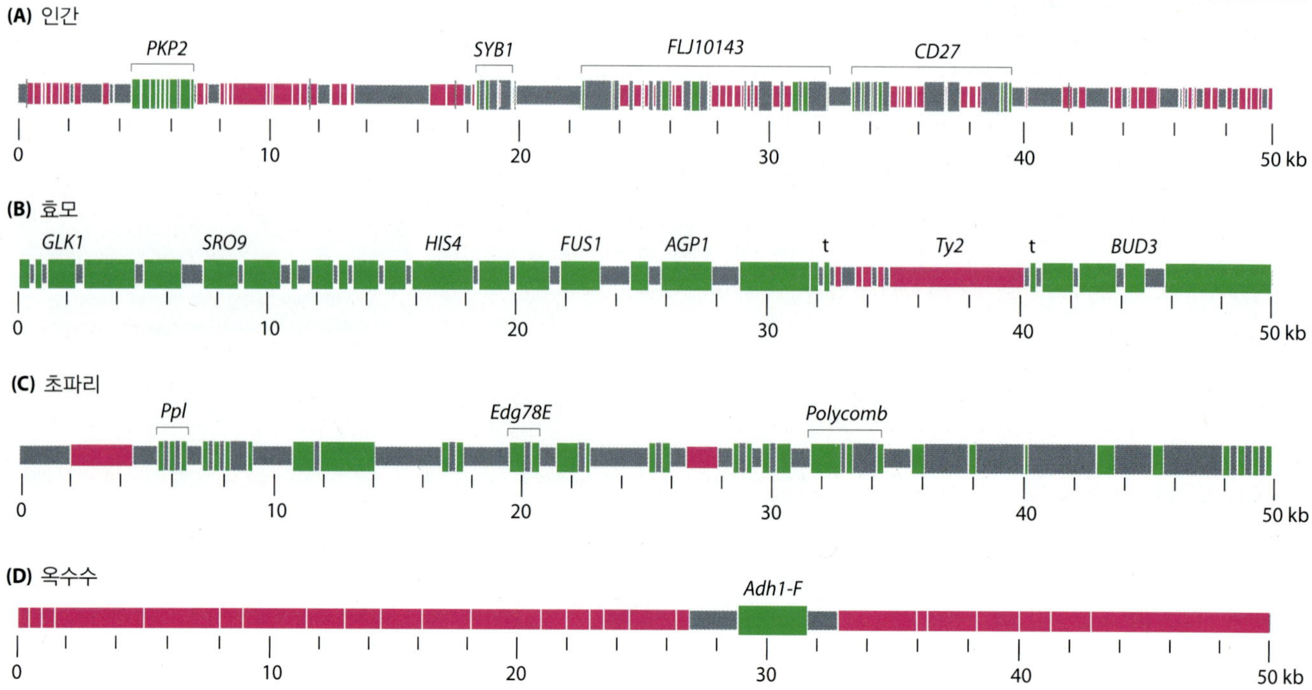

효모 염색체 3번 게놈 단편은 염기서열이 밝혀진 첫 번째 진핵생물 염색체이다. 첫 번째 두드러진 특징은 그것이 인간 유래 단편보다 더 많은 유전자를 가진다는 것이며, 24개의 유전자가 단백질을 암호화하고 2개는 tRNA를 암호화한다고 여겨진다. 4만 개 이상의 인트론이 인간 게놈에 있는 것과 비교해서 단지 300개의 인트론이 전체 효모 게놈에 있다는 사실은, 이 유전자가 불연속적으로 배열되지 않는 것은 말해준다. 효모 게놈은 또한 더 적은 반복서열을 가지고 있다. 염색체 3번 내에 존재하는 반복서열은 *Ty2*라 불리는 단일 사본의 LTR 레트로트랜스포존(retrotransposon)과 그들의 전 세대(parent) 레트로트랜스포존으로부터 떨어져 나온 LTR 서열인 4개의 "델타 엘리먼트(delta elements)"를 포함하고 있다. 이 5개의 반복서열은 50 kb 단편의 13.5% 정도를 차지하지만, 이 수치가 효모 게놈의 나머지에서는 일반적이지 않다. 16개의 모든 효모 염색체를 고려했을 때, 반복서열은 전체의 3.4% 밖에 되지 않기 때문이다.

이 그림은 효모 게놈의 유전자 구성이 인간보다 훨씬 경제적이라는 것을 보여 준다. 효모의 유전자는 더 조밀하고, 더 적은 인트론을 가지고 있으며, 유전자 간의 공간도 상대적으로 짧고, 반복서열과 다른 비암호화 서열이 차지하는 공간이 훨씬 적다.

하등 진핵생물이 더 조밀한 게놈을 가진다는 가설은 다른 종들과의 비교를 통해 확인되었다. 그림 19.8은 초파리 게놈의 50 kb 단편을 보여주고 있다. 만약 초파리가 효모보다 더 복잡하고 인간보다 덜 복잡하다면, 초파리 게놈의 유전자 구성은 효모와 인간의 중간 정도일 것이라 예상할 수 있다. 초파리 게놈의 5 kb 단편에는 인간보다는 많지만 효모보다는 적은 11개의 유전자가 있다. 7개의 모든 유전자는 불연속적으로 배열되어 있지만 각각 하나의 인트론만을 가진다. 세 가지 유기체들의 전체 게놈 서열을 비교했을 때, 각각의 50 kb 단편을 비교한 것과 유사한 결과를 보인다(**표 19.3**). 초파리의 유전자 밀도는 효모와 인간의 중간 정도이고, 유전자에 포함된 인트론의 평균 개수도 효모보다는 많지만 인간 유전자의 인트론 평균 개수의 3분의 1 정도 밖에 되지 않는다.

효모, 초파리, 인간의 게놈 간의 비교는 또한 반복서열이 서로 상이하다는 것을 보여 준다. 반복서열은 효모 게놈의 3.4% 초파리 게놈의 12%, 그리고 인간 게놈의 44%를 차지하고 있다. 게놈의 조밀도나 그 외의 것에 영향을 미치는 반복서열의 흥미로운 역할이 명확해지고 있다. 이는 화초 식물에 비해 상대적으로 작은 2,300 Mb의 옥수수 게놈에서 잘 나타나 있다. 반복서열은 옥수수 게놈의 대부분을 차지하고 있다. 그림 19.8에서 옥수수의 단편에는 알콜 탈수소효소(alcohol dehydrogenase)를 암호화하는 단일 유전자만이 존재한다. 비록 기능이 알려지지 않은 두 번째 유전자가 여기서 보여 준 단편의 오른쪽 끝에서 대략 100 kb 너머에 존재하지만, 이것은 이 50 kb 단편에서 유일한 유전자이다. 유전자 외에, 이 게놈 단편의 주요한 특징은 유전자 섬

표 19.3 효모, 초파리, 인간 게놈의 밀집도

특징	효모	초파리	인간
유전자 밀도 (Mb 당 평균 개수)	504	76	6.5
유전자 당 인트론 개수 (평균)	0.04	3	9
반복적 DNA가 게놈에서 차지하는 양 (%)	3.4	12	44

연구 브리핑 19.1

인간 게놈은 어떻게 분석되었을까?

인간 게놈 프로젝트는 1990년대 생물학적 연구에서 주요한 시도였다. 이 프로젝트는 1984년에 처음으로 논의되었지만 1990년 전까지 구체적으로 진행되지 못하였다. 이 프로젝트의 목적은 게놈을 이루는 3,200 Mb의 DNA 서열을 목표 완료일과 같은 2,003개의 세트로 분석하는 것이었다. 처음에 이것은 지나치게 야심찬 것이라 여겨졌지만 당초 예정보다 3년 빠른 2,000년에 목적을 달성하였다. 이것은 프로젝트를 활발하게 할 수 있도록 지원한 기술의 빠른 발전 덕분이다. 무엇보다 중요한 점은 수백 kb의 서열을 하루 안에 분석할 수 있는 "염기서열 분석 기계(sequencing machine)"의 발명이었다.

비록 1990년까지 인간 게놈 프로젝트를 시작하지는 못했지만, 인간 게놈의 종합적인 지도를 만들기 위한 프로젝트가 최초로 시도되기 10년 전부터 프로젝트의 기반을 다지고 있었다.

인간 게놈 지도는 DNA 마커들과 유전자의 위치를 알려 주었다

1980년대 초반까지 인간 게놈의 세분화된 지도를 작성하는 일은 불가능한 것이라 여겨졌었다. 비록 초파리와 몇몇 유기체들의 종합적인 유전자 지도가 작성되었지만, 인간 혈통 분석의 내재된 문제로 인하여 많은 유전학자들이 인간 게놈 지도를 정말로 만들 수 있을까 하는 의구심을 품게 하였다. 다른 문제는 상대적으로 적은 인간의 특징이 단일 유전자와 연관될 수 있다는 것이다. 눈과 머리카락의 색깔 같은 대부분의 특징들은 함께 움직이는 유전자군들에 의해 암호화되어 있다. 이러한 특징들의 유전은 유전자 지도가 만들어 질 수 있는 확실한 재조합 빈도를 주지 못한다.

인간 게놈 지도를 만드는 데 원동력을 불어 넣어준 것은 **DNA 마커(DNA markers)**의 발견이다. 이것은 2개 이상의 변종이 존재하는 유전자와 같은 서열이다. **제한 효소 단편 길이 다형성(restriction fragment length polymorphism, RFLP)**을 예로 들 수 있다. RFLP는 제한 효소의 인식부위 서열을 바꾸는 점 돌연변이로부터 얻어진 결과이다. 제한 효소는 특정 서열에서 DNA를 절단하는 효소이다. *Bam*HI을 예로 들어보면, 오직 5′-GGATCC-3′ 서열만 절단한다. 두 대립유전자는 효소에 의해 절단되거나 절단되지 않는 RFLP의 형태이다(그림 1). 한 사람이 어떤 대립유전자를 가지고 있는지는 그의 DNA를 제한 효소로 검사해 보면 알 수 있다. 인간 혈통에서 RFLPs의 유전은 유전자와 같은 방법으로 연구될 수 있다. 2개의 다른

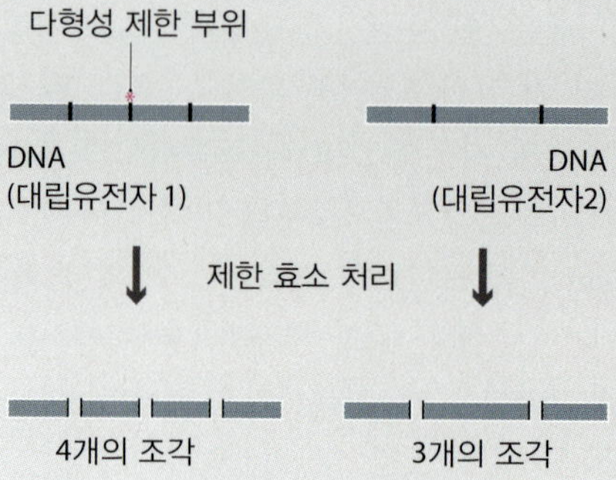

그림 1 RFLP

RFLPs 간이나 RFLP와 유전자 사이의 재조합 빈도를 산출할 수 있고, 유전자 지도에서 RFLPs의 위치를 확인할 수 있다.

1. 최초의 인간 게놈 지도는 393개 RFLPs의 위치를 보여 주었고, 1987년에 공개되었다. 이 후에 점차적으로 더 많은 세부 사항들이 추가되었다. 더 많은 마커들이 혈통 연구를 통해 확인되었고, **물리적 지도(physical mapping)**에 의해 다른 것들의 위치가 정해졌다. 물리적 지도에서 마커는 직접적인 DNA 검사에 의해 밝혀졌다. 다양한 기술들이 사용되었고, 그 중에 **형광 탐침 분석법(fluorescent *in situ* hybridization, FISH)**은 표지된(labeled) DNA 분자를 탐침자(probe)로 이용한 염색체 조사기법이다. 잡종화(hybridization)가 일어난 염색체 상의 위치는 탐침자를 사용한 DNA 서열의 지도 상 위치 정보를 제공한다(그림 2). 1995년에 3만 개 이상의 마커들이 지도화 되었다.

지도는 게놈 서열을 고정시킨다

왜 인간 게놈을 지도화하는 데 많은 노력을 기울였을까? 게놈 지도 없이 서열을 정확하게 조립하는 것은 불가능할 것이라고 생각되었다. 각각의 염기서열 분석 범위가 최대 750 bp라는 것을 기억하도록 한다. 더 긴 구간(콘티그; contig)은 염기서열이 분석된 짧은 서열들 간에 중복되어 있는 부분을 찾음으로서 만들어진다. 특히 중복 서열들을 포함하는 게놈의 일부는 때때로 중복된 부분을 확인하면서 실수가 생길 수도 있다(그림 3). 그래서 서열의 조립이 맞게 되었는지 확인하기 위해 게놈 지도가 필요하다. 서열에서 마커의 위치와 지도 상에서 그것의 위치가 불일치한다면 필연적으로 오류가 발생할 것이다. 우리는 지도가 서열을 고정시키는 데 사용된다고 말한다.

인간 게놈은 너무 커서, 초기에는 지도가 있더라도 그것을 정확하게 조립하는 것이 불가능할 것이라고 생각되었다. 일을

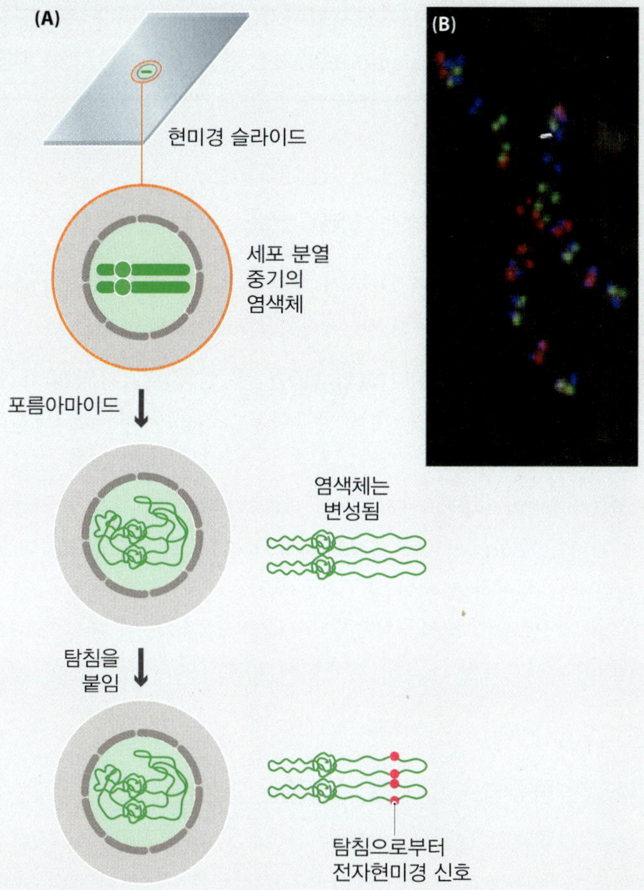

그림 2 형광 탐침 분석법(FISH). (A) 방법의 요약. (B) 분석 결과의 예시. 18개의 DNA 조각은 서로 다른 형광 표지자로 표시되어 있고, 염색체와 잡종화된다. 각각의 염색분체(chromatid)는 2개의 DNA 사본을 가지기 때문에 잡종화 위치는 이중으로 보인다. (B, courtesy of Octavian Henegariu, Yale University.)

좀 더 쉽게 하기 위해, 처음에 게놈을 300 kb 단편으로 절단하고, 그 단편들을 **박테리아 인공염색체(bacterial artificial chromosome, BAC)**라 불리는 특별한 유형의 벡터에 삽입하였다. 게놈 지도 상에서 각각의 BAC 클론(clone)의 위치는 어떤 마커가 어떤 클론에 들어있는지 확인함으로서 알 수 있었다. 각각의 BAC 클론들은 개별적으로 염기서열이 분석되어지는 작은 조각으로 나눠졌다. 이 조각들 간의 중복은 각각 BAC 클론의 전체나 일부로 구성되는 콘틱이 조립되는 것을 가능하게 한다. 그 다음 각각의 콘틱의 서열은 게놈 지도 상의 그것의 올바른 위치에 놓이게 된다.

결과적으로 봤을 때, BAC library는 인간 게놈 분석에 큰 기여를 하였다. 인간 게놈 프로젝트가 서열 수집 단계로 옮겨갈 즈음, 인간 게놈 분석을 위한 두 번째 프로젝트가 다양한 방법을 이용한 사기업(private company)에 의해 시작되었다. 이들은 비특정적(shotgun) 염기서열 분석 방법을 통해 75만 개의염기서열 조각을 이용하여 각각 500 bp 정도의 짧은 서열들을 얻은 후 이를 재조립하여 염기서열을 분석하는 방법을 이용하였다. 이러한 분석은 비록 더 많은 오류를 가지고 있었지만 훨씬 빠르고, 비용 또한 훨씬 적게 들었다.

초안 서열은 2000년에 완성되었다

인간 게놈 프로젝트가 실제로 최초의 인간 게놈 서열을 제공하지 못할 것이라는 가능성은 프로젝트의 주최자들로 하여금 예정 완료 시기를 앞당기게 했다. 인간의 22번 염색체 전체의 서열이 1999년 12월에 발표되었고, 21번 염색체의 서열이 몇 달 후에 공개되었다. 마침내, 2000년 6월 26일 미국 대통령과 함께 두 프로젝트의 책임자인 Francis Collins와 Craig Venter가 공동으로 염기서열 분석이 완료되었음을 발표하였다.

2000년에 발표된 게놈 서열은 최종 서열들이 완성되지 않은 초안이었다. 인간 게놈 프로젝트에 의해 알게 된 서열은 게놈의 90% 정도이고, 잃어버린 320 Mb는 주로 구성적 이질염색질(constitutive heterochromatin)에 위치한다. 이 초안 서열은 약 15만 개의 틈이 있었다. 처음으로 완벽하게 완성된 염색체 서열은 2004년에 알려졌으며, 전체 게놈 서열은 1년 후에 완료하는 것으로 고려되었다. 전체 2,580 Mb의 길이를 가지는 이 서열은 진정염색질(euchromatin)의 부족한 28 Mb가 그 당시 분석이 완료될 때 남아 있던 308개의 틈에 존재하였다.

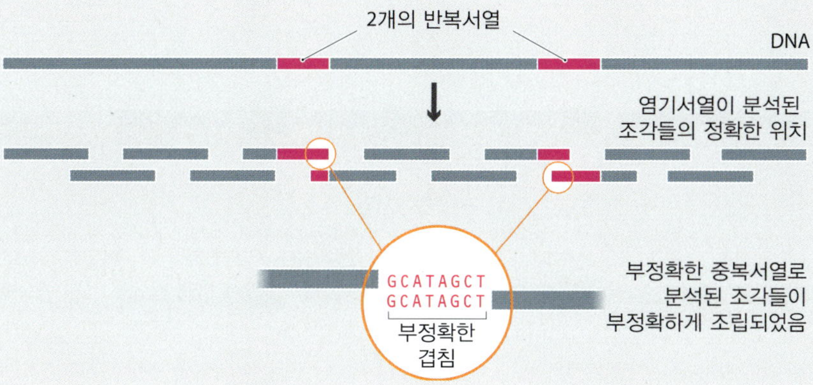

그림 3 반복적 DNA의 존재는 염기서열이 분석된 조각들의 부정확한 조립을 야기한다. 2개의 반복서열 사이에 존재하는 서열은 뜻하지 않게 콘틱으로부터 누락되었다.

(islands of genes)의 바다를 형성하는 것으로 묘사되어지는 반복서열이다. 대부분의 반복서열들은 LTR 레트로트랜스포존(retrotransposon)으로 거의 모든 비암호화 부위로 구성되어 있으며, 옥수수 게놈의 50%를 차지하는 것으로 추정된다.

19.2 인간 핵세포 게놈의 반복적인 DNA 구성 요소

그림 19.8에 나와 있는 게놈 단편은 반복적 DNA가 대부분의 진핵생물 게놈의 중요한 요소임을 보여 준다. 따라서 이 반복서열을 더 자세히 살펴볼 필요가 있다.

반복적인 DNA는 2가지 범주로 나눌 수 있다(**그림 19.9**). 첫 번째는 각각의 반복 단위가 게놈 주변에 무작위하게 분포되어 있는 게놈 반복서열(genome-wide repeats) 혹은 **산재성 반복서열(interspersed repeats)**이다. 다음은 반복 단위 여러 개가 직렬로 배열되는 **직렬 반복서열(tandemly repeated DNA)**이 있다. 반복서열이나 그 기능이 알려져 있지 않은 게놈의 다른 부분들은 **정크 DNA(junk DNA)**로 여겨졌었다. 그러나 이 용어는 설득력을 잃었는데, 왜냐하면 지난 몇 년 동안의 게놈 연구로 인한 놀라운 발견들로 인해 현재 그것이 어떻게 기능하는지 모르기 때문에 단순하게 게놈의 어떤 부분은 중요하지 않다는 유전학자들의 주장이 퇴색되어 간다는 것을 의미하기 때문이다.

산재성 반복서열은 다양한 종류의 RNA 트랜스포존을 포함한다

우리는 이미 인간과 다른 진핵생물 게놈에 존재하는 산재성 반복서열의 가장 중요한 형태를 알고 있는데, 이는 13장에서 배웠던 바이러스성 레트로인자(retro-elements)와 관련된 세포성 RNA 트랜스포존(cellular RNA transposons)이다. *Ty1/copia*와 *Ty3/gypsy* 유전자 군의 LTR 레트로트랜스포존(retrotransposons)은 많은 진핵생물 게놈에 존재하지만 인간과 다른 포유류에서는 약간 다르다. 그들의 LTR 트랜스포존 대부분은 다른 진핵생물에서 우위를 차지하는 LTR 레트로트랜스포존의 형태라기보다는 약화된 내생의 레트로바이러스(retroviruses)이다. 그들은 같은 유전자군의 구성원이기 때문에 염기서열은 작은 차이를 보이고 있다.

모든 종류의 레트로트랜스포존이 LTR 요소를 가지지는 않는다. 포유류에서 비LTR 레트로인자 혹은 레트로포존(retroposons)의 주요 형태는 대부분 **LINEs(long interspersed nuclear elements)**, **SINEs(short interspersed nuclear elements)**로 알려져 있다. SINEs은 인간 게놈에서 모든 형태의 산재성 반복서열에 대한 가장 많은 170만 개 이상의 복제수(copy number)를 가지며, 이는 전체 게놈의 14%를 차지한다.

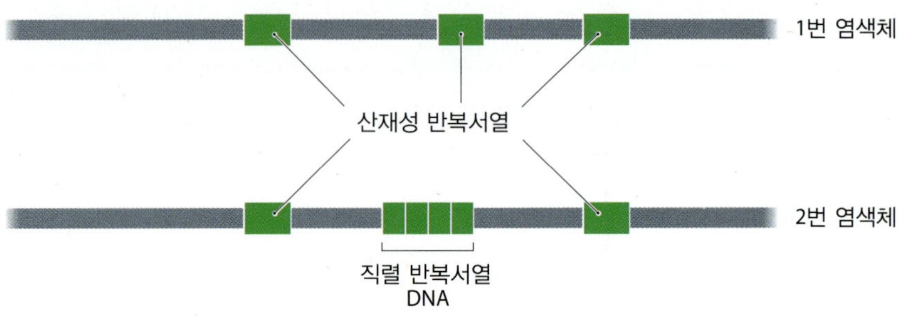

그림 19.9 반복적 DNA의 두 가지 유형: 산재성 반복서열과 직렬 반복서열

LINEs은 그보다 작은 100만 개 정도가 발견되었지만, 그것의 긴 길이 때문에 전체 게놈의 20%를 차지한다. 그림 19.6에 나타나 있는 인간 게놈의 단편에서 대부분의 산재성 반복서열은 LINEs과 SINEs이다.

인간 게놈에는 3가지 형태의 LINEs이 있으며, 그 중에 LINE-1은 가장 빈번히 나타나고 여전히 전이가 가능한 유일한 형태이다. LINE-2와 LINE-3은 비활성 형태로 알려져 있다. LINE-1의 길이는 6.1 kb이고 2개의 유전자를 가지고 있다. 2개의 유전자 중 하나는 다단백질(polyprotein)을 암호화하는데 바이러스 유래 역전사 효소(viral retroelements)의 *pol* 유전자 발현 산물과 유사하다. 이 다단백질은 역전사 효소를 포함한다(**그림 19.10A**). LTRs은 없지만 LINE의 3′ 말단은 비록 DNA의 상보 가닥이 poly(T) 서열이라도 poly(A) 서열이라 언급되어지는 일련의 A–T 염기쌍으로 표시된다. 인간 게놈에서 LINE-1 구성 요소의 오직 1% 만이 전장 버전(full-length version)이며, 모든 사본의 평균 크기는 900 bp 정도이다. 비록 LINE-1이 배양된 세포에서 관찰됐을지라도, 대부분은 완전한 길이를 가지고 있지 않아 활성이 없고, 전위(transposition)는 거의 드문 현상이다. LINE-1의 전위는 혈우병을 앓고 있는 몇몇 환자들의 병인이며, 그것의 전위로 인해 제 8인자(factor VIII) 유전자가 파괴되고, 혈액응고 단백질인 제 8인자(factor VIII)의 생합성이 억제된다.

SINEs는 대략 100~400 bp 정도로 LINEs 보다 훨씬 짧고, 어떠한 유전자도 존재하지 않는다(**그림 19.10B**). 대신에, SINEs는 전위에 필요한 효소를 LINEs에서 "빌린다(borrow)". 영장류 게놈에서 가장 일반적인 SINE는 **Alu**이며, 인간은 약 120만 개의 Alu 복사본을 가지고 있다. 몇몇의 Alu 요소들은 그 수를 늘리기 위해 전사가 활성화된다.

Alu는 세포 주변에서 단백질의 이동에 관여하는 비암호화 RNA인 7SL RNA 유전자에서 유래되었다. 첫 번째 Alu 요소는 7SL RNA 분자의 우연한 역전사 반응과 게놈으로 그 DNA 사본이 삽입되어서 생겨났을 것이다. 다른 SINE는 7SL RNA 유전자와 마찬가지로 진핵생물의 RNA 폴리메라아제 III에 의해 전사되는 tRNA 유전자로부터 유래되었는데, 이 폴리메라아제에서 만들어지는 전사산물의 몇 가지 특징들이 그것을 레트로포존으로 전환되는 것을 쉽게 하는 것 같다.

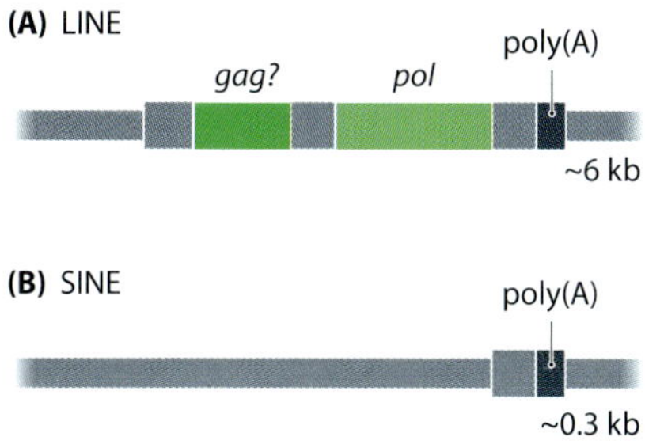

그림 19.10 인간 게놈의 비LTR 레트로인자

직렬 반복 DNA는 밀도 기울기에서 새틀라이트 밴드를 형성한다

직렬 반복 DNA(tandemly repeated DNA)는 또한 **새틀라이트 DNA(satellite DNA)**라고 불리는데, 게놈 DNA를 밀도 기울기에서 원심분리하면 직렬 반복서열을 포함하는 DNA 조각들이 "새틀라이트" 밴드를 형성하기 때문이다(연구 브리핑 10.1 참조).

부유 밀도(buoyant density)는 DNA 분자의 GC 함량에 따라 달라지고, 밀도 기울기에서 DNA가 차지하는 위치를 결정한다. 인간 DNA(GC 함량 40.3%)는 1.701 g cm^{-3}의 부유 밀도를 갖는다. 그리하여, 인간 DNA는 밀도 기울기에서 1.701 g cm^{-3} 위치에 밴드를 형성한다. 하지만 밀도 기울기에서 형성되는 밴드는 이것이 전부가 아니다. 인간 DNA의 밴드와 더불어 1.687, 1.693 그리고 1.697 g cm^{-3} 위치에 3개의 새틀라이트 밴드를 형성한다(**그림 19.11**). 이 추가적인 밴드들은 반복적인 DNA를 포함한다. 세포가 파쇄될 때, 긴 염색체 분자들이 50 kb 정도의 조각으로 쪼개지기 때문에 새틀라이트 밴드가 형성된다. 대부분의 단일-사본(single copy) DNA를 포함하는 조각들은 인간 DNA의 평균인 40.3%의 GC 함량을 가지며, 밀도 기울기에서 1.701 g cm^{-3} 위

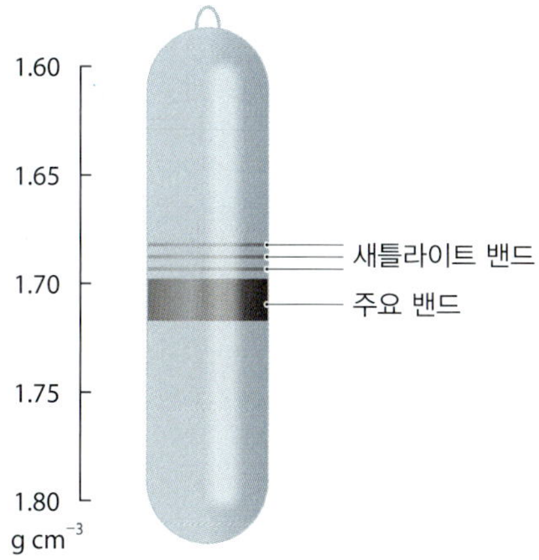

그림 19.11 인간 게놈의 새틀라이트 DNA. 인간 DNA는 평균적으로 40.3%의 GC 함량과 1.701 g cm^{-3}의 부유 밀도를 갖는다. 평균에 가까운 GC 함량을 가지는 단일-사본 DNA로 구성된 단편들은 밀도 기울기에서 주요 밴드에 포함된다. 1.687, 1.693, 1.697 g cm^{-3}의 새틀라이트 밴드들은 반복적 DNA를 포함하는 조각들로 이루어져 있다. 이 조각들의 반복 모티프 서열에 의해 결정되는 GC 함량은 게놈 평균과는 다르며, 이 조각들이 다른 단일-사본 DNA와 다른 부유 밀도를 가지고, 밀도 기울기에서 다른 위치로 이동한다는 것을 의미한다.

치로 이동한다. 하지만 많은 양의 반복적인 DNA를 포함하는 조각들은 밀도 기울기에서 다르게 움직인다. 예를 들어 ATTAC 반복서열로 이루어진 조각이 기준 수치보다 낮은 20%의 GC 함량을 가지면, 1.701 g cm^{-3} 보다 다소 낮은 부유 밀도를 나타낸다. 따라서 이러한 반복적인 DNA를 포함하는 조각들은 밀도 기울기에서 DNA 밴드 위의 새틀라이트 위치로 이동한다. 하나의 게놈은 5 bp 보다 짧거나 200 bp 보다 긴 서로 다른 반복 단위를 가지는 여러 형태의 새틀라이트를 포함할 수 있다. 인간 DNA에 존재하는 세 가지 형태의 새틀라이트 밴드는 최소 4가지의 다른 반복 유형을 포함하고 있다.

우리는 이미 인간 새틀라이트 DNA의 한 가지 형태인 염색체의 동원체 지역에서 발견되는 알포아드(alphoid) 반복서열에 대해 알아보았다. 비록 몇몇의 새틀라이트 DNA가 게놈 주변에 산재되어 있더라도, 대부분은 동원체 지역에 위치하며, 하나 혹은 그 이상의 특정 동원체 단백질에 대한 결합 부위로서의 구조적 기능을 가질 것이다.

미니새틀라이트와 마이크로새틀라이트는 직렬 반복 DNA의 특별한 형태이다

비록 밀도 기울기에서 새틀라이트 밴드로 나타나지는 않지만, 다른 두 가지 형태의 직렬 반복 DNA를 "새틀라이트" DNA로 분류할 수 있다. 바로 **미니새틀라이트(minisatellites)**와 **마이크로새틀라이트(microsatellites)**가 그것이다. 미니새틀라이트는 각각 25 bp 이상의 반복 단위가 20 kb 정도의 집합체를 형성한 것이다. 그리고 마이크로새틀라이트는 13 bp 이하의 반복 단위가 150 bp 미만의 집합체를 형성한 것이다.

미니새틀라이트 DNA는 우리에게 이미 친숙한 염색체의 구조적 특징과 연관된 반복적 DNA의 두 번째 유형이다. 인간의 텔로미어(telomere DNA)는 5′-TTAGGG-3′의 수백 개 사본으로 이루어진 미니새틀라이트의 대표적인 예이다. 텔로미어 미니새틀라이트(telemore minisatellite)와 더불어 몇몇 진핵생물의 게놈에는 염색체 말단과 가까운 부위에 비록 전부는 아니지만 미니새틀라이트의 다양한 집합체가 다수 존재한다. 이 미니새틀라이트 서열은 아직 확실히 밝혀지지 않았다.

마이크로새틀라이트 또한 직렬 반복 DNA의 예이다. 마이크로새틀라이트의 반복 단위는 그 길이가 최대 13 bp 정도로 짧다. 디뉴클레오티드(dinucleotide) 반복은 전체 게놈에서 거의 14만 개로 마이크로새틀라이트의 가장 일반적인 유형이다. 디뉴클레오티드(dinucleotide) 반복의 약 절반은 모티프 5′-CA-3′의 반복이다. AAAAA 같은 단일 뉴클레오티드 반복은 다음으로 일반적인 마이크로새틀라이트로서 전체 게놈에 약 12만 개 정도 존재한다.

산재성 반복서열과 같이 마이크로새틀라이트의 기능에 대해서는 명확하게 밝혀져 있지 않다. 하지만 마이크로새틀라이트는 유전학자들에게 있어서 매우 유용하게 이용된다. 많은 마이크로새틀라이트가 다양하다는 것은 한 종의 서로 다른 구성원마다 집합체에서 반복 단위의 개수가 다르다는 것을 의미한다. 이것은 하나 이상의 반복 단위가 삽입, 또는 드물게 결실되는 DNA 복제가 일어나는 동안 마이크로새틀라이트가 복제될 때 가끔 발생하는 "불이행(slippage)" 때문이다(그림 16.9 참조). 마이크로새틀라이트의 동일한 조합을 가지는 유전적으로 동일한 쌍둥이를 제외하고는, 그것의 조합이 정확히 일치하는 인간은 없다. 이는 만약에 충분한 수의 마이크로새틀라이트가 조사된다면, 모든 사람이 가진 고유한 **유전자 프로파일(genetic profile)**을 확인할 수 있

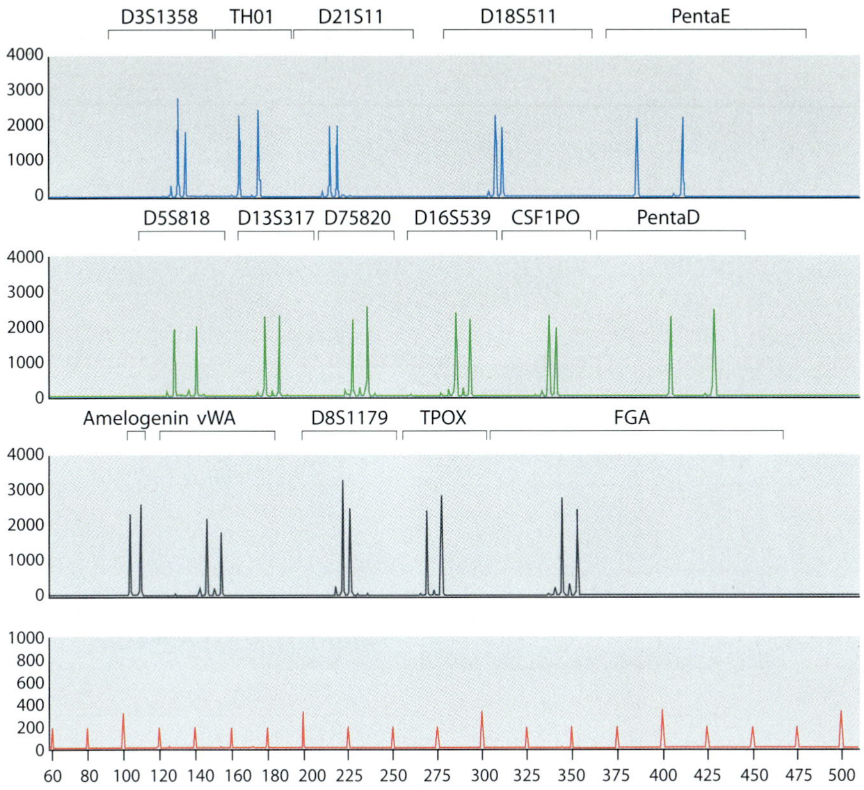

그림 19.12 유전자 프로파일. 위의 3개의 그래프에서 피크의 위치는 게놈의 15개 마이크로새틀라이트의 길이 변화를 나타낸다. D3S1358, TH01, 그리고 그 외의 마이크로새틀라이트는 피크 위쪽에 표시하였다. Amelogenin이라 표기한 2개의 피크는 마이크로새틀라이트가 아닌 X, Y 염색체 상의 amelogenin 유전자에서 유래된 것이다. 하나의 피크는 X 염색체만 존재한다는 것이고, 여성을 나타낸다. 2개의 피크는 남성을 나타낸다. 아래의 그래프는 여러 종류의 size marker를 보여 주며, 유전자 프로파일의 피크를 보정하는 데 사용된다. y축은 피크의 높이를 측정하는 데 사용되는 임의 단위이다. 우리는 어떻게 유전자 프로파일이 얻어졌는지 21장에서 알아볼 것이다. (Courtesy of Promega Corporation.)

다는 것을 의미한다(**그림 19.12**). 유전자 프로파일링은 과학수사에서의 잘 알려진 분석기법이지만, 범죄를 입증하는 것은 마이크로새틀라이트의 다양성을 응용하는 방법의 극히 일부에 지나지 않는다. 좀 더 정교한 응용방법은 개인 유전 물질 프로파일(person's genetic profile)이 양부모로부터 부분적으로 유전된다는 사실을 이용하는 것이다. 이것은 마이크로새틀라이트가 인간과 동식물의 가족 관계와 개체군의 유연 관계(population affinities)를 확립하는 데 사용될 수 있다는 것을 의미한다.

19.3 인간과 다른 동물들의 게놈은 어떠한 차이가 있을까?

지난 수세기 동안 철학자들과 생물학자들은 무엇이 우리를 인간으로 만드는지에 대한 논쟁을 하였다. 적어도 인간의 관점에서 바라봤을 때, 왜 우리는 다른 동물들과 구별되는 중요한 생물학적 특성을 가지는 특별한 타입의 종인가? 유전학자들은 그 질문에 대한 답이 영혼의 소유와 같은 형이상학적 설명으로는 불충분하며, 그것에 대한 답을 게놈에서 찾아야 한다고 생각한다. 우리는 동물계에서 인간과 가장 가까운 종족을 확인하기 위해 생명의 나무에서 인간의 진화 위치를 조사함으로써 이 질문에 대한 답을 찾기 시작할 것이다. 그런 후에, 무엇이 우리를 동물과 구별짓게 하는가에 대한 어떤 단서를 인간 게놈이 제공하는지 알아볼 것이다.

침팬지는 동물계에서 우리와 가장 가까운 종족이다

다윈은 인간과 동물 간의 진화 관계를 최초로 추측한 생물학자이다. 인간이 침팬지, 고릴라, 그리고 오랑우탄과 밀접한 관계가 있다는 그의 관점이 처음 제안되었을 때

그림 19.13 사람과(Hominidae)의 대표적인 네 가지 사람속(genera). (A) 두 명의 인간(*Homo sapiens*). (B) 침팬지(*Pan troglodytes*). (C) 고릴라(*Gorilla gorilla*). (D) 오랑우탄(*Pongo pygmaeus*). (A, courtesy of BLM/Oregon; C, courtesy of Richard Ruggiero, US Fish and Wildlife Service.)

논란의 여지가 있었으며, 이후 수십 년 동안 다윈의 추종자들조차 그 지지를 철회하였다. 실제로, 당시의 생물학자들은 지구 상에서 인간의 위치에 대한 비과학적인 해석의 가장 열렬한 옹호자들 중의 하나였다. 인간이 단지 동물의 다른 유형이라는 깨달음은 주로 화석 기록의 연구에서 비롯되었다.

진화론적 측면에서, 인간은 **사람과(hominidae)**로 명칭되는 분류군의 한 부분인 인류의 조상(Hominids)으로 여겨진다. 현존하는 이 분류군의 구성원들은 인간, 침팬지, 고릴라, 그리고 오랑우탄이다(**그림 19.13**). 사람과에서 구성원과의 정확한 관계는 고생물학과 **분자계통발생학(molecular phylogenetics)**의 결합에 의해 알려졌다. 후자는 그들의 진화 관계를 알아내기 위해서 서로 다른 종에서 유래된 DNA 서열을 비교하는 데 분자시계를 이용한다. 이 연구를 통해 얻어진 계통수(phylogenic tree)는 침팬지가 우리와 가장 가까운 종족이라는 것을 보여 준다(**그림 19.14**). 한 쪽으로는 인간으로 다른 한쪽으로는 침팬지로 이어지는 혈통(lineages)의 분리는 약 400~500만 년 전에 발생했다고 여겨지지만, 몇몇의 진화 생물학자들은 더 오래 전이라 추정하기도 한다.

침팬지와 인간의 혈통이 분리된 이래로, 인간 혈통 전부가 호모 사피엔스(*Homo sapiens*, **그림 19.15**)의 조상은 아니었고, 많은 종(species)과 몇몇의 속(genera)을 포함하고 있었다. 고생물학적, 고고학적 기록에서 이 진화 경로를 따라가 보면 특별한 인간의 특징들 중에서 첫 번째 흔적이 서서히 나타난다. 침팬지가 너클-보행(knuckle walking)으로 이동하는 것에 반하여 직립보행 능력은 440만 년 전 동아프리카에서 살

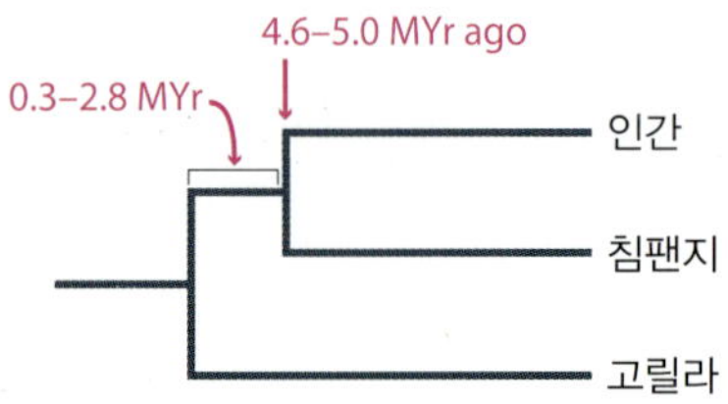

그림 19.14 계통수는 인간, 침팬지, 그리고 고릴라 간의 진화 관계를 보여 준다. 460~500만 년 전에 인간과 침팬지 간의 계통이 분리되었다. 인간-침팬지와 고릴라 간의 계통의 분리는 그 전의 30~280만 년 전에 일어났다. MYr, 백만 년

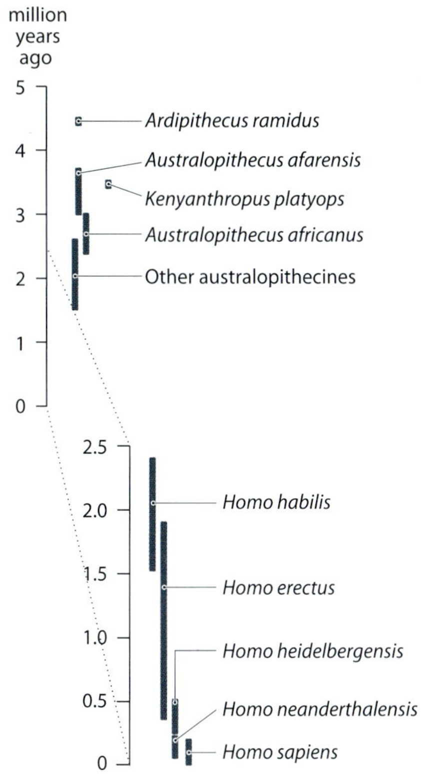

그림 19.15 남겨진 화석으로 이어진 주기는 인간종, *Homo sapiens*로 이어지는 진화 계통을 형성한다고 생각된다.

았던 아르디피테쿠스 라미두스(*Ardipithecus ramidus*)가 처음으로 가졌었다. 최초의 석기는 인간 속(genus)의 초기 인류인 호모 하빌리스(*Homo habilis*)에 의해 250만 년 전에 만들어졌다. 현생 인류인 호모 사피엔스(*Homo sapiens*)는 19만 5천 년 전에 아프리카에서 처음 나타났고 점차 전 세계로 퍼졌다. 인간이 언제부터 언어를 사용했는지는 알 수 없지만, 실용적인 목적보다 예술적인 이유로 돌을 조각하기 시작한 것은 약 5만 년 전이며, 그 즈음에 음악을 연주하기 시작했을 것이다. 인간 게놈에서 어떤 변화가 이러한 인간의 지적, 문화적, 그리고 사회적 진화를 수반하게 한 것일까?

인간과 침팬지 게놈의 비교에서 무엇이 우리를 인간으로 만들었는지를 밝혀내는 데 실패했다

게놈에 관해서는 인간과 침팬지 간의 뉴클레오티드 서열의 차이가 1.73% 밖에 나지 않는다. 실제로, 인간과 침팬지 게놈을 비교할 때, 차이점을 찾는 것 보다 유사점을 찾는 것이 훨씬 쉽다. 암호화 DNA 내 서열의 일치 정도가 98.5% 이상이며, 인간 게놈에서 아미노산 서열이 침팬지와 동일한 단백질을 암호화하는 유전자는 29%이다. 심지어 게놈의 비암호화 부위의 뉴클레오티드 서열도 97% 일치한다.

두 게놈에서 유전자의 순서는 거의 같으며, 염색체도 매우 유사한 형태를 띠고 있다. 염색체 형태에서, 가장 두드러지는 차이점은 인간의 2번 염색체가 침팬지에서는 2개로 분리되어 있다는 것이고(**그림 19.16**), 그로 인해 인간이 23쌍의 염색체를 가지는 반면에, 침팬지가 24쌍의 염색체를 가지는 것이다. 인간 동원체에 존재하는 알포이드(alphoid) DNA 서열은 침팬지 염색체에 있는 것과는 확연히 다르며, Alu 요소들은 인간 게놈에서 보다 많이 발견된다. 이러한 특징들은 아마도 인간과 침팬지 간의 차이점이 아닌 반복 DNA의 진화에서 비롯된 것 같다.

인간과 침팬지 게놈의 비교는, 또한 인간의 특별한 특징에 대해 어떻게든 단서가 될 수 있는 각각의 유전자의 변화를 찾아내는 데 실패했다. 이러한 분석은 육식의 비율이 침팬지보다 인간이 높은 것에 따라 아미노산 분해와 관련된 유전자에서 중요한 차이를 보여 주었고, 결핵과 말라리아와 같은 인간의 질병으로부터 보호하는 기능을 가지는 유전자에서도 그 차이를 보여 주었다. 하지만 뇌에는 명확한 기능을 가지는 유전자가 없으며, 뉴런의 발달은 이런 유형의 분석에 의해서는 밝혀지지 않고 있다. 유

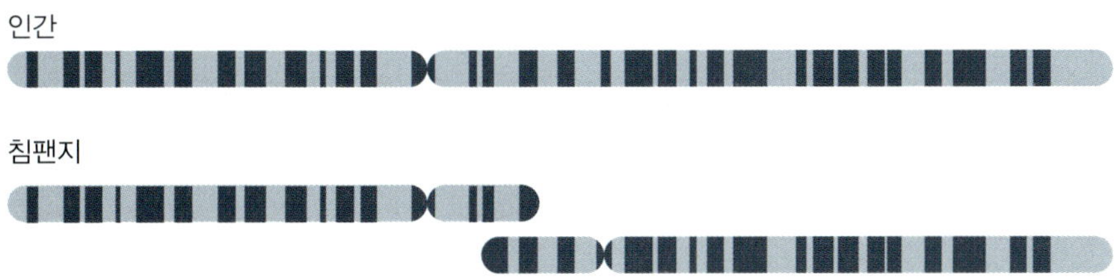

그림 19.16 인간 2번 염색체는 침팬지의 2개의 분리된 염색체가 결합된 것이다.

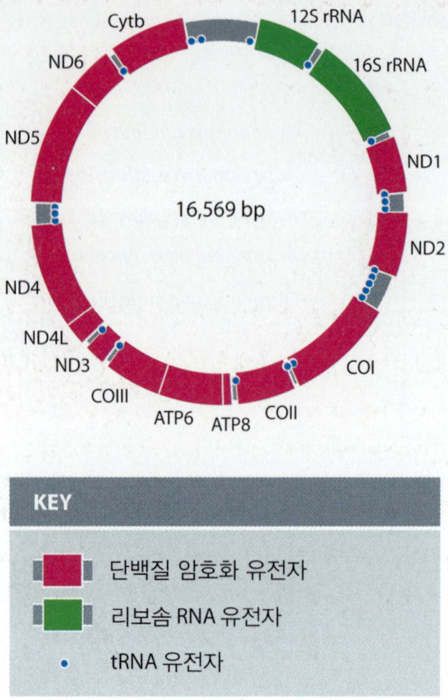

그림 19.17 인간 미토콘드리아 게놈. ATP6, ATP8 유전자는 ATPase subunit 6과 8을 암호화; COI, COII, COIII 유전자는 cytochrome *c* oxidase subunit I, II, III을 암호화; Cytb 유전자는 apocytochrome *b*를 암호화; ND1–ND6 유전자는 NADH hydrogenase subunit 1–6을 암호화.

전자 구조에서 확실한 차이는 인간에게 *N*-glycoyl-뉴라민산(neuraminic acid) 수산화효소(hydroxylase)를 암호화하는 유전자의 92 bp 단편이 없다는 것이다. 이것은 인간이 몇몇의 침팬지 세포의 표면에 존재하는 *N*-glycolyl-뉴라민산의 수산화된 형태를 합성할 수 없다는 것을 의미한다. 이것은 인간 세포에 침투하는 특정 병원체의 능력에 영향을 줄 것이며, 세포 간 상호작용(cell-cell interaction)의 어떤 유형에 영향을 줄 수 있지만, 그 차이점이 특별히 중요하다고 생각되지 않는다. 침팬지에서 기능을 하는 2개의 다른 유전자는, 인간 게놈에서 점 돌연변이(point mutation)에 의해 비활성화된 것 같다. 이들 중 하나는 T-세포 수용체(T-cell receptor)를 암호화하고 다른 것은 머리카락 케라틴(keratin) 단백질을 암호화하지만, 앞서 언급한 돌연변이가 지대한 영향을 미치는 것 같지는 않다. 어쨌든 유전자 기능이 상실되어 나타나는 결과를 토대로 인간의 특별한 특징을 확인하는 것은 불가능해 보인다.

대신에 우리는 유전자의 활성이 없어지기 보다는 변하는 것을 찾을 필요가 있다. 이 점에 있어서 FOXP2 전사 인자를 암호화하는 유전자에 상당한 관심이 집중된다. 이 단백질의 결함은 또렷이 발음하는 데 어려움을 겪는 구음 장애(dysarthria)라 불리는 인간 장애를 초래한다. 따라서 이 유전자는 인간의 언어 표현 능력의 바탕이 될 것이다. 인간과 침팬지의 FOXP2 단백질은 단지 2개의 아미노산 차이가 있을 뿐이지만, 이러한 차이와 언어 능력(linguistic ability) 간의 직접적인 연결고리는 찾기 힘들다.

인간과 침팬지 간에 전부는 아니지만 많은 주요한 차이점이 유전자 자체가 아닌 유전자가 발현되는 방법일 것이라는 게 이제는 명확해졌다. 따라서 사람들의 관심은 게놈 연구에서 전사체(transcriptome)와 단백질체(proteome) 연구로 이동하였다. 인간과 침팬지가 나뉜 이래로 인간 혈통에서 이러한 연구들은 뇌의 유전자 발현 패턴이 상당한 변화를 겪는다는 것을 주장하기 시작했다. 물론 우리가 바로 기대했던 것은 인간의 뇌가 우리를 침팬지나 다른 동물들과 명확히 구별하는 것이었다.

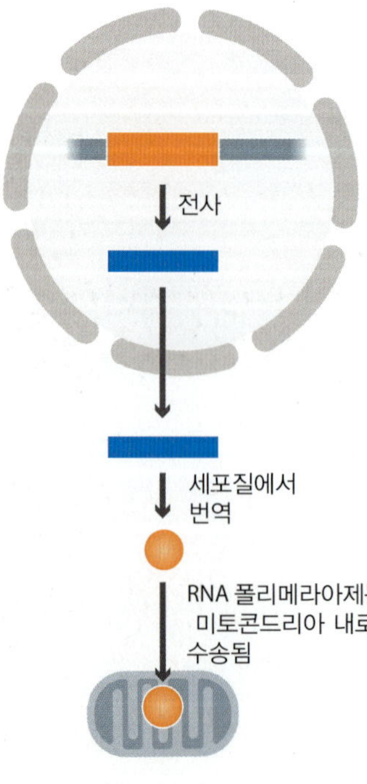

그림 19.18 미토콘드리아 RNA 폴리메라아제는 핵 유전자에 의해 암호화된다. 세포질에서 mRNA가 번역되고, 단백질은 미토콘드리아 내로 수송된다.

19.4 미토콘드리아 게놈

몇몇 유전자가 핵 바깥쪽에 존재할 것이라는 가능성은 — 그것은 초기에 **염색체외 유전자(extrachromosomal genes)**라 불리어졌다 — 하등 진핵생물에서 특정 유전자가 비정상적으로 유전되는 패턴을 설명하기 위한 수단으로써, 1950년대 처음 제기되었다. 같은 시기에 전자현미경과 생화학적 연구는 DNA 분자가 미토콘드리아와 엽록체에 존재할 것이라는 힌트를 제공하였다. 1960년대 초, 다양한 증거들이 함께 제시되었고, 마침내 진핵생물 핵 게놈으로부터 독립적이고 구별되어지는 미토콘드리아와 엽록체 게놈의 존재가 인정되었다.

인간 미토콘드리아 게놈은 유전자로 가득 차 있다

각각의 인간 미토콘드리아는 약 10개의 게놈과 동일한 사본을 포함하고 있는데, 각 세포마다 약 8,000개의 사본을 가진다고 알려져 있다. 미토콘드리아 게놈은 16,569 bp의 원형이고, 단백질을 암호화하는 13개의 유전자와 2개의 rRNAs, 22개의 tRNAs를 포함한다(그림 19.17).

미토콘드리아 DNA는 핵 유전자에 의해 암호화된 RNA 폴리메라아제에 의해 전사된다. 이 RNA 폴리메라아제는 세포질에서 합성되고 난 다음 미토콘드리아로 이동한다(그림 19.18). 초기의 전사체(transcripts)는 긴 분자들이고, 성숙된 mRNAs, rRNAs, 그리고 tRNAs를 만들기 위해 단편으로 쪼개진다. rRNAs는 미토콘드리아에 남아 있는 리보솜을 만들기 위해 mRNAs를 단백질로 번역하는 tRNAs의 도움을 받아 다른 것과 결합한다. tRNAs는 유전 암호를 읽는 데 필요한 최소 개수보다 더 적은 22개만이 존재한다. 이는 일반적인 코돈-역코돈 결합 규칙이 몇몇 tRNAs가 단일 아미노산 군의 4가지 코돈 모두를 인식하는 것을 허용하는 "superwobble"에 의해 보충되어야 한다는 것을 의미한다(그림 19.19). 미토콘드리아 내에서 사용되는 유전 암호는 진핵세포의 핵에서 사용되는 것과는 약간 다르다(표 7.2 참조).

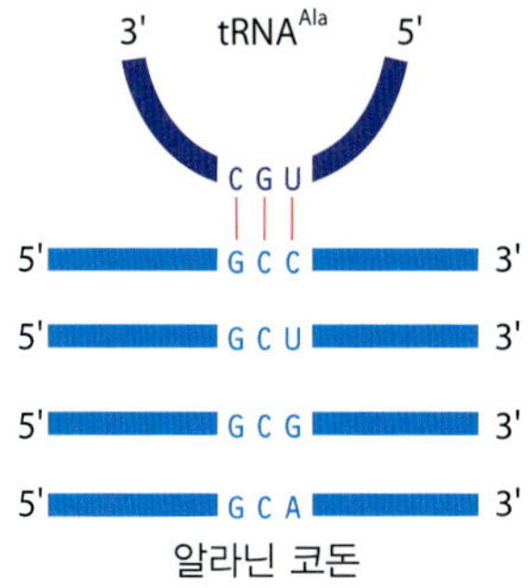

그림 19.19 Superwobble은 하나의 미토콘드리아 tRNA가 4개의 코돈군의 모든 코돈을 인식할 수 있게 한다.

미토콘드리아 DNA는 15,368 bp의 다양한 유전자와 나머지 대부분은 복제 개시점(replication origin)으로 구성되어 있다. 미토콘드리아 게놈에서는 아주 적은 부분에 해당하는 87 bp 만이 유전적으로 중요하지 않다고 알려져 있다. 사실, 인간의 미토콘드리아 게놈은 조밀하게 구성되어 있다. 단지 16S의 침강계수(sedimentation coefficient)를 가지는 큰 부차단위(large subunit) rRNA와 12S의 작은 부차단위(small subunit) RNA를 암호화하는 rRNA 유전자는 크기가 작다고 알려진 것 중에 하나이다. 이 수치들을 그림 6.4에 나와 있는 일반적인 값들과 비교해 보면 mRNAs는 유전자 간 공간이 없어서, 단지 유전자의 암호화 서열로만 구성되어 있다. 그래서 몇몇의 잘려진 mRNA는 종결 코돈이 불완전하다. 5개의 mRNAs 말단은 단지 U나 UA로 되어 있고, 종결 코돈의 나머지 부분은 전사 후 아데닐산 중합 반응(polyadenylation)에 의해 채워진다(그림 19.20). 또한, tRNAs의 적은 개수는 게놈을 가능한 한 작게 유지해야 하는 필요성에 의한 것 같다. 왜 게놈이 그렇게 작아야만 하는지에 대해서는 아직 규명되어 있지 않다.

표 19.4 미토콘드리아 게놈의 크기

종	유기체의 유형	게놈 크기 (kb)
Plasmodium falciparum	원생동물 (말라리아 기생충)	6
Chlamydomonas reinhardtii	녹조류	16
Homo sapiens	포유류 (인간)	17
Drosophila melanogaster	곤충 (초파리)	19
Aspergillus nidulans	곰팡이	33
Reclinomonas americana	원생동물	69
Saccharomyces cerevisiae	효모	75
Brassica oleracea	화훼식물 (양배추)	160
Arabidopsis thaliana	화훼식물 (살갈퀴)	367
Zea mays	화훼식물 (옥수수)	570
Cucumis melo	화훼식물 (메론)	2,500

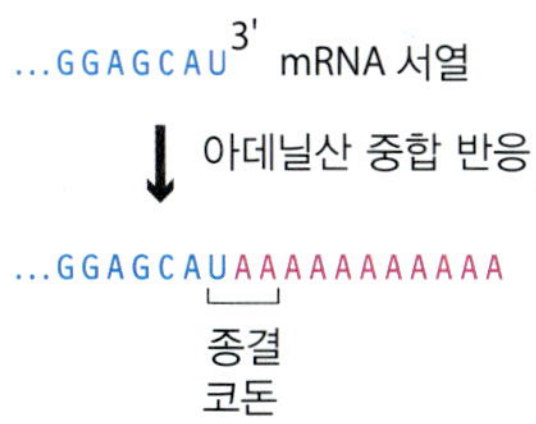

그림 19.20 몇몇 인간 미토콘드리아 mRNAs는 종결 코돈이 없다. 코돈 서열은 아데닐산 중합 반응에 의해 완료된다.

표 19.5 미토콘드리아 게놈의 유전자 구성

특징	*Plasmodium falciparum*	*Chlamydomonas reinhardtii*	*Homo sapiens*	*Saccharomyces cerevisiae*	*Arabidopsis thaliana*	*Reclinomonas americana*
유전자의 총 개수	5	12	37	35	52	92
유전자의 유형						
단백질 암호화 유전자	3	7	13	8	27	62
호흡계	3	7	13	7	17	24
리보솜단백질	0	0	0	1	7	27
수송단백질	0	0	0	0	3	6
RNA 폴리메라아제	0	0	0	0	0	4
번역인자	0	0	0	0	0	1
비암호화 RNA 유전자	2	5	24	27	25	30
리보솜 RNA 유전자	2	2	2	2	3	3
tRNA 유전자	0	3	22	24	22	26
다른 RNA 유전자	0	0	0	1	0	1

전체 미토콘드리아 게놈은 많은 다양성을 보여 준다

대부분의 모든 진핵생물들은 미토콘드리아 게놈을 가진다. 처음에는 이것 모두가 인간 미토콘드리아 게놈처럼 원형의 DNA 분자일 것이라 생각했었다. 여전히 우리는 대부분의 유기체에서 이것이 사실이라고 믿고 있지만, 지금은 그것의 많은 다양성을 인지하고 있다. 많은 진핵생물에서 원형 분자는 선형 분자와 공존하며, 몇몇의 진핵 미생물(예를 들어, *Paramecium*, *Chlamydomona*, 그리고 몇몇의 효모들)은 미토콘드리아 게놈이 항상 선형이다.

미토콘드리아 게놈은 크기가 다양하며(**표 19.4**), 그 크기는 유기체의 복잡성과 어떠한 연관도 없다. 대부분의 다세포 동물들은 유전자 간의 공간이 좁고 조밀하게 구성된 작은 미토콘드리아 게놈을 가진다. 인간 미토콘드리아 게놈은 이 유형의 일반적인 종류이다. 대조적으로, 효모인 *S. cerevisiae*나 화초 식물과 같은 대부분의 하등 진핵생물들은 크고 덜 조밀한 미토콘드리아 게놈을 가지며 몇몇의 유전자는 인트론을 포함하고 있다.

미토콘드리아 게놈은 유전자의 개수에서 많은 다양성을 가지며 말라리아 기생동물 *Plasmodium falciparum*은 5개, 원생동물 *Reclinomonas americana*은 92개의 유전자를 가지고 있다(**표 19.5**). 모든 미토콘드리아 게놈들은 rRNAs와 적어도 호흡계(respiratory chain)의 몇 가지 단백질 구성 성분들을 암호화하는 유전자를 포함하고 있으며, 후자는 미토콘드리아의 주요한 생화학적 특징이다. 유전자의 개수가 좀 더 많은 게놈들은 tRNAs, 리보솜 단백질, RNA 폴리메라아제, 그리고 세포질 주위에서 미토콘드리아로 단백질을 운반하는 데 관여하는 단백질들을 암호화한다.

미토콘드리아 게놈의 일반적인 특징은 표 19.5에 나와 있다. 이러한 게놈들은 전부는 아니지만 미토콘드리아에서 발견되는 몇 가지 단백질들을 암호화한다. 핵 유전자

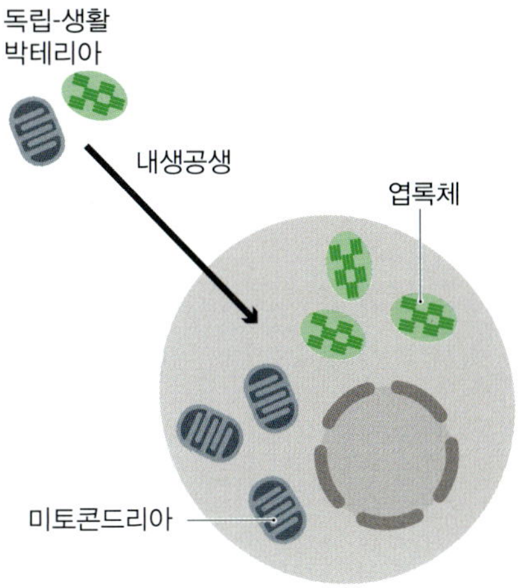

그림 19.21 내생공생설. 이 설에 따르면, 미토콘드리아와 엽록체는 진핵세포의 전구체와 공생적 연합을 했던 독립 생활 박테리아의 유물이다.

에 의해 암호화되는 다른 단백질들은 세포질에서 합성되고 미토콘드리아로 운반되어 진다. 만약에 세포가 미토콘드리아 내로 단백질을 운반하는 메커니즘을 가지고 있다면, 왜 모든 미토콘드리아 단백질들이 핵 게놈에 의해 암호화되지 않는 것일까? 적어도 미토콘드리아 게놈에 의해 암호화되는 몇 가지 단백질들은 극단적으로 소수성(hydrophobic)이고, 미토콘드리아를 둘러싸는 막을 통해 운반되어 질 수 없으며, 단순하게 세포질에서 세포소기관으로 이동하지 못할 것이라 여겨지고 있지만, 우리는 아직 이 질문에 대해 납득할 만한 답을 알지 못한다. 세포가 그런 단백질들을 미토콘드리아로 들어가게 하는 유일한 방법은 미토콘드리아에서 그것들을 만드는 것이다.

미토콘드리아와 엽록체는 한 때, 원핵생물이었다

미토콘드리아와 엽록체에서 게놈의 발견으로, 그들의 기원에 대한 많은 추측들이 생겨났다. 1960년대 **세포내 공생 이론(endosymbiont theory)**이 처음 제안되었을 때, 상당히 특이하다고 여겨졌을 지라도, 오늘날 대부분의 생물학자들은 최소한 그것의 개략적인 부분을 정설로 받아들인다. 세포내 공생 이론은 미토콘드리아와 엽록체에서 일어나는 유전자 발현 과정이 박테리아에서의 과정과 많은 측면에서 유사하다는 점을 기초로 하고 있다. 게다가 뉴클레오티드 서열을 비교했을 때, 이 세포소기관의 유전자는 진핵생물의 핵 유전자보다 박테리아의 유전자와 더 유사하였다. 그러므로 세포내 공생 이론은 미토콘드리아와 엽록체가 오래전 진화의 초기단계에서 진핵세포의 전구체(precursor)와 공생적 연합(symbiotic association)을 했던 독립 생활 박테리아의 유물(relics)이라고 보는 것이다(그림 19.21).

세포내 공생 이론은 미토콘드리아와 엽록체에서 보였던 것 보다 덜 발달된 내생공생(endosymbiosis)의 단계를 나타내는 것 같은 유기체의 발견으로 뒷받침된다. 예를 들어, 내생공생의 초기 단계는 원생동물 *Cyanophora paradoxa*에서 보이며, **시아넬라(cyanelles)**로 불리는 그것의 광합성 구조는 엽록체와는 다르고 삼켜진 시아노박테리아(cyanobacteria)와 유사하다(그림 19.22A). 유사하게, 진핵세포 내부에 살고 있는 리케차(*Rickettsia*) 박테리아는 미토콘드리아를 생기게 한 박테리아의 현대판이라 생각되고 있다(그림 19.22B).

만약에 미토콘드리아와 엽록체가 한 때는 독립 생활 박테리아였다면, 내생공생이 이루어진 이후로 세포소기관에서 핵으로 유전자가 이동했어야만 한다. 우리는 어떻게 이러한 일이 일어났는지 이해하지 못하며, 한 번에 많은 유전자가 대량 이동한 것인

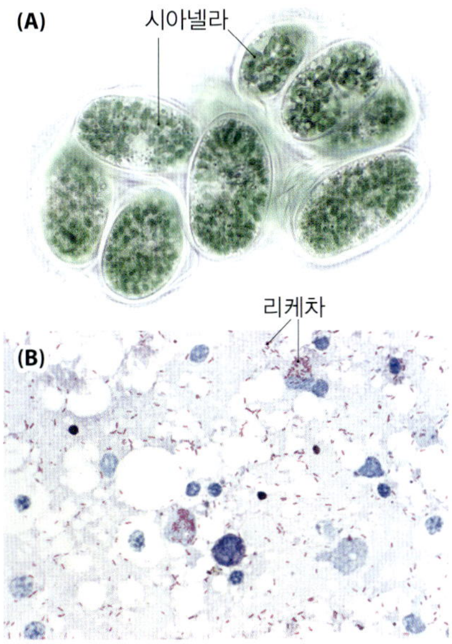

그림 19.22 엽록체와 미토콘드리아의 기원에 대한 살아 있는 증거. (A) 원생동물 *Cyanophora* 세포 내의 시아넬라(Cysnelles). (B) 난황낭의 리케차 박테리아. 옅은 염색으로 박테리아가 옅은 핑크색 막대기로 보인다. (A, courtesy of Michael Abbey/Science Photo Library; B, courtesy of CDC/Billie Ruth Bird.)

지, 한쪽에서 다른 쪽으로 점차적으로 이동한 것인지 알지 못한다. 하지만 우리는 세포소기관에서 핵으로 또는 세포소기관 간에 DNA의 이동이 여전히 일어난다는 것을 알고 있다. 이것은 엽록체 게놈의 부분 염기서열이 밝혀진 1980년대 초에 알게 된 것이다. 미토콘드리아 게놈 부분의 사본 전체나 그 단편을 포함하는 엽록체 게놈이 몇몇 식물들에서 발견되었다. 결론적으로, **세포소기관 전이 DNA(promiscuous DNA)**라 명명된 이것이 세포소기관에서 다른 곳으로 이동한다는 것이다.

이제 우리는 게놈들 간의 DNA 이동이 많은 종들의 진화 과정 중에 일어났다는 것을 알고 있다. 이 점은 식물 애기장대(*Arabidopsis thaliana*)에 의해 설명될 수 있다. 그것의 미토콘드리아 게놈은 핵 DNA의 여러 가지 단편과 미토콘드리아로 이동한 후, 그 활성이 남아 있는 6개 tRNA 유전자를 포함하는 엽록체 게놈의 16개 조각들을 가진다. 애기장대의 핵 게놈은 엽록체와 미토콘드리아 게놈의 여러 작은 단편들과 2번 염색체의 동원체 부분에 위치한 미토콘드리아 DNA의 270 Kb 조각을 가진다. 미토콘드리아 DNA가 척추동물 게놈으로 전이되는 것 또한 확인되어졌다.

주요 개념

- 인간 게놈은 약 20,500개의 유전자를 가지지만, 80,000~100,000개의 단백질을 암호화한다. 선택적 스플라이싱 때문에, 많은 유전자가 하나 이상의 단백질을 암호화한다.
- 모든 진핵생물들은 똑같은 기본 유전자 세트를 가졌지만 더 고등한 종들은 특화된 기능을 갖는 유전자가 훨씬 많다.
- 유전자는 인간 게놈 도처에 고르게 퍼져 있지 않다. 동원체와 각각의 염색체의 끝부분에 가까울수록 더 낮은 유전자 밀집도를 갖는다. 이것을 제외하고는 각각의 유전자 위치에는 명확한 순서나 논리가 없다.
- 일반적으로 더 고등한 진핵생물은 덜 조밀한 게놈을 가지며 더 많은 개수의 인트론, 더 긴 유전자간 지역, 더 많은 부분의 반복 DNA를 갖는다.
- 반복적인 DNA는 두 가지 범주로 나눌 수 있다. 첫 번째는 각각의 반복 단위가 게놈 주변에 무작위하게 분포되어 있는 게놈 반복서열(genome-wide repeats) 혹은 산재성 반복서열(interspersed repeats)이다. 두 번째는 반복 단위 여러 개가 직렬로 배열되는 직렬 반복서열(tandemly repeated) DNA이다.
- 인간과 침팬지의 게놈 간의 비교를 통한 개별 유전자 서열의 중요한 차이를 찾는데 실패했다. 인간의 특별한 특징은 유전자 발현 패턴의 차이 때문일 것 같다.
- 대부분의 모든 진핵생물들은 미토콘드리아 게놈을 가지며, 광합성 종들 또한 그들의 엽록체에 게놈을 가진다.
- 세포소기관 게놈의 기원에 대한 내생공생설은 미토콘드리아와 엽록체가 진핵세포의 전구체과 공생적 연합을 형성하는 독립 생활 박테리아의 유물이라는 것을 주장한다.

질문 & 문제 [해답은 www.garlandscience.com/introgenetics에서 찾을 수 있다]

주요 용어들

다음 용어에 대한 간단한 정의를 서술하시오.

Alu
bacterial artificial chromosome
cyanelles
DNA marker
endosymbiont theory
extrachromosomal gene
fluorescent in situ hybridization
genetic profile
hominid
interspersed repeat
junk DNA
LINE
microsatellite
minisatellite
molecular phylogenetics
physical mapping
promiscuous DNA
restriction fragment length polymorphism
retroposons
satellite DNA
SINE
tandemly repeated DNA

자습 문제들

19.1 두 종이 비슷한 유전자 수를 가졌음에도 불구하고, 왜 인간 게놈은 더 많은 유형의 단백질을 암호화 할 수 있는 것일까?

19.2 다른 길이의 유전자가 인간 게놈에 존재하는 예를 들어 보시오.

19.3 인간 성장호르몬 구성과 알돌라아제 유전자군 사이의 차이점을 설명하시오.

19.4 rRNA 분자들을 암호화하는 유전자는 인간 게놈에 어떻게 배열되어 있는가?

19.5 인간, 효모 그리고 초파리에서 유전자 구성의 중요한 차이를 설명하시오.

19.6 옥수수 게놈의 반복적인 DNA 구성은 무엇이 특이한가?

19.7 산재성 반복 DNA와 직렬 반복 DNA를 구별하시오.

19.8 LINE과 SINE의 차이점을 설명하시오.

19.9 인간 게놈에서 LINE-1군 서열의 중요한 특징은 무엇인가?

19.10 어떻게 Alu 서열이 생겨났는지 설명하시오

19.11 DNA 분자의 부유 밀도는 어떻게 측정되는지 설명하시오.

19.12 인간 게놈에서 satellite와 minisatellite DNA 시퀀스의 예를 들어보시오.

19.13 microsatellite DNA의 가장 특별한 특징은 무엇인가?

19.14 인간과 침팬지 사이의 진화 관계에 대해 개요를 서술하시오.

19.15 인간과 침팬지 게놈 간의 공통점과 차이점을 서술하고, 왜 이 두 게놈 간의 비교가 무엇이 우리를 사람으로 만들었는지 알아내는 데 실패했는지 설명하시오.

19.16 인간 미토콘드리아 게놈의 중요한 특징을 서술하시오.

19.17 어떻게 인간 미토콘드리아 게놈이 다른 유기체의 게놈과 비슷하거나 다른지 개요를 서술하시오.

19.18 내생공생설에 따르면 세포소기관 게놈은 어떻게 만들어진 것인가?

19.19 *Cyanophora*와 *Rickettsia*의 특징이 내생공생설을 어떻게 지지할 수 있는지 설명하시오.

19.20 인간 게놈을 지도화 할 때 유전적 방법과 물리적 방법 간의 기능을 구분하시오.

19.21 어떻게 인간 게놈의 서열이 분석됐는지 설명하고 공식적인 인간 게놈 프로젝트와 Craig Venter가 주도한 프로젝트의 접근방법을 구별하시오.

토의 주제들

19.22 RNA로 전사되는 인간 게놈의 모든 부분을 확인하는 것을 목적으로 하는 연구 프로젝트를 만들어 보시오.

19.23 반복적인 DNA가 단순히 "junk"라는 이론에 대해 토론해 보시오.

19.24 성인 남성, 성인 여성, 그리고 세 명의 어린 아이가 한 가족의 구성원이라는 것을 밝히는 데 마이크로새틀라이트 연구가 어떻게 사용되는지 설명하시오.

19.25 무엇이 우리를 인간으로 만드는지를 이해하기 위한 다른 유형의 연구와 함께 인간과 침팬지 게놈 간의 비교는 어떻게 추가될 수 있을까?

19.26 우리는 하나의 인간 염색체가 분리되어 2개의 침팬지 염색체가 만들어지기 보다는 침팬지의 나눠져 있는 2개의 염색체의 결합에 의해 인간의 2번 염색체가 만들어졌다는 것을 어떻게 알고 있는가?

19.27 미토콘드리아와 핵에 몇몇 단백질들을 암호화하는 유전자가 존재하는 이유는 무엇인가?

추천 문헌

Anderson S, Bankier AT, Barrell BG et al. (1981) Sequence and organization of the human mitochondrial genome. *Nature* 290, 457–465.

Clamp M, Fry B, Kamal M et al. (2007) Distinguishing protein-coding and noncoding genes in the human genome. *Proc. Natl. Acad. Sci. USA* 104, 19428–19433. *Shows that the human genome contains approximately 20,500 genes.*

Csink AK & Henikoff S (1998) Something from nothing: the evolution and utility of satellite repeats. *Trends Genet.* 14, 200–204.

IHGSC (International Human Genome Sequencing Consortium) (2001) Initial sequencing and analysis of the human genome. *Nature* 409, 860–921. *The draft sequence obtained by the "official" Human Genome Project.*

IHGSC (International Human Genome Sequencing Consortium) (2004) Finishing the euchromatic sequence of the human genome. *Nature* 431, 931–945. *The strategy used to obtain the final sequence.*

Lang BV, Gray MW & Burger G (1999) Mitochondrial genome evolution and the origin of eukaryotes. *Annu. Rev. Genet.* 33, 351–397.

Li WH & Saunders MA (2005) The chimpanzee and us. *Nature* 437, 50–51. *Describes the key differences between the human and chimpanzee genomes.*

Ostertag EM & Kazazian HH (2005) LINEs in mind. *Nature* 435, 890–891. *Brief review of recent research into LINEs.*

Tennyson CN, Klamut HJ & Worton RG (1995) The human dystrophin gene requires 16 hours to be transcribed and is cotranscriptionally spliced. *Nature* 9, 184–190.

Venter JC, Adams MD, Myers EW et al. (2001) The sequence of the human genome. *Science* 291, 1304–1351. *The draft sequence obtained by the shotgun approach.*

유전자와 의학 CHAPTER 20

많은 생물학적 연구는 직·간접적으로 인간의 건강과 관련된 의학 문제를 해결하기 위한 정보를 제공하는 것에 초점을 맞추고 있다. 유전학과 마찬가지로 의학이 생물학의 다른 범주에 속한다는 것은 사실이다. 우리는 인간의 건강과 질병을 이해하기 위해서, 이 책을 통해 유전학의 다른 측면과 의학의 관련성을 다루었다. 이 단원에서 우리는 유전학과 의학 간의 몇 가지 연결 고리를 통해 실마리를 풀 것이다. 우리는 **유전병(inherited disease)**과 암의 유전적인 근거와 질병 치료가 가능한 방법을 연구 중인 **유전자 치료(gene theraphy)**와 같은 유전학적 접근 방법에 초점을 둘 것이다.

20.1 유전병의 유전학적 근거

유전병은 게놈의 결함에 의한 질병 중 하나이며, 다른 유전적인 특징들처럼 부모에서 자녀에게 유전될 수 있다. 때때로 이것은 유전자나 게놈의 다른 부분 내에 있는 근본적인 결함을 강조하기 위해서 **유전병(genetic diseases)**이라고 불린다. 하지만 이 용어는 암과 같이 몇몇의 유전되지 않는 유전병 때문에 주의해서 사용해야 한다.

6,000개 이상의 유전병은 단일 유전자의 결함에서 기인한다. 이는 **단일 유전자 질환(monogenic disorder)**이라 불린다. 신생아 200명 중 1명 꼴로 이러한 장애를 가지고 태어난다(표 20.1). 일반적으로 폐 질환인 낭포성섬유종(cystic fibrosis), 부자연스러운 움직임으로 특징지어진 신경 장애(Neurological disorder)의 일종인 헌팅턴병(Huntington's disease), 그리고 마르판 증후군(Marfan syndrome)은 결합 조직에 영향을 주어 심장병을 포함한 다양한 문제를 야기한다. 다른 질병은 단지 소수의 혈통에서만 나타나므로 전 세계적으로 보고된 사례가 매우 드물다. 유전병은 또한 근친교배를 목적으로 하는 동물들 특히 몇 가지 혈통의 개들에게 영향을 미친다.

표 20.1 몇 가지 잘 알려진 단일 유전자 질환

질환	증상	발생 빈도(영국)
유전성 유방암	암	여성 300명 당 1명 꼴
낭포성섬유종	폐 질환	2,000명 당 1명 꼴
헌팅턴병	퇴행성 뇌질환	2,000명 당 1명 꼴
듀켄씨 근이영양증	진행성 근육 약화	남성 3,000명 당 1명 꼴
헤모필리아 A (혈우병)	혈액병	남성 4,000명 당 1명 꼴
겸상적혈구 빈혈	혈액병	10,000명 당 1명 꼴
페닐케톤뇨증	정신 지체	12,000명 당 1명 꼴
지중해빈혈	혈액병	20,000명 당 1명 꼴
망막아세포종	안구암	20,000명 당 1명 꼴
헤모필리아 B (혈우병)	혈액병	남성 25,000명 당 1명 꼴
테이-삭스병	실명, 운동조절상실(간질 발작)	200,000명 당 1명 꼴

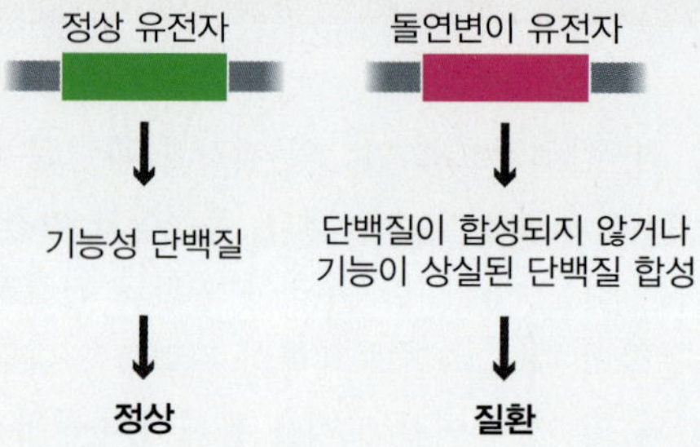

그림 20.1 유전 질환의 유전적 기초

많은 유전병은 기능 상실 돌연변이에 기인한다

16장에서 우리는 다세포 생물의 돌연변이가 기능의 상실이나 획득을 초래하며, 전자가 보다 일반적으로 나타난다는 것을 알았다. 이것은 다른 표현형과 같이 유전병과 들어 맞으며, 대부분의 인간 단일 유전자 질환은 특정 유전자를 비활성화 시키는 기능 상실 돌연변이에 기인한다. 유전자의 결손이나 변형은 그것에 의해 암호화된 단백질이 정확한 기능을 하지 못하게 되어 생기는 결함으로 유전병으로 발현된다(**그림 20.1**).

유전병을 일으키는 기능 상실은 다른 여러 가지 원인들로 인해 발생할 수 있다(**그림 20.2**). 유전자 내에 종결 코돈이 생기는 넌센스 돌연변이(nonsense mutation) 또는 점 돌연변이(point mutation)에 의해 기능 상실이 야기될 수 있다. 유전자 내의 결실이나 삽입 혹은 전체 유전자의 결실에 의해서도 기능 상실이 야기된다. 또한 돌연변이는 유전자 상류 부위의 조절 서열에 발생하여 전사 개시가 일어나지 않게 하거나 스플라이싱을 제어하는 내부 서열에 발생할 수도 있다.

단일 유전자 질환은 종종 하나 이상의 돌연변이에 의해 발생하며, 같은 질병을 앓고 있지만 서로 다른 돌연변이를 가지기도 한다. 낭포성섬유종(cystic fibrosis, CF)이 좋은 예이다. 약 8,000명의 영국인과 30,000명의 미국인이 앓고 있는 이 질병은 1,400개의 서로 다른 돌연변이 중 하나에 의해 야기될 수 있다. 과거의 어떤 시기에 살았던 조상의 성세포에서 생겨난 각각의 돌연변이는 현재의 후손들에게 유전되고 있다. 가장 일반적인 돌연변이는 델타 F508(ΔF508)이다(표 20.2). 이 돌연변이는 낭포성섬유종 유전자에 의해 암호화된 단백질의 508번 페닐알라닌(F; phenylalanine)의 결실(Δ)에 의한 것이다(**그림 20.3A**). 이 단백질은 낭포성섬유종과 관련된 막관통 조절단백질(cystic fibrosis transmembrane regulator, CFTR)로서 세포 내외로 염화이온의 수송에 관여한다. 델타 F508 돌연변이는 단백질이 세포막에 부착되는 것을 막고, 이러한 기능 손실은 낭포성섬유종의 주요 징후인 폐의 염증과 점액질(mucus)의 축적을 야기한다.

다음으로 일반적인 낭포성섬유종 돌연변이는 G542X이고 작용 메커니즘이 완전히 다르다. 이것은 542번 글리신(G; Glycine) 코돈이 종결 코돈(X)으로 바뀌는 점 돌연변이이다(**그림 20.3B**). 돌연변이 *CFTR* 유전자로부터 전사된 mRNA 내부의 종결 코돈의

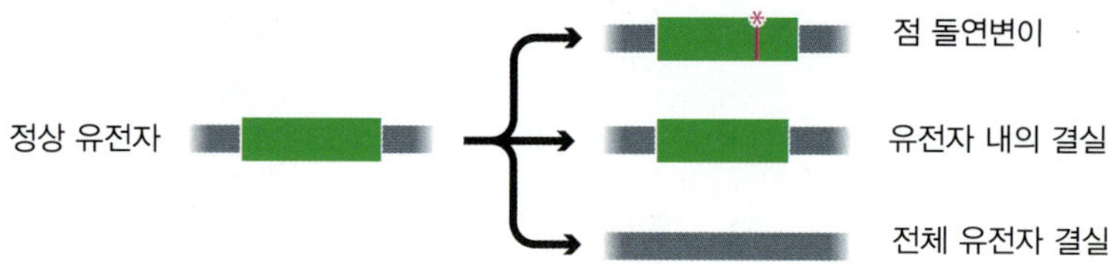

그림 20.2 유전 질환이 발생하는 세 가지 요인

표 20.2 낭포성섬유종을 유발하는 돌연변이			
돌연변이	낭포성섬유종 환자 중에 차지하는 비중	단백질 구조에 미치는 영향	단백질 기능에 미치는 영향
△F508	68%	페닐알라닌 결실	세포막에 부착 못함
G542X	2.5%	단백질 합성 안 됨 (아미노산 서열 내 종결 코돈으로 인해)	단백질 합성 안 됨
G551D	1.5%	글리신이 아스파르트산으로 바뀜	염화이온 수송 능력 떨어짐

존재는 돌연변이가 일어난 mRNA를 분해하는 감시 체계를 활성화시킨다. 이는 CFTR 단백질이 합성되지 않으므로 해서, 그 기능이 상실된다는 것을 의미한다.

세 번째로 흔한 돌연변이 G551D는 다른 영향력을 가진다. 551번 글리신이 아스파르트 산(aspartic acid)으로 바뀌면 단백질의 합성과 정확한 접힘이 억제되지는 않지만, 그것의 운동 역학(kinetic)의 성질이 바뀜으로 인해 정상 단백질의 4% 수준의 염화이온을 수송한다(그림 20.3C). 이것 역시 기능 상실의 결과이다. 비록 단백질이 염화이온을 여전히 수송할 수 있을 지라도 그것은 매우 느린 속도이며, 단백질의 생리적 기능이 상실된 것이다.

기능 획득에 의한 유전병은 일반적이지 않다

기능 획득은 유전병 중에서 매우 드문 경우인데, 왜냐하면 단순히 상대적으로 적은 유형의 근본적인 돌연변이가 기능의 획득을 야기할 수 있기 때문이다. 한 가지 가능성은 유전자가 과발현되어 일반적인 양보다 훨씬 많은 단백질이 세포 내에 축적되는 것이다. 과발현은 전사 개시를 제어하는 조절 서열의 돌연변이가 원인일 수 있지만, 유전자 복제 과정 중에 더 자주 발생한다. 이것은 말초신경과 근력에 영향을 주는 가장 일반적인 신경 장애인 Charot-Marie-Tooth (CMT) 질환의 원인으로, 걷기와 같은 행동이 영향을 받는다. 이 질환의 징후를 야기하는 데는 어떤 잘 알려지지 않은 경로를 통해 미엘린(myelin) 단백질 유전자 *PMP22*의 2~3개 사본이 증가하는 것 만으로

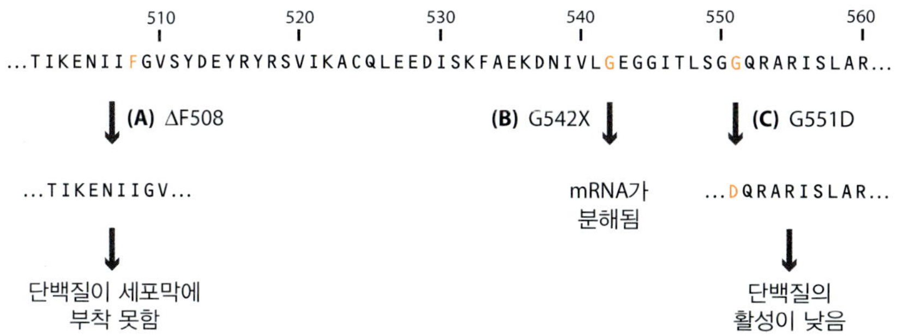

그림 20.3 낭포성섬유종에서 나타나는 세 가지 돌연변이. 501번에서 560번 까지 CFTR 단백질의 아미노산 서열을 나타냈다. (A) ΔF508 돌연변이로 인해 508번 위치의 페닐알라닌의 결실이 일어나고, 단백질이 세포막에 부착할 수 없게 된다. (B) G542X 돌연변이로 인해 542번 글리신 코돈이 종결 코돈으로 바뀐다. 돌연변이 유전자에서 전사된 mRNA는 단백질로 번역되기 전에 분해된다. (C) G551D 돌연변이로 인해 551번 글리신이 아스파르트산으로 바뀌고, 정상 단백질의 4% 정도의 활성을 가지게 된다.

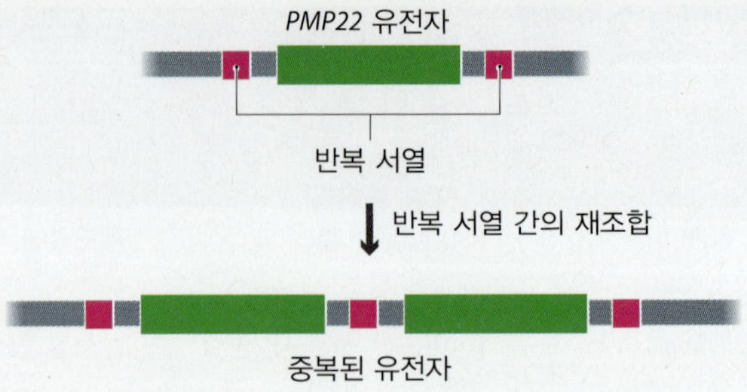

그림 20.4 *PMP22* 유전자의 중복

도 충분하다. *PMP22*의 중복(duplication)은 이 유전자를 포함하는 17번 염색체 1.5-Mb 부위의 양쪽에 존재하는 반복서열 간의 재조합(recombination)에 의해 일어난다(**그림 20.4**). 재조합은 또한 염색체 복사본 중 하나에서 유전자 수를 2에서 1로 줄이는 *PMP22*의 결실을 유발할 수 있다. 이러한 유전자 결실로 인한 기능 상실은 토마큘러스 신경 장애(tomaculous neuropathy)라 불리우는 전혀 다른 질병으로 나타나며, 말초신경에 영향을 미치지만 이 경우에서는 둔화된 감각과 압력에 대한 비정상적인 민감성을 보여 준다.

기능을 획득하는 두 번째 방법은 호르몬과 같은 외부 신호전달 물질이 결합했을 때 세포 내로 신호를 보내는 세포 표면 수용체로서의 기능을 갖는 단백질의 돌연변이에 의한 것이다(**그림 20.5**). 수용체를 통한 신호의 전달은 세포 내에서 유전자 발현의 변화를 포함하여 다양한 효과를 가진다. 정상적인 세포는 외부 자극에 적절하게 반응하지만, 몇몇의 돌연변이는 세포 표면 수용체에 영향을 주어 그것의 외부 신호전달 물질이 존재하지 않음에도 불구하고 여전히 수용체가 활성화 상태로 있게 한다. 예를 들어 황체 형성 호르몬 수용체(luteinizing hormone receptor)의 돌연변이를 통해 남자 아이의 조숙증을 유도하고, 부갑상선 호르몬 수용체(parathyroid hormone receptor)의 돌연변이를 통해 성장 결망이 유발된다. 이와 관련된 질병인 얀센스 질병(Jansen's disease)은 전 세계에서 20여 차례만 보고되고 있다.

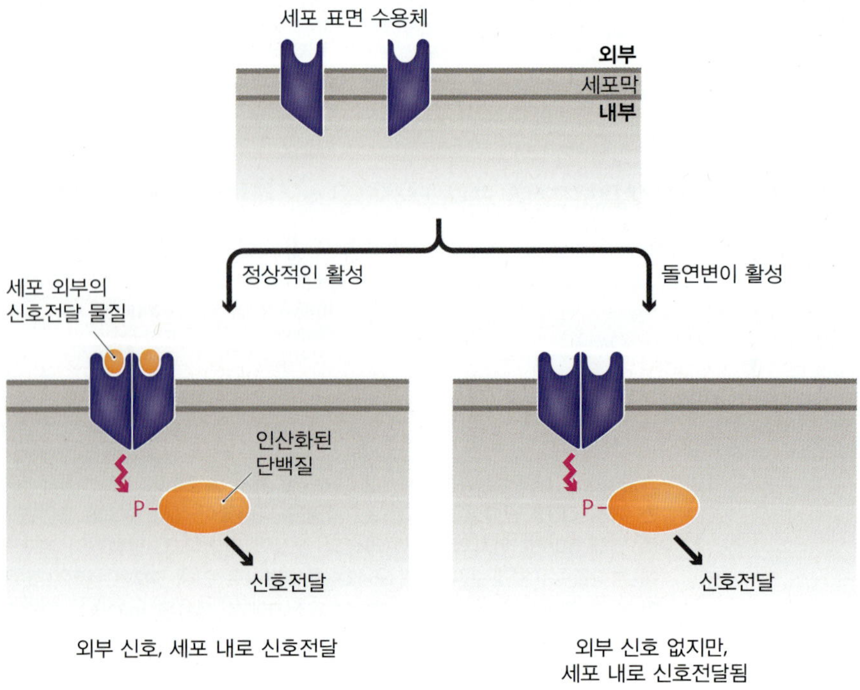

그림 20.5 수용체 단백질을 암호화하는 유전자의 돌연변이로 인해, 돌연변이 수용체가 외부 신호전달 물질이 없음에도 불구하고 신호를 세포 내로 전달한다면 이는 기능 획득이 일어난 것이다.

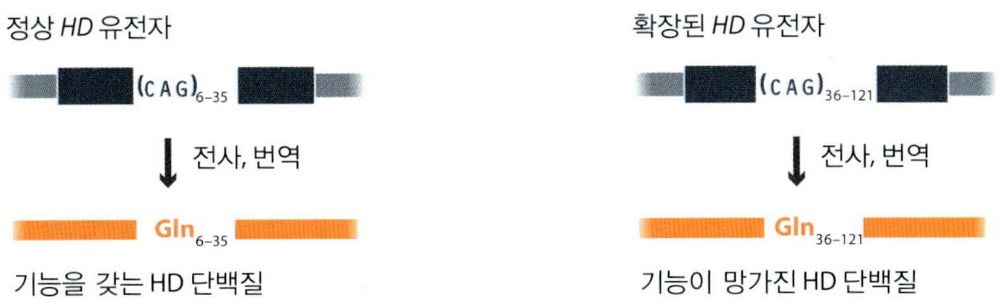

그림 20.6 헌팅턴병의 유전적 기초

비록 유전병 중에서는 드물긴 하지만, 기능 획득 돌연변이는 비교적으로 흔한 암의 원인이 된다. 따라서 이 장의 뒷부분에서 다시 다루게 될 것이다.

트리뉴클레오티드 반복 확장은 유전병을 일으킬 수 있다

DNA 돌연변이의 특정 유형 중의 하나는 종종 특별히 언급해야 할 유전병을 유발한다. 그것은 비교적 짧은 일련의 트리뉴클레오티드 반복이 일반적인 길이보다 2배 이상으로 연장된 트리뉴클레오티드 반복 확장(trinucleotide repeat expansion)이다. 이러한 확장은 가장 흔한 유전 장애의 하나인 헌팅턴병(Huntington's disease; HD)을 포함하는 몇 가지 퇴행성신경 질환(neurodegenerative diseases)과 연관되어 있다(표 20.1 참조). 정상적인 HD 유전자는 단백질에서 일련의 글루타민(glutamine)을 암호화하는 6~35차례에 걸쳐서 직렬 반복된 5′-CAG-3′ 서열을 포함한다(**그림 20.6**). 헌팅턴병에서 이러한 반복은 36~121회로 확장되어 폴리글루타민(polyglutamine) 부위의 길이를 증가시키고 HD 단백질의 기능 상실을 초래한다. 이 단백질의 정확한 생화학적 기능은 아직까지 밝혀지지 않았지만 뇌의 신경세포 내에서 기능할 것이라 추측되고 있다.

몇몇의 다른 유전병들 역시 폴리글루타민 코돈의 확장에 의해 야기된다(**표 20.3**). 유전자의 암호화 부위 바깥쪽에 존재하는 트리뉴클레오티드 확장에 의한 질병의 2가지

표 20.3 트리뉴클레오티드 반복 확장과 관련된 인간 질병의 예

유전자	반복서열		관련 질환
	정상	돌연변이	
폴리글루타민 확장 (유전자의 암호화 부위 내의 확장)			
HD	(CAG)$_{6-35}$	(CAG)$_{36-121}$	헌팅턴병
AR	(CAG)$_{9-36}$	(CAG)$_{38-62}$	척수연수근위축증
DRPLA	(CAG)$_{6-35}$	(CAG)$_{49-88}$	치상핵적핵담창구시상하핵 위축증
SCA1	(CAG)$_{6-44}$	(CAG)$_{39-82}$	1형 운동실조증
SCA3	(CAG)$_{12-40}$	(CAG)$_{55-84}$	마카도 조셉병 (척추 소뇌 변성증)
다른 확장 (유전자의 암호화 부위 바깥의 확장)			
X25	(GAA)$_{7-34}$	(GAA)$_{34-200}$ 이상	프리드리히 운동실조증
DMPK	(CTG)$_{5-37}$	(CTG)$_{50-3000}$	근긴장성 이영양증
EPM1	(CCCCGCCCCGCG)$_{2-3}$	(CCCCGCCCCGCG)$_{12}$ 이상	진행성 마이오클로누스 간질

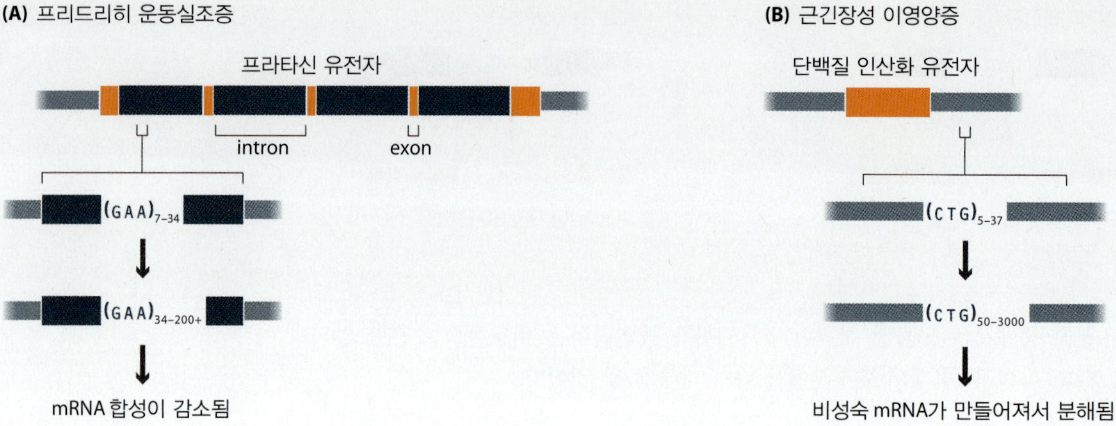

그림 20.7 (A) 프리드리히 운동실조증과 (B) 근긴장성 이영양증의 유전적 기초

예가 있다. 프리드라이히 운동실조증(Friedreich's ataxia)에서 프라타신(frataxin) 유전자의 첫 번째 인트론 내의 5′-CAA-3′ 확장은 성숙한 mRNA의 합성을 감소시킨다(그림 20.7). 이것에 따른 기능 상실은 척추 신경 세포 수의 감소를 초래한다. 이와 유사하게 근긴장성 이영양증(myotonic dystrophy) 단백질 인산화효소(protein kinase) 유전자의 3′ 말단 비해석 부위(3′ end untranslated region; trailer region)에서 5′-CTG-3′의 확장은 비성숙 mRNA의 분해를 초래하여 근육 쇠약(wasting)을 일으킨다.

몇몇 질병을 유발하는 돌연변이들은 더 긴 서열의 확장을 포함한다. 진행성 마이오클로누스 간질(progressive myoclonus epilepsy)이 그 예이다. 이것은 5′-CCCCGCCCCGCG-3′ 서열의 복제수가 2~3개에서 12개 이상으로 증가에 의해 야기된다. 이 서열은 인간 세포 내의 단백질 분해효소의 활성을 조절하는 단백질을 암호화하는 시스타틴(cystatin B) 유전자의 프로모터 부위에 위치한다.

트리뉴클레오티드 확장은 DNA 복제 과정 중의 오류에 의해 생기지만, 어떻게 이러한 현상이 일어나는지는 알려져 있지 않다. 하지만 트리뉴클레오티드가 반복적으로 확장되게 되면 후대 혈통의 다음 세대에는 질병이 더욱 더 심각하게 나타난다. 효모에서 이와 유사한 트리뉴클레오티드 확장에 대한 연구는 *RAD27* 유전자가 비활성화됐을 때 이러한 현상이 좀 더 우세하게 나타나는 것을 보여 주었다. 이는 효모의 *RAD27* 유전자는 오카자키 절편(okazaki fragments)의 연장에 관여하는 FEN1의 포유류 유전자에 상응하기 때문에 흥미로운 결과이다. 이는 DNA 복제 과정 중에 지연 가닥(lagging strand) 합성의 중단이 트리뉴클레오티드 반복 확장을 초래한다는 것을 암시한다.

우성과 열성 유전병이 있다

유전병을 유발하는 유전자의 돌연변이는 대립유전자이며, 유전자의 다른 대립유전자와 우성(dominant)-열성(recessive) 관계를 가질 것이다. 질병 대립유전자의 동형접합체나 질병 대립유전자와 정상 대립유전자의 이형접합체를 가지는 사람들에게서 우성인 유전병이 나타난다(그림 20.8a). 유전병을 가진 아이의 양부모 중 적어도 1명은 반드시 유전병을 가지고 있지만, 그것의 징후가 몇몇의 고통 받는 사람들이 생식가능 연령이 되고 아이를 갖는 것을 막을 만큼 심각하지는 않다. 따라서 많은 우성 유전병이 질병 유전자형(genotype)을 갖는 모든 사람에게서 질병의 증상이 보이지 않는 불완전한 침투도(penetrance)를 가지거나, 사는 동안 질병의 증상이 나타나지 않는 경우도 있다. 헌팅턴병과 마르판 증후군(Marfan syndrome)이 좋은 예이다. 만약 질병

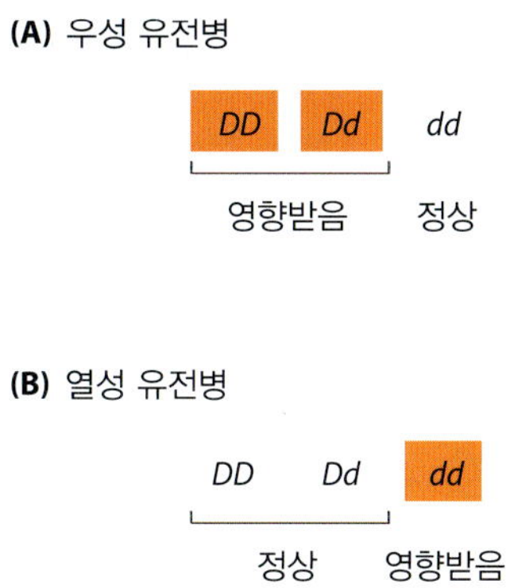

그림 20.8 (A) 우성과 (B) 열성의 상염색체 유전 질환의 유전자형

의 대립유전자가 낭포성섬유종처럼 열성이었다면 동형접합체만이 질병을 유발할 것이다(그림 20.8b). 따라서 열성 유전병은 양부모 모두 유전병에 영향을 받지 않았다 하더라도 태어나 아이가 유전병을 가질 가능성이 있다. 이 경우 양부모의 대립유전자는 하나의 정상 대립유전자와 하나의 질병 대립유전자를 가지고 있는 **보인자(carriers)**인 이형접합체이다. 열성 유전병은 종종 우성인 것보다 더 심한 영향을 미치며, 심각한 경우 아이를 가지기 전에 사망하기도 한다. 유전병은 영향을 받지 않는 운반자들의 개체군에서 그것의 대립유전자가 유지되기 때문에 꾸준히 지속된다.

그림 20.8의 예와 같이, 질병 유전자는 상염색체 중 하나에 존재한다. 만약 질병 유전자가 성염색체 중 하나에 있다면 유전 패턴은 달라질 것이다. 만약 질병 유전자가 X 염색체에 있다면, 그것은 항상 결함이 있는 대립유전자를 가지는 남성에서만 나타날 것이다. 남성은 X 염색체 하나만 가지고 있으므로 질병 대립유전자가 우성인지 열성인지는 중요하지 않다(그림 20.9). 만약 질병이 우성이라면 질병 대립유전자를 가진 모든 여성들이 영향을 받지만, 열성이라면 동형접합체를 가진 여성에게만 질병이 나타날 것이다. X-연관 우성 유전병은 사실 꽤 드물다. 대부분의 X-연관 유전병은 열성이며, 가장 잘 알려진 것이 헤모필리아 A(hemophilia A)이다. 이 질병은 빅토리아 여왕의 몇몇 후손들에게 영향을 미쳐 질병을 가진 남성 계승자가 어린 나이에 죽음으로써 유럽의 왕족 사이에서 다양한 왕위 계승 다툼을 유발하였기 때문에 19세기 후반에

그림 20.9 (A) 우성과 (B) 열성의 X-연관 유전 질환의 유전자형

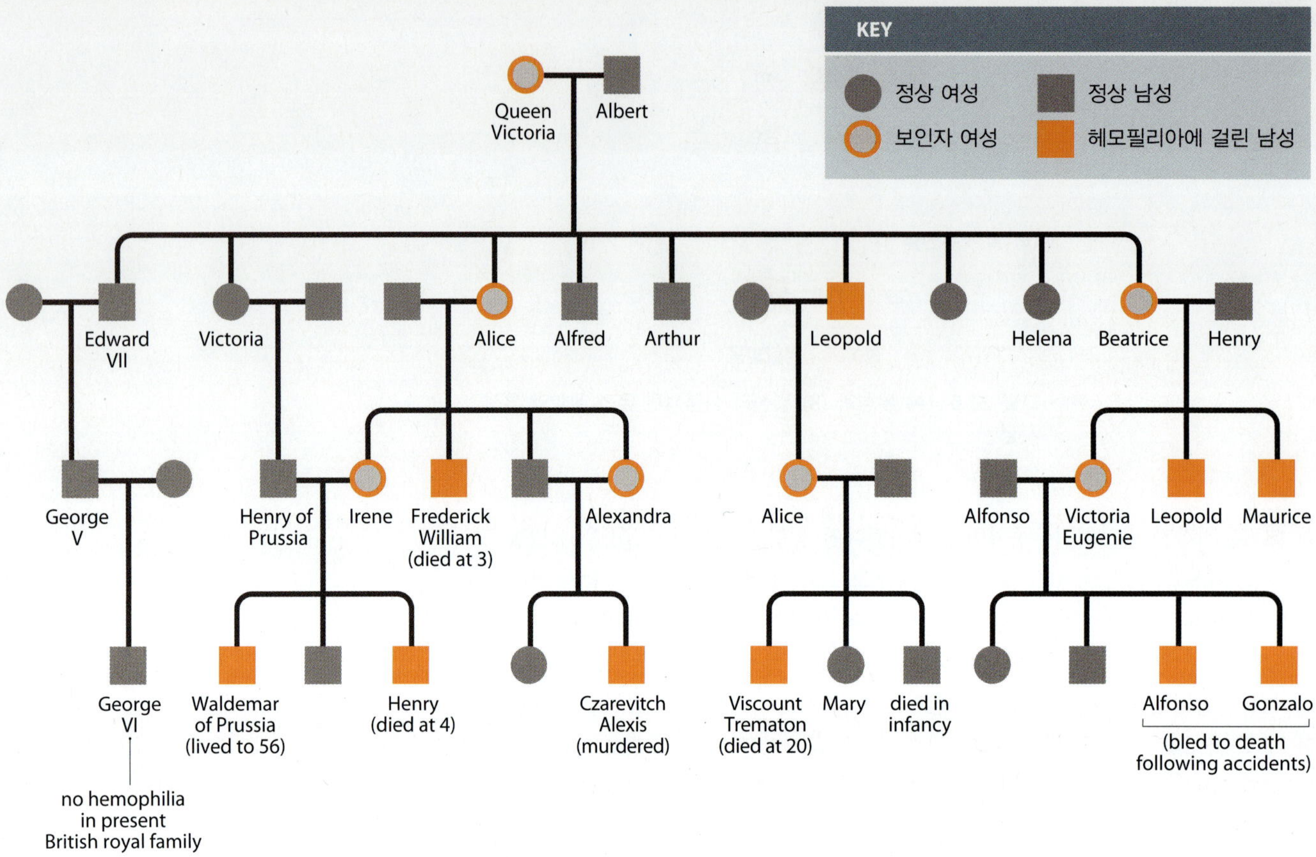

그림 20.10 빅토리아 여왕 후손 혈통의 일부 중 여성은 헤모필리아의 보인자이고, 남성은 질병을 가진다.

서 20세기 초까지 악명이 높았다(**그림 20.10**). Y-연관 유전병은 Y 염색체가 100개 미만의 매우 적은 수의 유전자를 가지고 있어서 돌연변이 범위가 제한적이기 때문에 일반적이지 않다. 대부분의 Y-연관 유전병은 생식(fertility)에 영향을 미치며, 물론 남성에게는 제한적이다.

우성-열성 관계는 우리에게 질병의 원인에 대한 무언가를 말해 준다

유전병의 원인을 이해하는 것은 정말 중요하며, 이점과 관련하여 우성과 열성이 우리를 어떻게 도와주는가? 단순한 원칙은 기능 획득 돌연변이에 의한 질병은 우성이고, 기능 상실 돌연변이에 의한 질병은 열성이라는 것이다. 이형접합체에서 기능 획득 돌연변이에 의한 새로운 활성은 정상 대립유전자의 효과를 가려 버리기 때문에 기능 획득은 우성이다. 반대로 기능 상실은 종종 돌연변이가 일어나지 않은 대립유전자에 의해 그 기능을 보상받기 때문에 열성이다.

이러한 원칙의 예외는 하나 이상의 이유를 들어 흥미로울 것이다. 예를 들어 유전자의 암호화 부위 내의 트리뉴클레오티드 확장에 의한 많은 질병은 기능 상실을 야기하지만 확장된 대립유전자는 우성이고 정상 대립유전자는 열성이다. 이것의 이유는 알지 못한다. 하지만 신경 세포 내에서 설명할 수 없는 무리들을 형성하기 위해 비정상적으로 확장된 유전자에 의해 암호화된 단백질 생산물들의 성향과 연관이 있다. 이것의 원인은 알려져 있지 않지만, 확장된 유전자에 의해 암호화된 비정상적인 단백질들이 신경 세포 내에 불용성의 침전물들을 형성하는 것과 연관이 있을 것이다(**그림 20.11**). 질병의 징후에서 만약 이 침전물들이 어떤 기능을 한다면 우성은 설명될 수 있는데, 왜냐하면 정상 대립유전자의 존재가 침전물의 병리학적 효과를 억제하지는

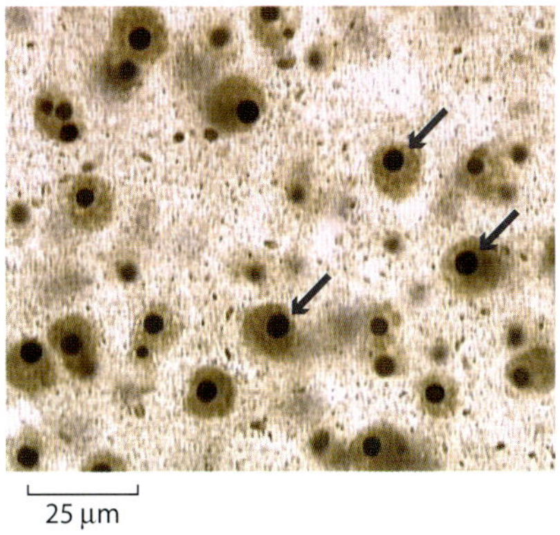

그림 20.11 헌팅턴병 모델 생쥐의 뇌에서 유래된 뉴런의 핵에 존재하는 갈색 봉입체는 헌팅턴 단백질의 불용성 침전물이다. (Courtesy of Dr Vanita Chopra, Massachusetts General Hospital.)

않기 때문이다.

그 외의 기능 상실 돌연변이들은 우성도 열성도 아니지만 단배수 결손(haploinsufficiency)으로 나타난다. 이형접합체에 의해 표현된 표현형은 돌연변이 대립유전자에 의해 단백질의 활성이 50% 정도 감소되는 것에 영향을 받는다(그림 20.12A). 유전병에 있어서 이것은 일반적인 상황이 아니다. 왜냐하면 이형접합체의 정상 대립유전자는 건강 상태를 유지하기 위해 충분한 양의 단백질을 합성할 수 있기 때문이다. 단배수 유전자 결손을 통해 세포 내에서 생성되는 단백질 생산의 감소가 특정 질병을 유도하는 것은 일반적인 현상은 아니다. 하지만 결합 조직 단백질 엘라스틴(elastin)을 암호화하는 유전자의 돌연변이에 의해 유전적으로 대동맥이 좁아지는 대동맥 판상부 협착증(supravalvular aortic stenosis)을 예로 들 수 있다.

대부분 단배수 결손의 다른 예들은 세포 내에서 반드시 필요한 단백질을 암호화하는 유전자를 포함하는데, 그것은 과잉 합성으로 인해 신호전달 경로를 망가트릴 수 있는 신호전달 단백질이기 때문에 합성되는 양이 잘 조절되어야 한다(그림 20.12B). 단백질이 정상적인 수준으로 합성될 때 50% 감소는 활성의 심각한 상실을 야기할 수 있다. 이는 심장과 간에 문제를 일으키는 알라질 증후군(Alagille syndrome)에서 나타나는 단배수 결손의 결과이다. 이 증후군은 배 발달 과정(embryo development)에서 중요한 역할을 하는 세포 간 신호전달 체계의 교란을 초래하는 CD339 단백질을 암호화하는 유전자의 돌연변이에 의한다.

유전병은 역시 큰 결실과 염색체 이상에 의해 야기된다

모든 유전병이 단일 유전자의 돌연변이에 의해 초래되는 것은 아니다. 유전병에는 몇몇의 유전자를 포함하는 게놈 부위의 결실이나 염색체의 복제를 포함하는 보다 복잡

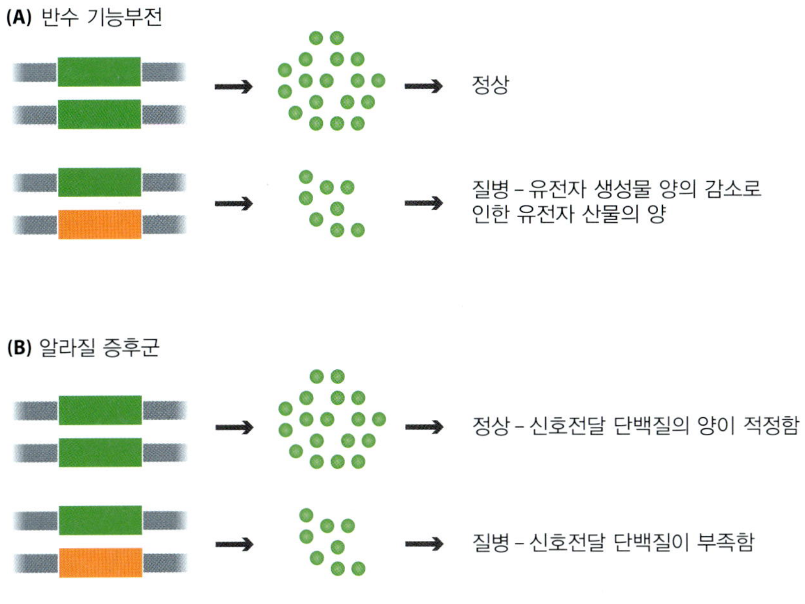

그림 20.12 단배수 결손과 알라질 증후군에서의 단배수 결손의 영향

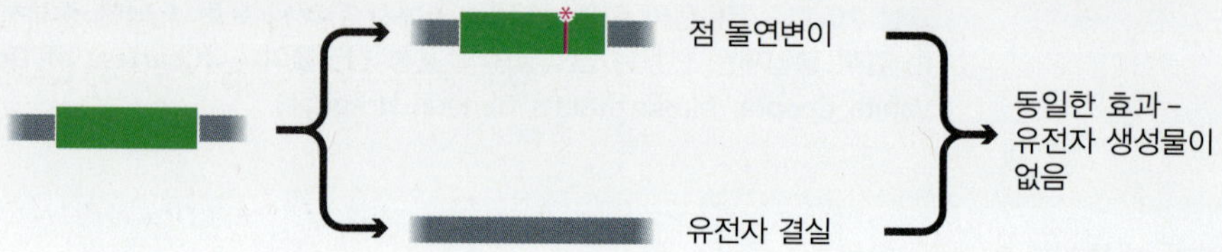

그림 20.13 점 돌연변이와 유전자 결실은 동일한 유전 질환을 유발할 수 있다.

한 많은 원인이 있다.

평균적으로 인간 게놈 1 Mb 당 6.5개의 유전자가 있어서, 1 Mb 이상의 결실은 최소한 몇 개의 유전자의 손실을 초래한다. 종종 이것은 수정난이 발달하지 않고 개체군에서 결실이 더 이상 나타나지 않을 정도로 처참한 결과를 초래할 것이다. 비록 몇 종류의 유전병과 연관되어 있을지라도 가끔 몇 Mb의 결실은 용인될 수 있다. 많은 경우에 결실이 용인될 수 있는 몇몇의 인접 유전자와 함께 하나의 중요한 유전자의 결실이 일어난다. 종종 이러한 결실은 질병 유전자 내의 점 돌연변이에 의해 초래된 것과 동일한 결과를 초래한다(그림 20.13). 이 단원에서 언급한 몇 가지 질병은 단순 돌연변이와 유전자 결실에 의해 초래된다고 알려져 있다. 단배수 결손의 하나의 예인 알라질 증후군의 경우에 전체의 93%가 CD339 유전자의 결실에 의한 것이며 나머지 7%가 유전자의 점 돌연변이에 의한 것이다.

가끔 결실은 각각 유전병과 연관되어 있는 2개 이상의 중요한 유전자를 포함하는 게놈의 단편을 제거한다. 불행한 경우 증상의 범위가 다른 장애와 함께 나타난다. X 염색체의 큰 단편의 결실로 인해 색소성 망막염, 만성육아종, 듀켄씨 근이영양증이 동시에 유발된다는 하나의 보고가 있으며, 이러한 장애와 연관된 유전자는 염색체에서 인접하게 위치해 있다(그림 20.14). 이렇게 여러 가지 장애가 함께 나타나는 경우는 극히 드물다.

보다 일반적인 유전병은 염색체의 중복에 의해 초래되며, 결과적으로 다른 모든 염색체가 2개의 사본을 가지는 것에 반해 세포는 한 염색체가 3개의 사본을 가지게 된다. 이 상태를 **3염색체성(trisomy)**이라 부르며, 대부분의 염색체에서 치사(lethal)에 이르게 되므로 몇몇의 경우에 그 동안 알려지지 않았었다. 하지만 21번 염색체와 18번 염색체의 3염색체성은 상대적으로 잘 알려져 있으며, 각각 다운증후군(Down syndrome; 800명의 신생아 당 1명 꼴)과 에드워드 증후군(Edwards syndrome; 6,000명의 신생아 당 1명 꼴)의 원인이 된다. 아마 중복된 염색체 상의 유전자 복제수의 증가로 인해 그것의 유전자 생성물의 불균형과 세포생리의 파괴가 일어나고 3염색체성의 특징적인 비정상적인 발육을 초래할 것이다.

3염색체성은 유전적이지만 유전되는 질병은 아니다. 3염색체성은 감수 분열 과정 중의 이상(aberration)으로 생식세포 내에서 자연스럽게 발생한다(그림 20.15). 성염색체의 비정상적인 숫자에 의해 유발되는 장애들은 다음과 같다. 그것은 추가적인 X 염색체(XXY)를 가지는 남성에게 영향을 미치는 클라인펠터 증후군(Klinefelter's syndrome)과 self-explanatory XYY 증후군(XYY syndrome)을 포함한다.

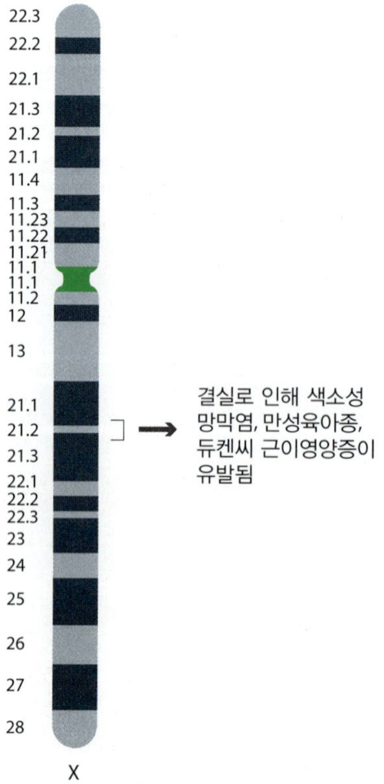

그림 20.14 염색체 상의 단일 결실로 인해 색소성 망막염, 만성육아종, 듀켄씨 근이영양증이 동시에 유발될 수 있다.

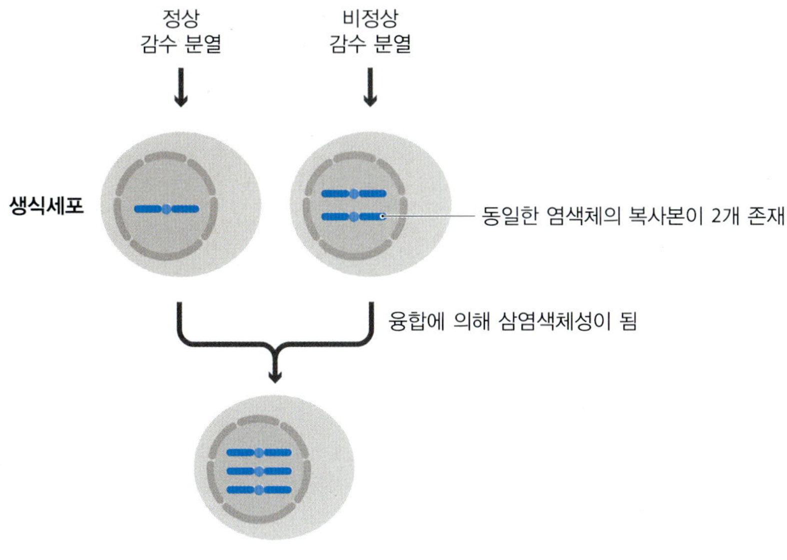

그림 20.15 하나의 정상 생식세포와 하나의 비정상 생식세포 간의 융합에 의해 삼염색체성이 생긴다.

20.2 암의 유전학적 기초

암이란 체세포가 비억제 분열을 하는 특성을 갖는 질병을 종합적으로 말한다. 암은 유전 질환에 있어서 유전자 돌연변이가 결함으로 작용하며, 이 돌연변이들의 유전은 암으로 가는 경향을 보인다. 그러나 암이 유전 질환이 아닌 이유는 암이 걸린 불치의 상태가 부모로부터 자식에게 직접적으로 전달되는 것은 아니기 때문이다.

암의 올바른 이해에는 유전학적 기초뿐만 아니라 무수히 많은 종류의 암에 대한 세포 생물학, 생화학, 생리학 그리고 발생학적인 측면의 지식이 요구된다. 그러므로 당연히 암에 대한 우리의 논의는 크기 면에서 제한될 것이다. 우리는 자연적인 유전 변이가 암을 야기할 수 있다는 것과 암 발달의 여러 단계 모델을 고려해야 한다는 이 두 가지 중요한 질문들에 고민해 볼 것이다.

암은 원종양형성유전자의 활동에서부터 시작한다

암의 이해에 있어서 중요한 돌파구 중 하나는 급성변형성 바이러스들이 발견된 1960년대에 나왔다. 우리가 13장에서 배웠듯이 이들은 인간유전자 복사체를 운반하는 레트로 바이러스들이며, 이 바이러스에 감염된 세포는 암세포 상태로 전환된다. 이것은 레트로 바이러스에 의해 유전자의 세포 레벨에서 기존의 정확히 조절되는 발현 패턴이 중단되며, 비억제 발현되는 유전자의 형질전환 때문이라고 밝혀졌다(그림 20.16). 이 형질전환 과정을 종양 형성(oncogenesis)이라고 정의하며 바이러스에 의해 운반된 유전자를 **암유발 유전자(oncogene)**이라고 말한다.

그림 20.16 바이러스 암유발 유전자(*v-onc*)의 조절되지 않는 발현은 세포내 그것과 상응하는 유전자의 조절되는 발현을 무시할 수 있다.

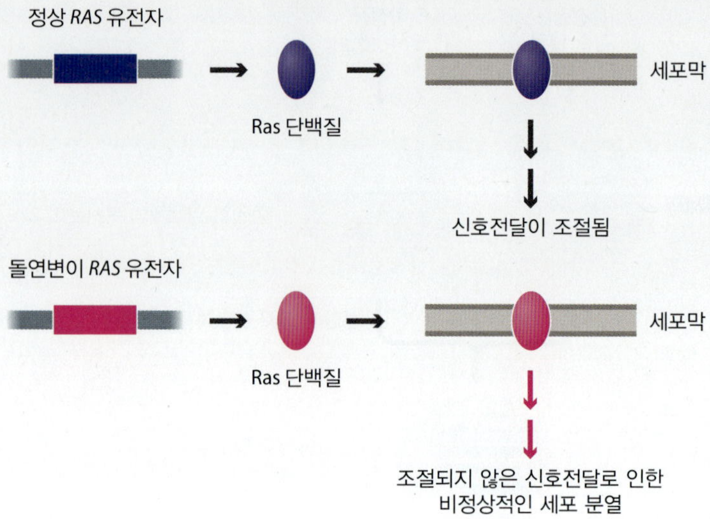

그림 20.17 *RAS* 원종양형성유전자. 정상 Ras 단백질은 세포내 신호전달이 조절받는다. 점 돌연변이에 의해 *RAS* 원종양형성유전자가 "활성화"되면, 비정상적인 Ras 단백질의 세포 내 신호전달이 더 이상 조절받지 않게 된다.

두 번째 돌파구는 바이러스성 종양유전자의 일반 세포에서의 기능이 최초로 밝혀진 1980년대 초반에 만들어졌다. v-*sis* 종양유전자의 세포 버전은 혈소판 유래 성장 인자 B 단백질 유전자에 해당된다고 확인되었다. 다른 바이러스성 종양유전자는 대체적으로 세포내 신호전달, 전사 조절, 그리고 세포 주기 조절 기능에 관여하는 유전자적 기능을 하는 것으로 밝혀졌다.

지금 우리는 정상 세포 버전으로 나타나는 이 유전자를 전문용어로 **원종양형성유전자(proto-oncogenes)**라고 부른다. 정상 상태에서는 원종양형성유전자가 세포에 유해하지 않지만 정반대로 원종양형성유전자의 활동은 암이 시작될 수 있게 하는 종양유전자로 변화시킨다. 우리가 알고 있는 것처럼, 원종양유전자를 활성화시키는 하나의 방법은 이 유전자를 레트로 바이러스 게놈에 삽입하면 그 부분의 유전자는 정상 발현 패턴을 잃고 과발현된다.

하지만 이러한 활동은 레트로 바이러스의 개입 없이도 발생할 수 있다. 외부 신호를 세포 내로 전달해 주는 세포 표면 수용체를 암호화하는 *RAS* 유전자와 같은 원종양형성유전자에 있어서 점 돌연변이는 흔한 활성 요인이다. 일반적으로, 점 돌연변이의 결과 세포 내의 수용체에 신호가 전달되는데, 이에 따라 한 가지 가능한 결과로는 비록 다른 외부의 자극이 없어도 세포가 분열되는 것이다(**그림 20.17**).

또한 이 활성은 DNA 복제 오류에 의한 결과로 원종양형성유전자 복제 수 증가에 의해 발생할 후 있으므로, 보통의 단백질 양보다 더 많은 단백질이 합성된다. 많은 유방암이 세포벽 수용체를 암호화하는 *ERBB2* 유전자의 증폭으로부터 유도된다. 비활성화 상태인 *ERBB2*의 여러 복사체가 17번째 염색체와 나란히 발견된다(**그림 20.18**).

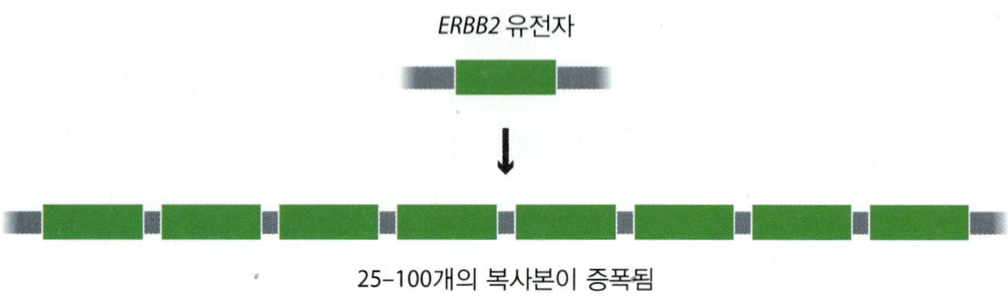

그림 20.18 *ERBB2* 유전자의 증폭, 유방암의 원인 중의 하나이다.

염색체 전좌는 염색체 사이에 DNA 조각 하나가 교환되는 것으로 원종양형성유전자를 활성화 시킬 수 있다. 이유는 알려지지 않았지만 몇몇 염색체 전좌는 보통 인간 염색체 9와 22 사이의 하나를 포함하며, 그 결과 생긴 비정상적 염색체를 일컬어 **필라델피아 염색체(Philadelphia Chromosome)**라고 말한다. 염색체 9의 브레이크포인트는 표적 단백질의 인산화에 의한 세포내 신호전달에 관여하는 티로신 인산화효소를 암호화하는 *ABL* 유전자에 있다. 필라델피아 염색체에서 *ABL* 구간은 염색체 22의 두 번째 유전자의 어느 부분과 융합된다(**그림 20.19**). 이 부분을 “브레이크포인트 클러스터 지역(breakpoint cluster region)”이라고 하는데 이는 이 유전자 구간은 비록 단백질의 인산화에 관여하는 것처럼 보이지만, 실제 정확한 기능은 알려지지 않았기 때문이다. 하이브리드 유전자의 생산물은 세포 형질전환으로 변화된 특성을 가지는 *ABL* 티로신 인산화효소와 유사한 염색체 전좌에 의해 만들어진다.

활성화 과정에서 이러한 요소들은 모두 기능 획득으로 이어진다. 그러므로 세포 형질전환에 있어서는 오직 1쌍의 대립유전자에 영향을 주는 유성 유전자가 필요하다.

종양 억제유전자는 세포 형질전환을 억제한다

종양 억제유전자(tumor surpressors)는 암 발달을 억제할 수 있는 두 번째 종류의 유전자이다. 이 유전자는 안구암의 일종으로 아이들에게 영향을 주며 실명에 까지 이르게 하는 망막아세포종에 대한 연구의 결과로써 처음 발견되었다. 산발적 망막아세포종은 드물게 발생하며, 가족형 망막아세포종은 이와는 대조적으로 더 일반적이지만 오직 몇몇 가족들에서만 발견된다. 이 가족들의 구성원들은 이러한 종류의 암에 대하여 유전적인 원인을 명확히 갖는다.

“two-hit” 모델은 산발적 망막아세포종과 가족형 망막아세포종 사이의 차이점을 설명하기 위해 고안되었다. 이 모델에 따르면 눈에서 망막아세포들이 빠르게 분열되는데 이것이 암화되는 원인이 된다. 이에 영향을 받지 않는 사람들의 경우 망막아세포종

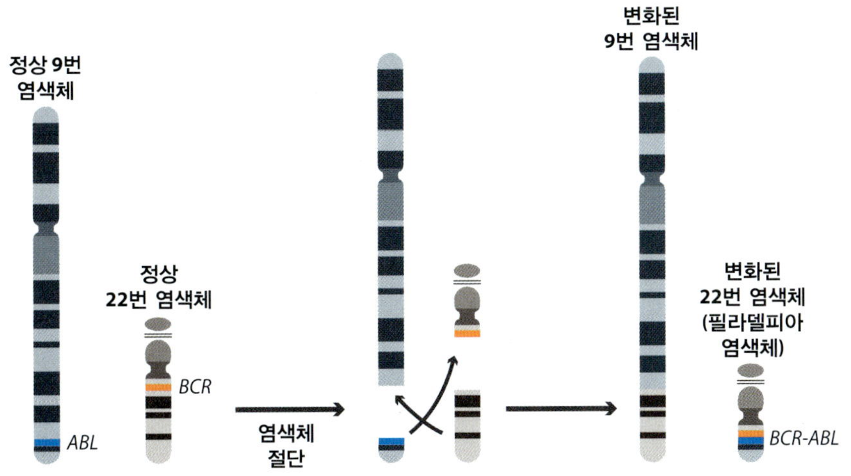

그림 20.19 염색체 간의 전좌로 인해 필라델피아 염색체가 만들어진다. 염색체가 전좌되는 교차점은 9번 염색체의 *ABL* 유전자 내와 22번 염색체의 *BCR* 부위이다.

연구 브리핑 20.1

유전병과 연관된 유전자 찾기

유전병에 있어서 연관된 유전자의 확인은 매우 중요한 목적을 가진다. 일단 원인 유전자를 분석하여 병의 생화학적 요인이 규명되면, 기존의 치료 방법이나 유전자 치료법을 이용하여 질병을 치료하는 방법을 찾을 수 있다. 이와 동시에 유전병을 야기하는 돌연변이 유전자 확인은 해당 유전자 스크리닝 검사법 개발을 가능하게 한다. 따라서 결함 유전자는 질병이 아직 나타나지 않거나 운반자인 개인에게서 확인할 수 있다. 그렇다면 어떻게 유전병과 연관된 유전자를 찾아낼 수 있을까?

유전자 연관 분석은 게놈 서열 상에 특정 유전자가 어디에 위치하는지 나타낼 수 있다

일반적으로, 첫 번째 단계는 게놈 지도 상에 유전자의 위치를 확인하는 것이다. 이는 유전병을 갖고 있는 혈통 내에서 유전자의 유전 여부를 검사함으로써 알 수 있다. 이 분석은 질병 유전자와 이미 알고 있는 인간 게놈 상의 다른 마커들의 연결고리를 찾는 것이다. 여기에서 마커란 다른 유전자를 말하며, 그들은 RFLP와 같은 DNA 마커가 될 수 있다.

질병 유전자의 정확성은 혈통 가족의 수를 포함하는 다른 몇몇 요인들에 의존하여 지도화 될 수 있다. 대개는 질병 유전자의 위치로부터 5 Mb 내의 지역에서 확인할 수 있다. 평균적으로 인간 게놈에서는 대략 1 Mb 당 6.5개의 유전자가 이에 해당하며, 그러므로 이들의 위치는 특정 유전자의 주변을 포함하는 지역이 된다. 다음 단계는 특정 유전자 지역의 유전자 서열에서 연관된 부분을 확인하는 것이다.

유전자 서열의 확인은 얼핏 어려운 과정이 아니라고 여겨질 수도 있지만 그렇지 않다. 모든 유전자의 위치를 표시하기 위한 **게놈의 해석(annotation)**은 인간 게놈 프로젝트(Human Genome Project)의 한 부분으로써 수행되었다. 전체 게놈은 유전자의 개시 코돈 부분부터 종결 코돈까지를 포함하고 단백질을 암호화하는 데 충분한 길이의 **열린 해독틀(ORFs)**를 찾도록 디자인된 컴퓨터 프로그램으로 검색되었다. 이 프로그램은 박테리아 게놈 검색에는 매우 정확하였으나 진핵생물은 인트론의 존재 때문에 그다지 효과적이지 못하였다. 만약 어떤 유전자가 하나 이상의 인트론을 포함하고 있다면 유전자 서열 내에서 연결된 ORF를 찾을 수 없다. 이는 분석 프로그램이 유전자의 엑손(exon)과 인트론(intron) 경계 부분의 특정 유전자의 특징 또한 잡아낼 수 있어야 한다는 것을 의미하지만, 불행하게도 이 유전자 서열들의 특수성으로 인해 그들의 자세한 일부분의 위치까지 확인하기에는 이 프로그램이 그다지 효과적이진 못하다. 따라서 염기서열 조사는 게놈 서열 내에 존재하는 RNA 전사체를 찾는 RNA 전사체 분석(mapping)과 같은 다른 접근 방법과 연관되어 있다. RNA 전사체의 서열은 엑손의 위치를 나타낸다.

표기된 게놈은 다양한 **게놈 브라우저(genome browser)** 웹사이트를 통해 온라인 상에서 확인할 수 있다. University of California Santa Cruz에서 개발된 UCSC Genome Browser와 European Bioinformatics Institute에서 만든 Ensembl, UK Sanger Centre와 같은 프로그램들이 이에 포함된다. 그림 1에서는 게놈 브라우저에 의해 제공된 정보의 예를 보여 준다.

후보 유전자를 조사하기 위해 사용되는 다양한 기준들

웹브라우저는 우리가 관심을 갖는 유전자의 게놈 상의 위치를 나타내주지만, 이 유전자가 어떤 질병을 매개하는 원인 유전자인지는 알려줄 수 없다. 비록 그 유전자의 기능이 알려져 있을지라도 정확한 것을 찾는 것은 분명하지 않을 것이다. 어떠한 유전자라도 가치가 없다고 판단되기 어려우므로 후보 유전자는 반드시 좀 더 자세히 살펴보아야 한다.

연구 브리핑 3.1에서 낭포성섬유종의 발현 프로파일링이 어떻게 확인되는지 배운 바 있다. 이 장에서는 유전자 발현 프로파일링이 매우 유용하지만, 때때로 결과가 잘못 해석될 수도 있다는 것을 보여 준다. 신체 내에서 유전자가 더 폭넓게 발현되기 때문에 제한된 수의 조직에서 그 질병이 나타날 수도 있다. 그러므로 더 자세한 검사가 필요하다.

정상인과 질병을 앓고 있는 사람의 후보 유전자 서열을 분석하기 위한 하나의 접근 방법은 유전자가 비활성화 돌연변이가 있는지 찾기 위한 것이다. 불행하게도 치명적인 돌연변이 확인이 항상 쉬운 것은 아니다. 만약 유전자의 큰 손실이나 넌센스 돌연변이와 같은 결함이 인식되지 않고 단지 하나의 아미노산에만 영향을 주는 점 돌연변이에 의해서 발생한 질병의 경우에는 그 돌연변이의 중요성이 곧바로 드러나지 않는다. 낭포성섬유종의 유전자 G551D의 돌연변이가 하나의 예이다. 이 경우에는 연관성이 없는 가족들 각각의 혈통 유전자를 비교해 볼 필요가 있는데 이는 다른 가족 구성원 간에도 같은 돌연변이가 발생해 있을 수 있기 때문에 이는 돌연변이 확인이 질병을 매개하는 유전자의 확인의 강력한 증거가 될 수 있다.

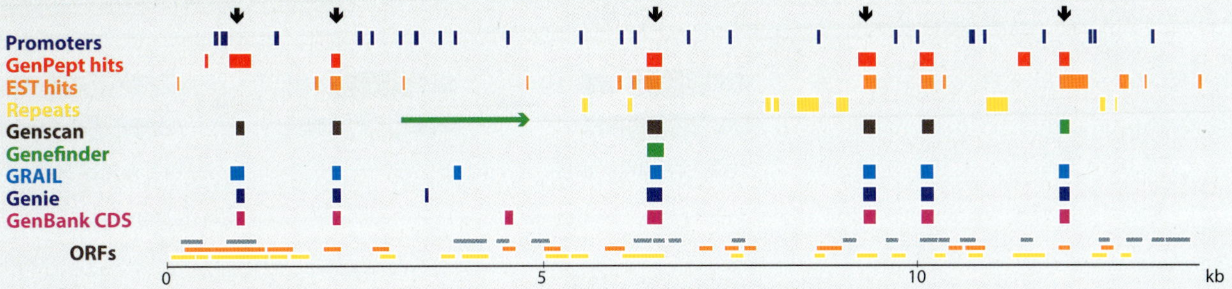

그림 1 일반적인 게놈 브라우저에서 나타나는 일부분. 인간 게놈의 15 kb 단편에 대한 genotator 브라우저 표기(annotation)의 예를 보여 주었다. 위로부터, 프로모터가 예상 위치, GenPept 데이터베이스 상의 인간 단백질을 암호화할 수 있는 서열, 인간 ESTs(RNA 전사체에서 유래된)에 상응하는 서열, 반복서열의 위치, Genscan, Genefinder, GRAIL, Genie 프로그램에 의한 엑손 예측, GenBank 데이터 상의 인간 유전자에 상응하는 서열, 각각 3개의 해독틀의 ORFs를 분석하였다. 녹색 화살표는 게놈 서열이 읽혀진 방향을 나타낸다. 표기에서와 같이, 위쪽 화살표로 가리킨 5개의 가능한 엑손을 나타낸다. (Courtesy of Nomi Harris, Lawrence Berkeley National Laboratory.)

후보 유전자 검사의 또 다른 방법의 하나는 생쥐의 유전자가 갖고 있는 돌연변이의 영향에 대해 연구하는 것이다. 생쥐는 생쥐 게놈 상에 인간과 같은 종류의 유전자를 많이 포함하고 있으므로 인간의 모델로서 빈번하게 사용된다. 만약 특정 질병이 기능 상실에 의한 것이라면 생쥐 게놈 상의 상응하는 유전자를 불활성화 시킴으로써 인간 질병과 유사한 증상을 보이는 동물을 만들 수 있다. 그러므로 생쥐 돌연변이의 유전자 DNA 조각을 생쥐의 **배아줄기세포(embryonic stem cell, ES cell)** 내로 주입한다(그림 2). 일단 핵 내에서 생쥐 게놈 내에 상동재조합 DNA가 들어가면 원래 생쥐 게놈 내에 존재하던 내생의 복제는 비활성화 유전자로 대체된다. 대부분의 생쥐 세포와는 다르게 배아줄기세포는 **전능성(totipotent)** 세포이며, 이는 하나의 발달 과정으로만 가지 않고 모든 종류의 세포로 분화될 수 있음을 의미한다. 유전적으로 새로이 설계된 배아줄기세포는 생쥐 배아로 전달되고 이것은 대리모 내로 이식된다. 배아는 계속 발달하여 결과적으로 유전자 재조합 배아줄기세포에 의해 발생한 돌연변이가 혼합된 세포를 가진 생쥐인 **키메라(Chimera)**를 만들 수 있으며 비돌연변이된 것은 다른 모든 종류의 세포발달이 유도된다. 이 키메라 생쥐는 정상 생쥐와 교배할 수 있다. 어떤 키메라 생쥐의 생식세포들은 돌연변이 유전자를 갖고 있을 수 있다. 정상적인 생쥐로부터 얻은 생식세포의 융합 후, 이것들은 이형접합체를 생산할 수 있고, 이러한 이형접합체는 모든 세포 내에 돌연변이 유전자의 복사체를 갖는다. 이형접합체 한 쌍의 교배를 통해서는 몇몇의 새로운 동형돌연변이 자손을 만들어 낼 수 있다. 이 돌연변이 자손들을 일컬어 **녹아웃 생쥐(knockout mice)**라고 하며, 운이 좋으면 이들의 표현형을 통해 후보 유전자의 원하는 기능에 관한 정보를 제공받을 수 있을 것이다.

이 전략은 실패하는 경우도 있는데, 이는 어떤 유전자는 인간에서 유전병을 야기시키지만 생쥐에서는 그 동물의 건강에 아무런 영향도 주지 않는 비활성화 유전자가 되기 때문이다. 그러나 녹아웃 생쥐는 후보 유전자의 평가뿐만 아니라 유전성 질환에 대한 더 자세한 연구에 매우 유용하다. 왜냐하면 생쥐가 인간과 비슷한 양상으로 빈번하게 반응하기 때문이다. 인간 장애에 관한 치료법을 고안해 내는 데 중요한 많은 일들이 생쥐 모델 사용을 통해 발전해 왔다.

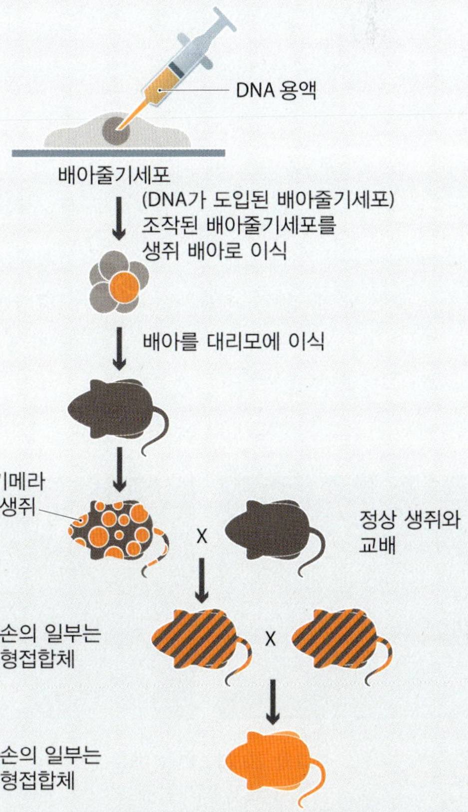

그림 2 녹아웃 생쥐(유전자 결손 생쥐)를 만드는 과정

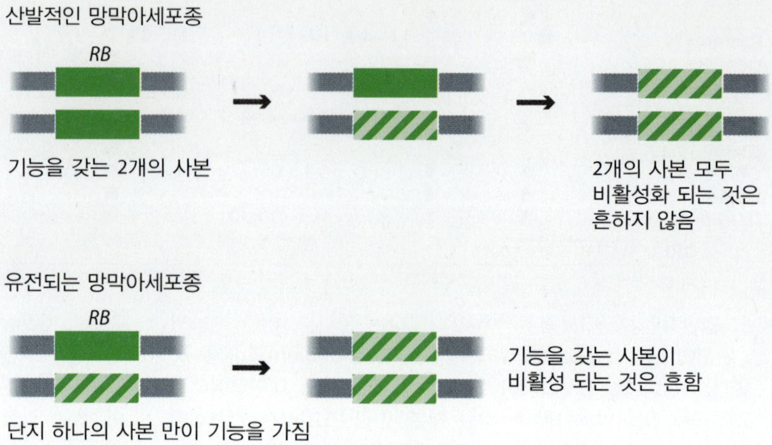

그림 20.20 산발적인 것과 유전되는(내력이 있는) 망막아세포종의 유전적 기초

이 유전자 *RB*에 의해 암의 발생과 진행이 방해된다(**그림 20.20**). 왜냐하면 그것은 암을 저해할 수 있기 때문이며, *RB*는 종양 억제유전자라 불린다. 이것은 단세포 유전자에서 발생할 수 있는 비활성화 돌연변이와는 매우 달라서 이 동형접합체가 사실상 질병으로 발전하지 못한다. 그러므로 산발적 형태의 망막아세포종은 드물다. 대조적으로 이형접합체는 망막아세포종에 더 취약하다. 그들은 단지 세포마다 활성화된 하나의 *RB* 사본 만을 가지며, 그래서 모든 망막세포에서 하나의 비활성화 돌연변이는 질병을 유발할 수 있다. 그러므로 가족형 망막아세포종은 그들의 부모님 중 한 쪽의 결함이 있는 대립유전자를 유전 받은 이형접합체를 가지거나 자손에게 대립유전자를 물려 줄 수 있는 구성원들이 있는 가족들 사이에서도 발생한다.

대부분의 종양 억제유전자는 세포주기 조절에서도 특히 세포주기의 비정상적 저해에 대한 확인 과정에 관여한다. 만약 어떤 문제가 발생하여 세포 분열이 중단되어 세포가 비정상적인 상태가 되면 세포 사멸이 유도되지 못하게 된다(**그림 20.21**). 그러므로 종양 억제 인자는 하나의 기준이 된다. 종양 억제유전자 돌연변이는 적어도 일부 종양 발생 감지 과정에 손실이 생기며 변이된 세포가 그 감시 체계를 벗어나 종양 형성을 시작한다.

현재에는 150여 가지가 넘는 종양 억제유전자가 알려져 있다. 우리는 현재 망막아세포종 단백질이 정상적인 DNA 복제를 개시하게 하는 E2F 전사 인자에 의해 비정상적인 세포 분열이 억제된다는 것을 알고 있다. 또 다른 종양 억제 인자는 p53(단백질의

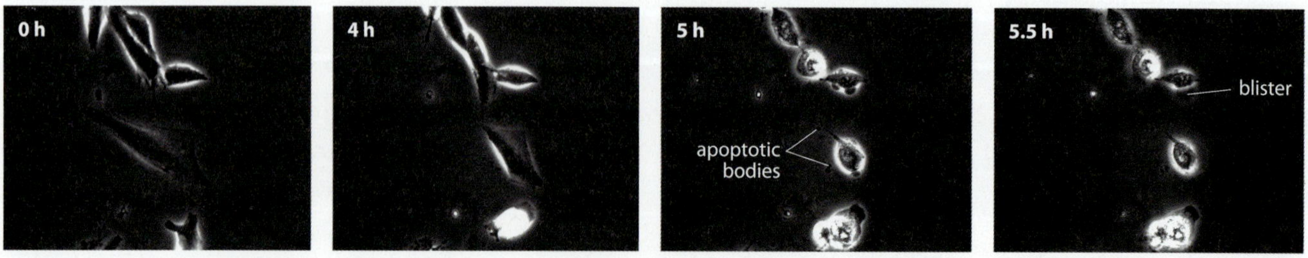

그림 20.21 인간 유래 영양막 세포는 spermine 처리에 의해 세포 사멸이 유도된다. 5시간 후에 세포는 위상차 현미경 하에서 동그랗고 밝게 보인다. 세포막 주변에서 수포 형성이 일어나지만 형태는 유지하고 있다. apoptotic body라 불리는 세포 조각들은 죽은 세포 주위의 작고 검은색 점으로 보인다. 대식세포에 의해 처리되지 못하는 세포 괴사와는 달리 세포 사멸은 세포 죽음의 "깨끗한" 형태이다. (Courtesy of Guy Whitley, St George's University of London.)

크기가 53kD인 것에서 유래된 이름)이라 불리우며, 이 단백질은 게놈 내의 DNA 손상이 감지되면 작은 규모의 결함일 경우 DNA 복구를 시작하고 손상이 클 경우 세포의 사멸을 유도한다.

종양 억제유전자의 비활성화는 점 돌연변이 또는 암호화 서열의 일부가 결여되어 종종 발생한다. 추가적으로 종양 억제유전자는 DNA 메틸화 때문에 정상적인 돌연변이 후 과정이 일어나지 못하게 비활성화된다. 어떤 변이 세포내 종양 억제유전자의 상위 CpG 구간은 매우 많이 메틸화되어 있어 경우에 따라 이것은 이 유전자의 암호화 지역이 온전하고 점 돌연변이가 발생하지 않았음에도 제 기능을 하지 못하는 이유가 된다. 우리는 이것의 원인이 우연히 발생한 메틸화 때문인지 특정 CpG 구간이 메틸화됨에 따라 비정상적인 경향을 띄게 되는 것인지는 알 수 없다.

암의 발달은 복합적인 과정이다

만약 원종양형성유전자 또는 종양 억제유전자 내의 돌연변이 복구 과정 내에 모든 돌연변이가 암을 야기한다면, 인구 사망 빈도는 훨씬 이전보다 높아졌을 것이다. 대부분의 암은 몇몇 돌연변이나 긴 기간 동안 발생한 게놈 변형과 같은 여러 과정을 통해 발달한다. 발달 초기에 암이 발견되면 더 효과적인 치료가 가능하게 하고 더 성숙되기 전에 발견할수록 더 높은 생존율을 가진다.

종양 발달의 복합적 과정은 거의 가족형 선종 폴립(polyp)이라 불리는 대장암으로 명확히 묘사될 수 있다(그림 20.22). 이 과정 동안 발생하는 형태상의 변화는 대장벽 상피조직의 선종(adenoma)의 초기 형성을 포함한다. 선종 폴립의 직경이 센티미터로 자라게 되면 이는 결국 체 내의 다른 장소에 퍼져 새로운 종양을 형성하는 암 전이성(metastatic) 세포를 가지는 암종(carcinoma)이라 불리는 종양(tumor)으로 커진다. 이 과정의 모든 경우가 똑같이 유전적 이벤트가 동반되는 것은 아니지만 대개는 *APC*라 불리는 종양 억제유전자의 비활성화로 시작된다. 앞서 망막아세포종에 대해서 언급한 부분에 따르면 대장암 또한 산발형과 가족형으로 구분할 수 있는데, 가족형의 발생이 더 빈번하게 확인되며, 이에 해당하는 환자는 부모가 가지고 있는 결함 유전자가 유전되어 *APC* 유전자가 완전히 비활성화됨으로써 대장암이 유도된다.

다음 경우는 유동적이지만 종종 선종 내에서 전체 DNA의 메틸화 정도가 감소하는 것을 말하는데, 세포내 신호전달 단백질을 암호화하는 *KRAS* 원종양형성유전자의 활성에 따른 것이다. 이 과정의 진행은 선종과 폴립 사이 구조에서 일어난다. 신호전달 단백질을 암호화하는 종양 억제유전자 *SMAD4*의 비활성화로 폴립 형성이 야기되고 만약 *p53* 단백질이 비활성화되면 암종양이 생긴다. 암의 전이는 이로부터 다른 유전적 변화가 발생함에 따라 일어나게 된다. 이러한 복합적 과정들은 비정상적 세포 분열을 억제하기 위해 존재하는 조절과정이 있으며 이 조절과정이 실패하게 되면 암전이가 진행된다.

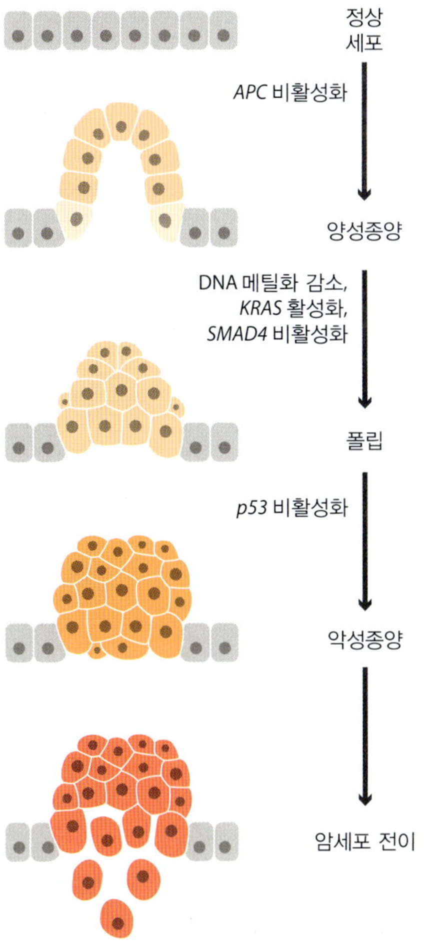

그림 20.22 대장암에서 종양이 형성되는 복잡한 과정. 종양 억제유전자 *APC*의 비활성화와 양성종양(adenoma)의 형성에 의해 개시된다. 폴립(polyp)으로 발전한 양성종양은 악성종양(carcinoma)로 바뀐다. 이러한 변화는 DNA 메틸화의 감소, *KRAS* 원종양형성유전자의 활성화, 종양 억제유전자 *SMAD4*의 비활성화, *p53*의 비활성화와 같은 일련의 현상과 연관되어 있다.

20.3 유전자 치료

유전병의 유전학적 기초에 대해 아는 것은 두 가지 면에 있어서 중요하다. 첫 번째, 각 개개인에게서 결함이 있는 유전자의 유무를 확인하여 결함 유전자의 보인자인지 아닌지 알아내는 스크리닝 프로그램 개발에 필요한 정보를 제공해 준다. 결함 유전자를 가진 사람은 그들의 자녀에게 병이 유전될 수 있는 가능성을 고려하여 상담을 받는다. 이를 통해 유전병을 조기에 진단하며, 아직 발병되지 않은 사람은 질환이 발병될 수 있는 위험이 감소하도록 적절한 예방 대책을 따르게 된다.

또한 유전학은 유전성 질환의 치료를 위한 전략으로 이어질 수 있다. 일단 질병의 원인이 되는 유전자가 확인되면 이 유전자가 건강한 사람에서 정상적인 기능을 할 수 있는지 여부를 계산할 수 있으며 그렇게 함으로써 병의 진행 상태에서 생화학적 원인을 알아 낼 수 있다. 이는 병을 유발하는 생화학적 결여에 대해 그 증상을 완화시키거나 회복할 수 있는 의약품을 개발할 수 있게 할 것이다.

그러나 유전병의 처치(treatment)와 치유(cure)는 다르다. 유전병을 치유(cure)하는 유일한 방법은 돌연변이 유전자를 정상 유전자 버전(version)으로 대체시키는 것이다. 이것이 유전자 치료(gene theraphy)의 목적이다.

유전자 치료에는 두 가지 접근 방법이 있다

유전자 치료를 위한 두 가지의 기본적인 접근 방법이 있다. 이를 **생식세포 치료법(germ-line therapy)**과 **체세포 치료법(somatic cell therapy)**이라고 한다. 생식세포치료는 수정란에 결함이 있는 유전자의 복사체를 직접 주입한 후, 이 수정란을 다시 모체 내로 재이식하는 방법이다. 새로이 도입된 유전자는 수정란으로부터 각각 발달하여 모든 세포에 존재할 수 있게 된다. 생식세포 치료법은 대개 난자 내의 원래 핵을 제거하고 거기에 외부에서 조작된 체세포 핵을 주입하는 **마이크로주사법(micro-injection)**에 의해 이루어진다(**그림 20.23**). 핵 치환기법(nuclear transfer)은 수정란 내에 직접 주입하는 성공적 마이크로주사법에 필요하나 이를 성공시키기가 쉽지 않다.

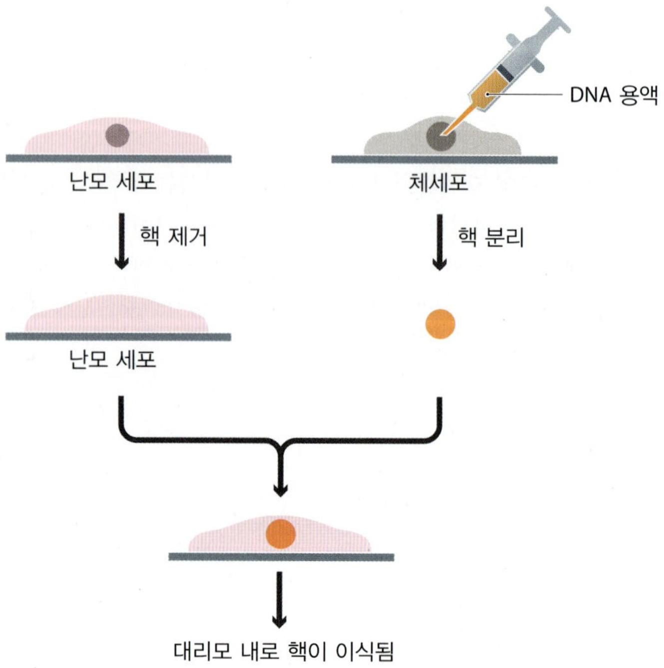

그림 20.23 핵 이식은 난모 세포 내에 새로운 DNA를 도입하는 과정이다.

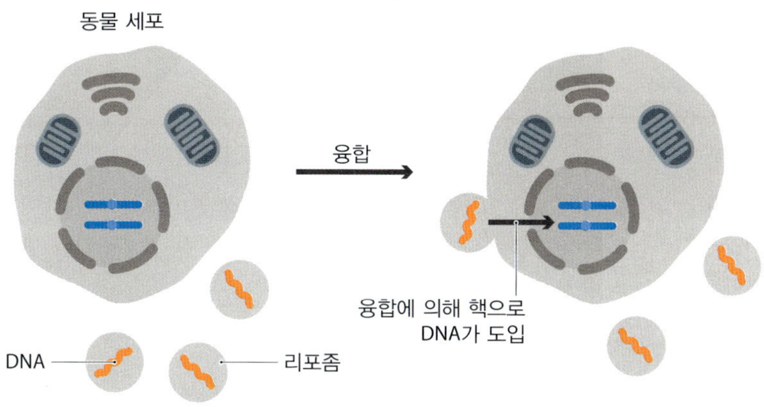

그림 20.24 동물 세포 내로 새로운 DNA를 도입할 때 리포좀이 이용된다.

이론상으로는 생식세포 치료법이 어떠한 유전 치료에도 적용될 수 있으나 인간 생식세포를 조작하는 것에 대해서 윤리적으로 받아들여지기 어려운 문제를 고려해야 하므로 현재 이 기술은 오직 유전자 조작 동물을 생산하는 데에만 사용된다.

새로운 유전자를 체세포에 도입하는 것은 치료하는 특정 개인별로 치료의 결과를 볼 수 있으며, 이 새로운 유전자가 자손에게까지 전달되지 못하기 때문에 논란의 여지가 줄어든다. 치환방법 중 하나는 **리포좀(liposomes)**이라 불리는 막결합소포체 내에 새 유전자가 포함된 DNA를 동봉하여 세포로 치환하는 것이다. 이 리포좀은 원하는 세포의 막에 융합될 수 있다(**그림 20.24**). 대부분 이런 방법으로 세포 내에 DNA를 이동시키지만, 낭포성섬유종과 같은 폐질환 치료의 경우에는 DNA가 포함되어 있는 리포좀을 인헬러(inhaler)를 통해 호흡기관 내로 주입하는 방법들이 사용된다. 그러나 성공률은 제한적이다.

유전자 치료의 영구적인 효과를 보기 위해서는 치환된 유전자가 숙주 세포 내에서 최소 며칠보다는 길게 생존해야 한다. 이상적으로는 치료된 세포가 분열할 때 딸세포에게로 유전자가 전달되어야 한다. 그러므로 바이러스는 종종 동물 세포 내로 유전자를 옮기는 데 **벡터(vector)**로써 사용된다. 그 이유는 바이러스 게놈 내에 삽입된 유전자가 표적 세포 내에서 발현될 수 있고, 그 후 분열되는 세포들은 바이러스에 감염된 채로 남는다. 이렇게 벡터로 사용된 바이러스는 변형되어 그리 오래가지는 못한다. 하지만, 발병된 질환의 세포는 여전히 손상 변이된 DNA를 복제하므로 병은 여전히 남게 된다. **아데노바이러스**(adenovirus, **그림 20.25**)는 감염된 세포의 핵 내에 반영구적으로 존재할 수 있으며 감염된 세포가 분열될 때에 생기는 딸세포에게까지 전달될 수 있으므로 계속 삽입 DNA를 유지시키는 목적으로 사용되어 왔다. 더 좋은 점은 바이러스 게놈이 숙주 염색체 중 하나에 도입될 수 있다는 점인데, 이로써 치료 유전자가 장기적으로 발현될 수 있다. 레트로바이러스도 이런 방법을 쓸 수 있으나 무작위적으로 삽입하는 특성이 있으므로, 만약 유전자 치환이 엄격하게 확인되지 못한다면 유전자 치료의 경우에는 불상사가 발생할 수도 있다. 최근 관심은 **아데노-관련 바이러스(adeno-associated virus)**에 초점이 맞추어져 있는데, 이들은 항상 인간 게놈 내의 같은 위치에 그들의 DNA를 삽입하는 특성이 있기 때문이다.

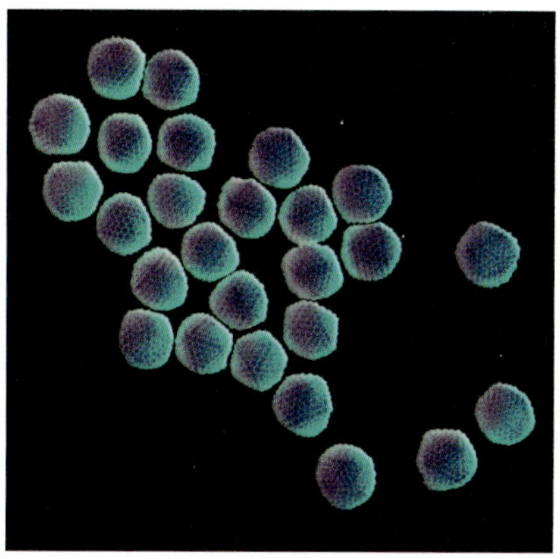

그림 20.25 아데노바이러스는 유전자 치료를 위한 벡터로 사용된다.

체세포 치료법에 사용된 바이러스는 혈우병이나 지중해빈혈과 같은 유전성 혈액 질환의 치료에 사용되어 왔다. 새로이 도입되는 유전자는 골수에서 유래된 줄기세포 내로 삽입되는데, 왜냐하면 이 줄기세포는 혈액 내에서 모든 종류의 세포로 분화될 수 있

그림 20.26 골수 유래 줄기세포로 새로운 유전자가 안정적으로 삽입되면 새로운 유전자를 가지는 성숙한 혈구 세포로 분화되도록 한다.

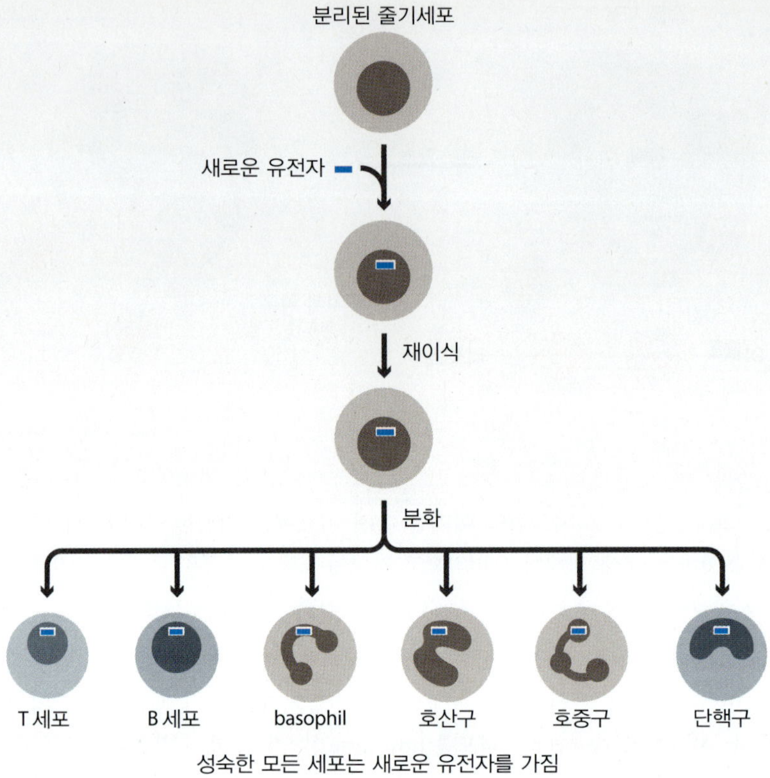

기 때문이다(그림 20.26). 따라서 조작된 줄기세포의 복제(replication)가 혈관계를 통해 새로운 유전자로 존재하게 된다.

유전자 치료의 예로 열성유전자 질병에는 다른 도구 없이 적절한 유전자를 제공하는 치료를 할 수 있는데, 이와 아울러 결함이 있는 유전자 복사체를 제거하는 것이다. 우

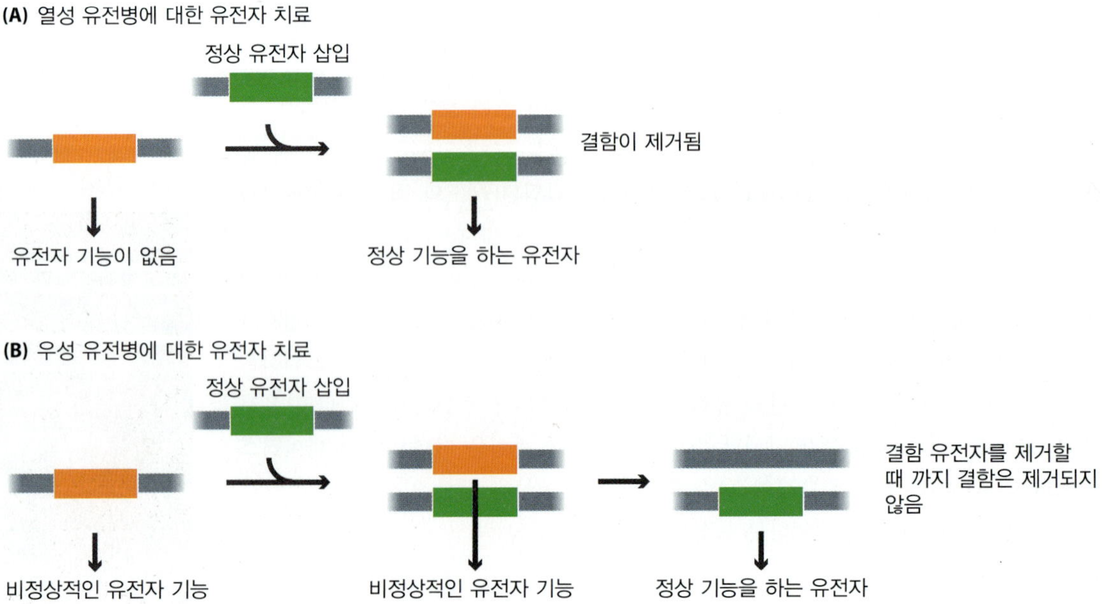

그림 20.27 열성과 우성 유전병에 대한 유전자 치료의 다른 필요 요건. (A) 열성 유전병은 정상 유전자를 삽입함으로써 치료할 수 있다. (B) 우성 유전병을 치료하기 위해서는 결함 유전자를 반드시 제거해야 한다.

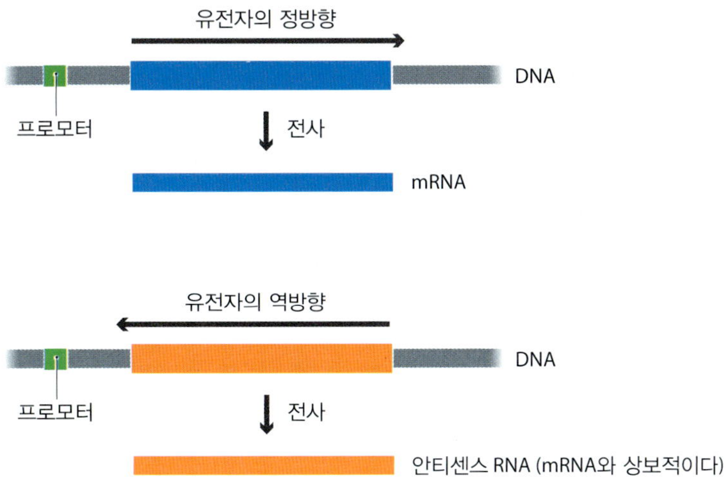

그림 20.28 안티센스 RNA의 합성

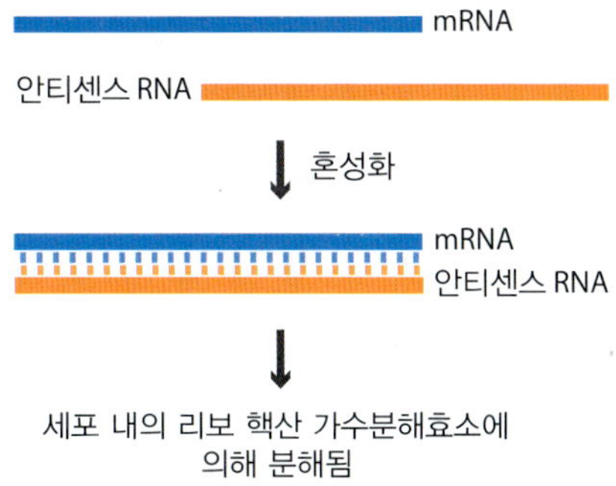

그림 20.29 antisense RNA가 목적 유전자의 발현을 저해하는 메커니즘

성 유전자 질병은 결함이 있는 대립유전자가 여전히 병을 일으키므로 이러한 접근 방법으로는 치료할 수 없을 것이다(그림 20.27). 그러므로 우성 유전자 질병을 위한 유전자 치료법에는 적절한 유전자를 도입하는 것 뿐만 아니라, 결함이 되는 부분의 유전자를 제거하는 것도 포함한다. 이는 더 많은 어려움이 따를 전망이며 아직은 더 폭넓은 응용 연구가 요구된다.

유전자 치료법은 암 치료에도 사용될 수 있다

유전자 치료의 임상적 사용은 유전병 치료에 제한을 두지 않는다. 이들은 또한 이 기술을 암 치료를 위해 많이 시도되어 왔다.

종양 억제유전자의 비활성화는 앞서 언급되었던 유전 질환의 치료방법들 중 하나에 의해 결함이 없는 유전자 버전이 도입됨으로써 다시 활성화 될 수 있다. 그러나 암유발 유전자의 비활성화에는 좀 더 부가적인 접근 방법이 요구되는데, 이는 목적이 암유발 유전자의 발현을 억제하는 것이 되므로 이것이 복사체를 대신하진 못한다. 하나의 방법으로는 암유발 유전자로부터 전사된 mRNA 전사체에 특이적인 **안티센스(antisense)** 버전 DNA를 종양 내로 도입하는 것이 있다(그림 20.28). 안티센스 RNA는 일반 RNA의 역보체로서 특정 유전자가 암호화하는 단백질의 합성을 방해한다. 그것은 아마도 이 안티센스 RNA가 융합하여 이중 가닥 RNA를 이루어 세포 내의 리보뉴클레아제(ribonuclease)에 의해 재빨리 분해하게 하는 역할을 할 것이다(그림 20.29). 그러므로 표적 RNA는 비활성화된다.

위와 같은 유전자의 도입이 약물을 이용하여 암세포를 선택적으로 죽이거나 파괴를 유도하는 기존의 약물 대체방법으로 사용될 수 있다. 이를 두고 **자살 유전자 치료(suicide gene therapy)**라고 부르며, 이는 암 치료에 효과적으로 보이는데, 그 이유는 치료에 있어서 특정 질환의 유전적 기초에 대한 자세한 이해가 요구되지 않기 때문이다. 많은 유전자는 또한 독성 단백질을 암호화하는 것으로 알려져 있는데, 이것은 효소가 약물 비독성 전구체들을 독성 구조로 전환시키는 것이 하나의 예가 된다(그림 20.30). 종양에 있는 이러한 독성 단백질들이나 효소들 중 하나를 위한 즉각적인 약물 투여 후 유전자의 도입이 이루어지면 이는 암세포의 죽음을 초래할 것이다. 건강한 세포들을 죽이지 않기 위해서 암세포 내에 도입된 유전자가 정확한 표적을 찾는

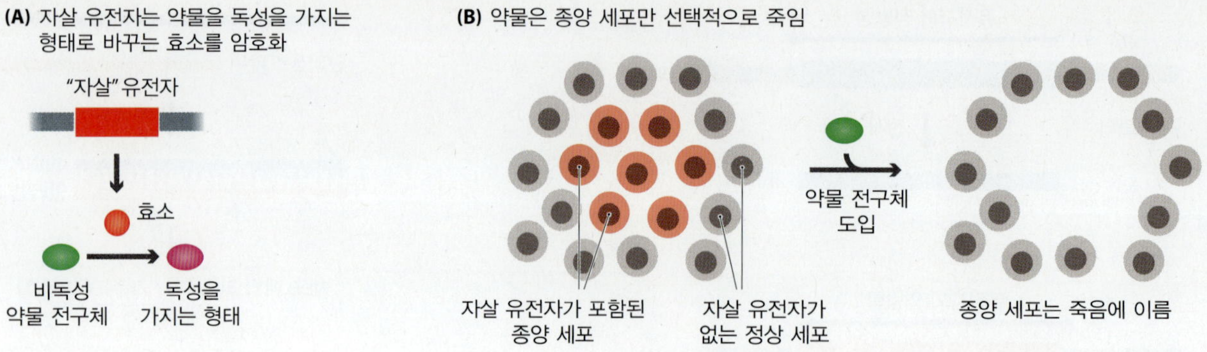

그림 20.30 자살 유전자 치료. (A) 자살 유전자의 기능. (B) 약물 전구체가 도입됐을 때, 종양 세포는 죽는다.

것은 확실히 중요한 부분이다. 이것은 이 유전자가 오직 암세포들에서만 나타난다는 것을 증명하는 여러 이유들과 함께 종양으로의 직접적인 접종과 같은 매우 정교한 전달 체계(delivery system)를 요구한다.

주요 개념

- 유전병은 게놈의 결함에 의한 질병 중의 하나이며, 다른 유전적인 특징들처럼 부모에서 자녀에게 유전될 수 있다.
- 대부분의 인간 유전병은 특정 유전자가 비활성화 되는 기능 상실 돌연변이(loss-of-function mutation)에 의해 야기된다. 유전자의 결손이나 변형은 그것에 의해 암호화된 단백질이 정확한 기능을 하지 못하게 되어 생기는 결함이 유전병으로 나타난다.
- 유전병은 우성과 열성이 있다. 질병이 우성인지 열성인지 이해하는 것은 질병의 원인을 알아내는 데에 도움이 될 수 있다.
- 암은 체세포의 무분별한 분열로 특징되는 질병이다. 유전병의 근본적인 결함은 유전자 돌연변이이고, 특정 돌연변이의 유전으로 암에 잘 걸리는 것을 들어 암을 유전병으로 생각할 수 있다. 하지만 암세포가 부모에서 자녀에게 직접 유전되지는 않기 때문에 암은 유전병이 아니다.
- 정상 유전자의 돌연변이에 의해 비정상적인 세포 분열을 일으킬 수 있는 원발암 유전자의 활성화에 의해 암이 발현된다.
- 종양 억제유전자는 특히 비정상적인 세포 분열을 확인하고 억제하여 세포 주기를 조절하는 데 관여한다. 종양 억제유전자의 돌연변이는 이러한 제어 기능의 부분적인 상실을 초래하여 암으로 발전될 가능성을 증가시킨다.
- 생식세포 유전자 치료에서 수정란은 결함 유전자에 대한 정상 유전자의 사본과 함께 엄마에게 재이식된다. 새로운 정상 유전자는 수정란으로부터 발달된 개개의 모든 세포에 존재할 것이다. 이론적으로 생식세포 유전자 치료는 어떠한 유전병의 치료에도 사용될 수 있지만, 이러한 방법으로 인간 생식세포를 조작하는 것이 윤리적으로 받아들여지지 않아서 현재는 오직 유전자 변형 동물을 생산하는 데에만 이 기술이 이용된다.

- 체세포 치료는 치료받은 개인에서만 변화가 일어나기 때문에 논쟁의 소지가 적다. 새로운 유전자는 자손에게 유전되지 않는다.

질문 & 문제 (해답은 www.garlandscience.com/introgenetics에서 찾을 수 있다)

주요 용어들

아래 용어의 정의를 간단히 기술하시오.

adeno-associated virus
adenovirus
annotation
antisense RNA
carrier
chimera
embryonic stem cell
gene therapy
genetic disease
genome browser
germ-line therapy
inherited disease
knockout mouse
liposome
microinjection
monogenic disorder
oncogene
open reading frame
Philadelphia chromosome
proto-oncogene
somatic cell therapy
suicide gene therapy
totipotent
trisomy
tumor suppressor

자습 문제들

20.1 기능 상실 돌연변이가 유전병을 일으킬 수 있는 방법을 설명하시오.

20.2 낭포성섬유종(cystic fibrosis)을 예로 들어, 어떻게 단일 유전병이 하나 이상의 돌연변이에 의해 유발될 수 있는지 설명하시오.

20.3 왜 비교적 일반적이지 않은 기능 획득 돌연변이에 의해 유전병이 생기는 것일까?

20.4 트리뉴클레오티드 반복 확장 질병의 특별한 특징을 설명해보시오

20.5 (a) 우성 유전 질병과 (b) 열성 유전 질병의 예를 말해보시오.

20.6 X 염색체에 존재하는 질병 원인 유전자가 어떻게 유전되어지는가? 만약에 그 유전자가 Y 염색체에 존재한다면 유전 패턴은 어떻게 되는가?

20.7 질병이 우성인지 열성인지에 대한 지식이 어떻게 장애에 대한 분자 수준의 원리를 추론하는 데 이용될 수 있는지 설명하시오. 왜 단순한 우성-열성 관계의 예외적인 경우가 특히 유용한 것일까?

20.8 큰 결실에 의해 야기되는 유전병의 예를 들어보시오.

20.9 왜 삼염색체(trisomy)는 유전병의 유형이 아닌가?

20.10 어떻게 원발암 유전자의 활성화가 암을 유발하는지 설명하시오.

20.11 필라델피아 염색체는 무엇이며, 왜 그것의 소유가 암과 연관되어지는 것인가?

20.12 암을 억제하는 종양 억제유전자의 기능을 설명하시오.

20.13 망막아세포종 유발에 대한 "two-hit" 모델을 설명하시오.

20.14 대장암을 유발하는 다단계 과정을 설명하시오.

20.15 생식세포 치료와 체세포 치료를 구별하시오.

20.16 유전자 치료를 수행할 때 새로운 DNA를 유기체 내로 도입하는 방법에 관한 예를 들어보시오.

20.17 유전자 치료가 어떻게 암 치료에 응용될 수 있는지 설명하시오.

20.18 "suicide gene theraphy"가 무엇을 의미하는지 설명하시오.

20.19 유전병에 관련된 유전자를 탐색하기 위한 프로젝트에서, 어떻게 게놈 브라우저(genome browser)가 연관 분석을 보완하는 데 사용될 수 있는지 설명하시오.

20.20 녹아웃 생쥐는 무엇이며, 왜 이 동물이 인간 유전병을 연구하는 데 유용한 것인가?

토의 주제들

20.21 왜 몇몇 유전 질병이 다른 것들보다 더 일반적인가?

20.22 왜 이 유전자의 삼중 확장(triplet expansion)이 질병을 유발하는지에 대한 가설들을 포함한 트리뉴클레오티드 반복 확장 질병에 관한 현재 지식을 조사하시오.

20.23 만약 두 부모 모두가 유전병을 가지고 있다면 그들의 자녀들은 질병으로부터 고통받을 가능성이 얼마나 되는가? 자녀 중에 한 명이 질병을 가질 가능성이 얼마나 되는가?

20.24 제약회사는 유전 질환에 관련된 유전자를 찾기 위해 많은 시간과 돈을 투자했다. 제약회사는 유전자와 그것의 단백질을 연구하고, 질병을 치료하기 위한 신약 개발에 힘쓴다. 제약회사가 유전자에 대한 특허권을 가지는가? 당신의 의견을 정당화시키시오.

20.25 유전자 치료는 유전병 치료에 현실적인 접근일까?

20.26 유전자 치료 기술 개발에 의해 파생된 윤리적 문제들을 토론하시오. 확실하게 체세포 치료와 생식세포 치료를 구별하시오.

추천 문헌

Bobadilla JL, Macek M, Fine JP & Farrell PM (2002) Cystic fibrosis: a worldwide analysis of *CFTR* mutations—correlation with incidence data and application to screening. *Hum. Mutat.* 19, 575–606.

Hassold TJ & Jacobs PA (1984) Trisomy in man. *Annu. Rev. Genet.* 18, 69–97.

Hubbard T, Barker D, Birney E et al. (2002) The Ensembl genome database project. *Nucl. Acids Res.* 30, 38–41. *A genome browser.*

Koretzky GA (2007) The legacy of the Philadelphia chromosome. *J. Clin. Invest.* 117, 2030–2032. *Describes the discovery of the Philadelphia chromosome and what its study has told us about cancer.*

Lupski JR, de Oca-Luna RM, Slaugenhaupt S et al. (1991) A duplication associated with Charcot-Marie-Tooth disease type 1A. *Cell* 66, 219–232.

Mirkin AM (2007) Expandable DNA repeats and human disease. *Nature* 447, 932–940. *Trinucleotide repeat expansion diseases.*

Schepelmann S, Ogilvie LM, Hedley D et al. (2007) Suicide gene therapy of human colon carcinoma xenografts using an armed oncolytic adenovirus expressing carboxypeptidase G2. *Cancer Res.* 67, 4949–4955. *An example of suicide gene therapy.*

Smith KR (2003) Gene therapy: theoretical and bioethical concepts. *Arch. Med. Res.* 34, 247–268.

van Deutekom JCT & van Ommen GJB (2003) Advances in Duchenne muscular dystrophy gene therapy. *Nat. Rev. Genet.* 4, 774–783. *An example of the use of gene therapy.*

Vogelstein B & Kinzler KW (1993) The multistep nature of cancer. *Trends Genet.* 9, 138–141.

Yeo CJ (1999) Tumor suppressor genes: a short review. *Surgery* 125, 363–366.

법의학에서의 DNA와 인류기원 연구 CHAPTER 21

현대 사회의 대중에 대한 유전학의 가장 중요한 응용은 법의학 분야에서의 사용이다. 대중매체에서는 거의 매주 빠짐없이 DNA 증거에 의해 해결된 살인 사건이나 성폭행 사건이 보도된다. 기술에 대한 지적 수준이 높아졌다는 것은 최근의 범죄들 뿐만 아니라, 수십 년을 거슬러 올라가는 미해결 사건들 또한 해결되는 것이 많아졌다는 것을 뜻한다. 신문의 1면을 장식한 실제 사건의 보도와 마찬가지로 텔레비전 프로들 또한 매력 넘치는 유전학자들이 범죄의 해결을 위해 DNA를 사용하는 드라마들로 가득 차 있다.

우리는 이 단원을 실제 범죄 사건과 허구의 TV 드라마 이면에 감춰진 과학을 탐구하면서 시작하려 한다. 그렇게 함으로써, 우리는 범죄 현장에서부터 고고학의 응용에 이르기까지 DNA가 끊임없이 사용되고 있음을 알게 될 것이다. 머리카락, 혈흔, 그리고 정액으로부터 채취한 DNA로 개개인을 식별하는 데 사용되는 방법들은 화석이나 고고학적 유물에서 채취한 DNA인 **고대 DNA(ancient DNA)**를 식별에도 사용될 수 있다. 우리는 법의학에 사용되는 유전학을 공부하면서 몇몇의 고고학적인 응용도 함께 살펴볼 것이다.

또한 고고학적 문제를 연구하는 데 있어서 살아 있는 사람의 DNA를 사용할 수 있다. 인간 게놈에 존재하는 다양성은 10만 년 전에 아프리카로 부터의 이주를 시작하여 세계의 다른 곳에 정착하는 동안 선조들에 의해 전해져 온 인류의 기원과 관련된 진화 패턴을 보여 준다. 이러한 진화 연구를 **고고유전학(archaeogenetics)**이라 한다. 이 단원의 두 번째 부분에서 우리는 이 새로운 분야로부터 알려진 정보들을 살펴볼 것이다.

21.1 DNA와 과학수사

대중 매체에서 과학 수사에 사용되는 DNA 기술들을 종종 유전자 지문이라고 말하지만, 오늘날 사용되는 과정의 더 정확한 용어는 **유전자 프로파일링(genetic profiling)**이다. 유전자 프로파일링의 요점은, 인간 게놈 내에 존재하는 무한한 다양성으로 인해 서로 다른 두 사람은 완전히 동일한 게놈 서열을 가질 확률이 희박하다는 것이다. 유일한 예외는 같은 수정란에서 태어난 일란성 쌍둥이들이다. 따라서 우리는 유전자 프로파일링 연구를 통해 인간 게놈에 존재하는 다양성을 조사할 수 있다.

모든 인간 게놈은 고유하다

비록 인간 게놈의 모든 복사본이 똑같은 순서의 똑같은 유전자, 그리고 유전자 사이에 동일한 길이의 DNA를 가질지라도 서로 다른 사람이 갖는 게놈은 결코 동일하지 않다. 이는 인간 게놈이 다른 유기체들의 게놈 만큼이나 집단의 모든 구성원에서 뉴클레오티드 서열이 동일하지 않은 수많은 **다형성(polymorphisms)**을 포함하고 있기 때문이다. 다형성의 대부분은 단일 뉴클레오티드 다형성(single nucleotide polymorphisms; SNP)이고, 같은 위치에 서로 다른 뉴클레오티드가 존재한다(**그림 21.1**). 인간 게놈에는 최소한 1,500만 개의 SNPs가 존재할 것이라 추정되며, 몇 년 내에 더 많은 사람들의 게놈이 분석되면 더 많은 것이 밝혀질 것이다.

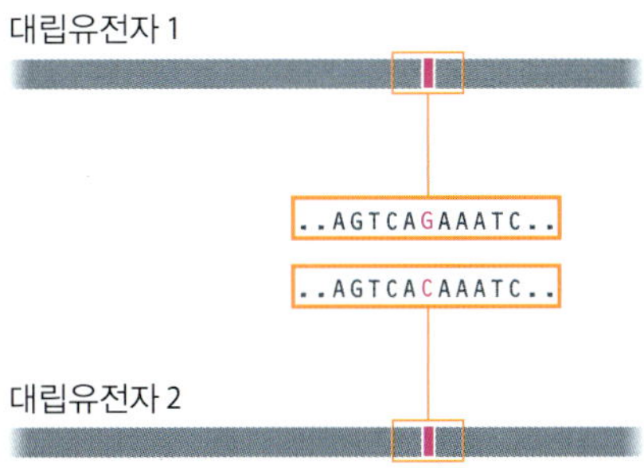

그림 21.1 단일 뉴클레오티드 다형성을 보이는 두 가지 대립유전자

게놈 간의 추가적인 다양성은 마이크로새틀라이트라 불리는 짧은 직렬 반복들에 의해 제공된다(**그림 21.2**). 마이크로새틀라이트가 복제될 때 발생되는 오류로 인해 반복 단

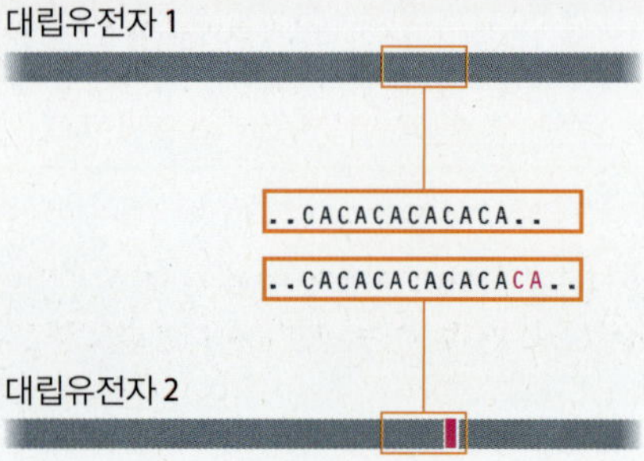

그림 21.2 마이크로새틀라이트의 두 가지 대립유전자

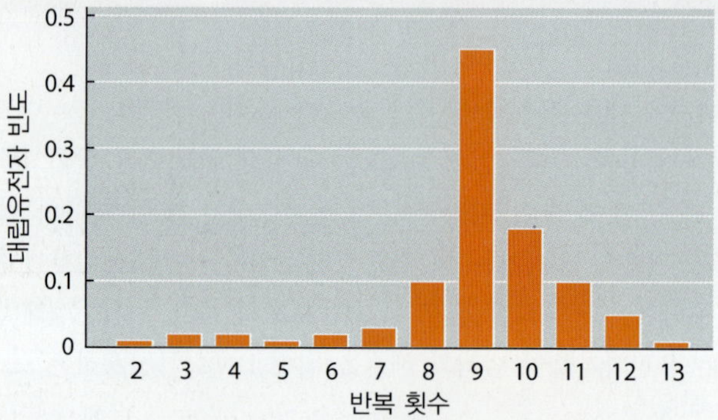

그림 21.3 일반적인 인간 마이크로새틀라이트의 대립유전자 빈도. 막대 그래프는 2~13의 반복 횟수를 가지는 마이크로새틀라이트의 12가지 대립유전자의 빈도를 보여 준다. 대부분의 마이크로새틀라이트에서 대립유전자의 빈도는 정규분포의 형태를 보여 준다.

위의 수가 증가되거나 감소하며, 새로운 대립유전자가 구성원 내에 생겨날 것이다. 이는 대부분의 마이크로새틀라이트가 전체 구성원에 10개 이상의 대립유전자를 갖는 다중 대립유전자(multiallelic)이라는 것을 의미한다(그림 21.3). 인간 게놈에는 50만 개 이상의 마이크로새틀라이트가 존재하기 때문에 가능한 대립유전자의 조합은 무한하다. 일란성 쌍둥이를 제외하고, 서로 다른 두 사람이 동일한 조합을 가질 확률은 매우 희박하다. 모든 사람들은 자기만의 고유한 결합을 가질 것이다.

유전자 프로파일은 단순히 마이크로새틀라이트 세트에 존재하는 대립유전자의 목록이다. 마이크로새틀라이트 세트가 특정 개인의 고유한 프로파일을 만드는 데에 있어 클 필요는 없다. 대부분의 나라에서 유전자 프로파일은 13개의 마이크로새틀라이트에 존재하는 대립유전자를 조사함으로써 구축된 것이다(그림 21.4). 이것을 CODIS(Combined DNA Index System) 세트라고 한다. 그것은 일란성 쌍둥이를 제외하고 서로 다른 두 사람이 똑같은 프로파일을 가질 수 있는 확률이 10^{15}분의 1에 불과할 정도로 충분한 다양성을 가진다. 전 세계 인구가 약 6×10^9 정도임을 감안할 때 두 사람이 동일한 유전자 프로파일을 가질 가능성은 거의 없다.

범죄 현장에서 채취한 프로파일과 용의자 사이의 프로파일 간의 일치는 매우 암시적이다. 많은 나라에서 프로파일의 일치는, 그것만으로 확실한 유죄 판결을 받아내기에 충분하지 않다고 여기지만, 용의자와 관련된 다른 형태의 증거를 제시할 수 있다면 DNA 증거는 결정적으로 받아들여진다. 프로파일이 일치하지 않으면 용의자를 용의선상에서 제외시킬 수 있으며, DNA 검사가 이루어지기 전에 잘못된 판결로 유죄를 선고받은 사람은 교도소에서 풀려날 수 있다.

유전자 프로파일은 다중(multiplex) PCR에 의해 획득된다

우리는 어떻게 마이크로새틀라이트 서열에 존재하는 대립유전자를 구분할 수 있을까? 답은 폴리메라아제 연쇄 반응이다(PCR 연구 브리핑 10.2 참조). PCR에 사용되는 프라이머들은 마이크로새틀라이트의 양쪽 부분에 결합하도록 설계되었다. 이는 PCR이 진행되는 동안 만들어지는 생성물의 길이가 얼마나 많은 반복이 존재하는 지를 나타내고, 따라서 대립유전자를 구분할 것이다(그림 21.5). PCR에 사용되는 프라이머 중 하나는 형광 마커로 표지되어 있어서 PCR 생성물의 길이는 전기영동으로 측정할 수

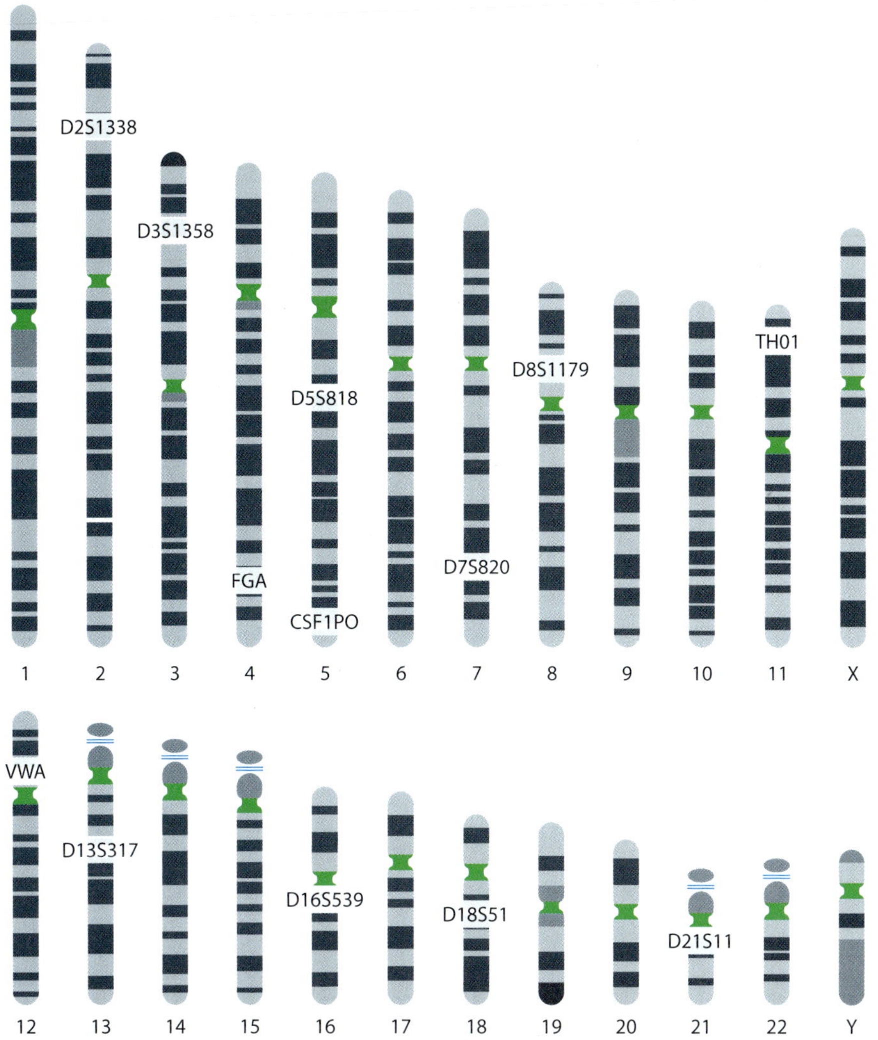

그림 21.4 마이크로새틀라이트의 CODIS 세트는 인간 게놈 상에서 그것의 위치를 나타낸다.

있다. 검사받은 사람이 동형의 마이크로새틀라이트를 가진다면 하나의 밴드가 검출될 것이고, 이는 단일 대립유전자를 나타낸다. 이형의 마이크로새틀라이트를 가진다면 2개의 밴드가 검출될 것이다.

1주일에 수없이 많은 샘플을 처리해야 하는 법의학 실험실에서, 동시에 13번의 PCR을 수행하는 것은 중요한 고려 사항이다. 시간을 절약하기 위해, 프로파일은 1번의 반응에서 모든 PCR을 수행함으로써 구축되기도 한다. 이러한 **다중 PCR(multiplex PCR)**은 1~2개의 마이크로새틀라이트로부터, 13~26개의 PCR 생성물을 만들어 낼 것이다. 생성물은 전기영동으로 쉽게 분리될 수 있지만, 생성물이 어떤 마이크로새틀라이트로부터 유래되었는지 확인하는 방법이 필요하다. 한 가지 가능성은 다중 PCR을 수행할 때 각기 다른 형광 라벨을 사용하는 것인데, 이는 검출 과정을 너무 복잡하게 만든다. 대신에 4개의 각기 다른 형광 라벨을 사용하고, 동일한 라벨을 사용한

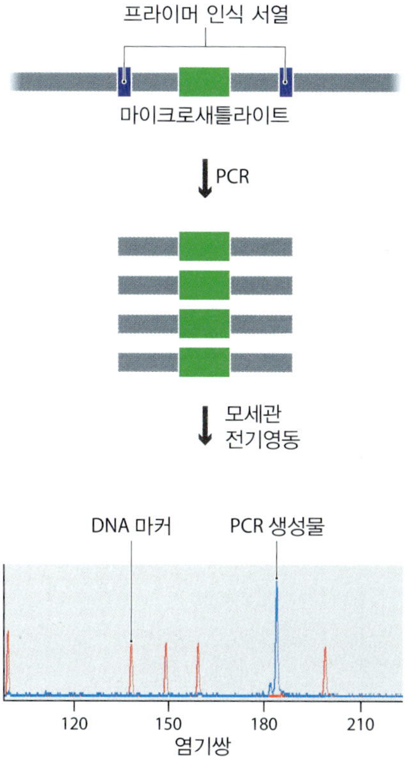

그림 21.5 PCR과 capillary gel 전기영동을 이용하여 마이크로새틀라이트가 존재하는 대립유전자 확인. PCR 생성물의 길이는 대립유전자에 존재하는 반복서열의 수를 의미한다. 단 하나의 PCR 생성물(단일 피크)이 확인됐다면, 검사받은 사람이 동형의 특정 마이크로새틀라이트를 가진다는 것이다.

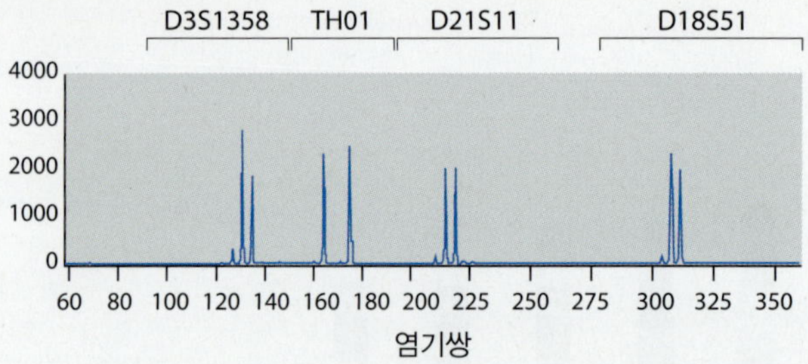

그림 21.6 유전 프로파일의 한 부분으로 CODIS 세트에서 유래된 4개의 마이크로새틀라이트에 대한 PCR 생성물을 보여 준다. 프로파일 상의 4개의 피크는 각각 D3S1358, TH01, D21S11, 그리고 D18S51이다. 4개의 PCR 생성물은 모두 동일한 형광 마커로 표지됐지만 각각의 크기가 다르기 때문에 capillary gel 전기영동 후에 구별될 수 있다. 4개의 모든 마이크로새틀라이트는 이형접합체이다(단일 피크가 아니어서). Y축은 피크의 높이를 측정하기 위해 상대 단위(arbitrary unit)를 사용했다. (Courtesy of Promega Corporation.)

PCR의 생성물은 크기가 겹치지 않게 함으로써 구별할 수 있다(**그림 21.6**).

1990년대 초 이래로 다중 PCR을 수행하여 유전자 프로파일을 만드는 것이 가능해졌다. 최근 법의학 유전학이 커다란 진전을 할 수 있었던 것은 DNA를 정제하는 데 사용되는 기술의 진보와 PCR의 감도를 증가시키기 위한 시스템의 개선 덕분이다. 2000년대 중반까지 프로파일은 상대적으로 많은 양의 DNA를 포함하고 있는 머리카락이나 정액 같은 샘플에서만 구축되었다. 현재는 옷에서 채취한 작은 혈흔이나 침을 포함하는 극소량의 샘플에서도 구축될 수 있다. 새로운 방법들은 범죄 현장에서 적합한 샘플을 찾는 확률을 증가시킬 뿐 아니라, 오래된 미해결 범죄에서 채취한 샘플을 이용하여 DNA 검사를 가능하게 한다. 따라서 유전자 프로파일은 미해결 사건에서 유죄를 입증할 수 있는 새로운 증거를 찾는 데 적용할 수 있다.

DNA 테스트는 역시 단일 가족의 구성원을 확인할 수 있다

유전자 프로파일링은 범죄 수사에만 사용되는 것이 아니다. 동일한 기술은 또한 가족 관계를 확인하는 데에도 사용할 수 있다. 개개인은 자신의 부와 모로부터 각각 하나의 대립유전자를 물려받기 때문이다. 형제자매 — 동일한 부모의 아이 — 는 따라서 부모와 유사한 대립유전자 조합을 가진다(**그림 21.7A**). 유전자 프로파일링의 가장 일반적인 응용은 친부의 자식 신원이 불확실할 때의 친자확인검사이다(**그림 21.7B**).

CODIS 세트의 13개 마이크로새틀라이트는 모두 상염색체에 위치하고 있다(그림 21.4 참조). 때때로 그것은 한 가족에서 남성이나 모계 혈통을 따른다는 장점이 있다. 부계 혈통은 Y 염색체에 존재하는 하나 이상의 마이크로새틀라이트에 의해 만들어지는데 Y 염색체가 아버지로부터 아들에게 전해지기 때문이다. 이는 남자형제들이 Y 마이크로새틀라이트 세트에서 그들의 아버지가 가진 대립유전자와 동일한 대립유전자를 가졌다는 것을 의미한다(**그림 21.8A**).

한 가족에서 모계 혈통은 어떻게 찾을 수 있을까? X 염색체에 존재하는 마이크로새틀라이트를 조사할 수 있지만, 이는 단지 답의 일부분일 뿐이다. 남자 아이는 어머니로부터 X 염색체를 물려받지만 여자 아이는 아버지로 X 염색체 중 하나를 물려받는다(**그림 21.8B**).

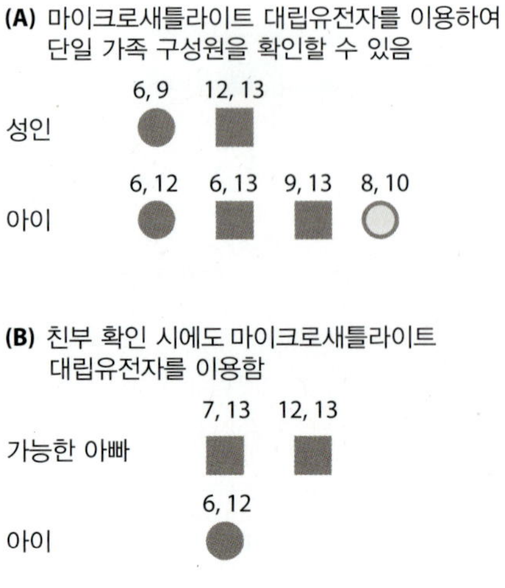

그림 21.7 유전 프로파일링의 이용. (A) 단일 가족 구성원의 확인. (B) 친부 확인. 사각형은 남성을 동그라미는 여성을 나타낸다. 개개인의 단일 마이크로새틀라이트를 조사하였고, 대립유전자는 숫자로 나타내었다. (A)에서 세 명의 아이는 형제자매이고, 두 명의 어른은 그들의 부모일 것이다. 열린 동그라미로 나타낸 네 번째 아이는 이 가족의 구성원이 될 수 없다. (B)에서 두 번째 남성만이 아이의 아빠일 것이다.

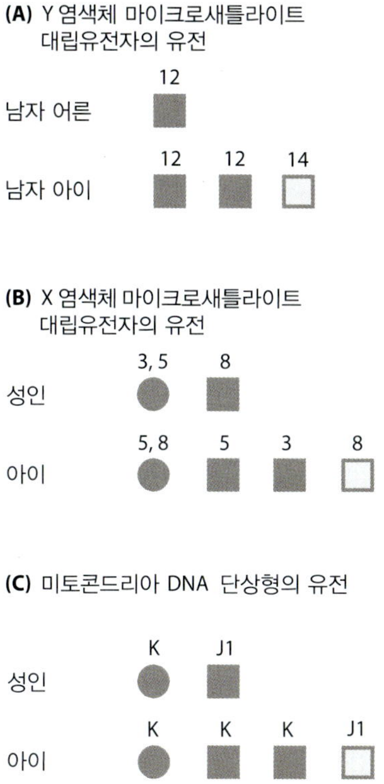

그림 21.8 가족 내의 남성과 여성의 혈통을 나타내었다. 사각형은 남성을 동그라미는 여성을 나타낸다. (A) 부계 혈통은 Y 염색체의 마이크로새틀라이트를 조사함으로써 구축할 수 있다. 이것의 예로, 하나의 Y 염색체상 마이크로새틀라이트를 조사하였다. 두 명의 아이는 남성 어른과 동일한 대립유전자를 가지고 있는 것으로 보아, 그의 아들일 것이다. 열린 사각형으로 표시한 세 번째 아이는 그의 아들이 될 수 없다. (B) 모계 혈통은 X 염색체의 마이크로새틀라이트를 조사해서는 정확하게 구축할 수 없다. 두 어른은 세 아이의 부모이지만, 여자 아이는 X 염색체를 아버지로부터 물려받기 때문에 유전 패턴은 정확히 모계가 아니다. 네 번째 아이는 양부모의 아들이 될 수 없다. 비록 네 번째 아이는 여성 어른과 동일한 X 염색체 대립유전자를 가지고 있지만, 두 어른으로부터 대립유전자를 물려받은 것은 아니다. (C) 모계 혈통은 미토콘드리아 게놈을 조사하여 구축할 수 있다. 세 명의 아이는 여성 어른과 동일한 미토콘드리아 DNA 단상형(단상형)을 가지고 있으므로, 그녀의 딸과 아들이 될 수 있다. 네 번째 아이는 이 가족의 구성원이 될 수 없다. 비록 네 번째 아이의 미토콘드리아 단상형이 남성 어른과 같지만, 그것을 두 양부모로부터 물려받은 것은 아니다.

모계 혈통은 미토콘드리아 DNA 연구를 통해 좀 더 정확하게 추적되었다. 핵 DNA와는 다르게 미토콘드리아 게놈은 어머니의 게놈이 자손에게 전달되는 **단위 생식(uniparental)** 방법으로 유전된다. 아버지의 미토콘드리아 게놈은 정자에 존재하며 수정 과정 동안 난자 내로 침투하지 않으며 만약 침투한다 해도 곧바로 분해된다. 형제자매는 따라서 그들의 어머니가 가진 것과 동일한 미토콘드리아 게놈을 가진다(그림 21.8C). 인간 미토콘드리아 DNA에는 마이크로새틀라이트가 없지만, SNPs가 많이 존재한다. 특히 복제 기점의 양쪽과 유전자가 없는 게놈에 SNPs가 존재한다(그림 21.9). 이러한 초가변 영역(hypervariable region)의 염기서열은 미토콘드리아 DNA 단상형이라고 정의하며, 이 단상형은 형제자매와 그들의 엄마가 공유한다.

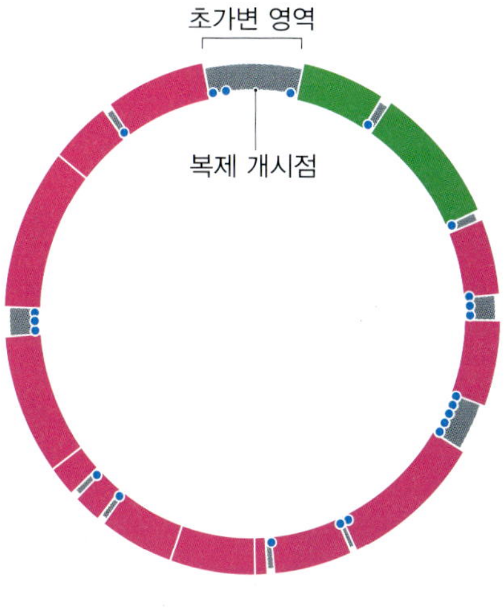

그림 21.9 인간 미토콘드리아 게놈은 복제 개시점의 위치와 초가변 영역을 보여 준다.

유전자 프로파일은 로마노프 왕조의 유골을 확인하는 데 사용되었다

유전자 프로파일링이 가족군을 확인하는 데 사용된다는 것을 설명하기 위해, 1990년대 로마노프(Romanov) 왕조의 유골을 분석한 것을 살펴볼 것이다. 로마노프와 그의 후손들은 17세기 초까지 러시아를 통치하였다. 그러나 러시아 혁명이 일어난 후, 니콜라스 2세가 폐위되면서, 그와 그의 아내인 알렉산드라, 그리고 다섯 아이들은 함께 감금되었다(그림 21.10). 1918년 7월 17일, 그들은 주치의, 그리고 3명의 하인과 함께 살해되었고 우랄의 예카테린버그(Yecaterinburg) 근교의 길가 무덤에 매장되었다. 1991년 공산주의가 몰락한 후, 유골이 수습되었고 그들의 장례가 치러졌다.

유골이 로마노프 왕족의 것이라 여겨졌지만, 수습된 유골 중 일부가 함께 살해된 사람들의 것일 가능성도 있었다. 무덤에는 9구의 유골이 존재하였다. 6구는 성인의 것이었고 3구는 아이들이었다. 유골을 조사한 결과, 4구는 성인 남성, 2구는 성인 여성, 3구의 아이는 모두 여성이었다. 이는 그 유골이 로마노프 왕족의 것이라면 그들의 아들인 알렉세이와 그들의 딸 중의 1명이 어떠한 이유로 존재하지 않는다는 것을 의미했다. 유골들에서 나타난 폭행의 흔적들은 그들이 죽는 동안, 그리고 죽은 후에 당했던 폭행의 기록들과 일치하였다. 그들의 치아는 자기, 은, 그리고 금으로 채워져 있었고, 20세기 초 러시아의 빈약한 치과의학을 감안한다면 몇몇의 유골들은 명백히 귀족의 것이었다. 과연 DNA 조사가 유골들의 신원을 확인할 수 있을까?

그림 21.10 로마노프 왕조(Romanovs). 차르(황제), 차리나(여황제)가 앞쪽의 알렉세이와 앉아있다. 딸은 왼쪽부터 오른쪽으로 올가, 타티아나, 마리아, 그리고 아나스타샤이다. (Courtesy of Buyenlarge/Getty Images.)

가설을 확인하기 위해 각각의 유골들에서 5개의 마이크로새틀라이트가 조사되었는데, 만약 유골이 정말로 로마노프 왕족의 것이라면 3명의 아이는 형제자매였으며 2명의 성인은 그들의 부모일 것이다(표 21.1). 결과는 3명의 아이가 여자라는 것을 보여 준다. 왜냐하면 그들은 VWA/31과 FES/FPS로 불리는 2개의 마이크로새틀라이트에 대해 동일한 유전자형을 가지고 있으며 3명의 아이가 대립유전자를 공유하였기 때문이다.

어떤 성인이 부모가 될 수 있을까? 만약 TH01의 결과를 살펴 본다면 성인 여성 2는 아이들에게 존재하지 않는 대립유전자 6만을 가지고 있기 때문에 엄마가 될 수 없

표 21.1 로마노프 왕족일 것이라 추정되는 유골에서 얻어진 마이크로새틀리스트 유전형

	마이크로새틀리스트				
유골	VWA/31	TH01	F13A1	FES/FES/FPS	ACTBP2
성인 남성 1	14, 20	9, 10	6, 16	10, 11	Not done
성인 남성 2	17, 17	6, 10	5, 7	10, 11	11, 30
성인 남성 3	15, 16	7, 10	7, 7	12, 12	11, 32
성인 남성 4	15, 17	6, 9	5, 7	8, 10	Not done
성인 여성 1	15, 16	8, 8	3, 5	12, 13	32, 36
성인 여성 2	16, 17	6, 6	6, 7	11, 12	Not done
어린이 1	15, 16	8, 10	5, 7	12, 13	11, 32
어린이 2	15, 16	7, 8	3, 7	12, 13	11, 36
어린이 3	15, 16	8, 10	3, 7	12, 13	32, 36

표는 개개인의 각각 마이크로새틀리스트에 대한 두 대립유전자의 반복수를 보여 준다. 예를 들어 "14,20"은 성인 남성 1이 VWA/31에 대한 이형접합체이며, 한 쪽의 대립유전자는 14번의 반복을 다른 쪽은 20번의 반복수를 가진다는 것을 나타낸다. 성인 남성 2의 "17,17"은 이 사람이 VWA/31의 동형접합체이며, 양 쪽 대립유전자에 17번의 반복 횟수를 가진다는 것을 나타낸다.

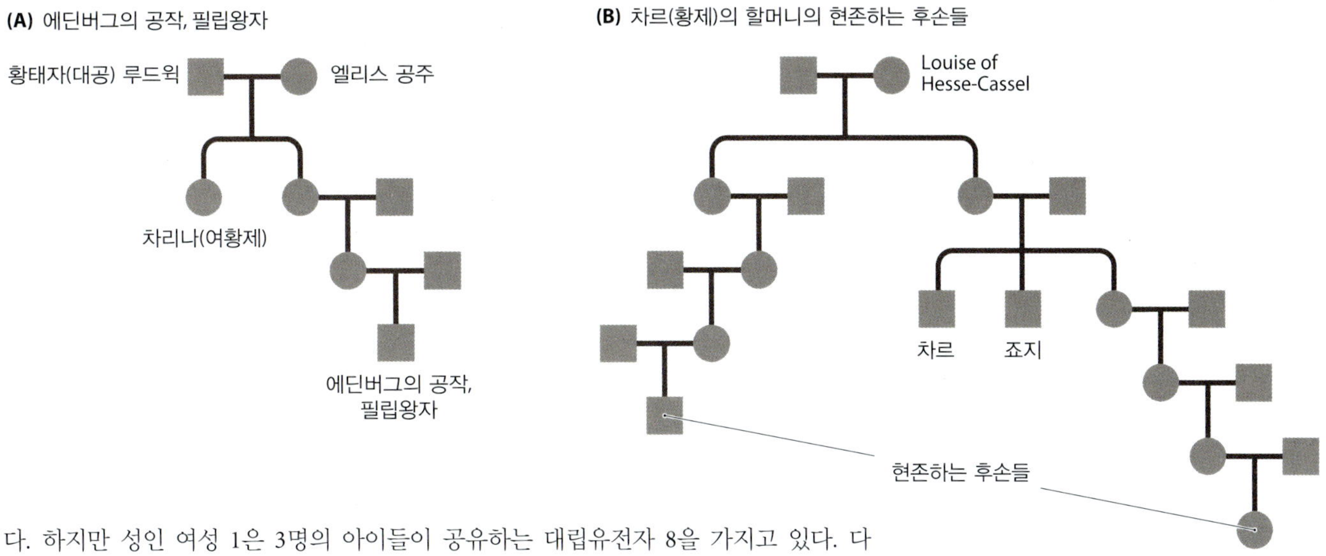

그림 21.11 가계도는 DNA가 조사된 로마노프 왕족의 현존하는 후세를 보여 준다. (A) 에딘버그의 공작인 필립왕자의 증조모는 여황제(차리나) 알렉산드라의 엄마인 엘리스 공주이다. (B) 황제의 할머니인 Louise of Hesse-Cassel의 현존하는 모계 후손

다. 하지만 성인 여성 1은 3명의 아이들이 공유하는 대립유전자 8을 가지고 있다. 다른 마이크로새틀라이트 조사는 성인 여성 1이 정말로 아이들의 엄마라는 것을 확인시켜 주었다. 남자 유골로 돌아가서 TH01의 결과는 성인 남성 4를 아빠에서 제외하였고 VWA의 결과에 따라 성인 남성 1과 2를 제외하였다. 오직 성인 남성 3만이 남았다. 성인 남성 3과 성인 여성 1은 아이 1이 가지는 유전자형을 만드는 대립유전자를 제공한다. 다른 두 아이들에서도 이는 동일한 사실이다. 따라서 성인 남성 3은 그들의 아빠이다.

따라서 마이크로새틀라이트 분석은 유골 사이의 가능한 친족 패턴을 만든다. 유골이 정말로 로마노프 왕족의 것이라는 것을 확인한 것은, 그들의 미토콘드리아 게놈과 그들의 살아 있는 후손을 비교함으로써 가능하다. 여황제와 그들 세 아이의 단상형은 에딘버그의 공작, 필립 왕자와 모두 일치하며, 그의 증조모는 여황제 알렉산드라의 엄마인 앨리스 공주이다(그림 21.11). 황제로 여겨지는 성인 남성의 분석은 좀 더 복잡하다. 그의 미토콘드리아 DNA에서 유래한 2개의 서열이, 2개의 서로 다른 미토콘드리아 단상형이 동일한 세포 내에 공존하는 드문 현상인, **이종 조직성(heteroplasmy)**이었기 때문이다. 황제의 할머니의 살아 있는 모계 후손인 루이스(Louise of Hesse-Cassel)는 이 검사에 동의하였고, 각각 단상형의 하나를 가지고 있는 것을 확인하였다. 또한 1899년에 사망한 황제의 형제인 알렉산드로비치의 유골에서 채취한 DNA 역시 이종 조직성이었다. 이러한 증거들은 황제의 유골이 정확하다는 것을 암시한다. 조사 결과는 충분히 납득할만 했고 황제, 여황제, 그리고 세 딸의 장례는 1998년 페테스부르그(Petersburg)에서 국장으로 치러졌다.

마지막 의문점은 다른 두 아이의 행방이었다. 20세기 중반 몇몇의 여성은 자신이 로마노프 왕조의 공주라고 주장하였는데, 유골이 발견되기 전 두 아이 중 하나인 아나스타샤가 볼셰비키 집권을 피해 서쪽으로 도주하였다는 소문이 돌았기 때문이다. 가장 유명한 청구인은 Anna Anderson으로 1960년대 최초로 공론화되었다. 1984년 Anna Anderson이 사망하였고 그녀의 조직 샘플에서 유래한 미토콘드리아 단산형은, 여황제의 것과 일치하지 않았다. 또한 여러 사람들이 자신은 Tsarevich Alexei의 후손이라 주장하였다. 하지만 이러한 주장들은 꾸며낸 이야기들이다. 왜냐하면 2007년 예카테린버그(Yecaterinburg) 근교에서 발굴된 두 아이의 부분적으로 화장된 시체가 현재 조사 중에 있고, 그들의 미토콘드리아 단상형은 그들이 로마노프 왕족의 잃어버린 아이들이라는 것을 암시하기 때문이다.

DNA 검사는 또한 고고학적 유물 사이에서 가족군을 확인하는 데 이용된다

유전자 프로파일링을 사용함에 있어서, 20세기 초 보다 훨씬 이전의 시간으로 돌아가는 것이 가능하다. DNA 분자는 몇 세기 동안 보존될 수 있고, DNA를 포함하는 유기체의 사체는 천년 후에도 뼈와 생물학적 유물에 보존되어 있는 작게 분해된 조각들을 복원할 수 있다고 알려졌다. 고고학적 표본에는 1 그램(g)의 유골에 단지 수 피코그램(pg)의 DNA가 존재할 만큼 그 양이 많지 않지만 적은 양의 DNA를 다량으로 증폭하는 PCR을 이용하여 DNA 서열을 얻어 낼 수 있다. 유골을 다루는 연구자들의 손에 의해 현재 DNA의 오염을 피하도록 충분히 주의를 기울여야 한다. 적절한 예방이 이루어 질 때, 약 5만 년 전의 표본으로부터 진짜 고대 DNA의 추출이 가능하다. 그와 같은 DNA의 오염은, DNA 분석이 많은 고고학적 유물을 분석할 때 걸림돌이 될 수 있다는 것을 의미한다.

고대 DNA에 있는 마이크로새틀라이트를 분석하는 것은 어려운데, 왜냐하면 고대 유골에는 아주 적은 양의 DNA가 존재하며 종종 부분적으로 분해되기도 하고, 원래의 DNA 서열이 모호해지는 화학적 변화에 의해 몇 개의 뉴클레오티드 위치가 변경되기 때문이다. 미토콘드리아 DNA는 핵 게놈을 연구하는 것 보다 쉬운데, 이는 많은 복사본을 가지고 있어 — 각각의 세포에 약 8천개의 복사본 — 손상되지 않은 분자들이 표본에 남아 있을 확률을 증가시키기 때문이다. 따라서 가족 관계 정보의 확인은 여러 가지 분석 방법의 조합을 통해 이루어져야 한다.

독일 중부의 에우라우(Eulau)에서 4,600년된 묘지의 유골을 연구한 하나의 예가 있다. 성인 남녀와 아이들이 뒤섞인 총 13구의 유골이 존재하는 무덤을 발굴하였는데, 유골의 정렬은 하나 혹은 두 부모와 그들의 아이들로 구성된 가족이라는 것을 알려 준다. 2개의 무덤에서 이 가설은 고대 DNA 결과에 의해 뒷받침되었다. 예를 들어, 무덤 99에서 성인 여성은 미토콘드리아 단상형 K를 가지고 있었고, 성인 남성은 단상형 R1a라 칭하는 Y 마이크로새틀라이트 대립유전자의 조합을 가지고 있었다. 두 명의 아이는 모두 남자였고, 또한 단상형 K와 R1a를 가지고 있었다(그림 21.12). 만약 2명의 성인이 그들의 부모라면 아이들은 대립유전자의 조합을 가지는 것으로 추측할 수 있다.

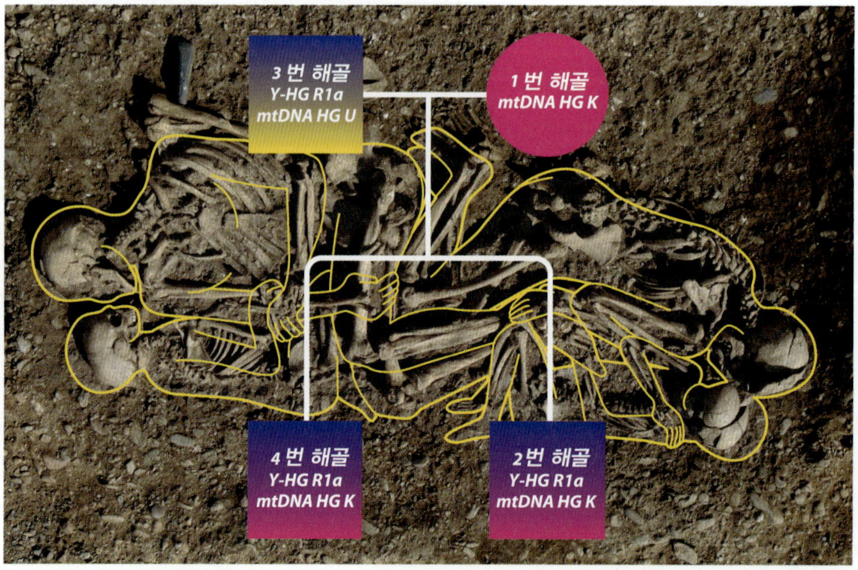

그림 21.12 Eulau의 99번째 무덤에서 발굴된 4구의 해골 간의 유전적 연관 관계. 윤곽은 위쪽에 오른쪽은 여성 왼쪽은 남성인 2구의 성인 해골을 나타낸다. 2구의 소년 해골은 아래쪽에 있다. 가계도에서, 사각형은 남성을, 동그라미는 성인 여성을 나타낸다. 미토콘드리아 그리고 Y 염색체 단상형은 4구의 해골에서 일치한다. (Courtesy of Andrea Hörentrup, Landesamt für Denk-malpflege und Archäologie Sachsen-Anhalt, State Office for Heritage Mana- gement and Archaeology Saxony-Anhalt.)

Eulau의 유골들은 북유럽에 살던 사람들이 그들의 야생 동물을 사냥하고 야생 식물을 채집하던 전통 방식에서 벗어나 농사를 지었던 시대의 것이라 추정된다. 수렵과 채집은 큰 이동성을 필요로 하는데, 왜냐하면 그들이 한 곳에서 다른 곳으로 이동할 때 동물들을 반드시 수반하여야 했기 때문이다. 반대로 농업은 몇 년 동안 한 곳에서 공동체를 이루는 정착생활을 가능하게 했다. DNA 분석 결과는 초기 농업 공동체를 이루고 살았던 사람들이 오늘날 우리의 가족과 유사한 형태의 가족군을 그들 스스로 만들었다는 것을 보여 준다.

흥미로운 점은 몇몇 유골에서 채취한 이빨들의 스트론튬(strontium) 동위원소 분석에서 드러났다. 이빨의 스트론튬은 그들의 이가 형성될 때 살았던 지역의 지질학적 동위원소 구성을 반영한다. Eulau 유골의 분석 결과는, 비록 성인 남성이 Eulau 주위 지역에서 태어나고 자랐을지라도 여성들은 — 현재의 그들의 부인 — 약 40 km 떨어진 하르쯔(Harz) 산에서 왔다는 것을 보여 준다. 인류학자들은 이를 족외혼(exogamous)과 부계 거주(patrilocal) 결혼 방식이라 말한다. 족외혼은 2개의 서로 다른 사회적 그룹의 구성원들 간의 결혼이고 그것은 종종 동맹을 맺고 물리적 충돌을 줄이고자 실행되었다. 부계 거주 결혼은 결혼할 여성이 이동해 오고 새로운 부부는 남성의 가족과 가까운 곳에 산다. 현대 사회에서 부계 거주 결혼은 부계의 유산이 있을 때 일반적이며, 그의 부모와 가까이 사는 결혼한 아들이 아버지가 돌아가셨을 때 그 땅을 물려받을 수 있다.

21.2 우리 종의 기원을 추적하기 위해 유전학을 사용한다

이제 우리는 우리 종의 기원을 이해하기 위하여 더 오래전 시간을 자세히 들여다보는데 사용되는 유전학의 몇 가지 방법들을 살펴볼 것이다.

우리는 인간이 아프리카에서 유래되었다는 것을 알고 있다. 왜냐하면 인류 이전의 모든 화석들이 그곳에서 발견되었기 때문이다. 고생물학적 증거는 인간은 약 180만 년 전에 최초로 아프리카에서 외부로 이동했지만, 이는 우리 종의 구성원이 아니고 호모 에렉투스(*Homo electus*, **그림 21.13**)라 불리는 이전의 종이라는 것을 말해 준다. 호모 사피엔스의 최초의 예, 혹은 "해부학상 현대 인류"는 195,000년 전까지 화석 기록이 존재하지 않는다. 우리는 어디로부터 온 것일까?

현대 인간의 기원에 대한 두 가지 가설이 있다

위의 질문에 유전학을 적용시키기 전에, 현생 인류의 기원에 대한 두개골과 뼈 화석

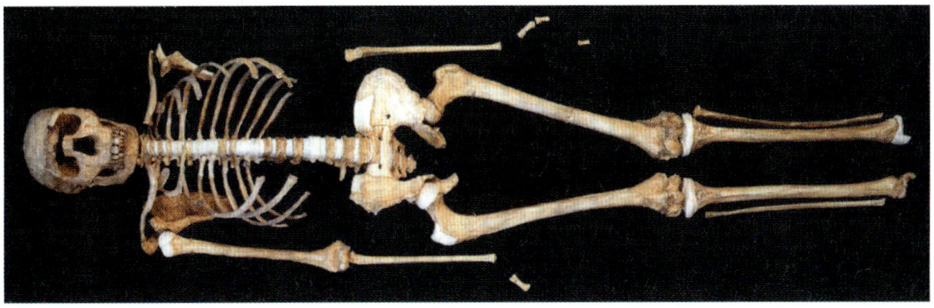

그림 21.13 호모 에렉투스(*Homo erectus*) 청년의 해골. 케냐의 Turkana 호수 근처에 발굴된 160만 년 전의 이 표본은 또한 "Nariokotome boy"라 불린다. (Courtesy of American Museum of Natural History Library.)

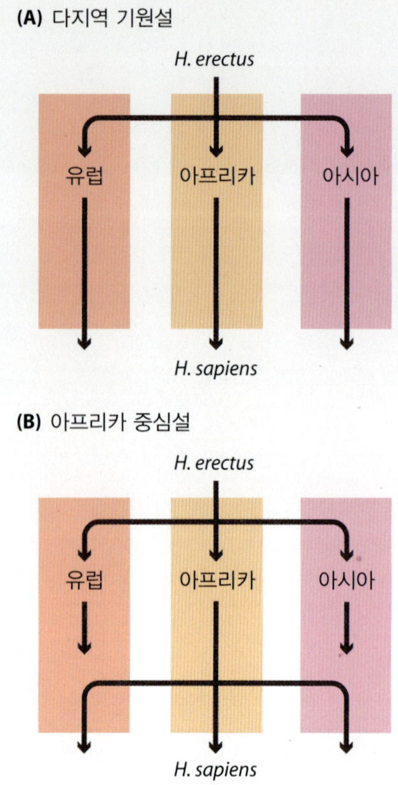

그림 21.14 현생 인류에 대한 다지역 기원설(A)과 아프리카 중심설(B)

에 근거한 2개의 다른 가설이 제안되었다. 첫 번째 가설은 예전에 세계의 서로 다른 지역에 살았던 호모 에렉투스인들이 **다지역 기원설(multiregional evolution)**이라 불리는 과정에 의해 그 지역의 현생 인류 인구로 발전했다는 것이다(그림 21.14A). 다른 지리학적 지역의 인간들 간의 이종 교배는 어느 정도 있을 수 있지만, 대부분의 다양한 인구들은 그들의 진화 역사를 통해 나눠졌다. 다지역 기원설의 한 가지 결과는 오늘날 세계의 다른 지역 사람들 간에 나타나는 지리학적 변화들이며, 서로 다른 기후와 환경 조건에 적응한 것은 상대적으로 고대인 백만 년 혹은 그 이전의 진화라는 것을 반영한다.

두 번째 가설은 1980년대에 처음으로 제안된 현생 인류의 기원에 대한 매우 다른 관점이다. **아프리카 중심설(out of africa)**에서는 다지역 기원설에 의해 제안된 것처럼 세계 도처에서 동시에 진화가 진행되기 보다는, 오직 호모 사피엔스만 아프리카에서 유래되었다고 말한다. 우리 종의 구성원들은 10만 년 이전에 구세계의 나머지 부분으로 이동하기 시작했고, 호모 에렉투스의 자손들을 대체하였다(그림 21.14B). 아프리카 중심설 모델에 따르면 현대 인간의 인구 간의 차이점은 거의 5만 년 동안 진화된 비교적 최근의 변화들이다.

다지역 기원설과 아프리카 중심설은 우리의 선조들에 대해 서로 다른 예측을 하고 있고, 이는 유전학적 분석에 의한 테스트가 가능하다. 이 예측들은 우리의 최근 선조가 살았던 시기와 관련되어 있다. MRCA는 오직 한 시기를 살았던 남성과 여성의 유전자가 아니라 또 다른 선조가 살았을 가능성에 대해 제시하고 있다. 하지만 남성과 여성만이 오늘날의 후손을 제공한 유일한 그 시대의 선조이다. 그 시대에 살았던 모든 사람의 혈통들은 지금 죽고 없다(그림 21.15).

다지역 기원설에 따르면 우리의 MRCA는 반드시 약 2백만 년 전에 살아 있어야 했다. 그 시간 이후로 우리 인류의 선조들이 구세계를 통해 퍼져 나갔다는 증거가 발견

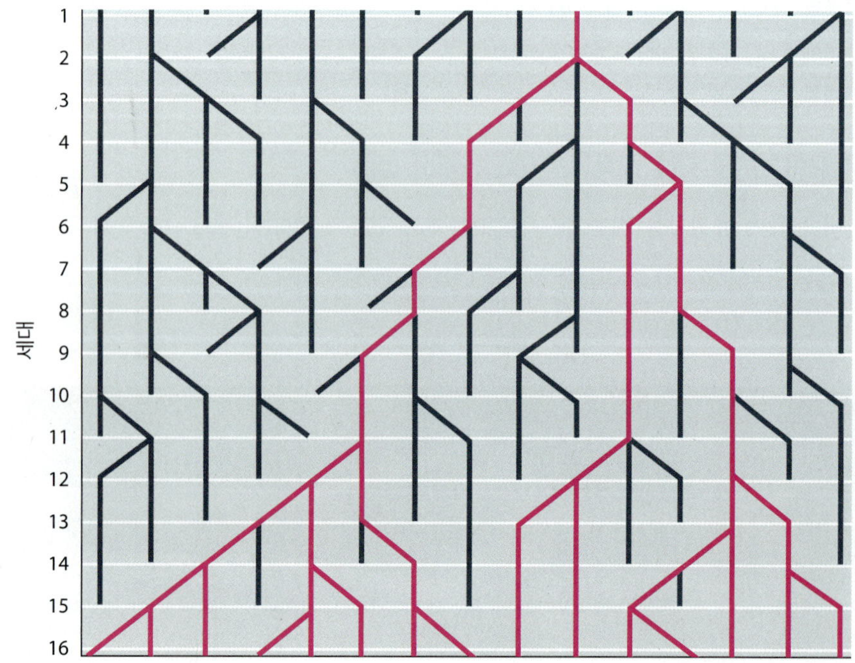

그림 21.15 가장 최근의 현생 인류 조상. 도안은 1세대부터 15세대 후손까지의 모계 혈통을 보여 준다. 혈통이 15세대까지 내려오는 동안 14세대의 모든 여성들이 후대를 남기지 않고 사망했다. 따라서 16세대의 구성원 모두는 1세대의 단일 구성원으로부터 유래됐다고 할 수 있다. 동일한 원칙은 지구 상의 모든 현존하는 인간의 어떠한 가계에도 적용할 수 있다.

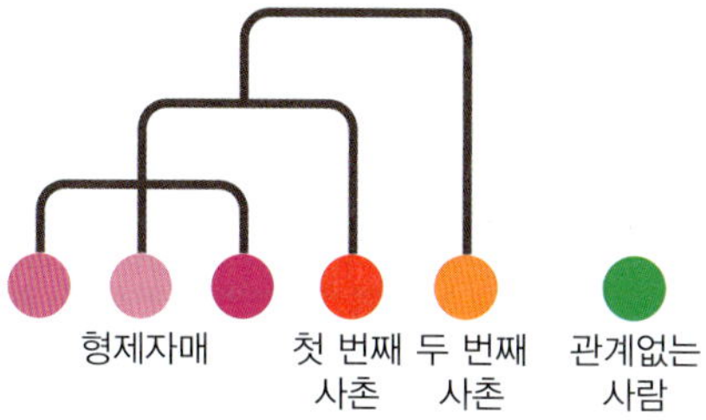

그림 21.16 서로 다른 개인들의 게놈 간의 유사성 정도는 그들 간의 유전적 연관 관계의 밀접도를 반영한다. 세 명의 형제자매의 게놈은 밀접한 연관 관계가 있다. 그들의 첫 번째 사촌은 약간 다른 게놈을 가지며, 두 번째 사촌은 좀 더 다른 게놈을 가진다. 친척이 아닌 사람은 전혀 다른 게놈을 가진다.

되고 있으며, 단 한명의 선조가 오늘날의 인류를 만들었다는 증거를 제시할 수 없다. 반대로 만약에 아프리카 중심설이 옳다면, 우리의 MRCA는 아프리카를 떠나기 약 10~20만년 전까지 살았을 수 있다.

다지역 기원설과 아프리카 중심설의 서로 다른 예측은 유전학 연구에 의해 조사되고 있으며, 우리는 그 결과를 살펴볼 것이다. 먼저 우리는 이러한 유형의 일에 사용되는 접근 방법 대해 반드시 이해해야 한다.

DNA 서열 간의 비교는 진화적 연관 관계를 추론하는 데 사용될 수 있다

종들의 진화 역사는 그 종들의 살아 있는 구성원들에서 유래된 DNA 서열 간의 비교를 통해 연구될 수 있다. 이것은 **분자계통발생학(molecular phylogenetics)**이라 불린다. 근본적인 전제는 두 개인의 게놈 간의 동질성 정도가 그들 사이의 유전적 관계의 가까움을 반영한다는 것이다. 우리는 가족 관계가 없는 개인들 보다는 더 유사한 게놈을 가지는 사촌들, 또한 그들보다는 형제자매가 좀 더 유사한 게놈을 가질 것이라 예상한다(그림 21.16).

우리가 이러한 비교를 만들었을 때, 이상적인 것은 다른 사람의 전체 게놈 서열과 비교하는 것이지만 이것은 현재 실현 불가능하다. 좀 더 많은 개인의 게놈이 분석되는 미래에는 가능하겠지만, 현재로서는 전체 게놈을 대표할 것이라 여기는 SNPs나 다른 다형성을 포함하는 훨씬 짧은 서열을 사용해야 한다.

DNA 서열들 간의 진화 관계를 묘사하기 위해 다양한 방법들이 사용될 수 있다. 가장 대표적인 것은 **계통수(phylogenetic tree)**를 구축하는 것이다(그림 21.17). 나뭇가지가 생기는 패턴은 비교된 서열들 간의 관계를 나타낸다. 계통수를 구축하기 위해 먼저 DNA 서열들은 그들 간의 차이점을 드러내기 위해 정렬되어야 한다(그림 21.18). 그 다음 정렬된 염기서열들은 수학적으로 분석이 가능한 계통수를 만들기 위해 수식 값으로 변환된다. 가장 단순한 방법은 서열 데이터를 **거리 행렬(distance matrix)**로 변환하는 것이다. 이 표는 모든 쌍의 서열들 간의 진화 거리를 보여주고, 표기된 거리들은 각 쌍의 뉴클레오티드 차이의 수치로부터 계산된 것이다.

거리 행렬을 계통수로 변환하는 몇 가지 컴퓨터 프로그램들이 있으며, 가장 대중적인 두 가지 방법은 **NJ (neighbor joining, 근연 접합)**와 **MP (maximum parsimony, 최대 파시모니)**이다. 각각의 방법들은 그것이 분석에 적용되는 엄격함의 정도, 연구되는 서열들 간의 상대적인 유사성이 심플하게 나타나는지, 또는 그것이 진짜로 진화 역사를 추론하는지에 대한 차이가 있다. 문제는 완전히 엄격한 분석이 심지어 엄청난 양의 연산력이 요구되는 10개 서열을 포함하는 데이터 세트와 같은 많은 양의 데이터를 필요로 한다는 것이다. 따라서 대부분의 계통수를 구축하는 프로그램들은 실현 가능한 분석을 위해 단순한 방법을 추구하지만 구축된 계통수가 오류를 포함할 수 있다.

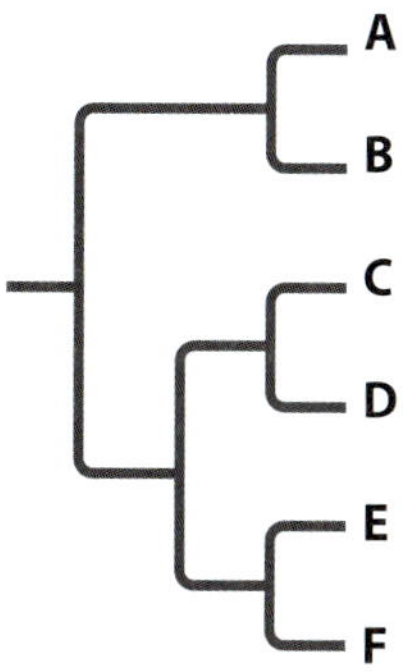

그림 21.17 계통수(phylogenic tree)는 A–F로 표기된 6개의 DNA 서열 간의 진화적 관계를 보여 준다.

서열 정렬

1 A G G C C A A G C C A T A G C T G T C C
2 A G G C A A A G A C A T A C C T G A C C
3 A G G C C A A G A C A T A G C T G T C C
4 A G G C A A A G A C A T A C C T G T C C

거리 행렬

	1	2	3	4
1	–	0.20	0.05	0.15
2		–	0.15	0.05
3			–	0.10
4				–

그림 21.18 계통수를 작성하는데 필요한 데이터 얻기. 서열 정렬은 이 세트의 서열 중에 4개의 다형성(polymorphism)이 존재한다는 것을 보여 준다. 거리 행렬에서 이러한 다형성은 수치 데이터로 변환된다. 예를 들어 서열1과 2는 20개의 염기 중에 4군데가 상이하며, 따라서 진화적 거리는 0.20(4/20 = 1/5 = 0.20)이다. 서열1과 3은 단지 한 군데만 상이하고, 진화적 거리는 0.05(1/20 = 0.05)이다.

분자시계는 조상 유전자 서열의 시간 거리를 추측할 수 있게 한다

계통수의 위상기하학은 비교하려는 DNA 서열 간에 진화론적 관계 패턴을 보여 준다. 우리는 조상 유전자로부터 현대인의 유전자 서열의 차이점이 언제부터 발생했는지 알 수 있을까(**그림 21.19**)? 이러한 종류의 분석은 우리가 인구의 MRCA가 생기는 것에 대한 계통수를 사용하고자 할 때 필요할 것이다.

계통수의 분기점 일시를 정하기 위해 우리는 **분자시계(molecular clock)**가 사용되도록 해야만 한다. 첫째, 1960년대 초에 나온 분자시계 가설은 일정한 비율에 따라 DNA 서열에 **치환(substitution)**이 발생하는 것이라고 추정하였다. 치환은 DNA 복구 과정에서 손실에 의한 DNA 서열 변화를 야기하는 돌연변이를 뜻한다. 만약 이 치환이 일정한 비율을 갖고 발생한다면, 두 유전자 서열 간의 차이 정도는 그 둘 사이에서 발생하는 분기점 일시를 정하는데 사용될 수 있다.

우리가 이것을 이해할 수 있으려면 특정 기간 동안 어느 정도의 치환 과정이 일어날 수 있는지에 대해 분자시계를 계산할 수 있어야 한다. 이 계산은 대개 화석의 기록을 참고함으로써 가능한 것이다. 예를 들면, 최근 어떤 화석은 인간의 공통 조상과 오랑우탄이 130만 년 전에 살았다고 추측하게 한다. 그러므로 이에 대한 분자시계를 측정하기 위해서 우리는 인간과 오랑우탄의 DNA 서열을 비교하여 치환의 정도를 결정한다. 그 다음 1백만 년 마다 발생하는 치환 수를 13으로 나눈 다음 다시 2로 나누어주면 된다(**그림 21.20**).

일찍이 과거에는 보편적인 분자시계가 있어서 그것이 모든 조직 내의 모든 유전자에게 적용되는 것이라 여겨져 왔다. 그러나 지금 우리는 분자시계가 종에 따라 다르며, 단일 조직 내에서도 유동적이라는 것을 인식하고 있다. 서로 다른 생물종 간의 분자시계의 차이는 세대 기간에 영향을 주는데, 그 이유는 짧은 세대 기간의 경우 DNA 복제 오류가 긴 세대 기간을 가진 종보다 빨리 축적되기 때문이다. 이는 설치류의 분자시계가 영장류보다 더 빠르다는 관찰 결과로 설명할 수 있다. 단일 게놈 내의 차이는 자연 선택의 효과를 반영한다. 비동의 치환(nonsynonymous substitution; 단백질 내 구성된 아미노산 서열에 변화가 일어남)은 그 반대 경우보다 더 천천히 발생한다. 이는 아미노산 서열의 변화에 의해 발생한 돌연변이들이 유기체(세포조직)에 유해할 수 있기 때문이다. 그러므로 인구 내에서 비동의 돌연변이의 축적은 선택 과정에 의해 감소된다. 이는 결국 두 종류의 유전자 서열이 비교될 때 비동의 치환이 동의(synonymous) 치환보다 종종 적게 발생한다는 것을 의미한다.

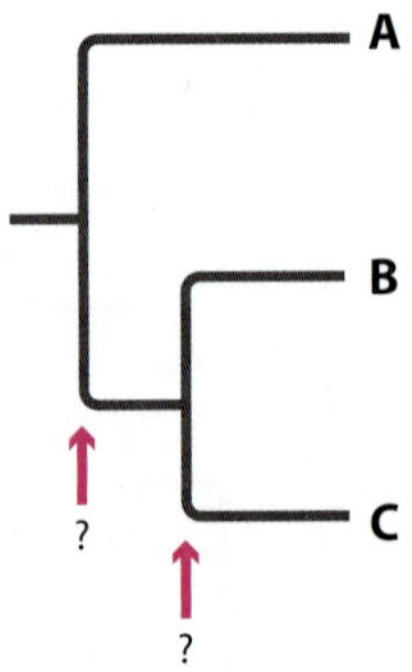

그림 21.19 계통수는 DNA 서열 A–C 간의 유연 관계를 나타내었다. 현존하는 후손의 서열로 나뉘는 조상의 서열을 알아 낼 수 있는가? 그러기 위해서는 계통수에서 가지가 나뉘는 시점을 조사해야 할 것이다.

인간과 같은 포유류에서 미토콘드리아 DNA에 대한 분자시계는 핵 내의 DNA 보다 더 빠르다. 왜냐하면 아마도 미토콘드리아의 핵 내에서 일어나는 DNA 복구 체계의 결핍이 인구 내의 더 많은 돌연변이가 발생할 수 있게 하기 때문이다. 그러므로 미토콘드리아 DNA는 초가변 영역 내에서 가장 빠르게 형성된다. 이렇게 빠른 진화 속도

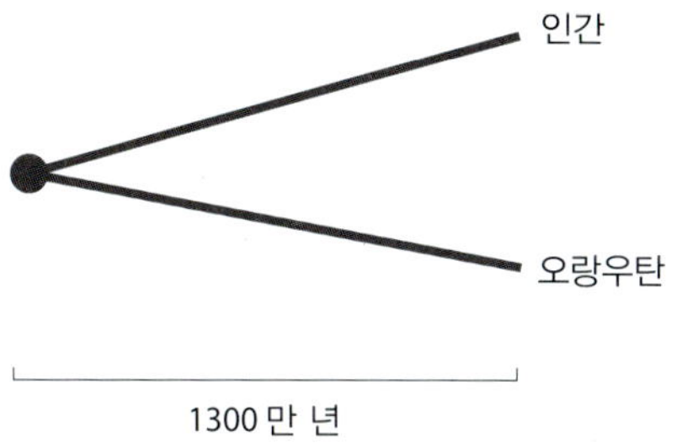

그림 21.20 인간 분자시계의 눈금 정하기. 화석 기록은 인간과 오랑우탄의 가장 최근 조상은 1300만 년 전에 살았을 것이라고 말해 준다. 따라서 우리는 치환(substitution; *x*) 수를 결정하기 위해 인간과 오랑우탄의 DNA 서열을 비교하였다. 그 다음 치환수를 13으로 나눈 다음 다시 2로 나누어 주면 두 종 간의 백만 년 간 치환 정도를 알 수 있게 된다.

치환수 $= x$

계통수 $= \frac{x}{2}$

백만년 당 계통수 $= \frac{x}{2 \times 13}$

때문에 미토콘드리아 DNA는 종종 모든 DNA 서열들이 단일종의 구성원에서 왔다고 하는 세포 종 내의 연구에 사용된다. 극히 밀접한 관계의 인구 집단 간에는 핵 대립유전자도 매우 비슷하므로 이는 미토콘드리아 단성형 정도가 유동적일 것이다.

DNA 분석은 아프리카 중심설을 뒷받침한다

현재 우리는 DNA 분석이 현생 인류에 대한 다지역 기원설과 아프리카 중심설을 예측하는 데 어떻게 사용되는지 알아볼 수 있다. 이 문제는 1987년에 처음으로 대두되었는데, 특정 지역의 DNA 염기서열을 나타내기 위한 직접적인 수단으로 PCR 방법이 사용되기 이전이었다. 그 대신에 **RFLP (restriction fragment length polymorphism)** 분석이라 불리는 특정 지역에 포함된 서열을 간접적인 수단으로 사용하는 방법이 필요하였다. RFLP는 제한효소에 의해 인식된 부분의 서열에 변화가 일어나는 치환 과정의 결과이며, 그래서 효소가 처리된 부분의 DNA는 더 이상 길어지지 못하고 잘리게 된다(그림 21.21). 이 치환 과정의 결과, 결합되었던 부분과 함께 2개의 조각으로 나누어졌다. 이것은 아가로스 겔 전기영동에 의해 제한효소 절단 산물이 밴드 패턴으로 나타난 것을 보며 판단할 수 있다.

RFLP 데이터는 전 세계 모든 지역의 인간 147명의 미토콘드리아 게놈으로부터 얻어진 결과이다. 이 결과로부터 만들어진 계통수(그림 21.22)는 테스트된 147 미토콘드리아 게놈 DNA의 조상격인 미토콘드리아 게놈을 가진 어떤 여성이 대표로 나타난다. 이 여성은 **미토콘드리아 이브(mitochondrial Eve)**라고 불린다. 물론 이브(Eve)는 성서 속 인물과 동등한 의미를 지닌다거나 과거에 존재했던 유일한 여성을 의미하진 않는다. 그녀는 단지 우리의 여성 MRCA이며, 조상 인류의 미토콘드리아 DNA를 우리에게 전달하여 오늘날 모든 인류에 조상의 미토콘드리아 DNA가 있게 해주었다는 의미를 지닌다.

그림 21.22를 근거로 보면 미토콘드리아 이브는 아프리카에 살고 있었다. 이는 과거 인류의 DNA 서열 구간들(그림 21.22에 나타냄)이 오직 아프리카 미토콘드리아 DNA로만 이루어져 있기 때문에 계통을 따질 수 있다. 이것에 대한 위상기하학은 우리 인

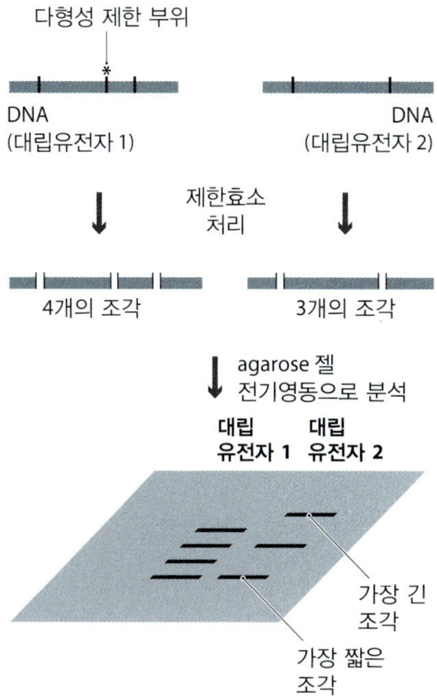

그림 21.21 제한효소 절편 길이 다형성(RFLP). RFLP는 제한효소의 인식 부위 서열이 바뀌는 치환의 결과이다. 엔도뉴클레아제(endonuclease)는 5'-GAATTC-3' 서열만을 자르는 *Eco*RI 효소와 같이 특정 서열의 DNA만을 자른다. 그림에서와 같이 다형성 제한 부위는 대립유전자 1에만 존재한다. 따라서 2개의 대립유전자는 제한효소 처리 후, 조각의 수에 의해 구별될 수 있다. 제한효소 처리 후 조각들은 아가로스 젤 상에서 전기영동으로 분석된다. 아가로스 젤 전기영동은 polyacrylamide 젤 전기영동과 유사하지만, 20 kb 이상의 긴 분자들을 분리하는 데 사용된다.

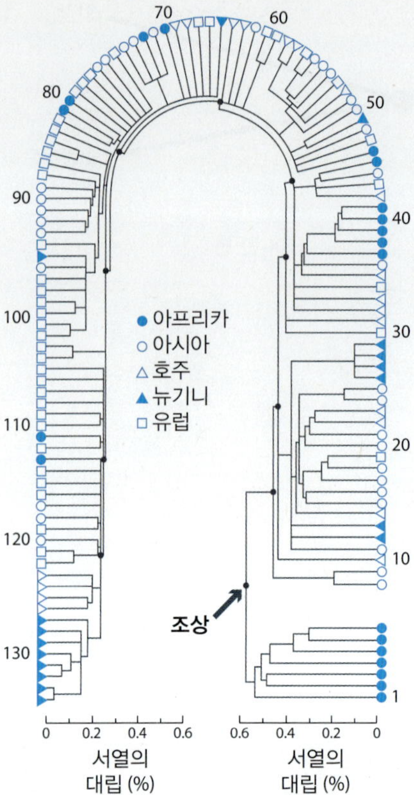

그림 21.22 147명의 미토콘드리아 RFLP 데이터를 이용하여 구축한 계통수. 아래의 scale bar는 서열의 대립(divergence) 정도를 나타내며, 미토콘드리아 분자시계를 이용하여 조상이 살았던 시기를 추정할 수 있다. (From R.L. Cann, M. Stoneking and A.C. Wilson, *Nature* 325: 31–36, 1987. With permission from Macmillan Publishers Ltd.)

류 조상이 아프리카 안에 존재했었다고 제안한다. 그녀는 14~20만 년 전 사이에 존재했었다. 위의 사실들은 미토콘드리아 분자시계를 분석한 결과이다. 이 그림은 아프리카 중심설에 의해 예측된 것에 부합하며, 다지역 기원설과는 맞지 않다.

예상한 대로, 이 결과를 근거로 추후 철저한 조사를 거쳐 한 가지 중요한 문제를 해결하게 되었다. 어떤 RFLP 데이터가 다른 분자계통학자들에 의해 만들어지게 되면 그것은 컴퓨터 분석을 통해 오류가 생겼던 부분을 해결하게 되고, 몇몇 매우 다른 양상으로 분류되는 부분인 데이터를 기반으로 재구성할 수 있다. 이 다른 부분들은 MRCA에 의해 매우 방대한 시기를 반영하며 어떤 부분은 오히려 다지역 기원설을 충족시켜준다. 중요한 문제는 계통수 회로를 구성하는 데에 있어 매우 많은 부분이 컴퓨터의 도움을 필요로 한다는 것에서 생겨난다. 앞서 언급한 것과 같은 이유로, 이렇게 계통수 회로를 구성하는 것은 오늘날까지도 어려움이 따르며, 이 문제들은 1980년대에 들어 이용 가능한 컴퓨터 하드웨어 크기에 한계가 생김에 따라 급격히 많아졌다. 데이터 분류에 사용되는 컴퓨터 사용량을 줄이기 위해 프로그램들을 다양하게 단편화하여 쓰이게 되었으므로 현재 우리가 보고 듣는 것들이 그 데이터의 전부는 아니다.

그렇다면 미토콘드리아 이브의 발견은 옳은 것일까 옳지 않은 것일까? 1987년 이래로 현대인들의 미토콘드리아 DNA를 측정하는 다양한 프로젝트들이 진행되어왔다. 많은 DNA 서열들이 RFLP보다는 PCR을 사용하여 분석되어졌다. 이를 통해 얻어진 모든 것들을 바탕으로 하는 미토콘드리아 이브에 대한 연구가 분석되어져 비교적 최근에 알려지게 되었다. 하나의 예로는 전 세계 53명의 완전한 미토콘드리아 게놈 서열들을 MRCA로부터 얻어진 12~20만 년 전의 것과 비교한 것이다. 흥미로운 부분은 Y 염색체 연구로부터 제공받게 되었다. 여기서 부계 MRCA — Y 염색체 남성(아담)의 연구결과를 보여 주었는데 — 아담(Adam)은 4~14만 년 전에 아프리카에 존재했었다. 그러므로 DNA는 우리의 모계 및 부계의 MRCA가 보여주는 결과에 의해 아프리카 중심설을 더욱 강력하게 뒷받침해 주었으며, 이들이 그 후 여전히 아프리카 내에 150만 년 동안 존재하였고, 또 그 DNA는 고대 시간 내에서 호모 에렉투스로 전해졌다.

네안데르탈인은 현생 인류의 선조가 아니다

우리는 우리의 미토콘드리아와 Y 염색체 DNA가 어떻게 아프리카 중심설을 뒷받침해 주는지 살펴보았다. 이 가설을 검증하는 두 번째 방법은 네안데르탈인과 현생 인류 사이의 진화론적 관계를 수립하는 것이다. 네안데르탈인(그림 21.23)은 약 2~3만 년 전에 유럽과 아시아 일부 지역에 존재했었던 멸종된 인류이다. 다지역 기원설에 따르면 네안데르탈인은 오늘날 그 지역에 살고 있는 호모 사피엔스 인류의 직접적인 조상 인류이다. 아프리카 중심설에 따르면 그들은 조상이 되지 않는다.

우리는 네안데르탈인이 현 인류의 조상인지 아닌지 분석하는 데에 유전공학적 방법을 사용할 수 있는데, 이는 네안데르탈인 화석으로부터 얻은 DNA 서열을 필요로 할 것이다. 우리는 이미 고대 DNA와 함께 묻힌 인간들의 관계와 같은 고고학적 관계 문제를 푸는 데 어떻게 사용되는지 보아왔다. 고대 DNA는 네안데르탈인과 다른 멸종된 인류 종들의 미토콘드리아 및 핵 게놈 서열을 얻는 데 사용된다.

이에 대한 첫 번째 돌파구는 1997년, 3~10만 년 전 사이에 존재했다고 여겨지는 네안데르탈 인종으로부터 얻어진 고대 DNA에서 시작되었다. 9번의 overlapping PCR은 네안데르탈인의 미토콘드리아 게놈 내의 초가변 영역으로부터 377 bp 길이의 서열을

그림 21.23 40~50세 정도의 네안데르탈인 남성의 두개골. 프랑스 La Chapelle-aux-Saint에서 발굴된 표본은 5만 년 전의 것으로 추정된다. (Courtesy of John Reader/Science Photo Library.)

알아내는 것이 가능하게 되었다. 그 다음에는 네안데르탈인의 뼈에서 얻은 DNA 서열과 현생 인류로부터 얻어진 DNA의 초가변 영역 서열을 비교하여 계통수를 구성하였다. 네안데르탈인 DNA 서열의 특이적인 계통수의 가지(branch)는 현 인류의 어떠한 DNA 서열 뿌리와도 연관성이 없었다(그림 21.24A). 이 결과는 크로아티아의 빈디자(Vindija) 동굴에서 발견된 3만 8천 년 전 것으로 추정되는 네안데르탈인의 작은 뼈 조각으로부터 얻어진 미토콘드리아 DNA 서열을 완성화면서 확립되었다. 네안데르탈인의 계통수는 현생 인류와는 분리되어 특이적인 DNA 가지를 이루며 구성되었다(그림 21.24B). 그러므로 네안데르탈인 미토콘드리아 게놈은 현생 인류의 범주 밖으로 밀려났으며, 고대에서 현대로 이어지는 미토콘드리아 DNA를 통해 다지역 기원설이라는 예측은 설득력이 낮아졌다. 그 대신, 이 DNA 서열의 비교 결과, 네안데르탈인과 현생 인류 둘로 인간 진화론적 계통수 가지가 나뉘어 전체적으로 아프리카 중심설을 기반으로 한 시나리오가 좀 더 힘을 얻게 되었다.

21.3 현생 인류의 아프리카 외부로의 확산

비교적 최근에 아프리카에 살았던 우리의 일반적인 선조들을 찾는 것처럼, 유전학은 또한 현생 인류가 지구의 나머지 부분으로 이주하여 군락을 이룬 시기와 흔적을 밝히

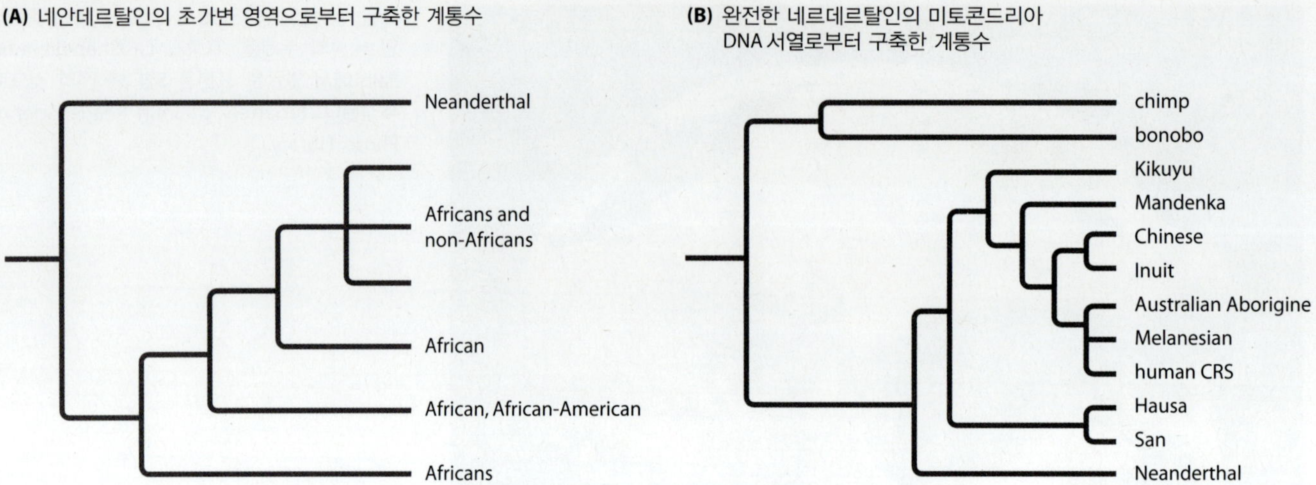

그림 21.24 네안데르탈인의 초가변 영역(A)과 완전한 미토콘드리아 게놈(B)으로부터 구축한 계통수. (A)에서 인간의 미토콘드리아 서열은 아프리카와 비-아프리카 그룹에서 추출하였다. (B)에서 인간 서열은 전 세계의 다른 지역과 연관된 인류에서 추출하였다. 인간 "CRS"는 "Cambridge Reference Sequence"로 최초의 인간 미토콘드리아 서열이며 유럽 인류의 기원에서 유래하였다.

는데 도움이 된다. 아프리카 외부의 가장 오래된 화석 인간 유물은 현재 이스라엘의 나사렛(Nazareth) 근교의 카프제(Qafzeh)와 스컬(Skhul) 동굴에서 발견되었다. 이는 9~10만 년 전의 것으로 추정된다. 그것은 아프리카 외부로 이주한 호모 사피엔스의 첫 번째 구성원의 유물일까? 이 문제에 대한 답을 찾기 전에, 다시 한 번 인간의 과거를 연구하기 위한 DNA를 사용하는데 관여한 몇 가지의 기술적인 이슈들을 먼저 고려해야 한다.

계통수와 분자시계는 인간 과거를 연구하는 데에 있어서, 항상 가장 좋은 방법은 아니다

계통수 구축은 다른 종들 간의 관계를 연구하는 방법으로서 일반적으로 사용되지만, 몇 가지 관점에서는 단일 종들의 구성원들 간의 관계를 연구하는 데 적절하지 않다. 계통수 구축의 한 가지 가정은 모든 서열들이 가지의 끝에 위치할 것이라는 것이다. 종종 이러한 가정은 동일한 종의 구성원들이 비교될 때 취약하다. 왜냐하면 지금 계통수 내의 분기점에 의해 대표되는 조상 서열이 여전히 인구에 존재하는 것이 가능하기 때문이다. 이러한 경우 계통수는 관계의 사실적 서술을 제공하지 않는다(**그림 21.25**).

이 문제에 대한 한 가지 해결책은 조사된 서열들 간의 진화 관계를 설명하기 위한 계통수 보다는 네트워크를 사용하는 것이다(**그림 21.26**). 네트워크는 여전히 존재하는 조상 서열들을 구별하게 해주고 그들의 관계를 그들로부터 전해진 서열들과 함께 명확하게 설명해 준다. 이는 인간 미토콘드리아 DNA의 연구에서 행해진 접근 방법이다.

우리는 지금 인간 인구에 존재하는 다양한 미토콘드리아 DNA 서열들이 **하플로그룹(haplogroup)**을 정의하는 특정 치환을 공유하는 서열들의 혼합으로 구성되어진 100

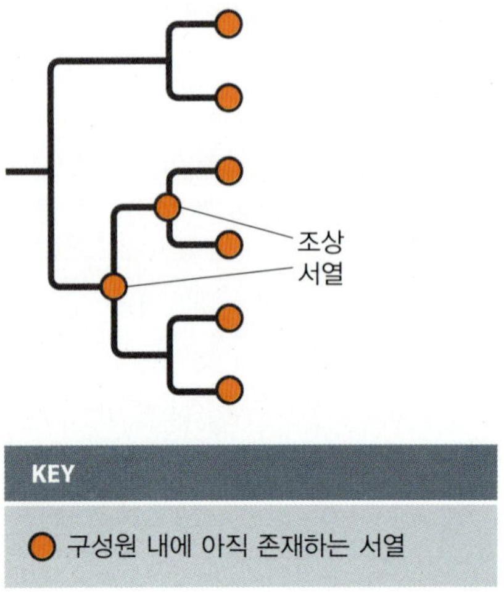

그림 21.25 하나 이상의 조상 서열이 구성원 내에 존재할 수 있기 때문에 계통수는 서열들 간의 사실적인 연관 관계를 보여줄 수 없다. 예와 같이 2개의 조상 서열이 여전히 존재하지만 계통수에서의 그것들의 위치가 내부의 분기점(branch point)에 있다는 것은 그들이 멸종되었다는 것을 암시한다.

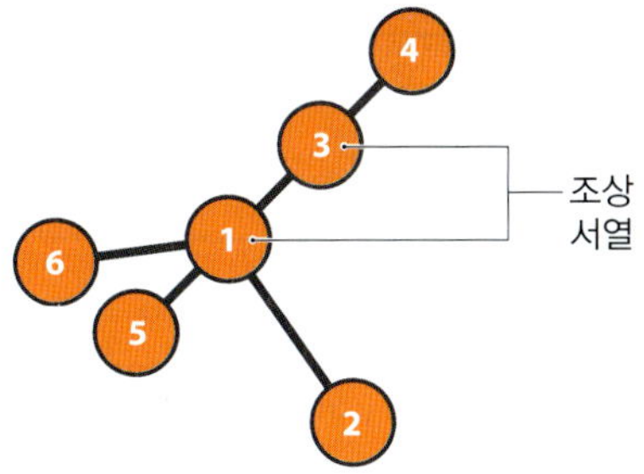

그림 21.26 네트워크는 6개의 서열 간의 진화적 관계를 보여 주며, 그 중에 2개는 조상 서열이다.

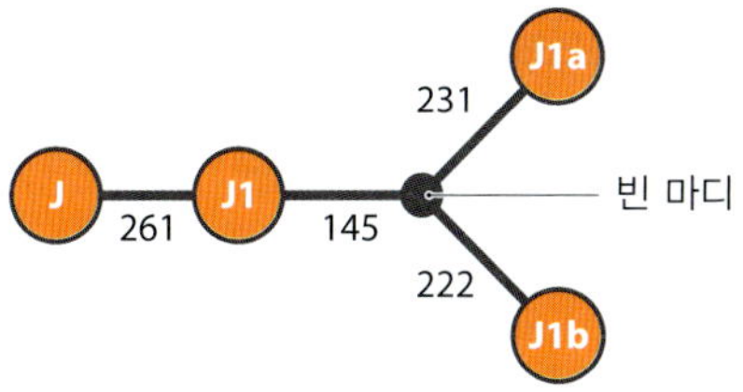

그림 21.27 미토콘드리아 단상형 J, J1, J1a, 그리고 J1b 간의 유연 관계. 숫자는 뉴클레오티드가 치환된 미토콘드리아 초가변 영역의 위치를 나타내며, 하플로그룹을 구별한다. 비어 있는 마디(node)는 현생 인류의 밝혀지지 않은 하플로그룹을 나타낸다. 그것은 염기서열이 아직 분석되지 않은 몇몇의 개체이거나 과거에 존재했지만 멸종한 것이다.

개, 또는 그 이상의 하플로그룹으로 나눠질 수 있다는 것을 알고 있다. 이러한 정의된 치환들은 하플로그룹 간의 진화 관계를 네트워크로 묘사하는 것을 가능하게 한다. J1이라 불리는 하플로그룹은 J에 의해 구별되는데, 미토콘드리아 DNA 서열의 261번 위치의 치환을 가지기 때문이다. 하플로그룹 J1a는 145번과 231번 위치의 추가적인 치환 때문에 역시 다르다. 하플로그룹 J1b는 145번 위치의 동일한 치환을 가지지만 222번에 상이한 치환을 가진다(**그림 21.27**). 이 모든 치환들은 초가변 영역에 위치한다. 게놈 어딘가의 치환은 덜 일반적이지만 종종 하플로그룹의 특정 쌍 사이에서 구별되기도 한다.

단일 하플로그룹의 구성원들은 동일하지 않다. 그것은 그들의 하플로그룹을 정의하는 치환들을 공유하지만, 하플로그룹 내의 각각의 단상형(haplotype)은 그것 스스로 생성된 이래로 산발적인 치환의 결과에 의해 서로 다르게 된다(**그림 21.28**). 우리는 이제 분자시계의 개념과 계통수의 분기점 시기를 정하는 치환율에서 그것의 사용이 익숙하다. 유사하게, 비록 동일하지 않더라도, 그들의 하플로그룹에 대한 **합착 시간(coalescence time)**을 측정하기 위해 단상형 세트 간의 전체적인 다양성의 정도를 사용할 수 있다. 이는 하플로그룹이 최초로 만들어진 후 경과된 시간을 측정하는 것이다(**그림 21.29A**). 단상형 간의 더 많은 다양성, 발생한 수많은 치환들, 그리고 더 많은 고대의 융합시간을 추론할 수 있다. 이 개념의 확장은 **창시자 분석(founder analysis)**으로 하나의 집단이 부모집단을 떠나 다른 지역으로 이주할 때 발생하는 인구가 나뉘는 시간을 측정하기 위해 하플로그룹의 다양성을 사용한다(**그림 21.29B**). 미토콘드리아 DNA 서열을 연구하는 새로운 방법을 이용하여 현생 인류가 아프리카 외부로 이주하는 것을 추적할 것이다.

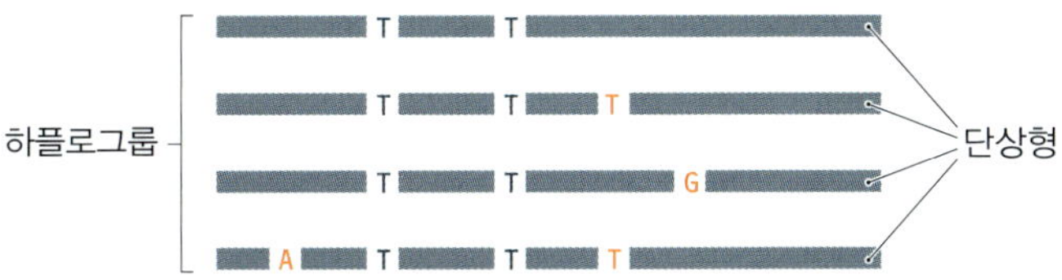

그림 21.28 하플로그룹과 단상형 간의 연관 관계. 하플로그룹의 치환을 구별할 수 있는 것은 검은색으로 표시한 2개의 T 염기이다. 하플로그룹 내 각각의 단상형은 모두 2개의 T 염기를 가지고 있지만, 어떤 것은 오랜지색으로 표시한 그것만의 고유한 변화를 가진다.

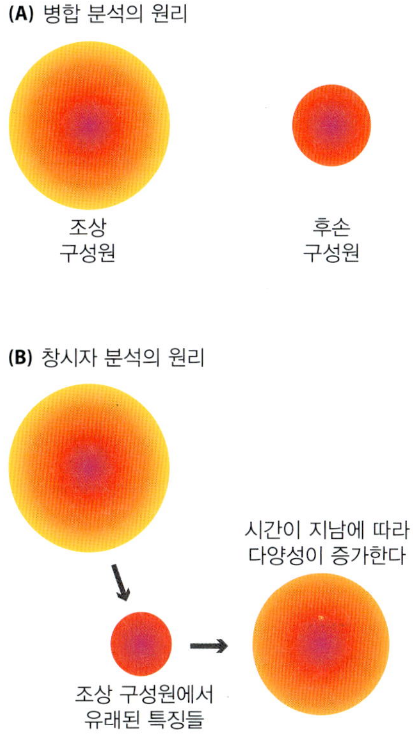

그림 21.29 병합(coalescence) 분석 (A)과 창시자(founder) 분석 (B)의 원리. (A)는 조상 구성원은 후손들 보다 좀 더 유전적 다양성이 있다. (B)에서 새로운 구성원들은 초기에는 조상 구성원보다 다양성이 덜하지만, 시간이 지날수록 다양성이 증가한다.

연구 브리핑 21.1

네안데르탈인 게놈의 염기서열 분석

네안데르탈인 화석에서 고대 DNA의 발견은 멸종된 게놈을 연구하는 **고유전학(paleogenomics)**이라 불리는 새로운 분야를 개척했다. 고유전학의 목적들 중 하나는 네안데르탈인 게놈의 염기서열을 분석하는 것이다. 이는 염기서열을 분석하는 새로운 기술이 개발되었기 때문에 현실적으로 가능하다. 이것은 수많은 짧은 서열들을 Mb(megabases) 수준으로 분석할 수 있게 하는 고속-처리 방법의 기술을 포함한다.

차세대 방법은 게놈 염기서열 분석에 이상적이다

새로운 기술은 **차세대 염기서열 분석(next-generation sequencing)**이라고 부른다. 이는 차세대 방법의 여러 종류들이지만 각각의 수행 방법은 유사하다(그림 1). DNA는 500 bp 정도의 조각으로 절단되고, **어댑터(adaptor)**라 불리는 짧은 올리고뉴클레오티드가 양쪽에 연결된다. 이 어댑터들은 DNA 조각이 금속 비드(metal bead)에 결합할 수 있게 한다. 이는 어댑터의 5′ 말단에 **바이오틴(biotin)**이라 불리는 작은 단백질이 붙어 있기 때문이다. 바이오틴은 **스트렙타아비딘(streptavidin)**이라는 단백질에 강력한 친화력을 가진다. 따라서 DNA 조각들은 바이오틴-스트렙타아비딘 연결을 통해 비드(bead)에 부착되어진다. 비드에 붙어 있는 DNA 조각은 평균적으로 하나의 조각이 각각의 구슬에 붙는다. 비드는 기름 에멀젼(emulsion) 내의 물방울로 이동되는데 물방울 당 하나의 비드를 가지며 DNA 조각은 어댑터 서열에 붙는 프라이머에 의해 PCR로 증폭된다. 이는 각각의 물방울에 있는 모든 DNA 조각이 동일한 프라이머에 의해 증폭될 수 있다는 것을 의미하며, 수천 번의 PCR이 동시에 수행될 수 있다.

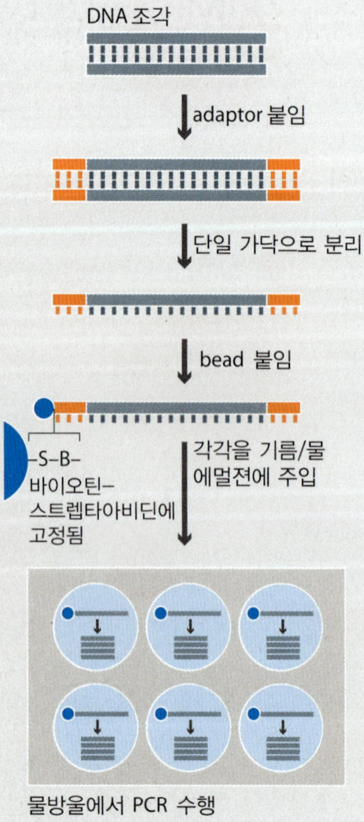

그림 1 차세대 염기서열 분석 방법

PCR 생성물은 **파이로시퀀싱(pyrosequencing)** 방법에 의해 염기 서열이 분석된다. 이는 우리가 2장에서 배웠던 디디옥시뉴클레오티드(dideoxynucleotide)를 기반으로 하는 방법과 다르다. 파이로시퀀싱에서 DNA 분자는 DNA 폴리메라아제에 의해 복제된다(그림 2). 새로운 가닥이 합성될 때, 삽입된 뉴클레오티드의 순서가 검출되기 때문에, 반응이 진행되는 동안 염기서열이 읽혀질 수 있는 것이다. 신장되는 가닥 끝에 뉴클레오티드의 추가는 설프릴라아제(sulfurylase) 효소에 의해 화학 발광의 플래시로 변환될 수 있는 피로인산염(pyrophosphate)이 방출되기 때문에 검출될 수 있다. 각각의 뉴클레오티드는 별도로 하나씩 추가되며, 뉴클레오티다아제(nucleotidase) 효소 역시 존재하기 때문에, 만약 뉴클레오티드가 폴리뉴클레오티드 내로 삽입되지 않으면 다음 뉴클레오티드가 삽입되기 전에 분해된다. 이는 뉴클레오티드가 신장되는 가닥에 삽입되는 순서를 따르는 것이 가능하게 한다.

네안데르탈인 게놈은 3만 8천 년된 뼈들로부터 염기서열이 분석되었다

네안데르탈인 서열은 크로아티아의 빈디자(Vindija) 동굴에서 발굴된 작은 뼈 조각에서 추출한 고대 DNA에 의해 분석되었다. 이 조각들은 3만 8천 년 전 3명의 여성에서 유래되었다. 비록 네안데르탈인 화석이 모두 유라시아에서 발굴되었지만 특정 표본들로 선택되었다. 왜냐하면 그들은 현생 인류 DNA에 의한 오염이 없었기 때문이다(동굴에서 발굴되었기 때문임). 이는 표본에 고대 DNA가 많이 존재하지 않기 때문에 중요하다. 피부 세포에서 유래된 오염된 DNA가 표본을 처리하는 동안 보다 과하게 증폭되어 고대 DNA의 증폭이 배제될 수 있다. 이는 게놈 서열을 취합할 때 문제를 유발한다. 네

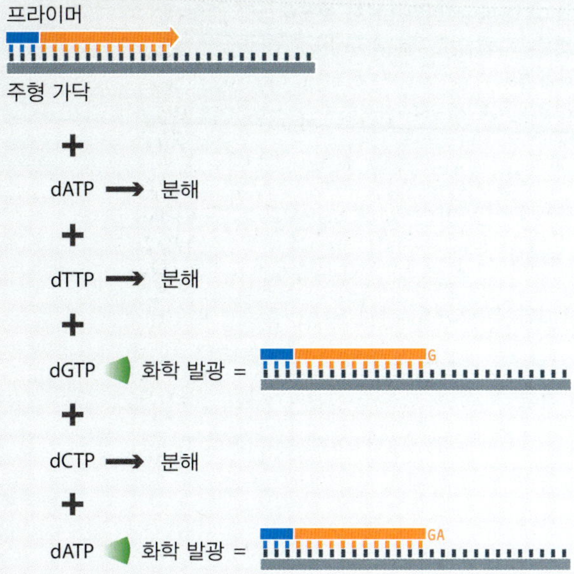

그림 2 파이로시퀀싱(pyrosequencing)

안데르탈인 게놈의 염기서열을 분석했던 예전의 시도 발표된 과에서 네안데르탈인의 구간과 현생 인류의 서열이 혼합된 문제가 발생하였다.

네안데르탈인 게놈의 초안은 2010년에 완성되었다. 이 초안은 네안데르탈인 4,100 Mb DNA로부터 취합되었다. 이 게놈은 현생 인류의 것처럼 3,200 Mb이고 몇몇 부분들은 한번 이상 염기서열이 분석되었다. 이러한 반복적인 염기서열 분석은 고대 DNA 서열 중에서 몇 개의 뉴클레오티드가 분해되고 없어져서, 현생 인류 DNA 만큼 정확하지 않기 때문에 중요하다. 네안데르탈인 게놈의 각 부분은 모든 오류를 배제하기 위해서 최소 다섯 번 정도의 염기서열 분석이 필요할 것이다.

네안데르탈인과 현생 인류 간의 이종 교배가 있었다

그것이 초안 상태임에도 불구하고 네안데르탈인 게놈은 네안데르탈인과 현생 인류 간의 연관 관계에 대한 새로운 정보를 제공하였다. 특별히 네안데르탈인과 현생 인류가 이종 교배를 하였다는 아주 흥미로운 가능성이 제기되었다. 현생 인류는 45,000년 전 유럽에 정착하였고 네안데르탈인은 30,000년 전까지 멸종되지 않았으므로 그들은 수천 년 동안 같은 지역에 살았을 것이다.

이종 교배에 대한 잠정적인 증거는 고고학과 유전학적인 연구를 통해 얻어졌다. 1998년 포르투갈의 아브리고 도 라가 벨로(Abrigo do Lagar Velho)에서 4세 아이의 유골이 발굴되었다. 이 유골은 네안데르탈인과 현생 인류의 특징들을 모두 가지고 있었다. 하지만 잡종과 같은 유골의 상태는 네안데르탈인이 유럽에서 멸종한 확실한 증거(30,000년 전까지 멸종되지 않았으므로)로부터 5,000년 후인 24,500년 전에 매장되었기 때문에 의심스러웠다.

이종 교배에 대한 유전학적 증거는 비정상적인 진화의 역사를 가진 현생 인류 유전자 조사에서 비롯되었다. 하나의 예는 뇌의 크기에 영향을 미치는 마이크로세팔린(microcephalin) 유전자이다. 오늘날 각각 관련된 서열들의 군에서 만들어졌기 때문에 대립유전자라기 보다는 하플로그룹이라 언급되는 몇 종류의 마이크로세팔린 유전자가 존재한다. 하플로그룹 D는 현생 인류의 70% 정도에 존재할 만큼 두드러진다. 하플로그룹에서 나타나는 다양성의 정도는 그것이 170만 년 전에 존재하였지만 37,000년 전까지 빈도가 증가되지 않았다는 것을 보여 준다. 몇몇 유전학자들은 하플로그룹 D는 원래 네안데르탈인의 이형(variant)이고 37,000년 전에 이종 교배에 의해 현생 인류로 전해진 것이라 믿고 있다(그림 3). 현생 인류에서 양성 선택 과정을 거쳐 네안데르탈인에서는 존재하지 않는 그것의 현재 빈도가 나타난다.

네안데르탈인 게놈은 무엇을 나타낼까? 첫 번째 분석은 몇몇의 이종 교배가 실제로 일어났다는 것을 보여 준다. 네안데르탈인 게놈과 현생 인류 간의 비교에 의해 발견된 증거들이다. 이는 네안데르탈인과 유라시아인들 간의 유사성이 네안데르탈인과 아프리카인들 간의 유사성보다 더 높다는 것을 보여 준다. 이는 네안데르탈인과 선사시대의 유라시아인들 간의 이종 교배가 있었다는 것을 암시한다. 만약에 이종 교배가 없었다면 유라시아인과 아프리카인은 네안데르탈인과 비교했을 때 구별이 되지 않을 것이다.

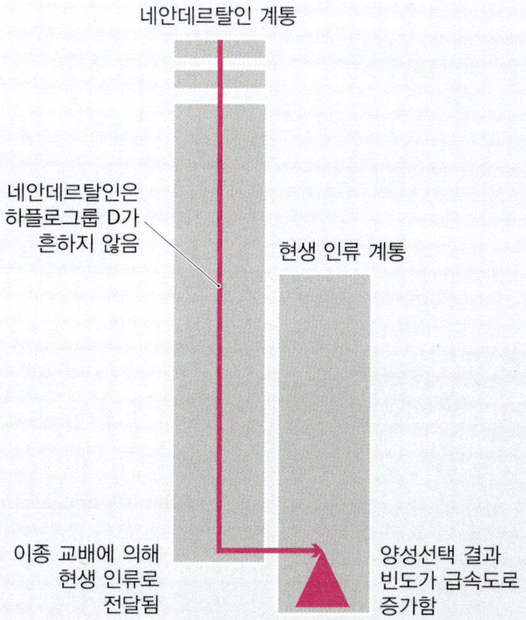

그림 3 마이크로세팔린 유전자의 하플로그룹 D는 네안데르탈인과 현생 인류 간의 이종 교배에 대한 증거를 보여 준다.

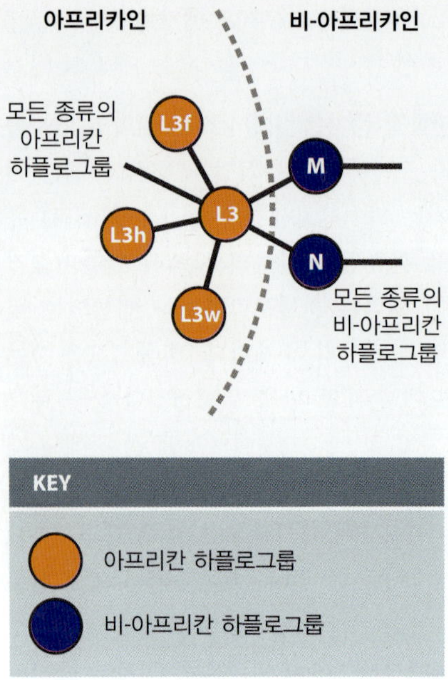

그림 21.30 인간 미토콘드리아 DNA 네트워크에서 하플로그룹 L3의 중요한 위치. L3는 아프리카 하플로그룹으로 아프리카 외 지역에서 발견되는 모든 하플로그룹과 연관되어 있다.

하나의 모델은 현생 인류가 아시아의 남쪽 해안을 따라 급속도로 확산되었다는 것을 제시한다

현생 인류가 최초로 아프리카를 벗어날 때의 이동 경로는 여전히 논란의 중심에 있다. 9~10만 년 전에 카프제(Qafzeh)와 스컬(Skhul) 근교에서 살았던 현생 인류는 구세계에서 현생 인류로 진화된 첫 번째 인구는 아닌 것으로 보인다. 그들이 발견되었던 동굴은 후에 네안데르탈인들에 의해 다시 채워졌고, 현생 인류는 얼마 동안 더 이상 그곳에서 발견되지 않았다. 애석하게도, 카프제(Qafzeh)와 스컬(Skhul) 사람들의 군락을 이루려는 시도가 실패했거나 그저 해빙기 동안 아프리카 인구가 아시아로 유입된 것일 수 있다.

현생 인류의 아프리카를 벗어난 최초의 이주가 에티오피아를 떠나 아프리카와 아시아를 물리적으로 연결하는 현재의 수에즈 지역보다 더 남쪽으로 이동한 것은 가능해 보인다. 이 가설은 부분적으로 고고학적 증거들에 근거하고 있으며, 우리의 관점에서 DNA 데이터에 의해 뒷받침된다. 인간 미토콘드리아 DNA 네트워크를 조사할 때 오늘날 아프리카에서 일반적인 모든 하플로그룹들이 그들 스스로 함께 무리지어졌다는 것을 보았다. 아프리카 외부에서 발견되는 모든 하플로그룹들은 L3라 불리는 아프리카 하플로그룹들 중 하나와 연관되어 있다(**그림 21.30**). 하플로그룹 L3에 대한 비-아프리카인의 직계 후손은 M과 N이며, 주로 아시아에서 발견된다는 것은 최초의 이주 지역이 아시아였다는 것을 나타낸다. L3 단상형을 갖는 현재의 아프리카인은 에티오피아나 그 근처에 사는 M과 N에 대해 상당한 유사성을 가진다. 따라서 이주는 아마도 우리가 지금 에티오피아라 부르는 이 지역에서 시작되어 홍해 입구를 배로 가로질러 아라비아의 남쪽 해안을 향했을 것이다(**그림 21.31**). 그 당시의 바다의 높이는 낮았을 것이고, 오늘날 보다 횡단하는 것이 힘들지 않았을 것이다. 창시자 분석은 하플로그룹 M과 N 모두 5~7만 년 전에 유래되었고, 아시아로의 이주가 이 무렵 시작됐다는 것을 암시한다.

이 첫 번째 이주민들은 남아시아에 도착했을 때 무엇을 했을까? 그들은 꽤 빠르게 해안을 따라 오스트레일리아로 이동한 것처럼 보이며, 고고학자들은 5~6만 년 전에 일어났을 것이라 믿고 있다. 이 모델을 뒷받침하기 위한 DNA 증거가 있다. 인도 동쪽의 벵갈 만에서 생활하는 안다만 섬 주민들은 약 6만 년 전에 병합된 M 단상형을 가진다. 따라서 이 특별한 인구는 아프리카로부터 첫 이주 후 얼마되지 않아 발생한 것처럼 보이며, 고고학자들에 의해 제시된 시간에 따라 오스트레일리아에 도착하기 위해 그들의 해안 여행이 지속되었을 것이다. 규합된 증거는 1년에 0.7~4.0 km의 속도로 이동하였으며, 약 500~2,000명의 여성이 포함되어 있다는 것을 보여 주었다. 미토콘드리아 DNA는 오직 과거의 여성에 대해서만 말한다는 것을 기억하도록 한다.

그림 21.31 현생 인류가 처음 아프리카 외 지역으로 이주한 예상 루트

새로운 세상으로

아메리카 대륙 어디에도 호모 에렉투스가 존재했다는 증거가 없다. 아마도 이는 호모 에렉투스가 — 할 수 없거나 하지 않았던 — 항해 없이는 육지에 도달하는 것이 어려웠음을 반영하는 것이다. 진입의 불분명한 점은 시베리아를 알래스카로부터 분리하는 베링해협을 횡단한 것이다(**그림 21.32**). 베링해협은 꽤 얕아서 만약 바다의 평균 수심이 50 m 아래로 떨어지면 다른 육지로 걸어갈 수 있었을 것이다. 이 베링 가교는 신세계로 진입하는 최초의 인간에 의한 루트였을 것이다.

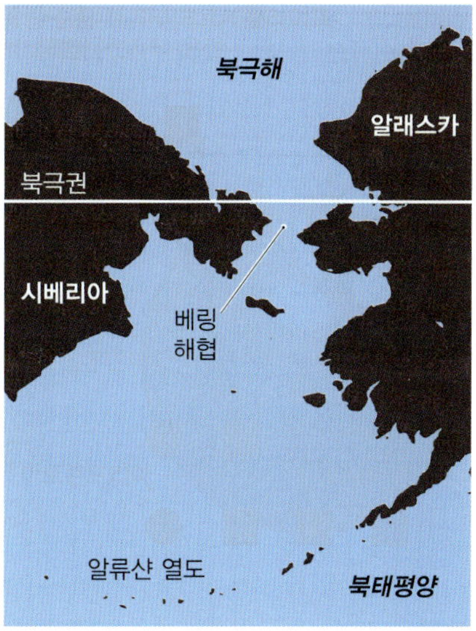

그림 21.32 시베리아와 알래스카 사이의 베링해협

바다의 평균 수심이 50 m 미만 또는 6~11만 년 전 마지막 빙하기의 바다 높이보다 더 낮았지만, 지금의 알래스카와 캐나다 서북쪽 지역의 빙하 형성 지역을 통과할 수 없었으므로 그것 자체가 육지에 대한 가교 역할을 하지는 못하였다. 게다가 북아메리카의 빙하가 없는 부분은 이 시기의 대부분 동안 북극권이었으며, 이주민이 사냥할 만한 사냥감이 거의 없었고 불을 피울 수 있는 나무도 거의 없었다. 14,000~12,000년 전 기후가 따뜻해지고, 빙하가 녹기 시작한 짧은 기간 동안 배링해협의 육지 가교가 열렸다. 이 2,000년 동안 배링해협에서 북아메리카 중심부를 잇는 얼어 붙지 않는 통로가 생긴 것이다(**그림 21.33**). 이에 따라 첫 번째 현생 인류는 약 13,000년 전에 아메리카에 도달했을 것이다.

인간이 베링해협을 통해 신세계로 들어왔을 것이라는 추측은 DNA 분석에 의해 뒷받침된다. 왜냐하면 대부분의 아메리카 인디언들은 4개의 미토콘드리아 DNA 하플로그룹인 A, B, C, D 중에 하나를 가지고 있기 때문이다. 이러한 하플로그룹들은 미토콘드리아 DNA 네트워크에 넓게 퍼져 있지만, 4가지 모두 동아시아에서 흔히 발견된다는 것은 아메리카에 정착한 인구의 기원이 동아시아라는 것을 말해 준다. 인간이 베링해협을 가로 질러 신세계에 진입했다는 것은 정확히 우리가 예상한 바이다.

4가지 하플로그룹이 각기 높은 비율로 포함되는 단일 이주나 2개 이상으로 나누어지는 이주들이 있었을까? 이 질문은 아직 만족스런 답을 얻지 못하였다. A, B, C, D 하플로그룹을 가지는 아메리카 인디언의 가장 최근의 선조들이 14,000~24,000년 전에 살았으며, 몇몇의 연구자들은 이것이 4개의 하플로그룹들이 신세계로 유입된 증거라 생각한다. 문제는 그들의 예상되어진 도착시간이 약 2만 년 전으로, 이는 빙하를 통하는 루트가 열렸던 우리가 생각했던 기간보다 훨씬 이르다는 것이다.

이 논쟁은 여전히 진행 중이며, 12,000년 이전의 인간들이 살았던 아메리카 지역의 고고학적 소견이 주를 이루고 있다. 종래의 관점은 첫 번째 고인디언(paleoindian)이 그들이 처음으로 광범위하게 되찾은 뉴멕시코 지역을 따서 지은 클로비스 포인트라 불리는 큰 창끝을 만드는 클로비스 사람들이다(**그림 21.34**). 첫 번째 클로비스 포인트는 약 13,000년 전이며 따라서 만약 클로비스 사람들이 최초의 아메리카 인디언이라면 사람들은 그 시간 까지 베링해협을 건너지 않았을 것이다. "클로비스" 가설("Clovis-first" hypothesis)에 대한 고고학자들의 의구심을 커져만 갔고, 13,000년 이전 시기에 그 지역에서 인간 존재의 증거에 대해 논쟁하였다. 문제는 유골이 드물게 발견된다는 것으로, 따라서 인간이 존재했다는 증거는 불을 사용하고 요리를 한 것으로 추정되는 난로의 유물이 발견된 것을 포함하여 모두 간접적인 것들 뿐이다.

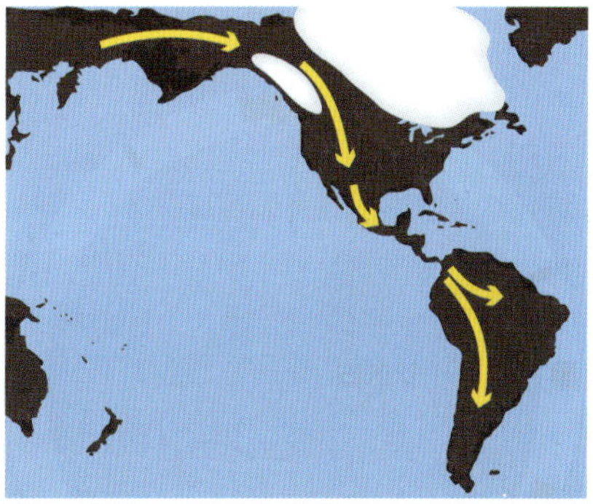

그림 21.33 인류가 14,000~12,000년 전 새로운 곳으로 이주한 예상 루트. 흰색 지역은 빙하를 나타낸다. 지도에서 시베리아와 알래스카가 연결되어 있고 얼어 붙지 않은 통로를 통해 아메리카 대륙의 남쪽 지역으로 이동했을 것이다.

신세계의 이른 점유에 관한 문제들은 DNA 연구에 의해 제기되었다. 14,000년 전으로 추정되는 분석(coprolites) — 화석으로 된 동물의 배설물 — 이 오리건(Oregon)의 동굴에서 발굴되었다. 분석들의 크기, 모양, 색깔을 판단했을 때, 그것이 인간에서

그림 21.34 클로비스 포인트(clovis point; 창끝 모양의 끝이 뾰족한 기구)

유래한 것일 수도 야생 개에서 유래한 것일 수도 있었다. 배설물은 동물이나 인간에서 유래된 DNA를 포함하고, 배설물이 퇴적되어 만들어지는 분석(coprolites)은 고대 DNA의 좋은 근원이 될 수 있다고 알려져 있다. 따라서 그것이 인간의 유래인지 개의 유래인지 결정하기 위해 이 표본에서 DNA를 추출할 수 있을까? 답은 "맞다!"이다 DNA는 존재했고, 그것은 명백히 인간 미토콘드리아 DNA이었다. 이 발견으로 인해 아메리카 대륙으로의 최초의 이주는 15,000년 전으로 늦춰졌다. 점차적으로 고고학과 유전학의 조합이 신세계로의 이른 이주에 관한 미해결 난제를 해결하고 있다.

현대 유럽인들의 기원

고고학적 자료는 현생 인류가 4만 5천 년 전에 대부분의 유럽에 존재했다는 것을 보여 준다. 유럽 선사시대의 논란이 되는 이슈는 이 인구들이 약 35,000년 후에 서남아시아로부터 유럽으로 이주한 다른 인간들에 의해 옮겨졌는지 아닌지이다.

문제의 중심은 유럽으로 전파된 농업이 어떤 경로를 통하였는지이다. 초기 신석기시대의 사람들이 밀과 보리와 같은 곡물들을 경작하기 시작한 약 10,000년 전, 서남아시아의 비옥한 초승달 지대에서 수렵과 채집이 농업으로 전환되었다(그림 21.35). 비옥한 초승달 지대에서 농업이 자리 잡은 뒤, 농업은 아시아의 다른 지역, 유럽, 그리고 북아프리카로 전파되었다. 경작된 식물들의 유물을 찾거나 농사에 사용된 도구를 찾는 것과 같이 고고학의 관점에서 농업의 증거를 찾는 것은 유럽을 통한 두 가지 루트로 농업의 확장을 추적하는 것을 가능하게 한다. 이 루트의 첫 번째는 이탈리아와 스페인 해변 부근으로 나 있고, 두 번째는 Danube와 Rhine 계곡을 통해 북유럽으로 향한다(그림 21.36).

어떻게 농업이 전파되었을까? 가장 단순한 설명은 농부들이 그들의 농기구, 가축, 그리고 곡물을 가지고 유럽의 한 부분에서 다른 부분으로 이주하여 그 당시 유럽에 존재했던 농경 이전의 공동체를 대체한 것이다. 유럽 인구 내의 95개의 핵 유전자에 대한 대립유전자 빈도에 대한 연구 결과로 인해 이 **wave of advance(진보의 물결)** 모델은 초기에 유전학자들에 의해 선호되었다. 크고 복잡한 데이터 세트는 종래의 계통발생학에 의한 어떠한 의미 있는 방법으로도 분석될 수 없지만, 집단생물학에 근거한 보다 진보된 통계적인 방법에 의해 조사되어진다. 한 가지 과정은 **주성분 분석(principal component analysis)**으로 대립유전자의 고르지 않은 지리학적 분포에 상응하는 데이터 세트의 패턴을 확인하려는 시도이며, 고르지 않은 분포는 과거의 인구 이동을 나타낸다. 유럽인 데이터 세트 내의 가장 두드러진 패턴은 전체 유전학적 변

그림 21.35 서남아시아의 비옥한 초승달 지대(Fertile Crescent)

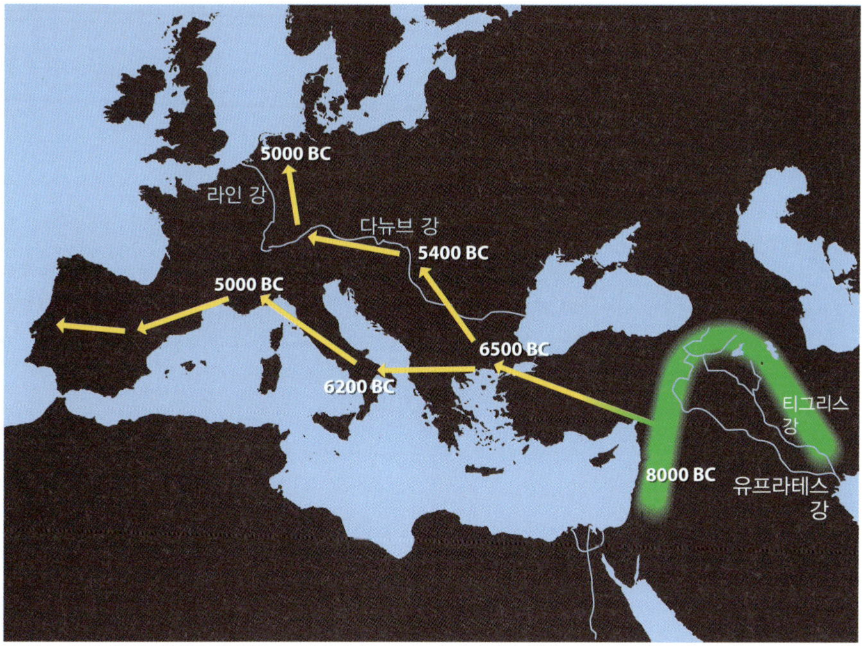

그림 21.36 서남아시아에서 유럽으로 전파되었다고 여겨지는 농경 루트

이의 약 28%를 차지하며, 실제로 대륙을 가로질러 대립유전자 빈도가 점진적으로 증가한다(그림 21.37). 이 패턴은 인간의 이주가 서남아시아에서 동북유럽 또는 그 반대 방향으로 발생했다는 것을 나타낸다. 왜냐하면 전자는 고고학적 기록에 의해 나타난 것처럼 농업의 확장과 일치하며, 결과는 wave of advance 모델에 대한 확실한 근거를 제시하는 것처럼 보인다.

분석(analysis)은 확신시키는 것처럼 보이지만 중대한 한계가 있었다. 데이터는 추론된 이주가 발생하는 시기를 알려주지 못하였다. 따라서 농업의 확산과의 연관은 이러한 증가가 시작된 기간과 관련된 어떠한 상호보완적인 증거가 아닌 주로 대립유전자 증가 패턴에 근거하였다.

시간적 차원을 포함하는 유럽인 인구의 두 번째 연구는 다른 결론이 도출되었다. 이 연구는 유럽 전역의 다양한 인구에서 유래된 821명 개인의 미토콘드리아 DNA 하플로그룹을 조사하는 것이다. 핵 DNA 데이터 세트에서 발견된 대립유전자 빈도의 증가를 확인하는데 실패하였고, 대신에 유럽 인구는 지난 2만 년 후로 상대적으로 고정된 채 남아 있다. 이 연구의 개선으로 11개의 미토콘드리아 DNA 하플로그룹이 현재 유럽 인구에서 우세한 것을 발견하였다. 창시자 분석은 이러한 하플로그룹들이 서로 다른 시기에 유럽에 유입되었다고 주장한다(그림 21.38). 약 5만 년 전에 처음 유럽에 나타난 U라 불리는 가장 오래된 하플로그룹은 고고학적 기록에 따른 기간과 일치하며, 최초의 현생 인류가 마지막 빙하기의 끝 무렵, 빙하가 북쪽으로 빠져 나갈 때 유럽으로 유입되었다. 가장 최근의 하플로그룹은 9천 년 전에 생겨난 J와 T1으로 농업의 기원에 상응하며, 현대 유럽 인구의 단지 8.3% 만이 소유한다는 것은 유럽으로의 농업의 확산이 주성분 분석에 의해 나타난 커다란 wave of advance는 아니라는 것을 보여 준다. 대신에 이것은 현재 그것을 대체하기 보다는 농경 이전의 공동체들들에 녹아든 선구자의 작은 그룹들에 의해 농업이 유럽에 전파되었다고 생각되어진다.

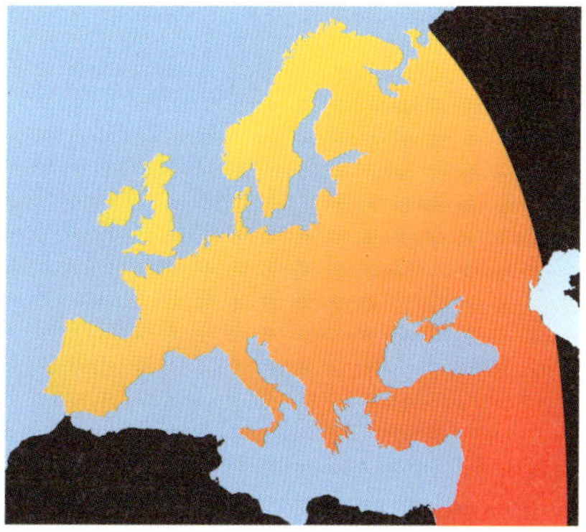

그림 21.37 95개 핵 유전자의 중요한 구성성분 분석에 의해 나타나는 유럽을 통한 유전적 점진(gradation)

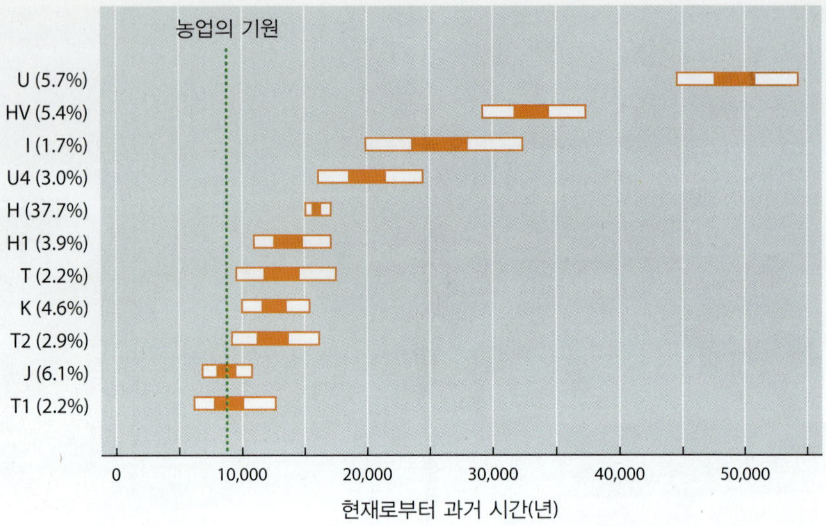

그림 21.38 11개의 주요한 유럽 미토콘드리아 하플로그룹. 각각의 하플로그룹 기원의 예상 출현 시간이 나와 있고, 각각의 닫히고 열린 bar는 신뢰도를 나타낸다. 백분율은 유럽 구성원 각각의 하플로그룹에 대한 빈도를 나타낸다.

주요 개념

- 완전히 같은 게놈 서열을 가지는 일란성 쌍둥이에 비해, 개개인은 인간 게놈 내에 존재하는 엄청난 다양성 때문에 완전히 다르게 되고 유전자 프로파일링이 가능한 것이다.
- 일반적인 유전자 프로파일링은 13개의 마이크로새틀라이트에 존재하는 대립유전자를 조사하여 구축한다. 이것은 두 사람이 동일한 대립유전자 조합을 가질 가능성이 10^{15}분의 1에 불과할 정도로 충분한 다양성을 가진다. 전 세계 인구가 6×10^9 정도임을 감안할 때, 두 사람이 동일한 유전자 프로파일을 가질 가능성은 거의 없다.
- 유전자 프로파일링은 또한 가족 관계를 식별하는 데 사용된다. 유전자 프로파일링의 가장 일반적인 응용 분야는 아이의 친아버지를 확인하는 친자확인검사(paternity test)이다.
- 유전자 프로파일링은 고고학적 유물 간의 동일한 그룹을 식별하는 데 사용할 수 있다.
- 종의 진화 역사는 그 종의 살아 있는 개체들 간의 DNA 서열을 비교함으로써 연구되어진다. 종종 이것은 DNA 서열의 그룹 간의 연관 관계를 나타내는 계통수를 구축함으로서 이루어진다.
- 분자시계는 DNA 서열의 치환이 축적되는 비율을 측정한 것이다. 그것은 계통수의 분기점(branch point)이 발생한 시간을 지정하는 데 사용되어진다.
- 계통수 구축과 계통수 내의 분기점의 발생 시간을 조사한 결과, 현생 인류는 220,000~120,000년 전에 아프리카에 살았던 한 여자의 후손이라는 것을 알 수 있다.
- 네안데르탈인 화석에서 유래된 고대 DNA의 염기서열 분석 결과, 네안데르탈인은 현대 유럽의 직접적인 조상이 아닌 것으로 드러났다.
- 미토콘드리아 DNA 단상형 세트의 다양성은 단상형들이 속한 하플로그룹의 발생 시간을 추측하는 데 사용할 수 있다.

- 미토콘드리아 하플로그룹 분석은 아프리카로부터 아시아, 신대륙, 유럽으로 현생 인류의 이동을 추적하는 데 사용되었다.

질문 & 문제 (해답은 www.garlandscience.com/introgenetics에서 찾을 수 있다)

용어문제

다음 용어에 대한 간단한 정의를 서술하시오.

adaptor
ancient DNA
archaeogenetics
biotin
coalescence time
distance matrix
founder analysis
genetic profiling
haplogroup
heteroplasmy
hypervariable region
maximum parsimony
mitochondrial Eve
molecular clock
molecular phylogenetics
multiplex PCR
multiregional evolution
neighbor joining
next-generation sequencing
Out of Africa hypothesis
paleogenomics
phylogenetic tree
polymorphism
principal component analysis
pyrosequencing
restriction fragment length polymorphism analysis
streptavidin
substitution
uniparental inheritance
wave of advance model

자습 문제들

21.1 왜 모든 인간의 게놈은 고유한 것으로 알려져 있는가? 이 규칙에는 예외가 있는가?

21.2 CODIS 세트의 마이크로새틀라이트가 오늘날 모든 사람의 고유한 유전자 프로파일을 구축하기에 충분한 이유를 설명하시오.

21.3 유전자 프로파일은 어떻게 만들어지는지 설명하시오.

21.4 유전자 프로파일을 통해 개인이 가족의 구성원임을 확인하는 데 사용할 수 있는 방법을 요약하시오.

21.5 가족 중 아이의 유전자가 아버지와 어머니 중 누구로부터 유래된 것인지 DNA 검사에 의해 추적할 수 있는 방법을 설명하시오.

21.6 로마노프 왕조의 유해를 확인하는 데 사용할 수 있는 DNA 분석 방법을 설명하시오.

21.7 고고학적 유물에서 가족 관계를 확인하는 데 사용하는 DNA 분석 방법을 예를 들어 설명하시오.

21.8 현생 인류의 기원을 설명하기 위한 아프리카 중심설과 다지역 기원설을 구별하시오.

21.9 DNA 염기서열의 비교 분석이 어떻게 진화 관계를 유추하는 데 사용될 수 있는지 설명하시오.

21.10 분자시계의 눈금은 어떻게 정해질까? 왜 분자시계는 모든 유기체의 모든 유전자에서 동일하지 않을까?

21.11 어떻게 분자 수준의 계통발생론이 아프리카 중심설을 뒷받침하는 데 사용되었는지 설명하시오.

21.12 어떻게 고대 DNA가 네안데르탈인이 현생 인류의 조상이 아니라는 것을 확인시켜 주었는지 설명하시오.

21.13 네안데르탈인 게놈의 서열 분석에 사용된 방법을 요약하시오.

21.14 네안데르탈인과 현생 인류 간 이종 교배(interbreeding)가 있었다는 증거는 무엇인가?

21.15 미토콘드리아 DNA 연구가 어떻게 현 인류의 과거 이주 경로를 유추하는 데 사용될 수 있는지 설명하시오.

21.16 현 인류가 50,000~70,000년 전에 아프리카를 벗어나 아시아의 남쪽 해안을 따라 급속도로 확산되었다는 모델에 대한 유전적 증명 방법을 설명하시오.

21.17 유전학은 어떻게 신대륙에 최초의 인간이 유입된 시간과 경로를 알려 주는가?

21.18 고대 DNA 연구를 통해 어떻게 클로비스 가설(Clovis-first hypothesis)에 의문이 제기되었는지 설명하시오.

21.19 인간 대립유전자 빈도의 주요 구성성분 분석이 어떻게 유럽으로의 농업 전파에 대한 "wave of advance model"을 이끌어 내었는지 설명하시오.

21.20 미토콘드리아 DNA 연구가 어떻게 유럽으로 농업이 전파된 과정을 이해하는 데 기여했는지 설명하시오.

토의 주제들

21.21 마이크로새틀라이트에 대한 대립유전자의 빈도가 정규분포의 형태를 보이는 이유를 논의하시오.

21.22 DNA의 법의학적 이용은 범죄자의 유전자 프로파일이 범죄 현장에서 채취한 DNA와 일치하는지 알아보는 데 필요하다. 전 국민의 프로파일이 국가 데이터베이스에 저장된다면 이러한 과정은 손쉽게 진행할 수 있을 것이다. 국가 DNA 데이터베이스의 정립에 따라 파생되는 윤리적인 문제에 대해 논의하시오.

21.23 사건 현장에서 채취한 DNA와 용의자의 DNA가 일치한다면, 유죄 판결의 확실한 증거로 채택될 수 있는가?

21.24 분자시계는 어떤 근거로 신뢰할 수 있는가?

21.25 미토콘드리아 DNA의 계통 발생 연구는 미토콘드리아의 게놈이 모계 혈통을 통해 유전되었고, 모계와 부계 게놈 간의 어떠한 재조합도 일어나지 않았다는 것을 보여 준다. 만약에 모계와 부계 게놈 간의 재조합이 발생한다면, 현생 인류의 기원과 이주에 관한 가설은 어떤 영향을 받을 수 있는지 설명하시오.

21.26 미토콘드리아 DNA는 오직 모계 혈통을 통해서만 유전된다. 과거 인간의 이주를 연구하는 데에 있어서 미토콘드리아 DNA를 사용하는 것에 대해 이러한 사실이 의미하는 것은 무엇인가? 미토콘드리아 DNA를 이용한 접근 방식의 취약성을 해결하는 데 사용될 수 있는 다른 유형의 연구는 무엇인가?

추천 문헌

Bromham L & Penny D (2003) The molecular clock. *Nat. Rev. Genet.* 4, 216–224.

Butler J (2006) Genetics and genomics of core STR loci used in human identity testing. *J. Forensic Sci.* 51, 253–265. *Describes the CODIS set of microsatellites used in forensic science.*

Cann RL, Stoneking M & Wilson AC (1987) Mitochondrial DNA and human evolution. *Nature* 325, 31–36. *The first discovery of mitochondrial Eve.*

Coble MD, Loreille OM, Wadhams MJ et al. (2009) Mystery solved: the identification of the two missing Romanov children using DNA analysis. *PLoS ONE* 4, e4838.

Evans PD, Mekel-Bobrov N, Vallender EJ, Hudson RR & Lahn BT (2006) Evidence that the adaptive allele of the brain size gene *microcephalin* introgressed into *Homo sapiens* from an archaic *Homo* lineage. *Proc. Natl. Acad. Sci. USA* 103, 18178–18183.

Gilbert MTP, Jenkins DL, Götherström A et al. (2008) DNA from pre-Clovis human coprolites in Oregon, North America. *Science* 320, 786–789.

Gill P, Ivanov PL, Kimpton C et al. (1994) Identification of the remains of the Romanov family by DNA analysis. *Nat. Genet.* 6, 130–135.

Green RE, Krause J, Briggs AW et al. (2010) A draft sequence of the Neandertal genome. *Science* 328, 710–722.

Green RE, Malaspinas A-S, Krause J et al. (2008) A complete Neandertal mitochondrial genome sequence determined by high-throughput sequencing. *Cell* 134, 416–426.

Haak W, Brandt G, de Jong HN et al. (2008) Ancient DNA, strontium isotopes, and osteological analyses shed light on social and kinship organization of the Later Stone Age. *Proc. Natl. Acad. Sci. USA* 105, 18226–18231. *Studies of the archaeological remains at Eulau.*

Jobling MA & Gill P (2004) Encoded evidence: DNA in forensic analysis. *Nat. Rev. Genet.* 5, 739–751.

Mellars P (2006) Going East: new genetic and archaeological perspectives on the modern human colonization of Eurasia. *Science* 313, 796–800.

Soares P, Achilli A, Semino O et al. (2010) The archaeogenetics of Europe. *Curr. Biol.* 20, R174–R183. *Includes a section on genetic studies of the spread of agriculture.*

산업과 농업 분야에서의 유전자 CHAPTER 22

현대 사회에서 유전학의 가장 중요하고 논쟁적인 응용 중의 일부는 산업 및 농업 분야에 있다. 생물학을 산업적으로 이용하는 것을 **생명공학(biotechnology)**이라고 부른다. 일반적인 개념으로 생명공학은 새로운 주제이지만, 산업에서는 훨씬 더 고대로부터 사용되어 왔다. 맥주나 술을 제조하기 위하여 살아 있는 효모균을 사용하는 발효 과정은 최소 4천 년 전부터 인간에 의하여 이용되어 왔다. 20세기 초부터, 미생물들은 글리세롤과 전화효소(invertase)와 같은 중요한 유기 화합물과 효소 등을 산업적으로 생산하기 위하여 광범위하게 사용되었다. 1929년 알렉산더 플레밍에 의한 페니실린의 발견은 곰팡이와 박테리아를 이용하여 항생제를 대량으로 생산함으로써 생명공학을 산업적으로 더 발전시키게 되었다.

1970년대에 생명공학산업은 미생물로부터 얻을 수 있는 생산물을 확대하기 위한 방법으로 유전자 클로닝(gene cloning)을 사용함으로써 변화를 가져왔다. 클로닝은 정상적인 숙주로부터 얻은 중요한 동물 단백질의 유전자를 세균 안으로 삽입할 수 있게 하였다. 이러한 전이는 세균 안에서 동물 유전자가 활성화 상태로 보존되어 유전자에 특이적인 새로운 단백질을 합성하도록 고안되었다(**그림 22.1**). 이와 같은 방법으로, 중요한 약물을 만드는 많은 양의 단백질을 비교적 값싸게 얻을 수 있었다. 따라서 이번 장의 첫 부분에서는 이와 같은 기술에 대하여 알아볼 것이다.

최근에, 유전자 클로닝은 숙주 기관으로서 동물 또는 식물을 사용하고 있다. 이들 목적은 중요한 단백질을 재생산하거나, 인간에게 유용하도록 생물체의 생물학적 특성을 변화시키는 것이다. 예로써, 제초제에 내성을 가진 **유전자 변형(genetically modified, GM)** 식물의 개발을 들 수 있다. 우리는 이번 장의 두 번째 부분에서 이러한 측면에서의 생명공학을 알아볼 것이다.

22.1 미생물에 의한 재조합 단백질의 생산

재조합 단백질(recombinant protein)이란 클론된 유전자로부터 생산되는 단백질을 말한다. 미생물은 높은 밀도로 성장할 수 있기 때문에 많은 양의 단백질을 얻을 수 있어 재조합 단백질을 생산하기에 이상적인 숙주로 보인다. 하나의 가능성은 큰 배양 용기에 가공된 미생물을 성장시킨 후 세균을 제거하여 그 생산물을 순수 분리하는 것

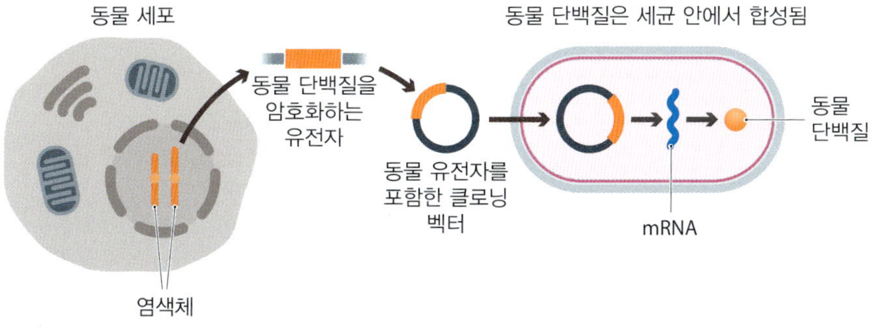

그림 22.1 세균 안에서 동물 단백질이 합성할 수 있게 사용된 DNA 클로닝의 개요

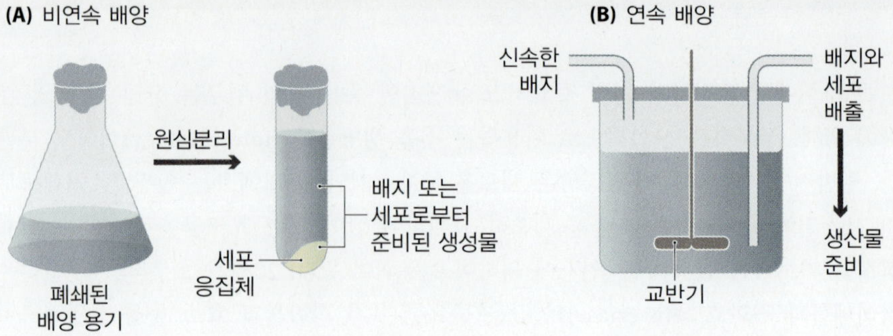

그림 22.2 미생물의 대량 배양을 위한 두 가지 다른 방법. (A) 비연속 배양(batch culture)에서, 미생물은 큰 배양 용기에서 성장되고 그 생산물을 순수 분리한다. (B) 연속 배양(continuous culture)에서, 꾸준한 생산물을 얻는다.

이다(그림 22.2A). 이러한 **비연속 배양(batch culture)** 방법은 높은 효율을 주지만, 배양 용기의 크기에 한계점을 가진다. 대안적으로, 미생물을 **발효기(fermenter)**에서 **연속 배양(continuous culture)**함으로써 시료를 계속적으로 취하는 것이다(그림 22.2B). 이를 통해 생산물을 계속적으로 얻을 수 있다.

생산물을 고효율로 생산할 수 있지만, 어떻게 미생물이 적당한 재조합 단백질을 합성할 수 있도록 조작할 수 있을까? 우리는 유전공학의 이러한 과정에 대하여 살펴볼 것이다. 그리고 이들 과정이 어떻게 B형 간염과 다른 바이러스를 방어하는 백신뿐만 아니라 인슐린과 제 8인자(factor VIII, 항혈우병 인자)와 같은 재조합 단백질을 만드는 데 이용되는지 살펴볼 것이다.

특별한 클로닝 벡터가 재조한 단백질을 합성하는 데 필요하다

재조합 단백질을 합성에 이용되는 첫 번째 미생물은 대장균(*Escherichia coli*)이다. 이 미생물은 생리 및 대사가 잘 알려져 있어, 새로운 연구에 선택되었다.

재조합 단백질을 암호화하는 동물 유전자는 DNA 클로닝에 의하여 대장균 안으로 운반된다(그림 22.3). 우선, 하나의 DNA 분자가 대장균 세포 안에서 복제할 수 있도록 동물 유전자를 클로닝 벡터(vector)에 삽입시킨다. 일반적으로 벡터는 플라스미드를 변형한 형태이다. 그 후, 재조합 플라스미드는 적당한 대장균 세포와 혼합한다. 그 세포의 일부는 재조합 플라스미드를 가진 형태로 형질전환(transformation)되고, 박테리아 안에서 복제가 이루어지면서 세포 분열과 함께 자손 세대로 전달된다. 만약, 소수의 형질전환된 세포가 비연속 또는 연속 배양에 의하여 배양되면, 배양기 안에는 수억 마리의 박테리아가 증식되고 그에 따라 복제된 동물 유전자도 최대 밀도에 도달하게 된다.

하나의 의문점은 동물 유전자가 발현되면 재조합 단백질을 생산하는가이다. 동물 유

그림 22.3 재조합 단백질(recombinant protein)을 얻기 위해 대장균 안으로 운반되는 동물 유전자의 클로닝. (A) 동물 유전자는 클로닝 벡터(cloning vector) 안으로 삽입된다. (B) 재조합 벡터는 대장균 안으로 들어가서 복제되어진다. (C) 소수의 형질전환된 세포가 비연속 또는 연속 배양에 의하여 배양된다. 배양액 안의 모든 박테리아는 동물 유전자의 복사본을 포함할 것이다.

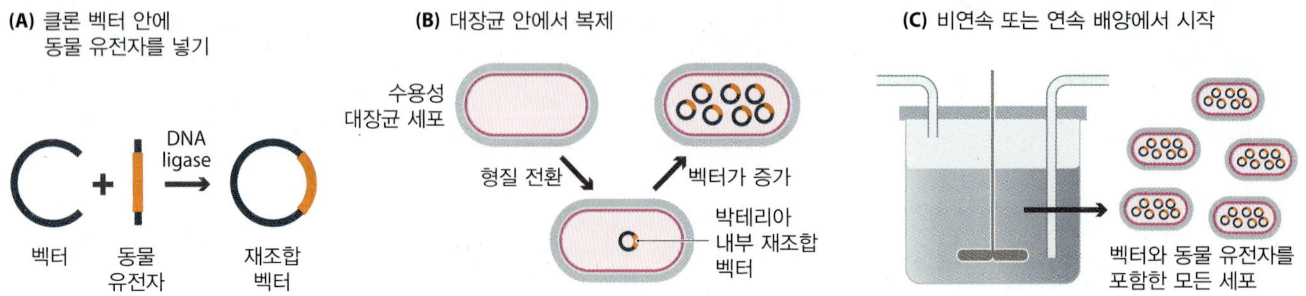

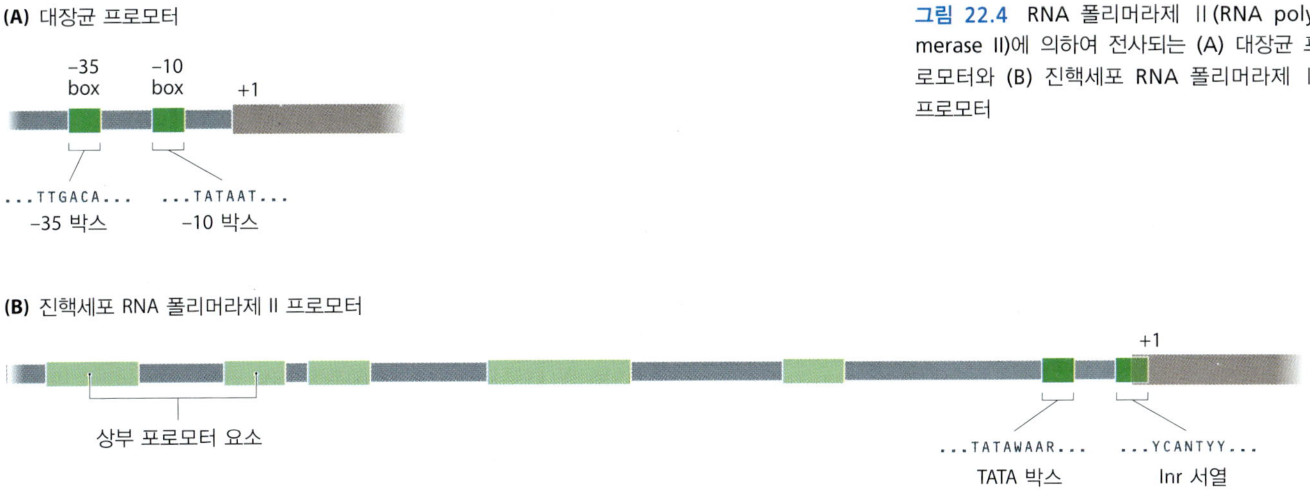

그림 22.4 RNA 폴리머라제 II(RNA polymerase II)에 의하여 전사되는 (A) 대장균 프로모터와 (B) 진핵세포 RNA 폴리머라제 II 프로모터

전자는 그 자체로는 대장균 안에서 발현을 위한 정확한 시그널을 가지고 있지 않다. 전사와 번역을 위해서, 유전자는 대장균 프로모터와 리보솜 결합 염기서열이 필요하고, 전사 종결 지점과 같은 염기서열이 있어야 한다. 진핵세포의 유전자는 이들 모든 시그널을 소유하고 있지만, 이들 염기서열은 대장균에서는 차이가 있다. 이것은 대장균과 진핵세포에서 단백질을 암호화하는 유전자의 프로모터 부위의 보존된 염기서열을 비교함으로써 증명되었다. 이들은 서로 유사하지만 대장균 RNA 폴리메라아제는 진핵세포의 프로모터를 인식하여 부착할 수 없다(그림 22.4). 그러므로 대부분 동물 유전자는 대장균 안에서는 발현되지 않는다.

이러한 문제를 해결하기 위해서, 재조합 단백질을 생산하는 데 사용되는 클로닝 벡터는 대장균에서 발현할 수 있는 시그널(signal)들을 포함해야만 한다. 동물 유전자가 벡터 안으로 삽입될 때, 이 유전자는 프로모터와 리보솜 결합 부위의 아래 부분에, 종결 염기서열의 위 부분에 배치되어야 한다(그림 22.5). 이들 시그널을 가진 플라스미드를 **발현 벡터**(**expression vector**)라 부른다.

세 가지 시그널 중 프로모터는 가장 중요한 것 중에 하나이다. 그 이유에는 두 가지가 있다. 첫째, 프로모터는 유전자의 발현 속도를 결정한다. 가장 강한 대장균 프로모터는 가장 약한 것보다 1,000배 빠른 전사능력을 가진다. 재조합 단백질을 합성하기 위해서는 높은 효율이 중요하기 때문에, 프로모터는 가능한 한 강력한 것을 사용해야만 한다.

두 번째 이유는 프로모터가 유전자 발현을 조절할 수 있는 수단이 되기 때문이다. 이것은 재조합 단백질의 생산에 이로운 점이 있다. 특히, 재조합 단백질이 박테리아에 해가 된다면, 단백질이 사멸 단계까지 축적되는 것을 막기 위해 합성을 주의 깊게 조절해야만 한다. 재조합 단백질이 박테리아에 해가 되지 않는 경우에도, 프로모터는 클론된 유전자의 발현 조절을 효율적으로 조절한다. 전사가 계속적으로 과도하게 일어나면 숙주 세균이 분열하는 동안 플라스미드의 복제와 분할에 방해가 되기 때문에 적절한 발현 조절이 필요하다. 그렇지 않으면, 재조합 플라스미드는 배양 중에 점차적으로 사라질 것이다.

가장 이상적인 프로모터는 전사 개시율을 직접 높이는 것인데, 이는 배양 배지에 조절할 수 있는 화학 물질을 첨가하여 조절할 수 있다. 여기에는 몇 가지 가능한 선택이 있으며, 가장 잘 알려진 것은 락토스 프로모터(lactose promoter)이다. 이 프로모터

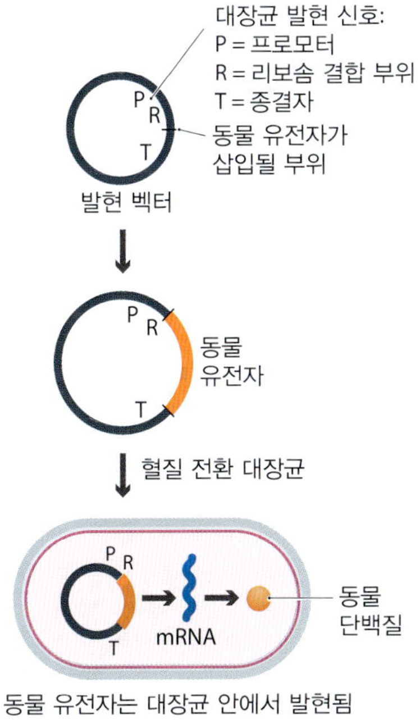

그림 22.5 발현 벡터와 그것을 사용하는 방법

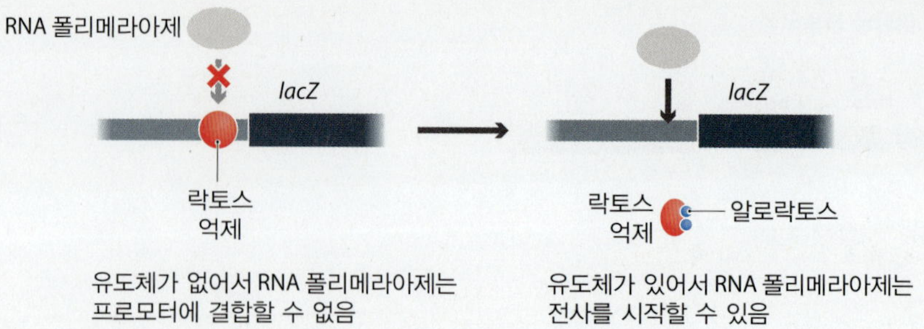

그림 22.6 락토스 프로모터의 유도. 유도체가 없을 시 억제자는 RNA 폴리메라아제가 프로모터에 결합하는 것을 방해한다.

는 정상적인 대장균 세포에서 락토스 오페론(operon)의 전사를 조절한다. 강력한 프로모터이기에 직접적으로 많은 양의 단백질을 합성하며, 락토스 억제자(repressor)에 의하여 조절된다. 유도체(inducer)가 없을 때, 억제자는 프로모터에 RNA 폴리메라아제가 결합하는 것을 방해한다(**그림 22.6**). 자연적인 상태에서, 그러한 유도체는 억제자에 결합한 알로락토스(allolactose)이고, 유도체의 형태가 바뀌면 DNA로부터 떨어진다. 그 후에, 폴리메라아제는 프로모터에 결합할 수 있으므로 유전자 발현의 스위치가 켜진다.

이들 조절은 프로모터를 포함한 DNA 부분의 락토스 오페론이 제거되고 클로닝 벡터가 대체되었을 때에도 일어난다. 락토스 프로모터의 아랫부분에 삽입된 동물 유전자는 배양 배지에 유도체가 첨가됨에 따라 발현이 시작되어 높은 비율로 발현될 것이다(**그림 22.7**). 유도체로서 알로락토스를 사용할 수 있으나, 이 물질은 안정적이지 못하다. 그러므로 새로운 알로락토스를 계속적으로 첨가하여 동물 유전자의 발현이 억제되는 것을 막아야 한다. 인위적인 유도체 대신에 이소프로필 티오갈락토시드(isopropyl thiogalactose, IPTG)가 사용된다. IPTG는 알로락토스와 유사하며(**그림 22.8**), 억제자와 결합할 수도 있다. 이것은 알로락토스보다 안정적이어서 계속적인 첨가 없이 동물 유전자의 발현을 꾸준히 유지할 수 있다.

인슐린은 대장균 안에서 합성된 첫 번째 인간 단백질 중 하나이다

생명공학에서 "재조합(recombinant)"의 첫 번째 목적은 치료에 유용한 중요한 단백질을 많이 생산하는 것이고, 이를 위하여 대장균을 사용하여 왔다. 당뇨병의 치료에 필요한 인슐린(insulin)은 좋은 예를 보여 준다. 인슐린은 췌장에서 랑게르한스섬의 베타(β)-세포에 의해 합성되어, 혈액의 글루코스(glucose)의 양을 조절한다. 인슐린의 결핍은 당뇨를 야기하여 치료하지 않으면 생명에 치명적이 될 수 있다. 다행히도 많은 형태의 당뇨는 환자의 췌장에서 호르몬 합성이 원활히 이루어지지 않을 때, 인슐린 주사에 의하여 조절할 수 있다.

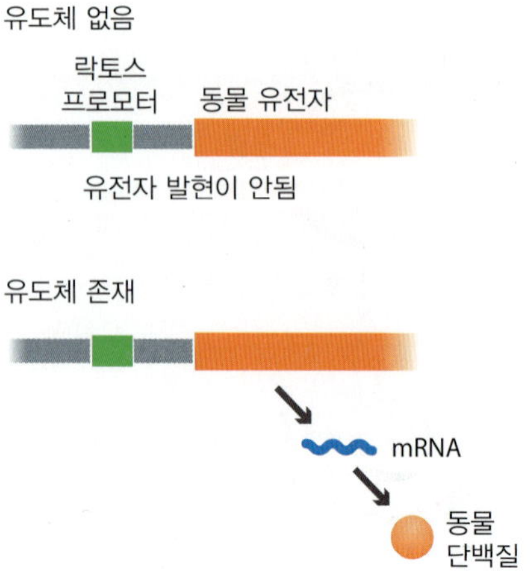

그림 22.7 대장균에서 동물 단백질 합성시 락토스 프로모터의 사용

이러한 치료에 사용되는 인슐린은 일반적으로 도살되는 돼지와 소들의 췌장으로부터 얻는다. 돼지와 소의 인슐린은 인간의 인슐린과 매우 유사한 아미노산 염기서열을 가지고 있다(제각각, 1~3개의 아미노산에 차이가 있음). 그리고 두 가지 모두 사람에게 주사하여 혈당 수치를 조절할 수 있다. 비록 이와 같은 방법이 당뇨 치료에 효과적인 방법이지만 췌장 조직으로부터 인슐린의 순수 분리는 간단한 조작이 아니기 때문에, 오염이 된 경우에는 종종 알레르기 반응을 나타낸다. 이와는 달리 재조합 인슐린은 박테리아 배양으로부터 순수 분리가 간단하고 오염이 덜 생기기 때문에 이러한 문제를 피할 수 있다.

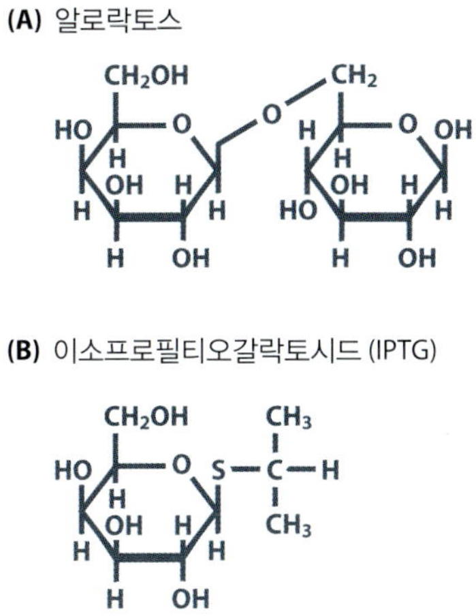

그림 22.8 락토스 프로모터의 유도체로써, 알로락토스 (A)의 구조와 (B) 재조합 단백질의 합성시 프로모터 유도체로써 사용되는 이소프로필 티오갈락토시드(isopropyl thiogalactose, IPTG). 알로락토스는 대장균에서 단당류로 쪼개질 수 있기 때문에 IPTG보다 불안정하다.

재조합 방법으로 인슐린을 생산을 촉진하는 데는 두 가지 특성이 있다. 첫 번째 특성은 인간 단백질은 광범위한 번역 후 수식(post-translational modification)을 수행하지 않는다. 박테리아에는 이들 변형 과정을 수행하는 데 필요한 효소가 많이 부족하다. 특히, 글리코실화에 의하여 변형된 진핵세포의 단백질에 당 사슬이 부착할 수 없다. 인슐린에는 이와 같은 변형 과정이 없기 때문에, 대장균에 의해 합성된 재조합 버전은 인간 췌장에서 만들어진 것과 유사하게 된다.

두 번째 중요한 특성은 분자의 크기이다. 인슐린은 21개의 아미노산으로 구성된 A 사슬과, 30개의 아미노산으로 된 B 사슬로 구성된 비교적 작은 단백질이다(그림 22.9). 췌장에서 이들 사슬은 프레프로인슐린(preproinsulin)이라 불리는 전구 물질로 합성된다. 프레프로인슐린의 A와 B 조각은 3번째 사슬(C 사슬)에 의하여 연결되어 있고, 신호 펩티드(signal peptide)가 앞부분에 존재한다. 이 시그널 펩티드는 합성 후에 제거되고 C 사슬은 절제되어 A와 B 폴리펩티드만 남아, 2개의 이황화결합(disulfide bond)의해 서로 연결된다.

몇몇 전략이 재조합 인슐린을 얻기 위하여 사용되어 왔다. 그중 하나로써 1970년대에 2개의 인위적인 유전자가 합성되었다. 하나는 A 사슬과 또 다른 것은 B사슬과 연관된 것이다. 2개의 재조합 플라스미드가 구축되었는데, A 사슬을 위한 인위적인 유전자를 가진 것과, B 사슬의 유전자를 보유한 것이다. 각각의 인공적인 유전자는 대장균 β-갈락토시다아제(galactosidase)를 암호화하는 유전자를 가진 발현 벡터에 삽입되었다(그림 22.10). 이 유전자는 락토스 프로모터의 하류(downstream) 쪽에 존재하여 락토스 오페론의 첫 번째 유전자로서 발현한다. 그러므로 인슐린은 락토스 프로모터

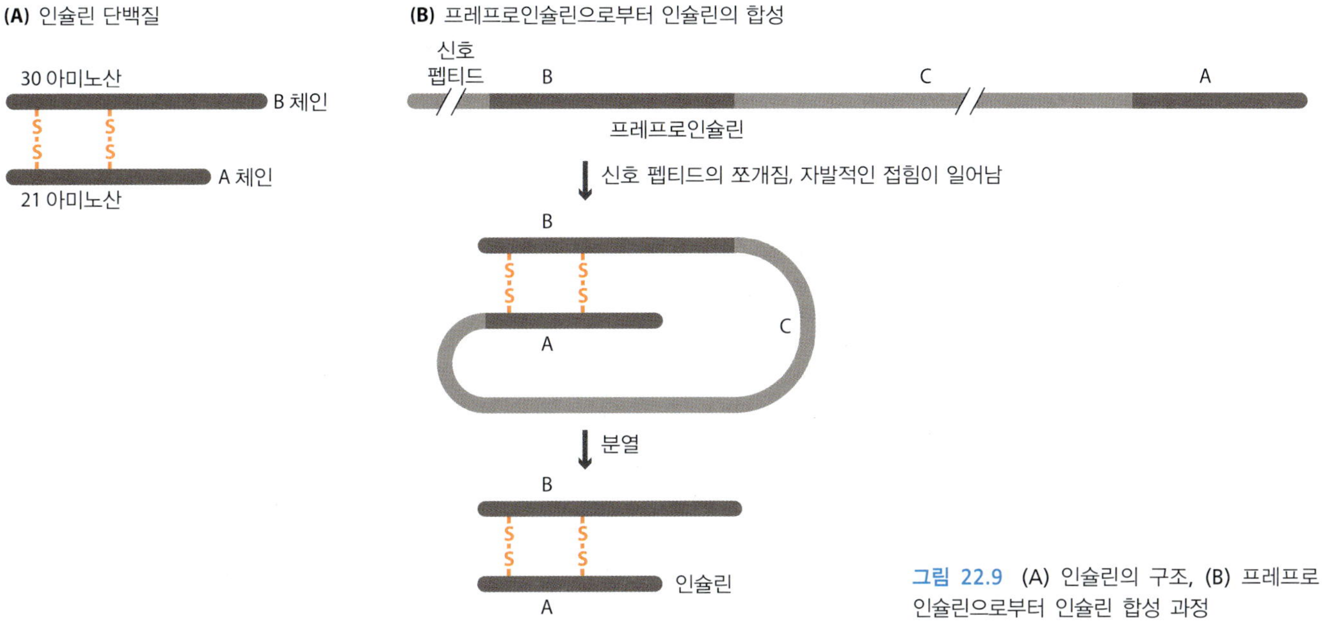

그림 22.9 (A) 인슐린의 구조, (B) 프레프로인슐린으로부터 인슐린 합성 과정

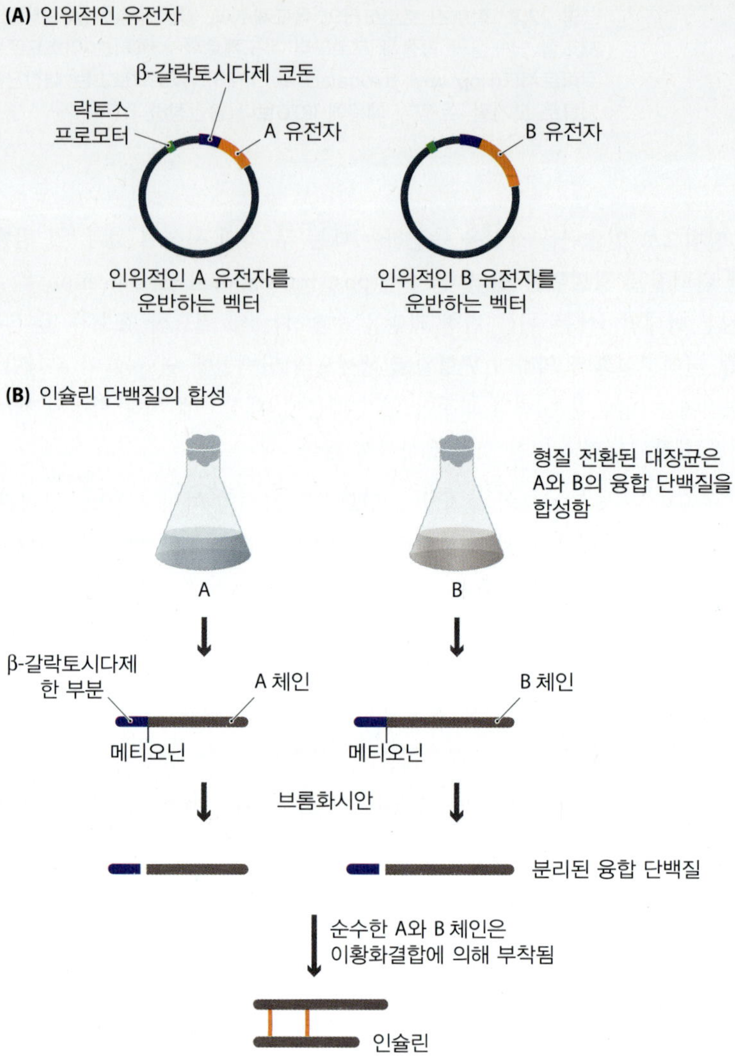

그림 22.10 대장균에서 재조합 단백질로써 인슐린의 합성. (A) 각각 A와 B 사슬의 유전자를 가진 2개의 재조합 벡터가 만들어졌다. 이들 재조합 유전자는 각각 대장균 β-갈락토시다제 유전자의 첫 몇 개 코돈과 융합되어졌다. (B) 재조합 벡터를 가지고 대장균에 형질 전환시키고 융합 단백질을 순수 분리한다. 분리된 단백질들은 브롬화시안에 의해 절단되고 β-갈락토시다제 부위를 잘라낸 후 이황화결합을 형성하여 A와 B 사슬이 결합된다.

조절의 아래쪽에 위치한다. 그리고 A와 B는 폴리펩티드에 β-갈락토시다아제에 몇 개의 아미노산을 포함한 **융합 단백질(fusion protein)**로 합성된다. 각각의 융합 유전자는 메티오닌 아미노산에 의하여 β-갈락토시다아제와 인슐린이 분리될 수 있도록 고안되었다. 메티오닌은 브롬화시안(cyanogens bromide)에 의하여 파괴되기 때문에, 배양액으로부터 각각의 융합 단백질을 순수 분리한 후 이 화학 물질을 처리하여 인슐린 폴리펩티드와 β-갈락토시다아제 조각을 제거한다. 그런 다음, 순수한 A와 B 사슬은 서로 간의 이황화결합에 의해 서로 연결된다.

대장균은 재조합 단백질을 생산하기 위한 이상적인 숙주가 아니다

정교한 발현 벡터의 개발에도 불구하고 대장균에서 재조합 단백질의 합성은 어렵고 늘 성공적인 것은 아니다. 여기에는 두 가지 문제가 있는데, 첫 번째 문제는 동물과 대장균 유전자들 사이에 차이점이 있는 것이고, 두 번째 문제는 박테리아는 생화학적 및 생리학적인 한계점이 있다.

우리는 대장균 프로모터, 리보솜 결합 부위, 그리고 전사 종결 서열의 조절 하에 동물 유전자를 배치하는 것에 대한 필요성에 대하여 이미 알아보았다. 이것은 발현 벡터의

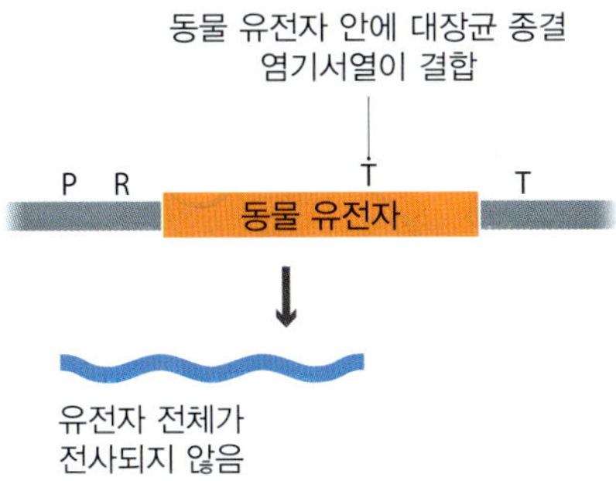

그림 22.11 클론된 동물 유전자 안의 종결 신호에 의하여 야기되는 문제. P(promoter); R(ribosome binding site); T(termination signal)

설계에 의하여 해결할 수 있기 때문에 중요한 문제는 아니다. 그러나 동물 유전자 그 자체의 염기서열이 대장균에서 발현을 방해하는 데에는 세 가지 방법이 있다. 첫째, 동물 유전자는 인트론을 포함할지도 모른다. 이것은 대장균 유전자가 인트론을 포함하지 않기 때문에 박테리아는 mRNA 분자로부터 인트론을 제거하는 대사를 수행하지 못하기 때문에 문제가 된다. 두 번째 문제는 동물 유전자가 대장균에서 전사 종결 신호로써 작용하는 염기서열을 가질 수도 있다(**그림 22.11**). 이들 염기서열은 동물 세포 안에 있을 때는 기능을 하지 못하다가, 박테리아에 옮겨졌을 때 완전하지 않은 형태로 전사 종결을 일으킴으로써 유전자 발현의 손실을 이끈다.

마지막 가능성은 동물 유전자의 코돈이 대장균에서 번역되는 것에 잘 맞지 않을 수 있을 수도 있다. 실제로, 모든 생물체에서 동일한 유전 암호를 사용하지만, 각 종마다 선호하는 코돈을 가지고 있다. 예를 들면, 류신은 6개의 코돈(TTA, TTG, CTT, CTC, CTA, CTG)에 의해서 지정되지만, 인간 유전자의 류신은 대부분 CTG에 의해 암호화되고, 드물게는 TTA와 CTA에 의하여 지정된다. 유사하게 4개의 발린 코돈 중에서도, 인간의 유전자는 GTA보다 GTG를 4배 이상 빈번히 사용한다. 암호화 성향의 생물학적 이유는 아직 밝혀지지 않았지만, 모든 생물체에서 종(species) 간에 암호화하는 성향이 다르게 나타난다. 만약 동물 유전자에서 높게 발현되는 코돈이 대장균에서는 비교적 적게 발현된다면, 재조합 단백질 합성은 낮은 비율로 일어날 것이다. 암호화 성향이 단백질 합성률에 미치는 이유에 대해서는 밝혀지지 않았지만, 아마도 세포의 tRNAs에 의해 운반되는 안티코돈의 정확한 배열에 관계가 있을 것이다.

이러한 문제들 중 아직 어떤 것도 해결되지 않았다. 만약 동물 유전자가 인트론을 포함한다면, 인트론이 없는 유전자는 mRNA로부터 **상보적 DNA(complementary DNA, cDNA)**로 전환시킴으로써 얻을 수 있을 것이다. 이것은 역전사 효소라 일컫는 RNA-의존성 DNA 폴리메라아제를 가지고, RNA 가닥을 DNA로 복사함으로써 얻을 수 있다. 새로운 DNA 가닥은 그다음에 DNA-의존형 DNA 폴리메라아제에 의하여 이중 나선 DNA로 만든 후 벡터 안으로 삽입할 수 있다(**그림 22.12**). 유전자가 인트론이 없는 mRNA 형태였기 때문에 이중 나선 cDNA 또한 인트론이 없을 것이다. 만약 이 유전자에 종결 서열이 포함되어 있거나, 코돈 성향이 문제가 된다면, 그 다음에 **부위 특이적 돌연변이(site-directed mutagenesis)** 기술을 사용하여 뉴클레오티드 서열을 바꿀 수 있다(**그림 22.13**). 만약 그 유전자의 길이가 1 kb 보다 적으면 그것은 시험관 내에서 인트론과 종결 서열이 없는 형태이며, 대장균이 더 선호하는 코돈을 가진 형태로 인공적으로 완벽하게 합성할 수 있을 것이다.

박테리아의 생화적, 생리적 성향에 의한 재조합 단백질 합성의 제한점은 해결하기에 더 어려운 문제이다. 박테리아에서 단백질-접힘(protein-folding) 과정은 진핵세포보

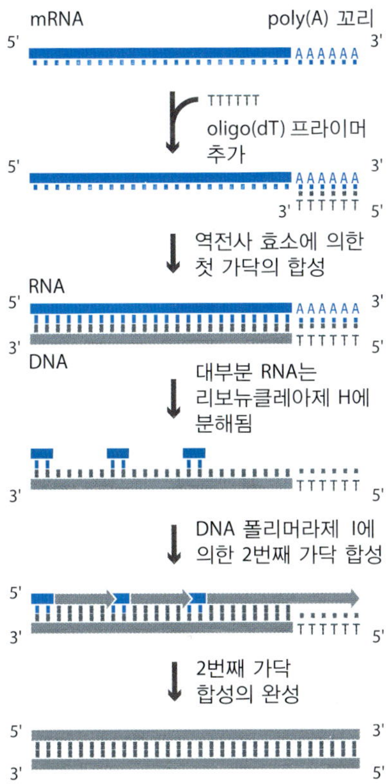

그림 22.12 mRNA로부터 이중 가닥 cDNA를 준비하는 방법. mRNA의 3′ 말단의 poly(A) tail은 역전사 효소에 의하여 cDNA 합성 첫 단계에서 시발점으로 사용되었다. Oligo(dt) 프라이머는 T 염기로 만들어진 짧은 DNA 올리고뉴클레오티드이다.

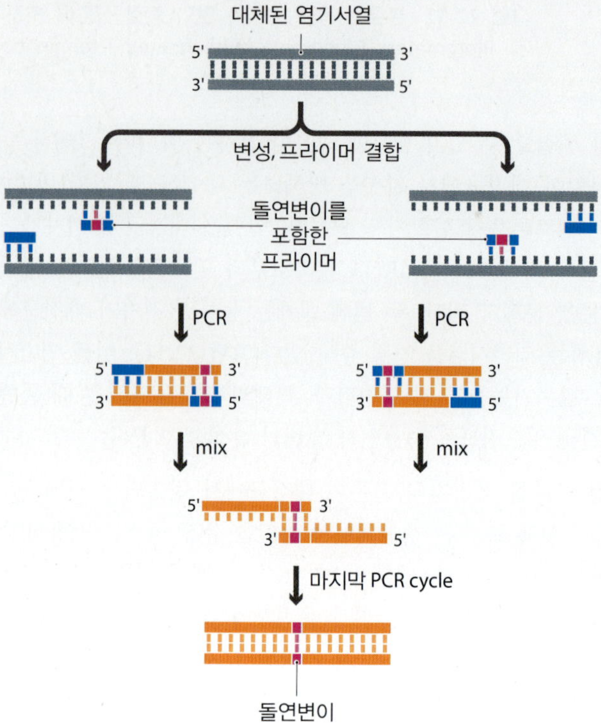

그림 22.13 부위 특이적 돌연변이(site-directed mutagenesis) 방법. DNA 염기서열 안에 하나 또는 더 많은 뉴틀레오티드가 대체된다. 2개의 PCR이 수행된다. 각 반응에서 프라이머 하나는 주형 DNA와 완벽하게 결합하는 형태의 정상적인 프라이머를 사용하고, 또 다른 프라이머는 "mutagenic 프라이머"를 사용한다. 이것은 돌연변이에 의하여 하나의 염기서열이 불일치하는 것이다. 2개의 mutagenic 프라이머는 DNA 안의 똑 같은 염기쌍에 있으나 방향은 반대이다. PCR 후 두 생산물을 서로 혼합하고 2차 PCR이 돌연변이된 DNA 분자의 전체 길이를 합성한다.

다 덜 정교하다. 그러므로 대장균에서 합성된 동물 단백질은 정확하게 접힘(folding)이 되지 않을 수 있어, 보통 불용성이고 **봉입체(inculsion body)** 형태로 존재한다(그림 22.14). 봉입체가 단백질 형태로 회복되는 것은 어렵지 않으나, 시험관에서 계속적으로 정확하게 단백질 형태로 접히기는 불가능하다. 물론, 부정확하게 접힌(fold) 단백질은 불활성된다.

동물 단백질에서 일어나는 복잡한 화학 변형의 일부는 대장균에서 수행할 수 없기 때문에 몇 가지 문제를 가진다. 특히, 글리코실화는 박테리아에서는 극도로 드물기 때문에 대장균에서 합성된 재조합 단백질은 결코 정확하게 글리코실화되지 않는다. 글리코실화가 동물 단백질의 기능에 본질적인 것은 아니지만, 글리코실화가 부정확하거나 결핍된 상태에서 환자에 주사한 경우 단백질의 안정성이 크게 감소하고 알레르기 반응을 유도할 수도 있다. 대장균에서 글리코실화의 결여는 해결할 수 없으므로, 소수의 중요한 동물 단백질 합성시 숙주로서 적합하지 않다.

재조합 단백질은 진핵세포에서도 역시 합성될 수 있다

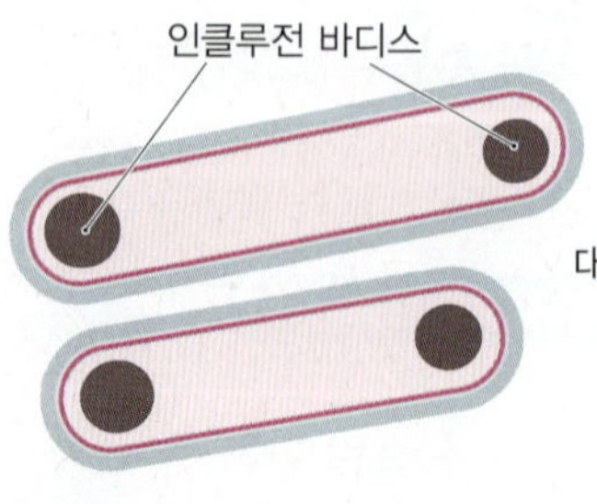

그림 22.14 대장균 내에서 재조합 단백질의 봉입체(inclusion body)

대장균에서 클론된 동물 유전자로부터 생성된 재조합 단백질의 활성률을 높이고자 할 때 발생하는 문제로 기인하여, 진핵세포에 대한 발현 시스템을 개발하게 되었다. 효모나 곰팡이와 같은 진핵 미생물들은 연속 배양법으로 박테리아와 비슷하게 쉽게 성장시킬 수 있고, 동물과 더 밀접한 관련이 있기 때문에 그들은 대장균보다 더 효율적으로 재조합 단백질을 합성할 수 있다.

동물 유전자는 프로모터와 발현 신호가 하등의 진핵세포 보다 더 복잡하기 때문에 발현 벡터로 이용하는데 어려움이 있다. *Saccharomyces cerevisiae*는 재조합 단백질을 합성하기 위해 사용되는 진핵 미생물 중 가장 잘 알려진 것으로, 생화학적으로나 유전학적으로 수 년간 인체에 이롭다고 인식되어 왔으며, 특히 의학이나 식품 분야에서 단백질을 생산하기에 안전한 유기체로 여겨진다. 다수의 효모 발현 벡터에는 갈락토스(galactose) 대사와 관계가 있는 갈락토스 에피메라아제(epimerase)의 유전자를 암호화하는 *GAL* 프로모터를 가지고 있다. *GAL* 프로모터는 갈락토스에 의해 유도되어 클론된 동물 유전자의 발현을 간편하게 조절할 수 있다(**그림 22.15**).

비록 *Saccharomyces cerevisiae*에서 재조합 단백질의 생산량이 비교적 높지만, 많은 당을 첨가할 경우 과당화(hyperglycosylation) 현상이 일어나 동물 단백질이 정확히 글리코실화되지 못한다(**그림 22.16**). 또한, *S. cerevisiae*는 성장 배지 밖으로 단백질을 효과적으로 분비하지 못하여, 세포 내에 재조합 단백질이 남아 있게 됨으로써 정제가 어렵다. 또 다른 효모로써 *Pichia pastoris*를 사용하는데, 이 균은 이러한 문제가 덜 심각하여 일부 중요한 재조합 단백질을 합성하는 데 이용되어 왔다. *P. pastoris*는 전체 세포내 단백질 중 30% 이상 많은 재조합 단백질을 합성할 수 있다. 이 균이 동물 세포와 정확히 같은 방법으로 단백질을 글리코실화 하지는 않지만, 차이가 비교적 크지 않아 혈류에 주사하였을 때 알레르기 반응을 일으키지 않는다. 이것은 메탄올에 의해 유도되는 알코올 산화 프로모터(alcohol oxidase promoter)를 사용하여 클론된 유전자의 발현을 유도할 수 있다.

*S. cerevisiae*와 *P. pastoris*가 재조합 단백질 합성의 숙주로써 비교적 자주 사용되지만, 그들은 모든 동물 단백질을 효과적으로 생산하지는 않는다. 복잡하고 본질적으로 글리코실화 구조를 가진 단백질에 대해서는 동물 세포만이 활성화된 단백질을 생산할 수 있는 유일한 숙주일 것이다. 동물 세포의 배양 방법은 지난 50년 동안 점차적으로 발전되어, 오늘날에는 최소한 몇 가지 세포에서 연속 배양 시스템으로 비교적 높은 세포 밀도로 성장할 수 있게 되었다. 재조합 단백질의 생산 효율은 미생물을 가지고 하였을 때보다 훨씬 낮지만, 이것이 활성화된 단백질(active protein)을 얻을 수 있는 유일한 방법이라면 견딜만 할 것이다. 인간 또는 햄스터에서 유래된 포유동물 세포주들이 종종 사용된다. 이들 세포주들은 유전자 발현과 단백질 합성에 문제가 거의 없고, 생산된 단백질은 재조합시키지 않은 원래의 단백질과 거의 구분이 되지 않는다. 발현 벡터가 최대의 생산 효율과 단백질 합성을 조절하기 위하여 필요하다. 프로모터는 simian virus 40, cytomegalovirus 또는 Rous sarcoma virus와 같은 것이다. 비록 이들이 활성화된 단백질을 합성하기에 가장 쉬운 방법일지라도 비용이 많이들고, 특히 세포주 안에 바이러스들이 존재할 가능성이 있기 때문에, 순수 분리된 단백질이 안정성을 갖기 위해서는 엄격한 조절 과정이 필요하다.

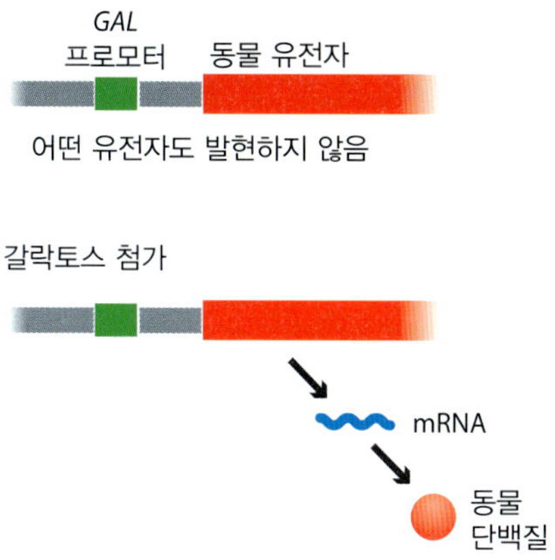

그림 22.15 *S. cerevisiae GAL* 프로모터의 유도

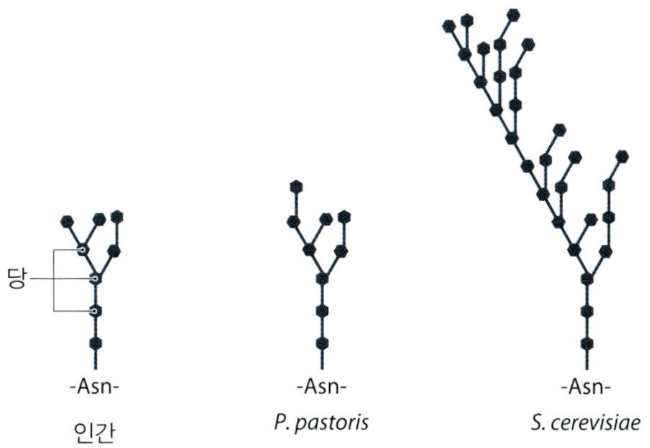

그림 22.16 인간 세포, *P. pastoris*와 *S. cerevisiae*에 의하여 합성된 전형적인 *N*-linked 글라이코실화의 비교

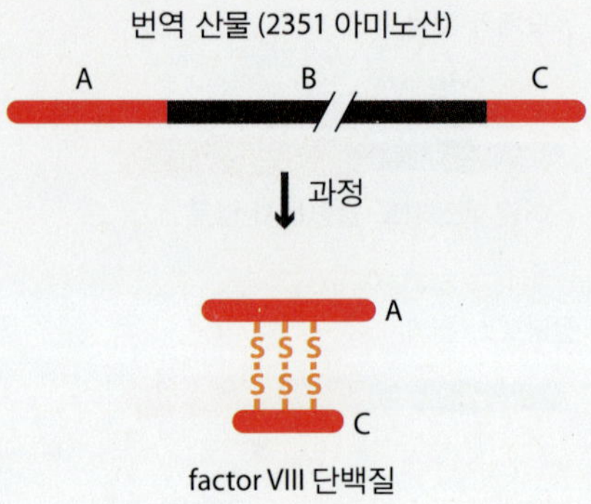

그림 22.17 사람의 factor VIII 형성 과정. 활성화 단백질은 17개의 이황화결합을 가지고 광범위하게 글리코실화된다.

Factor VIII는 재조합 방법에 의하여 생산에 어려운 단백질의 본보기이다

재조합 단백질로서 factor VIII(제 8인자)의 합성은 현대 생명공학의 주요 목표 중의 하나이다. 가장 흔한 형태의 혈우병에서 factor VIII 단백질이 결핍되면, 혈액 응고 과정이 파괴되어 질환이 발생하게 된다. 혈우병은 정제된 factor VIII을 정기적으로 주사함으로써 치료할 수 있으나, 최근까지 그 단백질의 유일한 공급원은 기증자에 의하여 제공되는 인간의 혈액 밖에 없다. 혈액으로부터 직접적으로 factor VIII를 정제하는 것은 복잡한 과정을 거쳐야 하며, 특히 기증자의 혈액 안에 존재하는 바이러스들을 제거해야 하기 때문에 어려운 과정이다. 안타깝게도, factor VIII 주사를 받는 혈우병 환자에게서 간염(hepatitis)과 에이즈(AIDS)가 발생하기도 했다. 오염 문제가 해결된 재조합 factor VIII가 개발된다면, 생명공학의 눈부신 성과일 것이다.

Factor VIII은 재조합 방법으로 얻기에는 어렵다고 증명되어 왔다. 이는 factor VIII 유전자가 활성화 단백질로 번역되는 과정이 복잡하기 때문이다. 번역 생산물은 2,351개의 아미노산으로 이루어진 폴리펩티드이고, 3개의 부분으로 구분된다(**그림 22.17**). 중심 부분은 삭제되고 외부 2개의 부분은 17개의 이황화결합으로 연결된다. 이 과정 동안 광범위하게 글리코실화가 이루어진다. 이러한 복잡한 과정을 거쳐야하기 때문에, 재조합 factor VIII의 활성화된 단백질의 합성은 대장균이나 효모에서 불가능하다고 예상되고 있다. 그래서 포유동물 세포가 주목받게 되었다.

처음으로 전체 factor VIII 유전자의 cDNA가 햄스터 세포에서 복제되었다. 비록 햄스터 세포에서 정확히 수행되기는 하였지만, 생산량이 번역 후 수식 과정 때문에 낮았고, 번역 후 생산물이 모두 활성화 형태로 전환되진 않았다. 생산량을 높이기 위하여, cDNA로부터 단백질을 분리하기 위하여 A와 C 2개의 소단위가 클로닝되었다. 각 cDNA 조각은 발현 벡터 내의 프로모터의 아랫부분과 아데닐산 중합 반응 신호(polyadenylation signal)의 윗부분에 삽입시킨 후, 햄스터 세포 내로 각각 형질전환시켰다(**그림 22.18**). 햄스터 세포 안에는 A와 C 단백질 조각이 분리되어 합성되었고, 정상적인 진행 과정에 의하여 2개가 결합되었다. 그 생산 효율은 전체 cDNA를 가진 세포보다 10배 이상 더 높았고, 그 결과 factor VIII 단백질은 원래의 형태와 별 차이 없이 기능을 발휘하였다.

상업적으로 사용하기 위해서는 재조합 factor VIII가 많은 양으로 생산되어야 하기 때문에, 연속 배양 방법으로 재조합 햄스터 세포를 성장시켰다. 재조합 세포로부터 배양액 안으로 재조합 factor VIII가 분비되면 순수 분리되는데, 세포 찌꺼기를 제거한 후 불순물을 제거하기 위하여 다양한 크로마토그래피와 필터 과정을 거쳐야 안정화된 단백질을 얻을 수 있다. 이 후 이 단백질은 환자들에게 사용하기 전까지 보관되어진다.

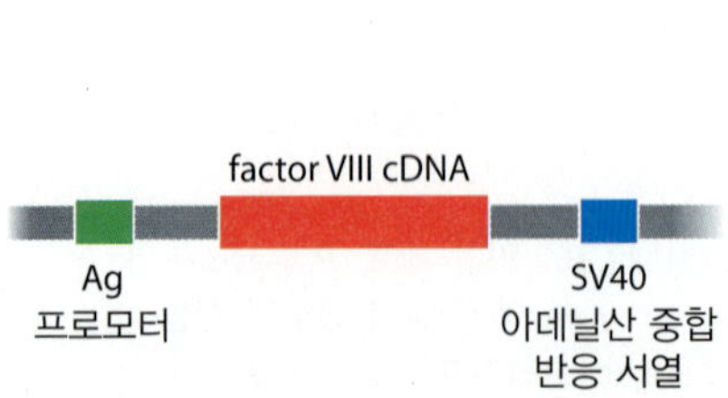

그림 22.18 햄스터 세포 안에서 factor VIII cDNA의 발현을 얻기 위한 구조. Ag 프로모터는 닭 β-actin과 토끼 β-actin 유전자의 프로모터를 혼성화한 것이다. 아데닐산 중합 반응 서열은 simian virus 40(SV40)으로부터 얻었다.

백신 또한 재조합 기술을 통해 생산할 수 있다

재조합 기술은 질병 치료를 위한 단백질 합성에만 한정된 것이 아니다. 재조합 기술은 백신(vaccine) 합성에 이용된다. 백신이 혈류에 접종되면, 항체 합성을 위한 면역 반응을 자극하여 바이러스, 세균 또는 다른 병원성 물체의 감염에 대항하여 몸을 방어한다. 대부분의 백신은 열을 가하여 사멸시킨 바이러스와 같이 감염될 수 있는 생물체를 불활성화시킨 형태이다. 이와 같은 백신을 준비하기 위해서는 많은 양의 바이러스가 필요하고, 이것은 감염된 조직을 배양함으로써 얻을 수 있다. B형 간염을 일으키는 바이러스와 같은 일부 바이러스는 조직 배양으로 성장하지 않아, 백신을 만들 만큼 충분한 양을 얻기가 어렵다. 일반적인 백신이 갖는 두 번째 문제로는 소수의 바이러스가 열처리 후에도 살아 남을 가능성이 있다는 것이다. 만약 살아 있는 바이러스가 백신 안에 존재한다면, 접종 후에 방어력보다 질병을 일으킬 위험성이 더 커지게 된다. 이러한 경우가 소의 구제역 백신에서 나타난다.

백신은 온전한 바이러스를 함유하지 않아도 효능을 나타낼 수 있다. 분리된 바이러스 구성물 중에서 특히 캡시드(capsid) 단백질들이 정제된 부분은, 면역 반응을 자극하여 감염을 방어할 수 있다(**그림 22.19**). 이것이 재조합 백신 생산의 원리가 된다. 바이러스의 캡시드 단백질을 암호화하는 유전자를 미생물 또는 동물 세포에 전이시킨 후, 만들어진 재조합 단백질을 백신으로써 사용하게 된다. 이와 같은 방법으로 제조된 백신은 온전한 바이러스를 함유하지 않아도 되고, 많은 양의 백신을 제조할 수 있다.

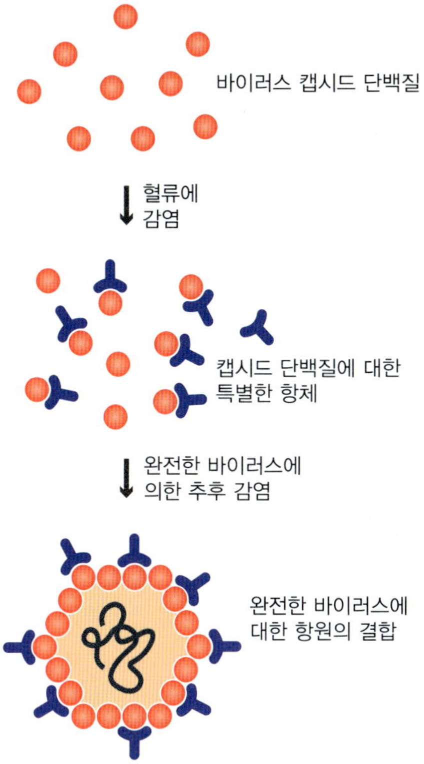

그림 22.19 바이러스 캡시드 단백질을 백신으로 사용할 수 있는 이유

이러한 방법이 B형 간염 바이러스에 대하여 가장 성공적으로 수행되어 왔다. B형 간염은 세계의 많은 열대 지방에서 발생하는 고질적인 질병으로 간 질환을 일으킨다. 만약 감염이 지속되면, 간암으로 발전되어 환자의 생존율이 매우 낮아진다. 매년 50만 명 이상의 사람이 간암에 의해 사망하고, 이들 중 80%가 B형 간염의 감염에 의하여 일어난 것이다.

다행이, 대부분의 사람들은 B형 간염에 감염이 되어도 짧은 시간 안에 회복된다. 그들의 혈액 내에 B형 간염 항원(hepatitis B surface antigen; HBsAg)라 불리는 캡시드 단백질에 대한 항체를 가지고 있기 때문에 장래의 감염에 대해서도 면역을 나타낸다(**그림 22.20**). 재조합 HBsAg는 *S. cerevisiae*와 햄스터 세포에서 합성되고, 두 경우 모두 상당히 많은 양을 얻을 수 있다. 시험 동물 안에 그 재조합 단백질을 주사하였을 때, B형 간염에 대하여 방어가 일어나는 것이 증명되었다. 효모와 햄스터에서 만든 백신 모두 인간에게 사용할 수 있음이 증명되었으며, 효모에서 생산되는 백신은 현재 2개의 회사에서 상업적으로 생산하고 있다.

재조합 백신에 대한 이차적인 전략은 백신 바이러스를 조작함으로써 생산하는 것이다. 백시니아(vaccinia)는 소두창 바이러스(cowpox virus)로 인간에게는 해가 되지 않으나, 살아 있는 바이러스를 주사하였을 때 천연두에 대한 면역력을 자극한다. 재조합 백시니아 바이러스(vaccinia virus)는 백시니아 게놈 안에 HBsAg과 같은 새로운 유전자를 삽입시킴으로써 제조되었다(**그림 22.21**). 이것이 혈류에 주사되었을 때, 재조합 바이러스의 복제가 일어나므로 새로운 백시니아 입자뿐만 아니라 HBsAg의 양도 많

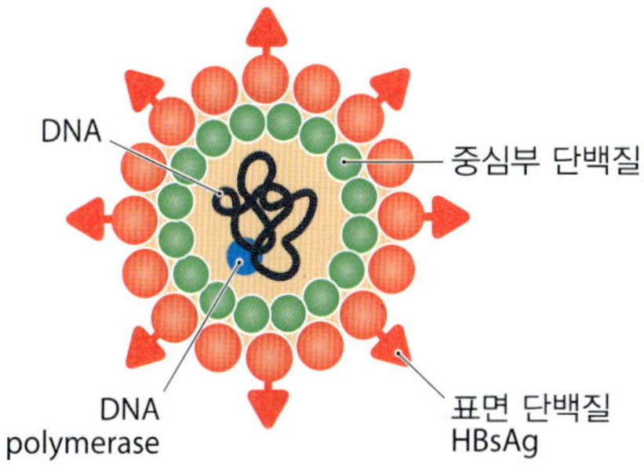

그림 22.20 B형 간염 바이러스(hepatitis B virus)의 구조. 바이러스의 표면에 HBsAg 단백질이 위치하는 것이 나타난다.

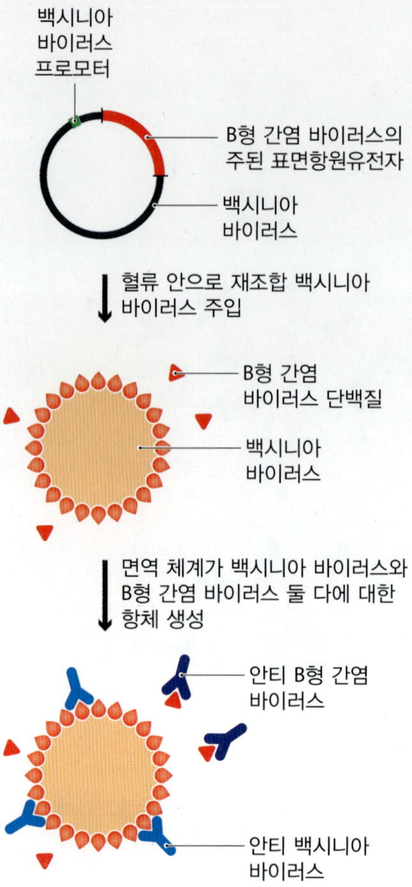

그림 22.21 재조합 백시니아 바이러스(vaccinia virus)를 이용한 HBsAg 단백질 생산의 근거

이 증가하게 된다. 이러한 방법이 아직까지는 사람에게 사용하는 것이 입증되지는 않았지만 동물에서는 가능한 것으로 보인다. 광견병 바이러스(rabies virus)의 외피 단백질(coat protein)들을 발현하는 백시니아 바이러스는 유럽과 북미에서 광견병을 조절하는 백신으로써 사용된다.

22.2 식물과 동물의 유전공학

이 장에서 지금까지, 새로운 유전자를 미생물 또는 진핵세포 안에 삽입 후 배양하는 DNA 클로닝에 대한 예를 알아보았다. 이러한 것은 또한, 새로운 유전자를 동물과 식물에 삽입하는 것도 가능할 것이다. 이러한 과정을 **유전공학(genetic engineering)**이라 부른다.

유전공학의 목적은, 이와 같은 방법으로 동물과 식물의 표현형을 변형한 생물체를 이용하여 보다 이로운 점을 얻기 위함이다. 유전공학은 앞으로 다가올 세계의 식량 부족에 직면했을 때 이를 해결하기 위한 수단으로, 변형을 통해 식물과 동물의 다양성을 향상시키므로써 번식을 용이하게 할 것이다. 만약 그와 같은 공학기술이 새로운 유전자를 이용하는 것과 연관이 있다면, 그 생산물을 **형질전환(transgenic)** 식물 또는 동물이라 언급한다. 식물의 경우에서는 "genetically modified(유전적으로 변형된)" 또는 "GM"이란 용어로 널리 사용되고 있다.

이에 관한 몇몇 프로젝트가 세계 각지에서 수행되어 왔으며, 많은 생명공학회사에서는 농작물과 동물의 개선을 목적으로 유전공학이 이용되어 왔다. 우리는 이들 중에서 대표적인 것을 선별하여 알아볼 것이다.

농작물은 제초제에 저항성을 갖도록 조작될 수 있다

상업적으로 가장 중요하게 유전자를 조작한 생물체는 농작물들이며, 이것들은 글리포세이트(glyphosate)라는 제초제에 내성을 가질 수 있도록 변형되어 왔다. 이 제초제는 동물이나 곤충에는 해가 없고 토양에 존재하는 시간이 짧아, 수일 안에 해롭지 않은 물질로 파괴되기 때문에 널리 사용된다. 즉, 다른 제초제보다 환경에 미치는 영향이 적기 때문에 사용되는 것이다. 하지만 농장에서는 글리포세이트가 폭넓은 효능을 지닌 제초제이기에 문제가 되었다. 그것은 잡초뿐만 아니라 모든 식물을 죽이므로, 농작물에 해가 되지 않게 하기 위해서는 매우 주의해서 사용하여야 한다. 만약 농작물이 글리포세이트에 저항성을 가질 수 있게 조작된다면, 농작물의 피해에 대한 걱정 없이 제초제를 전 들판에 살포할 수 있을 것이다. 이것은 시간과 돈을 절약하는 것이다.

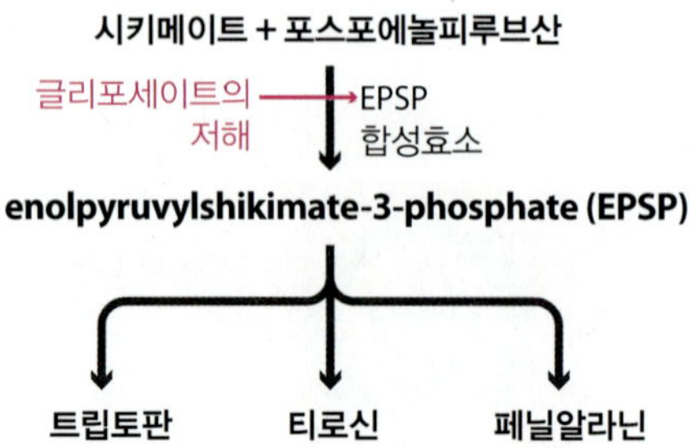

그림 22.22 글리포세이트 제초제에 의한 방향족 아미노산 합성의 억제

글리포세이트는 EPSP synthase(enolpyruvyl-shikimate-3-phosphate synthase)라 불리는 효소를 억제함으로써 식물들을 죽인다. EPSP는 방향족 아미노산인 트립토판, 티로신과 페닐알라닌을 합성하는 기질이다(**그림 22.22**). EPSP synthase의 억제는 이들 아미노산의 결핍을 이끌어 점차적으로 식물이 죽게 되는 것이다. 글리포세이트에 내성을 가진 첫 번째 작물은 유전공학적으로 변형된 것이 아니므로, 엄밀히 말하면 다른 종으로부터 유전자를 넣은 것이 아니기 때문에, 형질전환이라 할 수 없다. 유전자

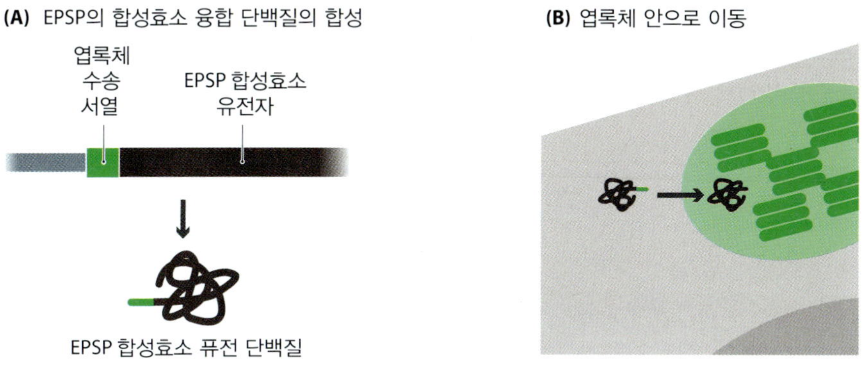

그림 22.23 형질전환 글리포세이트에 내성이 있는 콩과 식물을 만들기 위해 사용되었다. (A) EPSP 합성효소 유전자와 엽록체 수송 서열(chloroplast transit sequence)을 결합시킨다. (B) 합성 후에 엽록체 안으로 이 융합 단백질이 이동된다.

변형의 목표는 농작물에 의해서 만들어지는 EPSP synthase의 양을 간단히 증가시키는 것으로, 그 효소를 과잉 생산하는 식물은 조작되지 않은 식물보다 고농도의 글리포세이트에서도 견딜 수 있을 것으로 기대하였다. 그러나 이것은 성공하지 못하였다. EPSP synthase의 양이 정상치보다 80배 높게 만들어진 변형 식물에서 글리포세이트에 대한 내성은 증가하였으나, 실제 적용하였을 때 제초제로부터 식물을 방어하기에는 충분하지 않았다.

EPSP synthase 효소 자체에 글리포세이트에 저항성을 가진 생물체를 만들기 위하여 형질전환 방법이 채택되었다. 농작물 안에 이와 같은 생물체로부터 EPSP synthase 유전자가 운반되면 제초제에 저항성을 가지게 될 것이다. 그 유전자는 식물에서가 아닌 아그로박테리움(*Agrobacterium*) 계통인 CP4라 불리는 토양 박테리아에서 선택하였다. EPSP synthase는 식물의 엽록체에 존재하기 때문에 아그로박테리움의 EPSP synthase 유전자와 엽록체 수송 서열(chloroplast transit sequence)을 결합시켜 클로닝 벡터에 삽입시켰다. 엽록체 수송 서열은 세포 기관 안에서 엽록체 막을 통과할 수 있는 단백질을 생산하는 것이다(그림 22.23). 이 재조합 플라스미드는 **유전자총(biolistics)**에 의하여 콩과 식물 안으로 삽입되었다. 이 방법에서, 작은 gold microprojectiles(미세발사체)가 플라스미드에 도금되었고, 총(gun)을 이용하여 세포 안으로 마치 발사되듯이 삽입되어졌다(그림 22.24). 주의해서 수행한다면, 이것은 세포 안에서 마지막까지 손상되지 않는다. 식물 세포는 아직 분화 전 상태이므로 형질전환된 1개의 세포가 분화되면 모든 세포가 새로운 유전자를 가진 성숙된 식물을 만들 수 있다(그림 22.25). 이들 식물은 변형되지 않은 콩과 식물보다 3배 이상 글리포세이트에 내성을 가진다. 유사한 실험이 최근에 옥수수에서 수행되었다.

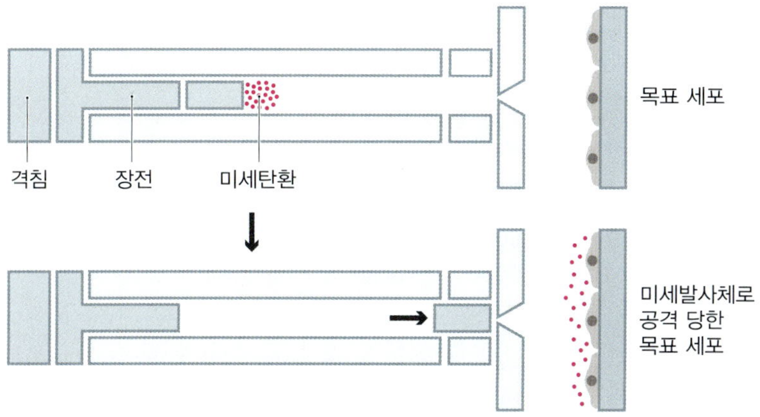

그림 22.24 유전자총, DNA가 식물 세포 안으로 발사되는 과정

그림 22.25 형질전환된 식물 세포로부터 형질전환 식물의 분화. 형질전환 세포는 처음에 고체 배지인 작은 유합 조직 배양(calluses culture)으로 성장하였다. 6-benzylaminopurine과 나프탈렌 아세트산이 유합조직(calluses)을 자극하기 위하여 첨가되고, 이 자극에 의해 새싹이 나와 성숙된 식물로 증식한다.

다양한 GM 작물들이 유전자 첨가에 의해 생산되었다

제초제 내성(herbicide resistance)은 이점을 가진 농작물을 많이 번식시키기 위해 식물 유전체 안에 새로운 유전자를 첨가하는 여러 방법 중 하나이다. 이와 같은 **유전자 첨가(gene addition)**의 예 중에 하나로, 곤충에 저항성을 가진 유전자를 식물 안에 삽입시키는 유전자 조작을 시도하였다. 농작물이 곤충의 공격으로부터 심각한 손상을 받지 않게 하는 방법은 일반적으로 살충제를 살포하는 것이다. 피레트로이드(pyrethroids)와 유기인산염(organophosphate)과 같은 일반적인 살충제는 다양한 종류의 곤충들을 비특이적으로 죽이지만, 농작물을 먹는 어떤 곤충들은 죽이지 못한다. 이들 살충제 중 몇몇은 인간을 포함한 다른 종에 심각한 해를 줄 수도 있다. 또한 때때로 살충제 처리를 하여도 나뭇잎 아래나 식물 안에 서식하는 곤충에게는 효과가 나타내지 않을 수도 있다.

환경에 보다 친화적인 살충제를 찾기 위하여 토양 박테리아인 바실러스 튜린지엔시스(*Bacillus thuringiensis, Bt*)의 δ-내독소(δ-endotoxin)에 관심이 집중되었다. δ-내독소는 곤충들에게 먹힐 때 그들 스스로를 방어하기 위해 만드는 단백질이다. 이 단백질은 화학적인 살충제보다 80,000배 이상 독성이 있다. δ-내독소는 원래 해가 없는 전구 물질로 만들어진다. 그러나 오로지 곤충에게서 소화가 된 후에는 독성 물질로 전환된다. 다른 종의 *B. thuringiensis*에서 생산되는 단백질들은 다른 종류의 곤충의 유충에까지 효과적이기 때문에 선택적으로 사용할 수도 있다. 이들 모두 매력적인 친환경적 살충제로서 δ-내독소를 만든다. 이것들의 사용에 대한 첫 특허권은 1904년으로 거슬러 올라가기 때문에 그리 놀라운 것도 아니다.

1904년에는 어느 누구도 식물을 변형시켜 자체에서 δ-내독소를 만들 수 있도록 유전자 클로닝을 이용할 수 있다고 생각한 사람은 없었다. 대신에, 1980년대 이후 이것을 상업적으로 이용하였으나 불안정성으로 인해 반복적으로 농작물에 살포하여야 하였기 때문에 큰 인기는 없었다. 1993년에 식물 안으로 δ-내독소를 삽입하는 데에 성공하였고, 그 결과 GM 옥수수 식물은 *Ostrinia nubilalis*(명나방과)의 애벌레인 European corn borer(조명충나방)에 대하여 높은 저항성을 가지게 되었다(**그림 22.26**). 알 형태로 식물 안으로 들어간 애벌레는 터널을 만들어 나뭇잎 아래에 존재하므로 살충제의 살포로부터 피해를 입지 않는다. GM 식물들에서 애벌레로부터 만들어지는 터널의 평균 길이는 6.3 cm로 변형시키지 않은 것의 40.7 cm에 비하여 작다. 게다가, 조작을 변형시켜 옥수수뿐만 아니라 감자와 목화에서도 생산되는 "Bt"(*B. thuringiensis*로부터 유래)는 다양한 곤충에 대하여 내성을 나타내 중요한 농작물들의 생산량을 향상시킨다.

그림 22.26 유럽옥수수나무좀(*Ostrinia nubilalis*)의 애벌레. (Courtesy of Keith Weller/USDA.)

geranylgeranyl diphosphate

↓ 옥수수로부터 얻은 파이토엔 합성효소

파이토엔

↓ 에르위니아 우레도보라 미생물로부터 얻은 카로틴 디새투라제

ζ-카로틴

↓ 에르위니아 우레도보라 미생물로부터 얻은 카로틴 디새투라제

라이코펜

↓ 쌀에 존재하는 라이코펜 시클라아제

β-카로틴

그림 22.27 geranylgeranyl diphophate에서 β-카로틴으로 전환되는 과정

유전자 첨가(gene addition)는 농작물이 함유하고 있는 영양 성분의 향상을 위해서도 사용된다. 예를 들어, 쌀에서 비타민 A 합성에 대한 전구 물질로 사용되는 β-카로틴을 생산할 수 있는 낟알을 공학적으로 제조하는 것이다. 이 목적은 비타민 A 결핍 현상이 높게 일어나는 지역의 거주민들을 위하여 여러 가지 다양한 GM(genetically modified) 쌀을 제공하는 것이다. 실제 매년 50만 명 이상의 아이들이 그들의 식단에 비타민 A가 부족하여 장님이 되고 있다. β-카로틴을 생산하기 위하여 쌀의 낟알을 조작하기 위해서는, 옥수수와 박테리아인 에르위니아 우레도보라(*Erwinia uredovora*)의 각각의 유전자를 하나씩 취하여 모두 2개의 유전자를 넣어야 하기 때문에 이제까지 알아본 것 보다는 더 복잡한 작업이다. 이들 2개의 유전자에 의해서 생산되는 효소들은 GGDP(geranylgeranyl diphophate)를 리코펜(lycopene)으로 전환하는 역할을 한다. 이 물질이 쌀 안에 존재하는 효소에 의하여 β-카로틴으로 전환된다(그림 22.27). 높은 β-카로틴을 가지는 쌀은 노란색을 띄기 때문에, 이러한 GM 작물을 "황금쌀(golden rice)"이라고 부른다(그림 22.28).

유전자 첨가(gene addition)에 의하여 생산되는 GM 작물의 다른 예는 표 22.1에 있다. 여기에는 단백질 분해효소 억제제(proteinase inhibitors)에 대한 유전자를 사용하여 곤충에 내성을 가지게 하는 방법도 포함되어 있다. 이들 작은 단백질은 곤충의 장 내에서 효소들의 작용을 방해하여 곤충이 GM 작물들을 먹는 것을 방해한다.

그림 22.28 흰쌀(왼쪽)과 황금쌀(오른쪽)의 비교 (Courtesy of Golden Rice Humanitarian Board. http://www.goldenrice.org)

표 22.1 유전자 첨가와 연관된 유전자 변형 식물의 예

첨가된 유전자	원인 유기체	유전공학적으로 변형된 식물이 지니는 특성
δ-내독소	*Bacillus thuringiensis*	곤충 저항성
아실 운반 단백질 티오에스터라제	캘리포니아 베이 월계수 나무	가공 유지 함량 변화
키티나아제	쌀	곰팡이 내성
Δ12-디새투라제	콩	가공 유지 함량 변화
Dihydroflavanol reductase	다양한 꽃 식물	변형된 꽃 색깔
Enlopyruvylshikimate-3-phosphate synthase	*Agrobaterium 세균 속 세균*	제초제 저항성
플라보노이드 하이드록시라아제	다양한 꽃 식물	변형된 꽃 색깔
Glyphosate *N*-acetyltransferase	*Bacillus licheniformis*	제초제 저항성
메티오닌이 풍부한 단백질	브라질 땅콩	향상된 유황함량
모넬린	달콤한 점박이 마란타	단맛
Ornithine carbamyltransferase	*Pseudomonas syringae*	세균 저항
Phosphatidylinositol-specific phospholipase C	옥수수	가뭄 내성
파이토인 생성효소 + 카로틴 불포화효소	옥수수, *Erwinia uredovora*	증가된 영양성분
단백질분해효소 억제제	다양한 콩류	곤충 내성
토마틴	달콤한 점박이 마란타	단맛
다양한 피막 단백질	다양한 바이러스	바이러스 내성

단백질 분해효소 억제제는 무지개 콩 및 일반적인 콩과 같은 콩과류에서 자연적으로 생산되는 것으로, 이들 종으로부터 다른 농작물에 유전자를 성공적으로 삽입시켰다. 단백질 분해효소 억제제는 특히 저장된 씨앗을 먹는 딱정벌레의 애벌레에 효과적이다. 또 다른 상업적인 활용은 다른 종의 색소 유전자를 삽입하여 새로운 색깔을 지닌 장식용 식물을 제조하는 것이다.

식물 유전자는 유전자 변형에 의해 침묵될 수도 있다

식물은 또한 유전자 조작에 의해서 원하는 유전자의 일부분 또는 전체 부분을 억제할 수 있다. 이것을 **유전자 제거(gene subtraction)**라 부르는데, 그 용어는 유전자가 제거되는 것이 아니라 활성이 없어지는 것이기 때문에 정확한 용어는 아니다. 살아 있는 식물에서 하나 또는 선택된 유전자를 불활성화 시키는 데에는 여러 방법이 가능한데, 가장 성공적인 것은 이미 20장에서 유전자 치료의 질병 부분에서 언급한 안티센스(antisense) RNA 기술을 사용하는 것이다.

안티센스 RNA 기술은 식물을 저장하는 동안, 지나치게 숙성시키므로 해서 부패하는 데에 원인이 되는, 에틸렌(ethylene) 합성을 불활성화시키는 것이다. 에틸렌은 토마토와 같은 작물들에서 과일의 숙성의 마지막 단계에 관여하는 유전자의 발현을 조절하는 물질이다. 그러므로 에틸렌 합성과 관련 있는 유전자를 불활성화 시킴으로써 과일의 숙성을 늦출 수 있다. 이들 과일은 숙성 과정이 완벽하게 이루어지지는 않았지만, 정상적인 과일 상태로 곡물이 부패될 위험 없이 시장으로 운송된다. 상인은 과일이 소비자에게 팔리기 전에 에틸렌을 뿌려 주어 숙성을 유도하면 된다.

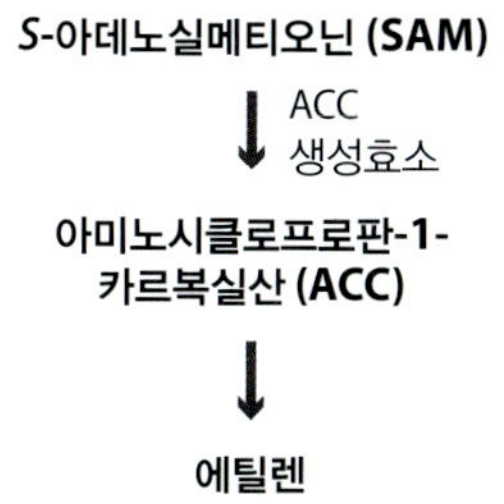

그림 22.29 에틸렌 합성 과정

에틸렌은 S-adenosylmethionine (SAM)으로부터 전환된 1-aminocyclopropane-1-carboxylic acid (ACC)라 불리는 전구 물질로부터 합성된다(그림 22.29). 토마토에서 SAM을 ACC로 전환하는 효소인 ACC 생성효소(synthase)에 대한 유전자를 불활성화 시킴으로써 과일의 숙성을 늦추는 방법을 수행하였다. 이 유전자는 역방향으로 클로닝 벡터에 삽입되었고, 그 복제된 염기는 ACC 생성효소 mRNA의 안티센스의 형태로 곧바로 합성되었다(그림 22.30). 이와 같이 변형된 식물은 정상 식물보다 에틸렌 생산이 2% 밖에 되지 않았고, 과일은 에틸렌을 처리할 때까지 완전히 숙성되지 않았다.

식물을 가지고 유전자를 조작하는 데에 있어서, 유전자 제거는 유전자 첨가보다 많이 사용하지는 않는다. 이것은 농부나 소비자에 이로운 유전자를 불활성화 할 수 있는 게 그리 많지 않기 때문이다. 대부분의 유전자 제거는 농작물의 부패를 감소시키는 것에 대해 연구하여 왔으나, 몇몇의 연구에서는 영양 성분을 향상시키려는 방법도 시도하였다(표 22.2).

유전자 조작된 식물은 백신을 포함한 재조합 단백질의 합성에 이용될 수 있다

이 장의 시작에서 재조합 단백질을 얻기 위해 새로운 숙주에 유전자를 도입시키는 클로닝에 대하여 알아보았다. 이것이 식물에서도 가능한 지에 대해서는 언급하지 않았다. 식물은 동물에서와 같이, 올바른 번역 후 수식 과정을 거치면 유사한 단백질 합성 과정을 지니기 때문에 충분한 기능을 나타내므로, 대부분의 동물 단백질이 식물에서 생산될 수 있어 좋은 대상이 된다.

재조합 단백질의 생산에 대한 이와 같은 접근은 옥수수, 토마토, 쌀 그리고 사탕수수와 같은 곡물에서 다양하게 사용되었다. 프로모터의 하류쪽(downstream)에 새로운 유

표 22.2 유전자 불활성과 연관된 유전자 변형 식물의 예

비활성화된 유전자	변형된 특성
1-Aminocyclopropane-1-carboxylic acid synthase	토마토에서 변형된 과일 숙성
1-D-*myo*-Inositol 3-phosphate synthase	쌀 곡물에 포함된 소화가 안 되는 인 감소
칼콘 합성효소	장식에 이용되는 식물에서의 꽃 색깔 변형
Δ12-디새투라제	콩에 포함된 높은 올레산
폴리갈락투로나아제	토마토에서 과일 변질의 지연
폴리페놀 산화효소	과일과 채소에서의 변색 예방
전분 생성효소	채소에 포함된 녹말의 감소

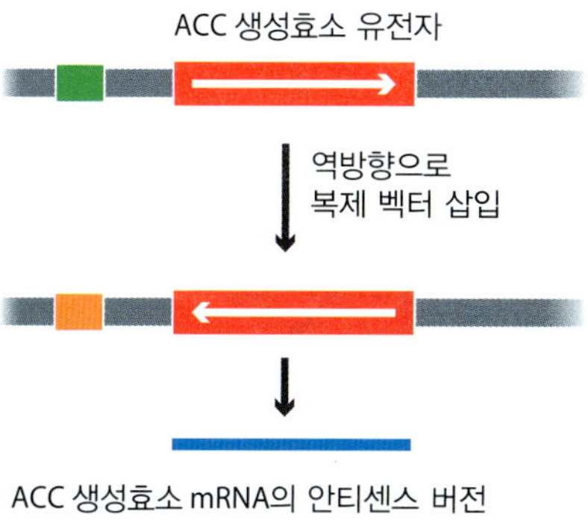

그림 22.30 ACC 생성효소 mRNA의 안티센스 형태의 합성

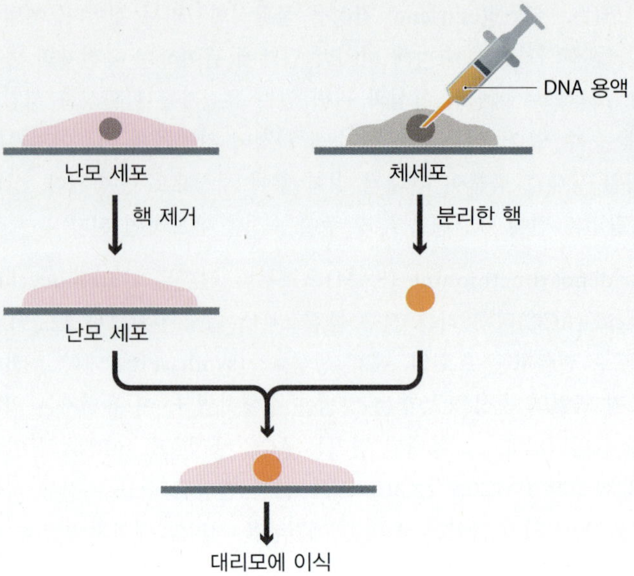

그림 22.31 형질전환된 동물을 생산하기 위해, 형질전환된 난모 세포를 얻기 위한 핵 전이 과정

전자를 삽입시킴으로써 개발된 종자를 활성화 시켜 많은 양의 재조합 단백질을 생산한다. 또한 재조합 단백질이 감자의 줄기, 토마토, 알파파(alfafa)의 잎에서 생산되어 왔다.

생산 시스템이 어느 쪽이든, 식물은 재조합 단백질을 생산하기에 조금 더 간단하다. 그러므로 식물을 이용하면 값싸고 효과적인 백신을 생산할 수 있다. 만약 재조합 백신이 경구투여 후에 효과적이라면, 면역은 간단히 형질전환 식물을 섭취함으로써 얻을 수 있다. 이러한 가능성이 HBsAg, 홍역 바이러스와 호흡 장애 바이러스에서 대하여 실험 동물에 형질전환된 식물을 먹임으로써 면역이 생기는 것이 증명되었다. 식물에서 재조합 단백질을 합성하는 데에 있어 주된 문제는 원하는 질병에 대해 완벽하게 면역을 나타낼 수 있을 만큼 재조합 단백질의 양이 충분한가에 대한 것이다. 섭취하는 식물에 포함되어 있는 수용성 단백질의 8~10%가 백신 효율에 필요하지만, 실제는 0.5% 보다 낮은 효율을 보인다.

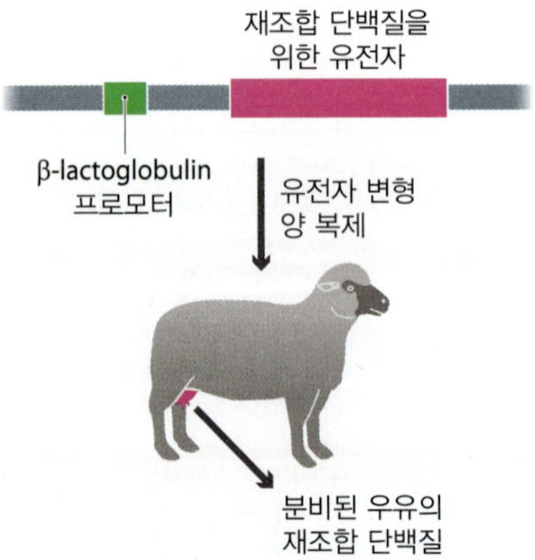

그림 22.32 양의 우유에서 재조합 단백질의 생산. 이 예에서 재조합 단백질의 유전자는 β-lactoglobulin 프로모터와 결합하여 유방 세포에서만 작용한다.

재조합 단백질은 파밍을 통해 동물에서 생산될 수 있다

유전공학적 형질전환 동물들을 얻기 위하여 생식 세포를 이용한 유전자 치료 기술을 이용할 수도 있을 것이다. 쥐에서는 클론된 수정란 세포에 유전자를 직접적으로 미세주입하여 형질전환 동물을 생산하는 것이 가능하였으나 다른 포유동물에서는 가능하지 않았다. 이를 위해서는 더욱 정교한 핵 치환(nuclear transfer) 기술이 요구된다. 이는 유전자를 체세포의 핵으로 미세주입하는 것이다(그림 22.31).

재조합 단백질들이 형질전환된 동물의 혈액과 형질전환된 닭의 알에서 생산되었으나, 가장 성공적인 것은 양이나 돼지와 같은 가축의 우유로부터 단백질을 얻는 것이다. 이것은 새로운 유전자가 유선조직(mammary tissue)에서 작용한다면 가능할 것이다(그림 22.32). 양, 돼지는 물론 다른 포유동물, 그리고 대부분의 인간 단백질은 올바른 번역 후 수식(post-translational modification) 과정을 통해 활성을 나타낸다. 이러한 과정을 **파밍(pharming)**이라 부른다. 파밍에 의한 첫 번째 재조합 단백질은 염소의 우유로부터 얻은 항트롬빈 III(antithrombin III)이다. 이것은 심장 수술 동안에 혈액이 응고되는 것을 방지하는 혈액 응고 방지제로 사용된다. Factor VIII를 포함한 다른 혈액 단백질도 형질전환된 동물의 우유에서 생산된다.

주요 개념

- DNA 클로닝은 정상적인 숙주로부터 얻은 중요한 동물 단백질의 유전자를 세균 안으로 삽입할 수 있게 하였다. 이러한 전이는 동물 유전자가 활성화 상태로 보존되게 설계되었다. 이 방법으로 클론된 유전자로부터 생산되는 단백질을 "재조합 단백질"이라 부른다.
- 미생물은 높은 밀도로 성장할 수 있기 때문에 많은 양의 단백질을 얻을 수 있으므로 재조합 단백질을 생산하기에 이상적인 숙주이다.
- 박테리아 프로모터, 리보솜 결합 부위, 종결 서열을 포함하는 발현 벡터는 동물 유전자를 박테리아 안으로 이동시켜 활동성을 갖게 한다.
- 인슐린과 같은 간단한 단백질들은 대장균 안에서 합성되어질 수 있으나, 더 복잡한 단백질은 정확하게 수행되지 않을 수 있다.
- 효모와 곰팡이는 글리코실화 같은 번역 후 수식(post-translational modification) 과정을 수행할 수 있기 때문에 재조합 단백질의 생산에 숙주로서 사용된다. 그러나 인간 factor VIII와 같은 복잡한 단백질은 동물 세포에서만 생산할 수 있다.
- 상업적으로 가장 중요하게 유전자를 조작한 생물체는 농작물들이며, 이것들은 글리포사이트라는 제초제에 내성을 가질 수 있게 변형되어 왔다.
- 식물 유전자는 유전자 제거에 의하여 불활성화 될 수 있다. 이러한 접근은 에틸렌 합성과 관계되는 유전자를 불활성화 시킴으로써 과일의 숙성을 늦추는 데 사용되어 왔다.
- 백신을 포함한 재조합 단백질들은 형질전환 식물에서 생산되어 왔고, 다른 것들은 형질전환된 동물의 우유로부터 얻는다.

질문 & 문제 (해답은 www.garlandscience.com/introgenetics에서 찾을 수 있다)

주요 용어들

다음 용어에 대한 간단한 정의를 서술하시오.

batch culture
biolistics
biotechnology
complementary DNA
continuous culture
expression vector
fermenter
fusion protein
gene addition
gene subtraction
genetic engineering
genetically modified plant
inclusion body
pharming
recombinant protein
site-directed mutagenesis
transgenic

자습 문제들

22.1 미생물의 배양에서 비연속 및 연속 배양법에 대하여 구별하여 설명하시오.

22.2 발현 벡터의 주된 모양을 설명하고, 왜 이런 모양의 벡터가 대장균 안에 동물 유전자가 클론되었을 때 필요한지 설명하시오.

22.3 발현 벡터에서 작용하는 프로모터의 바람직한 모양은 무엇인가?

22.4 대장균으로부터 재조합 인슐린을 얻을 수 있는 개요를 설명하시오.

22.5 동물 유전자가 대장균 안에서 발현될 때, 왜 가끔씩 codon bias가 문제시 되는가?

22.6 대장균에서 동물 유전자가 발현하는 동안 intron, inter termination sequence와 codon bias에 의해서 야기되는 문제의 해결 방법에 대하여 설명하시오.

22.7 Inclusion body가 무엇이고, 재조합 단백질 합성에 대장균을 사용하였을 때 왜 inclusion body의 형성이 문제인가?

22.8 동물 단백질을 대장균에서 합성할 때, 왜 glycosylation이 문제가 되는지 설명하시오. 어떤 이유로 이 문제를 해결하기 위한 숙주로서, *S. cereviase* 또는 *P. pastoris*을 사용할 수 있을까?

22.9 *S. cereviase* 또는 *P. pastoris*에서 재조합 단백질을 생산하기 위한 프로모터의 주된 모양을 설명하시오.

22.10 햄스터 세포로부터 인간의 factor VIII을 얻기 위해 사용되는 절차를 설명하시오. 왜 재조합 기술로 factor VIII를 생산하여야 했는가?

22.11 재조합 단백질 합성이 백신을 준비하기 위해서 어떻게 사용되는지 설명하시오.

22.12 재조합 백신 바이러스가 어떻게 구축되었는지 설명하고 이 기술에 의해 성공한 예를 설명하시오.

22.13 글리포세이트(glyphosate) 제초제 저항성 농작물이 비저항성 농작물과 비교해서 이점이 무엇인지 설명하고, 어떻게 글리포세이트 제초제 저항성 콩이 유전자 조작에 의해서 만들어졌는지 설명하시오.

22.14 δ-endotoxins을 합성하는 식물을 유전자 조작에 의해서 어떻게 얻을 수 있는지 설명하시오.

22.15 유전자 첨가(gene addition)에 의하여 발생한 유전자 변형 식물의 다양한 특성을 나열하시오.

22.16 안티센스 RNA 기술이 어떻게 비활성 식물 유전자에 사용될 수 있는지 예를 들어 설명하시오.

22.17 왜 식물 유전자 조작 방법에서 유전자 제거(gene subtraction)가 비교적 적게 적용되는가?

22.18 식물에서 재조합 단백질을 생산하는 것을 예를 들어 설명하시오.

22.19 형질전환 동물을 어떻게 얻는지 개요를 설명하시오.

22.20 "파밍(pharming)"의 의미가 무엇인지 설명하고, 파밍에 의하여 얻어진 단백질의 예를 들어 설명하시오.

토의 주제들

22.21 대부분의 클로닝 벡터는 항생제 내성에 대하여 하나 또는 더 많은 유전자를 가진다. 그와 같은 유전자가 존재할 때 그 벡터를 가진 박테리아와 그것을 가지지 않은 박테리아를 구별할 수 있는 방법을 제안해 보자.

22.22 클로닝 벡터를 가지고 벡터 안에 새로운 DNA를 삽입할 때 일부는 DNA 삽입이 실패할 수 있다. 이럴 경우, 재조합 벡터를 박테리아와 삽입되지 않은 벡터를 가진 박테리아를 구별하는 방법을 제안해 보자.

22.23 β-galactosidase와 같은 내인성 세균 단백질(endogenous bacterial protein)을 가지고 융합(fusion)시켜 재조합 단백질을 얻을 때의 장점에 대하여 설명해 보자.

22.24 유전적으로 변형된 농작물에 의해서 생산되는 δ-endotoxins에 저항성을 나타내는 곤충의 증가를 막거나 줄일 수 있는 계획은 무엇인가?

22.25 GM 작물이 환경에 해를 줄 수 있는 가능성에 대하여 설명하시오.

22.26 파밍을 개발하는 것에 의해 야기되는 윤리적인 문제에 대하여 설명하시오.

추천 문헌

Brocher B, Kieny MP, Costy F et al. (1991) Large-scale eradication of rabies using recombinant vaccinia-rabies vaccine. *Nature* 354, 520–522.

Feitelson JS, Payne J & Kim L (1992) *Bacillus thuringiensis*: insects and beyond. *Biotechnology* 10, 271–275. *Details of* δ*-endotoxins and their potential as conventional insecticides and in genetic engineering.*

Goeddel DV, Kleid DG, Bolivar F et al. (1979) Expression in *Escherichia coli* of chemically synthesized genes for human insulin. *Proc. Natl. Acad. Sci. USA* 76, 106–110.

Houdebine L-M (2009) Production of pharmaceutical proteins by transgenic animals. *Comp. Immunol. Microbiol. Infect. Dis.* 32, 107–121.

Kind A & Schnieke A (2008) Animal pharming, two decades on. *Transgen. Res.* 17, 1025–1033. *Reviews the progress and controversies with animal pharming.*

Liu MA (1998) Vaccine developments. *Nat. Med.* 4, 515–519. *Describes the development of recombinant vaccines.*

Matas AJ, Gapper NE, Chung M-Y, Giovannoni JJ & Rose JKC (2009) Biology and genetic engineering of fruit maturation for enhanced quality and shelf-life. *Curr. Opin. Biotechnol.* 20, 197–203.

Padgette SR, Kolacz KH, Delannay X et al. (1995) Development, identification, and characterization of a glyphosate-tolerant soybean line. *Crop Sci.* 35, 1451–1461. *Transfer of the* Agrobacterium *EPSP synthase gene into soybean.*

Robinson M, Lilley R, Little S et al. (1984) Codon usage can affect efficiency of translation of genes in *Escherichia coli*. *Nucleic Acids Res.* 12, 6663–6671.

Sørensen HP & Mortensen KK (2004) Advanced genetic strategies for recombinant protein expression in *Escherichia coli*. *J. Biotechnol.* 115, 113–128. *A general review of the use of* E. coli *for recombinant protein production.*

Stoger E, Ma JK-C, Fischer R & Christou P (2005) Sowing the seeds of success: pharmaceutical proteins from plants. *Curr. Opin. Biotechnol.* 16, 167–173.

Tiwari S, Verma PC, Sing PK & Tuli R (2009) Plants as bioreactors for the production of vaccine antigens. *Biotechnol. Adv.* 27, 449–467.

Yonemura H, Sugawara K, Nakashima K et al. (1993) Efficient production of recombinant human factor VIII by co-expression of the heavy and light chains. *Protein Eng.* 6, 669–674.

현대 유전학에 의해 제기되는 윤리적인 이슈 CHAPTER 23

유전학을 배우는 학생들이 유전학의 교육적인 측면만을 고려하게 된 것은 그리 오래 되지 않았다. 현대 유전학의 적용으로 인해 제기되는 윤리적인 문제 또한 검토되어야 한다. 최근 유전학의 발견들 중 몇몇은 그 발견이 현명하게 이용되지 않았을 시 많은 사람들에게 큰 해를 끼칠 수 있는 잠재력을 가지고 있어 경각심을 주고 있다. 어떤 사람들은 과학이 위험하고 위협적일 수 있다고 걱정하는데, 유전학에 대한 염려도 이러한 상황과 유사하다고 할 수 있다. 그러나, 유전학에 대한 우려는 타당한 근거를 가지고 제기되고 있기 때문에 비논리적인 반대가 아닌 것이다.

그러므로 우리는 현대 유전학에 의해 제기된 윤리적 문제들을 반드시 검토해야 한다. 이미 지난 3개 장의 *문제 & 질문*에서 이것에 대하여 언급되었는데, 여러분들은 이들 해당 내용들을 학습하면서 관련 주제들의 영향에 대하여 생각해 보았을 것이다. 유전학을 공부하던 안 하던 이와는 상관 없이 모든 사람들은 일어날 수 있는 위험에 대해서 그들 만의 관점을 세워야 하기 때문에, 이러한 문제들을 스스로 발견하는 것은 중요하다. 단순히 다른 사람들의 관점을 따라가는 것은 선택이 아니며, 특히 근본적인 과학을 인식하며 유전학을 배우는 학생들은 그 주제의 전문적인 지식을 바탕으로 의견을 형성해야 한다. 여러분들은 지금 대부분의 정치인 그리고 많은 공공 사상의 지도자에 의해 홀린 사람들보다 유전학에 대해 더 많이 이해하고 있다는 것을 명심해야 한다.

이 장에서 우리는 먼저 일반 대중들 사이에 우려를 일으키는 일부 유전학 분야를 살펴 볼 것이다. 가능한 한 편견이 없는 태도로 이것을 시도할 것이다. 또한 이번 장에서는 유전학의 윤리적 측면에 관하여 보다 체계적으로 탐구를 할 것이다.

23.1 현대 유전학에서 우려가 되는 분야

현대 유전학의 네 가지 영역은 일반 대중에게 우려의 대상이 된다(**표 23.1**). 이것들은 유전자 조작(GM) 작물의 개발, 개인 DNA 데이터의 사용, 유전자 치료의 오용 가

표 23.1 현대 유전학과 관련된 몇 가지 영역

주제	특정 문제
GM 작물	인간의 건강과 환경에 미치는 영향
	이전 수확에서 모은 종자에서 두 번째 시즌에 GM 작물이 성장하는 것을 막기 위한 유전자 사용 제한 기술의 이용
개인 DNA 데이터	어떤 범죄도 저지르지 않은 개인의 유전자 프로파일을 유지
	보험 회사에 의한 유전자 데이터의 이용, 그리고 특정한 유전자의 "나쁜(bad)" 대립유전자를 가진 개인에 대한 더 일반적인 차별
	알아도 될, 알면 안 되는 개인의 자유, 잠복 후 늦게 발현되는 질환에 대한 유전적 감수성
유전자 치료	"맞춤아기(designer babies)"를 만들어 내는 생식세포 계열(germ-line) 유전자 치료의 이용
형질전환 동물을 이용한 의약품 생산	재조합 단백질의 생산원으로서 사용하기 위한 특별한 동물의 생산
	형질전환 동물을 생산하는 데 사용되는 조작과 관련된 고통

그림 23.1 3개의 지나치게 익은 토마토(왼쪽)와 3개의 프레브세이브(FlavrSavr) 토마토(오른쪽)의 비교. FlavrSavr 토마토는 대중에게 팔리게 된 첫 번째 유전자 조작 작물이다. (Courtesy of Martyn F. Chillmaid/Science Photo Library.)

능성, 유전공학을 이용하여 농작물에서 필요한 의약품을 얻어 내는 파밍(pharming)이다. 마지막 두 가지 항목은 근본적인 기술에서 공동의 관심 센터(center)와 관련이 있다. 그리고 이것은 둘 다 생식세포-계열 유전자 치료와 형질전환 기술을 이용하여 의약품을 생산하는 동물(pharmed animals)의 생산이라는 것에서 동일하다. 우리는 유전학의 이러한 각 영역과 관련된 문제들을 차례로 검토할 것이다.

GM 작물이 인간의 건강을 해칠지도 모른다는 우려가 제기되고 있다

우리가 고려해야 할 첫 번째 문제는 GM 작물의 소비가 건강에 해가 될 수 있다는 것을 인식하는 것이다. 대중에게 팔리게 된 첫 GM 작물은 숙성을 늦추도록 설계된 토마토의 한 종류로 과일들을 생산자에서 소비자에게로 운반할 때 부패가 줄어들도록 한다. 이러한 "프레브세이브(FlavrSavr)" 토마토들은 1994년 슈퍼마켓에 처음 등장했다(**그림 23.1**). 그 시점부터 유전학에 대한 대중적인 관심은 일어났으나, 식물과 동물이 유전공학에 의해서 변형될 수 있다는 것은 널리 이해되지 않았다. 당연히, 많은 사람들이 GM 토마토와 마주했을 때 이런 질문을 했다. "이것들은 먹어도 안전한가요?"

FlavrSavr 토마토들은 폴리갈락투로나아제(polygalacturonase) 효소 유전자의 안티센스 버전 도입에 의해 설계되었다. 이 효소는 과일 과피 안의 세포벽에 있는 펙틴 분자를 서서히 분해하는데(**그림 23.2**), 그 결과 과일의 맛이 좋아지도록 점차 연화되며 부패가 오래도록 억제된다. FlavrSavr 토마토에서는 폴리갈락투로나아제 합성이 억제됨으로써 과일의 숙성이 지연된다. 이러한 원리는 단지 과일 숙성 경로의 다른 부분을 조작한다는 것이 유일한 차이일 뿐, 과일을 개발할 때 에틸렌 생산을 억제하는 안티센스 기술을 사용하는 것과 정확히 같은 것이다.

이들 토마토에 도입된 폴리갈락투로나아제 안티센스 RNA가 건강에 위험을 불러일으킨다는 것은 상상할 수도 없다. 그러나 이것이 중요한 점은 아니다. 더 크게 우려할 점은 이들 토마토가 aminoglycoside 3-phosphotransferase 또는 APH(3′)이라고 불

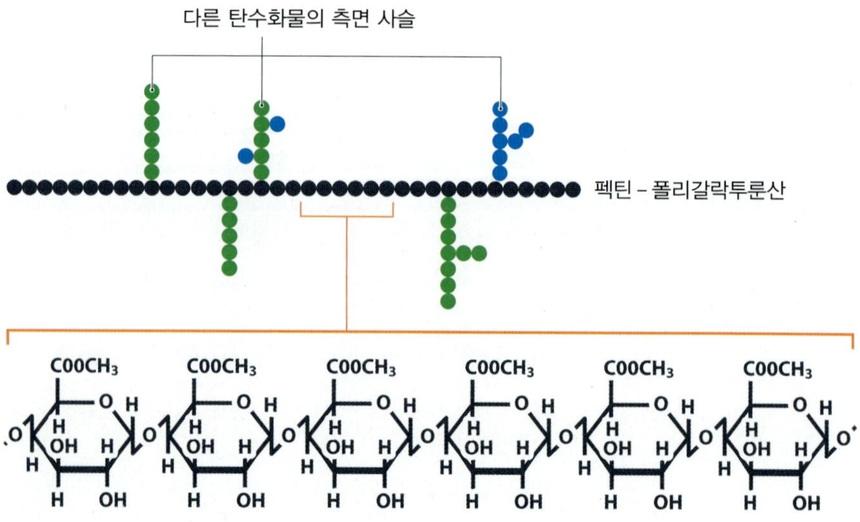

그림 23.2 펙틴(pectin)의 구조. 이 식물 세포벽이 탄수화물 측면 사슬을 가진 갈락투룬산(galacturonic acid) 단위를 변형시킨 탄수화물 중합체로 구성되어 있다. 토마토 과피의 세포벽에서 폴리갈락투로나제(Polygalacturonase)는 펙틴(pectin)으로 분해되어 과일의 연화를 이끈다.

리는 효소 유전자를 함유하고 있다는 사실이다. 이 효소는 카나마이신(kanamycin)같은 아미노글리코시드계 항생물질에 저항성을 가진다. 왜 이들 유전자가 유전공학으로 설계된 토마토에 존재하는가? 만약 우리가 이 물음에 대답하려면, 형질전환 식물을 만드는 데 이용된 과정으로 다시 돌아가야 한다. 이 과정은 식물에 도입하길 원하는 유전자를 포함하고 있는 재조합 플라스미드로부터 시작된다(그림 23.3). 이 플라스미드를 식물 세포 속으로 운반하는 데 다양한 방법들이 이용될 수 있다. 한 가지 방법은 금 미세발사체(gold microprojectile)를 입힌 플라스미드를 발사하여 세포벽을 통과시키는 바이오리스틱(biolistics) 과정이다. 그러나 이 단계가 시행되면 단지 몇 개의 세포들 만이 재조합 플라스미드의 복제를 받아들이게 된다. 많은 세포들은 이 과정에 영향을 받지 않는다. 유전공학적으로 변형된 식물을 얻기 위하여, 재조합 세포를 유합 조직 배양(callus culture)으로 자라게 해서, 유합 조직으로부터 식물을 얻었다. 재조합 플라스미드를 가진 세포를 확인하기 위하여, 먼저 세포를 유합 조직에서 자라게 하고 그 세포들을 카나마이신이 포함된 한천 배지에서 배양한다. 재조합 플라스미드 안의 APH(3′) 유전자는 재조합 세포가 카나마이신에 내성을 나타나게 하여 이 배지에서 자랄 수 있게 한다. 재조합되지 않은 세포는 APH(3′) 유전자 및 플라스미드가 없기 때문에 항생물질에 견딜 수 없어 죽는다. APH(3′) 유전자를 **선택 마커(selectable marker)**라고 일컫는다. 이는 DNA 도입 후에 혼합된 전체 세포 중에서 재조합된 세포만을 선택할 수 있게 하기 때문이다.

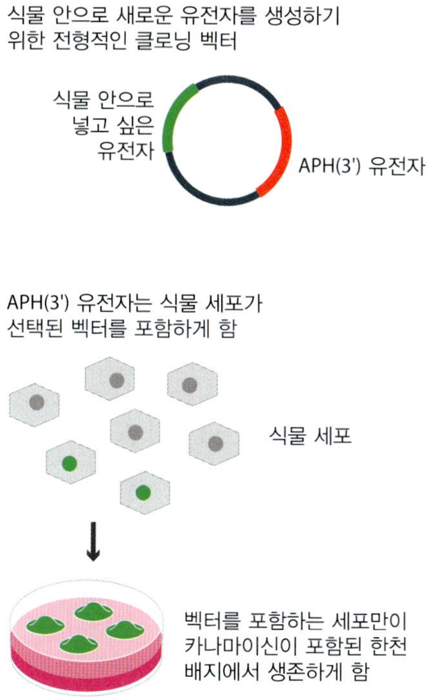

그림 23.3 식물 세포를 가지고 유전자 클로닝 실험을 하는 동안 유전자 선택 마커로서 APH(3′) 유전자 역할

선택 과정 후에 APH(3′) 유전자는 토마토 세포에 남아 있게 되며, 폴리갈락투로나아제 안티센스 RNA 유전자와 함께 유전공학적으로 변형된 식물의 모든 세포에 존재할 것이다. 카나마이신뿐만 아니라, APH(3′) 유전자는 미생물 감염을 처리하는 데 이용되는 아미카신(amikacin), 토브라마이신(tobramycin), 그리고 다른 아미노계 항생물질에 내성을 띠게 한다. 그러므로 섭취한 토마토에서 APH(3′) 유전자가 사람의 소화관에 있는 미생물로 옮겨질 수도 있다는 점이 우려가 된다. 다른 미생물 사이로 유전자가 더 멀리 이동하게 되면 해로운 미생물들이 항생제 내성을 띠게 될 지도 모르기 때문에, 이러한 항생물질들에 대하여 현재 반대하고 있다.

처음으로 이러한 우려가 제기되었을 때, 식품으로부터 소화관 미생물로 유전자가 실제로 옮겨질 수 있다는 가능성에 대해 토론이 열렸다. 대부분 소장과 대장에서 마지막까지 생존하지만, 토마토 과일에 있는 DNA는 위장의 산성 환경에 의해 분해된다. 그러나 어떤 원인으로부터 항생제 내성의 확산은 가장 우려가 되는 부분이다. 그러므로 유전학자들은 재조합 세포가 선택되고 난 후, APH(3′) 유전자를 없애는 방법을 고안해 왔다. 이러한 계획들 중 하나는 박테리오파아지 p1으로부터 나온 Cre 효소를 사용하는 것이다. Cre 효소는 34-bp 인식 서열(recognition sequences) 옆에 있는 DNA 단편을 제거하는 재조합 타입을 촉매한다(그림 23.4).

Cre 효소를 사용하기 위해 2개의 재조합 플라스미드를 단일 식물 세포 속에 넣는다. APH(3′) 선택 마커를 가진 플라스미드와 Cre 목표 서열로 이루어져 있는 플라스미드가 식물 안으로 첨가되었다. Cre 효소의 활동이 식물 DNA로부터 APH(3′)를 절단시킨다(그림 23.5). 절단은 되었으나 재조합된 세포를 선별하기 위하여 커나마이신에 내성을 띄는 실험을 수행할 수 있다.

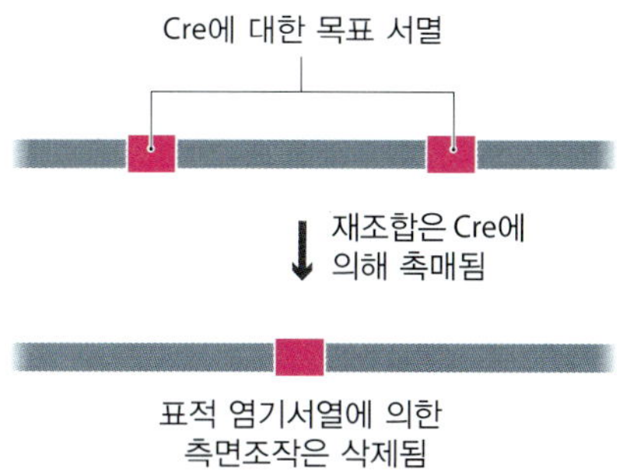

그림 23.4 creprotein의 행동 모드

Cre 유전자가 그 자체로 위험성을 갖는다면 어떻게 될까? 그러나 이것은 문제가 되지 않는다. 왜냐하면 2개의 재조합 플라스미드는 다른 염색체에 삽입될 것이기 때문이다.

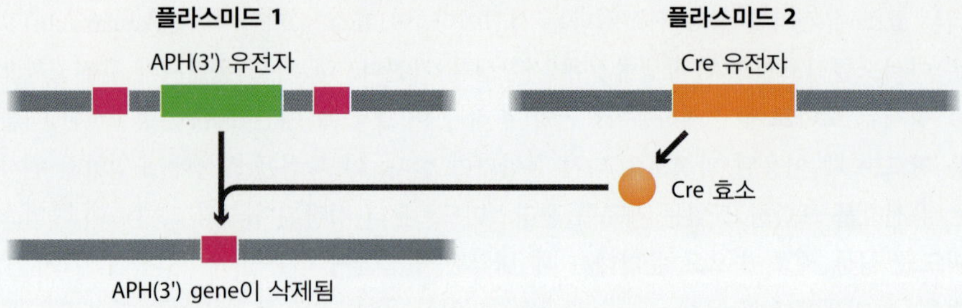

그림 23.5 식물 세포 안에서 Cre 효소에 의한 APH(3′)를 절단

유성생식을 하는 동안 임의적인 분리는 한 가지 삽입된 플라스미드만을 갖는 새로운 식물 세대를 생성할 것이다. 그러므로 Cre 또는 APH(3′)를 포함하지 않고, 우리가 식물 게놈에 첨가하고 싶은 중요한 유전자를 포함하는 식물을 얻는 것이 가능하다.

GM 작물이 환경에 해를 끼칠 수 있을 것이라는 우려도 있다

GM 식물에 대해 두 번째로 우려되는 부분은 어떤 점에서는 환경에 해를 끼칠 수도 있다는 것이다. 제초제에 저항성을 갖기 위하여 유전공학적으로 옥수수, 대두, 유채가 개발되었고, δ-내독소 살충제를 만들기 위한 목화와 감자 품종들의 개발은 GM 식물을 성장시킬 수 있는 땅의 크기를 매우 크게 증가시키고 있다. 그렇다면, 이들 식물들이 생장하면서 환경 생태학에 어떤 영향을 미칠까?

GM 작물들이 환경에 미치는 영향은 두 가지 면에서 고려해야 한다. 첫째는 공학적으로 변형된 작물로부터의 유전자가 자연 상태의 식물로 이동하는지에 관한 것인데, 그렇게 되면 야생 식물은 곤충이나 살충제에 내성을 가지게 된다. 이런 일이 일어나기 위해서는 GM 작물의 꽃가루가 야생종을 수정시켜야 한다. 이러한 교배 잡종(cross-hybridization)은 드물지만, 작물과 유사한 야생 식물에서 일어날 수 있다. 예를 들어 유채(oilseed rape, *Brassica napus*)와 겨자잡초(charlock, *Sinapis arvensis*)라 불리는 종류에서 교배 잡종이 일어난다(그림 23.6). 유채에서 겨자잡초로 제초제 저항성의 이동은 실험 재배에서 관찰되고 있다.

GM 작물로부터 야생 식물로 유전자의 이동은 다른 일반적인 상황과 구별되어야 하기 때문에 이것을 "슈퍼잡초(superweeds)"라고 일컫는다. 이것은 진화의 자연스러운 과정이다. 제초제에 강한 GM 작물을 재배할 때, 일부 농민들은 과거에 비해 많은 양

그림 23.6 (A) 유채(oilseed rape)와 (B) 야생형 겨자잡초(charlock) (A, courtesy of James King-Holmes/Science Photo Library; B, courtesy of Bjorn Rorslett/Science Photo Library.)

의 제초제를 사용하도록 유혹 받았던 경험을 갖고 있다. 이것은 그 작물에 해를 끼치지 않고 가능한 한 많은 잡초를 죽일 수 있을 것이라고 확신했기 때문이다. 그런데 문제는 제초제를 사용하는 지역이 증가할수록 환경에 선택적인 압력을 주고, 드물게는 이미 존재하거나 돌연변이로 인하여 새로운 대립유전자를 가지게 되어 자연적으로 제초제에 저항성이 있는 잡초들의 번식력이 증가될 것이다. 이들 잡초들이 많아지면 유전공학적으로 변형된 작물이 성장하는 데 이점은 없어진다.

이것이 제초제 저항성에 대해 한정된 문제이다. 비록 농사법에는 영향을 주지만 이들 잡초들이 자연 환경에 장기적인 영향을 끼칠 것인가에 대해서는 명백하지가 않다. 제초제가 사용되지 않는 지역에서 저항성은 이점을 얻지 못해 식물 집단으로부터 사라질 것이다.

제초제의 과다 사용으로 인한 슈퍼잡초의 진화는 GM 작물의 이차적인 잠재된 환경 영향에 대하여 우리의 관심을 이끈다. 이들 식물의 배양이 농사법의 변화를 줄 수 있지만, 그것은 지역 환경에 간접적으로 영향을 주어 농지에 있는 야생종의 풍부함과 다양성에 영향을 미친다. 물론 이것은 땅을 관리하면서 방해가 되는 어떤 변화에 대한 문제이기도 하지만, GM 작물을 성장시키기 위해서는 다른 농사법보다 영향에 대한 많은 연구를 하여야 한다는 논쟁적 이슈 때문이다. 그와 같은 연구가 1999년 영국 정부에 의해 이루어졌다. 영국에서는 그 당시 그와 같은 작물의 성장을 인정하지는 않았지만, 유전적으로 제초제 저항성을 갖게 조작된(GMHT) 작물이 어떻게 환경에 영향을 주는지 독립적인 조사가 이루어졌다. 영국, 웨일즈와 스코틀렌드의 273개 지역에서 글리포사이트(glyphosate) 저항성을 가진 사탕무와 제초제인 글루포시네이트 암모늄(glufosinate-ammonium)에 저항성을 갖도록 설계된 옥수수와 유채를 대상으로 조사하였다. 결론적으로, 공식보고서에서 나타나듯이 GM 작물이 환경에 끼칠 영향을 이해하는 데에는 어려움이 있다고 설명하였다.

그 팀은 GMHT 작물이 심어진 공간과 평범한 작물이 심어진 공간에서 야생 동물의 차이를 발견하였다. GMHT 사탕무와 유채가 자라는 곳보다 평범한 사탕수수와 유채가 자라는 곳에서 더 많은 그룹의 야생 동물이 있었다. 그곳에 더 많은 잡초들이 식량을 제공해주고 천적으로부터 보호해주기 때문에, 나비나 벌 같은 곤충들이 평범한 작물들이 심어진 공간이나 그 근처에 더 많았던 것이다. 거기에는 잡초 씨앗 또한 GM 작물이 심어진 공간보다 더 많았다. 이러한 씨앗들은 몇 가지 동물들, 특히 새의 매우 식생활에 중요하다. 그에 반해, GMHT 옥수수가 자라는 곳에는 일반적인 옥수수가 자라는 곳보다 더 많은 야생 동물종이 있었다. 주위에는 더 많은 잡초, 나비와 벌 등이 존재하였다. 이러한 차이가 유전적으로 변형된 작물 때문에 일어나는 현상인지 정확하게 규명하지는 못하였다. 그들은 GM 작물이 농부에게 잡초를 조절하는 새로운 문제를 야기했다고 보았다. 다시 말해서, 그들은 서로 다른 살충제를 사용하여 각각 다르게 사용하여야 하기 때문이다. 이 연구 결과, GM 작물의 성장은 더 넓은 농지에서 생물의 다양성에 영향을 준다고 제안하였다. 그러나 다른 이슈들, 예를 들면, 어떻게 땅을 경작하고 어떻게 작물을 회전시켜야 하는지는, 중기 및 장기적인 효과에 영향을 미칠 것이다. 이것은 조사자들로 하여금 GM 작물 수확의 중간 규모와 대규모의 영향을 명확하게 예견하기 어렵게 만든다. GM 작물을 재배할 것인가에 대한 결정은 경작을 하는 농부들의 결정이고, GM 농작물의 재배는 야생 생물에 영향을 지속적으로 줄 것이다.

GM 기술은 매년 새로운 종자를 구입하는 농부에게 확신을 주는 데 이용될 수 있다

이제부터는 농작물에 새로운 유전자를 넣을 수 있는 우리의 능력에 의해서 야기되는 다른 형태의 윤리적인 문제에 대하여 집중해 본다. 곤충 또는 제초제에 내성을 가진 식물의 개발뿐만 아니라, 유전공학기술은 농부나 소비자가 아닌 종자를 생산하는 회사에게도 이익이 되는 유전자를 소개하기 위해 사용되어 왔다.

유전공학의 이와 같은 예를 **유전적 용도 제한 기술(genetic use restriction technology, GURT)**이라고 한다. 이것은 GM 작물을 개발하여 판매하는 회사가 매년 농부가 새로운 종자를 구입하게 함으로써 재정적 투자를 보호받기 위한 수단이다. 세계의 일부 지역, 특히 가난한 지역에서는 농부가 곡물의 종자를 절약해 두었다가 다음 해에 2세대 종자로 뿌리는 것이 꽤 일반적이다. 물론 이것이 매년 식물육종회사부터 새로운 종자를 사는 것보다 더 싸다.

식물육종회사의 지적 재산권이 매년 논쟁이 되어 왔다. 일부 주장은 곡물의 새로운 형태는 "발명(invention)"으로 보아야 하기 때문에 그 발명품을 사용하기 위해서는 특허권을 주어 회사가 조절하게 해야 한다는 것이다. 현재, 식물육종가의 권리에는 약간 차이는 있지만, 많은 국가에서 "saved seed(비축된 종자)"는 이들의 권리로부터 특별히 배제시킨다. 관습적으로 육종되어 생산되는 것을 포함하여, 새로운 작물의 어떤 형태도 이것에 적용된다. 식물육종가로부터 saved seed에 의한 배제 때문에 회사가 곡물을 판매하기 위하여 생존 가능한 씨앗을 만들 필요가 없다는 논쟁이 일어난다. 만약 씨앗이 생존 가능하지 않다면, 농부는 다음 해에 재배할 수 없고 그래서 육종회사로부터 비축물을 새롭게 사야만 한다. GURT는 그들의 씨앗을 생존이 불가능도록 작물을 공학적으로 조절하는 데에 적합한 방법이다.

GURT에는 다른 형태가 있다. 이들 중 하나는 **터미네이터 기술(terminator technology)**라 부르며, 그것은 **리보솜 불활성화 단백질(ribosome inactivating protein, RIP)** 이란 유전자를 사용하여 만든다. 이 단백질은 2개의 조각 안으로 리보솜 RNA 분자의 하나를 절단함으로써 유전자 발현의 단백질 합성 단계를 막는다(**그림 23.7A**). 그러면, 리보솜 불활성화 단백질을 가진 어떤 세포도 생존하지 못할 것이다. 유전자 조작 기술을 이용하여 RIP 유전자를 배아 개발을 조절할 수 있는 프로모터에 연계하여 조작하였다. 이들 GM 식물들은 정상적으로 성장하며 씨앗을 생산할 수 있지만, 씨앗은 새로운 식물을 생산할 수 있는 부분인 배아를 만들지 못하기 때문에 발아, 즉 싹이 트지 않는다.

왜 농부에게 판매되는 1세대 종자는 불임인가? RIP 유전자가 DNA 조각으로 파괴되었기 때문에 이들 씨앗으로부터 생산된 것들은 식물에서 기능을 하지 않는다(**그림 23.7B**). 이 DNA는 Cre 효소를 생산하는 34 bp의 염기와 연결된다. 식물에서, Cre 효소를 생산하는 유전자는 프로모터와 연결되어 테트라사이클린(tetracycline)에 의해서 조절된다. 식물은 정상적으로 성장하고 생존할 수 있는 배아를 가진 씨앗을 생산한다. 일단 이러한 씨앗을 얻으면 공급받은 자는 테트라사이클린 용액에 씨앗을 담가두어 Cre 효소를 활성화 시킨다. 그러면 DNA 차단(block)이 RIP 유전자로부터 제거된다. RIP 유전자가 다음 배아의 발생까지 발현되지 않기 때문에 이들 씨앗은 아직까지는 발아할 수 있으며, 농부가 정상적으로 저장할 수 있다.

GM 작물이 야생 식물과 교배 잡종(cross hybridizing)이 일어나지 않도록 종결자 기

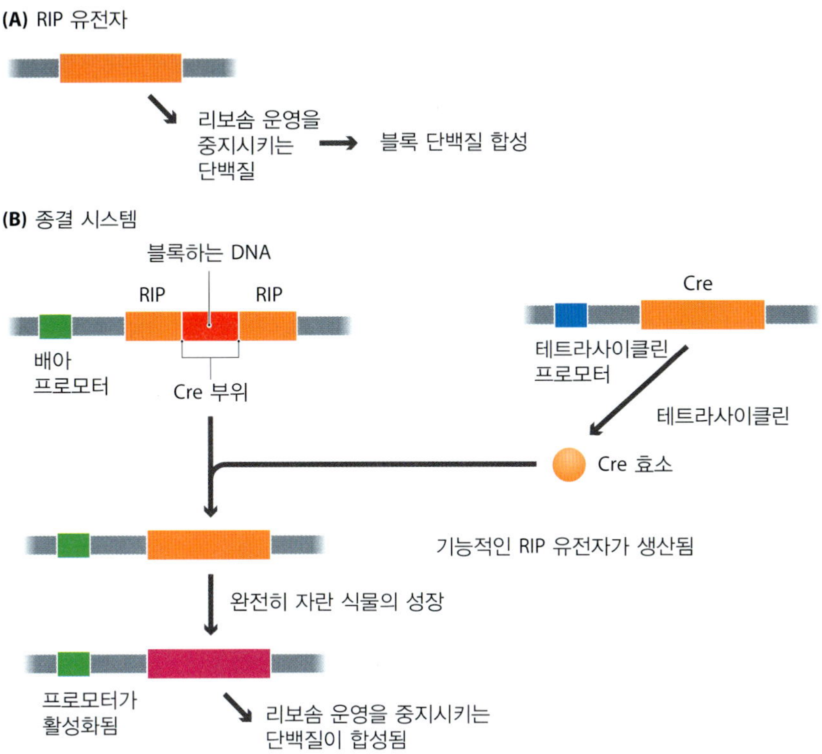

그림 23.7 터미네이터 기술(Terminator technology). (A) 리보솜 불활성화 단백질(ribosome inactivating protein, RIP)을 암호화하는 RIP 유전자가 2개의 리보솜 RNA 분자로 잘라져 단백질 합성을 방해한다. (B) RIP 유전자는 Cre 인식 부위에 의해 블록킹 DNA와 연결되고 앞부분에는 embryo-specific 프로모터가 배치된다. 이 식물은 테트라사이클린에 의해서 조절되는 프로모터의 조절 하에 있는 Cre 유전자를 갖도록 형질전환되었다. Tetracycline이 첨가되면 Cre가 합성되고 RIP 유전자로부터 블록킹 DNA가 삭제된다. 식물이 씨앗을 생산하기 시작하면 배아 프로모터가 작동하고 RIP 단백질이 만들어진다.

술이 개발되었다. RIP 단백질은 GM 작물이 야생종과 타가수분(cross-pollination)으로부터 생긴 씨앗에서 배아를 죽일 것이다. 따라서 GM 작물의 새로운 유전자는 결코 자연 환경으로 전이되지 않는다. 그러나 이러한 기술은 오히려 농부가 씨앗을 절약하는 것을 방지하는 수단으로 보인다. 이러한 기술이 사용되고 있지만, 현재 대부분 나라에서는 금지하고 있다.

개인의 DNA 데이터 활용에 있어 몇몇 이슈가 있다

현대 유전학에서 논란이 되는 2차적인 분야로 개인의 DNA의 활용에 대하여 알아볼 것이다. "개인의 DNA 데이터(personal DNA data)"는 개인의 유전체에 관한 모든 정보를 의미한다. 이들 데이터는 유전자 파일과 DNA 서열을 포함한다.

대부분의 나라에서, 정부 당국은 범죄 수사의 일부로써 얻은 유전자 프로파일을 보유하도록 허용한다. 정부 재정법은 DNA 샘플이 주어지는 개인의 프로필에 대하여 얼마 동안 보관하여야 하는지, 또는 어떤 범죄까지 개인의 정보를 활용해야 하는지에 대한 이슈에 대하여는 차이가 있다. 가능한 한 많은 데이터베이스를 가져야 한다는 논리는 새로운 범죄가 증가할수록 데이터베이스를 빠르게 이용할 수 있기 때문이다. 만약 범죄현장에서 얻은 유전자 프로파일이 데이터베이스에 있는 하나의 프로파일과 일치한다면, 그 사람은 지체 없이 조사될 수 있다. 만약 일치하지 않는다면, 용의자를 조사하는 동안 수사는 확실히 오래 걸릴 것이며, 유죄 판결이 나지 않을 것이다. 몇몇 범죄는 몇 년이 지나서 해결되기도 하는데, 교통사고와 같은 작은 범법 시에 DNA 샘플을 보관해 놓았다가, 미해결된 범죄와 프로필을 비교해 보면서 해결하는 경우도 있다. 일부 사례에서는, 간단한 범인으로 되었다가 중범으로 인정되는 경우도 있다. 강간범이 다시 범죄를 일으켜 재범이 되는 것을 막기 위해서는 많은 데이터베이스를 가져야 한다고 강력히 주장하는 이들이 있는 반면에, 이들 데이터베이스 센터가 개인의 사생활을 침해하고, 특히 개인은 결코 범죄의 희생양이 될 수 없기에 반대하는 논리를 주장하는 이들도 있다.

유전자 프로파일은 개인의 생물학적 특성에 대한 정보를 포함하지 않은 단순히 짧은 반복 염기 대립유전자(shot tandem repeat alleles) 목록이다. 조금 더 자세히 설명하면, 하나의 유전자 정보를 가진 DNA 데이터 형태로 이들 특성을 이용하여 개인을 식별할 수 있다. 이와 같은 DNA 타이핑(DNA typing)은 유전병을 가진 태아를 검사하기 위하여 몇 년 동안 이용되어 왔다. 만약 부모가 원한다면, 임신 기간 동안에 정보를 선택하여 얻을 수 있다. 이러한 기술은 매년 향상되어, 개인의 DNA 시료에서 많은 돌연변이를 체크하는 것이 쉬워졌다. 이들 정보로부터 다양한 종류의 유전 질환을 예측할 수 있다. 혹시라도, 이것이 보험회사에 이용되어 생명보험 방침에 개인의 위험성을 판단할 정보로 제공되지 않을까? 생명보험회사는 만약 정기적인 건강검사에서 심장 질환과 같은 기대 수명을 감소시키는 질환을 발견했다면 보험가입을 거절할 것이고, 흡연자가 비교적 젊은 나이에 폐암으로 죽게 될 것 같으면 높은 할증료를 요구할 것이다. 이와 같은 유형의 건강 정보와 DNA 서열로부터 얻은 건강 정보와 차이는 있을까?

한 사람이 그들의 질환에 대한 유전적 성향을 알기를 강요 받아야 할까? 사람이 예방할 수 없는 알츠하이머와 파킨스 질병과 같은 고령에 발생하는 질병에서, 60대에 가서야 질병의 위험성이 높다는 것을 20대에 알려주는 것이 타당할까? 그와 같은 정보를 보험회사에서 이용한다면, 예견된 위험 때문에 보험 가입을 받지 않거나 높은 할증료를 요구할 것이다. 이러한 점, 특히 최근 넓게 이용되고 있는 "개인 유전자 검사(personal genetics testing)" 서비스와 같은 경우는 현대 유전학 측면에서 윤리적인 논쟁이 더 어렵고 긴급하다. 이들 서비스의 확산은 윤리적 이슈의 복잡성을 보여준다. 자신에 대한 유전 질환의 성향을 모르는 것이 옳을 수도 있으나, 한편 이 위험성을 인식하여 그에 따라 개인 생활방식을 계획할 수 있다고 주장하기도 한다. 이전에는, 그와 같은 검사는 훈련된 전문가에 의해서만 수행되었고, 결과는 환자가 있는 상태에서 함축된 내용을 주의 깊게 설명하였다. 예를 들어 많은 사람들이 실제 사용되는 "일생 동안 발생 위험도 70%(70% lifetime risk)"란 문구를 이해하지 못할 것이다. 개인별 검사는 스스로 자발적으로 수행해 왔다. 그러나 전문적인 상담을 하지 않았다면, 보험회사의 개별적인 강요에 의해 검사를 받은 것과 마찬가지로 윤리적으로 부적절할지도 모른다.

유전자 치료와 파밍은 이러한 기술의 사용에 대하여 의구심을 일으킨다

유전자 치료와 파밍(pharming)은 윤리적인 관심을 일으키는 현대 유전학에 첨가된 두 분야이다. 이들은 근본적으로 이슈가 유사하므로 함께 다룰 수 있다.

유전자 치료에 관하여 논의할 때는 체세포(somatic)와 생식세포 계열(germ-line) 사이의 구분이 중요하다. 체세포 치료(somatic cell therapy)는 유전적 조작 기술이 유전되지 않기 때문에 덜 논란거리가 된다. 선천성 낭포성 섬유종에서 이 질병을 치료하기 위하여 낭포성 섬유종 유전자를 흡입기를 이용하여 호흡기로 적용하기 때문에 논쟁을 할 필요가 없다. 이 새로운 유전자는 단지 환자의 폐에서만 작용하고, 다른 투여가 필요하기 전까지 짧은 시간 동안 존재한다. 그것보다 이것이 DNA가 구성요소라는 것인데, 다른 종류의 약을 사용하는 것과 차이가 없기 때문에 논란의 소지가 없다.

그림 23.8 유전공학적으로 변형된 연어. 변형되지 않은 것보다 더 큰 신체를 가진다. (Courtesy of AquaBounty Technologies.)

생식세포 계열 치료(germ-line therapy)는 이 과정에서 변화된 유전체가 유전되면서 치료받은 후손에 전달되기 때문에 더 논란거리가 된다. 그와 같은 걱정 때문에 인간으로부터 끔직한 유전 질병을 근절시킬 수 있는 생식세포 계열 치료에 집중하지 않는다. 문제는 유전된 질병을 치료하기 위하여 생식세포 계열을 사용하는 기술이 다른 유전된 특성을 조작하는 생식세포 조작기술과 똑같다는 것이다. 이것은 어느 날 부모가 선호하는 데로 아이를 맞추어 낳는 "맞춤아기(designer babies)"를 창출하게 될 가능성도 충분하기 때문에 두려운 것이다. DNA 서열과 복잡한 특성 사이의 관계를 이해한다면, 대부분 인간의 특성을 생식세포 계열 치료를 사용하지 않고도 꽤 극적으로 발전할 수 있을 것이다. 그러나 장래에 그와 같은 기술의 남용은 무시할 수 없는 이슈가 될 것이다.

인간과 다른 동물 사이에 어떤 특별함이 있을까? 어느 날 맞춤아기를 생산할지도 모르는 이 기술이, 이미 더 큰 고기의 생산량을 늘리기 위해 "개량(improvement)"이라는 목적으로 동물과 물고기에 적용되어 왔다(그림 23.8). 또한 파밍(pharming)에 의하여 형질전환 동물을 창조하기도 하였다. 여기에서의 관심은 그 과정 동안 동물들에게 고통을 줄 수 있다는 것이다. 체세포 핵 치환으로 생산되는 동물은 종종 결함이 생겨 유산되거나 태어난 후 바로 죽게 된다. 일부 건강한 동물도 원하는 데로 표현형이 나타나지 않으면 도태시킨다. 그러므로 이러한 타입의 유전학은 높은 "손실(wastage)"을 동반하여 성취되는 것이다.

때때로 다 자랄 때까지 생존한 동물은 조로(premature aging)를 겪는 것 같이 보인다. 이것은 "돌리(Dolly)"의 경우에서 생각해 볼 수 있는데, 비록 형질전환된 것이 아니지만, 핵 치환에 의하여 생산된 첫 번째 동물이다(그림 23.9). 돌리는 면양(Finn Dorset)이며, 약 12년 정도의 수명을 기대했었다. 돌리는 6살 때 정상적인 양에서는 더 늦게 발견되는 폐암 말기를 겪으며 고통 속에서 죽었다. 5살 때에는 관절염을 앓기도 하였다. 돌리의 조로 현상은 핵을 원료로서 사용하는 체세포(somatic cell)의 연령과 관계가 있을 것이다. 6살 연령의 양에서 가지고 온 체세포는 돌리가 태어났을 때 이미 6살이 된 것과 같은 영향을 준 것이다. 이것은 텔로미어의 소실(telomere shortening)과 노화(aging) 사이의 관계를 상기해 보면, 그와 같은 상상 속의 생각이 아닌 것이다.

그림 23.9 복제양 돌리, 핵 치환에 의하여 생산된 첫 번째 동물이다. (Courtesy of Ph. Plailly/Eurelios/Science Photo Library.)

체세포 핵 치환에 의하여 유전공학적으로 동물을 창조하는 기술은 돌리가 태어난 1997년부터 극적으로 발전하였다. 그러나 형질전환 동물의 복지 문제는 해결되지 않고 있다. 현대 유전학의 이러한 적용은 대중의 인식이 우선적으로 유지되어야 할 것이다.

23.2 현대 유전학과 관련된 윤리적 이슈의 합의

현대 유전학의 적용에 의해서 일어나는 윤리적인 이슈를 어떻게 해결할 것인가? 이 질문에 대한 대답은 쉽지가 않다. 실제로 이 문제는 매우 복잡하여, **생명윤리(bioethics)**가 생물학의 아래에 한 부분으로 나타나게 되었다. 윤리적인 이슈에 대하여 학문적으로 설명하고 어떻게 그들을 다루어야 하는지에 관한 교재 및 대학부서가 생기고 있다.

우리는 윤리적인 이슈를 다루는 절차를 마련하는 것에 대해서는 알아보지 않았다. 우리는 현대 유전학의 적용에 의해서 일어나는 윤리적 문제에 대한 어떤 논쟁이라도 근본적으로 요구된 상황만 고려할 것이다.

윤리적 논쟁은 과학적 허구가 아닌 과학적 사실에 근거를 두어야 한다

유전학의 윤리적인 영향은 과학적 허구에서 아닌 실제 세계를 근본으로 논의되어야 한다. 물론, 장래에 개발될 과제의 결과를 미리 예측하여 문제를 인식하는 것도 중요하다. 예를 들어 인간에게서 생식계열 유전자 치료(germ-line gene therapy)는 체세포 핵 치환을 통하여 100개 정도의 **배반포(blastocytes)**를 생산하여 분화시켜야 하기 때문에 적용이 어렵다. 배반포는 정상적인 임신 동안에 자궁에 부착된다(그림 23.10). 현재, 배반포 형성에 실패하면 핵 치환 기술로는 불가능하기 때문에 방법이 없다. 유전학자들은 이 문제를 풀 수 있을지 확신하지는 않지만, 생식계열 유전자 치료 방법이 실제로 효과가 있을 것이라는 데에는 동의한다. 그러므로 생식계열 치료를 함으로써 일어나는 윤리적인 문제는 지금 논의되어야 하며, 그 과정이 가능해졌을 때는 규율이나 규정이 이미 사용할 수 있게 준비되어 있어야 한다.

미래를 예측하는 것도 필요하지만, 그것이 우리가 고려해야 할 과학의 윤리적인 영향을 의미하지는 않는다. 그것은 아직까지 타당하지 않으며 가까운 장래에 실현될 가능성도 적다. 한편 미래를 예측하여 논의하는 것이 재미있을지도 모른다. 예를 들어, 우주비행기가 아직 만들어지지 않았지만 스타트렉(*Star Trek*)과 같이 항성 간에 우주선을 타고 외계 문명을 간섭하는 것에 대해 논의를 하는 것은 재미있을 수도 있다. 웹사이트(Website) 전체가 이 주제에 대하여 헌신적이다. 그러나 이는 과학적 허구에 대한 논의이지, 과학적 윤리에 대한 논의는 아니다.

그림 23.10 5일된 인간 배반포. 핵 치환기술에 의해 인간 배반포를 만들기 위한 난자를 구하기 어려운 점이 최근 유전자 치료의 제한점으로 작용된다.

스타트렉 추론은 확실하며 사소하게 보일지 모르지만, 인터넷을 조사해 보면 많은 다른 웹 페이지에서 과학적인 이슈로 토론하는 것을 볼 수 있는데, 전문가들은 그것이 허구적인 것으로 인정하는 반면 토론자들은 그것이 실현 가능하다고 열정적으로 믿는 것을 볼 수 있다. 이들 사이트를 찾는 좋은 방법은 "괴물식품(Frankenstein food)"와 같이 감정을 자극하는 용어로서 조사하는 것이다. 어떤 종류의 유전자 조작 작물이 잠재적으로 두뇌에 손상을 준다고 믿는 사람들이 과학적인 지식이 부족하다고 비판하는 것은 쉬운 것이다. 어떤 면에서는 그와 같이 극단주의자와 같은 관점을 가지고 있을 수 있으나, 다른 면에서는 GM 작물과 같은 유전학의 적용이 해가 전혀 없고 우리가 지금까지 사용해 왔던 것과 비슷하기 때문에 간단히 사용할 수 있다고 똑같이 극단적으로 생각하는 경향도 있다는 것을 알아야 한다. 과학적 사실의 초점은 잠재적인 이슈를 최소화하거나 무시하기를 권유해서는 안 된다.

과학의 어떤 분야이든지 윤리적 이슈에 대하여 주요 결론을 이끌기 위해서는 사실에 근거를 두어야 한다. 그러므로 과학자들은 이들 논쟁에서 비판적인 역할을 하여야 한다. GM 작물, 개인의 DNA 데이터, 생식세포 계열 유전자 치료, 파밍에 대한 이슈는 전제가 공동체 의식을 가지고 해결해야만 하지만, 유전학자들은 이들에 대한 논의를 이끌어야 한다. 즉, 설명해 주어야만 한다.

모두는 아니어도 소수의 유전학자들은 미쳤거나 악마일지도 모른다

만약 유전학자가 그들의 조사에 의해서 야기된 윤리적인 이슈에 대하여 논쟁을 이끌어야 한다면, 대중은 유전학자들을 믿어야만 한다. 과학자들에 대한 대중적인 인식은 자신이 옳다고 여기는 것에 대하여 동일한 관심을 갖는 사람들이다. 대부분 사람들은 유전학자들을 다소 이상스럽지만, 인기 있는 드라마에 나오는 것처럼 화려하고 매력적이라 생각한다. 사실은 유전학자들도 평범한 사람이고 일반 대중과 같이 그들의 일에서 윤리적인 문제를 극복하기 위해서 노력한다.

사실 유전학자들이 자기조절이 되고 그들의 과제에 대한 가능성을 터놓고 이야기만 한다면, 좋은 직책이다. 그러나 이중 나선 구조의 DNA가 발견되면서부터 항상 그렇지는 않았다. 우리는 이미 GM 식량으로부터 인간의 소화관에 살아 있는 세균으로 항생제 내성 유전자가 전이되어 야기될 수 있는 문제에 대하여 고려해 보았다. 그러나 항생제 내성 유전자가 대장균과 같은 세균 안으로 유전자를 집어넣는, 모든 클로닝 실험에 선택적인 마커로 사용되기 때문에 GM 작물에서 만의 문제가 아니다. 대장균은 장 내에 정상으로 상주하는 균층으로 존재하기 때문에, 항생제 내성 유전자 또는 다른 형태의 유전자가 유전공학적으로 변형된 대장균으로부터 소화기 내 세균으로 전이되면 식량으로 전이되는 것보다 더 크게 영향을 미칠 것이다. 그러므로 그와 같은 단계를 막을 방법을 가져야 할 것이다. 이들 문제는 유전학자들에 의해서도 인지되어 클로닝 벡터를 고안해 내었다. 그러한 우려는 유전학자 스스로 유전자 클로닝의 위험성과 어떻게 하면 피할 수 있는지 논의하기 위하여 회의를 개최하였다. 그것이 1975년 2월에 캘리포니아 애실로마(Asilomar)회의로서, 클론된 유전자가 대장균으로부터 다른 세균으로 전이되지 않게 하는 지침서를 만들었다. 이 지침서에는 새로운 기술이 안전한 방법으로 사용하기 위해서 생물 재해를 더 철저히 살펴보게 하였다.

현대 유전학의 결과로서 잠재적인 문제는 인간 게놈 프로젝트(Human Genome Project)에도 있다. 1980년대에 이 계획이 처음으로 계획되었을 때, 매년 예산의 3~5%는 인간 유전체의 염기서열이 완전히 알려졌을 때 일어나는 윤리적, 도덕적, 사회적 이슈(ethical, legal, social issues, **ELSI**)에 대하여 연구되도록 배정되었다(표 23.2). 미국국립보건원의 일부인 National Human Genome Research Institute에서의 재정 지원이 현재에도 계속되고 있다.

유전학자들은 그들의 작업에 의해서 야기되는 윤리적 이슈에 대한 논의를 이끌어 내는 데 있어 진실해야만 한다. 그러나 거기에는 의심의 여지가 있다. 애실로마회의나 ELSI 계획은 유전학의 역사에서 현재까지는 긍정적으로 여겨졌으나, 거기에는 부정적인 면도 가지고 있다. 유전학은 큰 사업이 되었다. 단지 상업적인 적용뿐만 아니라 명성있고 학구적인 연구자들은 많은 연구 보조금을 수여 받고 권위 있는 저널에 출판을 하기 때문이다. 과학의 최근 역사에서, 명성과 명예의 유혹이 연구자에게 너무 커,

표 23.2 1988년에 착수된 인간 게놈 프로젝트의 윤리적, 법률적, 사회적 목표

1.	인간 DNA 염기서열의 완성과 인간 유전적 변이의 연구와 관련된 이슈를 조사한다.
2.	유전적 기술의 통합과 의료서비스, 공중 보건 활동의 정보에 의해서 야기되는 이슈를 조사한다.
3.	비임상 상태에서 유전체와 유전자와 환경과의 관계에 관한 지식의 통합에 의해서 야기되는 이슈를 조사한다.
4.	새로운 유전학 지식이 철학적, 신학적 그리고 윤리적 관점의 다양성과 상호 연계되는 지 탐구한다.
5.	사회경제적인 요인과 경쟁의 개념, 민족성에 따라 어떻게 사용하고 이해되는지 탐구하고, 유전 정보의 해석, 유전적 서비스 정책 개발이 어떻게 되는지 조사한다.

단지 그들이 얻고자 하는 목적만을 위하여 결과를 조작하고, 다른 연구자를 무시하는 난잡한 경우도 있었다. 어떤 경우에는 다른 사람이 잘못된 점을 지적하였을 때, 그것을 인지하지 못하고 자신의 주장만 옳다고 내세우기도 한다. 유전학자들은 유전학의 윤리적인 영향에 대한 논쟁을 이끌어 내야만 하지만, 그들이 그 논쟁에 대한 유일한 결정권자가 되어서는 안 된다. 결국, 이들 이슈는 모든 관점에서 공동체의 참여와 더 많은 대중의 참여에 의해서 해결되어야만 한다.

주요 개념

- 유전학을 배우는 학생들은 현대 사회에서 유전학의 적용으로부터 발생하는 윤리적인 문제에 대하여 이해하고 의견을 형성해야만 한다.
- 유전학자들은 GM 작물을 생산하면서 사용된 항생제 내성 유전자가 인간 소화관 내에 있는 박테리아에 전달되지 않는 방법을 개발하여 왔다.
- GM 작물의 환경적인 영향은 광범위하게 연구되어 왔으나 매우 복잡하다.
- 터미네이터 기술은 식물육종회사가 GM 또는 재래식 방법에 의해 새로운 다양한 작물을 개발하는 데 소요한 재정적 투자를 보호하기 위한 방법으로써 제안되어 왔다.
- 개인 DNA 데이터의 이용의 접근성은 사생활, 보험회사의 데이터 사용, 그리고 자신이 유전 질병에 대한 감수성에 대하여 알 권리, 또는 알지 말아야 권리 등의 문제를 야기 시킨다.
- 생식계열 유전자 치료와 파밍은 미용을 목적으로 인간의 특성을 제조하고 형질전환 동물의 복지에 관한 이슈를 야기 시킨다.
- 유전학의 윤리적 영향에 대한 어떤 논쟁이라도 허구가 아닌 사실에 근거를 두어야한다.
- 유전학자들은 유전학의 윤리적인 영향에 대한 논쟁을 이끌어 내야 하지만, 그 논쟁에 대한 결정권자는 되지 말아야 한다.

추천 문헌

Berg P (2008) Meetings that changed the world: Asilomar 1975: DNA modification secured. *Nature* 455, 290–291.

Greely HT (1998) Legal, ethical, and social issues in human genome research. *Annu. Rev. Anthropol.* 27, 473–502.

Hills MJ, Hall L, Arnison PG & Good AG (2007) Genetic use restriction technologies (GURT): strategies to impede transgene movement. *Trends Plant Sci.* 12, 177–183.

Miki B & McHugh S (2003) Selectable marker genes in transgenic plants: applications, alternatives and biosafety. *J. Biotechnol.* 107, 193–232.

Prainsack B & Reardon J (2008) Misdirected precaution: personal-genome tests are blurring the boundary between experts and lay people. *Nature* 456, 34–35.

Shelton AM, Zhao JZ & Roush RT (2002) Economic, ecological, food safety, and social consequences of the deployment of Bt transgenic plants. *Annu. Rev. Entomol.* 47, 845–81. *Various issues relating to δ-endotoxin plants.*

Shiels PG, Kind AJ, Campbell HS et al. (1999) Analysis of telomere length in Dolly, a sheep derived by nuclear transfer. *Cloning* 1, 119–125.

Simoncelli T (2006) Dangerous excursions: the case against extending forensic DNA databases to innocent persons. *J. Law Med. Ethics* 34, 390–397.

Various authors (2003) Theme issue: the Farm Scale Evaluations of spring-sown genetically modified crops. *Phil. Trans. R. Soc. Lond. B* 358, 1775–1889 (2003). *A series of papers on the environmental impact of GM crops.*

α helix (α 나선 구조) 폴리펩티드 분자들이 가지는 일반적인 이차 구조 중 하나

β-*N*-glycosidic bond (β-*N*-글리코시드 결합) 뉴클레오티드의 염기와 당 사이의 결합

β sheet (β 평판 구조) 폴리펩티드 분자들이 가지는 일반적인 이차 구조 중 하나

β turn (β 턴) 4개의 아미노산으로 구성된 아미노산 서열로 일반적으로 두 번째 위치에 글리신(glycine)을 갖고 있으며 폴리펩티드의 방향을 변화시키는 역할을 함

γ complex (γ 복합체) δ, δ′, χ, ψ와 결합하며 소단위 λ를 구성하는 DNA 폴리메라아제 III의 한 구성 요소

2-aminopurine (2-아미노퓨린) DNA 분자의 아데닌을 교체시키며 돌연변이를 유발하는 염기 유사체

3′-OH terminus (3′-OH 말단) 당의 3′ 탄소에 결합된 수산기로 끝나는 폴리뉴클레오티드의 말단

3′ → 5′ exonuclease (3′ → 5′ 엑소뉴클레아제) 핵산 분자의 끝 부분에서 3′ → 5′ 방향으로 뉴클레오티드를 순차적으로 제거하는 효소

30 nm chromatin fiber (30 nm 염색질 섬유) 뉴클레오솜이 솔레노이드 코일처럼 감긴 염색질 섬유

5-bromouracil (5-bu) (5-브롬우라실) DNA 분자 내의 티민을 대체하여 돌연변이를 유발하는 염기 유사 물질

5′-P terminus (5′-P 말단) 당의 5′ 탄소에 결합된 일인산, 이인산 혹은 삼인산으로 끝나는 폴리뉴클레오티드의 말단

5′ → 3′ exonuclease (5′ → 3′ 엑소뉴클레아제) 핵산 분자의 끝 부분에서 5′ → 3′ 방향으로 뉴클레오티드를 순차적으로 제거하는 효소

(6-4) lesion (리전) 자외선에 의해 형성된 폴리뉴클레오티드에서 이웃하는 피리미딘 염기 사이의 이합체

(6-4) photoproduct photolyase (광생성물 포토리아제) 광활성화 수선에 관련하는 효소

A-form of DNA (DNA의 A-형태) 세포 DNA에 존재하나 흔하지 않은 구조 형태

ABC model (ABC 모델) 꽃 구조의 특이화에 공동으로 작용하는 호메오틱 유전자의 세 그룹에 기초한 꽃 발생에 관한 모델

acceptor arm (수용체 가지) tRNA 분자의 한 부분

acceptor or A site (수용체 A 부위) 인트론의 3′ 말단의 스플라이싱 위치

acridine dye (아크리딘 염료) 이중 결합을 형성하고 있는 염기 사이에 끼어 들어 프레임의 변화에 의한 돌연변이를 일으키는 화학 물질

acrocentric (차단부동원체) 동원체가 한쪽 말단에 위치하고 있는 염색체

acute transforming virus (급성 변형성 바이러스) 암 유전자를 포획하고 있으므로 세포 변형에 매우 효율적인 유도 인자인 레트로바이러스.

acylation (아실화) 폴리펩티드에 지질 곁사슬의 결합

Ada enzyme (Ada 효소) 알킬화 돌연변이의 직접 수선에 관여하는 *Escherichia coli* 효소

adapter (어뎁터) 직선으로 잘린 이중 나선 말단 사이의 결합력을 높이기 위해 붙이는 합성된 돌출 말단 염기서열

adenine (아데닌) DNA와 RNA에서 발견되는 퓨린 염기

adeno-associated virus (AAV, 아데노바이러스 의존 바이러스) 아데노 바이러스는 무관하지만, AAV는 복제 주기를 완료하기 위해 아데노 바이러스에 의해 합성 단백질의 일부를 사용하기 때문에 동일 감염 조직에서 발견되는 바이러스

adenovirus (아데노 바이러스) 동물 바이러스의 일종으로 포유류의 세포에서 복제하는 데 사용되는 바이러스

adenylate cyclase (아데닐산 고리화효소) ATP를 cyclic AMP로 전환시키는 효소

alkylating agent (알킬화제) 뉴클레오티드 염기에 알킬기를 부가하는 돌연변이원

allele (대립유전자) 유전자의 몇 가지 유형 중 하나

alphoid DNA (알포이드 DNA) 인간 염색체의 동원체 부분에 위치하는 병렬 반복적인 뉴클레오티드 서열

alternative polyadenylation (선택적 아데닐산 중합 반응) mRNA의 아데닐산 중합 반응을 위해 2개 이상의 다른 자리를 이용하는 것

alternative promoter (선택적 프로모터) 같은 유전자에 작용하는 2개 이상의 다른 프로모터들 중 하나

alternative splicing (선택적 스플라이싱) 스플라이싱 접합점의 용도 변화로 단일 프리-mRNA로부터 서로 다른 2개 이상의 mRNA 산물을 생산하는 것

Alu (Alu 도메인) 인간과 일부 포유동물에서 발견되는 SINE 패밀리 멤버

amino acid (아미노산) 단백질을 구성하는 기본 단위

amino terminus (아미노 말단) 폴리펩티드의 한쪽 말단으로 아미노 그룹이 결합을 이루지 않고 있는 쪽

aminoacyl or A site (아미노아실 부위) 번역 동안 아미노아실 tRNA가 결합하는 리보솜 상의 위치

aminoacylation (아미노아실화) 아미노산이 tRNA의 수용체 부위에 결합하는 과정

aminoacylation-tRNA synthetase (aminoacylation-tRNA 합성효소) 하나 혹은 복수의 tRNA에 아미노아실화를 촉매하는 효소

anaphase (후기) 세포 분열에서 복제된 염색체 쌍이 분리되는 시기

ancient DNA (고대 염기서열) 고대 생물 소재에서 관찰되는 DNA

annotation (주석) 게놈 서열을 분석하는 과정에서 존재하는 유전자, 조절 서열, 그리고 흥미 있는 특징을 분석하는 과정

anticodon (안티코돈) tRNA 분자 34-36 위치에 있는 3개의 뉴클레오티드로서 mRNA 코돈과 염기쌍을 형성

anticodon arm (안티코돈 가지) tRNA 분자의 한 부분

antigen (항원) 면역 반응을 유도하는 물질

antiparallel (역평행) 이중 나선에서 서로 다른 방향을 향해 달리는 두 폴리뉴클레오티드의 배치를 나타냄

antisense RNA (안티센스 RNA) 표적 RNA와 상보적인 배열을 가지고 있는 RNA. 형질전환 세포에서 mRNA의 번역을 방해하는 데 사용함

antitermination (항종결) 전사 종결을 조절하는 박테리아 메커니즘

antiterminator protein (항종결자 단백질) 박테리아 DNA에 결합하고 항종결을 매개하는 단백질

AP endonuclease (AP 엔도뉴클레아제) 염기 절제 수선에 관여하는 효소

AP (apurinic/apyrimidic) site (푸린/피리미딘 결손 부위) 뉴클레오티드의 염기를 잃어버린 DNA 분자의 위치

apoptosis (세포 사멸) 예정된 세포 죽음

archaea (원시생물계) 원핵생물의 두 주요 그룹 중 하나로 주로 극한 환경에서 발견됨

archaeogenetics (고대 유전) 인간의 과거를 연구하는 데 DNA 분석을 이용하는 방법

attenuation (약화) 몇몇의 박테리아에서 세포의 아미노산 양에 따라 아미노산 생합성 오페론의 발현을 조절하는 과정

autoradiography (자기방사법) 방사능 표지된 분자를 X-선에 민감한 사진 필름에 노출시켜 검출하는 방법

autosome (상염색체) 성염색체가 아닌 염색체

B-DNA 살아 있는 세포에서 DNA 이중 나선의 가장 흔한 형태

back mutation (복귀 돌연변이) 이전의 돌연변이의 효과를 되돌리는 돌연변이로 원래의 뉴클레오티드 서열로 회복하게 함

backtracking (백트래킹) RNA 폴리메라아제가 DNA 주형을 따라 정반대로 짧은 거리를 이동하는 것

bacteria (세균계) 원핵생물의 두 주요 그룹 중 하나

bacterial artificial chromosome (BAC, 박테리아 인공 염색체) F 플라스미드를 기반으로 대용량 복제 능력을 가진 클로닝 벡터

bacterial chromosome (세균 염색체) 세균 세포 내의 DNA 분자들 중의 하나(단 한 개)로 필수 유전자를 가지고 있으며 핵양체에 위치함

bacteriophage (박테리오파지) 박테리아에 감염되는 바이러스

Barr body (바소체) 불활성화된 X 염색체에 의해 생긴 고도로 응축된 염색질

basal promoter element (기본적인 프로모터 요소) 진핵생물의 프로모터에 존재하고, 기본적인 전사 개시가 일어나도록 하는 서열 모티프

basal rate of transcription (전사 개시의 기저율) 특정 프로모터에서 단위 시간당 일어난 전사의 생산적 개시의 수

base analog (염기유사체) DNA의 염기와 유사한 구조를 보이는 화합물로 돌연변이원으로 작용함

base excision repair (염기 절단 수선) 비정상적 DNA를 잘라내고 교체하는 DNA 수리 과정

base pair (염기쌍) 2개의 상보적 뉴클레오티드에 의해 형성된 수소결합 구조. 이중 DNA 분자의 단위 중에서 가장 짧은 단위

base pairing (염기쌍 형성) 염기쌍을 통한 한 뉴클레오티드의 또 다른 뉴클레오티드로의 결합 또는 염기쌍을 통한 폴리뉴클레오티드의 한 부분에서 동일한 폴리뉴클레오티드의 다른 부분으로의 결합

baseless site (뉴클레오티드 결손 부위) 뉴클레오티드의 염기 성분을 잃어버린 DNA 분자의 위치

batch culture (비연속 배양) 밀폐된 용기 안의 액체 배지의 고정된 양에서 박테리아를 배양하는 것. 배양기간 동안 어떠한 첨가나 제거가 없음

beads-on-a-string (한 줄 위의 염주) DNA의 줄에 놓인 뉴클레오솜 구슬을 형성하고 있는 풀어진 형태의 염색질

bioethics (생명윤리학) 생물학의 응용에 의해 야기된 윤리적 문제를 연구하는 학문

biolistics (유전자총) DNA로 덮인 고속의 미세발사체를 이용해 세포 안으로 DNA를 주입하는 방법

biological information (생물정보) 생물체의 게놈에 포함되어 발생과 유지를 지시하는 생물학적 정보

biotechnology (생명공학) 산업 과정에서 살아 있는 생물체를 사용하는 산업분야. 종종 미생물을 사용함

biotin (비오틴) DNA에 표지할 수 있는 비동위원소 물질

bivalent (2가 염색체) 감수 분열 동안에 상동염색체 쌍이 배열될 때 형성되는 구조

blastocyst (포배) 포유류의 정상적인 임신 과정에서 자궁벽에 부착하는 배아의 구조

blastoderm (포배엽) 초파리 배아 발생에 있어서 가장 바깥쪽의 세포층을 형성하는 구조

bottleneck (병목현상) 한 개체군의 크기가 감소와 회복되는 사이의 기간

branch migration (분지점 이동) 한 쌍의 재조합 이중 가닥 DNA 분자들 사이의 폴리뉴클레오티드들의 교환을 포함하는 상동 재조합 시기의 단계

buoyant density (부력 밀도) 소금이나 설탕 용액이 녹아 있을 때 분자나 입자가 가지는 밀도

C terminus (C 말단) 폴리펩티드의 한쪽 말단으로 카르복실 그룹이 결합을 이루지 않고 있는 쪽

CAAT box (CAAT 박스) 기본적인 프로모터 요소

candidate gene (후보 유전자) 여러 방법들을 통해 유전자 질환을 야기할 것으로 예상되는 유전자

cap binding complex (결합 복합체) 진핵생물의 번역 중 스캐닝 시기의 시작 단계에서 캡 구조 결합에 관여하는 복합체

cap structure (캡 구조) 캡 구조 대부분의 진핵생물 mRNA 분자의 5′ 말단에서 일어나는 화학적 수정

capillary gel electrophoresis (모세관 젤 전기영동) 가는 모세관에서 수행되는 폴리아크릴아미드 젤 전기영동으로 고해상도를 제공함

capsid (캡시드) 바이러스의 DNA 또는 RNA 게놈을 둘러싸는 단백질 외투

carboxy terminus (카르복실말단) 자유 카르복실기를 갖는 폴리펩티드 말단

carcinogen (발암물질) 암을 일으키는 환경적 요인

carrier (보인자) 결함을 가진 대립유전자가 열성이기 때문에 유전질병과 관련된 유전자가 하나의 열성형질만을 가지고 있어 질병이 나타나지 않는 사람

cascade system (연쇄 반응 시스템) 하나의 사건의 완성이 두 번째 사건의 개시를 유발하는 시스템. 유전학에서는 보통 유전가 발현되는 순서를 통제하기 위한 시스템

catabolite activator protein (이화물질 활성화 단백질) 박테리아 게놈의 여러 부위들에 결합하고 아래 단계의 프로모터에서 전사 개시를 활성화시키는 조절 단백질

cell cycle (세포 주기) 세포 분열과 그 후에 일어나는 일련의 과정

cell transformation (세포 변형) 동물 세포가 발암성 바이러스에 감염될 때 발생하는 생리학적 및 생화학적 특성의 변화

cell-free protein synthesizing system (셀 프리 단백질 합성) 단백질 합성을 위한 모든 세포 물질이 추출되어 있는 상태로 진핵생물 세포핵 내에서 게놈의 한 부분을 차지하는 DNA-단백질 구조 중의 하나. 세균 게놈을 포함하는 DNA 분자

cell senescence (세포 노화) 세포는 살아 있으나 더 이상 분열하지 않는 세포 계대의 주기

cell surface receptor (세포 표면 수용체) 세포 안에서 생화학적 변화를 일으키고 외부 신호에 반응하며 세포막에 존재하는 단백질

centimorgan (cM) (센티모건) 염색체에서 두 유전자 사이의 거리를 표현하는 데 사용하는 단위로 1 cM은 한 번의 감수 분열에서 1%의 확률에 해당되는 거리임

centromere (동원체) 염색분체 쌍이 서로 대고 있는 염색체의 수축된 부분

centrosome (중심체) 세포 분열에서 미세관이 내뿜는 유사 분열 방추체의 서로 다른 편의 구조

chain termination method (체인 터미네이터법) 특정 뉴클레오티드 위치에서 종결되며 폴리뉴클레오티드 체인의 효소적 합성을 수반하는 DNA 서열 분석 방법

chaperonin (샤페오닌) 다른 단백질들의 접힘을 도와 구조를 형성하는 다단위체 단백질

charging (충전, 차아징) tRNA에 의한 아미노아실화

chi form (카이) DNA 분자들의 사이에서 재조합 동안에 볼 수 있는 중간 구조

chi site (카이 자리) 상동재조합의 개시에 관여하는 대장균(*E. coli*) 게놈에 있는 반복 염기서열

chiasmata (키아스마타) 한 쌍의 재조합 염색체들을 현미경으로 관찰할 때 볼 수 있는 교차점

chimera (키메라) 2개 이상의 유전적 다양성을 가진 생물체

chromatid (염색분체) 염색체의 한 가지(arm)

chromatin (염색질, 크로마틴) 염색체에서 발견되는 DNA와 히스톤 단백질의 복합체

chromatin modification (염색질 변성) 뉴클레오솜의 화학적 변성에 의한 게놈 발현의 조절

chromatosome (크로마토좀) 연결 히스톤과 DNA가 뉴클레오솜 핵심 팔량체에 연결되어 구성된 염색질의 구성 성분

chromid (크로미드) 플라스미드의 특징적인 성질들을 가지고 있지만 필수 유전자를 가지고 있는 세균 DNA 분자

chromosome (염색체) 진핵생물 세포핵 내에서 게놈의 한 부분을 차지하는 DNA-단백질 구조 중의 하나. 세균 게놈을 포함하는 DNA 분자

clastogens (염색체 이상 유발원) DNA 분자를 파괴하는 환경적 요인

cleavage and polyadenylation specificity factor (CPSF) 진핵생물 mRNA의 아데닐산 중합 반응 중 보조적인 역할을 수행하는 단백질

cline (연속변이) 한 개체군 내에서 유전적 빈도의 지리학적 단계적 차이

clone (클론) 동일한 재조합 DNA 분자를 포함하고 있는 세포 그룹

clone library (클론 라이브러리) 전체 게놈에 해당하는 클론들의 모음으로 관심 있는 개별 클론들을 얻을 수 있음

closed promoter complex (닫힌 프로모터 복합체) 전사 개시 복합체 조립의 초기 단계에서 형성되는 구조. 닫힌 프로모터 복합체는 염기쌍들이 절단되어 DNA가 열리기 전에 RNA 폴리메라아제만으로 혹은 프로모터에 결합된 보조 단백질과 함께 구성됨

cloverleaf (클로버잎) tRNA 분자의 2차 구조의 형태

co-repressor (공동 억제 인자) 억제자가 억제 부위에 결합하기 전에 박테리아 억제자에 결합하는 분자

coalescence time (접착 시간) 하플로 그룹 내에 존재하는 단상형의 분기 정도에 따라 경과된 시간을 추정한 결과

codominance (공우성) 이형접합체의 표현형을 나타내는 데 대립유전자 쌍 양쪽이 관련하는 성질

codon (코돈) 하나의 아미노산을 나타내는 3개의 뉴클레오티드

codon-anticodon recognition (코돈-안티코돈 인식) mRNA의 코돈과 tRNA의 안티코돈이 서로 결합을 위해 인식하는 과정

cohesin (코헤신) 유전자 복제와 핵분리 시간 동안에 자매 염색분체를 지지하는 단백질

col plasmid (col 플라스미드) 콜리신에 대해 암호화하고 있는 하나 이상의 유전자를 가지고 있는 플라스미드

colicin (콜리신) 플라스미드에 의해 운반되는 유전자에 의해 종종 암호화되어 있는 독성 세균 단백질

colonization (정착) 예전에 차지하지 않았던 새로운 영토로 향한 한 집단(종)의 움직임

compatibility (적합성) 2개의 다른 유형인 플라스미드가 같은 세포에 공존하는 능력

competent (컴피턴트) (calcium chloride) 용액 등으로 처리되어 DNA 분자를 도입할 수 있는 능력이 증진된 박테리아

complementary (상보적) 서로 염기쌍을 형성할 수 있는 두 뉴클레오티드들 또는 뉴클레오티드 서열

complementary DNA (cDNA, 상보적 DNA) mRNA 분자에 의해 복제된 이중 가닥 DNA

complementary gene action (상보적 유전자 작용) 표현형을 나타내기 위하여 2개의 떨어진 유전자에서 특별한 조합의 대립유전자가 필요한 상황

complex multigene family (복합 다유전자군) 다유전자군의 한 형태로 이 군을 구성하는 유전자는 유사한 뉴클레오티드 서열들을 가지나, 별개의 다른 특성을 가지는 단백질들을 암호화할 수 있을 정도로 충분히 다름

concatamer (콘카타머) 머리에서 꼬리로 연결된 선형 게놈들 또는 다른 DNA 단위체들로 이루어진 DNA 분자

conjugation (접합) 서로 물리적인 접촉을 통한 한두 개 세균 사이에서의 DNA 전달

consensus sequence (공통 서열) 동일한 서열 외의 많은 관련된 서열들의 "평균"을 나타내는 뉴클레오티드 서열

conservative replication (보존적 복제) 하나의 딸 DNA 분자는 양쪽 부모의 폴리뉴클레오티드를 포함하고, 다른 딸 DNA 분자는 새롭게 합성된 양쪽 가닥들을 포함한다는 DNA 복제의 가설

constitutive heterochromatin (구성성 이질염색질) 영구적으로 조밀한 구조를 이루는 염색질

context-dependent codon reassignment (환경-의존적 코돈 전환) DNA의 염기서열을 둘러싼 환경에 의해서 코돈이 변화되는 현상

contigs (콘티그) 중첩되는 DNA 서열들의 인접한 세트

continuous culture (연속 배양) 긴 시간 동안 배양액을 첨가하고 제거하는 등 조절이 가능한 조건 하에서의 미생물 배양법

copy number (사본수) 하나의 세포에 들어 있는 플라스미드 분자들의 수

core enzyme (중심효소) RNA 합성은 수행하나 프로모터에 효율적으로 결합할 수 없는 *Escherichia coli* RNA 폴리메라아제 형태로, $\alpha_2\beta\beta'$ 서브유닛 구성을 가짐

core octamer (핵심 팔량체) 히스톤 H2A, H2B, H3, H4 각각의 두 소단위체로 이루어지며 DNA로 감겨진 뉴클레오솜의 중심이 되는 성분

core promoter (중심 프로모터) 진핵생물 프로모터 내에서 개시 복합체가 조립되는 위치

CpG island (CpG 섬) 인간 게놈에 포함된 유전자의 약 56%를

차지하며 상류에 위치한 GC가 풍부한 DNA 영역

cross-fertilization (타가 수정) 서로 다른 개체에서 유도된 자성과 웅성 생식세포의 수정

crossing over (교차) 감수 분열 동안에 염색체들 사이에서의 DNA의 교환

cryptic splice site (잠재 스플라이싱 부위) 정확한 스플라이싱 위치의 염기서열과 유사한 염기서열을 가진 부위로, 스플라이싱 과정 중에 선택되어 정확하지 않은 스플라이싱을 유도

cryptogene (잠재 유전자) Trypanosome의 미토콘드리아에 존재하는 유전자 중 하나로 RNA의 많은 부분이 생략되어 있어 팬-편집 과정을 거쳐서 기능을 발휘하는 유전자

C-terminal domain (CTD) (C-말단 도메인) RNA 폴리메라아제 II의 가장 큰 서브유닛으로 폴리메라아제의 활성화에 중요

cyanelle (시아넬라) 시아노포라 프로토조아 내에 존재하며 광합성 구조와 섭취 방법이 시아노박테리아와 유사한 생물체

cyclic AMP (cAMP, 한글번역) 5′과 3′가 인산 디에스테르 결합으로 연결된 AMP의 변형된 형태

cyclin (사이클린) 세포 주기에 따라 양이 변하고 세포 주기 특이적 양상으로 생화학적 변화를 조절하는 단백질

cyclobutyl dimer (사이클로부틸 이합체) 자외선 조사에 의해 폴리뉴클레오티드 내의 인접하는 두 피리미딘 염기들 사이에 형성되는 이합체

Cys_2His_2 finger (Cys_2His_2 핑거) 징거 핑거 DNA 결합 단백질의 한 형태

cytochemistry (세포 화학) 세포내 특정 화합물에 특이적으로 결합하는 염색약과 현미경을 통해 세포내 구조들의 생화학적 함량을 연구하는 생물학의 한 분야

cytokinesis (세포질 분열) 두 딸 세포가 분열하는 핵 주변에 형성되는 세포 분열의 시기

cytosine (시토신) DNA와 RNA에서 발견되는 피리미딘 염기들 중의 하나

D arm (D 가지) tRNA 분자의 한 부분

D loop (D 루프) 단일 가닥 DNA 또는 RNA 분자에 의해 DNA 이중 나선이 침입될 때 형성되는 구조. 나선의 폴리뉴클레오티드 중 하나와 염기쌍을 가진 영역을 형성

dark repair (암수선) 사이클로 부틸 이합체를 수선하는 뉴클레오티드 절제 수선의 한 종류

deadenylation-dependent decapping (탈아데닐-의존적 탈캡핑) 진핵세포의 mRNA에서 폴리(A) 꼬리 부분의 제거가 개시되는 과정

deaminating agent (탈아미노화 작용 인자) 뉴클레오티드 염기로부터 아미노기를 제거하는 돌연변이원

defective virus (결함 바이러스) 필수적인 뉴클레오티드 서열들을 상실하여 자체로는 복제할 수 없는 바이러스 게놈. 결함 바이러스는 같은 세포에 존재하고 있는 비결함 바이러스 게놈으로부터 합성된 단백질들을 이용함으로써 자손을 생기게 할 수 있음

degeneracy (축중) 대부분의 아미노산에 있어서 유전 코드는 한 가지 이상을 가짐

degradative plasmid (분해 플라스미드) 유전자가 숙주 세균으로 하여금 톨루엔과 살리실산과 같은 흔하지 않은 분자들을 대사하게 하는 플라스미드

delayed-onset mutation (지연성 돌연변이) 생물체에서 일어난 돌연변이 효과가 비교적 후기 단계까지 효과가 일어나지 않는 돌연변이

deletion mutation (결실 돌연변이) DNA 서열에서 한 개 혹은 그 이상의 뉴클레오티드가 결손되는 돌연변이

denaturation (변성) 단백질의 이차 혹은 그 이상의 구조 또는 DNA의 구조를 형성하는 수소 결합 등과 같이 공유 결합이 아닌 결합이 화학적 혹은 물리적 방법에 의하여 절단됨

density gradient centrifugation (밀도 구배 원심분리) 세포 소기관의 분리를 위한 방법으로 밀도 구배가 이루어진 용액을 이용하여 원심분리를 수행하여 각 소기관을 분리

deoxyribonuclease (디옥시리보뉴클레아제) DNA 분자에 있는 인산 디에스테르 결합을 절단하는 효소

deoxyribonucleic acid (디옥시리보핵산) 살아 있는 세포에 존재하는 두 가지 핵산 형태 중 하나; 모든 생명체 및 많은 바이러스의 유전 물질

diauxie (다이옥시) 박테리아에 당 혼합물을 제공했을 때, 두 번째 당을 사용하기 전에 첫 번째 당을 모두 사용함

Dicer (다이서) RNA 간섭에 중요한 역할을 하는 핵산 가수 분해 효소

dideoxynucleotide (이디옥시뉴클레오티드) 3′ 위치에 수산기가 없어 폴리뉴클레오티드에 포함되면 사슬 합성을 종결시키는 수정된 뉴클레오티드

differential gene expression (차등 유전자 발현) 유전자에 포함된 생물학적 정보가 필요할 때만 작동

diploid (이배체) 각 염색체 두 복제본을 가진 핵

direct repair system (직접 수선 시스템) 손상된 뉴클레오티드에 직접 작용하는 DNA 수선 시스템

discontinuous gene (불연속 유전자) 엑손과 인트론으로 분리되어 있는 유전자

dispersive replication (분산 복제) 각 딸 분자의 각 가닥은 기

존의 폴리뉴클레오티드의 일부와 새롭게 합성된 폴리뉴클레오티드의 일부로 구성된다는 DNA 복제의 가설

displacement replication (변위 복제) 폴리뉴클레오티드의 이중 나선의 한 가닥을 계속해서 복제하면서 생성되며, 두 번째 가닥은 첫 번째 딸 게놈의 합성이 완성된 후에 변위되고 계속해서 복제된다는 DNA 복제의 가설

distance matrix (진화거리표) 데이터 세트에 제시된 염기서열의 모든 쌍 사이의 진화거리를 보여주는 표

disulfide bridge (이황화 가교) 서로 다른 폴리펩티드 혹은 같은 폴리펩티드의 다른 위치에 존재하는 시스테인 간의 공유 결합

DNA 살아 있는 세포에 존재하는 두 가지 핵산 형태 중 하나; 모든 생명체 및 많은 바이러스의 유전 물질

DNA adenine methylase (Dam) (DNA 아데닌 메틸라아제) 대장균 DNA의 아데닌 메틸화에 작용하는 효소

DNA cloning (DNA 클로닝) 클로닝 벡터에 DNA 단편을 삽입하여 숙주 세포에서 재조합 DNA를 증식시키는 과정

DNA cytosine methylase (Dcm) (DNA 시토신 메틸라아제) 대장균 DNA의 시토신 메틸화에 작용하는 효소

DNA glycosylase (DNA 글리코실라아제) 대장균의 토포이소메라아제 타입 II

DNA gyrase (DNA 기라아제) 대장균의 타입 II 토포이소메라아제

DNA ligase (DNA 리가아제) DNA 복제, 수선 및 재조합 과정에서 인산 디에스테르 결합을 형성하는 효소

DNA marker (DNA 표지자) 쉽게 식별 가능한 DNA 서열을 통해 유전적, 물리적, 또는 통합 지도에서 위치를 표시하는 데 사용할 수 있는 염기서열

DNA methylation (DNA 메틸화) 메틸기 부착에 의한 DNA의 화학적 변성

DNA methyltransferase (DNA 메틸전이효소) DNA 분자에 메틸기를 부착시키는 효소

DNA photolyase (DNA 포토리아제) 광활성화 수선에 관여하는 박테리아 효소

DNA polymerase (DNA 폴리메라아제) DNA를 합성하는 효소

DNA polymerase α (DNA 폴리메라아제 α) 진핵세포에서 DNA 복제를 촉진하는 효소

DNA polymerase δ (DNA 폴리메라아제 δ) 진핵세포의 주된 DNA 복제 효소

DNA polymerase γ (DNA 폴리메라아제 γ) 미토콘드리아 게놈의 복제에 관여하는 효소

DNA polymerase I (DNA 폴리메라아제 I) DNA 복제시 오카자키 절편을 합성하는 박테리아 효소

DNA polymerase II (DNA 폴리메라아제 II) DNA 수리에 관여하는 박테리아 효소

DNA polymerase III (DNA 폴리메라아제 III) 박테리아의 주된 DNA 복제 효소

DNA repair (DNA 수선) 복제 오류나 돌연변이 요인에 의해 일어나는 돌연변이를 수선하는 생화학적 과정

DNA sequence (DNA 서열) DNA 분자에서의 뉴클레오티드의 서열

DNA sequencing (DNA 서열 분석) DNA 분자의 뉴클레오티드 서열을 결정하는 기술

DNA topoisomerase (DNA 토포이소메라아제) 한 가닥 또는 두 가닥의 폴리뉴클레오티드를 자르고 다시 붙임으로써 이중 나선에 생기는 회전을 제거하거나 생기게 하는 효소

DNA-binding motif (DNA-모티프) 이중 나선에 결합하는 DNA-결합 단백질의 한 부분

DNA-dependent DNA polymerase (DNA-의존성 DNA 폴리메라아제) DNA를 주형으로 사용하여 DNA를 복제하는 효소

DNA-dependent RNA polymerase (DNA-의존성 RNA 폴리메라아제) DNA를 주형으로 사용하여 RNA 복사본을 만드는 효소

dominant (우성) 이형접합체에서 발현되는 대립유전자

donor site (공여자 부위) 인트론의 5′ 말단의 스플라이싱 위치

double helix (이중 나선) 세포 내에서 염기쌍에 의해 형성된 이중 DNA 구조

double heterozygote (이중 이형접합체) 두 유전자에 대한 이형접합체를 가진 핵

double homozygote (이중 동형접합체) 두 유전자에 대한 동형접합체를 가진 핵

early genes (초기 유전자) 세균 세포의 감염 초기 단계 동안에 발현되는 박테리오파지 유전자; 초기 유전자의 산물은 보통 파지 게놈의 복제와 관련됨

effective population size (유효 집단 크기) 번식에 참여하는 개체군 일부의 크기

elogation factor (신장 인자) 전사 혹은 번역의 신장 단계에서 보조적 역할을 수행하는 단백질

ELSI (엘시) 인간 게놈 서열의 완전 해독으로 야기될 수 있는 특별한 윤리적, 법적, 사회적 문제들

embryonic stem (ES) cell (배아줄기세포) 생쥐 또는 다른 생물체의 배아로부터 분리된 전능성 세포

endogenous retrovirus (ERV, 내인성 레트로바이러스) 숙주 세포로 통합된 활성 또는 불활성 레트로바이러스 게놈

endonuclease (엔도뉴클레아제) 핵산 사슬 내부의 포스포다이에스터 결합을 자르는 효소

endosymbiont theory (내생공생설) 진핵생물에 존재하는 미토콘드리아와 엽록체는 공생하는 원핵생물로부터 유래하였다는 가설

enhancer (인핸서) 방향에 관계 없이 하나 또는 여러 유전자의 약간 먼 위치에 존재하여 전사율을 증가시키는 조절 서열

enzyme (효소) 하나 이상의 생화학 반응들을 촉매하는 단백질

epigenesis (후성설) 돌연변이가 포함하지 않은 게놈 내에서의 유전적 변화

episome (에피솜) 숙주 세포의 염색체로 통합될 수 있는 플라스미드

epistasis (상위성) 한 유전자에 있는 대립유전자가 다른 유전자의 대립유전자를 가리거나 무효화하는 현상

ethidium bromide (에티디움 브로마이드) 이중 사슬 DNA 분자의 염기쌍 사이에 들어가 돌연변이를 유발하는 화학 물질

ethlymethane sulfonate (EMS) (에틸메탄 설포네이트) 뉴클레오티드 염기에 알킬기를 부가시키는 돌연변이원

euchromatin (진정염색질) 비교적 덜 응축되어 활성화된 유전자로 생각되는 진핵세포 염색체의 부분

eukaryote (진핵생물) 막으로 둘러싸인 핵을 가진 생명체

excision repair (절제 수선) 여러 종류의 DNA 손상에서 폴리뉴클레오티드 부분을 제거하고 재합성하여 고치는 DNA 수선 과정

exit or E site (E 부위) tRNA가 탈아실화 후에 바로 이동하는 박테리아 리보솜 내의 위치

exon (엑손) 불연속 유전자 내의 암호화 부분

exon skipping (엑손 스키핑) RNA의 스플라이싱 과정 중에 하나 혹은 그 이상의 엑손은 생략하여 비정상적인 스플라이싱을 유도하는 과정

exonic splicing enhancer (ESE, 엑손 스플라이싱 인핸서) GU-AG 인트론의 스플라이싱 과정 중에 양성 조절을 수행하는 염기서열

exonic splicing silencer (ESS, 엑손 스플라이싱 침묵자) GU-AG 인트론의 스플라이싱 과정 중에 음성 조절을 수행하는 염기서열

exonuclease (엑소뉴클레아제) 폴리뉴클레오티드 사슬의 한 말단으로부터 한 번에 뉴클레오티드 하나씩 자르는 효소

expression proteomics (발현 단백질체학) 단백질체학에서 단백질을 확인하는 데 사용되는 방법

expression vector (발현벡터) 재조합 단백질을 합성하기 위해 고안된 클로닝 벡터의 특별한 형태

extrachromosomal gene (염색체외 유전자) 미토콘드리아와 엽록체에 존재한 유전자

F^+ cell (F^+ 세포) F 플라스미드를 가지고 있는 세균

F^- cell (F^- 세포) F 플라스미드를 가지고 있지 않은 세균

F′ cell (F′ 세포) 숙주 세균 DNA 분자에서 유래된 DNA의 작은 조각을 가지고 있는 수정된 F 플라스미드를 보유하고 있는 세균

F plasmid (F 플라스미드) 세균 사이에서 DNA의 접합 전달을 지시하는 생식 플라스미드

facultative heterochromatin (선택적 이질염색질) 일부 세포에서는 염색질이 응축된 상태이나 모든 세포에서 응축되지 않아 일부 세포에서 혹은 세포 주기의 한 시기에서 비활성화되는 상태의 염색질

FEN1 (펜1) 진핵세포의 지연 가닥 복제 시에 나타나는 주머니형 엔도뉴클레아제

fermenter (발효기) 미생물의 대규모 배양을 위한 용기

filamentous (사상형) 기본 단위체들이 막대모양 구조를 형성하도록 나선형으로 배열되어 있는 박테리오파지 또는 바이러스 캡시드

fitness (적응도) 개별 유전형질이나 유전자가 다음 세대로 전달되는 정도

fixation (고정) 한 개체군에서 하나의 대립유전자가 100%의 빈도에 도달

fixation index (고정계수) 두 개체군 사이에 나타나는 대립유전자 빈도 간에 차이의 정도를 나타내는 통계

flap endonuclease (플랩 엔도뉴클레아제) 진핵세포에서 지연 가닥의 복제에 관여함

fluorescent *in situ* hybridization (FISH, 형광염색법) 형광 물질이 표지된 염색체 특이적 표지자를 이용하여 유전자의 염색체 위치를 확인하는 방법

foldback RNA (접힌 RNA) 절단되어서 마이크로 RNA를 생성하는 RNA 분자 전구체

folding pathway (접힘 방법) 부분적으로 접힌 중간 매개체나 접히지 않은 단백질이 올바른 3차원 구조를 형성하는 연속적인 단계들

founder analysis (기원 분석) 인류 분할의 시간을 추정하기 위해 하플로 그룹의 다양성을 분석하는 방법

founder effect (창시자 효과) 한 개체군의 구성원이 나누어져서 소수 구성원이 새로운 개체군으로 발전

frameshift mutation (프레임시프트 돌연변이) 3의 배수가 아닌 뉴클레오티드의 삽입 혹은 제거가 일어나 번역의 틀을 바꾸는

돌연변이

F_{ST} value (고정 계수값) 두 개체군 사이에 존재하는 대립유전자 빈도 간의 차이의 정도를 나타내는 통계

fusion protein (융합 단백질) 2개의 폴리펩티드 또는 폴리펩티드의 일부가 융합되어 구성된 단백질

G1 phase (G1 기) 세포 주기의 첫 번째 간기

G2 phase (G2 기) 세포 주기의 두 번째 간기

gain-of-function mutation (기능 획득 돌연변이) 생물체에 새로운 기능을 획득하게 하는 돌연변이

gamete (배우자) 유성생식 동안 새로운 세포를 생성하기 위해 다른 배우자와 융합하는 보통 반수체인 생식세포

gap genes (간극유전자) 초파리 배아 내에서 위치 정보를 형성하는데 중요한 역할을 하는 발생 유전자

Gaussian distribution (가우스 분포, 정규 분포) 흔히 종 모양의 곡선 분포

GC box (GC 박스) 기본적인 프로모터 요소

gene (유전자) RNA 그리고/또는 폴리펩티드 분자를 암호화하기 위한 생물정보를 포함하고 있는 DNA 단편

gene addition (유전자 첨가) 생물체 안에 새로운 유전자 또는 유전자 그룹을 집어 넣는 유전 공학적 방법

gene amplification (유전자 증폭) 발현 속도의 증가를 통해 유전자의 복제수를 증가시키는 과정

gene expression (유전자 발현) 유전자에 저장되어 있는 생물학적 정보가 세포에 전달되어 세포가 이를 이용하는 일련의 사건들

gene subtraction (유전자 제거) 하나 또는 더 많은 생물체의 유전자를 불활성화 시키기 위한 유전 공학적 방법

gene therapy (유전자 치료) 유전자 또는 다른 DNA 서열을 질병 치료에 사용하는 임상 절차

genetic code (유전 암호) 단백질 합성 중 어떤 3중체가 어떤 아미노산을 암호화하는 지를 결정하는 규칙

genetic disease (유전 질환) 유전자 변이를 기초로 일어나는 질병

genetic drift (유전적 부동) 한 집단 내에서 무작위 교배에 의해 나타나는 대립유전자 빈도의 변화

genetic engineering (유전 공학) 병의 치료나 이로운 산물의 대량 생산을 목적으로 유전자의 합성이나 변형을 연구하는 학문

genetic material (유전 물질) 유전자를 구성하고 있는 화학 물질로서, RNA가 유전 물질인 몇몇 바이러스들 외에는 대부분의 생명체에서 DNA가 유전 물질로 알려짐

genetic profile (유전자 프로파일) 염기서열 증폭을 통해 확보된 염기서열을 전기영동 후 마이크로 새틀라이트 범위를 표시

genetic profiling (유전자 프로파일 분석) 유전자 프로파일을 분석하여 유전자의 특성을 제공

genetic use restriction technology (GURT, 유전적 이용 제한 기술) 농부가 매년 새로운 종자를 구입해야하므로 그들의 재정 상태를 보호하기 위해 GM 작물을 개발하고 사업화 시킬 수 있는 회사를 도우려는 계획

genetically modified (GM) plant (유전자 변형 식물) 효율적인 품종을 개발하기 위하여 유용한 유전자를 식물에 전환, 발현시킨 것

genetics (유전학) 유전에 관해 연구하는 생물학의 한 분야

genome (게놈) 살아 있는 생물체의 전체 유전적 구성물

genome browser (게놈 브라우저) 사용자가 유전자, RNA 및 반복 서열 같은 염기서열의 위치를 게놈 내에서 검토할 수 있는 웹 사이트

genomic imprinting (유전자 각인) 상동염색체에 존재하는 유전자 쌍 중에서 1개 유전자가 메틸화에 의한 불활성화

genotype (유전자형) 생물체의 유전적인 조성을 묘사

germ-line therapy (생식세포 치료) 유전자 치료의 한 유형으로 수정된 난자에 결함이 있는 유전자의 올바른 유전자를 제공한 후 수정란을 어머니에게 이식하는 치료 방법

glycosylation (글라이코실화) 폴리펩티드에 당 단위체의 결합

guanine (구아닌) DNA와 RNA에서 발견되는 퓨린 염기들 중의 하나

guanine methyltransferase (구아닌 메틸기 전달효소) 캡 형성 반응 중 진핵생물 mRNA의 5′ 말단에 메틸기를 붙이는 효소

guanylyl transferase (구아닌 전달효소) 캡 형성 반응의 첫 단계에서 진핵생물 mRNA의 5′ 최말단에 GTP를 붙이는 효소

guide RNA (안내 RNA) 팬-편집 과정 중에 RNA에 삽입되는 염기의 위치를 지정해 주는 짧은 RNA 분자

half-life (반감기) 원자의 분해 속도 혹은 분자의 분해 속도로 양이 절반으로 줄어드는 시간

haplogroup (하플로그룹) 연관성이 있는 하플로타입(haplotype) 염기서열의 집합

haploid (반수체) 각 염색체의 단일 복제본을 가지는 염색체

haploinsufficiency (반수체기능부전) 상동염색체 쌍에서 하나의 염색체에 있는 유전자의 불활성화로 일어나는 생물체 표현형의 변화

haplotype (단상형) 유전자의 서열 변이로, 여러 변이체들이 같은 표현형을 나타낼 때 "대립유전자" 대신 사용됨

Hardy-Weinberg equilibrium (하디-바인베르크 평형법칙) 유전자에 대하여 무한한 크기의 개체군에서 일어나는 대립유전자 사

이의 균형. 선택의 대상이 아님

head-and-tail (머리와 꼬리형) 핵산을 포함하는 정이십면체 머리와 숙주 세포로 핵산이 들어오는 것을 용이하게 하는 사상형 꼬리로 이루어진 박테리오파지 캡시드

heat shock module (열충격 모듈) 열 손상으로부터 세포를 보호하는 데 관여하는 유전자의 상위에 존재하는 조절 서열

helicase (헬리카아제) 이중 나선 DNA 분자의 염기쌍들을 절단하는 효소

helix-turn-helix motif (나선대나선 결합 모티프) DNA 분자에 단백질을 부착시키는 공통적 모티프

heredity (유전) 부모의 형질을 자식에게 물려줌

heterochromatin (이질염색질) 비교적 응축되어 전사되지 않는 DNA를 가진 것으로 알려진 염색질

heteroduplex (이형 이중 가닥) 2개의 이중 가닥 DNA 분자들이 한 쌍의 홀리데이 구조들에 의해 서로 연결되어 있는 재조합의 중간체

heterogenous nuclear RNA (hnRNA, 이종핵 RNA) RNA 폴리메라아제 II에 의해 형성되는 핵 유전자의 전사물을 구성하는 RNA

heteroplasmy (헤테로플라슴) 단일 세포 내에 두 종류 이상의 하플로 타입을 가진 미토콘드리아가 존재

heterosis (잡종 강세) 이형접합체가 한 개체군에서 가장 성공적인 유전형

heteroztgote (이형접합자) 특정 유전자에 대해 서로 다른 대립유전자를 포함하는 이배체 세포나 생물체

heterozygote advantage (이형접합자 장점) 이형접합체가 한 개체군에서 가장 성공적인 유전형

heterozygote superiority (이형접합자 우성) 이형접합체가 한 개체군에서 가장 성공적인 유전형

Hfr cell (Hfr 세포) DNA 분자가 F 플라스미드의 통합된 사본을 가지고 있는 세균

histone (히스톤) 뉴클레오솜에서 발견되는 염기성 단백질의 한 종류

histone acetyltransferase (HAT, 히스톤아세틸전이효소) 히스톤에 아세틸 그룹을 부착시키는 효소

histone code (히스톤 코드) 다양한 세포 활성에 영향을 미치는 히스톤 단백질의 화학적 변형 패턴에 대한 가설

histone deacetylase (HDAC, 히스톤 디아세틸라아제) 히스톤에서 아세틸 그룹을 제거하는 효소

hitchhiking (히치하이킹) 선택한 유전자가 연결되는 방식에 의해 하나의 대립유전자의 빈도가 증가되는 과정

Holliday structure (홀리데이 구조) 2개의 DNA 분자들 사이에 재조합 동안에 형성되는 중간 구조

holoenzyme (완전효소) 프로모터 서열을 인식할 수 있는 *Escherichia coli* RNA 폴리메라아제 형태로, $\alpha_2\beta\beta'\sigma$ 서브유닛 구성을 가짐

homeobox (호메오박스) 진핵생물체의 발생 과정에서 나타나는 몇몇 유전자 그룹, 즉 호메오도메인이라 불리는 DNA-결합(binding) 모티프를 암호화하는 잘 보존된 염기 요소

homeodomain (호메오도메인) 발생에 있어서 유전자 발현을 조절하는 많은 단백질에서 발견되는 DNA-결합 모티프

homeotic mutation (호메오틱 돌연변이) 서로 다른 곳에서 바뀌어 발생이 일어나는 돌연변이

homeotic selector gene (호메오틱 선택 유전자) 초파리 배아의 체절에서와 같이 몸의 부분을 결정하는 유전자

hominid (조상 인류) 인간, 침팬지, 고릴라 그리고 오랑우탄을 포함한 Hominidae라는 분류학적 범위의 하나

homologous chromosomes (상동염색체) 단일 핵에 존재하는 2개 이상의 동일한 염색체

homozygote (동형접합체) 특정 유전자에 대해 서로 동일한 대립유전자를 포함하는 이배체 세포나 생물체

horizontal gene transfer (수평적 유전자 전달) 한 종에서 다른 종으로 유전자의 전달

hormone response element (호르몬 반응 요소) 스테로이드 호르몬의 조절 효과를 매개하는 유전자의 상위에 위치하는 뉴클레오티드 서열

housekeeping protein (하우스키핑 단백질) 다세포 개체의 모든 또는 대부분의 세포에서 계속적으로 발현되는 단백질

Hsp70 chaperone (Hsp70 샤페론) 접힘을 돕기 위하여 다른 단백질의 소수성 부위에 결합하는 단백질 가족

hybridization probing (혼성화 탐침) 표지된 핵산 분자를 탐침자로 사용하여 이 분자에 염기쌍을 형성하는 상보적인 분자나 상동 분자들을 확인하는 방법

hydrogen bond (수소 결합) 산소 또는 질소와 같은 전기음성적인 원자와 또 다른 전기음성적인 원자에 결합되어 있는 수소원자 사이의 약한 정전기적 인력

hypervariable region (초다양성 지역) 미토콘드리아 내 유전자 염기서열 중 비번역 지역에 나타나는 염기 다양성 지역

icosahedral (정이십면체) 기본 단위체들이 핵산을 둘러싸는 3차원의 기하학적인 구조로 배열되어 있는 박테리오파지 또는 바이러스 캡시드

immunoelectron microscopy (면역전자현미경) 전자현미경의

한가지 기술로 표지된 항체를 단백질 표면에 결합시켜 그 리보솜과 같은 구조를 확인하는 것

imprint control element (각인 조절 요소) 각인된 유전자의 메틸화를 중재하며 각인된 유전자 클러스터 내에 존재하는 몇 kb 정도의 DNA 염기서열

inclusion body (봉입체) 상당한 양의 불용성 단백질을 포함한 세포 안의 결정체 퇴적

incompatibility group (비적합성군) 같은 세포에서 공존할 수 없는 종종 서로 연관된 여러 가지 다른 유형의 플라스미드를 포함

incomplete dominance (불완전 우성) 대립유전자 쌍의 어느 것도 우성을 보이지 않을 경우이며, 이형접합체의 표현형은 두 동형접합체의 중간에 해당하는 표현형을 나타냄

incomplete penetrance (불완전 침투율) 돌연변이가 주는 표현형의 한 성향으로 나중에 유발됨

inducer (유도자) 억제자에 결합함으로써 억제자가 조절자에 결합함을 방해하여 유전자 또는 오페론의 발현을 유도하는 분자

inducible operon (유도성 오페론) 억제자가 DNA-결합 부위에 결합함을 방해하는 유도자에 의하여 전사가 활성되는 오페론

induction (유도) (1) 유전자 측면: 화학적 혹은 다른 자극에 의해 유전자 또는 유전자 그룹의 스위치가 켜지는 현상 (2) 람다 파아지 측면 : λ 파아지에서 화학적 혹은 다른 자극에 의해 의 감염 용균모드의 스위치가 켜지는 현상

inheritance (유전) 부모에게서 자식으로 생물 정보가 전달됨

inherited disease (유전 질환) 게놈 상의 유전 결함에 의해 나타나는 질병

initiation codon (개시 코돈) 유전자의 번역이 시작되는 위치로 일반적으로 6′-AUG-3′로 나타남

initiation complex (개시 복합체) 전사나 번역을 시작하는 단백질 복합체

initiation factor (개시 인자) 번역 시작 동안 보조적 역할을 가지는 단백질

initiation region (개시 지점) 완전히 밝혀지지는 않았지만 DNA 복제가 시작되는 진핵세포 염색체 DNA의 부위

initiatior (Inr) sequence (개시 서열) RNA 폴리메라아제 II의 중심 프로모터의 구성 성분

insertion mutation (삽입 돌연변이) 하나 혹은 그 이상의 뉴클레오티드가 DNA 서열에 삽입되는 돌연변이

integron (유전자 모듬체) 플라스미드가 박테리오파지와 다른 플라스미드로부터 유전자를 포획할 수 있게 하는 한 세트의 유전자와 다른 DNA 염기서열

intercalating agent (삽입성 약물) 이중 사슬 DNA 분자의 인접한 염기쌍 사이의 공간에 들어가 돌연변이를 일으키는 화합물

intergenic DNA (유전자간 DNA) 게놈에서 유전자를 포함하고 있지 않는 부분

internal ribosome entry site (IRES, 내부 리보솜 진입 부위) 몇몇 진핵생물의 mRNA의 내부 위치에서 리보솜이 조립될 수 있는 뉴클레오티드 서열

interphase (간기) 세포 분열 사이의 시기

interrupted mating (중절 교배) 세균 유전자의 접합 지도 작성을 위한 절차의 일부로서 사용되고, 종종 강력한 교반에 의해 초래되는 세균 사이에서 접합의 인위적인 중지

interspersed repeat (산재성 반복 서열) 게놈 상에 반복적으로 산재해 있는 염기서열

intrinsic terminator (내재성 종결자) Rho의 관여없이 전사 종결이 일어나는 박테리아 DNA에서의 위치

intron (인트론) 불연속 유전자 내의 비암호화 부분

inversion (역위) 분자 일부가 제거되고 역방향으로 같은 위치에 재삽입되는 돌연변이

inverted repeat (역반복) DNA 분자에서 2개의 동일한 뉴클레오티드 서열이 정반대 방향으로 반복되는 것

iron-response element (철-반응 요소) 철 흡수와 저장에 관여하는 유전자의 상위에 위치하는 조절 서열

isoaccepting tRNAs (동일 아미노산 수용 tRNAs) 같은 아미노산과 아미노아실화 과정을 갖는 2개 혹은 그 이상의 tRNA

isoelectric focusing (등전점 전기영동) 전기장이 주어졌을 때 형성되는 pH의 분포에 따라 화합물을 포함하는 겔에서 단백질을 분리

isoelectric point (등전점) 단백질의 전하량이 0이 되는 pH 분포 위치

isotope-coded affinity tag (ICAT) 각각의 단백질체학을 표지하기 위하여 사용되는 정상 수소와 중수소 원자들을 포함한 표시자

junk DNA (정크 DNA) 게놈 상에 존재하는 여러 유전자 중 번역되지 않는 유전자 단위

karyogram (핵형도) 세포의 전체 염색체의 보완으로 세포 중기에서 표현되는 각각의 염색체 모습

kilobase pair (kb) 1000 염기쌍

kinetochore (동원체) 방추체 미소관이 부착하는 동원체의 부분

knockout mouse (녹아웃 마우스) 일반적으로 암호화 서열의 일부분을 *in vitro* 선택 마커로 치환하거나, 상동성 재조합에 의해 변형된 유전자를 게놈에 삽입함으로써, 유전자 기능이 없어진 생쥐

Kozak consensus (코작 공동 서열) 진핵생물 mRNA의 개시 코

돈 주위에 위치한 뉴클레오티드 서열

labeling (표지화) 뉴클레오티드를 핵산 분자에 붙이는 것. 표지물은 종종 방사능으로 혹은 형광으로 표지됨

lagging strand (지연가닥) DNA 복제시 이중 나선 중 폴리뉴클레오티드가 불연속적으로 합성되는 가닥

late genes (후기 유전자) 감염 주기의 마지막 단계 동안 발현되는 박테리오파지 유전자. 후기 유전자는 보통 새로운 파지 입자들의 합성을 위해 필요한 단백질을 암호화함

latent period (잠복기) 세균 세포로 파지 게놈의 주입과 세포의 용균이 발생하는 시간 사이의 기간

leading region (선도가닥) DNA 복제시 이중 나선 중 폴리뉴클레오티드가 연속적으로 합성되는 가닥

leading strand (선도가닥) DNA 복제시 이중 나선 중 폴리뉴클레오티드가 연속적으로 합성되는 가닥

lethal allele (치사 대립유전자) 치명적인 돌연변이를 포함하는 대립유전자로 생물체 발달시기의 초기에 사멸함

lethal mutation (치사 돌연변이) 세포나 생물체의 죽음을 일으키는 돌연변이

leucine zipper (루신 지퍼) DNA-결합 단백질들에 일반적으로 발견되는 이합체 도메인

LINE (long interspersed nuclear element, 긴 산재성 핵 인자) 인간 게놈 내에 존재하는 레트로트랜스포존의 일종

linkage (연관) 같은 염색체에 있는 두 유전자 사이의 물리적인 연결 관계

linkage analysis (연관 분석) 유전적 교배에 의해 유전자의 위치를 지도로 만드는 데 사용되는 과정

linkage group (연관군) 연관을 보이는 유전자 군으로 진핵생물의 단일 연관군은 하나의 염색체에 존재

linker DNA (연결 DNA) 뉴클레오솜을 연결시키는 DNA: 염색질 구조의 'beads-on-a-string' 모델에서의 string

linker histone (연결히스톤) 뉴클레오솜 핵심 팔량체의 바깥쪽에 놓인 H1 히스톤

liposome (리포솜) 유전 물질을 동물 세포나 식물 세포에 도입시키는 데 이용하는 지질 운반체

lod score (lod 값) 혈통 분석에 의해 밝혀진 연관의 통계학적 측정

long patch repair (롱패치 수선) 2 kb DNA까지 제거하고 재합성하여 고치는 대장균의 뉴클레오티드 절제 수선 과정

long terminal repeat (LTR, 긴 말단 반복 배열) 어떤 유형의 전이 인자 말단들에 존재하는 반복 서열

loss-of-function mutation (기능 상실 돌연변이) 단백질 활성을 없애거나 감소시키는 돌연변이

M phase (M 기) 유사 분열이나 감수 분열이 일어나는 세포 주기의 시기

MADS box (MADS 박스) 식물 발생에 관여하며 몇몇 전사활성자 안에서 발견되는 DNA-결합 영역

maintenance methylation (메틸화 유지) 부모 DNA 가닥의 메틸화된 위치와 새로 합성된 DNA 가닥이 일치하는 곳에 부착되는 메틸기

major groove (큰 홈) DNA의 B-형태 표면 주위를 나선형으로 감싸고 있는 2개의 홈 중 큰 부분

MAP kinase system (MAP 키나아제 시스템) 신호전달체계

map unit (지도 단위) 한 염색체의 두 유전자 사이의 거리를 나타내는 단위로 센티모건으로 대체됨

mass spectrometry (질량 분석법) 전하량-질량 비율에 따라 이온들을 분리하는 분석학적 기술

maternal-effect gene (모성효과 유전자) 배아에 있는 유전자로부터 합성되는 것이 아니라, 모계에 의한 mRNA에 의해 발현되는 초파리 유전자

matrix-assisted laser desruption ionization time-of-flight (MALDI-TOF, 말디토프) 단백질체학에 사용되는 질량 분석법의 한 형태

matrix-associated region (MAR, 기질관련 부위) 진핵세포 유전체의 AT가 많은 부분으로 핵 기질에 부착하는 부위

maximum parsimony method (최단거리분석법) 유전 계통을 확인하는 방법

mediator (매개체) RNA 폴리메라아제 II의 가장 큰 소단위의 카르복실 말단과 여러 활성 인자 사이의 접촉을 형성하는 단백질 복합체

megabase pair (Mb) 1000 kb; 1,000,000 bp

meiosis (감수 분열) 이배체 핵이 반수체 배우자들로 전환되고, 두 번의 핵 분열을 포함하는 일련의 사건

messenger RNA (mRNA, 전령 RNA) 단백질을 암호화하는 유전자의 전사체

metabolome (대사체) 특정 조건에서 세포 대사 산물의 총칭

metacentric (중부) 동원체가 중앙에 위치하는 염색체

metagenome (메타게놈) 다양한 종류의 미생물이 존재하는 환경에서 확보한 전체 게놈의 총칭

metaphase (중기) 세포 분열이 일어나는 시기로 염색체가 핵 부분 중앙에 배열됨

metaphase chromosome (중기 염색체) 염색질이 최대로 응축

되어 띠 모양의 양상을 보이는 세포 분열 중기의 염색체

metastasis (전이) 체내에서 암세포가 다른 세포로 이동되어 새로운 암을 유발하는 과정

methyl-CpG-binding protein (MeCP, 메틸-CpG-결합단백질) 메틸화된 CpG 섬에 결합하여 히스톤의 아세틸화에 영향을 줄 수 있는 단백질

MGMT (O^6-methylguanine-DNA methyltransferase) (O^6-메틸구아닌-DNA 메틸기전달효소) 메틸화된 CpG 섬에 결합하여 부근의 히스톤을 아세틸화하는 단백질

microinjection (미세 주입) 핵 내로 새로운 DNA를 직접 주입하는 방법

microRNA (miRNA, 마이크로 RNA) 진핵세포에서 유전자 발현을 조절할 수 있는 매우 짧은 RNA이며, RNA 간섭과 유사한 과정을 통해 역할을 수행

microbiome (미생물체) 특정 표면이나 인간과 같은 동물의 내부에 존재하는 미생물 군집의 총칭

microevolution (소진화) 시간이 지남에 따라 한 개체군에서 발생하는 대립유전자 빈도의 변화

microsatellite (마이크로 새틀라이트) 2, 3, 4개의 염기서열이 하나의 단위로 구성되어 반복적으로 존재하는 DNA 서열. STR (simple tandem repeat)이라고도 부름

minisatellite (미니새틀라이트) 짧은 반복 배열이 ~10개 사본 염기쌍 미만으로 이루어진 DNA. 반복 배열의 길이는 10개의 염기쌍으로 측정한다. 반복 수는 각 게놈에 따라 다양하다. VNTR 이라고도 불림

minor groove (작은 홈) DNA의 B-형태 표면 주위를 나선형으로 감싸고 있는 2개의 홈 중에서 작은 부분

mismatch (미스매치) DNA의 이중 결합에서 베이스 간의 결합이 상보적으로 이루어지지 않은 위치: 베이스가 상보적으로 되어 있지 않은 곳에서는 복제 오류가 생길 수 있음

mismatch repair (미스매치 수선) 딸 뉴클레오티드의 부정확한 뉴클레오티드를 교체하여 미스매치가 일어난 뉴클레오티드 쌍을 고치는 DNA 수선 과정

mitochondrial Eve (미토콘드리아 이브(기원 인류)) 14만 년에서 29만 년 전에 아프리카에서 살았던, 현존 인류에게 존재하는 미토콘드리아를 전달해 준 최초의 여자

mitochondrial genome (미토콘드리아 게놈) 진핵세포에서 미토콘드리아에 존재하는 게놈

mitosis (체세포(유사) 분열) 핵 분열이 일어나는 일련의 이벤트

mitotic spindle (유사 분열 방추사) 세포 분열에서 일어나는 미소관의 배열로 핵이 있는 부분의 자리에 위치함

model building (모델 구성) 생물학적 분자의 축적 모델을 만들어서 그 분자의 가능한 구조들을 평가하는 실험적 접근법

model organism (모델 생물) 연구하기 어려운 생물체를 위해 중요한 정보를 제공할 수 있는 상대적으로 연구하기 쉬운 생물체

molecular approach (분자적 접근) 유전학 연구에 대한 접근법 중 하나로 유전자의 유전 자체 보다는 DNA의 기능을 출발점으로 함

molecular chaperon (분자 샤페론) 다른 단백질들의 접힘을 돕는 단백질

molecular clock (분자시계) 각 시간들을 계통도에서 분기점으로 표현되는 유전자 복제가 일어난 시기들로 지정할 수 있는 기준 돌연변이 속도에 근거한 장치

molecular phylogenetics (분자 계통 발생론) 염기서열을 비교하여 유추할 수 있는 DNA 서열 사이의 진화 관계를 규명할 수 있는 활성화 기술의 집합

monogenic (단성) 단일 유전자의 결함으로 인해 나타나는 유전 질환

monomer (단위체) 중합체를 형성하는 구조 단위 중 하나

motor protein (운동 단백질) 세포의 이동성에 관여하는 단백질

mRNA surveillance (mRNA 감시) 진핵세포에서 RNA 분해의 과정

multigene family (다유전자군) 관련된 뉴클레오티드 서열을 가지는 유전자의 집단으로 무리를 이루거나 분산되어 있음

multiplex PCR (멀티플렉스 PCR) 단일 반응에 2개 이상의 프라이머 조합을 이용하여 유전자 증폭에 이용하는 연쇄 융합 반응

multipoint cross (다중 교배) 3개 혹은 그 이상의 표지자의 유전성이 추적되는 유전적 교배

multiregional evolution (다지역 진화론) 고대 인류에서 유래한 현생 인류가 백만 년 전에 아프리카를 떠난 *Homo erectus* 집단에서 유래했다는 가설

mutagen (돌연변이원) DNA 분자에 돌연변이를 유발하는 화학적 물리적 요인

mutasome (돌연변이체) 대장균의 SOS 반응에서 형성되는 단백질 복합체

mutation (돌연변이) DNA 분자의 뉴클레오티드 서열에서의 변화

N-degron (N-데그론) 단백질 분해에 영향을 미치는 아미노 말단에 위치한 아미노산 서열

N-linked glycosylation (N-linked 글라이코실화) 폴리펩티드 안에 위치한 아스파라긴 부위에 당 단위체의 결합

N terminus (N 말단) 자유 아미노기를 갖는 폴리펩티드의 말단

natural selection (자연 선택) 해로운 대립유전자는 도태되고 주위 환경에 보다 잘 적응하는 형질이 선택됨

neighbor-joining method (연관 방법) 계통도 구성을 위해 사용되는 방법 중 하나

neutral theory (중립설) 한 개체군 내에서 유전적 부동(genetic drift)이 대립유전자 빈도를 결정하는 데 가장 중요한 요인이라는 이론

next generation sequencing (차세대 염기서열 분석) 단일 실험을 통해 백만 베이스 이상의 염기서열을 분석할 수 있는 최신 방법

noncoding RNA (비번역 RNA) 단백질로 번역되지 않는 RNA

nonhomologous end-joining (NHEJ, 비상동성 말단 접합) DNA 분자 이중 사슬의 절단을 수선하는 과정

nonpolar (비극성) 소수성 화학그룹

nonsence mutation (정지돌연변이) 한 아미노산에 대한 삼중자 암호를 종결 코돈으로 바꾸는 뉴클레오티드 서열 변화

nonsynonymous mutation (과오 돌연변이) 한 아미노산에 대한 코돈을 다른 아미노산의 코돈으로 바꾸는 돌연변이

normal distribution (정규 분포) 종 모양의 분포

nuclear matrix (핵기질) 세포에 펴져 있는 단백성의 지지대 네트워크

nuclease (뉴클레아제) 핵산 분자를 분해시키는 효소

nuclease protection experiment (핵산 분해 효소 보호 실험) DNA 혹은 RNA 분자에 단백질이 결합하는 위치를 확인하기 위해 핵산 분해 효소를 사용하는 실험 방법

nucleic acid (핵산) 진핵세포의 핵으로부터 분리한 화학적 조성물로 처음 설명되어 사용해 왔으며, 예를 들면 DNA와 RNA가 있음

nucleic acid hybridization (핵산 혼성화) 상보적인 폴리뉴클레오티드 사이에서 염기 결합을 통해 이중 결합이 형성되는 과정

nucleoid (핵양체) 원핵생물 세포에서 DNA를 가지고 있는 영역

nucleolus (핵소체) 진핵세포의 핵에서 rRNA가 생성되는 부위

nucleoplasm (핵질) 일반적으로 세포의 유전 물질을 포함하고 있는 핵 내에 존재하는 모든 물질의 총칭

nucleoside (뉴클레오시드) 5-탄당에 퓨린이나 피리미딘 염기가 결합되어 형성된 화합물

nucleosome (뉴클레오솜) 크로마틴에서 기본적 구조인 히스톤-DNA의 복합체

nucleosome remodeling (뉴클레오솜 리모델링) 뉴클레오솜과 결합한 DNA에 연관되어 뉴클레오솜의 위치에 변화를 줌

nucleotide (뉴클레오티드) 일인산, 이인산, 또는 삼인산이 결합된 5-탄당에 퓨린이나 피리미딘 염기가 결합되어 형성된 화합물. DNA와 RNA의 단위체 단위

nucleotide excision repair (뉴클레오티드 절제 수선) 폴리뉴클레오티드를 제거하고 재합성함으로써 다양한 DNA 손상을 복구하는 수선 과정

O-linked glycosylation (O-linked 글라이코실화) 폴리펩티드 안에 위치한 세린 또는 스레오닌 부위에 당 단위체의 결합

octamer sequence (옥타머 서열) 기본적인 프로모터 요소

Okazaki fragment (오카자키 절편) 이중 나선의 지연 가닥의 복제 동안 합성되는 RNA-primed DNA의 짧은 절편들 중의 하나

oligonucleotide (올리고뉴클레오티드) 합성된 짧은 단일 가닥의 DNA 분자

'ome (옴) 집합적으로 연구되는 생물학 분야의 데이터를 표현한 용어, 예를 들어 전사체(transcripome)는 세포 안에 존재하는 모든 mRAN를 나타내며, 단백질체(proteome)는 모든 단백질들을 나타냄

oncogen (발암 유전자) 종양 형성을 일으키는 환경적 요인

oncogene (종양 유전자) 세포 변형을 일으킬 수 있는 레트로바이러스에 의해 운반되는 유전자

one-step growth curve (1단계 증식 곡선) 용균성 박테리오파지에 대한 단일 감염 주기

open promoter complex (열린 프로모터 복합체) 전사 개시 복합체의 조립 중에 형성되는 구조로, 염기쌍들이 절단되어 DNA가 열린 후에 RNA 폴리메라아제만으로 혹은 프로모터에 결합된 보조 단백질과 함께 구성됨

open reading frame (ORF, 오픈 리딩 프레임) 개시 코돈으로 시작하여 종결 코돈으로 끝나며 단백질을 구성하는 아미노산으로 번역될 수 있는 3염기들로 구성된 DNA 배열

operator (작동 유전자) 유전자 또는 오페론의 전사를 방해하기 위하여 억제자가 결합하는 뉴클레오티드 서열

operon (오페론) 박테리아 게놈 안에 가까이 존재하는 여러 유전자의 세트이며, 하나의 프로모터에 의하여 전사되고 동일한 조절 부위에 의하여 지배 받음

origin of replication (복제 기점) 복제가 시작되는 DNA 상의 위치

origin recognition complex (ORC, 복제 개시점 인식 복합체) 복제 개시점 인식 서열에 결합하는 단백질 그룹

origin recognition sequense (복제 개시점 인식 서열) 진핵세포

의 복제 기점을 구성하는 서열

Out of Africa (아프리카 기원설) 현 인류가 5~10만 년 전에 아프리카에 존재했던 인류로부터 유래했다는 기원설. *Homo erectus* 가 여기에 해당

overdominance (초우성) 이형접합체가 한 개체군에서 가장 성공적인 유전형

overlapping genes (중복 유전자) 암호화 영역들이 중복되어 있는 2개의 유전자

peptidyl or P site (P 부위) 번역이 일어나는 동안 성장하는 폴리펩티드에 부착된 tRNA가 차지하는 부위

pair-rule genes (쌍-지배 유전자) 초파리 배아의 기본적 패턴을 구축하는 발생 유전자

paleogenomics (고고유전학) 단절된 종 간의 게놈 분석을 통해 진화를 연구하는 분야

pan-editing (팬-편집) 축약된 RNA 분자에 뉴클레오티드의 삽입을 통해 기능을 부여하는 과정

paper chromatography (종이 크로마토그래피) 여러 화합물들이 섞여 있는 혼합물을 거름종이 한쪽 끝에 놓은 후, 유기 용매에 거름종이 한쪽 끝만 담가 용매가 이동할 때 화합물들도 함께 이동하면서 분리되는 크로마토그래피 방법

pararetrovirus (파라레트로바이러스) 캡시드가 바이러스 게놈의 DNA 버전을 가지고 있는 바이러스

parental genotype (부모 유전자형) 유전적 교배에서 하나 혹은 양쪽 부모가 갖고 있는 유전자형

pedigree analysis (가계도 분석) 혈족에 대하여 대립유전자의 유전자형을 파악하여 분석

pentose (5 탄당) 5개의 탄소 원자로 구성된 당

peptide bond (펩타이드 결합) 폴리펩티드에서 아미노산끼리 연결되는 결합

peptide mass fingerprinting (펩티드 질량 검식법) 서열 특이적 프로테아제에 의해 잘려진 단백질들의 질량 분석적 성질에 의하여 단백질을 알아 내는 방법

peptidyl site (펩티딜 부위) 번역 동안 연장되고 있는 펩티드에 결합한 tRNA가 결합하는 리보솜 상의 위치

peptidyl transferase (펩티딜 전이 효소) 번역 동안 펩티드 결합을 합성하는 효소

PEST sequence (PEST 서열) 특정 단백질의 서열 안에서 발견되며, 이 단백질의 분해에 영향을 미치는 아미노산 서열

pharming (파밍) 사육되는 동식물을 유전적으로 변형시킨 것. 그 동식물은 재조합 의약 단백질을 합성할 수 있음

phenotype (표현형) 세포 혹은 생물체에 의해 표현되는 관찰 가능한 특성

Philadelphia chromosome (필라델피아 염색체) 만성 골수성 백혈병 환자의 조혈 세포에 존재하는 염색체로 9번과 22번 염색체 간의 전위를 통해 나타나는 비정상적인 염색체

phosphodiester bond (인산 디에스테르) 결합 폴리뉴클레오티드에서 인접한 뉴클레오티드들 사이의 화학 결합

phosphodiesterase (인산 디에스테르 가수분해효소) 인산 디에스테르 결합을 깨뜨리는 효소의 종류

photoproduct (광분해 생성물) DNA에 자외선 조사를 하여 만들어진 변형된 뉴클레오티드

photoreactivation (광회복) 사이클로 부틸 이합체와 (6-4) 광생성물이 광-활성화 효소에 의해 수정되는 DNA 수선 과정

phylogenetic tree (계통수) 계통 또는 종, 염기서열 사이의 진화적 상관 관계

physical mapping (물리학적 유전지도) DNA 분자의 직접 검사에 의해 제시된 마커의 위치를 표시한 지도

pilus (선모) 접합 동안에 한 쌍의 세균을 맺어주는 데 관련되는 구조이며, DNA가 통과하여 전달되는 관

plasmid (플라스미드) 세균과 일부 다른 세포 유형들에서 종종 발견되는 일반적으로 원형 DNA 조각

plectonemic (이중 나선적) 두 가닥들의 풀림에 의하여 분리되는 이중 나선

point mutation (점돌연변이) DNA 분자에서 단일 뉴클레오티드 변화로 일어나는 돌연변이

polar (극성) 친수성 화학그룹

poly(A) polymerase (poly(A) 폴리메라아제) 진핵생물 mRNA의 3′ 말단에 poly(A) 꼬리를 붙이는 효소

poly(A) tail (poly(A) 꼬리) 진핵생물 mRNA의 3′ 말단에 결합된 일련의 아데노신 뉴클레오티드들

polyacrylamide (폴리아크릴아미드) 아크릴아미드 단위체로 구성된 중합체로 젤 전기영동에서 매트릭스로 사용됨

polyadenylation site (아데닐산 중합 반응 위치) poly(A) 꼬리가 결합하는 진핵생물 mRNA 내의 위치

polymer (중합체) 동일한 혹은 유사한 단위로 구성된 긴 사슬의 화합물

polymerase chain reaction (PCR, 폴리메라아제 연쇄 반응) DNA 분자의 어떤 부분을 선택적으로 증폭시키는 기술

polymorphic (다형성) 전체 인구가 가진 대표적인 대립유전자 또는 단상형으로 제공되는 정보

polynucleotide (폴리뉴클레오티드) 단일-사슬의 DNA 또는 RNA 분자

polynucleotide kinase (폴리뉴클레오티드 키나아제) DNA 분자의 5′ 말단에 인산기를 부착시키는 효소

polypeptide (폴리펩티드) 아미노산 중합체

polyprotein (다단백질) 성숙된 단백질을 형성하기 위한 단백질 절단에 의하여 가공되는 연결 단백질의 여러 단계로 구성된 번역 산물

polypyrimidine tract (폴리피리미딘 트랙) GU-AG 인트론의 3′ 말단에 피리미딘이 많이 존재하는 부위

polysome (폴리솜) 하나 이상의 리보솜에 의하여 동시에 번역되어지는 mRNA 분자

positional information (위치 정보) 생물체의 발생에 있어서 어떤 특별한 위치에서 어느 유전자가 발현할 것인지를 알 수 있는 정보

post-replication complex (post-RC, 후복제 복합체) pre-RC에서 유도된 복제 과정 동안 진핵세포 복제 기점에서 만들어지는 단백질 복합체로 이 복제 기점이 세포 주기에서 한 번만 일어나게 함

post-translational chemical modification (전사 후 화학적 변형) mRNA의 번역에 의해 단백질이 합성된 후 일어나는 단백질의 화학적 변형

postzygotic isolation (접합 후 격리) 잡종 접합자가 여러 이유로 성숙할 수 없는 경우, 노새와 같이 잡종이 불임인 경우, 잡종의 생존율이 극히 낮거나 잡종이 언제나 한쪽 성 만을 갖고 태어나는 경우

pre-initiation complex (전-개시 복합체) 진핵생물에서 단백질 합성 동안 리보솜 소단위, 개시 tRNA와 mRNA에 결합하는 보조적 요소를 포함하는 구조. 이 구조는 역시 RNA 폴리메라아제 II에 의하여 전사되는 유전자의 핵심 프로모터 위치에서 형성

pre-replication complex (pre-RC, 전-복제 복합체) 진핵세포 복제 기점에서 형성되는 단백질 복합체로 복제 개시를 유도

pre-rRNA (프리 rRNA) 유전자의 일차 대사체 혹은 rRNA의 특정 유전자 그룹

prepriming complex (프리프라이밍 복합체) DNA 분자에서 복제 포크의 형성을 시작하는 단백질 복합체로 6 카피의 DnaB와 6 카피의 DnaC로 구성

prezygotic isolation (접합 전 격리) 서로 다른 공간에 서식하여 만나지 못하거나 활동 시간대가 다른 경우, 생식기의 구조가 서로 다르게 변화하여 짝을 지을 수 없는 경우, 화학적인 이유로 정자와 난자가 수정이 되지 않는 것과 같은 경우

Pribnow box (프리브노 박스) 박테리아 프로모터의 구성 성분

primary structure (일차 구조) 폴리펩티드의 아이노산 서열

primase (프리마아제 박테리아) DNA 복제 동안 RNA 전구체를 합성하는 RNA 폴리메라아제

primer (프라이머) 단일-사슬 DNA에 분자에 결합하여 새로운 가닥 합성을 위한 출발점을 제공하는 짧은 올리고뉴클레오티드

primosome (프리모솜) DNA 복제에 관여하는 단백질 복합체

principal component analysis (주성분 분석) 다양한 특성을 나타낸 유전자의 상태를 큰 데이터 세트에서 패턴 식별을 통해 시도하는 분석

prion (프리온) 순수하게 단백질로 구성된 독특한 감염 인자

processing (가공) RNA 또는 DNA 분자의 화학적 혹은 물리적 구조를 변하게 하는 과정들

proflavin (프로플라빈) 이중 결합을 형성하고 있는 염기 사이에 끼어 들어 프레임의 변화에 의한 돌연변이를 일으키는 화학물질로 아크리딘 염료의 일종

prokaryote (원핵생물) 핵이 별개의 구조로 둘러싸여 있지 않은 세포로 구성된 생명체

proliferating cell nuclear antigen (PCNA, 증식 세포 핵 항원) 진핵생물의 DNA 복제에 관여하는 부속의 단백질

prometaphase (전중기) 미세소관이 염색체에 부착하는 세포 분열의 시기

promiscuous DNA (전이 DNA) 세포 기관으로부터 다른 게놈으로 전이되는 DNA

promoter (프로모터) RNA 폴리메라아제가 전사를 개시하기 위해 결합하는 유전자의 상류 뉴클레오티드 염기서열

proofreading (교정 능력) 3′ → 5′ 엑소뉴클레아제 활성은 주형-의존성 DNA 폴리메라아제가 막 합성된 가닥의 3′ 말단으로부터 뉴클레오티드를 제거할 수 있는 데, 이 활성은 폴리메라아제가 부정확하게 삽입된 뉴클레오티드를 제거함으로써 실수를 교정함

prophage (프로파지) 용원성 박테리오파지 게놈의 통합된 형태

prophase (전기) 염색체가 응축하는 세포 분열의 시기

protease (프로테아제) 단백질을 분해하는 효소

protein electrophoresis (단백질 전기영동) 전기영동 겔 안에서 단백질들을 분리

proteosome (프로테오좀) 다른 단백질들의 분해에 관여하는 다단위체 단백질 구조

protein electrophoresis (단백질 전기영동) 전기영동 겔에서 단백질들을 분리하는 방법

protein profiling (단백질 프로파일링) 단백질체에서 단백질을 확인하는데 사용되는 방법

proteome (단백질체) 세포에 존재하는 단백질들의 총칭

proteomics (단백질체학) 단백질체를 연구하는 데 사용되는 다양한 기술

proto-oncogene (원발암 유전자) 종양 유전자의 정상 세포학적 버전

protomer (프로토머) 바이러스 단백질 외투를 협동해서 만드는 개별적인 폴리펩티드의 소단위체들 중의 하나

pseudogene (위유전자) 불활성화되어 기능을 잃은 유전자

punctuation codon (구두점 코돈) 유전자의 시작 혹은 종결을 나타내는 코돈

Punett square (푸네트 정방형) 유전적 교배에서 표현되는 자손의 유전자형을 예측하는 표로 나타낸 분석

pure breeding (순수 교배법) 자가 수정에서 나오는 자손의 표현형이 부모와 같을 때 동형접합체 식물의 집단

purine (퓨린) 뉴클레오티드에서 발견되는 두 가지 형태의 질소 염기 중 한 형태

pyrimidine (피리미딘) 뉴클레오티드에서 발견되는 두 가지 형태의 질소 염기 중 한 형태

pyrosequencing (피로시퀀싱) chemiluminescent 효소 반응을 이용한 염기서열 분석에 사용되는 기술

quantitative trait (양적 형질) 키와 같은 표현형으로 집단에서 연속적인 분포의 양상을 보이며 대체로 여러 유전자의 연합된 효력으로 결정됨

quaternary structure (4차 구조) 2개 혹은 그 이상의 폴리펩티드들이 결합하여 나타내는 단백질의 구조

R group (R 그룹) 아미노산의 성질을 나타내는 여러 가지 그룹

reading frame (리딩 프레임) DNA 염기서열의 삼중항 코드의 연속된 서열

readthrough mutation (번역초과 돌연변이) 종결 코돈이 한 아미노산을 지정하는 코돈으로 변화되는 돌연변이로 종결되지 않고 초과 번역됨

RecA 상동 재조합에 포함된 *Escherichia coli* 단백질

RecBCD enzyme (RecBCD 효소) *Escherichia coli*에서 상동 재조합에 관여하는 효소 복합체

recessive (열성) 이형접합체에서 표현되지 못하는 대립유전자

reciprocal strand exchange (상호 가닥 교환) 한 분자의 말단이 다른 분자의 말단과 교환되는 그러한 재조합의 결과로 발생하는 2개의 이중 가닥 분자들 사이에서의 DNA 교환

recognition helix (인식 나선 구조) DNA 결합 단백질의 α 나선 구조로 결합하고자 하는 염기서열을 인식하는 역할을 함

recombinant (재조합체) 어버이로부터 표현되는 대립유전자의 조합들을 가지고 있지 않는 자손들

recombinant DNA molecule (재조합 DNA 분자) 정상적으로는 결합되지 않으나 시험관 내에서 DNA 조각을 붙여 창조된 DNA 분자

recombinant genotype (재조합 유전자형) 부모에 나타나는 대립유전자의 조합을 가지지 않는 자손의 유전자형

recombinant protein (재조합 단백질) 클론된 유전자 발현의 결과로 재조합 세포에서 합성된 단백질

recombination (재조합) 상동염색체들 쌍들 사이에서의 교차의 결과와 교차의 근거가 되는 DNA 분자들의 절단과 재결합을 포함하는 물리적인 과정

recombination frequency (재조합 빈도) 유전적 교배에서 나오는 재조합 자손의 비율

recombination hotspot (재조합 핫스팟) 교차가 대체로 염색체의 평균보다 높은 비율로 일어나는 염색체의 부분

regulatory gene (조절 유전자) 억제자처럼 다른 유전자의 발현의 조절에 관여하는 단백질을 발현하는 단백질

regulatory protein (조절 단백질) 하나 이상의 세포 활성을 조절하는 단백질

relaxed plasmid (이완형 플라스미드) 복제가 숙주 게놈의 복제에 연결되지 않으므로 세포 내에 많은 사본들로서 존재할 수 있는 플라스미드

release factor (방출 인자) 번역 종결 동안 보조적 역할을 가지는 단백질

renaturation (재활성화) 불활성화되었던 분자가 다시 활성화되는 현상

replication factory (복제 공장) DNA 복제 부위인 핵 매트릭스에 결합된 대단위 구조

replication fork (복제 포크) DNA 복제가 일어날 수 있게 풀려진 DNA 이중 나선 부위

replication licensing factor (RLFs, 복제 허가 인자) DNA 복제를 조절하는 일련의 단백질들로 세포 주기에서 단 한 번의 복제가 일어나게 함

replication protein A (RPA, 복제 단백질 A) 진핵생물 DNA의 복제에 관여하는 단일 가닥 결합 단백질

replication slippage (복제 슬리피지) 미세 위성 DNA 같은 직렬 반복의 반복 단위를 증가 혹은 감소를 일으키는 복제에서의 오류

replisome (레프리솜) DNA 복제에 관여하는 단백질들의 복합체

repressible operon (억제 오페론) 공동 억제자와 결합하여 작동하는 억제자에 의하여 전사가 불활성되는 오페론

repressor (억제 인자) 박테리아에서 유전자 또는 오페론의 발현의 조절에 관여하는 조절 단백질

resistance or R plasmid (내성 또는 R 플라스미드) 하나 또는 그 이상의 항생제에 대한 내성을 숙주 세균에게 부여하는 유전자를 가지고 있는 플라스미드

resolution (분해능) 이중 DNA 분자에서 재조합 쌍의 분리

restriction fragment length polymorphism (RFLP, 제한 효소 단편 길이 다형성) 적절한 제한 효소 처리로 만들어진 단편의 길이 차이로 생긴 제한 효소 부위에 대한 유전적 차이

restriction fragment length polymorphism analysis (RFLP, 제한 효소 단편 길이 다형성 분석) 게놈 내에 RFLP를 분석하여 생물체 사이의 진화적 상관 관계에 대한 정보를 해석하는 데 이용

retroposon(레트로포) RNA 형태를 경유하여 이동하는 트랜스포존으로 LTR을 가지고 있지 않음

retrotransposition (레트로트랜스포지션) RNA 중간체를 통한 트랜스포지션

retrovirus (레트로바이러스) 캡시드가 게놈의 RNA 버전을 가지고 있는 바이러스

reverse transcriptase (역전사 효소) 상보적인 DNA 가닥을 합성하기 위하여 주형으로서 단일 가닥의 RNA를 사용하는 효소

Rho 일부 박테리아 유전자의 전사 종결에 관여하는 단백질

Rho dependent (Rho-의존성) Rho가 관련되어 전사의 종결이 일어나는 박테리아 DNA에서의 위치

ribonuclease (리보뉴클레아제) RNA 분해 효소

ribosomal protein (리보솜 단백질) 리보솜을 구성하는 단백질

ribosomal RNA (rRNA, 리보솜 RNA) 리보솜의 구성 성분이 되는 RNA

ribosome (리보솜) 번역 과정에 관여하는 단백질-RNA 복합체

ribosome binding site (리보솜 결합 부위) 박테리아에서 번역 시작 동안 리보솜 소단위체의 결합 부위로 작용하는 뉴클레오티드 서열

ribosome inactivating protein (RIP, 리보솜 불활성화 단백질) 유전자 발현에서 리보솜 RNA 분자를 한 번 절단하여 두 조각으로 만들어 번역 단계를 저해하는 단백질

ribosome recycling factor (RRF, 리보솜 재활용 인자) 박테리아에서 단백질 합성의 끝 시기에 리보솜들의 분리를 담당하는 단백질

ribozyme (리보자임) 촉매로 작용하는 RNA 분자

RNA (리보핵산) 살아 있는 세포에서 두 가지 형태의 핵산 중의 하나; 일부 바이러스의 유전 물질

RNA editing (RNA 편집) 전사 후 RNA 수준에서의 염기서열의 변화 과정

RNA-induced silencing complex (RISC, RAN-유도 침묵 복합체) RNA 간섭의 한 과정으로 mRNA의 분해 등을 수행하는 단백질의 복합체

RNA interference (RNAi, RNA 간섭) 진핵세포에서 RNA 분해의 과정

RNA polymerase I (RNA 폴리메라아제 I) 리보솜 RNA(rRNA) 유전자를 전사하는 진핵생물 RNA 폴리메라아제

RNA polymerase II (RNA 폴리메라아제 II) 단백질을 암호화하고 있는 유전자와 소형 핵 RNA(snRNA) 유전자를 전사하는 진핵생물 RNA 폴리메라아제

RNA polymerase III (RNA 폴리메라아제 III) 운반 RNA(tRNA)와 다른 짧은 유전자를 전사하는 진핵생물 RNA 폴리메라아제

RNA polymerase (RNA 폴리메라아제) DNA 또는 RNA를 주형으로 RNA를 합성하는 효소

RNA silencing (RNA 침묵) 진핵세포에서 RNA 분해의 과정

RNA splicing (RNA 스플라이싱) RNA 분자로부터 인트론이 제거되는 과정

RNA transposon (RNA 트랜스포존) RNA 중재를 통해 이동하는 전이 인자

RNA-dependent DNA polymerase (RNA-의존성 DNA 폴리메라아제) RNA를 주형으로 사용하여 DNA를 만드는 효소, 역전사 효소

RNA-dependent RNA polymerase (RNA-의존성 RNA 폴리메라아제) RNA를 주형으로 사용하여 RNA를 만드는 효소

rolling-circle replication (롤링-원형 복제) 원형 DNA 분자인 폴리뉴클레오티드의 계속적인 합성에 관여하는 복제 과정

S phase (S기) DNA 복제가 일어나는 세포 주기의 시기

sampling effect (샘플링 효과) 개체군으로부터 차이 나는 개체를 수집하여 적은 수의 대립유전자 빈도의 결과라 할 수 있는 과정

satellite DNA (새틀라이트 DNA) 밀도 구배에 의해 나타나는 다수의 짧은 기본적인 반복 단위가 일렬로 늘어서 이루어진 DNA

satellite RNA (새틀라이트 RNA) 그들 자신의 캡시드 단백질들을 암호화하지 않고, 대신에 helper 바이러스의 캡시드 내의 세포에서 세포로 이동하는 길이 약 320~400개의 뉴클레오티드 감염성 RNA 분자

scaffold attachment region (SAR, 스캐폴드 부착 부위) 진핵세포 유전체의 AT가 많은 부분으로 핵 기질에 부착하는 부위

scanning (스캐닝) 진핵생물 번역의 시작에 관여하는 시스템으로, 전-개시 복합체가 mRNA의 5′ 말단의 캡 구조에 결합하여 개

시 코돈에 도달할 때까지 mRNA 분자를 따라 스캔함

second-site reversion (둘째-자리 복귀 돌연변이) 이전에 일어난 돌연변이 효과를 원래의 뉴클레오티드 서열로 회복시키지 않고 반전시키는 두 번째 돌연변이

secondary structure (이차 구조) 폴리펩티드가 가지는 α 나선 구조 혹은 β 평판 구조와 같은 구조

sedimentation coefficient (침강 상수) 밀도 구배상에서 분자량 혹은 구조에 의해 결정되는 계수

segment polarity gene (체절극성 유전자) 쌍-지배 유전자의 활성화가 더 많이 진행됨에 따라 초파리 배아의 체절 패턴을 결정하는 발생 유전자

segmented genome (분절 게놈) 2개 이상의 DNA 또는 RNA 분자들로 나뉘어져 있는 바이러스 게놈

segregation (분리) 감수 분열에서 상동 염색체 혹은 대립 유전자 쌍들이 다른 생식세포로 분리됨

selectable marker (선택적 표지자) 재조합 DNA 분자를 포함하는 세포인지를 구별할 수 있도록 벡터에 들어 있는 유전자

selection (선택) 유리한 대립유전자의 보존과 해로운 대립유전자의 배제를 수행하는 과정

selection coefficient (선택계수) 특정 유전자형을 가진 생물이 비슷한 생물들 간에서 선택되는 정도를 나타내는 단위

selective sweep (선택적 스윕) 선택 과정 하에서, 유전자의 변동성이 사라질 뿐만 아니라 인접한 유전자도 사라진다는 것

self-fertilization (자가 수정) 같은 개체에서 유도된 자성과 웅성 생식세포 사이의 수정

semiconservative replication (반보존적 복제) 각 딸 DNA 분자는 기존의 분자와 하나의 새롭게 합성된 가닥으로부터 얻은 하나의 폴리뉴클레오티드를 포함한다는 DNA 복제의 가설

senescence (노화) 세포가 살아 있긴 하지만 더 이상 분열할 수 없는 세포 계보의 시기

sex cell (성염색체) 생식세포; 감수 분열에서 분열된 세포

sexual reproduction (유성생식) 자성 및 웅성 생식세포의 융합에 의한 생식

Shine-Dalgarno sequence (샤인-달가르노 서열) 박테리아 유전자의 상위에서 리보솜이 결합하는 부위

short interfering RNA (siRNA) RNA 간섭 과정에서 생산되는 중간체

short patch repair (단파편 수선) 대략 12 뉴클레오티드 DNA를 제거하고 재합성하여 고치는 대장균의 뉴클레오티드 절제 수선 과정

signal peptide (신호 펩티드) 세포막을 통과하는 몇몇의 단백질들의 아미노 말단에 위치한 짧은 서열

signal transduction (신호전달) 외부 신호에 반응하는 세포 표면 수용체에 의하여 유전자 발현을 포함한 세포 활성 조절

silent mutation (침묵 돌연변이) 어떤 유전자나 유전자 생성물의 발현이나 기능에 영향을 주지 않는 DNA 서열 변화

simple multigene family (단순 다유전자군) 모든 유전자가 동일한 다유전자군

SINE (short interspersed nuclear elements, 짧은 산재성 인자) 짧은 산재성 핵 인자로서 인간 게놈 내에서는 Alu 서열로 알려짐

single nucleotide polymorphism (SNP, 단일 뉴클레이티드 다형성) 한 집단의 몇몇 개체들에서 일어나는 점 돌연변이

single-strand binding protein (SSB, 단일 가닥 결합 단백질) 복제 포크 부위에서 단일 가닥의 DNA에 결합하는 단백질들 중의 하나이며, DNA 가닥들이 복제되기 전에 두 가닥의 부모 가닥들 사이의 염기쌍 형성을 방해함

site-directed mutagenesis (부위특이적 돌연변이) DNA 분자에서 특별한 돌연변이를 생산하기 위해 사용되는 기술

small cytoplasmic RNA (scRNA, 소형 세포질 RNA) 세포 내에서 다양한 역할을 가지는 있는 짧은 진핵생물 RNA 분자의 한 형태

small interfering RNA (siRNA, 소형 방해 RNA) 유전자 발현의 조절에 관여하는 짧은 진핵생물 RNA 분자의 한 형태

small nuclear ribonucleoprotein (snRNP) RNA 스플라이싱이나 RNA의 편집 과정 중에 관여하는 구조물로 단백질이 포함되어 있는 것도 있음

small nuclear RNA (snRNA, 소형 핵 RNA) RNA 스플라이싱 및 다른 RNA 가공 과정에 관여하는 짧은 진핵생물 RNA 분자의 한 형태

small nucleolar RNA (snoRNA, 소형 인 RNA) rRNA의 화학적 수정에 관여하는 짧은 진핵생물 RNA 분자의 한 형태

somatic cell (체세포) 생식하지 않는 세포; 유사 분열에서 분열되는 세포

somatic cell therapy (체세포 치료) 체세포 내에 정상적인 유전자를 도입시키는 유전자 치료 방법

sonication (음파 처리) DNA 분자 내에 무작위적인 절단이 일어 나도록 고주파 음파를 이용하는 방법

SOS response (SOS 반응) 게놈에 대한 손상 및 기타 자극에 대한 반응으로 *Escherichia coli*에서 발생하는 일련의 생화학적 변화

speciation (종분화) 새로운 종이 생성되는 과정

spliced leader RNA (SL RNA) 트랜스-스플라이싱 반응에서 엑

손을 제공하는 작은 RNA

spliceosome (스플라이솜) RNA 스플라이싱에 필요한 단백질인 자들에 의해 형성되는 복합체

splicing (스플라이싱) RNA로부터 인트론이 제거된 다음, 엑손이 연속적으로 이어져 mRNA로 되는 과정

SR protein (SR 단백질) RNA 스플라이싱 과정 중에 스플라이싱이 발생될 위치를 지정하는 단백질

STAT (signal transducer and activator of transcription, 신호전달 및 전사 활성 인자) 전사 인자를 활성화시킴으로써 세포 밖의 신호 물질이 세포 표면 수용체에 결합하는 데 반응하는 단백질

stem cell (줄기세포) 조상 세포로 생명체의 수명이 지속하는 한 계속하여 분열됨

steroid hormone (스테로이드 호르몬) 세포 밖의 신호 물질의 한 형태

steroid receptor (스테로이드 수용체) 세포 안으로 이동한 후 스테로이드 호르몬에 결합하고 핵으로 이동하여 목표 유전자의 발현을 증가시킴

stochastic effects (확률적 영향) 실제 세상에서 실제 사건으로 발생하는 통계학적인 편차

streptavidin (스트렙타아비딘) 단백질 복합체로부터 비오틴 표지된 분자를 정제하는 데 사용되며 비오틴과 강력하게 결합하는 능력을 가진 단백질

stringent (스트리전트) 아마도 세포 당 단지 1개 또는 2개의 낮은 사본수를 가진 플라스미드

strong promoter (강력 프로모터) 단위 시간당 비교적 많은 수의 생산적인 개시를 지시하는 프로모터

structural gene (구조 유전자) 조절 단백질 외에 RNA와 단백질을 암호화하는 유전자

structural protein (구조 단백질) 생명체의 뼈대를 단단하게 하는 등 구조적 역할을 가지는 단백질

submetacentric (차중부) 동원체가 염색체 중앙에서 약간 벗어나 위치함

substitution (치환) DNA의 수정 과정을 회피하여 DNA 서열 내에 돌연변이가 일어나고 염기서열 내에 영원히 존재하는 돌연변이

suicide gene therapy (자살 유전자 치료) 선택적으로 세포를 죽이거나 파괴를 촉진하는 유전자를 도입하여 암세포를 치료하는 것으로 유전자 치료의 한 가지 방법

supercoiling (초나선 꼬임) 이중 나선이 과도하게 꼬여 또는 불충분하게 꼬여 초나선형 꼬임이 일어난 구조적 상태

supression (억제) 한 유전자의 돌연변이를 반전시키는 다른 유전자에서 일어나는 돌연변이

syncytium (다핵체) 많은 핵과 세포질 덩어리를 포함하는 세포와 유사한 구조

synonymous mutation (동의 돌연변이) 코돈의 변화가 같은 아미노산이 다른 코돈으로 변하는 돌연변이

TΨC arm (TΨC 가지) tRNA 분자의 한 부분

TAF- and initiator-dependent cofactors (TIC) RNA 폴리메라아제 II에 의한 전사 개시에 관여하는 단백질의 한 형태

tandem array (직렬 배열) 그룹 내에서 동일한 혹은 매우 유사한 유전자가 차례로 배열되어 있는 세트

tandemly repeated DNA (산재 반복 서열) 인접 지역에 반복적으로 존재하는 염기서열

TATA box (TATA 박스) RNA 폴리메라아제 II의 중심 프로모터의 구성 성분

TATA-binding protein (TBP, TATA-결합 단백질) RNA 폴리메라아제 II의 프로모터에 있는 TATA 박스와 접촉하는 전사 인자 TFIID의 구성 성분

tautomer (호변이성체) 동적 평형을 이루는 구조 이성질체

TBP-associated factor (TAF, TBP-연관 인자) 전사 인자 TFIID의 구성 성분들 중 하나로, TATA 박스의 인식에 보조적인 역할을 함

telocentric (말부) 동원체가 염색체의 한쪽 끝 부위에 위치함

telomerase (텔로메라아제) 진핵세포 염색체의 말단을 유지하는 효소로 말단 소립 반복 서열을 합성함

telomere (텔로미어) 진핵세포 염색체의 말단

telophase (말기) 새로운 핵막이 형성되는 세포 주기의 시기

temperate bacteriophage (용원성 박테리오파지) 감염의 용원성 모드를 따를 수 있는 박테리오파지

template-dependent DNA synthesis (주형-의존성 DNA 합성) DNA 또는 RNA를 주형으로 한 DNA 분자의 합성

teratogens (기형유발원) 기형적인 발생을 일으키는 환경적 요인

termination codon (종결 코돈) mRNA의 번역 과정을 멈추게 하는 3개의 코돈

terminal sequence (종결 서열) 게놈 복제의 종결에 관여하는 박테리아 게놈 상의 여러 서열들 중의 하나

terminator technology (터미네이터 기술) GM 식물 배아에서 리보솜을 불활성화시키는 단백질을 생산하게 함으로써 그 종자에서 수확한 농산물의 발아를 정지시켜 종자로 재사용할 수 없게 하는 기술

tertiary structure (삼차 구조) 폴리펩티드의 이차 구조의 접힘

에 의해 형성되는 구조

test cross (검정 교배) 연구 대상의 두 유전자가 열성인 이중 동형접합체와 이중 이형접합체 사이의 유전적 교배

thermostable (내열성) 정상 단백질들이 견딜 수 있는 온도보다 높은 온도에서도 작동할 수 있는 단백질

thymine (티민) DNA에서 발견되는 피리미딘 염기들 중의 하나

topoisomerase (토포이소메라아제) 하나 혹은 양쪽 폴리뉴클레오티드에서 서로 교차된 두 가닥의 횟수를 변화시키는 효소

totipotent (전능성) 모든 분화된 세포의 기원 세포의 특징

trans-splicing (트랜스-스플라이싱) 서로 다른 RNA 분자들의 엑손의 도입을 위한 스플라이싱 과정

transcription (전사) 유전자의 RNA 사본이 합성되는 과정

transcription bubble (전사 버블) 전사가 일어나는 이중 나선의 비염기쌍 부분으로 RNA 폴리메라아제에 의해 유지됨

transcription factor IID (TFIID, 전사 인자 IID) TATA-결합 단백질을 포함한 단백질 복합체로 RNA 폴리메라아제 II에 의해 전사되는 유전자의 중심 프로모터를 인식함

transcription initiation complex (전사 개시 복합체) 전사를 수행하는 효소를 포함한 단백질 복합체로, 발현될 진핵생물 유전자 근처의 DNA에서 조립됨

transcriptome (전사체) 세포에 존재하는 mRNA의 총칭

transduction (형질 도입) 파지 입자의 포장에 의해 한 세포에서 다른 세포로 세균 유전자를 전달함

transfer RNA (tRNA, 운반 RNA) 번역 과정에서 연결자 역할을 수행하는 작은 RNA 분자로 유전 암호의 해독을 담당함

transformation (형질전환) 세포에 naked DNA를 도입해 새로운 유전자를 가진 세포를 생산함

transforming principle (형질전환 인자) 무해한 *Streptococcus pneumoniae* 박테리아 균주를 폐렴을 유발할 수 있는 유해한 형태로 형질전환시키는 화합물로, 지금은 DNA로 알려져 있음

transgenic (형질전환의) 외부로부터 주어진 DNA에 의해 생물의 유전적인 성질이 변하는 것

transgenic organism (형질전환 생물) 클론된 유전자를 가진 생물체

transition (염기 변이) 퓨린이 다른 퓨린으로, 피리미딘이 다른 피리미딘으로 교체되는 점 돌연변이

translation (번역) 폴리펩티드를 합성하는 과정으로 폴리펩티드의 아미노산 서열은 유전 암호의 규칙에 따라 mRNA의 뉴클레오티드 서열에 의해 결정됨

translocation (전좌) 번역 동안 mRNA 분자를 따라 리보솜이 이동하는 것

transversion (변위) 퓨린이 피리미딘으로 혹은 그 역으로 일어나는 점 돌연변이

trinucleotide repeat expansion disease (TRED) 트리뉴클레오티드 반복 서열의 확장으로 이 주변의 유전자에 영향을 주어 일어나는 질병

triplet binding assay (삼중항 결합 어세이) 삼중항 코드가 나타내는 아미노산을 결정하기 위한 실험법

triplex (삼동형 접합) 3개의 폴리뉴클레오티드들로 이루어진 DNA 구조

trisomy (삼염색체) 핵 내에 세 벌의 복사본을 가진 염색체

tRNA nucleotidyltransferase (tRNA 뉴클레오티딜트랜스퍼레아제) 전사 후 조절 과정에서 tRNA의 3′ 말단에 5′-CCA-3′을 결합시키는 효소

***trp* RNA-binding attenuation protein (TRAP, *trp* RNA-결합 약화 단백질)** 고초균(*Bacillus subtilis*)과 같은 세균에서 일부 오페론의 약화를 조절하는 단백질

tumor suppressor gene (암 억제 유전자) 암 억제 단백질로 번역되는 유전자

tumor suppressor protein (암 억제 단백질) 세포 주기를 조절하는 단백질의 하나로 암 형성을 억제하는 단백질

turnover (전환) RNA 또는 단백질 분자 세트의 완전한 혹은 부분적인 분해

Tus 박테리아 종결 서열에 결합하고 게놈 복제의 종결을 매개하는 단백질

two-dimensional gel electrophoresis (이차원 젤 전기영동) 단백질체의 연구에 사용되는 단백질 분리에 대한 방법

type 0 cap (0형 캡) mRNA의 5′ 말단에 7-메틸구아노신이 결합된 기본적인 캡 구조

type 1 cap (1형 캡) 기본적인 5′ 말단 캡에 두 번째 뉴클레오티드의 리보오스가 추가적으로 메틸화된 캡 구조

type 2 cap (2형 캡) 기본적인 5′ 말단 캡에 두 번째와 세 번째 뉴클레오티드의 리보오스들이 추가적으로 메틸화된 캡 구조

type I topoisomerase (타입 I 토포이소메라아제) DNA 이중 나선에서 한 가닥을 자르는 효소

type II topoisomerase (타입 II 토포이소메라아제) DNA 이중 나선에서 두 가닥을 자르는 효소

ubiquitin (유비퀴틴) 두 번째 단백질이 부착되면 단백질 변성을 지시하는 꼬리표로 작용하는 76개 아미노산으로 구성된 단백질

uniparental (단위 생식) 어머니가 자식에게 전달하는 유전 물질 중 어머니로부터만 전달되는 미토콘드리아 DNA에 의해 표시됨

unit factor (단일 인자) 유전자에 대한 멘델의 용어

upstream (상류) 폴리뉴클레오티드의 5′ 말단 쪽에 있는 지점

upstream control element (상류 조절 인자) RNA 폴리메라아제 I 프로모터의 구성 성분

UvrABC endonuclease (UvrABC 엔도뉴클레아제) 대장균의 짧은 조각 수선에 관여하는 다중 효소 복합체

variable loop (가변 고리) tRNA 분자 구조 중의 한 부분

vector (벡터) 숙주 세포에서 복제를 할 수 있는 DNA 분자로, 여기에 유전자를 삽입하여 재조합 DNA 분자를 만듦

viral retroelement (바이러스 레트로엘레먼트) 게놈 복제 과정이 역전사를 포함하고 있는 바이러스

viroid (바이로이드) 유전자를 포함하지 않고, 결코 캡시드로 둘러싸여 있지 않으며, 노출 RNA로서 세포에서 세포로 퍼지는 길이 240~375 뉴클레오티드의 감염성 RNA 분자

virulence plasmid (독성 플라스미드) 유전자가 숙주 세균에 병원성을 부여하는 플라스미드

virulent bacteriophage (독성 박테리오파지) 용균 감염 모드를 따르는 박테리오파지

virus (바이러스) 단백질과 핵산으로 구성되었으며 자신을 복제하기 위해 숙주 세포에 기생하는 감염성 입자

virusoid (바이루소이드) 그들 자신의 캡시드 단백질들을 암호화하지 않고, 대신에 helper 바이러스의 캡시드 내에서 세포에서 세포로 이동하는 길이 약 320~400개 뉴클레오티드의 감염성 RNA 분자

wave of advance (동반 진보) 유럽에서의 농업 확산은 인간의 대규모 이동을 동반했다는 가설

wild-type (야생형) 종에 대해 전형적인 표현형 / 또는 유전자형을 나타내므로 해서 표준으로 채택되는 유전자, 세포 또는 생명체

wobble hypothesis (동요 가설) 하나의 tRNA가 하나 이상의 코돈을 인식하여 아미노산을 운반한다는 가설

X inactivation (X 불활성화) 암컷 핵 안에 있는 X 염색체 중의 하나가 메틸화에 의해 불활성화됨

X-ray crystallography (X-선 결정학) 거대 분자의 삼차원 구조를 결정할 수 있는 기술

X-ray diffraction pattern (X-선 회절 패턴) 결정을 통과한 X-선이 회절된 후 얻어지는 패턴

Z-DNA 두 폴리뉴클레오티드가 왼손잡이성 나선으로 감겨 있는 DNA의 한 형태

zinc finger (징크 핑거) DNA-결합 단백질들에서 일반적으로 발견되는 구조적 모티프

INDEX

기타

(6-4) 광분해생성물 포토리아제 329
(6-4) 손상 326
0형 캡 68
1단계 증식 곡선 262
1형 캡 69
2-aminopurine 324
2가 염색체 282
2배체 216
2-아미노푸린 324
2형 캡 69
3′ → 5′ 엑소뉴클레아제 199
3′-OH 13
3′ terminus 13
3′ 말단 13
3염색체성 426
3차 구조 120
4차 구조 120
5′ → 3′ 엑소뉴클레아제 199
5-bromo uracil 324
5-bu 324
5′-P terminus 13
5′-P 말단 13
5′ terminus 13
5′ 말단 13
5-브로모우라실 324
5탄당 12
30-nm chromatin fiber 220
30 nm 염색질 섬유 220

A

ABC 모델 391
acceptor arm 104
acceptor site 89
acridine dye 125
acrocentric 222
acute transforming viruses 271
acylation 154
Ada enzyme 328
adaptor 458
Ada 효소 328
adenine 12
adeno-associated virus 435
adenovirus 435
adenylate cyclase 170
A-form 18
α helix 119
alkylating agents 325
allele 38
alphoid DNA 223
alternative polyadenylation 72
alternative promoter 61
alternative splicing 77
amino acid 117
aminoacylation 130
aminoacyl(A) 144
anaphase 233
ancient DNA 441
annotation 430
anticodon arm 104
antigens 372
antiparallel 14
antisense 437
antitermination 180
antiterminator protein 181
AP 327
AP endonuclease 329
apoptosis 232
AP 엔도뉴클레아제 329
archaea 52
archaeogenetics 441
attenuation 183
autoradiography 42
autosome 80, 216
α 나선 구조 119
A-형태 18

B

back mutation 339
backtracking 67
bacteria 52
bacterial artificial chromosome(BAC) 403
bacterial chromosome 240
bacteriophage 122
Barr body 379
basal promoter elements 173
basal rate 59
base analogs 322
baseless site 327
base pairing 15
batch culture 468
beads on a string 219
B-form 15
bioethics 498
biolistics 479
biological information 1
biotechnology 467
biotin 458
bivalent 282
blastocytes 498
blastoderm 384
β-N-glycosidic bond 12
β-N-글리코시드 결합 12
bottleneck 362
branch migration 287
β sheet 119
β turn 122
β 턴 122
β 평판 구조 119
B-형태 15

C

CAAT box 173
CAAT 박스 173
cAMP 170
candidate gene 43
capillary gel electrophoresis 23
capsid 260
cap structure 67
carcinogens 323
carriers 423
cascade system 263
catabolic activator protein(CAP) 170
cDNA 473
cell-free protein synthesis 128
cell senescence 228
cell surface receptor 176
cell transformation 270
centimorgan(cM) 308
centromeres 222
centrosome 233
chain termination method 22
chaperonins 151
charging 131

chiasmata 285
chi form 287
Chimera 431
chi site 288
chromatid 222
chromatin 217
chromatin modification 371
chromatosome 219
chromid 247
clastogens 323
Cleavage and polyadenylation specificity factor 72
cline 359
clone library 21
closed promoter complex 62
cloverleaf 104
coalescence time 457
codominance 299
codon-anicodon recognition 130
cohesin 212
colicins 243
colonization 363
Col plasmids 243
Col 플라스미드 243
compatible 244
competent 22
complementary 15
complementary DNA 473
complementary gene action 303
complex multigene families 44
concatamers 265
conjugation 243
consensus sequences 58
conservative replication 191
constitutive heterochromatin 221
context-dependent codon reassignment 130
contigs 21
continuous culture 468
COOH 119
copy number 243
core enzyme 57
core octamer 219
co-repressor 172
core promoter 59
cos 265
CpG island 378
CpG 섬 378
CPSF 72
cross-fertilize 296
crossing over 284
cryptic splicing site 90
CTD 63
C-terminal domain 63
C terminus 119
cyanelles 413
cyclic AMP 170
cyclins 230
cyclobutyl dimer 326
Cys_2His_2 finger 174
Cys_2His_2 핑거 174
cytochemistry 24
cytokinesis 234
cytosine 12
C 말단 119
C-말단 도메인 63

D

DAM 332
D arm 104
DCM 332
deadenylation-dependent decapping 85
Deaminating agents 325
defective 271
degenerate 126
degradative plasmids 243
delayed onset 338
deletions 318
denatured 122
density gradient centrifugation 100
deoxyribonucleic acid 11
diauxie 170
Dicer 85
dideoxynucletides 22
differential gene expression 42
diploid 216
direct repair systems 328
discontinuous gene 32
dispersive replication 191
displacement replication 195
distance matrix 451
disulfide bridge 120
D loop 195, 286
DNA 2, 11
DNA adenine methylase 332
DNA-binding motifs 174
DNA cloning 21
DNA cytosine methylase 332
DNA-dependent DNA polymerase 198
DNA-dependent RNA polymerase 56
DNA glycosylase 329
DNA gyrase 195
DNA ligase 21, 208
DNA markers 402
DNA methylation 371
DNA polymerase 20, 198
DNA polymerase α 201
DNA polymerase δ 201
DNA polymerase I 200
DNA polymerase II 201
DNA polymerase III 201
DNA repair 317
DNA sequence 19
DNA sequencing 21
DNA topoisomerases 193
DNA-결합 모티프 174
DNA 글리코실라아제 329
DNA 기라아제 195
DNA 리가아제 21, 208
DNA 마커 402
DNA 메틸전이효소 377
DNA 메틸화 371
DNA 서열 19
DNA 서열 분석 21
DNA 수선 317
DNA 시토신메틸화효소 332
DNA 아데닌메틸화효소 332
DNA-의존성 DNA 폴리메라아제 198
DNA-의존성 RNA 폴리메라아제 56
DNA 클로닝 21
DNA 토포이소메라아제 193
DNA 포토리아제 329
DNA 폴리메라아제 20, 198
DNA 폴리메라아제 α 201
DNA 폴리메라아제 δ 201
DNA 폴리메라아제 I 200
DNA 폴리메라아제 II 201
DNA 폴리메라아제 III 201
dominant 295
donor site 89
double heterozygote 310

double homozygote 310
D 가지 104
D 루프 195, 286

E

early genes 263
effective population size 350
elongation factor 69
ELSI 499
embryonic stem cell 431
endonuclease 84
endosymbiont theory 413
enhancers 173
enzyme 32
episomes 242
ES cell 431
ESEs 90
ESSs 90
ethidium bromide(Etbr) 325
ethylmethane sulfonate(EMS) 325
euchromatin 220
eukaryotes 51
excision repair 328
exit(E) 146
exon 32
exon skipping 90
exon splicing enhancers 90
exon splicing silencers 90
exonuclease 199
exonucleases 84
expression proteomics 140
expression vector 469
extra 104
extrachromosomal genes 410

F

facultative heterochromatin 221
FEN1 210
fermenter 468
fertility 243
filamentous 260
fixation 349
fixation indices 361
fluorescent in *situ* hybridization(FISH) 402
foldback RNAs 86
folding pathway 150
founder analysis 457
Founder effects 363
F plasmid 243
frameshift mutation 336
F_{ST} value 361
F_{ST} 값 361
fusion protein 472
F 플라스미드 243

G

G1 phase 230
G1기 230
G2 phase 230
G2기 230
gain of function 337
gametes 217, 279
gap genes 386
Gaussian distribution 303
GC box 173
γ complex 206
GC 박스 173
gene addition 480
gene amplification 41, 108
gene expression 2, 19, 31
genes 1
gene subtraction 482
gene theraphy 417
gene therapy 8
genetically modified(GM) 467
genetic code 19, 33, 123
genetic diseases 417
genetic drift 344, 348
genetic engineering 478
genetic material 11
genetic profile 406
genetic profiling 441
Genetics 1
genetic use restriction technology(GURT) 494
genome 6
genome browser 430
genomic imprinting 378
genotype 294
germ-line therapy 434
glycosylation 153
guanine 12
guanine methyltransferase 68
guanylyl transferase 68
Guide RNAs 94
γ 복합체 206

H

half-life 83
haplogroup 456
haploid 217
haploinsufficiency 337
haplotype 40
Hardy-Weinberg equilibrium 345
head-and-tail 260
heat shock module 173
helicase 63, 205
helix-turn-helix 122
heredity 1
heterochromatin 221
heteroduplex 286
heterogenous nuclear RNA 87
heteroplasmy 447
heterosis 355
heterozygote 295
heterozygote advantage 355
heterozygote superiority 355
Hfr 250
histone 217
histone acetyltransferase(HATs) 375
histone code 376
histone deacetylases(HDACs) 375
hitchhiking 355
hnRNA 87
Holliday structures 286
holoenzyme 57
homeobox 388
homeodomain 388
homeotic mutation 387
homeotic selector genes 387
hominidae 408
homologous 280
homologous chromosomes 280
horizontal gene transfer 239
hormone response element 176
housekeeping genes 162
hybridization probing 42
hydrogen bonds 15

I

icosahedral 260
immunoelectron microscopy 103
imprint control elements 379
incompatibility groups 244
incomplete dominance 298
incomplete penetrance 338
inculsion body 474
induced 264
inducer 168
inducible operons 171
inheritance 1
inherited disease 7, 417
initiation codon 127
initiation complex 142
initiation factor 139
initiation regions 210
initiator 60
Inr 60
insertions 318
integron 247
intercalating agents 325
internal ribosome entry site 144
interphase 230
interrupted mating experiment 252
interspersed repeats 404
intrinsic terminator 70
intron 32
inversions 318
inverted repeat 70
IRES 144
iron-response elements 185
isoaccepting tRNA 131
isoelectric focusing 140
isotope-coded affinity tag (ICAT) 141

J~K

junk DNA 404
karyogram 223
kilobase pair 31
kinetochore 223
knockout mice 431
Kozak consensus 142

L

labeling 42
lagging strand 201
late genes 263
latent period 262
leading strand 201
lesion 326
lethal 298
lethal mutation 336
leucine zipper 175
LINEs 404
linkage 306
linkage analysis 308
linkage group 308
linker DNA 219
linker histones 219
liposomes 435
lod score 312
long interspersed nuclear elements 404
long-patch 331
long terminal repeats(LTRs) 274
loss of function 337
lysogenic 262
lytic 262

M

MADS box 391
maintenance methylation 378
major groove 15
MALDI-TOF 141
map unit 308
MAP 키나아제 시스템 178
maternal-effect gene 384
matrix-assisted laser desorption ionization time of flight 141
matrix-associated regions(MARs) 220
megabase pair 31
meiosis 230, 279
messenger RNA 3, 33
metabolome 81
metacentric 222
metagenome 81
metaphase 233
metaphase chromosome 217
metastasis 82
methyl-CpG-binding proteins(MeCPs) 378
methyltransferase 377
MGMT 329
microarray analysis 78
microbiome 81
microevolution 6, 344
microinjection 434
microRNA 37
microRNAs 86
microsatellites 400, 406
minisatellites 406
minor groove 15
miRNAs 37
mismatch 317
mismatch repair 328
mismatchs 86
mitochondrial Eve 453
mitochondrial genome 80
mitogen-activated protein kinase system 178
mitosis 230
mitotic spindle 233
model organisms 6, 380
molecular approach 11
molecular chaperones 150
molecular clock 45, 452
molecular phylogenetics 408, 451
monogenic disorder 417
monomer 11
motor protein 34
M phase 230
MP(maximum parsimony) 451
mRNA 3, 33
mRNA surveillance 85
mRNA 감시 85
multigene families 41
multiplex PCR 443
multipoint cross 311
multiregional evolution 450
mutagen 317
mutasome 334
mutation 45, 317
mutations 6
M기 230

N

natural selection 351
N-degron 156
necleolus 87
neutral theory 357
next-generation sequencing 458

NH_2 119
NHEJ 328
NJ(neighbor joining) 451
N-linked glycosyation 153
N-linked 글리코실화 153
noncoding RNA 36
nonhomologous end joining 328
nonsense mutation 336
nonsynnonymous mutation 335
normal distribution 303
N terminus 119
nuclear matrix 220
nuclease protection 102, 218
nucleic acid hybridization 42
nucleoid 240
nucleoplasm 87
nucleoside 12
nucleosome 219
nucleosome remodeling 377
nucleotide 11
N-데그론 156
N 말단 119

O

octamer sequence 173
Okazaki fragments 201
oligonucleotide 22
O-linked glycosyation 153
O-linked 글리코실화 153
'omes 80
oncogene 271, 427
one-step growth curve 262
open promoter complex 62
operator 168
operon 167
optional 104
ORFs 430
orgin recognition complex(ORC) 209
origin of replication 205
origin recognition sequence 209
out of africa 450
over-dominance 355
overlapping genes 261

P

pair-rule genes 386
paleogenomics 458
pan-editing 94
paper chromatography 16
pararetrovirus 269
PCNA 201
pedigree analysis 309
pentose 12
peptide bonds 119
peptide mass fingerprinting 141
peptidyl(P) 144
peptidyl transferase 145
PEST sequences 156
PEST 서열 156
pharming 484
phenotype 294
Philadelphia Chromosome 429
phosphodiesterase 329
phosphodiester bond 13
photolyase 329
photoproduct 326
photoproduct photolyase 329
photoreactivation 329
phylogenetic tree 451
physical mapping 402
plasmid 21, 239
plectonemic 192
point mutation 317
polar 118
polyacrylamide 23
polyadenylation site 72
poly(A) 꼬리 71
poly(A) 폴리메라아제 72
polymer 11
polymerase 72
polymorphisms 441
polynucleotide 11
polynucleotide phosphorylase 128
polypeptide 117
polyprotein 154
polypyrimidne tract 88
polysome 146
positional information 382
post-replication complex(post-RC) 231
post-translational chemical modification 56
Postzygotic isolation 364
pre-initiation complex 142
prepriming complex 205
pre-replication complex(pre-RC) 231
pre-rRNA 106
prezygotic isolation 364
Pribnow box 58
primary structure 119
primase 204
primer 22
primosome 206
principal component analysis 462
prions 275
processing 55
proflavin 125
prokaryotes 51
proliferating-cell nucleasr antigen 201
prometaphase 233
promiscuous DNA 414
promoter 58
proofreading 200
prophage 251, 264
prophase 233
protease 25
proteases 148
proteasome 156
protein electrophoresis 140
protein profiling 140
proteome 80, 137
proteomics 140
protomer 260
proto-oncogenes 428
pseudogenes 46
punctuation codons 126
punnett square 297
pure breeding 296
purine 12
pyrimidine 12
pyrosequencing 458

Q

quantitative traits 300
quaternary structure 120

R

reading frame 125
readthrough mutation 336
RecBCD enzyme 288
RecBCD 효소 288
recessive 295

reciprocal strand exchange 288
recognition helix 122
recombinant 306
recombinant protein 467
recombinant vector 21
recombination 5, 284
recombination frequency 307
recombination hotspots 308
regulatory gene 168
regulatory proteins 34
relaxed 244
release factor 147
renaturation 122
replication factories 211
replication fork 205
replication licensing factors(RLFs) 231
replication protein A(RPA) 210
replication slippage 321
replisome 207
repressible operons 171
repressor 168
resistance 243
resolution 287
restriction fragment length polymorphism 453
restriction fragment length polymorphism(RFLP) 402
Retrotransposition 274
retroviruses 259, 269
reverse transcriptase 79, 269
RFLP 453
R group 117
Rho-dependent 71
Rho-의존성 71
ribonuclease 84
ribosomal protein 101
ribosomal RNA 3, 37
Ribosome 99
ribosome binding site 138
ribosome inactivating protein(RIP) 494
ribosome recycling factor(RRF) 147
ribozyme 111
RISC 86
RNA-dependent RNA polymerase 57
RNA editing 78, 94
RNA-ependent DNA polymerase 198
RNA-induced silencing complex 86
RNA interference 37, 85
RNA polymerase 56
RNA polymerase I 57
RNA polymerase II 57
RNA polymerase III 57
RNA silencing 85
RNA splicing 37
RNA transposons 274
RNA 간섭 37, 85
RNA 스플라이싱 37
RNA-유도 침묵 복합체 86
RNA-의존성 DNA 폴리메라아제 198
RNA-의존성 RNA 폴리메라아제 57
RNA 침묵 85
RNA 트렌스포존 274
RNA 편집 78, 94
RNA 폴리메라아제 56
RNA 폴리메라아제 I 57
RNA 폴리메라아제 II 57
RNA 폴리메라아제 III 57
rolling-circle replication 198
R plasmids 243
rRNA 3, 37
R 그룹 117
R 플라스미드 243

S

sampling effect 362
satellite DNA 405
satellite RNAs 275
scaffold attachment regions(SARs) 220
scans 142
scRNAs 37
secondary structure 117, 119
second-site reversion 339
sedimentation coefficient 100
segmented genomes 261
segment polarity genes 387
selectable marker 491
selection 344
selection coefficient 354
selective sweep 355
self-fertilize 296
semiconservative replication 191
sex cell 216
sexual reproduction 1
Shine-Dalgarno sequence 138
short interfering RNAs 85
short interspersed nuclear elements 404
short-patch 330
signal peptide 155
signal transduction 178
simple multigene families 41
SINEs 404
single nucleotide polymorphism 39
single-strand binding proteins(SSBs) 206
siRNA 37
siRNAs 85
site-directed mutagenesis 473
SL RNA 93
small cytoplasmic RNAs 37
small interfering RNAs 37
small nuclar RNA 37
small nuclear ribonucleoproteins 89
small nucleolar RNAs 37
snapdragon 298
snoRNAs 37
SNP 39
snRNA 37
snRNPs 89
soelectric point 140
somatic cell 216
somatic cell therapy 434
sonication 21
SOS response 266, 334
SOS 반응 266, 334
Speciation 364
S phase 230
spliced leader RNA 93
spliceosome 90
splicing 77
SR protein 90
SR 단백질 90
STATs 177
stem cells 228
steroid hormones 176
steroid receptor 176
stochastic effects 348
streptavidin 458
stringent 243
strong promoter 59
structural genes 168
structural protein 33
submetacentric 222

substitution 452
suicide gene therapy 437
supercoiling 240
suppression 339
syncytium 384
synnonymous mutation 335
S기 230

T

TAF-and initiator-dependent cofactors 63
TAFs 63
tail 72
tandem array 41
tandemly repeated DNA 404
TATA-binding protein 63
TATA box 60
TATA-결합 단백질 63
TATA 박스 60
tautomers 320
TBP 63
TBP-associated factors 63
TBP-연관 인자 63
telocentric 222
telomerase 227
telomere 223
telophase 233
temperate 262
template-dependent DNA synthesis 20
teratogens 323
termination codon 85
termination codons 127
terminator sequences 208
terminator technology 494
tertiary structure 120
test cross 310
TFIID 63
thermostable 202
thymine 12
TICs 63
totipotent 431
transcription 32
transcription factor IID 63
transcription initiation complex 55
transcriptome 77, 80
transduction 251
transfer RNA 3, 37
transformation 251
transforming principle 24
transgenic 478
transition 317
translation 3, 33
translocation 146
trans-splicing 93
transversion 318
TRAP 184
trinucleotide repeat expansion diseases 321
triplet binding assay 129
triplex 288
tRNA 3
tRNA nucleotidhyltransferase 109
tRNAs 37
tRNA 뉴클레오티딜트랜스퍼라아제 109
trp RNA-binding attenuation protein 184
tumor suppressor protein 233
tumor surpressors 429
turnover 56
Tus 208
type 0 cap 68
type 1 cap 69
type 2 cap 69
Type II topoisomeraes 193
Type I topoisomerases 193
TΨC arm 105
TΨC 가지 105

U

ubiquitin 156, 375
uniparental 445
upstream 58
upstream control element 60
UvrABC endonuclease 330
UvrABC 엔도뉴클레아제 330

V

variable 104
vector 21, 435
viral retroelements 269
viroids 275
virulence plasmids 243
virulent 262
virusoids 275

W

wave of advance 462
wild-type 252
wobble hypothesis 133

X

X inactivation 378
X-ray diffraction pattern 17
X 불활성화 378
X-선 회절 패턴 17

Z

Z-DNA 18
zinc finger 174

ㄱ

가공 과정 55
가우스 분포 303
각인 조절 요소 379
간극 유전자 386
간기 230
감쇠 183
감수 분열 230, 279
강력한 프로모터 59
개시 복합체 142
개시 서열 60
개시 인자 138
개시 지역 210
개시 코돈 127
거리 행렬 451
검정 교배 310
게놈 6
게놈 브라우저 430
게놈의 해석 430
결손 318
결함이 있는 271
계통수 451
고고유전학 441
고대 DNA 441
고유전학 458
고정 349
고정 계수 361
공여자 89
공우성 299
공통 서열 58
광반응생성물 326
광회복 329

교정 능력 200
교차 284
교차수정 296
구두점 코돈 126
구성 이질염색질 221
구슬을 줄로 꿴 목걸이 219
구아닌 12
구아닌 메틸기 전이효소 68
구아닌 전달효소 68
구조 단백질 33
구조 유전자 168
극성 118
근연 접합 451
글리코실화 153
금어초 298
급성 변형성 바이러스 271
기능 손실 337
기능 획득 337
기본 단위체 260
기본적 프로모터 요소 173
기저율 59
기형 발생 인자 323
긴말단반복배열 274
긴-조각 331

ㄴ

내성 243
내재성 종결자 70
녹아웃 생쥐 431
뉴클레아제 프로텍션 218
뉴클레오솜 219
뉴클레오시드 12
뉴클레오티드 11

ㄷ

다단백질 154
다유전자군 41
다이서 85
다중 PCR 443
다지역 기원설 450
다지점 교차 311
다핵체 384
다형성 441
단백질 전기영동 140
단백질 질량 감식법 141
단백질체 80, 137
단백질체학 140
단백질 프로파일링 140
단상형 40
단순 다유전자군 41
단위 생식 445
단위체 11
단일 가닥 결합 단백질 206
단일 뉴클레오티드 다형성 39
단일 유전자 질환 417
닫힌 프로모터 복합체 62
대립유전자 38
대사체 81
독성 262
독성 플라스미드 243
돌연변이 6, 45, 317
돌연변이를 유발하지 않고 DNA에 손상을 주는 인자 323
돌연변이원 317
돌연변이체 334
동요 가설 133
동원체 222
동의 돌연변이 335
동일 아미노산 수용 tRNA 131
동형접합체 294
둘째-자리 복귀 돌연변이 339
등전점 140
등전점 전기영동 140
디옥시리보뉴클레아제 25

ㄹ

레트로바이러스 259, 269
레트로트란스포지션 274
레플리솜 207
로드값 312
롤링-서클 복제 198
류신 지퍼 175
리딩프레임 125
리모델링 377
리보뉴클레아제 84
리보솜 99
리보솜 RNA 37
리보솜 결합 부위 138
리보솜 단백질 101
리보솜 불활성화 단백질 494
리보솜 재생 인자 147
리보자임 111
리포좀 435

ㅁ

마이크로 RNA 37
마이크로 RNAs 86
마이크로새틀라이트 400, 406
마이크로어레이 분석 78
마이크로주사법 434
말기 233
말단부 222
말부 222
매개체 178
머리와 꼬리형 260
메타게놈 81
메틸-CpG-결합 단백질 378
메틸화 유지 378
면역전자현미경법 103
모델 생물 6, 380
모성효과 유전자 384
모세관 젤 전기영동 23
모호한 스플라이싱 부위 90
물리적 지도 402
미니새틀라이트 406
미생물체 81
미스매치 86, 317
미스매치 수선 328
미토콘드리아 게놈 80
미토콘드리아 이브 453
밀도구배 원심분리 100

ㅂ

바소체 379
바이러스 retroelements 269
바이로이드 275
바이루소이드 275
바이오틴 458
박테리아 인공염색체 403
박테리오파지 122
반감기 83
반보존적 복제 191
반수체 217
반수체 기능 부전 337
발암 물질 323
발현 단백질체학 140
발현 벡터 469
발효기 468
방추사부착점 223
방출 인자 146
배반포 498

배아줄기세포 431
배우자 217, 279
백트래킹 67
번역 3, 33
번역 초과 돌연변이 336
번역 후 화학적 변형 56
벡터 21, 435
변위 복제 195
병목현상 362
보인자 423
보존적 복제 191
복귀 돌연변이 339
복사본수 243
복제 개시점 인식 복합체 209
복제 개시점 인식 서열 209
복제 공장 211
복제 기점 205
복제 단백질 A 210
복제 슬리피지 321
복제 포크 195, 205
복제 허가 인자 231
복합 다유전자군 44
봉입체 474
부력 밀도 196
부모 306
부위 특이적 돌연변이 473
부적합성 군 244
분자계통발생학 408, 451
분자시계 45, 452
분자적 접근 11
분절 게놈 261
분지점 이동 287
분해 287
분해 플라스미드 243
불연속 유전자 32
불완전 우성 298
불완전 침투율 338
불활성화 122
비극성 118
비동의 돌연변이 335
비번역 RNA 36
비상동성 말단-결합 328
비연속 배양 468
비화합성 군 244

ㅅ

사람과 408
사상형 260
사이클로부틸 이량체 326
사이클릭 AMP 170
사이클린 230
산재성 반복서열 404
삼동형접합 288
삼중항 결합 어세이 129
삽입 318
삽입성 약물 325
상동쌍 280
상동염색체 280
상류 58
상류 조절 요소 60
상보적 15
상보적 DNA 473
상염색체 80, 216
상호 가닥 교환 287
상호보완적 유전자 작용 303
새틀라이트 DNA 405
새틀라이트 RNA 275
샘플링 효과 362
생명공학 467
생명윤리 498
생물 정보 1
생식력 243
생식세포 치료법 434
샤페로닌 151
샤페론 Hsp70 151
샤페론 분자 150
선도 가닥 201
선택 344
선택 계수 354
선택 마커 491
선택적 스윕 355
선택적 스플라이싱 77
선택적 폴리아데닐화 72
선택적 프로모터 61
성세포 216
세균계 52
세균 염색체 240
세포내 공생 이론 413
세포 노화 228
세포 변형 270
세포 사멸 232
세포소기관 전이 DNA 414
세포질 분열 234
세포 표면 수용체 176
세포 화학 24
센티모건 308
소진화 6, 344
소형 간섭 RNA 37
소형 세포질 RNA 37
소형 인 RNA 37
소형 핵 RNA 37
수소 결합 15
수용체 가지 104
수용체 부위 89
수평 유전자 전달 239
순수 교배법 296
스테로이드 수용체 176
스테로이드 호르몬 176
스트렙타아비딘 458
스플라이솜 90
스플라이싱 77
시그널 펩티드 155
시아넬라 413
시토신 12
신장 인자 69, 144
신호전달 178
쌍-지배 유전자 386

ㅇ

아데노-관련 바이러스 435
아데노바이러스 435
아데닌 12
아데닐산 고리화효소 170
아미노 119
아미노산 117
아미노실-tRNA 합성 효소 131
아미노아실 부위 144
아미노아실화 130
아실화 154
아크리딘 염료 125
아프리카 중심설 450
안내 RNAs 94
안티센스 437
안티코돈 가지 104
알킬화제 325
알포이드 DNA 223
암유발 유전자 427
암 유전자 271
야생형 252
양적 형질 300
어댑터 458

억제 339
억제 보조 물질 172
억제 오페론 171
억제 인자 168
엄격 243
에피솜 242
엑소뉴클레아제 84
엑손 32
엑손 스키핑 90
엑손 스플라이싱 인핸서 90
엑손 스플라이싱 침묵자 90
엔도뉴클레아제 84
역반복 70
역위 318
역전사 효소 79, 269
역평행 14
연결 DNA 219
연결 히스톤 219
연관 306
연관 그룹 308
연관 분석 308
연사형 192
연속 배양 468
연속 변이 359
연쇄반응 시스템 263
열린 프로모터 복합체 62
열린 해독틀 430
열성 295
열안정성 202
열충격 모듈 173
염기쌍 15
염기 없는 부위 327
염기 유사체 322
염기 전위 317
염기 전환 318
염색분체 222
염색질 217
염색질 변성 371
염색체외 유전자 410
오카자키 절편 201
오페론 167
옥타머 서열 173
온순 262
올리고뉴클레오티드 22
완전효소 57
용균성 262
용원성 262
우성 295
운동 단백질 34
운반 RNA 37
원시생물계 52
원종양형성유전자 428
원핵생물 51
위유전자 46
위치 정보 382
유도 264
유도성 오페론 171
유도자 168
유비퀴틴 156, 375
유성생식 1
유전 1
유전공학 478
유전 물질 11
유전병 417
유전 암호 19, 33, 123
유전자 1
유전자 각인 378
유전자모듬체 247
유전자 발현 2, 19, 31
유전자 변형 467
유전자 제거 482
유전자 증폭 41, 108
유전자 첨가 480
유전자총 479
유전자 치료 8, 417
유전자 프로파일 406
유전자 프로파일링 441
유전자형 294
유전적 부동 344, 348
유전적 용도 제한 기술 494
유전 질환 7
유전학 1
유효 집단 크기 350
융합 단백질 472
음파 처리 21
이디옥시뉴클레오티드 22
이완형 244
이원 영양 생장 170
이종 조직성 447
이종핵 RNA 87
이중 동형접합체 310
이중 이형접합체 310
이질염색질 221
이차 구조 117, 119
이형 이중 가닥 286
이형접합자 우세 355
이형접합자 장점 355
이형접합체 295
이화 물질 활성화 단백질 170
이황화 결합 120
인 87
인산 디에스테라아제 329
인산디에스테르 결합 13
인식 나선 구조 122
인지 142
인트론 32
인핸서 173
일차 구조 119

ㅈ

자가수정 296
자기방사법 42
자살 유전자 치료 437
자연 선택 351
작동 유전자 168
작은 홈 15
잠복기 262
잡종강세 355
재조합 5, 284, 306
재조합 단백질 467
재조합 벡터 21
재조합 빈도 307
재조합 핫스팟 308
재활성화 122
적합성 244
전-개시 복합체 142
전기 233
전능성 431
전달 1
전령 RNA 3, 33
전-복제 복합체 231
전사 32
전사 개시 복합체 55
전사 인자 IID 63
전사체 77, 80
전이 82
전좌 146
전중기 233
전환 56
절제 수선 328
점 돌연변이 317

접합 243
접합 전 격리 364
접합 후 격리 364
접힌 RNA 86
접힘 경로 150
정규 분포 303
정이십면체 260
정지 돌연변이 336
정착 363
정크 DNA 404
제한 효소 단편 길이 다형성 402
조건 이질염색질 221
조절 단백질 34
조절 유전자 168
종결 서열 208
종결 코돈 85, 127
종분화 364
종양 억제 단백질 233
종양 억제유전자 429
종이 크로마토그래피 16
주성분 분석 462
주형-의존성 DNA 합성 20
줄기세포 228
중기 233
중기 염색체 217
중립 이론 357
중복성 126
중복 유전자 261
중부 222
중심체 233
중심 프로모터 59
중심효소 57
중절교배 실험 252
중합체 11
지도단위 308
지연 가닥 201
직렬 반복서열 404
직렬 배열 41
직접 수선 시스템 327
진보의 물결 462
진정염색질 220
진핵생물 51
징크 핑거 174
짧은 조각 330

ㅊ

차등 유전자 발현 42
차세대 염기서열 분석 458
차중부 222
창시자 분석 457
창시자 효과 363
철-반응 요소 185
체세포 216
체세포 방추사 233
체세포 분열 230
체세포 치료법 434
체인 터미네이터법 22
체절극성 유전자 387
초기단계 복합체 205
초기 유전자 263
초나선 꼬임 240
초우성 355
최대 파시모니 451
출구 부위 146
충전 131
치사 298
치사 돌연변이 336
치환 452
침강 상수 100

ㅋ

카르복실 119
카이 287
카이 자리 288
캡 결합 복합체 142
캡 구조 67
캡시드 260
코돈-안티코돈 인식 130
코작 공통서열 142
코헤신 212
콘카타머 265
콘티그 21
콜리신 243
크로마토솜 219
크로미드 247
큰 홈 15
클로버 잎 104
클론 라이브러리 21
키네토코어 223
키메라 431
키아스마타 285

ㅌ

타입 II 토포이소메라아제 193
타입 I 토포이소메라아제 193
탈아데닐-의존적 탈캡핑 85
탈아미노 시약 325
터미네이터 기술 494
텔로머라아제 227
텔로미어 223
트랜스-스플라이싱 93
트리뉴클레오티드 반복 확장 질병 321
트립토판 RNA-결합 감쇠 단백질 184
티민 12

ㅍ

파라레트로바이러스 269
파밍 484
파이로시퀀싱 458
팬-편집 94
펩타이드 결합 119
펩티딜 부위 144
펩티딜 전이효소 145
포배엽 384
폴리뉴클레오티드 11
폴리뉴클레오티드 포스포릴레아제 128
폴리솜 146
폴리아데닐화 자리 72
폴리아크릴아미드 23
폴리펩티드 117
폴리피리미딘 트랙 88
표지 42
표현형 294
푸네트 정방형 297
퓨린 12
프라이머 22
프레임시프트 돌연변이 336
프로모터 58
프로테아제 25, 148
프로테아좀 156
프로파지 251, 264
프로플라빈 125
프리 rRNA 106
프리마아제 204
프리모솜 206
프리브나우 박스 58
프리온 275
플라스미드 21, 239
피리미딘 12
필라델피아 염색체 429

ㅎ

하디-바인베르크 평형 345
하우스키핑 유전자 162
하플로그룹 456
합착 시간 457
항원 372
항종결 180
항종결자 단백질 181
핵 기질 220
핵산분해효소보호부위분석법 102
핵산 혼성화 42
핵소체 87
핵심 팔량체 219
핵양체 240
핵질 87
핵형도 223
헤릭스-턴-헤릭스 122
헬리카아제 63, 205
혈통 분석 309
형광 탐침 분석법 402
형질 도입 251
형질전환 251, 478
형질전환인자 24
호르몬 반응 요소 176
호메오도메인 388
호메오박스 388
호메오틱 돌연변이 387
호메오틱 선택 유전자 387
호변이성체 320
혼성화 탐침 42
홀리데이 구조 286
화합성 244
확률적 영향 348
효소 32
후기 233
후기 유전자 263
후발성 개시 338
후보 유전자 43
후-복제 복합체 231
히스톤 217
히스톤 디아세틸라아제 375
히스톤 아세틸 전이효소 375
히스톤 암호화 376
히치하이킹 355